westermann

Klaus Hengesbach, Stefan Lux, Georg Pyzalla,
Werner Schilke, Holger Stahlschmidt

Fachwissen Metall

Grundstufe und Fachstufe 1

12. Auflage

Prüftechnik, Qualitätsmanagement

Fertigungstechnik

Werkstofftechnik

Maschinen- und Gerätetechnik

Technische Kommunikation

Grundlagen der CNC-Technik

Steuerungstechnik

Instandhaltung – Wartungstechnik

Elektrotechnik

Lernsituationen

Bestellnummer 33150

Zusatzmaterialien zu Fachwissen Metall

Für Lehrerinnen und Lehrer:

Lösungen zur Aufgabensammlung: 978-3-427-33156-8
Lösungen zur Aufgabensammlung Download: 978-3-427-33153-7

BiBox Einzellizenz für Lehrer/-innen (Dauerlizenz): 978-3-427-33159-9
BiBox Kollegiumslizenz für Lehrer/-innen (Dauerlizenz): 978-3-427-33162-9

BiBox westermann
inkl. E-Book

Für Schülerinnen und Schüler:

Aufgabensammlung: 978-3-427-33174-2

BiBox Einzellizenz für Schüler/-innen (1 Schuljahr): 978-3-427-33165-0

BiBox westermann
inkl. E-Book

westermann GRUPPE

Druck und Bindung: Westermann Druck GmbH, Braunschweig

ISBN 978-3-427-33150-6

Vorwort zur 12. Auflage

In der vorliegenden 12. Auflage wurde das Lehrbuch inhaltlich und gestalterisch überarbeitet. In Ergänzung zur 11. Auflage wurden weitere digitale Inhalte eingefügt, wie z. B. die Grundlagen der 3D-Konstruktion, Verfahren der Identifikation von Personen und Produkten, die IT-Sicherheit sowie die Simulation von Steuerungsprogrammen.
Neben diesen neu eingeführten Themenbereichen ist das Bildmaterial den neuesten Entwicklungen und Erfordernissen des Urheberrechts angepasst worden.

Hinweise für den Benutzer dieses Buchs

Das Lernpaket „Fachwissen Metall" besteht aus den zwei einander zugeordneten Büchern:

- dem hier vorliegenden Lehrbuch mit dem Titel **„Fachwissen Metall"** (33150 12. Auflage) sowie
- dem Aufgabenbuch mit dem Titel **„Fragen, Aufgaben, Lernsituationen"** (33174 12. Auflage).

Das vorliegenden Lehrbuch **„Fachwissen Metall"** enthält den Lernstoff für die Grundstufe und die Fachstufe **1** für **alle metallverarbeitenden Berufe**. Neben dem bewährten Einsatz für Schüler in **Berufsfachschulen** ist es besonders für die **zweijährige Ausbildung** zur **Fachkraft für Metallverarbeitung** in den jeweiligen Fachrichtungen geeignet.
Jedes Kapitel wird mit einer Handlungsstruktur eingeleitet, die den Umgang mit dem dargebotenen Lernstoff thematisiert.
Unter den Seiten stehen in blauer Schrift Verweise zu den Übungsaufgaben, die den jeweiligen Seiten zugeordnet sind. Beispielsweise findet man im Kapitel Fertigungstechnik mit dem Piktogramm eines Keils auf der Seite 68 die Verweise zu den **Übungsaufgaben 3/2 bis 3/7.**
Die zugeordneten Übungsaufgaben liegen im Aufgabenbuch im dortigen Kapitel Fertigungstechnik mit dem Piktogramm eines Keils in gleicher Bezeichnungsart vor.
Die mathematischen Inhalte innerhalb der einzelnen Kapitel im Lehrbuch sind im Inhaltsverzeichnis mit dem Buchstaben M gekennzeichnet.

Das zugehörige Aufgabenbuch **„Fragen, Aufgaben, Lernsituationen"** (Bestell-Nr.: 33174 12. Auflage) enthält:

- Übungsaufgaben und Fragen, auf die im Lehrbuch verwiesen wird,
- zusätzliche Informationen zu den mathematischen/technologischen Bezügen in den angesprochenen Fachgebieten,
- Lernsituationen, die den Lernfeldern der Metalltechnik zugeordnet sind,
- einen Kurs „Technische Mathematik" mit Beispielrechnungen und Übungsaufgaben.

Die **Lösungen zum Aufgabenbuch** erhalten Sie unter folgenden Formaten:

- Print (Bestell-Nr. 33156, 12. Auflage),
- Download (Bestell-Nr. 33153, 12. Auflage).

Inhaltsverzeichnis

Prüftechnik, Qualitätsmanagement

Fertigungstechnik

Werkstofftechnik

Maschinen- und Gerätetechnik

Technische Kommunikation

Grundlagen der CNC-Technik

Steuerungstechnik

Instandhaltung – Wartungstechnik

Elektrotechnik

Lernsituationen

Prüftechnik, Qualitätsmanagement

HANDLUNGSFELD: Bauteile prüfen

Problemstellung

Prüfauftrag

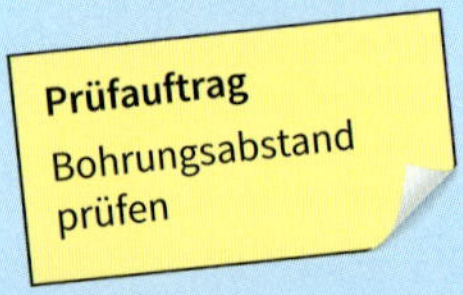

Zeichnung

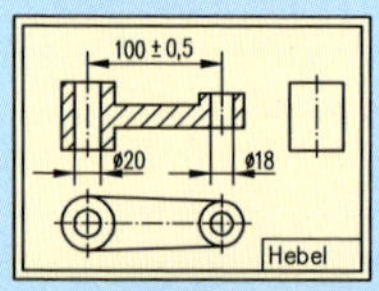

Werkstück

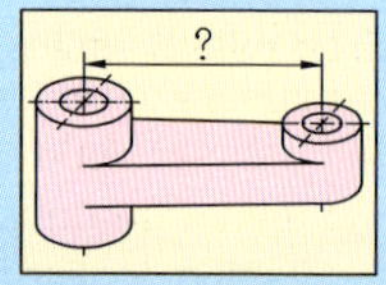

Analysieren

Auftrag und Zeichnungen auswerten nach
- zu prüfenden Eigenschaften (Form, Maße, Oberfläche ...)
- Toleranzen
- gefordertem Ergebnis (Bedingung erfüllt/Bedingung nicht erfüllt)

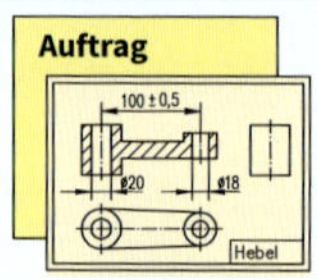

Ergebnisse
Entscheidung für
- Messen oder Lehren
- subjektives oder objektives Prüfen
- Umfang der Prüfung

Planen

Überlegungen zu
- Prüfgerät (Art, Größe, Genauigkeit, Handhabung ...)
- Prüfaufbau (Positionierung von Werkstück und Messgerät ...)
- Durchführung der Prüfung (Abfolge der Prüfungen ...)
- Ergebnisdokumentation

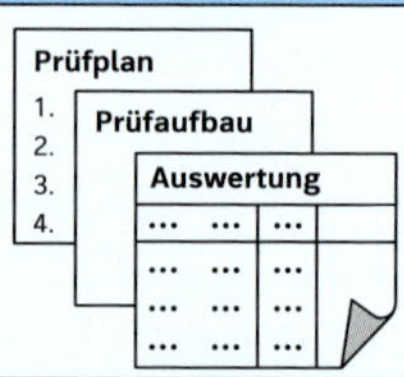

Ergebnisse
- Prüfplan (Prüfmethode)
- Plan der Prüfeinrichtung
- Dokumentations- und Auswerteformular

Prüfung durchführen

Prüfstück einrichten

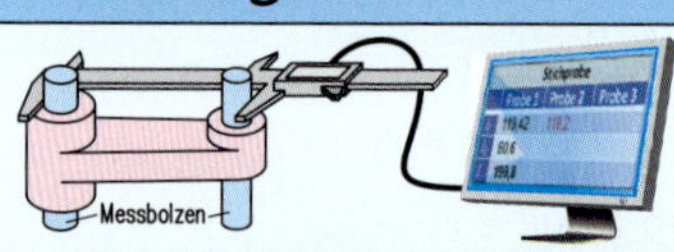

Prüfen
(Umgebungsbedingungen beachten)

Prüfergebnis und Umgebungsbedingungen aufzeichnen

Auswerten

- Soll-Ist-Vergleich durchführen
- statistische Auswertung vornehmen

$$L = \frac{\text{Außenmaß} + \text{Innenmaß}}{2}$$

$$L = \frac{119{,}2\ \text{mm} + 80{,}4\ \text{mm}}{2}\text{; } L = 99{,}8\ \text{mm}$$

- Ergebnis beurteilen (z. B. gut, Nacharbeit, Ausschuss)
- Fehler analysieren
- Fehlerbehebung vorschlagen

1 Grundbegriffe der Prüftechnik

1.1 Bedeutung des Prüfens in der Fertigung

Bei der Konstruktion von Werkstücken werden die Maße, der Werkstoff, die Oberflächenbeschaffenheit u. a. festgelegt. Der Arbeitsablauf wird organisiert und dokumentiert, eine hinreichende Anzahl von Kontrollen wird zugeordnet. Die Prüfung erfolgt durch:

- Eingangskontrolle,
- Zwischenkontrolle,
- Endkontrolle.

Beispiele für die Prüfung von Maßen an einer Welle im Rahmen des Fertigungsprozesses

Vor der Fertigung beginnen die Prüfungen der Rohteile mit der Kontrolle der Rohmaße und der Untersuchung der Werkstoffe. Damit werden zu kleine Rohteile und unbrauchbare Materialien schon vor Beginn der Fertigung ausgeschieden.

Während der Fertigung finden wiederholt Prüfungen am Werkstück statt, um Teile mit Fehlern aus dem Fertigungsprozess auszusondern. Dadurch werden Fertigungskosten eingespart.

Nach der Fertigung wird das Erzeugnis geprüft. Es wird festgestellt, ob die vorgeschriebenen Bedingungen, die sogenannten *Sollwerte des Prüfgegenstands* – wie Maße, Oberflächengüte, Festigkeit, Farbe u. a. – mit hinreichender Genauigkeit eingehalten wurden.

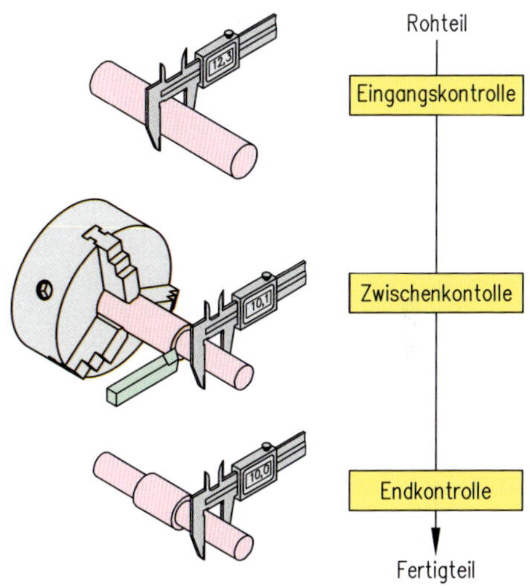

! Prüfen (DIN 1319) heißt feststellen, ob eine bestimmte Größe des Prüfgegenstands – also z. B. die Länge eines Werkstücks – die vorgeschriebenen Bedingungen erfüllt.

1.2 Subjektives und objektives Prüfen

Prüfen erfolgt mit den Sinnen und durch Prüfgeräte. Prüfungen durch Sinneswahrnehmung sind vom Prüfer abhängig. Sie werden subjektive Prüfungen genannt. Eine solche subjektive Prüfung ist z.B. die mit den Fingern durchgeführte Prüfung der Rauheit einer Werkstückoberfläche.

Prüfungen mit Prüfgeräten erlauben genaue Aussagen, z.B. mittels Zahlenwert oder der Vorgabe von Grenzwerten über auftretende Abweichungen von vorgeschriebenen Werten. Solche Prüfungen werden als objektive Prüfungen bezeichnet. Mit einem Oberflächenprüfgerät kann man z.B. die Rauheit einer Werkstückoberfläche objektiv prüfen.

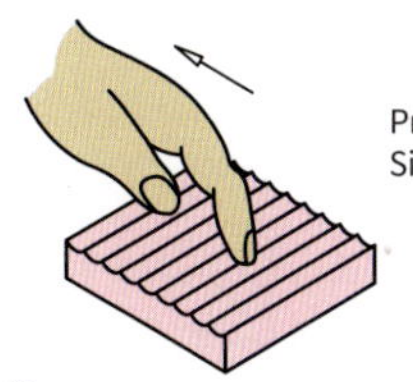

Subjektive Prüfung

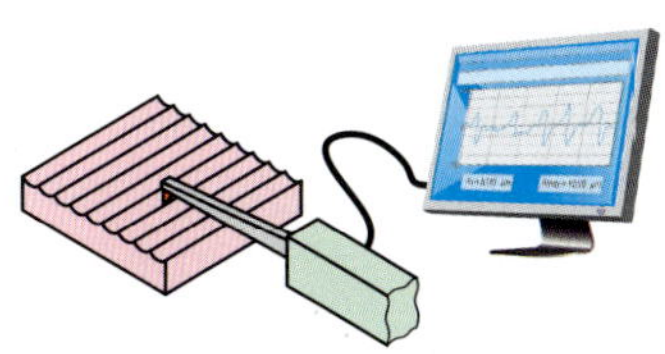

Objektive Prüfung

! Subjektives Prüfen ist das Prüfen durch Sinneswahrnehmung.
Objektives Prüfen ist das Prüfen mit Geräten, die Zahlenwerte liefern oder Grenzwerte vorgeben.

1.3 Grundgrößen (Basisgrößen) und ihre Einheiten (Basiseinheiten)

Grundlage des objektiven Prüfens sind die im internationalen Einheitensystem (SI-System) festgelegten physikalischen Grundgrößen und ihre Einheiten.
Folgende wichtige Grundgrößen sind genormt:

- Länge,
- Masse,
- Zeit und
- Stromstärke.

Grundgröße	Einheiten der Grundgröße	
	Name	Zeichen
Länge	Meter	m
Masse	Kilogramm	kg
Zeit	Sekunde	s
Stromstärke	Ampere	A

> **!** **Wichtige Grundgrößen und ihre Einheiten sind:**
> - Länge mit der Einheit Meter,
> - Masse mit der Einheit Kilogramm,
> - Zeit mit der Einheit Sekunde,
> - Stromstärke mit der Einheit Ampere.

Häufig entstehen bei Verwendung der Basiseinheiten sehr große oder kleine Zahlenwerte. Es wird zum Beispiel kaum jemand von einer 0,0001 m dicken Rasierklinge oder von einer 50 000 m langen Wegstrecke sprechen, sondern von einer 0,1 mm dicken Rasierklinge und einer Wegstrecke von 50 km.
Im metrischen Maßsystem sind deshalb mögliche Vielfache oder Teile vorgegeben und durch Vorsatzsilben oder -zeichen gekennzeichnet.
Ausnahmen von diesen Regeln: Weil Gramm als Basiseinheit der Masse zu klein ist, wurde als Einheit der Grundgröße das Kilogramm gewählt.
Bei der Angabe der Zeit geht man aus Tradition beim Vielfachen auf Minuten, Stunden usw.

	Faktor		Vorsatz-	
	Bedeutung	Zehnerpotenz	silbe	zeichen
Vielfache ↑	Tausendfache	10^3	Kilo	k
	Hundertfache	10^2	Hekto	h
	Zehnfache	10^1	Deka	da
	Basiseinheit	**$10^0 = 1$**		
Teile ↓	Zehntel	10^{-1}	Dezi	d
	Hundertstel	10^{-2}	Zenti	c
	Tausendstel	10^{-3}	Milli	m
	Millionstel	10^{-6}	Mikro	µ

> **!** Durch die Wahl von Teilen oder Vielfachen von Einheiten werden Maßangaben anschaulicher.

Die Angabe einer Grundgröße erfolgt stets durch Zahlenwert und Einheit. Soweit eine Einheit nicht verbindlich vorgeschrieben ist, soll sie so gewählt werden, dass kleine und übersichtliche Zahlenwerte entstehen.

Beispiele für die Angaben und Umrechnungen von Größen

$50\,000 \text{ m} = 50 \cdot 10^3 \text{ m} = 50 \text{ km}$
$0{,}0001 \text{ m} = 0{,}1 \cdot 10^{-3} \text{ m} = 0{,}1 \text{ mm}$
$0{,}05 \text{ kg} = 0{,}05 \cdot 10^3 \text{ g} = 50 \text{ g}$
$6\,000 \text{ ms} = 6\,000 \cdot 10^{-3} \text{ s} = 6 \text{ s} = 0{,}1 \text{ min}$

> **!** Die Angabe einer Grundgröße erfolgt stets durch Zahlenwert und Einheit. Die Einheit soll so gewählt werden, dass ein übersichtlicher Zahlenwert entsteht.

1.4 Formelzeichen

Durch Formelzeichen werden Grundgrößen übersichtlich in Kurzschreibweise dargestellt. Die verschiedenen Bedeutungen einer Grundgröße drückt man durch unterschiedliche Formelzeichen aus.

Beispiele für Formelzeichen und ihre Bedeutung

Grundgröße	Formelzeichen und ihre spezielle Bedeutung	Einheit
Länge	*l* Länge *b* Breite *h* Höhe *d* Durchmesser *r* Radius *s* Wegstrecke	Meter

Übungsaufgaben 1/2; 1/3

1.5 Prüfverfahren: Messen und Lehren

Das Prüfen von Längen, Winkeln, Formen u. a. kann grundsätzlich durch zwei unterschiedliche Verfahren erfolgen: durch Messen oder durch Lehren.

Messen	Lehren
Beim Messen wird die zu prüfende Größe mit der auf dem Messgerät festgelegten Maßeinheit verglichen. Der **Messwert** ist ein Zahlenwert mal der zugehörigen Maßeinheit. Durch Messen wird der Zahlenwert der Prüfgröße ermittelt. Der Zahlenwert der Prüfgröße wird **Istmaß** genannt.	Beim Lehren vergleicht man die zu prüfende Größe mit einer nicht veränderbaren Maß- oder Formverkörperung – der **Lehre**. Hierbei wird festgestellt, ob Abweichungen von Sollwert oder vorgeschriebenen Grenzen vorliegen. Der Zahlenwert der Abweichung wird nicht ermittelt.

Beispiele für Messen

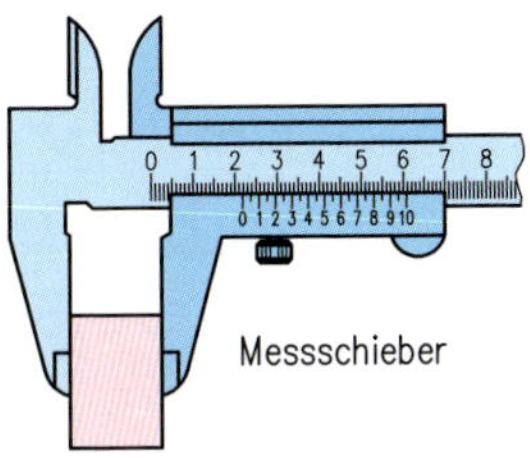

Messen einer Länge

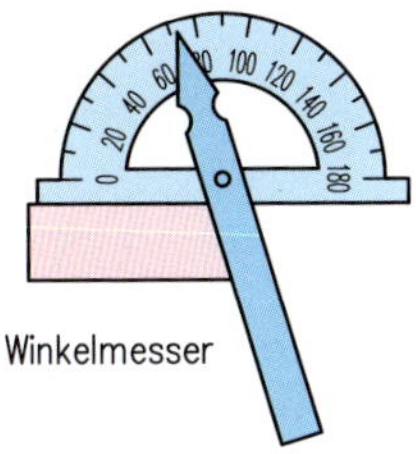

Messen eines Winkels

Beispiele für Lehren

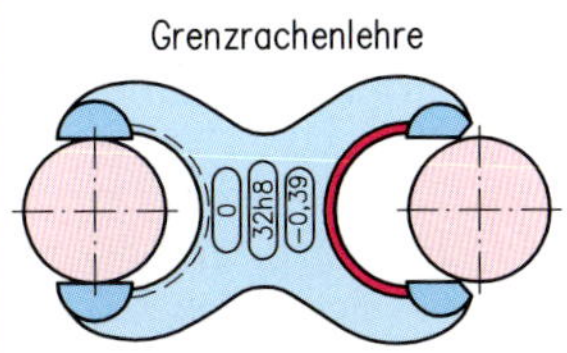

Lehren einer Länge

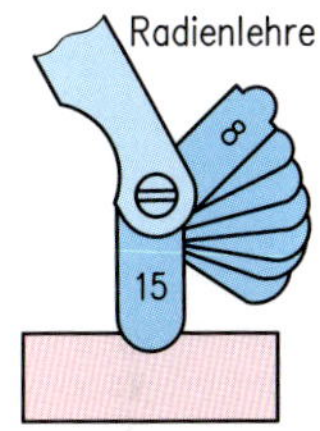

Lehren eines Radius

> **!** Messen ist ein Prüfen, bei dem das Istmaß einer Messgröße als Zahlenwert ermittelt wird.
> Lehren ist ein Prüfen, bei dem festgestellt wird, ob eine Messgröße mit einer Maß- oder Formverkörperung übereinstimmt.

2 Prüfen von Längen

2.1 Maßsysteme und Einheiten

Die international festgelegte und gesetzlich vorgeschriebene Einheit für die Länge ist das Meter (Einheitenzeichen: m). Man nennt dieses System auch **metrisches Maßsystem**.

Neben dem Meter als gesetzlicher Einheit für die Länge sind dezimale Teile und dezimale Vielfache des Meters zugelassen. Festgelegte Vorsilben geben dabei das dezimale Vielfache oder den dezimalen Teil des Meters an. In der Metallverarbeitung werden Maße in der Regel in Millimeter angegeben. Bei sehr genauen Maßangaben benutzt man auch die Einheit Mikrometer.

Vom Meter abgeleitete Längeneinheiten

1 000 · 1 m =	1 000 m	= 1 km	Kilometer
1 · 1 m =	1 m	= 1 m	Meter
$\frac{1}{10}$ · 1 m =	0,1 m	= 1 dm	Dezimeter
$\frac{1}{100}$ · 1 m =	0,01 m	= 1 cm	Zentimeter
$\frac{1}{1\,000}$ · 1 m =	0,001 m	= 1 mm	Millimeter
$\frac{1}{1\,000\,000}$ · 1 m =	0,000001 m	= 1 µm	Mikrometer

> **!** Die Basiseinheit der Länge ist das Meter.
> In der Metalltechnik werden Längemaße in Millimeter angegeben.

In einigen Ländern wird noch die Einheit Zoll für die Längenmessung benutzt – **Zollmaßsystem**. Auch in Deutschland ist diese Einheit bei Rohrgewinden und teilweise im Fahrzeugbau noch üblich.
Für die Umrechnung gilt:

> **!** 1 Zoll = 1" = 25,400 mm

Übungsaufgaben 1/4 bis 1/6 und 2/1 bis 2/6

2.2 Höchstmaß – Mindestmaß – Toleranz

Werkstücke können in der Fertigung nie genau mit dem in der Zeichnung angegebenen Maß, dem **Nennmaß** *N*, hergestellt werden. Daher werden je nach Anforderung mehr oder weniger große Abweichungen vom Nennmaß zugelassen. Das größte zulässige Maß des Werkstücks ist das Höchstmaß G_o. Das kleinste zulässige Maß ist das **Mindestmaß** G_u. Der Unterschied zwischen Höchst- und Mindestmaß wird als **Toleranz** *T* bezeichnet.

Die obere zulässige Abweichung vom Nennmaß ist das **obere Abmaß** *ES*[1, 2] bei Bohrungen, (*es* bei Wellen).
Die untere zulässige Abweichung ist das **untere Abmaß** *EI*[1, 3] bei Bohrungen, (*ei* bei Wellen).

Die Größe der Toleranz richtet sich nach dem Verwendungszweck.

Der Außendurchmesser eines Wasserrohrs kann mit größerer Toleranz gefertigt werden, weil die Funktion dadurch nicht beeinträchtigt wird.

Die Zapfen einer Kurbelwelle müssen hingegen mit kleinerer Toleranz gefertigt werden, weil sonst eine einwandfreie Montage und ein ruhiger Lauf nicht gewährleistet sind.

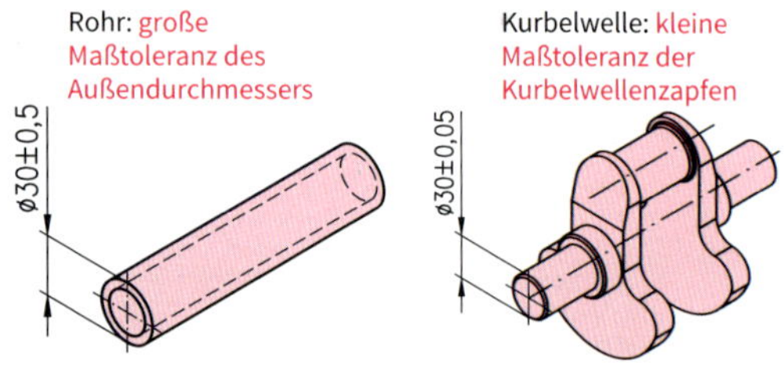

Auswahl der Toleranz nach dem Verwendungszweck

> **!** Damit Werkstücke wirtschaftlich gefertigt werden können, gilt der Grundsatz:
> „Toleranzen so groß wie möglich und nur so klein wie notwendig wählen."

Beispiel für die Grenzen der zulässigen Abweichungen vom Nennmaß

Zeichnung mit **Nennmaß** und **Grenzabmaßen**

Werkstück mit **Mindestmaß**

Werkstück mit **Höchstmaß**

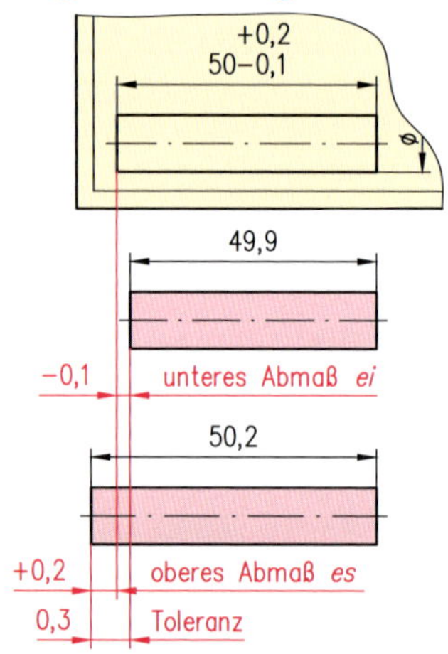

Nennmaß *N*:
$N = 50\ \text{mm}$

Grenzabmaße:
$es = +0{,}2\ \text{mm}$
$ei = -0{,}1\ \text{mm}$

Mindestmaß G_u:
$G_u = N + ei$
$G_u = 50\ \text{mm} + (-0{,}1\ \text{mm}) = \mathbf{49{,}9\ mm}$

Höchstmaß G_o:
$G_o = N + es$
$G_o = 50\ \text{mm} + (+0{,}2\ \text{mm}) = \mathbf{50{,}2\ mm}$

Toleranz *T*:
$T = G_o - G_u$
$T = 50{,}2\ \text{mm} - 49{,}9\ \text{mm} = \mathbf{0{,}3\ mm}$

> **!** Bohrungen: Höchstmaß $G_o = N + ES$; Mindestmaß $G_u = N + EI$; Toleranz $T = G_o - G_u$
> Wellen: Höchstmaß $G_o = N + es$; Mindestmaß $G_u = N + ei$; Toleranz $T = G_o - G_u$

Grenzabmaße für Längenmaße (Allgemeintoleranzen nach DIN ISO 2768)

Toleranzklasse	Grenzabmaße in mm für Nennmaßbereich in mm							
	0,5 bis 3	über 3 bis 6	über 6 bis 30	über 30 bis 120	über 120 bis 400	über 400 bis 1 000	über 1 000 bis 2 000	über 2 000 bis 4 000
f (fein)	± 0,05	± 0,05	± 0,1	± 0,15	± 0,2	± 0,3	± 0,5	–
m (mittel)	± 0,1	± 0,1	± 0,2	± 0,3	± 0,5	± 0,8	± 1,2	± 2
c (grob)	± 0,2	± 0,3	± 0,5	± 0,8	± 1,2	± 2	± 3	± 4
v (sehr grob)	–	± 0,5	± 1	± 1,5	± 2,5	± 4	± 6	± 8

1 *E*, *e* von franz. *écart* = Abmaß; 2 *S*, *s* von franz. *supérieur* = oberes; 3 *I*, *i* von franz. *inférieur* = unteres

Übungsaufgaben 2/7; 2/8; 2/9

2.3 Begriffe der Längenmesstechnik

Begriffe zum Messvorgang

Um den Messvorgang beschreiben zu können, ist es notwendig, einige Begriffe der Messtechnik zu kennen.

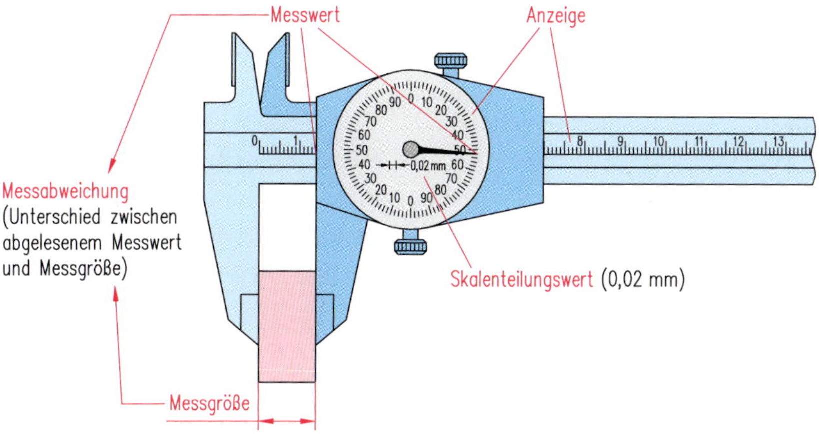

Begriffe der Messtechnik

Begriffe	Erläuterungen	
Anzeige	**analog** 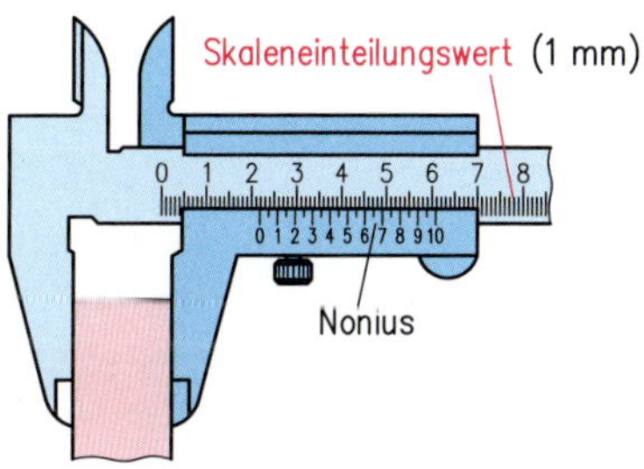 Bei einem analogen Messgerät wird der Messwert durch Ablesen einer Markierung auf einer Hauptskala ermittelt. Die Ablesegenauigkeit kann durch eine Zusatzskala, wie z. B. durch den Nonius beim Messschieber, verfeinert werden.	**digital** 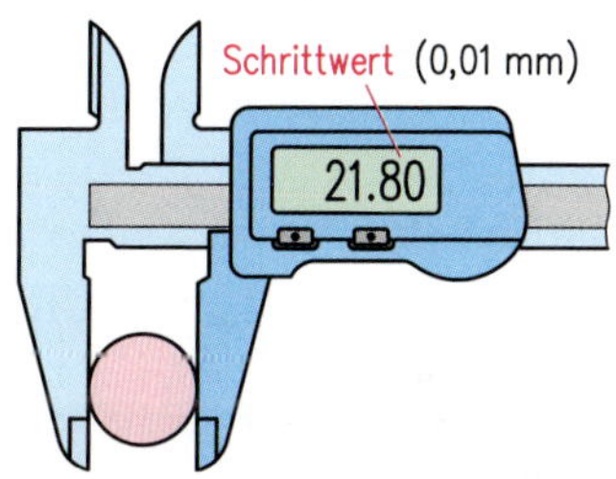 Bei einer digitalen Messanzeige wird der Messwert als Ziffernwert angezeigt, wobei die Genauigkeit vom Schrittwert des Messgeräts abhängig ist.
	Die Anzeige ist die vom Messgerät ausgegebene Information über die Größe des Messwerts. Sie kann optisch – in analoger oder digitaler Form – vermittelt werden.	
Messwert	Der Messwert ist das Ergebnis des Vergleichs zwischen der Messgröße und der auf dem Messgerät festgelegten Maßeinheit. **Messwert = Zahlenwert · Maßeinheit**	
Messgröße	Die Messgröße ist die zu messende Größe an einem Werkstück.	
Skalenteilungswert bzw. Schrittwert	Der Skalenteilungswert bzw. Schrittwert entspricht der Differenz zweier benachbarter Teilungsmarken auf einer Strichskala bzw. einem Ziffernschritt auf einer Ziffernskala.	
Messabweichung	Eine Messabweichung ist die Differenz zwischen dem gemessenen Wert (Messwert) und dem tatsächlichen Wert (Messgröße).	
Bezugstemperatur	Die Bezugstemperatur ist die Temperatur, bei der Messgeräte genau anzeigen. Sie beträgt 20 °C. Sie muss für Messzeuge und Werkstücke eingehalten werden.	

Übungsaufgaben 2/10; 2/11

Begriffe zum Messverfahren

Grundlagen aller Prüfgeräte sind **Maßverkörperungen**.

Die Verkörperung von Längenmaßen kann erfolgen:
- durch den Abstand von Teilstrichen auf Linealen,
- durch den festen Abstand von parallelen Flächen bei Parallelendmaßen.

Messverfahren, in denen das zu prüfende Maß unmittelbar mit einer Maßverkörperung verglichen wird, nennt man **direkte Messverfahren**.

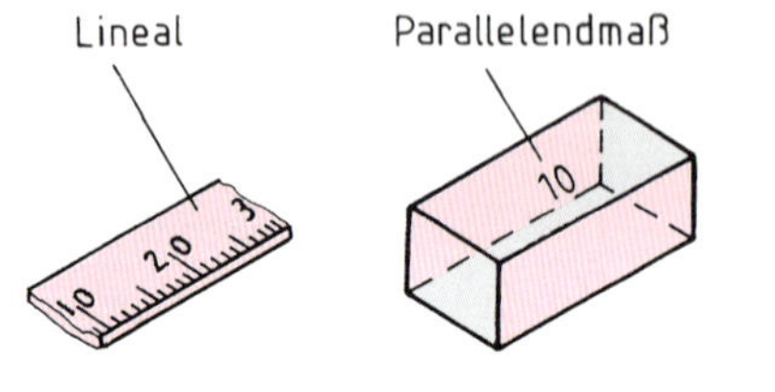

Verkörperung von Maßen zum direkten Messen

> **!** Durch das Messverfahren stellt man das Istmaß eines Werkstücks fest. Beim Messen von Längen erfolgt ein zahlenmäßiger Vergleich mit Maßverkörperungen.
> Direktes Messen ist unmittelbares Vergleichen des zu prüfenden Maßes mit einer Maßverkörperung.

Wird die zu prüfende Länge x aus einer anderen physikalischen Größe, z. B. der Druckänderung von Druckluft oder der Änderung einer elektrischen Spannung, abgeleitet, dann spricht man von einem **indirekten Messverfahren**.

Eine Änderung des Abstands l bewirkt z. B. bei einer Längenmessung mit Druckluft eine Druckänderung; diese erlaubt Rückschlüsse auf das Maß x.

Bei Messungen in der Serienfertigung werden indirekte Messverfahren bevorzugt, weil sie eine schnelle und sichere Messwerterfassung ermöglichen.

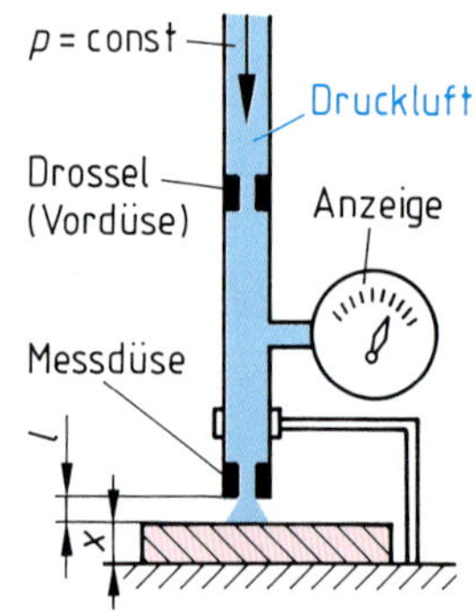

Indirektes Messen mit Druckluft

> **!** Beim indirekten Messen wird das Längenmaß aus einer anderen physikalischen Größe abgeleitet.

2.4 Direkte Längenmessung

2.4.1 Messen mit Strichmaßen

Bei Strichmaßen werden Maße durch den Abstand der Teilstriche verkörpert. Strichmaße sind starre oder flexible einteilige oder mehrteilige gelenkig verbundene Stäbe oder Bänder von unterschiedlicher Länge. Die Maßverkörperung durch Teilstriche erstreckt sich über die gesamte Länge des Strichmaßes.

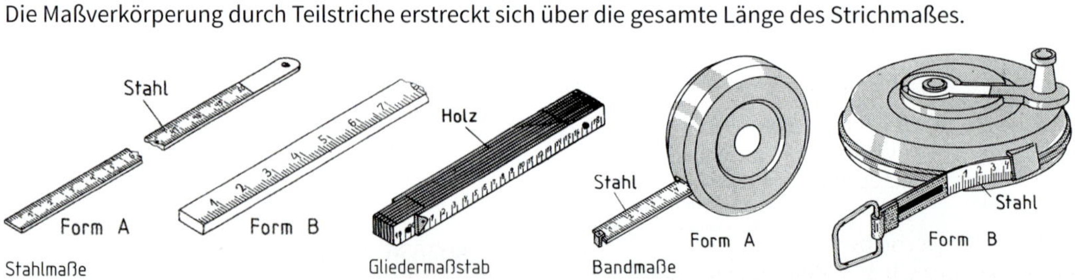

Strichmaße	Stahlmaße		Gliedermaßstab	Bandmaße	
	Form A	Form B		Form A	Form B
Messbereich	bis 0,5 m	bis 2 m	bis 2 m	bis 2 m	bis 50 m
Ablesegenauigkeit	0,5 mm	1 mm	1 mm	1 mm	1 mm

> **!** Strichmaße werden für Messungen mit Ablesegenauigkeiten bis zu 0,5 mm und für Anreißarbeiten eingesetzt.

2.4.2 Messen mit Messschiebern

Mit dem Messschieber können Außen-, Innen- und Tiefenmessungen durchgeführt werden. Durch eine Ablesehilfe, den **Nonius**, kann man Messwerte auf 1/10 mm Genauigkeit ablesen.

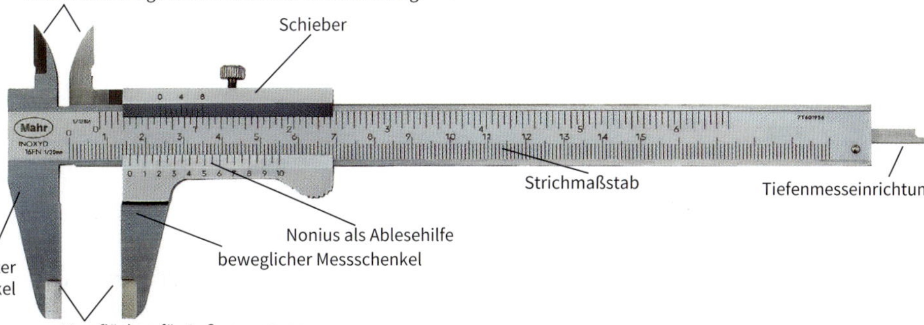

Messschieber

Der Zehntel-Nonius ist im einfachsten Fall 9 mm lang und in zehn gleiche Abschnitte geteilt. Der Abstand zweier Striche auf der Noniusskala ist daher 9 mm : 10 = 0,9 mm. Damit ist ein Skalenteil auf dem Nonius um 0,1 mm kleiner als auf dem Strichmaßstab.

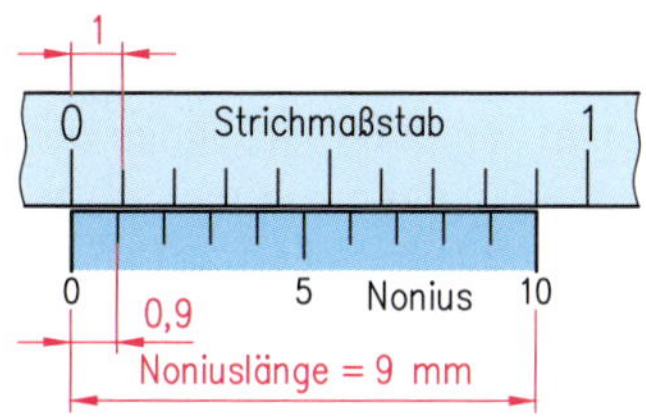

Zehntel-Nonius

Strichmaßstab:
1 Skalenteil = 1 mm

Nonius:
1 Skalenteil = 9 mm : 10 = 0,9 mm

Ablesegenauigkeit:
0,1 mm

Beispiel für das Ablesen eines Maßes

Wird der Messschieber mehr als 1 mm geöffnet, so erhält man den Ablesewert aus der Addition der ganzen und der Zehntelmillimeter.

Ablesewert = 4 mm + 0,7 mm = **4,7 mm**

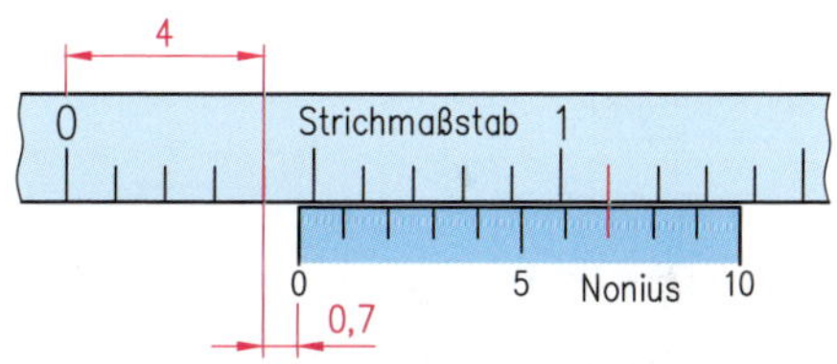

Ablesung von ganzen und Zehntelmillimetern

Da die Striche beim 9 mm langen Nonius sehr dicht beieinanderliegen, wird bei vielen Messschiebern der Nonius zur Erhöhung der Ablesesicherheit auf 19 oder 29 mm Länge gestreckt.

! Für das Arbeiten mit dem Messschieber ergeben sich aus den Beispielen folgende Ableseregeln:
- Ganze Millimeter werden auf dem Strichmaßstab links vom Nullstrich des Nonius abgelesen.
- Die Zehntelmillimeter werden an dem Teilstrich des Nonius abgelesen, der mit einem Strich des Strichmaßstabs übereinstimmt.

1. Tiefenmessschieber

Der Tiefenmessschieber dient zum Messen der Tiefen von Nuten und Ausarbeitungen sowie zum Messen von Längen stufenförmig abgesetzter Werkstücke.

Zur Auflage auf das Werkstück ist der Messschenkel des Schiebers beidseitig als sogenannte Messbrücke ausgeführt. In ihr wird der Strichmaßstab verschoben. Die Messflächen von Brücke und Strichmaß liegen bei der Nullstellung in einer Ebene.

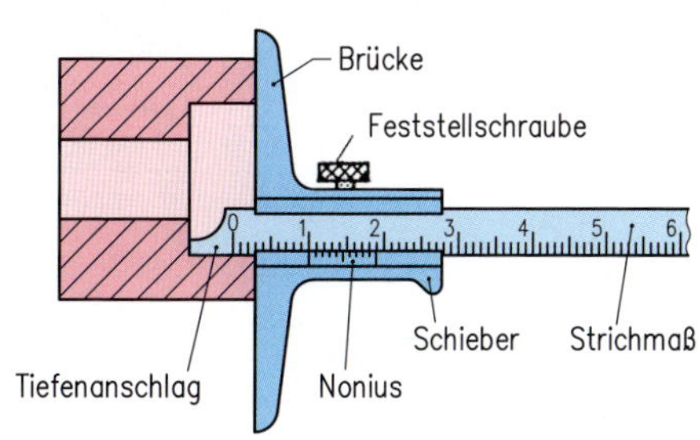

Messen mit einem Tiefenmessschieber

2. Messschieber mit Rundskala

Messschieber mit Rundskala besitzen statt des Nonius eine Messuhr. Bei diesen Messschiebern werden auf dem Strichmaßstab die ganzen Millimeter und auf der Messuhr die Bruchteile der Millimeter abgelesen. Je nach Ausführung der Messuhr beträgt die Ablesegenauigkeit einen Zehntel- bis einen Hundertstelmillimeter.

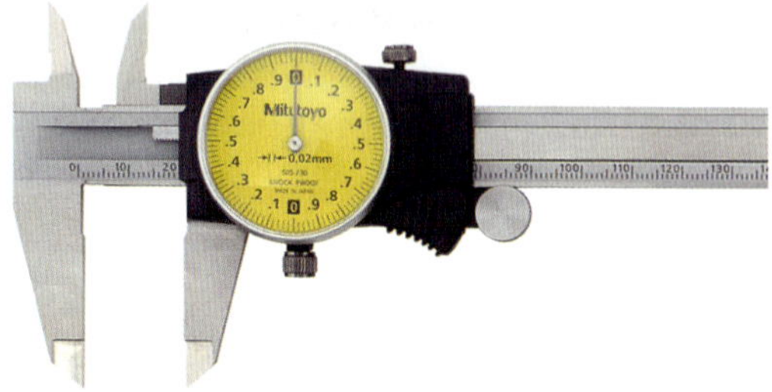

Messschieber mit Rundskala

3. Digital anzeigende Messschieber

Digital anzeigende Messschieber zeigen auf einer LCD-Anzeige (Flüssigkristallanzeige) den Messwert unmittelbar an. Dadurch werden Ablesefehler weitgehend ausgeschlossen. Diese Messschieber erleichtern auch die Durchführung von Unterschiedsmessungen, da die Nullstellung beliebig einstellbar ist.

Zur Erfassung von Messwerten in der Qualitätssicherung können digitale Messschieber über USB oder Bluetooth mit dem Computer verbunden werden. Die Messwerte werden dann automatisch geordnet in Tabellen eingetragen.

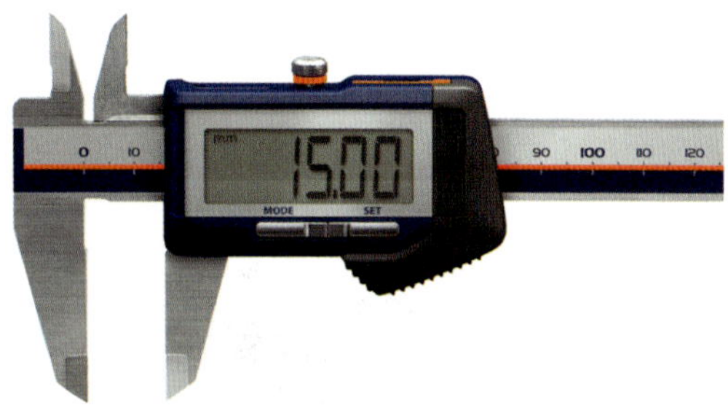

Messschieber mit digitaler Anzeige

Beispiele für die Vereinfachung von Messungen durch Nullstellen

Messaufgabe	Durchführung der Messung		
Abmaße messen 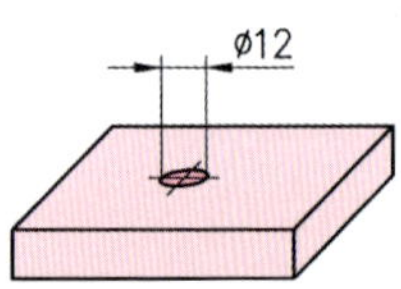	Nennmaß einstellen ⟶ 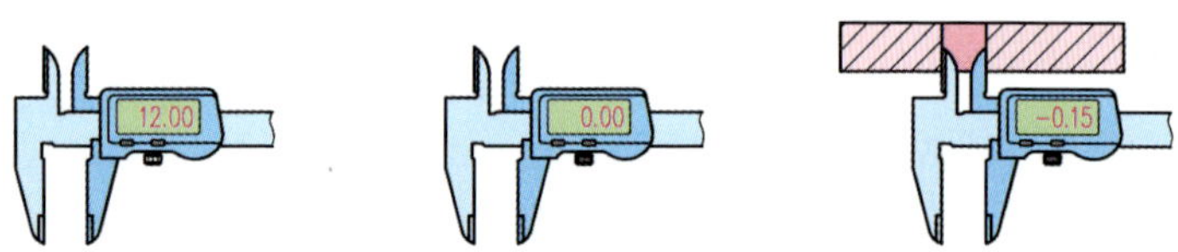	Nullstellen ⟶	Messen Anzeige der ø-Abweichung
Mittenabstand messen $d_1 = 15$ $d_2 = 25$ 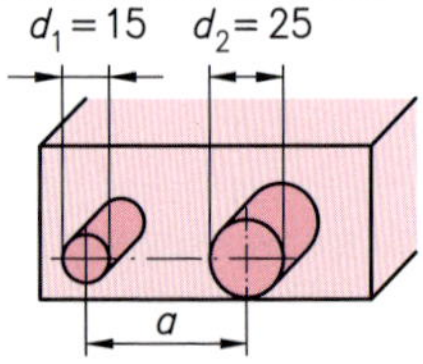	$(d_1 + d_2)/2$ einstellen ⟶ $(15 + 25)/2 = 20$ 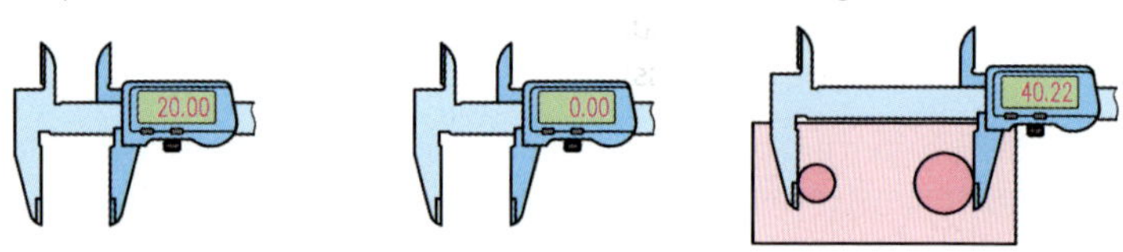	Nullstellen ⟶	Messen Anzeige von „*a*“
Bodendicke messen 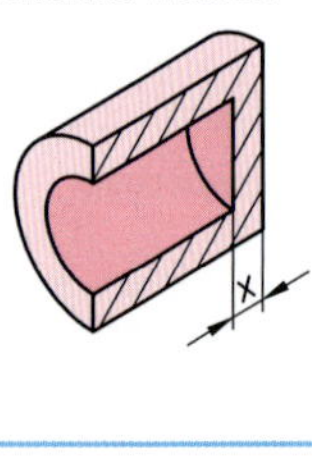	Maß der Hülsentiefe ⟶ einstellen 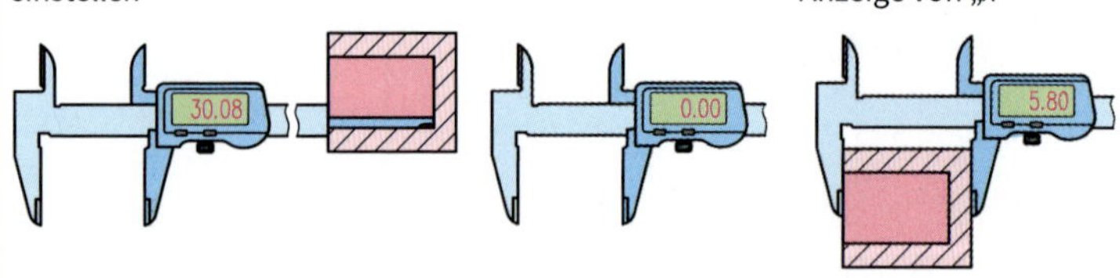	Nullstellen ⟶	Messen Anzeige von „*x*“

Mit digital anzeigenden Messschiebern können Maßunterschiede durch Voreinstellung von Hilfsmaßen und anschließendes Nullstellen unmittelbar gemessen werden.

Übungsaufgaben 2/17 bis 2/19

2.4.3 Messen mit Messschrauben

Für Längenmessungen mit einer Ablesegenauigkeit von 0,01 mm werden Messschrauben benutzt. Bei Messschrauben wird mithilfe eines Gewindes die Längenmessung durchgeführt. Die Gewindesteigung stellt die Maßverkörperung dar. Je nach Ausführung sind Außen-, Innen- oder Tiefenmessungen möglich.

1. Messprinzip

Bei Messschrauben wird das Maß durch den Abstand zwischen zwei Messflächen verkörpert. Dieser Abstand kann durch Hinein- oder Herausdrehen einer Gewindespindel aus einer Mutter verändert werden.

Beispiel für den Aufbau einer Messschraube

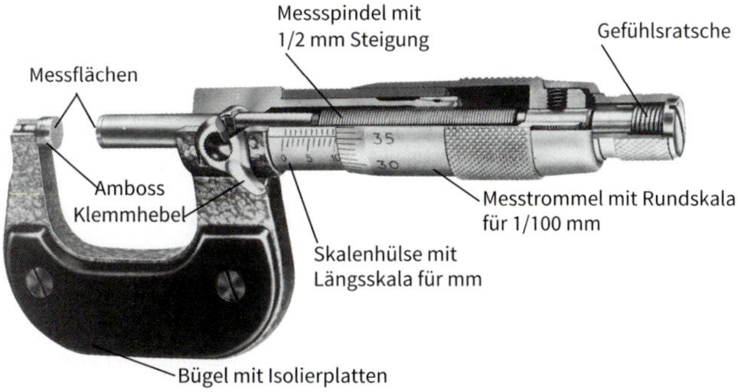

Die Steigung des Messspindelgewindes beträgt meist 0,5 mm. Eine Umdrehung dieser Messtrommel bewirkt daher eine Längsverschiebung der Messspindel von 0,5 mm. Um diese Verschiebung der Messspindel anzuzeigen, sind auf der Längsskala der Skalenhülse unterhalb des durchgehenden Längsstrichs Teilstriche aufgebracht, welche die halben Millimeter markieren.

Bei Messspindeln mit einer Steigung von 0,5 mm ist der Umfang der Messtrommel in 50 gleiche Skalenteile aufgeteilt. Öffnet man die Außenmessschraube um einen Skalenteil der Messtrommel, so bewegen sich Messtrommel mit Messspindel in Achsrichtung um 1/50 von 0,5 mm weiter. 1/50 von 0,5 mm sind 0,01 mm.

Beim Ablesen des Messwerts bestimmt man zunächst auf der Skalenhülse die ganzen und halben Millimeter. Hinzu kommen die Hundertstelmillimeter, die auf der Messtrommel angezeigt werden.

Messwert: 16,0 mm + 0,42 mm = **16,42 mm**

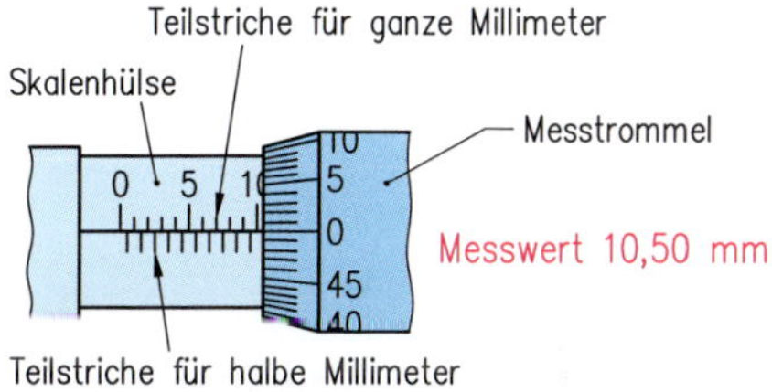

Ablesung ganzer und halber Millimeter

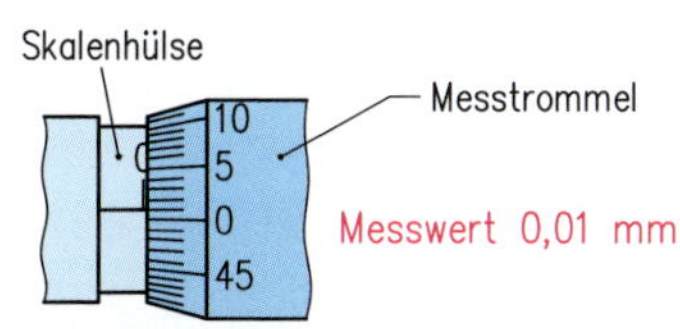

Ablesung eines Hundertstelmillimeters

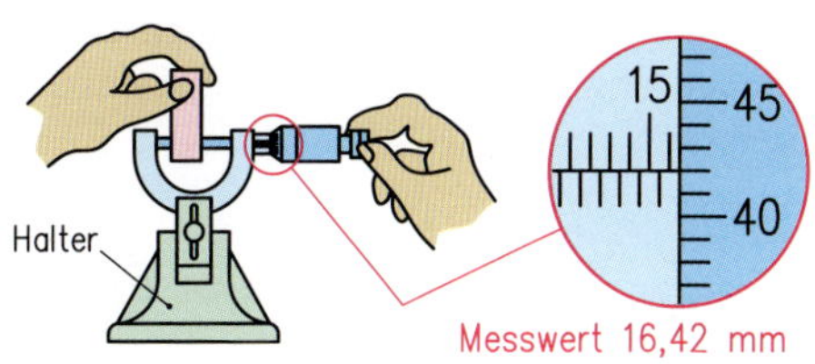

Messen mit der Bügelmessschraube

! Für das Arbeiten mit Messschrauben ergeben sich folgende Ableseregeln:
- Ganze und halbe Millimeter werden auf der Skalenhülse abgelesen.
- Die Hundertstelmillimeter werden auf der Messtrommel abgelesen.
- Beide Ableseergebnisse werden addiert und ergeben den Messwert.

Übungsaufgaben 2/20 bis 2/23

2. Messschrauben für Innenmessungen

Für Innenmessungen verwendet man Innenmessschrauben.

Die einfachste Bauform besteht aus:

- Haltegriff mit feststehendem Messbolzen und Innengewinde,
- Messtrommel mit Messspindel und Außengewinde.

Beim Messen von Bohrungsdurchmessern ist darauf zu achten, dass Innenmessschrauben genau durch den Bohrungsmittelpunkt und außerdem senkrecht zur Bohrungsachse gehalten werden.

Einfacher und genauer können Bohrungsdurchmesser mit einer **Innenmessschraube mit Dreipunktauflage** gemessen werden. Die drei um 120° versetzten Messbolzen werden beim Drehen der Messtrommel gleichmäßig in radialer Richtung bewegt. Beim Anliegen der Messbolzen auf der Bohrungswand befindet sich die Messgeräteachse an der Messstelle genau in der Bohrungsmitte. Während des Messvorgangs ist darauf zu achten, dass die Messgeräteachse und die Bohrungsachse übereinstimmen.

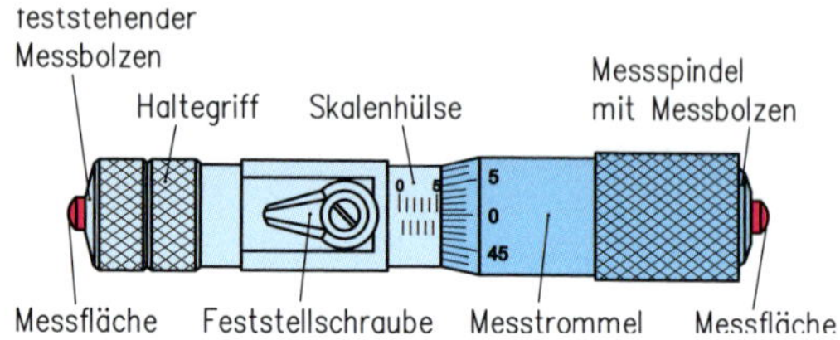

Innenmessschraube

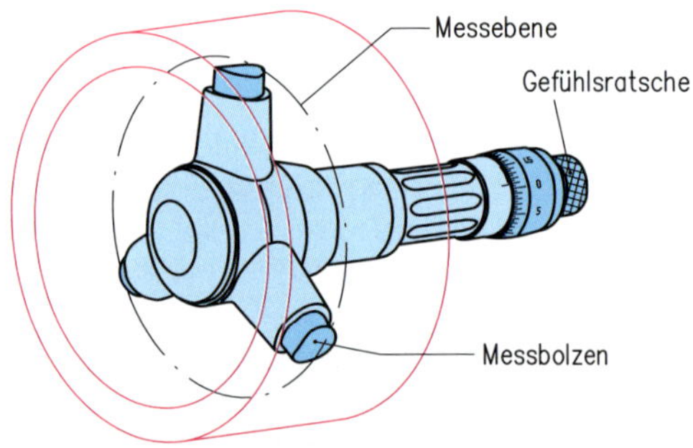

Messen mit einer Innenmessschraube mit Dreipunktauflage

3. Messschrauben für Tiefenmessungen

Genaue Tiefenmessungen werden mit Tiefenmessschrauben vorgenommen.

Sie bestehen aus folgenden Teilen:

- Messbrücke mit Skalenhülse und Innengewinde,
- Messspindel mit Messbolzen, Messtrommel, Außengewinde und Gefühlsratsche.

Bei der Tiefenmessschraube steigen die Zahlen der Skalenhülse von oben nach unten an.

Der Messbereich kann durch verschieden lange Messbolzen verändert werden.

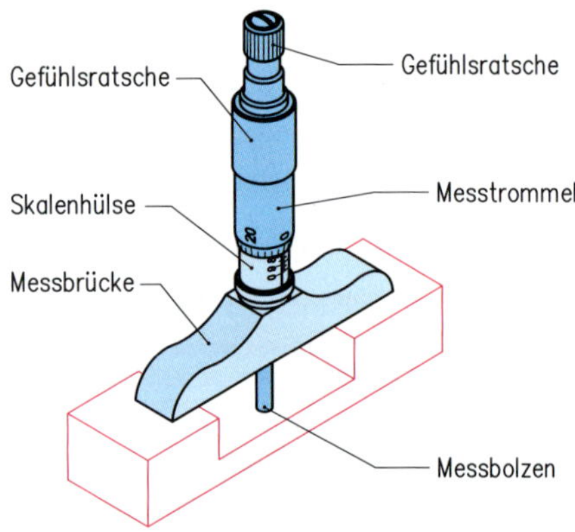

Messen mit einer Tiefenmessschraube

4. Messschrauben mit digitaler Anzeige

Fehler beim Ablesen des Messwerts werden auch bei Messschrauben durch digitale Anzeige erheblich verringert. Häufig sind diese Messschrauben neben der Digitalanzeige noch mit einer Skalen- und einer Messtrommelteilung ausgerüstet, damit der Messwert zur Sicherheit auch in herkömmlicher Weise ermittelt werden kann.

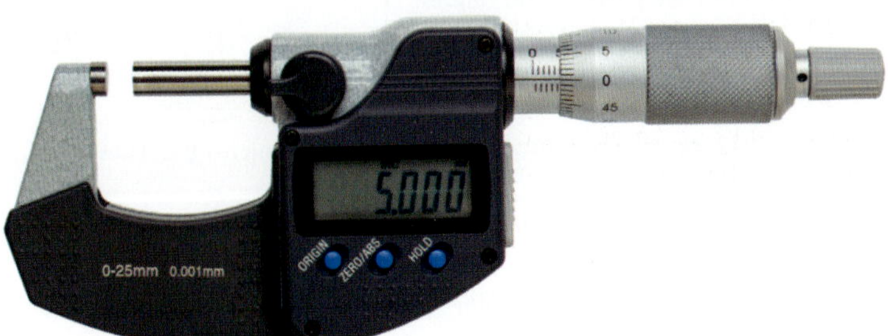

Messschraube mit digitaler Anzeige

Übungsaufgaben 2/24 bis 2/27

2.4.4 Messen mit Messuhren und Feinzeigern

1. Aufbau

Maßdifferenzen von 1/100 mm und geringer sind mit Messuhren feststellbar. **Messuhren** sind Längenmessgeräte, bei denen der Weg des Messbolzens über ein geeignetes System auf einen Zeiger übertragen wird, wobei sich der Zeiger um mindestens 360° vor einem runden Skalenblatt bewegt.

Feinzeiger sind Längenmesszeuge, in denen der Winkelausschlag des Zeigers nur über einen Teilbereich eines Vollkreises geht. Feinzeiger weisen sehr hohe Genauigkeit auf, haben aber wegen ihres Aufbaus nur einen begrenzten Messbereich. Die Übersetzung, das Verhältnis von Zeigerausschlag zum Weg des Messbolzens, kann bis 1 000 : 1 betragen. Die Übersetzung kann auf verschiedene Weise bewirkt werden, z. B. durch Hebelsysteme, Hebel-Zahnrad-Systeme oder Kombinationen von mechanischen und optischen Einrichtungen.

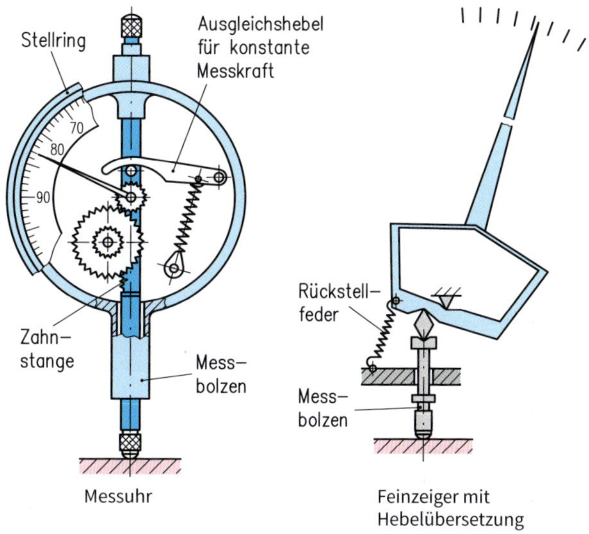

Aufbau von Messuhr und Feinzeiger

> **!** Messuhren zeigen ganze und Hundertstelmillimeter an. Der Zeigerausschlag ist mindestens 360°. Feinzeiger haben einen sehr begrenzten Messbereich. Er liegt unter 1 mm. Sie zeigen nur Hundertstel- oder Tausendstelmillimeter an.

In digital anzeigenden Messuhren wird der Messwert nicht mechanisch, sondern durch Veränderung elektrischer Größen ermittelt.

Messuhren mit digitaler Anzeige erlauben höhere Ablesegenauigkeit als solche mit Skalenanzeige.

Die Messunsicherheit beträgt aber ± 1 Schrittwert und ist damit größer als bei analog anzeigenden Messuhren.

2. Einsatz von Messuhren zur Ermittlung von Istmaßen

Werden Messuhren zur Ermittlung von Istmaßen eingesetzt, so muss die Nullstellung durch Endmaße festgelegt werden. Das Istmaß ergibt sich aus dem eingestellten Maß plus der Maßdifferenz, welche die Messuhr anzeigt (Unterschiedsmessung). Bei der Einrichtung ist darauf zu achten, dass die Nullstellung der Messuhr so vorgenommen wird, dass positive und negative Abweichungen erfasst werden können.

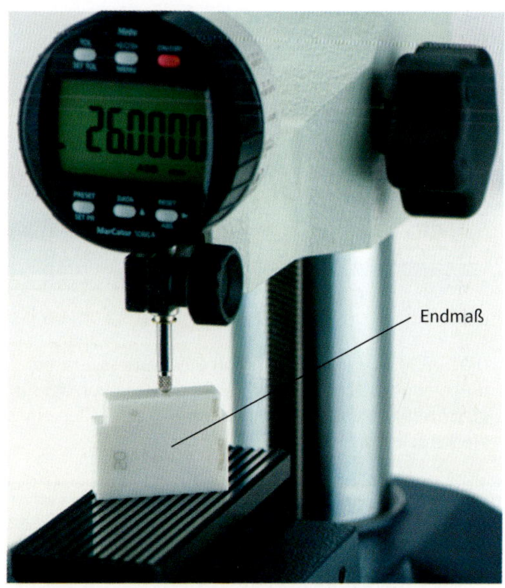

Einrichtung einer digital anzeigenden Messuhr mit einem Endmaß

> **!** Zur Ermittlung von Istmaßen wird die Nullstellung der Messuhr durch Endmaße festgelegt und eine Unterschiedsmessung durchgeführt.

2.5 Indirekte Längenmessung

Bei der indirekten Längenmessung wird die Länge aus einer anderen physikalischen Größe abgeleitet. Zur indirekten Längenmessung benötigt man stets Messsysteme, welche die Länge aufnehmen, umwandeln, verarbeiten und anzeigen.

Messgröße (Länge) → Aufnehmer → Wandler → Rechner → Überträger → Anzeiger → **Messwert**

2.5.1 Pneumatische Längenmessung

Pneumatische Längenmessung eignet sich besonders für die Feinstmessung in der Serienfertigung. Da der Messbereich pneumatischer Längenmessgeräte sehr klein ist, werden diese Messgeräte nur zur Unterschiedsmessung benutzt.

Das Messen mit pneumatischen Messgeräten hat die folgenden Vorteile:

- Es wird nahezu berührungslos gemessen, damit werden Kratzspuren sowie die Abnutzung von Messwertaufnehmern vermieden.
- Die ausströmende Luft hält die Messstelle von Verunreinigungen (z. B. Öl) frei.
- Es wird eine hohe Messgenauigkeit (bis zu ± 0,2 µm) erreicht.

Die Verfahren pneumatischer Längenmessung beruhen darauf, dass Änderungen an der Ausströmöffnung in einem Druckluftstrom Druck- und Geschwindigkeitsänderungen hervorrufen. Daraus ergeben sich als Messmethode für die Längenmessung am Werkstück zwei Verfahren, das **Durchflussmessverfahren** und das **Differenzdruckmessverfahren**.

1. Unterscheidung der Messverfahren

Längenmessung nach dem Durchflussmessverfahren

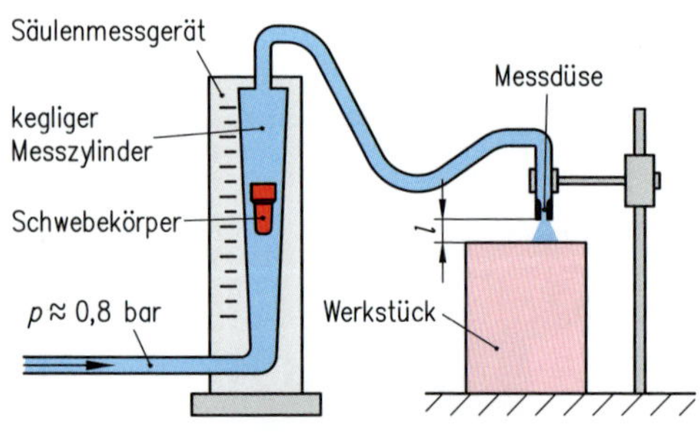

Die Durchflussmessung wird mit Säulenmessgeräten durchgeführt. Säulenmessgeräte werden bevorzugt für gleichzeitige Messungen an mehreren Messstellen eines Werkstücks eingesetzt.

Längenmessung nach dem Differenzdruckmessverfahren

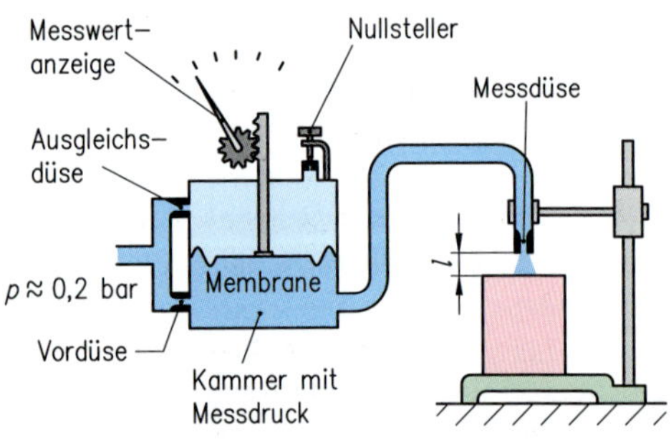

Pneumatische Längenmessung nach dem Differenzdruckverfahren geschieht meist mit Zeigergeräten. Das Differenzdruckverfahren setzt man ein, wenn höherer Messdruck und ein größerer Messbereich (bis 0,2 mm) gefordert sind.

! Bei der pneumatischen Längenmessung wird die Länge durch eine Druckdifferenz oder ein durchfließendes Volumen erfasst.

- Das Durchflussmessverfahren wendet man bei der Serienmessung und bei gleichzeitiger Messung an mehreren Messstellen an.
- Das Differenzdruckmessverfahren wird angewendet, wenn größere Messbereiche und höhere Messdrücke gefordert sind.

Übungsaufgaben 2/29; 2/30

2. Auswahl der Messgrößenaufnehmer

Wegen der kleinen Messbereiche bei den pneumatischen Messgeräten sind für die verschiedenen Messungen unterschiedliche Messgrößenaufnehmer erforderlich.

Bis zu einer Rautiefe von 3 µm kann berührungslos gemessen werden. Bei größeren Rautiefen wählt man mechanisch berührende Taster.

Beispiele für berührungslose und mechanisch berührende Taster

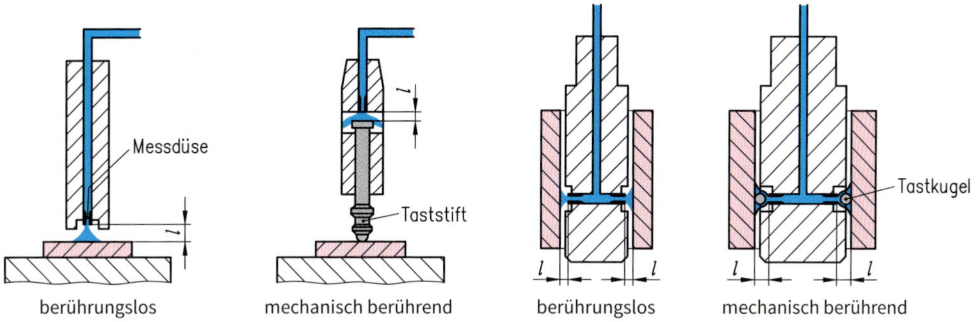

Taster für Dickenmessung **Taster für Durchmessermessung**

Entsprechend der Oberflächenrauheit wählt man bis 3 µm Rauheit berührungslose Taster, über 3 µm Rauheit mechanisch berührende Taster.

2.5.2 Elektrische Längenmessung

Längen beziehungsweise Längenänderungen können durch elektrische Messwertumformer in elektrische Größen wie Strom, Spannung, Widerstand überführt werden. Die aufgenommenen elektrischen Größen können durch Schaltungen wesentlich verstärkt werden, sodass eine hohe Empfindlichkeit gegeben ist.

Zur Umwandlung der Längenänderung in elektrische Größen werden wegen ihrer geringen Baugröße vorwiegend induktive Taster verwendet. Diese Taster verkörpern einen kleinen Transformator mit einer Primär- und zwei Sekundärwicklungen. Die Sekundärwicklungen sind so geschaltet, dass im Ausgang die Spannung Null ist. Der Taststift ist mit einem Eisenkern verbunden. Bei einer Verschiebung des Taststifts steigt die Spannung in einer Sekundärwicklung, während sie in der anderen abnimmt. Aus der Spannungsdifferenz wird dann der Messwert ermittelt und angezeigt.

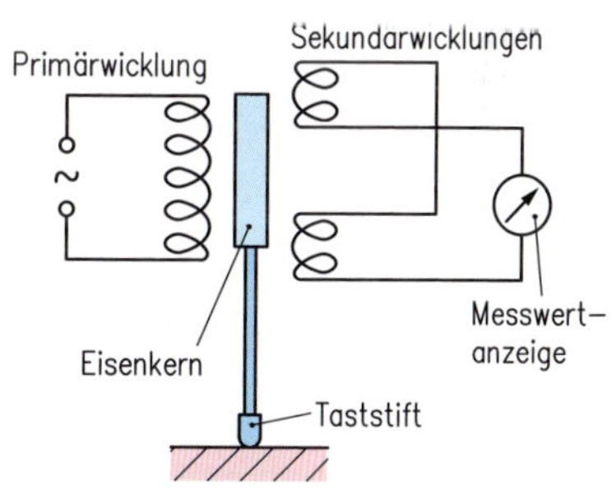

Induktiver Taster (Schema)

Die Vorteile der induktiven Längenmessung sind
- großer Messbereich (im Gegensatz zur pneumatischen Längenmessung),
- hohe Messgenauigkeit, z. B. ± 1 µm bei 1 mm Messbereich, ± 0,02 µm bei 3 mm Messbereich,
- einfache Weiterleitung und Verarbeitung der Messwerte in Datenverarbeitungsanlagen.

Induktive Messtaster formen Längenänderungen in Spannungsänderungen um.

Es werden auch **kapazitive Messtaster** eingesetzt. In diesen bewirkt eine Längenänderung eine Verschiebung des Abstands zwischen Kondensatorplatten. Die dabei auftretende Kapazitätsänderung wird zur Ermittlung des Messwerts genutzt. Wegen ihrer großen Bauweise werden kapazitive Taster weniger verwendet.

Übungsaufgabe 2/31

2.6 Endmaße und Lehren

2.6.1 Endmaße

Maßverkörperungen, die ein bestimmtes Maß durch den Abstand zweier Endflächen darstellen, werden Endmaße genannt. Am häufigsten benutzt werden Parallelendmaße.

Parallelendmaße sind rechteckige Maßverkörperungen, die zwischen zwei parallel gegenüberliegenden Messflächen ein festgelegtes Maß mit einer sehr hohen Genauigkeit verkörpern. Abweichungen liegen z. B. unter ± 0,5 µm. Parallelendmaße gibt es aus nicht rostendem Stahl, Hartmetall oder Keramik.
Parallelendmaße werden als Endmaßsatz mit einer Vielzahl sinnvoll gestufter Einzelmaße angeboten, sodass innerhalb der Grenzen jedes beliebige Maß durch Zusammenfügen verschiedener Parallelendmaße verkörpert werden kann.

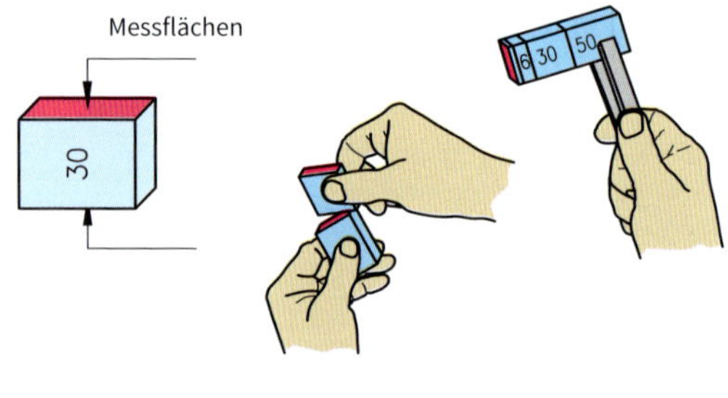

Anschieben von Endmaßen

Parallelendmaße dürfen nur im gesäuberten Zustand aneinandergeschoben werden. Die Messflächen sind so eben, dass sie infolge der Adhäsion aneinanderhaften. Nach dem Prüfvorgang mit dem zusammengesetzten Endmaßblock muss dieser wieder auseinandergenommen werden, da die Flächen sonst kalt verschweißen können.

Ein Endmaßnormalsatz besteht aus Endmaßen mit fünf unterschiedlichen Maßbildungsreihen. Jede Reihe hat neun Maßblöcke. Innerhalb der Reihe ist die Stufung gleich, so beträgt z. B. in der Reihe 2 die Stufung von Endmaß zu Endmaß 0,01 mm.
Endmaßnormalsätze gibt es in vier Genauigkeitsklassen von 0 bis III. Dabei haben Parallelendmaße mit der Klasse 0 die höchste Genauigkeit.

Maßbildungsreihe	Stufung innerhalb der Reihe	Größe der Endmaße
Reihe 1	0,001 mm	1,001 mm bis 1,009 mm
Reihe 2	0,01 mm	1,01 mm bis 1,09 mm
Reihe 3	0,1 mm	1,1 mm bis 1,9 mm
Reihe 4	1 mm	1 mm bis 9 mm
Reihe 5	10 mm	10 mm bis 90 mm

Beispiel für das Zusammenstellen von Endmaßen zur Maßverkörperung 30,311 mm

Auftrag:
Zum Ermitteln der Abweichungen des Flächenabstands von 30,311 mm ist ein Feinzeiger einzurichten.
Eine Maßverkörperung für das Maß 30,311 mm ist zusammenzustellen.

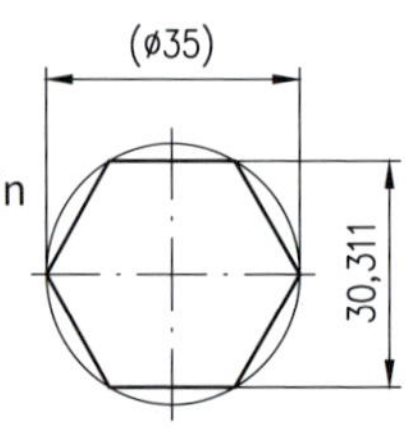

Lösung

Maßbildung	Reihe 1	1,001
	Reihe 2	1,010
	Reihe 3	1,300
	Reihe 4	7,000
	Reihe 5	20,000
	Kontrolle	**30,311**

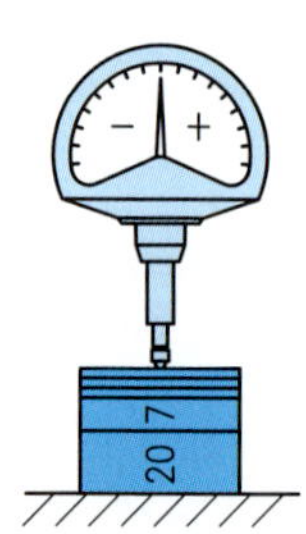

Parallelendmaße können für verschiedene Aufgaben eingesetzt werden, z. B. für das:

- Prüfen von Lehren,
- Kalibrieren von anzeigenden Messgeräten,
- Prüfen von Werkstücken,
- Einstellen von anzeigenden Messgeräten,
- Einstellen von Parallelanreißern,
- Einstellen von Werkzeugmaschinen.

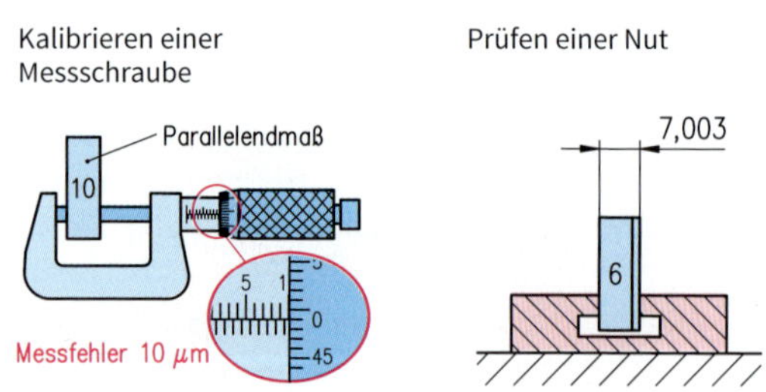

Parallelendmaße als Prüfmittel

! Parallelendmaße sind sehr genaue Maßverkörperungen. Sie dienen für Prüfaufgaben, bei denen Genauigkeiten bis zu 0,001 mm erreicht werden können.

2.6.2 Maßlehren

Maßlehren dienen zur Überprüfung von Maßen. Man kann mit Maßlehren nur die Grenzen feststellen, zwischen denen ein Maß liegt. Passt zum Beispiel die Nadel einer Düsenlehre mit 1,25 mm Durchmesser in eine Bohrung und die Nadel mit 1,30 mm Durchmesser nicht, so liegt das Maß der Bohrung zwischen 1,25 mm und 1,30 mm Durchmesser.

Beispiele für Maßlehren

Fühlerlehre

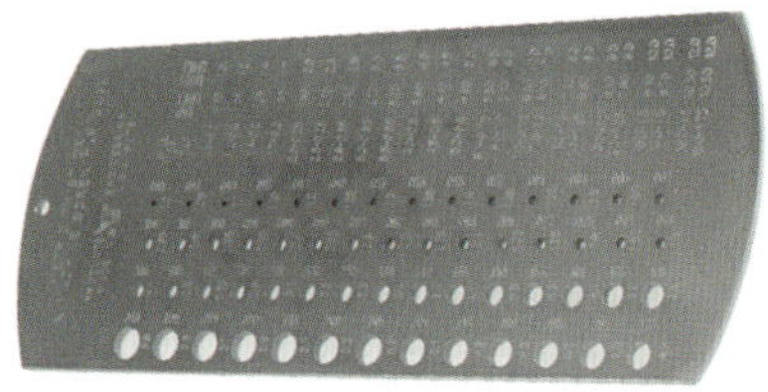

Lochlehre

! Maßlehren dienen zur Überprüfung von Maßen.

2.6.3 Grenzlehren

Grenzlehren dienen zum Feststellen, ob die vorgeschriebenen Grenzmaße am Werkstück eingehalten worden sind. Die Grenzlehre hat deshalb zwei feste Maße: das Höchstmaß und das Mindestmaß.
Grenzrachenlehren dienen zum Lehren von Wellen, Grenzlehrdorne zum Lehren von Bohrungen.

Beispiele für Grenzlehren

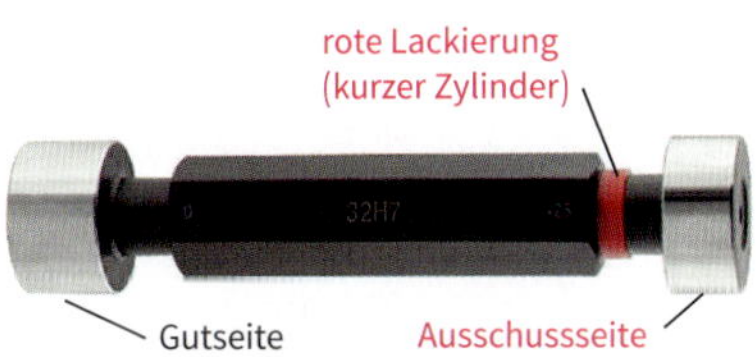

Grenzlehrdorn

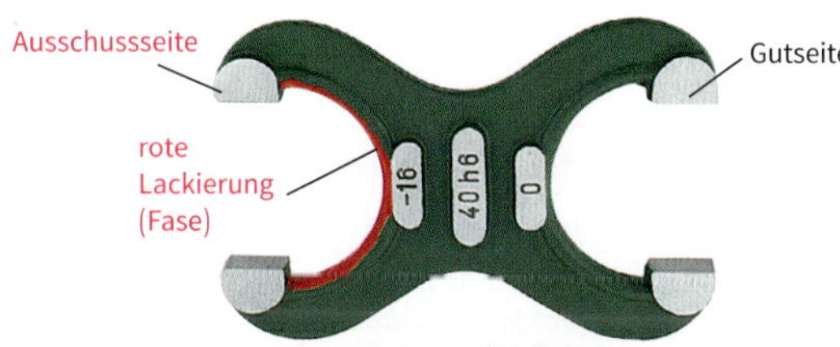

Grenzrachenlehre

! Grenzlehren verkörpern das Höchst- und Mindestmaß.

2.6.4 Formlehren

Mithilfe von Formlehren wird festgestellt, ob eine bestimmte geforderte Form, ein Radius oder ein Profil dem Sollzustand entspricht.

Beispiele für Formlehren

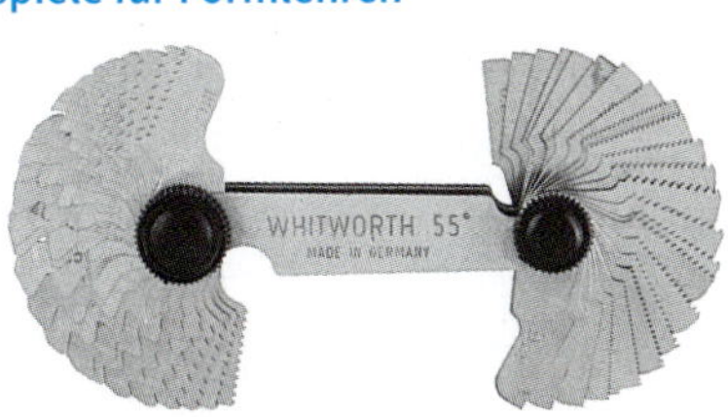

Radienlehre

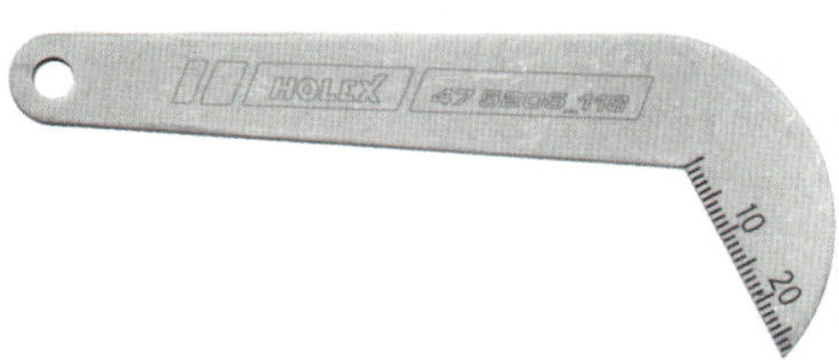

Schleiflehre für Bohrer

! Formlehren verkörpern die Sollkontur.

3 Prüfen von Winkeln

Die Konturen eine Werkstücks werden durch Kombination unterschiedlicher Konturelemente erzeugt. Diese Konturelemente werden durch Flächen begrenzt, die häufig in unterschiedlichen Winkeln zueinander stehen. Beim Prüfen von Winkeln wird die Einhaltung der vorgegebenen Winkelmaße überprüft. Die Einheit für den Winkel ist der Grad.

Der Vollkreis hat einen Winkel von 360°.
Der Winkel von 1° wird unterteilt in 60 Minuten oder 3 600 Sekunden.

Vollkreis	=	360°
1 Grad	=	60 Minuten; 1° = 60'
1 Minute	=	60 Sekunden; 1' = 60"
1° = 60'	=	**3 600"**

Winkeleinheiten

! Die Einheit für Winkel ist ein Grad (1°). Der Vollkreiswinkel beträgt 360°.

3.1 Messen von Winkeln

1. Messen mit Winkelmessern

– Einfacher Winkelmesser

Der einfache Winkelmesser hat einen festen Messschenkel mit einer Kreisskala in Gradeinteilung von 0 bis 180°. Ein beweglicher Messschenkel schwenkt um den Kreismittelpunkt. Der Zeiger am beweglichen Messschenkel dient zur Anzeige des Winkels auf der Kreisskala. Der angezeigte Wert entspricht nicht in jedem Fall der Winkelgröße am Werkstück. Die Größe des gemessenen Winkels wird entweder sofort abgelesen, oder sie muss berechnet werden.

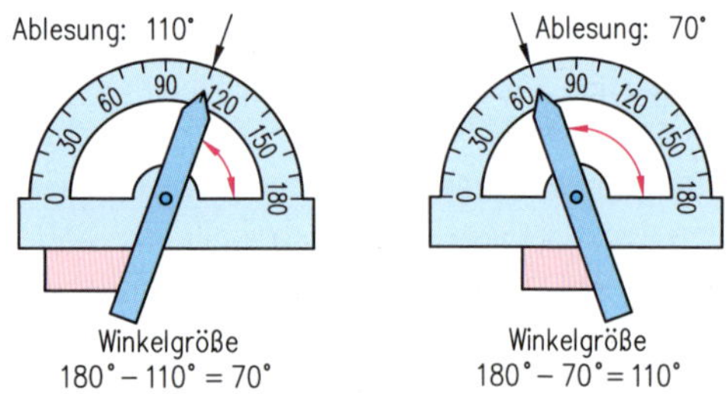

Einfacher Winkelmesser mit Ablesebeispielen

! Einfache Winkelmesser haben einen Messbereich von 0 bis 180°. Die Ablesegenauigkeit beträgt 1°.

– Universalwinkelmesser

Der Universalwinkelmesser ist vielseitiger verwendbar als der einfache Winkelmesser. Der Universalwinkelmesser hat zwei feste Schenkel, die unter einem Winkel von 90° zueinander stehen. Ein weiterer Schenkel ist um eine Vollkreisskala schwenkbar.
Die Vollkreisskala ist in viermal 90° eingeteilt. Sie bildet mit den beiden festen Schenkeln eine starre Einheit. Mit dem beweglichen Schenkel verbunden ist eine Nebenskala. Sie besteht aus je einem Nonius rechts und links vom Nullstrich.
Jeder Nonius ist in zwölf Teile aufgeteilt und erstreckt sich auf 23°. Der Winkel zwischen zwei Teilstrichen auf dem Nonius ist daher 23°/12 = 1°55'. Die Ablesegenauigkeit beträgt somit 5'.
Das Ablesen erfordert eine Zusammenfassung der Werte von Hauptskala und Nonius. Der Winkelnonius muss von der Null zweiseitig vorhanden sein. Daher ist zu beachten, dass Hauptskala und Nonius **stets** in gleicher Richtung abgelesen werden.

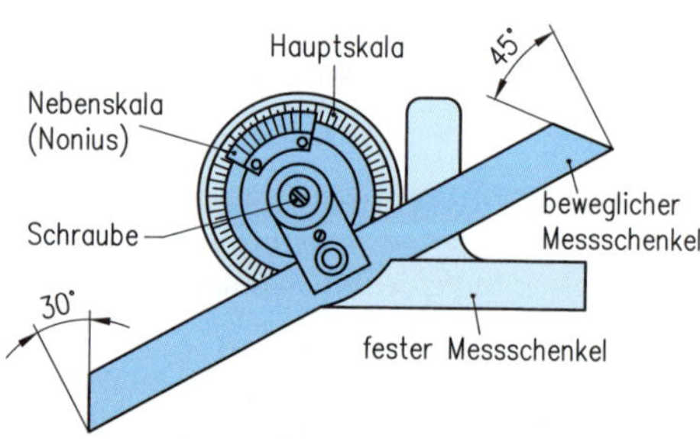

Universalwinkelmesser

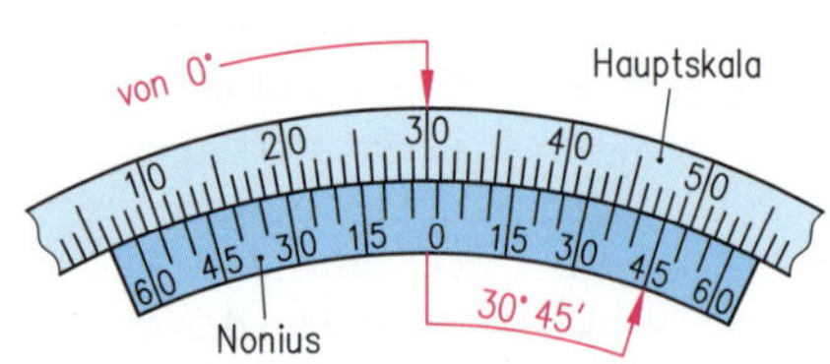

Ermittlung der Winkelgröße

! Universalwinkelmesser haben einen Messbereich von 0 bis 360°. Die Ablesegenauigkeit beträgt 5'. Nonius und Hauptskala müssen stets in gleicher Richtung abgelesen werden.

2. Prüfen und Einstellen mit Winkelendmaßen
Winkelendmaße sind sehr genaue Maßverkörperungen von Winkeln. Die geneigte Stellung zweier Messflächen zueinander verkörpert den einzelnen Winkel. Die Größe des Winkels ist seitlich auf dem Endmaß aufgetragen. Zusätzlich trägt jedes Winkelendmaß am dünneren Ende das Minuszeichen und am dickeren Ende das Pluszeichen. Durch Zusammensetzen von Winkelendmaßen können sie zum Prüfen von Winkeln verwendet werden.
Winkelendmaße werden ähnlich den Parallelendmaßen in Sätzen geliefert. Ein solcher Satz enthält z. B. 14 Winkelendmaße in drei Maßbildungsreihen für Grade, Minuten und Sekunden. Mit diesem Satz kann jeder Winkel zwischen 0 und 90° in Stufen von 10" dargestellt werden.

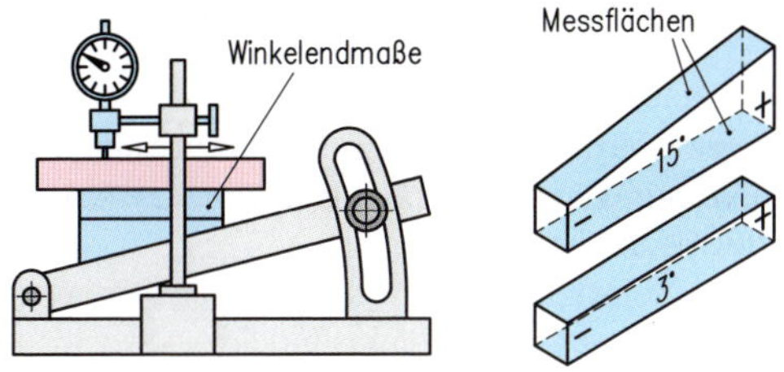

Einstellen mittels Winkelendmaßen

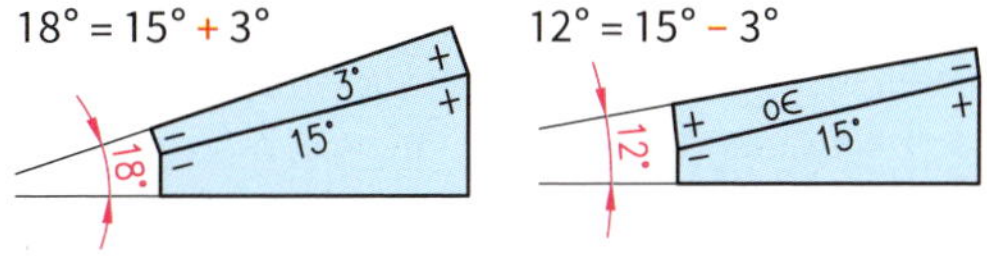

Winkelbildung durch Addition

Winkelbildung durch Subtraktion

> **!** Das Winkelmaß wird durch ein Endmaß oder durch die Kombination mehrerer Winkelendmaße gebildet. Ein Winkel ergibt sich bei einer Kombination durch Addition oder Subtraktion der Einzelwinkel.

3. Prüfen und Einstellen mit dem Sinuslineal
Mithilfe des Sinuslineals können Winkel durch Endmaßkombinationen zusammengestellt werden. Das Sinuslineal ist eine parallel geschliffene Platte, an der zwei Zylinder im Abstand L befestigt sind. Durch Unterlegen von Endmaßen wird der Winkel eingestellt. Es gilt die mathematische Beziehung:

$$\sin \alpha = \frac{H}{L}$$

α Winkel
H Höhe der Endmaße
L Länge des Sinuslineals

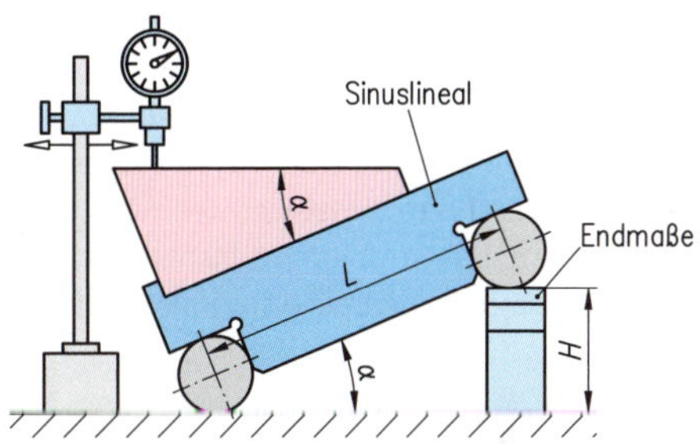

Prüfen eines Winkels mit dem Sinuslineal

> **!** Durch den Einsatz von Parallelendmaßen kann mit dem Sinuslineal ein Winkel sehr genau bestimmt werden. Den Winkel berechnet man aus der Höhe der Endmaße und der Länge des Sinuslineals mithilfe der Sinusfunktion.

3.2 Lehren von Winkeln

Winkel werden auch mit Lehren geprüft. Dies sind meistens feste Winkel, die einen bestimmten Winkel verkörpern. Zum Prüfen wird die Winkellehre mit ihren Prüfflächen an das Werkstück angelegt. Tritt ein Lichtspalt zwischen Prüfgegenstand und Lehre auf, so weicht der vorhandene Winkel vom geforderten Winkel ab. Der Istwert des Winkels wird dabei nicht festgestellt.

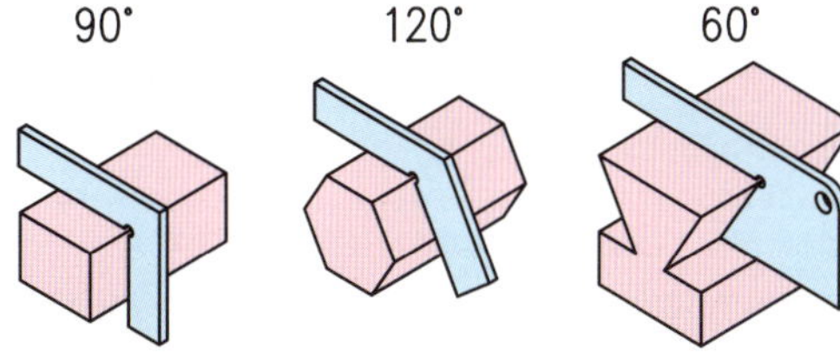

Prüfen mit festen Winkeln

> **!** Beim Prüfen von Winkeln mit Lehren kann der Zahlenwert einer Abweichung nicht festgestellt werden.

Übungsaufgabe 3/7

4 Prüfen der Rauheit von Oberflächen

Die Gestaltabweichungen der Werkstückoberflächen von ihrer Idealform ergeben sich aus den Bedingungen der Fertigung und der Werkstoffbeschaffenheit. Die Güte der Werkstückoberfläche ist beim Urformen und Umformen von der formgebenden Oberfläche bei spanender Bearbeitung vom Verfahren und von den Schnittbedingungen abhängig.

Messgeräte zur Prüfung der Gestaltabweichungen von Werkstückoberflächen tasten diese ab, zeichnen über einen Diagrammschreiber stark vergrößerte Oberflächenprofile auf und errechnen verschiedenartige Kenngrößen.

Die Richtung der Oberflächenabtastung ist frei wählbar, bei spanender Bearbeitung prüft man meist quer zur Bearbeitungsrichtung.

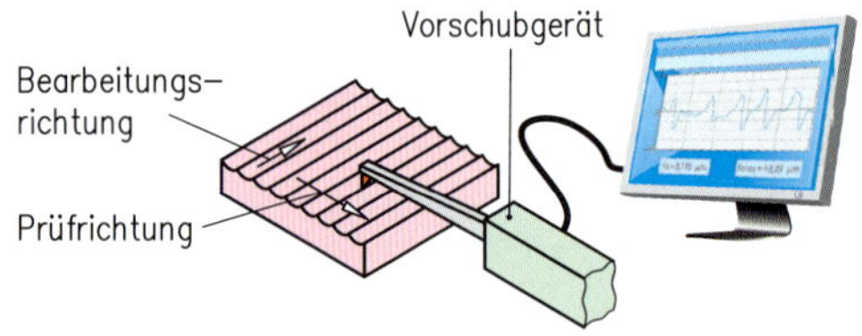

Rauheitsprüfung (Schema)

4.1 Oberflächenkenngrößen

Bei der Oberflächenprüfung erfasst man Gestaltabweichungen unterschiedlicher Größenordnung. Man unterscheidet in der 1. Ordnung **Formabweichungen**, in der 2. Ordnung **Welligkeit** und ab der 3. Ordnung **Rauheit**. Die Oberflächenprüfgeräte erlauben es, durch computerunterstützte Auswertung charakteristische Profilmerkmale herauszufiltern.

Formabweichungen ermittelt man mithilfe von Messmaschinen. Welligkeit und Rauheit werden mit Tastschnittgeräten erfasst.

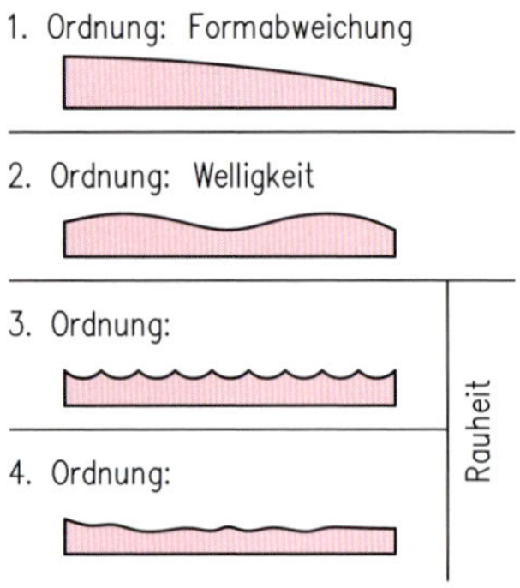

Gestaltabweichungen

Zur Darstellung des Rauheitsprofils werden die langwelligen Profilanteile durch entsprechende Filter unterdrückt. So erhält man eine stark vergrößerte Darstellung der mikroskopisch kleinen Unebenheiten der Werkstückoberfläche. Diese Oberflächenrauheit beeinflusst das Aussehen, das Verschleißverhalten und die Haftung von Beschichtungen.

Wichtige Kenngrößen sind die Rauheitskenngrößen *Rz* und *Ra*.

4.1.1 Rauheitskenngröße *Rz*

Zur Bestimmung des *Rz*-Werts unterteilt man im Regelfall die Auswertelänge l in fünf gleiche Einzelmessstrecken l_e. Innerhalb jeder Einzelmessstrecke misst man den Abstand zwischen der höchsten und tiefsten Profilspitze. Diesen Abstand bezeichnet man als Einzelrautiefe Z. Den Mittelwert aus **fünf** aufeinanderfolgenden Einzelrautiefen Z_1 bis Z_5 bezeichnet man als Rauheitskenngröße *Rz*.

Man berechnet den *Rz*-Wert nach der Formel:

$$Rz = \frac{1}{5} \cdot (Z_1 + Z_2 + Z_3 + Z_4 + Z_5)$$

Bei der Angabe der Oberflächenbeschaffenheit wird in Deutschland die Rauheitskenngröße *Rz* bevorzugt verwendet.

Beispiel für die Berechnung des *Rz*-Werts

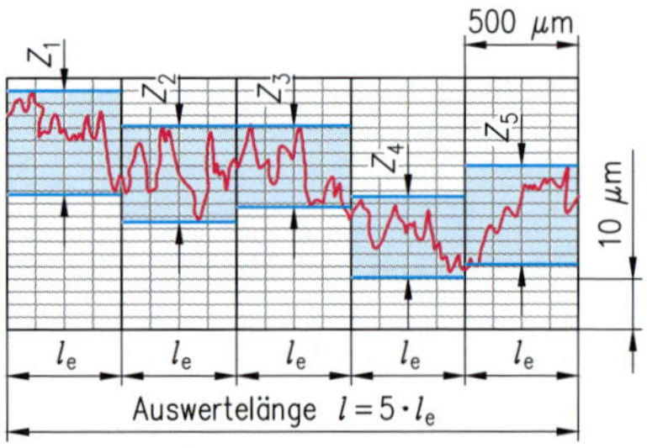

Messwerte:
$Z_1 = 20\ \mu m$
$Z_2 = 20\ \mu m$
$Z_3 = 16\ \mu m$
$Z_4 = 14\ \mu m$
$Z_5 = 21\ \mu m$

Rauheitsprofil mit Einzelrautiefe

$$Rz = \frac{1}{5} \cdot (20\ \mu m + 20\ \mu m + 16\ \mu m + 14\ \mu m + 21\ \mu m)$$

$$Rz = \mathbf{18\ \mu m}$$

! Die Rauheitskenngröße *Rz* ist das arithmetische Mittel der Einzelrautiefen von fünf aufeinanderfolgenden Messstrecken.

Übungsaufgaben 4/1; 4/2

4.1.2 Rauheitskenngröße *Ra*

Den *Ra*-Wert kann man sich als Höhe eines Rechtecks vorstellen, dessen Grundseite die Auswertelänge ist. Dieses Rechteck muss flächengleich mit der unregelmäßigen Fläche zwischen Rauheitsprofil und Mittellinie sein. Damit stellt die Höhe des Rechtecks einen Mittelwert aller Profilabstände von der Mittellinie dar. Der errechnete *Ra*-Wert wird in Mikrometer angegeben.

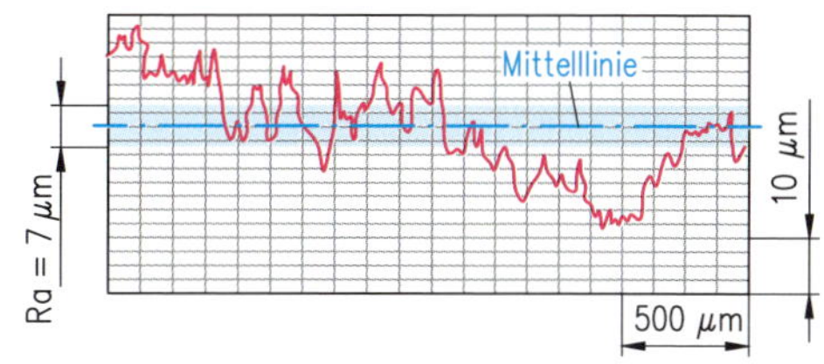

Darstellung des *Ra*-Werts

> **!** Der Rauheitskenngröße *Ra* ist der Mittelwert aller Abweichungen des Rauheitsprofils von der Mittellinie.

4.2 Verfahren zur Prüfung der Rauheit

4.2.1 Prüfen mit Tastschnittgeräten

Bei Tastschnittgeräten tastet eine Diamantspitze mechanisch das Oberflächenprofil auf einer einstellbaren Messstrecke ab. Die entstehenden Höhenbewegungen der Tastspitze werden in elektrische Signale umgeformt und auf einen Rechner übertragen. Die Messstrecke und die Höhenbewegung können ggf. von einem Profilschreiber mit unterschiedlichen Vergrößerungen aufgezeichnet werden.

Beispiel für die Prüfung der Rauheit der Dichtfläche eines Zylinders

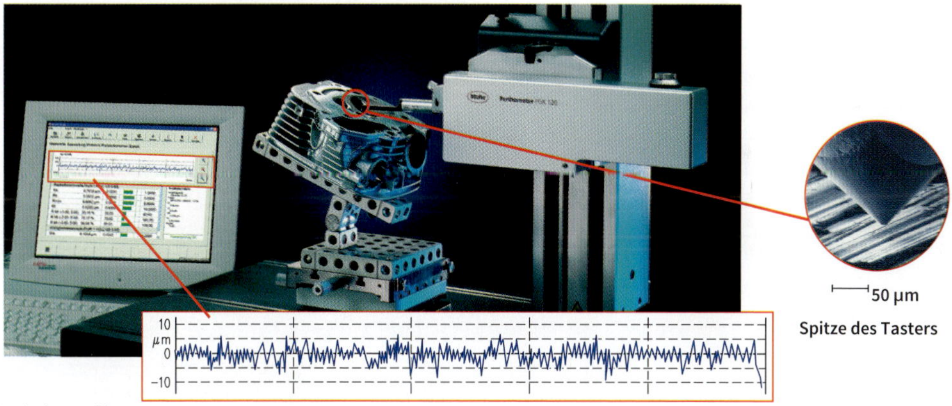

Spitze des Tasters

Rauheitsprofil

4.2.2 Optische Rauheitsprüfung

Beim **Lichtschnittverfahren** wird ein beleuchteter Lichtspalt unter 45° auf die zu untersuchende Oberfläche projiziert. Der so entstandene Lichtschnitt wird mit einem Mikroskop, das im Ausfallswinkel von 45° steht, beobachtet. Durch Bewegung des Lichtschnitts über die Oberfläche entsteht ein Bild, aus dem Rauigkeit im Bereich von etwa 1 bis 50 µm abgeleitet werden kann. Da das Verfahren berührungslos arbeitet, ist es auch zur Bestimmung der Rauigkeit weicher Werkstoffe geeignet.

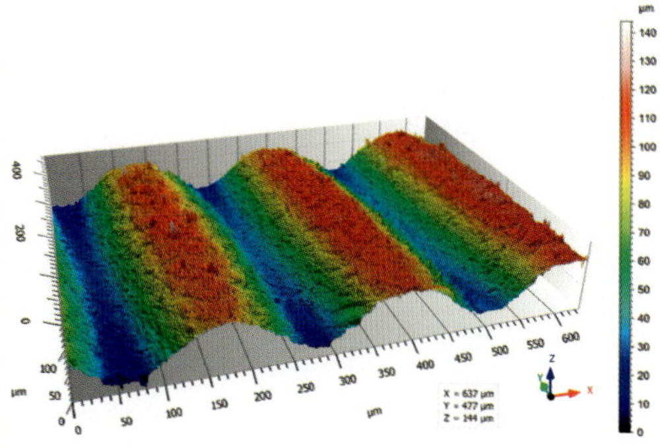
3D-Oberflächenmessung (Steinbeis STZ)

Übungsaufgabe 4/3

4.3 Angabe der Oberflächenbeschaffenheit in Zeichnungen

Wenn die Funktionstauglichkeit eines Werkstücks von der Oberflächenrauheit abhängt, wird diese in die Zeichnung eingetragen.

Werte für die Kennzeichnung der Oberflächenbeschaffenheit

Oberflächenbeschaffenheit nach alter Norm	**Oberflächenangaben** nach DIN EN ISO 1302							
	Rz in µm				*Ra* in µm			
	R 1	R 2	R 3	R 4	R 1	R 2	R 3	R 4
geschruppt Riefen fühlbar und mit bloßem Auge sichtbar	160	100	63	25	25	12,5	6,3	3,2
geschlichtet Riefen mit bloßem Auge noch sichtbar	40	25	16	10	6,3	3,2	1,6	0,8
fein geschlichtet Riefen mit bloßem Auge nicht mehr sichtbar	16	6,3	4	2,5	1,6	0,8	0,4	0,2
feinst geschlichtet	–	1	1	0,4	–	0,1	0,1	0,025

R 2 ist zu bevorzugen.

Die Rauheitskenngrößen werden durch Symbole nach DIN EN ISO 1302 mit den Größenangaben in Zeichnungen eingetragen. Jede Rauheitskenngröße hat einen festgelegten Platz am Symbol.

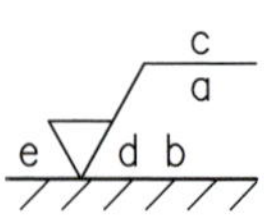

Lage der Oberflächenangaben am Symbol

a Rauheitskenngrößen *Ra, Rz* in µm bzw. *Rt*
b zweite Anforderung an die Oberflächenbeschaffenheit (wie a)
c Fertigungsverfahren, Oberflächenbehandlung
d Rillenrichtung
e Bearbeitungszugabe in mm

Beispiele für die Eintragung der Oberflächenkenngrößen in Zeichnungen

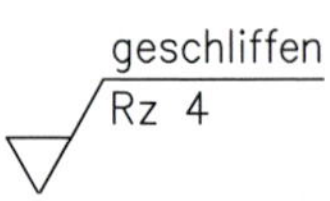

geschliffene Oberfläche mit der größtmöglichen Rauheitskenngröße *Rz* = 4 µm

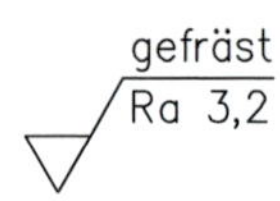

gefräste Oberfläche mit der größten Rauheitskenngröße *Ra* = 3,2 µm

4.4 Fertigungsverfahren und Oberflächenbeschaffenheit

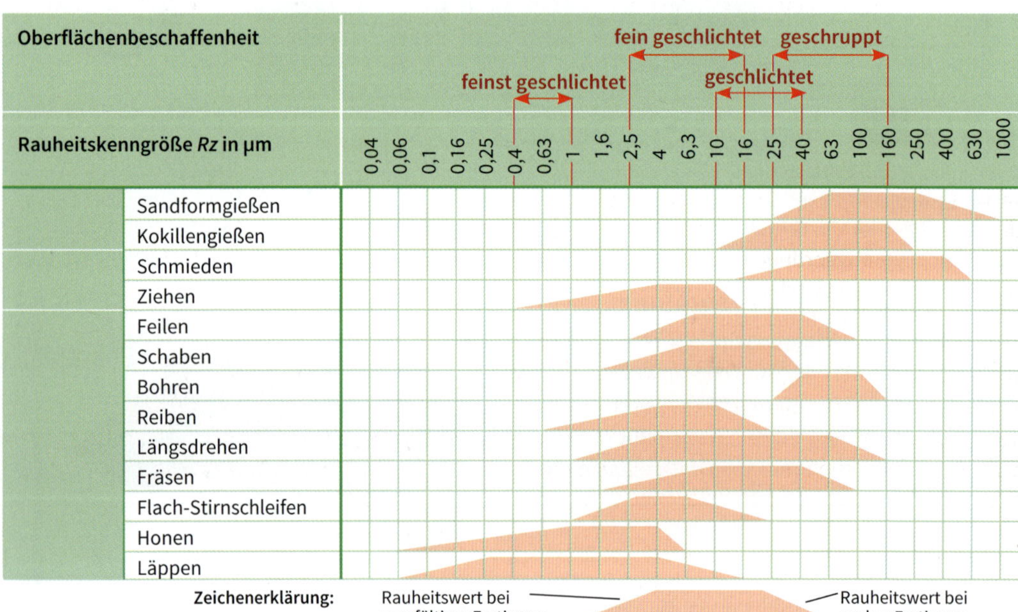

Übungsaufgaben 4/4 bis 4/6

5 Prüfen von Gewinden

5.1 Lehren von Gewinden

Mit Gewindelehren lassen sich Gewinde in einem Arbeitsgang überprüfen.

1. Prüfen mit Gewindeschablonen

Mit Gewindeschablonen kann man auf einfache Art durch Lichtspaltverfahren die Profilgrößen eines Gewindes feststellen. Dabei vergleicht man in einem Vorgang Steigung, Gewindetiefe und Flankenwinkel von Lehre und Prüfgegenstand miteinander.

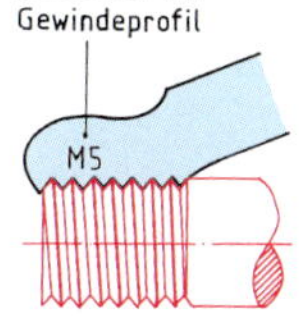

Prüfen mit Gewindeschablonen

Satz Gewindeschablonen

! Mit Gewindeschablonen prüft man das Profil eines Gewindes.

2. Prüfen mit Gewindegrenzlehren

Zum Lehren von Innengewinden dienen **Gewindegrenzlehrdorne**. Die Gutseite des Lehrdorns hat das volle Gewindeprofil mit mehreren Gewindegängen. Die Gutseite muss sich in das zu prüfende Gewinde einschrauben lassen. Die Ausschussseite des Lehrdorns hat verkürzte Flanken und nur wenige Gewindegänge. Die Ausschussseite darf sich nicht einschrauben lassen.

Außengewinde prüft man mit Gewindelehrringen oder Grenzrollenlehren.

Gewindelehrringe entsprechen in ihrem Gewindeaufbau und ihrer Handhabung den Gewindegrenzlehrdornen. Für die Gut- und Ausschusslehrung gibt es jedoch getrennte Lehrringe. Da die Gutlehrringe durch das häufige Einschrauben stark verschleißen, verwendet man Lehrringe vorwiegend zum Prüfen von kurzen Außengewinden.

Längere Außengewinde prüft man mit **Grenzrollenlehren**. Grenzrollenlehren für Gewinde sind wie Rachenlehren aufgebaut. Im gleichen Rachen ist je ein Rollenpaar für die Gutlehrung und für die Ausschusslehrung angeordnet. Das vordere Rollenpaar hat mehrere Gewindegänge des vollen Profils. Diese Rollen stellen die Gutseite der Lehre dar und müssen durch ihr Eigengewicht über das zu prüfende Gewinde rollen. Die Abnutzung der Rollen ist dabei sehr gering. Das hintere Rollenpaar hat nur wenige, nicht voll ausgebildete Gewindegänge und dient zur Ausschusslehrung. Dieses Rollenpaar darf sich nicht über das zu prüfende Gewinde bewegen lassen.

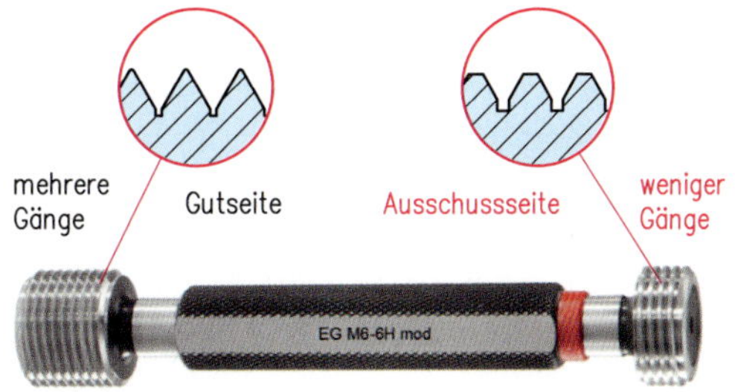

Gewindelehrdorn

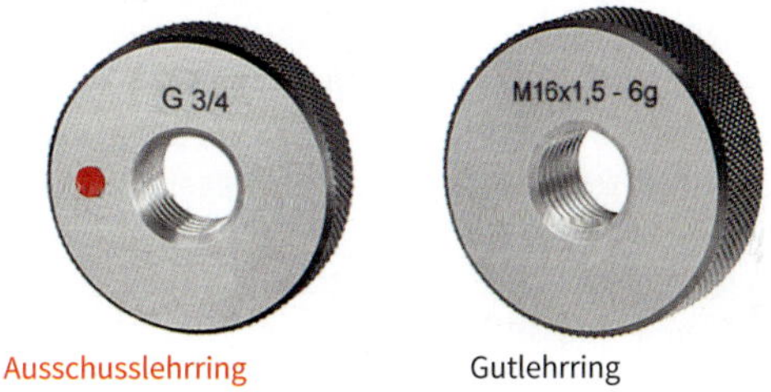

Gewindelehrringe

Gewinderollenlehre

! Mit Gewindegrenzlehren überprüft man die Funktionsfähigkeit eines Gewindes.

5.2 Messen von Gewinden

1. Messgrößen am Gewinde

Der Flankendurchmesser, die Steigung und der Flankenwinkel in seiner Größe und Lage zur Achse sind entscheidend für die Genauigkeit eines Gewindes. Durch die geometrische Zuordnung dieser drei Größen ist das Gewinde bestimmt. Sie werden mit unterschiedlichen Messgeräten gemessen.

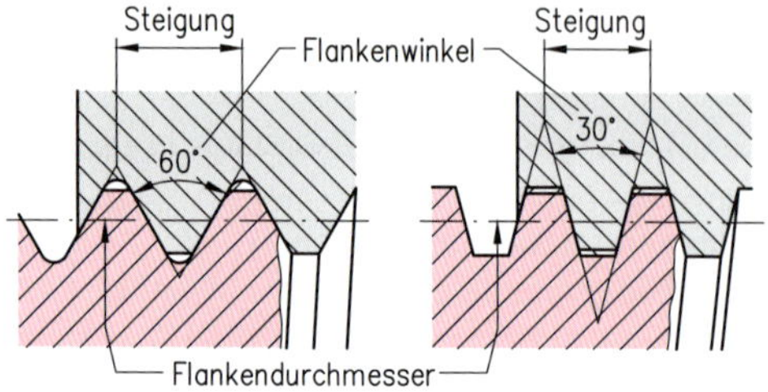

Messgrößen bei genormten Gewinden

2. Messen der Steigung

Das einfachste Gerät zum Messen der Gewindesteigung ist der Messschieber. Man ermittelt die Steigung, indem man den Abstand mehrerer Gewindegänge mit den Messspitzen misst und den Messwert durch die Anzahl der Gewindegänge teilt.

Durch Steigungsschnäbel mit eingeschobenen Endmaßen ergeben sich genauere Messwerte. Auch bei diesem Verfahren ist der Messwert ein Vielfaches der Steigung.

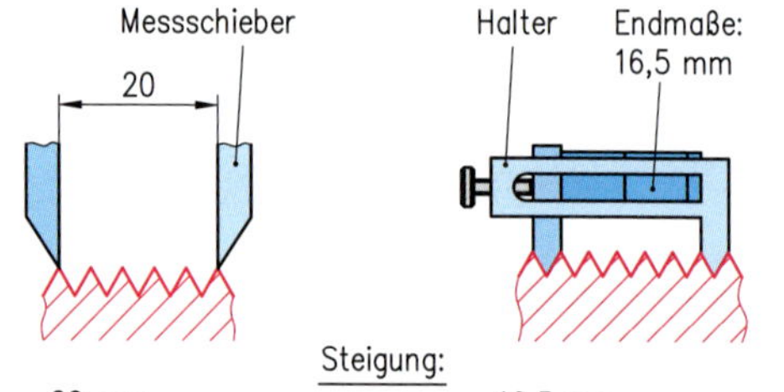

$\frac{20\ \text{mm}}{5} = 4\ \text{mm}$ $\qquad$ $\frac{16{,}5\ \text{mm}}{6} = 2{,}75\ \text{mm}$

Messen der Steigung

! Die Steigung bestimmt man bei eingängigen Gewinden aus dem Abstand mehrerer Gewindegänge.

3. Messen des Flankendurchmessers

Der Flankendurchmesser kann bei Innen- und Außengewinden mit Messschrauben gemessen werden, die mit besonderen Einsätzen versehen sind. Diese Einsätze bezeichnet man als Kegel und Kimme. Sie sind beweglich, damit sie sich beim Prüfen in Richtung der Steigung einstellen können. Kegel und Kimme müssen der jeweiligen Gewindesteigung entsprechen.

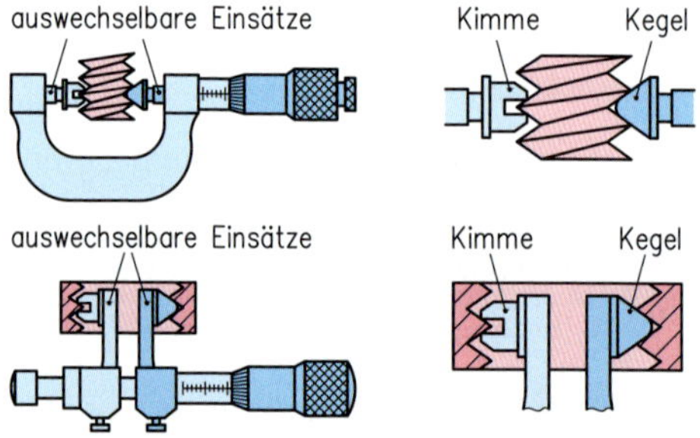

Messen des Flankendurchmessers mit Kegel und Kimme

Ein sehr genaues Messverfahren zur Bestimmung des Flankendurchmessers bei Außengewinden ist das Dreidraht-Messverfahren. Dabei verwendet man drei gleich dicke Messdrähte. Zwei Drähte werden in benachbarte Gewindelücken, der dritte in die gegenüberliegende Lücke des Gewindes eingelegt. Mit einer Messschraube ermittelt man den Abstand zwischen den Drähten. Der entsprechende Flankendurchmesser wird unter Berücksichtigung der Drahtdurchmesser errechnet oder Tabellen entnommen.

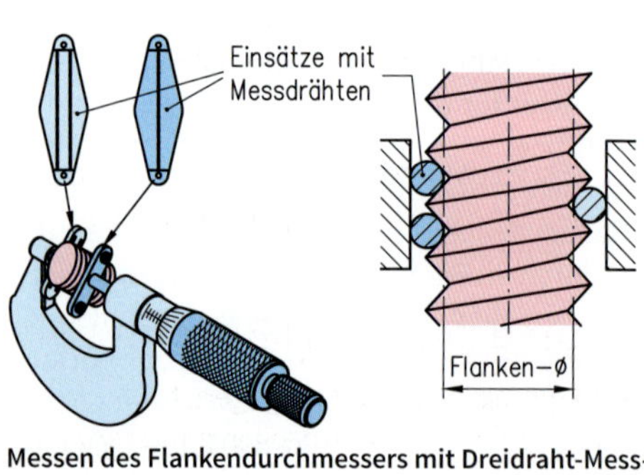

Messen des Flankendurchmessers mit Dreidraht-Messverfahren.

! Den Flankendurchmesser bestimmt man mithilfe von Messschrauben aus dem Maß, das sich mit ins Gewinde eingelegten Kegeln oder Drähten ergibt.

Übungsaufgaben 5/6 bis 5/8

6 Messabweichungen

6.1 Größe der Messabweichung

Die Abweichung des Prüfergebnisses von der tatsächlichen Größe des zu prüfenden Gegenstands nennt man Prüf- oder Messabweichung.

Beispiel für eine Messabweichung

gemessener Wert	–	tatsächlicher Wert	=	Messabweichung
20,1 mm	–	20,076	=	+ 0,024 mm

! Messabweichung = gemessener Wert – tatsächlicher Wert

6.2 Arten von Messabweichungen

1. Systematische Messabweichung

Bestimmte Messabweichungen treten regelmäßig auf. Misst man z. B. mit einer Messschraube, die im Gewinde ein Spiel von 1/100 mm aufweist, so weicht der Messwert stets um 1/100 mm vom tatsächlichen Wert ab. Diese Messabweichung tritt bei jeder Messung mit dieser Messschraube auf, sie wird daher als **systematische Messabweichung** bezeichnet. Man kann sie also bei jeder Messung berücksichtigen.

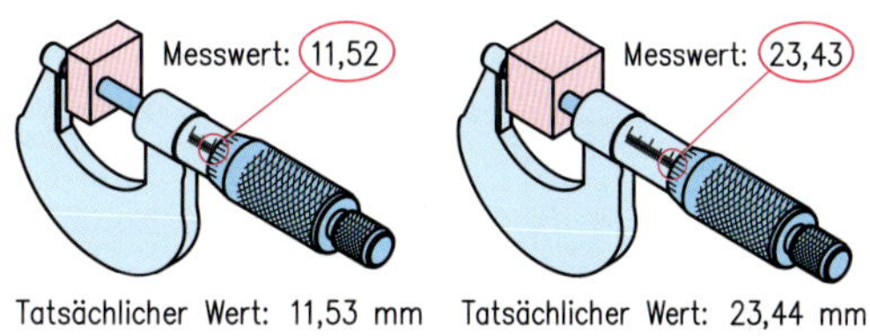

Systematische Messabweichung durch Gewindespiel

!
- Messabweichungen, die regelmäßig auftreten, bezeichnet man als systematische Messabweichungen.
- Systematische Messabweichungen können beim Prüfen berücksichtigt werden.

2. Zufällige Messabweichung

Andere Abweichungen treten unregelmäßig auf. Presst man z. B. die Messschenkel eines Messschiebers unterschiedlich stark an das Werkstück an, so ergeben sich Abweichungen, die bei jeder Messung anders sind. Man bezeichnet sie als **zufällige Messabweichungen**. Solche Abweichungen kann man beim Prüfen nicht berücksichtigen.

Zufällige Abweichungen versucht man dadurch auszugleichen, dass man mehrere Messungen am gleichen Werkstück durchführt und aus ihnen einen Mittelwert errechnet. Der Mittelwert kommt dann dem tatsächlichen Wert sehr nahe.

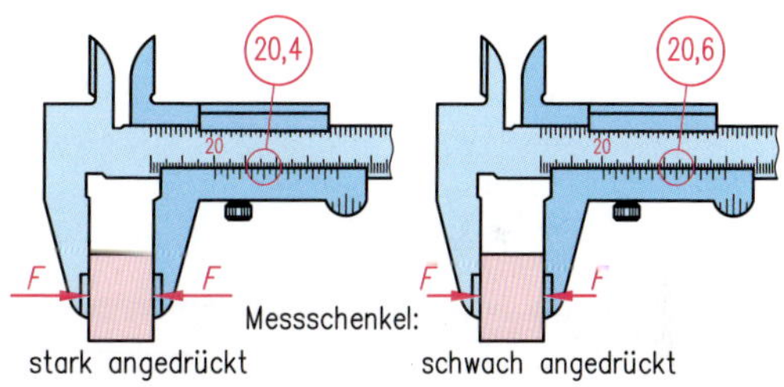

Zufällige Abweichung durch unterschiedliche Anpresskraft

1. Messung 20,4 mm
2. Messung 20,5 mm
3. Messung 20,5 mm
4. Messung 20,6 mm

} Mittelwert 20,5 mm

Bildung eines Mittelwerts

!
- Messabweichungen, die unregelmäßig auftreten, bezeichnet man als zufällige Messabweichungen.
- Zufällige Messabweichungen können beim Prüfen nicht berücksichtigt werden.

6.3 Ursachen von Messabweichungen

1. Unvollkommenheit am Prüfgegenstand

Form und Oberfläche des Prüfgegenstands können ebenfalls zu Messabweichungen führen. Wird z. B. ein nicht paralleles oder unrundes Werkstück nur an einer Stelle gemessen, führt dies zu einer Messabweichung. Ebenso verursacht eine ungenügende Qualität der Oberfläche Messabweichungen.

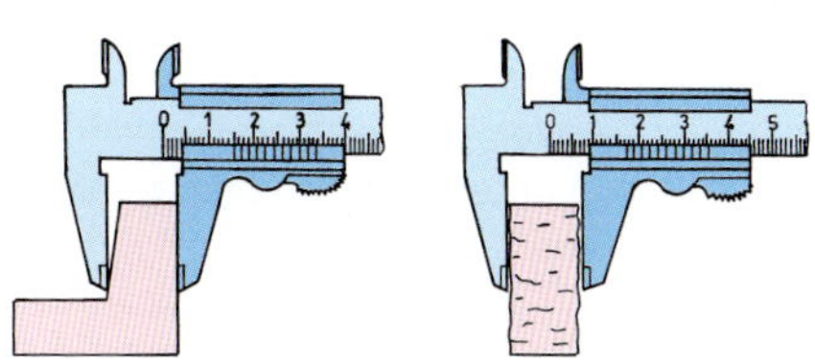

Messabweichung durch ungenügende Qualität des Prüfgegenstands in Form der Oberfläche

2. Unvollkommenheiten bei Messgeräten und Lehren

Prüfmittel, deren Messflächen durch Gebrauch abgenutzt oder gar beschädigt sind, führen zu ständig wiederkehrenden Abweichungen. Deshalb müssen Prüfgeräte von Zeit zu Zeit auf ihre Genauigkeit überprüft werden. So prüft man z. B. Messschrauben und Grenzrachenlehren mit Endmaßen.

Die Genauigkeit von Messschiebern überprüft man, indem die Messflächen der beiden Messschenkel leicht zusammengedrückt werden. In geschlossener Stellung müssen Nullstrich des Schiebers und Nullstrich des Strichmaßstabs übereinstimmen. Mit dem Lichtspaltverfahren kann man erkennen, ob sich die Messflächen auf der ganzen Länge berühren.

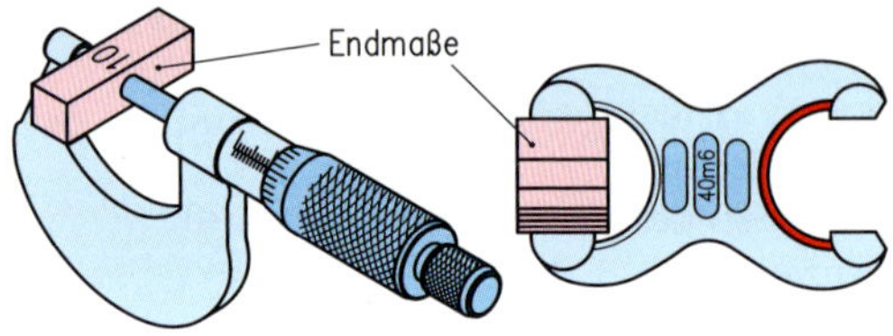

Überprüfung von Messschraube und Grenzrachenlehre

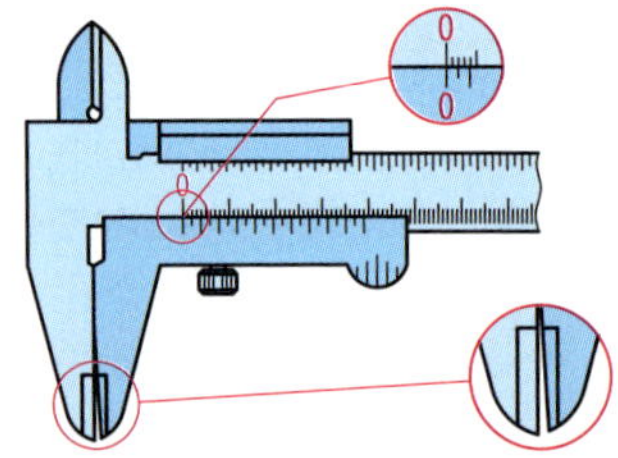

Überprüfung eines abgenutzten Messschiebers

> **!** Ungenaue Prüfgeräte verursachen systematische Messabweichungen. Daher muss die Genauigkeit der Prüfmittel ständig überprüft werden.

3. Unvollkommenheit in den Umweltbedingungen

Die Bezugstemperatur für genaue Messungen beträgt 20 °C. Zu hohe oder tiefe Temperaturen verändern die Längen an Werkstücken und Prüfmitteln. Das Nichteinhalten der Bezugstemperatur führt zu Messabweichungen. Diese Abweichungen sind bei gleichen Bedingungen stets regelmäßig.

Messabweichungen durch Nichteinhalten der Bezugstemperatur

> **!** Abweichungen des Werkstücks oder des Prüfmittels von der festgelegten Bezugstemperatur von 20 °C verursachen Messabweichungen.

4. Persönliche Fehler des Prüfers

Ein häufiger Fehler des Prüfers besteht darin, dass beim Ablesen von Strichmaßen und Zeigerinstrumenten die Blickrichtung nicht senkrecht zur Stricheinteilung ist. Die Maßebene am Werkstück und die Teilungsebene am Messinstrument liegen in einem Abstand parallel zueinander.
Der Abstand der Skala des Strichmaßes vom Werkstück oder der Abstand des Zeigers von der Skala führen durch das schräge Aufblicken zu einem mehr oder weniger großen Ablesefehler. Blickt man senkrecht auf anzeigende Prüfgeräte, vermeidet man diesen Fehler.

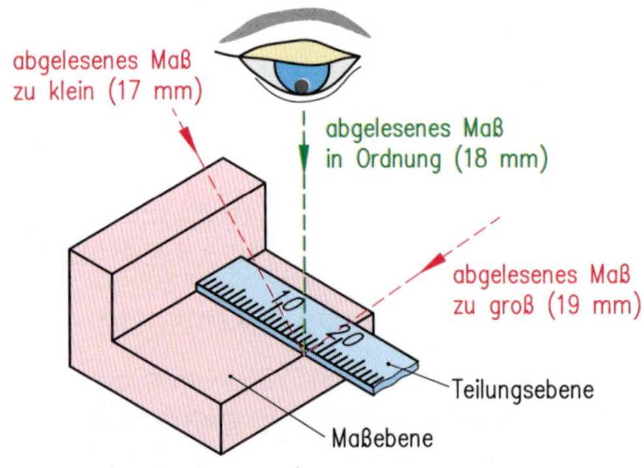

Ablesefehler durch schräge Blickrichtung

> **!** Persönliche Fehler des Prüfenden können durch gezielte Messübungen weitgehend verringert werden.

7 Auswahl von Prüfverfahren und Prüfgeräten

Messen wendet man zur Ermittlung von Istmaßen an, z. B. Messen eines Bohrerdurchmessers mit dem Messschieber. Messen ist notwendig, wenn Maße protokolliert werden müssen.
Lehren wendet man an, wenn festgestellt werden soll, ob eine Form oder ein Maß innerhalb festgelegter Grenzen liegt, z. B. Prüfen der Rechtwinkligkeit zweier Flächen mit dem Flachwinkel.
Nach der Entscheidung, ob Messen oder Lehren die richtige Wahl ist, wird das entsprechende Prüfgerät ausgewählt. Die Prüfbedingungen erfordern bestimmte Merkmale des Prüfgeräts:

- Die Messgröße bestimmt die Art des Prüfgeräts,
  z. B. verwendet man für Winkelmessungen Winkelmesser.
- Die Größe des zu prüfenden Maßes bestimmt den Arbeitsbereich des Prüfgeräts,
  z. B. misst man eine Gebäudelänge mit dem Bandmaß.
- Die geforderte Messgenauigkeit bestimmt die Ablesegenauigkeit des Messgeräts,
  z. B. erfordert die Prüfung des Maßes 30 ± 0,05 mm eine Messschraube, Messuhr o.Ä.
- Die Anzahl der zu prüfenden Teile bestimmt die besonderen Merkmale des Prüfgeräts,
  z. B. setzt man zur Kurbelwellenprüfung in der Autoindustrie automatisierte Prüfeinrichtungen ein.
- Die Qualifikation des Prüfers bestimmt die Handhabung und Art der Ablesung,
  z. B. setzt man bei geringer Qualifikation des Prüfers bei Serienprüfungen Lehren mit akustischer Anzeige von Toleranzüberschreitungen ein.
- Die Arbeitsbedingungen bestimmen die Unempfindlichkeit des Prüfgeräts,
  z. B. werden Messungen an umlaufenden Teilen am günstigsten berührungslos durchgeführt.

Beispiele für die Auswahl von Prüfgeräten, Prüfverfahren und Hilfsmitteln

Situation	ausgewählte Prüfverfahren	Begründung der Entscheidung
In einer Werkstatt sind Stahlprofile von 350 bis 1910 mm Länge für eine Schweißkonstruktion zu messen.	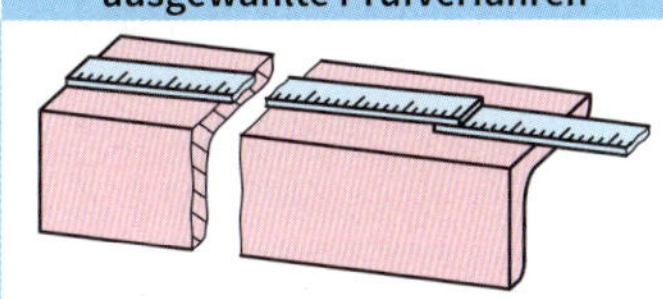	Die Messung kann mit einem Rollmaß oder einem Gliedermaßstab vorgenommen werden. Der Messbereich von 2 m ist erforderlich, die Ablesegenauigkeit von 1 mm ist ausreichend.
An 20 Bolzen Ø 50 × 160 soll an einem Ende jeweils ein Zapfen mit Ø 30 und 40 mm Länge gedreht werden, Maßtoleranz 0,1 mm.	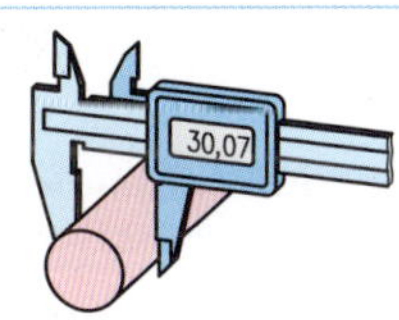	Die Messung des Zapfendurchmessers und der Zapfenlänge wird mit einem Messschieber mit Tiefenmesseinrichtung vorgenommen. Messbereich und Ablesegenauigkeit erfüllen die Anforderungen.
In einem Brenner ist wahrscheinlich eine falsche Düse eingesetzt worden. Die Bohrung der Düse ist zu prüfen.	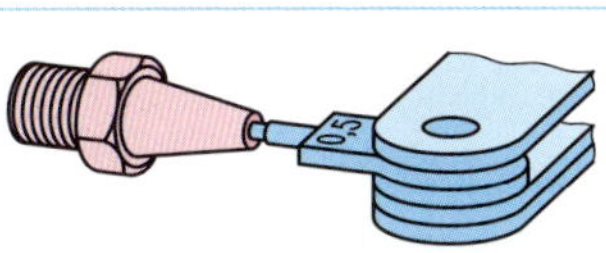	Die Prüfung mit der Fühlerlehre ist einfach und sicher. Eine Prüfung mit einer kegeligen Lochlehre würde nur den Durchmesser am Düsenaustritt erfassen.
Eine Exzenterscheibe soll 5 ± 0,5 mm außermittig sein. Es sind 50 Scheiben zu prüfen.	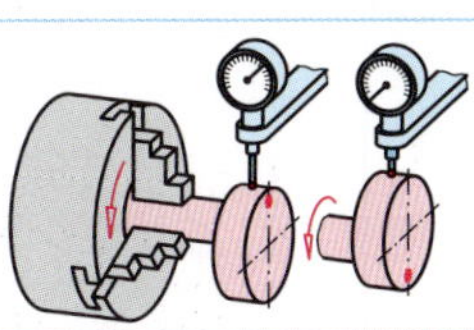	Trotz der großen Toleranz ist die Prüfung mit einer Messuhr sinnvoll, weil nach einmaliger Einstellung der Messuhr die Exzentrizität jeweils mit einer Umdrehung der Werkstücke geprüft werden kann.
Der Abstand einer Gewindebohrung von einer Passbohrung soll 100 ± 0,2 mm betragen. Das Maß ist zu prüfen.	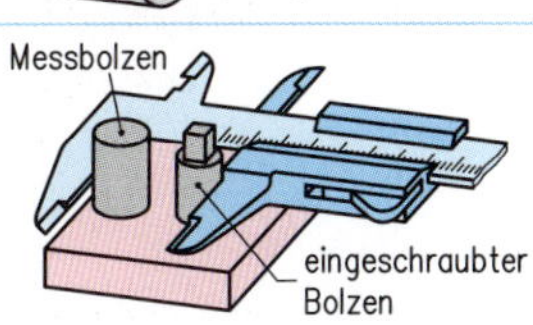	Die große Toleranz erlaubt die Messung mit dem Messschieber. Der Einsatz von Messbolzen ermöglicht eine genauere Erfassung des Maßes als die Messung über die Gewindespitzen.

Die Wahl der Hilfsmittel, z. B. Spannzeuge, Unterlagen, richtet sich nach ähnlichen Gesichtspunkten wie die Auswahl der Prüfverfahren.
Zum wirtschaftlichen Prüfen ist der kleinstmögliche Aufwand anzustreben.

8 Passungen und Prüfen von Passmaßen

8.1 Bedeutung der Passungen

Wie Bauteile zueinander passen sollen, ergibt sich aus der gewünschten Funktion und wird in Zeichnungen durch besondere Maßangaben festgehalten.

Die Normung von Maßen für den Zusammenbau ermöglicht den Austauschbau und die Arbeitsteilung. Damit werden Herstellungskosten in der Massenfertigung gesenkt.

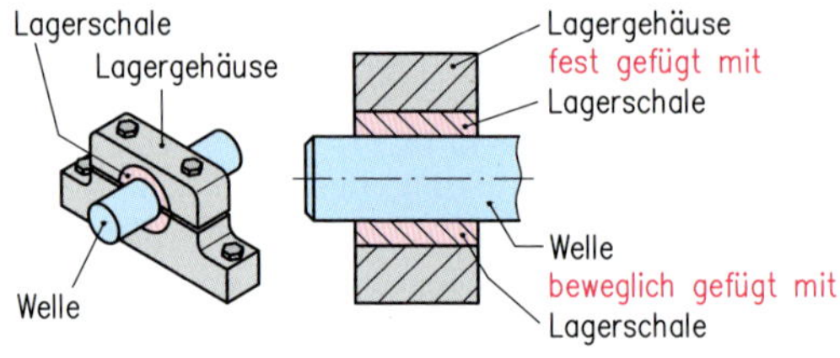

Fest und beweglich gefügte Bauteile

! Die Normung von Zusammenbaumaßen erlaubt Austauschbau und Massenfertigung.

8.2 Begriffe und Maße bei Passungen

1. Passflächen

Beim Zusammenpassen zweier Bauteile wird ein Außenteil mit einem Innenteil gepaart. Die Berührungsflächen zwischen den Teilen nennt man **Passflächen**. Bei kreisförmigen Passflächen bezeichnet man das Außenteil als „Bohrung“ und das Innenteil als „Welle“.

Sind die Passflächen der Paarungsteile eben, so spricht man von einer Passung zwischen zwei Paaren paralleler Passflächen.

Beispiele für Passungen

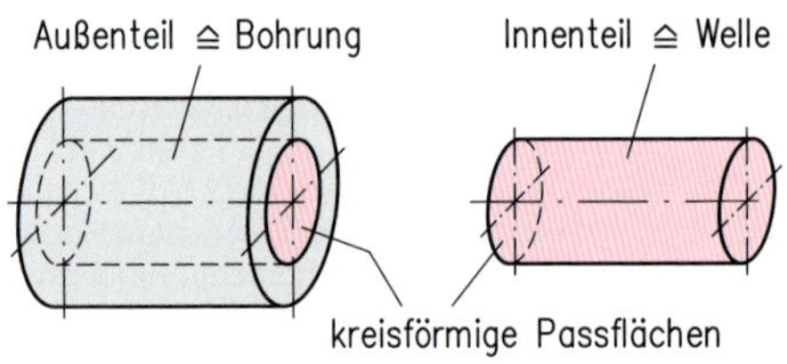

Kreiszylinderpassung (Rundpassung)

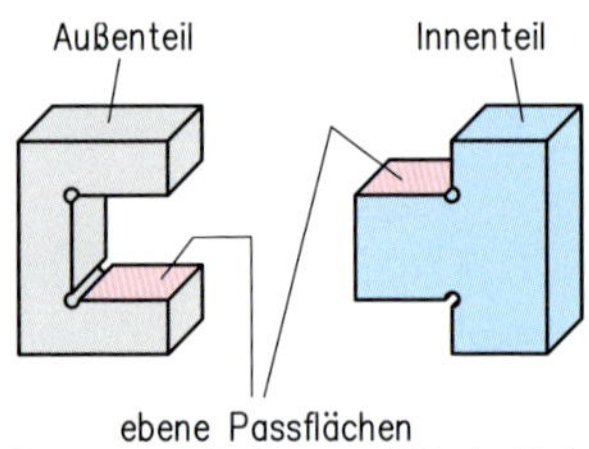

Passung zwischen zwei Werkstücken mit je zwei parallelen Passflächen (Flachpassung)

! Passungen bestehen zwischen Bohrung und Welle oder zwischen ebenen Passflächen.
Für beide Passungsarten gelten gleiche Begriffe.

2. Höchstmaß und Mindestmaß

Aus dem Nennmaß, das für gefügte Teile gleich ist, und den Abmaßen ergeben sich die übrigen Maße.

gewählte Maßbuchstaben		genormte Maßbuchstaben	
N	Nennmaß	ES	oberes Abmaß (Bohrung)
G_o	Höchstmaß	EI	unteres Abmaß (Bohrung)
G_u	Mindestmaß	es	oberes Abmaß (Welle)
T	Maßtoleranz	ei	unteres Abmaß (Welle)

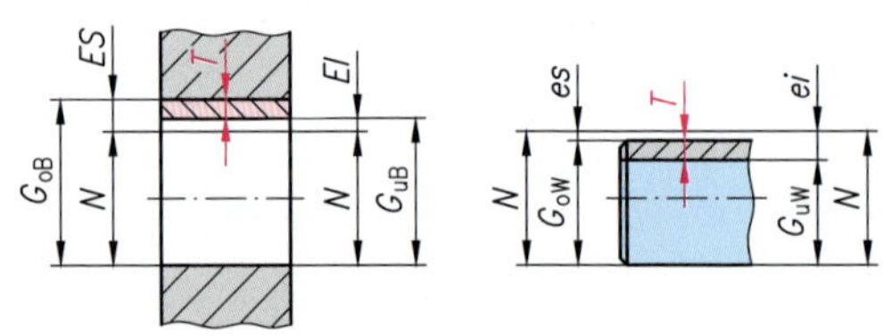

Höchstmaß und Mindestmaß

!

Bohrung

Höchstmaß = Nennmaß + oberes Abmaß

$G_{oB} = N + ES$

Mindestmaß = Nennmaß + unteres Abmaß

$G_{uB} = N + EI$

Welle

Höchstmaß = Nennmaß + oberes Abmaß

$G_{oW} = N + es$

Mindestmaß = Nennmaß + unteres Abmaß

$G_{uW} = N + ei$

Übungsaufgaben 8/1 bis 8/4

3. Maßtoleranz

Der Unterschied zwischen Höchstmaß und Mindestmaß bzw. zwischen oberem und unterem Abmaß wird **Maßtoleranz** genannt. Die Toleranz ist stets ein positiver Betrag, da das Höchstmaß immer größer als das Mindestmaß ist.

> **!** Maßtoleranz = Höchstmaß – Mindestmaß
> $T = G_o - G_u$
> oder
> Maßtoleranz = oberes Abmaß – unteres Abmaß
> $T_B = ES - EI$ für Bohrungen
> $T_W = es - ei$ für Wellen

– Nulllinie

Die Grenzabmaße einer Passungsangabe beziehen sich auf das Nennmaß. Das Nennmaß dient als Bezugsgröße. In bildlichen Darstellungen von Grenzabmaßen benutzt man eine Begrenzungslinie des Nennmaßes als Bezugslinie. Diese Linie wird **Nulllinie** genannt.

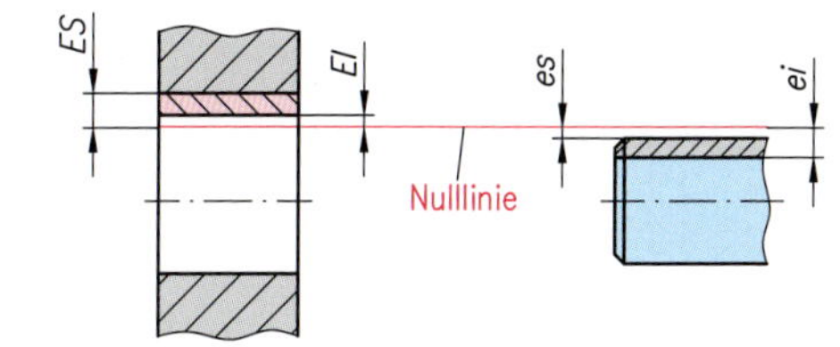

Nulllinie als Bezugslinie

– Toleranzfeld

Bei der Darstellung der Grenzabmaße wählt man einen entsprechenden Vergrößerungsmaßstab. Für das obere und untere Abmaß zeichnet man in einem entsprechenden Abstand parallele Linien zur Nulllinie. Der Abstand zwischen diesen beiden Linien entspricht der Größe der Maßtoleranz.

Das Abmaß, das der Nulllinie am nächsten liegt, wird üblicherweise als **Grundabmaß** bezeichnet. Durch das Grundabmaß wird die Lage des Toleranzfelds zur Nulllinie festgelegt. Als Toleranzfeld wird der Bereich bezeichnet, den die Linien für das Höchstmaß und Mindestmaß begrenzen.

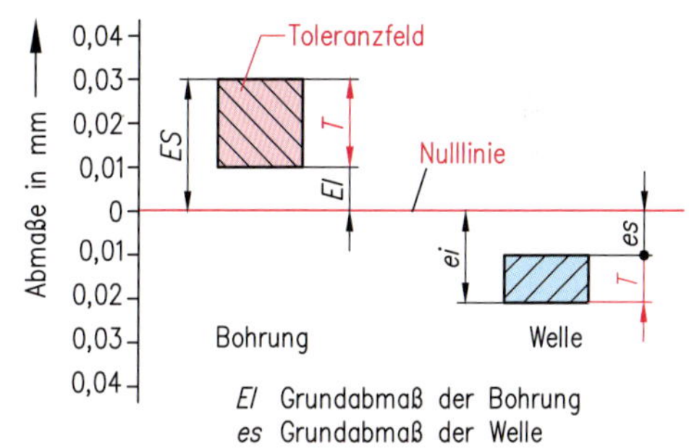

Lage von Toleranzfeldern zur Nulllinie

> **!** Das Toleranzfeld ist das Feld zwischen zwei Linien, die das Höchstmaß und Mindestmaß darstellen.

8.3 ISO-Normen für Maß- und Passungsangaben

Ein toleriertes Maß wird nach ISO-Norm vereinfacht in verschlüsselter Form angegeben. Die verschlüsselte Form gibt das Nennmaß und die **Toleranzklasse** an.

Die Angabe zur Toleranzklasse besteht aus

- einem Buchstaben zur Kennzeichnung der Lage des Toleranzfeldes zur Nulllinie, dem **Grundabmaß**, und
- einem Zahlenwert zur Beschreibung der Größe des Toleranzfeldes, dem **Grundtoleranzgrad**.

Große Buchstaben stehen für Grundabmaße von Bohrungen, kleine Buchstaben für Grundabmaße von Wellen.

Beispiel für die Bemaßung einer Bohrung und einer Welle in numerischer Bemaßung und in Verschlüsselung nach ISO-Norm

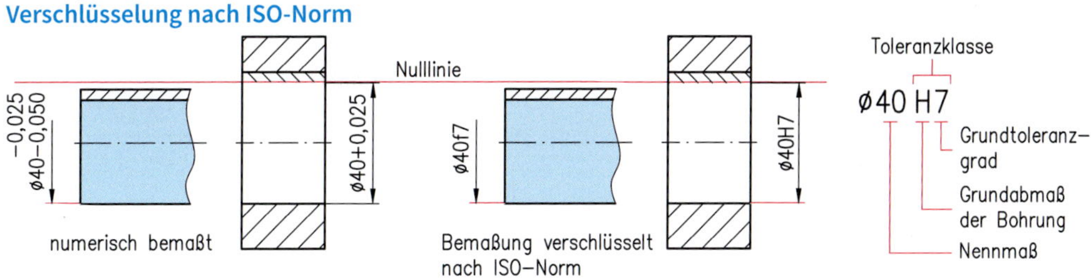

1. Lage von Grundabmaßen

Die Buchstaben geben verschlüsselt die Lage der Grundabmaße zur Nulllinie an. Dabei kennzeichnen die Buchstaben den Abstand zwischen der Nulllinie und den Grundabmaßen.

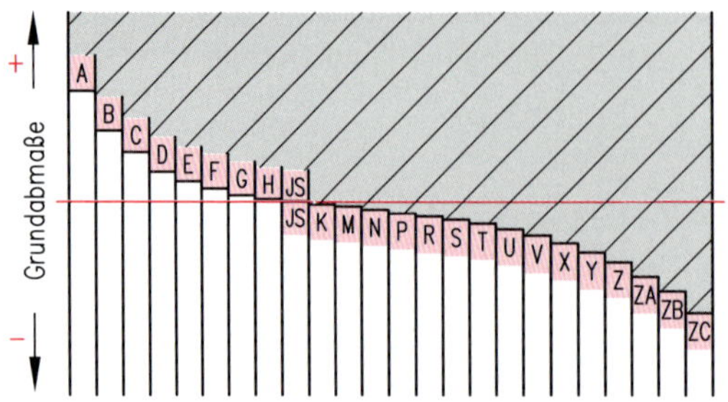

Lage der Grundabmaße für Bohrungen

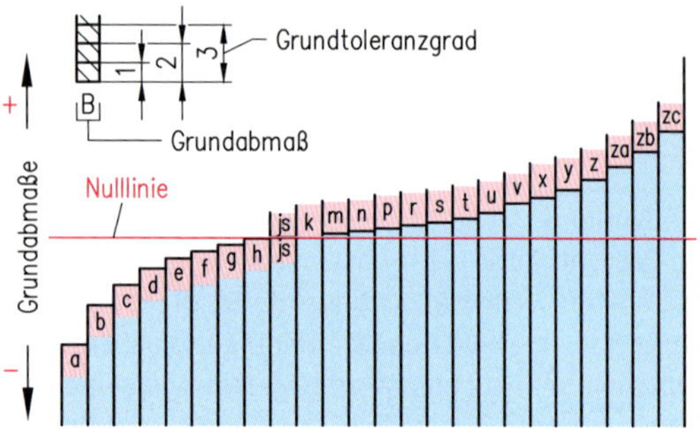

Lage der Grundabmaße für Wellen

Grundabmaße für **Bohrungen** haben große Buchstaben von **A bis Z**. Grundabmaße für **Wellen** werden mit kleinen Buchstaben von **a bis z** gekennzeichnet. Um Verwechslungen mit Zahlen zu vermeiden, werden die Buchstaben I, L, O, Q, W in der großen und kleinen Schreibweise nicht benutzt. Zur Vergrößerung des Toleranzbereichs wurden die Z-Toleranzen um die Toleranzfelder ZA, ZB, ZC bzw. za, zb, zc erweitert.

> **!** ISO-Passmaße kennzeichnen die Lage des Grundabmaßes zur Nulllinie durch Buchstaben:
> - große Buchstaben für Bohrungstoleranzen,
> - kleine Buchstaben für Wellentoleranzen.

2. Grundtoleranzgrade und Grundtoleranzen

In den Kurzzeichen für die Toleranzklassen nach ISO stehen hinter den Buchstaben Zahlen. Diese Zahlen geben den Grundtoleranzgrad an. Der Grundtoleranzgrad und das Nennmaß bestimmen den Wert der Grundtoleranz. Es stehen 20 Grundtoleranzgrade zur Verfügung, die mit den Buchstaben IT und einer Zahl gekennzeichnet werden (z. B. IT 9). Im Zusammenhang mit einem Grundabmaß entfallen die Buchstaben IT (z. B. h 9 statt IT 9). Die Zahl allein wird als Toleranzgrad bezeichnet.

– Grundtoleranzen in Mikrometer für den Nennmaßbereich von 30 bis 50 mm

Grundtoleranzgrad	IT01	IT0	IT1	…	IT4	IT5	IT6	IT7	IT8	IT9	IT10	IT11	IT12	IT13	IT14	…	IT18
Grundtoleranz in um	0,6	1	1,5	…	7	11	16	25	39	62	100	160	250	390	620	…	3900

Bei gleichem Toleranzgrad vergrößert sich die Grundtoleranz mit größer werdendem Nennmaß. Jedoch erhält nicht jedes Nennmaß eine andere Grundtoleranzgröße. Man teilt die Nennmaße bis 500 mm in Bereiche mit jeweils gleicher Toleranz ein.

Grundtoleranzgröße in Abhängigkeit vom Nennmaß

Nennmaßbereich	Toleranz bei Toleranzgrad 7
über 6 bis 10 mm	15 µm
über 10 bis 18 mm	18 µm
über 18 bis 30 mm	21 µm

> **!** Der Grundtoleranzgrad wird entsprechend der Verwendung gewählt.
> Bei gleichem Toleranzgrad wächst die Toleranz mit dem Nennmaß.

8.4 Einteilung der Passungen

Beim Fügen durch Zusammenpassen werden zwei Bauteile gepaart. Dabei bestimmen die Istmaße der Einzelteile, ob die Bauteile fest oder lose zusammengepasst sind.
Die Passung (gewählter Maßbuchstabe = *P*) ist die Differenz zwischen dem Maß der Innenpassfläche (Bohrung) und dem Maß der Außenpassfläche (Welle) vor der Paarung.

> **!** Passung = Maß der Innenpassflächen – Maß der Außenpassflächen

1. Spielpassung

Die Passung, bei der beim Fügen von Bohrung und Welle immer ein Spiel entsteht, wird als Spielpassung bezeichnet.

Höchstspiel P_{So} entsteht, wenn eine Bohrung mit Höchstmaß und eine Welle mit Mindestmaß gefügt werden.

Mindestspiel P_{Su} tritt bei einer Bohrung mit Mindestmaß und einer Welle mit Höchstmaß auf.

Höchstspiel: P_{So} = 40,016 mm – 39,980 mm = 0,036 mm
Mindestspiel: P_{Su} = 40,000 mm – 39,991 mm = 0,009 mm

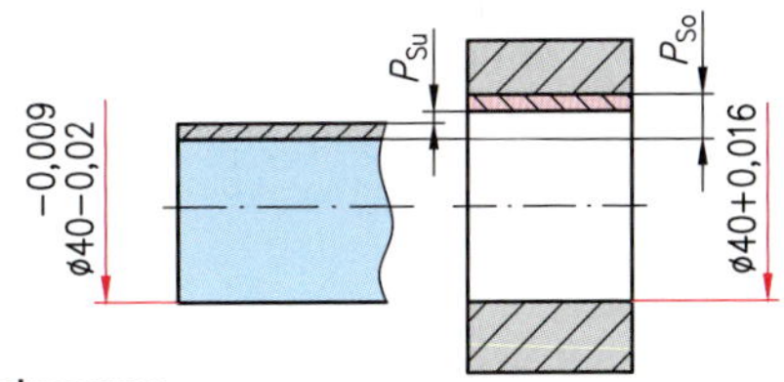

Spielpassung

> **!** Bei einer Spielpassung ist das Höchstmaß der Welle kleiner/gleich dem Mindestmaß der Bohrung.
> Höchstspiel = Bohrung mit Höchstmaß – Welle mit Mindestmaß $P_{So} = G_{oB} - G_{uW}$
> Mindestspiel = Bohrung mit Mindestmaß – Welle mit Höchstmaß $P_{Su} = G_{uB} - G_{oW}$

2. Übermaßpassung

Die Passung, bei der beim Fügen von Bohrung und Welle immer ein Übermaß entsteht, wird als Übermaßpassung bezeichnet.

Höchstübermaß $P_{Üo}$ entsteht, wenn eine Bohrung mit Mindestmaß und eine Welle mit Höchstmaß gefügt werden.

Mindestübermaß $P_{Üu}$ tritt bei einer Bohrung mit Höchstmaß und einer Welle mit Mindestmaß auf.

Höchstübermaß: $P_{Üo}$ = 40,000 mm – 40,059 mm = – 0,059 mm
Mindestübermaß: $P_{Üu}$ = 40,016 mm – 40,048 mm = – 0,032 mm

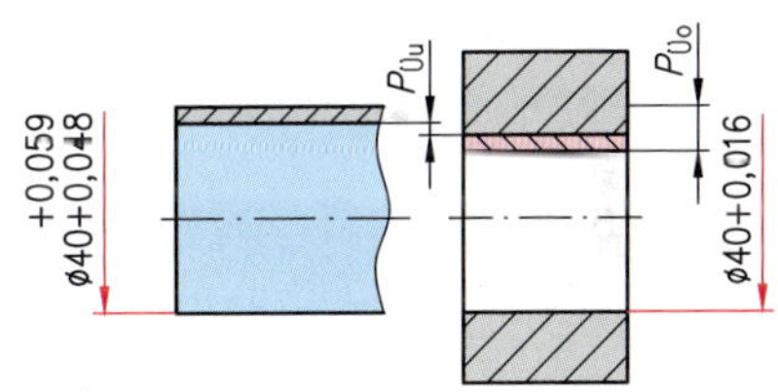

Übermaßpassung

> **!** Bei einer Übermaßpassung ist das Mindestmaß der Welle größer als das Höchstmaß der Bohrung.
> Höchstübermaß = Bohrung mit Mindestmaß – Welle mit Höchstmaß
> Mindestübermaß = Bohrung mit Höchstmaß – Welle mit Mindestmaß

3. Übergangspassung

Die Passung, bei der beim Fügen von Bohrung und Welle entweder ein Spiel oder ein Übermaß entsteht, wird als Übergangspassung bezeichnet. Ob ein Spiel oder ein Übermaß entsteht, hängt vom Istmaß der Bohrung und der Welle ab.

Höchstspiel: P_{So} = 40,016 mm – 40,002 mm = + 0,014 mm
Höchstübermaß: $P_{Üo}$ = 40,000 mm – 40,018 mm = – 0,018 mm

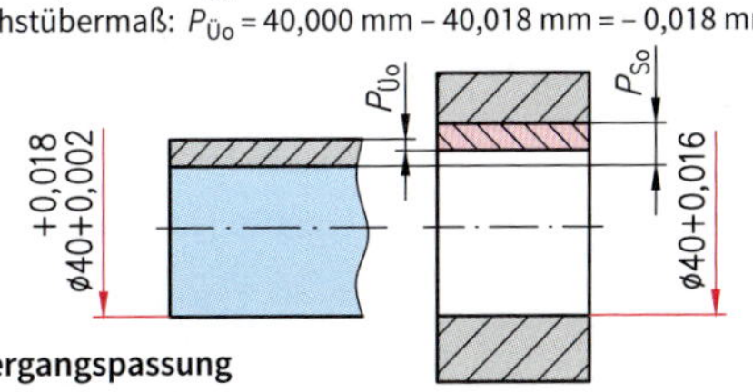

Übergangspassung

> **!** Je nach Istmaß von Bohrung und Welle kann sich bei einer Übergangspassung nach dem Fügen der beiden Teile sowohl ein Spiel als auch ein Übermaß ergeben.

Übungsaufgaben 8/9; 8/10; 8/11

8.5 Passungssysteme

ISO-Passungsnormen nach DIN ISO 286 bieten viele Möglichkeiten, gewünschte Paarungen auszuwählen. Um die Zahl der benötigten Werkzeuge und Prüfmittel gering zu halten, beschränkt man sich auf eine Auswahl von Passungen. Dabei wird zwischen den beiden Auswahlsysteme Einheitsbohrung und Einheitswelle unterschieden.

1. Passungssystem Einheitsbohrung

Bei der Auswahl von Passungen hat man sich darauf beschränkt, dass die **Bohrungen** stets das **Grundabmaß H** erhalten, d. h., das Mindestmaß der Bohrung ist gleich dem Nennmaß. Die gewünschte Passung erreicht man durch die Auswahl geeigneter Grundabmaße für die Welle.

Anwendung findet das System Einheitsbohrung im Maschinen-, Kraftfahrzeug- und Elektromaschinenbau, weil dort Wellen mit Absätzen und verschiedenen Durchmessern eingebaut werden.

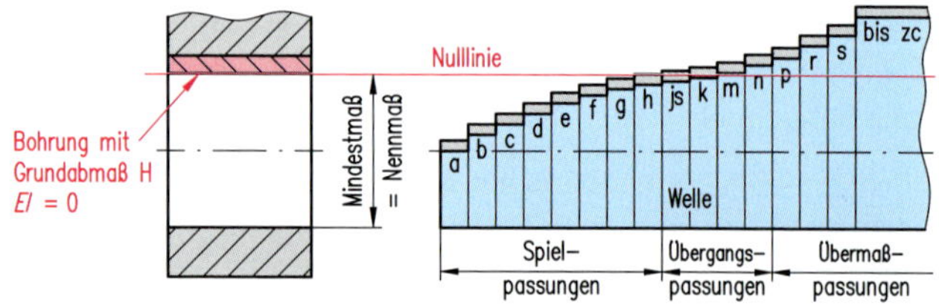

Passungssystem Einheitsbohrung

> **!** Beim Passungssystem Einheitsbohrung hat die Bohrung immer das Grundabmaß H. Gewünschte Passungen erreicht man durch die Auswahl von Grundabmaßen für die Welle.

2. Passungssystem Einheitswelle

Bei der Auswahl von Passungen hat man sich darauf beschränkt, dass die **Wellen** stets das **Grundabmaß h erhalten**, das Höchstmaß der Welle ist gleich dem Nennmaß. Die gewünschte Passung erreicht man durch die Auswahl Grundabmaße für die Bohrung.

Angewendet wird das Passungssystem Einheitswelle dort, wo man gezogene oder geschliffene Wellen ohne wesentliche Nacharbeit einsetzt. Das Passungssystem Einheitswelle wird bevorzugt in der Feinmechanik sowie im Textil- und Landmaschinenbau angewandt.

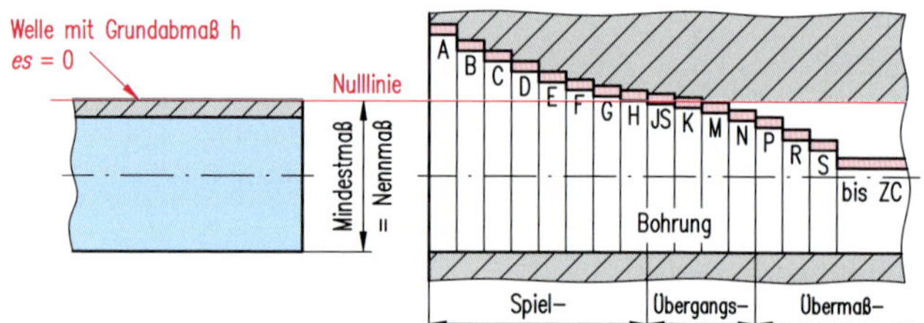

Passungssystem Einheitswelle

> **!** Bei Einheitswellen ist das Höchstmaß der Wellen gleich dem Nennmaß. Beim Passungssystem Einheitswelle paart man Wellen mit der Toleranzlage h mit Bohrungen unterschiedlicher Toleranzlagen.

8.6 Passungsnormen

1. Passungssystem Einheitsbohrung (Auszug)

Nennmaß-bereich mm	Reihe I (Grenzabmaße in µm)									Reihe II (Grenzabmaße in µm)								
	H7	r6	n6	h6	f7	H8	x8/u8[1]	h9	f7	H7						H8		
											s6	m6	k6	j6	g6		e8	d9
über 6 bis 10	+15 0	+28 +19	+19 +10	0 −9	−13 −28	+22 0	+56 +34	0 −36	−13 −28	+15 0	+32 +23	+15 +6	+10 +1	+7 −2	−5 −14	+22 0	−25 −47	−40 −76
über 10 bis 14 über 14 bis 18	+18 0	+34 +23	+23 +12	0 −11	−16 −34	+27 0	+67 +40 +72 +45	0 +43	−16 −34	+18 0	+39 +28	+18 +7	+12 +1	+8 −3	−6 −17	+27 0	−32 −59	−50 −93

2. Passungssystem Einheitswelle (Auszug)

Nennmaß-bereich mm	Reihe I (Grenzabmaße in µm)									Reihe II (Grenzabmaße in µm)									
	h6	H7	F8	h9	H8	F8	E9	D10	C11	h11			h6		h9		h11		
											D10	C11		G7		H11		H11	A11
über 6 bis 10	0 −9	+15 0	+35 +13	0 −36	+22 0	+35 +13	+61 +25	+98 +40	+170 +80	0 −90	+98 +40	+170 +80	0 −9	+20 +5	0 −36	+90 0	0 −90	+90 0	+370 +280
über 10 bis 18	0 −11	+18 0	+43 +16	0 −43	+27 0	+43 +16	+75 +32	+120 +50	+205 +95	0 −110	+120 +50	+205 +95	0 −11	+24 +6	0 −43	+110 0	0 −110	+110 0	+400 +290

Übungsaufgaben 8/12 bis 8/17

8.7 Auswahl von Passungen

Die Auswahl von Passungen geschieht entsprechend der Funktion der Bauteile.
Dabei haben sich bestimmte Passungen als vorteilhaft erwiesen.

Beispiele für häufig gewählte Passungen

	Einheitsbohrung	Einheitswelle	Eigenschaft	Anwendungsbeispiele
Spielpassung	H7/h6; H8/h9	H7/h6; H8/h9	noch gleitfähig durch Handkraft	Führungen an Werkzeugmaschinen
Spielpassung	H8/f7	F8/h6	geringes Spiel, leicht verschiebbar	Gleitlager, Kolben, Schieberäder
Spielpassung		C11/h9	großes Spiel	Baumaschinen
Übergangspassung	H7/n6		fügbar mit geringer Presskraft, Verdrehsicherung nötig	Zahnräder, Lagerbuchsen, Kupplungen
Übergangspassung	H7/m6		Fügen und Lösen möglich, Verdrehsicherung nötig	Passstifte, Kugellagerringe
Übermaßpassung	H8/x8; H8/n8		fügbar mit sehr großer Presskraft, schrumpfbar	Kurbeln auf Wellen, Laufringe auf Radkörpern
Übermaßpassung	H7/r6		fügbar mit großer Presskraft	Buchsen in Radnaben, Lagerbuchsen

Für einen bestimmten Fall wählt man aus diesen Kombinationen nach folgenden Schritten eine geeignete Passung aus:

Schritt	Entscheidungskriterien	Ergebnis
1. Auswahl des Passungssystems	Anwendungsgebiet	Passungssystem
2. Festlegung der Lage der Grundabmaße	Passungssystem Verwendungszweck	Grundabmaße
3. Bestimmungen der Grundtoleranzgrade	Nennmaß Anwendungsgebiet	Grundtoleranzgrade (Grundtoleranzen)
4. Angabe der tolerierten Maße	Einzelteile	tolerierte Maße
5. Angabe der Passung	Zusammenbau	Passungsangabe

Beispiel für die Auswahl und Darstellung einer Passung

Aufgabe

Eine Buchse soll in ein Gehäuse gefügt werden. Die Verbindung muss ohne zusätzliche Sicherung gegen axiales Verschieben oder Verdrehen auskommen. Zu bestimmen ist die für diesen Einsatz notwendige Passung. Das Nennmaß beträgt Ø 40 mm.

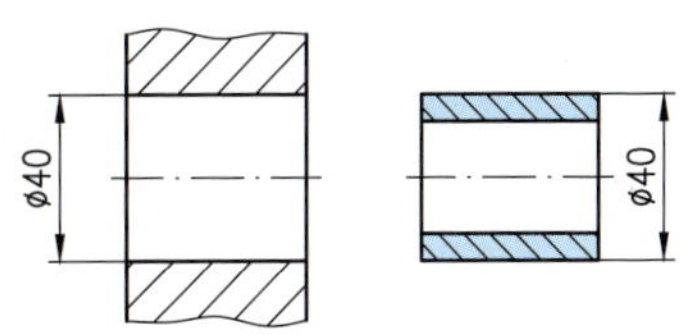

Lösung

1. Schritt	Auswahl des Passungssystems	**Entscheidung** →	Einheitsbohrung	
2. Schritt	Festlegung der Lage der Grundabmaße	**Entscheidung** →	Gehäuse *H*	Buchse *r*
3. Schritt	Bestimmung der Grundtoleranzgrade	**Entscheidung** →	Gehäuse IT7 (25 µm)	Buchse IT6 (16 µm)
4. Schritt	Angabe der tolerierten Maße	**Angabe** →	Gehäuse Ø 40 H7	Buchse Ø 40 r6
5. Schritt	Angabe der Passung	**Angabe** →	Ø 40 H7/r6	

8.8 Lehren von Passmaßen

In der Fertigung ist nur zu prüfen, ob das Istmaß innerhalb des Höchst- und Mindestmaßes liegt. Aus diesem Grund müssen nur die Grenzmaße überprüft werden. Dies geschieht sehr einfach durch Prüfen mit Grenzlehren.

1. Grenzlehren für Innenmaße

Innnemaße werden mit Grenzlehrdornen geprüft. Dabei sind meist die Gutlehre und die Ausschusslehre zu einem Prüfgerät vereinigt.

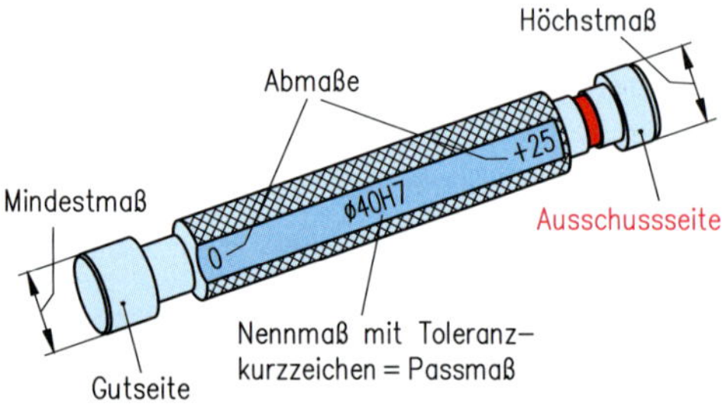

Grenzlehrdorn

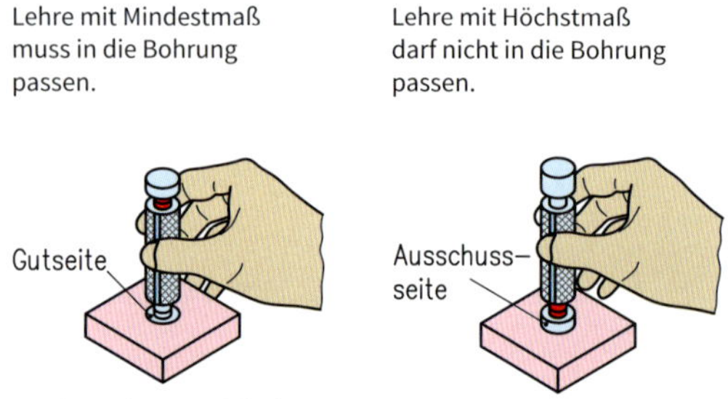

Prüfen mit Grenzlehrdorn

Mit der Gutseite des Lehrdorns wird ermittelt, ob die Bohrung nicht zu klein ist. Die Gutseite verkörpert das Mindestmaß. Sie muss in die Bohrung eingeführt werden können.
Mit der Ausschussseite des Lehrdorns wird geprüft, ob die Bohrung nicht zu groß ist. Die Ausschussseite verkörpert das Höchstmaß. Sie darf nicht in die Bohrung passen, andernfalls ist die Bohrung zu groß. Das Werkstück ist Ausschuss. Die Ausschusslehrdorne haben verkürzte Messzylinder und rote Farbmarkierungen.

! Die Gutseite des Grenzlehrdorns verkörpert das Mindestmaß, die Ausschussseite das Höchstmaß.
Kennzeichnung der Ausschussseite: kurzer Prüfzylinder und rote Markierung.

2. Grenzlehren für Außenmaße

Außenmaße, z. B. von Wellen, werden mit Grenzrachenlehren überprüft. Auch Grenzrachenlehren vereinigen meist eine Gutlehre und eine Ausschusslehre zu einem Prüfgerät.

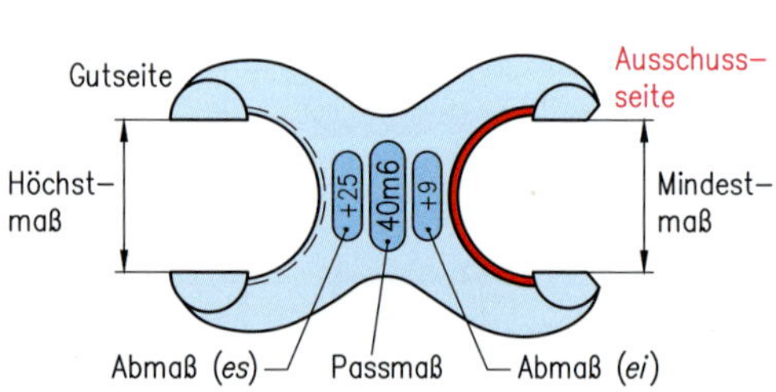

Grenzrachenlehre

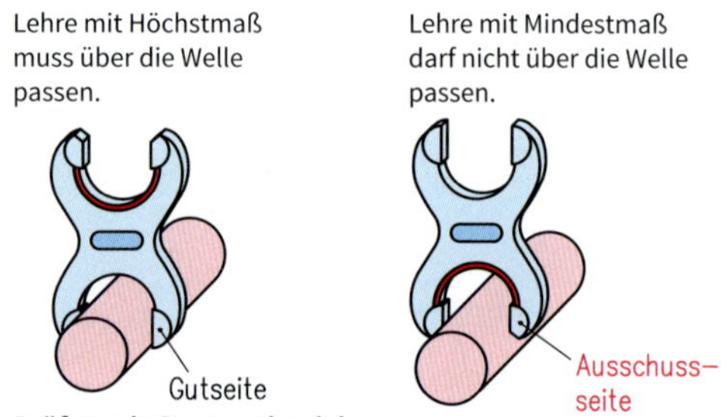

Prüfen mit Grenzrachenlehre

Mit der Gutseite der Rachenlehre wird festgestellt, ob die Welle nicht zu groß ist. Die Gutseite der Rachenlehre verkörpert das Höchstmaß. Die Gutseite muss durch Eigengewicht über die Welle gleiten.
Mit der Ausschussseite der Rachenlehre wird geprüft, ob die Welle nicht zu klein ist. Die Ausschussseite verkörpert das Mindestmaß. Sie darf nicht über die Welle gehen, sonst ist die Welle zu dünn. Das Werkstück ist Ausschuss. Die Ausschussseiten von Grenzrachenlehren haben Abschrägungen des Messrachens und eine rote Farbmarkierung im Rachen.

! Die Gutseite der Grenzrachenlehre verkörpert Höchstmaß und die Ausschussseite Mindestmaß.
Kennzeichnung der Ausschussseite: angefaste Prüfflächen und rote Markierung.

Übungsaufgaben 8/20; 8/21

9 Form- und Lagetoleranzen und ihre Prüfung

Jedes Werkstück besteht aus vielen einzelnen Grundkörpern – z. B. Zylinder, Kegel, Prisma –, die entsprechend der angestrebten Funktion zusammengesetzt sind. Jeder Grundkörper beinhaltet Elemente wie Flächen, Achsen, Kanten u. a. Das Werkstück wird durch die Abmessungen der Grundkörper, die Lage der Grundkörper und deren Elemente zueinander exakt beschrieben.

Beispiel für für die Zusammensetzung eines Werkstücks aus Grundkörpern

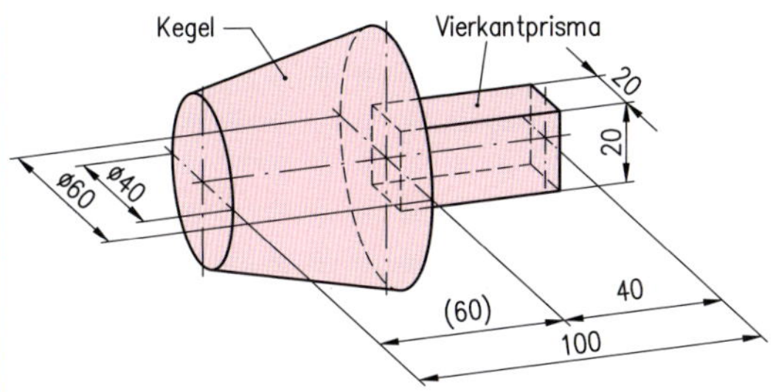

Maße der Grundkörper
Kantenlängenmaße, Durchmessermaße

Form der Grundkörper
Kegelstumpf mit Mantelfläche, Stirnflächen und Achse; Vierkantprisma mit Flächen, Kanten, Mittelachse

Lage der Grundkörper zueinander
Mitten von Kegelstumpf und Vierkantprisma liegen auf einer Achse; Flächen des Vierkantprismas liegen rechtwinklig bzw. parallel zueinander.

Es ist weder möglich noch wirtschaftlich, maßlich genaue und geometrisch ideale Körper herzustellen und aneinanderzureihen. Darum weichen alle Werkstücke vom Idealzustand in den Maßen der Grundkörper, in der Form der Grundkörper und in der Lage der Grundkörper ab.

Um Funktion und Austauschbarkeit von Werkstücken und Baugruppen zu gewährleisten, müssen die zulässigen Abweichungen vom Idealzustand angegeben werden. Neben den Maßtoleranzen benötigt man darum auch Formtoleranzen und Lagetoleranzen.

> **!** Formtoleranzen beschreiben die zulässige Abweichung eines Grundkörpers des Werkstücks von seiner geometrischen Idealform.
> Lagetoleranzen beschreiben die zulässige Abweichung von Grundkörpern oder deren Elementen in ihrer Lage zueinander.

9.1 Toleranzzone

Zur Beurteilung von Form- und Lageabweichungen benötigt man die Beschreibung der zulässigen Abweichung von der Idealform. Man nennt den Bereich, innerhalb dessen alle Punkte der tolerierten Form oder Lage liegen müssen, die Toleranzzone.

Beispiel für eine Toleranzzone

Die tolerierte Achse des Kurbelzapfens muss innerhalb eines Zylinders von 0,05 mm Durchmesser liegen, der parallel zur Bezugsachse A–B (Achse der Kurbelwelle) liegt.

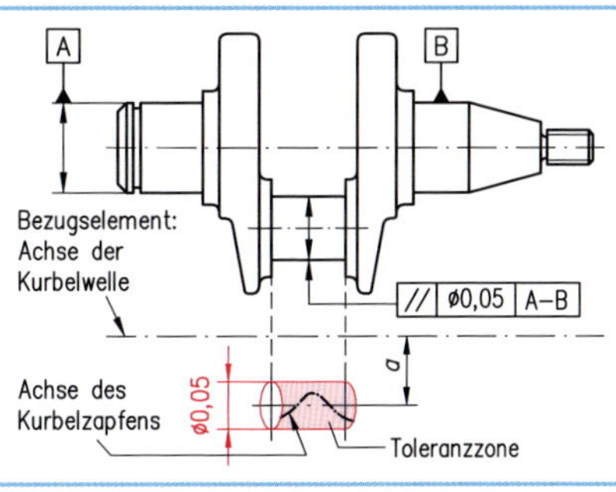

> **!** Die Toleranzzone gibt den Raum oder die Fläche an, in der alle Punkte des tolerierten Elements liegen müssen.

9.2 Formtoleranzen

Formtoleranzen beschreiben die zulässigen Abweichungen eines Grundkörpers des Werkstücks von seiner geometrisch idealen Form.

In der technischen Zeichnung enthält die Eintragung einer Formtoleranz folgende Angaben:

- Symbol für die tolerierte Eigenschaft,
- Hinweispfeil auf das tolerierte Element,
- Maßangabe für die Größe der Toleranzzone (Toleranzwert *t*).

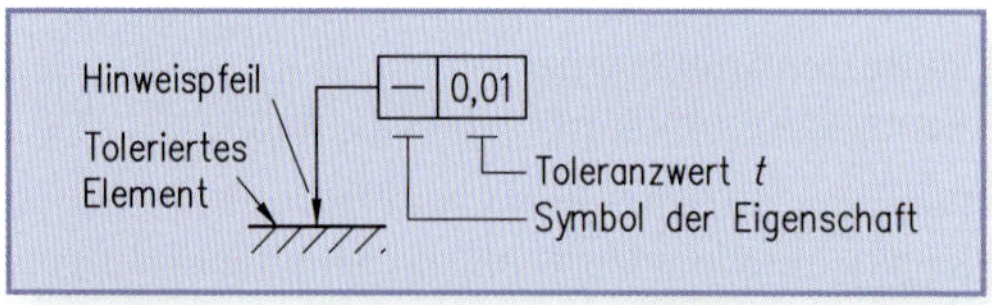

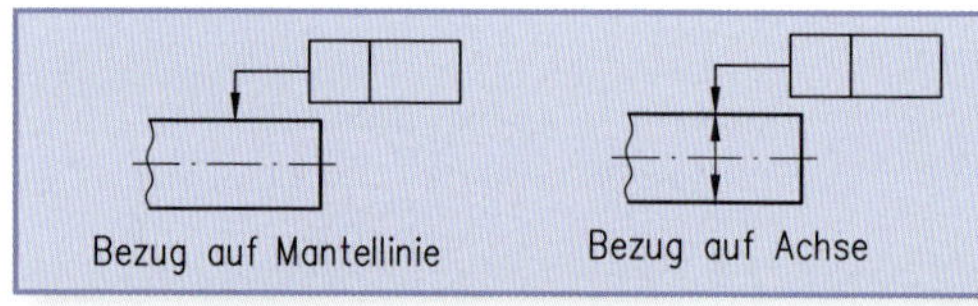

Formtoleranzen nach DIN ISO 1101 (Auszug)

Eigenschaft	Toleranzzone	Beispiele	
Geradheit 	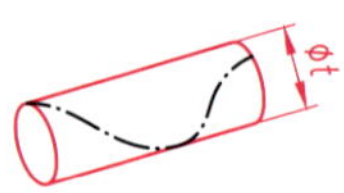	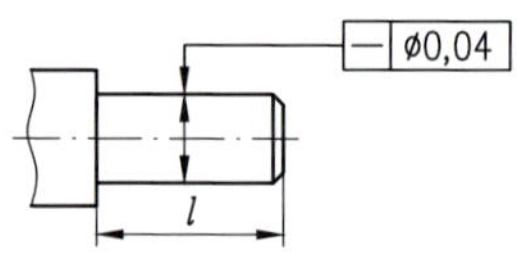	Die Achse des Bolzens muss auf der Länge *l* innerhalb eines Zylinders vom Durchmesser *t* = 0,04 mm liegen.
Ebenheit 	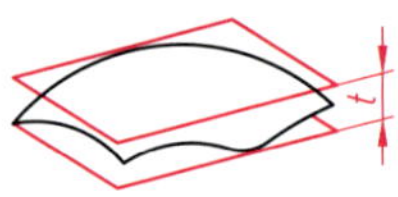	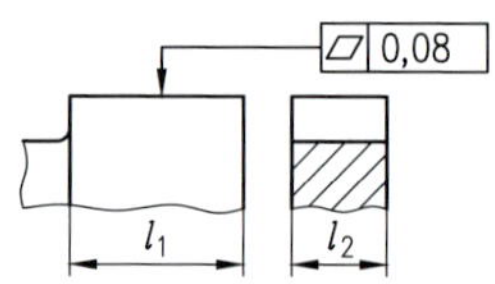	Die gekennzeichnete Fläche mit den Maßen l_1 und l_2 muss zwischen zwei parallelen Ebenen vom Abstand *t* = 0,08 mm liegen.
Rundheit 	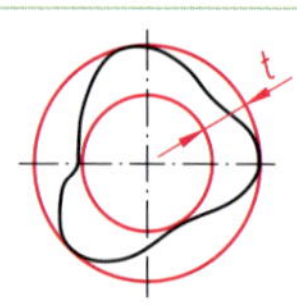	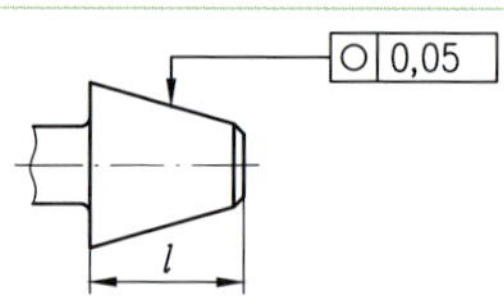	Die Umfangslinie muss auf der Länge *l* in jedem Querschnitt innerhalb eines Kreisrings von *t* = 0,05 mm Breite liegen.
Zylinderform 	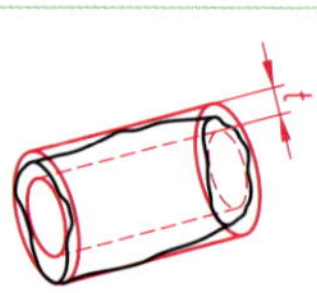	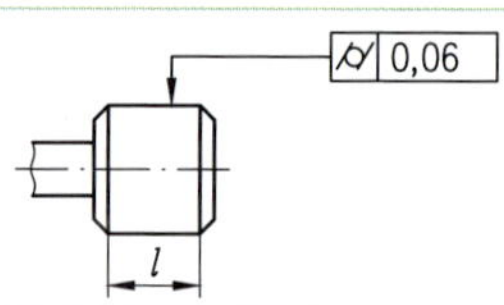	Die Zylinderoberfläche muss auf der Länge *l* innerhalb eines Zylindermantels von *t* = 0,06 mm Wanddicke liegen.

9.3 Lagetoleranzen

Lagetoleranzen beschreiben die zulässigen Abweichungen von Elementen eines Bauteils zueinander. Dabei ist es notwendig, ein Element zum Bezugselement zu erklären. Als Bezugselement wird das Element gewählt, welches bei der Funktion des Bauteils von besonderer Bedeutung ist. In der Zeichnung ist das Bezugselement durch das Bezugsdreieck und den Bezugsbuchstaben besonders gekennzeichnet.

In der technischen Zeichnung enthält die Eintragung einer Lagetoleranz folgende Angaben:

- Symbol für die tolerierte Eigenschaft,
- Maßangabe für die Größe der Toleranzzone (Toleranzwert *t*)
- Bezugsbuchstabe für die Kennzeichnung des Bezugselements,
- Hinweispfeil an das tolerierte Element.

Bei den Lagetoleranzen unterscheidet man Richtungs-, Lauf- und Ortstoleranzen.

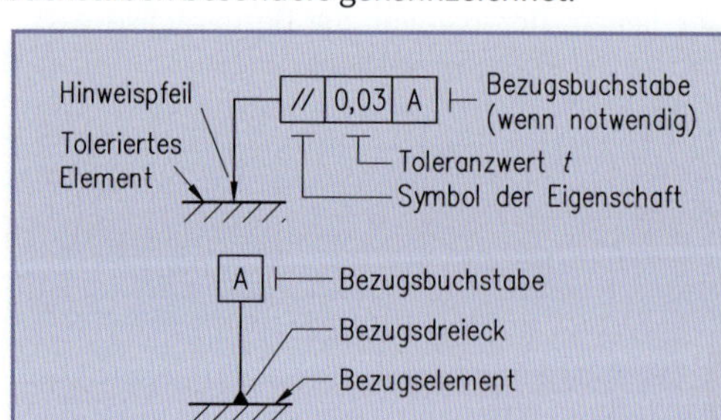

Übungsaufgaben 9/1; 9/2; 9/3

Lagetoleranzen nach DIN ISO 1101

	Eigenschaft	Toleranzzone	Beispiele	
Richtungstoleranzen	Parallelität //		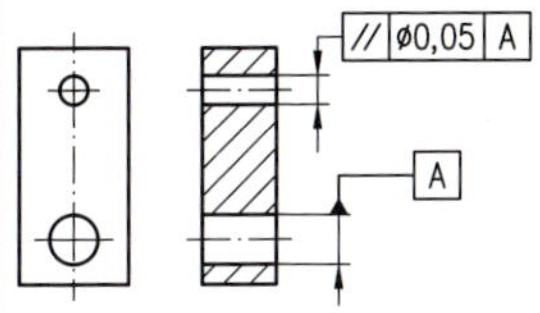	Die tolerierte Achse der kleinen Bohrung muss innerhalb eines zur Bezugsachse parallel liegenden Zylinders vom Durchmesser $t = 0{,}05$ mm liegen.
		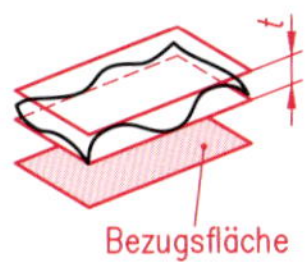	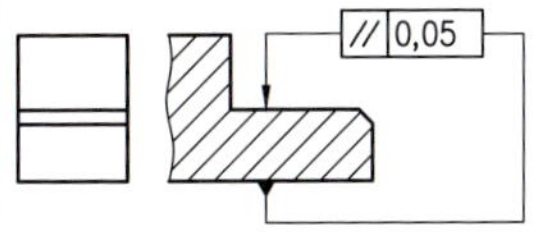	Die tolerierte Fläche muss zwischen zwei zur Bezugsfläche parallelen Ebenen liegen, Abstand $t = 0{,}05$ mm.
	Recht-winkligkeit ⊥	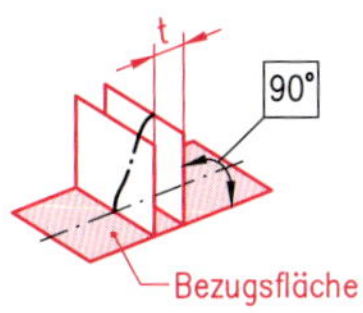	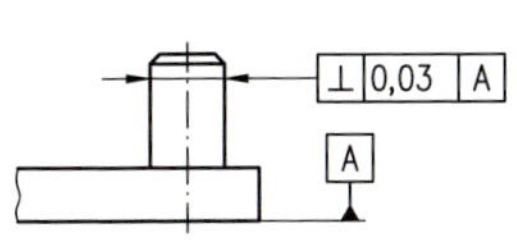	Die tolerierte Achse muss innerhalb von zwei parallelen Ebenen im Abstand $t = 0{,}03$ mm liegen. Die Ebenen stehen rechtwinklig zur Bezugsfläche.
	Neigung ∠	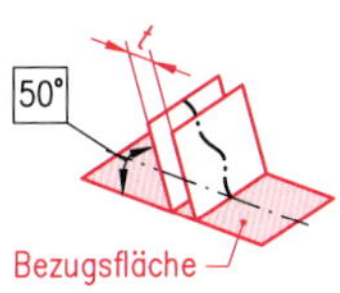	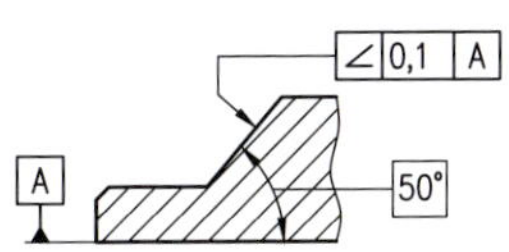	Die tolerierte Fläche muss zwischen zwei parallelen Ebenen (Winkel 50°) im Abstand von $t = 0{,}1$ mm liegen.
Lauftoleranzen	Planlauf ↗	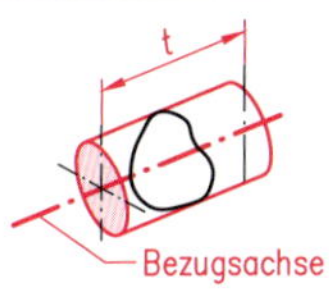	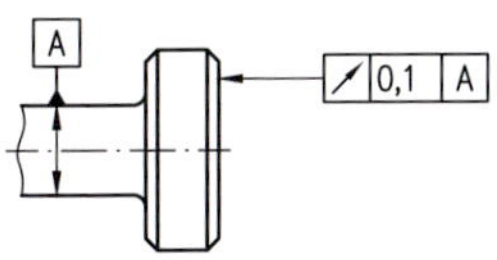	Die Planlaufabweichung, bezogen auf die gekennzeichnete Achse A, darf $t = 0{,}10$ mm nicht überschreiten.
	Rundlauf ↗		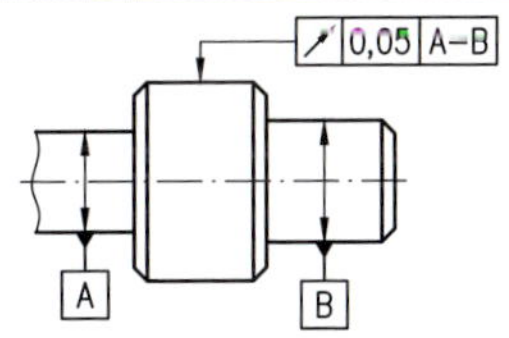	Die Rundlaufabweichung, bezogen auf die Achse A–B, darf $t = 0{,}05$ mm nicht überschreiten.
Ortstoleranzen	Position ⌖	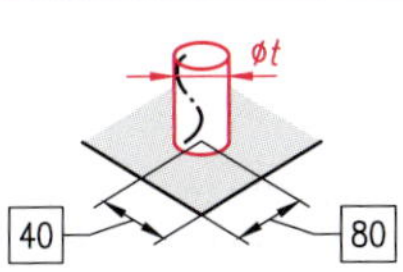	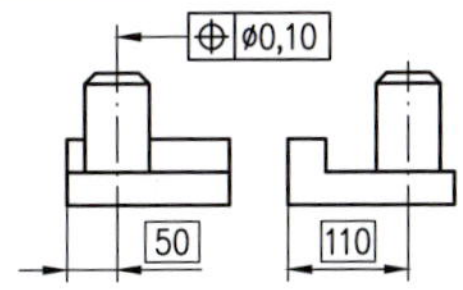	Die Achse des Bolzens muss innerhalb eines Zylinders von $t = 0{,}10$ mm Durchmesser liegen.
	Symmetrie ⌯	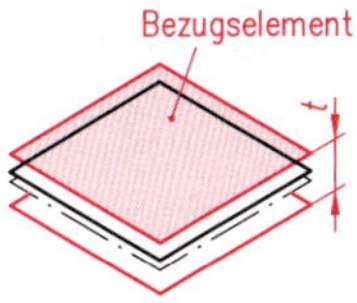	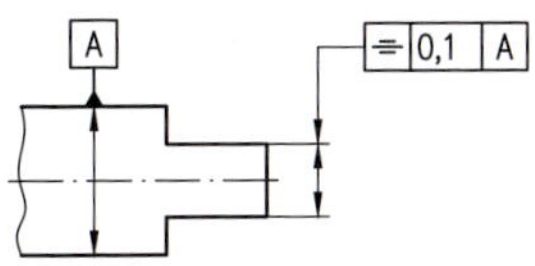	Die Mittelebene des Ansatzes muss zwischen zwei parallelen Ebenen liegen, die $t = 0{,}1$ mm Abstand haben und parallel zur Bezugsebene liegen.
	Koaxialität Konzentrizität ◎	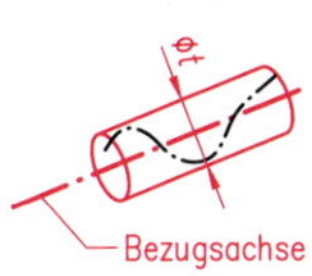	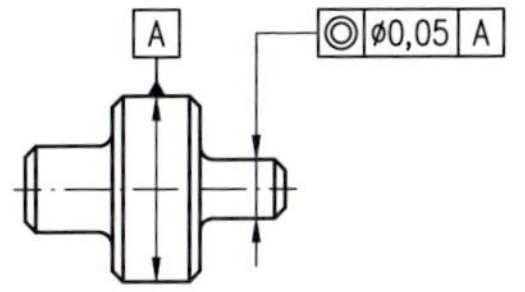	Die Achse des tolerierten Zapfens muss innerhalb eines Zylinders von $t = 0{,}05$ mm liegen. Dieser Zylinder muss mit der Achse des mit A gekennzeichneten Elements fluchten.

9.4 Messen von Form- und Lageabweichungen

9.4.1 Symbolische Darstellung von Prüfeinrichtungen

Das Messen von Form und Lage ist aufwendiger als das Messen von Längen. Meist müssen zum Prüfen von Form und Lage Messgeräte und Hilfsmittel zum Positionieren zu einer Messeinrichtung kombiniert werden. Zur Verdeutlichung des Aufbaus solcher Einrichtungen verwendet man Symbole.

Grafische Symbole in der Längenprüftechnik

Symbol	Erklärung
	Messstelle
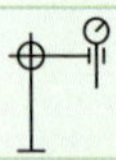	Messständer mit anzeigendem Längenmessgerät (Messuhr)
	Prüfplatte
	Anschlag
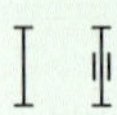	Auflager fest bzw. höhenverstellbar

Symbol	Erklärung
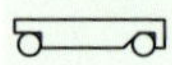	Sinuslineal
	Parallelendmaß(e)
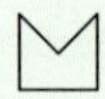	Prüfprisma
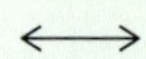	geradlinige Verschiebung
	schrittweise geradlinige Verschiebung in beliebige Positionen

Symbol	Erklärung
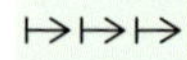	geradlinige Verschiebung in definierter Schrittweite
	schrittweise Verschiebung in beliebige Positionen in einer Ebene
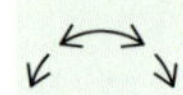	schrittweise Drehung in beliebige Winkellagen
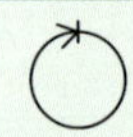	genau eine Umdrehung
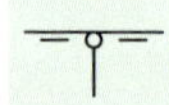	Rundtisch kippbar

9.4.2 Messverfahren zum Messen von Form- und Lageabweichungen

Die Messung von Form- und Lageabweichungen bezieht sich stets auf ein angemessen genaues **Hilfsbezugselement**, wie z. B. eine Prüfplatte oder einen Prüfdorn.

Der Messvorgang bei der Messung von Form- und Lageabweichung erfolgt in mehreren Schritten:
1. Ausrichten des Prüflings, **2.** Messungen, **3.** Auswertung der Messungen.

Beispiele für Messverfahren zur Ermittlung von Formabweichungen

Prüfauftrag	Messverfahren	Auswertung
Geradheit 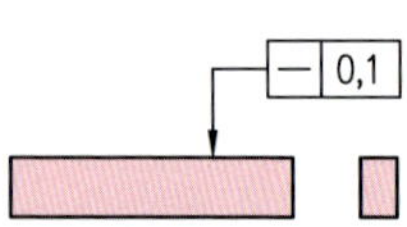	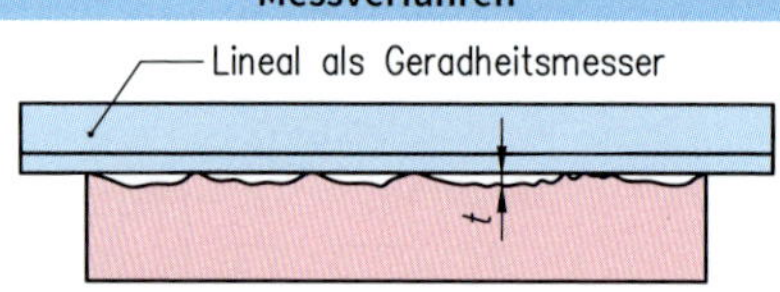 Durch Einschieben von Fühlerlehren wird die Spaltbreite ermittelt.	Die Geradheitsabweichung f_G ist das Maß der größten einschiebbaren Fühlerlehre. $f_G \leq t_{max}$
Geradheit 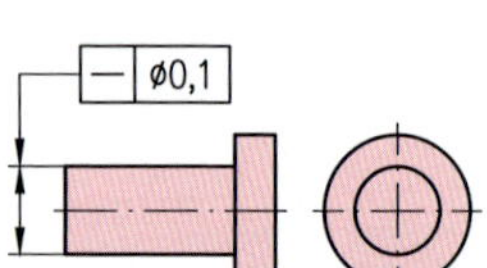	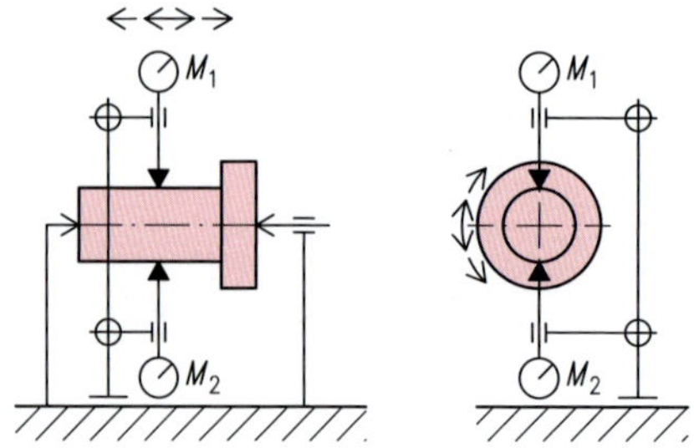	Die Geradheitsabweichung f_G der Achse ist die Hälfte des größten Unterschieds zwischen Messwert M_1 und Messwert M_2. $f_G = \frac{M_1 - M_2}{2}$

Prüfauftrag	Messverfahren	Auswertung
Ebenheit 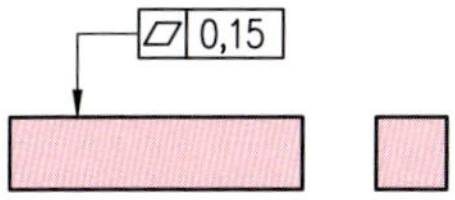	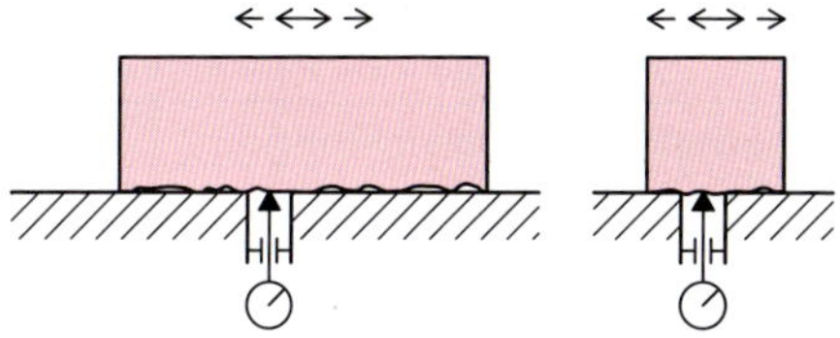	Die Ebenheitsabweichung f_e ist die größte Differenz zwischen den Messwerten. $f_e = M_{max} - M_{min}$
Rundheit 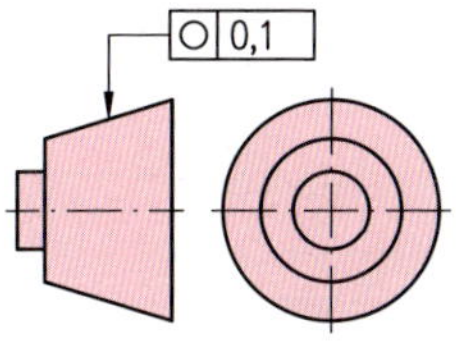	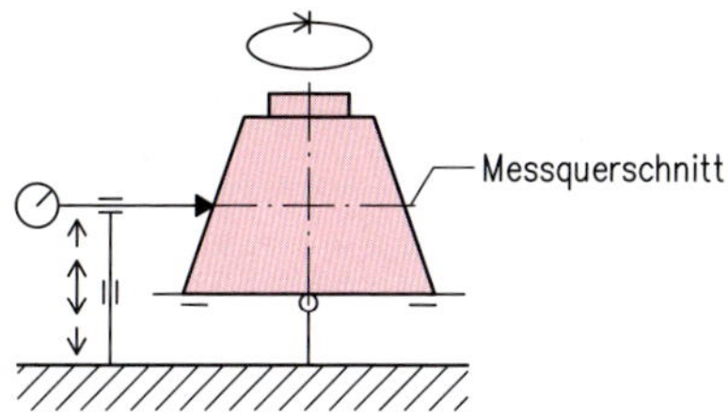	Für jeden Messquerschnitt wird aus einzelnen Messwerten das Profil dargestellt. Die Rundheitsabweichung im einzelnen Querschnitt ist die Radiendifferenz zum kleinsten Kreisring, der das Profil einschließt. Die Rundheitsabweichung ist die größte auftretende Radiendifferenz.

Beispiele für Messverfahren zur Ermittlung von Lageabweichungen

Prüfauftrag	Messverfahren	Auswertung
Parallelität 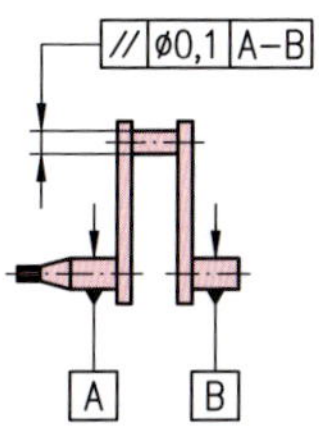	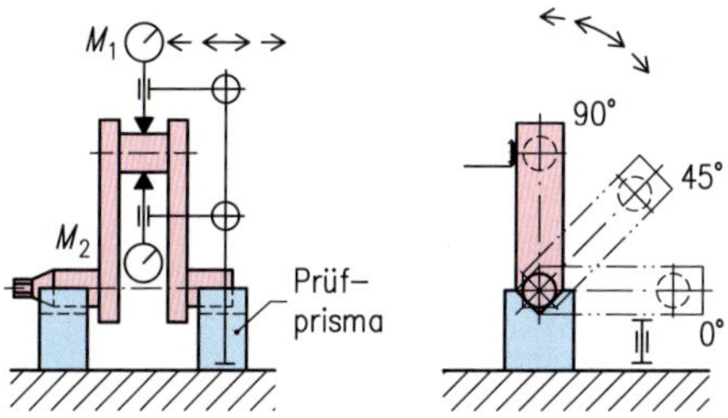	Die Parallelitätsabweichung f_P in einer Winkellage ist die halbe Differenz der Messwerte M_1 und M_2. $f_P = \frac{M_1 - M_2}{2}$ Die Parallelitätsabweichung des Werkstücks ist der größte der in den einzelnen Winkellagen ermittelte Wert der Abweichung.
Rechtwinkligkeit 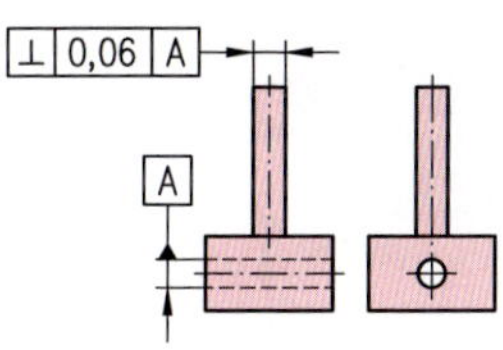	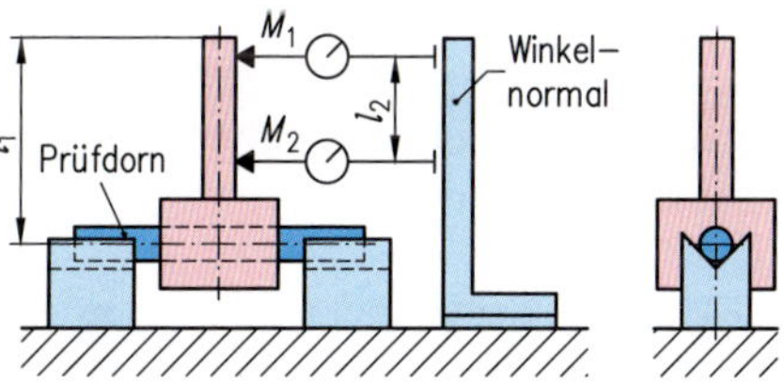	Die Rechtwinkligkeitsabweichung f_R wird aus der Differenz der Messwerte M_1 und M_2 und dem Verhältnis l_1/l_2 berechnet. $f_R = (M_1 - M_2) \cdot \frac{l_1}{l_2}$
Rundlauf 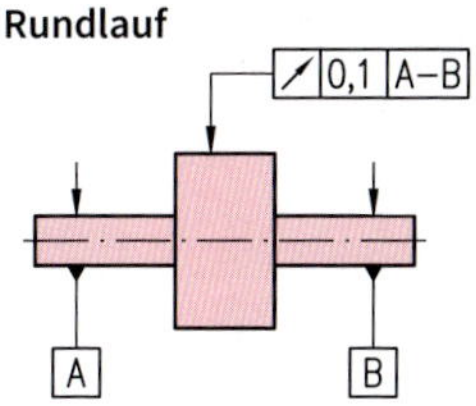	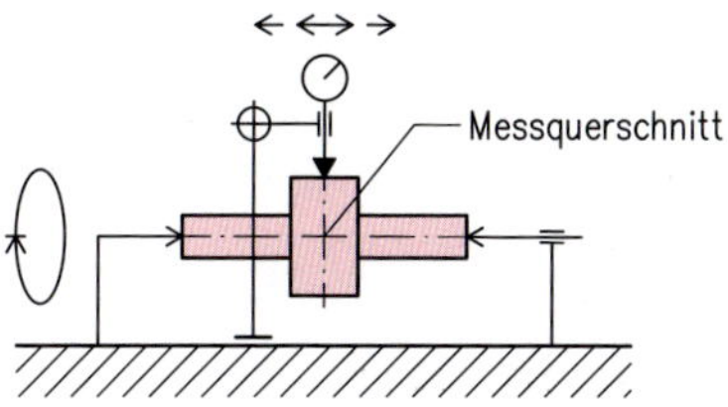	Die Rundlaufabweichung f_L ist die Differenz zwischen der größten und kleinsten Anzeige bei einer Umdrehung. $f_L = M_{max} - M_{min}$
Planlauf 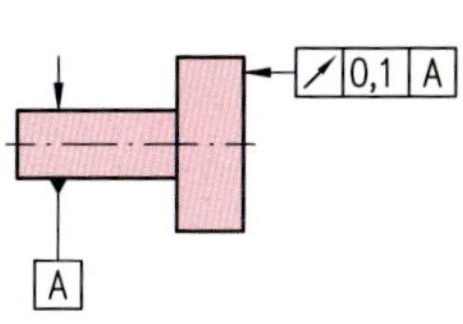	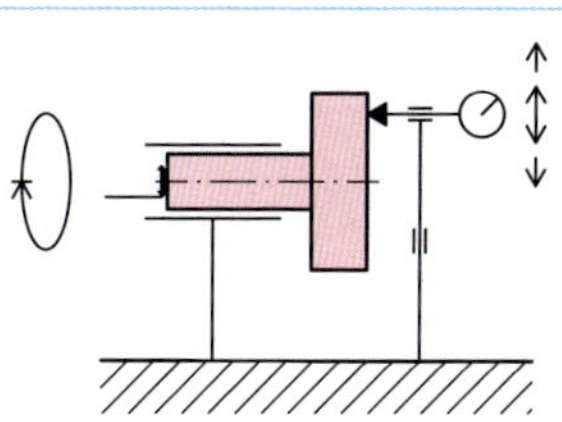	Die Planlaufabweichung f_L ist die Differenz zwischen der größten und kleinsten Anzeige bei einer Umdrehung. $f_L = M_{max} - M_{min}$ Bei einer Prüfung ist der größte Radius zu wählen.

1. Messvorrichtungen zur Bestimmung von Abweichungen

In der Serienfertigung lassen sich Form- und Lageabweichungen mit speziellen Messvorrichtungen schnell und einfach feststellen.

Beispiele für den Einsatz pneumatischer Messvorrichtungen

Messen von Formabweichungen

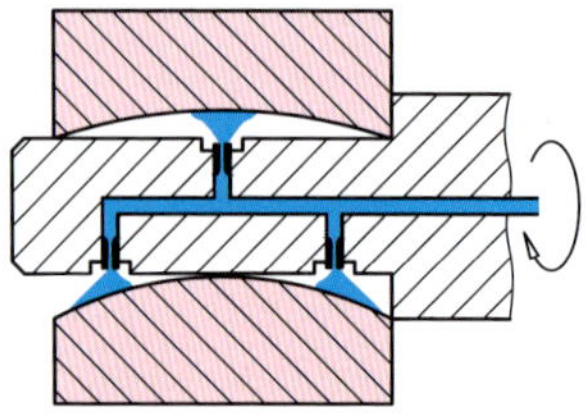
Geradheit

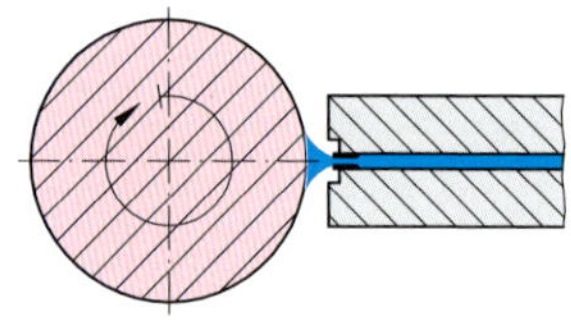
Rundheit

Messen von Lageabweichungen

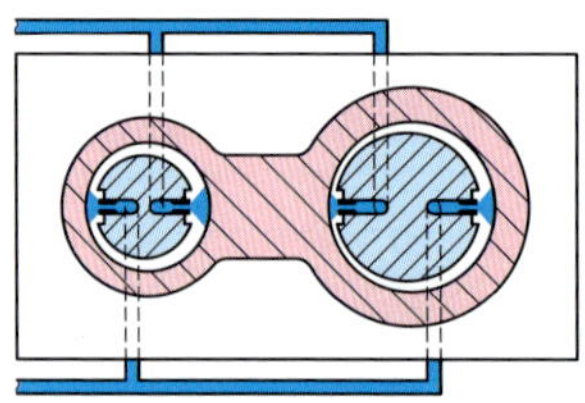
Neigung

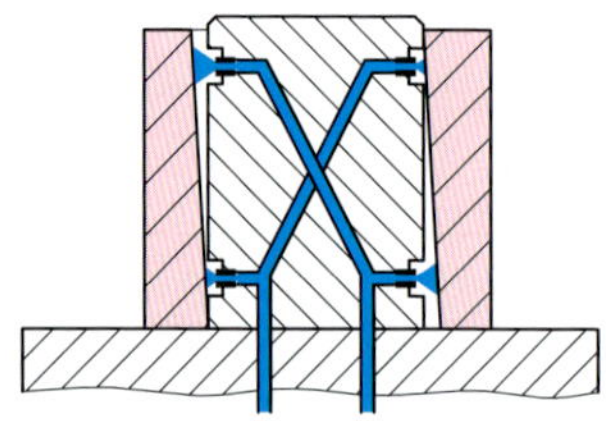
Rechtwinkligkeit

2. Messungen von Formabweichungen mit Profilprojektoren

Profilprojektoren vergrößern die Konturen aufgelegter Werkstücke und bilden sie in genauem Maßstab auf einem Bildschirm ab. Die meisten dieser Geräte vergrößern bis zum 100-Fachen.

Die Glasbildschirme enthalten Zentrierlinien und die Werkzeugauflagen sind dreh- und verschiebbar, sodass die Werkstücke präzise ausgerichtet werden können.

Skalen und Musterkonturen können eingeblendet werden und erlauben so das Ausmessen von Längen, Radien, Kurvenverläufen und Winkeln.

Optische Schneidwinkelmessgeräte sind kleine Profilprojektoren mit 5- bis 10-facher Vergrößerung. Sie erlauben die Kontrolle von Werkzeugschneiden und die Messung von Werkzeugwinkeln.

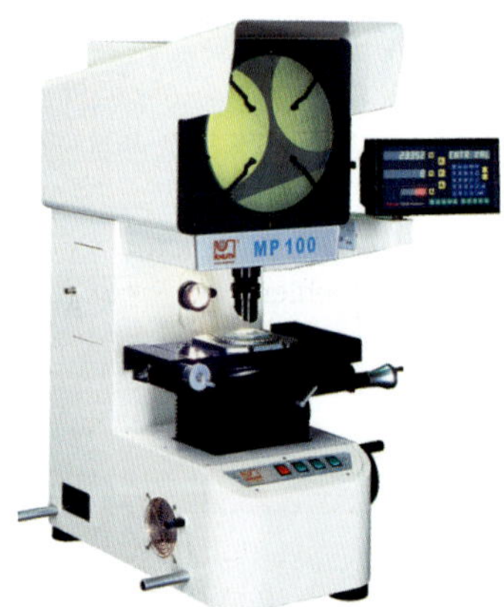

Profilprojektor

Beispiele für Projektionsbilder eines optischen Schneidwinkelmessgeräts

! Profilprojektoren erzeugen vergrößerte Bilder des Werkstückprofils. Dies kann durch eingeblendete Skalen ausgemessen werden.

Übungsaufgabe 9/8

10 Qualitätsmanagement

10.1 Einleitung

Von jedem Produkt, das ein Kunde kauft, und von jeder Arbeit, die zu verrichten ist, wird **Qualität** verlangt. Was der Einzelne unter Qualität versteht, ist schwer genau zu beschreiben – man spürt fehlende Qualität erst, wenn Mängel erkennbar werden. Qualität kann man in Abwandlung der etwas komplizierten DIN-Definition etwa so beschreiben:

> „Ein Produkt oder eine Arbeit besitzen Qualität, wenn sie in Hinblick auf ihre Eignung festgelegte und vorausgesetzte Erfordernisse erfüllen."

Unter dem Begriff **Qualitätsmanagement** werden darum alle Maßnahmen verstanden, die im Laufe einer Produktentstehung und -anwendung auf allen Ebenen zu treffen sind, damit ein Produkt entsteht, das alle vorausgesetzten Erfordernisse erfüllt. Qualitätsmanagement hat also den gesamten Lebensweg eines Produkts im Blick.

Beispiel für den Lebensweg eines Produkts

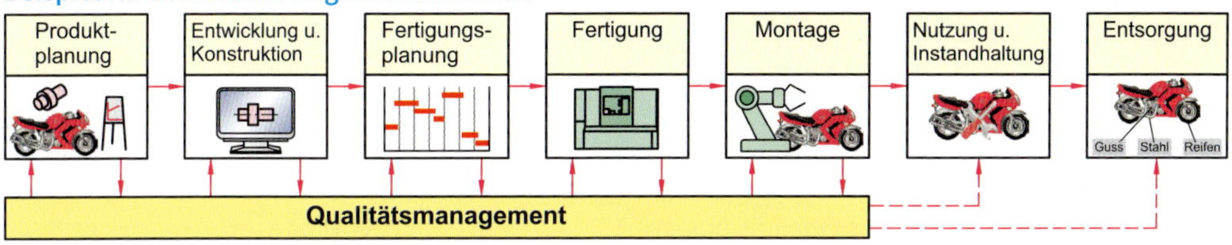

Das Qualitätsmanagement ist demnach etwas ganz anderes als eine reine Endkontrolle, in der die Qualität eines Produkts erst vor der Auslieferung bzw. Weitergabe geprüft wird. Qualitätsmanagement handelt gemäß dem Grundsatz: „Qualität ist zu erzeugen, nicht zu erprüfen."

> ! Unter Qualitätsmanagement versteht man alle Maßnahmen im Laufe von Produktentstehung, Anwendung und Recycling, die notwendig sind, um Produkte zu erzeugen, welche die vorausgesetzten Erfordernisse erfüllen.

Dem Qualitätsmanagement kommt eine besondere Bedeutung in der Phase der Planung und Entwicklung zu, denn 75 % der Fehler eines Produkts entstehen dort. Sie werden aber häufig erst im Laufe der Fertigung oder beim Einsatz erkannt und verursachen dann extreme Kosten zur Fehlerbeseitigung. Es gilt für die Kosten etwa die *Zehnerregel.* Sie besagt, dass die Kosten zur Beseitigung eines Fehlers aus der Stufe zuvor in der folgenden etwa das Zehnfache an Kosten verursachen.

Beispiel für die Zehnerregel der Fehlerkosten

Bei der Planung eines Motorrads wurde an einer Mutter die Sicherung vergessen.
Hätte man bei der Planung daran gedacht und dies notiert, wäre der zeitliche Aufwand 30 s gewesen, die 1,00 EUR gekostet hätten.
Wäre der Fehler bei der Zeichnungserstellung aufgefallen, hätte das Einarbeiten in die Zeichnung etwa 5 min gedauert und damit 10,00 EUR gekostet usw.
Eine Rückrufaktion wegen fehlender Schraubensicherung würde um 100 000,00 EUR Kosten verursachen.

Produkt-planung →	Entwicklung und Konstruktion →	Fertigungs-planung →	Fertigung und Montage →	Endkontrolle →	Nutzung durch Kunden
Entstehung eines Fehlers, dessen Beseitigung 1,00 EUR kosten würde	Kosten der Fehlerbeseitigung des Planungsfehlers 10,00 EUR	Fehlerkosten 100,00 EUR	Fehlerkosten 1 000,00 EUR	Fehlerkosten 10 000,00 EUR	Fehlerkosten bei Rückrufaktion 100 000,00 EUR

> ! Die Fehlerbeseitigung kostet bei einer Entdeckung in der jeweils nächsten Verarbeitungsstufe etwa das Zehnfache (Zehnerregel der Fehlerkosten).

Vielfach hatte man vor intensivem Einsatz von Qualitätsmanagement die Vorstellung, dass die Produktion für die Menge zuständig ist und allein die Endkontrolle für die Qualität. Diese Einstellung hat erhebliche Nachteile:

- Ausschussteile werden nicht am Ort der Entstehung erkannt. Sie durchwandern die gesamte weitere Produktion, bis sie schließlich in der Endkontrolle auffallen. Fachleute nennen das „Schrottveredelung".
- In der Endkontrolle fallen Produkte mit unterschiedlichsten Fehlern an. Darum ist die Wahrscheinlichkeit, dass alle Fehler entdeckt werden, geringer als bei ständig überwachter Produktion. Eine heute von Großabnehmern, wie z. B. der Automobilindustrie, verlangte „Null-Fehler-Zulieferung" ist darum beim Zulieferer nicht mehr allein durch eine Endkontrolle, sondern nur noch mit einem geeigneten Qualitätsmanagement zu erzielen.

! Bei einer komplexen Fertigung ist nur mit einer Endkontrolle keine Null-Fehler-Produktion möglich. Für eine Null-Fehler-Produktion sind nach jedem Arbeitsschritt unbedingt Qualitätsprüfungen erforderlich.

10.2 Einflussgrößen auf Qualität

Qualität entsteht durch funktionsgerechtes Zusammenwirken unterschiedlicher Faktoren, die man merkwirksam unter den „7M" zusammenfasst: **M**ensch, **M**ethode, **M**aschine, **M**aterial, **M**itwelt, **M**anagement und **M**essbarkeit. Am wichtigsten ist hier der **Mensch.** Er muss Qualität planen und erzeugen. Er muss an jeder Stelle der Produktentstehung den gesamten Ablauf, besonders aber die an seiner Tätigkeit anschließende Stufe im Auge haben. Dazu benötigt er

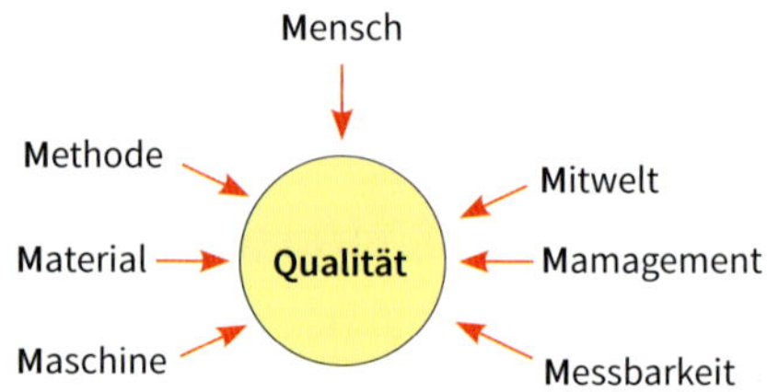

Einflussgrößen auf Qualität

- technisches Fachwissen,
- Kenntnis von Qualitätssicherungsmethoden,
- Bereitschaft und Fähigkeit, sein Wissen anzuwenden und
- Innovationsbereitschaft und Kreativität.

Die **Methoden** zur Erzeugung und Sicherung von Qualität müssen in jeder Stufe der Produktentstehung sinnvoll ausgewählt und eingesetzt werden.

Die **Maschinen** stehen für alle Fertigungs-, Handhabungs- und Prüfmittel. Sie müssen fähig sein, Qualität zu erzeugen.

Das **Material,** dies sind alle Werk- und Hilfsstoffe, Vorprodukte und Komponenten, die meist von Zulieferern dem Prozess zugeführt werden, muss der geforderten Produktqualität entsprechen.

Die **Mitwelt** (Umwelt) wird nicht nur in Form des richtig ausgestatteten Arbeitsplatzes gesehen, sondern meint das gesamte betriebliche Sozialgefüge, das Qualität und Qualitätsbewusstsein bestimmt.

Das **Management** mit seinem Führungsstil, z. B. seinem Umgang mit Mitarbeitervorschlägen, seiner Offenheit in der Entscheidungsfindung und seiner Bewertung von Mitarbeiterleistungen, trägt wesentlich zur Qualität bei.

Die **Messbarkeit** von Eigenschaften ist entscheidend für die Beurteilung von Qualität. Mit Messbarkeit sind nicht nur die physikalisch und chemisch erfassbaren Größen eines Produkts angesprochen, sondern auch alle zahlenmäßig erfassbaren Merkmale des Produkts und der Produktentstehung.

! Qualität entsteht nur durch richtiges Zusammenwirken von Mensch, Methode, Maschine, Material, Mitwelt, Management und Messbarkeit.

Zur Unterstützung der systematischen Fehlerquellensuche verwendet man das *Fischgräten-Diagramm* **(Ishikawa-Diagramm).** Man trägt in diesem Diagramm die Einflüsse der sogenannten „7M" der Qualitätssicherung ein.

Je nach Bedarf können diese 7M auf 5M reduziert werden. Falls Fehlerzuordnungen bei der Aufstellung eines Diagramms strittig sind, z. B. ob eine Fehlerquelle der Methode oder dem Mensch zuzuordnen ist, kann willkürlich zugeordnet werden. Wichtig ist jedoch, dass die Fehlerquelle aufgelistet wird.

Übungsaufgaben 10/3; 10/4

Beispiel für die Auflistung der Fehlerquellen beim Drehen einer gestuften Welle

An die Welle werden Anforderungen hinsichtlich ihrer Maße und Form sowie an die Lage der Zylinder zueinander gestellt. Die an der Produktion Beteiligten haben Stichworte zu möglichen Fehlerquellen zusammengetragen und den bedarfsgerecht gewählten Faktoren zugeordnet.

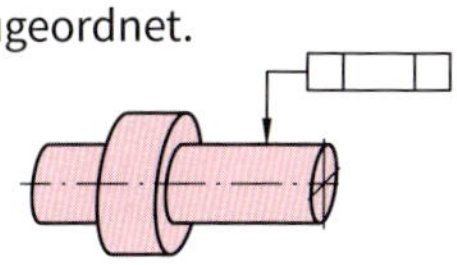

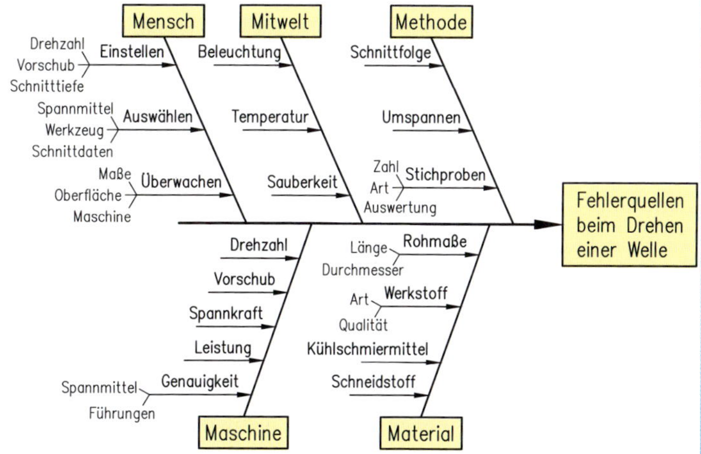

10.3 Qualitätssicherungsnormen

Die Norm DIN EN ISO 9000 erläutert die Grundbegriffe des Qualitätsmanagements (QM) und erklärt wichtige Begriffe.
DIN EN ISO 9001 ist für den Fachmann im Betrieb die bedeutendste QM-Norm. In ihr wird das Qualitätsmanagement als eine Art Regelkreis verstanden, in den die Kundenforderungen als Eingangsgröße eingehen und die Kundenzufriedenheit das geforderte Ergebnis darstellt.

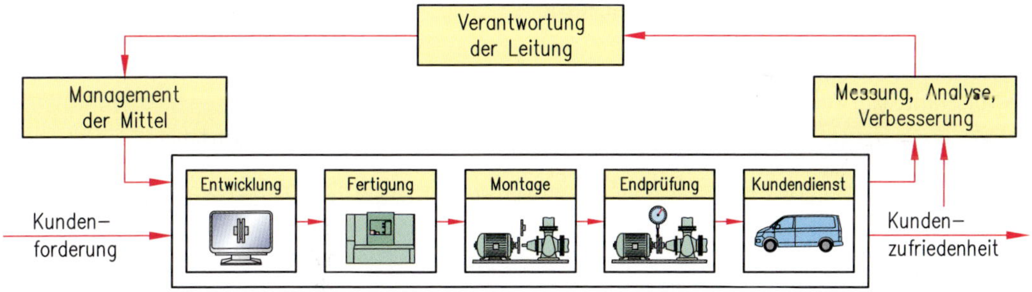

Die **Verantwortung der Leitung** besteht für die Festlegung der Qualitätsziele, der Befugnisse der Einzelnen, der Qualitätsplanung und der Bewertungsmaßstäbe für das Qualitätsmanagement.

Das **Management der Mittel** befasst sich mit der Auswahl und Förderung geeigneter Personen, der Auswahl und Zurverfügungstellung geeigneter Einrichtungen und der Schaffung einer die Qualität fördernden Arbeitsumgebung.

Die **Produktionsrealisierung** stellt den Kern des Prozesses dar. Das Qualitätsmanagement verlangt die Erzeugung, Prüfung, Sicherung und Dokumentation in jeder Stufe des Erzeugungsprozesses. Damit wird die Rückverfolgung von Teilen und Leistungen möglich. Gleichzeitig wird ein geeignetes Prüfmittelmanagement erwartet.

Die **Messung, Analyse und Verbesserung** hat in erster Linie auf die Kundenzufriedenheit zu schauen. Um diese zu gewährleisten, muss hier die Überwachung des gesamten Prozesses und der Teilprozesse geplant, kontrolliert und analysiert werden, sodass ein kontinuierlicher Verbesserungsprozess möglich wird.
DIN EN ISO 9004 ist ein Leitfaden zur Verwirklichung und Nutzung eines QM-Systems.

10.4 Qualitätssicherung in der Produktplanung

Vor einer Produktionsabsicht steht eine Marktanalyse, bei der zunächst einmal festgestellt werden muss, ob ein Produkt überhaupt auf dem Markt abzusetzen ist, welche Größenordnung die Produktion wahrscheinlich haben muss und in welchem Bereich sich der Preis bewegen darf.
Nach der Entscheidung für ein Produkt folgt die Planung. In der ersten Phase sucht man unter verschiedenen Fragestellungen nach Planungsgrundlagen.

In Gesprächsrunden (Workshops) mit etwa sechs bis acht Kunden und den Entwicklern der eigenen Firma werden die Anforderungen an das Produkt geklärt:

- *technische und funktionelle Anforderungen* (z. B. physikalische, chemische und technologische Eigenschaften, Handhabung, Wartung),
- *Kundenanforderungen* (z. B. Aussehen, Zubehör, Garantiezeit),
- *sicherheits- und umwelttechnische Anforderungen* (z. B. Handhabungssicherheit, Recyclebarkeit).

In Gesprächsrunden mit Mitgliedern aller beteiligten Betriebsabteilungen und des Projektteams werden die betrieblichen Anforderungen und die Qualitätssicherungsmaßnahmen geklärt.

– **Betriebliche Anforderungen**

- Gestaltung des Produkts entsprechend dem Kundenwunsch (z. B. Vorentscheidung für Form, Farbe und Abmessungen),
- Maschinen- und Anlagenbedarf (z. B. Art der Maschinen, Fähigkeiten der Maschinen),
- Personalbedarf (z. B. Anzahl, Qualifikation),
- Zeitbedarf (z. B. Maschinenbelegung),
- Zulieferungen (z. B. notwendige Qualität der Vorprodukte)

– **Qualitätssicherungsmaßnahmen**

- Organisation der Qualitätssicherung (z. B. Verantwortlichkeit),
- Einsatzstellen von Qualitätssicherungsmaßnahmen,
- Methoden der Qualitätssicherung,
- Nachweise der Qualitätssicherungsmaßnahmen,
- Vorschriften für Zulieferer

! In der Planungsphase werden die Kundenwünsche und die Möglichkeiten ihrer Umsetzung geklärt.

10.5 Qualitätssicherung in der Entwicklung und Konstruktion

In der Phase der Entwicklung und Konstruktion ist die Möglichkeit zur Vermeidung späterer Fertigungsprobleme und Produktmängel besonders hoch und der dazu notwendige Aufwand noch sehr gering.
Unter den verschiedenen Methoden des Qualitätsmanagements in dieser Phase wird besonders häufig die ***F**ehler-**M**öglichkeits- und **E**influss**a**nalyse* (**FMEA**) angewendet. Sie wird nach der Fertigstellung der Konstruktionsunterlagen durchgeführt.

Aufgaben einer Konstruktions-FMEA sind es,

- mögliche Produktfehler bei der Produktentwicklung aufzudecken,
- Maßnahmen zum Vermeiden möglicher Fehler aufzuzeigen,
  die Verantwortlichkeit für die Durchführung qualitätssichernder Maßnahmen festzulegen und
- das vorliegende Erfahrungswissen über Einflüsse auf Qualität zu sammeln, zu systematisieren und für zukünftige Aufgaben bereitzuhalten.

Übungsaufgabe 10/8

Ziel der Konstruktions-FMEA ist ein konstruktiv einwandfreier Entwurf, der keine Fehlermöglichkeiten enthält und zu einem einwandfreien Produkt führen kann. Ihre Aufstellung geschieht in Teamarbeit zwischen Konstruktionsabteilung und Mitgliedern der Planungs-, Fertigungs- und Montageabteilung, um alle Fehlermöglichkeiten zu erfassen.

Beispiel für eine Konstruktions-FMEA eines Fahrradherstellers (Auszug)

Fehler-Möglichkeits- und Einfluss-Analyse

Konstruktions-FMEA ☒ Prozess-FMEA ☐

Systeme/Merkmale	Potenzielle Fehler	Potenzielle Folgen des Fehlers	Potenzielle Fehlerursachen	Derzeitiger Zustand					Empfohlene Abstellmaßnahmen	Verantwortlichkeit
				vorgesehene Prüfmaßnahmen	Auftreten	Bedeutung	Entdeckung	Risiko-Prioritätszahl (RPZ)		
Fahrrad-Sattelstütze	Materialermüdung	Bruch der Stütze Sturz des Fahrers	scharfe Biegekanten an Aufnahmelasche		5	8	5	200[1]	Kantenrundung vorsehen	Produkt-Entwicklung

Wahrscheinlichkeit des Auftretens (Fehler kann vorkommen)
- unwahrscheinlich = 1
- sehr gering = 2–3
- gering = 4–6
- mäßig = 7–8
- hoch = 9–10

Bedeutung (Auswirkungen auf den Kunden)
- kaum wahrnehmbare Auswirkungen = 1
- unbedeutender Fehler, geringe Belästigung des Kunden = 2–3
- mäßig schwerer Fehler = 4–6
- schwerer Fehler, Verärgerung des Kunden = 7–8

Wahrscheinlichkeit der Entdeckung (vor Auslieferung an Kunden)
- hoch = 1
- mäßig = 2–5
- gering = 6–8
- sehr gering = 9
- unwahrscheinlich = 10

Priorität (RPZ)
- hoch = 1000
- mittel = 125
- keine = 1

[1] Die Risiko-Prioritätszahl ergibt sich aus dem Produkt der einzelnen Bewertungszahlen RPZ = 5 · 8 · 5 = 200.

10.6 Qualitätssicherung in der Prozessplanung

10.6.1 Fertigungsplanung

In der Phase der Prozessplanung stehen für einen Betrieb sowohl die eigene Fertigung als auch die Beschaffung von Fremdprodukten im Vordergrund.

Fertigungsplanung befasst sich mit
- Auswahl geeigneter Maschinen, Anlagen, Werkzeuge, Transportmittel u. a.,
- Festlegung von Einstelldaten,
- Bereitstellung von Werk- und Hilfsstoffen,
- Einsatzplanung geeigneter Fachleute,
- Zeitplanung.

Mithilfe einer Prozess-FMEA (Fehler-Möglichkeits- und Einflussanalyse), die in ähnlicher Weise wie die Konstruktions-FMEA aufgestellt wird, können mögliche Fehlerquellen bei der Herstellung und Montage aufgedeckt, hinsichtlich ihres Risikos bewertet und Maßnahmen zur Fehlervermeidung erarbeitet werden.
An einer Prozess-FMEA werden neben den Mitgliedern der Arbeitsvorbereitung und der Qualitätssicherung meist auch einige der später zuständigen Facharbeiter beteiligt.

! Mithilfe von Prozess-Fehler-Möglichkeits- und Einflussanalysen sollen vorbeugend Prozessfehler erkannt und vermieden werden.

Übungsaufgabe 10/9

Beispiel für eine Prozess-FMEA

Fehler-Möglichkeits- und Einfluss-Analyse (Prozess-FMEA)

Blatt 1 von 6

Teile- oder Prozess-Name/Nr. linke Vordertür, 93 BB 20215AA
Betroffene Lieferanten und Werke
Erstellt durch Müller, NY/FN-2311

Konstruktions-Fertigungs-Verantwortung Karosserieentwicklung/Gruppenstab BAO
Modell/Jahr/Typ PKW, 2020, 4-türig, Stufenheck
FMEA-Datum (Orig.) (geänd.)

Andere betroffene Bereiche Qualität, Produktion, Instandhaltung
Konstruktions-Freigabe-Datum
Produktions-Serienbeginn

Prozess-Beschreibung / Prozess-Zweck	Möglicher Fehler	Mögliche Folge(n) des Fehlers	Bedeutung	V	Mögliche Ursache(n) des Fehlers	Auftreten	Prozesssicherungs-Methoden	Entdeckung	RPZ	Empfohlene Abstell-Maßnahme(n)	Verantwortl. Bereich/Ing. + Termin	Durchgeführte Maßnahme(n)	Bedeutung	Auftreten	Entdeckung	RPZ
Einbringen von Wachs in den Tür-Innenbereich mit manuell geführtem Sprühkopf	unzureichender Wachsfilm auf der vorgesehenen Fläche, zu dünn und nicht im vorgesehenen Bereich	Verkürzte Lebensdauer der Tür führt zu: • schlechtem Aussehen wegen Durchrostung, • Wassereintritt, • Beeinträchtigung der Funktion der Türinnenteile.	7		• manuell geführter Sprühkopf nicht tief genug eingeführt	8	Sichtprüfung jede Std. 1-mal pro Schicht Dickenmessung (Messgerät)	5	280	• Hinzufügen eines Tiefenanschlags Automatische Sprüheinrichtung	Fabr.-Technik NY/FN-2311 III/90	– Anschlag hinzu – Erprobung am Band ist erfolgt – abgelehnt wegen der Vielfalt der Türen	7	2	5	70
Tür-Innenbereich mit Mindestwachsschicht versehen zum Schutz gegen Korrosion					• Sprühköpfe verstopfen, weil: – Viskosität zu hoch, – Temperatur zu tief, – Sprühdruck zu klein.	5	Prüfung des Sprühkopfs bei Schichtbeginn und nach Unterbrechung, zusätzlich vorbeugende Instandhaltung	3	105	• Testprogramm (DOE) mit Variation – Viskosität, – Temperatur, – Druck	Fabr.-Technik NY/FN-2311 IX/90	Temperatur und Druck sind festgelegt und Kontrolleinrichtungen installiert worden, Prozess ist fähig $c_{pk} = 1{,}60$				
					• Sprühkopf wird beschädigt beim Einführen in Tür.	2	vorbeugendes Instandhaltungs-Programm	2	28	keine						
					• nicht ausreichende Sprühzeit	8	Arbeitsanweisung und Stichprobenprüfung (10 Türen/Schicht) auf ausreichenden Film an den kritischen Stellen	7	392	• Installieren einer zeitgesteuerten Sprüheinrichtung (ECO-Timer)	Werktechnik NY/FN-34 X/90	Zeitgesteuerte Prüfeinrichtung ist installiert. Bei Beachtung von – Beginn des Sprühens, – Ende des Sprühens, – Regelkarten zeigen $c_{pk} = 2{,}05$.	7	1	7	49

Bedeutung (Auswirkungen auf den Kunden)

kaum wahrnehmbare Auswirkungen	=	1
unbedeutender Fehler, geringe Belästigung des Kunden	=	2–3
mäßig schwerer Fehler	=	4–6
schwerer Fehler, Verärgerung des Kunden	=	7–8
äußerst schwerwiegender Fehler	=	9–10

Wahrscheinlichkeit des Auftretens (Fehler kann vorkommen)

unwahrscheinlich	=	1
sehr gering	=	2–3
gering	=	4–6
mäßig	=	7–8
hoch	=	9–10

Wahrscheinlichkeit der Entdeckung (vor Auslieferung an Kunden)

hoch	=	1
mäßig	=	2–5
gering	=	6–8
sehr gering	=	9
unwahrscheinlich	=	10

Priorität (RPZ)

hoch	=	1000
mittel	=	125
keine	=	1

Im Rahmen der Fertigung beeinflussen Einstelldaten von Maschinen und Apparaten, z. B. Schnittgeschwindigkeiten, Vorschübe, die Qualität des Produkts häufig wesentlich. Darum kommt der Auswahl dieser Daten entscheidende Bedeutung zu. Meist werden sie Empfehlungen der Maschinen-, Werkzeug- oder Werkstoffherstellern entnommen. Die Einhaltung dieser Daten garantiert nicht immer genügende Produktqualität und optimale Fertigungsbedingungen. Darum sind bei der Produktion höherer Stückzahlen Versuchsreihen durchzuführen, in denen die wichtigsten Einflussgrößen erfasst werden. Vielfach ist die Erfahrung von Facharbeitern am Arbeitsplatz eine besonders wichtige Quelle für optimale Einstellwerte.

! Wichtige Voraussetzung zur Qualitätssicherung ist die Auswahl und spätere Einhaltung der Einstelldaten für Maschinen und Apparate.

Das Qualitätsmanagement gewinnt im Zusammenhang mit der Beschaffung fremdgefertigter Bauteile und Baugruppen zunehmend größere Bedeutung, da

- die Betriebe aufgrund des Kostendrucks nicht mehr alle Teile selbst fertigen, sondern sie von Spezialisten zuliefern lassen und
- die Betriebe ihre Lagerhaltung und die damit verbundene Kapitalbindung zurückschrauben, indem sie gerade rechtzeitige Lieferung – *just in time* – verlangen. Dies erfordert die Null-Fehler-Lieferung seitens des Zulieferers.

Viele Großabnehmer, z. B. die Automobilindustrie, fordern von Ihren Zulieferern Nachweise über ihr Qualitätssicherungssystem. Diese werden durch sogenannte **Audits** erbracht (Auditor = Revisor).
In diesen Audits untersuchen Spezialisten von Prüfinstitutionen (z. B. TÜV) alle Bestandteile des betrieblichen Qualitätssicherungssystems und bewerten diese.

Im Falle der erfolgreichen Untersuchung durch eine unabhängige Prüfinstitution werden zeitlich begrenzte Zertifikate vergeben. Eine solche Zertifizierung wird häufig von Großabnehmern zur Bedingung einer Auftragserteilung gemacht.

! Firmen erbringen Nachweise für ein geeignetes Qualitätssicherungssystem, indem sie sich von unabhängigen Institutionen überprüfen und bewerten lassen (Auditierung).

10.6.2 Prüfplanung

Die Planung der Prüfvorgänge im Rahmen der Fertigung bezieht sich auf das Produkt, die einzusetzenden Betriebsmittel (Maschinen, Werkzeuge, Vorrichtungen u. a.) sowie die zu verwendenden Prüfmittel.

Aufgaben der Prüfplanung sind

- Festlegung der zu prüfenden Merkmale und ihrer Grenzwerte,
- Beschreibung der Prüfmethode,
- Auswahl der Prüfmittel,
- Einordnung der Prüfungen in den Produktionsprozess,
- Bestimmung des Prüfumfangs (z. B. Stichprobe, 100%-Prüfung),
- Festlegung der Art der Auswertung (z. B. gut – schlecht, zahlenmäßige Messwerterfassung, statistische Auswertung),
- Festlegung der Konsequenzen der Auswertung (z. B. Ausschuss, Nacharbeit),
- Festlegung der Prüfmittelüberwachung,
- Bestimmung der Form der Dokumentation und der Datenverwaltung,
- Festlegung der Prüfer und der Verantwortlichkeit.

Prüfungen in der Fertigung bedeuten erhöhten Aufwand. Darum versucht man einerseits die Zahl der Prüfungen zu minimieren, andererseits die Prüfungen so zu legen, dass möglichst keine fehlerhaften Werkstücke in die folgende Fertigungsstufe gelangen.

Vorrangig ist darum die Prüfung von Werkstücken durch den Facharbeiter unmittelbar am Arbeitsplatz. Viele der Prüfungen am Arbeitsplatz sind ohne Hilfsmittel durchführbar, wie

- optische Prüfung auf sichtbare Fehler, z. B. Kratzer, Risse, Riefen,
- Prüfung durch Tasten, z. B. auf Grate in Bohrungen bei Kunststoffgehäusen, auf lockere Teile bei der Montage,
- Prüfung durch Hören, z. B. Abhören von Schleifgeräuschen oder klappernden Teilen nach der Montage.

Beispiel für einen Prüfplan an einem Arbeitsplatz (Rasenmähermontage)

Arbeitsplatz Messermontage

Vorprüfung

- Durch Rütteln am Motorgehäuse ① ist die Motorbefestigung zu prüfen – bei lockerem Motor Gerät zur Nacharbeit geben.
- Durch Drehen und seitliches Bewegen der Welle ② sind Spiel und Leichtgängigkeit zu prüfen – bei Spiel oder schwer drehbarer Welle Gerät zur Nacharbeit geben.

Montageanweisung

1. Lüfterrad ③ mit Schaufel zum Gehäuse hin

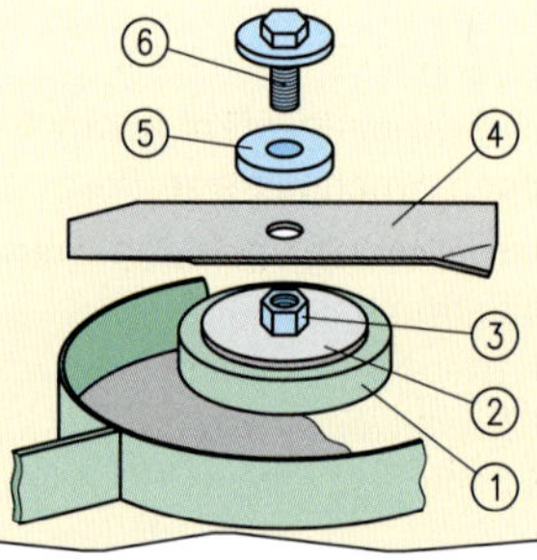

Prüfung nach der Montage

- Sichtprüfung der Messerlage – die Abschrägung der Schneide muss zum Gehäuse weisen – andernfalls demontieren und neu montieren.
- Messer mit Holzstab zwei Umdrehungen drehen – bei Schleifgeräuschen Gerät zur Nachbearbeitung aussortieren.

Häufig ist bei diesen Prüfungen mithilfe der Sinne auch ein Trend zur Fehlerentstehung festzustellen, der es erlaubt, schon vor dem Auftreten eines Fehlers in den Prozess einzugreifen. So erkennt ein geübter Facharbeiter das Stumpfwerden eines Bohrers bei der Serienfertigung am Bohrgeräusch und an der Form der Späne.

Besonders in der mechanischen Fertigung geschieht das Prüfen am Arbeitsplatz mit entsprechenden Prüfgeräten. Dies können sein:

- einfache mechanische Prüfmittel, mit denen nur eine Eigenschaft zu prüfen ist, z. B. Grenzlehrdorne für Bohrungsdurchmesser,
- komplexe Prüfmittel, die gleichzeitig mehrere Eigenschaften erfassen, z. B. Lehren zum Prüfen von Kurbelwellen.

Numerisch gesteuerte Messmaschinen, die entsprechend einem vorgegebenen Programm Prüfungen vornehmen, werden meist als selbstständige Arbeitsplätze in den Fertigungsprozess eingebunden.

Laborprüfungen, z. B. chemische Analysen, Werkstoffprüfungen, bedingen entweder hohe Totzeiten, in denen die Produktion bis zum Eintreffen des Laborergebnisses ruht, oder sind mit dem Risiko der Weiterverarbeitung von Ausschuss verbunden, wenn ohne Abwarten des Prüfergebnisses weitergearbeitet wird.

! Die Kontrolle des Produkts durch den Facharbeiter am Arbeitsplatz kann die Weiterverarbeitung von fehlerhaften Werkstücken nach plötzlich auftretenden Fehlern verhindern.

10.7 Maschinen- und Prozesssfähigkeit

10.7.1 Maschinenfähigkeit

Mithilfe der Statistik hat man im Bereich der Serienfertigung festgelegt, dass eine Fertigung eben noch als geeignet gilt, wenn bei 1 000 gefertigten Teilen drei Teile fehlerhaft sind, d. h. nicht mehr innerhalb der vorgegebenen Toleranzen liegen.

Zur Feststellung der Maschinenfähigkeit einer Maschine wird eine Serie von nacheinander gefertigten Werkstücken untersucht, die

- aus einer Charge stammen,
- auf der betriebswarmen Maschine,
- mit einem Werkzeug und
- ohne Störeinflüsse gefertigt wurden.

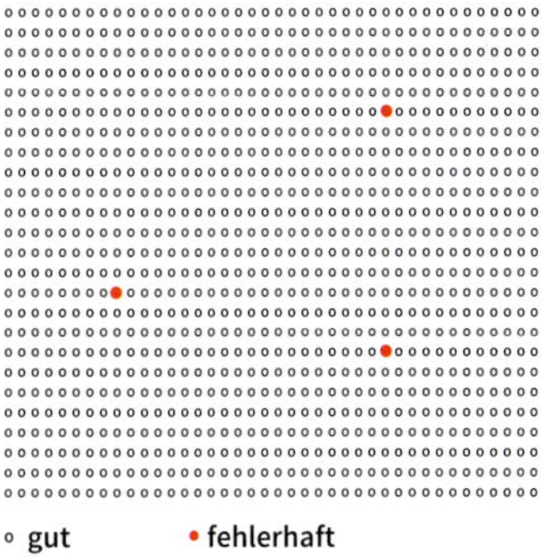

Veranschaulichung von 99,7 % fehlerfrei

> **!** Maschinenfähigkeit bedeutet, dass die Maschine unter idealen Bedingungen in der Lage ist, 99,7 % aller Teile innerhalb der vorgegebenen Toleranzen zu fertigen.

10.7.2 Prozessfähigkeit

Unter den wechselnden Bedingungen der Serienfertigung können auf Maschinen, die eigentlich fähig sind, fehlerhafte Produkte entstehen, weil die Bedingungen, unter denen sie gefertigt wurden, schwanken. Dies kann viele Ursachen haben, z. B.:

- die Maschine kann unterschiedlich warm sein,
- die Werkzeuge sind maßlich geringfügig unterschiedlich,
- die Werkstücke weisen gering unterschiedliche Eigenschaften auf,
- die Maschinenbediener arbeiten nicht alle in gleicher Weise.

Eine Maschine gilt als prozessfähig, wenn unter realen Bedingungen mindestens 99,7 % aller gefertigten Werkstücke die gestellten Anforderungen erfüllen.

Zur Untersuchung der Prozessfähigkeit werden über eine oder mehrere Schichten mindestens 20 Stichproben zu je fünf Teilen gemessen und mithilfe der Regelkarte und statistischen Methoden ausgewertet.

> **!** Prozessfähigkeit bedeutet, dass die Maschine im rauen alltäglichen Betrieb in der Lage ist, 99,7 % aller Werkstücke im Rahmen der festgelegten Grenzen fertigen kann.

10.7.3 Prozessüberwachung

1. Kontrollkarten

Im laufenden Fertigungsprozess müssen alle Arbeitsgänge überwacht werden, damit Abwanderungstendenzen von Messgrößen (Trends) erkannt und Gegenmaßnahmen eingeleitet werden können. Zur Untersuchung solcher Trends kann man alle Werkstücke überprüfen. Da das meist sehr aufwendig ist, werden häufig nur **Stichproben** geprüft. Solche Stichproben können in regelmäßigen zeitlichen Abständen, z. B. stündlich, oder nach bestimmten Stückzahlen, z. B. aus jeweils 500 gefertigten Teilen, genommen werden. Die Zahlenwerte aus diesen Prüfungen zeigen wenig anschaulich den Verlauf der Messgröße. Darum versucht man durch grafische Darstellungen die Übersichtlichkeit zu verbessern. Die einfachste Darstellungsform geschieht in **Kontrollkarten,** die die Grenzwerte und die Stichprobennahme kennzeichnen. Ferner sind in den Karten Änderungen im Prozess vermerkt.

Beispiel für eine einfache Kontrollkarte

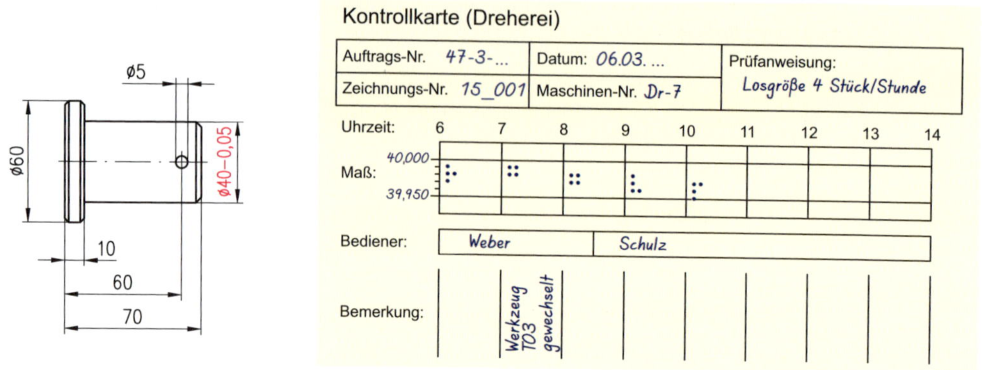

> **!** In einfachen Kontrollkarten werden die Ergebnisse von Prüfungen dargestellt. Als Grenzwerte dienen die vorgegebenen Toleranzen.

2. Qualitätsregelkarten

Für Prozesse, die eine Null-Fehler-Produktion erbringen sollen, genügen solche einfachen Kontrollkarten nicht mehr:

- Bei geringer Stichprobenzahl ist mit hoher Wahrscheinlichkeit schon fehlerhaft gefertigt worden, wenn die Stichprobenwerte dicht an den Toleranzgrenzen liegen.
- Bei mehreren Einflussgrößen, z. B. bei häufigem Umspannen, Werkzeugwechseln, Bedienerwechseln, ist die Wahrscheinlichkeit, dass Fehler auftreten, erheblich größer als bei Fehlen dieser Einflüsse.

Aus diesen Gründen berechnen Statistiker **Eingriffsgrenzen.** Diese sind kleiner als die Toleranzgrenzen. Sie dürfen nicht überschritten werden. Davor stehen **Warngrenzen,** bei deren Erreichen der Prozess genauer beobachtet werden muss. Man nennt Karten, die statistisch abgesicherte Warn- und Eingriffsgrenzen enthalten, **Qualitätsregelkarten.**

Beispiel für das Arbeiten mit einer Qualitätsregelkarte

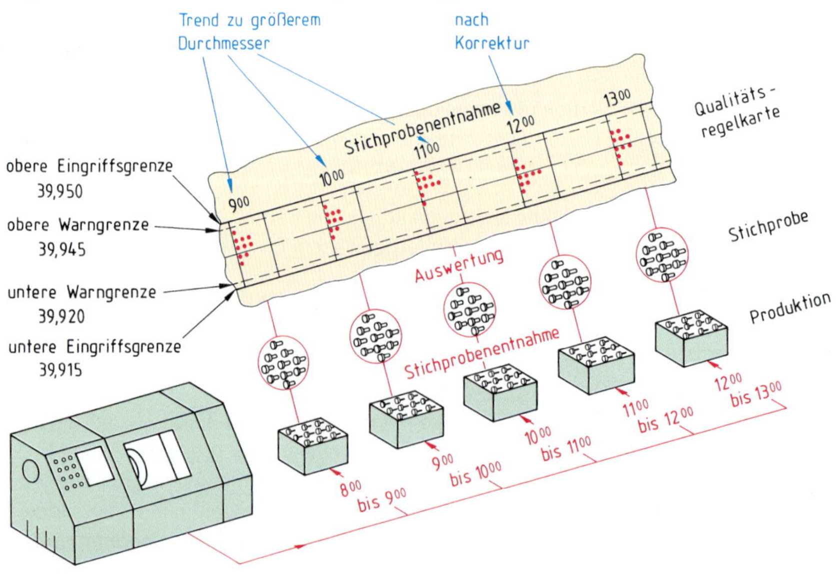

> **!** Qualitätsregelkarten enthalten statistisch ermittelte Eingriffsgrenzen und Warngrenzen. Die Eingriffsgrenzen sind kleiner als die Grenzen, die durch Toleranzen vorgegeben sind.

3. Qualitätsregelkreis

Prüfungen mit Regelkarten können unmittelbar nach einzelnen Fertigungsstufen eingesetzt werden, sie erlauben nahezu sofortiges Reagieren. Damit wird der **Qualitätsregelkreis** innerhalb einer Fertigungsstufe geschlossen.

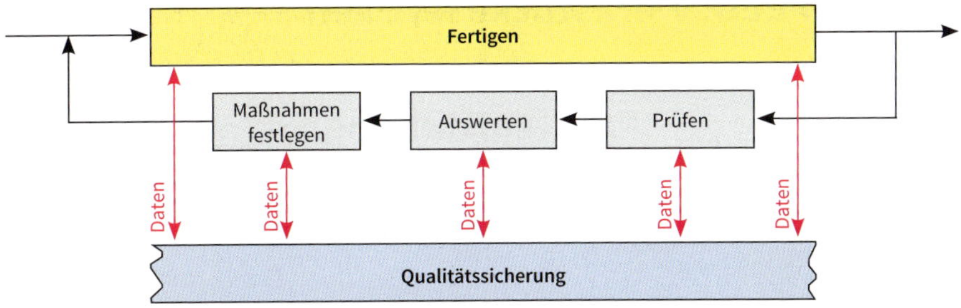

Qualitätsregelkreis

> **!** Prüfungen führen nur dann zu Qualität, wenn sie ausgewertet werden und das Ergebnis der Auswertung die weitere Produktion positiv beeinflusst (Qualitätsregelkreis).

10.7.4 Fehlerdatenerfassung

Nur mit optimal eingestellten Maschinen und Anlagen ist ein einwandfreies Produkt zu erzeugen. Deshalb ist für eine Wiederholung der Produktion und die Beurteilung von auftretenden Fehlern wichtig, alle Prozess- und Maschinendaten zu erfassen und zu dokumentieren, damit die Einstellungen, die sich als günstig erwiesen haben, wiederholbar sind.

Weiterhin kann eine systematische Fehlererfassung zusammen mit einer Auflistung getroffener Maßnahmen und deren Erfolgsquote zu einer Erleichterung der Entscheidungen beim erneuten Auftreten eines Fehlers beitragen. Eine einfache Regel sagt, dass 80 % aller Fehler nur durch 20 % aller möglichen Fehlerursachen hervorgerufen werden.

Beispiel für eine Fehlerdatenanalyse

In einer Fertigung tritt plötzlich der Fehler auf, dass Klebenähte erst nach 4,5 Minuten aushärten. Dies ist der Fehler E0045. In der Liste, in der Maßnahmen zur Beseitigung des Fehlers E0045 aufgeführt sind, findet man, dass bisher 17-mal die Maßnahme M0066, 28-mal die Maßnahme M0064 und 3-mal die Maßnahme M0063 geholfen hat. Man sollte also in diesem Fall die Maßnahme M0064 (Härteranteil um 0,1 % erhöhen) in Betracht ziehen, um den Fehler zunächst zu beseitigen.

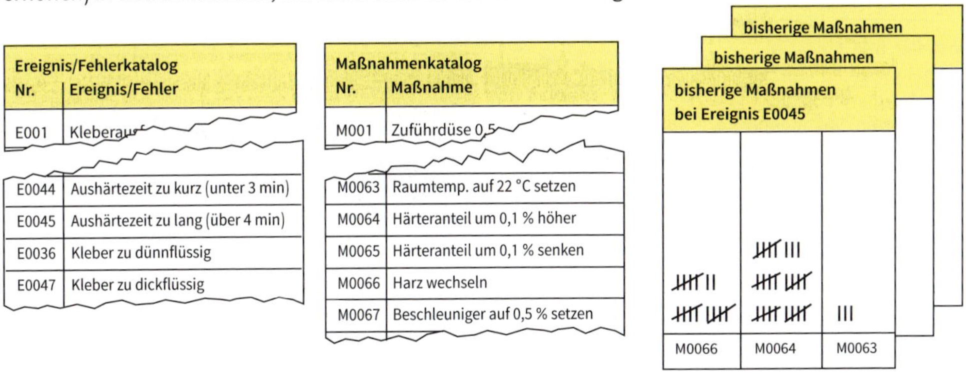

> **!** 80 % aller Fehler werden durch nur 20 % aller möglichen Fehlerursachen hervorgerufen. Darum ist eine systematische Fehlererfassung Voraussetzung für eine schnelle und umfassende Fehlerbeseitigung.

HANDLUNGSFELD: Werkstücke fertigen

Problemstellung

Auftrag

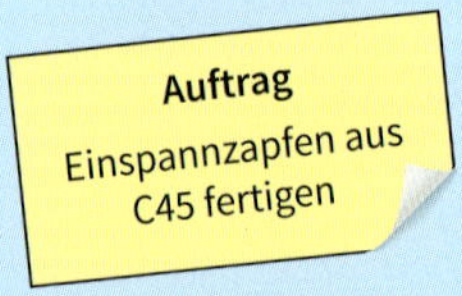

Zeichnung

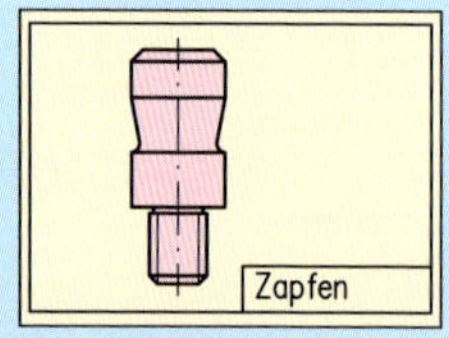

Analysieren

Vorgaben
- Werkstück (Form, Maße, Oberfläche, Toleranzen)
- Werkstoff
- Stückzahl
- Termine

Ergebnisse
- Fertigungsverfahren (Maschine)
- Abfolge der Fertigung
- Rohteil (Form, Maße)

Fertigung planen
(für das jeweilige Verfahren)

Entscheidungen hinsichtlich Werkzeug
- Schneidstoff
- Werkzeugtyp
- Schneidenwinkel
- Einspannung
- Prüfung (Schneidhaltigkeit, Standzeit)

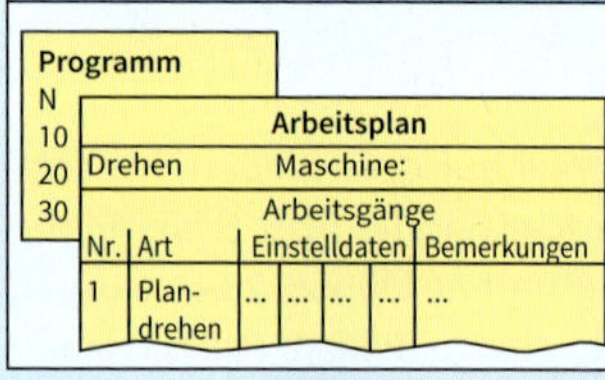

Entscheidung hinsichtlich Maschine
- Art der Maschine
- Technologiedaten (Umdrehungsfrequenz, Vorschub ...)
- Verfahrbewegungen
- Einspannung
- Werkzeugeinsatz

Fertigen

- Einstellen bzw. Eingeben von Technologiedaten
- Einrichten der Werkstücke (Positionieren, Spannen, ggf. Stützen)
- Einrichten der Werkzeuge
- Bereitstellen von Hilfsstoffen

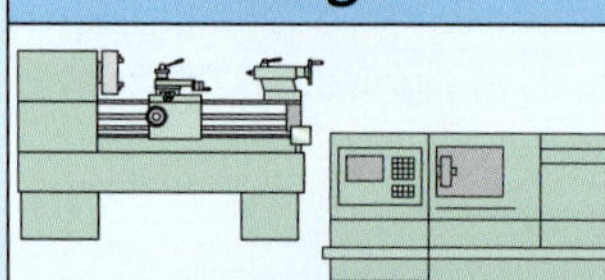

- Fertigung starten und Überwachen
- Zwischenkontrollen durchführen
- Sicherheitsvorschriften beachten

Qualitätskontrolle durchführen

Kontrolle der
- Maße
- Form
- Oberfläche

- Entscheidung über Verwendbarkeit (gut, Nacharbeit, Ausschuss)
- Fehleranalyse

1 Einteilung der Fertigungsverfahren

Bei der Fertigung von Maschinen, Geräten und Gebrauchsgütern werden viele unterschiedliche Verfahren angewendet. Fertigungsverfahren sind nach DIN 8580 in sechs Hauptgruppen eingeteilt:

Fertigungsverfahren

- **Urformen**
- **Umformen**
- **Trennen**
- **Fügen**
- **Beschichten**
- **Stoffeigen-schaftändern**

Beispiele für die Fertigungsverfahren bei der Herstellung eines Schraubstocks

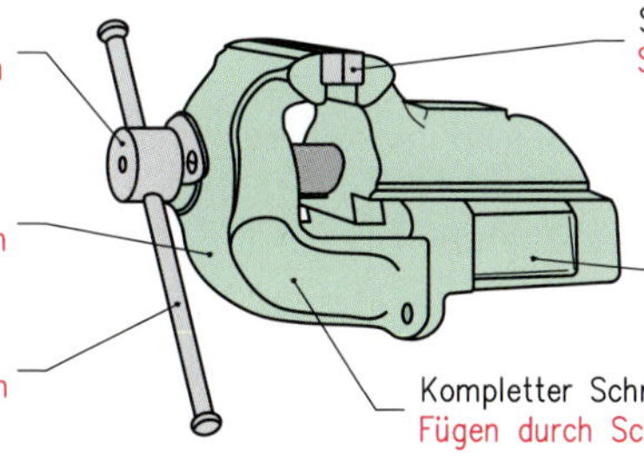

1. **Urformen**

Alle Fertigungsverfahren, in denen aus formlosem Stoff ein Werkstück hergestellt wird, bezeichnet man als Urformverfahren. In diesen Verfahren wird der Zusammenhalt der Stoffteilchen geschaffen.

Schmelze (formloser Stoff) → **Urformen** → **Werkstück**

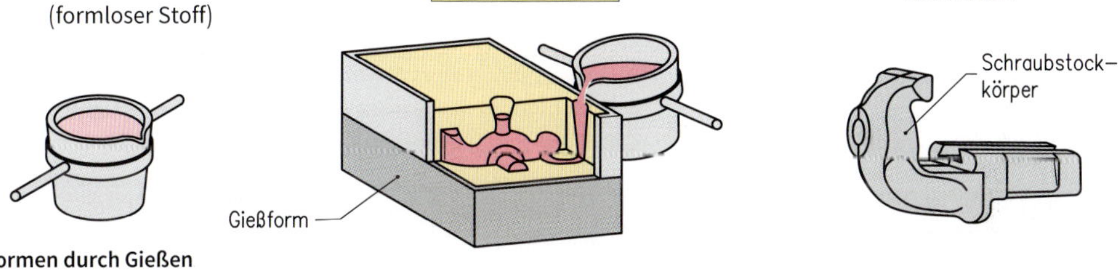

Urformen durch Gießen

> **!** Beim Urformen werden Werkstücke aus formlosen Stoffen, wie z. B. Schmelzen, erzeugt.

2. **Umformen**

Man nennt alle Fertigungsverfahren, in denen Werkstücke aus festen Rohteilen durch bleibende Formänderung erzeugt werden, Umformverfahren. Das Volumen des Rohteils ist gleich dem Volumen des Fertigteils.

Rohteil → Umformen → Fertigteil

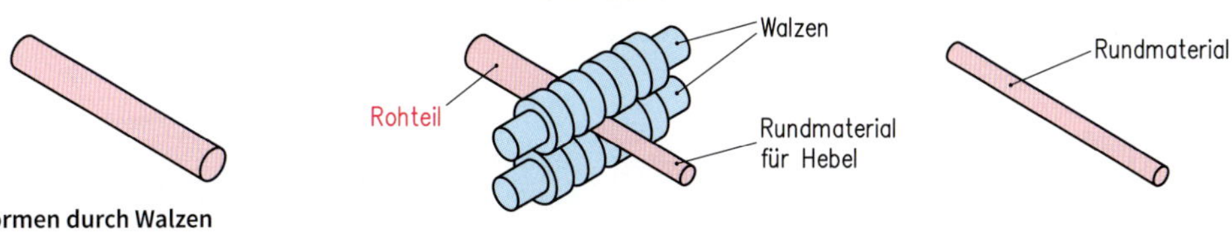

Umformen durch Walzen

> **!** Beim Umformen wird die Form eines festen Rohteils bleibend verändert, ohne dass Werkstoffteilchen abgetrennt werden.

3. Trennen

Alle Verfahren, in denen die Form eines Werkstücks durch die Aufhebung des Werkstoffzusammenhalts an der Bearbeitungsstelle geändert wird, nennt man Trennverfahren.

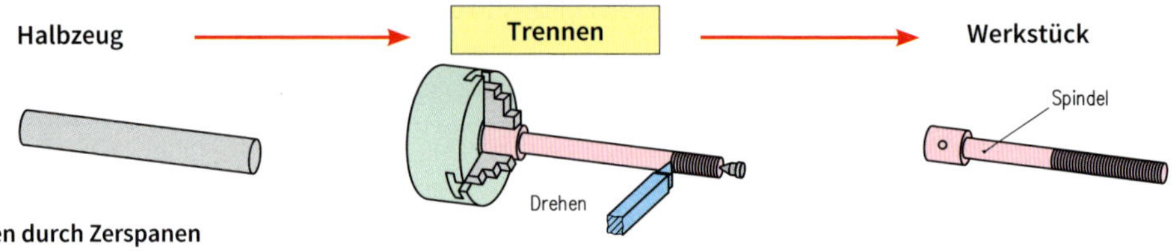

Trennen durch Zerspanen

> **!** Beim Trennen werden Werkstücke meist durch Zerteilen von Rohteilen oder durch Abtrennen von Spänen gefertigt.

4. Stoffeigenschaftändern

Beim Härten der Schraubstockbacken werden Kohlenstoffatome im Stahl umgelagert. Dadurch werden die Eigenschaften des Stahls geändert. Alle Verfahren, in denen die Eigenschaften von Werkstoffen geändert werden, bezeichnet man als Stoffeigenschaftändern.

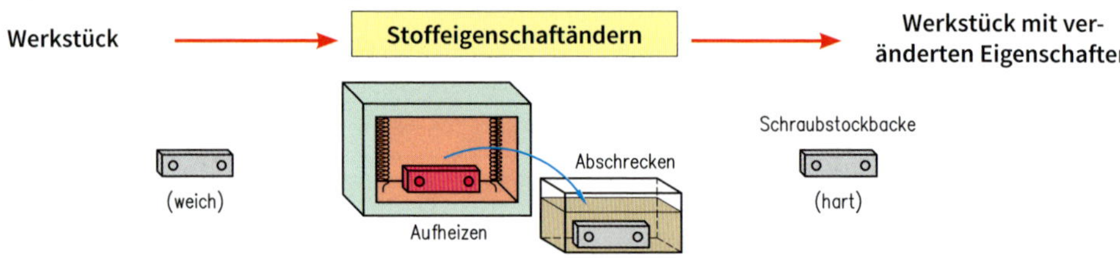

> **!** Beim Stoffeigenschaftändern erhalten Werkstücke veränderte Stoffeigenschaften.

5. Beschichten

Alle Verfahren, bei denen man auf Oberflächen von Werkstücken Schichten aufträgt, bezeichnet man als Beschichtungsverfahren.

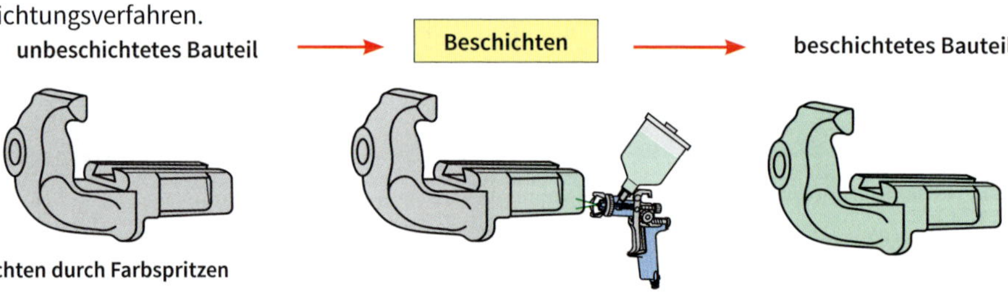

Beschichten durch Farbspritzen

> **!** Beim Beschichten wird auf Werkstücke eine fest haftende Schicht aus anderen Stoffen aufgetragen.

6. Fügen

Alle Fertigungsverfahren, bei denen aus Einzelteilen größere Baueinheiten zusammengebaut oder verbunden werden, bezeichnet man als Fügeverfahren.

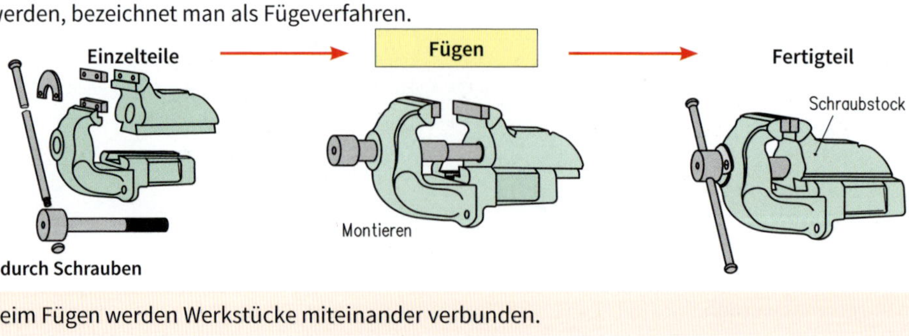

Fügen durch Schrauben

> **!** Beim Fügen werden Werkstücke miteinander verbunden.

2 Vorbereitende Arbeiten zur Fertigung von Werkstücken

Zur Vorbereitung bestimmter Fertigungsschritte werden Bohrungsmitten und Werkstückkonturen gemäß den Zeichnungsangaben auf die Rohteile übertragen. Die Rohteile werden dazu entsprechend angerissen und mit Körnungen versehen. Damit die Risslinie deutlich sichtbar wird, bestreicht man die Werkstückoberfläche z. B. mit Schlämmkreide. Leichtmetalle oder glatte Metalloberflächen kann man mit farbigem Anreißlack besprühen, blanke Stahlflächen lassen sich mit Kupfersulfat (Kupfervitriol) verkupfern.

Beispiele zur Vorbereitung von Fertigungsschritten durch Anreißen und Körnen

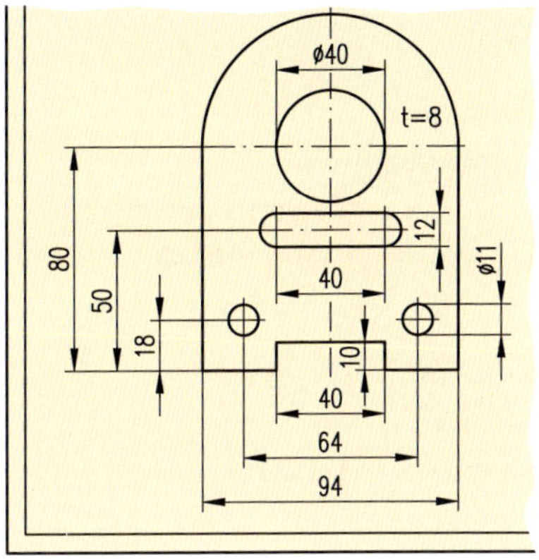

Zeichnung

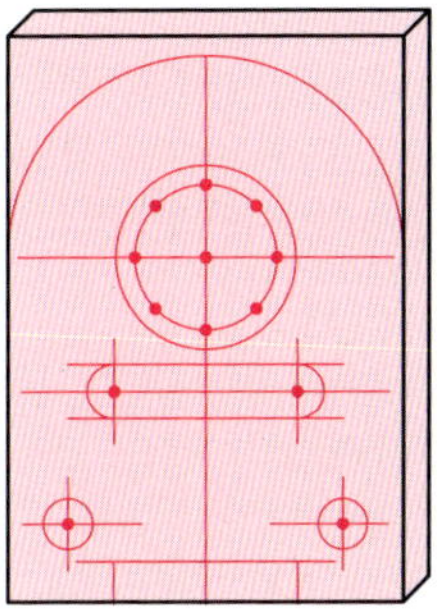
Rohteil mit Anrisslinien und Körnungen

Fertigteil

2.1 Anreißen

1. Maßbezugsebenen

Das Übertragen der Maße auf das Rohteil erfolgt von zwei oder drei Ebenen aus. Diese Ebenen bezeichnet man als **Maßbezugsebenen**. Zweckmäßigerweise werden äußere Flächen als Maßbezugsebenen gewählt. Meist werden diese Flächen vor dem Anreißen so bearbeitet, dass sie eben und winklig sind. Bei symmetrischen Werkstücken legt man auch Maßbezugsebenen in die Werkstückmitte.

2. Anreißwerkzeuge

Beim Anreißen werden mit Reißnadeln Risslinien auf den Werkstücken erzeugt. Dazu verwendet man meist gehärtete Stahlreißnadeln bzw. Reißnadeln mit Hartmetallspitzen. Die genannten Reißnadeln sind härter als das Werkstück und ritzen die Werkstückoberfläche ein. Manchmal sind solche Einkerbungen unerwünscht, weil sie das Aussehen und die Festigkeit eines Bauteils beeinträchtigen. Zur Vermeidung von Beschädigungen der Werkstückoberfläche verwendet man auch Messingreißnadeln oder Bleistifte.

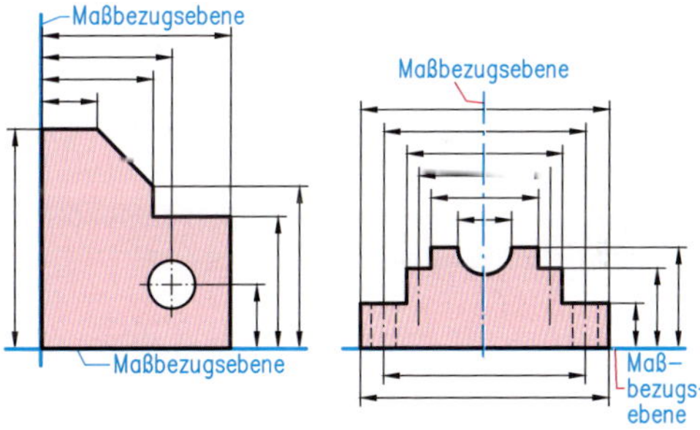

Maßbezugsebene beim Anreißen

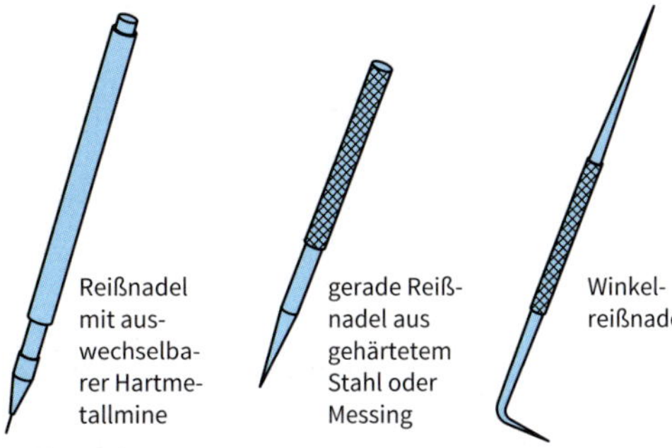

Reißnadelarten

! Anreißwerkzeuge sind so auszuwählen, dass möglichst keine Beschädigung der Randschicht eintritt, durch die Festigkeit und Aussehen beeinträchtigt werden.

3. Anreißverfahren

– Anreißen von Parallelrissen auf der Anreißplatte

Beim Anreißen auf der Anreißplatte werden Linien, die parallel zur Plattenoberfläche verlaufen, mit Parallelreißern ausgeführt.
Parallelreißer eignen sich besonders für Anreißarbeiten, bei denen mehrere Parallelrisse zu einer Bezugsebene auszuführen sind. Das Werkstück liegt mit einer Bezugsebene auf der Anreißplatte auf, das Abstandsmaß zur Bezugsebene wird am Parallelreißer eingestellt. An modernen Geräten wird die Einstellung digital angezeigt.

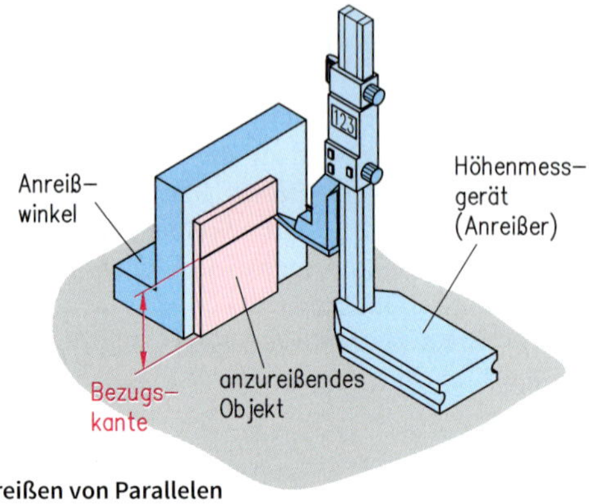

Anreißen von Parallelen

– Anreißen von Profilstäben und Blechen

An langen Profilstäben und großen Blechen werden parallel zu einer Werkstückkante verlaufende Längsrisse mithilfe von Streichmaßen angerissen. Auf dem verschiebbaren Stabmaß wird der Abstand vom Anschlag bis zur eingespannten Reißnadel direkt eingestellt. Das Streichmaß wird mit seinem Anschlag an der Maßbezugsebene entlanggeführt.
Die rechtwinklig zur Bezugsebene verlaufenden Risse werden mithilfe eines Anschlagwinkels angerissen, nachdem z. B. mit einem Stahlmaß ein Bezugspunkt angetragen wurde.

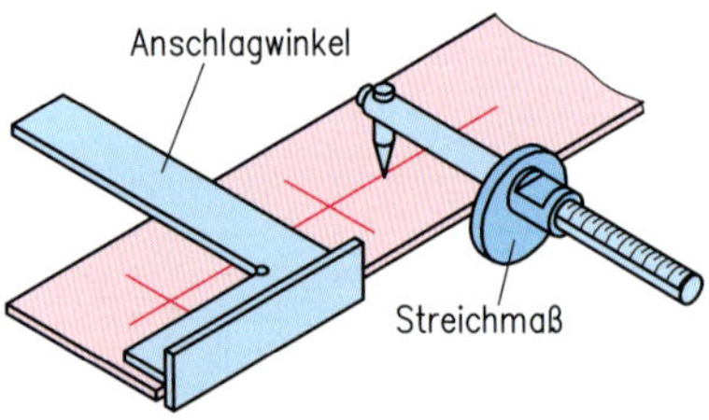

Anreißen mit Anschlagwinkel und Streichmaß

– Anreißen von Gehrungsschnitten

Für die Fertigung von Schrägschnitten oder Ausklinkungen an Profilen müssen Risse erzeugt werden, die nicht rechtwinklig zur Längsrichtung des Werkstücks verlaufen. Dazu können feste Anschlagwinkel – wie z. B. der abgebildete Gehrungswinkel von 135° oder verstellbare Winkelmesser – verwendet werden. Je nach Lage einer 45°-Risslinie am Profilende benötigt man einen Gehrungswinkel von 135° oder 45°.

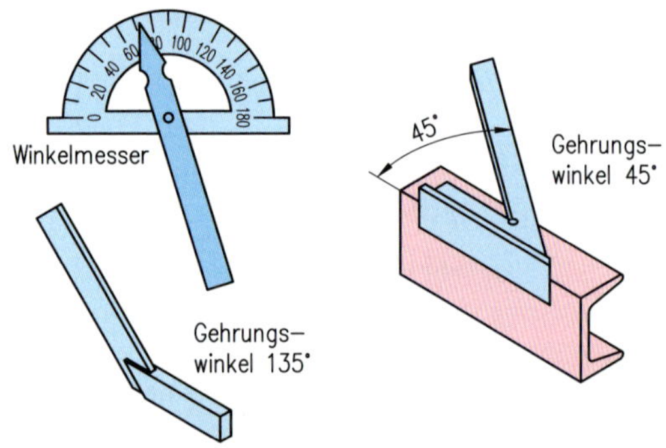

Anreißen von Gehrungsschnitten

! Parallelrisse zu Längskanten erzeugt man mit einem Streichmaß. Querrisse und Schrägrisse erzeugt man mithilfe von festen Anschlagwinkeln oder Winkelmessern.

2.2 Körnen

Die beim Anreißen auf dem Werkstück erzeugten Risslinien werden meist durch Körnen ergänzt, um Bohrern und Zirkelspitzen eine sichere Führung zu geben.
Körner werden aus Werkzeugstahl hergestellt. Die Spitze ist gehärtet, sie hat einen Winkel von 60°. Beim Körnen werden durch Hammerschläge auf den Körnerkopf kleine kegelförmige Vertiefungen in die Werkstückoberfläche geschlagen. Beim Ansetzen des Körners wird er so geneigt, dass man einen freien Blick auf Risslinienkreuz und Körnerspitze hat. Beim Schlag muss der Körner senkrecht gehalten werden, da sonst die Spitze verläuft.

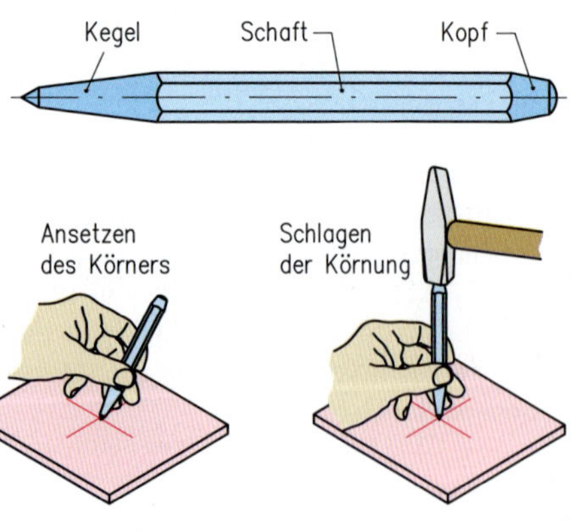

Körner und Ausführung des Körnens

Übungsaufgaben 2/3 bis 2/8

3 Verfahren des Trennens

3.1 Grundbegriffe zum Zerteilen und Spanen

Zur Herstellung von Maschinen, Werkzeugen und Vorrichtungen sind viele Einzelteile erforderlich. Aus wirtschaftlichen Gründen werden sie möglichst durch spanlose Fertigungsverfahren, wie z. B. Gießen, Schmieden und Walzen, so vorgearbeitet, dass nur geringe Werkstoffanteile durch Zerteilen und Spanen abgetrennt werden müssen. Die zum Trennen notwendigen Werkzeuge können von Hand oder mit Maschinenantrieb betätigt werden. Durch spanabhebene Bearbeitung können große Form- und Maßgenauigkeiten und gute Oberflächenbeschaffenheiten erzielt werden.

Beispiele für die Verfahren des Spanens zur Fertigung einer Schraubzwinge

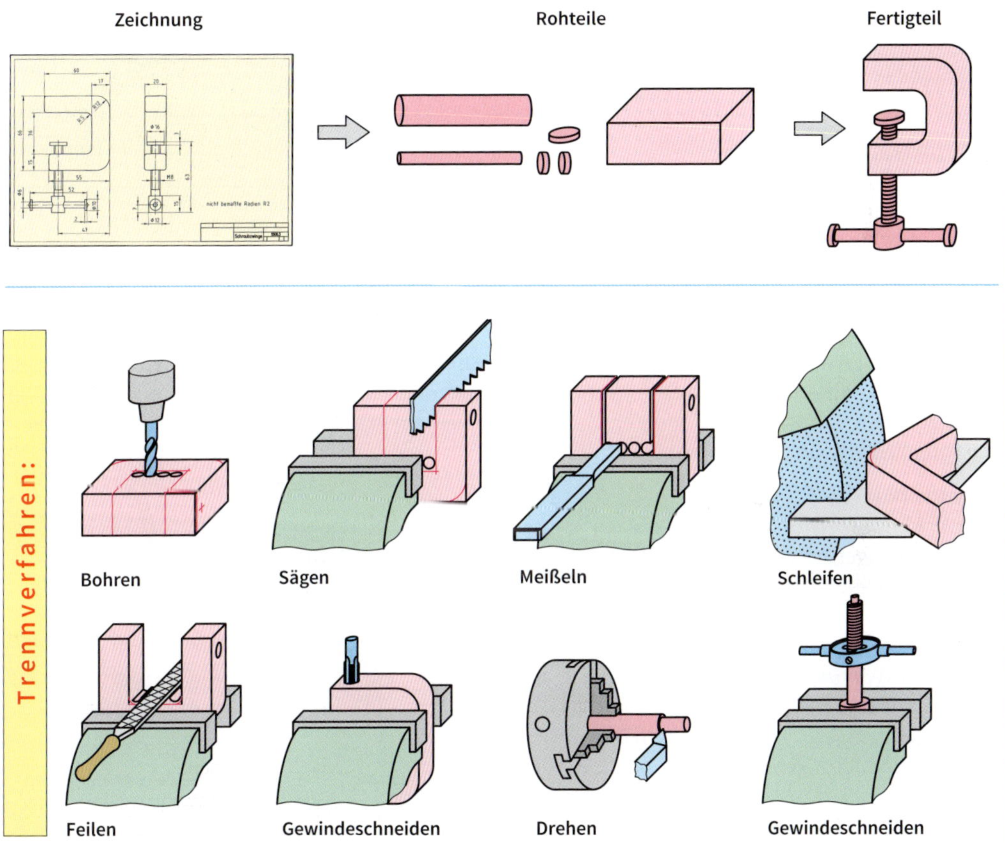

Beim **Spanen** trennen keilförmige Schneiden schichtweise den überschüssigen Werkstoff in Form von Spänen ab.

Beim **Zerteilen** durch Scherschneiden bewegen sich zwei Schneiden aneinander vorbei und verschieben Werkstoffteilchen gegeneinander bis zur Trennung.

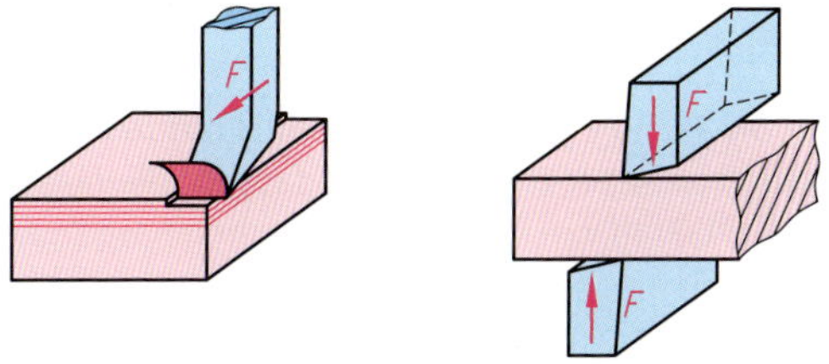

Spanen Zerteilen

3.2 Keil als Werkzeugschneide

Zum Zerteilen und Spanen benötigt man Werkzeuge mit keilförmigen Schneiden. Die Werkzeuge können nur eine Schneide haben, wie der Meißel, oder mehrere Schneiden tragen, wie der Bohrer oder das Sägeblatt. Sind die Schneiden eines Werkzeugs in ihrer Form und Lage genau bestimmt, spricht man von **geometrisch bestimmten Schneiden**. Haben die Schneiden alle unterschiedliche Formen, wie z. B. die Körner einer Schleifscheibe, so spricht man von **geometrisch unbestimmten Schneiden**.

Beispiele für Schneidenzahl und Schneidenform bei Werkzeugen zum Zerteilen und Spanen

Verfahren	Meißeln	Bohren	Sägen	Schleifen
Schema	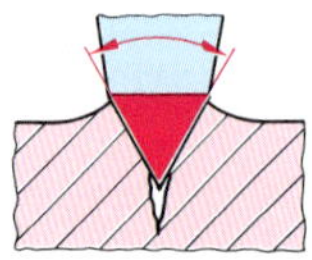	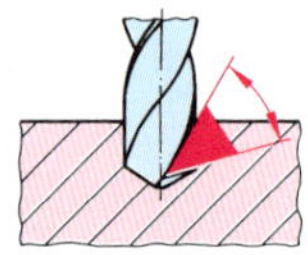	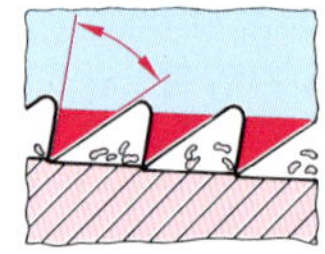	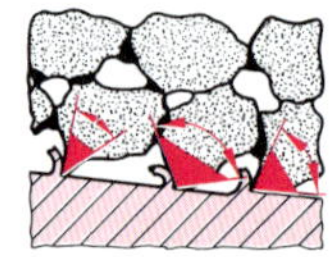
Anzahl der Schneiden	eine	zwei	mehrere	viele
Form und Lage der Schneide	bestimmt	bestimmt	bestimmt	unbestimmt

! Alle Werkzeuge zum Zerteilen und Spanen haben keilförmige Schneiden.

3.3 Kraft

Damit Werkzeuge mit ihren Schneiden beim Zerteilen und Spanen auf Rohteile Wirkungen erzielen, sind immer Kräfte erforderlich. Bei manchen Verfahren werden diese Kräfte von Menschen aufgebracht (**Fertigungsverfahren von Hand**), bei anderen Verfahren wirken die Kräfte von Maschinen auf Werkzeuge ein (**maschinelle Fertigungsverfahren**).

1. Kraftwirkungen

Kräfte sind nicht sichtbar, man erkennt sie nur an den Auswirkungen.

- Durch die Wirkung der Muskelkraft wird z. B. Flachmaterial gebogen. Kräfte bewirken **Formänderungen.**
- Durch die Wirkung der Muskelkraft wird z. B. ein Hammer aus der Ruhe in eine schnelle Bewegung versetzt. Kräfte bewirken **Bewegungsänderungen.**

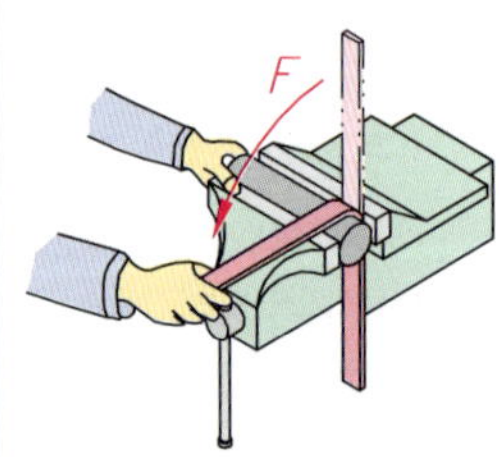

Formänderung

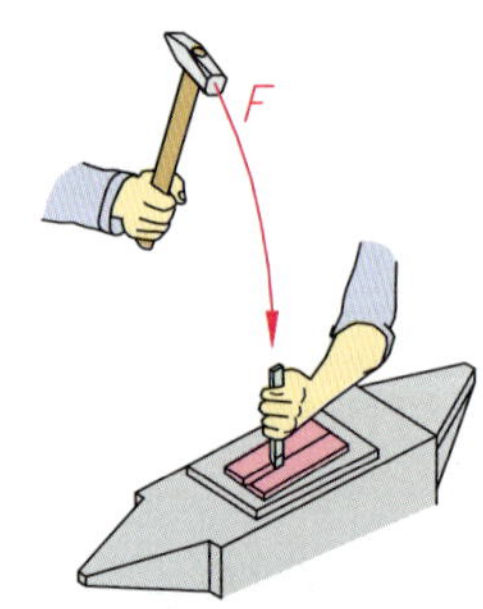

Bewegungsänderung

! Kräfte können die Form oder den Bewegungszustand von Körpern ändern.

2. Maßeinheit der Kraft

Die **Maßeinheit der Kraft** ist das Newton N (sprich: njutn). Auf einen Körper mit der Masse $m = 1$ kg wirkt am 45. Breitengrad in Meereshöhe eine Gewichtskraft von $F_G = 9{,}81$ N.

Für die Technik ist bei der Gewichtskraftberechnung in vielen Fällen eine etwa 2%ige Ungenauigkeit von untergeordneter Bedeutung, sodass für die Masse $m = 1$ kg auf der Erdoberfläche näherungsweise eine Gewichtskraft von $F_G = 10$ N angenommen werden kann.

! Auf einen Körper mit der Masse $m = 1$ kg wirkt am 45. Breitengrad in Meereshöhe eine Gewichtskraft von $F_G = 9{,}81$ N (näherungsweise $F_G = 10$ N).

Übungsaufgaben 3/2 bis 3/7

3. Zeichnerische Darstellung von Kräften

Da eine Kraft durch Größe und Richtung festgelegt ist, lässt sie sich als Pfeil anschaulich darstellen.

Bei der zeichnerischen Darstellung entspricht
- die Richtung des Pfeils der Richtung der Kraft,
- die Länge des Pfeils der Größe der Kraft.

Dazu legt man einen **Kräftemaßstab** fest, der angibt, welche Kraft der Pfeillänge von 1 cm entspricht.

Beispiel für die Festlegung eines Kräftemaßstabs

Will man eine Kraft von 500 N durch einen Pfeil von 2 cm Länge darstellen, so entspricht die Länge von 1 cm der Kraft von 250 N.

Damit ist der Kräftemaßstab wie folgt festgelegt: 1 cm ≙ 250 N (≙ lies „entspricht").

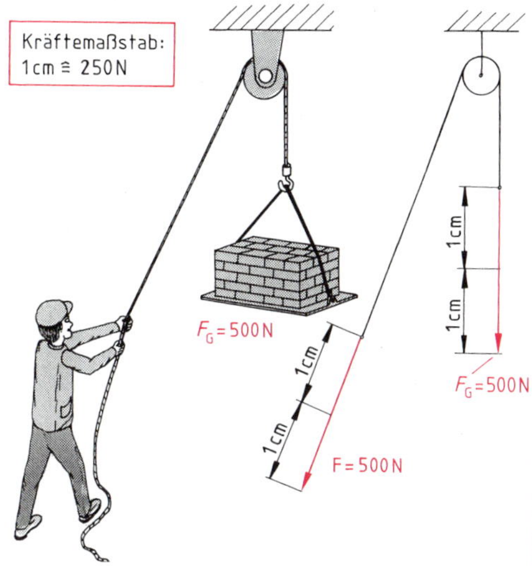

Darstellung von Kräften

! Kräfte werden als Pfeile dargestellt.

4. Verschiebung von Kräften

Ein Getriebekasten mit der Gewichtskraft F_G = 2 000 N hängt an einem Kranhaken. Für die Belastung des Kranhakens ist es bei Vernachlässigung des Seilgewichts bedeutungslos, ob der Getriebekasten mit einem kurzen oder langen Seil aufgehängt ist. Beide Gewichtskräfte wirken in Seilrichtung, sie sind lediglich auf ihrer Wirkungslinie verschoben.
Die Richtung, in die eine Kraft wirkt, bezeichnet man als **Wirkrichtung.** Die Wirkung einer Kraft ändert sich nicht, wenn man sie entlang ihrer Wirkrichtung verschiebt.

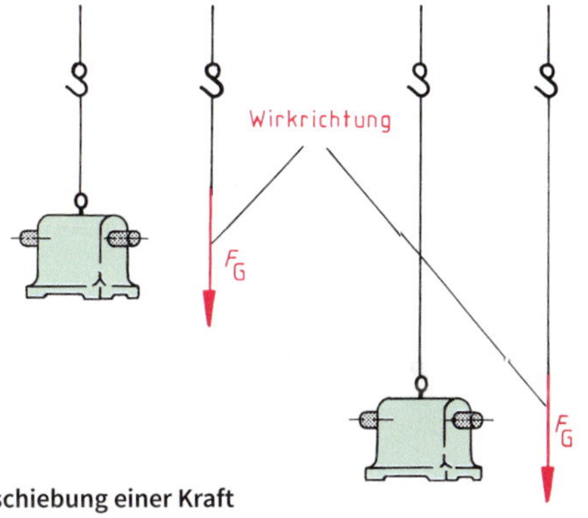

Verschiebung einer Kraft

! Kräfte dürfen entlang ihrer Wirkrichtung verschoben werden.

5. Kraft und Gegenkraft

Eine an einem Seil hängende Kiste zieht mit ihrer Gewichtskraft F_G senkrecht nach unten. Damit die Last gehalten werden kann, müssen der Haken und das Seil eine Gegenkraft aufbringen. Die hervorgerufene Gegenkraft F ist so groß wie die wirkende Gewichtskraft F_G, aber entgegengesetzt gerichtet.

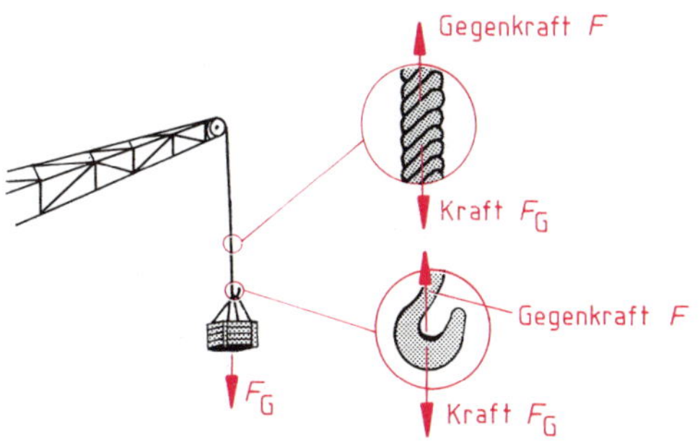

Kraft gleich Gegenkraft

! Jede auf einen Körper wirkende Kraft ruft eine Gegenkraft hervor. Kraft und Gegenkraft sind gleich groß, aber entgegengesetzt gerichtet.

3.3.1 Kräftezerlegung am Keil

– **Kräfteparallelogramm**

Wirkt eine Kraft auf einen Keil, so wird sie in Seitenkräfte zerlegt, die senkrecht auf den Wangen des Keiles stehen. Im Versuch kann man die Größe der Seitenkräfte messen.

Beispiel für die Ermittlung von Kräften am Keilmodell

Auf einen verstellbaren Keil können verschieden große Kräfte wirken. An den senkrecht zu den Keilflächen angebrachten Kraftmessuhren werden die wirkenden Seitenkräfte F_1 und F_2 abgelesen.

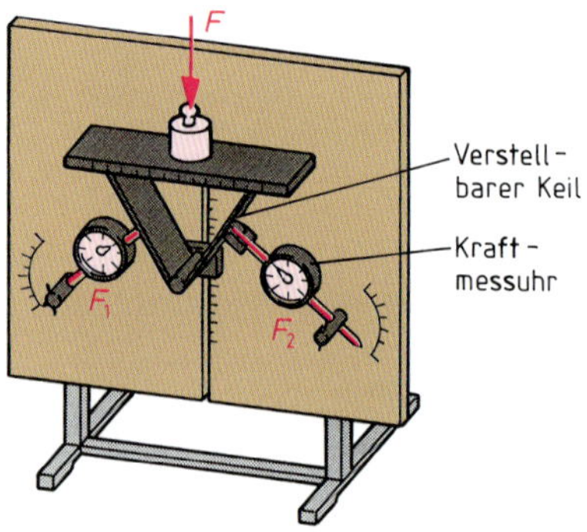

Versuchsmodell

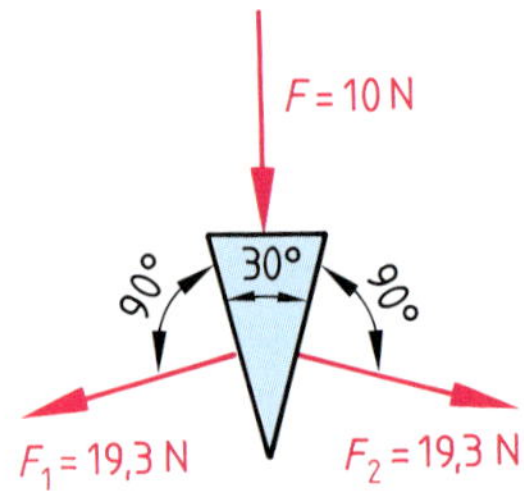

Stellt man einen Keilwinkel von $\beta = 30°$ ein und lässt eine Kraft von $F = 10$ N wirken, so liest man an den Kraftmessuhren die Seitenkräfte $F_1 = 19{,}3$ N und $F_2 = 19{,}3$ N ab.
(Stellt man am Keilmodell andere Keilwinkel ein, dann misst man auch andere Seitenkräfte.)

Die Größe der Seitenkräfte kann auch zeichnerisch mithilfe des Kräfteparallelogramms ermittelt werden. Zur Ermittlung der Seitenkräfte mit dem Kräfteparallelogramm geht man in folgenden Schritten vor:

1. Schritt
Der Keil wird mit dem vorgegebenen Keilwinkel gezeichnet. Der Angriffspunkt der Kraft, welche auf den Keil wirkt, wird etwa in der Mitte des Keils verschoben. Dort wird die Kraft dann maßstäblich dargestellt.

Kräftemaßstab:
1 cm ≙ 10 N

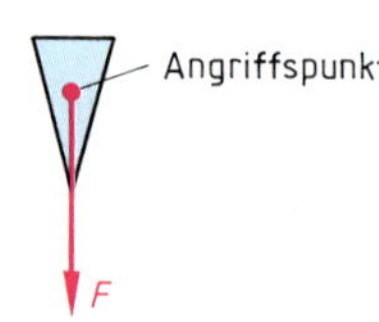

2. Schritt
Vom Angriffspunkt ausgehend werden senkrecht zu den Wangen die Richtungen der Seitenkräfte angetragen. Man erhält die Wirkungslinien 1 und 2.

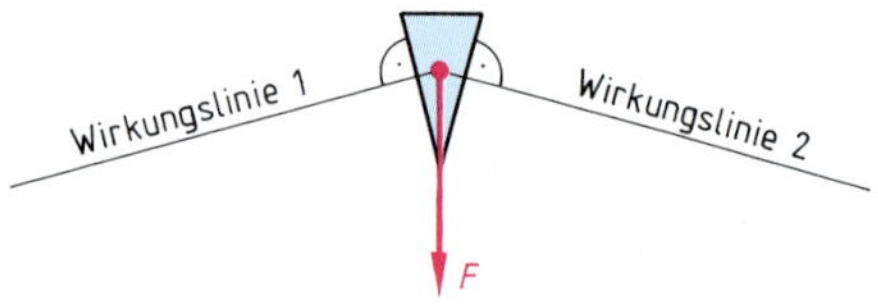

3. Schritt
Durch das Ende der Kraft ***F***, die Pfeilspitze, werden Parallelen zu den Wirkungslinien gezogen. Dadurch entsteht ein Parallelogramm. Die Seiten des Parallelogramms ergeben nach Umrechnung mit dem Kräftemaßstab die Seitenkräfte F_1 und F_2.

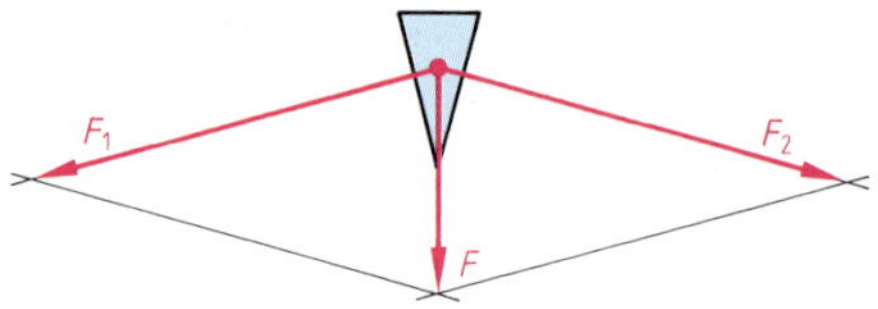

! Eine Kraft F kann mithilfe des Kräfteparallelogramms in die Teilkräfte F_1 und F_2 zerlegt werden. Die Kraft F bildet die Diagonale, die Teilkräfte F_1 und F_2 findet man als die Seiten des Parallelogramms.

Beispiele für die Änderung der Seitenkräfte bei gleicher Kraft $F = 10$ N, aber unterschiedlichen Keilwinkeln β_0

Kräftemaßstab:
1 cm ≙ 10 N

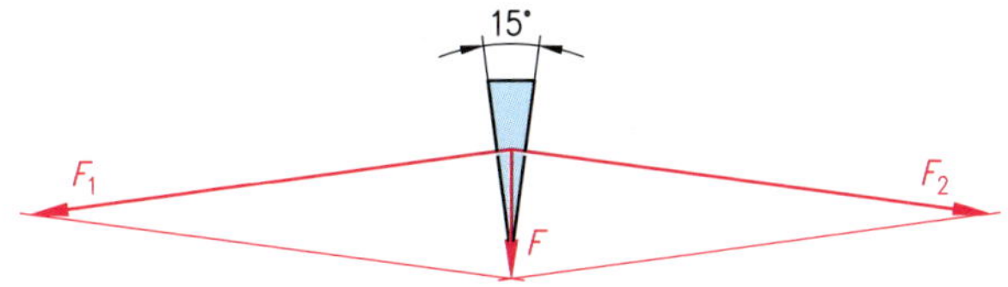

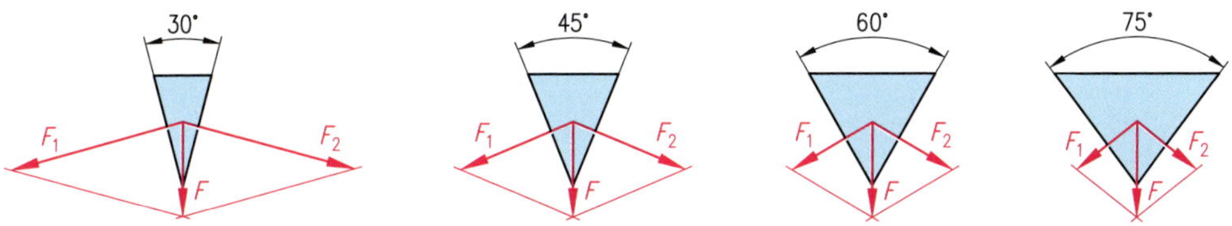

Keilwinkel β_0 Grad	Seitenkraft F_1 N	Seitenkraft F_2 N
15	38,3	38,3
30	19,3	19,3
45	13,1	13,1
60	10,0	10,0
75	8,3	8,3

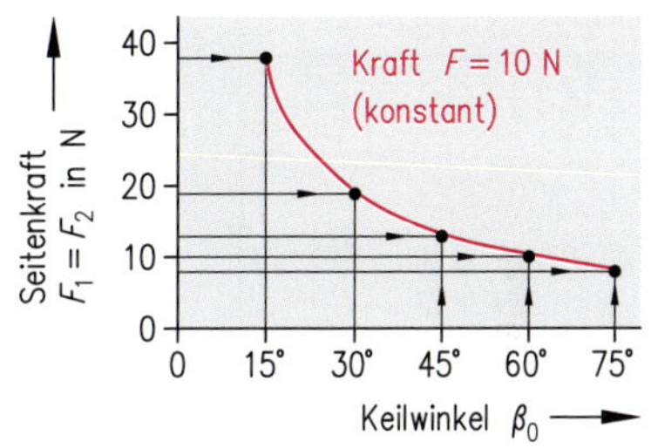

! Bei gleichem Kraftaufwand erzielt man
- bei kleinen Keilwinkeln große Seitenkräfte,
- bei großen Keilwinkeln kleine Seitenkräfte.

3.3.2 Keilwinkel zur Bearbeitung unterschiedlicher Werkstoffe

Die Festlegung eines geeigneten Keilwinkels wird durch widersprüchliche Gesichtspunkte problematisch:
- Geringer Kraftaufwand erfordert einen kleinen Keilwinkel.
- Große Schneidenstabilität und große Schneidhaltigkeit erfordern einen großen Keilwinkel.

Bei der Festlegung der Keilwinkelgröße kann daher nur ein Kompromiss geschlossen werden. Nur weiche Werkstoffe erlauben die Verwendung eines kleinen Keilwinkels. Harte Werkstoffe erfordern wegen der hohen Schneidenbeanspruchung einen großen Keilwinkel.

Gebräuchliche Keilwinkel

Keilwinkel	Werkstoff
15°	Holz, Blei
30°	Aluminium, Kupfer
60°	Stahl mittlerer Festigkeit, Messing
75°	Stahl hoher Festigkeit

Die angegebenen Keilwinkel sind mittlere Werte für Werkzeuge zum Zerteilen. Da auch der Ablauf eines Fertigungsverfahrens Einfluss auf den Keilwinkel hat, können weitere Angaben nur bei den Verfahren gemacht werden.

! Für die Wahl des Keilwinkels gilt:
- harter Werkstoff → großer Keilwinkel,
- weicher Werkstoff → kleiner Keilwinkel,
- Keilwinkel β_0 so klein wie möglich, aber so groß wie nötig.

3.4 Zerteilen

Beim Zerteilen unterscheidet man nach der Anzahl und Anordnung der Schneiden und nach der Art des Zerteilvorgangs drei Gruppen.

Zerteilen

Messerschneiden	Beißschneiden	Scherschneiden
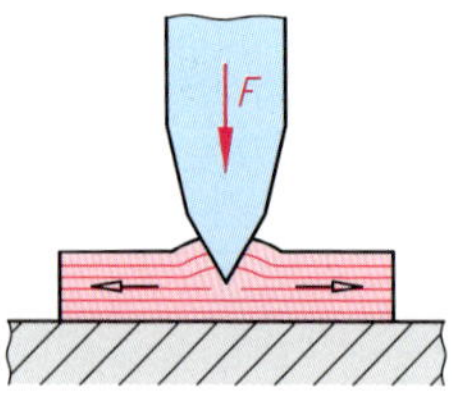	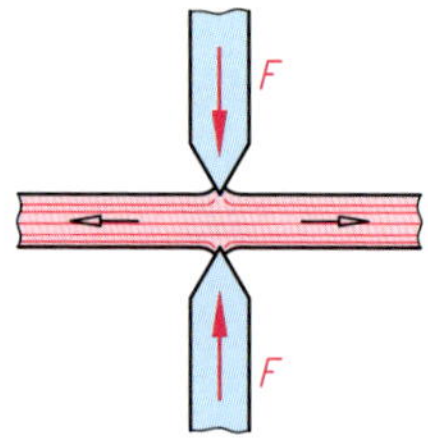	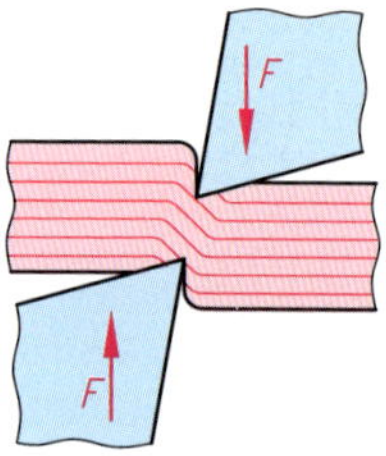
Teile werden durch einen Keil auseinander gedrängt.	Teile werden durch zwei Keile auseinander gedrängt; die Keile bewegen sich aufeinander zu.	Teile werden durch zwei Keile gegeneinander verschoben; die Keile bewegen sich aneinander vorbei.

Die Verfahren des Zerteilens sind spanlose Trennverfahren, die eine Werkstofftrennung in kurzer Fertigungszeit ermöglichen. Besonders bei der Weiterverarbeitung von Halbzeugen wie Blechen, Bandmaterial und Profilstäben wird sehr häufig die Grob- und Fertigform des Werkstücks durch ein Verfahren des Zerteilens hergestellt.

! Zerteilen wird unterschieden in Messerschneiden, Beißschneiden und Scherschneiden.

3.4.1 Zerteilen durch Messerschneiden

– **Zerteilende Wirkung des Keils**

Beim Zerteilen durch Messerschneiden dringt eine keilförmige Schneide wie ein Messer in den Werkstoff ein. Die Schneide drängt den Werkstoff auseinander.

1. Einkerben durch Keilwirkung	2. Spalten durch Keilwirkung	3. Bruch durch Keilwirkung
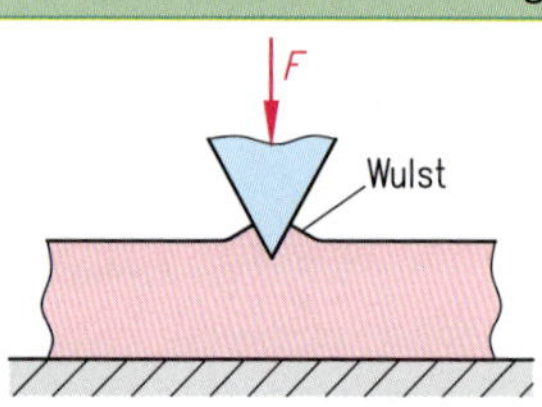	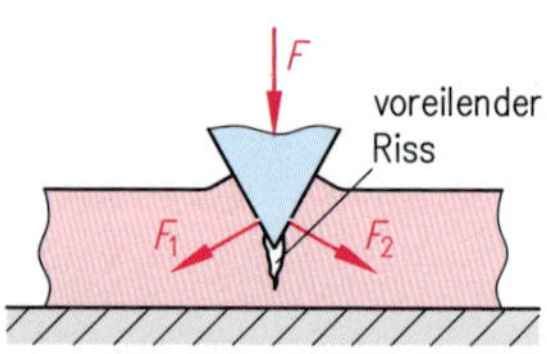	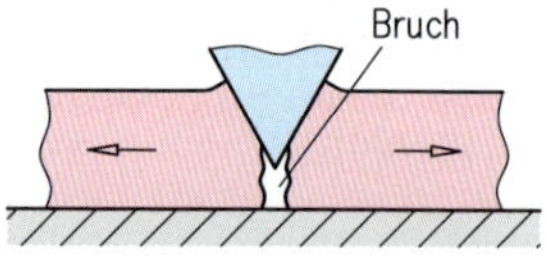
Die Kraft *F* wirkt auf die Schneide und überwindet die Zusammenhaltkräfte (Kohäsionskräfte) der Werkstoffteilchen. Diese werden vom eindringenden Keil verdrängt und bilden einen Wulst.	Mit zunehmender Eindringtiefe wächst der Widerstand gegen die Werkstoffverdrängung. Durch die Wirkung der Seitenkräfte entsteht bei spröden Werkstoffen ein der Schneide voreilender Riss.	Bei tieferem Eindringen des Keils werden die Kohäsionskräfte im Restquerschnitt kleiner. Schließlich drängen die Seitenkräfte das Werkstück schlagartig auseinander.

! Eine keilförmige Werkzeugschneide trennt den Werkstoff durch Kerben, Spalten und Auseinanderdrängen.

– **Schnittlinienverlauf und Werkzeuge beim Messerschneiden**

Der Verlauf der Schnittlinie erfordert unterschiedliche messerschneidende Werkzeuge:

Flachmeißel	Aushaumeißel	Locheisen	Rohrschneider
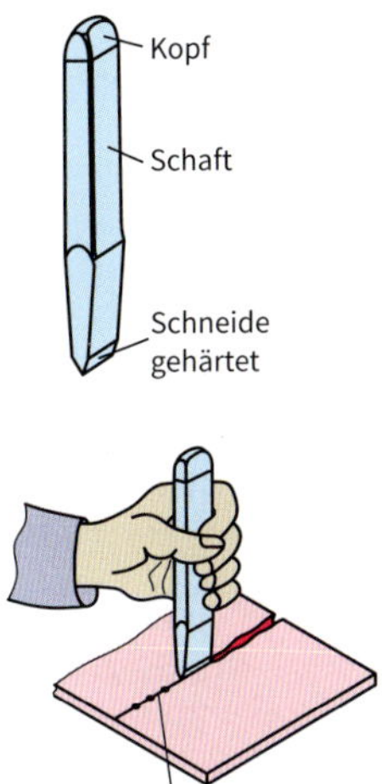	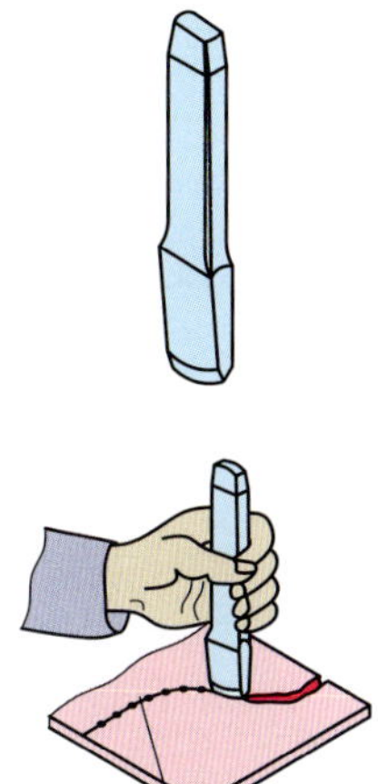	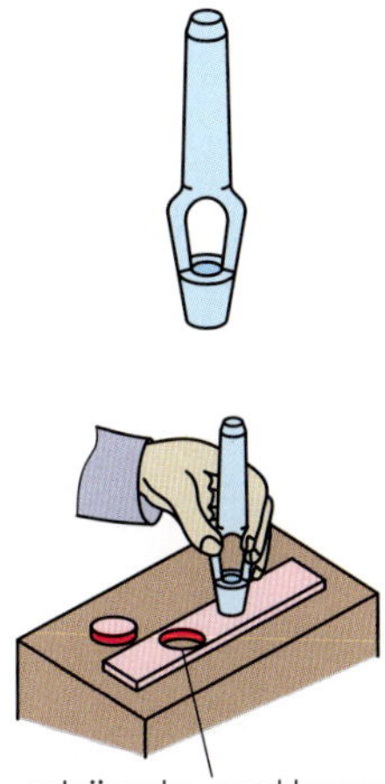	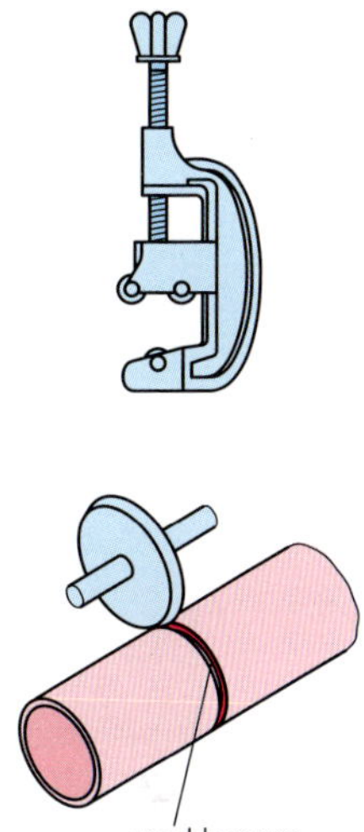
gerade, offene Schnittlinie	gekrümmte, offene Schnittlinie	gekrümmte, geschlossene Schnittlinie	geschlossene Schnittlinie

3.4.2 Zerteilen durch Beißschneiden

Wenn ein Bauteil durch das Zusammenführen von zwei Schneiden zerteilt wird, bezeichnet man dieses Trennverfahren als Beißschneiden. Beim Aufeinandertreffen der Schneiden ist der Trennvorgang beendet.

Beim Zerteilen mit Zangen, wie Kneifzange (Beißzange) und Hebelvornschneider, werden Drähte und ähnliche Teile durch die beiden keilförmigen Schneiden getrennt. Die Handkraft wird durch einfache oder doppelte Hebelübersetzung vergrößert, sodass mit kleinen Kräften auch größere Querschnitte zerteilt werden können. Eine maximale Querschnittsgröße lässt sich nicht angeben, da der Widerstand gegen ein Zerteilen bei verschiedenen Werkstoffen unterschiedlich ist.

In Schmiedebetrieben verwendet man zum Zerteilen von Werkstücken in kaltem Zustand den *Kaltschroter.* Zum Zerteilen eines auf Schmiedetemperatur erhitzten Werkstücks setzt man den *Warmschroter* ein. Da die Festigkeit des glühenden Werkstoffs niedriger ist als bei Raumtemperatur, kann der Keilwinkel β_0 beim Warmschroten kleiner sein.

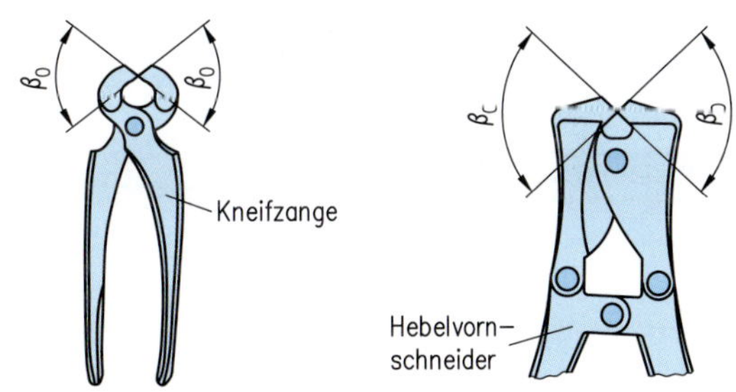

Beißschneidwerkzeug

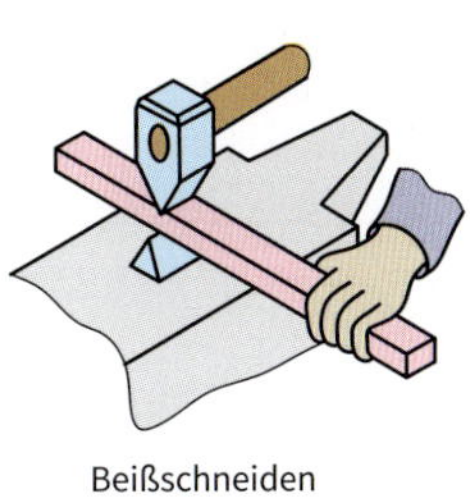

Abschroten durch Beißschneiden

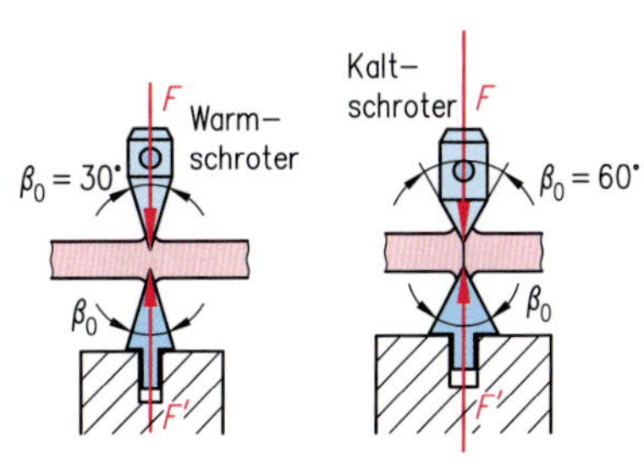

Warm- und Kaltschroter

! Beißschneiden ist Trennen mit zwei keilförmigen Schneiden, die sich aufeinander zu bewegen.

3.5 Zerteilen durch Scherschneiden

3.5.1 Scherschneiden

Zerteilt man Halbzeuge zwischen zwei Schneiden, die sich aneinander vorbeibewegen, so spricht man von Scherschneiden.

Beispiele für das Scherschneiden

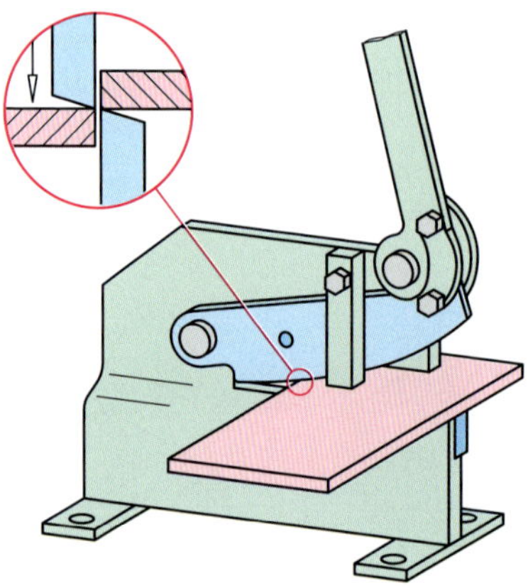

Scherschneiden von Blech mit einer Handhebelschere

Kurze Schnitte an Blechen und Profilen zur Rohteilbearbeitung

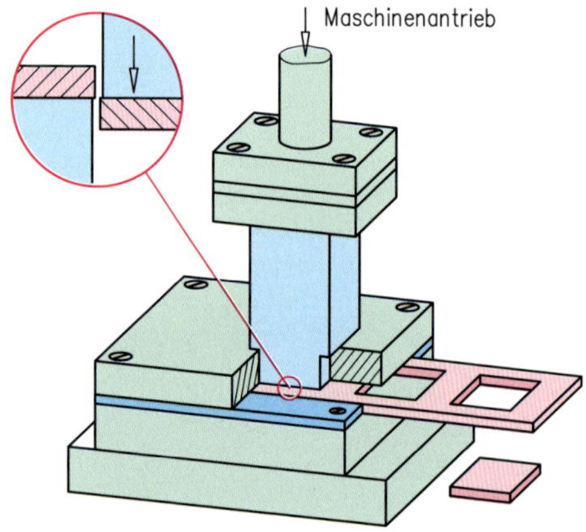

Scherschneiden von Werkstücken in hoher Stückzahl durch Formschneiden

Wirtschaftliche Fertigung großer Stückzahlen mit hoher Form- und Maßgenauigkeit

3.5.2 Ablauf des Scherschneidens

1. Schervorgang

Beim Zerteilen durch Scherschneiden bewegen sich zwei Schneiden aneinander vorbei und verschieben Werkstoffteilchen bis zur vollständigen Trennung gegeneinander.

Vorgang des Scherschneidens

1. Verformungs-Phase	2. Schnitt-Phase	3. Bruch-Phase
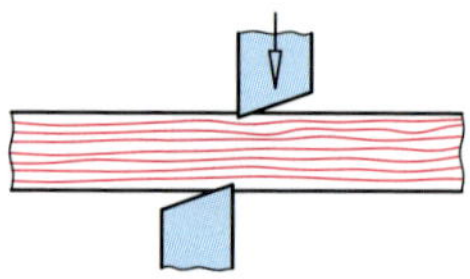	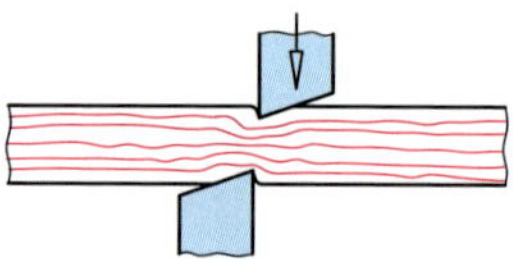	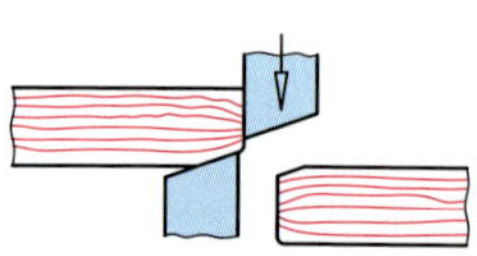
Die Schermesser drücken sich mit Druckflächen in den Werkstoff ein. Der Werkstoff wird *verformt*.	Der Widerstand gegen eine weitere Verformung wird zu groß. Es beginnt die eigentliche Schnitt-Phase. Dabei werden Werkstoffteilchen gegeneinander *verschoben*.	Die Kohäsionskräfte sind im noch vorhandenen Querschnitt kleiner als die äußeren Kräfte. Das führt schlagartig zum *Bruch*.

Um eine Werkstofftrennung zu begünstigen, erhalten die Schermesser die dargestellte Form. Die Druckfläche wird um einen Winkel von etwa 5° geneigt. Dadurch dringt die Innenkante des Schermessers als Schneide in den Werkstoff ein. Damit die beiden inneren Seitenflächen der Schermesser nicht unnötig Reibung verursachen, wird ein Freiwinkel α_0 von 1,5 bis 3° angeschliffen. Für den Keilwinkel ergeben sich somit Werte von 82 bis 83,5°.

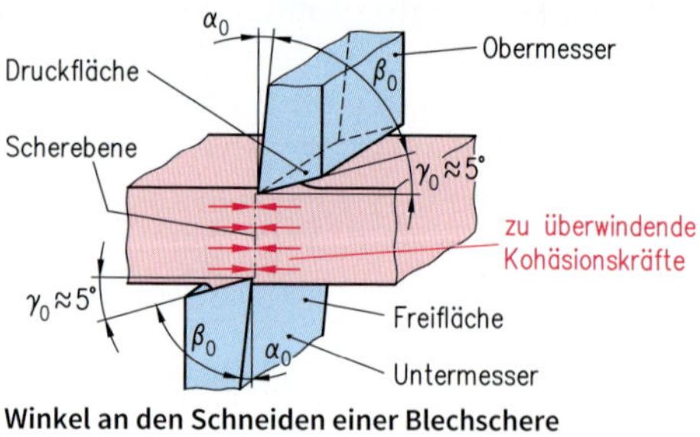

Winkel an den Schneiden einer Blechschere

Übungsaufgabe 3/14

Die Trennfläche zeigt die drei Bereiche *Verformung*, *Schnittfläche* und *Bruchfläche*. Der Anteil der drei Bereiche wird durch die Sprödigkeit des Werkstoffs beeinflusst. Bei spröden Werkstoffen wird der Anteil der Bruchfläche größer und der Anteil der Schnittfläche kleiner.

Trennfläche beim Scherschneiden

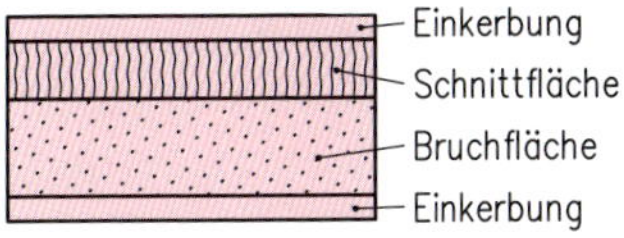

! Beim Scherschneiden erfolgt die Trennung durch zwei Schneiden, welche die Werkstoffteilchen gegeneinander verschieben. Die Trennfläche zeigt Einkerbung, Schnittfläche und Bruchfläche.

2. Schneidspalt

Die Schermesser müssen so geführt werden, dass zwischen den beiden Schneiden ein geringer Abstand vorhanden ist. Diesen Abstand nennt man Schneidspalt. Die Größe des Schneidspalts ist von der Werkstückdicke abhängig. Mit zunehmender Werkstückdicke nimmt die Größe des Schneidspalts zu.

- Ein zu enger Schneidspalt verursacht Reibung zwischen den Messern. Eine starke Abnutzung ist die Folge. Ein gegenseitiges Aufsetzen der Schermesser muss vermieden werden.
- Ein zu großer Schneidspalt führt zur Gratbildung am Werkstück.

Bei Maschinenscheren wird der Schneidspalt in Abhängigkeit von der Blechdicke eingestellt.

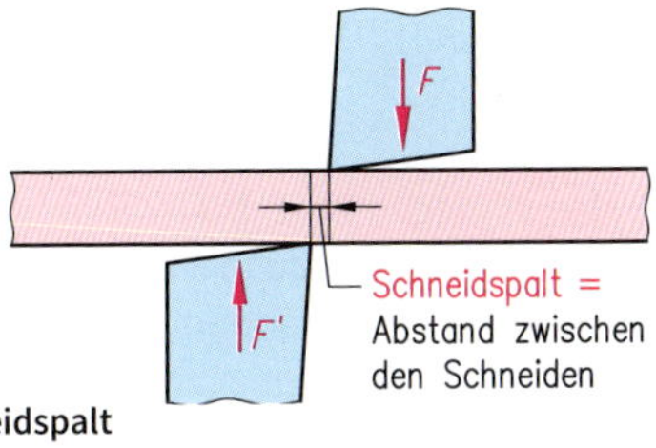

Schneidspalt

! Der Abstand zwischen den Schneiden wird Schneidspalt genannt. Der Schneidspalt soll möglichst klein sein. Mit zunehmender Werkstoffdicke wird er größer eingestellt.

3.5.3 Scherenarten

1. Handblechscheren

Alle Handblechscheren arbeiten nach dem Prinzip des kreuzenden Schnitts. Die beiden Schermesser bewegen sich um einen Drehpunkt und dringen allmählich in den Werkstoff ein. Als Folge des kreuzenden Schnitts sind die Schnittteile stark gekrümmt. Da die Handkraft des Menschen begrenzt ist, bestimmen Dicke und Festigkeit des Werkstoffs die Anwendungsmöglichkeit der Handblechscheren. Bei Handscheren versucht man einen zu großen Schneidspalt zu verhindern, indem man die Messer unter Vorspannung setzt.

Durchlaufschere mit zusätzlicher Hebelübersetzung	Figurenschere mit zusätzlicher Hebelübersetzung	Elektro-Handblechschere

Anwendung: für durchlaufende gerade Schnitte	*Anwendung:* für kurze gerade und gebogene Schnitte	*Anwendung:* für gerade und gebogene Schnitte an Blechen bis 2 mm Dicke

! Bei Handscheren wir der Schneidspalt durch Vorspannung verringert.

Übungsaufgaben 3/15 bis 3/17

2. Handhebelschere

Die mehrfache Hebelübersetzung der Handhebelschere vervielfacht die aufgewandte Muskelkraft und erlaubt somit das Trennen größerer Querschnitte. Mit der Handhebelschere können Schnitte bis etwa 200 mm Länge ohne Nachschieben ausgeführt werden.

Bewegt sich das Obermesser um einen Drehpunkt, so erreicht man mit einer bogenförmigen Schneide einen gleichbleibenden Öffnungswinkel zwischen den Schermessern.

Die Messerführung der Handhebelschere führt zu einem kreuzenden Schnitt. Dabei wird der unter dem Obermesser liegende Teil gekrümmt. Je dünner das Blech, desto stärker ist die Krümmung.

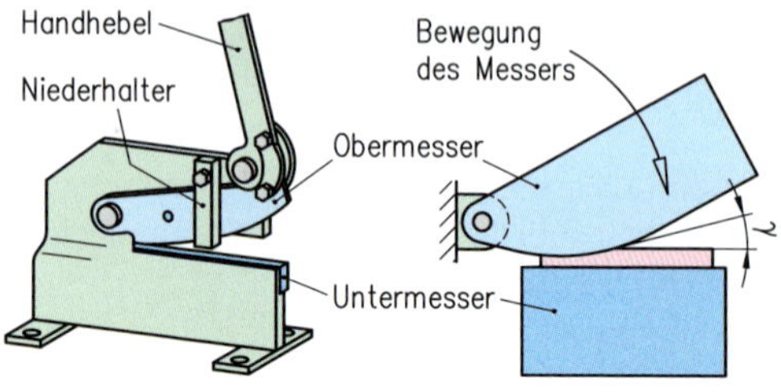

Handhebelschere

> **!** Handhebelscheren vervielfachen die Muskelkraft durch Hebelübersetzung und arbeiten mit kreuzendem Schnitt.

3. Niederhalter

Die Scherkräfte erzeugen eine Drehwirkung, welche das Blech zu kippen versucht. Diese Drehwirkung wird mit größer werdendem Schneidspalt und durch stumpfe Schneiden noch beträchtlich verstärkt. Wird der Abstand zwischen den Schneiden so groß wie die Blechdicke, kann es zu einem Einklemmen oder Abkanten kommen.

Die Funktion des Niederhalters kommt nur voll zur Wirkung, wenn er auf die Blechdicke eingestellt wird.

An Handhebel- und Tafelscheren sowie an maschinell angetriebenen Scheren (z. B. hydraulische Tafelscheren) verhindern **Niederhalter** das Kippen.

> Drehmoment des Niederhalters = Drehmoment des Obermessers
>
> $F_2 \cdot l_2 = F_1 \cdot l_1$

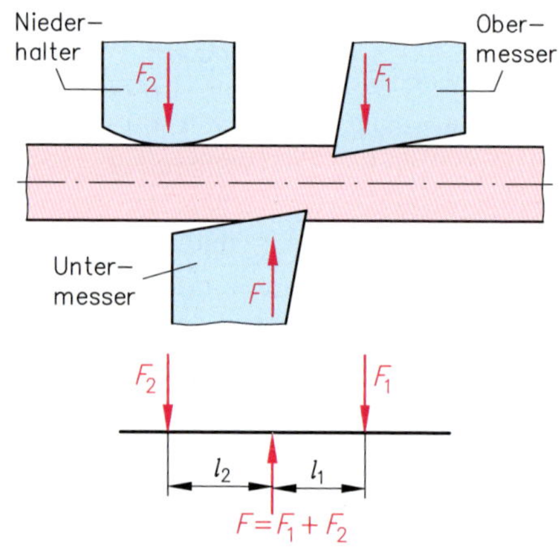

Wirkung des Niederhalters

> **!** Der Niederhalter verhindert eine Werkstückdrehung, indem er der Drehwirkung der Schermesser ein gleich großes Drehmoment entgegensetzt.

3.5.4 Schneidwerkzeuge und Schneidverfahren

Für die Herstellung von Flachteilen in großen Stückzahlen bei gleich bleibender Form- und Maßgenauigkeit verwendet man Schneidwerkzeuge, die maschinell betätigt werden.

Schneidwerkzeuge bestehen aus dem Stempel (Oberteil) und der Schneidplatte (Unterteil). Der Verlauf der Werkzeugschneiden entspricht der Form des Werkstücks.

Die Schneiden des Stempels führen die Werkstofftrennung herbei, indem sie sich an den Schneiden der Schneidplatte vorbei bewegen. Deshalb werden diese Trennvorgänge dem Scherschneiden zugeordnet.

Die erforderliche Schnittkraft wird von Exzenterpressen oder von hydraulischen Pressen aufgebracht.

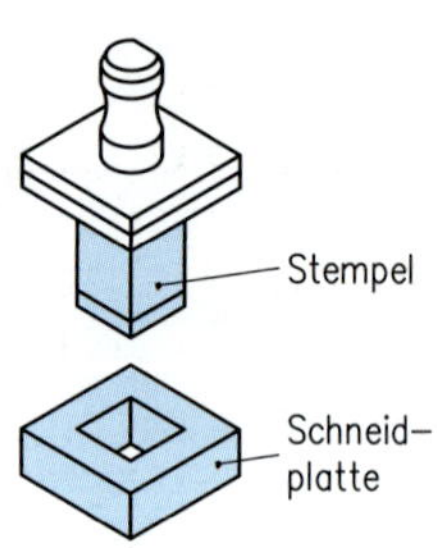

Schneidwerkzeug

Übungsaufgaben 3/18; 3/19

3.5.4.1 Schneidwerkzeuge

Schneidwerkzeug ohne Führung (Freischneidwerkzeug)

Wird der Stempel allein vom Pressenstößel geführt, so spricht man von Freischneiden.
Die Freischneidwerkzeuge bestehen im Wesentlichen aus Stempel und Schneidplatte; beide Teile können ausgewechselt werden.
Der Schneidspalt hängt vom Spiel in der Stößelführung ab. Die Werkzeuge sind kostengünstig.
Das Freischneiden ist nur bei geringen Anforderungen an das Werkstück und bei kleinen Stückzahlen geeignet.

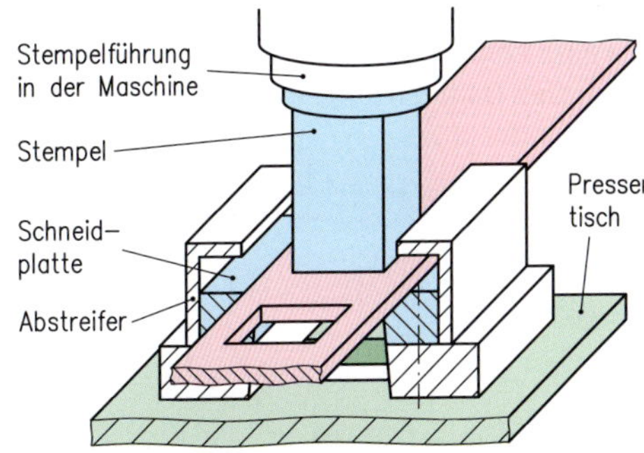

Schneidwerkzeug ohne Führung

Plattengeführtes Schneidwerkzeug

Befindet sich über der Schneidplatte eine fest mit ihr und der Grundplatte verbundene besondere Stempelführungsplatte, so spricht man von einem plattengeführten Schneidwerkzeug. Zwischen Schneidplatte und Führungsplatte stellt man durch Zwischenlagen einen Kanal zur Führung des zu schneidenden Blechs her. Der Stempel führt in einem Hub entlang der Schnittlinie die Werkstofftrennung herbei. Beim Rückhub verhindert die Führungsplatte ein Abheben des Blechs und dient so gleichzeitig als Abstreifer.

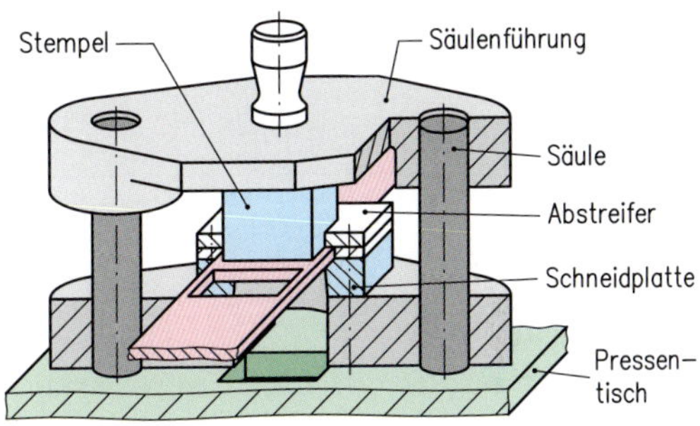

Plattengeführtes Schneidwerkzeug

Säulengeführtes Schneidwerkzeug

Beim säulengeführten Schneidwerkzeug werden Stempel und Schneidplatte in vorgefertigte, genormte Säulenführungsgestelle eingebaut. Dabei wird der Stempel am Oberteil und die Schneidplatte am Unterteil des Führungsgestells verschraubt. Die präzise Führung erfolgt durch Säulen.
Bei Schneidwerkzeugen mit Säulenführung wird die Werkzeugherstellung ähnlich einfach wie bei Freischneidwerkzeugen.

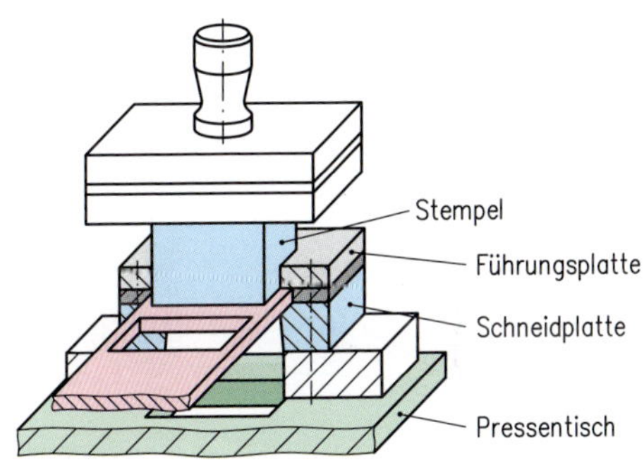

Säulengeführtes Schneidwerkzeug

3.5.4.2 Schneidverfahren

- **Gesamtschneiden**

Beim Gesamtschneiden wird ein Werkstück in Umriss und Durchbrüchen mit einem einzigen Hub der Presse ausgeschnitten. Die so gefertigten Teile sind von hoher Maß- und Formgenauigkeit.

Beispiel für Gesamtschneiden (Schema)

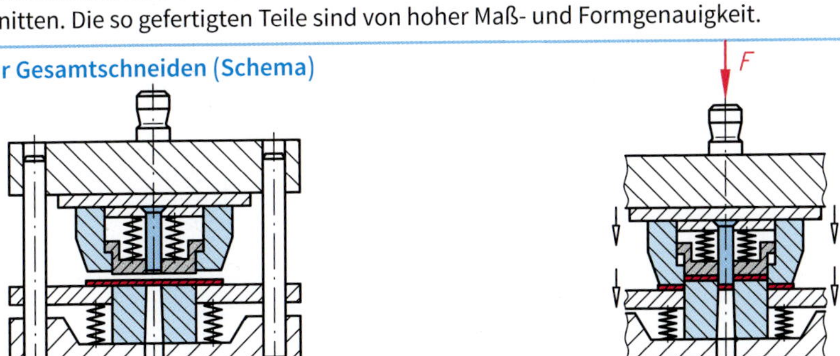

– **Folgeschneiden**

Beim Folgeschneiden werden die einzelnen Arbeitsschritte in mehreren aufeinander folgenden Pressenhüben gefertigt. Dadurch lassen sich komplizierte Werkstücke in mehreren Folgen mit verhältnismäßig einfachen Schneidwerkzeugen herrstellen.

Beispiel für Folgeschneiden (Schema)

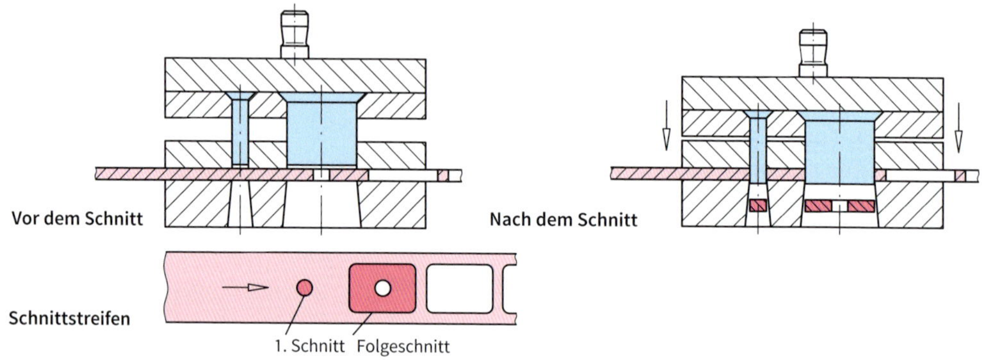

3.5.4.3 Scherkraft

Der Werkstoff setzt dem Trennen eine Widerstandskraft entgegen, die durch die Scherkraft überwunden wird. Bezieht man die Scherkraft auf einen Quadratmillimeter Querschnittsfläche, so ist der Quotient aus Scherkraft und Scherfläche die **Scherfestigkeit**. Die Scherfestigkeit hat das Formelzeichen τ_B (τ lies „tau") und wird in N/mm² angegeben.

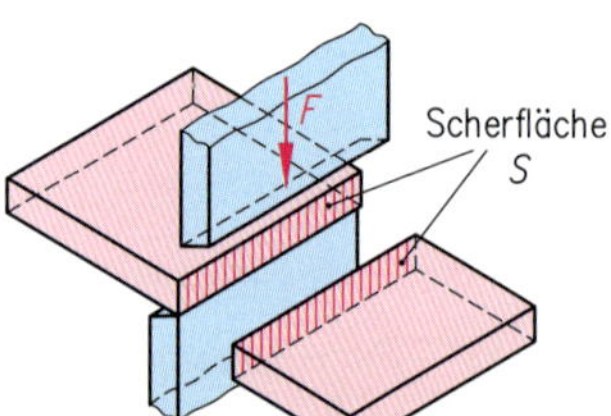

$$\text{Scherfestigkeit} = \frac{\text{Scherkraft}}{\text{Scherfläche}}$$

$$\tau_B = \frac{F}{S}$$

Erforderliche Scherkraft:
$F = \tau_B \cdot S$

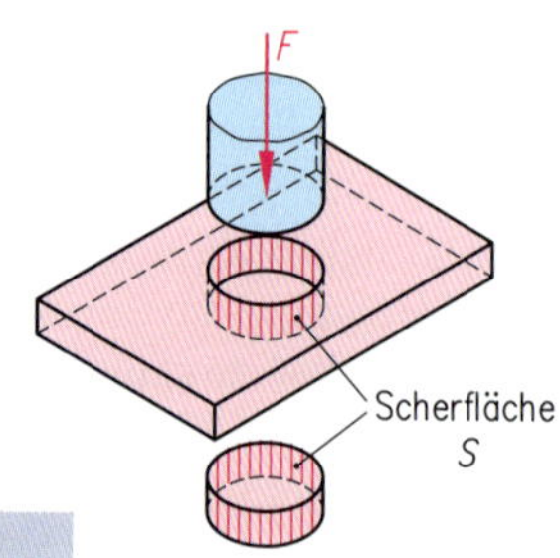

Bei Stahl wird die Scherfestigkeit näherungsweise aus der Mindestzugfestigkeit R_m ermittelt:

Bei Stahl:
Scherfestigkeit = 0,8 · Mindestzugfestigkeit
$\tau_B = 0{,}8 \cdot R_m$

Beispiel für die Berechnung der Scherkraft

Aufgabe

Die Kraft zum Abtrennen eines Blechs von 55 mm Breite und 2 mm Dicke aus S235 ist zu berechnen.

Gegeben: $R_m = 370$ N/mm²; $b = 50$ mm; $s = 2$ mm

Gesucht: $F = ?$

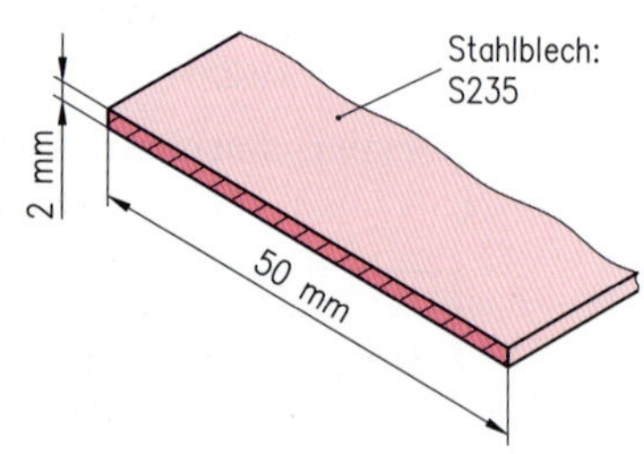

Lösung

Scherfläche

$S = b \cdot s$
$S = 50\ \text{mm} \cdot 2\ \text{mm}$
$S = \mathbf{100\ mm^2}$

Scherfestigkeit

$\tau_B = 0{,}8 \cdot R_m$
$\tau_B = 0{,}8 \cdot 370\ \text{N/mm}^2$
$\tau_B = \mathbf{296\ N/mm^2}$

erforderliche Scherkraft

$F = \tau_B \cdot S$
$F = 296\ \text{N/mm}^2 \cdot 100\ \text{mm}^2$
$F = \mathbf{29\,600\ N}$

Übungsaufgaben 3/21 bis 3/25

4 Spanen von Hand und mit einfachen Maschinen

Für die Herstellung von Maschinen, Werkzeugen und Vorrichtungen sind viele Einzelteile erforderlich. Diese Teile können ihre Form durch Gießen, Schmieden, Walzen, Zerteilen und eine anschließende spanabhebende Bearbeitung erhalten. Aus wirtschaftlichen Gründen werden Werkstücke möglichst durch spanlose Fertigungsverfahren soweit vorgearbeitet, dass gegebenenfalls nur eine geringe Werkstoffmenge durch Spanen abgetrennt werden muss. Durch diese spanabhebende Bearbeitung kann eine große Form- und Maßgenauigkeit sowie gute Oberflächenbeschaffenheit erzielt werden.

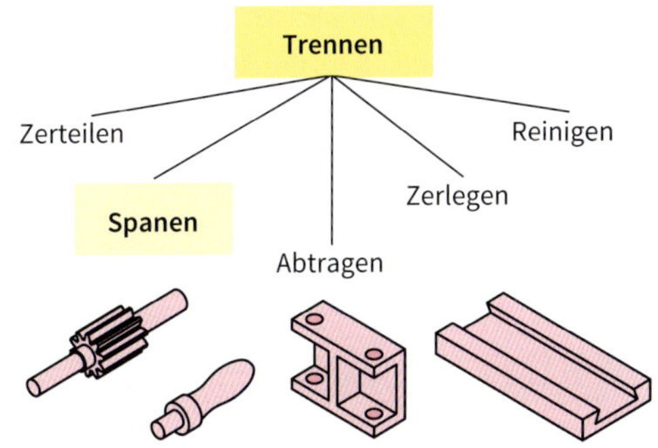

Spanend bearbeitete Werkstücke

Das Spanen kann mit verschiedenen Verfahren erfolgen, z. B. Meißeln, Sägen und Drehen. Diese Verfahren erfordern zwar unterschiedliche Werkzeuge, deren Schneiden jedoch alle als Keile ausgebildet sind.

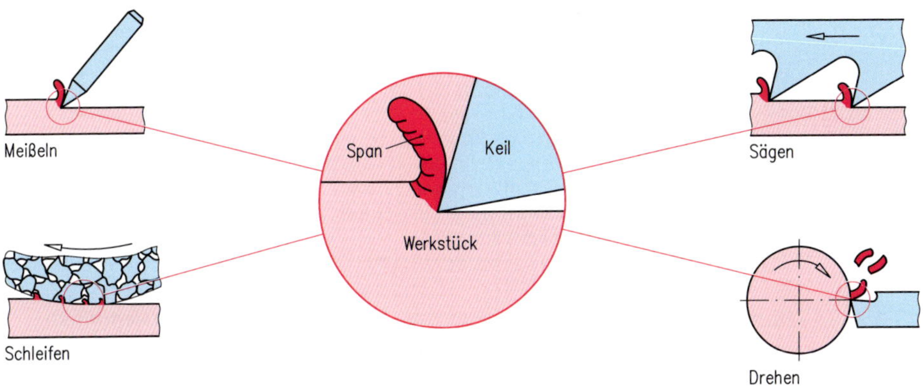

Der Keil als spanende Werkzeugschneide

> **!** Der Keil ist die Grundform jeder Werkzeugschneide.

1. Schneidengeometrie und Spanabnahme

Beim Spanen trennen keilförmige Schneiden schichtweise den überschüssigen Werkstoff in Form von Spänen ab. Der Zusammenhalt der Werkstoffteilchen muss durch das eindringende Werkzeug überwunden werden. Die dazu erforderliche **Schnittkraft** F_c kann durch Muskel- oder Maschinenkraft aufgebracht werden.

Bei der Spanabnahme findet eine Bewegung zwischen Werkzeug und Werkstück statt. Bei spanenden Fertigungsverfahren von Hand führt das Werkzeug diese **Schnittbewegung** aus.
Bei maschineller Fertigung kann die Schnittbewegung durch das Werkzeug oder das Werkstück erfolgen.

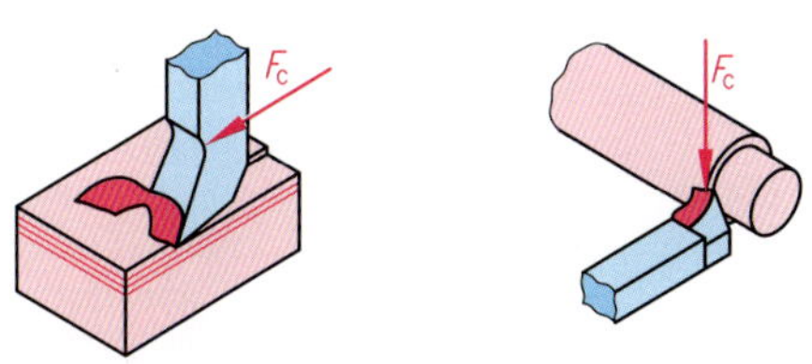

Kraftwirkung beim Spanen

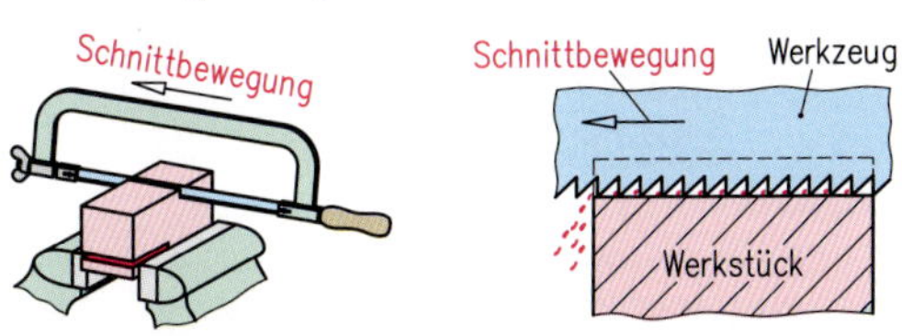

Schnittbewegung

> **!** Spanen ist ein Abtrennen von Werkstoffteilchen (Spänen) unter Einwirkung äußerer Kräfte mithilfe keilförmiger Werkzeugschneiden. Die Spanabnahme erfolgt durch die Schnittbewegung zwischen Werkzeugschneide und Werkstück.

2. Spanabhebende Wirkung des Keils

Der Schneidkeil dringt parallel zur Werkstückoberfläche in das Werkstück ein. An der vorderen Keilfläche bildet sich ein Span, der an dieser **„Spanfläche“** des Schneidkeils hochgeschoben wird. Dabei können bei weichen Werkstoffen folgende **Phasen** der Spanbildung unterschieden werden:

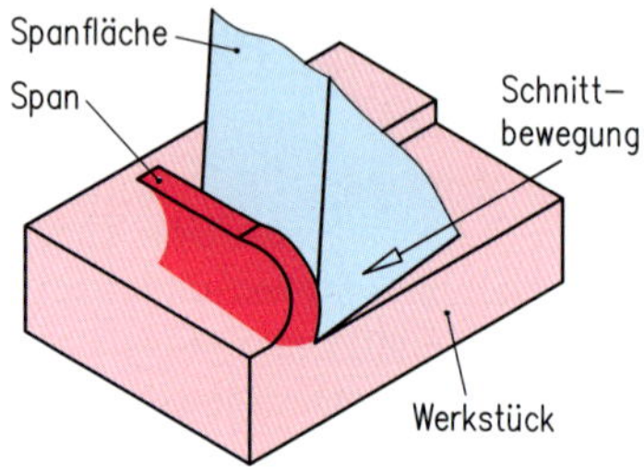

Spanbildung bei einem weichen Stahl

Stauchen des Werkstoffs	Scheren des Werkstoffs	Hochgleiten des Werkstoffs
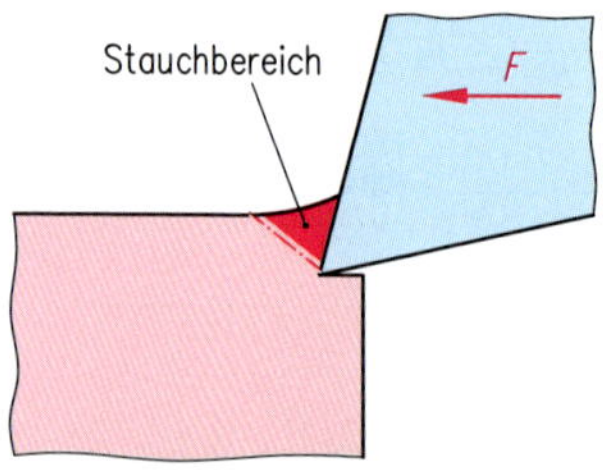	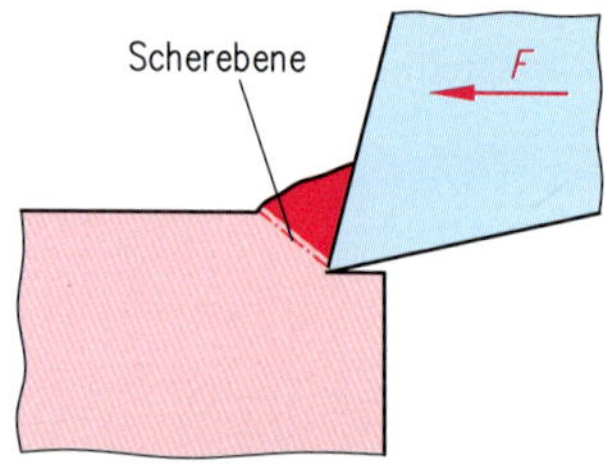	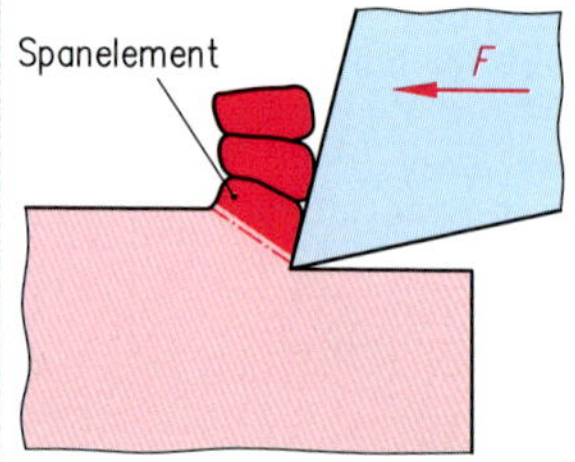
Durch den eindringenden Werkzeugkeil wird der Werkstoff vor der Spanfläche gestaucht. Unter der Einwirkung der Stauchkraft wird der Werkstoff plastisch verformt.	Die größer werdende Stauchkraft verformt das Werkstoffgefüge, bis der Werkstoff längs einer Ebene geschert wird. Diese Ebene wird Scherebene genannt.	Weitere nachfolgende Spanelemente werden an der Scherebene hochgeschoben und bilden so einen Span.

! Die Spanbildung erfolgt in 3 Phasen:

1. Stauchen des Werkstoffs mit plastischer Verformung,
2. Scheren des Spanelements längs der Scherebene,
3. Hochgleiten des Spanelements an der Spanfläche.

3. Winkel an der Werkzeugschneide

Die Spanbildung wird wesentlich vom Schneidkeil und seiner Stellung zum Werkstück beeinflusst. Wichtige Winkel am Schneidkeil sind bei allen Zerspanungsvorgängen der Keilwinkel, der Freiwinkel und der Spanwinkel. Die Winkel werden in der sogenannten Keilmessebene gemessen. Dies ist eine gedachte Ebene, welche rechtwinklig zur Schneide und zu den Keilflächen verläuft.

Keilwinkel β_o	Freiwinkel α_o	Spanwinkel γ_o
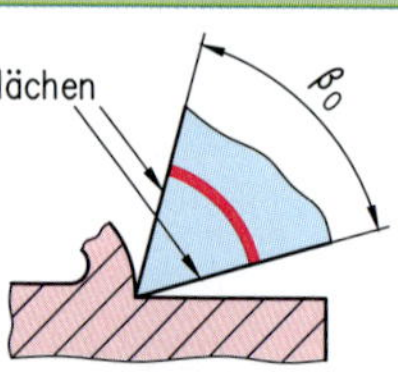	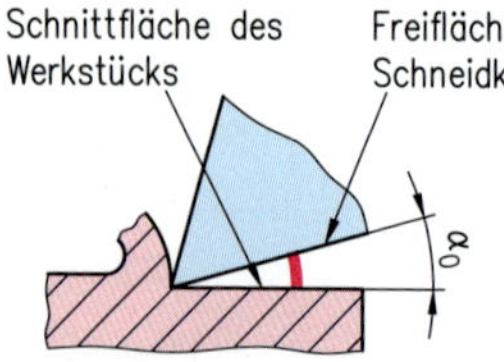	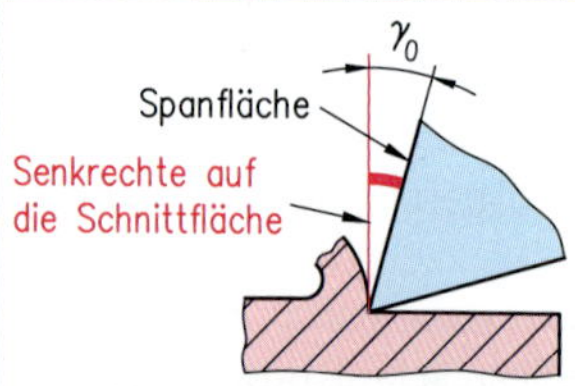
Der Winkel zwischen den von der Schneide ausgehenden Keilflächen ist der **Keilwinkel** β_o (beta).	Der Winkel zwischen der Schnittfläche des Werkstücks und der Freifläche des Schneidkeils wird **Freiwinkel** α_o (alpha) genannt.	Den Winkel zwischen der Spanfläche des Schneidkeils und der Senkrechten auf die Schnittfläche des Werkstücks nennt man **Spanwinkel** γ_o (gamma).

Die Größen von Keil- und Spanwinkel werden hauptsächlich entsprechend dem zu bearbeitenden Werkstoff festgelegt. Der Freiwinkel bleibt bei allen Werkstoffen nahezu unverändert.

Übungsaufgabe 4/1

Frei-, Keil- und Spanwinkel ergeben zusammen einen rechten Winkel. Wenn Freiwinkel und Keilwinkel zusammen mehr als 90° betragen, wird der Spanwinkel negativ.

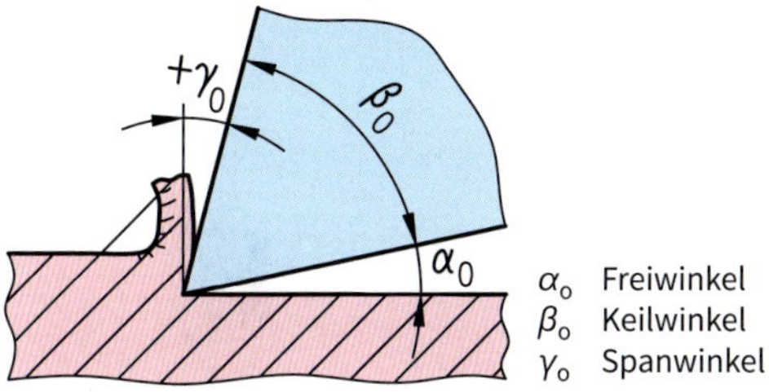

Positiver Spanwinkel

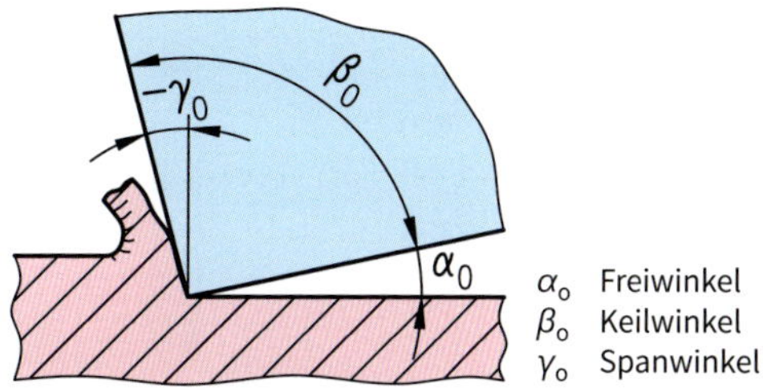

Negativer Spanwinkel

Freiwinkel	+	Keilwinkel	+	Spanwinkel	= 90°
α_o	+	β_o	+	γ_o	= 90°

Die Winkel einer Werkzeugschneide werden so ausgewählt, dass die Schneide möglichst lange hält. Darum richtet sich die Größe der Schneidenwinkel nach folgenden Gesichtspunkten:

- Härte und Zähigkeit des Schneidenwerkstoffs,
- Härte des zu bearbeitenden Werkstoffs,
- Abfuhr der Wärme, die durch Reibung entsteht,
- Führung des Werkzeugs auf Maschinen oder von Hand.

4.1 Spanen mit dem Meißel

1. Verfahren

Bei der Spanabnahme wird der schräg angesetzte Meißel durch Hammerschläge in den Werkstoff eingetrieben. Dabei muss der Meißel so geführt werden, dass ein gleichmäßig dicker Span abgetrennt wird. Beim Meißeln ist der Freiwinkel und damit der Spanwinkel durch die Meißelhaltung regulierbar.

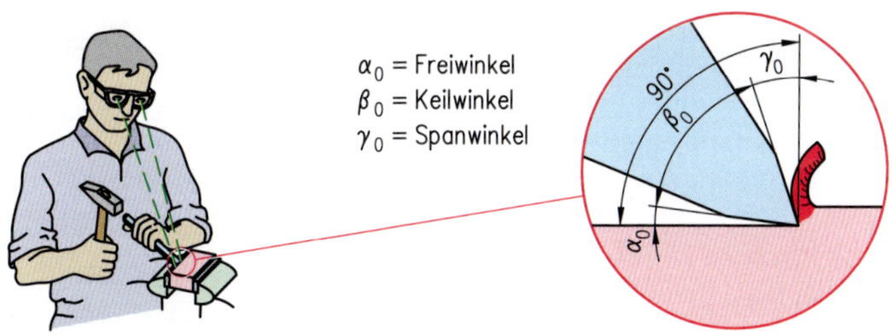

Beobachten der Spandicke beim Meißeln

Die Meißelhaltung bestimmt die Größe des Freiwinkels. Beim Meißeln muss die Spandicke ständig beobachtet werden, um den Freiwinkel der Spandicke anzupassen.

2. Meißelarten und ihre Verwendung

Als Werkstoff für Meißel werden unlegierte oder legierte Werkzeugstähle verwendet. Der Schneidkeil wird gehärtet, da die Schneide härter als der zu spanende Werkstoff sein muss. Zum Meißelschaft hin nimmt die Härte ab. Nach einem Übergangsbereich sind der ungehärtete Meißelschaft und der Meißelkopf fest und zäh.

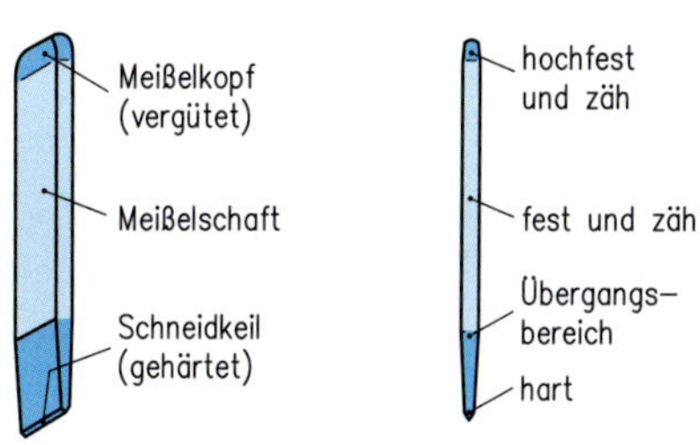

Unterschiedliche Härte am Meißel

Für verschiedene Arbeiten werden unterschiedliche Meißelarten benutzt.

Flachmeißel	Kreuzmeißel	Stegmeißel	Nutenmeißel
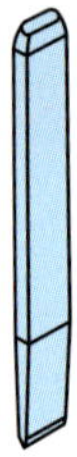	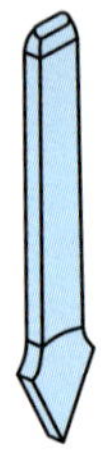	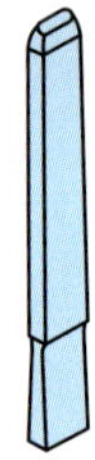	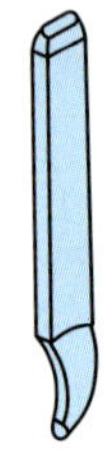
lange gerade Schneide	kurze gerade Schneide	vier gerade Schneiden	halbrunde Schneide
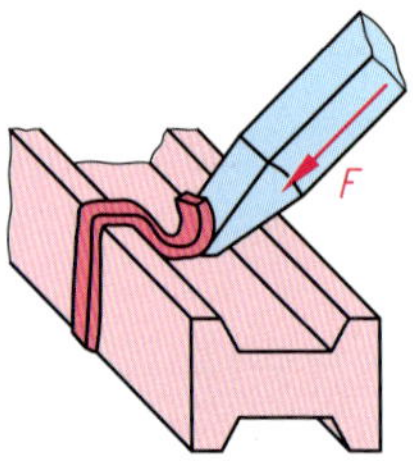	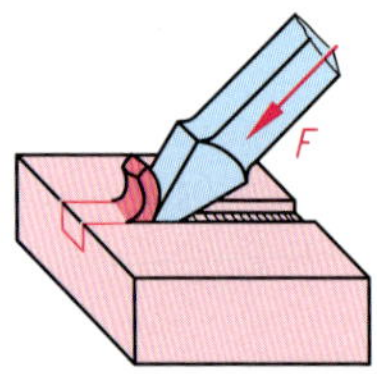	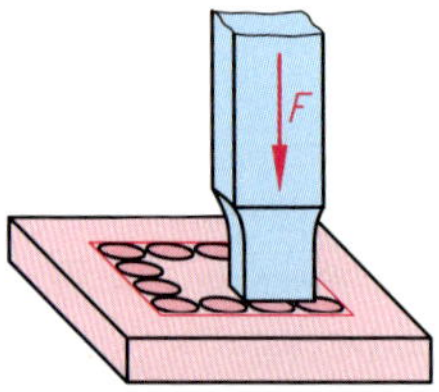	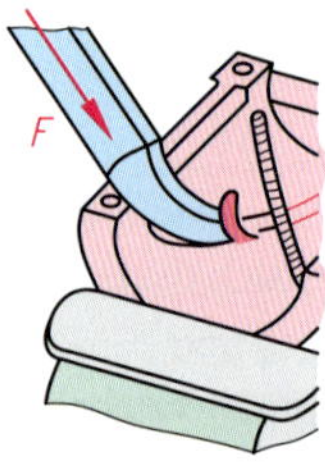
Entfernen des Grats und Einebnen von Schweißnähten	Einarbeiten von schmalen ebenen Nuten	Ausmeißeln der Stege zwischen Bohrungen für Durchbrüche	Einarbeiten von Schmiernuten

Zur Erleichterung und Beschleunigung der Arbeit werden Meißel in Druckluft- oder Elektrohämmer eingespannt. Diese treiben mit 1 000 bis 5 000 Schlägen pro Minute den Meißel in das Material. In der Metallbearbeitung werden Maschinenmeißel vorwiegend beim Entgraten von Gussteilen und beim Verputzen von Schweißnähten eingesetzt.
Wegen der hohen Schlagzahl und der Schlagkraft verursachen maschinelle Hämmer großen Lärm, der zu Gesundheitsschäden führt. Darum ist stets Gehörschutz zu tragen.

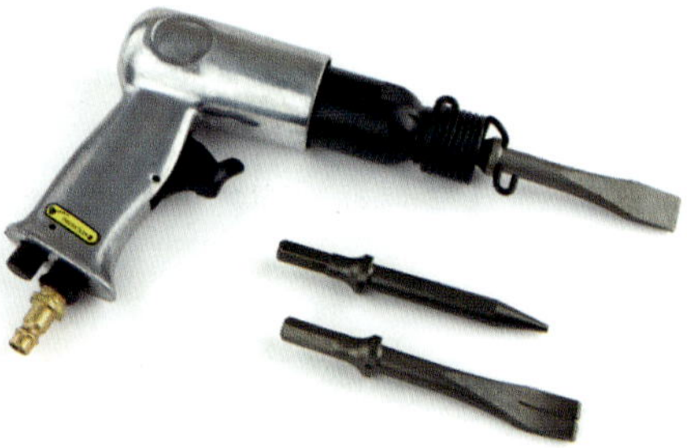

Drucklufthammer

- **Auswahl des Keilwinkels**

Für die Auswahl eines günstigen Keilwinkels sind zwei Gesichtspunkte zu beachten.
Zum einen soll der Keilwinkel möglichst klein sein, damit die Schneide gut in das Werkstück eindringt.
Zum anderen soll der Keilwinkel möglichst groß sein, damit das Werkzeug stabil ist und lange schneidhaltig bleibt.
Diese Forderungen widersprechen sich.
Darum hat man aus Erfahrung für verschiedene Werkstoffgruppen günstige Keilwinkel ermittelt.

Keilwinkel an Meißeln

Werkstoffe der Werkstücke	Keilwinkel der Meißel
Aluminium, Kupfer	40–50°
Baustahl, weiche Bronze	50–65°
hochfester Stahl, harte Bronze, Hartmessing	65–75°

! Die Festigkeit des Werkstoffs des zu meißelnden Werkstücks bestimmt den Keilwinkel des Meißels. Je höher die Festigkeit, desto größer der Keilwinkel.

4.2 Sägen

Profilstäbe und Rohre werden häufig auf Roh- oder Fertiglänge gesägt. Das Trennverfahren Sägen wird vorwiegend dann angewandt, wenn eine ebene Schnittfläche ohne Verformung des Werkstücks verlangt wird.

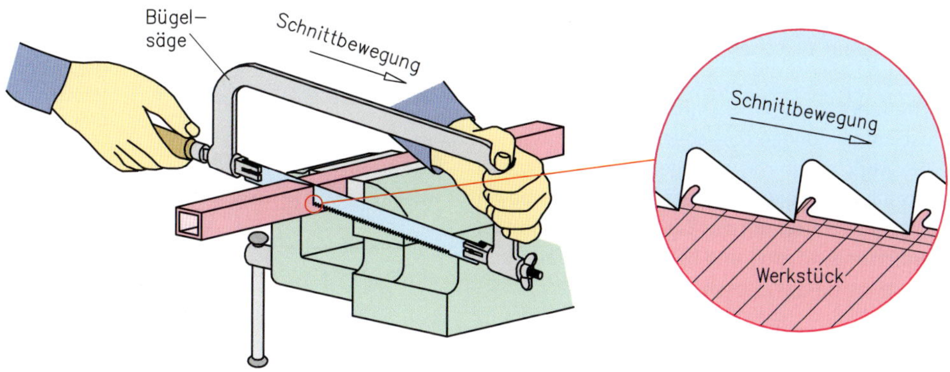

Ablängen mit der Handbügelsäge

Von dem zum Trennen verwendeten Werkzeug, dem Sägeblatt, werden kleine Späne durch eine Vielzahl hintereinander angeordneter Schneidkeile abgetrennt. Dabei wird der Werkstoff in der Schnittfuge durch die hintereinanderliegenden Zähne gleichzeitig in mehreren Schichten zerspant.

> **!** Sägen ist ein Trennverfahren, bei dem durch eine Vielzahl hintereinander angeordneter Keile kleine Späne abgetrennt werden.

1. Schneidenwinkel

Die Winkel am Schneidkeil werden möglichst entsprechend der Werkstofffestigkeit gewählt, um mit geringem Kraftaufwand und geringem Werkzeugverschleiß große Trennleistung zu erreichen.

Schneidenwinkel an Sägeblättern

gerade Sägeblätter		Kreissägeblätter
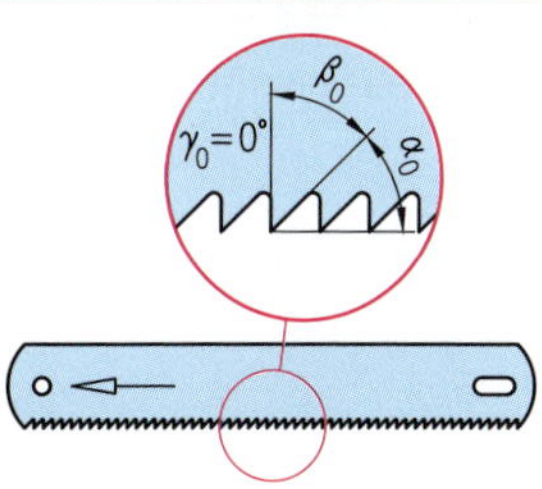	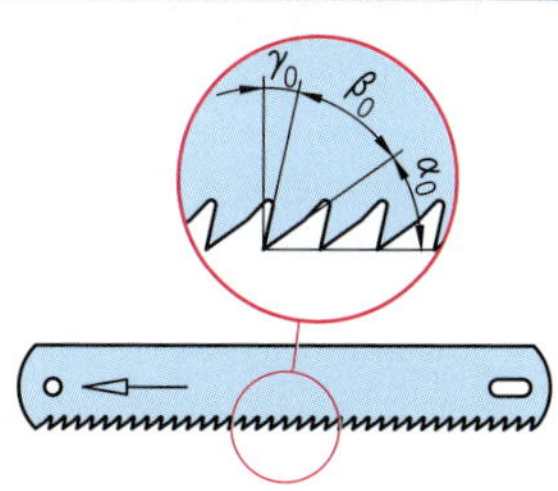	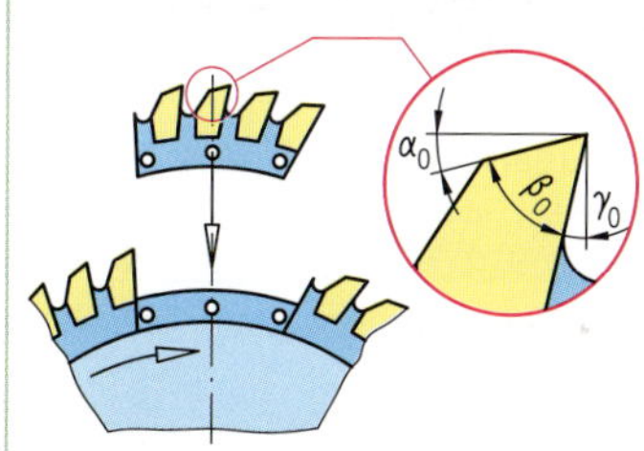
Handsägeblatt	**Maschinensägeblatt**	**Zahnsegment für Kreissägeblatt**

Handsägeblatt

Wegen des vielseitigen Einsatzes sind die Schneidenwinkel unabhängig vom Werkstoff bei allen Handsägeblättern gleich.

Freiwinkel $\alpha_0 = 40°$
Keilwinkel $\beta_0 = 50°$
Spanwinkel $\gamma_0 = 0°$

Maschinensägeblatt / Zahnsegment für Kreissägeblatt

Zum Trennen bestimmter Werkstoffe werden die günstigsten Schneidenwinkel ausgewählt. Für **Kreissägeblätter** gilt:

Werkstoff	Freiwinkel α_0	Spanwinkel γ_0
Stahl	8°	15–18°
Messing	8°	10–12°
Kupfer	10°	22–25°

> **!** Alle Handsägeblätter haben gleiche Schneidenwinkel. Die Auswahl des Schneidenwinkels eines Maschinensägeblatts richet sich nach dem zu sägenden Werkstoff.

2. Zahnteilung

In Betrieben, in denen Halbzeuge mit geringen Wandstärken aus unterschiedlichen Werkstoffen von Hand gesägt werden, benutzt man Sägeblätter mit „Allround-Zahnung“. Sie haben 24 Zähne pro Zoll. Der Abstand zwischen benachbarten Zähnen beträgt daher $\frac{25{,}4\ \text{mm}}{24} = 1{,}06\ \text{mm}$. Eine **Zahnteilung** dieser Größenordnung wird **„mittel“** genannt.

In Werkstätten, in denen ausschließlich Vollmaterialien aus Werkstoffen mit geringer Festigkeit, wie z. B. Aluminium, Kupfer u. ä., gesägt werden, benutzt man Sägeblätter mit der Zahnteilung **„grob“**. Die Zahnlücken sind groß und können die anfallenden Sägespäne besser aufnehmen.

Für das Sägen von Blechen, Blechprofilen und dünnwandigen Rohren benutzt man Sägeblätter mit der Zahnteilung **„fein“**. Durch den geringen Abstand sind beim Sägen stets mehrere Zähne im Einsatz. Das Sägeblatt hakt darum nicht und es brechen keine Zähne aus.

Im Interesse einer hohen Wirkungsweise des Sägeblatts ist in Abhängigkeit von der Festigkeit des zu sägenden Werkstoffs möglichst eine grobe Zahnteilung zu wählen, jedoch sollten mindestens drei Zähne im Einsatz sein.

Zahnteilung t	Werkstoff
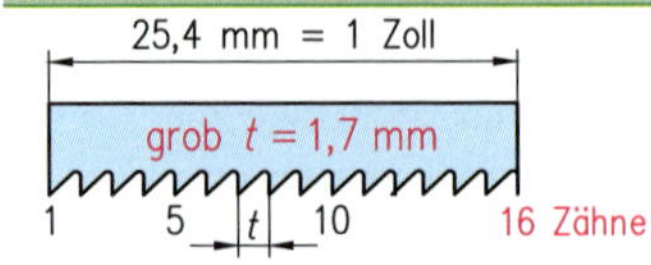	Aluminium Kupfer Pressstoff Holz Vollmaterial
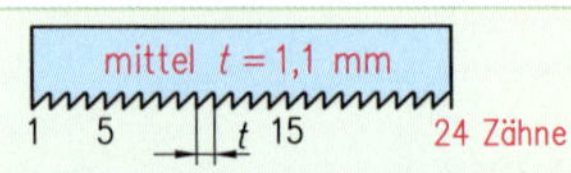	Baustahl Messing Gusseisen
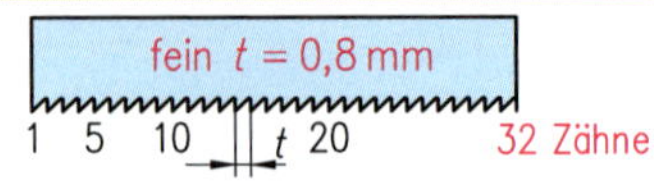	Werkzeugstahl Stahlguss dünnwandige Profile

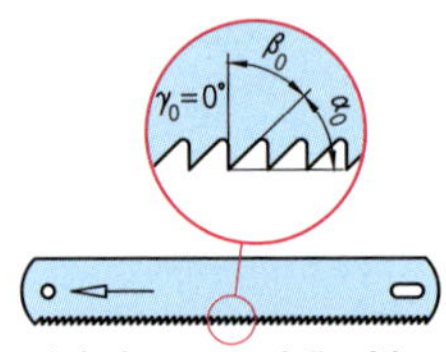

Freiwinkel α_0 = 40°
Keilwinkel β_0 = 50°
Spanwinkel γ_0 = 0°

Winkel am Handsägeblatt

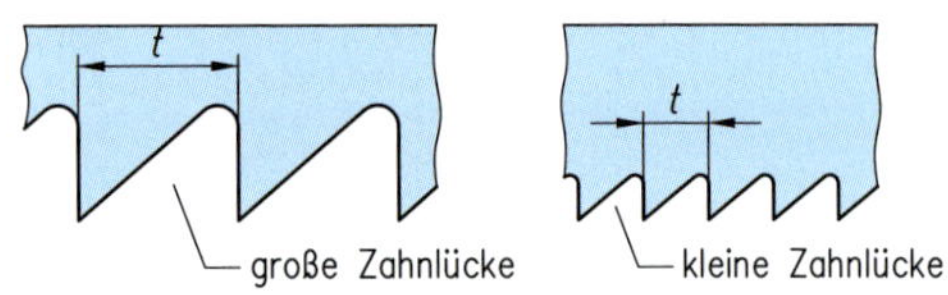

Zahnteilung und Zahnlücke

> **!** Die Zahnteilung bei Sägen ist der Abstand zweier benachbarter Zähne. Zur Kennzeichnung von Sägeblättern wird meist die Zähnezahl angegeben, die sich auf einem Zoll der Sägeblattlänge befindet.

3. Freischnitt

Beim Sägen muss die Schnittfuge *a* breiter sein als die Sägeblattdicke *b*, um ein Klemmen des Sägeblatts zu verhindern. Die Sägeblätter werden deshalb so gestaltet, dass sie sich seitlich selbst freischneiden und damit die unerwünschte Reibung herabgesetzt wird. Die Verbreiterung der Schnittfuge heißt Freischnitt.

Erzeugen des Freischnitts

Wellen	Schränken	Hohlschleifen	Einsetzen breiter Zähne
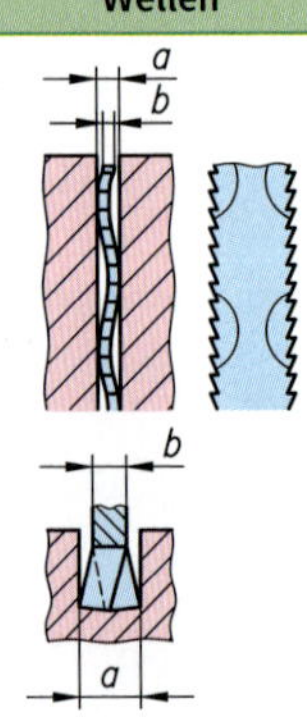	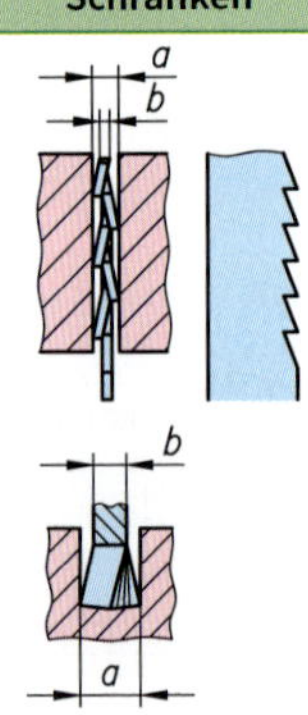	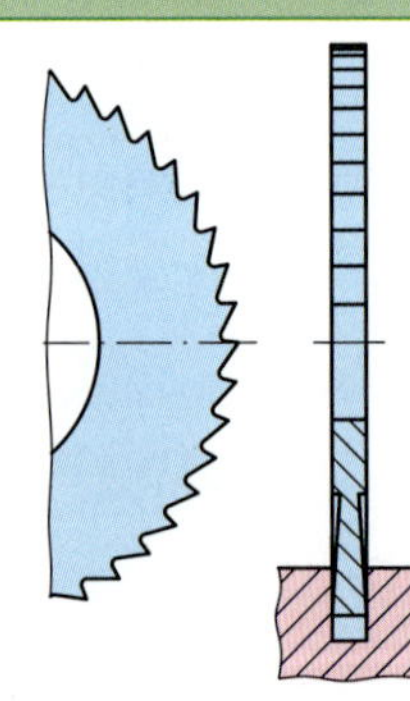	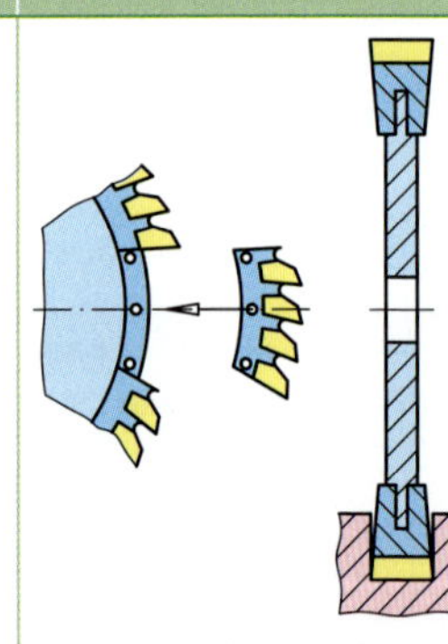
Handsägeblätter	**Maschinensägeblätter**	**kleine Kreissägeblätter**	**große Kreissägeblätter**

> **!** Ein Sägeblatt schneidet frei, wenn die Schnittfuge breiter als die Sägeblattdicke ist.

4.3 Feilen

Bei der Herstellung von Werkstücken in Einzelfertigung ist es vielfach günstiger, vorgearbeitete Rohteile durch Feilen fertigzustellen, als Maschinen einzusetzen. Häufig durchzuführende Arbeiten mit Feilen sind das Entgraten und das Einpassen von Bauteilen.

Beispiele für Feilarbeiten

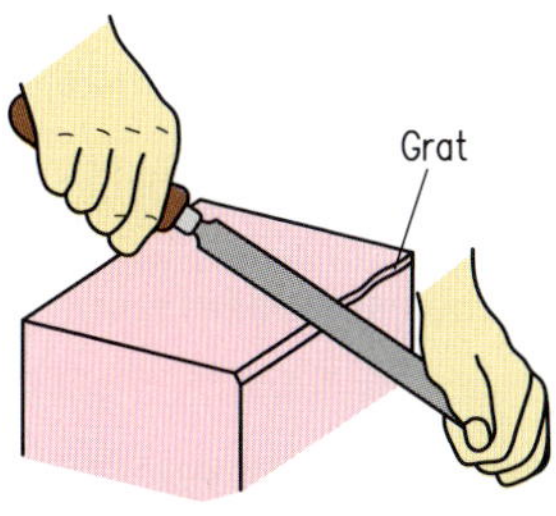

Entgraten und Kante brechen

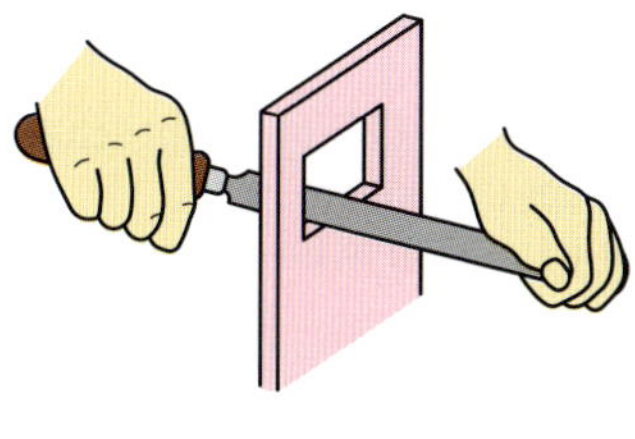
Durchbruch feilen

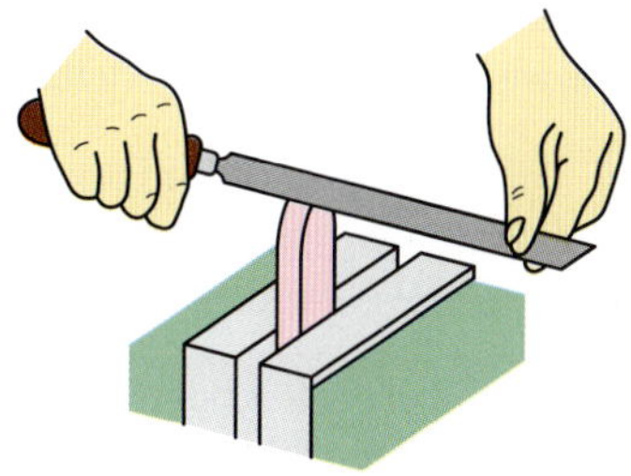
Passfeder bearbeiten

4.3.1 Bestandteile der Feile und Feilenformen

– **Bestandteile der Feile**

Bei der Feile sind keilförmige Schneiden hintereinander auf dem **Feilenblatt** angeordnet. Das ausgeschmiedete spitze Ende der Feile nennt man **Angel**. Die Angel muss stramm in einen Griff, das sogenannte **Feilenheft**, eingetrieben werden, damit man gefahrlos mit der Feile arbeiten kann.

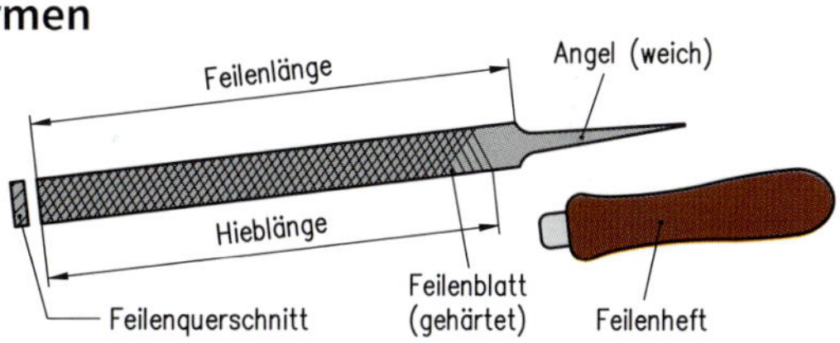

Bestandteile einer Feile

– **Feilenformen**

Für Feilarbeiten gibt es eine Vielzahl von Feilenquerschnitten. Jede Feilenform ist genormt.

Bei Werkstattfeilen werden bestimmte Querschnittformen angeboten, bei anderen Feilenarten gibt es entsprechende Feilenformen, z. B. Löffelfeilen, gebogene Feilen.

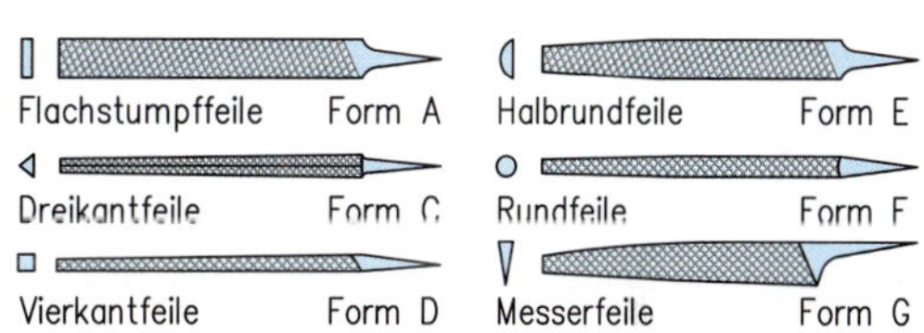

Querschnittsformen von Werkstattfeilen

! Die Feilenform wird entsprechend dem zu bearbeitenden Profil ausgewählt.

4.3.2 Gehauene Feilen

Gehauene Feilen haben negative Spanwinkel und damit schabende Wirkung. Durch den großen Keilwinkel haben gehauene Feilen eine stabile Schneide an den Feilenzähnen. Darum können harte Werkstoffe, wie z.B. Stahl oder Gußeisen, mit gehauenen Feilen bearbeitet werden.

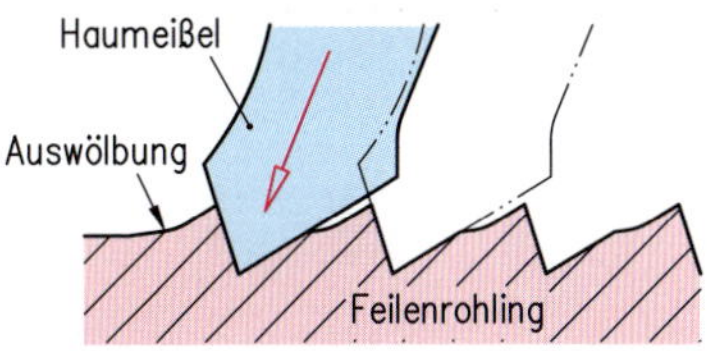

Hauen einer Feile

$$\alpha_o + \beta_o + \gamma_o = 90°$$
$$36° + 70° + (-16°) = 90°$$

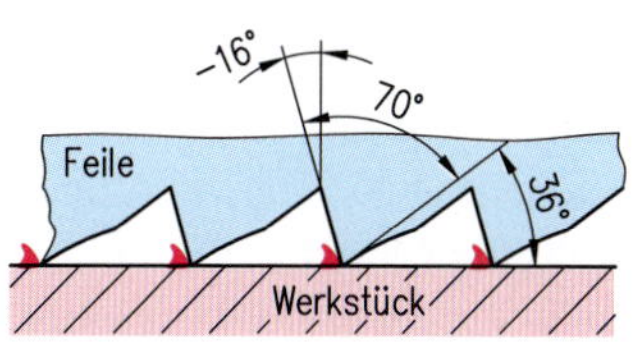

Winkel einer gehauenen Feile

Feilenzähne, Hiebe genannt, entstehen durch das Einschlagen des Haumeißels in den Feilenrohling. Man spricht von **Einhiebfeilen,** wenn die Hiebe nur in einer Richtung eingeschlagen wurden.

Die meistverwendeten Feilen sind Feilen mit **Kreuzhieb**. Bei diesen Feilen hat der erste Hieb, der Unterhieb, meist eine größere Teilung als der Oberhieb. Durch unterschiedliche Hiebteilungen und unterschiedliche Winkel, unter denen der Hieb erfolgte, stehen die Zähne nicht genau hintereinander, sondern ein wenig versetzt. Diesen seitlichen Versatz bezeichnet man als **Schnürung**. Durch die Schnürung wird beim Feilen eine Riefenbildung vermieden.

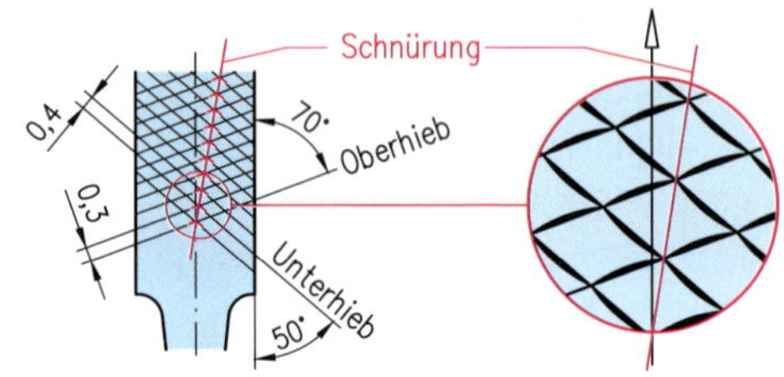

Anordnung von Ober- und Unterhieb bei Kreuzhiebfeilen

> **!** Gehauene Feilen haben Schnittwinkel über 90° und damit schabende Wirkung. Man bearbeitet mit ihnen harte Werkstoffe, z.B. Stahl oder Gusseisen.
> Durch Schnürung vermeidet man Riefenbildung an den durch Feilen bearbeiteten Oberflächen.

Entsprechend der Normung kennzeichnet man Feilen mit Hiebnummern von 0 (grob) bis 6 (sehr fein). Die Zahl der Hiebe je cm in Zusammenhang mit der Hieblänge bestimmt die Hiebnummer.

Beispiel für den Zusammenhang zwischen Hieblänge und Hiebnummer

Hieb-länge	Hieb 1	Hieb 2	Hieb 3	Hieb 4
	Hiebzahl je cm			
150 mm	13	18	23	28
200 mm	10	15	20	24
250 mm	8	13	17	21
300 mm	7	11	15	19

Hiebnummern und Hiebzahlen

Hieb-nummer	Hiebzahl je cm lange Feilen	Hiebzahl je cm kurze Feilen	Übliche Hieb-bezeichnung	Erreichbare Oberflächengütern
0	4,5 ...	10	Grob	**geschruppt:** Riefen fühlbar und mit bloßem Auge sichtbar
1	5,3 ...	16	Bastard	
2	10 ...	25	Halbschlicht	**geschlichtet:** Riefen mit bloßem Auge noch sichtbar
3	14 ...	35	Schlicht	
4	25 ...	50	Doppelschlicht	**fein geschlichtet:** Riefen mit bloßem Auge nicht mehr sichtbar
5	40 ...	71	Feinschlicht	

4.3.3 Gefräste Feilen

Gefräste Feilen haben positive Spanwinkel und damit schneidende Wirkung. Sie werden vorwiegend zum Zerspanen von Kunststoffen und weichen Metallen, z. B. Aluminium, eingesetzt.

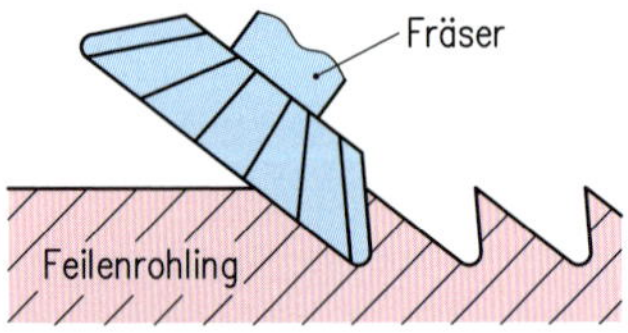

Fräsen einer Feile

$$\alpha_o + \beta_o + \gamma_o = 90°$$
$$37° + 48° + 5 = 90°$$

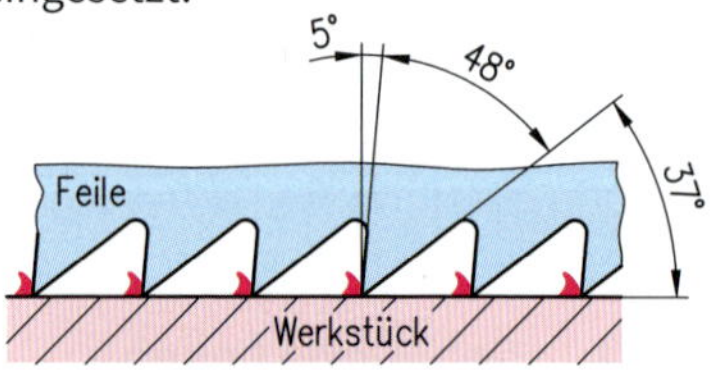

Winkel an einer gefrästen Feile

Damit sich bei einer gefrästen Feile die Späne nicht stauen, sondern zur Seite ablaufen, fräst man die Zähne schräg zur Längsachse der Feile oder (seltener) bogenförmig.
Darüber hinaus vermeidet man das Stauen der Späne, indem man feine Späne durch **Spanbrechernuten** in den Feilenzähnen erzeugt. Das Abtrennen feiner Späne führt auch zu besserer Oberflächengüte der bearbeiteten Flächen.

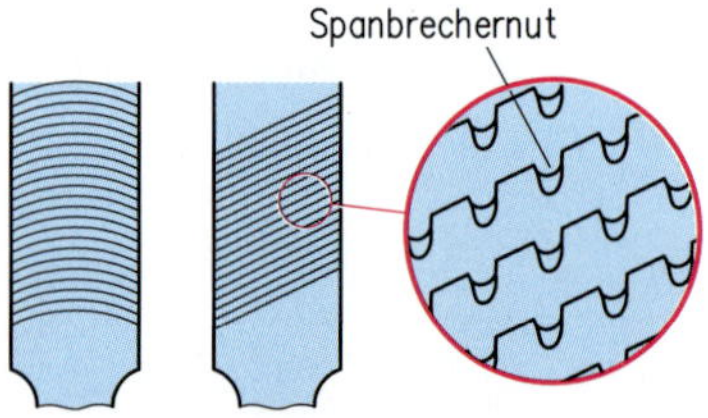

Spanbrechernuten an gefräster Feile

> **!** Gefräste Feilen haben Schnittwinkel unter 90° und damit schneidende Wirkung. Man bearbeitet mit ihnen weiche Werkstoffe, z. B. Aluminium oder Kunststoffe.

Übungsaufgaben 4/15 bis 4/18

4.4 Bohren

Ein Bohrer trennt während der Drehbewegung Späne ab, wenn gleichzeitig eine geradlinige Bewegung in Werkstückrichtung erfolgt.

- Die Drehbewegung des Bohrers nennt man **Schnittbewegung**.
- Die zur Spanabnahme notwendige geradlinige Bewegung des Bohrers wird **Vorschubbewegung** genannt.

Die Überlagerung der Bewegungen ergibt eine wendelförmige Bewegung der Schneidecken.

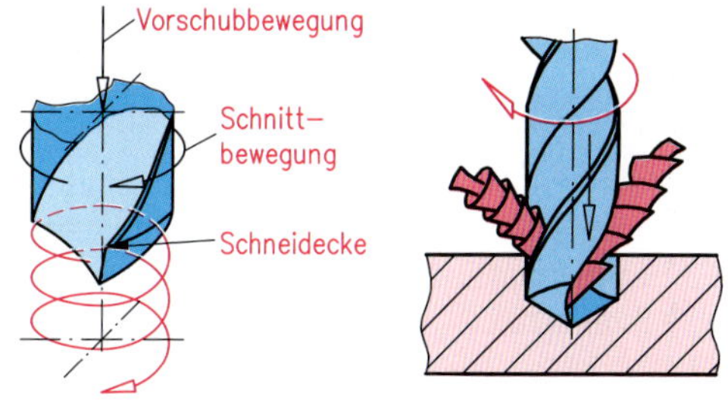

Wendelförmige Bohrbewegung

> **!** Die Spanabnahme beim Bohren erfolgt durch das Zusammenwirken einer kreisförmigen Schnittbewegung und einer geradlinigen Vorschubbewegung.

4.4.1 Spiralbohrer

1. Aufbau und Winkel

Spiralbohrer sind die am häufigsten verwendeten Bohrwerkzeuge. Der spiralförmige Schneidteil endet in einem zylindrischen oder kegeligen Einspannteil. Die Spitze der Schneidseite wird von den Bohrerschneiden gebildet.

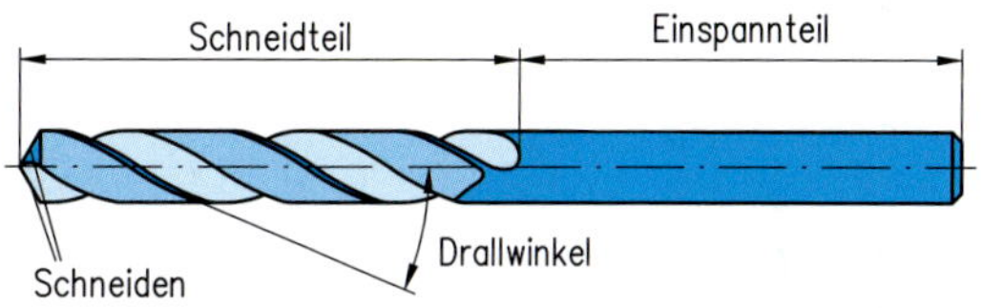

Spiralbohrer

Im Schneidteil des Bohrers befinden sich zwei gegenüberliegende, wendelförmig aufsteigende **Spannuten**. Der Winkel zwischen Spannut und Bohrerachse wird **Drallwinkel** genannt. Er entspricht dem **Spanwinkel** γ_0 des Schneidkeils am Bohrer. Die beiden **Hauptschneiden** schließen den **Spitzenwinkel** σ von meist 118° ein. Die beiden Freiflächen sind um den **Freiwinkel** α_0 geneigt.
Weil sich die Winkel von außen nach innen verändern, wie bei der Steigung einer Wendeltreppe, spricht man bei den außen gemessenen Winkeln von Seitenwinkeln, z. B. vom Seitenspanwinkel.

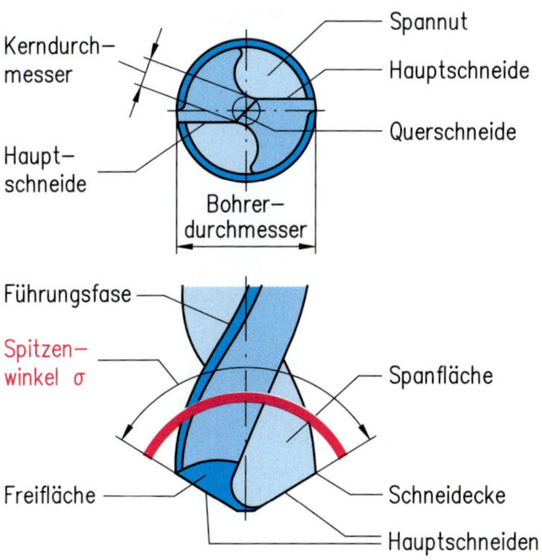

Benennungen und Winkel am Spiralbohrer

Freiwinkel	+	Keilwinkel	+	Spanwinkel	=	90°
α_0	+	β_0	+	γ_0	=	90°

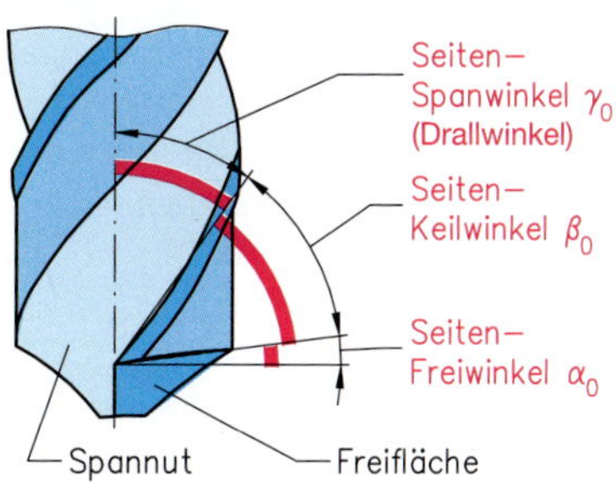

Winkel an den Bohrerschneiden

> **!** Beim Spiralbohrer bestimmt der Drallwinkel den Spanwinkel. Der Hinterschliff ergibt den Freiwinkel. Durch beide Winkel wird der Keilwinkel festgelegt. Die Bohrerfase dient der Führung.

2. Spiralbohrertypen und Spitzenwinkel

Um die Bearbeitung verschiedenartiger Werkstoffe mit günstigen Schnittbedingungen ausführen zu können,

- muss ein Bohrer mit geeignetem Drallwinkel ausgewählt und
- ein günstiger Spitzenwinkel angeschliffen werden.

Alle Bohrertypen werden auch mit einer Titannitrid-Beschichtung (TiN) geliefert, die bei höheren Schnittgeschwindigkeiten eine längere Einsatzzeit (Standzeit) erlaubt. Für besonders harte Einsatzbedingungen bei der Bearbeitung hochlegierter Stähle stehen verstärkte Ausführungen mit Sonderanschliffen oder Hartmetallbohrer bereit.

Übersicht über Spiralbohrertypen und Spitzenwinkel

Bohrertyp	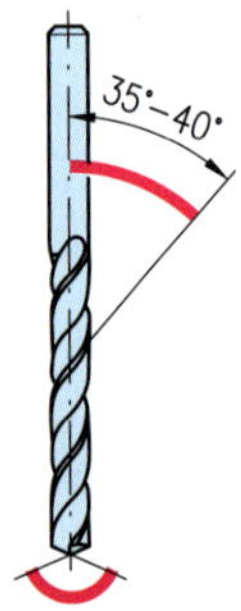	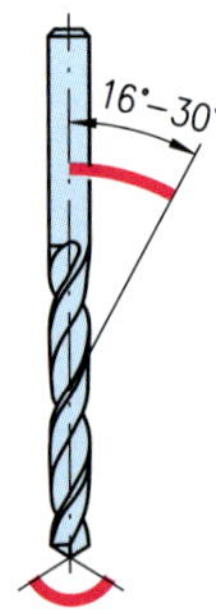		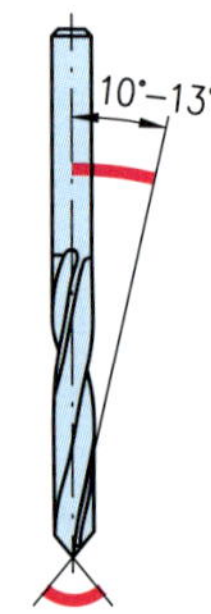		
Werkstoff	weiche Werkstoffe	normale Werkstoffe		harte Werkstoffe		
Drallwinkel	35–40°	16–30°		10–13°		
Spitzenwinkel	130°	118°	135°	80°	118°	135°
Beispiele von zu bohrenden Werkstoffen	Kupfer, Aluminium, Blei, Zinn, Lagermetall	Stahl und Stahlguss mit einer Zugfestigkeit von 400–700 N/mm², Gusseisen	700–1200 N/mm², nicht rostende Stähle	Kunststoffe, Pressstoffe, Hartgummi	Messing, Magnesiumlegierung	Stahl über 1 200 N/mm² Zugfestigkeit, Hartguss

! Je härter der zu bohrende Werkstoff, desto kleiner ist der Drallwinkel des Bohrers.

Beim Zerspanen entsteht Wärme. Diese muss über das Werkstück und die Werkzeugschneide abgeleitet werden. Für Werkstoffe mit schlechter Wärmeleitfähigkeit, z. B. Kunststoffe, wählt man daher lange Hauptschneiden. Diese ergeben sich bei *kleinem Spitzenwinkel.*

Werkstoffe	**Wärmeleitfähigkeit**	**Spitzenwinkel**
Kunststoffe	schlecht	80°
Al, Cu	gut	130°

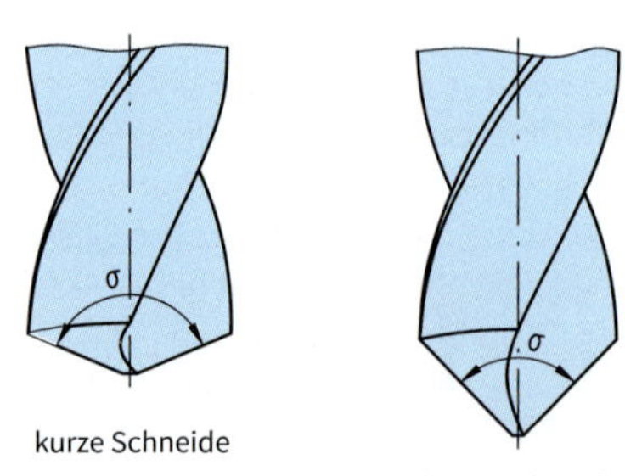

Abhängigkeit der Werkzeugschneide vom Spitzenwinkel

! Je schlechter die Wärmeleitfähigkeit des zu bohrenden Werkstoffs, desto kleiner ist der Spitzenwinkel des Bohrers.

3. Kühlung beim Bohren

Die Verwendung von Kühlemulsionen beim Bohren bewirkt

- bessere Wärmeabfuhr,
- Verminderung der Reibung zwischen Werkstück und Bohrer sowie des Verschleißes,
- Senkung der Schneidentemperatur.

Bei kurzen Bohrungen wird die Kühlemulsion mittels einer Kanne oder über eine Pumpe zugeführt. Bei tiefen Bohrungen verwendet man Kühlkanalbohrer. Bei diesen wird die Kühlemulsion durch Kanäle im Bohrer bis zur Bohrerschneide geleitet.

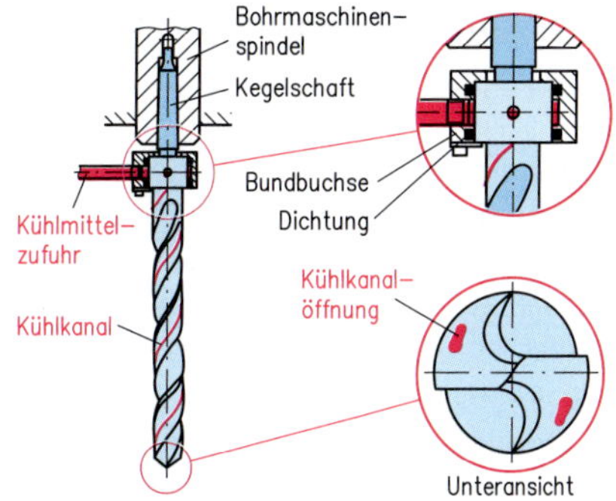

Spiralbohrertypen

> **!** Die Spanabnahme beim Bohren erfolgt durch das Zusammenwirken einer kreisförmigen Schnittbewegung und einer geradlinigen Vorschubbewegung.

4. Einspannen von Bohrern

Die Mitnahme des Bohrers erfolgt bei allen Einspannverfahren durch Reibung.

Bohrer mit zylindrischem Schaft	Bohrer mit kegeligem Schaft
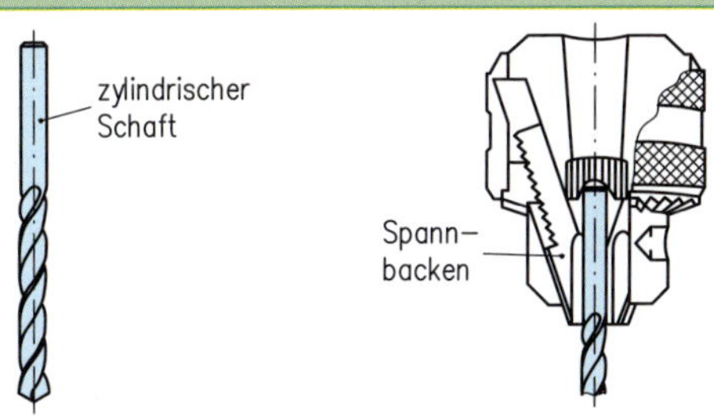	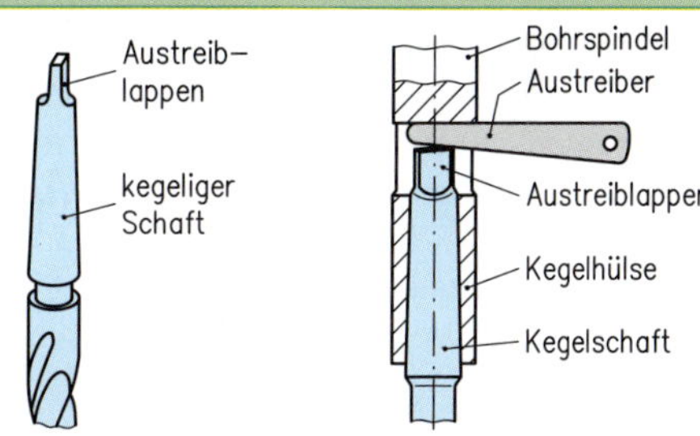
Zylindrische Schäfte für Bohrerdurchmesser bis 13 mm	Kegelige Schäfte ab 13 mm Bohrerdurchmesser haben Morsekegel MK0 bis MK6

4.4.2 Bohrmaschinen

Unterschiedliche Werkstücke mit Bohrungen, die sich in der Größe, Lage und Genauigkeit unterscheiden, erfordern den Einsatz verschiedenartiger Bohrmaschinen. So unterschiedlich die Konstruktionen der Bohrmaschine sind, so führen sie alle die für den Bohrvorgang notwendigen Bewegungen aus.

Häufig werden Säulenbohrmaschinen in Handwerks- und Industriebetrieben eingesetzt. Sie bestehen aus einer Grundplatte, Rundsäule, Werkstücktisch und Antriebseinheit im Bohrmaschinenkopf. Der Werkstücktisch ist um die Rundsäule schwenkbar und höhenverstellbar, er dient zum Aufspannen der Werkstücke. Der Antrieb der Bohrspindel kann mit einer Verstellung der Umdrehungsfrequenzen in Stufen oder stufenlos erfolgen. Produktionsmaschinen werden serienmäßig mit stufenloser Umdrehungsfrequenzregelung und digitaler Anzeige von Umdrehungsfrequenz und Bohrtiefe ausgestattet. Als Sonderausstattung sind Gewindeschneid- und Vorschubeinrichtungen im Einsatz.

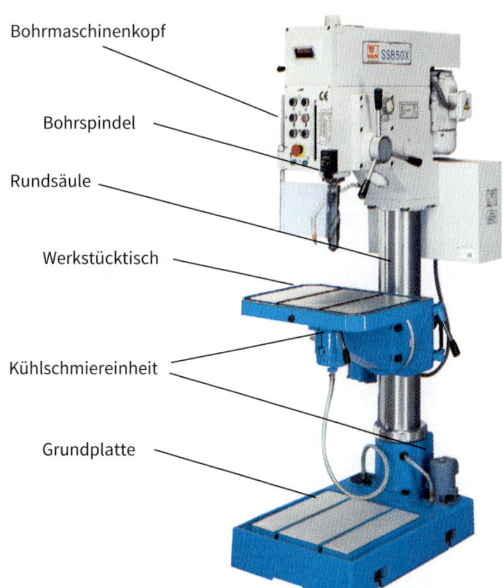

Säulenbohrmaschine

4.4.3 Spannen der Werkstücke beim Bohren

Kleine Werkstücke werden in einen Maschinenschraubstock eingespannt. Der Maschinenschraubstock eignet sich zum Spannen von Werkstücken mit parallelen Anlageflächen.
Prismatische Ausarbeitungen in den Spannbacken ermöglichen ein genaues Spannen der Werkstücke in waagerechter und senkrechter Richtung.

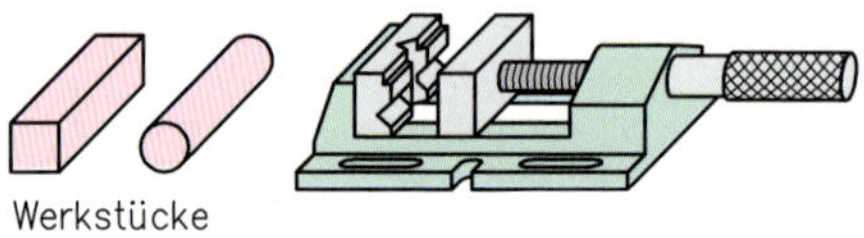

Maschinenschraubstock für Bohrmaschinen

Große Werkstücke werden mit Spannelementen direkt auf dem Bohrtisch befestigt. Spannelemente gibt es in vielgestaltigen Ausführungsformen. Ein Werkstück kann z. B. mithilfe von Spanneisen, Spannschrauben und Schraubbock gegen Parallelanschläge gespannt werden. Bei Durchgangslöchern muss durch Zwischenlagen ein Auslauf für die Bohrspitze geschaffen werden.

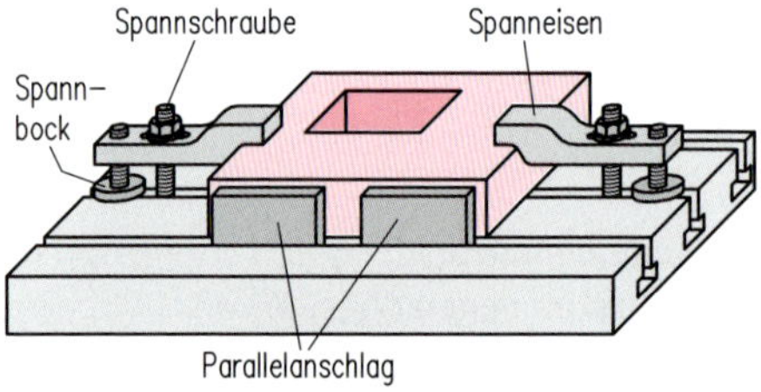

Aufspannen von Werkstücken mit Spannelementen

Eine große Zahl von gleichen Werkstücken wird zum Bohren in Bohrvorrichtungen gespannt. Die Spannkraft kann dabei mechanisch, hydraulisch oder pneumatisch aufgebracht werden. Jedes Werkstück wird so in der gleichen Lage festgespannt. Außerdem wird der Bohrer durch gehärtete Bohrbuchsen so genau geführt, dass die Lage der Bohrungen an allen Werkstücken übereinstimmt.

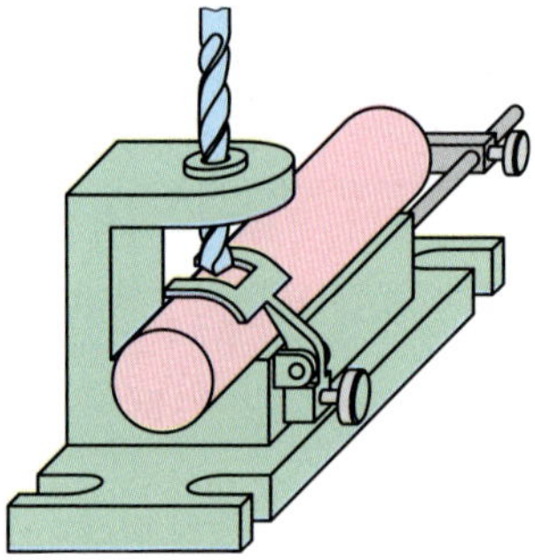
Bohrvorrichtung für zylindrische Werkstücke

> **!** Durch Spannzeuge und Spannvorrichtungen erreicht man:
> - ein schnelles und genaues Spannen der Werkstücke und
> - eine Verringerung der Unfallgefahren.

4.4.4 Sicherheitshinweise zum Bohren

- Vor Inbetriebnahme Maschine auf Betriebssicherheit überprüfen.
- Bohrer zentrisch und fest einspannen. Spannschlüssel sofort wieder entfernen und sicher ablegen – nicht an Kette oder Schnur befestigen.
- Werkstück ausrichten und so sicher einspannen, dass es gegen Mit- und Hochreißen gesichert ist.
- Beim Bohren dünner Werkstücke Unterlagen aus Holz oder Kunststoff verwenden.
- Eng anliegende Ärmel tragen, bei langen Haaren Haarnetz benutzen, bei spröden Werkstoffen Schutzbrille tragen.
- Laufende Arbeitsspindel nach Abschalten der Maschine nicht mit der Hand abbremsen.
- Vorsicht vor Schnittverletzungen infolge Gratbildung.

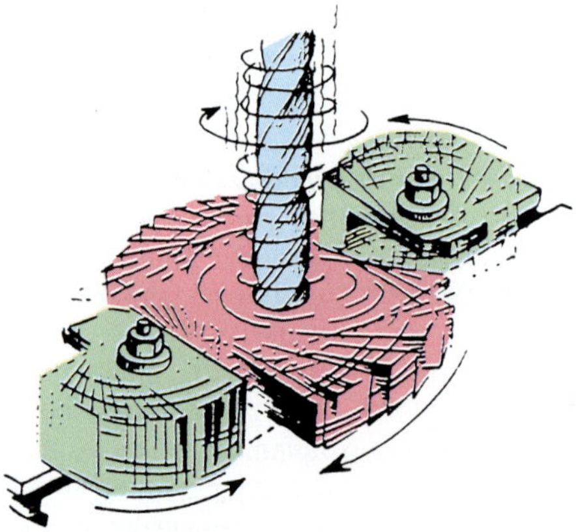
Werkstücke sicher spannen

Übungsaufgabe 4/23

4.4.5 Berechnung von Schnittdaten zum Bohren

Die Geschwindigkeit, mit der der Trennvorgang erfolgt, wird **Schnittgeschwindigkeit** v_c genannt.
Der Bohrer führt eine kreisförmige Schnittbewegung aus. Die höchste Schnittgeschwindigkeit hat der Bohrer an der Schneidecke. Deshalb werden Schnittgeschwindigkeitsberechnungen für diesen Punkt ausgeführt.
Aus der Schnittgeschwindigkeit, die aus Tabellen zu entnehmen ist, kann die einzustellende Umdrehungsfrequenz errechnet werden.

$$n = \frac{v_c}{d \cdot \pi}$$

n Umdrehungsfrequenz
v_c Schnittgeschwindigkeit
d Bohrerdurchmesser

Die **zulässige Schnittgeschwindigkeit** ist von der Zerspanungseignung des Werkstücks und von der Warmstandfestigkeit der Bohrerschneide abhängig. Mit abnehmender Zerspanungseignung steigt der Widerstand gegen den Trennvorgang und damit auch die Erwärmung an den Schneiden. Durch Zugabe eines geeigneten Kühlschmiermittels wird die Zerspanungswärme von den Werkzeugschneiden schneller abgeführt. Dadurch kann mit einer höheren Schnittgeschwindigkeit gebohrt werden.

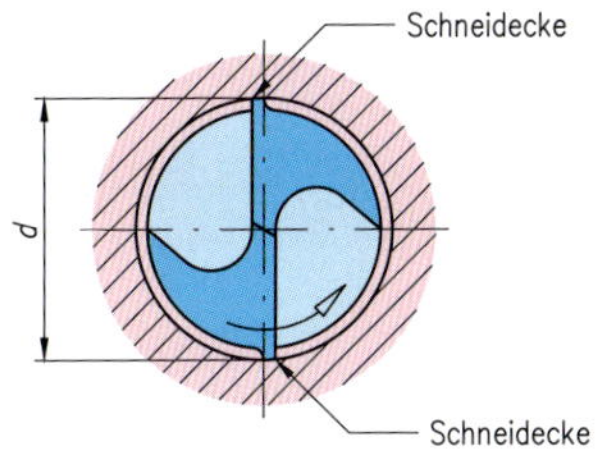

Bohrer im Eingriff

Richtwerte für Schnittgeschwindigkeiten für HSS-Bohrer

Werkstoffe des Werkstücks (R_m)	Schnittgeschwindigkeit in m/min		Kühlschmiermittel
	unbeschichtet	mit TiN-beschichtet	
Leichtmetalle langspannend	90	–	trocken, Bohrölemulsion
Messing	30–50	50–60	trocken, Bohrölemulsion
Gusseisen bis 260 N/mm²	25–35	35–45	trocken, Bohrölemulsion
Stahl bis 700 N/mm²	25–35	30–45	Bohrölemulsion

Die zulässige Schnittgeschwindigkeit wird unter Berücksichtigung der Werkstoffe vom Werkstück und vom Werkzeug Tabellen entnommen. Bei gewählter Schnittgeschwindigkeit und vorgegebenem Bohrerdurchmesser kann man die einzustellende Umdrehungsfrequenz rechnerisch bestimmen.

Beispiel für die Berechnung der Umdrehungsfrequenz

Aufgabe

In Baustahl sind mit unbeschichteten HSS-Bohrern zwei Löcher von 3 mm und 8 mm Durchmesser zu bohren.
Die jeweils maximal einzustellende Umdrehungsfrequenz ist zu berechnen.

Lösung

$$n = \frac{v_c}{d \cdot \pi} \qquad v_c = 30\,\text{m/min}$$

$$n_1 = \frac{30\,000\,\text{mm}}{3\,\text{mm} \cdot 3{,}14 \cdot \text{min}} = \mathbf{3\,184\,1/min}$$

$$n_2 = \frac{30\,000\,\text{mm}}{8\,\text{mm} \cdot 3{,}14 \cdot \text{min}} = \mathbf{1\,194\,1/min}$$

!

Die Schnittgeschwindigkeit wird ausgewählt nach:
- der Zerspanungseignung des Werkstückwerkstoffs,
- der Warmstandfestigkeit des Bohrers,
- der Verwendung eines Kühlmittels.

Hinweise zum fachgerechten Bohren

- Bohrungen über 12 mm mit einem kleineren Bohrer (etwa 4 mm Durchmesser) vorbohren. Dadurch ist die Querschneide des größeren Bohrers nicht im Eingriff.
- Werte für zulässige Schnittgeschwindigkeit und Vorschub dem Tabellenbuch entnehmen. Für die ausgewählten Bohrer die zulässige Umdrehungsfrequenz an der Maschine einstellen.
- Bohrer mit Kühlemulsionen kühlen, um Schneidhaltigkeit zu erhalten.

Übungsaufgaben 4/24 bis 4/27

4.5 Entgraten und Senken

Beim Entgraten und Senken arbeitet man im Vergleich zum Bohren mit etwas geringeren Schnittgeschwindigkeiten und halb so großen Vorschüben.

- Durch Entgraten werden die scharfkantigen Grate von Bohrungen entfernt.
- Durch Senken erhalten Bohrungen die Form zur Aufnahme von Verbindungselementen wie Senkschrauben und Nieten.

1. Entgraten

Durch Entgraten werden scharfkantige Bohrungen gratfrei gemacht, damit sie einwandfreie Anlageflächen erhalten und Schnittverletzungen vermieden werden. Zum Entgraten verwendet man Handentgrater oder Kegelsenker mit einem Spitzenwinkel von 90°. Für das Senken auf der Rückseite der Bohrungen mit dem gleichen Werkzeug wie auf der Vorderseite setzt man spezielle Rückwärtssenker ein, z. B. Entgratgabeln.

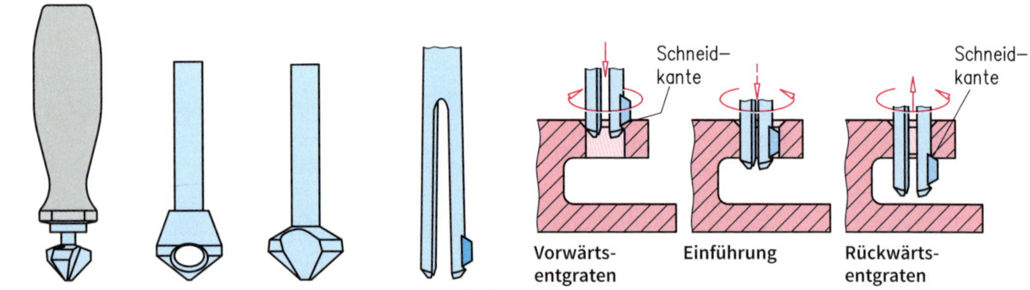

Handentgrater **Entgrater** **Kegelsenker zum Entgraten** **Entgratgabel**

Entgraten mit Entgratgabel

> **!** Zum Entgraten verwendet man Entgratungssenker mit einen Spitzenwinkel von 90°. Entgratungssenker sind Kegelsenker mit einer Schneide und einem Querloch zur Spanabfuhr oder mehrschneidige Senker. Der Eintritt- und Austrittgrat wird mit Rückwärtssenkern in einem Arbeitsgang entgratet.

2. Senken

Zur Aufnahme der Köpfe von Senkschrauben und Senknieten sowie zylindrischen Schraubenköpfen werden Ansenkungen benötigt. Die Köpfe von Senkschrauben haben einen Kegelwinkel von 90°, Senkniete von 75° und Linsenkopfniete 120°. Zur Herstellung der Senkungen müssen entsprechende Senkwerkzeuge verwendet werden.

Zum zylindrischen Einsenken setzt man Flachsenker mit Führungszapfen ein, damit die Senkungen zentrisch ausgeführt werden. Für das Senken auf unzugänglichen Rückseiten werden Rückwärtssenker verwendet.

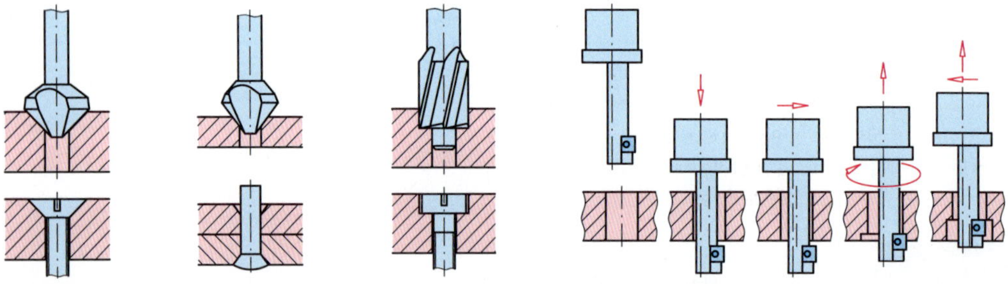

Senkungen für Senkkopfschrauben

Rückwärtssenken

> **!** Zum kegeligen Senken von Bohrungen verwendet man für Senkschrauben Kegelsenker mit 90° Spitzenwinkel. Für Senknieten benutzt man Kegelsenker mit 75° Spitzenwinkel.
> Zum zylindrischen Senken für zylindrische Schraubenköpfe verwendet man Flachsenker mit Führungszapfen.

4.6 Gewindeschneiden

4.6.1 Aufbau und Maße von Gewinden

1. Gewinde und Schraubenlinie

Bei der Gewindeherstellung wird entlang der Schraubenlinie eine fortlaufende Rille in das Werkstück eingearbeitet. Die Gewinderillen mit dem dazwischen verbliebenen Werkstoff werden Gewindeprofil genannt.

Schrauben haben ein dreieckiges Gewindeprofil, es wird normgerecht als Spitzgewinde bezeichnet.

- Arbeitet man das Gewindeprofil in die Mantelfläche eines Bolzens ein, so erhält man **Außengewinde**.
- Arbeitet man das Gewindeprofil in die Mantelfläche einer Bohrung ein, so erhält man **Innengewinde**.

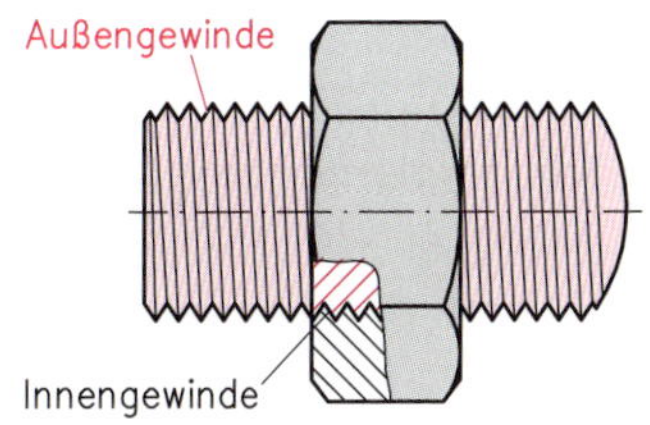

Außen- und Innengewinde

Die Abwicklung des Zylindermantels zwischen Grundfläche des Zylinders und Schraubenlinie ergibt ein rechtwinkliges Dreieck. Die Höhe des Dreiecks ist gleich dem Anstieg bei einer Umdrehung und wird beim Gewinde Steigung genannt. Aus Steigung und Umfang des zylindrischen Körpers ergibt sich der Verlauf der Schraubenlinie.

Das rechtwinklige Dreieck aus Umfang, Steigung und Schraubenlinie wird Steigungsdreieck genannt.

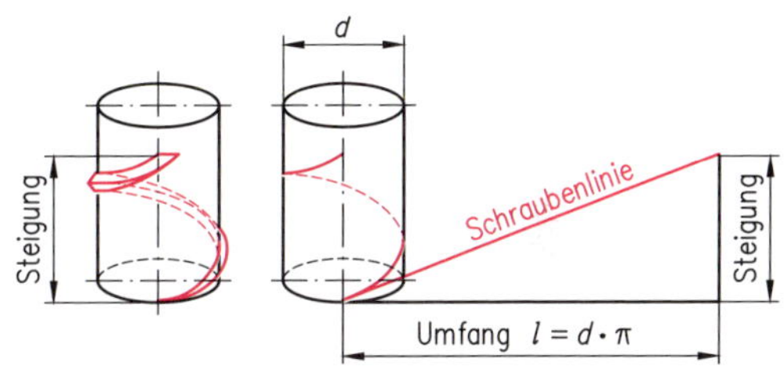

Abwicklung einer Schraubenlinie

2. Gewindemaße des metrischen ISO-Gewindes

Bauteile mit Gewinden müssen austauschbar sein. Aus diesem Grund sind Gewinde in allen Einzelheiten genormt. Am häufigsten wird das metrische ISO-Regelgewinde verwendet. Seine Maße sind in DIN 13 festgelegt. Man benennt die

- Maße des Außengewindes mit **kleinen** Buchstaben,
- Maße des Innengewindes mit **großen** Buchstaben.

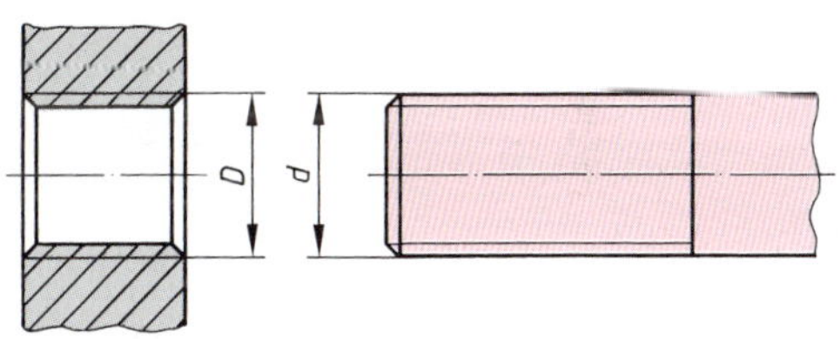

Gewinde-Nenndurchmesser

– Nenndurchmesser (*D* und *d*)

Der Nenndurchmesser ist der äußere Gewindedurchmesser.

– Kerndurchmesser (D_1 und d_3)

Bei Außengewinden wird der Durchmesser des noch vorhandenen Restquerschnitts als Kerndurchmesser bezeichnet. Beim Innengewinde entspricht der Kerndurchmesser etwa dem Durchmesser des herzustellenden Bohrlochs.

– Steigung (*P*)

Die Steigung ist bei eingängigen Gewinden der Abstand von Gewindegang zu Gewindegang.

– Flankenwinkel

Als Flankenwinkel bezeichnet man den Winkel zwischen den Gewindeflanken. Er beträgt bei metrischen ISO-Regelgewinden 60°.

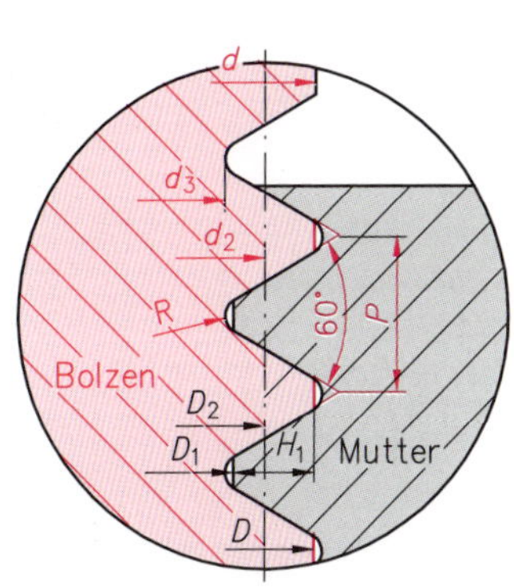

Metrisches ISO-Regelgewinde

Übungsaufgaben 4/31; 4/32

Abmessungen metrischer ISO-Gewinde nach DIN 13 (Auszug)

d mm	P mm	d_2 mm	d_3 mm	H_1 mm
4	0,7	3,545	3,141	0,379
6	1,0	5,350	4,773	0,541
8	1,25	7,188	6,466	0,677
10	1,5	9,026	8,160	0,812
12	1,75	10,863	9,853	0,947

4.6.2 Verfahren zur Fertigung von Gewinden

1. Gewindeherstellung durch Umformen

Gewindeprofile lassen sich in gut plastisch formbaren Werkstoffen maschinell durch Umformen erzeugen. Das Gewindeprofil entsteht dabei durch Verschieben von Werkstoffteilchen. Es ist zu beachten:

- der Rohlingdurchmesser des Bolzens muss kleiner sein als der Nenndurchmesser des Gewindes,
- der Durchmesser der Bohrung muss größer sein als der Kerndurchmesser.

Da der Faserverlauf im Werkstück nicht getrennt wird, sind umgeformte Gewinde weniger empfindlich gegen schwingende Belastung als durch Spanen hergestellte Gewinde.
Bei der Serienfertigung von Schrauben und Muttern werden Gewinde meist durch Umformen hergestellt.

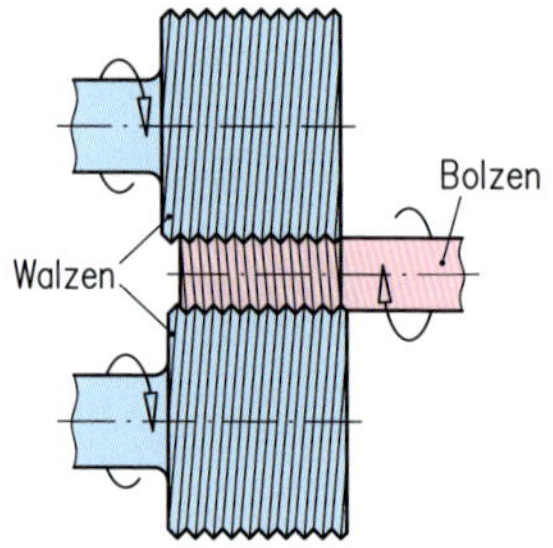

Gewindewalzen

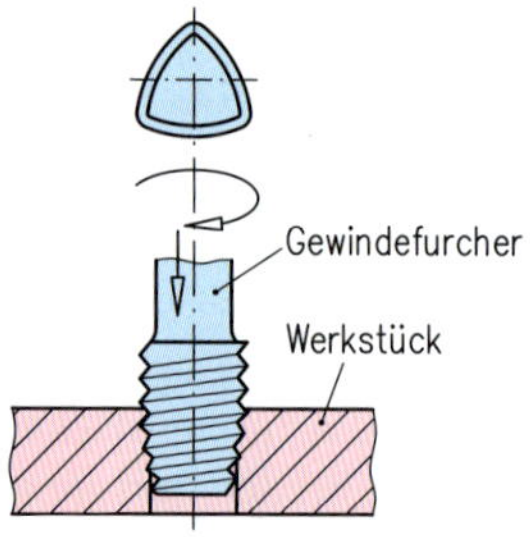

Gewindefurchen

! Durch Umformen können Gewinde in plastisch umformbaren Werkstoffen erzeugt werden.

2. Gewindeherstellung durch Spanen

Bei der Gewindeherstellung durch Spanen wird das Gewindeprofil in das Werkstück eingeschnitten. Der Faserverlauf im Werkstück wird dabei unterbrochen. Das Gewindeprofil wirkt dabei wie Kerben. Darum sind diese Gewinde bei schwingender Belastung bruchempfindlicher als umgeformte Gewinde.

Bei der Gewindeherstellung durch Spanen tritt je nach Umformbarkeit des Werkstoffs und der Art des Herstellungsverfahrens auch eine geringe Umformung des Werkstoffs ein.
Bis auf wenige Ausnahmen wird bei der Gewindeherstellung durch Spanen Schneidöl zur Verringerung der Reibungskräfte und zur Minderung des Werkzeugverschleißes sowie zur Verbesserung der Oberflächenqualität des Gewindes eingesetzt.

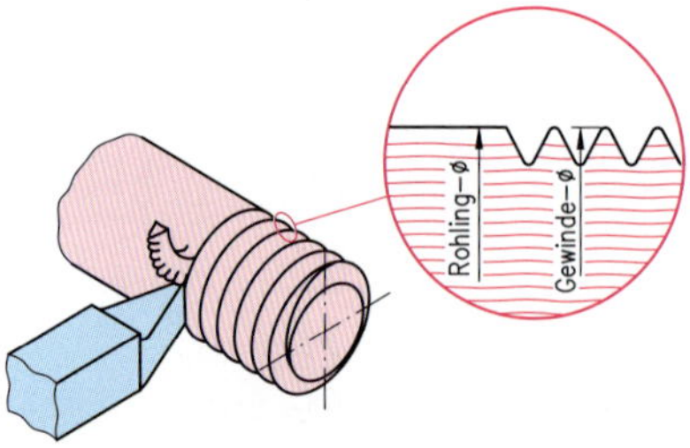

Faserverlauf bei gespantem Gewinde ohne Umformanteil

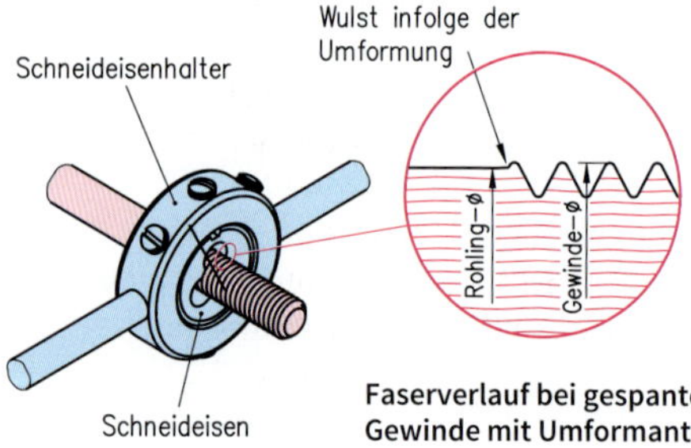

Faserverlauf bei gespantem Gewinde mit Umformanteil

! Mit einigen Werkzeugen zur spanenden Gewindeherstellung ergibt sich auch eine Werkstoffumformung durch Umformen.

4.6.3 Herstellen von Innengewinden mit Handgewindebohrern

Zum Innengewindeschneiden muss zunächst gebohrt werden. Wegen der Aufwulstung des Werkstoffs beim Schneiden des Gewindes muss der Bohrerdurchmesser geringfügig größer als der Kerndurchmesser des Gewindes gewählt werden. Nach dem Bohren werden die Bohrungen mit einem Kegelsenker von 90° auf den Nenndurchmesser des Gewindes angesenkt. Hierdurch wird der Anschnitt erleichtert und man erhält ein gratfreies Gewindeloch. Die nutzbare Gewindelänge muss so groß sein, dass die Gewindegänge bei Belastung nicht ausreißen. Bei gleichem Werkstoff von Schraube und Mutter genügt als Gewindelänge das 0,8-Fache des Gewindedurchmessers.

Gewindelänge *l* bei Werkstoffen mit gleicher Festigkeit von Bolzen und Mutter

$$l_{\text{mindestens}} = 0{,}8 \cdot D$$
$$l_{\text{höchstens}} = 1{,}5 \cdot D$$

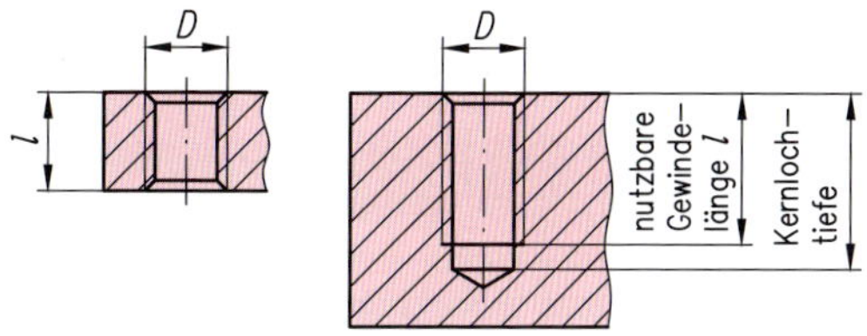

Durchgangs- und Grundlochgewinde

Bohrerdurchmesser für Gewindekernlöcher

Gewinde	Kerndurchmesser D_1 (min)	Kernloch-bohrer-Ø
M 5	4,134 mm	4,2 mm
M 6	4,917 mm	5,0 mm
M 8	6,647 mm	6,8 mm
M 10	8,376 mm	8,5 mm
M 12	10,106 mm	10,2 mm
M 24	20,752 mm	21,0 mm

! Bei Gewindebohrungen soll die Gewindetiefe nach dem Gewindedurchmesser festgelegt werden: Gewindelänge ungefähr gleich Gewindedurchmesser.

1. Gewindebohrersatz

Die beim Gewindeschneiden anfallende Spanmenge kann meist nicht in einem Arbeitsgang mit einem Werkzeug abgetrennt werden. Dabei wäre eine große Schnittkraft erforderlich; die Gewindebohrer würden brechen. Deshalb wird das Gewindeprofil meist mit einem **Gewindebohrersatz** aus **Vor , Mittel- und Fertigschneider** hergestellt. Die Trennarbeit verteilt sich auf drei Werkzeuge mit unterschiedlichen Spananteilen.

Gewindebohrer sind mit einem kegeligen Anschnitt versehen. So wird das Einführen des Werkzeugs in das Bohrloch ermöglicht. Die ersten Schneiden eines Gewindebohrers müssen das Gewindeprofil allmählich in den Werkstoff einarbeiten. Da die Schneiden des Anschnitts fast allein die Zerspanarbeit übernehmen, bewirkt der kegelförmige Anschnitt auch eine Verteilung der Spanabnahme auf die Schneiden des Anschnittteils. Die nachfolgenden Schneiden sind kaum an der Spanabnahme beteiligt.

Vor-, Mittel- und Fertigschneider haben unterschiedliche Anschnittlängen und verschieden ausgestaltete Gewindeprofile. Der Vorschneider hat den längsten Anschnitt, aber noch kein vollständiges Gewindeprofil. Bei Mittel- und Fertigschneider wird der Anschnitt jeweils kürzer, das Gewindeprofil nähert sich der Endform. Dadurch wird die Spanabnahme auf alle drei Gewindebohrer verteilt.

Zerspananteile beim Gewindebohrer-Satz

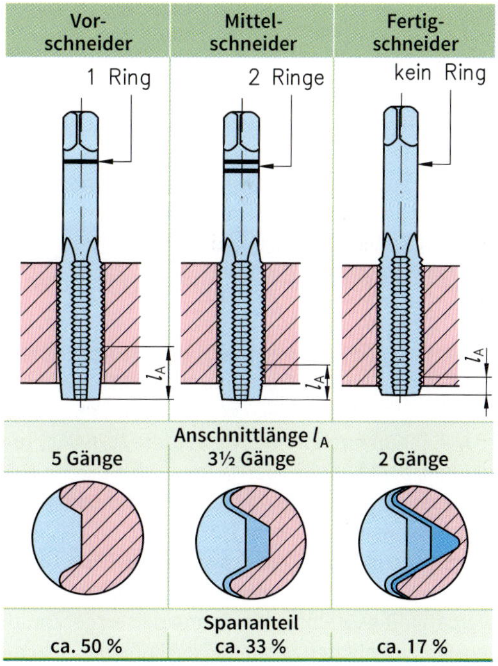

! Bei einem Gewindebohrersatz wird
- vom Vorschneider ein großer Anteil der Späne abgetragen,
- vom Fertigschneider das vollständige Gewindeprofil geschnitten.

2. Einschneider

Beim Schneiden von Durchgangsgewinden und Gewindetiefen bis 1,5 · *d* kann das Gewinde in einem Arbeitsgang mit einem **Einschneider** gefertigt werden. Die drei Bereiche Vor-, Nach- und Fertigschneiden werden mit einem einzigen Werkzeug ausgeführt. Wegen des langen Anschnitts eignen sich Einschneider nicht zum Gewindeschneiden von Grundlöchern.

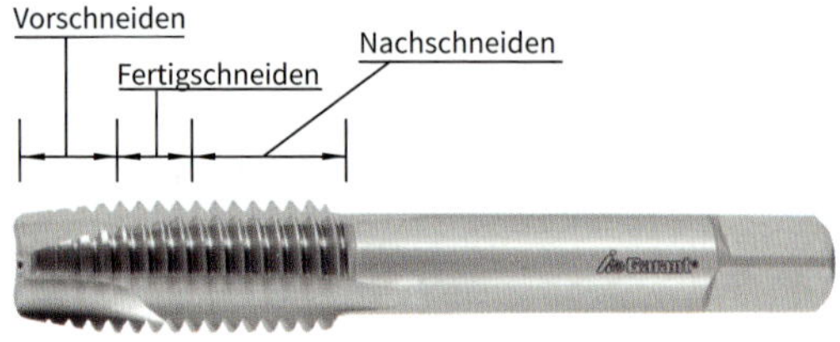

Einschneider

! Einschneider eignen sich für Durchgangsgewindebohrungen bis $l < 1{,}5 \cdot d$.

3. Spanwinkel am Gewindebohrer

Gewindebohrer sind mehrschnittige Werkzeuge, die mit keilförmigen Schneiden das Gewindeprofil aus dem Werkstoff herausarbeiten.
Der Schneidvorgang wird am stärksten von der Größe des **Spanwinkels** beeinflusst. Die Wahl des geeigneten Spanwinkels richtet sich nach der Festigkeit und dem Zerspanverhalten des zu bearbeitenden Werkstoffs.

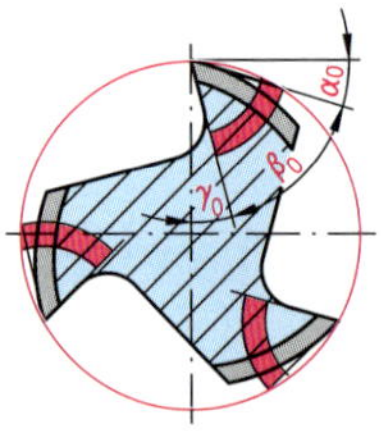

Winkel am Schneidkeil

Werkstoff	Spanwinkel γ_0
Aluminium	20–25°
Baustahl	10–15°
Gusseisen	4–6°

! Gewindebohrer für weiche Werkstoffe haben große Spanwinkel.

4. Herstellen von Innengewinden

Gewindebohrer müssen stets fluchtend zur Bohrlochachse angesetzt und eingedreht werden. Vor allem beim Anschneiden muss die rechtwinklige Stellung des Gewindebohrers mehrfach mit einem Flach- oder Anschlagwinkel geprüft werden. Die erforderliche Schnittkraft wird von Hand aufgebracht, durch die Hebelwirkung des Windeisens verstärkt und auf das Werkzeug übertragen.

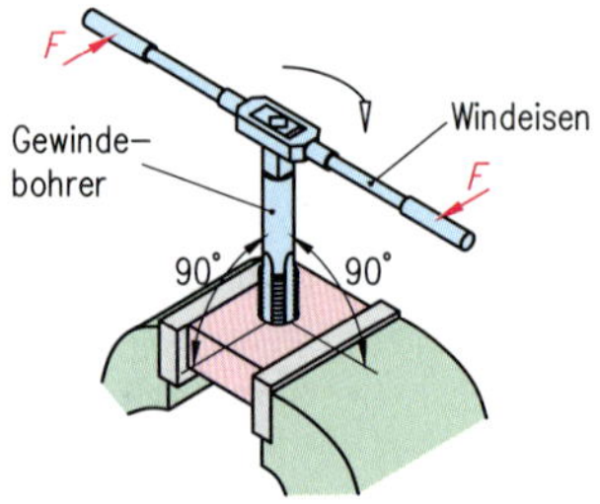

Schneiden von Innengewinden

4.6.4 Herstellen von Außengewinden mit Schneideisen

Außengewinde werden auf Bolzen geschnitten. Da fast immer ein Umformen des Werkstoffs erfolgt, werden bei Stahl die Bolzendurchmesser etwa um 1/10 der Steigung kleiner vorgefertigt als der spätere Außendurchmesser des Gewindes. Zum leichteren Anschneiden wird der Anfang des Bolzens 45° angefast. Die Anfasung muss mindestens bis zum Kerndurchmesser reichen.
Als Werkzeuge zum Gewindeschneiden von Hand werden **Schneideisen** verwendet. Kleine Gewinde werden mit geschlossenen Schneideisen geschnitten. Bei geschlitzten Schneideisen kann der Gewindedurchmesser geringfügig verändert werden.

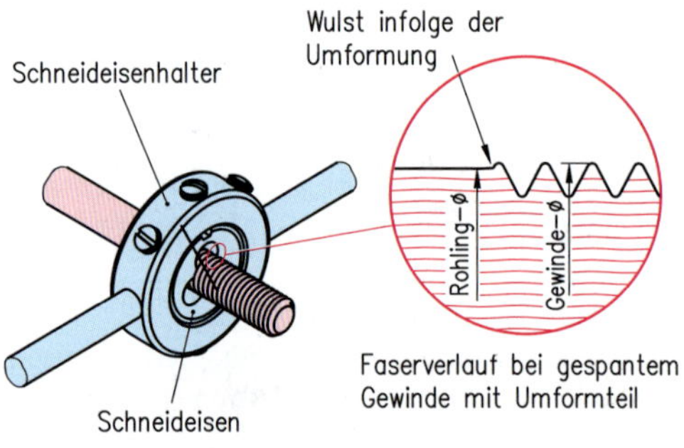

Schneiden von Außengewinden

! Für Außengewinde in Stahlbolzen gilt:
- Vordrehen des Bolzendurchmessers um 1/10 der Steigung kleiner,
- Anfasen im Winkel von 45° bis auf den Kerndurchmesser.

Außengewinde werden mit Schneideisen oder mit Schneidkluppen geschnitten.

Übungsaufgaben 4/35 bis 4/38

4.7 Reiben

Beim Fügen von Bauteilen sind häufig Bohrungen mit geringer Maßtoleranz, hoher Formgenauigkeit und hoher Oberflächengüte zur Aufnahme von Stiften, Bolzen und Passschrauben herzustellen. Dies geschieht durch Reiben mit Reibahlen.

1. Reibvorgang

Die Bohrungen müssen um die Bearbeitungszugabe kleiner vorgebohrt werden. Die Bearbeitungszugabe ist vom Durchmesser der verlangten Bohrung abhängig.

Mit der Reibahle trägt man kleinste Spänchen aus der Bohrung ab und bekommt dadurch eine hohe Oberflächengüte. Dies wird erreicht durch eine Vielzahl von Schneiden, bei denen der Spanwinkel so gewählt ist, dass eine vorwiegend schabende Wirkung erzielt wird.

Die Oberflächengüte kann durch Verwendung geeigneter Schmiermittel merklich verbessert werden. Beim Reiben ist die Schmierwirkung wichtiger als das Kühlen. Daher erzielt man bei Verwendung eines Schneidöls bessere Oberflächen als mit einer Schneidölemulsion.

Die Schnittgeschwindigkeit beim Reiben soll aus Erfahrung wesentlich kleiner als beim Bohren sein.

Bearbeitungszugaben zum Reiben

Bohrungsdurchmesser	bis 5 mm	5–10 mm	10–20 mm	über 20 mm
Bearbeitungszugabe	0,1 mm	0,1–0,2 mm	0,2–0,3 mm	0,3–0,5 mm

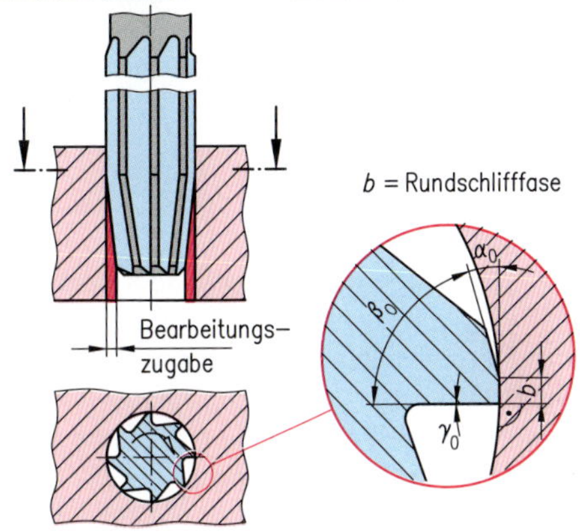

Spanabnahme beim Reiben

> **!** Beim Reiben erzielt man die hohe Oberflächengüte:
> - durch Werkzeuge mit mehreren Schneiden,
> - durch Schneidkeile mit schabender Wirkung,
> - durch Zugabe von Schmiermittel,
> - durch niedrige Schnittgeschwindigkeit.

2. Reibwerkzeuge

Reibahlen werden mit gerader Schneidenzahl und ungleicher Teilung gefertigt. Auf dem Umfang liegen sich jeweils zwei Schneiden gegenüber. Dadurch kann der Durchmesser der Reibahle mit Messgeräten wie Messschieber oder Bügelmessschraube genau gemessen werden.

Die ungleiche Schneidenteilung bewirkt den Bruch der Späne an stets anderer Stelle. Dadurch entstehen beim Reiben keine *Rattermarken*.

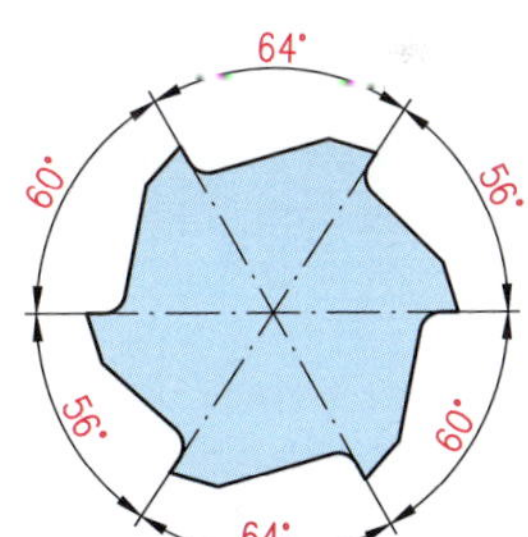

Schneidenteilung einer Reibahle

> **!** Reibahlen haben eine gerade Schneidenzahl und ungleiche Zahnteilung. Durch die ungleiche Teilung werden Rattermarken vermieden.

Beim Reiben von Bohrungen, die in Längsrichtung durch Nuten unterbrochen sind, benötigt man Reibahlen, deren Schneiden wendelförmig verlaufen. Solche drallgenuteten Reibahlen überbrücken eine Längsnut, da eine drallgenutete Schneide nicht achsparallel im Eingriff ist. Drallgenutete Reibahlen verhindern Rattermarken und erzeugen auch bei unterbrochenen Bohrungen hohe Oberflächengüte und große Formgenauigkeit.

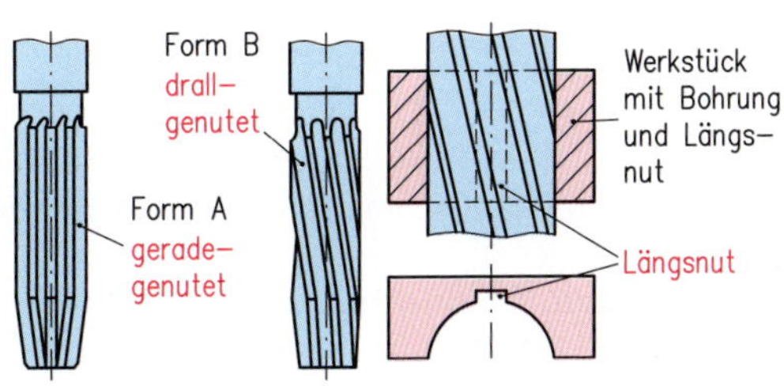

geradegenutete Reibahle **Drallgenutete Reibahle**

3. Auswahl von Reibahlen

Maschinelles Reiben ist dem Reiben von Hand vorzuziehen. Aufgrund der besseren Führung der Reibahlen sowie der gleichmäßigeren Schnittbedingungen ergeben sich kürzere Fertigungszeiten, höhere Form- und Lagegenauigkeit sowie höhere Oberflächengüte. Maschinenreibahlen sind leicht von Handreibahlen zu unterscheiden:

Handreibahlen erkennt man am längeren Anschnitt zur Führung und dem Vierkant zum Einspannen in das Windeisen.

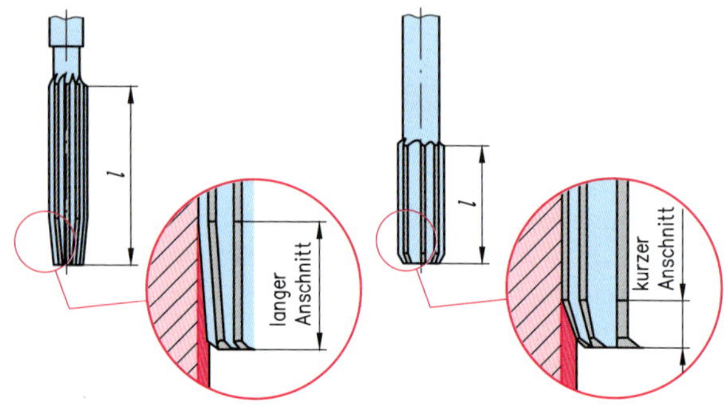

Handreibahle Maschinenreibahle

Maschinenreibahlen haben kurzen Anschnitt und zylindrische Einspannenden bzw. Morsekegel.

Je nach Form der Bohrung wählt man gerade, kegelige oder speziell geformte Reibahlen aus.

- **Gerade genutete Reibahlen** wählt man für nicht unterbrochene Bohrungen.
- **Drallgenutete Reibahlen** verwendet man für Bohrungen mit Unterbrechungen.
- Reibahlen mit Rechtsdrall werden beim Reiben in die Bohrung gezogen – die Späne aber nach oben abgeführt. Reibahlen mit Linksdrall werden nicht in die Bohrung gezogen, fördern aber Späne nach unten.
- **Verstellbare Reibahlen** haben eingesetzte Messer, die in Grenzen nachstellbar sind. Sie werden für große Durchmesseränderungen verwendet. Für Passarbeiten können sie verstellt und nachgeschliffen werden.
- **Spreizbare Reibahlen** werden für Korrektur- und Einpassarbeiten gewählt. Bei ihnen wird über Spreizung durch einen Kegel eine geringe Durchmesserzunahme erzeugt.

Beispiele für verstellbare und spreizbare Reibahlen

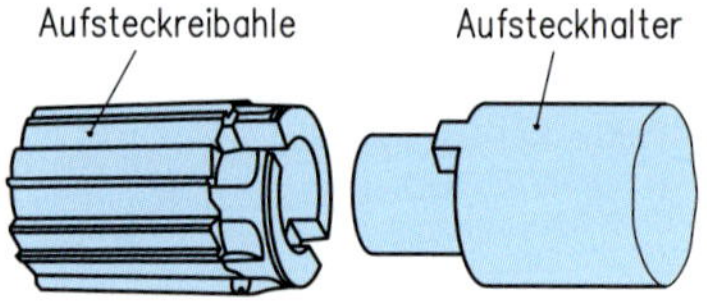

Aufsteckreibahle

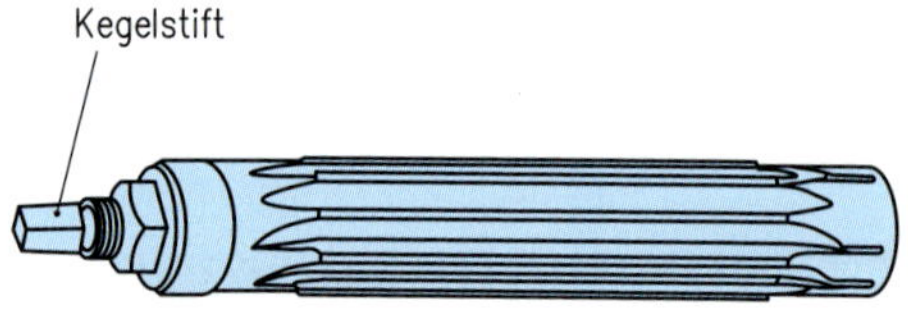

spreizbare Reibahle

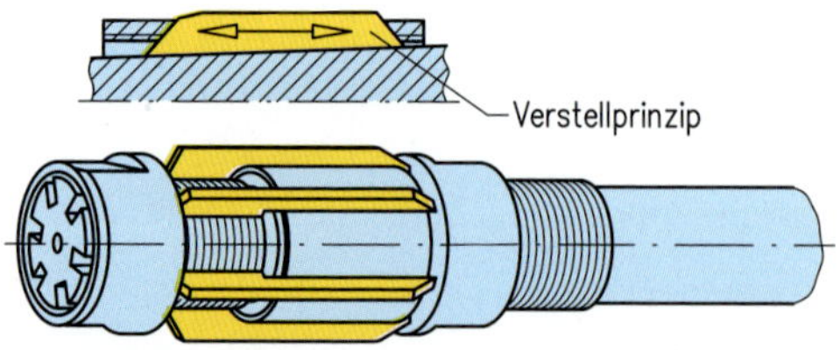

verstellbare Reibahle

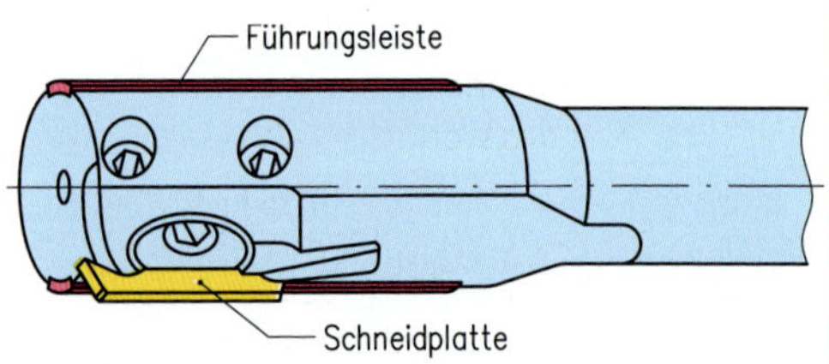

verstellbare Einschneidenreibahle

> **!** Hand- und Maschinenreibahlen gibt es in fester und verstellbarer Ausführung. Zu den verstellbaren Reibahlen gehören:
> - spreizbare Reibahlen mit wenigen Zehntelmillimetern Verstellbereich,
> - verstellbare Reibahlen mit mehreren Millimetern Verstellbereich und
> - Einschneidenreibahlen, deren Verstellbereich innerhalb eines Toleranzfelds liegt.

Übungsaufgaben 4/43; 4/44

5 Grundlagen zur Fertigung mit Dreh-, Fräs- und Schleifmaschinen

5.1 Technologische Grundbegriffe

Zur maschinellen, spanenden Fertigung eines Werkstücks muss der Mechaniker von der Zeichnung ausgehend eine geeignete Maschine sowie Werkzeuge, Spann- und Hilfsmittel auswählen, die zur Fertigung notwendigen Bewegungen von Werkzeug und Werkstück ermitteln und einstellen. Bei richtiger Eingabe dieser Größen in den Fertigungsprozess und fachgerechter Durchführung der Arbeit soll ein maß- und formgerechtes Werkstück mit geforderter Oberflächenbeschaffenheit bei möglichst geringen Herstellkosten und geringer Umweltbelastung entstehen.

Eingang → Fertigungsprozess → Ausgang

Eingang

Vorgaben:
- Werkstückform
- Werkstoff
- kalkulierte Arbeitszeit
- Kosten

Zu wählen:
- Rohteil
- Maschine
- Werkzeug (Standzeit)
- Spannmittel
- Hilfsstoffe

Technologiedaten:
- Schnittgeschwindigkeit
- Vorschub
- Schnitttiefe

Zu beachten:
- Arbeitssicherheit

Fertigungsprozess

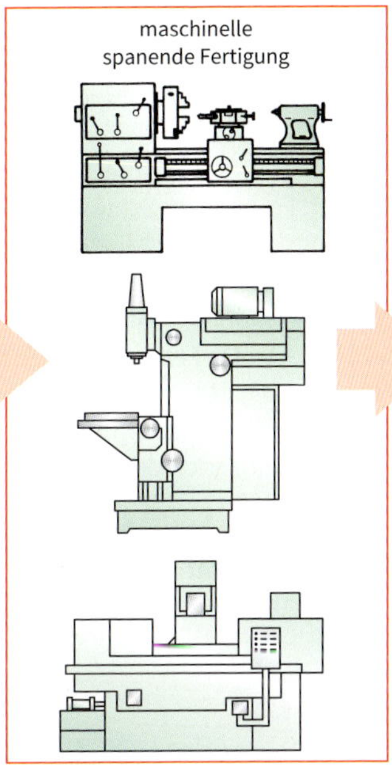

Ausgang

Fertigteile mit hinreichender:
- Maßgenauigkeit
- Formgenauigkeit
- Oberflächenqualität

Werkzeugverschleiß

Fertigungsreststoffe:
- Späne
- verbrauchte Hilfsstoffe
- Abwärme

Fertigungskosten:
- Materialkosten
- Maschinenkosten
- Werkzeugkosten
- Arbeitslohn

Zu beachten:
- Entsorgung
- Umweltschutz

5.1.1 Eingangsgrößen des Fertigungsprozesses

1. Schneidengeometrie

Alle Werkzeuge zur Dreh- und Fräsbearbeitung haben als Gemeinsamkeiten in der Schneidengeometrie den Freiwinkel, den Keilwinkel und den Spanwinkel.

Die Winkel an der Schneide des Werkzeugs sind entscheidend für die Kräfte bei der Zerspanung, für die Schneidhaltigkeit des Werkzeugs und die Qualität der Oberfläche des Werkstücks.

Der **Keilwinkel** β_o beeinflusst die Haltbarkeit des Werkzeugs. Für harte Werkstoffe wählt man deshalb größere Keilwinkel als für weiche Werkstoffe.

Der **Freiwinkel** α_o vermindert die Reibung zwischen Werkstück und Werkzeug. Er vermindert dadurch die Wärmeentwicklung am Werkzeug.

Der **Spanwinkel** γ_o beeinflusst die Spanbildung und damit die Oberflächenbeschaffenheit des Werkstücks.

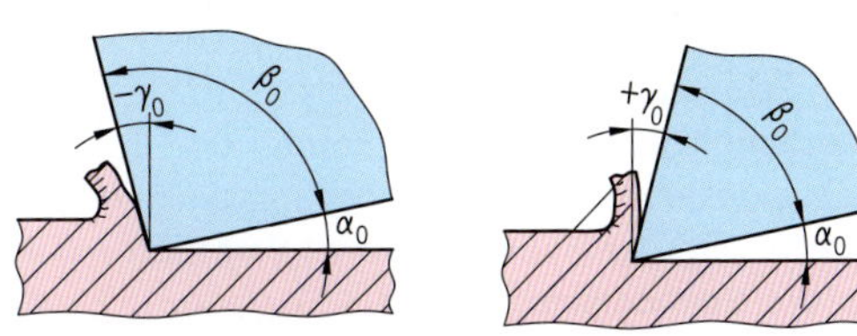

Winkel an der Werkzeugschneide

> **!** Die Winkel an der Werkzeugschneide sind hauptsächlich von der Festigkeit des zu bearbeitenden Werkstoffs abhängig.

2. Technologische Daten

– Werkzeug- und Werkstückbewegungen

Beim Spanen auf Werkzeugmaschinen werden die zur Spanabnahme notwendigen Bewegungen weitgehend von der Maschine ausgeführt.
Die Spanabnahme ist von Schnittbewegung, Vorschubbewegung und Zustellbewegung abhängig.

Beispiele für das Zusammenwirken der verschiedenen Bewegungen bei der Spanabnahme

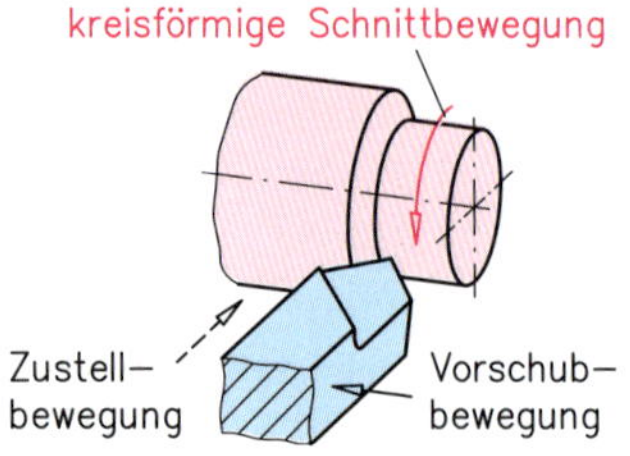

Drehen

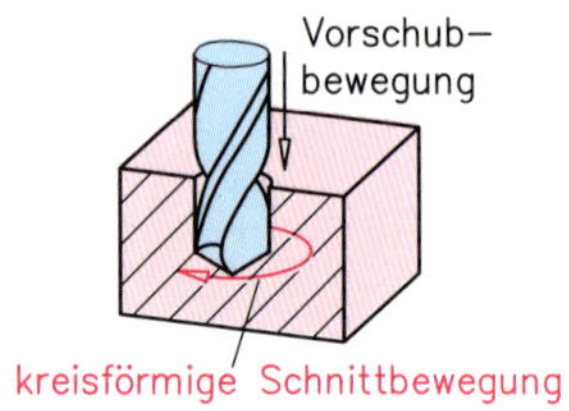

Bohren

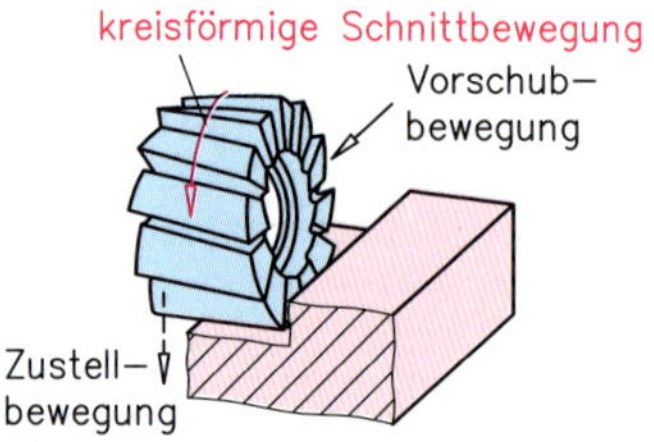

Walzfräsen

> **!** Die Spanabnahme beim Drehen, Bohren, Fräsen und Schleifen erfolgt jeweils durch das Zusammenwirken einer kreisförmigen Schnittbewegung und einer geradlinigen Vorschubbewegung.

– Schnittgeschwindigkeit

Die **Schnittgeschwindigkeit** wird entsprechend dem Fertigungsverfahren, dem Werkstoff des Werkstücks und dem Schneidenwerkstoff meist nach Angaben des Werkzeugherstellers gewählt.
Allgemein kann man feststellen, dass hohe Schnittgeschwindigkeiten gute Oberflächenbeschaffenheit, kurze Fertigungszeiten, aber auch geringere Standzeiten der Werkzeuge zur Folge haben.

> **!** Die Schnittgeschwindigkeit wird für einen bestimmten Fertigungsvorgang entsprechend den Werkstoffen von Werkstück und Werkzeug gewählt.

– Vorschub

Der **Vorschub** *f* ist der Weg, den das Werkzeug bei einer Umdrehung oder einem Hub in der Vorschubrichtung zurücklegt. Der Vorschub wird in Millimeter angegeben.
Bei Fräsern und anderen mehrschneidigen Werkzeugen wird häufig der Vorschub je Zahn f_z angegeben. Beim Drehen ergibt ein großer Vorschub einen großen Rillenabstand und eine geringe Oberflächenbeschaffenheit.

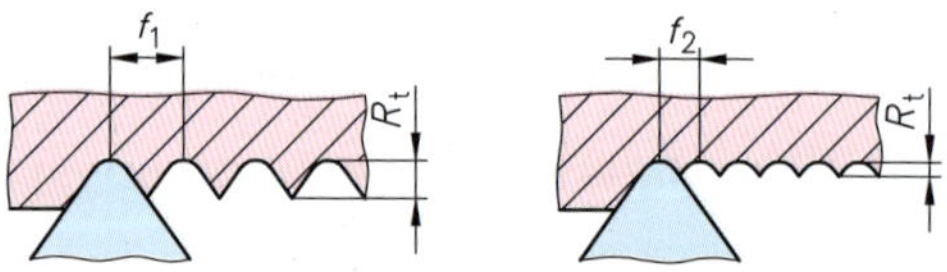

Vorschub und Oberflächenbeschaffenheit bei gleichem Schneidenradius

> **!** Der Vorschub ist der Werkzeugweg, der je Umdrehung oder Hub in Vorschubrichtung zurückgelegt wird. Großer Vorschub ergibt meist geringe Oberflächenbeschaffenheit.

– Schnitttiefe

Die **Schnitttiefe** a_p ist der Betrag, um den die Schneide durch die Zustellbewegung in Eingriff gebracht wird. Zusammen mit dem Vorschub ergibt sie den **Spanungsquerschnitt** *S*.

> Spanungsquerschnitt = Schnitttiefe · Vorschub
>
> $$S = a_p \cdot f$$

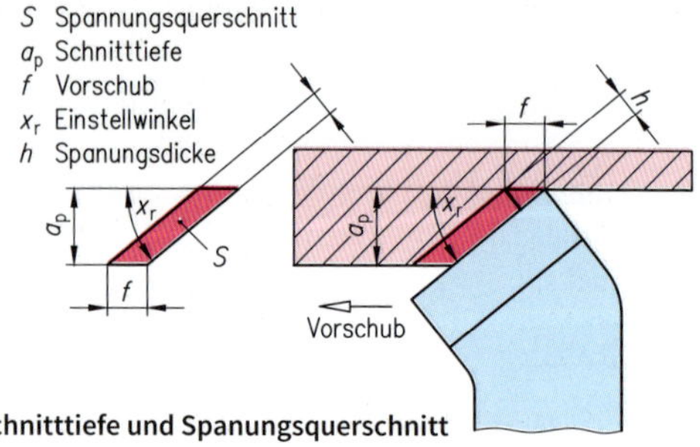

Schnitttiefe und Spanungsquerschnitt

5.1.2 Bestimmungsgrößen des Fertigungsprozesses

1. Maßgenauigkeit

Die Maßgenauigkeit der durch Spanen hergestellten Werkstücke hängt von vielen Faktoren ab.
Die Sorgfalt, mit welcher der Fachmann Einstellungen vornimmt, Maßkontrollen durchführt und auswertet, bestimmt wesentlich das Ergebnis. Sehr wichtig sind auch die Qualität der Maschine, die Werkzeuge und die Umweltbedingungen.

2. Oberflächenbeschaffenheit

Das Produkt, welches durch Spanen hergestellt wird, soll möglichst gute Oberflächenbeschaffenheit aufweisen. Die Oberflächenbeschaffenheit wird verbessert durch:

- größeren Spanwinkel,
- größeren Schneidenradius,
- höhere Schnittgeschwindigkeit,
- geringeren Vorschub,
- Einsatz von Kühlschmiermitteln.

3. Spanarten und Spanformen

Späne können aus mehr oder weniger zusammenhängenden Spanteilchen bestehen. Aus dem Zusammenwirken verschiedener Einflussgrößen, wie z. B. Spanwinkel und Werkstoff, ergeben sich unterschiedliche Späne.

– Spanarten

Spanarten	Spanbildung		Schnittbedingungen	Auswirkungen
Fließspan  langer zusammenhängender Span	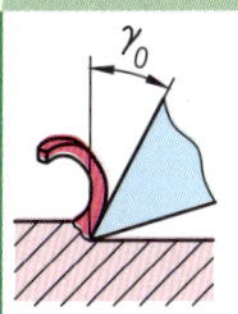	• geringe Werkstoffstauchung • kein voreilender Riss • schnelle Folge kleinster Schervorgänge • Spanteilchen bleiben zusammenhängend	• großer Spanwinkel • zäher Werkstoff • hohe Schnittgeschwindigkeit	• glatte, saubere Oberfläche • kleine Schnittkraft • lange Späne behindern den Arbeitsvorgang
Scherspan  Stücke noch zusammenhängender Spanteilchen mit vielen Scherrissen	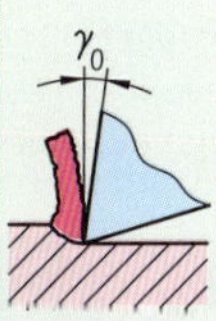	• stärkere Werkstoffstauchung • kurzer voreilender Riss • einzelne unregelmäßige Schervorgänge • Spanteilchen bleiben nur teilweise zusammenhängend	• kleiner bis mittlerer Spanwinkel • zähe und leicht spröde Werkstoffe • mittlere Schnittgeschwindigkeit	• nicht so glatte Werkstückoberfläche mit unregelmäßigem Aussehen • kurzer bröckliger Span behindert den Arbeitsvorgang nicht • nur wenig größere Schnittkraft
Reißspan 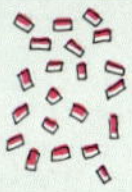 sehr kurzer unregelmäßiger Span	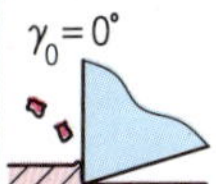	• geringe Werkstoffstauchung • bei spröden Werkstoffen • voreilender Riss, der auch in die Werkstückoberfläche eindringt • wenige unregelmäßige Schervorgänge	• kleiner Spanwinkel • vorwiegend bei spröden Werkstoffen • niedrige Schnittgeschwindigkeit	• raue Werkstückoberfläche • große Schnittkraft • kurzer Span behindert den Arbeitsvorgang nicht

– Spanformen

Je nach eingestellten technologischen Bedingungen treten unterschiedliche Spanformen auf.
Der sich ergebende Span soll so kurz sein, dass eine Behinderung der Maschinenbedienung, Störungen des Fertigablaufs sowie eine Beschädigung von Arbeitsfläche und Werkzeug nicht auftreten.
Kurze Schraubenspäne, Schraubenbruchspäne und Sprialbruchspäne sind besonders günstig.

Bandspan	Wirrspan	Schraubenspan	Schraubenbruchspan	Spiralbruchspan
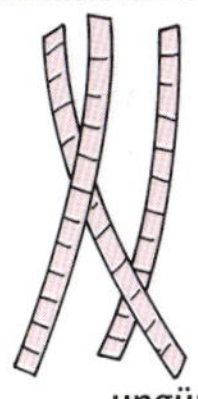	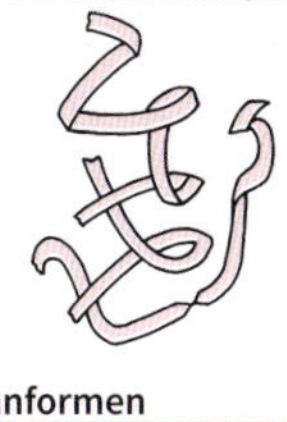	 lang	kurz 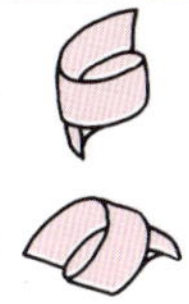	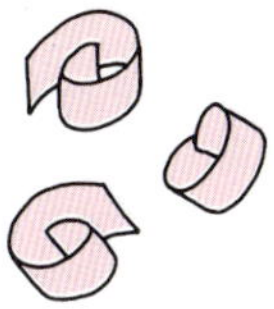
ungünstige Spanformen			günstige Spanformen	

5.2 Schneidstoffe für maschinelles Spanen

5.2.1 Schnellarbeitsstähle

Schnellarbeitsstähle sind hochlegierte Werkzeugstähle, die kurz HSS-Stähle genannt werden. Sie besitzen hohe Zähigkeit und Biegefestigkeit. Sie sind daher wenig empfindlich gegen wechselnde Schnittkräfte und sehr widerstandsfähig gegen Ausbröckeln der Schneide. Die Warmstandfestigkeit sinkt jedoch oberhalb 600 °C stark ab, wodurch die Schnittleistungen begrenzt werden.

HSS-Stähle enthalten als Legierungselemente Chrom (Cr), Wolfram (W), Molybdän (Mo), Vanadium (V) und Kobalt (Co). Diese Legierungselemente bilden als Härteträger Karbide. Der Karbidanteil der HSS-Stähle liegt nach der Wärmebehandlung bei etwa 20 %.

Zur Erreichung höchster Härte werden Schnellarbeitsstähle von möglichst hohen Temperaturen aus gehärtet und anschließend bei etwa 500 °C angelassen.

Im Kurznamen von Schnellarbeitsstählen gibt man hinter den Buchstaben **HS** die Prozentangaben von W, Mo, V und Co in der vorliegenden Reihenfolge an. Die Prozentzahlen werden durch Bindestriche getrennt. Der Kohlenstoffanteil liegt zwischen 0,8 und 1,5 %, der Chromgehalt bei etwa 4 %. Beide Elemente werden im Kurznamen nicht genannt.

Karbide in einem Schnellarbeitsstahl ($V = 1\,000$)

Beispiele für Schnellarbeitsstähle

Kurzzeichen W-Mo-V-Co	Werkstoff-nummer	Zusammensetzung in %						Verwendung	Härte nach Anlassen HRC
		C	Cr	W	Mo	V	Co		
HS 6-5-2-5	1.3243	0,92	4,15	6,35	4,95	1,85	4,75	Drehmeißel, Bohrer, Fräser	64–66
HS 10-4-3-10	1.3207	1,3	4,2	10,5	3,8	3,2	10,5	Drehmeißel, Fräser	65–68

Aus den hochlegierten Schnellarbeitsstählen werden spanabnehmende Standardwerkzeuge (z. B. Bohrer, Reibahlen, Nutenfräser) sowie profilgebende Sonderwerkzeuge (z. B. Profilfräser, Profildrehmeißel, Verzahnungswerkzeuge) gefertigt.

Zur Verbesserung von Oberflächenhärte, zur Erhöhung des Verschleißwiderstands und zur Verringerung der Neigung zur Bildung von Aufbauschneiden werden HSS-Stähle häufig beschichtet. Vorwiegend wird zur Beschichtung das goldfarbene Titannitrid eingesetzt.

Durch den Einsatz der Beschichtung wird die Standzeit der Werkzeuge gegenüber dem unbeschichteten Werkzeug erheblich erhöht und die Oberflächengüte der bearbeiteten Werkstücke verbesssert.

Beschichtete Fräswerkzeuge aus HSS

> **!** Schnellarbeitsstähle sind hochlegierte Werkzeugstähle mit hoher Zähigkeit, hoher Biegefestigkeit, jedoch geringer Wärmestandfestigkeit oberhalb 600 °C.

5.2.2 Hartmetalle

Hartmetalle sind Sinterwerkstoffe aus sehr harten Karbiden und Nitriden mit Kobalt, Nickel und anderen Metallen als Bindemittel.

Hartmetalle aus überwiegend Wolframkarbid mit Kobalt als Bindemittel sind die klassischen Hartmetalle und werden meist verwendet. Sie werden mit dem Kürzel HW gekennzeichnet.

Hartmetalle auf der Basis von Wolframkarbid (HW) sind gute Wärmeleiter und dehnen sich bei Erwärmung geringfügig aus. Als Folge dieser Eigenschaften haben sie eine hohe Beständigkeit gegen schnelle Temperaturwechsel.

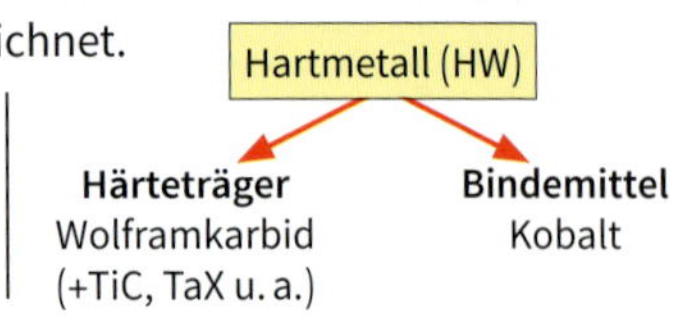

Hartmetalle auf der Basis von wolframarmen Mischkarbiden, Nitriden und Karbonitriden werden auch als **Cermets** (Ceramics + metals) bezeichnet und mit dem Kürzel HT gekennzeichnet.
Cermets besitzen wegen der erheblich geringeren Dichte der Härteträger nur etwa 50 % der Dichte von Hartmetallen auf Wolframbasis (HW). Sie sind zudem härter und verschleißfester. Da Cermets erst bei höheren Temperaturen oxidieren, erlauben sie als Schneidstoff erheblich höhere Schnittgeschwindigkeiten als Hartmetalle HW.
Durch mehrlagige, dünne Beschichtungen mit Hartstoffen aus Titannitrid, Titankarbid, Titankarbonat oder Aluminiumoxid wird die Verschleißfestigkeit von Hartmetallen verbessert. So werden höhere Schnittwerte erzielt, wobei die Biegefestigkeit nicht verringert wird. Beschichtete Hartmetalle werden mit HC gekennzeichnet.
Kleinere Werkzeuge wie Bohrer werden aus Vollhartmetall hergestellt. Meist werden Hartmetalle in Form von Schneidplatten mit unterschiedlichen Befestigungsmechanismen in Schneidenträger eingesetzt.

Cermets (HT)

Härteträger
Härteträger und Nitride von Ti, Ta, Nb, Mo, W

Bindemittel
Ni, Co, Mo

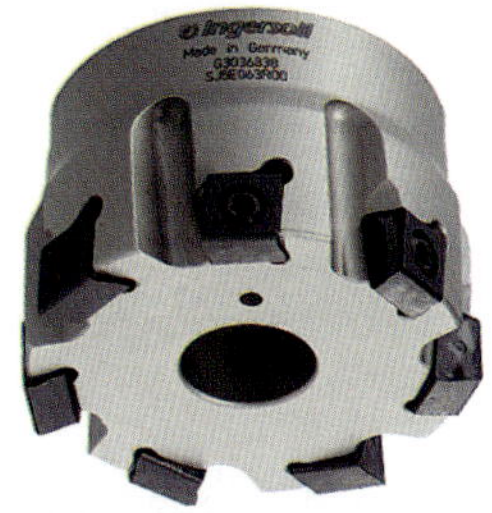

Fräser mit beschichteten Wendeschneidplatten

Die Eignung der Hartmetalle zum Zerspanen bestimmter Werkstoffe wird durch einen Buchstaben und eine Zahl gekennzeichnet. Dabei gibt der Buchstabe an, für welche Art von Werkstoffen die jeweilige Hartmetallsorte geeignet ist. Die Zahl steht für die Zähigkeit: Je höher die Zahl, desto zäher ist die Sorte.

Hauptgruppe Kennfarbe	Anwendungsgruppe Art der Bearbeitung	Eigenschaften	Schnittbedingungen	Werkstoff der Werkstücke
P blau	P01, P10: Feindrehen; P15, P20, P25: Schlichten, Gewindedrehen; P30, P40, P50: Vordrehen, Schruppen	↑ zunehmende Verschleißfestigkeit ↓ zunehmende Zähigkeit	↑ zunehmende Schnittgeschwindigkeit ↓ zunehmender Vorschub	**Langspanende Werkstoffe** • Baustahl • hochlegierte Stähle • Stahlguss • Temperguss
M gelb	M10, M20, M30: Schlichten; M40: Bearbeitung auf Automaten	↑ ↓	↑ ↓	**Lang- oder kurzspanende Werkstoffe** • Automatenstahl • Gusseisen mit Kugelgrafit
K rot	K01, K10: Feinbearbeitung; K10, K20, K30: Vordrehen; K30, K40: Schruppen	↑ ↓	↑ ↓	**Kurzspanende Werkstoffe** • Vergütungsstahl • gehärteter Stahl • Gusseisen mit Lamellengrafit • Kunststoffe
N hellgrün	N01, N05: Feinbearbeitung; N05, N10, N20: Schlichten; N30: Schruppen	↑ ↓	↑ ↓	**Nichteisenmetalle** • Aluminium, Al-Legierungen • Kupfer, Cu-Legierungen
S braun	S01, S10: Feinbearbeitung; S10, S20: Schlichten; S30: Schruppen	↑ ↓	↑ ↓	**Titan- und Ti-Legierungen** • Warmarbeitsstähle
H grau	H01, H10: Feinbearbeitung; H10, H20: Schlichten; H30: Schruppen	↑ ↓	↑ ↓	**Harte und gehärtete Eisenwerkstoffe** • gehärteter Stahl • gehärtetes Gusseisen • Hartguss

! Hartmetalle auf Wolframkarbidbasis (HW) haben hohe Temperaturwechselbeständigkeit und Wärmeleitfähigkeit. Hartmetalle (HT), Cermets, enthalten Karbide und Nitride von Titan und Tantal. Cermets sind härter und verschleißfester als Hartmetalle auf Wolframkarbidbasis.

5.2.3 Keramische Schneidstoffe

Keramische Schneidstoffe sind Sinterwerkstoffe, die eine hohe Temperaturbeständigkeit besitzen und daher hohe Schnittgeschwindigkeiten zulassen. Bei den keramischen Schneidstoffen unterscheidet man:

- Oxidkeramik aus Aluminiumoxid (Al_2O_3), Kennbuchstabe CA;
- Mischkeramik aus Aluminiumoxid mit weiteren Metallverbindungen (MgO; Cr_2O_3; TiC), Kennbuchstabe CM;
- Nitridkeramik aus Siliziumnitrid (Si_3N_4), Kennbuchstabe CN;
- Verbundwerkstoff aus polykristallinem kubischen Bornitrid (PKB) mit keramischer Bindung.

Oxidkeramiken sind verschleißfest, jedoch stoßempfindlich. Sie erfordern einen schwingungs- und stoßfreien Einsatz bei nur kleinen Spanungsquerschnitten.

Nitridkeramik behält bis 1 200 °C ihre Schneidhaltigkeit. Sie hat hervorragende Temperaturwechselbeständigkeit und Schlagzähigkeit, sodass sie zum Spanen bei unterbrochenem Schnitt bei Gusseisen und Stählen eingesetzt wird.

Polykristallines kubisches Bornitrid behält bis 2 000 °C seine Schneidhaltigkeit und ist reaktionsträge gegenüber Legierungselementen der zu bearbeitenden Werkstoffe. Es wird zur Bearbeitung harter Eisenwerkstoffe verwendet.

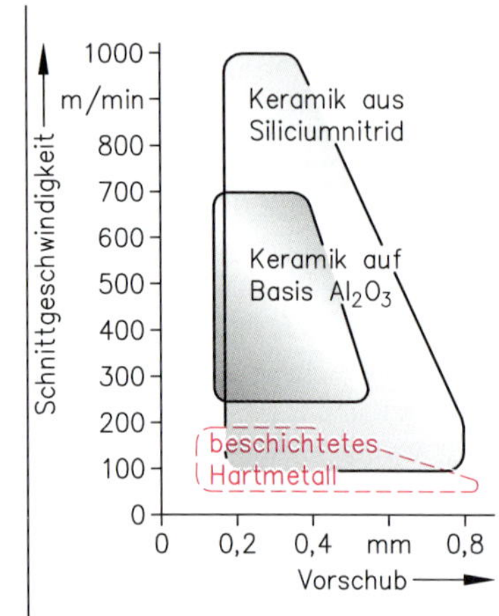

Schnittbedingungen beim Einsatz keramischer Werkstoffe

! Keramische Schneidstoffe ermöglichen bei kleinen Spanungsquerschnitten eine Spanabnahme mit sehr hohen Schnittgeschwindigkeiten. Die Standzeit ist wegen der hohen Warmstandfestigkeit groß.

5.3 Normung von Wendeschneidplatten

Die in DIN 4987 enthaltenen Festlegungen gelten für Wendeschneidplatten aus Hartmetall und Schneidkeramik. Die Bezeichnung wird aus einer Kombination von Buchstaben und Zahlen gebildet, wobei jede Stelle dieser Kombination eine bestimmte Aussage beinhaltet.

Beispiele für die normgerechte Bezeichnung einer Wendeschneidplatte

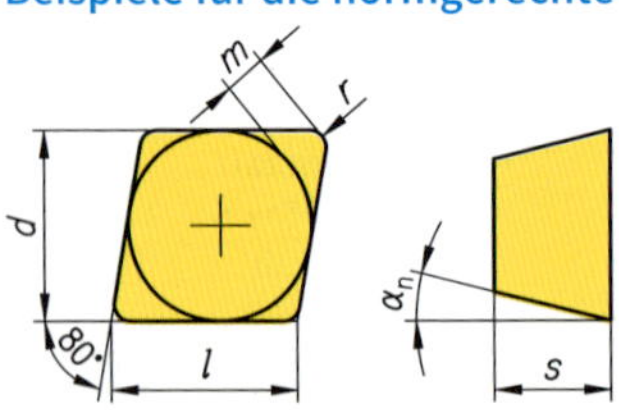

Abmessen einer Wendeschneidplatte

Schneidplatte ISO 1832–C P M N 12 07 08 F N–P10

① ② ③ ④ ⑤ ⑥ ⑦ ⑧ ⑨ ⑩

① Grundformen von Wendeschneidplatten	② Normal-Freiwinkel an der ungespannten Wendeschneidplatte	③ Toleranzklassen	④ Ausführung der Spanfläche und Befestigungsmerkmale	⑤ Plattengröße
C 	P $\alpha_n = 11°$	M niedrige Qualität	N 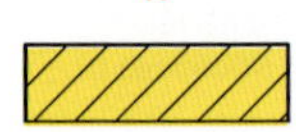	l = 12 mm Schneidenlänge

⑥ Plattendicke	⑦ Ausführung der Schneidenecke	⑧ Schneide	⑨ Schneidrichtung	⑩ Schneidstoff
s = 7 mm	Radius r = 0,8 mm	F  Schneiden scharf	N nach rechts und links schneidend	P10

Übungsaufgaben 5/12; 5/13; 5/14

5.4 Übersicht über maschinelle Fertigungsverfahren

Die Übersicht über die grundlegenden maschinellen spanenden Fertigungsverfahren zeigt
- eine Gegenüberstellung und Zusammenfassung der Bewegung von Werkzeug und Werkstück,
- Werkzeuge und deren Winkel an der Schneide,
- einige typische Werkstücke.

	Verfahren mit Werkstück- und Werkzeugbewegungen	Aufbau der Werkzeugmaschine	Werkzeuge und Winkel am Werkzeug	Beispiele von Werkstückformen
Bohren	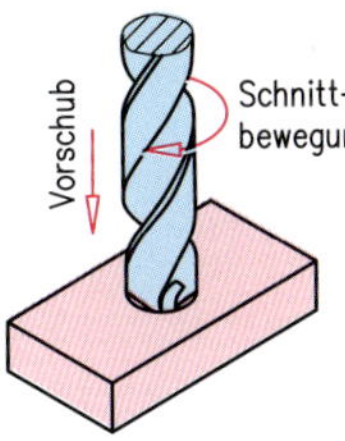	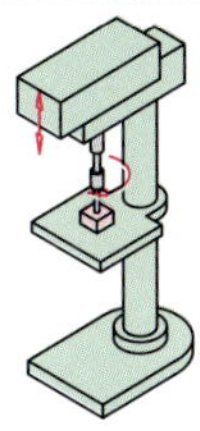 Säulenbohrmaschine	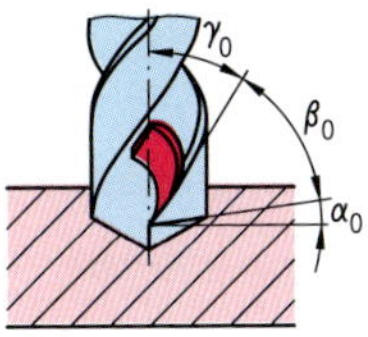	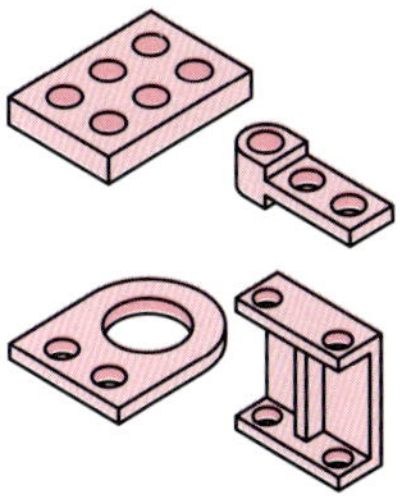
Drehen	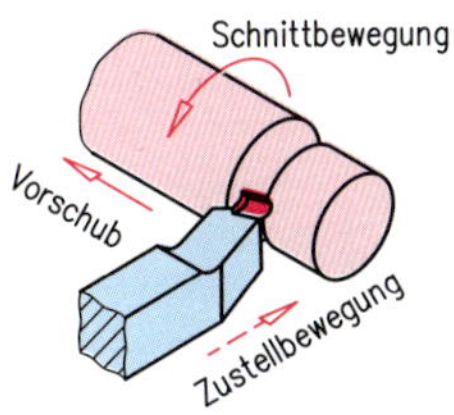 Plandrehen	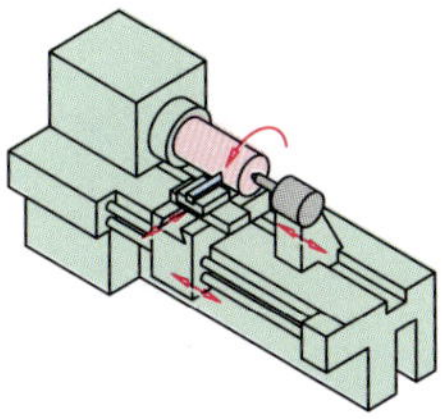 Drehmaschine	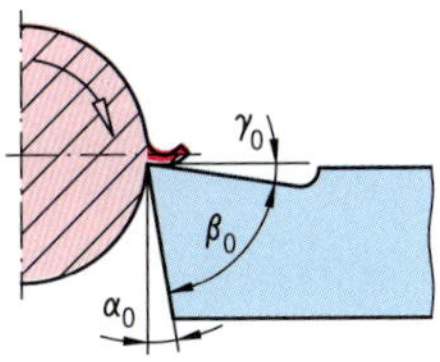	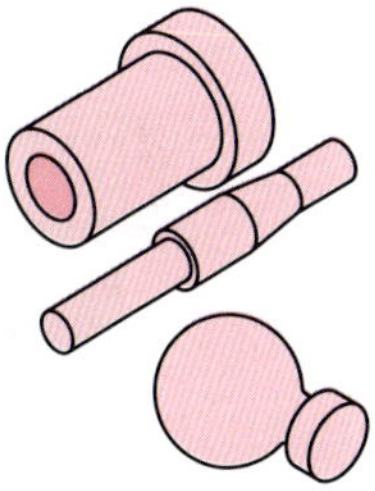
Drehen	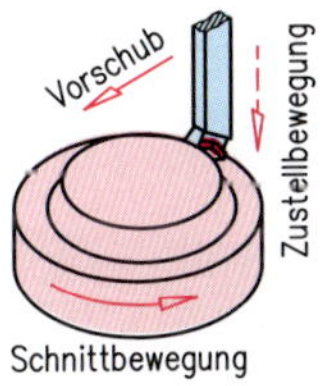 Plandrehen	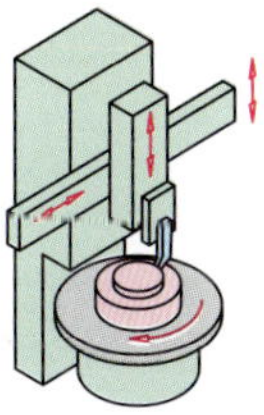 Karusselldrehmaschine	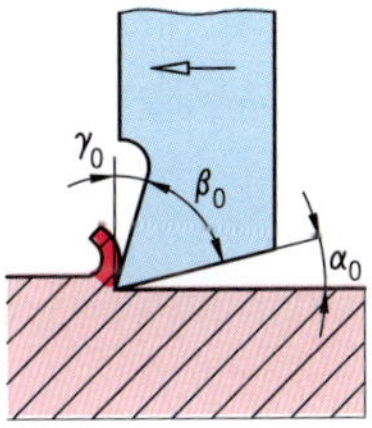	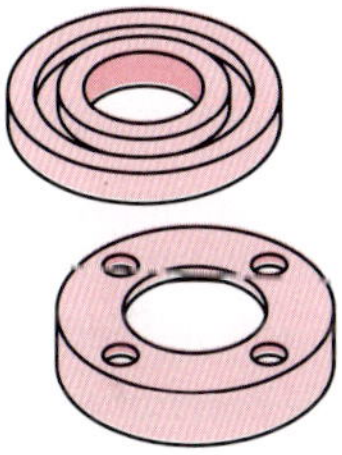
Schleifen	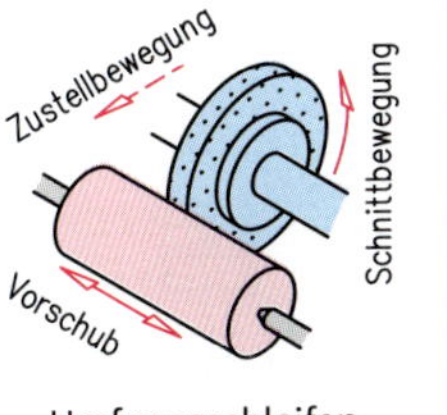 Umfangsschleifen	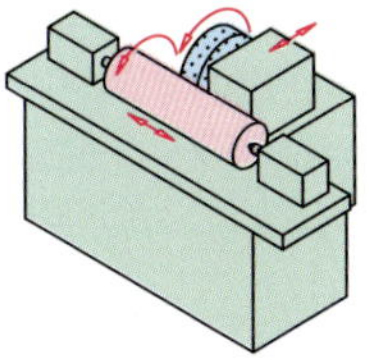 Rundschleifmaschine	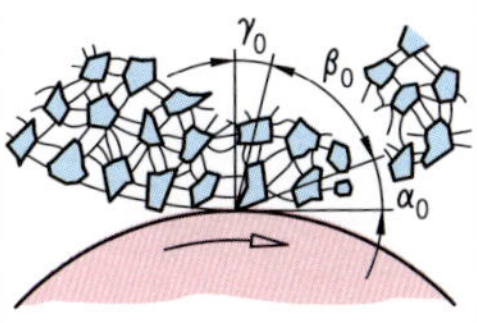	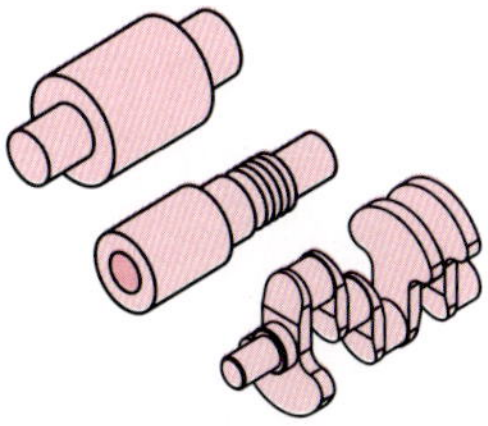
Schleifen	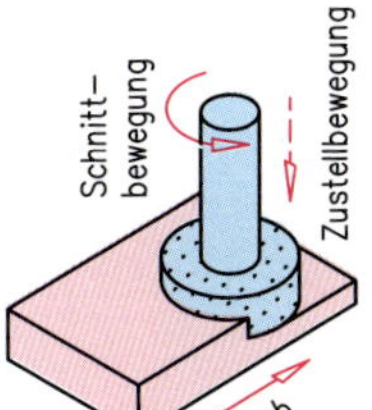 Seitenschleifen	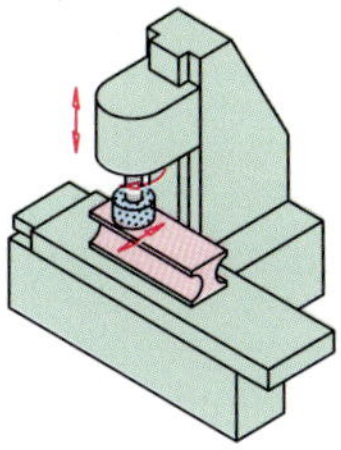 Planschleifmaschine		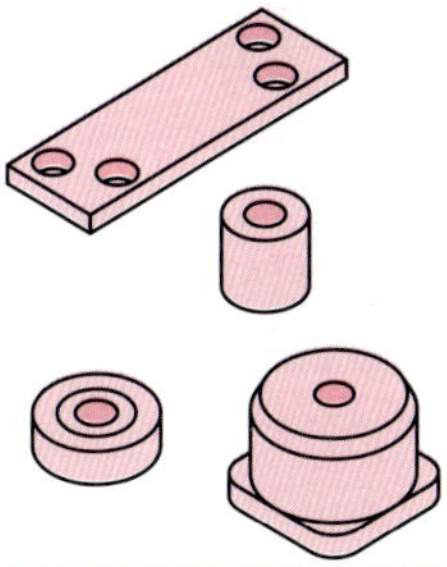

6 Fertigen durch Drehen mit mechanisch gesteuerten Werkzeugmaschinen

6.1 Leit- und Zugspindel-Drehmaschine

Bei Leit- und Zugspindel-Drehmaschinen werden alle Bewegungen vom Antriebsmotor erzeugt, über Getriebe verändert und vom Bediener über Hebel und Kurbeln mechanisch ausgelöst. Die Überwachung erfolgt durch den Bediener.
Der Vorschub wird vom Vorschubgetriebe über zwei verschiedene Spindeln auf den Bettschlitten übertragen. Dies geschieht

- beim Längs- und Querdrehen über eine Zugspindel (Profilspindel),
- beim Gewindedrehen über eine Leitspindel (Gewindespindel).

Eine solche Maschine wird daher Leit- und Zugspindel-Drehmaschine genannt.

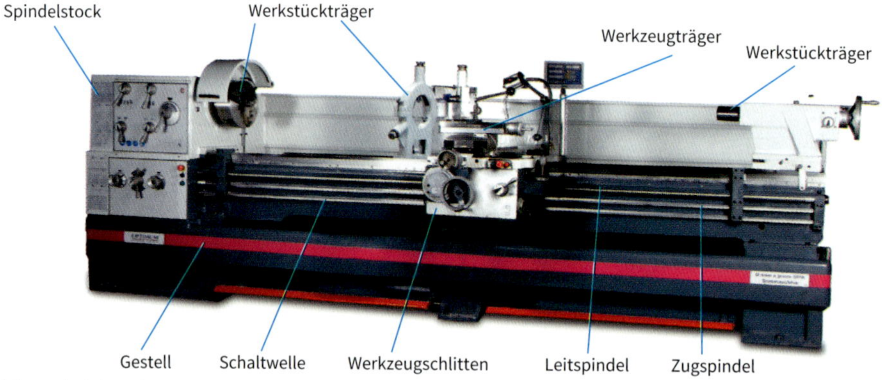

Leit- und Zugspindel-Drehmaschine

Die Einsatzmöglichkeiten einer Drehmaschine ergeben sich aus den folgenden Kenngrößen:

– **Spitzenweite**
Dies ist der maximale Abstand zwischen der Zentrierspitze in der Spindel und der Zentrierspitze im Reitstock. Die Spitzenweite bestimmt in etwa die größtmögliche Werkstücklänge.

– **Spitzenhöhe**
Dies ist der Abstand zwischen Drehachse und Maschinenbett. Der maximale Drehdurchmesser ist stets etwas größer als die doppelte Spitzenhöhe.

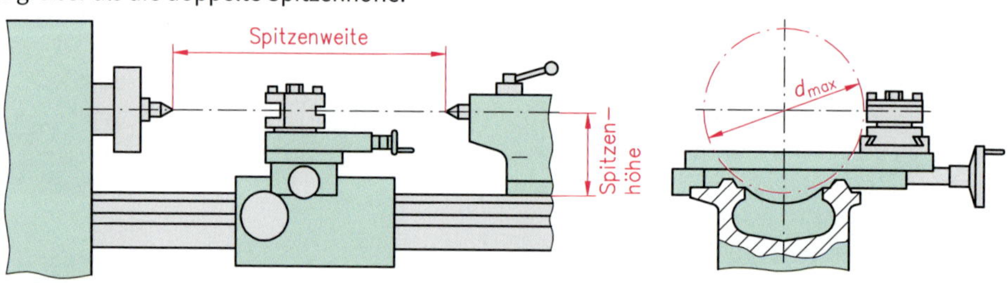

Kenngrößen einer Drehmaschine

– **Umdrehungsfrequenzbereich**
Er gibt die niedrigste und höchste Umdrehungsfrequenz der Spindel an.

– **Vorschubbereich**
Er gibt die einzustellenden Vorschübe und die Anzahl der Stufungen an.

– **Antriebsleistung**
Die Antriebsleistung bestimmt wesentlich die größtmögliche Zerspanungsleistung der Maschine.

Übungsaufgabe 6/1

6.1.1 Energiefluss an einer Leit- und Zugspindel-Drehmaschine

Vom Motor wird die Energie meist schwingungsarm über ein Riemengetriebe auf ein mehrstufiges Hauptgetriebe und von dort über das Vorgelege auf die Arbeitsspindel übertragen.
Das Vorschubgetriebe erhält bei einer Leit- und Zugspindeldrehmaschine seinen Antrieb immer von der Arbeitsspindel. Der eingestellte Vorschub bezieht sich daher jeweils auf eine Umdrehung der Arbeitsspindel.

Schema des Energieflusses an einer Leit- und Zugspindel-Drehmaschine

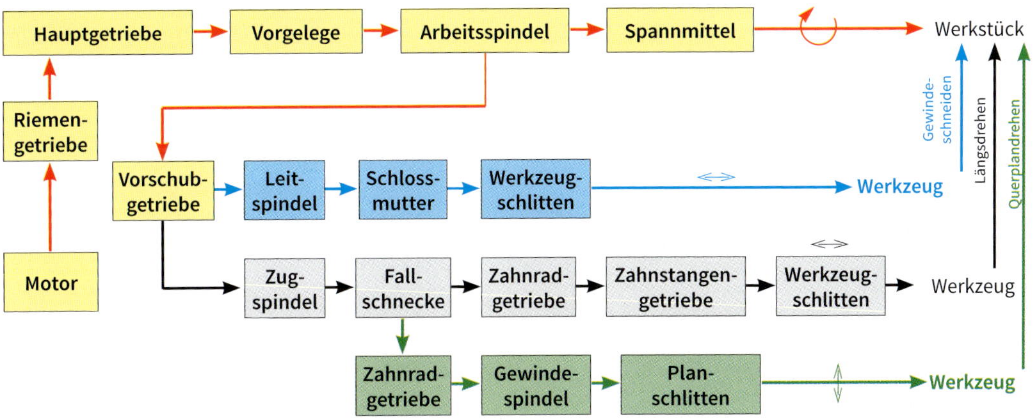

> **!** Das Vorschubgetriebe einer Drehmaschine wird von der Arbeitsspindel aus angetrieben und ermöglicht die Einstellung einer großen Anzahl von Vorschüben.

6.1.2 Baugruppen des Werkzeugschlittens

Der in der Längsführung des Maschinenbetts verschiebbare Werkzeugschlitten besteht aus den im Bild benannten Baugruppen:
Der **Bettschlitten** wird in Prismenführungen auf dem Drehmaschinenbett geführt. Der Bettschlitten wird von Hand mithilfe des großen Handrads bewegt. Mit dem Handrad dreht sich ein Zahnrad, welches in eine Zahnstange an der Unterseite des Maschinenbetts eingreift.
Der **Planschlitten** wird in einer Schwalbenschwanzführung rechtwinklig zum Drehmaschinenbett auf dem Bettschlitten bewegt. Der Antrieb kann von Hand über eine Kurbel erfolgen. Die Größe der Zustellung des Werkzeugs kann mithilfe einer Skala des Planschlittens von Hand exakt eingestellt werden.

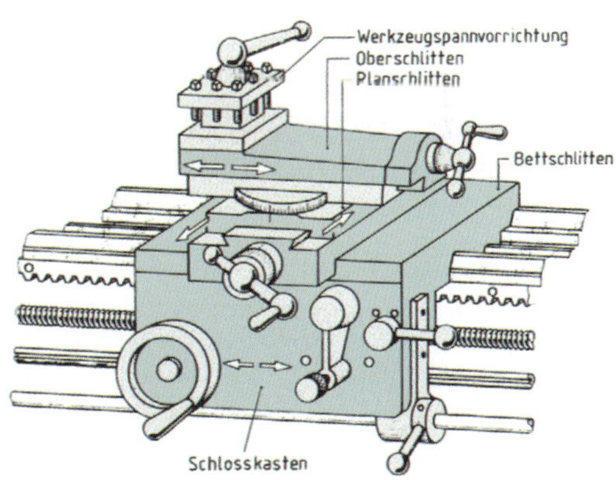

Baugruppen des Werkzeugschlittens

Auf dem Planschlitten befindet sich der schwenkbare **Oberschlitten**. Für die meisten Dreharbeiten ist er so eingestellt, dass er eine Verstellung in Richtung des Maschinenbetts ermöglicht. Der Oberschlitten kann meist nur von Hand betätigt werden. Der Verstellweg des Oberschlittens ist mithilfe einer Skala einstellbar.
Der **Schlosskasten** ist fest mit dem Bettschlitten verbunden und enthält ein Getriebe, das Schlosskastengetriebe und Bedienungselemente für die Vorschubantriebe.

> **!** Der Werkzeugschlitten besteht aus Bettschlitten, Planschlitten und Oberschlitten mit Werkzeugträger sowie dem Schlosskasten mit Getriebe.

6.1.3 Antriebe des Werkzeugschlittens

1. Werkzeugschlittenantrieb über die Zugspindel

Über die Zugspindel wird im Schlosskastengetriebe die Vorschubbewegung für den Längs- und Quervorschub erzeugt.

Die Drehbewegung der Zugspindel wird über ein **Zahnradpaar** auf eine **Schnecke** übertragen. Die Schnecke ist schwenkbar gelagert. Beim Drehen gegen einen Anschlag oder bei Überlastung schaltet sie selbstständig den Vorschub ab. Das geschieht, indem sie durch eine Schwenkbewegung außer Eingriff „fällt". Sie wird daher als Fallschnecke bezeichnet. Die Drehbewegung der Schnecke wirkt über ein Schneckenrad weiter auf das Zahnradpaar einer schwenkbaren Schere. Diese kann von einer Nullstellung aus wahlweise zum Längs- oder Quervorschub geschwenkt werden.

Beispiele für die Erzeugung der Längs- und des Quervorschubs

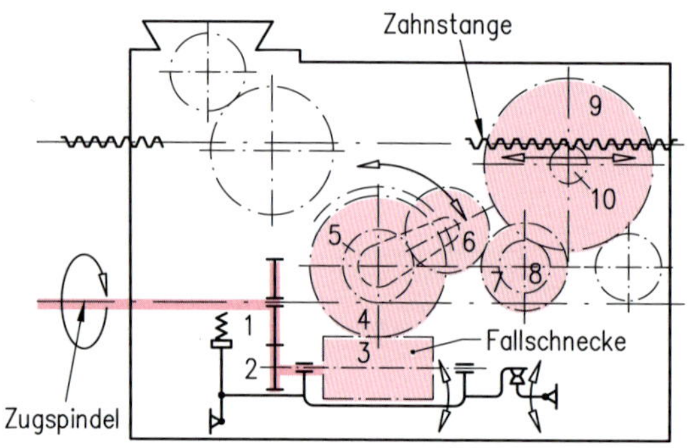

Längsvorschub

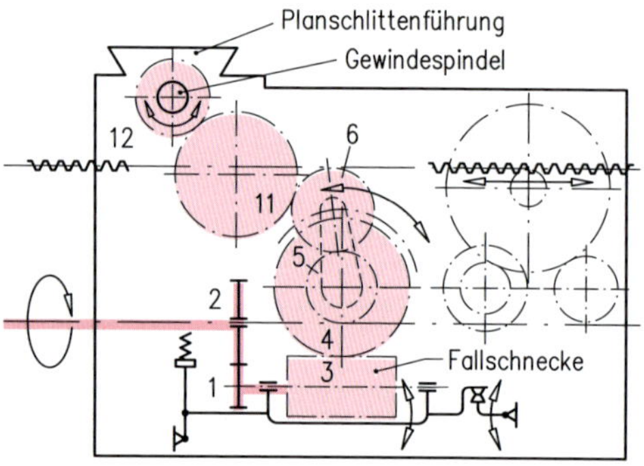

Quervorschub

- Beim **Längsvorschub** wird von den Zahnrädern der Schere die Drehbewegung über weitere Zahnradpaare auf ein Zahnstangengetriebe übertragen. Die Zahnstange ist fest mit dem Maschinenbett verbunden.
- Beim **Quervorschub** wird von den Zahnrädern der Schere die Drehbewegung über weitere Zahnradpaare auf die Gewindespindel des Planschlittens übertragen.

> **!** Für Längsrund- und Querplandreharbeiten erfolgt der Vorschubantrieb über die Zugspindel auf das Schlosskastengetriebe mit Fallschnecke. Beim Heranfahren gegen einen Anschlag wird der Vorschubantrieb durch die Fallschnecke abgeschaltet.

2. Werkzeugschlittenantrieb über die Leitspindel

Zum Gewindedrehen erfolgt der Antrieb des Bettschlittens über die Leitspindel. Die Leitspindel bewegt den Bettschlitten über eine Mutter am Schlosskasten. Diese Schlossmutter ist geteilt und kann geöffnet werden. Nur in geschlossenem Zustand wird die Vorschubbewegung von der Leitspindel auf den Bettschlitten übertragen. Dabei sind alle Getriebeteile im Schlosskasten außer Eingriff. Die Drehbewegung der Leitspindel bewirkt eine Schlittenverstellung, indem sich das Trapezgewinde der Spindel durch die geschlossene Mutter am Werkzeugschlitten schraubt.

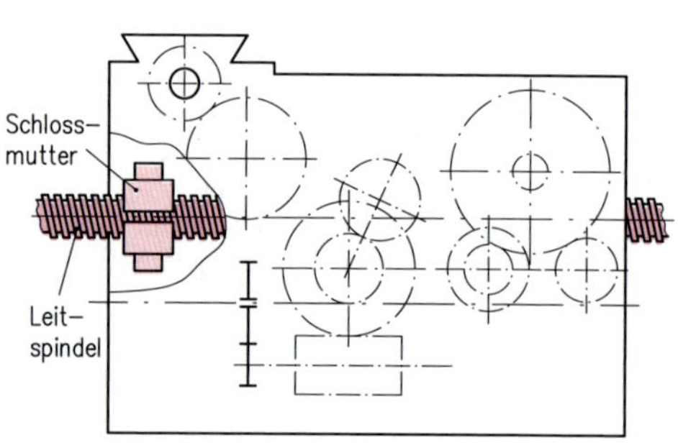

Werkzeugschlittenantrieb über die Leitspindel

> **!** Zum Gewindedrehen erfolgt der Vorschubantrieb über Leitspindel und Schlossmutter.

6.2 Einteilung und Benennung der Drehverfahren

Die Einteilung und Benennung der Drehverfahren wird nach mehreren Unterscheidungsmerkmalen vorgenommen.

Als vorrangiges Unterscheidungsmerkmal und wichtigster Bestandteil der Benennung ist die Form der erzeugten Fläche in der DIN-Norm aufgeführt. Hinzu kommt noch die Unterscheidung, wie die Werkstückform erzeugt wurde.

1. Einteilung nach der Form der erzeugten Fläche am Werkstück

Querplandrehen	Längsrunddrehen	Formdrehen	Profildrehen	Schraubdrehen	Abstechen
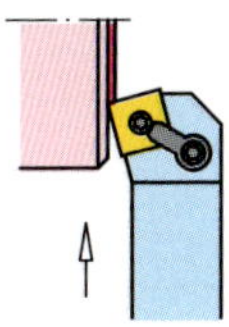	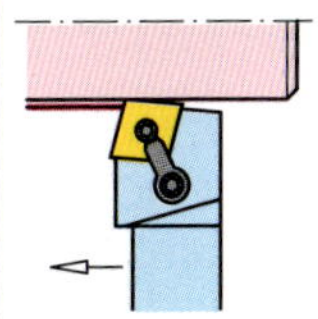	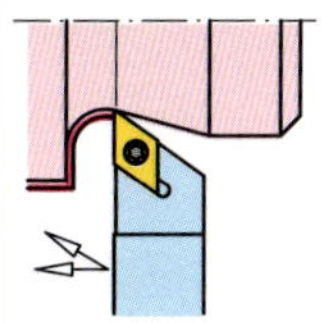	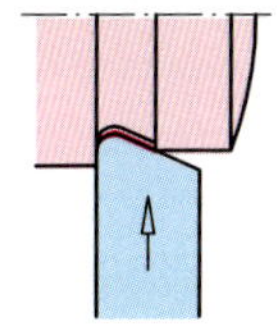	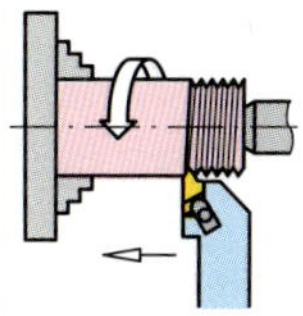	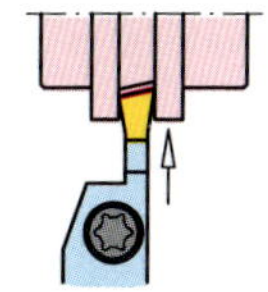
Erzeugen einer ebenen Stirnfläche	Erzeugen einer zylindrischen Außen- bzw. Innenfläche	Erzeugen einer beliebig geformten Mantelfläche durch Werkzeugsteuerung	Übertragen der Schneidenform auf die Mantelfläche	Erzeugen einer Schraubenlinie in der Mantelfläche	Abtrennen eines fertigen Drehteils

2. Einteilung nach der Richtung der Vorschubbewegung zur Drehachse

Längsdrehen		Querdrehen	
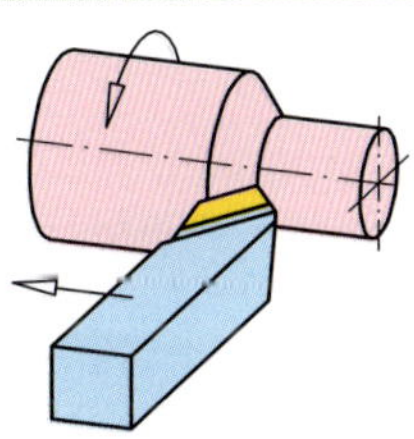	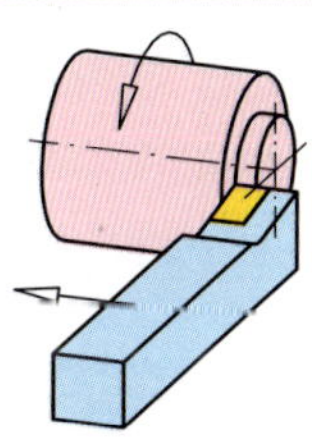	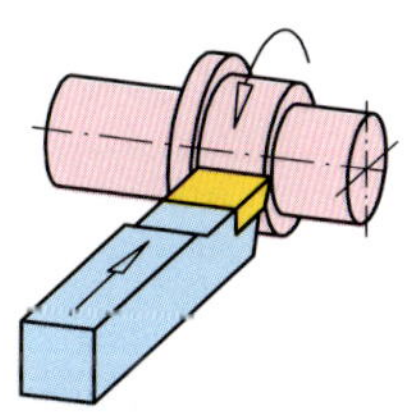	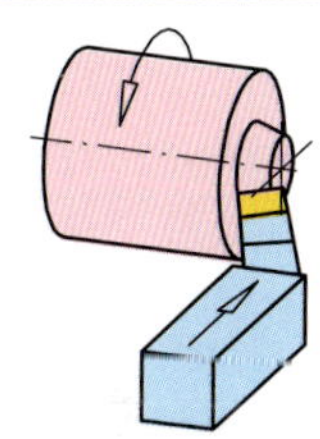
Längs-Runddrehen	Längs-Plandrehen	Quer-Runddrehen	Quer-Plandrehen

3. Einteilung nach der Lage der bearbeiteten Fläche am Werkstück

Außendrehen		Innendrehen	
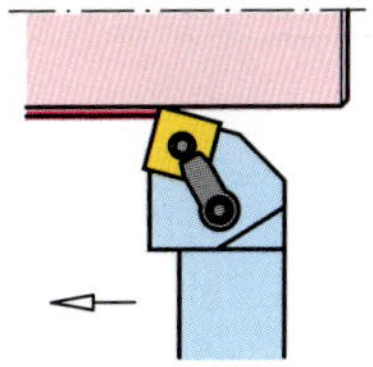	Bei Außendrehverfahren wird die Benennung meist ohne die Angabe des Worts „Außen-“ angegeben.	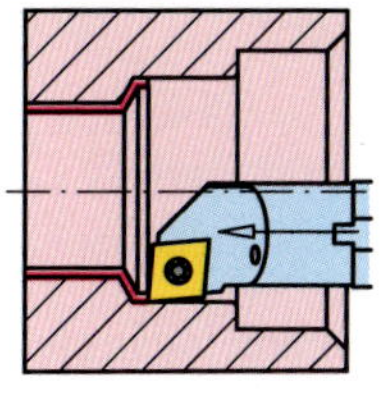	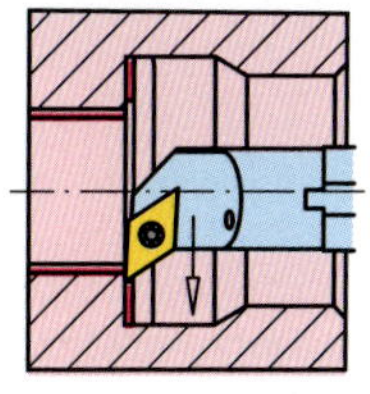
Außen-Längs-Runddrehen		Innen-Längs-Runddrehen	Innen-Quer-Plandrehen

!

- Drehverfahren werden hauptsächlich nach der Form der bearbeiteten Fläche benannt.
- Als weiteres Merkmal wird bei Rund-, Plan- und Profildrehverfahren die Richtung der Vorschubbewegung mit Längs- bzw. Plan- vorangestellt.
- Bei Dreharbeiten innerhalb des Werkstücks wird das Wort „Innen-“ der gesamten Benennung vorangestellt.

Übungsaufgabe 6/9

6.3 Drehwerkzeuge

6.3.1 Drehmeißelgeometrie

1. Werkzeugbezugssystem

Die Winkel am Drehmeißel sind vom Hersteller zu fertigen, bei jeder Nacharbeit einzuhalten und zu überprüfen. Um die räumliche Lage des Schneidkeils genau bestimmen zu können, ist ein genormtes Werkzeugbezugssystem festgelegt. Dieses wird aus drei rechtwinklig zueinander angeordneten Bezugsebenen gebildet. Die Lage der Bezugsebenen ist von der Schnittrichtung und der Lage der Hauptschneide abhängig.
Die Einordnung des Drehmeißels in das Bezugssystem wird so vorgenommen, dass man den Drehmeißel mit seiner Auflagefläche parallel zur Werkzeugbezugsebene anordnet und ihn so weit dreht, dass die Hauptschneide die Werkzeugschneidenebene berührt. Dabei legt man den Ursprung des Werkzeugbezugssystems in einen beliebigen Punkt der Hauptschneide.

Lage der Ebenen für das Werkzeugbezugssystem (nach DIN 6581)

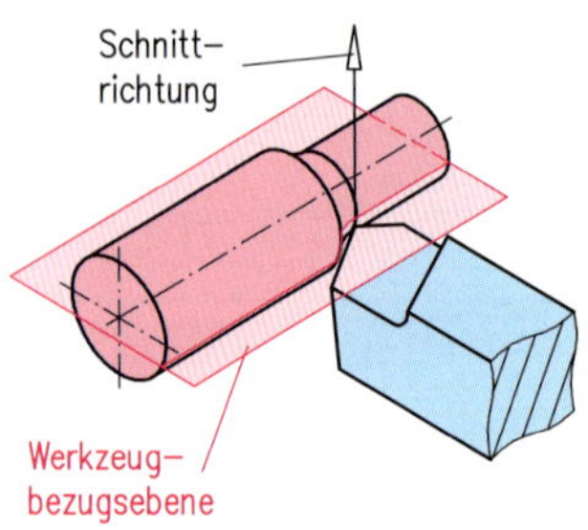

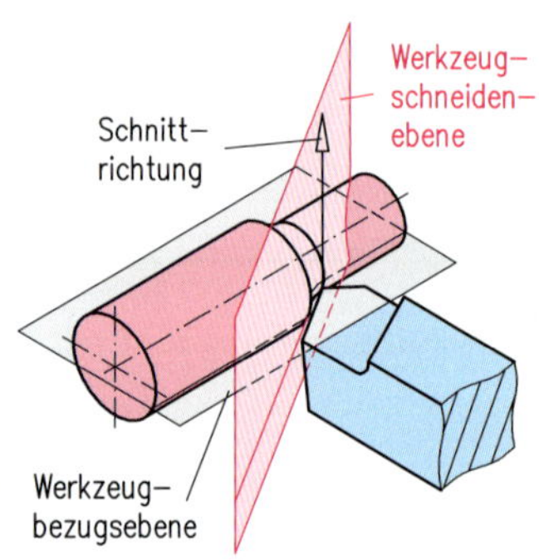

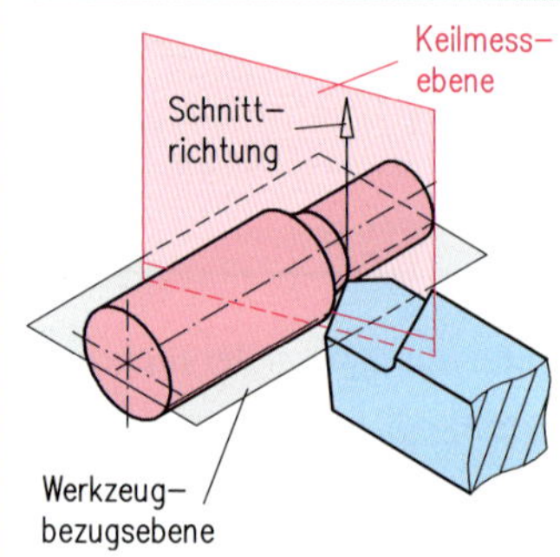

Werkzeugbezugsebene	Werkzeugschneidenebene	Keilmessebene
Die Werkzeugbezugsebene liegt senkrecht zur Schnittrichtung und meist parallel zur Auflagefläche des Drehmeißels.	Die Werkzeugschneidenebene verläuft in Richtung der Hauptschneide und steht senkrecht zur Werkzeugbezugsebene.	Die Keilmessebene steht sowohl senkrecht zur Werkzeugbezugs- wie auch zur Werkzeugschneidenebene; sie ist die Messebene für Winkel am Scheidkeil.

2. Winkel an der Meißelschneide

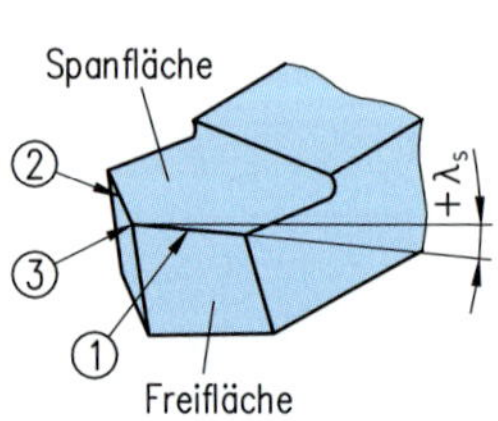

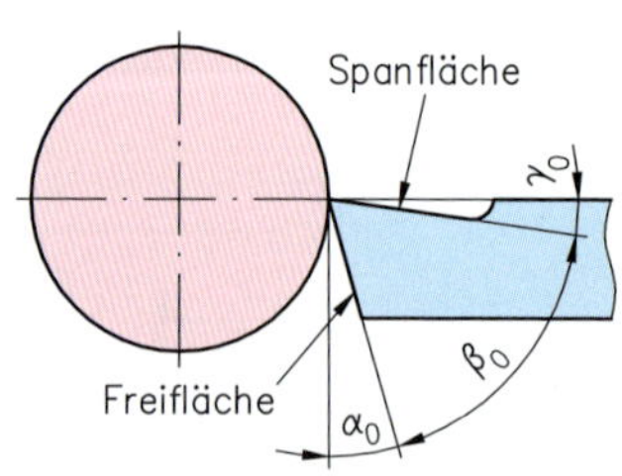

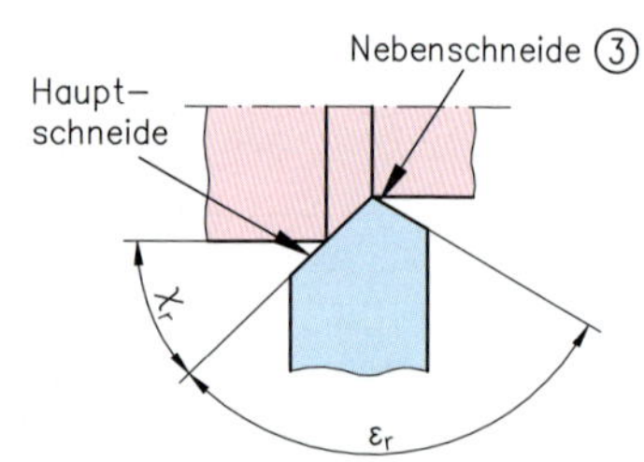

① Hauptschneide: Sie übernimmt hauptsächlich die Spanabnahme, sie weist in Vorschubrichtung.
② Nebenschneide: Sie ist geringfügig an der Spanabnahme mitbeteiligt.
③ Schneidenecke: Ecke zwischen Haupt- und Nebenschneide meist mit Schneidenradius abgerundet
β_o Keilwinkel: Winkel zwischen Spanfläche und Freifläche
γ_o Spanwinkel: Winkel zwischen der Spanfläche und einer waagerechten Bezugsfläche
α_o Freiwinkel: Winkel zwischen der Freifläche und einer senkrechten Bezugsfläche
ε_r Eckenwinkel: Winkel zwischen der Hauptschneide und der Nebenschneide
$\varkappa_r$ Einstellwinkel: Winkel zwischen der Hauptschneide und der Vorschubrichtung
λ_s Neigungswinkel: Winkel zwischen der Hauptschneide und einer waagerechten Bezugsebene

Übungsaufgaben 6/10; 6/11; 6/12

6.3.2 Einfluss der Winkel am Drehmeißel

1. Einfluss des Spanwinkels γ_o

Große Spanwinkel ergeben günstige Schnittkräfte und daher geringe Schneidenbelastungen. Deshalb können hohe Zerspanleistungen mit großen Spanwinkeln erreicht werden. Eine Vergrößerung ergibt jedoch eine Schwächung des Schneidkeils. Daher sind große Spanwinkel nur bei weichen und zähen Werkstoffen möglich. Bei Verkleinerung des Spanwinkels erhöht sich die Schneidenbelastung, die Zerspanleistung sinkt. Die Stabilität des Schneidkeils nimmt mit kleinerem Spanwinkel zu, sodass die Gefahr von Schneidenausbrüchen absinkt. Kleine oder negative Spanwinkel verwendet man für harte und spröde Werkstoffe und bei unterbrochenem Schnitt.

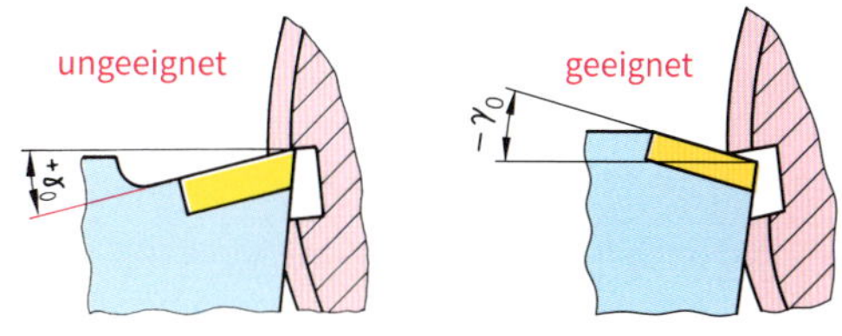

Eignung der Schneide bei unterbrochenem Schnitt

Werkstoff des Werkstücks	Spanwinkel λ_o bei SS-Stahl	Spanwinkel λ_o bei Hartmetall
Messing, hartes Gusseisen	0–8°	0–5°
hochfeste Stähle, Stahlguss	12–15°	10–12°
Stahl mit R_m bis 700 N/mm², weiches Gusseisen	15–20°	14–18°
Al und Al-Legierungen	20–40°	30–35°

Richtwerte für den Spanwinkel bei nicht unterbrochenem Schnitt

> **!** Für weiche, zähe Werkstoffe wählt man große Spanwinkel.
> Für harte, spröde Werkstoffe wählt man kleine Spanwinkel.

2. Einfluss des Freiwinkels α_o

Eine Vergrößerung des Freiwinkels bewirkt eine Verringerung der Reibung zwischen Werkzeug und Werkstück. Dadurch wird jedoch nur eine unbedeutende Erhöhung der Standzeit des Meißels erreicht. Man wählt Freiwinkel zwischen 3 und 12°. Für härtere Werkstoffe verwendet man die kleineren Freiwinkel.

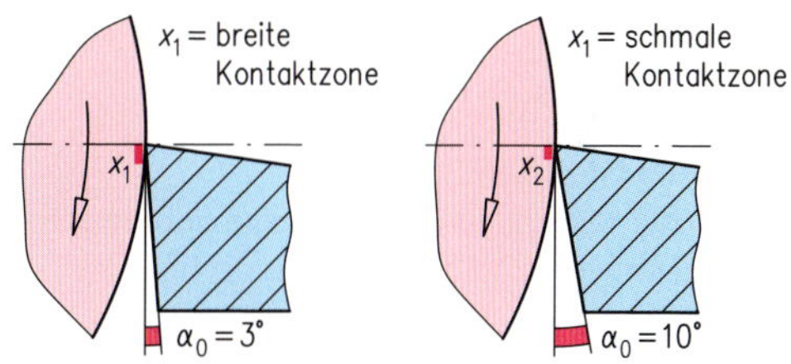

Freiwinkel und Kontaktzone

> **!** Veränderungen des Freiwinkels beeinflussen die Zerspanungsbedingungen kaum.

3. Einfluss des Einstellwinkels $\varkappa_r$

Der Einstellwinkel hat Einfluss auf die Lange des im Eingriff befindlichen Teils der Hauptschneide. Bei gleichem Vorschub und gleicher Schnitttiefe a_p ist bei allen Einstellwinkeln der Spanungsquerschnitt gleich groß. Mit kleinerem Einstellwinkel vergrößert sich das Schneidenstück, das die Spanabnahme vornimmt. Bei langen im Eingriff befindlichen Schneiden verteilt sich die Belastung, zudem wird die entstehende Wärme besser abgeführt. Daher wählt man für Schruppbearbeitungen kleine Einstellwinkel.

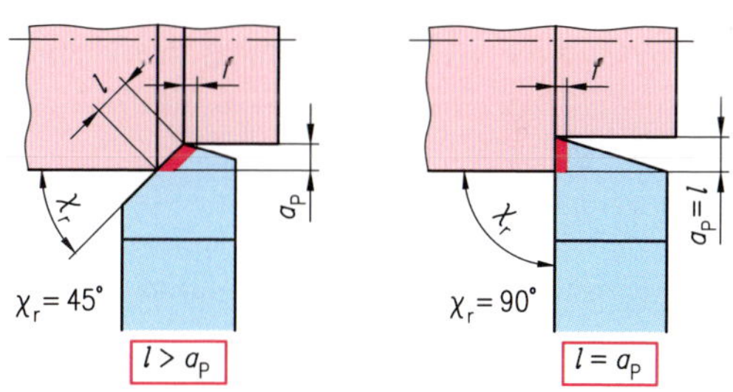

Einstellwinkel und Eingriffslänge

Die Gefahr der Durchbiegung beim Drehen langer, dünner Wellen wird bei einem großen Einstellwinkel verringert, weil dadurch die Kraft quer zur Drehachse, die Passivkraft F_p, verringert wird.

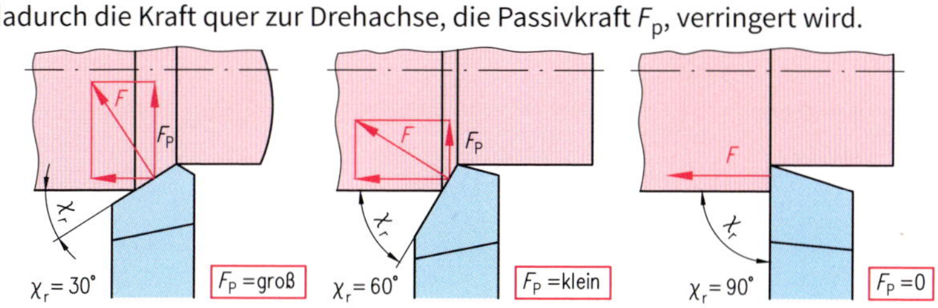

Einstellwinkel und Passivkraft

> **!** Zur Schruppbearbeitung wählt man kleine Einstellwinkel.
> Zum Drehen von langen, dünnen Wellen wählt man den Einstellwinkel $\varkappa_r = 90°$.

Übungsaufgaben 6/13; 6/14

4. Einfluss des Neigungswinkels λ_s

Ein Neigungswinkel wird als positiv bezeichnet, wenn die Hauptschneide von der Schneidenecke aus nach hinten abfällt. Der Neigungswinkel ist negativ, wenn die Hauptschneide von der Schneidenecke aus nach hinten ansteigt. Meist wird mit $\lambda_s = 0°$ oder mit kleinem positiven Neigungswinkel gedreht.

positiver Neigungswinkel	negativer Neigungswinkel
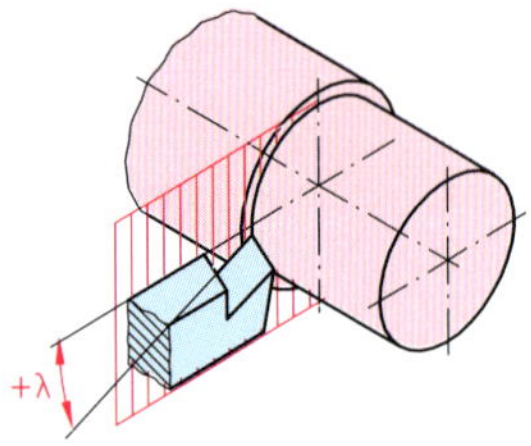 Einsatz bei • gut zerspanbaren Werkstoffen, • nicht unterbrochenem Schnitt	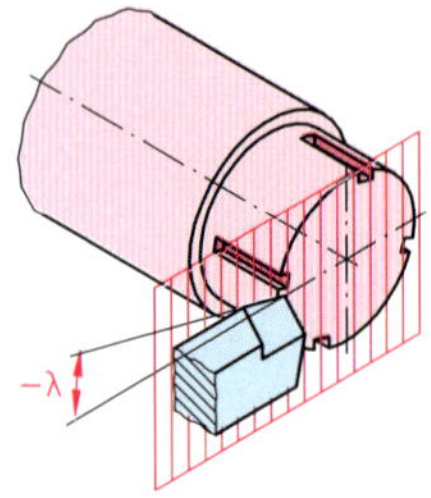 Einsatz bei • schwer zerspanbaren Werkstoffen und Gussoberflächen, • unterbrochenem Schnitt

> **!**
> - Beim Drehen von weichen und gut zerspanbaren Werkstoffen wählt man bei günstigen Zerspanungsbedingungen Neigungswinkel zwischen 0 und + 4°.
> - Beim Drehen von harten und schwer zerspanbaren Werkstoffen wählt man bei ungünstigen Zerspanungsbedingungen Neigungswinkel zwischen 0 und – 4°.

6.3.3 Bauarten von Drehmeißeln

1. Grundformen der Drehmeißel

Drehmeißel haben häufig rechteckige oder quadratische Querschnitte. Für das Innendrehen werden auch runde Querschnitte verwendet. Der Querschnitt eines Drehmeißels soll möglichst groß gewählt werden, um elastische Verformungen und damit Maßabweichungen an Werkstücken einzuschränken. Der Verlauf der **Mittellinie** durch Schaft und Schneidkopf ist für die **Benennung des Meißels** entscheidend. In der Längsrichtung können Drehmeißel gerade, gebogen oder abgesetzt sein.

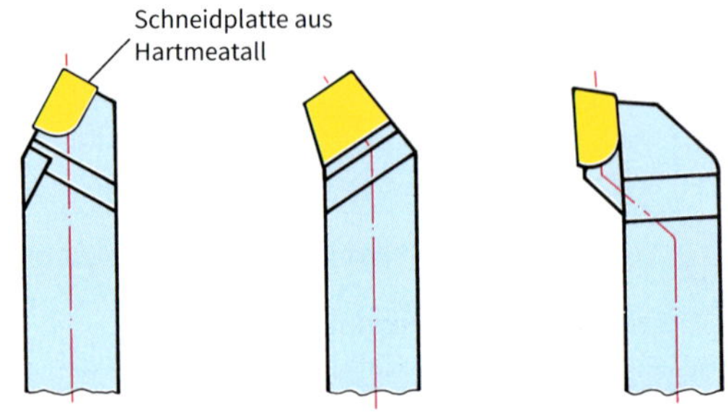

2. Linke und rechte Drehmeißel

Nach der Lage der Hauptschneide unterscheidet man rechte und linke Drehmeißel. Für die Klärung der normgerechten Bezeichnung sieht der Betrachter auf die Spanfläche des Meißels, dabei muss der Schaft von ihm fortgerichtet sein.

Beispiele für die Einteilung in linke und rechte Drehmeißel

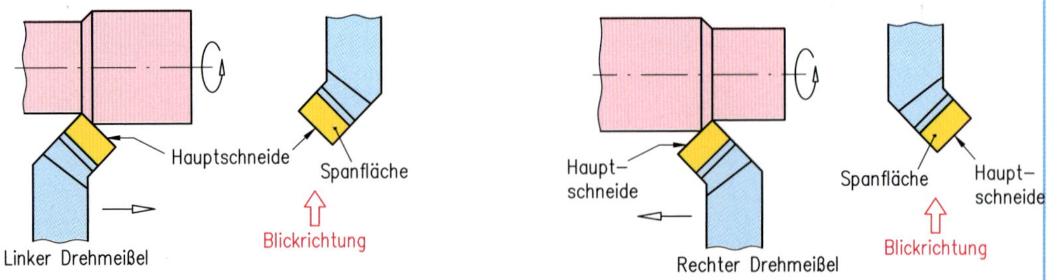

> **!**
> Sieht der Betrachter von der Schneide aus in Schaftrichtung,
> - dann ist es ein rechter Drehmeißel, wenn die Hauptschneide rechts liegt,
> - dann ist es ein linker Drehmeißel, wenn die Hauptschneide links liegt.

Übungsaufgabe 6/15

3. Gebräuchliche Drehmeißelformen

Für unterschiedliche Dreharbeiten sind Drehmeißel mit verschiedenen Formen erforderlich. Viele Drehmeißel sind in ihrer Formgebung durch DIN-Normen festgelegt.

Beispiele für den Einsatz gebräuchlicher Drehmeißel

Längs-Runddrehen

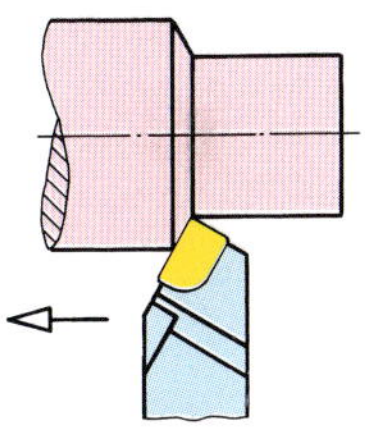

gerader rechter Drehmeißel

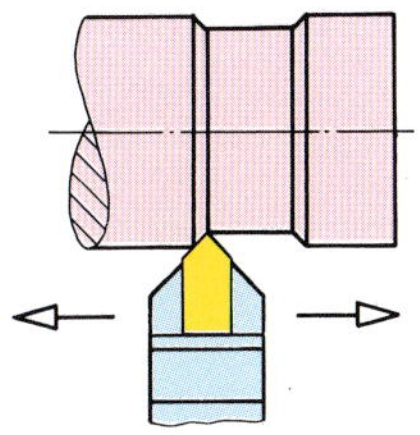

spitzer Drehmeißel

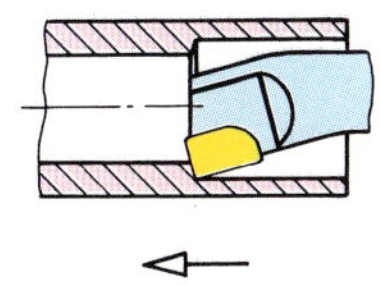

rechter Innendrehmeißel

Quer-Plandrehen

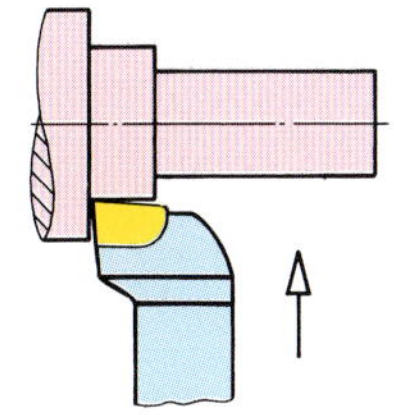

abgesetzter rechter Stirndrehmeißel

4. Ausführungsarten von Drehmeißeln

Einteilige Drehmeißel bestehen aus Schnellarbeitsstahl. Sie werden nach Bedarf aus Rohlingen (Drehlingen) geschliffen. Sie werden in der Einzelfertigung zum Profildrehen verwendet.
Drehmeißel aus unlegiertem Stahl mit eingelöteten Hartmetallplatten finden ähnliche Verwendung.
Zur Serienfertigung werden ausschließlich Drehmeißel mit auswechselbaren Schneidplatten eingesetzt.

Beispiele für Ausführungsarten von Drehmeißeln

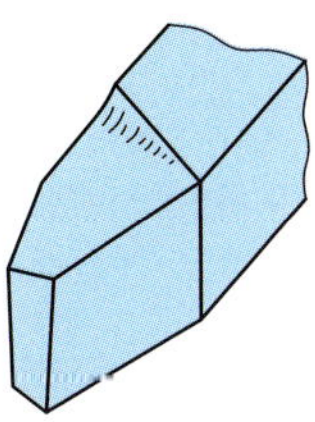

Drehmeißel aus HSS

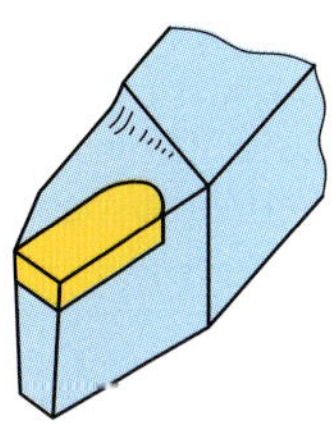

Drehmeißel mit eingelöteter Hartmetallschneidplatte

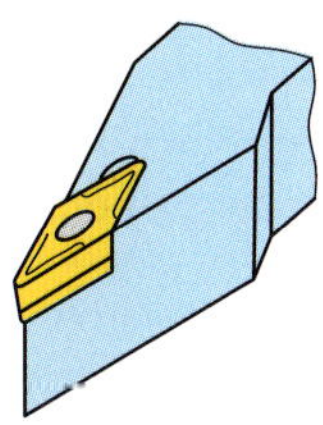

Drehmeißel mit eingeschraubter Schneidplatte

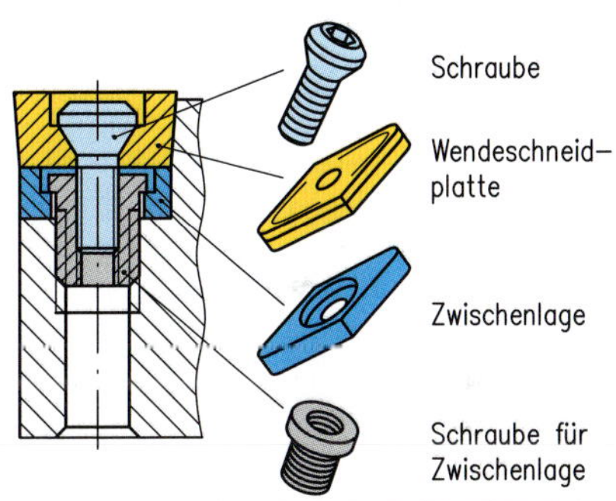

6.4 Spannen und Stützen der Werkstücke

Zum Drehen müssen die Werkstücke sicher, schnell und mit gutem Rundlauf eingespannt werden. Die Art der Werkstückeinspannung richtet sich nach der Form und Größe des Werkstücks und nach der Anzahl gleicher Werkstücke.

6.4.1 Spannen im Spannfutter

Kurze Werkstücke, z. B. Rundteile verschiedener Durchmesser oder Sechskantprofile, werden in das **Dreibackenfutter** eingespannt. Zum Spannen der Vierkant- oder Achtkantprofile ist ein **Vierbackenfutter** erforderlich.

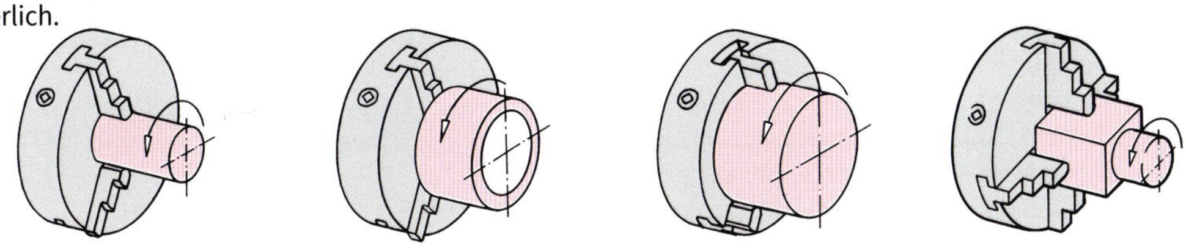

! Kurze Drehteile spannt man in Dreibacken- oder Vierbackenfutter.

6.4.2 Spannen auf Planscheiben

Zum Spannen von *unregelmäßig geformten, großen Werkstücken* werden Planscheiben eingesetzt. Die Planscheiben werden direkt auf dem Kopf der Arbeitsspindel befestigt.
Im meist großformatigen Grundkörper der Planscheiben erlauben einzeln verstellbare Spannbacken variable Werkstückeinspannungen. Je nach Form werden Werkstücke ohne Spannbacken direkt mit Spannlaschen und Spannschrauben oder anderen Hilfsteilen befestigt.
Bei sehr unregelmäßig geformten Werkstücken kann der Gesamtschwerpunkt stark nach außen verlagert sein. Durch Aufschrauben von Gegengewichten muss eine solche Unwucht ausgeglichen werden.

Beispiele zum Spannen von Werkstücken auf Planscheiben

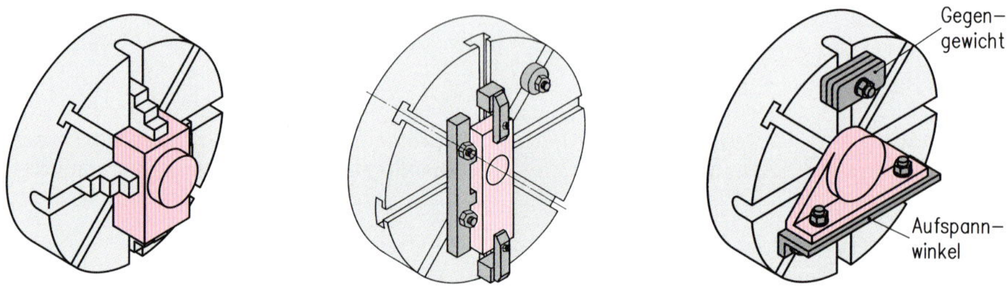

> **!** Planscheiben dienen zum Spannen von großen, unregelmäßig geformten Werkstücken, die durch Drehen bearbeitet werden. Werkstücke können mit einzeln verstellbaren Spannbacken, mit Spannlaschen und -schrauben oder mithilfe von Spannwinkeln auf der Planscheibe befestigt werden.

1. Ausrichten von Werkstücken

Bei der Einzelteilfertigung von massiven Werkstücken erfolgt das Ausrichten nach einem in der Drehmitte geschlagenen Körnerpunkt. Das Werkstück wird mit einer Zentrierspitze im Reitstock ausgerichtet und dann gespannt. Bei Kleinserien wird die Einspannlage durch Anschläge festgehalten, sodass bei den nachfolgenden Spannvorgängen eine hohe Wiederholgenauigkeit ohne erneutes Ausrichten gewährleistet ist.

Beispiele für das Ausrichten von Massivteilen

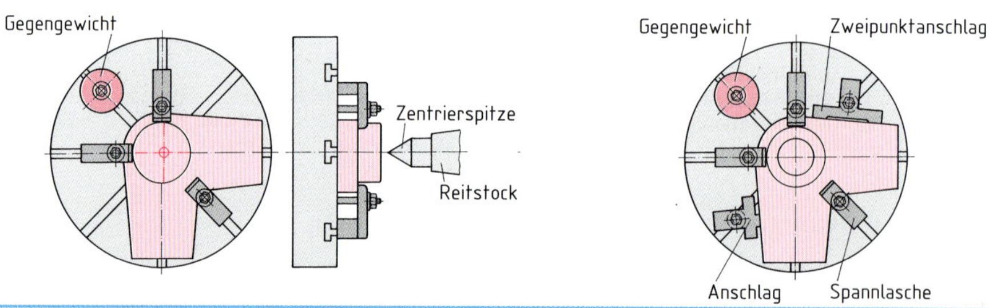

– Ausrichten von Werkstücken mit zylindrischen Außen- oder Innenformen

Gegossene, geschmiedete oder geschweißte Werkstücke mit zylindrischen Außen- oder Innenformen werden zunächst nach Augenmaß auf der Planscheibe ausgerichtet und leicht festgespannt. Mithilfe eines Parallelreißers wird der Rundlauf des Werkstücks überprüft und die Einspannlage korrigiert und dann fixiert.
Bei vorgedrehten Zapfen oder Bohrungen wird das Ausrichten mit einer Messuhr vorgenommen, welche wie die Reißnadel in einem Stativ gehalten wird.

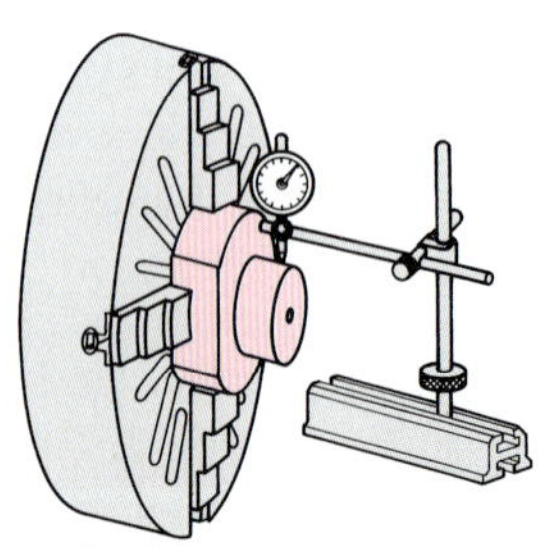

Ausrichten von Werkstücken mit einer Messuhr

> **!** Werkstücke müssen auf der Planscheibe so ausgerichtet werden, dass die Drehmitte mit der Achse der Arbeitsspindel übereinstimmt.

6.4.3 Spannen in Spannzangen

Zum schnellen Einspannen von zylindrischen Werkstücken mit kleinem Durchmesser verwendet man bei mittleren und großen Stückzahlen Spannzangen. Eine Spannzange ist ein geschlitzter Hohlkörper, der beim Spannen etwas in die Drehspindel hineingezogen wird. Dabei wird der geschlitzte Kegel der Spannzange zusammengedrückt und hält das Werkstück durch Kraftschluss.

Die Spannzange wird entweder direkt in die kegelige Aufnahmebohrung der Arbeitsspindel eingesetzt oder in ein besonderes Schnellspannfutter für Spannzangen eingeschraubt. Zur Aufnahme des Werkstücks besitzt die Spannzange eine zentrische Bohrung, die nur das Spannen in einem kleinen Durchmesserbereich erlaubt, z. B. 10 ± 0,25.

Spannzange

> **!** Mit Spannzangen können Drehteile mit kleinen Durchmessern gespannt werden.

6.4.4 Spannen zwischen Zentrierspitzen

Werkstücke können auch zwischen zwei Zentrierspitzen bearbeitet werden. Dies ist erforderlich, wenn ein Werkstück für verschiedene Arbeitsgänge umgespannt werden muss. Beim Drehen zwischen zwei Zentrierspitzen erzielt man stets einen guten Rundlauf.
Eine stirnseitige Mitnahme des Werkstücks durch die Schneiden eines Stirnseiten-Mitnehmers erlaubt ein Überdrehen der gesamten Werkstücklänge ohne Umspannen.

Spannen zwischen zwei Zentrierspitzen mit Stirnseiten-Mitnehmer

> **!** Beim Spannen von Drehteilen zwischen zwei Zentrierspitzen erfolgt die Mitnahme durch eine Mitnehmerscheibe mit einem Drehherz oder durch einen Stirnseiten-Mitnehmer.

6.5 Spezielle Drehverfahren

6.5.1 Kegeldrehen

– Oberschlittenverstellung

Der Oberschlitten wird um den halben Kegelwinkel verstellt, sodass die Bewegung des Oberschlittens entlang der zu fertigenden Mantellinie erfolgt. Die Vorschubbewegung wird meist von Hand ausgeführt. Mit diesem Verfahren können nur kurze Kegel gefertigt werden, da der Vorschubweg des Oberschlittens verhältnismäßig kurz ist. Den Verstellwinkel des Oberschlittens nennt man **Einstellwinkel** $\frac{\alpha}{2}$.

$$\text{Einstellwinkel} = \frac{\text{Kegelwinkel}}{2} = \frac{\alpha}{2}$$

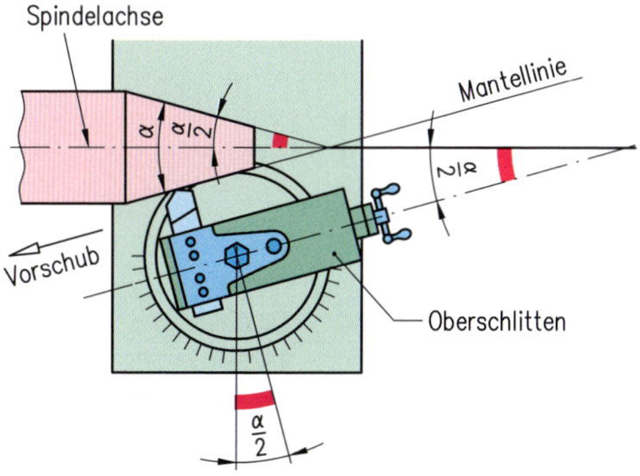

Kegeldrehen durch Oberschlittenverstellung

6.5.2 Gewindedrehen

1. Werkstück- und Werkzeugbewegungen

Beim Gewindedrehen werden in Wellen oder Bohrungen entlang einer Schraubenlinie Gewindegänge in den Werkstoff geschnitten. Die Schneidenform des Drehmeißels entspricht dem Gewindeprofil. Der Vorschub des Drehmeißels bei einer Umdrehung muss gleich der Gewindesteigung *P* sein.

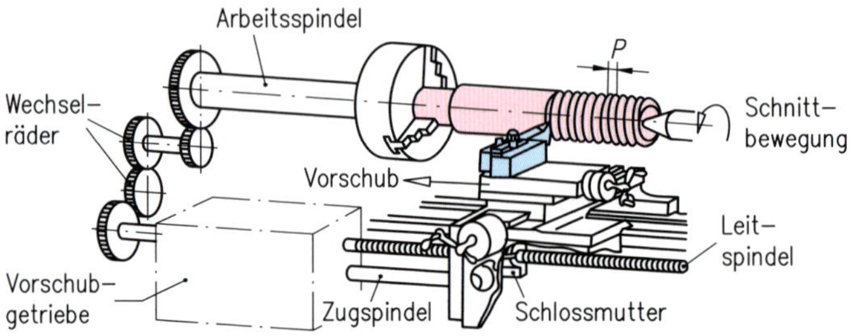

Gewindedrehen

Die Abstimmung der Schnittbewegung mit der Vorschubbewegung erfolgt über Zahnradgetriebe. Von der Arbeitsspindel wird die Drehbewegung über auswechselbare Zahnräder auf das Vorschubgetriebe übertragen. Mithilfe einer Gewindespindel – der Leitspindel – und einer Mutter – der Schlossmutter – wird die Drehbewegung in die Längsbewegung des Bettschlittens umgesetzt.
Häufig vorkommende Gewindesteigungen werden am Vorschubgetriebe der Drehmaschine eingestellt. Für selten verlangte Gewindesteigungen müssen Wechselräder entsprechend ausgetauscht werden.

2. Einspannung des Drehmeißels

Der Gewindedrehmeißel muss als Formmeißel so eingespannt werden, dass die Schneiden das gewünschte Gewindeprofil erzeugen. Dazu muss der Drehmeißel:

- mittig eingespannt sein,
- einen Spanwinkel $\gamma_o = 0°$ haben,
- mit der Werkstückachse einen rechten Winkel bilden.

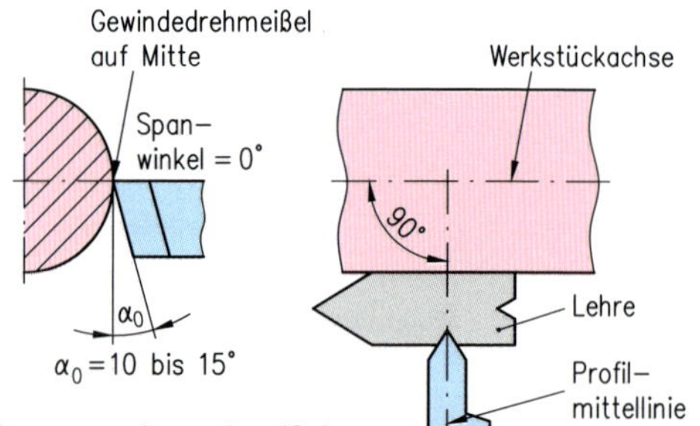

Einspannen des Drehmeißels

> **!** Zum Gewindeschneiden muss der Drehmeißel auf der Werkstückmitte und mit seiner Profilmittellinie senkrecht zur Werkstückachse eingestellt werden.

3. Schnittfolge beim Gewindedrehen

Gewindedrehen erfolgt in mehreren Arbeitsgängen. Bei der Schruppbearbeitung des Gewindes wird der Meißel so zugestellt, dass die Spanabnahme hauptsächlich von einer der beiden Meißelschneiden ausgeführt wird. Deshalb wird der Drehmeißel vom zweiten Schruppspan an quer und längs zur Drehachse zugestellt. Beim Schlichten wird mit beiden Schneiden gleichzeitig geschnitten, sodass das Gewinde die gewünschte Profilform erhält.

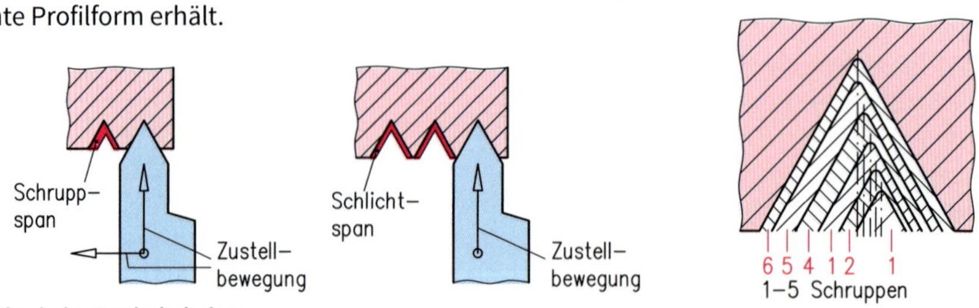

Schnittfolge beim Gewindedrehen

> **!** Beim Schruppen soll der Drehmeißel bevorzugt mit einer Schneide schneiden. Beim Schlichten sollen beide Schneiden gleichmäßig eingreifen.

Übungsaufgabe 6/25

6.6 Einflussgrößen auf die Oberflächenbeschaffenheit beim Drehen

Die Oberflächenbeschaffenheit beim Drehen wird bestimmt durch:

- die Schnittbedingungen,
- die Schneidengeometrie,
- den Schneidstoff und
- die Zerspanbarkeit des Werkstoffs.

Als Maß für die Oberflächengüte wird häufig die gemittelte Rautiefe *Rz* gewählt.

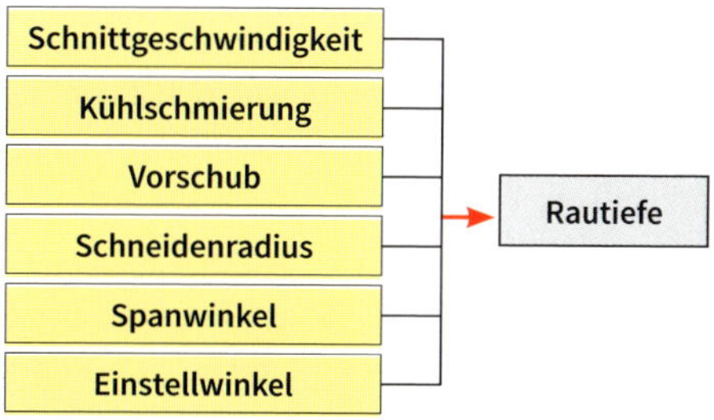

Die wichtigsten Einflussgrößen auf die Rautiefe

1. Schnittgeschwindigkeit und Kühlschmierung

Je nach Größe der Schnittgeschwindigkeit ist eine unterschiedlich starke Aufbauschneidenbildung zu beobachten. Die **Aufbauschneide** entsteht durch Verschweißung kleiner Werkstoffteilchen auf der Spanfläche und wird

- *groß* bei niedrigen bis mittleren Schnittgeschwindigkeiten und bleibt
- *sehr klein* bei hohen Schnittgeschwindigkeiten.

Kleine Partikel der sich periodisch aufbauenden und wieder abreißenden Aufbauschneide gleiten zwischen Span- und Freifläche ab und verursachen so eine große Rautiefe.

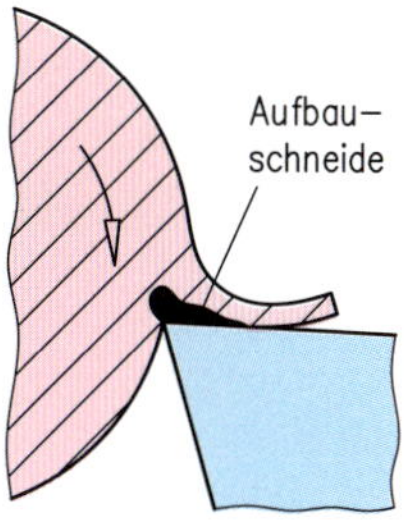

Bildung der Aufbauschneide

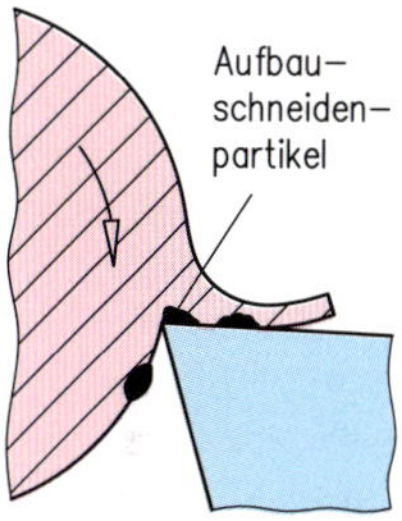

Abscherung der Aufbauschneide

Die **Kühlschmierung** verbessert die Oberflächenbeschaffenheit. Eine Verbesserung ist zu erreichen durch:

- eine gute Schmierung bei niedrigen Schnittgeschwindigkeiten und
- eine gute Kühlung bei hohen Schnittgeschwindigkeiten.

In beiden Fällen wirkt der Kühlschmierstoff verschleißmindernd und reduziert die Aufbauschneidenbildung.

> **!** Zu einer Verringerung der Rautiefe führen:
> - die Erhöhung der Schnittgeschwindigkeit und
> - ein angepasster Kuhlschmiermitteleinsatz.

2. Vorschub und Schneidenradius

Beim Drehen haben der Schneidenradius und der Vorschub entscheidenden Einfluss auf die Oberflächenbeschaffenheit. Die zu erwartende Rautiefe R_t lässt sich überschlägig nach folgender Formel berechnen:

$$R_t = \frac{f^2}{8 \cdot R}$$

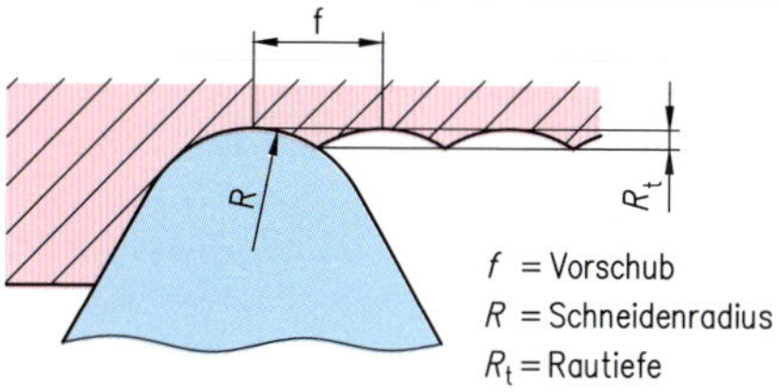

Rautiefe und Schneidenradius

Der Zusammenhang zwischen Rautiefe, Vorschub und Schneidenradius wird häufig in Diagrammen dargestellt. Mithilfe solcher Diagramme oder der obigen Formel kann ermittelt werden, ob bei einem bestimmten Vorschub eine vorgegebene Rautiefe erreicht werden kann.

> **!** Je kleiner der Vorschub und je größer der Schneidenradius, desto geringer wird die Rautiefe.

3. Span- und Einstellwinkel

Mit zunehmendem positiven Spanwinkel verbessert sich der Spanablauf. Dabei nehmen die mechanischen und thermischen Belastungen ab, was zu einer Verbesserung der Oberflächenbeschaffenheit führt.
Zu kleine Einstellwinkel erhöhen die Gefahr von Ratterschwingungen, welche die Oberflächenqualität beeinträchtigen.

> **!** Je größer der positive Spanwinkel, desto geringer ist die Rautiefe. Der Einstellwinkel darf dabei ein Mindestmaß nicht unterschreiten.

6.7 Berechnungen zum Drehen

6.7.1 Wahl der Schnittgeschwindigkeit und Berechnung der Umdrehungsfrequenz

Die Wahl der Schnittgeschwindigkeit richtet sich nach folgenden Faktoren:

- Schlichten oder Schruppen,
- Werkstoff des Werkstücks,
- Werkstoff der Werkzeugschneide,
- Standzeit des Werkzeugs.

Die genaue Bestimmung der Schnittdaten sollte nach den Angaben der Werkzeughersteller erfolgen. Diese haben für die unterschiedlichsten Schneidenwerkstoffe umfangreiche Tabellen erstellt.

Zum Einstellen der Drehmaschine bestimmt man Schnitttiefe, Vorschub und Schnittgeschwindigkeit.

Richtwerte für das Zerspanen mit Hartmetall-Drehmeißeln (Standzeit 30 min)

Werkstoff des Werkstücks	Schruppen und unterbrochener Schnitt			Schlichten		
	HM-Sorte	Vorschub in mm	Schnittgeschwindigkeit in m/min	HM-Sorte	Vorschub in mm	Schnittgeschwindigkeit in m/min
Unlegierte Stähle bis 500 $\frac{N}{mm^2}$ Zugfestigkeit	**P20** **P30** **BK[1]**	0,4–0,8 0,5–1,2 0,3–0,5	120– 70 90– 60 200–150	**P01** **P10** **BK[1]**	bis 0,1 0,1–0,4 bis 0,1	300–250 220–160 300–250
Unlegierte Stähle über 500–700 $\frac{N}{mm^2}$ Zugfestigkeit	**P25** **P40** **BK[1]**	0,6–1,2 1,2–2,5 0,3–0,6	110– 50 65– 30 200–150	**P01** **P10** **BK[1]**	bis 0,1 0,1–0,4 bis 0,1	240–180 200–150 220–160
Niedrig legierte Stähle 850–1 400 $\frac{N}{mm^2}$ Zugfestigkeit	**P25** **P30** **P40**	0,6–1,0 0,6–1,2 1,2–2,5	80– 40 60– 25 30– 15	**P10** **M10** **BK[1]**	0,1–0,4 0,1–0,3 bis 0,1	140– 70 110– 60 300–200
Nicht rostende Stähle bis 700 $\frac{N}{mm^2}$ Zugfestigkeit	**M10** **P20**	0,2–0,5 0,1–0,4	80– 60 70– 50	**M10** **K20** **BK[1]**	0,1–0,3 0,2–0,4 0,1–0,2	100– 50 80– 40 150–120
Werkzeugstähle 1 500–1 900 $\frac{N}{mm^2}$ Zugfestigkeit	**K20** **P30**	0,2–0,6 0,3–0,8	40– 25 30– 15	**P10** **K10** **BK[1]**	0,1–0,3 0,1–0,5 bis 0,1	55– 45 45– 10 18–150
Gusseisen bis 200 $\frac{N}{mm^2}$ Zugfestigkeit	**K20**	0,3–1,2	70– 30	**K10** **BK1[2]**	0,1–0,5 bis 0,3	80 – 40 180–160
Aluminium-legierungen	**K10** **BK[1]**	0,3–0,6 0,3–0,6	450–250 450–250	**K10** **BK[1]**	0,1–0,3 bis 0,1	900–600 1 200–900
Kupfer und Kupferlegierungen	**K10**	0,3–0,6	300–200	**K10**	bis 0,1 0,1–0,3	600–500 500–300
Duroplaste mit organischen Füllstoffen	**K10**	0,3–0,6	200–100	**K01**	bis 0,1 0,1–0,3	400–350 350–150
Duroplaste mit anorganischen Füllstoffen	**K01**	0,1–0,3	70– 45	**K05**	bis 0,1	100– 60

1 BK-TiC-TiN-Mehrfachbeschichtung auf P25 Grundhartmetall
2 BK1 Aluminiumoxid-Beschichtung (keramisch)

Aus der gewählten Schnittgeschwindigkeit wird für den zu bearbeitenden Werkstückdurchmesser die einzustellende Umdrehungsfrequenz berechnet.

$$n = \frac{v_c}{d \cdot \pi}$$

n Umdrehungsfrequenz in $\frac{1}{\text{min}}$
d Werkstückdurchmesser in m
v_c Schnittgeschwindigkeit in m/min

Die einzustellende Umdrehungsfrequenz kann auch aus Diagrammen ermittelt werden.

Beispiel

Gegeben:
Schnittgeschwindigkeit
$v_c = 20 \frac{\text{m}}{\text{min}}$

Drehdurchmesser
$d = 100$ mm

Lösung:
Gesuchte Umdrehungsfrequenz:
$n = 63 \frac{1}{\text{min}}$

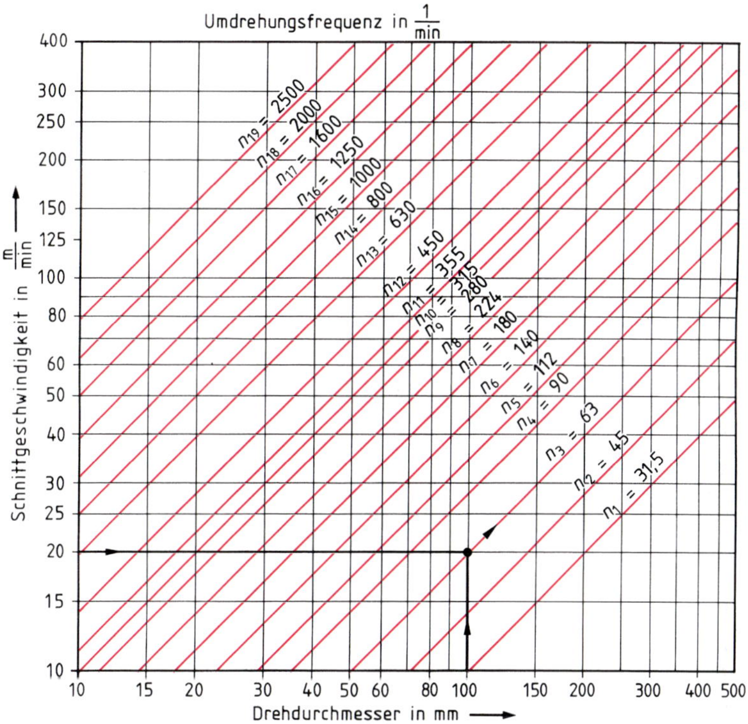

Diagramm zur Bestimmung der Umdrehungsfrequenz

6.7.2 Berechnung des Spanungsquerschnitts *S*

Der Spanungsquerschnitt ist das Produkt aus Schnitttiefe und Vorschub:

$$S = a_p \cdot f$$

S Spanungsquerschnitt
a_p Schnitttiefe
f Vorschub
h Spannungsdicke

Als Schnitttiefe wählt man beim Schruppen das 6- bis 10-Fache des Vorschubs, beim Schlichten richtet sich die Schnitttiefe nach der Bearbeitungszugabe.
Die für die Schnittkraftbestimmung erforderliche Spanungsdicke h errechnet man aus:

$$h = f \cdot \sin \varkappa_r$$

h Spanungsdicke
$\varkappa_r$ Einstellwinkel

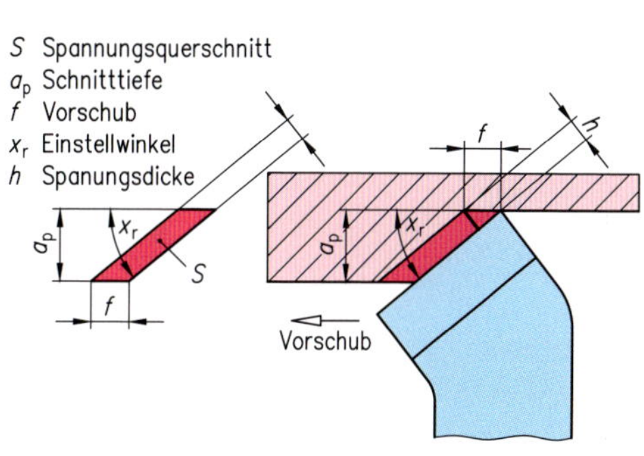

Vorschub und Schnitttiefe

! Schnitttiefe zum Schruppen $a_p = (6 \text{ bis } 10) \cdot f$

6.7.3 Berechnung der Hauptnutzungszeit t_h

Die reine Nutzungszeit der Drehmaschine, also die Zeit, in der die Maschine das Werkstück bearbeitet, ist die Hauptnutzungszeit t_h. Die Hauptnutzungszeit wird aus dem Vorschubweg, der Zahl der Schnitte und dem Vorschub berechnet. Der Vorschubweg ist der Weg, auf dem das Werkzeug im Eingriff ist, plus dem Anschnittweg und ggf. dem Überlaufweg.

Längs-Runddrehen

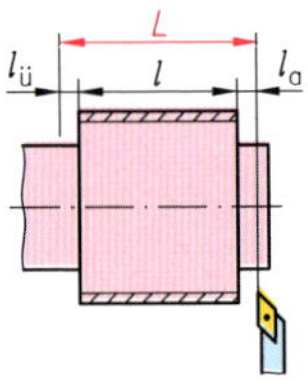

$L = l + l_a + l_ü$

$l_a \approx l_ü \approx 2\ \text{mm}$

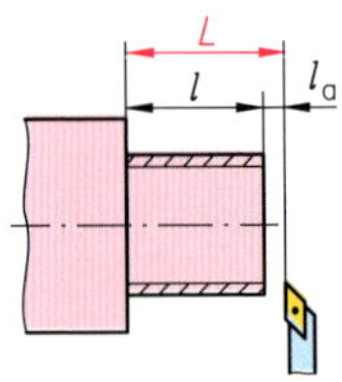

$L = l + l_a$

Quer-Plandrehen

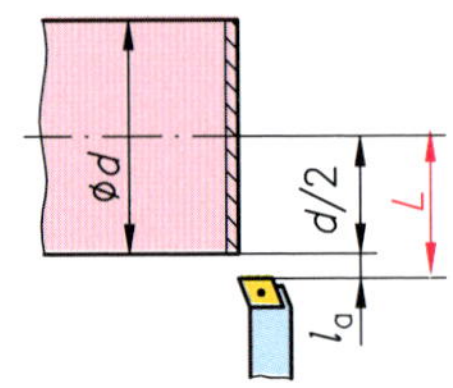

$L = \frac{d}{2} + l_a$

$l_a \approx 2\ \text{mm}$

$l_ü = 0$

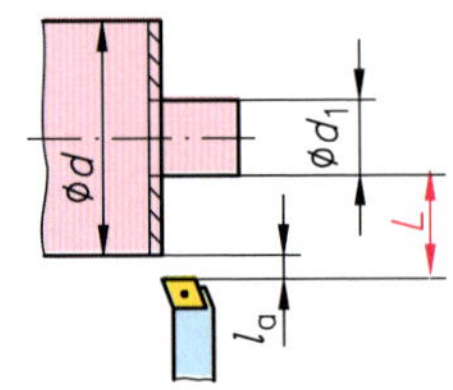

$L = \frac{d - d_1}{2} + l_a$

Formelzeichen

- L Vorschubweg
- l Werkstücklänge
- l_a Anschnittlänge
- $l_ü$ Überlauflänge
- d Werkstückdurchmesser
- t_h Hauptnutzungszeit
- i Anzahl der Schnitte
- f Vorschub
- n Umdrehungsfrequenz

Hauptnutzungszeit: $t_h = \frac{L \cdot i}{n \cdot f}$

Beispiel für die Berechnung der Hauptnutzungszeit

Aufgabe:

Eine Welle aus E 295 mit 60 mm Durchmesser und 219 mm Länge soll auf 50 mm Durchmesser abgedreht werden. Der Drehmeißel hat eine Schneidplatte aus Hartmetall P20. Die Oberflächengüte soll Schlichtqualität haben ($Rz = 40\ \mu\text{m}$).

Gegeben:

$d = 60\ \text{mm}$ Schruppen $v_{c1} = 120\ \text{m/min}$ $f_1 = 0{,}5\ \text{mm}$

$l = 219\ \text{mm}$ Schlichten $v_{c2} = 300\ \text{m/min}$ $f_2 = 0{,}1\ \text{mm}$

$l_a = l_ü = 1\ \text{mm}$

Gesucht:

Hauptnutzungszeit t_h

Lösung:

Planung der Schnittaufteilung

Durchmesseränderung beim Schruppen 9 mm erfordert eine Schnitttiefe von $a_{p1} = 4{,}5\ \text{mm}$.
Durchmesseränderung beim Schlichten 1 mm erfordert eine Schnitttiefe von $a_{p2} = 0{,}5\ \text{mm}$.

Schruppen:

$$n_1 = \frac{v_{c1}}{d_1 \cdot \pi} = \frac{120\ \text{m}}{\text{min} \cdot 0{,}06\ \text{m} \cdot \pi} = \mathbf{636}\ \frac{\mathbf{1}}{\mathbf{min}}$$

$$L = 219\ \text{mm} + 2\ \text{mm} = 221\ \text{mm}$$

$$t_{h1} = \frac{L \cdot i}{n_1 \cdot f_1} = \frac{221\ \text{mm} \cdot 1 \cdot \text{min}}{636 \cdot 0{,}5\ \text{mm}} = \mathbf{0{,}69\ min}$$

Schlichten:

$$n_2 = \frac{v_{c2}}{d_2 \cdot \pi} = \frac{300\ \text{m}}{\text{min} \cdot 0{,}051\ \text{m} \cdot \pi} = \mathbf{1\,872}\ \frac{\mathbf{1}}{\mathbf{min}}$$

$$L = 219\ \text{mm} + 2\ \text{mm} = 221\ \text{mm}$$

$$t_{h2} = \frac{L \cdot i}{n_2 \cdot f_2} = \frac{221\ \text{mm} \cdot 1 \cdot \text{min}}{1\,872 \cdot 0{,}1\ \text{mm}} = \mathbf{1{,}18\ min}$$

Hauptnutzungszeit:

$t_h = t_{h1} + t_{h2}$ $t_h = 0{,}69\ \text{min} + 1{,}18\ \text{min}$ $t_h = \mathbf{1{,}87\ min}$

Übungsaufgaben 6/29 bis 6/33

6.7.4 Berechnung der Schnittkraft

Die beim Spanen auftretenden Kräfte bestimmen die Konstruktion der Werkzeugmaschine und ihre Leistung. Hohe Spankräfte dürfen nur geringe Verformungen der Maschine bewirken, da diese zwangsläufig zu Maßabweichungen am Werkstück führen. Schwankungen der Spankraft sind die Ursache von Schwingungen, welche neben Maßabweichungen zu einer Minderung der Oberflächengüte beitragen.
Die **Zerspankraft** ***F*** ist die auf den Schneidkeil wirkende Gesamtkraft. Die Zerspankraft kann nach verschiedenen Richtungen räumlich zerlegt werden.

Die *Schnittkraft* ist der Anteil der Zerspankraft, welcher die Spanabnahme bewirkt.

Die Schnitttkraft steigt mit
- zunehmender Festigkeit des zu bearbeitenden Werkstoffs,
- zunehmendem Vorschub und der zunehmenden Schnitttiefe,
- abnehmendem Spanwinkel,
- zunehmendem Verschleiß der Werkzeugschneide,
- abnehmender Schmierwirkung des Kühlschmiermittels.

Der Werkstoff geht in die Schnittkraftberechnung über seine spezifische Schnittkraft k_c ein. Da die spezifische Schnittkraft mit der Spanungsdicke h sinkt, muss sie für die einzelnen Werkstoffe in Abhängigkeit von h aus Tabellen oder Diagrammen ermittelt werden (vereinfachte Bestimmung).

Die **Schnittkraft** errechnet sich dann:

$$F_c = k_c \cdot S$$

F_c Schnittkraft
k_c spezifische Schnittkraft
S Spanungsquerschnitt

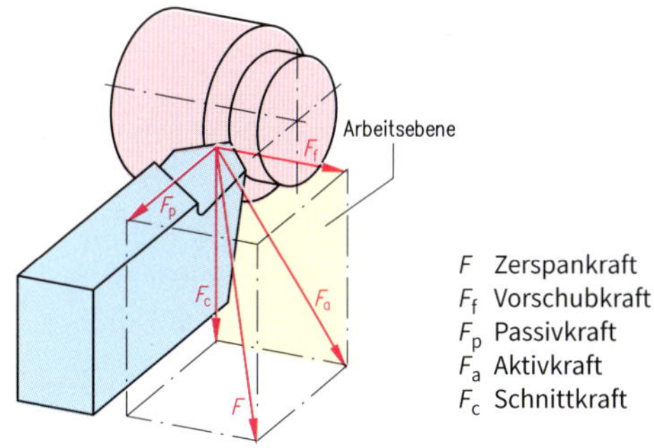

Zerlegung der Zerspankraft beim Drehen

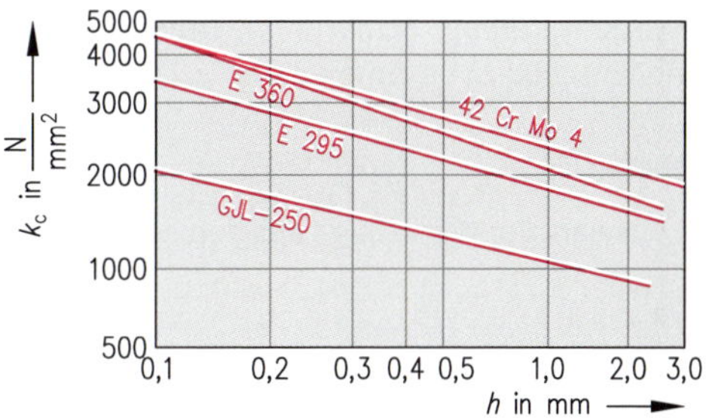

Diagramm zur Bestimmung der spezifischen Schnittkraft k_c in Abhängigkeit von der Spanungsdicke h

6.7.5 Berechnung der Schnittleistung

Aus der Schnittgeschwindigkeit, der Schnittkraft und dem Wirkungsgrad der Drehmaschine ergibt sich die für den Zerspanungsvorgang erforderliche Leistung.
Die erforderliche Motorleistung beim Wirkungsgrad η ist:

$$P_{zu} = \frac{L_c \cdot v_c}{h}$$

P_{zu} Leistungsaufnahme des Motors
F_c Schnittkraft
v_c Schnittgeschwindigkeit
η Wirkungsgrad

Beispiel für die Berechnung von Schnittkraft und Antriebsleistung

Aufgabe:
Ein Werkstück aus E 360 soll mit einer Schnittgeschwindigkeit von 150 m/min (2,5 m/s) bearbeitet werden.
Wirkungsgrad der Maschine 0,6; Spandicke 0,2 mm; Spanbreite 3,5 mm.
Es sind die Schnittkraft F_c und die erforderliche Leistungsaufnahme P_{zu} in kW zu berechnen.

Lösung:

$F_c = k_c \cdot h \cdot b$; k_c laut Diagramm $3\,500 \frac{N}{mm^2}$

$F_c = 3\,500 \frac{N}{mm^2} \cdot 0{,}2\text{ mm} \cdot 3{,}5\text{ mm} = \mathbf{2\,450\text{ N}}$

$P_{zu} = \frac{F_c \cdot v_c}{n}$

$P_{zu} = \frac{2\,450\text{ N} \cdot 2{,}5\text{ m}}{0{,}6\text{ s}} = 10\,208 \frac{Nm}{s} = \mathbf{10{,}21\text{ kW}}$

6.7.6 Bestimmung der Schnittwerte für einen Auftrag

Zur Ermittlung der Schnittwerte für einen Auftrag geht man nach Auswahl der geeigneten Drehmaschine meist in folgender Reihenfolge vor:

1. Wahl der Werkzeuge aus dem Werkzeugmagazin der Maschine,
2. Ermittlung der Schnittdaten aus Tabellen,
3. Berechnung der Umdrehungsfrequenz,
4. *nur für Schlichten:* prüfen, ob mit dem gewähltem Vorschub und dem Schneidenradius des Werkzeugs die mindestens geforderte Oberflächengüte erreicht werden kann,
5. Dokumentation der Schnittwerte im Arbeitsplan.

Beispiel für die Bestimmung der Schnittwerte für einen Auftrag

Auftrag:

Ein Bundbolzen aus 34CrNiMo6 soll entsprechend der Zeichnung an einer Seite von 45 mm Durchmesser auf den Durchmesser 36h6 abgedreht werden.

Es steht eine Drehmaschine mit Werkzeug vor der Drehmitte zur Verfügung.

Für das Schruppen und Schlichten sind jeweils Werkzeug, Schnitttiefe, Drehzahl und Vorschub zu bestimmen.

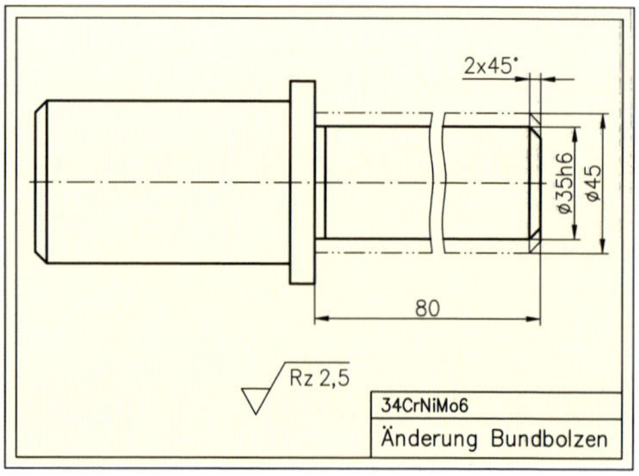

Lösung:

1. Auswahl der Werkzeuge aus dem Werkzeugmagazin der Maschine

Vorgaben

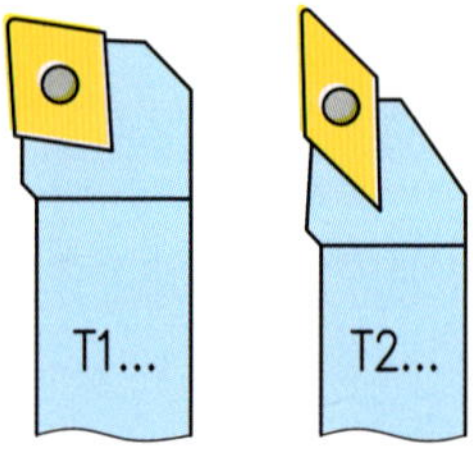

Schneidenwerkstoffe: P10
P30

Werkzeug	Schneiden-radius *r*
T16	0,6 mm
T18	0,8 mm
T26	0,6 mm
T28	0,8 mm

Auswahlentscheidung

Schruppen Ø 45 → Ø 37:
Schneidstoff P30
Werkzeug T18 mit $r = 0{,}8$ mm

Schlichten Ø 37 → Ø 36h6:
Schneidstoff P10
Werkzeug T28 mit $r = 0{,}8$ mm

2. Auswahl der Schnittdaten aus Tabellen

Vorgaben

Werkstoff des Werkstücks	Schruppen und unterbrochener Schnitt		
	HM-Sorte	Vorschub in mm	Schnittgeschwin-digkeit in m/min
Niedrig legierte Stähle 850–1400 $\frac{N}{mm^2}$ Zugfestigkeit	**P25**	0,6 –1,0	80–40
	P30	0,6 –1,2	60–25
	P40	1,2 –2,5	30–15

Auswahlentscheidung

Schruppen Ø 45 → Ø 37:
Schneidstoff P30
Schnitttiefe (2 Schnitte) 2 mm
Vorschub 0,8 mm
Schnittgeschwindigkeit 50 m/min

Schlichten		
HM-Sorte	Vorschub in mm	Schnittgeschwindigkeit in m/min
P10	0,1– 0,4	140– 70
M10	0,1–0,3	110– 60
BK[1)]	bis 0,1	300–200

Schlichten Ø 37 → Ø 36h6:

Schneidstoff	P10
Schnitttiefe	0,5 mm
Vorschub	0,2 mm
Schnittgeschwindigkeit	120 m/min

3. Berechnung der Umdrehungsfrequenz

Vorgaben

Schruppen Ø 45 → Ø 37:

Schnittgeschwindigkeit 50 m/min

Schlichten Ø 37 → Ø 36h6:

Schnittgeschwindigkeit 120 m/min

Ergebnis

Schruppen:

$n = \frac{v}{d \cdot \pi}$; $n = \frac{50\,000 \text{ mm}}{\text{min } 45 \text{ mm} \cdot \pi}$;

$n =$ <u>354 1/min</u>

Schlichten:

$n = \frac{v}{d \cdot \pi}$; $n = \frac{120\,000 \text{ mm}}{\text{min } 37 \text{ mm} \cdot \pi}$;

$n =$ <u>1 033 1/min</u>

4. Prüfen, ob mit dem gewähltem Vorschub und dem Schneidenradius des Werkzeugs beim Schlichten die mindestens geforderte Oberflächengüte erreicht werden kann.

Vorgaben

Schlichten Ø 37 → Ø 36h6:

Geforderte Oberflächengüte	Rz 2,5
Schneidenradius	$r = 0{,}8$ mm
Vorschub	$f = 0{,}2$ mm

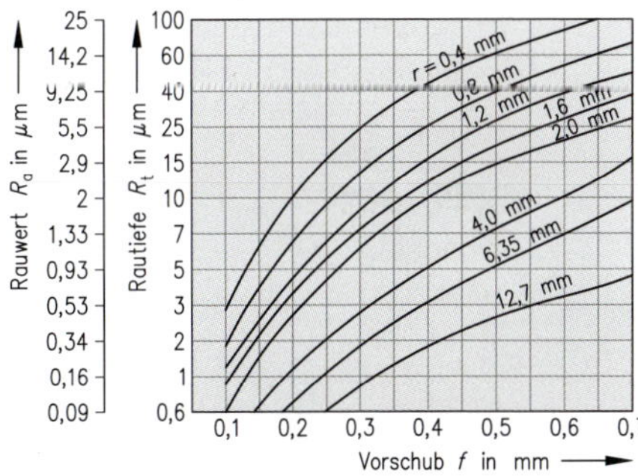

Prüfergebnis

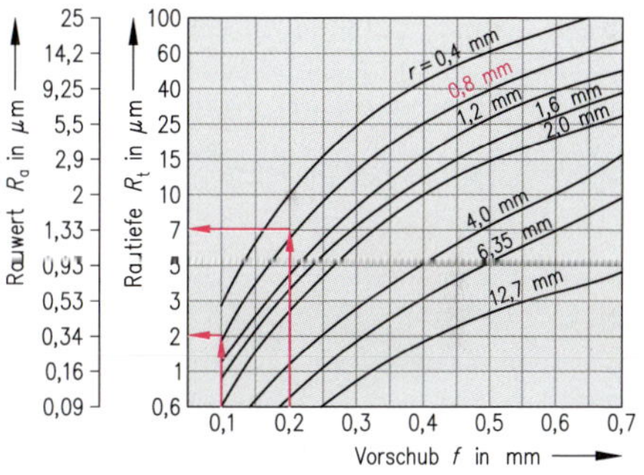

Bewertung:

Mit Vorschub $f = 0{,}2$ mm kann Rz 2,5 nicht erreicht werden.
Der Vorschub ist auf 0,1 mm zu verringern.

5. Dokumentation der Schnittwerte im Arbeitsplan

Arbeitsplan

Werkstück: Bolzen — Rohteilabmessungen: Ø 68 × 200 — Datum: 08.07....
Zeichnungsnr.: 33.44.55 — Spannmittel: Dreibackenfutter

Nr.	Arbeitsgang	Werkzeug	Einstellgrößen	Bemerkungen
1	Längsdrehen Schruppen	rechter Außendrehmeißel T18 P30	$a_P = 2$ mm $f = 0{,}8$ mm $n = 354$ 1/min	Kühlschmiermittel
2	Längsdrehen Schlichten	rechter Außendrehmeißel T28 P10	$a_P = 0{,}5$ mm $f = 0{,}1$ mm $n = 1033$ 1/min	Kühlschmiermittel

7 Fertigen durch Fräsen mit mechanisch gesteuerten Werkzeugmaschinen

7.1 Fräsmaschinen

Fräsen ist ein spanendes Bearbeiten mit einem meist mehrschnittigen Fräser, von dem an der Schnittstelle stets eine oder mehrere Schneiden im Eingriff sind. Der Fräser hat geometrisch bestimmte Schneiden.

Die Spanabnahme erfolgt auf der Fräsmaschine dadurch, dass

- der Fräser die kreisförmige Schnittbewegung und
- das Werkstück die geradlinige und stetige Vorschubbewegung ausführt.

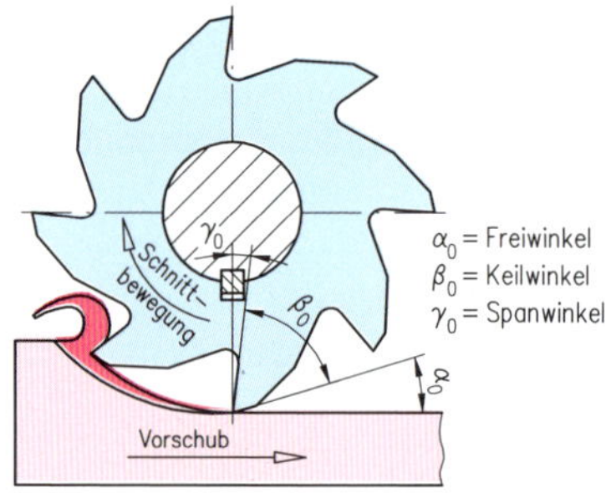

Vorschub und Schnittbewegung beim Fräsen

! Fräsen erfolgt mit geometrisch bestimmten Schneiden. Die Schnittbewegung erfolgt durch den rotierenden Fräser.

Mechanisch gesteuerte Fräsmaschinen werden hauptsächlich in der Einzelfertigung zur Herstellung meist geradliniger Konturen und Bohrungen eingesetzt.

Nach der Lage der Frässpindel unterscheidet man Waagerecht- und Senkrechtfräsmaschinen. Universalfräsmaschinen mit schwenkbarem Kopf oder mit zwei Spindeln erlauben den Einsatz sowohl als Waagerecht- als auch als Senkrechtfräsmaschine.

Beispiele für eine Universalfräsmaschine im Einsatz als Waagerecht- und als Senkrechtfräsmaschine

Waagerecht-Fräsmaschine	Senkrecht-Fräsmaschine

Die Frässpindel liegt **waagerecht**. Für bestimmte Fräsarbeiten wird die Frässpindel durch verstellbare Stützlager im Gegenhalter geführt.	Die Frässpindel steht **senkrecht**. Der Fräskopf ist schwenkbar.

Übungsaufgaben 7/1; 7/2

7.2 Fräsverfahren

7.2.1 Einteilung der Fräsverfahren

Fräsverfahren werden nach der Form der zu erzeugenden Fläche, nach der Lage der Schneiden zur Vorschubbewegung und nach dem Zusammenwirken von Schnitt- und Vorschubbewegung unterschieden.

1. Einteilung nach der Form der zu erzeugenden Fläche

Nach der Form der zu erzeugenden Fläche unterscheidet man Planfräsen, Rundfräsen, Profilfräsen u. a.

Beispiele für die Bezeichnung von Fräsverfahren nach Vorschub und Form der zu erzeugenden Fläche

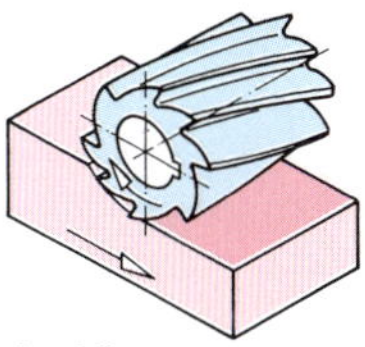

Planfräsen

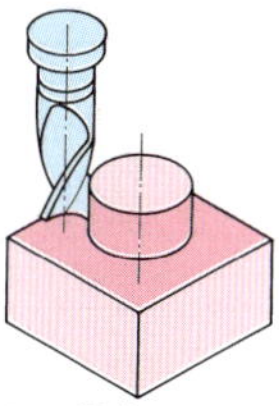

Rundfräsen

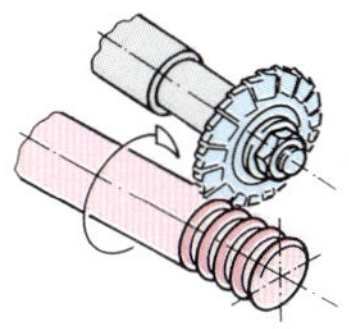

Schraubfräsen

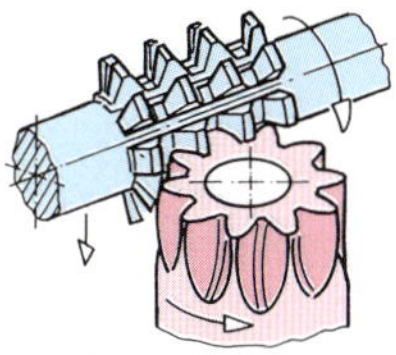

Zahnradfräsen

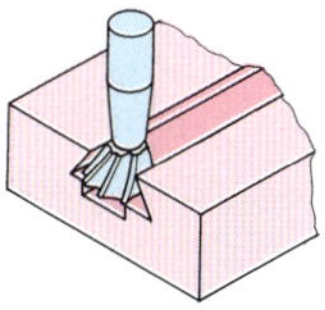

Profilfräsen

2. Einteilung nach der Lage der Schneiden zur Vorschubbewegung

Als Hauptschneiden bezeichnet man die Schneiden, welche in Vorschubrichtung liegen. Nebenschneiden liegen nicht in Vorschubrichtung. Haupt- und Nebenschneiden bilden die Schneidenecke.

Nach der Lage der Schneiden am Fräser, durch welche die gewünschte Oberfläche erzeugt wird, unterscheidet man Umfangsfräsen, Stirnfräsen und Stirn-Umfangsfräsen.

Planfräsen durch Stirnfräsen	Planfräsen durch Umfangsfräsen	Planfräsen durch Stirn-Umfangsfräsen
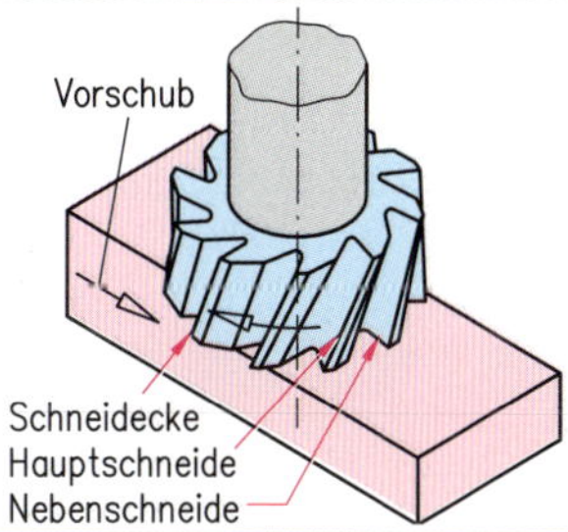	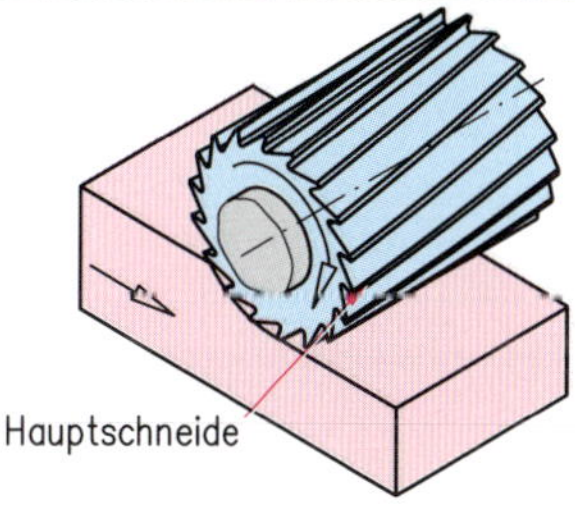	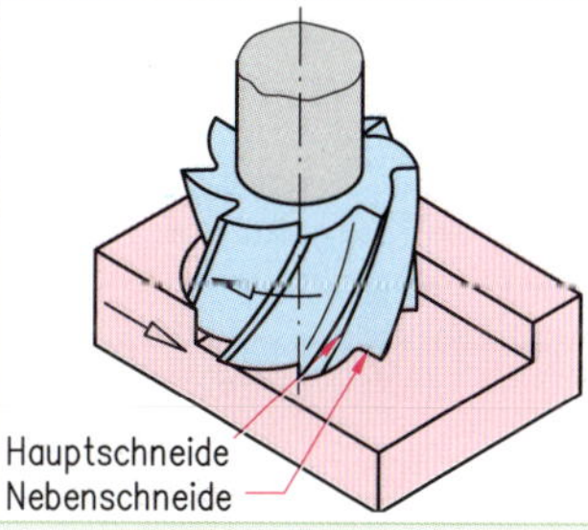
Die *Nebenschneiden* an der Stirnseite des Fräsers erzeugen die Werkstückoberfläche.	Die *Hauptschneiden* am Umfang des Fräsers erzeugen die Werkstückoberfläche.	Die *Hauptschneiden* am Umfang und die *Nebenschneiden* an der Stirnseite des Fräsers erzeugen die Werkstückoberfläche.

3. Einteilung nach der Art des Zusammenwirkens von Schnitt- und Vorschubbewegung

Entsprechend dem Zusammenwirken von Schnitt- und Vorschubbewegung unterscheidet man Gegenlauf- und Gleichlauffräsen.

Gegenlauffräsen	Gleichlauffräsen
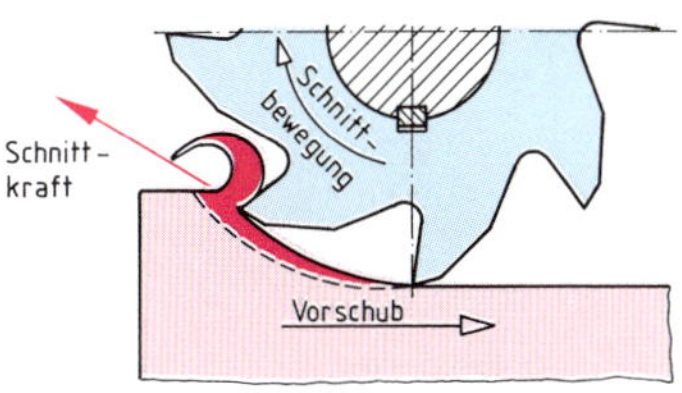	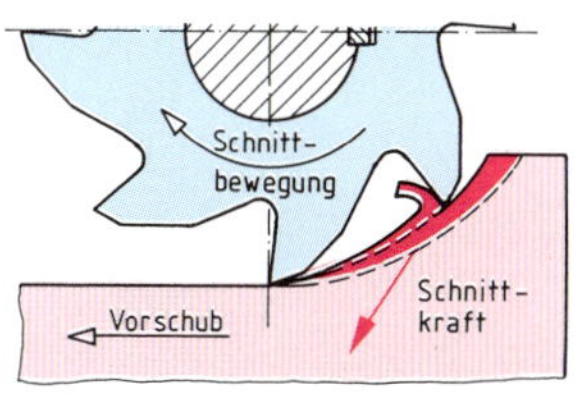
Beim Gegenlauffräsen wirken Schnittbewegung und Vorschub entgegengesetzt.	Beim Gleichlauffräsen wirken Schnittbewegung und Vorschub gleichgerichtet.

Übungsaufgaben 7/3; 7/4; 7/5

7.2.2 Vergleich von Gegenlauffräsen und Gleichlauffräsen

Gleichlauffräsen	Gegenlauffräsen
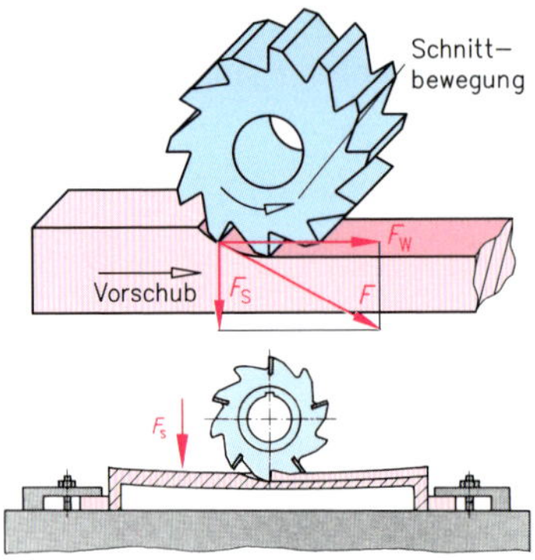	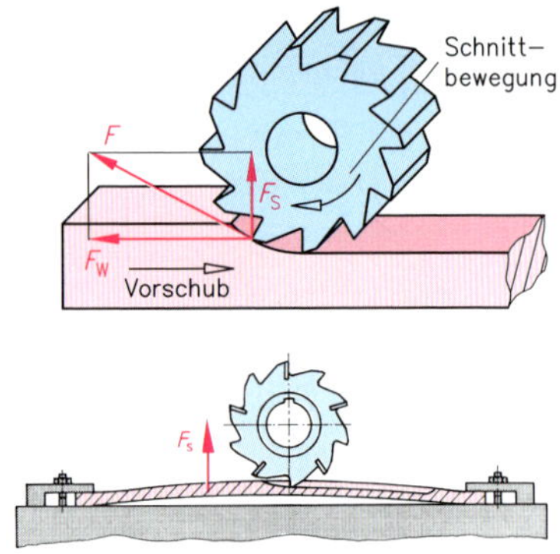
• Schneiden dringen schlagartig in den Werkstoff ein und werden sehr stark belastet. • Geringer Freiflächenverschleiß erhöht die Standzeit der Wendeschneidplatten. • Schräg nach unten gerichtete Schnittkräfte versuchen das Werkstück unter den Fräser zu ziehen. Daher muss die Vorschubeinrichtung der Fräsmaschine absolut spielfrei sein. • Große Schnitttiefen können bei hohen Schnittgeschwindigkeiten gewählt werden.	• Schneiden dringen allmählich in den Werkstoff ein. Starke Reibung führt zu hohem Verschleiß der Schneiden. • Zum Ende des Schnittvorgangs ist der Spanungsquerschnitt maximal, die Schneiden werden schlagartig entlastet. • Rattermarken können die Oberflächengüte negativ beeinflussen. • Schräg nach oben gerichtete Schnittkräfte versuchen das Werkstück aus der Aufspannung zu heben.

7.3 Fräswerkzeuge und ihr Einsatz

Im Aufbau unterscheidet man Fräser, die ganz aus Schnellarbeitsstahl oder Hartmetall bestehen und Fräser mit Trägerkörpern aus Stahl und Wendeschneidplatten aus Hartmetall oder Schneidkeramik.

Beispiele für den Einsatz von Fräswerkzeugen

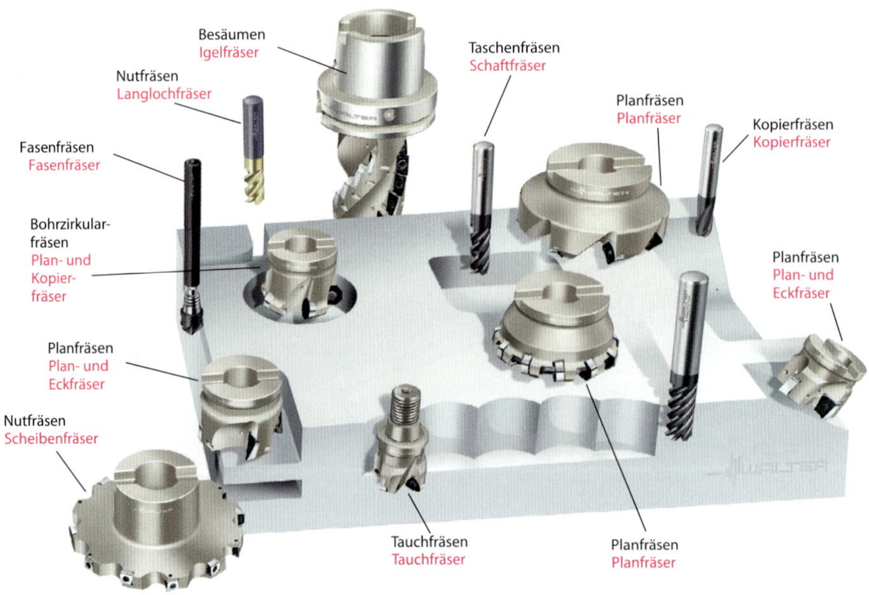

7.3.1 Walzenstirnfräser

Walzenstirnfräser haben eine zylindrische Grundform sowie Schneiden am Umfang und an der Stirnseite. Sie werden vorwiegend zum Umfangsfräsen ebener Flächen an schmalen Werkstücken und zum Stirn-Umfangsfräsen von Falzen und breiten Nuten verwendet.

Beispiele für Fräsarbeiten mit Walzenstirnfräsern

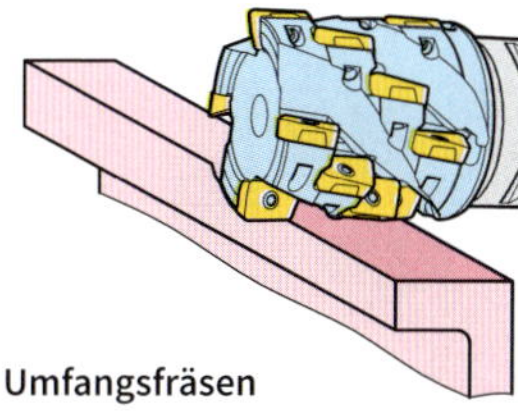
Umfangsfräsen

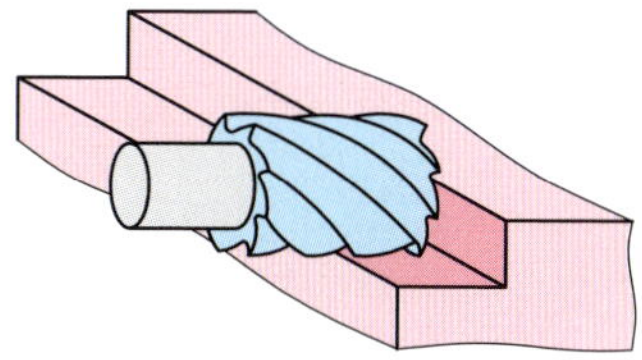
Stirn-Umfangsfräsen

HSS-Walzenstirnfräser

Walzenstirnfräser werden bei diesen Fräsarbeiten vorwiegend so eingesetzt, dass die Schneiden am Umfang des Fräsers die Hauptschneiden sind.
Zur Bestimmung der Werkzeugwinkel der Hauptschneiden an einem Walzenstirnfräser benutzt man die Keilmessebene des Fräsers. Sie steht senkrecht zur Fräserschneide und ist um den Drallwinkel gegen die Längsachse des Fräsers verdreht.

Beispiel für die Lage der Winkel an der Hauptschneide beim Umfangsfräsen

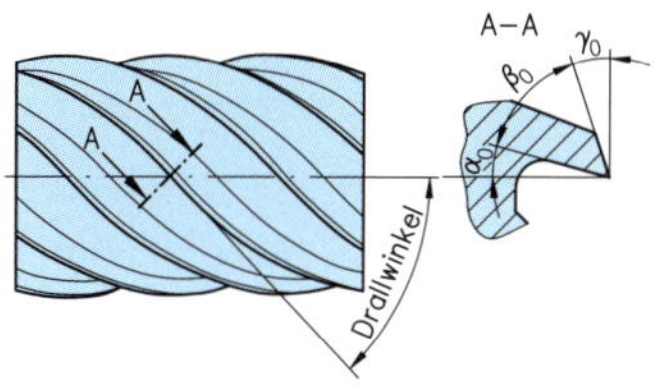

α_o = Freiwinkel
β_o = Keilwinkel
γ_o = Spanwinkel

Die meisten Walzenstirnfräser haben einen Drall, damit die Hauptschneiden allmählich in den Werkstoff eindringen. Dies führt zu

- gleichmäßigerer Schneidenbelastung,
- ruhigerem Lauf des Fräsers,
- leichterer Spanabfuhr und
- Erhöhung der Standzeit der Werkzeuge.

HSS-Walzenstirnfräser zum Schlichten als Aufsteckfräser

Fräsertyp	Typ H	Typ N	Typ W
zu bearbeitender Werkstoff	harte und zähharte Werkstoffe z. B. legierte Stähle	normal harte Werkstoffe z.B. Baustahl, Gusseisen	weiche Werkstoffe z. B. Aluminiumlegierungen
Fräser			
Keilwinkel β **Spanwinkel** γ **Spanraum**	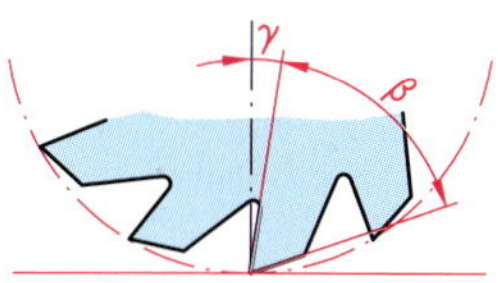	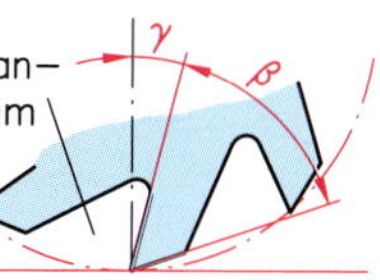 Spanraum	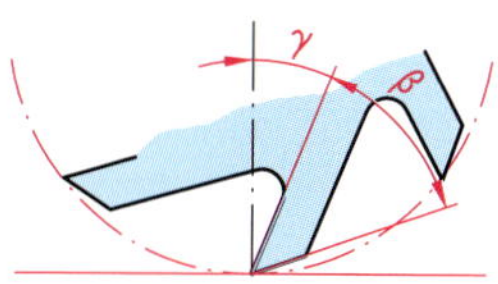

! Walzenstirnfräser haben meist einen Drall. Je härter der zu bearbeitende Werkstoff, desto größer ist der Keilwinkel und desto kleiner ist der Spanwinkel.

Übungsaufgaben 7/7; 7/8

7.3.2 Plan- und Eckfräsköpfe

Zum Stirnplanfräsen und Eckfräsen werden Messerköpfe eingesetzt. Der Werkstoff wird beim Fräsen mit diesen Fräsköpfen auf der Umfangsseite mit den Hauptschneiden zerspant. Die Stirnseite mit den Nebenschneiden schabt über die bearbeitete Fläche.

Planfräsköpfe dienen vorwiegend zur Erzeugung ebener Flächen. Sie haben kleine Einstellwinkel, um die Kraft an der Schneide klein zu halten.

Eckfräsköpfe werden verwendet, wenn außer einer Planfläche gleichzeitig eine senkrechte Fläche erzeugt werden soll oder nur die senkrechte Fläche zu bearbeiten ist. Entsprechend der Verwendung beträgt bei Eckfräsköpfen der Einstellwinkel 90°.

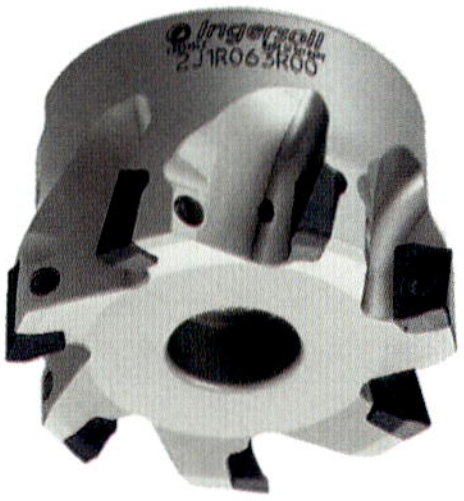

Eckfräser als Aufsteckfräser

Beispiele für Einstellwinkel an Plan- und Eckfräsköpfen

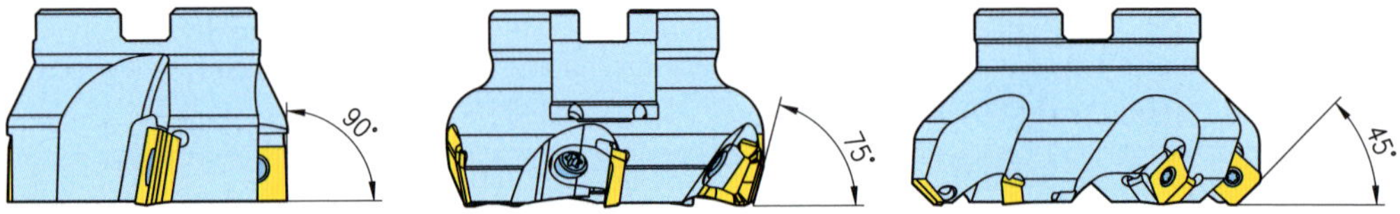

Eckfräskopf Planfräskopf 75° Planfräskopf 45°

Bei gleichem Spanungsquerschnitt nimmt mit kleinerem Einstellwinkel die Schneidenbelastung ab. Dadurch sind höhere Vorschubwerte möglich, wodurch auch ein höheres Zeitspanvolumen zu erreichen ist. Gleichzeitig nimmt die Gefahr von Kantenausbrüchen an den bearbeiteten Werkstücken ab.

!
- Planfräsköpfe haben Einstellwinkel von 45 oder 75°.
- Eckfräsköpfe haben Einstellwinkel von 90°.

Die Teilung des Fräskopfs ergibt sich aus der Anzahl der Schneidplatten auf seinem Umfang. Sie bestimmt den Spanraum und hat damit großen Einfluss auf die mögliche Zerspanleistung des Fräskopfs.

- Weite Teilungen ermöglichen eine große Spanabnahme mit großer Schnitttiefe.
- Enge Teilungen erlauben eine höhere Vorschubgeschwindigkeit und eignen sich besser zur Bearbeitung unterbrochener Flächen.

Jeder Eintritt einer Schneide in den Werkstoff erzeugt einen Stoß. Wenn diese Stöße in regelmäßigem zeitlichem Abstand auftreten, kommt es zu Schwingungen – das Werkzeug vibriert. Diese Vibrationen beeinträchtigen die Oberflächengüte der zu bearbeitenden Oberfläche. Zur Vermeidung von Vibrationen verteilt man bei den meisten Fräsköpfen die Schneiden in gering unterschiedlichen Abständen auf dem Fräserumfang. Man spricht von einer Differentialteilung.

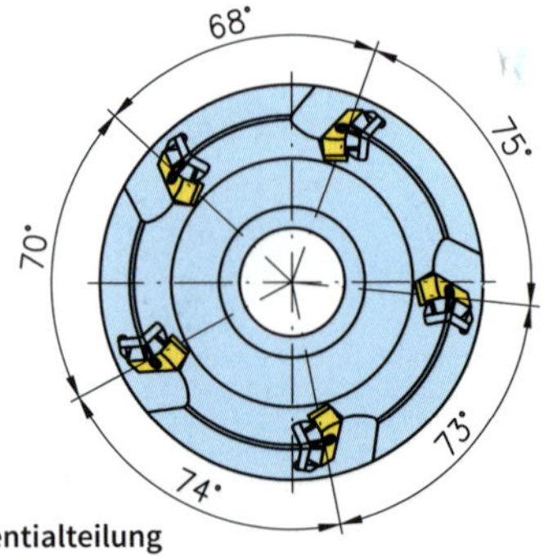

Differentialteilung

!
Plan- und Eckfräsköpfe mit weiten Teilungen erlauben große Schnitttiefen. Plan- und Eckfräsköpfe mit engen Teilungen erlauben höhere Vorschübe. Durch Differentialteilung vermeidet man Vibrationen des Fräswerkzeugs.

Übungsaufgabe 7/9

7.3.3 Schaftfräser

Schaftfräser werden vorwiegend zur Bearbeitung kleiner Flächen, Nuten, Langlöcher und kleinerer Taschen verwendet. Diese Fräser haben entweder zylindrische Schäfte zur Aufnahme im Spannfutter oder einen kegeligen Schaft, der in den Innenkegel der Fräsmaschine eingesetzt wird. Es gibt Fräser mit Schruppverzahnung oder Schlichtverzahnung.

Beispiele für Schrupp- und Schlichtverzahnung an Schaftfräsern

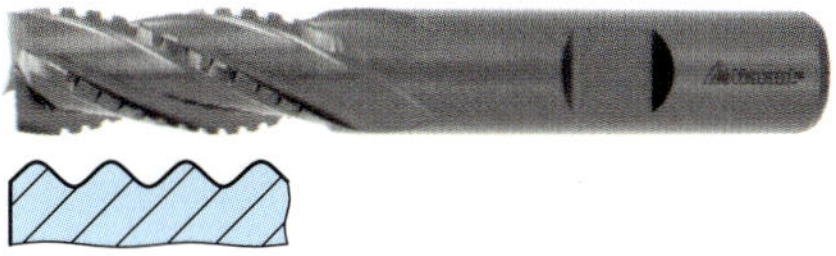

Schruppverzahnung

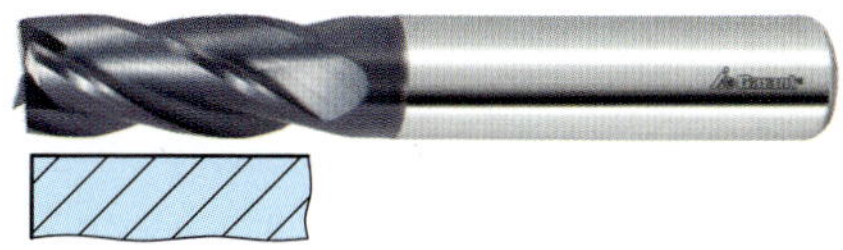

Schlichtverzahnung

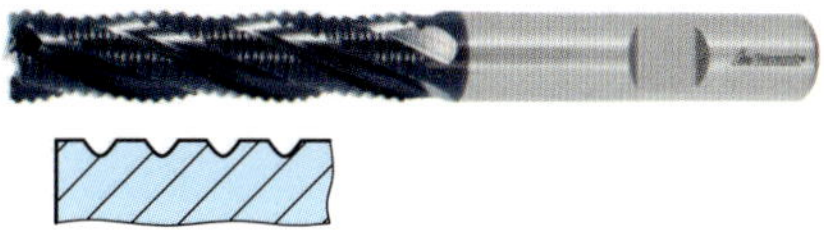

Schruppschlichtverzahnung

Schaftfräser zum Nut-, Langloch- und Taschenfräsen können unterschiedliche Zahlen von Schneiden haben:

Einschneider haben einen großen Spanraum und sind deshalb besonders zum Fräsen in weichen Werkstoffen (z. B. Aluminium und Kunststoffe) geeignet.

Mehrschneider mit zwei und mehr Schneiden werden zu Fräsarbeiten in Stahl eingesetzt.

Schaftfräser werden auch nach der Lage der Schneiden unterschieden:

Schaftfräser ohne Zentrumsschnitt haben keine über die Mitte reichende Schneide. Sie eignen sich zur Bearbeitung kleiner Flächen, die im Randbereich der Werkstücke liegen. Die Zustellung der Frästiefe erfolgt vor der Bearbeitung.

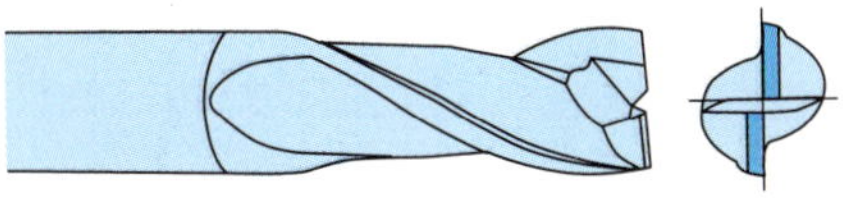

Fräser ohne Zentrumsschnitt

Schaftfräser mit Zentrumsschnitt haben mindestens eine über die Mitte reichende Schneide. Darum ist mit ihnen ein senkrechtes Eintauchen in das Werkstück möglich. Sie eignen sich zu Bohrarbeiten an schräg liegenden Flächen oder Drehteilen.

Beispiele für Fräsarbeiten mit Fräsern mit Zentrumsschnitt

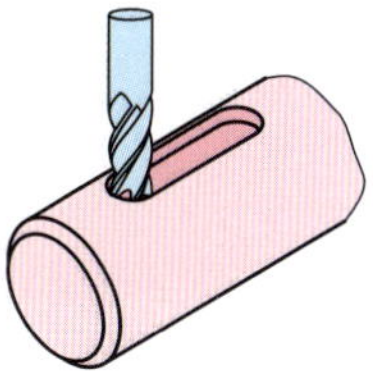

Nutfräsen

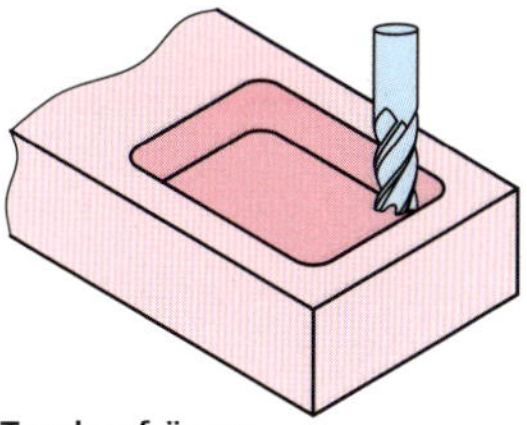

Taschenfräsen

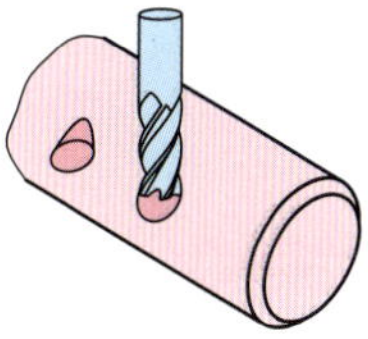

Bohren

> **!** Schaftfräser zum Nut-, Langloch- und Taschenfräsen unterscheidet man nach
> - der Verzahnung in Schrupp- und Schlichtfräser,
> - der Zahl der Schneiden in Ein- und Mehrschneider und
> - der Schneidenlage in Fräser mit und ohne Zentrumschnitt.

Übungsaufgaben 7/10; 7/11; 7/12

7.3.4 Profilfräser

1. Radienfräser

Bei Profilfräsern entspricht der Schneidenverlauf einem Teil der zu erzeugenden Werkstückkontur. Profilfräser stehen als Massivwerkzeuge aus Schnellarbeitsstahl oder mit Hartmetall bestückt zur Verfügung. Sie werden zum Fräsen von Radien, Hohlkehlen, Führungsnuten und speziellen Konturen eingesetzt. Profilfräser werden als Aufsteckfräser und Schaftfräser hergestellt.

Beispiele für die Erzeugung von Radien durch Aufsteckfräser aus Schnellarbeitsstahl

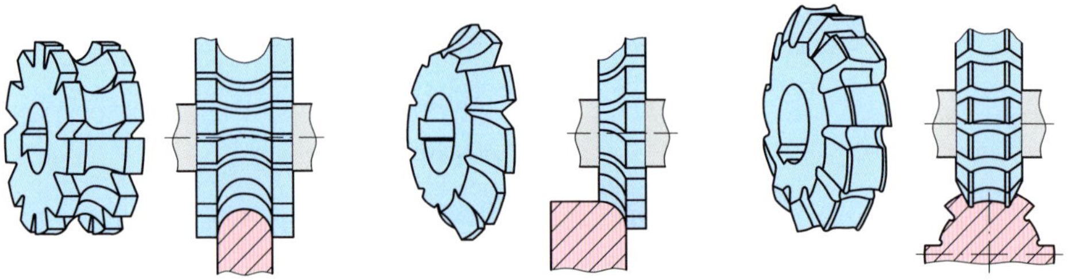

2. Winkelfräser

Die Führungen sind oft aus einfachen Profilen zusammengesetzt. Daher werden bei der Fertigung der Führungsbahnen meist mehrere Fräser nacheinander eingesetzt. So wird z. B. eine vorgefräste Nut durch einen Winkelfräser erweitert.

Beispiele für die Bearbeitung einer Führung mit Profilfräsern

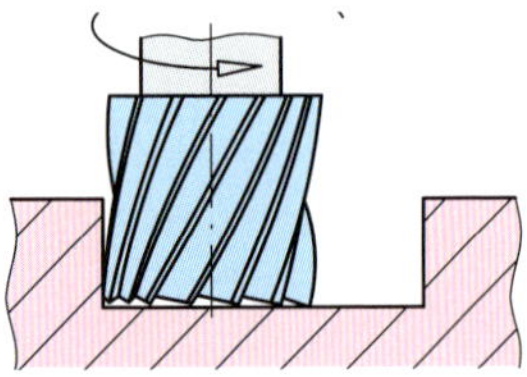

1. Vorarbeiten der Nut

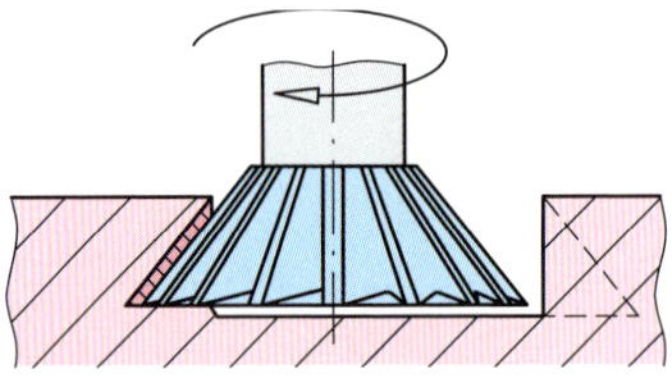

2. Fräsen der ersten Schräge

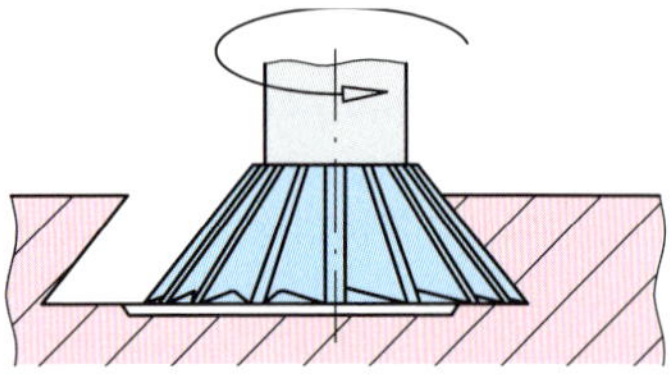

3. Fräsen der zweiten Schräge

3. Satzfräser

Zur Erzeugung von Profilen, die aus mehreren einfachen Konturen zusammengesetzt sind, werden zur wirtschaftlichen Fertigung häufig Satzfräser verwendet. Dabei werden die einzelnen Fräser so zusammengestellt, dass das gewünschte Profil ohne Fräserwechsel und Umspannen in einem Arbeitsgang erzeugt werden kann.

Beispiel für das Fräsen einer Führung mit einem Satzfräser

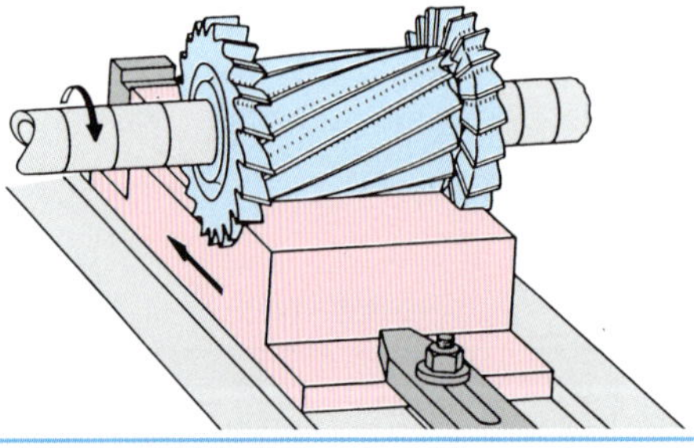

!
- Mit Profilfräsern werden an langen Werkstücken Radien, T-Nuten, Führungen u. a. gefräst.
- Mit Satzfräsern lassen sich auf Fräsmaschinen komplizierte Profile in einem Arbeitsgang fertigen.

Übungsaufgaben 7/13; 7/14; 7/15

7.4 Spannzeuge für Werkzeuge auf Fräsmaschinen

Spannzeuge nehmen Schneidwerkzeuge auf und werden ihrerseits in die Arbeitsspindel der Werkzeugmaschine eingespannt. Zu unterscheiden an modernen Spannzeugen ist die Schnittstelle zur Maschine auf der einen Seite und die Trennstelle zum Schneidwerkzeug auf der anderen Seite.

Die Spannzeuge sind so konzipiert, dass die Antriebsdrehmomente der Werkzeugmaschinen mit hoher Rundlaufgenauigkeit übertragen werden können. Für CNC-Fräsmaschinen sind für die programmgesteuerten Arbeiten nur solche Spannzeuge geeignet, die einen automatischen Werkzeugwechsel zulassen.

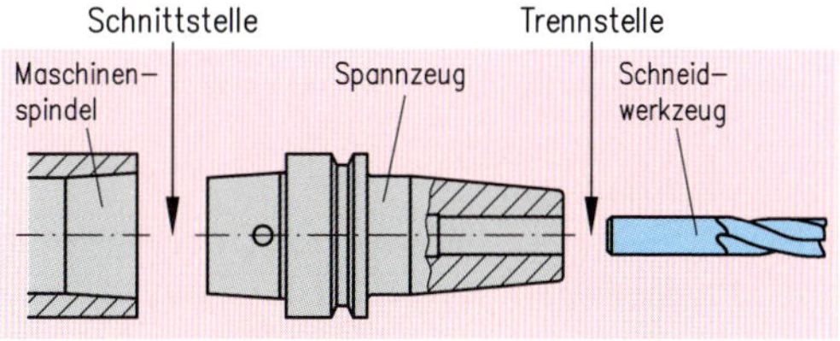

Spannzeuge für Werkzeuge

7.4.1 Gestaltung der Schnittstelle zwischen Spannzeug und Arbeitsspindel

Für den automatischen Werkzeugwechsel in die Arbeitsspindel werden Systeme verwendet, die selbsttätig in die kegelige Bohrung der Arbeitsspindel eingezogen werden können. Hierzu eignen sich Spannzeuge mit **Steilkegel (SK)** und **Hohlschaftkurzkegel (HSK)**.

1. **Steilkegel (SK)**
Steilkegel (SK) haben einen großen Kegelwinkel und sind nicht selbsthemmend.
Die Spannzeuge werden mit einer eingeschraubten Zugstange oder durch ein Greifersystem in die Maschinenspindel eingezogen und gehalten. Bei Werkzeugwechsel wird das Spannzeug freigegeben. Die Kraftübertragung erfolgt weitgehend formschlüssig über Mitnehmer, die in entsprechende Nuten am Bund des Steilkegels eingreifen.

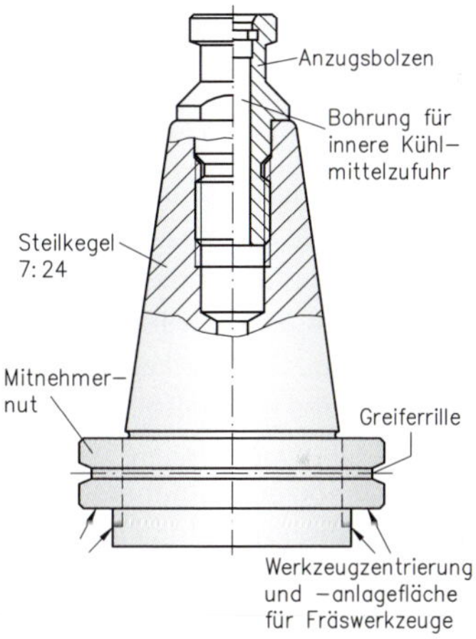

Steilkegel (SK)

2. **Hohlschaftkurzkegel (HSK)**
Hohlschaftkurzkegel (HSK) zeichnen sich durch eine kurze Baulänge mit geringem Gewicht aus. Sie werden durch ein Greifersystem innen gefasst und in die Spindel eingezogen. Dabei wird der Kurzkegel elastisch verformt und fest an die kegelige Bohrung der Maschinenspindel angelegt, der Bund wird gegen die Planfläche gezogen. Dadurch wird eine sehr hohe Positionsgenauigkeit des Spannzeugs in der Maschinenspindel erzielt.

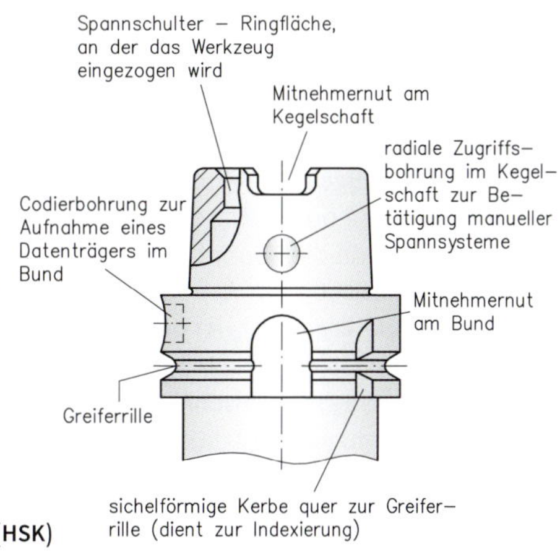

Hohlschaftkurzkegel (HSK)

! Hohlschaftkurzkegel zeichnen sich durch kurze Baulänge aus. Sie haben höhere Positioniergenauigkeit als Steilkegel, weil sie beim Spannen mit einem Bund gegen die Planfläche der Maschienspindel gezogen werden.

7.4.2 Gestaltung der Trennstelle zwischen Spannzeug und Werkzeug

Werkzeuge werden nach unterschiedlichen Verfahren in die Spannzeuge eingespannt. Zu Verfahren, durch die Werkzeuge schnell, sicher und genau positioniert werden können, zählt das Spannen im:

- **Spannzangenfutter** – Spannen durch mechanisches Verformen einer geschlitzten Hülse.
- **Schrumpffutter** – Spannen durch Wärmschrumpfung der Werkzeugaufnahme,
- **Hydrodehnspannfutter** – Spannen durch hydraulisches Dehnen einer Spannhülse,
- **Polygonspannfutter** – Spannen durch mechanisches Verformen einer polygonförmigen Aufnahme.

– Spannzangenfutter

Fräswerkzeuge mit zylindrischem Schaft werden in Spannzangenfuttern eingespannt. Spannzangenfutter bestehen aus einem Grundkörper mit aufschraubbarer Druckhülse. In den Grundkörper werden je nach Fräserdurchmesser Spannzangen mit unterschiedlichen Innendurchmessern eingewechselt. Spannzangen haben einen Außenkegel. Beim Anziehen der Druckhülse werden die konischen Spannzangen zusammengedrückt und erzeugen so die Spannkraft zum Spannen des Fräswerkzeugs.

Spannzangenfutter

– Schrumpffutter

Bei der Werkzeugeinspannung durch die Wärmeschrumpftechnik wird das Spannzeug im Bereich der Werkzeugaufnahme durch hochfrequente Induktionsströme erwärmt. Die Erwärmungszeit beträgt wenige Sekunden. Die Werkzeugaufnahme weitet sich etwas aus und das kalte Schneidwerkzeug kann in die Aufnahme geschoben werden.
Beim Erkalten der Werkzeugaufnahme wird das Werkzeug durch Wärmeschrumpfung zentrisch gespannt.
Zum Wechsel des Werkzeugs wird die Werkzeugaufnahme ebenfalls durch Induktionsstrom nur in der Nähe des Werkzeugschafts erhitzt.

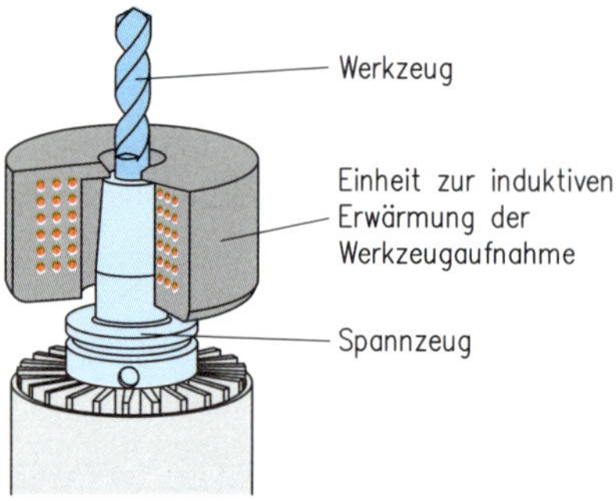

Werkzeugeinspannung durch Wärmeschrumpfung

– Dehnspannfutter

Bei der Werkzeugeinspannung durch die Hydrodehntechnik wird durch eine Betätigungsschraube Hydrauliköl gegen die Spannbüchse gedrückt. Dadurch dehnt sich dieses Spannelement aus und spannt das Werkzeug sowie den Fasenring. Das Werkzeug wird spielfrei sowie konzentrisch gespannt. Durch eine Verstellschraube erhält das eingeführte Werkzeug einen Längenanschlag, sodass eine Einstellung der Bohrtiefe möglich ist.
Eine Fase kann nach dem Bohren sofort mit der eingespannten Fasenschneidplatte eingebracht werden. Mit dem verstellbaren Fasenring kann die Bohrtiefe ebenfalls abgeändert werden.

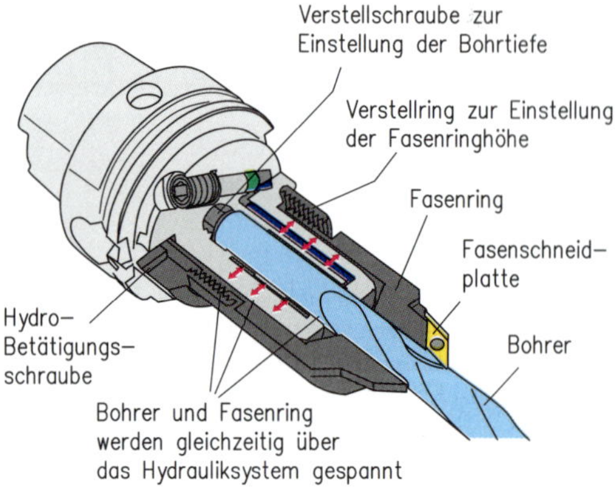

Werkzeugeinspannung durch hydraulisches Dehnen

Polygonspannfutter

Bei der Polygonspanntechnik wird die Werkzeugaufnahme mit polygonartiger Bohrung durch ein Presssystem an der Spannstelle so deformiert, dass die Bohrung rund wird und das Werkzeug eingeführt werden kann. Nach Entlasten des Presssystems ist das Werkzeug gespannt.

Ablauf des Polygonspannens

ohne Werkzeug	nach Einleiden der Kraft	beim Einfügen des Werkz.	gespanntes Werkzeug
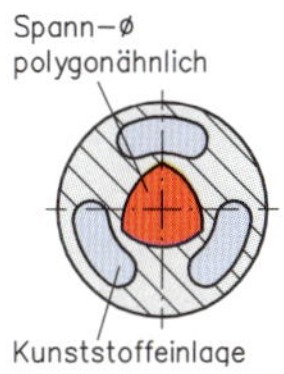	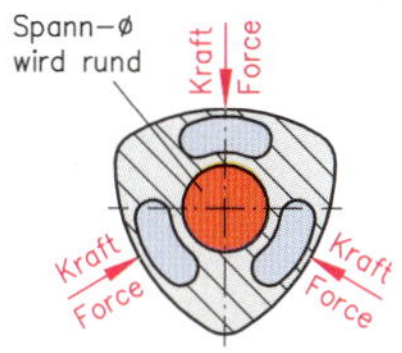	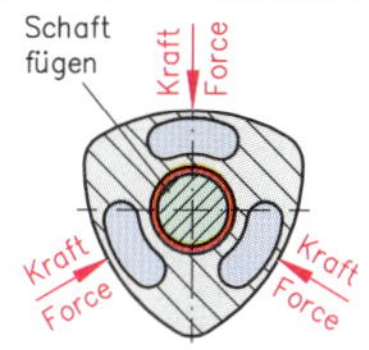	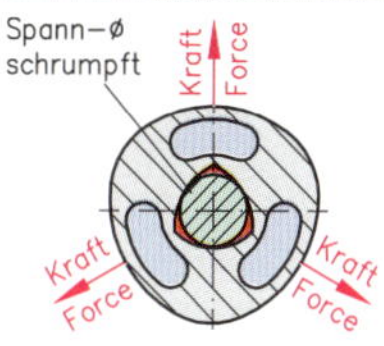

! Durch den Einsatz präzise spannender Spannzeuge werden Fertigungsqualität gesteigert, Fertigungszeit minimiert und höhere Standzeiten der Werkzeuge erreicht.

7.4.3 Systeme zur Werkzeugeinstellung

Die stabilen und rundlaufgenauen Einspannungen der Schneidwerkzeuge ermöglichen die schwingungsarme Bearbeitung von Werkstücken mit hoher Oberflächengüte. Diese Art der Einspannung ermöglicht eine Erhöhung der Schnittgeschwindigkeit und eine Verlängerung der Standzeit. Damit die Produktion auch mit der gewünschten Genauigkeit erfolgen kann und mit möglichst geringen Rüstzeiten auskommt, überprüft man die eingebauten Schneidwerkzeuge vor ihrem Einsatz.

Dazu werden die aus Spannzeug und Schneidwerkzeug bestehenden Systeme vermessen und eingestellt.

Mit den Einstell- und Messgeräten, die manchmal auch **Voreinstellgeräte** genannt werden, können alle notwendigen Parameter gemessen werden. Je nach Ausführung sind in solchen Geräten die unterschiedlichsten Werkzeuge, Werkzeugschneiden und Nullpunkte hinterlegt, sodass im Bedarfsfall für das eingesetzte Werkzeug ein Istwert-Sollwert-Vergleich durchgeführt werden kann. Die Daten der ausgemessenen Systeme werden der CNC-Maschine übermittelt.

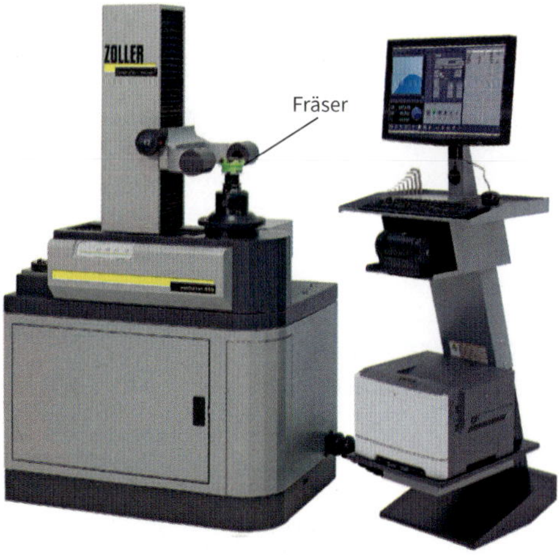

Einstell- und Messgerät zur Werkzeugeinstellung

Die Übermittlung der Daten kann auf verschiedene Weise erfolgen:
- Die Daten werden manuell aufgenommen und übertragen.
- Die Daten codiert man auf Etiketten, die dann dem jeweiligen Werkzeugsystem zugeordnet werden.
- Das Messgerät überträgt die Daten online aus der Steuerung auf die CNC-Maschine.
- An jedem Werkzeugträger befindet sich ein Chip mit den übertragenen Daten, sodass sie an der CNC-Maschine eingelesen werden können.

7.5 Positionieren und Spannen beim Fräsen

7.5.1 Positionieren von Werkstückträgern und Werkstücken

1. Positionieren von Werkstückträgern und Spannmitteln auf dem Maschinentisch

Bei der Verwendung von Spannmitteln müssen diese mit den Anlageflächen für das Werkstück auf dem Maschinentisch positioniert werden bzw. ihre Position muss überprüft werden. Dies geschieht durch Verfahren des Maschinentischs und Abtasten der Anlagefläche mit einer Messuhr. Die Messuhr muss in ihrer Lage zur Hauptspindel fest positioniert sein.

Beispiele für das Positionieren und die Kontrolle der Anlageflächen eines Maschinenschraubstocks

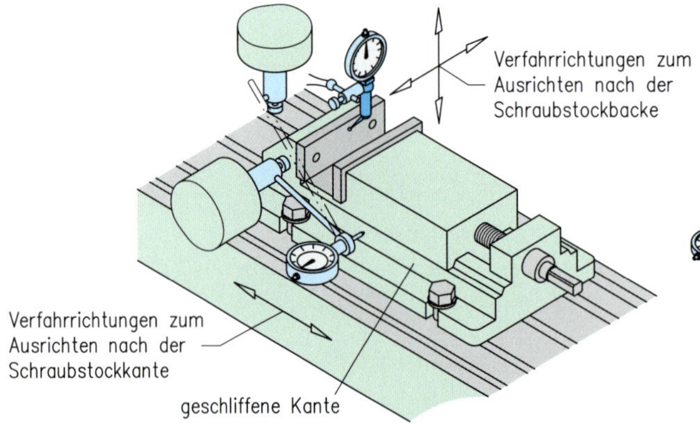

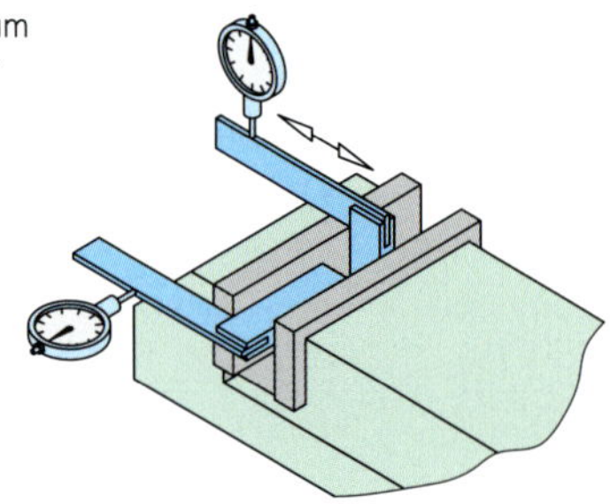

> **!** Anlageflächen von Spannmitteln werden mithilfe der Messuhr durch Verfahren des Maschinentischs kontrolliert und ausgerichtet.

2. Positionieren von Werkstücken auf Maschinentischen

Wenn ein Werkstück auf dem Maschinentisch gespannt werden soll, muss es zunächst entsprechend den Maschinenachsen ausgerichtet (positioniert) werden. Bei Werkstücken, die eine gerade Kante besitzen, welche zu einer Maschinenachse parallel liegt, wird diese Kante zunächst nach den Spannnuten des Maschinentischs grob ausgerichtet. Nach leichtem Anziehen der Spannelemente wird eine Lagekontrolle mithilfe der Messuhr durchgeführt und die Lage des Werkstücks entsprechend korrigiert.
Bei Werkstücken, die keine gerade Kante besitzen und die nach Anriss aufgespannt werden müssen, setzt man eine Zentrierspitze statt des Fräsers in die Spindel und kontrolliert durch Verfahren in der angerissenen Achse die Ausrichtung des Werkstücks.

Beispiele für das Ausrichten von Werkstücken auf dem Maschinentisch

Ausrichten nach einer Kante

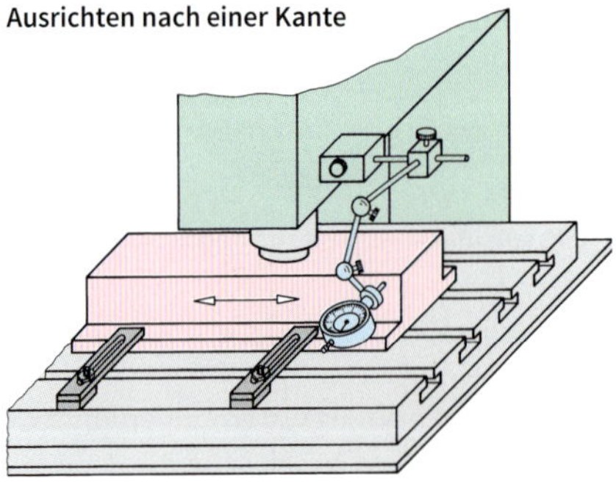

Ausrichten nach Anriss

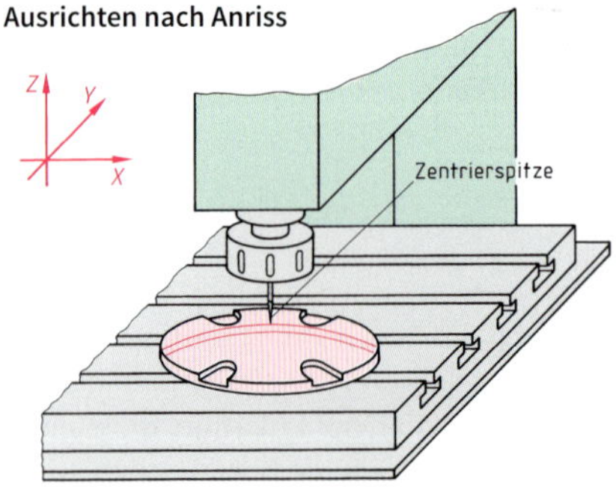

> **!** Werkstücke müssen auf dem Maschinentisch zu den Maschinenachsen ausgerichtet werden. Die Kontrolle der Ausrichtung erfolgt durch Messuhr oder durch Abtasten des Anrisses.

7.5.2 Spannen von Werkstücken

1. Spannen von Werkstücken im Maschinenschraubstock

Zum Spannen *kleinerer Werkstücke* verwendet man meist den Maschinenschraubstock. Zum Einspannen unterschiedlich geformter Werkstücke benutzt man Spannbacken und Hilfsmittel, wie zum Beispiel Unterlagen, die entsprechend der Werkstückform gestaltet sind.
Beim Einsatz eines Maschinenschraubstocks muss darauf geachtet werden, dass die Schnittkraft möglichst nicht auf die bewegliche Schraubstockbacke gerichtet ist.

Bei Maschinenschraubstöcken mit Niederzug bleibt beim Spannen die Parallelität der Spannbacken erhalten. Beim Spannvorgang wird die Kraft an der beweglichen Spannbacke in zwei Komponenten zerlegt.
Die waagerecht gerichtete Kraft presst das Werkstück gegen die feste Backe. Die senkrecht gerichtete Kraft zieht Spannbacke und Werkstück nach unten.

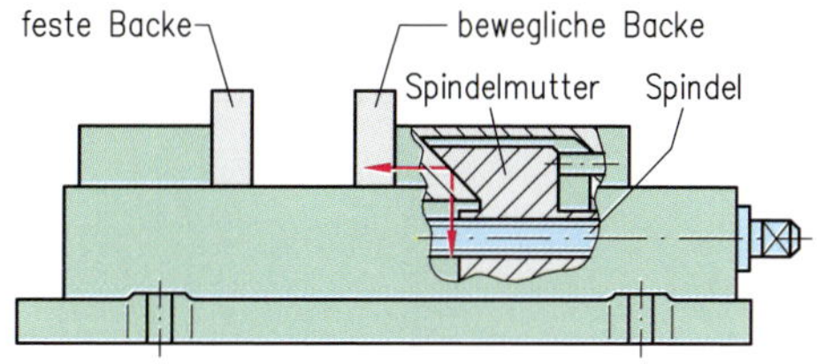

Niederzugschraubstock

Zylindrische Werkstücke werden ohne Exzentrizität positioniert, wenn eine Doppelprismen-Anordnung gewählt wird. Dieses mittige Positionieren mit anschließendem Spannen ist dann von großer Wichtigkeit, wenn die Werkstück-Mittellinien als Bezugsebenen für das Positionieren dienen. Bei der Positionierung in Doppelprismen sind die beiden Prismen formschlüssig über eine Gewindespindel mit Rechts- und Linksgewinde verbunden.

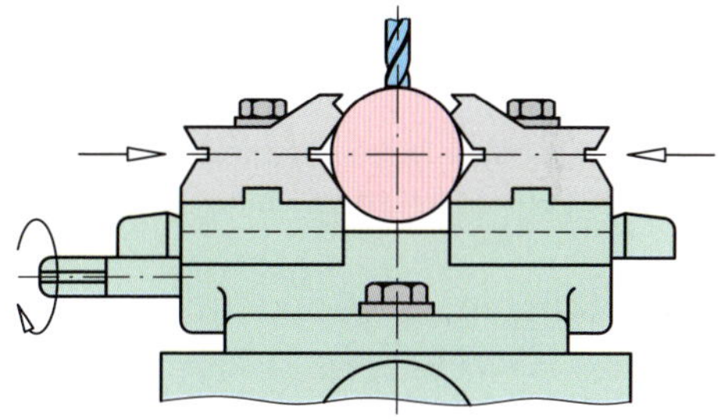
Positionierung im Doppelprisma

2. Spannen von Werkstücken auf dem Maschinentisch

Größere Werkstücke werden unmittelbar auf den Maschinentisch der Fräsmaschine gespannt. Die Spannkraft muss dabei senkrecht auf den Maschinentisch wirken, damit das Werkstück durch Reibung daran gehindert wird, seine Position unter Einfluss der Zerspankraft zu ändern.
Die meist verwendeten Spanneinrichtungen bestehen aus Spannpratzen, Spannschraube mit Scheibe und Mutter sowie einem Gegenlager.

Beispiele für Ausführungsformen der Elemente einer Spannvorrichtung

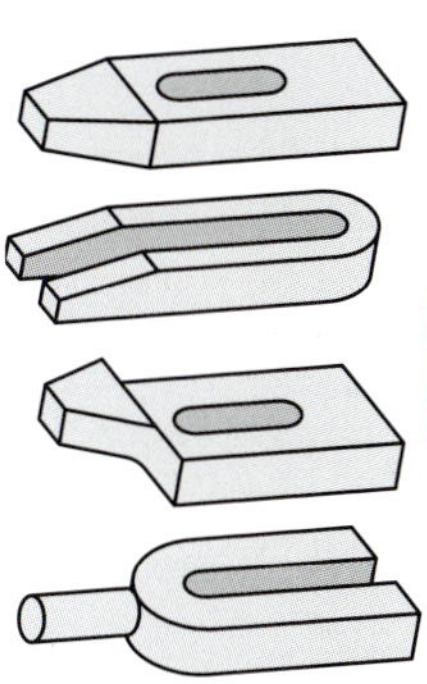
Spannpratzen

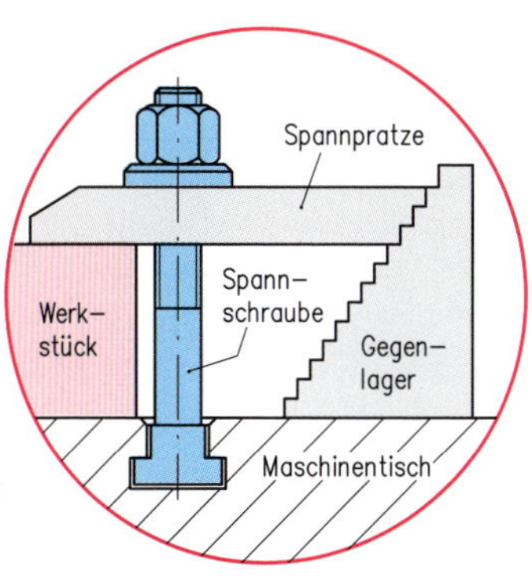

Spanneinrichtung

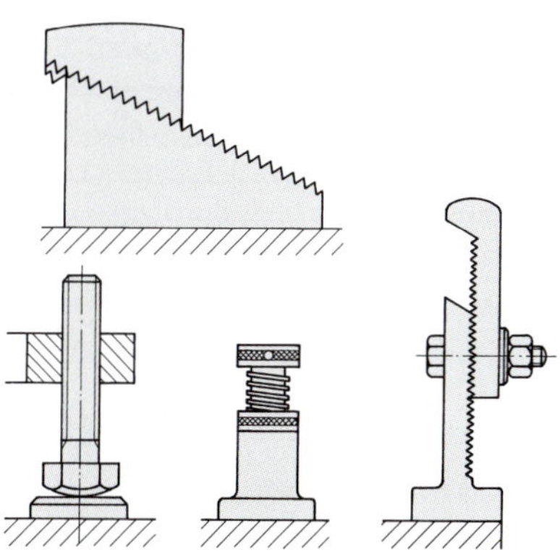
Gegenlager aus Stützelementen

Durch Anziehen der Spannschraube wird eine Kraft auf die Spannpratzen ausgeübt. Der Spannpratzen wirkt als Hebel und verteilt die Kraft auf das Werkstück und das Gegenlager. Damit ein möglichst hoher Anteil der Zugkraft als Spannkraft genutzt werden kann, muss die Spannschraube dicht am Werkstück ansetzen.

Beispiele für die Kraftwirkungen am Spannpratzen

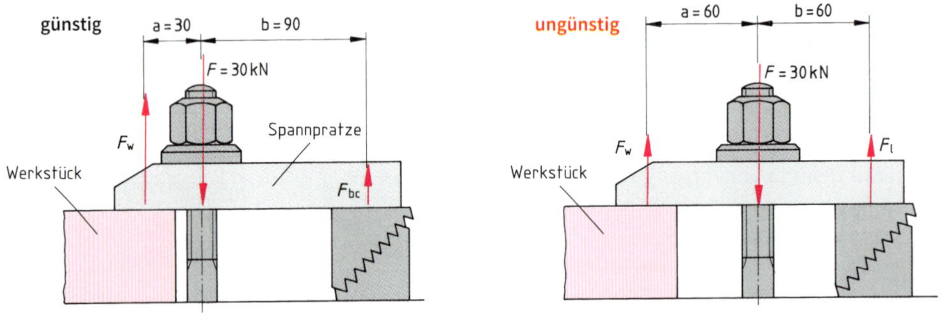

$$F_w = \frac{F \cdot b}{a + b} = \frac{30\ \text{kN} \cdot 90\ \text{mm}}{(30 + 90)\ \text{mm}} = \mathbf{22{,}5\ kN}$$

$$F_w = \frac{F \cdot b}{a + b} = \frac{30\ \text{kN} \cdot 60\ \text{mm}}{(60 + 60)\ \text{mm}} = \mathbf{15\ kN}$$

! Damit ein hoher Anteil der Zugkraft der Schraube als Spannkraft wirkt, ist der Abstand zwischen Schraube und Werkstück kleiner zu halten als der Abstand zwischen Schraube und Gegenlager.

7.5.3 Stützen von Werkstücken

Das Stützen von Werkstücken ist erforderlich, wenn die Gefahr besteht, dass das Werkstück unter seinem Eigengewicht, durch Spannkräfte oder durch die bei der Bearbeitung auftretenden Kräfte verformt wird. Stützelemente müssen variabel, stufenlos verstellbar und in ihrer Lage auf einfache Weise fixierbar sein.

Die Anlageflächen von Stützelementen befinden sich im Gegensatz zu Positionierelementen in der Vorrichtung nicht in einer festen Lage. Sie werden erst *nach* Einlegen und Positionieren des Werkstücks ohne Kraftaufwand an das Werkstück angelegt und gesichert. Nach der Bearbeitung werden die Stützen wieder zurückgenommen. Stützelemente sind aus diesem Grund leicht verstellbar und auf einfache Weise in ihrer Lage fixierbar.

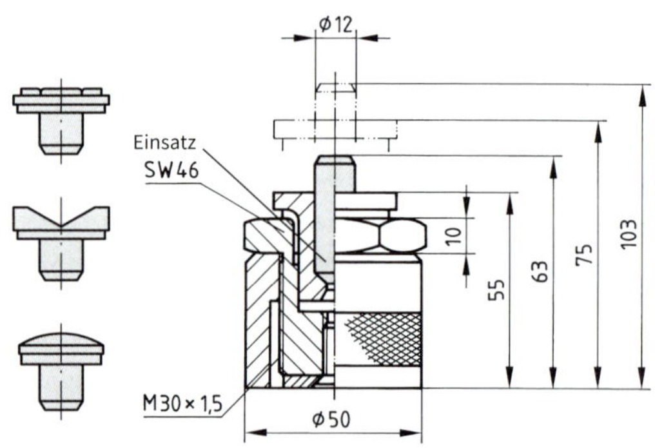

Variables Stützelement

Beispiele für den Einsatz von Stützen

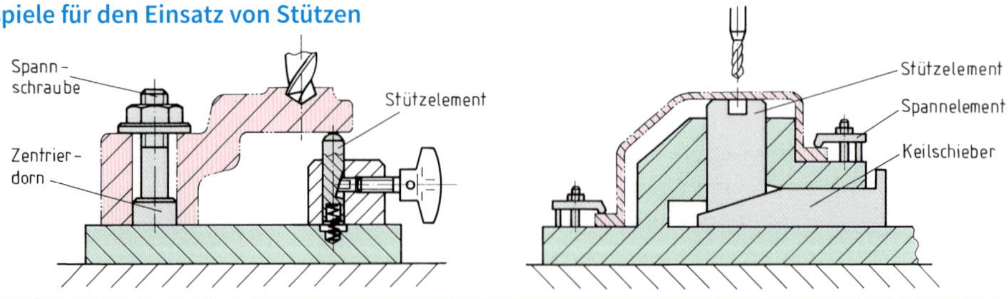

! Stützelemente sind keine Positionierelemente. Sie werden erst nach dem Positionieren möglichst kraftfrei an das Werkstück herangeführt und in dieser Lage gesichert.

Übungsaufgaben 7/19; 7/20

7.6 Bestimmen von Arbeitsgrößen beim Fräsen

7.6.1 Bewegungen bei der Spanabnahme

Zur Vereinfachung und Vereinheitlichung der Betrachtungsweise der Bewegungen beim Fräsen sind folgende Vereinbarungen genormt:

- *Der Fräser führt theoretisch alle Bewegungen aus, das Werkstück steht still.*
- *Die Drehrichtung des Fräsers, Rechts- oder Linkslauf, wird von der Antriebsseite aus beurteilt.*

Die Spanabnahme beim Fräsen erfolgt durch die kreisförmige **Schnittbewegung** und die gleichzeitig ablaufende **Vorschubbewegung**. Beide Bewegungen zusammen ergeben die tatsächliche Bewegung eines Schneidenpunkts. Man nennt diese die **Wirkbewegung**.

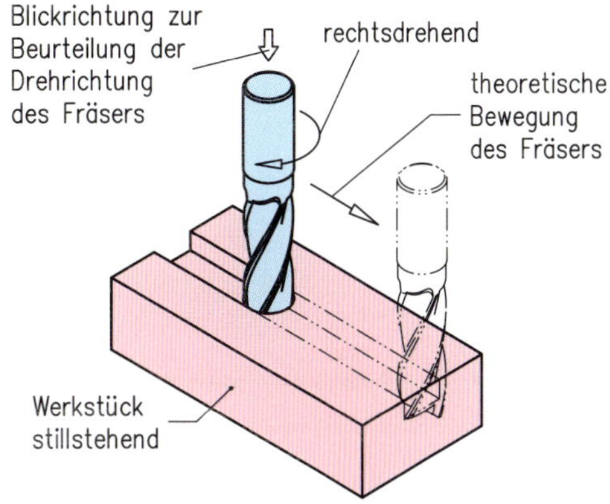

Vereinbarungen zur Beurteilung der Fräserbewegungen

1. Schnittgeschwindigkeit

Die **Schnittbewegung** ist durch die Schnittrichtung und die **Schnittgeschwindigkeit** gekennzeichnet. Die Schnittgeschwindigkeit ist die Geschwindigkeit eines Schneidenpunkts am Außenumfang des Fräsers.

$$v_c = d \cdot \pi \cdot n$$

v_c Schnittgeschwindigkeit
d Fräserdurchmesser
n Umdrehungsfrequenz

Die Schnittgeschwindigkeit für eine Bearbeitungsaufgabe kann entsprechend dem zu bearbeitenden Werkstoff, dem Schneidstoff und den Bearbeitungsbedingungen aus Tabellen entnommen werden.
Aus der Schnittgeschwindigkeit wird die für eine Fräsaufgabe einzustellende Umdrehungsfrequenz errechnet.

2. Vorschubgeschwindigkeit

Die **Vorschubbewegung** ist durch die Vorschubrichtung und die **Vorschubgeschwindigkeit** v_f gekennzeichnet. Mit der Vorschubgeschwindigkeit wird die Achse des Fräsers bei der Bearbeitung in Vorschubrichtung voranbewegt. Für Schaftfräser mit wenigen Zähnen wird die von Werkzeugherstellern empfohlene Vorschubgeschwindigkeit in Tabellen angegeben. Meist muss jedoch die Vorschubgeschwindigkeit aus dem **Zahnvorschub** f_z, der Zähnezahl z und der Umdrehungsfrequenz n errechnet werden.

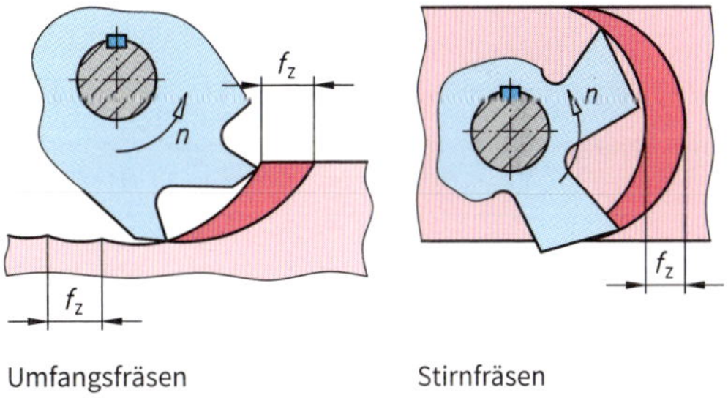

Zahnvorschub

$$v_f = n \cdot f = n \cdot z \cdot f_z$$

v_f Vorschubgeschwindigkeit
f Vorschub
f_z Zahnvorschub
z Zähnezahl
n Umdrehungsfrequenz

3. Wirkgeschwindigkeit

Die tatsächliche Geschwindigkeit der Spanabnahme erfolgt mit der Wirkgeschwindigkeit. Diese ist die Resultierende aus der großen Schnittgeschwindigkeit und der viel kleineren Vorschubgeschwindigkeit und damit nur wenig höher als die Schnittgeschwindigkeit. Sie wird darum für Berechnungen von Schnittwerten nicht herangezogen.

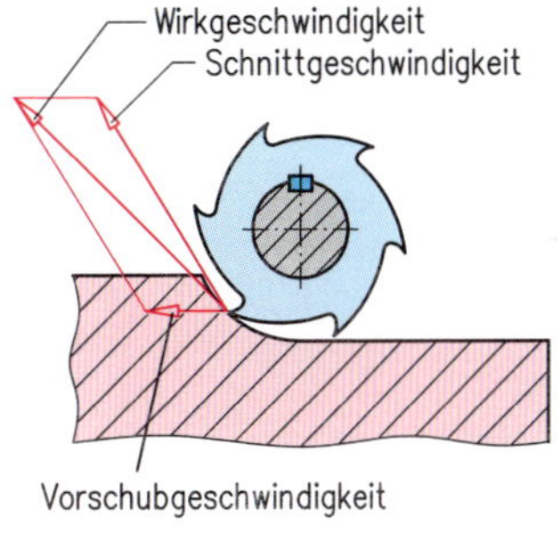

4. An- und Zustellbewegung

Neben Schnitt- und Vorschubbewegung, die unmittelbar an der Spanabnahme beteiligt sind, muss der Fräser noch Zustell- und Anstellbewegungen durchführen.

Durch die **Zustellbewegung** wird der Fräser so bewegt, dass er im Eingriff eine bestimmte Schichtdicke abtrennen kann.

Durch die **Anstellbewegung** wird der Fräser an das Werkstück herangeführt. Die Wahl der Geschwindigkeit der Anstellbewegung geschieht nach folgenden Gesichtspunkten:

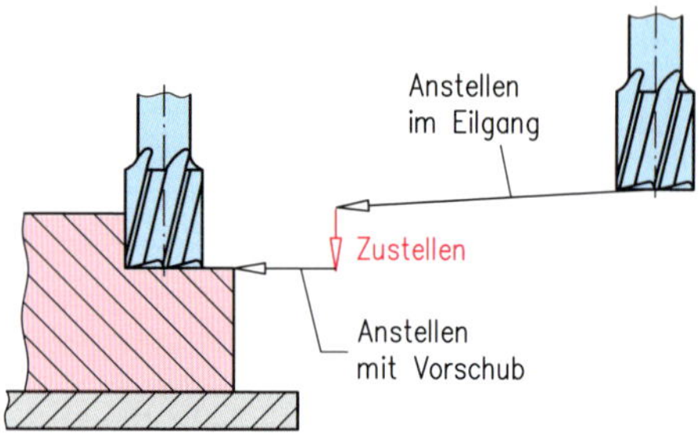

Anstell- und Zustellbewegung

> **!** Die Zustellbewegung bestimmt die abzutrennende Schichtdicke.
> Durch die Anstellbewegung wird der Fräser an das Werkstück herangeführt.

7.6.2 Schnitttiefe und Eingriffsgrößen

Die **Schnitttiefe** a_p ist die Tiefe, über welche die Hauptschneide im Eingriff ist. Sie entspricht bei Umfangsfräsern der Schnittbreite.

Die **Eingriffsgröße** a_e ist die Projektion der Strecke, über welche die Schneide im Eingriff ist. Sie wird senkrecht zur Vorschubrichtung gemessen.

Beispiele für Schnitttiefe und Eingriffsgröße

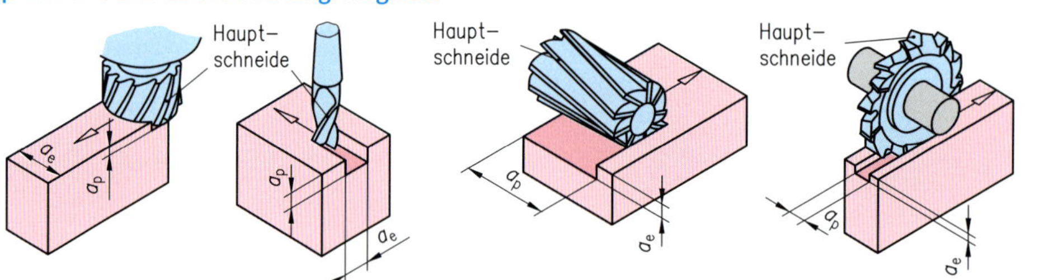

Stirnfräsen **Umfangsfräsen**

Die Höchstwerte der Schnitttiefe werden von den Werkzeugherstellern in ihren Unterlagen angegeben. Bei Werkzeugen mit Wendeschneidplatten ergeben sich die maximalen Schnitttiefen aus der Form der Wendeschneidplatten.

Beispiel für eine Schnittdatentabelle

Werkstückwerkstoff	Zugfestigkeit R_m N/mm²	Walzenfräser				Walzenstirnfräser				Schaftfräser			
			Eingriffsgröße a_e mm 1	4	8		Schnitttiefe a_p mm 1	4	8	Durchmesser d mm bis 20		mm über 20	
		f_z $\frac{mm}{Zahn}$	v_c $\frac{m}{min}$			f_z $\frac{mm}{Zahn}$	v_c $\frac{m}{min}$			f_z $\frac{mm}{Zahn}$	v_c $\frac{m}{min}$	f_z $\frac{mm}{Zahn}$	v_c $\frac{m}{min}$
allgemeiner Baustahl	<500	0,25	28	22	20	0,20	26	22	20	0,05	25	0,08	19
		0,10	36	30	25	0,10	34	30	27	0,05	30	0,05	23
	500–700	0,16	22	18	15	0,15	20	18	16	0,03	20	0,05	15
		0,08	30	22	20	0,08	26	23	21	0,01	25	0,03	18
Vergütungsstahl	700	0,18	28	22	19	0,16	26	22	21	0,03	22	0,05	18
		0,10	36	30	25	0,08	34	30	27	0,01	27	0,03	20

Übungsaufgabe 7/21

7.6.3 Berechnung der Hauptnutzungszeit beim Fräsen

Die reine Nutzungszeit der Fräsmaschine, also die Zeit, in der die Maschine mit Vorschubgeschwindigkeit tätig sein muss, ist die **Hauptnutzungszeit**. Sie hängt vom Fräserweg und von der Vorschubgeschwindigkeit ab. Der Fräserweg ergibt sich aus dem Vorschubweg und der Zahl der Schnitte.

$$t_h = \frac{L \cdot i}{v_f} = \frac{(l + l_a + l_ü) \cdot i}{v_f}$$

t_h	Hauptnutzungszeit	l	Werkstücklänge
L	Vorschubweg	l_a	Anlaufweg
i	Anzahl der Schnitte	$l_ü$	Überlaufweg
v_f	Vorschubgeschwindigkeit		

Der Vorschubweg des Fräsers ist nicht nur der Weg, auf dem der Fräser zur Erzeugung der Kontur im Eingriff ist, sondern auch der Anlaufweg l_a und der Überlaufweg $l_ü$, die jeweils etwa 2 mm betragen sollen. Ferner ist ein Anschnitt- bzw. Austrittsweg l_s nötig.

Dieser **Anschnitt- bzw. Austrittsweg** l_s kann mithilfe des Satzes des Pythagoras errechnet werden:

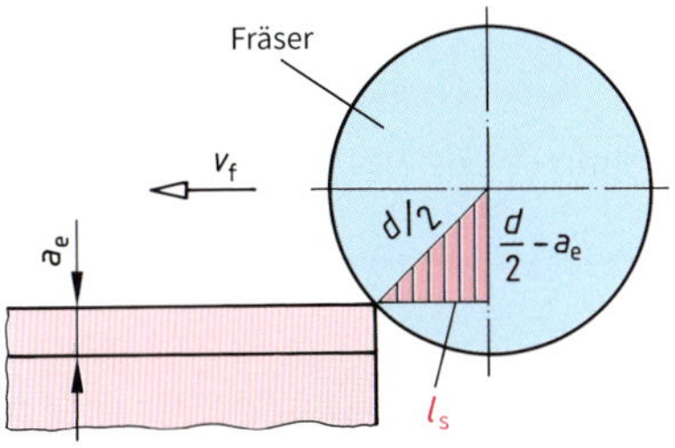

$$l_s^2 = \left(\frac{d}{2}\right)^2 - \left(\frac{d}{2} - a_e\right)^2$$

$$l_s^2 = \frac{d^2}{4} - \frac{d^2}{4} + 2 \cdot \frac{d}{2} \cdot a_e - a_e^2$$

$$l_s^2 = d \cdot a_e - a_e^2$$

$$l_s = \sqrt{d \cdot a_e - a_e^2}$$

Anschnitt- bzw. Austrittsweg $= l_s = \sqrt{d \cdot a_e - a_e^2}$

Der **Vorschubweg beim Umfangsplanfräsen** beginnt mit dem Anlaufweg und endet, wenn die Fräsermitte um den Überlaufweg hinter dem Werkstück steht.

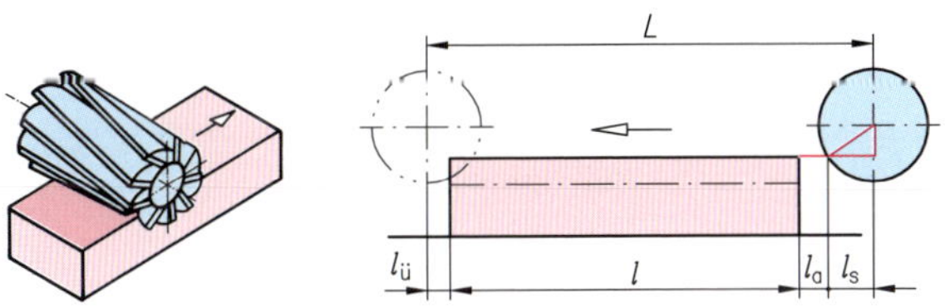

Vorschubweg $L = l_s + l_a + l + l_ü$

Der **Vorschubweg beim Stirnplanfräsen** mit Planfräsern beginnt mit dem Anschnittweg.
Beim *Schruppen* endet der Vorschubweg, wenn die letzte im Eingriff befindliche Schneide um den Überlaufweg über das Werkstück hinaus ist.
Beim *Schlichten* soll zur Erzeugung eines gleichmäßigen Oberflächenbilds der Fräser in gleicher Weise über die gesamte Fläche vorgeschoben werden. Darum muss hier der Vorschubweg um den Fräserradius größer sein als beim Schruppen.

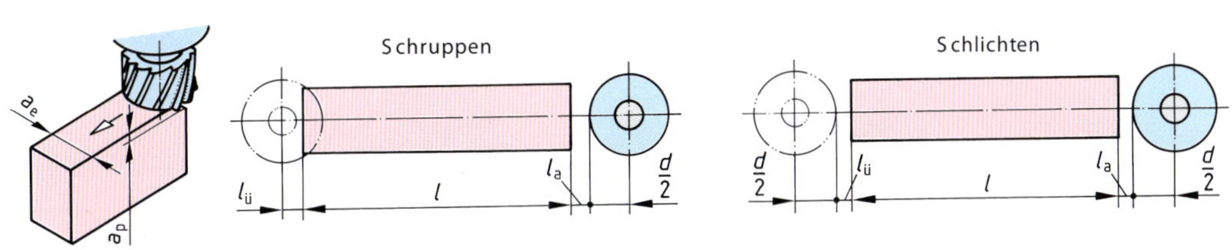

$L = \frac{d}{2} + l_a + l + l_ü$

$L = 2 \cdot \frac{d}{2} + l_a + l + l_ü$

Der **Vorschub beim Stirnumfangsfräsen** beginnt mit dem Anschnittweg.

Beim *Schruppen* endet der Vorschubweg, wenn die letzte im Eingriff befindliche Schneide um den Überlaufweg über das Werkstück hinaus ist.
Nach dem *Schlichten* soll der Fräser voll aus dem Werkstück herausfahren. Darum muss er um den Austrittsweg l_s und den Überlaufweg $l_ü$ über das Werkstück hinaus vorgeschoben werden.

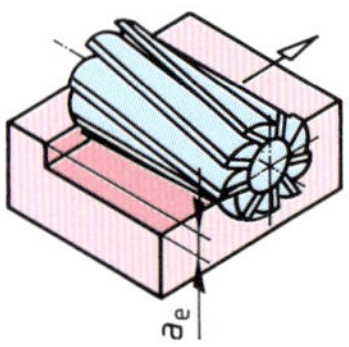

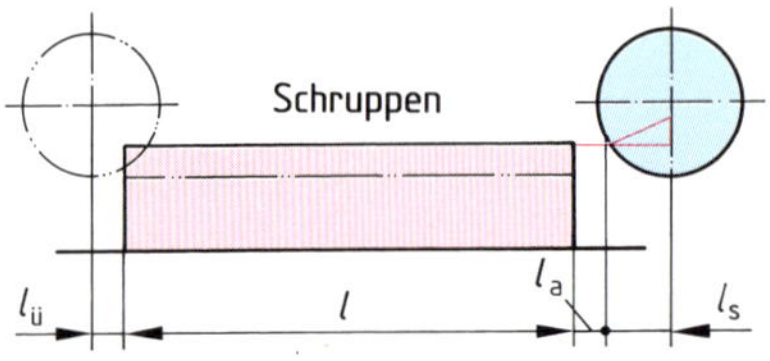

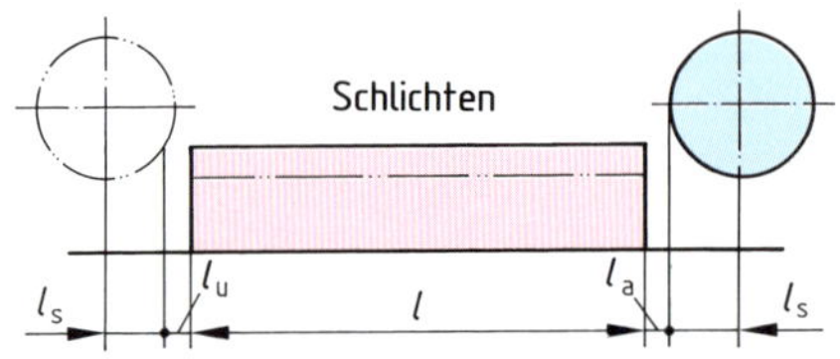

$L = l_s + l_a + l + l_ü$

$L = l_s + l_a + l + l_ü + l_s$

Beispiel zur Berechnung der Hauptnutzungszeit

Aufgabe

Eine Platte von 600 mm Länge und einer Breite von 210 mm soll mit einem Stirnplanfräser von 100 mm Durchmesser bearbeitet werden. Die Vorschubgeschwindigkeit für das Schruppen soll 250 mm/min und für das Schlichten 400 mm/min betragen.
Es sind die Hauptnutzungszeiten für das Schruppen und das Schlichten zu berechnen.

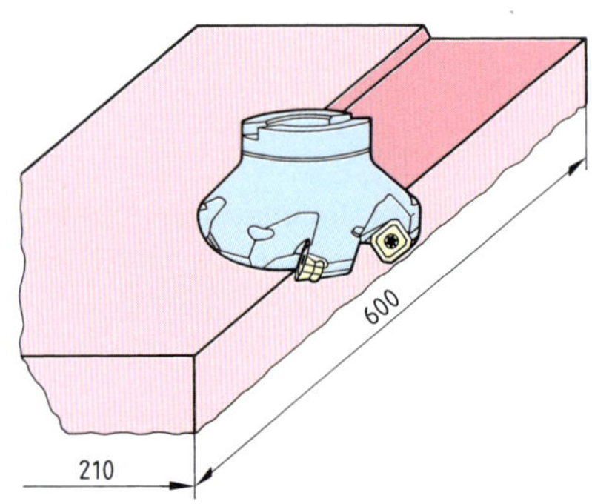

Lösung

Schruppen (3 Schnitte)

$$L = \frac{d}{2} + l_a + l + l_ü$$

$$L = \frac{100}{2}\,\text{mm} + 2\,\text{mm} + 600\,\text{mm} + 2\,\text{mm} = 654\,\text{mm}$$

$$t_h = \frac{L \cdot i}{v_f} \quad (i = 3)$$

$$t_h = \frac{654\,\text{mm} \cdot 3\,\text{min}}{250\,\text{mm}} = \mathbf{7{,}8\,min}$$

Schlichten (3 Schnitte)

$$L = d + l_a + l + l_ü$$
$$L = 100\,\text{mm} + 2\,\text{mm} + 600\,\text{mm} + 2\,\text{mm} = 704\,\text{mm}$$

$$t_h = \frac{L \cdot i}{v_c}$$

$$t_h = \frac{704\,\text{mm} \cdot 3\,\text{min}}{400\,\text{mm}} = \mathbf{5{,}3\,min}$$

Übungsaufgabe 7/23

7.6.4 Arbeitsplan zur Auswahl von Fräswerkzeugen und Bestimmung von Einstellgrößen

Arbeitsauftrag

↓

Fräsverfahren und Lage der Hauptschneide bestimmen
(z. B. Planfräsen durch Stirnfräsen, Eckfräsen durch Umfangsfräsen ...)

↓

Frästertyp auswählen
(Planfräser, Eckfräser, Schaltfräser ...)

HSS- und HM-Fräser:

Frästertyp bestimmen
(H, W, N, HT ...)

↓

Fräser auswählen
(Durchmesser, Schneidenzahl ...)

Fräser mit Wendeschneidplatten:

Fräserkörper auswählen
(Durchmesser, Teilung ...)

↓

Wendeplatte auswählen

- Wendeplattenform bestimmen
  (Quadrat, Kreis, Rhombus ...)
- Werkstoffgruppe feststellen
  (P, M, K ...)
- Bearbeitungsbedingungen feststellen
  (Werkzeugauskragung, Maschinenstabilität ...)
- Geometrie bestimmen (Schneidenform, Spanbrecherform ...)
- Schneidstoff auswählen
  (für K10, P30 ...)

↓

Schnittdaten ermitteln

- Eingriffsgrößen festlegen
  (a_p; a_e)
- Schnittgeschwindigkeit ermitteln
- Vorschub bzw. Vorschubgeschwindigkeit ermitteln

↓

Einstellgrößen ermitteln

- Umdrehungsfrequenz
  $n = \frac{v_c}{d \cdot \pi}$
- Vorschub
  $f = f_z \cdot z$
- Vorschubgeschwindigkeit
  $v_f = f \cdot n$

Übungsaufgabe 7/24

7.7 Teilen mit Teilapparaten

Bei der Weiterbearbeitung zylindrischer Werkstücke sind vielfach am Umfang bzw. an der Stirnseite in regelmäßigen Abständen Einfräsungen vorzunehmen. Die Anzahl der gleichen Abstände nennt man Teilung. Zum Einstellen solcher Teilungen verwendet man Teilapparate. Teilapparate dienen der Werkstückspannung und ermöglichen eine Drehung des Werkstücks um einen bestimmten Teilungswinkel. Der Teilungswinkel wird über die Anzahl der Teilungen am Werkstückumfang ermittelt.

Beispiele für Werkstücke mit regelmäßigen Teilungen

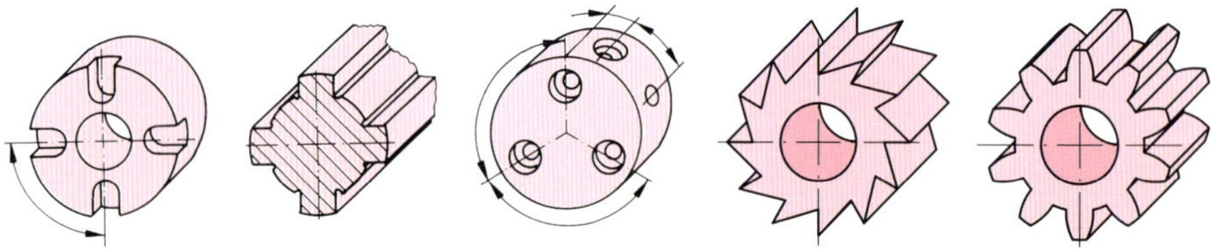

Universalteilapparate ermöglichen es, Teilungen nach dem direkten und indirekten Teilverfahren durchzuführen. Teilapparate besitzen eine drehbare Teilspindel mit einer Aufnahme für Werkstückspannvorrichtungen. Als Spannvorrichtungen dienen z. B. Spannfutter und Zentrierspitzen mit Mitnahmevorrichtungen. Somit wird das Werkstück stets direkt auf der Teilspindel gespannt.

Universalteilapparat

1. Direktes Teilen

Zum direkten Teilen ist eine Teilscheibe mit z. B. 24 Bohrungen direkt auf der Teilspindel befestigt. Teilspindeln mit Teilscheibe werden von Hand gedreht und mit einem Raststift festgestellt, der durch einen Rasthebel betätigt wird. Durch direktes Teilen kann man alle Teilungen herstellen, die als Teiler in 24 enthalten sind. Direktes Teilen kann auch mit einfachen Teilapparaten durchgeführt werden.

Teilungen beim direkten Teilen

Anzahl der Rasten	:	Anzahl der Teilungen	=	Anzahl der zu verstellenden Rasten
24	:	2	=	12
24	:	3	=	8
24	:	4	=	6
24	:	6	=	4
24	:	8	=	3
24	:	12	=	2
24	:	24	=	1

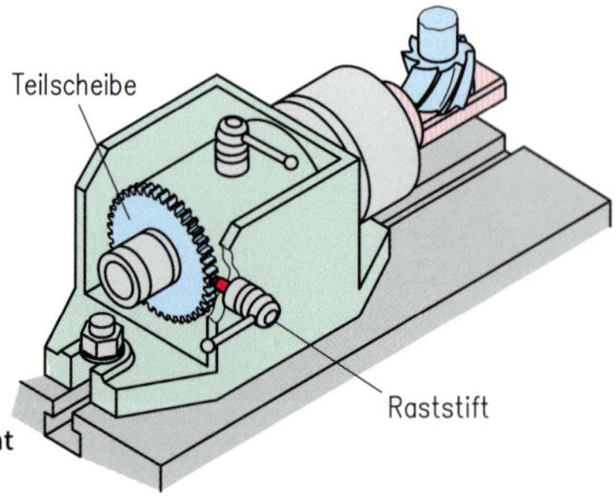

Einfacher Teilapparat

! Beim direkten Teilen wird die Werkstückteilung unmittelbar auf der Teilscheibe der Teilspindel eingestellt.

Übungsaufgaben 7/25; 7/26

2. Indirektes Teilen

Werkstückbearbeitungen, die durch direktes Teilen nicht durchgeführt werden können, werden mit dem indirekten Teilverfahren vorgenommen. Dazu wird der Gesamtaufbau des Universalteilapparats genutzt. Beim indirekten Teilen wird die Teilspindel über ein Schneckengetriebe gedreht. Dies besteht aus einem Schneckenrad auf der Teilspindel und einer Schneckenwelle, die über eine Teilkurbel gedreht wird.

Auf der Schneckenwelle werden auswechselbare Lochscheiben drehbar aufgesteckt und mit einem Fixierstift fest mit dem Gehäuse verbunden. Die Teilkurbel wird mittels vorderem Raststift in der Lochscheibe festgestellt.

Das Getriebe besteht meist aus einer eingängigen Schnecke und einem Schneckenrad mit 40 Zähnen. Es hat ein **Übersetzungsverhältnis** von **40:1**. Damit sind durch ganze Umdrehungen der Teilkurbel alle Teilungen möglich, die selbst als Teiler in 40 enthalten sind.

Als auswechselbare Lochscheiben stehen meist drei Typen mit einer großen Anzahl von Teilungen zur Verfügung. Auf jedem Lochkreis ist eine bestimmte Anzahl von Bohrungen mit gleichen Abständen angeordnet.

Für Teilungen, die nicht durch ganze Umdrehungen der Teilkurbel einstellbar sind, errechnet man aus dem Übersetzungsverhältnis 40:1 und der Zahl der gewünschten Teilungen die Anzahl der Teilkurbelumdrehungen nach der folgenden Beziehung:

Anzahl der Teilkurbelumdrehungen $N_k = \frac{40}{\text{Zahl der Teilungen}}$

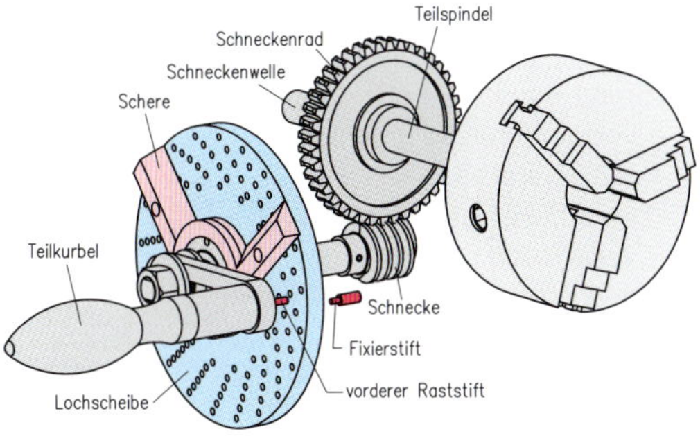

Universalteilapparat (Schema)

I Lochscheibe 15, 16, 17, 18, 19, 20
II Lochscheibe 21, 23, 27, 29, 31, 33
III Lochscheibe 37, 39, 41, 43, 47, 49

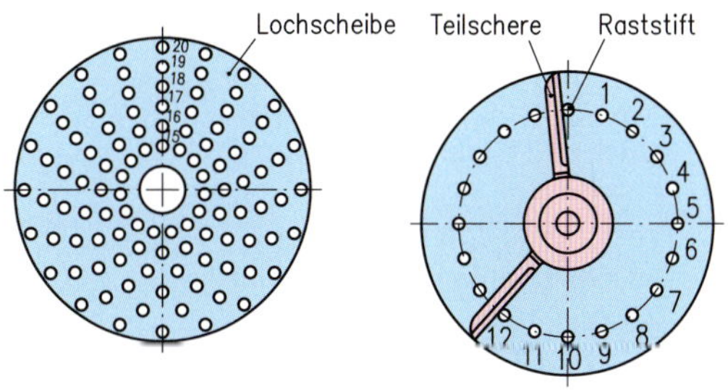

Auswechselbare Lochscheiben mit Teilschere

Falls die Berechnung keine ganze Zahl ergibt, so ist ein Lochkreis auszuwählen, in dem der Nenner des Bruchs als Vielfaches enthalten ist. Zur Erleichterung des Abzählens der von einer vollen Kurbelumdrehung abweichenden Lochabstände verwendet man eine Teilschere.

! Beim indirekten Teilen wird die Werkstückteilung über ein Schneckengetriebe mit dem Übersetzungsverhältnis 40:1 und mithilfe von Lochscheiben eingestellt.

Beispiel für die Berechnung von N_k und die Wahl der Lochscheibe

Aufgabe

Ein Zahnrad mit 25 Zähnen ist zu fertigen. Die Zahl der Teilkurbelumdrehungen ist zu berechnen und ein Lochkreis auszuwählen.

Lösung

Anzahl der Umdrehungen der Teilkurbel $N_k = \frac{40}{25}$ $N_k = 1\frac{3}{5}$

Es ist eine Lochscheibe zu wählen, die einen durch 5 teilbaren Lochkreis besitzt. Es wird die Lochscheibe I mit 20 Bohrungen ausgewählt, weil sich mit dieser $\frac{3}{5}$ Umdrehungen einstellen lassen.

$\frac{3}{5} = \frac{12}{20} \Rightarrow$ 12 Lochabstände $N_k = 1$ Umdrehung $+ \frac{12}{20}$ Umdrehung

7.8 Werkzeugverschleiß und Werkstückfehler

1. Werkzeugverschleiß und Gegenmaßnahmen

Die Wahl einer ungünstigen Schneidengeometrie und/oder eines wenig geeigneten Schneidstoffs beeinträchtigen die Standzeit bzw. Funktionsfähigkeit der Schneiden. Das gleiche gilt für schlecht ausgewählte Schnittdaten. Es stellen sich vermeidbare Erscheinungsformen von Werkzeugverschleiß ein. Die Oberflächengüte der Werkstücke kann Mängel aufweisen.

Starker Kolkverschleiß

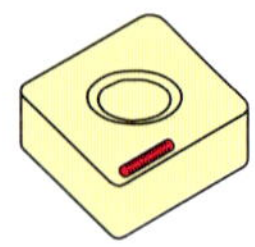

- Verminderung der Schnittgeschwindigkeit
- verschleißfesteres Hartmetall verwenden
- beschichtete HM-Schneide einsetzen

Starker Freiflächenverschleiß

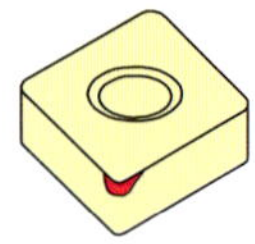

- verschleißfestere HM-Sorte verwenden
- Vorschub je Zahn erhöhen

Ausbröckelungen der Schneidkante (mechanische Belastung)

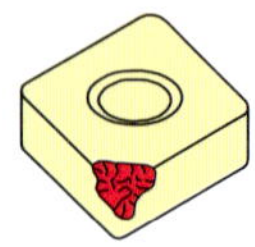

- zäheres Hartmetall verwenden
- negative Schnittwinkel wählen (Stabilisierungsfase)
- Steifigkeit der Maschine, Werkstück und Werkstückspannung überprüfen
- Vorschub je Zahn verringern
- Anschnittwinkel ändern (Initialkontakte)

Aufbauschneidenbildung

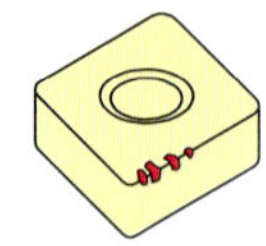

- Schnittgeschwindigkeit und/oder Vorschub erhöhen
- andere HM-Sorte verwenden
- geschliffene, positive Schneiden einsetzen
- beschichtete HM-Schneide einsetzen

Aussplitterung der Schneidkante (thermische Belastung)

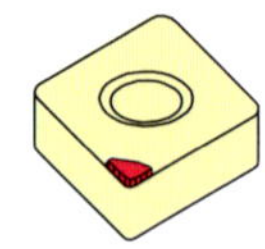

- zähere HM-Sorte verwenden
- Vorschub je Zahn verringern
- Schnittgeschwindigkeit erhöhen
- positive Schnittwinkel wählen

Plattenbruch

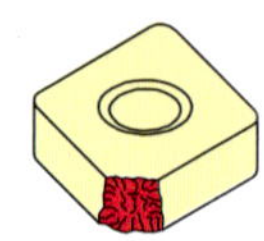

- auf freien Spanablauf achten
- zähere HM-Sorte verwenden
- Schnittwerte überprüfen
- Anschnittwinkel ändern (Initialkontakte)

2. Werkstückfehler und Gegenmaßnahmen

Rattermarken

- Stabilität von Aufspannung und Maschine überprüfen
- andere Schneidengeometrie wählen
- Fräser mit ungleicher Teilung einsetzen
- Anordnung des Fräsers zum Werkstück überprüfen

Ungenügende Oberfläche am Werkstück

- Breitschlichtschneide verwenden
- Vorschub je Zahn senken
- Stabilität von Aufspannung und Maschine überprüfen
- Schnittgeschwindigkeit erhöhen
- andere Schneidengeometrie verwenden
- Fräser auf Planschlag überprüfen

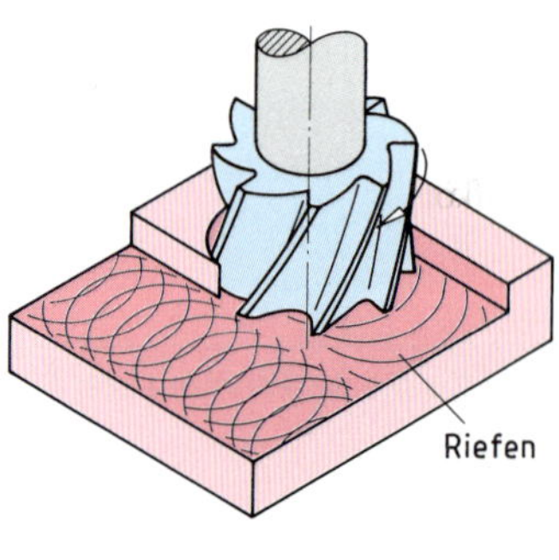

Der richtigen Auswahl der Werkzeuge und Schnittbedingungen kommt in Hinblick auf Fertigungszeit und Qualität der erzeugten Werkstücke eine große Bedeutung zu. Daher geben die Werkzeughersteller für die verschiedenen Werkstoffe zu bearbeitender Werkstücke und der Zerspanbedingungen Empfehlungen heraus. Diese sind in Werkzeugkatalogen enthalten oder werden als Software für Computer zur Verfügung gestellt.

Übungsaufgaben 7/29; 7/30

8 Fertigen durch Schleifen

Schleifen ist ein spanendes Fertigungsverfahren. Metallische Werkstücke werden durch Schleifen bearbeitet, um
- die Endform mit hoher Maßgenauigkeit und Oberflächengüte herzustellen,
- die Trennung von Werkstücken vorzunehmen,
- Schneidwerkzeuge zu schärfen.

Beispiele für den Einsatz des Schleifens

Innenrundschleifen

Außenrundschleifen

Werkzeugschleifen eines Fräsers

An der Oberfläche der Schleifwerkzeuge bilden die Schleifkörner, die durch ein Bindemittel zusammengehalten werden, eine große Anzahl keilförmiger Schneiden. Form und Lage der Schleifkörner sind zufällig und daher unbestimmt. Darum bezeichnet man die Schleifwerkzeuge als **vielschnittige Werkzeuge mit geometrisch unbestimmten Schneiden**.

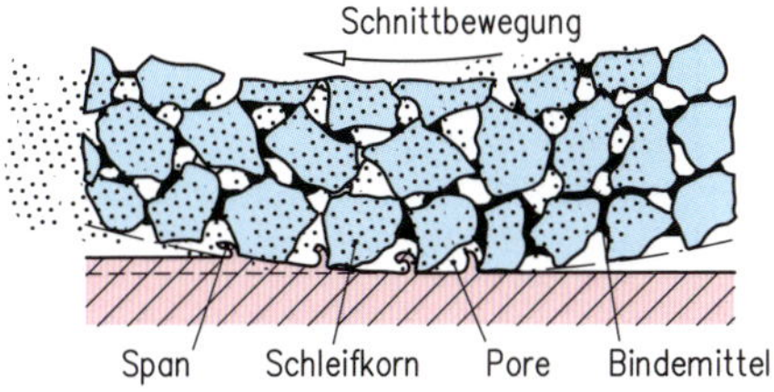

Spanabnahme beim Schleifen

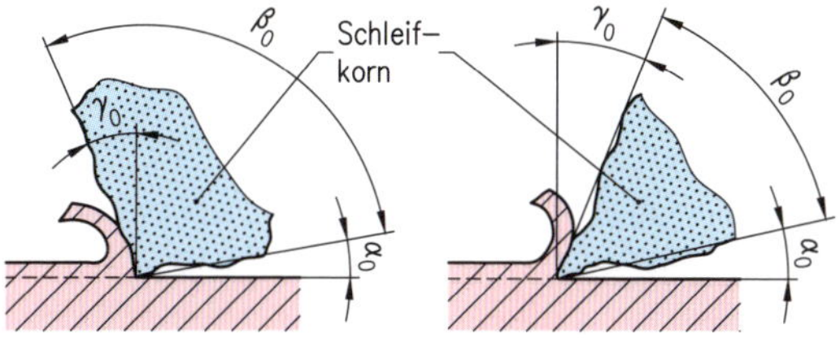

Unterschiedliche Winkel am Schneidkeil

! Schleifen ist ein spanendes Fertigungsverfahren, bei dem kleine Späne durch ein vielschnittiges Werkzeug mit geometrisch unbestimmten Schneiden abgetrennt werden.

8.1 Schleifwerkzeuge

8.1.1 Aufbau und Eigenschaften der Schleifwerkzeuge

1. Schleifmittel

Die Schleifkörner eines Schleifwerkzeugs bestehen aus dem Schleifmittel. Dieses Schleifmittel muss stets härter als der zu bearbeitende Werkstoff sein.

Schleifmittel	Normbuchstabe (DIN ISO 525)	Farbe des Schleifmittels	Eigenschaften	zu bearbeitende Werkstoffe
Edelkorund (im E-Ofen erschmolzenes Al_2O_3)	A	weiß oder rot	ansteigende Härte und Sprödigkeit ↓	Baustähle, legierte Stähle, gehärtete Stähle, Titan
Siliziumkarbid (Karborundum SiC)	C	grün oder schwarz		Gusseisen, Hartguss, Messing, Bronze, Aluminium, keramische Werkstoffe, Hartmetalle
Bornitrid (BN)	B	schwarz		HSS-Stahl, Werkzeugstähle
Diamant	D	gelb		Hartmetalle, Keramik, Glas

! Die Art des Schleifmittels wählt man nach dem zu schleifenden Werkstoff aus.

2. Körnung

Die Größe der Schleifkörner wird als Körnung bezeichnet. Das Sortieren der Schleifkörner wird mithilfe von Sieben verschiedener Maschenweite durchgeführt. Daher kennzeichnet man die Körnung durch eine Zahl, die der Anzahl der Siebmaschen auf 1 Zoll Länge (25,4 mm) entspricht.

Für Diamant und Bornitrid als Schleifmittel wird die Körnung direkt durch die Dicke der Schleifkörner in Mikrometer angegeben. Diamantkörner werden in der Dicke von 0,5 bis 300 µm verwendet.

Körnungsnummer	Bezeichnung	Art der Bearbeitung
F4–F24	**grob**	Schruppschleifen
F30–F60	**mittel**	Schruppschleifen
F70–F220	**fein**	Feinschleifen
F230–F1 200	**sehr fein**	Feinstschleifen

Korngröße	Bezeichnung
0,5–300 µm	D 0,5–D 300

! Die Körnung richtet sich nach der Art der Schleifarbeit.
- Grobe Körnung erzielt ein großes Spanvolumen mit geringer Oberflächengüte.
- Feine Körnung erzielt ein kleines Spanvolumen mit hoher Oberflächengüte.

3. Bindung

Die Schleifkörper werden durch ein Bindemittel zusammengehalten. Durch unterschiedliche Bindungen werden die Eigenschaften von Schleifwerkzeugen stark beeinflusst.

Bindung	Zeichen	Eigenschaften	Anwendung
Keramik	V	unelastisch, porös, unempfindlich gegen Wärme, Wasser und Öl, empfindlich gegen Schlag und Druck	gebräuchliche Bindung bei maschinellen Schleifverfahren, für alle Werkstoffe geeignet
Kunstharz	B	sehr elastische Bindung von hoher Festigkeit, geringe Empfindlichkeit gegen Stöße	Bindung für dünnere Schleifscheiben zum Feinstschleifen harter Werkstoffe
Kunstharz faserverstärkt	BF	hohe Elastizität und hohe Zähigkeit	Bindung für Trennscheiben
Metall	M	sehr hohe Festigkeit, stoßunempfindlich, hohe Standzeit	Bindung für Diamantscheiben zum Schleifen von Hartmetallen

! Die Bindung beeinflusst die Festigkeit, Elastizität und Wärmeempfindlichkeit von Schleifwerkzeugen.

4. Härte

Die Widerstandskraft, welche die Bindung dem Ausbrechen der Schleifkörner entgegengesetzt, bezeichnet man als Härte.

Kennbuchstabe	A bis D	E bis K	L bis O	P bis S	T bis Z
Eigenschaft des Schleifwerkzeugs	äußerst weich	sehr weich bis weich	mittel	hart	sehr hart bis äußerst hart

Bei *harten Werkstoffen* werden die Schleifkörner schnell stumpf. Die Härte des Schleifwerkzeugs muss daher gering sein, damit die stumpfen Körner schnell ausbrechen.
Bei *weichen Werkstoffen* werden die Schleifkörner langsam stumpf, daher kann die Härte des Schleifwerkzeugs groß gewählt werden.

! Härte nennt man bei Schleifscheiben den Widerstand des Bindemittels gegen das Ausbrechen der Körner.
- Harte Werkstoffe bearbeitet man mit weichen Schleifwerkzeugen.
- Weiche Werkstoffe bearbeitet man mit harten Schleifwerkzeugen.

Übungsaufgaben 8/4 bis 8/6

5. Gefüge

Der innere Aufbau des Schleifwerkzeugs ist von dem Anteil der Schleifkörner, des Bindemittels und der Poren abhängig. Er wird Gefüge genannt.
Die Poren haben die Aufgabe, die anfallenden Späne aufzunehmen und abzutransportieren. Daher muss der Porenanteil immer etwas größer als die Spanmenge sein.

Ein Gefüge mit kleinen Poren wird als *dicht* bezeichnet. Dichtes Gefüge wählt man
- zum Schleifen kurzspaniger Werkstoffe,
- zum Schlichten,
- bei kleinen Vorschüben und Zustellungen.

Ein Gefüge mit hohem Porenanteil wird als *offen* bezeichnet. Offenes Gefüge wählt man
- zum Bearbeiten langspaniger Werkstoffe und zum Schleifen von Werkstoffen, die zum Schmieren neigen (z. B. Kunststoffe, Leder),
- zum Schruppen,
- bei hohen Vorschüben und Zustellungen.

Das Gefüge wird durch eine Ziffer gekennzeichnet.

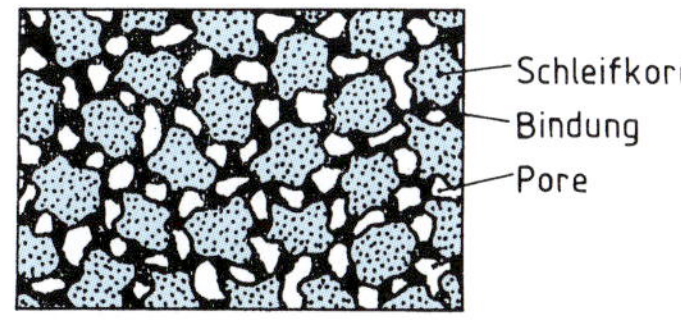

Dichtes Gefüge

Offenes Gefüge

Kenziffer	0–3	4 u. 3	6 u. 7	8–14
Gefüge	dicht	mittel	offen	sehr offen

> **!** Für ein Schleifwerkzeug ist die Auswahl des Gefüges abhängig von
> • dem zu bearbeitenden Werkstoff, • der geforderten Spanleistung, • der geforderten Oberflächengüte.

8.1.2 Form und Verwendungszweck von Schleifwerkzeugen

Die Auswahl des Schleifwerkzeugs hinsichtlich Form und Abmessung erfolgt nach der Werkstückform, dem Schleifverfahren und der Schleifmaschine.

Benennung	Schleifkörperform	Verwendungszweck
gerade Schleifscheibe	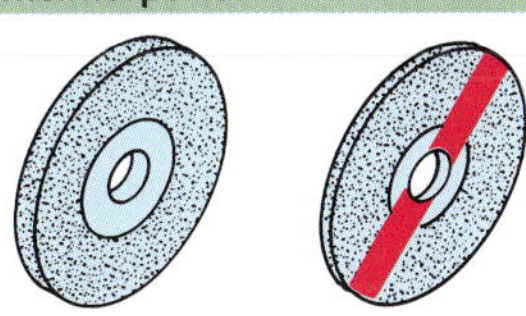	Diese vielseitigen Schleifscheiben werden zum Planschleifen, Rundschleifen, Schleifen auf Schleifböcken, Werkzeugschärfen und Trennschleifen eingesetzt.
Segment-Schleifscheibe	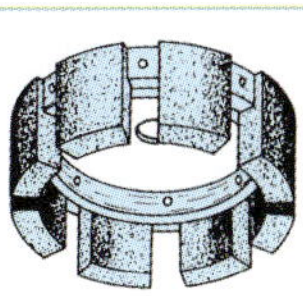	Schleifsegmentscheiben werden zur Bearbeitung großer Flächen mit hoher Abtragsleistung eingesetzt.
Topfschleifscheiben und Schleifteller	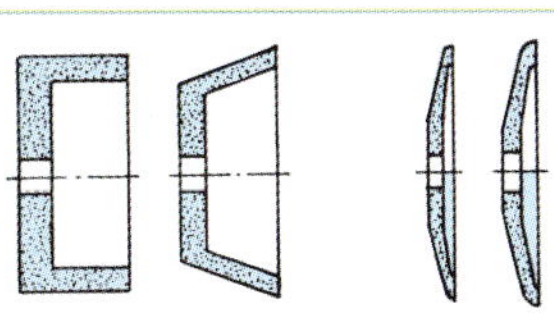	Diese Schleifscheiben werden zum Scharfschleifen von Spanwerkzeugen auf Universalschleifmaschinen verwendet. Sie sind in der Form den zu schleifenden Flächen an Bohrern, Senkern, Fräsern und Reibahlen angepasst.
Schleifstifte	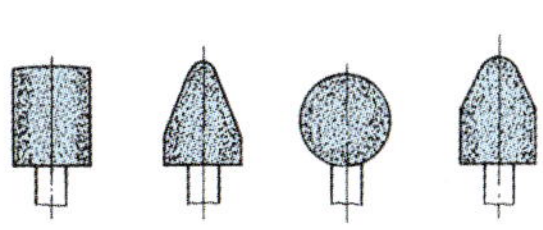	Schleifstifte werden im Werkzeug- und Formenbau verwendet. Sie werden mit dem zylindrischen Schaft meist in Handschleifmaschinen eingespannt. Mit ihnen werden vorgearbeitete Konturen fertig bearbeitet.

Übungsaufgaben 8/7 bis 8/10

8.1.3 Zulässige Umfangsgeschwindigkeiten von Schleifscheiben

Für normale Schleifscheiben sind Schnittgeschwindigkeiten bis zu 30 m/s üblich. Für Sonderschleifverfahren wie das Trennschleifen werden Schnittgeschwindigkeiten bis zu 100 m/s empfohlen.

Richtwerte für Umfangsgeschwindigkeiten

Werkstoff	Planschleifen	Rundschleifen	Trennschleifen
Stahl, Gusseisen	25–35 m/s	25–40 m/s	45–100 m/s
Hartmetall	10 m/s	8 m/s	–
Messing	25–30 m/s	20–35 m/s	–
Leichtmetall	15–20 m/s	15–20 m/s	–

Bei allen ***Schleifverfahren treten hohe*** Umfangsgeschwindigkeiten an der Schleifscheibe auf. Bei zu hohen Umfangsgeschwindigkeiten können die auftretenden Fliehkräfte die Schleifscheibe zerreißen und schwere Unfälle verursachen. Aus diesem Grund dürfen zum Schleifen mit hohen Geschwindigkeiten nur Schleifkörper und Schutzvorrichtungen eingesetzt werden, die vom Deutschen Schleifscheiben-Ausschuss zugelassen sind.

Auf Schleifscheiben wird die höchste zulässige Umfangsgeschwindigkeit durch einen Farbstreifen über den gesamten Durchmesser gekennzeichnet.

Farbstreifen	blau	gelb	rot	grün
zulässige Umfangsgeschwindigkeit	50 m/s	63 m/s	80 m/s	100 m/s

Farbcodierung der zulässigen Umfangsgeschwindigkeit

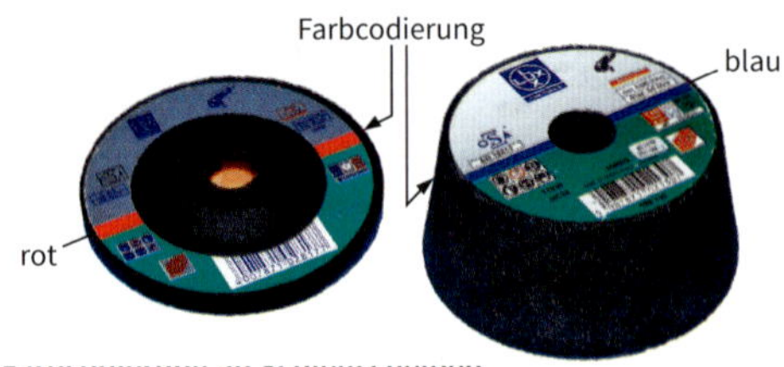

Farbcodierung an Schleifscheiben

> **!** Die höchste zulässige Umfangsgeschwindigkeit wird auf Schleifscheiben durch eine Farbmarkierung gekennzeichnet.

8.1.4 Bezeichnung genormter Schleifscheiben

Eine wirtschaftliche Bearbeitung durch Schleifen kann nur erfolgen, wenn das geeignete Schleifwerkzeug ausgewählt wird. Die Bezeichnung von Schleifkörpern aus gebundenen Schleifmitteln sind genormt und durch Maßangaben, Kennbuchstaben bzw. Kennzahlen verschlüsselt.
Eine vollständige Bezeichnung enthält Informationen zu folgenden Größen: Bezeichnung des Schleifwerkzeugs, Verweis auf die benutzte Norm, Form des Werkzeugs, Maße, Werkstoff, Arbeitshöchtsgeschwindigkeit.

Beispiel für die Bezeichnung von Schleifscheiben

Schleifscheibe ISO 603-1 1 -400 x 40 x 127 ... A 50 K 6 V ... -32

- Bezeichnung des Schleifwerkzeugs → Schleifscheibe
- Normverweis → ISO 603-1
- Form ... **1** für gerade Scheibe → 1
- Außendurchmesser ....**400 mm** → 400
- Scheibenbreite ....**40 mm** → 40
- Bohrungsdurchmesser ....**127 mm** → 127
- Schleifmittel ....**Korund** → für Baustähle mittlerer Festigkeit → A
- Körnung .... **mittel** → für Schrupparbeitsgänge → 50
- Härte .... **weich** → für harte Werkstoffe → K
- Gefüge .... **offen** → für große Spanabnahme → 6
- Bindung ....**keramisch** → zum maschinellen Schleifen → V
- zulässige Umfangsgeschwindigkeit **32 m/s** → -32

8.1.5 Aufspannen und Auswuchten von Schleifscheiben

Schleifscheiben laufen mit hohen Drehzahlen, sodass fehlerhafte Schleifscheiben und unsachgemäß aufgespannte Schleifscheiben eine große Unfallgefahr darstellen.
Nach den **Unfallverhütungsvorschriften** sind folgende Arbeitsgänge einzuhalten:

- **Klangprobe durchführen**
  Die Schleifscheiben sind vor dem Aufspannen einer *Klangprobe* zu unterziehen, um Risse festzustellen.
- **Schleifscheibe aufspannen**
  Die Schleifscheibe wird auf der Schleifspindel mit *elastischen Zwischenlagen* zwischen Flansche gespannt.
- **Schleifscheibe auswuchten**
  Zum Auswuchten bei stehender Schleifscheibe wird die Auswuchtwaage eingesetzt. Sie besteht aus einem Ständer mit einem frei beweglichen Wiegerahmen. Dieser Rahmen ist in seiner Drehachse mit einer Auflage für die auf einem Dorn gespannte Schleifscheibe versehen.
  Die eingelegte Schleifscheibe bringt mit ihrer Unwucht den Rahmen aus dem Gleichgewicht. Durch ein Ausgleichsgewicht kann er wieder ins Gleichgewicht gebracht werden. Aus der Masse des Ausgleichgewichts und dem Abstand zum Drehpunkt ergibt sich die Größe der auszugleichenden Unwucht.
- **Probelauf durchführen**
  Jede neu aufgespannte Schleifscheibe muss bei voller Umfangsgeschwindigkeit mindestens *fünf Minuten probelaufen*.

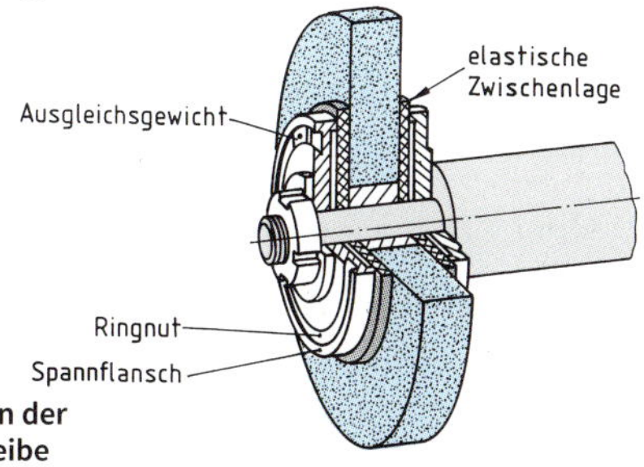

Aufspannen der Schleifscheibe

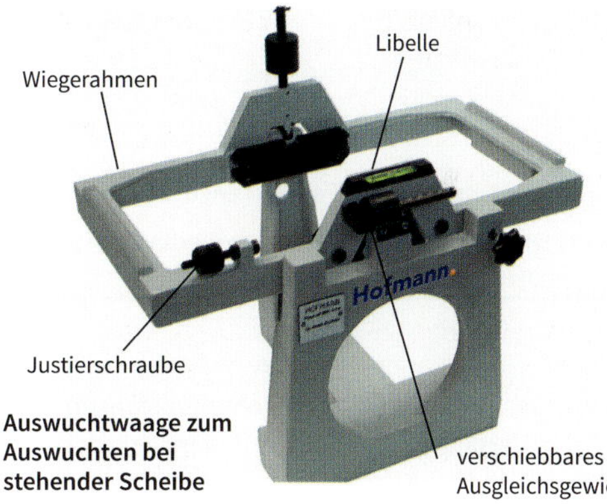

Auswuchtwaage zum Auswuchten bei stehender Scheibe

> **!** Schleifscheiben müssen wegen ihrer hohen Umfangsgeschwindigkeit vor dem Einsatz
> - durch Klangprobe auf Risse geprüft werden,
> - sorgfältig aufgespannt werden,
> - ausgewuchtet werden,
> - einen fünfminütigen Probelauf überstehen.

8.1.6 Abrichten von Schleifkörpern

Schleifkörper nutzen sich beim Schleifen unregelmäßig ab und werden unrund. Außerdem werden die einzelnen Schleifkörner stumpf und die Poren in den Schleifkörpern setzen sich mit Spänchen zu. Daher ist es notwendig, die Schleifkörper mit entsprechenden Abrichtgeräten zu warten.
Die ungleichmäßig abgenutzte Schicht wird abgetragen, bis die Schleiffläche wieder formgenau ist und überall scharfe Schleifkörner freigelegt sind. Diesen Vorgang bezeichnet man als **Abrichten**.

Beispiele für das Abrichten mit diamantbestückten Werkzeugen

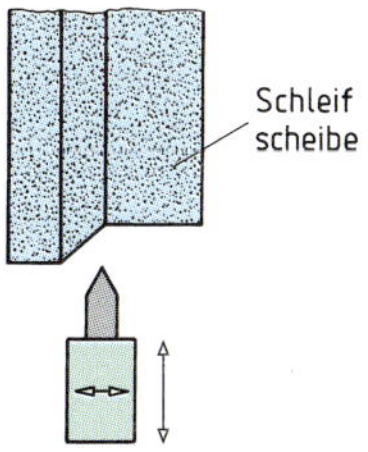

Abrichten mit Diamantspitze

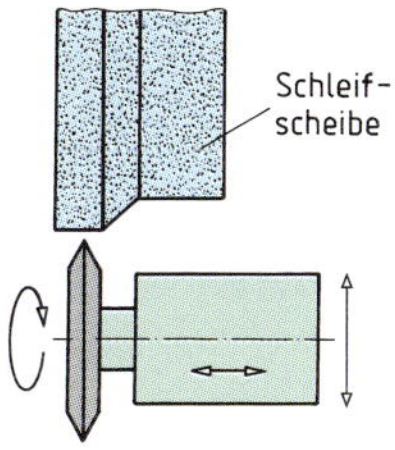

Abrichten mit rotierender Diamant-Formscheibe

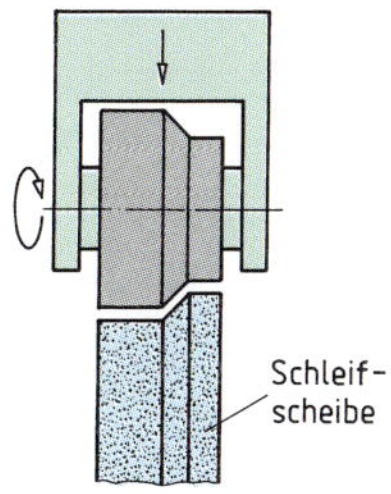

Abrichten mit rotierender Profil-Diamantrolle

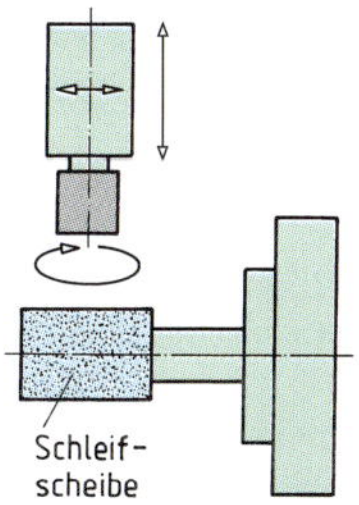

Abrichten mit rotierender Diamant-Topfscheibe

8.2 Arbeitsverfahren auf Schleifmaschinen

Von den Schleifverfahren sind **Plan-, Rund-** und **Profilschleifverfahren** von besonderer Bedeutung. Spant bei diesen Verfahren die Schleifscheibe mit ihrem Umfang, so bezeichnet man das Verfahren als *Umfangsschleifen*. Wird die Seitenfläche zum Spanen eingesetzt, nennt man das Verfahren *Seitenschleifen*.

1. Planschleifen als Pendelschleifverfahren

Werden *ebene Werkstückflächen* durch Schleifen bearbeitet, bezeichnet man dies als Planschleifen.

Umfangs-Planschleifen	Seiten-Planschleifen

- Auf Langtischen erfolgt die hin- und hergehende Längsbewegung mit schrittweisem Quervorschub.

Umfangs-Planschleifen

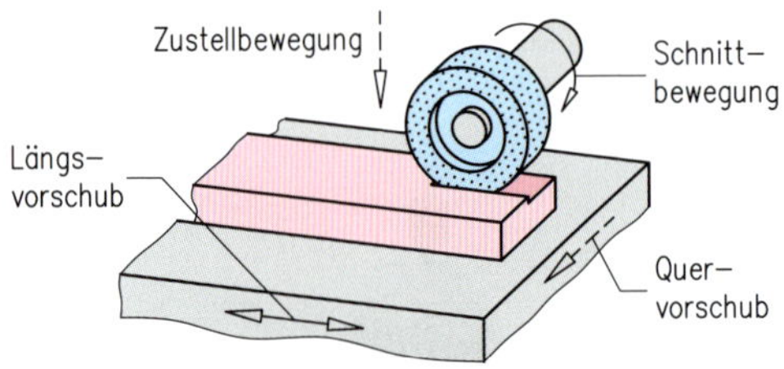

Umfangs-Planschleifen auf einem Langtisch

Man erzielt hochwertige Werkstückoberflächen bei geringen Abtragsleistungen.

Seiten-Planschleifen

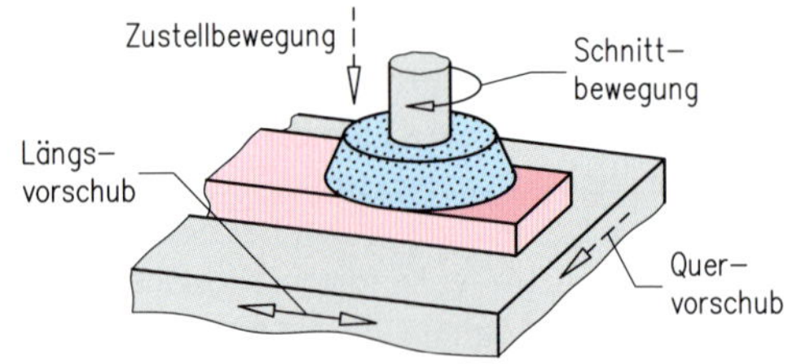

Seiten-Planschleifen auf einem Langtisch

Man erzielt hohe Abtragsleistungen bei geringer Oberflächengüte.

2. Rundschleifen als Pendelschleifverfahren

Mit dem Verfahren des Rundschleifens werden zylindrische Außenflächen oder Innenflächen bearbeitet.

Außen-Rundschleifen

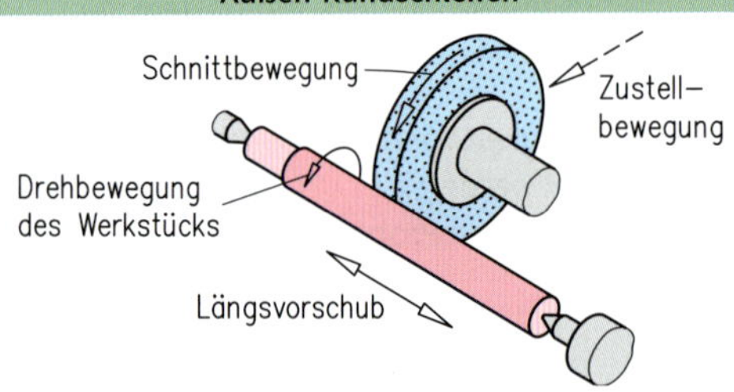

Längs-Umfangs-Außen-Rundschleifen

Innen-Rundschleifen

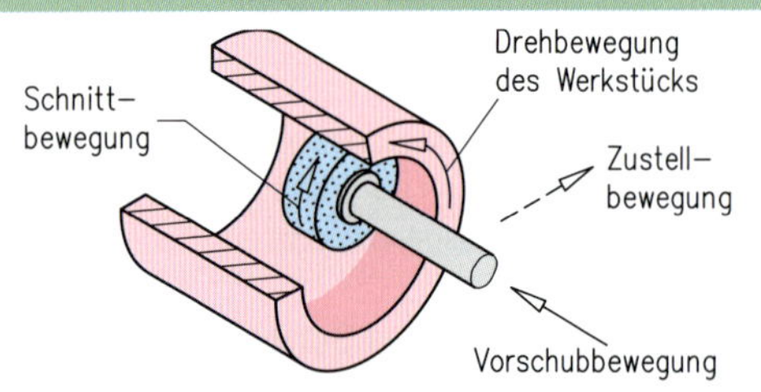

Längs-Umfangs-Innen-Rundschleifen

3. Profilschleifen als Einstechschleifverfahren

Profilschleifen ist gekennzeichnet durch den Einsatz von Schleifscheiben mit eingearbeiteten Profilen.

Außen-Profilschleifen

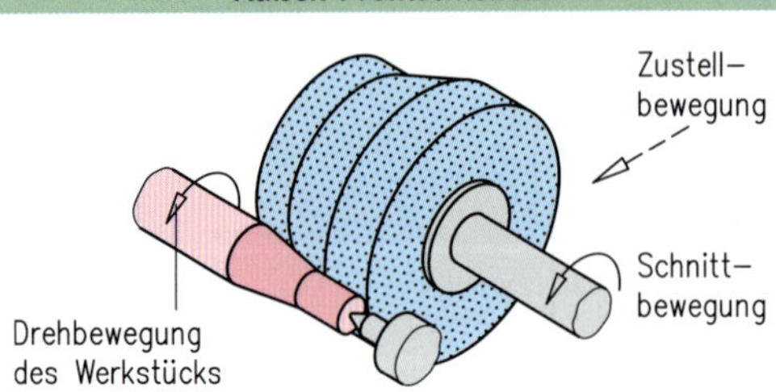

Quer-Außen-Profilschleifen

Innen-Profilschleifen

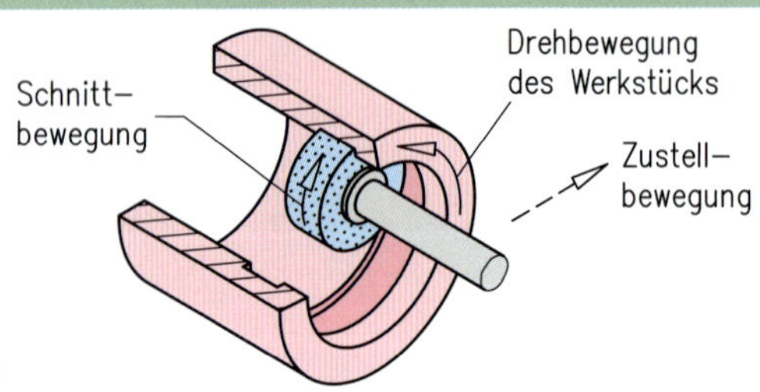

Quer-Innen-Profilschleifen

Übungsaufgaben 8/19 bis 8/25

8.3 Schnittbedingungen und Oberflächenbeschaffenheit beim Schleifen

Zwischen Schnittbedingungen und Oberflächenbeschaffenheit bestehen folgende Zusammenhänge:

- **Körnung und Scheibenhärte**
  Je feiner die Körnung und je härter die Scheibe, desto geringer wird die Rautiefe.
- **Zustellung und Vorschubgeschwindigkeit**
  Zu einer Verbesserung der Oberflächenbeschaffenheit führen niedriges Zeitspanvolumen durch geringere Zustellung und eine niedrige Vorschubgeschwindigkeit.
- **Kühlschmierung**
  Der Einsatz von Kühlschmierstoffen mit guten Schmier- und Spüleigenschaften führt bei ausreichender Kühlung zu einer erhöhten Oberflächenbeschaffenheit.
- **Geschwindigkeitsverhältnis**
  Je größer das Geschwindigkeitsverhältnis v_c/v_f zwischen der Schnittgeschwindigkeit und der Vorschubgeschwindigkeit ist, desto geringer wird die mögliche Rautiefe und Kornbelastung.

8.4 Schleifmaschinen

Entsprechend den Werkstückkonturen, die auf einer Schleifmaschine bearbeitet werden können, unterscheidet man

- Flachschleifmaschinen zum Plan- und Profilschleifen,
- Rundschleifmaschinen zum Innen- und Außenrundschleifen,
- Werkzeugschleifmaschinen zum Schärfen von Zerspanungswerkzeugen.

Beispiele für Schleifmaschinen

Flachschleifmaschine

Rundschleifmaschine

Werkzeugschleifmaschine

9 Fertigen durch Honen und Läppen

9.1 Honen

Das Honen ist ein spanendes Feinbearbeitungsverfahren.
Durch Honen werden Werkstückoberflächen endbearbeitet, die durch Drehen oder Bohren vorgearbeitet sind. Ziel ist es, die Oberflächengüte, die Maß- und Formgenauigkeit und im geringen Maß die Lagegenauigkeit zu verbessern. Bei Sinterteilen kann durch Honen der Endzustand ohne weitere spanende Vorbearbeitung erreicht werden.

Honbearbeitung setzt man ein, um
- Energieeinsparungen im Motorenbereich,
- Lebensdauererhöhung bei Lagern,
- exakte Steuerung bei Bauteilen für Einspritzpumpen sowie Hydraulik- und Pneumatikanlagen sowie
- Lärmreduzierung in Getrieben zu erreichen.

Die Werkstoffabtragung erfolgt durch Honsteine. Sie bestehen aus einer großen Anzahl feiner Schleifkörner, die durch Bindemittel zusammengehalten werden. Während des Honvorgangs befinden sich die Honsteine im ständigen Kontakt mit der zu bearbeitenden Werkstückfläche.

Nach der Lage der zu bearbeitenden Flächen am Werkstück unterscheidet man *Innenhonen* und *Außenhonen*. Nach der Art der Arbeitsbewegungen und der Länge des ausgeführten Arbeitshubs wird das Innenhonen als Langhubhonen und das Außenhonen als Kurzhubhonen ausgeführt.

Innenhonen als Langhubhonen

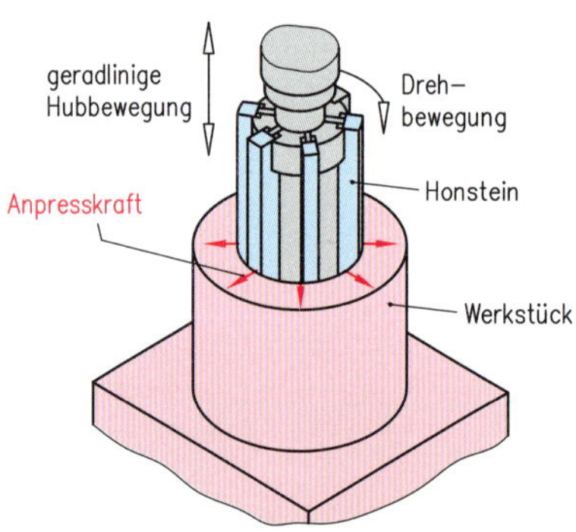

> **!** Gehont wird mit einer der Werkstücklänge angepassten großen Hubbewegung.

Erforderliche Bewegungen:
- gleichförmige Drehbewegung – von Werkzeug oder Werkstück – mit einer Geschwindigkeit von etwa 15 bis 40 m/min,
- geradlinige Hubbewegung – von Werkzeug oder Werkstück – mit einer Geschwindigkeit von etwa 12 bis 15 m/min

Außenhohnen als Kurzhubhonen

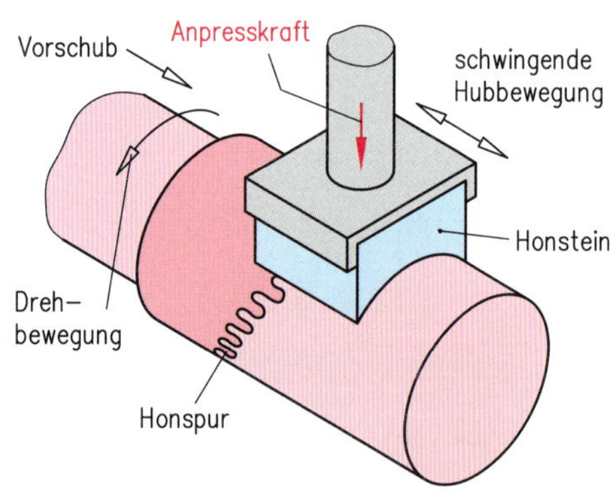

> **!** Zum Honen wird zusätzlich zu den übrigen Bewegungen ein kurzer Schwinghub ausgeführt.

Erforderliche Bewegungen:
- gleichförmige Drehbewegung des Werkstücks mit einer Geschwindigkeit von etwa 15 bis 25 m/min,
- geradlinige Vorschubbewegung – von Werkzeug oder Werkstück – mit einer Geschwindigkeit von etwa 8 bis 12 m/min,
- schwingender Hub des Werkzeugs in einer Hublänge von 1 bis 6 mm bei ca. 700 bis 2 500 Schwingungen pro Minute

Der Zerspanvorgang kommt durch die Überlagerung von zwei oder drei Bewegungen zustande. Dabei sind die Honsteine gleichzeitig im Eingriff, sie werden mit einem Anpressdruck von 20 bis 200 N/cm^2 gegen die Werkstückoberfläche gedrückt. Die abgetragenen Werkstoffteilchen und die stumpfen, ausgebrochenen Schleifkörner werden durch eine Spülflüssigkeit, das Honöl, weggeschwemmt.

Übungsaufgaben 9/1; 9/2

9.2 Läppen

Das Läppen ist ein Feinstbearbeitungsverfahren vorgearbeiteter Werkstücke zur Verbesserung der Form sowie der Maß- und Oberflächengüte. Zum Läppen werden lose feinkörnige Schleifmittel verwendet, die in Läppöl verteilt sind. Dieses Läppgemisch wird auf einem formübertragenden Gegenstück, das Läppscheibe genannt wird, aufgetragen oder aufgespült. Die Abnahme kleinster Spänchen erfolgt durch eine vielfach überlagerte Gleitbewegung und leichten Anpressdruck zwischen Werkstück und Läppscheibe.

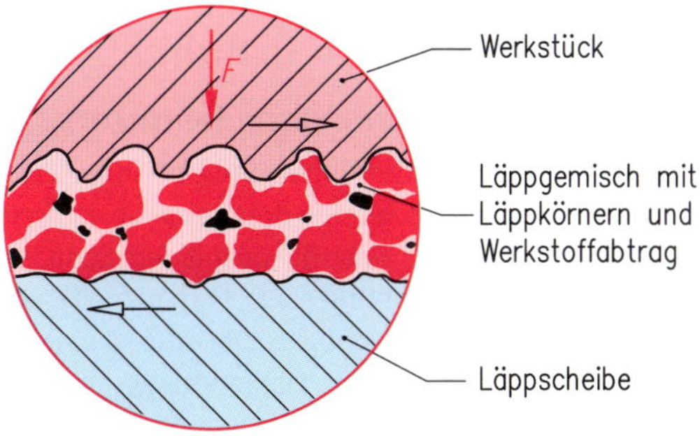

Läppvorgang

Die Bewegung zwischen Werkstück und Läppscheibe erfolgt mit einer Geschwindigkeit von ca. 50 bis etwa 120 m/min. Der Anpressdruck bis ca. 30 N/cm^2 richtet sich nach der angestrebten Oberflächenrauheit. Je geringer die Oberflächenrauheit sein soll, desto geringer wird der Anpressdruck gewählt. Die Oberflächenrauheit wird ferner von der Größe der Läppkörner bestimmt. Die Art des Läppmittels richtet sich nach der Härte des zu läppenden Werkstücks: Für Werkstücke aus weichen Metallen werden Oxide (z. B. Magnesiumoxid, Aluminiumoxid) eingesetzt, härtere Materialien bearbeitet man mit Karbiden (z. B. Siliziumkarbid, Borkarbid) oder Diamant. Die Läppscheiben müssen die Körner des Läppgemischs mitnehmen, darum verwendet man vorwiegend Gusseisen als Werkstoff für Läppscheiben, denn die Oberfläche des Gusseisens weist winzige Hohlräume durch herausgebrochene Grafitteilchen auf.

Planparalleles Läppen in einer Zweischeiben-Läppmaschine

! Beim Läppen werden kleinste Spänchen von einem lose in einem Läppöl verteilten feinkörnigen Schleifmittel von der Werkstückoberfläche abgetragen.

Die Läppmittel bestehen aus Gemischen von Läpppulver und Trägerflüssigkeiten. Als **Trägerflüssigkeiten** kommen wässrige Lösungen mit chemischen Zusätzen zur Steigerung der Benetzbarkeit und der Tragfähigkeit oder ölige Lösungen aus Gemischen von Öl, Paraffin, Vaseline und Petroleum zur Erhöhung des Rostschutzes zum Einsatz.

Die Auswahl eines **Läpppulvers** trifft man nach der Werkstoffart und der Härte der Werkstücke. Nach der verlangten Oberflächengüte werden die Korngröße, die Gleichmäßigkeit der Körner und die Art und Anzahl der Kornschneiden ausgewählt.

Läpppulver	Werkstückwerkstoff
Korund	weiche Stähle, Leicht- und Buntmetalle, Grafit, Kunststoffe, Halbleitermaterialien
Siliziumkarbid	vergütete bzw. legierte Stähle, Gusseisen, Gläser, Porzellane
Bornitrid	Hartmetalle, Keramiken
Diamant	Edelsteine

10 Kühlschmierstoffe

10.1 Bedeutung von Kühlung und Schmierung beim Zerspanen

10.1.1 Wärmeentwicklung beim Zerspanen

Beim Zerspanen wird die aufgewendete Energie fast ausschließlich in Wärme umgewandelt. Man unterscheidet an der Werkzeugschneide drei Bereiche, in denen Wärme entsteht:

- **Kontaktbereich der Spanfläche** mit dem Span. Hier entsteht durch Reibung zwischen abgleitendem Span und der Spanfläche des Werkstücks eine große Wärmemenge, welche die Werkzeugschneide erheblich belastet und damit die Standzeit senkt.
- **Scherzone**
  Hier entsteht die Wärme durch Abscheren des Spans. Sie geht vor allem in den Span und wird nur gering auf das Werkzeug übertragen.
- **Kontaktbereich der Freifläche** mit dem Werkstück. Hier entsteht infolge geringer elastischer Verformungen von Werkstück und Werkzeugschneide eine schmale Gleitfläche, die erhebliche Reibungswärme verursachen kann. Die entstehende Wärme geht teilweise ins Werkstück und belastet auch die Werkzeugschneide.

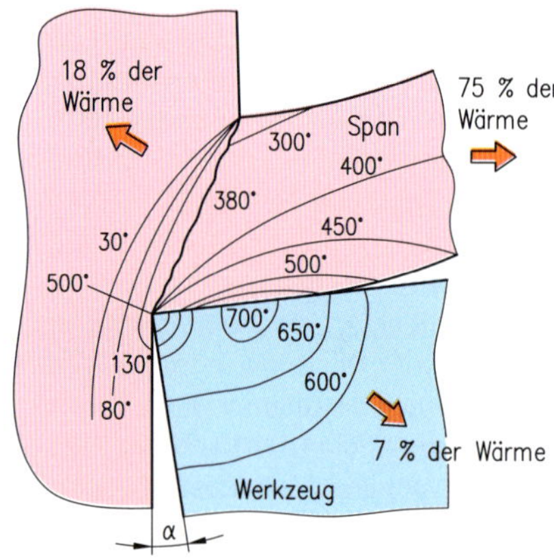

Temperaturverteilung beim Drehen von Vergütungsstahl mit Hartmetallwerkzeug

> **!** Beim Zerspanen entsteht Wärme durch Reibung an Span- und Freifläche sowie durch Umformung in der Scherzone des Spanes.

10.1.2 Schneidenverschleiß beim Zerspanen

Bei der Gleitung des Spans über die Spanfläche des Werkzeugs werden Werkstoffteilchen aus der Randschicht des Werkzeugs herausgeschabt. Man nennt dies **abrasiven Verschleiß**. Er tritt vorwiegend an der Freifläche auf.

Ferner kommen bei der Spanbildung immer wieder völlig reine Metalloberflächen von Werkstück und Werkzeug so eng in Kontakt, dass sie miteinander verschweißen können. Bei weiterer Bewegung können dann Teilchen aus der Oberfläche herausgerissen werden. Man bezeichnet diesen Verschleiß durch Anhaften als **Adhäsionsverschleiß**.

Abrasiver Verschleiß und Adhäsionsverschleiß führen zur Änderung der Schneidkante und zu **Kolkverschleiß**.

Beim Zerspanen der Werkstoffe kann durch den Werkstoffübergang vom Werkstück auf die Werkzeugschneide die **Aufbauschneide** entstehen. Sie stellt eine Veränderung der Winkel an der Werkzeugschneide dar. Dadurch kommt es zu Maßungenauigkeiten und Verringerung der Oberflächenbeschaffenheit des Werkstücks.

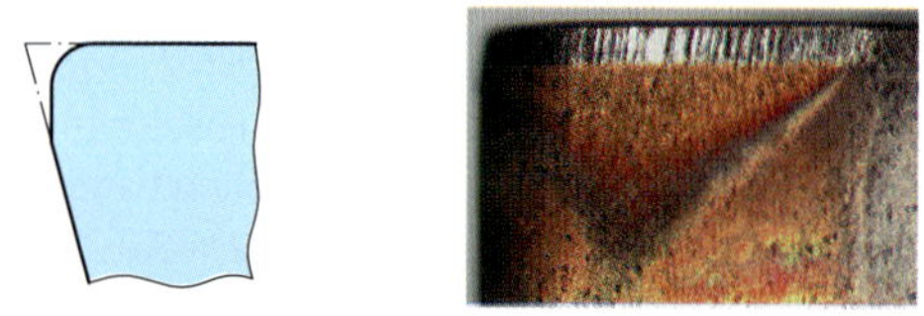
Span- und Freiflächenverschleiß

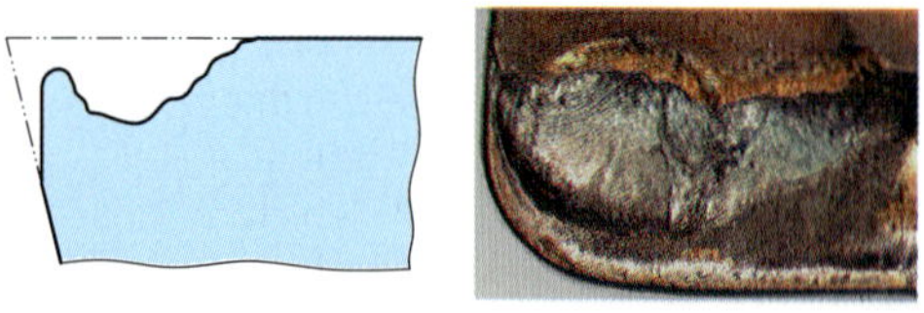
Starker Kolk- und Freiflächenverschleiß

Starke Aufbauschneidenbildung

> **!** Beim Zerspanen entsteht Verschleiß an der Werkzeugschneide durch Adhäsionsverschleiß und durch Bildung von Aufbauschneiden.

Übungsaufgaben 10/1; 10/2

10.1.3 Kühlen

Die Kühlwirkung eines Kühlschmierstoffs hängt von zwei Eigenschaften dieses Stoffs ab:
- von der **spezifischen Wärmekapazität**, das heißt, welche Wärmemenge ein Kilogramm eines Stoffs aufnimmt, bevor er um 1° erwärmt wird;
- von der **Wärmeleitfähigkeit**, die angibt, wie gut ein Werkstoff die Wärme weiterleitet.

Je höher die spezifische Wärmekapazität und die Wärmeleitfähigkeit sind, desto besser ist die Kühlwirkung eines Stoffs.
Wasser ist als Kühlschmierstoff dem Mineralöl sehr weit überlegen, denn
- Wasser hat mehr als die doppelte spezifische Wärmekapazität,
- Wasser leitet viermal besser die Wärme ab.

> ! Wasser ist das beste Mittel zum Kühlen. Es kann doppelt so viel Wärme aufnehmen wie die gleiche Menge Mineralöl und leitet die Wärme viermal schneller weiter.

10.1.4 Schmieren

Bei der Zerspanung gleiten Oberflächen immer in so engem Kontakt aufeinander, dass kein durchgehender und trennender Schmierfilm entstehen kann. Solche trennenden Schmierfilme bilden sich bei der Schmierung von Gleitlagern. Schmiermittel zur Zerspanung müssen im Gegensatz zu Schmiermitteln für Gleitlager mit Zusätzen (**Additiven**) versehen werden, welche sehr starke Haftung auf den sich berührenden Oberflächen erzeugen.

Man unterscheidet unter den Additiven zwei Gruppen, die polaren und die chemischen Zusätze. In Kühlschmierstoffen sind meist beide Gruppen miteinander vermischt.

Polare Zusätze sind tierische und pflanzliche Fettstoffe. Deren Moleküle sind so aufgebaut, dass sie eine Seite haben, mit der sie auf metallischen Oberflächen haften. Sie werden unter dem Sammelbegriff „Fettölprodukte" gehandelt. Wegen ihrer guten biologischen Abbaubarkeit werden sie häufiger sowohl als Schmierstoffe wie auch als Zusätze zu Kühlschmierstoffen eingesetzt.

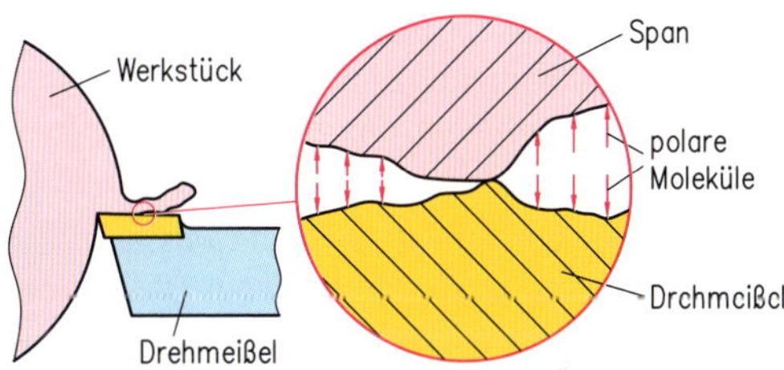

Wirkung polarer Zusätze

> ! Zusätze von Fettölprodukten verbessern die Schmierung und sind relativ umweltverträglich.

Chemische Zusätze sind Chlor-, Schwefel- und Phosphorverbindungen, welche mit den aufeinandergleitenden Oberflächen sehr schnell reagieren können und so trennende Schichten bilden. Sie sind darum meist wirksamer als Zusätze von Fettstoffen. Chlorverbindungen führen z. B. auf Stahl zur Bildung hoch belastbarer und Verschleiß mindernder Eisenchloridschichten.
Man bezeichnet diese chemischen Zusätze als **EP-Zusätze** (extreme pressure).
Chemische Zusätze sind häufig wenig umweltverträglich.

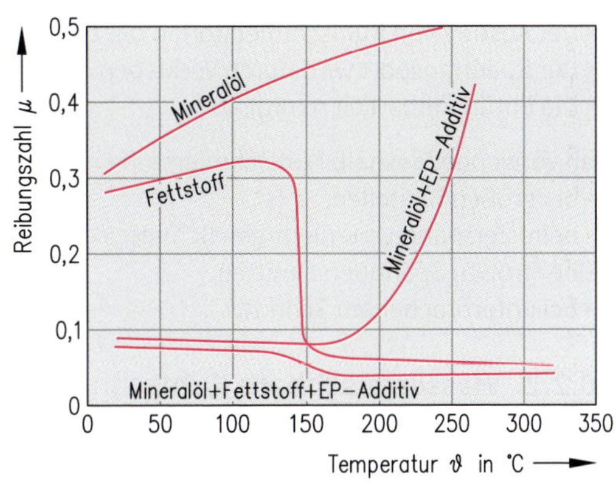

Reibungsverhalten von Kühlschmierstoffen

> ! Chemische Zusätze (EP-Zusätze) verbessern die Schmierung stark durch Bildung von Verbindungen auf den Gleitflächen. Die chemischen Zusätze sind meist wenig umweltverträglich.

10.2 Arten von Kühlschmierstoffen

Entsprechend der Norm werden zwei Gruppen von Kühlschmierstoffen unterschieden:

- **nicht wassermischbare Kühlschmierstoffe** und
- **wassermischbare Kühlschmierstoffe.**

Anwendung von Kühlschmierstoffen

Zerspanungsart	bevorzugter Kühlschmierstoff	
	wassermischbar	nicht wassermischbar
Drehen	x	○
Bohren	x	○
Tieflochbohren	(x)	x
Fräsen	x	○
Räumen	x	x
Automatenarbeiten	(x)	x
Zahnradfräsen, -stoßen, -hobeln, -schaben	○	k.A.
Rund- und Flachschleifen	x	○
Formschleifen mit profilierter Scheibe	○	x
Spitzenloses Außenrundschleifen	x	○
Hochgeschwindigkeitsschleifen	(x)	x
Honen, Läppen	(x)	x

x häufige Anwendung (x) weniger häufige Anwendung ○ seltene Anwendung k.A. keine Angabe

10.2.1 Nicht wassermischbare Kühlschmierstoffe

Nicht wassermischbare Kühlschmierstoffe werden häufig auch als Metallbearbeitungsöle (Schneidöl, Honöl u. a.) bezeichnet. Sie bestehen aus Mineralöl mit Zusätzen und werden eingesetzt, wenn die Schmierung bei der Metallbearbeitung im Vordergrund steht. Ferner finden sie Verwendung auf Automaten, die mit einem **Einheitsöl** arbeiten, das gleichzeitig für die Hydraulik, die Maschinenschmierung und die Zerspanung eingesetzt wird.

Die wichtigste Eigenschaft von nicht wassermischbaren Kühlschmierstoffen ist die Viskosität. Je höher die Viskosität, desto zähflüssiger ist ein Öl. Für den Zerspanungsbereich liegt die Viskosität der Öle bei 40 °C etwa zwischen 2 mm^2/s (Honöle) bis 45 mm^2/s (für schwerste Zerspanungsarbeiten). Am häufigsten werden Öle im Viskositätsbereich von 20 bis 35 mm^2/s angewendet.

Die Erhöhung der Viskosität eines Kühlschmierstoffs ergibt folgende Eigenschaftsänderungen:

- Die Wärmeleitfähigkeit wird geringer.
- Die Nebelbildung beim Zerspanen nimmt ab.
- Der Austrag von Kühlschmierstoffen mit den Spänen nimmt zu.
- Der Spantransport wird durch Verkleben der Späne erschwert.
- Die Entflammbarkeit nimmt ab.

Man verwendet deshalb Kühlschmierstoffe mit hoher Viskosität

- bei großen Bauteilen,
- beim Zerspanen mit niedrigen Schnittgeschwindigkeiten,
- bei großen Spanquerschnitten,
- bei unterbrochenem Schnitt.

10.2.2 Wassermischbare Kühlschmierstoffe

Wassermischbare Kühlschmierstoffe werden wegen der guten Kühlwirkung und vor allem wegen des günstigen Preises am häufigsten eingesetzt. Sie werden vom Hersteller als Konzentrat geliefert und vom Anwender mit Wasser entsprechend den Herstellerangaben verdünnt. Die meisten dieser wassermischbaren Kühlschmierstoffe sind Gemische von Öl, einem Emulgator, bakterien- und pilztötenden Zusätzen u. a., die als Konzentrat geliefert werden, sowie Ansetzwasser. Im fertigen Zustand enthalten Kühlschmierstoffe 2 bis 10 % Konzentrat.

Übungsaufgaben 10/5 bis 10/7

Wichtigster Bestandteil der Konzentrate sind Stoffe, die dafür sorgen, dass die öligen Bestandteile in feinster Verteilung im Wasser gehalten werden können. Man nennt solche Stoffe **Emulgatoren**. Dies sind seifenartige chemische Verbindungen, die aus kettenförmigen Molekülen bestehen. Diese Moleküle weisen ein „fettliebendes" und ein „wasserliebendes" Ende auf. Im wassermischbaren Kühlschmierstoff lagern sich die Emulgatormoleküle um die Öltröpfchen und verhindern so eine Vereinigung der Tröpfchen zu größeren Öltropfen, die im Wasser aufsteigen und damit den Kühlschmierstoff entmischen können.

Weitere Zusätze in Konzentraten für wassermischbare Kühlschmierstoffe sind korrosionshemmende Stoffe, Hochdruckzusätze (EP-Zusätze), Antischaummittel sowie bakterien- und pilztötende Zusätze (Biozide).

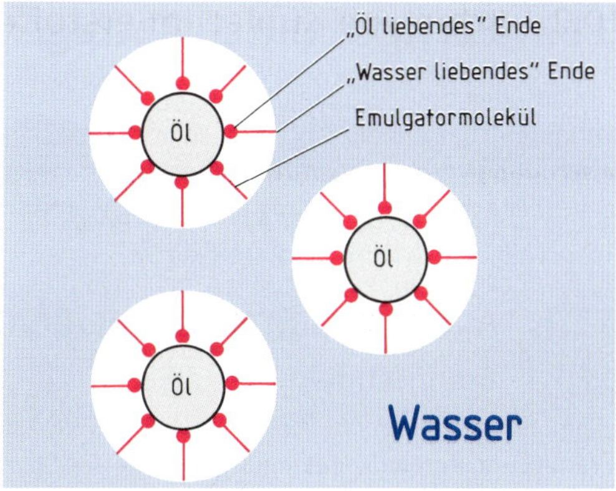

Wirkung des Emulgators

Öltröpfchendurchmesser und Aussehen der Lösung

Öltröpfchen	0,001 µm	0,01 µm	0,1 µm	1 µm
Aussehen der Lösung	wasserhell	trüb	undurchsichtig	milchig

! Wassermischbare Kühlschmierstoffe enthalten 2 bis 10 % ölhaltiges Konzentrat und 90 bis 98 % Wasser. Der Emulgator bestimmt besonders die Eigenschaften des Kühlschmierstoffs. Ansetzwasser soll möglichst weich und keimfrei sein.

Im Umgang mit wassermischbaren Kühlschmierstoffen ist zu beachten:

- Beim Ansatz muss stets Kühlschmierstoff in strömendes Wasser gegeben werden.
- Die Konzentration wird entsprechend der geplanten Bearbeitung eingestellt.
- Wassermischbare Kühlschmierstoffe werden am besten bei Raumtemperatur gelagert. Für Lagerung und Transport sind die Vorschriften zum Umgang mit wassergefährdenden Stoffen zu beachten.
- Kühlschmierstoffe müssen möglichst gut belüftet, kühl und frei von Verunreinigungen gehalten werden, damit sich Bakterien und Pilze nicht übermäßig vermehren.
- Vor dem Austausch von Kühlschmierstoffen ist die gesamte Anlage mit Reinigern zu desinfizieren.
- Kühlschmierstoff darf nicht ins Grundwasser oder Abwasser gelangen. Darum ist die Entsorgung von Spezialfirmen durchzuführen.

! Wassermischbare Kühlschmierstoffe sind umweltschädlich und gesundheitsgefährdend. Darum müssen Richtinien zum Umgang mit diesen Kühlschmierstoffen streng beachtet werden.

10.3 Gefahren beim Umgang mit Kühlschmierstoffen

Hautschäden im Zusammenhang mit Schmierstoffkontakt gehören zu den häufigsten Berufskrankheiten in der metallverarbeitenden Industrie. Neben dem Einatmen der entstehenden Dämpfe birgt insbesondere der Hautkontakt mit Kühlschmierstoffen eine Reihe von Gefahren:

- Die Haut wird bei ständiger Berührung entfettet, verliert ihre Schutzschicht, wird rissig und anfällig gegenüber Krankheiten, z. B. Entzündungen, Akne und Ekzemen. Nicht selten treten diese Erkrankungen an Körperteilen auf, an denen ölverschmutzte Kleidung eng anliegt.
- Die in den Kühlschmierstoffen mitgeführten Fremdkörper, wie kleine Metallspäne u. a., verursachen winzige Verletzungen, die ebenfalls zu Hautschäden führen können.

Einsatz von Kühlschmierstoffen an einer CNC-Fräsmaschine

Übungsaufgaben 10/8 bis 10/10

11 Fertigen durch Abtragen

Die abtragenden Fertigungsverfahren sind Trennverfahren, bei denen Stoffteilchen nicht mechanisch, sondern durch thermische, chemische oder elektrochemische Einwirkung abgetrennt werden.

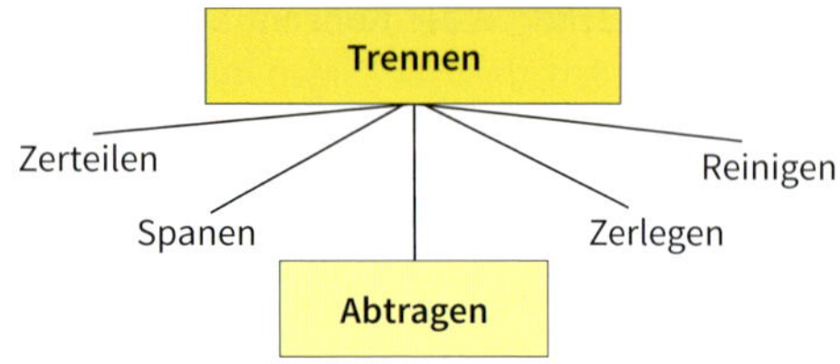

11.1 Autogenes Brennschneiden

11.1.1 Brennschneidvorgang

Beim autogenen Brennschneiden wird der Werkstoff an der Trennstelle im Sauerstoffstrahl oxidiert (verbrannt) und durch die Bewegungsenergie des Strahls aus der Trennfuge herausgeblasen.
Der Brennschneidvorgang wird durch Vorwärmen der Trennstelle mit einer Heizflamme auf Reaktionstemperatur eingeleitet. Sodann wird Sauerstoff zugegeben – der Werkstoff oxidiert und wird an der Trennstelle zu flüssiger Schlacke. Die Energie zur Trennung kommt zu 70 bis 90 % aus der Oxidationsreaktion.

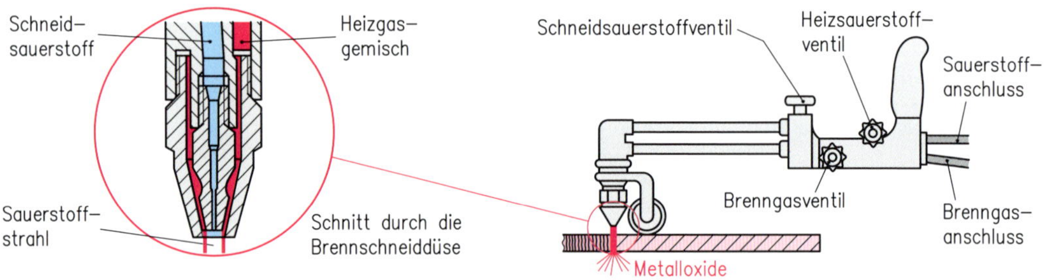

Autogenes Brennschneiden

Der Anteil der Reaktionswärme ist umso höher, je dicker die Werkstücke sind. Daher sind Werkstücke unter *3 mm Dicke zum Brennschneiden ungeeignet*, während unlegierte Stähle mit Dicken bis 40 mm problemlos durch autogenes Brennschneiden getrennt werden können.

> ! Beim Brennschneiden erfolgt das Trennen durch Oxidation des Metalls in der Trennfuge.
> Die Oxidationsreaktion liefert den Hauptanteil der zum Trennen notwendigen Energie.

Damit ein Metall durch autogenes Brennschneiden getrennt werden kann, müssen folgende Voraussetzungen erfüllt sein:

- Der Werkstoff muss sich im Sauerstoffstrahl entzünden, bevor er flüssig wird.
- Die entstehenden Oxide müssen dünnflüssig werden, bevor der unverbrannte Werkstoff schmilzt.
- Der Werkstoff muss eine niedrige Wärmeleitfähigkeit besitzen, damit die zum Vorwärmen notwendige Wärme nicht zu schnell von der Trennstelle abgeleitet wird.

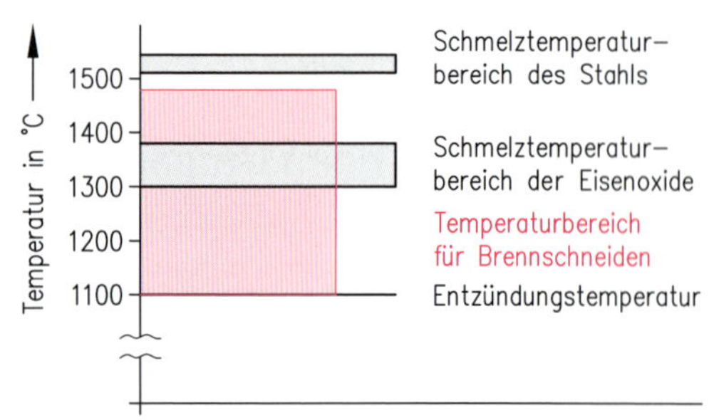

Temperaturbereich für Brennschneiden eines Stahls mit 0,15 % C

Alle Bedingungen werden gleichzeitig nur von bestimmten Stählen sowie Titan und Molybdän erfüllt. Daher sind nur diese Werkstoffe durch Brennschneiden trennbar.

> ! Zum Brennschneiden eignen sich nur spezielle Stähle, Titan und Molybdän, weil sie sich entzünden, bevor sie schmelzen, dünnflüssige Oxide bilden und Wärme schlecht leiten.

Übungsaufgaben 11/1 bis 11/3

Brennschneidbarkeit verschiedener Stahlsorten

Stahl	Brennschneidbarkeit
unlegierte Stähle	bis 0,4 % C ohne Einschränkungen brennschneidbar 0,4 bis 1,6 % C nach Vorwärmen auf 200 bis 400 °C brennschneidbar (Vorwärmung dient zur Vermeidung von Aufhärtung und Rissbildung der Kanten)
Manganstahl	bis 1,3 % C und 13 % Mn brennschneidbar
Siliziumstähle	bis 2,9 % Si brennschneidbar 2,9 bis 4 % Si brennschneidbar, wenn der C-Gehalt < 0,08 % liegt
Chromstähle	bis 1,5 % Cr bei max. 0,2 % C brennschneidbar bis 10 % Cr nach Vorwärmen auf 200 bis 400 °C brennschneidbar Chromstähle mit mehr als 10 % Cr sind nur mit Spezialverfahren brennschneidbar

Die Höhe der Vorwärmtemperatur wird am besten durch Probeschnitte ermittelt.

> **!** Zum Brennschneiden sind unlegierte Stähle mit einem C-Gehalt bis 0,4 % geeignet. Legierte Stähle und Stähle mit höheren C-Gehalten sind begrenzt brennschneidbar.

11.1.2 Brennschneidverfahren

Für unterschiedliche Anforderungen beim Brennschneiden wurden verschiedene Verfahren entwickelt. Die Oberflächengüte der Trennfläche hängt wesentlich von der Einhaltung folgender Einstellgrößen ab:

- *Abstand der Schneiddüse* von der *Werkstückoberfläche*,
- *Druck des Schneidsauerstoffs*, der sich nach der Blechdicke richtet,
- *Schneidgeschwindigkeit*, die auf die Blechdicke abgestimmt sein muss.

Einstellgrößen beim Brennschneiden

Blechdicke	Schneidgeschwindigkeit		Druck des Schneidsauerstoffs
	von Hand mm/min	maschinell mm/min	bar
10	ca. 280	ca. 430	3,5
50	ca. 185	ca. 230	5,0
100	ca. 150	ca. 190	7,5
300	–	ca. 100	15,0

> **!** Die Dicke des zu schneidenden Blechs bestimmt den einzustellenden Druck des Schneidsauerstoffs und die Schneidgeschwindigkeit.

1. Brennschneiden von Hand

Zum Ablängen von Halbzeugen setzt man *frei* geführte Brennschneidgeräte ein. Wegen der ungenauen Brennerführung sind auch bei sorgfältigster Ausführung keine hohen Schnittgüten erreichbar.
Schnitte an Blechen werden entlang Anrissen oder Führungsschienen mithilfe von Führungswagen durchgeführt. Der Führungswagen sorgt für stets gleich bleibenden Abstand zwischen Düse und Werkstück.

2. Maschinelles Brennschneiden

Maschinelles Brennschneiden geschieht auf größeren Anlagen unter Einsatz numerischer Steuerungen. Dabei werden gleiche Konturen meist unter Einsatz mehrerer gleich laufender Brenner nebeneinander ausgeschnitten. Diese Arbeitsweise erhöht erheblich die Wirtschaftlichkeit des Verfahrens.

Brennschneidmaschine

11.1.3 Einstellung der Brennschneidgeräte

1. Auswahl der Brennschneiddüse

Brennschneiddüsen bestehen aus einer **Heizdüse** und einer **Schneiddüse.**

Bei den meisten Brennschneiddüsen ist die Heizdüse ringförmig um die Schneiddüse angeordnet. Nur für Sonderzwecke, z. B. zum Brennschneiden dünner Bleche, werden auch Düsen mit vorlaufender Heizflamme verwendet.

Brennschneiddüsen können ein- oder zweiteilig aufgebaut sein. Wegen der einfacheren Pflege und Wartung werden vorwiegend zweiteilige Düsen verwendet.

Die Auswahl der Brennschneiddüse richtet sich nach der Art des Heizgases und der zu schneidenden Materialdicke. Während die Heizdüse für einen größeren Dickenbereich einsetzbar ist, sind die Schneiddüsen in ihrem Einsatzbereich eng begrenzt.

Beispiel für einen Brennschneiddüsensatz für das Brenngas Acetylen

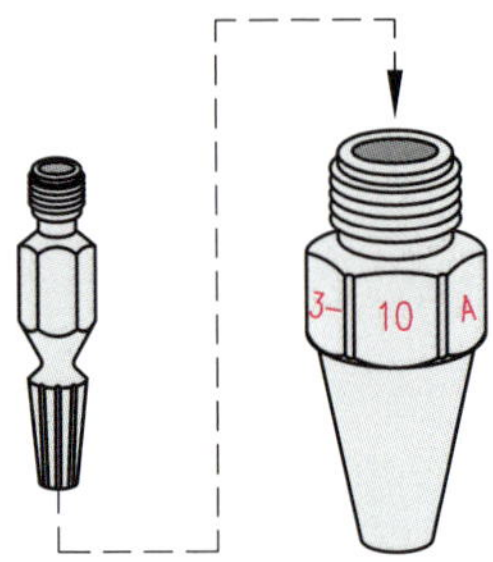

Schneiddüse Heizdüse

Schneiddüse		Heizdüse		Brennerabstand vom Werkstück mm
Nummer	Materialdicke mm	Nummer	Materialdicke mm	
1	3– 5			3–4
2	5– 10			4–5
3	10– 25			
4	25– 40	1	3–150	5–7
5	40– 60			
6	60–100			7–10
7	100–150			
8	150–230	2	150–300	20
9	230–300			25

Auf der Heizdüse sind die wichtigen Einstelldaten eingeprägt. Die Gasart wird durch Buchstaben gekennzeichnet:

A Acetylen
M Methan (Erdgas)
P Propan
Y Brenngasgemische

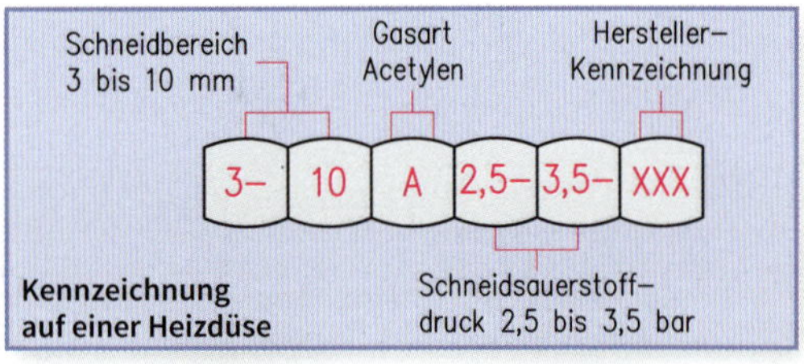

Kennzeichnung auf einer Heizdüse

2. Einstellen der Heizflamme und des Sauerstoffstrahls

Nach Einstellen der Gasdrücke wird *zunächst* das Heizsauerstoffventil ganz geöffnet. Danach wird das Brenngasventil etwas geöffnet und das Gasgemisch gezündet. Brenngas und Heizsauerstoff werden so dosiert, dass sich eine *neutrale* Heizflamme einstellt.

Zur Probe wird kurz Schneidsauerstoff durch Öffnen des Schneidsauerstoffventils aufgegeben. Der Schneidsauerstoffstrahl muss gerade austreten, darf nicht zerflattern und muss konzentrisch von der Heizflamme umgeben sein.

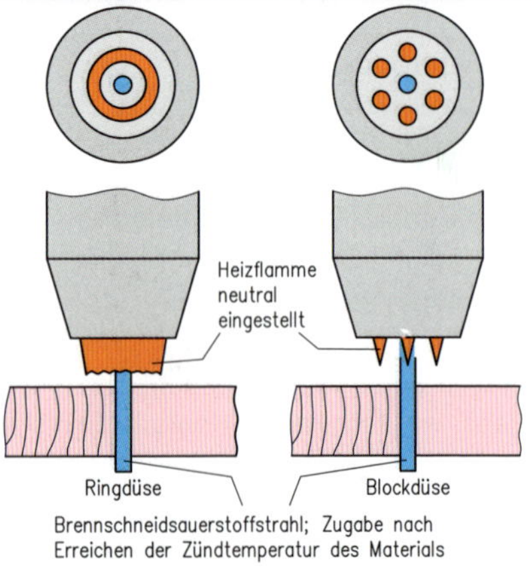

Brennschneiden – Flammeneinstellung

! Zum Brennschneiden wird eine neutrale Heizflamme eingestellt. Die Heizflamme muss bei ringförmigen Brennern den Schneidsauerstoffstrahl konzentrisch umgeben.

Übungsaufgabe 11/5

3. Einstell- und Verbrauchswerte

Zur Erzielung optimaler Schneidbedingungen müssen nach der Wahl der Düse und des Brenngases folgende Größen entsprechend den Angaben des Düsenherstellers bestimmt und eingestellt werden:

- Druck und Volumenstrom des Brenngases, des Heizsauerstoffs und des Schneidsauerstoffs,
- Abstand der Düse vom Werkstück,
- Vorschubgeschwindigkeit des Brenners bei automatischem Betrieb.

Beispiel für Einstell- und Verbrauchswerte für einen Düsensatz nach Herstellerangaben

Für unlegierte Baustähle bis 0,3 % C mit sauberer Oberfläche werden für Schnitte mit senkrecht gerichtetem Strahl folgende Einstell- und Verbrauchswerte zugrunde gelegt:

Werkstückdicke mm	Acetylendruck bar	Heizsauerstoffdruck bar	Schneidsauerstoffdruck bar	Vorschubgeschwindigkeit mm/min	Schnittfugenbreite mm	Acetylenverbrauch m^3/h	Heizsauerstoffverbrauch m^3/h	Schneidsauerstoffverbrauch m^3/h
4	3–5	2,5	2,5	800	0,8	0,36	0,47	0,46
5		2,5	3,0	750	0,9	0,36	0,47	0,52
6		3,0	4,0	750	1,5	0,41	0,53	1,0
8		3,0	4,0	735	1,5	0,41	0,53	1,1
10		3,0	5,0	700	1,5	0,41	0,53	1,2
15		3,0	8,5	645	2,0	0,41	0,53	2,8

11.1.4 Brennschnitt

1. Schnittrichtung

Beim Brennschneiden bewegen sich infolge der Wärmedehnung die getrennten Teile auseinander. Dies muss beim Einsatz von Brennschneidmaschinen bei der Planung des Schnittverlaufs berücksichtigt werden.

Beim Trennen bewegt sich immer der weniger festliegende Abschnitt fort. Bei falscher Planung der Schnittrichtung kann dadurch die Schnittlinie vom vorgesehenen Schnittverlauf erheblich abweichen. Darum muss die Schnittrichtung so gelegt werden, dass das abzutrennende Stück lange mit dem größeren Reststück verbunden bleibt.

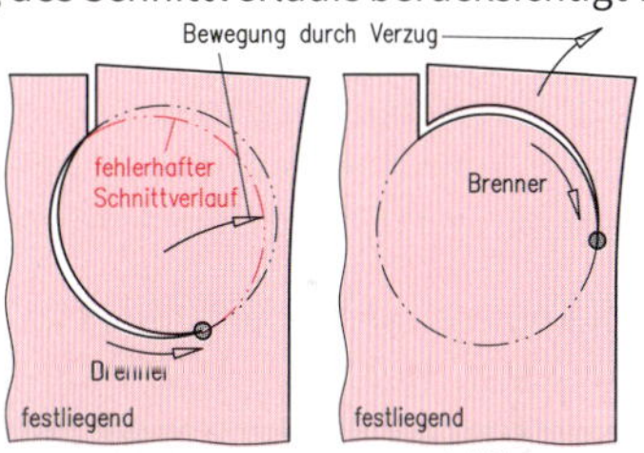

falsch richtig

2. Bearbeitungszugabe

Als Bearbeitungszugabe genügen meist 10 % der Materialdicke. Bei Stählen mit mehr als 420 N/mm² Zugfestigkeit kommt es infolge der relativ schnellen Abkühlung nach dem Brennschneiden zur Entstehung gehärteter Zonen entlang der Schnittlinie (Aufhärtung). Es muss bei diesen Stählen die Bearbeitungszugabe erhöht werden, damit man die Aufhärtungszone restlos abarbeiten kann.

3. Schnittfehler und ihre Ursachen

unebener Schnitt	starke Anschmelzungen	starker Riefennachlauf	Kolkung	Unterbrechung des Schnitts	festhaftender Schlackenbart
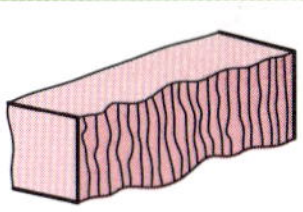	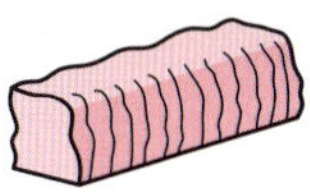	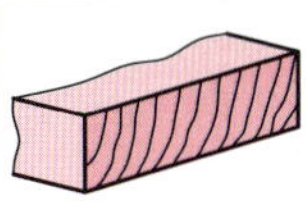	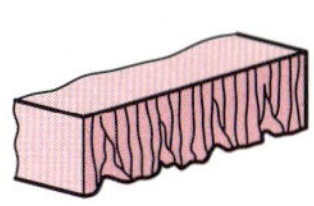	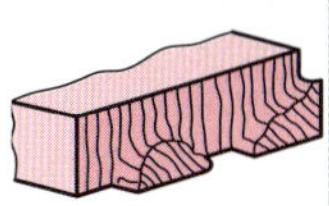	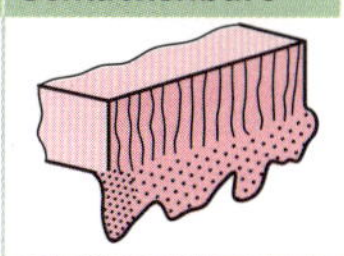
unsaubere Schneiddüse	zu große Heizflamme oder zu langsamer Vorschub	zu schneller Vorschub	zu langsamer Vorschub	zu schneller Vorschub oder Düse verstopft	Vorschub zu langsam oder Sauerstoffdruck zu gering

4. Arbeitssicherheit

- Der Bediener muss Lederschürze und Schutzbrille mit Seitenschutz und genormten Filtern tragen. Handschuhe, Sicherheitsschuhe und Gamaschen sollten unbedingt getragen werden.
- Die Ein- und Abschaltfolge ist zu beachten:
  Einschaltfolge: Heizsauerstoff – Brenngas – Schneidsauerstoff,
  Abschaltfolge: Schneidsauerstoff – Brenngas – Heizsauerstoff.

11.2 Funkenerosives Abtragen

Durch **funkenerosives Abtragen** werden Teile eines elektrisch leitenden Werkstücks durch kurzzeitige Funkenentladungen verdampft oder geschmolzen und dadurch abgetrennt. Der Abtrag geschieht in einer elektrisch nicht leitenden Flüssigkeit, **Dielektrikum** genannt, durch die Wärme und abgetrennte Werkstoffteilchen fortgespült werden. Als Dielektrikum werden deionisiertes Wasser oder spezielle synthetische Öle verwendet.

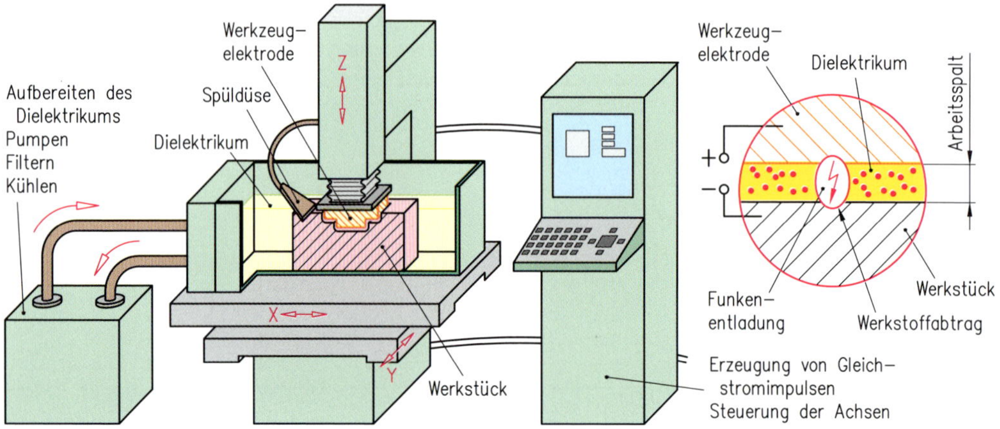

Funkenerosionsanlage

Zum funkenerosiven Abtragen werden Funkenerosionsanlagen eingesetzt. In diesen Anlagen werden Werkstück und Werkzeug als Pole eines Gleichstromkreises geschaltet. Ein Impulsgenerator erzeugt 600 bis über 100 000 Gleichstromimpulse in einer Sekunde, die kurzzeitig Funken auslösen. Der Abstand zwischen Werkstück und Werkzeugelektrode, der Arbeitsspalt, wird je nach verlangter Maß- und Oberflächenqualität auf 0,005 bis 0,1 mm durch entsprechende Regelung eingestellt.
Hauptanwendungsgebiet des funkenerosiven Abtragens ist der Werkzeug- und Formenbau.

Beim **Senkerodieren** wird eine Formelektrode, die der Kontur des gewünschten Hohlraums oder eines Teils davon entspricht, in senkrechter Richtung in das Werkstück eingesenkt. Es wird von der Maschine nur die *Z*-Achse geregelt. Die Formelektrode wird aus Grafit oder Kupferlegierungen hergestellt.

Senkerodieren

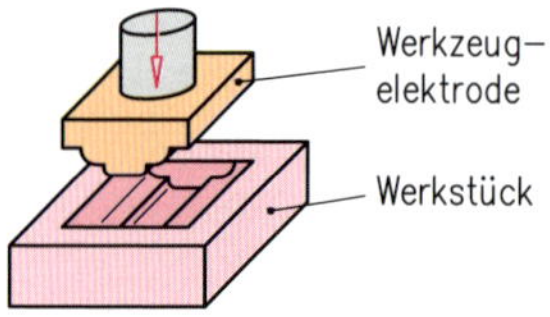

Beim **Planetärerodieren** wird eine Elektrode mit dem Profil der zu erzeugenden Kontur durch Achsbewegung in allen Richtungen durch das Werkstück geführt. Das Plantärerodieren ähnelt in den Bewegungen zur Konturerzeugung dem Fräsen mit einem Profilfräser.

Planetärerodieren

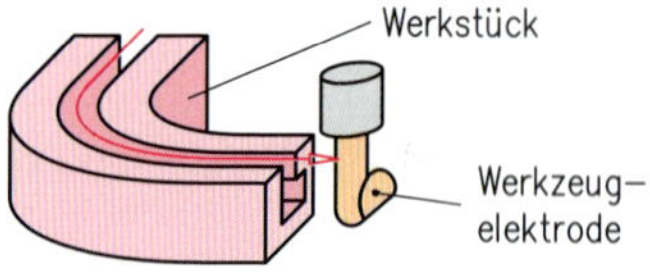

Beim **Drahterodieren**, auch funkenerosives Schneiden genannt, verwendet man einen gespannten Draht (0,025 bis 0,3 mm Durchmesser) als Elektrode. Um die Schnittqualität unabhängig vom Verschleiß des Drahts zu halten, wird der Draht beim Schnitt kontinuierlich von einer neuen Rolle abgespult und auf der Gegenseite aufgewickelt. Durch die Bewegung des Drahts auf einer programmierten Bahn entsteht die Kontur des Schnitts.

Drahterodieren

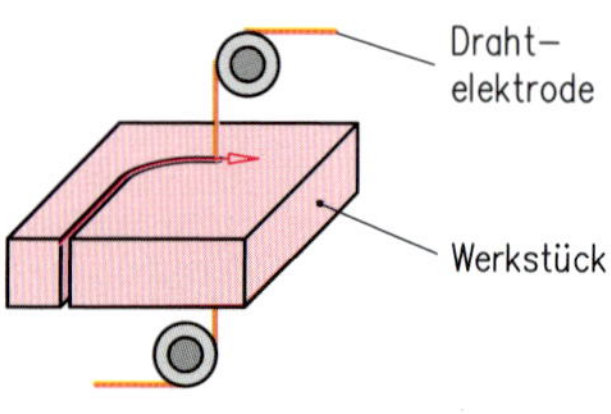

> **!** Durch funkenerosives Abtragen können Werkstückkonturen mit hoher Maß- und Formgenauigkeit erzeugt werden. Durch impulsgesteuerte Funkenentladungen in einem Dielektrikum werden dabei abzutrennende Werkstoffteile örtlich verdampft oder geschmolzen.

Übungsaufgaben 11/9 bis 11/12

12 Fertigungsverfahren des Urformens

Bei der Einteilung der Fertigungsverfahren nach DIN 8580 wird das Urformen an erster Stelle genannt, denn in der Produktion beginnt die Fertigung mit dem Urformen. Jedes Werkstück erhält zunächst seine feste Gestalt aus formlosen Stoffen wie Flüssigkeiten oder Pulvern.

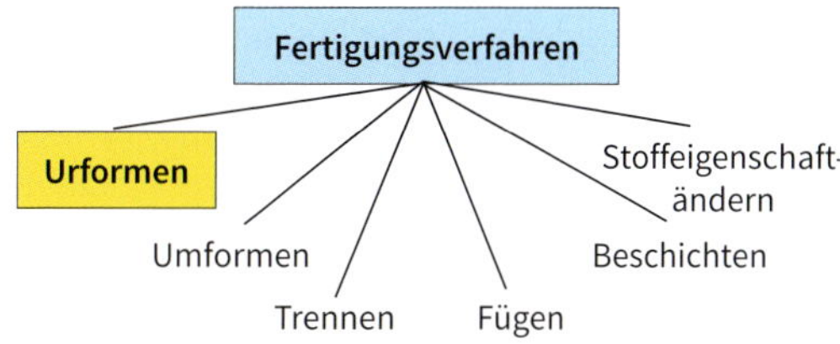

! Unter Urformen versteht man nach DIN 8580 Fertigungsverfahren, bei denen aus formlosen Stoffen feste Körper hergestellt werden.

Als **Gießen** bezeichnet man Urformverfahren, bei denen Flüssigkeiten, z. B. Metallschmelzen, in Formen gegossen werden und dort erstarren oder aushärten.

Als **Sintern** bezeichnet man Urformverfahren, bei denen pulverförmige Stoffe, z. B. Metallpulver, zunächst in einer Form ihre Gestalt erhalten und dann in einem Wärmebehandlungsverfahren ihre endgültige Festigkeit bekommen.

Additive Fertigungsverfahren sind Urformverfahren, in denen flüssige oder pulverförmige Stoffe unmittelbar aus der 3D-Darstellung zu fertigen Werkstücken geformt werden.

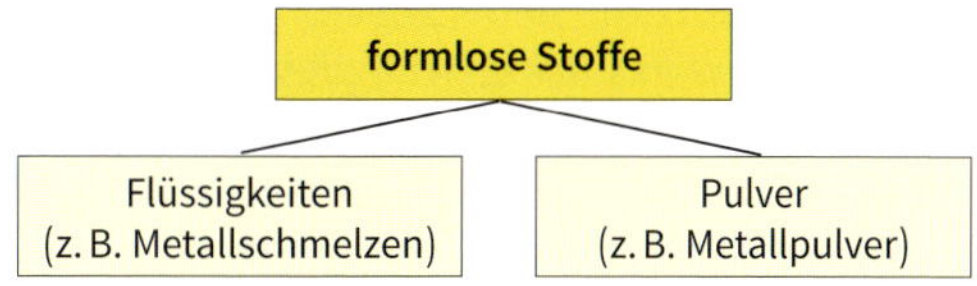

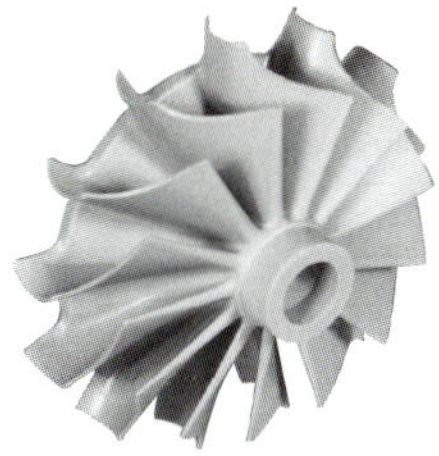

Gegossenes Turbinenrad

Gesintertes Zahnrad

12.1 Urformen von Metallen durch Gießen

Beim Gießen von Metallen wird der flüssige Gusswerkstoff in einen vorher gefertigten Hohlraum gegossen. Das flüssige Metall erstarrt in diesem Hohlraum und erhält damit seine erste Gestalt, seine Urform.

12.1.1 Arten von Formen

1. Verlorene Formen

Benötigt man für jedes Gussstück eine neue Form, so spricht man von verlorener Form, denn das Gussstück kann nur aus der Form genommen werden, wenn man sie zerstört. Verlorene Formen werden mithilfe von Gießereimodellen hergestellt. Die Modelle werden in Formsand eingeformt. Sie müssen vor dem Gießen oder während des Gießvorgangs wieder entfernt werden.

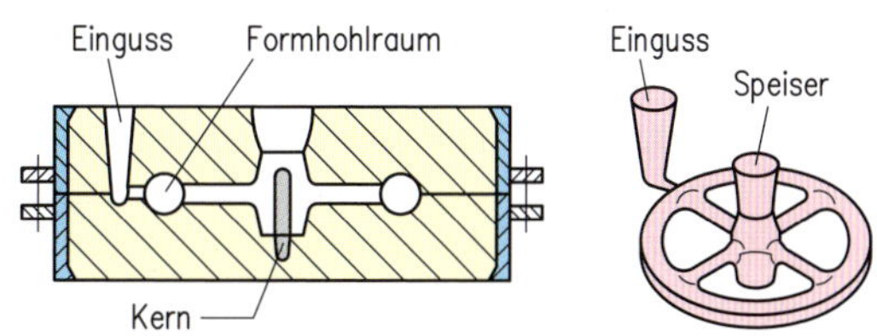

Verlorene Form aus Formsand

2. Dauerformen

Lassen sich viele Gussstücke in einer Form herstellen, so spricht man von einer Dauerform. Dauerformen werden aus Stahl, Gusseisen oder anderen Metallen hergestellt. Die Form besteht aus mehreren Teilen. Beim Abgießen muss die Form geschlossen sein. Das Gussstück wird der geöffneten Form entnommen. Dauerformen verwendet man für Werkstücke aus Nichteisenmetallen, die einen Schmelzpunkt bis etwa 1 000 °C haben und in großen Stückzahlen hergestellt werden.

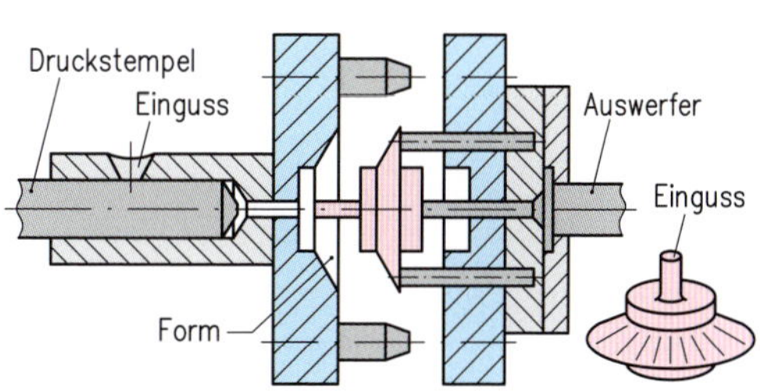

Dauerform für Druckguss (geöffnet)

12.1.2 Herstellen von Sandformen mithilfe von Modellen

Beim Urformen durch Gießen sind besondere technologische Probleme zu berücksichtigen. Diese Probleme werden am Beispiel der Fertigung eines Reitstockkörpers durch Gießen in einer **verlorenen Form** erklärt.

1. Konstruktion des Gussteils

Der Konstrukteur hat den Reitstock so gestaltet, dass er seine Funktion als Bauelement der Drehmaschine erfüllt und durch Gießen leicht zu fertigen ist.

Wichtige Grundregeln der Konstruktion sind:

- Alle Wanddicken sollen möglichst gleich sein.
- Kanten und Ecken sollen abgerundet werden, damit das Werkstück gleichmäßig und spannungsfrei erstarren kann.
- Hinterschneidungen sollen vermieden werden, damit der Formhohlraum einfach herzustellen ist.

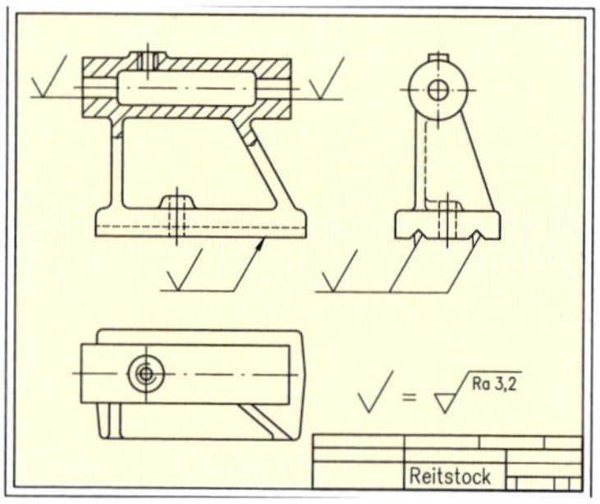

Zeichnung eines Reitstockoberteils

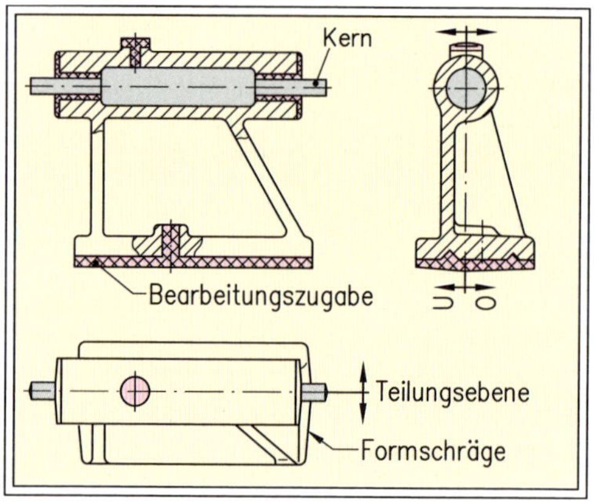

Modellriss eines Reitstockoberteils

2. Herstellen einer Modelleinrichtung

Nach der Konstruktionszeichnung fertigt der Modellbauer eine neue Zeichnung an, den **Modellriss**, welche alle form- und gießtechnischen Gesichtspunkte berücksichtigt, d. h.:

- Alle Maße werden um das **Schwindmaß** vergrößert, da das Werkstück beim Erkalten schrumpft. So beträgt die Längenschwindung bei:
  - Gusseisen 1 %,
  - Messing 1,5 %,
  - Aluminium 1,25 %,
  - Stahlguss 2 %.
- Damit der Formvorgang vereinfacht wird, sieht man eine **Modellteilung** möglichst im größten Querschnitt vor.
- Alle Flächen, die in der Form senkrecht zur Teilung liegen, erhalten eine Schräge, damit das Modell leicht aus der Form zu heben ist. Bei kleinen Modellen beträgt die **Formschräge** 2°.
- Alle Flächen, die später bearbeitet werden, erhalten eine Bearbeitungszugabe. Kleine Bohrungen werden voll gegossen. Bei kleinen Werkstücken beträgt die **Bearbeitungszugabe** etwa 2 mm.
- Für hinterschnittene Konturen und Innenkonturen wird ein Kernkasten vorgesehen, in dem Sandteile (**Kerne**) gefertigt werden, die später die entsprechenden Hohlräume erzeugen. Die Lagerstellen des Kerns werden durch die Kernmarken am Modell erzeugt.

Entsprechend dem Modellriss wird die Modelleinrichtung gefertigt. Als Modellwerkstoff verwendet man je nach Zahl der geforderten Abgüsse Holz, Metall oder Kunststoff.

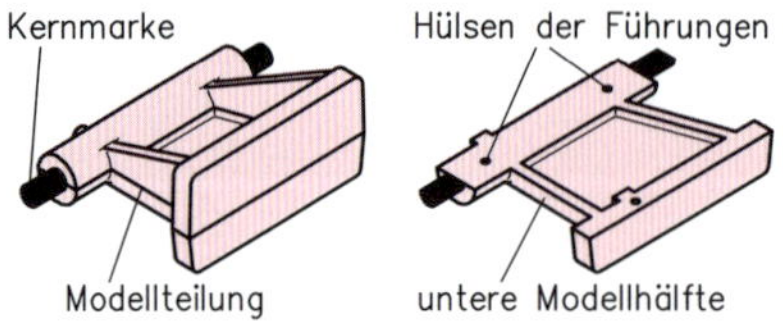

Modell

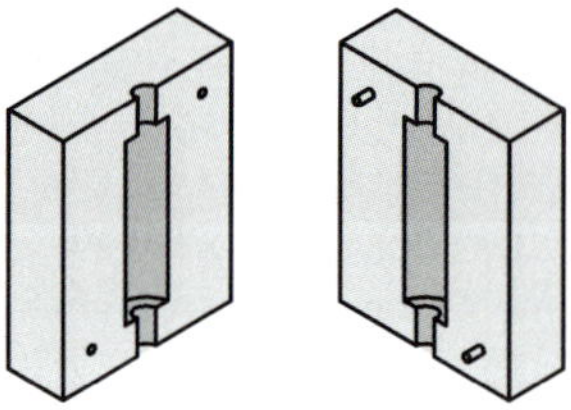
Kernkasten

Übungsaufgaben 12/4; 12/5

3. Herstellen der gießfertigen Form in der Handformerei

In der Formerei fertigt man mithilfe des Modells die verlorene Sandform an.

Dies geschieht in folgenden Arbeitsschritten:

1. Einformen einer Modellhälfte im Unterkasten
   Eine Modellhälfte wird auf eine Platte gelegt und mit Trennmittel eingepudert. Ein Formrahmen aus Metall wird darübergesetzt, Formsand in den Kasten gefüllt und festgestampft. Der aufgestampfte Unterkasten wird umgedreht.

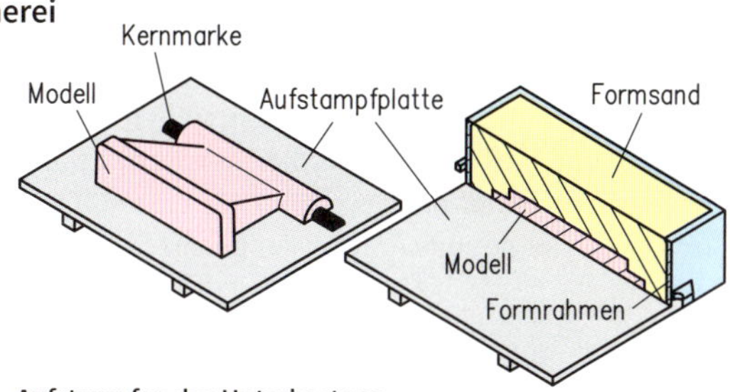

Aufstampfen des Unterkastens

2. Einformen der zweiten Modellhälfte im Oberkasten
   Die zweite Modellhälfte wird auf die erste, bereits eingeformte Hälfte gelegt und ist gegen seitliches Verschieben durch Dübel gesichert. Ein zweiter Formrahmen wird mit Führungen auf den ersten gestellt. Die Form muss eine Eingussöffnung und einen Steiger erhalten. Dazu werden Modelle für den Einguss und den Steiger aufgesetzt. Nun wird der Oberkasten ebenso mit Sand gefüllt wie der Unterkasten.

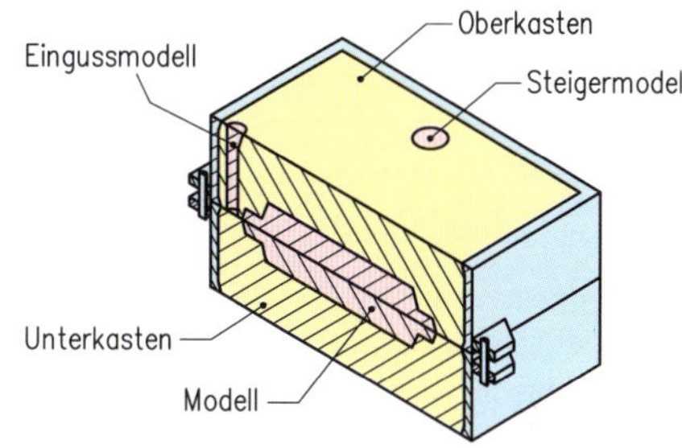

Aufstampfen des Oberkastens

3. Ausheben des Modells
   Ober- und Unterkasten werden voneinander getrennt. Zwischen dem Einguss und dem Formhohlraum des Reitstocks wird in den Sand ein Verbindungskanal, der sogenannte Lauf, geschnitten. Alle Modellteile werden aus dem Formsand herausgehoben.

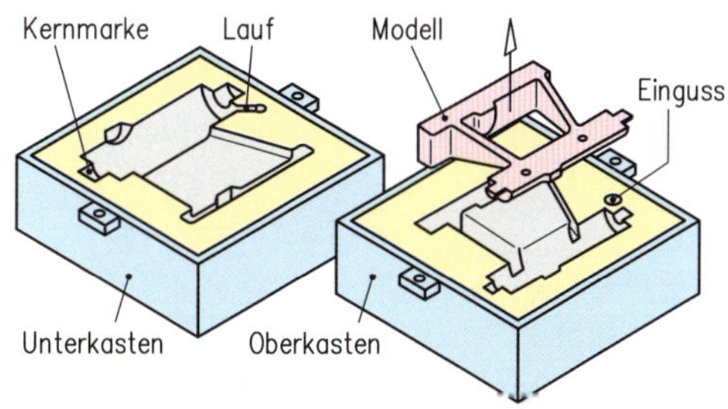

Ausheben des Modells

4. Vorbereiten der Form zum Gießen
   Der Kern für die durchgehende Bohrung wird in die Kernmarken des Unterkastens eingelegt. Der Oberkasten wird auf den Unterkasten gesetzt. Die Führungen zwischen den beiden Kästen verhindern ein seitliches Verschieben. Zum Schluss beschwert man den Oberkasten, damit er durch das Gießmaterial nicht hochgedrückt werden kann. Die Form ist gießfertig.

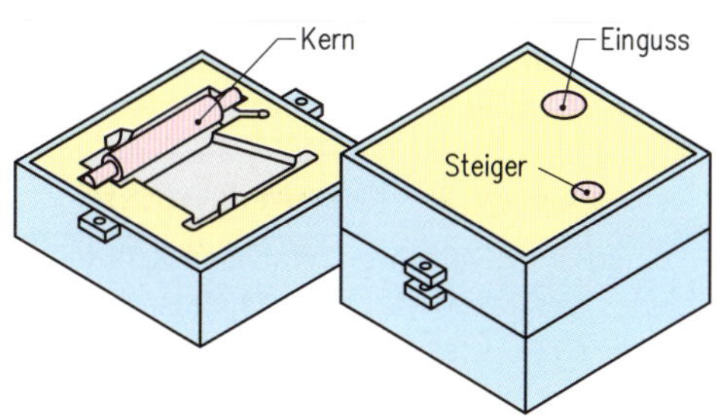

Unterkasten mit eingelegtem Kern **Zusammengelegte Form**

4. Abgießen und Putzen des Gussstücks

Durch den Eingusstrichter wird der flüssige Gusswerkstoff in die Form gegossen. Nach dem Erstarren wird die Form zerschlagen und das Gussstück herausgenommen. Eingusstrichter, Lauf und Steiger werden abgeschnitten und das Gussstück gesäubert. Abschließend werden Grate und andere Überstände abgeschliffen.

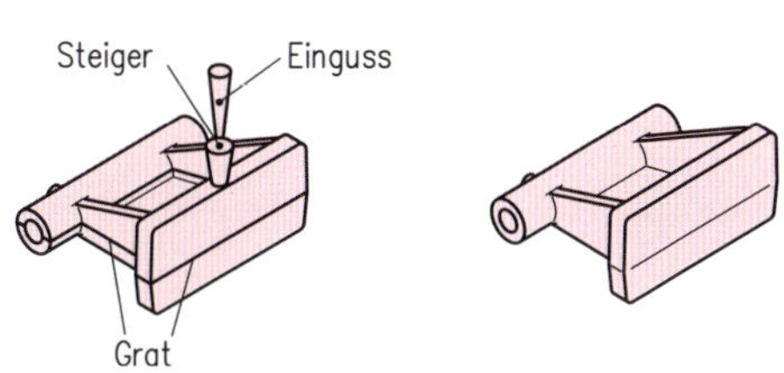

Gussstück mit Einguss und Steiger **Fertiges Gussstück**

12.1.3 Spezielle Formverfahren

1. Vollformgießverfahren

Beim Vollformgießverfahren wird ein Modell aus thermoplastischem Hartschaum hergestellt. Dieses wird eingeformt und bleibt beim Gießen in der Form. Es verdampft durch die Hitze des auftreffenden Gießmaterials. Anwendung findet das Verfahren zur Einzelteilherstellung für größere Gussstücke, an deren Oberflächen und Maße nur geringe Anforderungen gestellt werden.

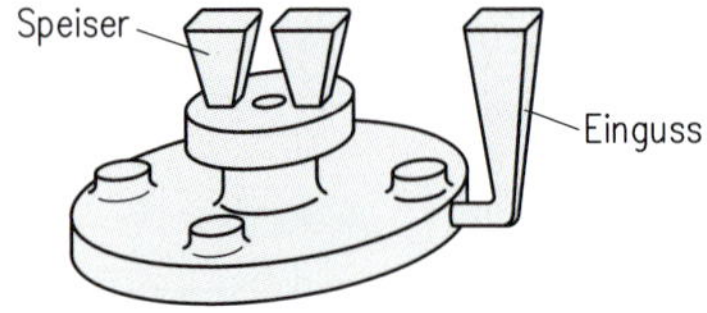

Modell aus Polystyrol-Hartschaum, z. B. Styropor®

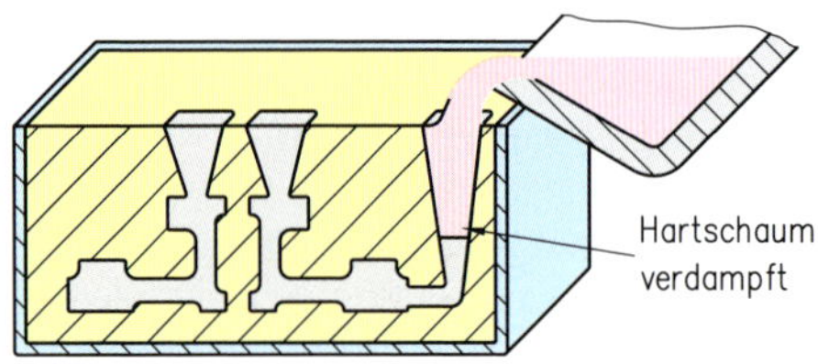

Eingeformtes Modell beim Abguss

2. Maskenformverfahren

Beim Maskenformverfahren wird der mit Kunstharz gemischte Formsand auf vorgeheizten Modellplatten in einer ca. 10 bis 20 mm dicken Schicht erhärtet. Nach Entfernen des nicht ausgehärteten Formstoffs und Härten der Rückseite erhält man schalenartige Formhälften. Diese werden zur fertigen Form zusammengeklebt oder verklammert.

Das Maskenformverfahren wird in der Serienfertigung für Werkstücke, die gute Maßgenauigkeit und Oberflächengüte besitzen müssen, angewendet.

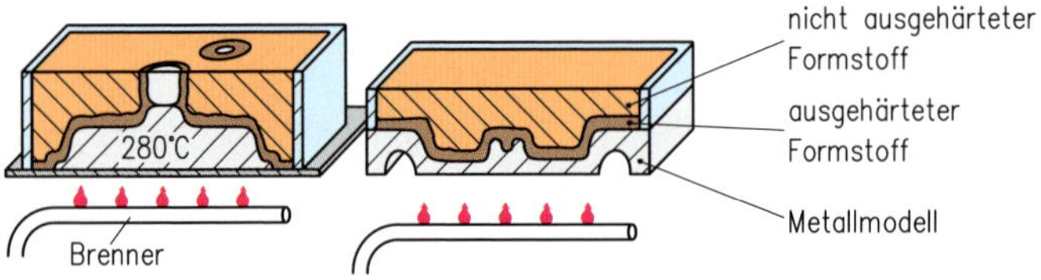

Erstarrung der Schalen

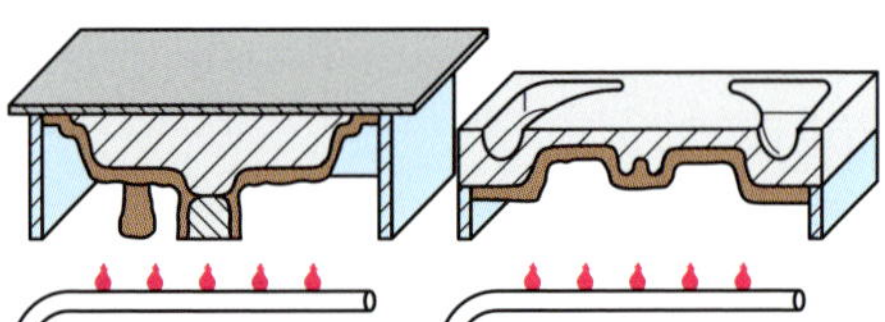
Härten der Außenseiten

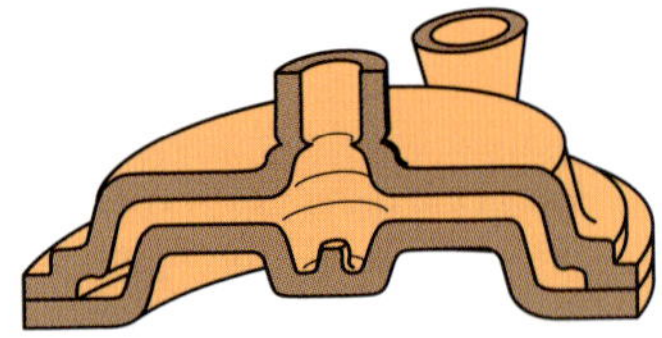
Schnitt durch die Formmaske

3. Feingussformverfahren (Wachsausschmelzverfahren)

Für jedes Werkstück wird beim Feinguss ein eigenes Modell aus Wachs durch Spritzgießen (siehe *„Urformverfahren für Kunststoffe"*) hergestellt. Die Modelle werden mit Eingussmodellen u. a. zu Trauben montiert. Diese werden mehrfach in aufgeschlämmten Formstoff getaucht und getrocknet, bis eine stabile Schale entstanden ist. Nach Ausschmelzen der Wachsmodelle entsteht eine gießfertige Form.

Das Feingussformverfahren findet Anwendung für Werkstücke, die sehr maßgenau sein müssen und deren Oberflächenbeschaffenheit eine hohe Qualität haben soll.

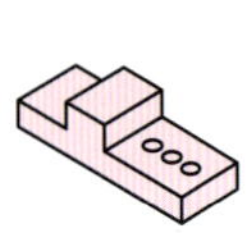
Modell aus Wachs

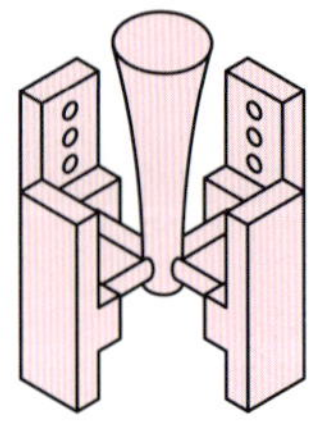
Traube aus vier Modellen mit Einguss

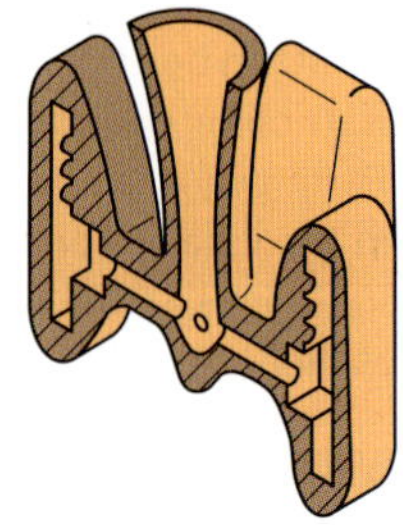
Gießfertige Feingussform im Schnitt

Übungsaufgaben 12/8; 12/9

4. Druckgießverfahren

Wird das flüssige Gießmaterial durch hohen äußeren Druck in die Druckgießform gepresst, so spricht man von Druckgießen. Die verwendeten **Dauerformen** bestehen aus hochlegierten Stählen. Die Formen werden in aufwendiger Maschinen- und Handarbeit gefertigt. Die Flächen des Formhohlraums sind hochglanzpoliert, damit das Gießmaterial nicht anhaftet. Bewegliche Teile der Form wie Kerne und Ausstoßstifte sind eingepasst, damit am Gussteil möglichst kein Grat entsteht. Die beiden Formhälften müssen genau übereinanderpassen, damit das Gussstück keinen Versatz aufweist.

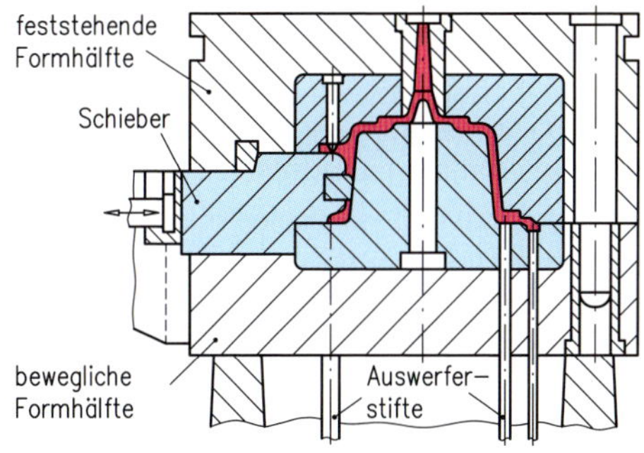

Druckgießform

Druckgießen wird nur in der Massenfertigung eingesetzt, weil die benötigten Dauerformen sehr teuer sind. Druckgussteile können mit einer hohen Maß- und Formgenauigkeit hergestellt werden.
Beim Druckgießen unterscheidet man das **Warmkammerverfahren** und das **Kaltkammerverfahren**.

– Warmkammerverfahren

Beim Warmkammerverfahren besteht die gesamte Gießeinrichtung aus der Druckgießmaschine, dem mehrteiligen Druckgießwerkzeug und der **Gießgarnitur** mit dem **Gießbehälter**. Dabei bilden die Druckgießmaschine und die Gießgarnitur mit Gießbehälter eine Einheit.
Die Gießgarnitur besteht aus einer Einrichtung für die Aufnahme des flüssigen Metalls und seiner Zuführung zu dem Druckgießwerkzeug. Einige Teile der Gießgarnitur befinden sich beim Warmkammerverfahren ständig in der Metallschmelze. Die Schmelze wird im Gießbehälter bevorratet und beheizt.

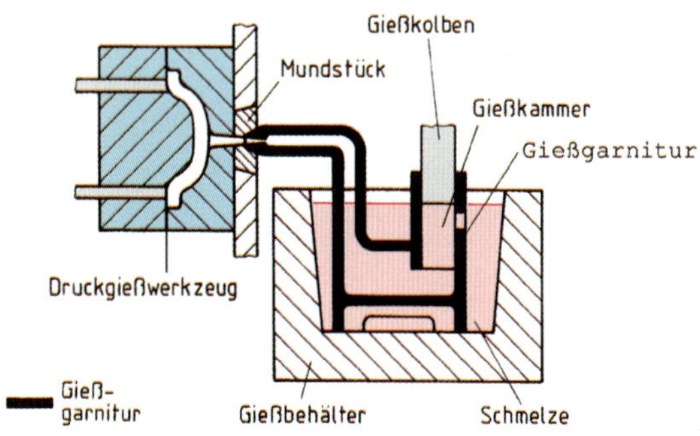

Warmkammerverfahren (Schema)

> **!** Beim Warmkammerverfahren bilden die Gießgarnitur und der Gießbehälter eine Einheit mit der Druckgießmaschine. Dabei sind Teile der Gießgarnitur ständig in der Metallschmelze.

– Kaltkammerverfahren

Beim Kaltkammerverfahren besteht die Gießeinrichtung ebenfalls aus der Druckgießmaschine, einem mehrteiligen Druckgießwerkzeug, der Gießgarnitur und dem Gießbehälter.
Alle Teile der Gießgarnitur befinden sich außerhalb des Gießbehälters, der mit flüssigem Metall gefüllt ist. Dadurch hat die Gießkammer eine niedrigere Temperatur als die Schmelze.

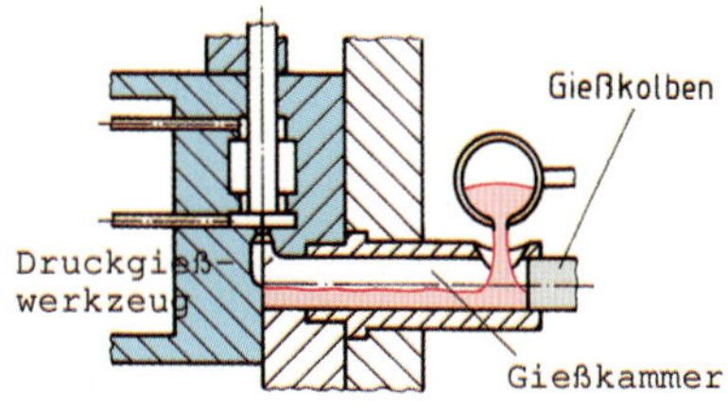

Kaltkammerverfahren (Schema)

Beim Kaltkammerverfahren ist die Verweilzeit des Gießmaterials in der Gießgarnitur so gering, dass die Legierungsbildung zwischen Kammer und Gießmaterial herabgesetzt wird. Deshalb können Metalle mit höheren Schmelztemperaturen vergossen werden. Als Gießmaterial setzt man hauptsächlich Aluminium-, Magnesium- und Kupfer-Legierungen ein.

> **!** Das Kaltkammerverfahren ist dadurch gekennzeichnet, dass die Gießgarnitur vollkommen vom Gießbehälter getrennt ist. Die Gießkammer und der Gießkolben haben deswegen eine niedrigere Temperatur als das Gießmaterial.

Übungsaufgaben 12/10 bis 12/14

12.2 Urformverfahren für Kunststoffe

1. Spritzgießen

Granulate thermoplastischer Kunststoffe können durch Spritzgießen zu Formkörpern verarbeitet werden. Der Spritzgießvorgang erfolgt in mehreren Stufen:

- Einspritzen des Kunststoffs,
- Nachdrücken und Plastifizieren,
- Entformen des Formteils.

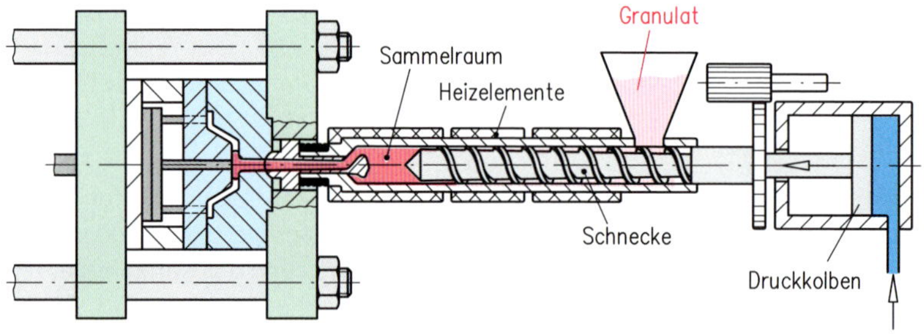

Einspritzen des Kunststoffs

2. Extrudieren

Mithilfe des Extruders werden stabförmige Profile und Rohre aus thermoplastischen Kunststoffen hergestellt. Der Extruder ist eine beheizte Schneckenpresse, in der das zu verarbeitende Material erwärmt, plastifiziert und kontinuierlich zum profilgebenden Werkzeug gefördert wird.

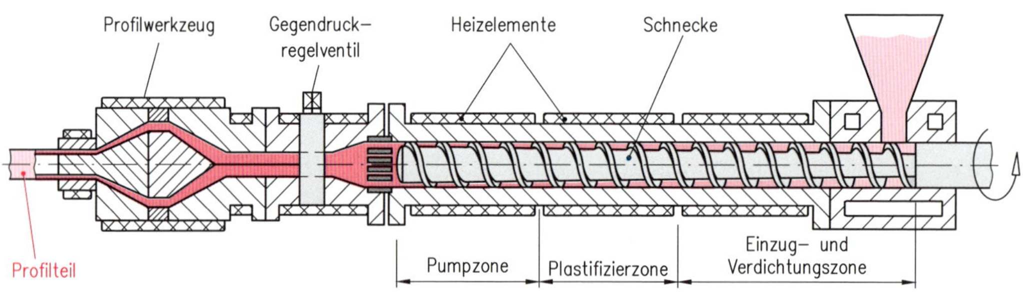

Extruder mit Schlauchwerkzeug

3. Pressen

Durch Pressen werden Kunststoffpulver oder vorgeformte Pressmassen unter Druck zu duroplastischen Formkörpern gepresst, die in der beheizten Form aushärten.
Um die Zeit bis zum Aushärten zu verkürzen und um Gefügelockerungen, wie sie bei der Polykondensation durch die Wasserbildung auftreten können, zu vermeiden, setzt man noch nicht voll vernetzte Vorprodukte ein, die dann aushärten.

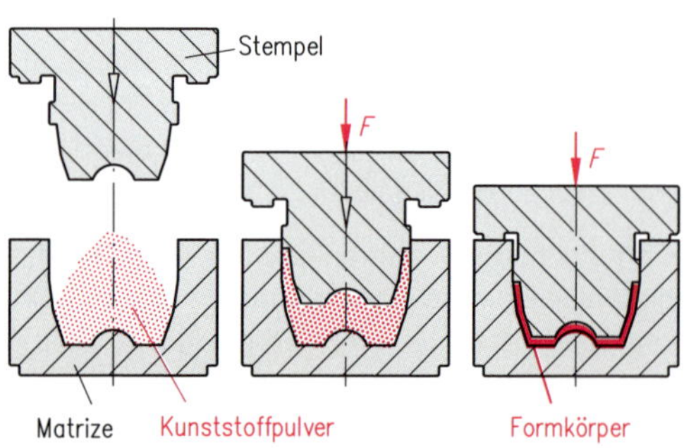

Pressen von Kunststoffpulver in einem Füllwerkzeug

12.3 Urformen durch Sintern

Durch das Urformverfahren Sintern stellt man aus pulverförmigen Ausgangsstoffen feste Werkstücke in ihrer Endform her. Diese Werkstücke zeichnen sich durch hohe Form- und Maßgenauigkeit aus.
Die Fertigung von Werkstücken aus Metallpulver oder aus Pulver metallischer Verbindungen erfolgt meist in mehreren Arbeitsgängen. Siehe *„Werkstofftechnik“*, Kapitel *„Sinterwerkstoffe“*.

Arbeitsgänge beim Sintern

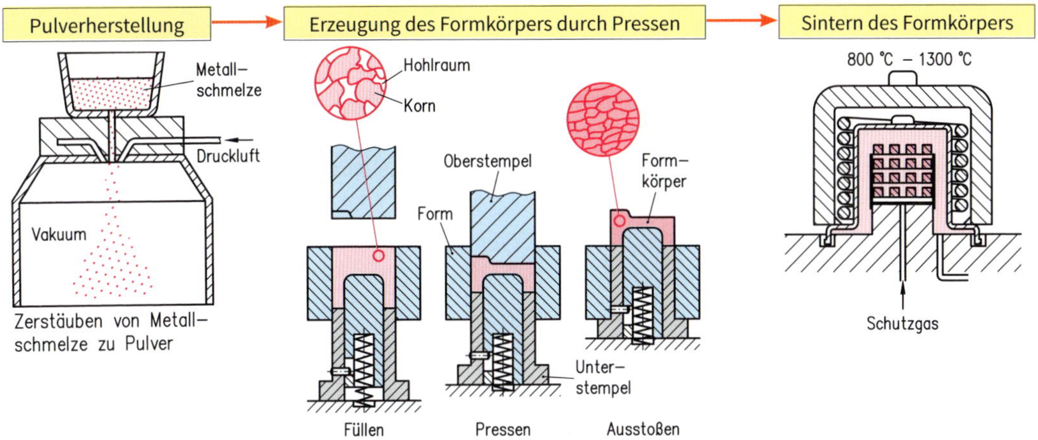

> **!** Beim Sintern wird aus metallischen Pulvern unter hohem Druck ein Rohling gepresst und unter Wärmewirkung ein zusammenhängendes Werkstückgefüge geschaffen.

12.4 Additives Fertigen

12.4.1 Verfahrensprinzip

Mit additiver Fertigung werden Bauteile unmittelbar aus digitalen 3D-Modellen erzeugt. Additiv bedeutet, dass die Formgebung durch schrittweisen Aufbau aus einzelnen Schichten erfolgt – im Gegensatz zu spanender Fertigung, bei der schrittweise Teilchen entfernt, also subtrahiert werden.

Zur additiven Fertigung wird vor dem Fertigungsprozess die 3D-Geometrie mittels spezieller Software in viele dünne horizontale Schnitte zerlegt. Dieser Vorgang wird als **Slicen** bezeichnet. In der additiven Fertigungsanlage werden diese Schichten real erzeugt und zu einem fertigen Bauteil verbunden.

Das 3D-Modell kann als CAD-Konstruktion mit einem 3D-CAD-System erzeugt werden. Ebenso kann durch 3D-Scannen eines Modells und entsprechende Nacharbeit sowie das Einfügen der Innenkontur mit einem CAD-System ein 3D-Modell gewonnen werden, das für die additive Fertigung geeignet ist.

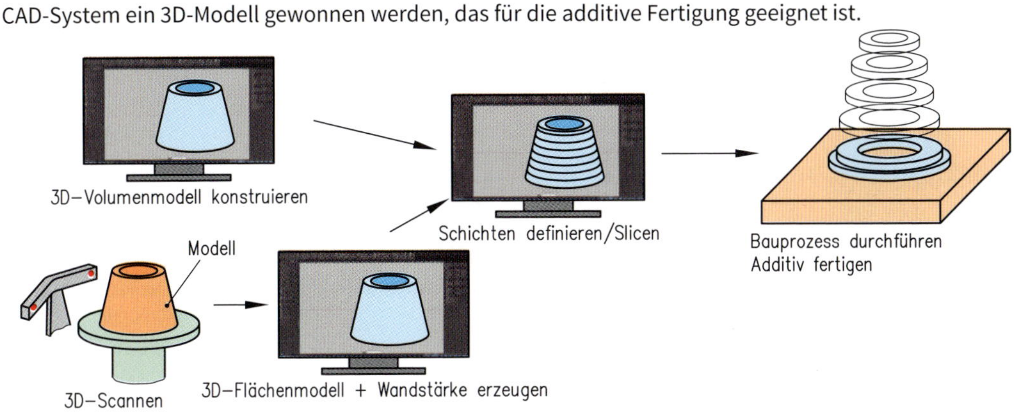

Verfahrensprinzip additiver Fertigungsverfahren

12.4.2 Datenaufbereitung zur additiven Fertigung

12.4.2.1 CAD-Modell

Zur additiven Fertigung eignen sich grundsätzlich alle CAD-Modelle, die mit 3D-CAD-Systemen erstellt wurden.

Modelle, die z. B. durch Scannen mit einem 3D-Scanner erzeugt wurden, sind ebenfalls geeignet. Sie erfordern aber zuvor eine Bearbeitung zur Fehlerbeseitigung. Fehler in solchen Modellen sind häufig „Löcher" in den Oberflächen, die durch fehlende Daten entstehen. Fehler sind auch Oberflächenteile, die sich überlagern.

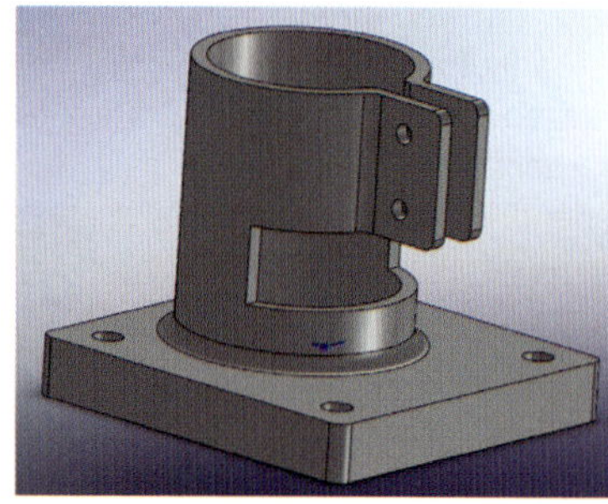

CAD-Modell „Klemmstück"

12.4.2.2 CAD-Modell im STL-Format

Die entsprechend vorbereiteten CAD-Modelle müssen im nächsten Schritt in ein Datenformat überführt werden, das von der Software des Additionssystems in Aktionsschritte umgesetzt werden kann.

Das zurzeit am häufigsten verwendete Datenformat ist das **STL-Format** (*Standard **T**riangulation **L**anguage* oder auch ***S**tandard **T**essellation **L**anguage*).
Im STL-Format werden die Oberflächen von 3D-Volumenkörpern mithilfe von Dreiecken beschrieben. Je stärker die Oberfläche eines 3D-Modells von der ebenen Form abweicht und je genauer sie später geformt werden soll, desto engmaschiger muss das Netz der Dreiecke sein, um eine Krümmung durch flächige Dreiecke hinreichend genau abzubilden.

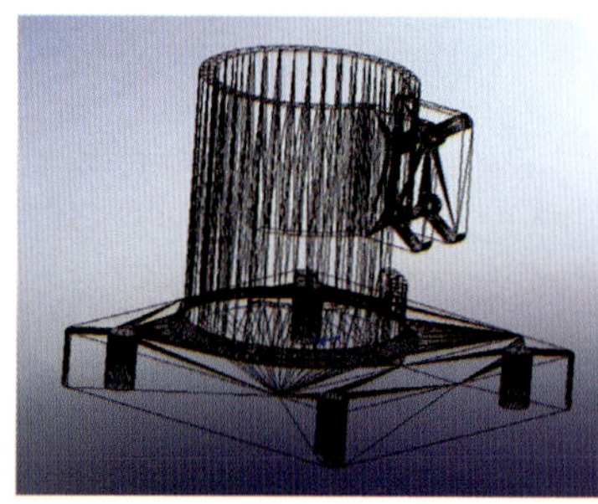

„Klemmstück im STL-Format"

Von jedem Dreieck werden die Koordinaten der Eckpunkte und die Richtung der Flächennormalen, die von der Außenseite fortweist, gespeichert. Dadurch fällt eine sehr große Datenmenge bei der Speicherung der STL-Daten, z. B. im ASCII-Code oder Binär-Code, an. In manchen Fällen ist noch eine Korrektur der Daten notwendig, wenn z. B. bei der CAD-Konstruktion Körper nicht exakt vereinigt wurden und „Löcher" oder Überlappungen in der STL-Darstellung auftreten. Die Korrektur erfolgt mit spezifischer Prüf- und Reparatursoftware.

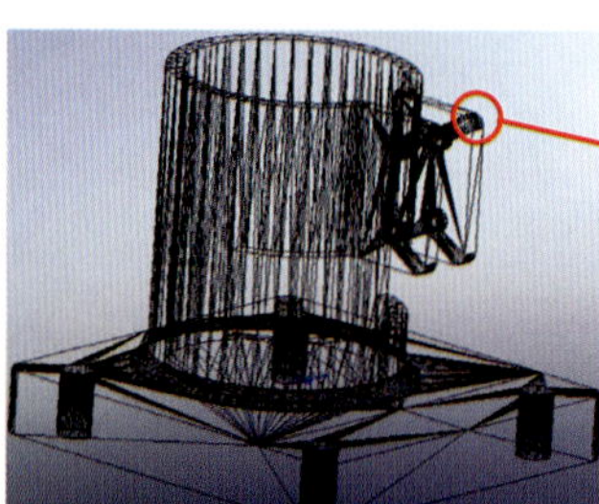

CAD-Modell im STL-Format

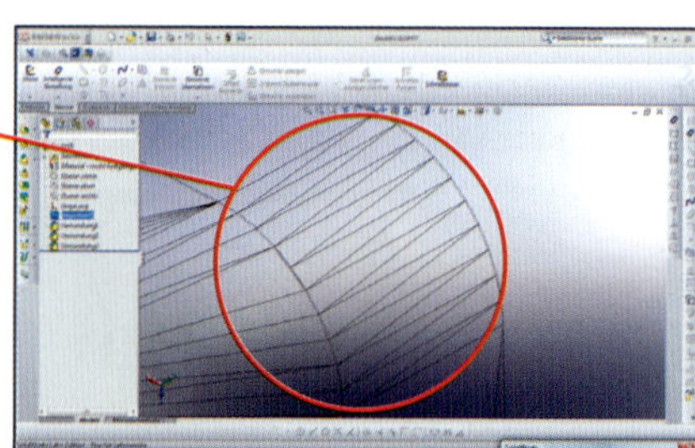

Informationen, die zu jedem Dreieck gespeichert werden

solid *name*
  facet normal n_1, n_2, n_3
    outer loop
      vertex p_{1X}, p_{1Y}, p_{1Z}
      vertex p_{2X}, p_{2Y}, p_{2Z}
      vertex p_{3X}, p_{3Y}, p_{3Z}
    end loop
  endfacet
endsolid *name*

STL-Daten eines Dreiecks im ASCII-Code

Daten im STL-Format

! Im STL-Format wird die Oberfläche eines Bauteils in Form flächiger Dreiecke dargestellt. Von jedem Dreieck werden die Koordinaten der Eckpunkte und die Richtung der Flächennormalen gespeichert.

12.4.2.3 Slicen und Datenerzeugung im G-Code (DIN 66025)

Mit der STL-Datei sind noch keine Schichten beschrieben, die erzeugt und addiert werden können. Dazu muss mit verfahrensspezifischen Programmen das Bauteil im STL-Format zunächst auf der dort vorgegebenen virtuellen Bauplattform positioniert werden.
Anschließend kann das im STL-Verfahren gewonnene und positionierte Abbild in Schichten parallel zur Bauteilplattform zerlegt werden, man spricht von **Slicen**. Die Schichten bezeichnet man auch als **Layer**.

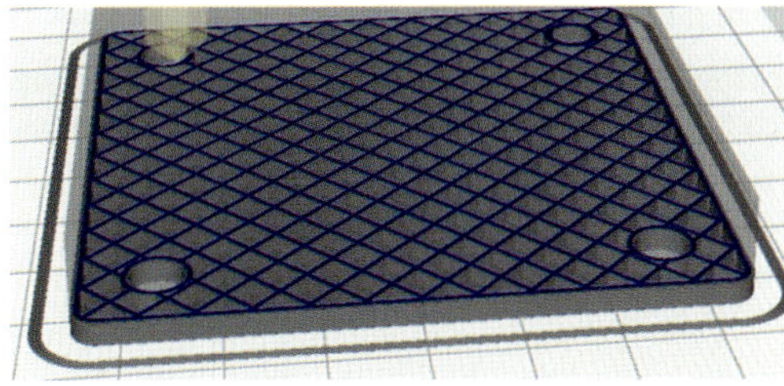

Layer 57 des Bauteils „Klemmstück"

Ein Layer zeigt in Form und Umrissen den Bereich, den das Bauwerkzeug, z. B. der Laserstrahl, abfahren muss, um die Schicht aufzubauen. Die verfahrensspezifische Software erzeugt aus den Umrissen automatisch die Wegbeschreibung des Bauwerkzeugs, z. B. des Laserstrahls, zur Erzeugung der einzelnen Schicht.

Die Beschreibung geschieht zusammen mit den Koordinaten der Zielpunkte in Form von G-Codes entsprechend DIN 66025, z. B. **G0** für Eilgang, **G1** für geradlinige Arbeitsbewegung mit definiertem Vorschub, also ähnlich wie beim CNC-Fräsen.

Von der verfahrensspezifischen Software werden die Wegbeschreibungen ergänzt durch

- **allgemeine Informationen**, z. B. **G21** metrische Angaben, **G90** Absolutmaße,
- **technologische Daten**, z. B. **M109 S...** Temperatur bei Fertigung mit thermoplastischen Materialien, Geschwindigkeit des Bauwerkzeugs,
- **Baudaten**, z. B. Layerdicke, Füllgrad von Querschnitten, Struktur der Füllung.

```
start.gcode = ;SLiced at: {day} {date} {time}
;Basic settings: Layer height: {layer_height} Walls:
;M190 S{print_bed_temperature};Uncomment to add your
;M109 S{print_temperature};Uncomment to add your own
G21          ;metric values
G90          ;absolute positioning
M82          ;set extruder to absolute mode
M107         ;start with the fan off
G28 X0 Y0    ;metric values
G1 Z15.0 F{travel_speed} ;move the platform down 15mm
G1 F200 E3             ; extrude ... of feed
```

```
;LAYER:57
G0 F3000 X118.595 Y121.424 Z8.850
;TYPE:FILL
G1 X113.661 Y116.496
G1 X112.222 Y116.880
```

Teile aus dem Fertigungsprogramm „Klemmstück"

In den meisten additiven Verfahren sind überhängende Konturen nur bis zu einem bestimmten Steigungswinkel ohne Stützen herstellbar. Darum müssen für diese Bereiche Stützkonstruktionen vorgesehen werden. Viele Programme erzeugen diese Stützkonstruktionen automatisch in Zusammenhang mit dem Slicen.

Aus der Gesamtheit der Informationen entsteht das Fertigungsprogramm zur Bauteilerzeugung. Die entsprechenden Dateien tragen in vielen Fällen die Endung **.gode**.

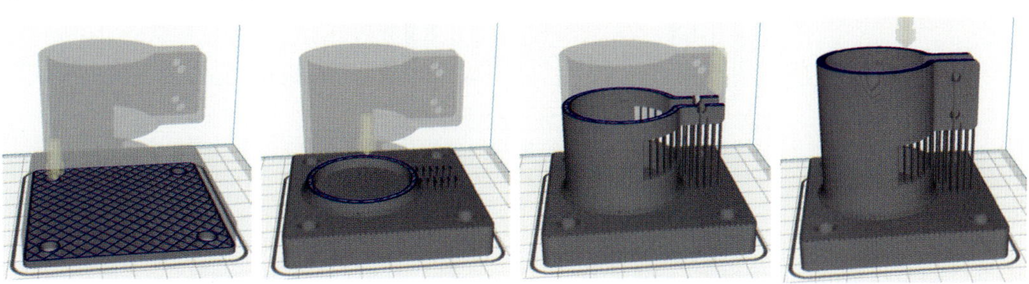

Automatisch generierte Stützstruktur bei einem durch 3D-Druck mit ABS gefertigten Bauteil

12.4.3 Additive Fertigungsverfahren

12.4.3.1 Maschinenaufbau

Entsprechend dem Verfahrensprinzip, der Addition von Schichten, besteht die Maschinenbasis bei allen Verfahren zur additiven Fertigung aus einer Bauplattform, auf der die Schichten schrittweise aufgebaut werden. Die Bauplattform verkörpert die *X*-*Y*-Ebene.

In *Z*-Richtung wird die Schichtdicke durch Vergrößern des Abstands zwischen Bauwerkzeug und Bauplattform erzeugt. Je nach Bauart wird entweder die Bauplattform abgesenkt oder das Bauwerkzeug angehoben.

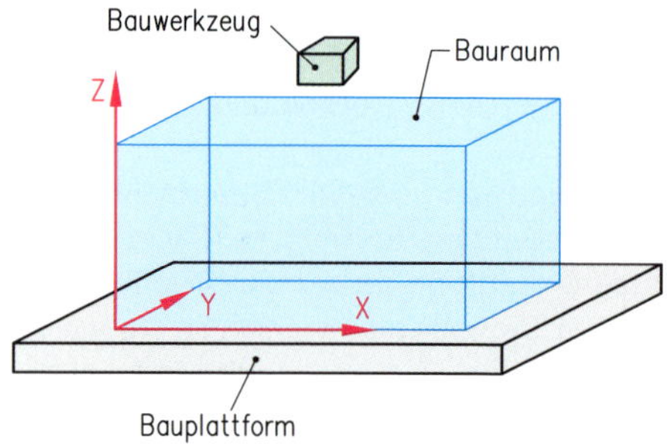

Maschinenkoordinaten

Das Bauwerkzeug, z. B. der Laserstrahl oder die Spritzdüse, erzeugen durch Verfahren in *X*- und *Y*-Richtung die gewünschte Kontur. Dazu kann entweder die Bauplattform in diese Richtungen bewegt werden und das Bauwerkzeug feststehen oder das Bauwerkzeug diese Bewegung bei feststehender Bauplattform ausführen.

12.4.3.2 Stereolithografie SL

Das Stereolithografie-Verfahren ist das älteste der additiven Fertigungsverfahren. In diesem Verfahren wird die Kontur des Werkstücks durch schichtweises Aushärten von Kunststoff, z. B. Epoxidharzen, mittels Laserstrahl erzeugt (Photopolymerisation). Dabei entstehen Bauteile mit hoher Genauigkeit und Oberflächengüte. Die Festigkeit der Bauteile ist jedoch relativ gering, sie kann bei verschiedenen Kunststoffen durch eine thermische Nachbehandlung, die zur vollständigen Aushärtung führt, verbessert werden. Überhänge können bei diesem Verfahren nur aus gleichem Werkstoff wie das Bauteil erzeugt werden und ergeben Spuren, die mechanisch entfernt werden müssen.
Mithilfe der Stereolithografie werden hauptsächlich Anschauungsmodelle erzeugt.

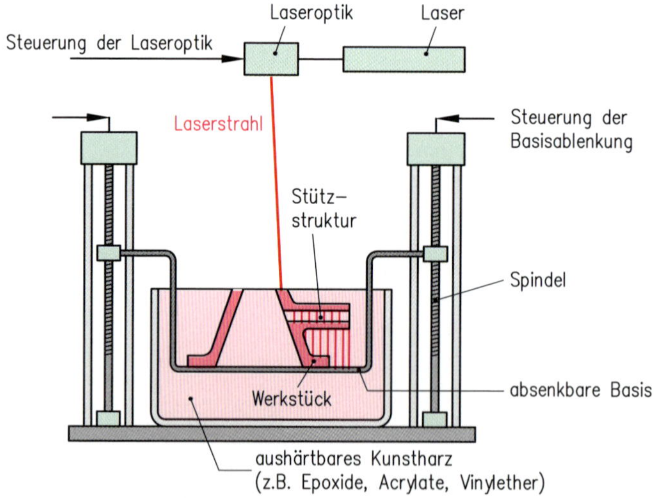

Stereolithografie (Schema)

! Im Stereolithografie-Verfahren werden Bauteile durch schichtweises Aushärten von Flüssigkunststoff (Photopolymerisation) erzeugt.

12.4.3.3 Selektives Laserschmelzen

Beim **selektiven Laserschmelzen** wird Metallpulver am Bearbeitungspunkt des Lasers aufgeschmolzen. Dabei verbindet sich die Schmelze mit der darunterliegenden Schicht. Durch das vollständige Schmelzen des Metallpulvers unterscheidet sich das selektive Laserschmelzen vom selektiven Lasersintern, bei dem Pulverteilchen nur an den Berührungsstellen verschweißen oder durch ein niedriger schmelzendes Bindemittel zusammengehalten werden.

In den Anlagen zum selektiven Laserschmelzen wird durch Schieber (Rakel) oder durch ein spezielles Walzensystem das Metallpulver schichtweise aufgetragen und zur besseren Wärmeübertragung verdichtet. Die Schichtstärke liegt etwa im Bereich von 15 bis 150 µm. Das nicht verschmolzene und verdichtete Metallpulver kann in den meisten Fällen als Stützmaterial für überhängende Konturen dienen, sodass Stützkonstruktionen nur in Ausnahmefällen notwendig sind.

Damit der Schmelzvorgang zügig ablaufen kann, wird der Bauraum bis dicht unterhalb der Schmelztemperatur des Metallpulvers erhitzt. Zur Verhinderung von Oxidation wird das Laserschmelzen unter einer Schutzgasatmosphäre vorgenommen. Bei der Verarbeitung von Titan wird Argon als Schutzgas verwendet, bei den übrigen Metallen wird Stickstoff eingesetzt.

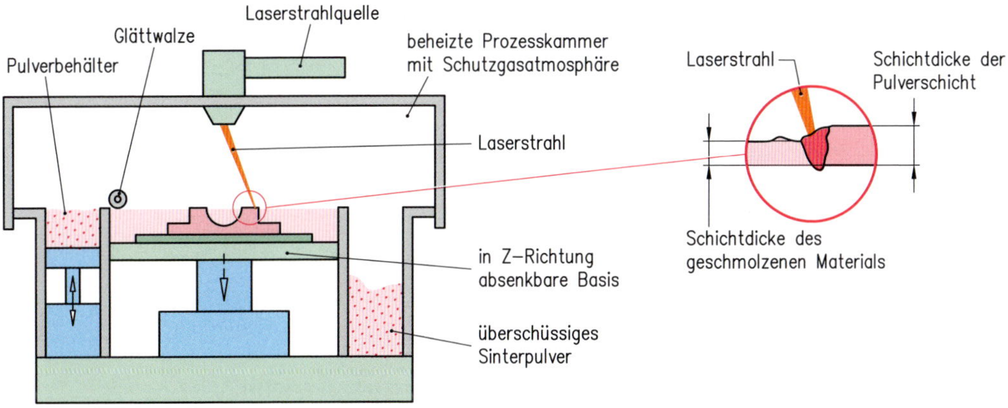

Anlage zum selektiven Laserschmelzen (Schema)

Die Liste von Metallen, die durch selektives Laserschmelzen additiv zu Bauteilen verarbeitet werden können, reicht von Aluminium-Silizium-Legierungen bis zu Werkzeug- und korrosionsbeständigen Edelstählen. Hinsichtlich der Festigkeits- und Dehnungskennwerte gibt es keinen Unterschied zu herkömmlich erzeugten und bearbeiteten Werkstoffen der gleichen Zusammensetzung. Darum sind Werkstücke, die durch Laserschmelzen erzeugt wurden, ähnlich belastbar wie Teile, die aus Vollmaterial in herkömmlichen Verfahren hergestellt wurden.

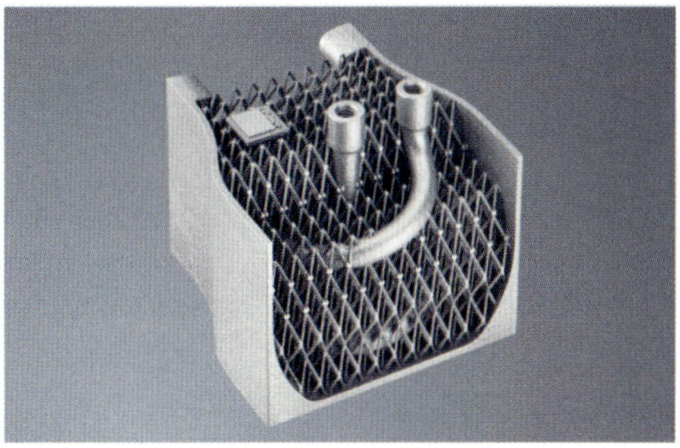

Durch selektives Laserschmelzen erzeugtes Bauteil

! Beim selektiven Laserschmelzen wird Metallpulver durch einen Laserstrahl zum Schmelzen gebracht. Das geschmolzene Material verbindet sich dadurch mit dem darunterliegenden Material. Festigkeits- und Dehnungskennwerte so erzeugter Bauteile entsprechen denen, die auf herkömmliche Weise hergestellt wurden.

Übungsaufgabe 12/20

12.4.3.4 Schmelzschichtung FDM

Schmelzschichtung (**F**used **D**epositing **M**odeling) ist derzeit das bekannteste additive Fertigungsverfahren und wird oft mit der Bezeichnung 3D-Druck belegt. Es ist zurzeit auch das preisgünstigste additive Fertigungsverfahren zur Herstellung von Bauteilen aus thermoplastischen Kunststoffen, z. B. ABS. Bei den meisten Schmelzschichtungsverfahren wird das Baumaterial als Draht eingegeben, in einem Extruder auf Schmelztemperatur erhitzt und von dort dem Druckkopf mit der Druckdüse zugeführt. Je nach Verfahren wird das Material tropfen- oder strangförmig in Schichten aufgebracht. Die Qualität des Bauteils, und hier besonders die Oberflächenqualität, hängt entscheidend von der Druckgeschwindigkeit, der Schichtdicke und dem Düsendurchmesser ab.

Überhängende Konturen sind nur bis zu einem gewissen Winkel, der von der Art des verwendeten Materials sowie der Schichtdicke u. A. abhängig ist, herzustellen – meist sind dies etwa 45°. Zur Erzeugung größerer Überhänge sind Stützkonstruktionen notwendig. Man erzeugt diese mit einem zweiten Druckkopf aus löslichem Material, dem **Supportmaterial**. Nach der Fertigung des Bauteils wird das Stützmaterial mit Reinigungsmittel oder Wasser entfernt.
Durch sehr dünne Trennschichten aus dem Supportmaterial können auch fertig gefügte Baueinheiten mit beweglichen Elementen hergestellt werden. Ebenso ist es möglich, Bauteile mit unterschiedlichen Farben oder aus unterschiedlichen Werkstoffen sowie mit Einlagen, z. B. Metallbuchsen, herzustellen.

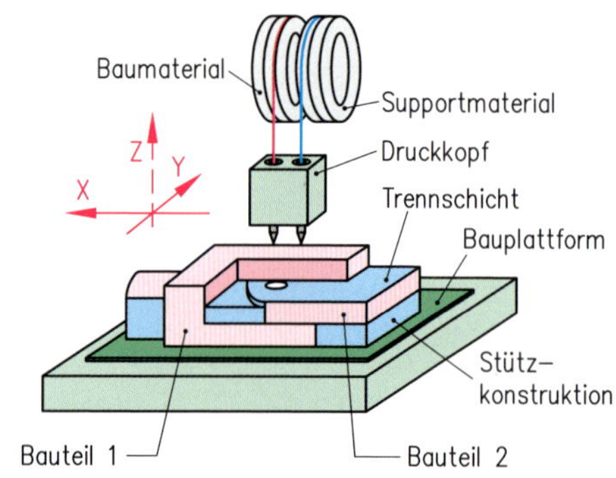

3D-Druck eines Gelenks

> **!** Bei Schmelzschichtungsverfahren werden die Schichten durch tropfen- oder strangförmiges Auftragen einer Schmelze erzeugt. Überhängende Bauteilkonturen erfordern Stützen aus dem Supportmaterial. Dieses Material kann auch als Trennmittel zur Erzeugung fertig gefügter Baugruppen eingesetzt werden.

12.4.3.5 Übersicht über das Spektrum der additiven Fertigungsverfahren

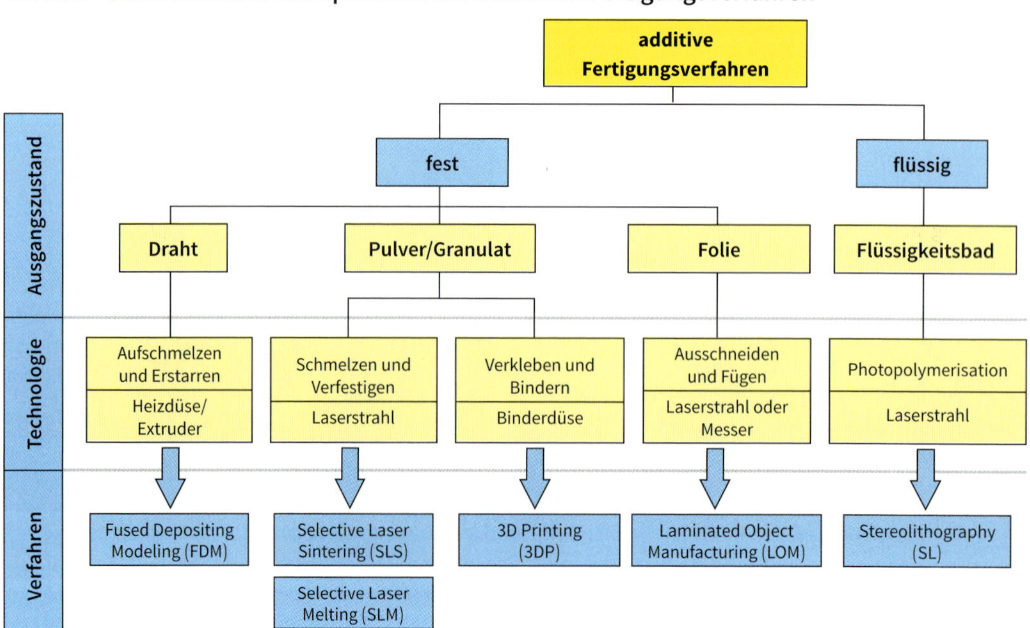

12.4.4 Merkmale und Anwendungsfelder additiver Fertigungsverfahren

1. Unmittelbare Erzeugung des Produkts aus Planungsdaten

Durch die Erzeugung eines Produkts ohne größere Zwischenschritte zur Produktionsvorbereitung können Modelle und Muster von Konstruktionen in kurzer Zeit vorgelegt werden.
So begann die Anwendung additiver Fertigungsverfahren mit der Herstellung von Prototypen zum Anschauen, Testen und Optimieren (Rapid Prototyping). Mit zunehmender Anzahl der Materialien, die für die additive Fertigung geeignet sind, werden auch spezielle Funktionsteile (z. B. Greiferklauen, Medizininstrumente u. Ä.) sowie Ersatzteile kurzfristig und vor Ort additiv gefertigt.

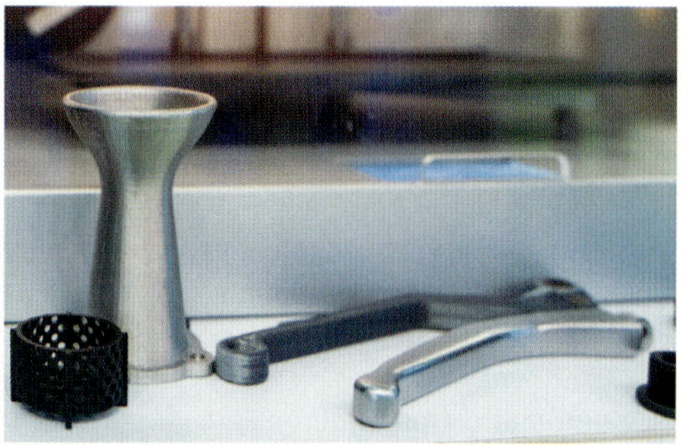
Additiv gefertigte Ersatzteile

2. Gestaltungsfreiheit

In herkömmlichen Konstruktionen bestimmte neben der Funktion das gewählte Fertigungsverfahren in weiten Teilen die Gestalt eines Bauteils. In additiver Fertigung bestehen nahezu keine Einschränkungen hinsichtlich der Geometrie. So können Bauteile mit Hinterschnitten, extremen Querschnittsänderungen und beliebigen inneren Strukturen hergestellt werden. Außerdem können Bauteile in ihrer Gestaltung der Belastung angepasst und im Design optimiert werden – genauso wie dies in der Natur geschieht (Bionik) und zu Leichtbau führt.

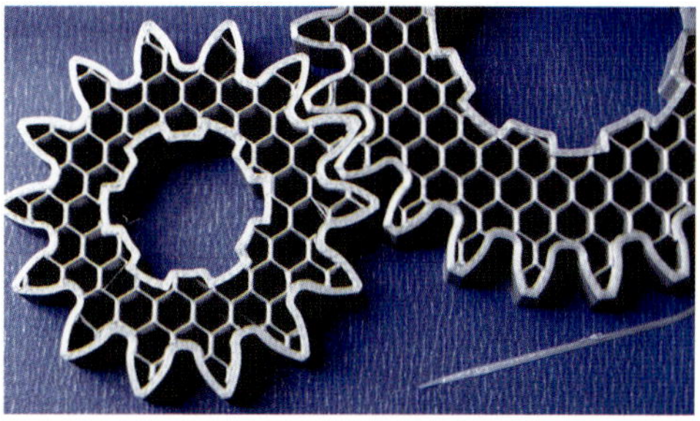
Gewichtsoptimierte Bauteile

3. Ressourcenschonung

Im Gegensatz zu herkömmlichen spanenden Verfahren wird bei additiven Verfahren eine geringe Werkstoffmenge eingesetzt. Außerdem werden Werkstoffersparnisse gegenüber solchen Ur- und Umformverfahren erzielt, die Modelle, Formen und Gesenke erfordern.
Eine Einschränkung in dieser Hinsicht ist bei additiven Verfahren jedoch bei der Erzeugung metallischer Bauteile aus Metallpulvern zu machen: Die Metallpulver sind in der notwendigen Feinheit nur unter großem Aufwand herstellbar, sodass hier der Vorteil der Ressourcenschonung kaum zum Tragen kommt.

4. Erzeugung von Formen und Modellen für die herkömmliche Fertigung

Während die additive Fertigung ohne Werkzeuge, wie z. B. Gussformen oder Gesenke, fertigt, können für die Fertigung kleiner Serien Ur- und Umformwerkzeuge schnell und kostengünstig additiv hergestellt werden.

Im Werkzeugbau können für kleine bis mittlere Serien Formen für das Spritzgießen additiv gefertigt werden. Dabei ist besonders vorteilhaft, dass innere Kühlkanäle zur Temperierung des Werkzeugs optimal entlang der Kontur geführt werden können.

Im Bereich der Gießereitechnik können für den Sandguss Modelle und Kernkästen additiv hergestellt werden. Ebenso werden Wachsmodelle für Feingussverfahren durch additive Fertigung erzeugt. Durch Lasersintern können auch komplette Formen und aufwendig gestaltete Kerne für Innenkonturen aufgebaut werden.

Additiv gefertigte Modelle für Feinguss

5. Hohe Fertigungszeiten

Die Fertigungszeit für ein Werkstück ist bei der additiven Fertigung sehr viel höher als bei herkömmlicher Fertigung, besonders wenn große Genauigkeit und Oberflächengüte verlangt werden. Darum liegt bei additiven Fertigungsverfahren der Schwerpunkt in der Fertigungsmenge meist bei nur wenigen Exemplaren oder kleinen Serien, zurzeit bis etwa 100 Stück pro Monat.

6. Gegenüber spanender Fertigung geringere Oberflächenqualität

Gekrümmte Linien bestehen als Ergebnis der Triangulation aus sehr kurzen Geraden. Ferner weisen Flächen, die mit geringem Steigungswinkel von der Baufläche abweichen, eine treppenartige Struktur auf. Diese Oberflächenmängel bedingen Nacharbeit bzw. führen dazu, dass beweglich gefügte Bauteile erheblich höheres Spiel benötigen als spanend gefertigte.

7. Kombination mit anderen Fertigungsverfahren

Die additive Fertigung wird meist auf ein einzelnes Bauteil bezogen und dieses in der Gesamtheit hergestellt. Zur Verkürzung der Fertigungszeit geht man in Einzelfällen dazu über, Serienteile nur zu ergänzen, z. B. durch additives Laserauftragsschweißen, und so die Vorteile der additiven Fertigung an den Stellen zu nutzen, an denen sie die optimale Bauteilgestaltung ermöglicht.

Beispiel für Laserauftragschweißen mit integrierter spanender Fräsbearbeitung

Turbinengehäuse
Material: Edelstahl
Laserauftragsschweißen: 230 min
Fräsbearbeitungen: 76 min
Abmessung: Ø 180 × 150 mm

1) Aufbau des Zylinders

2) Schwenk 90°: Generieren des Bunds

3) Fräsen von Planfläche und Umfang

4) Aufbau des konischen Trichters

5) Aufbau der umlaufenden Stutzen

6) Finishing der Innen-/Außenkontur

13 Fertigungsverfahren des Umformens

13.1 Einteilung der Umformverfahren

In der Einteilung der Fertigungsverfahren nach DIN 8580 steht das Umformen an zweiter Stelle. Nach dem Urformen wird der größte Teil der Werkstoffe durch Umformen zu Blechen, Drähten und anderen Profilen weiterverarbeitet. Man nennt diese Produkte **Halbzeuge**. Für die Fertigung von Massenprodukten ist die weitere Umformung der Halbzeuge meist das wirtschaftlichste Verfahren.

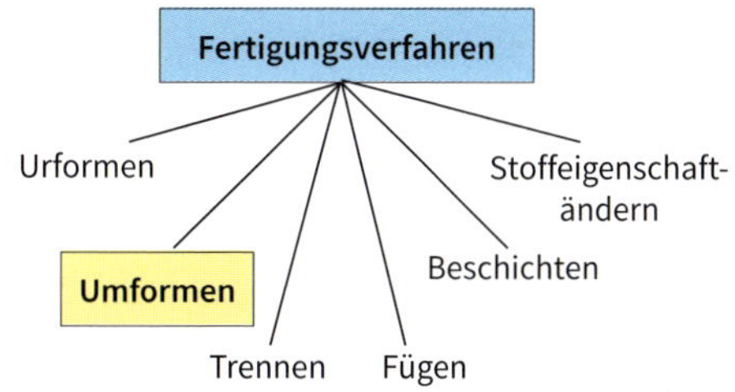

Die Umformverfahren (DIN 8582) werden nach den Kräften, welche die Umformung bewirken, eingeteilt. Dabei werden folgende Gruppen unterschieden:

Umformen

Druckumformen	Zugdruckumformen	Zugumformen	Biegeumformen	Schubumformen
Beispiele Walzen von Blech, Schmieden von Wellen	Ziehen von Draht, Tiefziehen von Töpfen	Tiefen von Kfz-Schildern, Blasen von Flanschen	Biegen von Dachrinnen, Biegen von Rohren	Verdrehen von Geländerstäben

Beispiele für die Halbzeugherstellung durch Umformen

Verfahren	Ablauf des Verfahrens	Erzeugnisse
Druckumformen durch Walzen	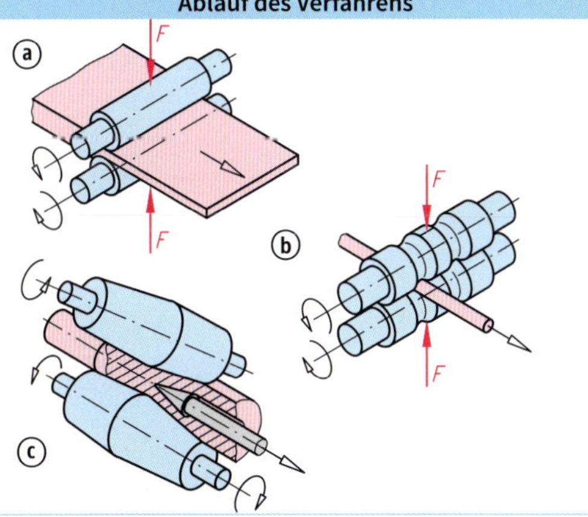	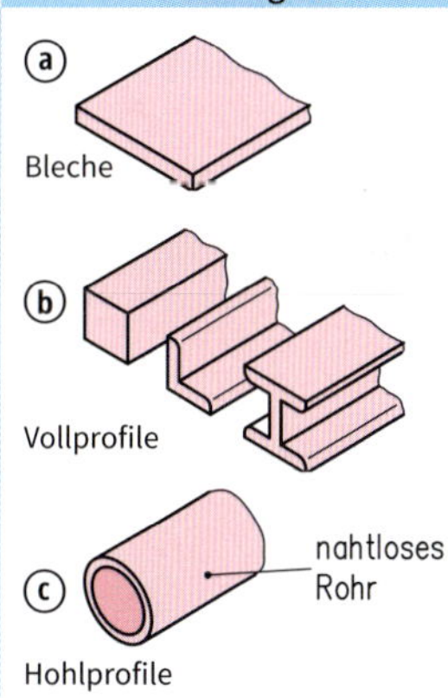
Druckumformen durch Strangpressen	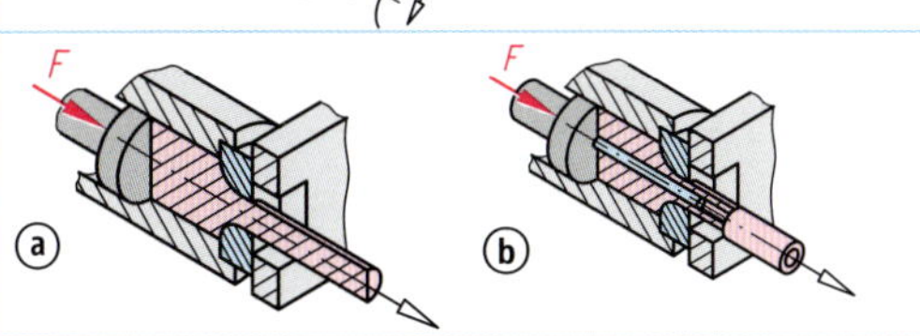	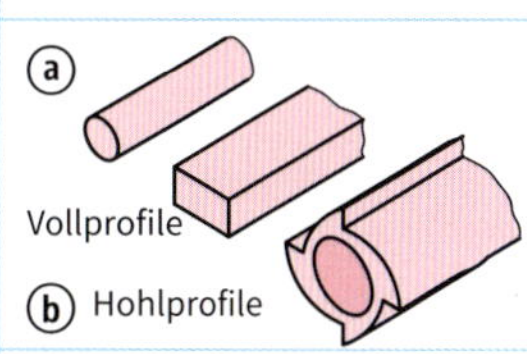
Zugdruckumformen durch Ziehen	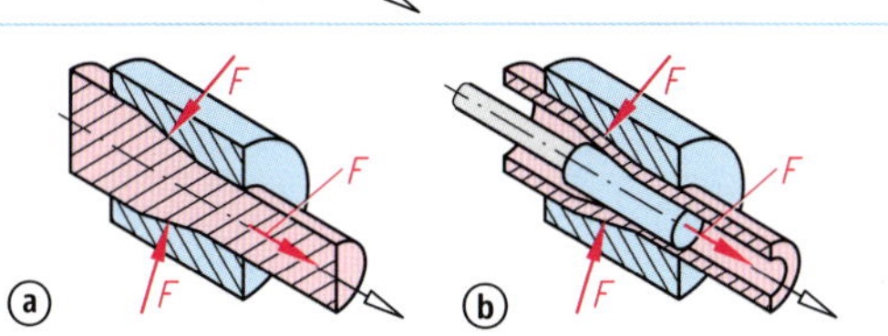	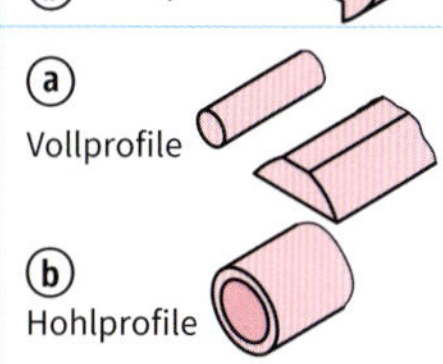

Übungsaufgaben 13/1 bis 13/3

Übersicht über Umformverfahren

Ordnet man die Umformverfahren nach der Art der äußeren Krafteinwirkung, durch welche die Formänderung herbeigeführt wird, so unterscheidet man nach DIN 8582 fünf Hauptgruppen.

Druckumformen	Zugumformen	Zugdruckumformen	Biegeumformen	Schubumformen
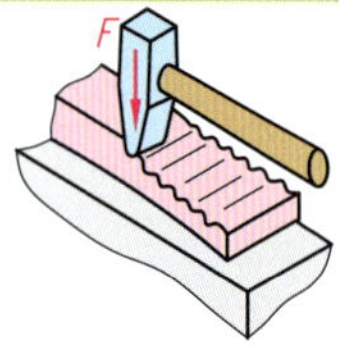	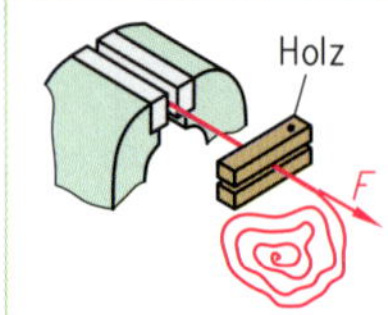	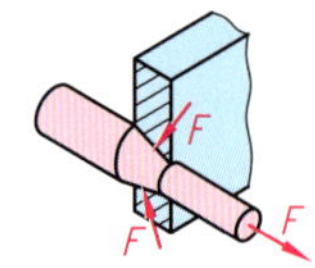	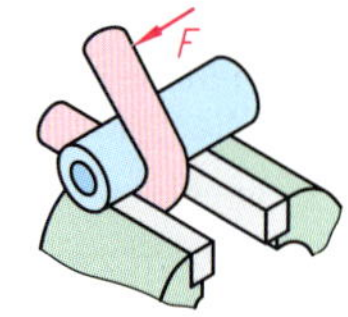	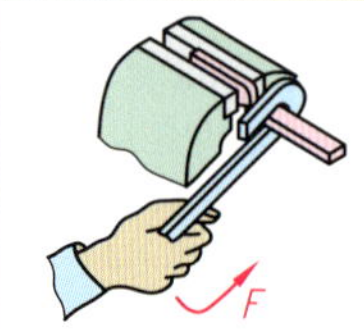
Freiformschmieden	Streckrichten	Drahtziehen	freies Biegen	Verdrehen
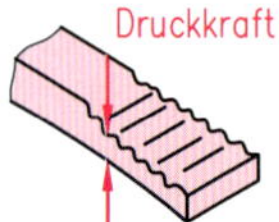	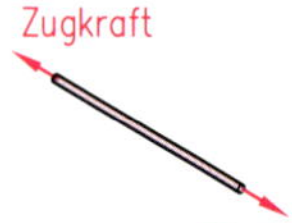	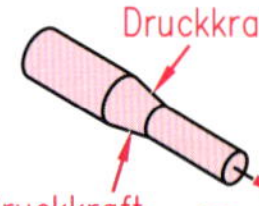	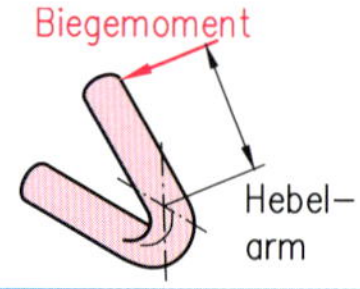	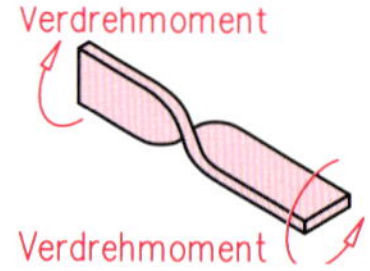

13.2 Verhalten des Werkstoffs beim Umformen

Wird ein Werkstoff durch äußere Kräfte belastet, so treten Formänderungen ein. Zugkräfte bewirken eine Verlängerung, Druckkräfte eine Verkürzung des Werkstücks in Kraftrichtung.
Bei geringer Beanspruchung unterhalb der Streckgrenze werden in einem Metall die Atome nur geringfügig gegeneinander verschoben, ohne dass ein Platzwechsel auftritt. Bei Entlastung nehmen sie wieder die ursprünglichen Plätze ein – der Werkstoff wird **elastisch** verformt.
Beanspruchungen oberhalb der Streckgrenze bewirken das Abgleiten einzelner Atomebenen und damit eine bleibende Formänderung – der Werksstoff wird **plastisch** verformt.

Beispiel für elastische und plastische Verformung eines zugbelasteten weichen Stahls

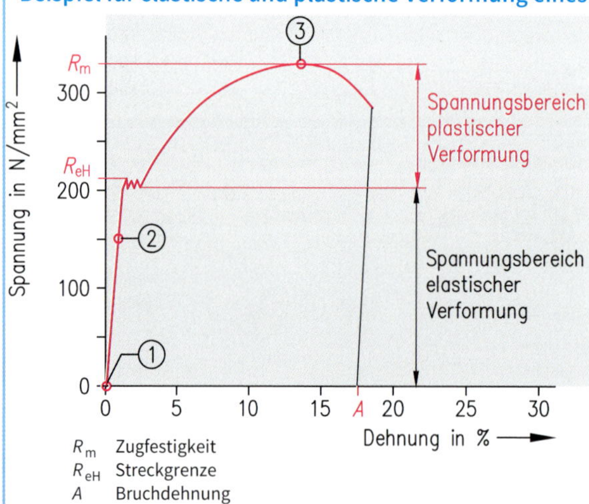

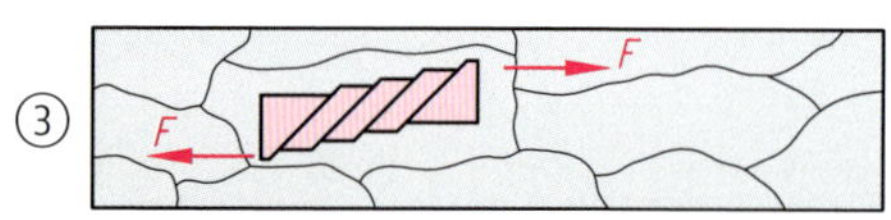

Gefüge bei plastischer Verformung

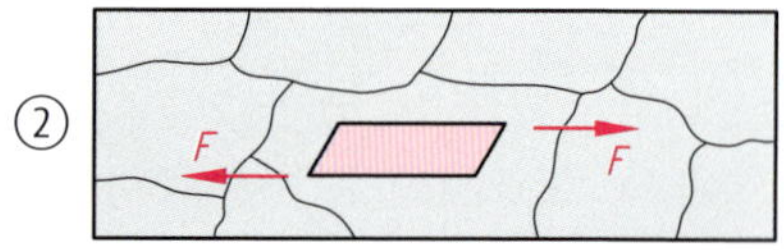

Gefüge bei elastischer Verformung

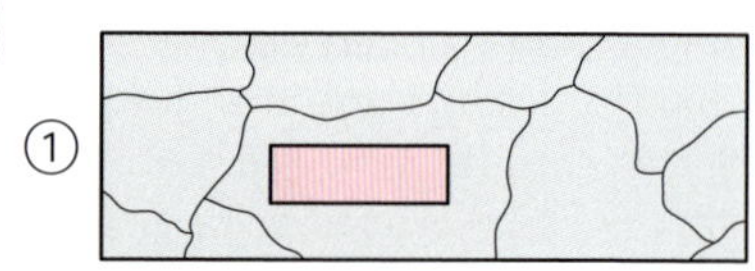

Gefüge vor der Verformung

Je niedriger die Streckgrenze eines Werkstoffs ist, desto geringere Kräfte sind zu seiner Umformung notwendig.

Je größer die Bruchdehnung *A* des Werkstoffs ist, desto größer ist seine Umformbarkeit.

! Ein Werkstoff ist gut umformbar, wenn bei geringer Spannung eine starke, bleibende Dehnung erfolgt. Die Bruchdehnung eines Werkstoffs ist ein Maß für seine Umformbarkeit.

Übungsaufgaben 13/4 bis 13/6

1. Kaltumformen

Kaltumformen geschieht bei Raumtemperatur. Die notwendigen Umformkräfte sind darum recht hoch. Da bei den meisten Werkstoffen bei dieser Temperatur keine Kornneubildung stattfindet, ist nur eine begrenzte Umformung möglich.

Der Werkstoff verfestigt sich bei der Umformung, weil das Abgleiten innerhalb der Körner mit steigender Umformung immer mehr behindert wird. Man spricht von einer **Kaltverfestigung**. Mit zunehmender Kaltverfestigung sinkt gleichzeitig die Dehnbarkeit des Werkstoffs, während die Härte steigt.

Kaltumformen wird durchgeführt:

- bei dünnwandigen Werkstücken,
- zur Steigerung der Werkstofffestigkeit, z. B. bei Drahtseilen und Federn.

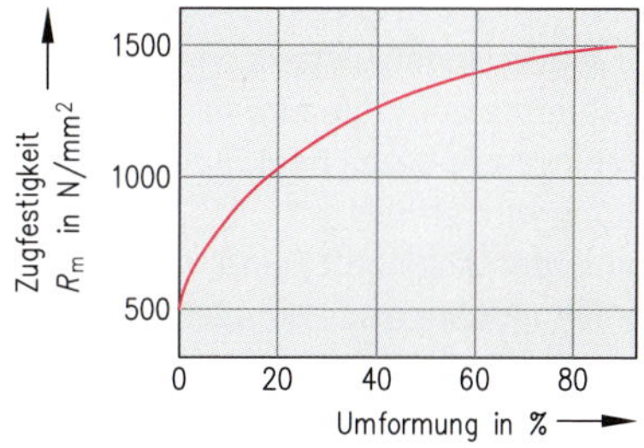

Steigerung der Zugfestigkeit eines Stahls S275 mit R_m = 520 N/mm² durch Kaltumformen

> **!** Eine Kaltumformung führt zu einer Verfestigung metallischer Werkstoffe.
> Festigkeit und Härte des umgeformten Werkstoffs steigen an, während die Umformbarkeit sinkt.

2. Rekristallisation

Wird das kalt umgeformte Werkstück geglüht, so tritt bei einer bestimmten Temperatur, die für jedes Metall verschieden ist, eine Kornneubildung ein. Diese Kornneubildung bezeichnet man als **Rekristallisation**. Die Temperatur, bei der die Kornneubildung eintritt, heißt Rekristallisationstemperatur. Nach der Rekristallisation ist der Werkstoff erneut kalt umformbar.

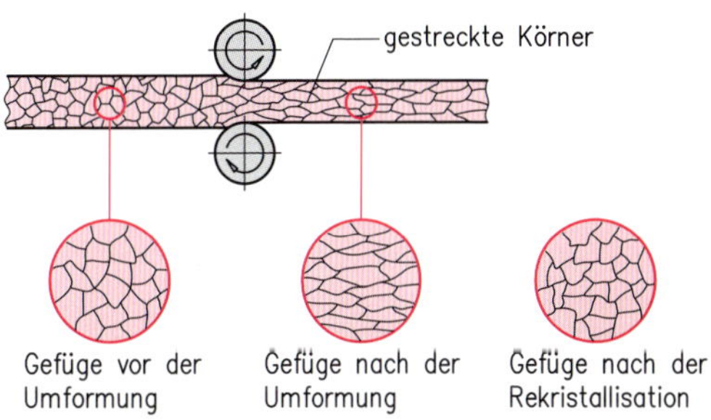

Gefügeänderung durch Rekristallisation

Rekristallisationstemperaturen

Metall	Temperatur °C
Aluminium	150
Blei	0
Eisen	580
Kupfer	200
Magnesium	180
Nickel	600
Zink	150

> **!** Ein kalt umgeformtes Metall bildet durch Rekristallisation ein neues Gefüge und ist erneut kalt umformbar.

3. Warmumformen

Die Kraft, die man zum Umformen eines Werkstücks benötigt, hängt von der Festigkeit des Werkstoffs ab. Die Festigkeit ändert sich mit der Temperatur. Mit zunehmender Temperatur nimmt die Festigkeit stark ab.

Warmumformen geschieht bei Temperaturen oberhalb der Raumtemperatur. Es wird angewendet

- bei Werkstücken mit großen Wandstärken,
- bei starken Formänderungen.

Warmumformen kann immer dann mit hohen Formänderungen durchgeführt werden, wenn die Umformtemperatur so hoch liegt, dass eine Kornneubildung stattfindet.

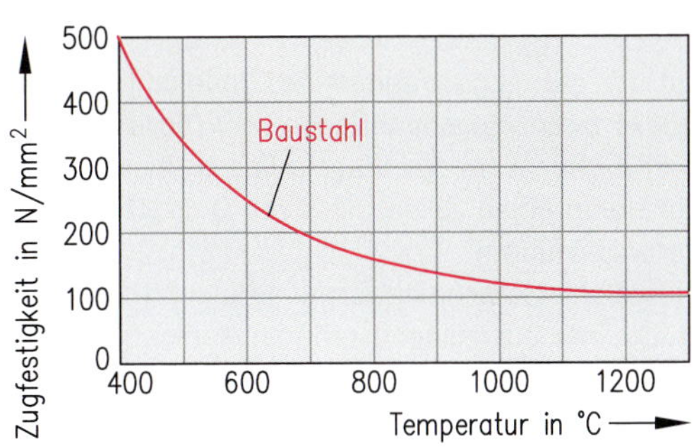

Festigkeitsänderung bei Erwärmung

> **!** Metallische Werkstoffe lassen sich bei hohen Temperaturen leichter umformen als bei Raumtemperatur.

13.3 Biegen von Blechen und Rohren

13.3.1 Vorgänge beim Biegen

Beim Umformen durch Biegen wirkt stets von außen eine Kraft in einem Abstand von der Biegestelle. Die Entfernung der Kraft zum nächsten Auflagepunkt des Biegeteils bezeichnet man als Hebel. Die Biegewirkung wird größer mit

- zunehmender Biegekraft F und
- zunehmender Länge des Hebelarms l.

Die Biegewirkung wird durch das **Biegemoment** erfasst. Das Biegemoment ist das Produkt aus der Biegekraft und dem zugehörigen Hebelarm.

Biegemoment M_b

$$M_b = F \cdot l$$

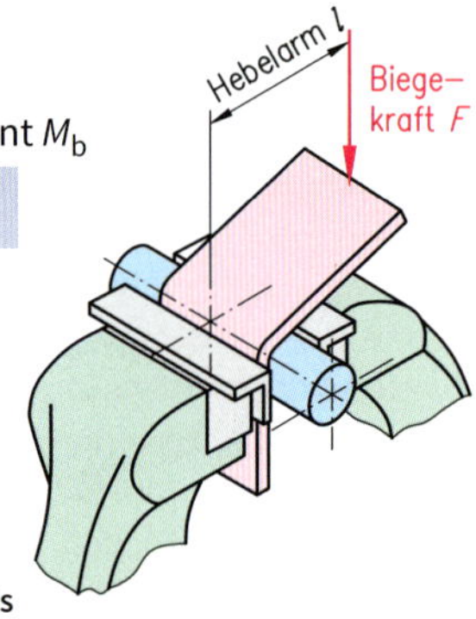

Wirkung des Biegemoments

> ! Biegemoment = Biegekraft · Hebelarm $M_b = F \cdot l$

Beim Biegen eines Werkstücks erfolgt die Umformung unter der Wirkung eines Biegemoments. Im äußeren Bereich erfolgt eine **Werkstoffstreckung** und im inneren Bereich eine **Werkstoffstauchung**. Zwischen beiden Bereichen liegt eine Ebene, in der der Werkstoff weder gestreckt noch gestaucht wird, sie wird **neutrale Faser** genannt.
Da das Werkstoffvolumen beim Biegen konstant bleibt, erfolgt durch die Werkstoffstreckung und -stauchung an der Biegestelle eine Querschnittsveränderung.

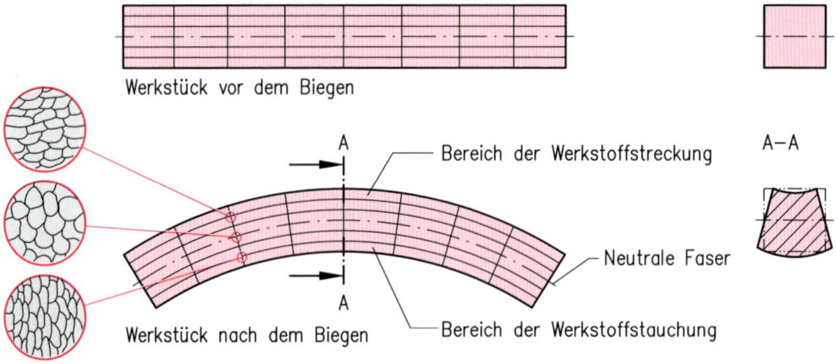

> ! Beim Biegen wird der äußere Werkstoffbereich gestreckt und der innere gestaucht. Die mittlere Schicht behält ihre Ausgangslänge und wird neutrale Faser genannt.

13.3.2 Mindestbiegeradien

Auf der gestreckten Seite eines gebogenen Werkstücks treten Zugspannungen auf. Diese können bei falscher Wahl des Biegeradius zu Rissen bzw. bei Hohlprofilen zu unzulässigen Querschnittsänderungen führen.
Diese Fehler lassen sich vermeiden, wenn die Werkstücke mit ausreichend großem Radius gebogen werden. Den Innenradius des gebogenen Teils bezeichnet man als **Biegeradius**.
Die Mindestgröße des Biegeradius hängt von der Dehnbarkeit des Werkstoffs und von der Dicke s des Werkstücks ab.

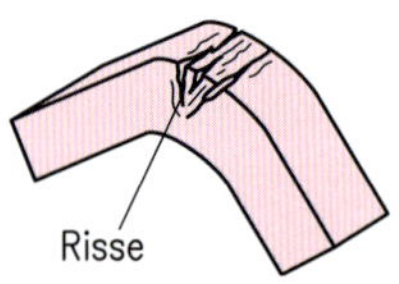

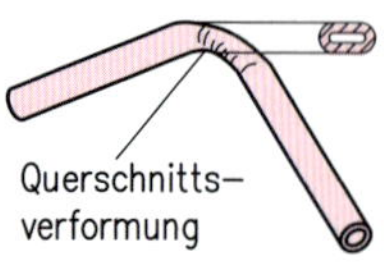

Fehlerhaft gebogene Werkstücke

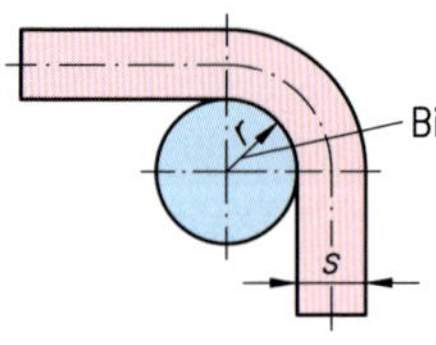

Biegeradius

> ! Als Biegeradius bezeichnet man den Innenradius von Biegeteilen.

Bei kleinem Biegeradius wird die Zugseite stärker gedehnt als bei einem größeren Radius. Damit der Werkstoff nicht einreißt, muss bei schlecht dehnbaren Werkstoffen deshalb ein größerer Biegeradius gewählt werden als bei gut dehnbaren Werkstoffen. Je größer die Dicke des Werkstücks, desto größer sind die Spannungen und Dehnungen bei gleichem Biegeradius. Damit an keiner Stelle der gestreckten Seite die Festigkeit überschritten wird, muss bei größerer Werkstückdicke ein größerer Biegeradius gewählt werden.

Werkstoff	Mindestbiegeradius *r*
Stahl (weich)	2-mal Werkstückdicke
Weichaluminium	2-mal Werkstückdicke
Hartaluminium	4-mal Werkstückdicke
Messing	4-mal Werkstückdicke

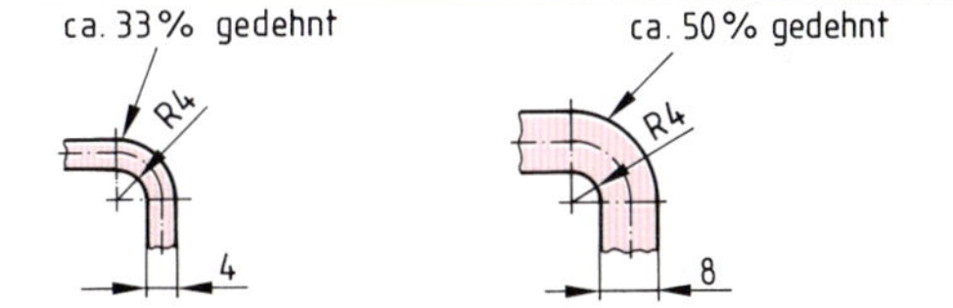

Dehnung in Abhängigkeit von der Weckstückdicke

> **!** Die Größe des Biegeradius ist abhängig von:
> - der Dehnbarkeit des Werkstücks,
> - der Dicke des Werkstücks.

13.3.3 Biegen von Blechen

Kleinere Blechteile werden in der Einzelfertigung im Schraubstock gebogen. Zum Schutz der Oberfläche werden Beilagen oder Spannvorrichtungen verwendet. Bei Verwendung entsprechender Spannvorrichtungen können Werkstücke auch dann exakt gebogen werden, wenn sie breiter sind als der Schraubstock.

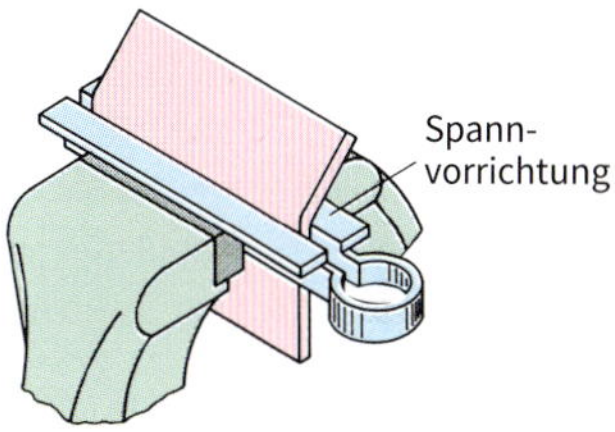

Biegen im Schraubstock

In der Massenfertigung werden Blechteile genauer und wirtschaftlicher in **Biegewerkzeugen** gebogen. Die Biegeverfahren werden nach der Art der Werkzeugbewegung in Verfahren mit geradliniger und Verfahren mit drehender Werkzeugbewegung unterschieden.

Zu den Verfahren mit geradliniger Werkzeugbewegung zählen alle Biegeverfahren, in denen die Umformung in Gesenken stattfindet.

Beispiele für Umformverfahren mit geradliniger Werkzeugbewegung

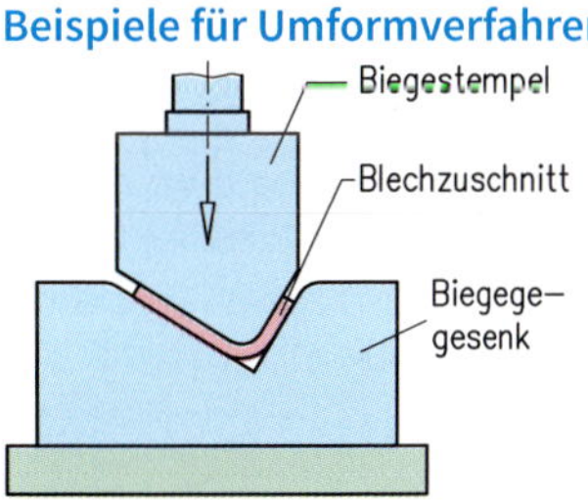

Gesenkbiegen

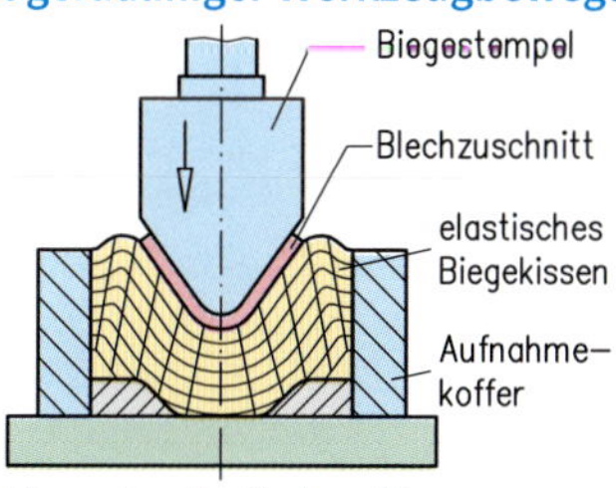

Biegen im elastischen Kissen

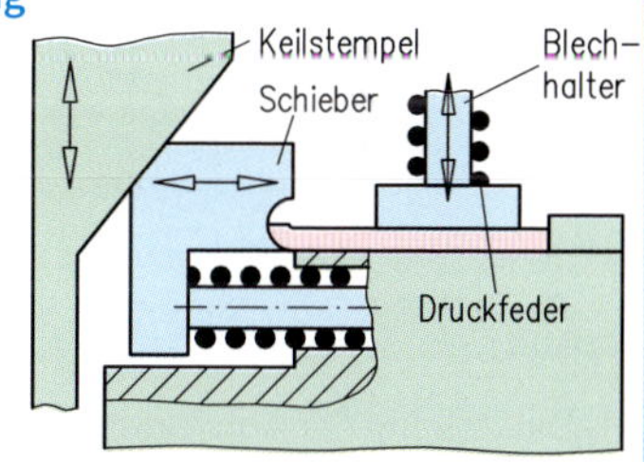

Rollbiegen

Bei den Verfahren mit drehender Werkzeugbewegung führen die Werkzeugteile eine Drehbewegung aus.

Beispiele für Umformverfahren mit drehender Werkzeugbewegung

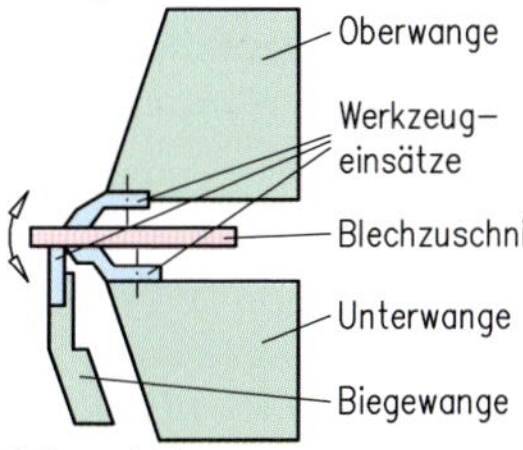

Schwenkbiegen

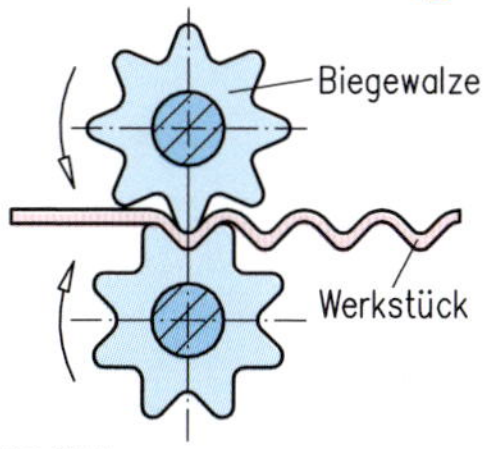

Wellbiegen

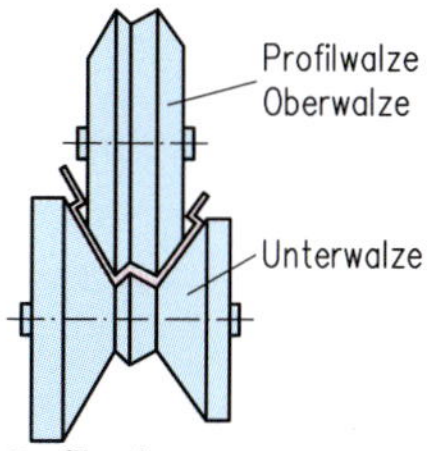

Profilwalzen

> **!** Biegeverfahren werden nach der Werkzeugbewegung in Verfahren mit geradliniger und Verfahren mit drehender Werkzeugbewegung unterschieden.

13.3.4 Blechbedarf und Verschnitt

Auf den Preis eines Werkstücks haben die Kosten für das Rohmaterial oft erheblichen Einfluss. Außer für die Fertigung ist es auch für die Kalkulation notwendig, den erforderlichen Materialbedarf und den Verschnitt zu ermitteln.

Zur Herstellung eines Werkstücks aus Blech muss das Rohteil mindestens die ebene Werkstückfläche der Abwicklung beinhalten. Die zur Erzeugung des Werkstücks vom Rohteil abzutrennenden Flächen bezeichnet man als Verschnitt.

Rohteilfläche = Abwicklungsfläche + Verschnitt

Der Verschnitt wird in Prozent der Rohteilfläche angegeben.

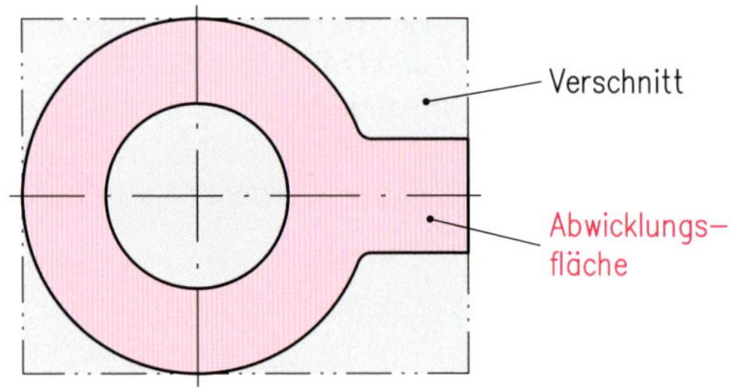

Rohteilfläche für ein Sicherungsblech

Rohteilfläche entspricht 100 %

$$\text{Verschnitt}\,(\%) = \frac{\text{Rohteilfläche} - \text{Abwicklungsfläche}}{\text{Rohteilfläche}} \cdot 100\,\%$$

Viele Fügeverfahren, z. B. Löten, Kleben und Nieten, erfordern eine Überlappung (Fügeflächen). Diese Fügeflächen müssen bei der Abwicklungsfläche berücksichtigt werden.

Beispiel für die Berechnung von Blechbedarf und Verschnitt (ohne Fügeflächen)

Aufgabe

Für den skizzierten Behälter sind Blechbedarf und Verschnitt zu berechnen.
Gegeben: Skizze
Gesucht: Verschnitt in %

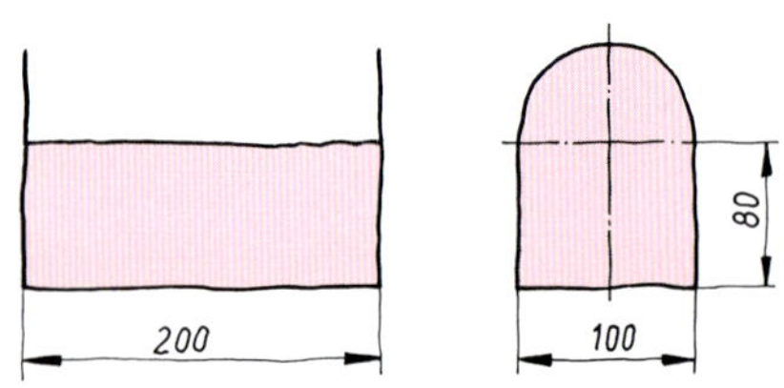

Lösung

1. Darstellung der Abwicklung

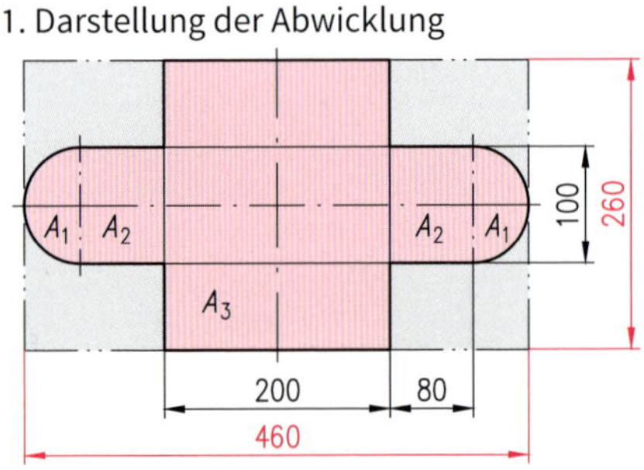

2. Berechnung der Rohteilfläche A_R (Blechbedarf)

$A_R = 460\text{ mm} \cdot 260\text{ mm}$

$A_R = \mathbf{119\,600\ mm^2}$

3. Berechnung der Abwicklungsfläche A_{ges}

$A_{ges} = 2 \cdot A_1 + 2 \cdot A_2 + A_3$

$2 \cdot A_1 = \dfrac{100^2\text{ mm}^2 \cdot \pi}{4}$

$2 \cdot A_1 = 7\,854\text{ mm}^2$

$2 \cdot A_2 = 2 \cdot 100\text{ mm} \cdot 80\text{ mm}$

$2 \cdot A_2 = 16\,000\text{ mm}^2$

$A_3 = 200\text{ mm} \cdot 260\text{ mm}$

$A_3 = 52\,000\text{ mm}^2$

$A_{ges} = \mathbf{75\,854\ mm^2}$

4. Berechnung des Verschnitts x in Prozent

$$x = \frac{119\,600\text{ mm}^2 - 75\,854\text{ mm}^2}{119\,600\text{ mm}^2} \cdot 100\,\%$$

$x = \mathbf{36{,}58\ \%}$

Übungsaufgaben 13/19 bis 13/21

13.3.5 Biegen von Rohren

Beim Biegen von Rohren ohne Hilfsmittel tritt in der Biegezone eine Querschnittsveränderung ein. Die Teile der Rohrwand mit hohen Zug- und Druckspannungen weichen der Belastung dadurch aus, dass sie sich der neutralen Faser nähern. Das Rohr flacht ab.

Die Abflachung ist umso größer,
- je größer der Rohrdurchmesser,
- je dünner die Rohrwand,
- je kleiner der Biegeradius und
- je geringer die Dehnbarkeit des Werkstoffs ist.

Durch die Abflachung verringern sich der Durchflussquerschnitt und die Belastbarkeit des Rohrs an der Biegestelle.

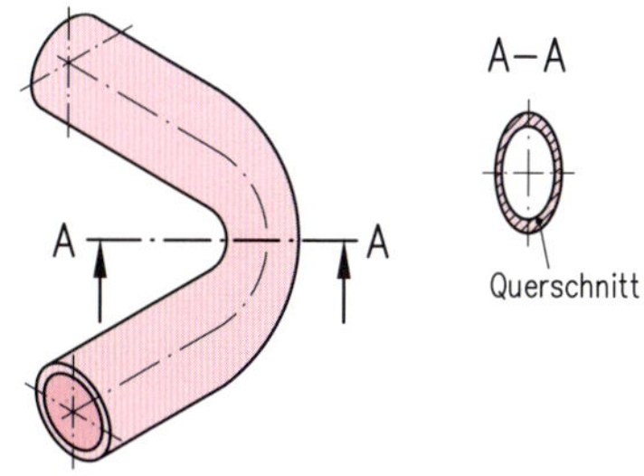

Querschnittsveränderung eines Rohrs durch Biegen ohne Hilfsmittel

Beim **freien Biegen** von Rohren vermeidet man Querschnittsveränderungen durch Füllen des Hohlraums.

Als Füllungen eignen sich trockener Sand, leicht schmelzbare Stoffe (Kolophonium, Blei) und Spiralfedern. In Kunststoffrohre werden häufig Gummischläuche eingezogen.

Nach dem Biegevorgang werden die Füllungen wieder entfernt. Kolophonium und Blei müssen dazu ausgeschmolzen werden.

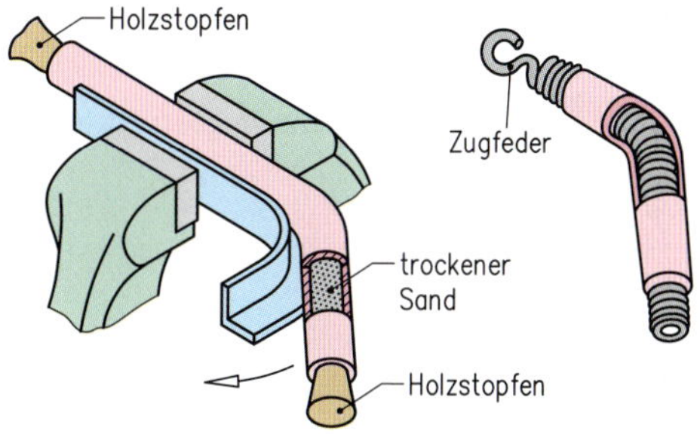

Freies Biegen von Rohren mit Füllung

In **Biegevorrichtungen** für Rohre verhindert eine an der Biegestelle dem Rohraußendurchmesser angepasste Form jede Querschnittsveränderung.

Biegevorrichtung für Rohre

Biegesegmente

Auch beim Biegen von Rohren ist ein Mindestradius einzuhalten, damit keine Risse in der Rohrwand auftreten. Der Mindestradius soll 3-mal so groß sein wie der Rohraußendurchmesser. Beim Biegen von geschweißten Rohren muss die Schweißnaht in die Ebene der neutralen Faser gelegt werden. Dadurch wird die Schweißnaht nur geringfügig durch Spannungen beansprucht.

$$R_{min} = 3 \cdot D$$

R_{min} Mindestbiegeradius
D Außendurchmesser des Rohres

! Beim freien Biegen von Rohren werden Querschnittsveränderungen durch Füllungen vermieden. Mindestradius ist 3 · Rohraußendurchmesser.

Übungsaufgaben 13/22 bis 13/24

13.3.6 Berechnung von gestreckten Längen

Bei dünnen Werkstücken, z. B. aus Blechen und Flachprofilen, und bei großen Biegeradien entspricht die gestreckte Länge etwa der Länge der neutralen Faser des Biegeteils.

Bei engen Biegeradien und dicken Werkstücken hingegen wird der Werkstoff auf der Druckseite stark gestaucht und es kommt zu einer Verschiebung der ungelängten Zone zur Druckseite. In diesen Fällen wird eine Berechnung der gestreckten Länge aus der neutralen Faser mithilfe von Korrekturfaktoren durchgeführt.

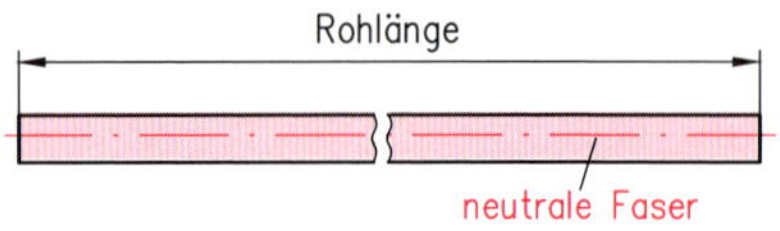

Gestreckte Länge (Rohlänge)

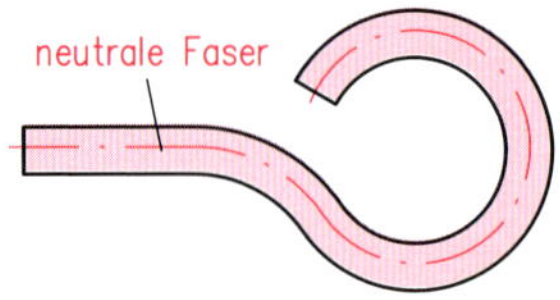

Fertigteil

! Die Rohlänge entspricht etwa der Länge der neutralen Faser. Bei dicken Werkstücken und kleinen Biegeradien sind Korrekturen notwendig.

Hinweise zum Berechnen gestreckter Längen

1. Von dem Biegeteil wird nur die neutrale Faser gezeichnet und bemaßt.
2. Die neutrale Faser wird in einfach zu berechnende Teillängen zerlegt.
3. Die Teillängen werden berechnet.
4. Zur Ermittlung der Rohlänge werden die Teillängen addiert.

Beispiel zur Berechnung der gestreckten Länge eines dünnen Bauteils

Aufgabe

Die gestreckte Länge des dargestellten Werkstücks ist zu berechnen.

Gegeben: Skizze

Gesucht: L

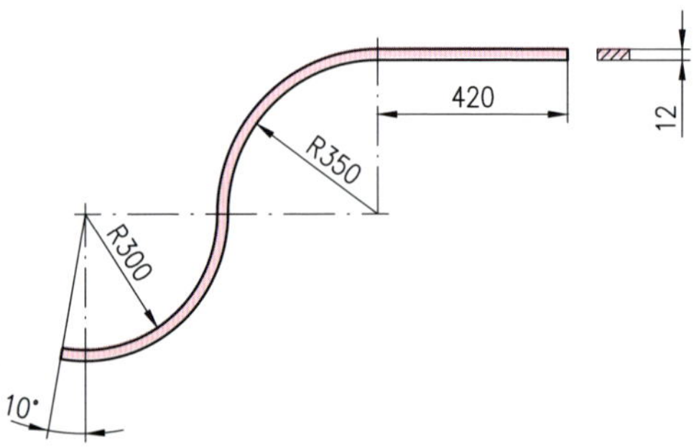

Lösung

1. und 2. Schritt

Skizze mit Bemaßung der neutralen Faser

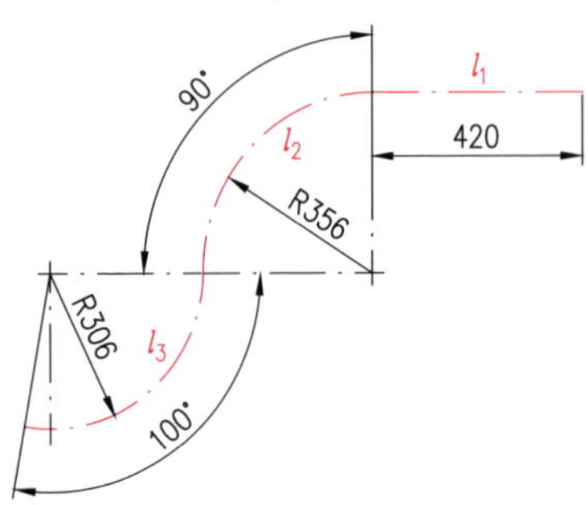

3. Schritt

Berechnung der Längen

$l_1 = 420\ \text{mm}$

$$l_{2/3} = \frac{d_m \cdot \pi \cdot \alpha}{360°}$$

$$l_2 = \frac{712\ \text{mm} \cdot \pi \cdot 90°}{360°}; \quad l_2 = 559\ \text{mm}$$

$$l_3 = \frac{612\ \text{mm} \cdot \pi \cdot 100°}{360°}; \quad l_3 = 534\ \text{mm}$$

4. Schritt

Addition der Teillängen

$L = l_1 + l_2 + l_3$

$L = 420\ \text{mm} + 559\ \text{mm} + 534\ \text{mm}$

$L = \mathbf{1\,513\ mm}$

Übungsaufgaben 13/25 bis 13/27

Ermittlung der gestreckten Länge mit Korrektur

In DIN 6935 wird die genaue Bestimmung der gestreckten Länge eines rund gebogenen Werkstückteils angegeben.

Die Biegelänge ist:

$$l_B = \frac{\alpha \cdot \pi \cdot r_x}{180°}$$

$$r_x = r + \frac{s \cdot x}{2}$$

l_B gestreckte Länge des rund gebogenen Werkstückteils
r_x Biegeradius unter Berücksichtigung der Verschiebung der neutralen Faser
r Biegeradius
s Materialdicke
α geforderter Biegewinkel
x Korrekturfaktor

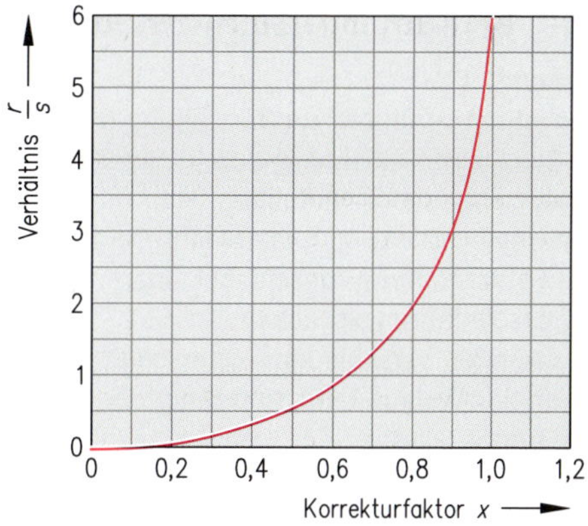

Diagramm zur Bestimmung des Korrekturfaktors

Der Korrekturfaktor x wird aus dem obigen Diagramm bestimmt, in dem das Verhältnis r/s aufgetragen ist.

Beispiel für die Bestimmung der gestreckten Länge eines dicken Bauteils

Aufgabe

Für die Herstellung des skizzierten Werkstücks ist die gestreckte Länge unter Berücksichtigung der Korrektur zu berechnen. Der Korrekturfaktor x ist dem vorstehenden Diagramm zu entnehmen.

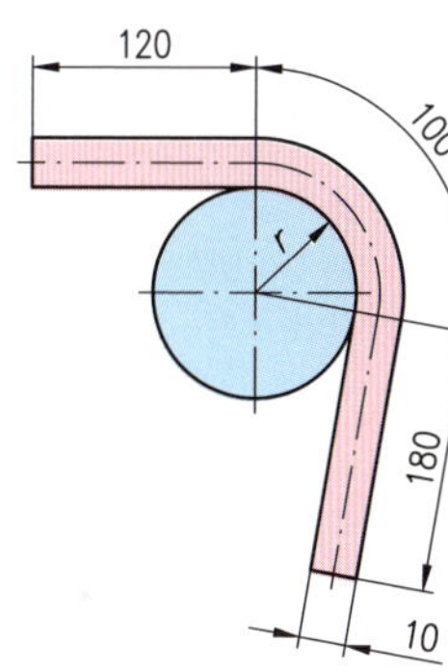

Gegeben: $l_1 = 120$ mm, $l_2 = 180$ mm, $r = 30$ mm, $\alpha = 100°$, $s = 10$ mm

Gesucht: r_x

Lösung

1. und 2. Schritt: **Skizze u. Bemaßung der neutralen Faser**

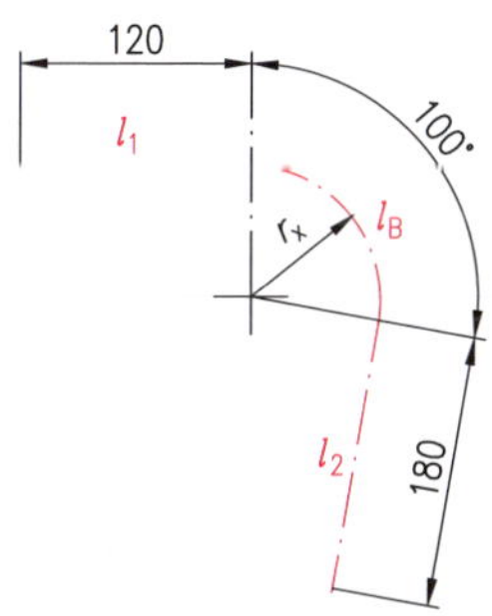

3. Schritt: **Ermittlung von l_B:**

3.1. Bestimmung von $\frac{r}{s}$

$$\frac{r}{s} = \frac{30\text{ mm}}{10\text{ mm}} = 3$$

3.2. Ermittlung von x nach Diagramm

$x = 0{,}9$

3.3. Berechnung von r_x

$$r_x = r + s \cdot \frac{x}{2} = 30\text{ mm} + \frac{10\text{ mm} \cdot 0{,}9}{2}$$

$r_x =$ **34,5 mm**

3.4. Berechnung der Biegelänge l_B

$$l_B = \frac{\alpha \cdot \pi \cdot r_x}{180°} = \frac{100° \cdot 3{,}14 \cdot 34{,}5\text{ mm}}{180°}$$

$l_B =$ **60,2 mm**

4. Schritt: **Addition der Längen**

$L = l_1 + l_2 + l_B = 120\text{ mm} + 180\text{ mm} + 60{,}2\text{ mm}$

$L =$ **360,2 mm**

Zur Herstellung des skizzierten Werkstücks wird ein Zuschnitt von 361 mm benötigt.

13.4 Sicken, Bördeln, Falzen

1. Sicken

Sicken ist ein Verfahren zur Versteifung dünnwandiger Blechteile. Dabei wird durch Umformen mit Hilfswerkzeugen auf einfachen Maschinen eine rinnenartige Vertiefung in die Blechteile gedrückt. Diese Formänderung bezeichnet man als eine **Sicke**, das Verfahren als **Sicken**.

Sicken können verschiedene Querschnittsformen erhalten, ihr Verlauf kann geradlinig oder bogenförmig sein.

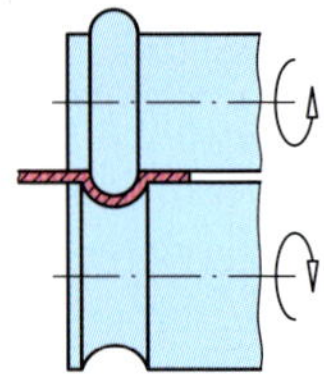

Sickwalzen

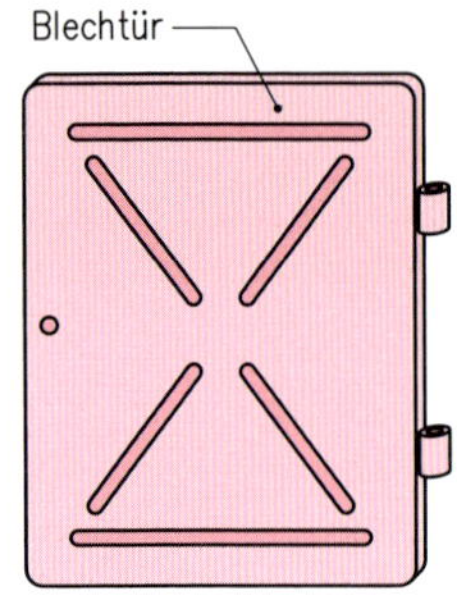

Sicken zur Versteifung

> **!** Sicken ist das Prägen von rinnenartigen Vertiefungen zur Versteifung dünnwandiger Bleche.

2. Bördeln

Unter **Bördeln** versteht man ein Umformverfahren, mit dem an Blechteilen schmale Ränder meist rechtwinklig umgebogen werden. Die hochgestellte Kante bezeichnet man als einen **Bördel**. Bleche erhalten Bördel als Randverstärkung oder zur Vorbereitung für ein nachfolgendes Fügen, wie z.B. Löten, Schweißen.

Die Höhe des Bördels beträgt etwa das 2- bis 4-Fache der Blechdicke.

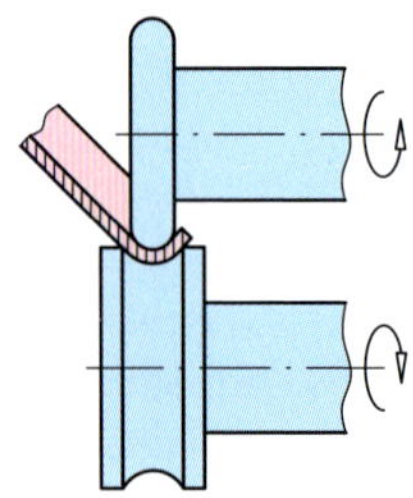

Bördelwalzen

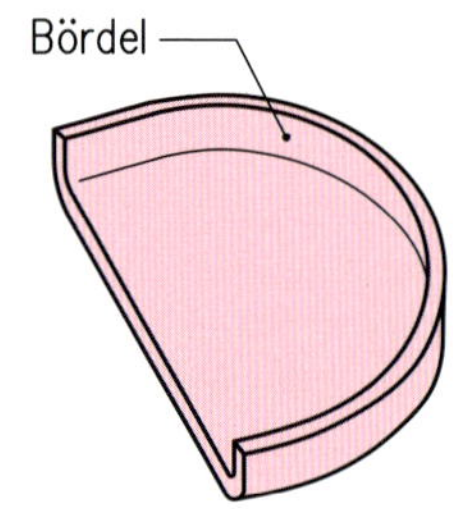

Fertigteil

> **!** Bördeln ist das Umkanten von Blechen zur Randverstärkung oder zum Fügen.

3. Falzen

Unter **Falzen** versteht man ein unlösbares, formschlüssiges Fügen von Blechen. Zur Herstellung einer Falzverbindung werden die Blechränder wie beim Bördeln umgekantet, jedoch so weit, dass der Rand mehr als 90° umgeschlagen wird. Danach werden die Blechränder ineinander verhakt, und die Verbindung wird zusammengedrückt. Meist bringt man die Bleche neben der Falznaht in eine Ebene, dies bezeichnet man als Durchsetzen.

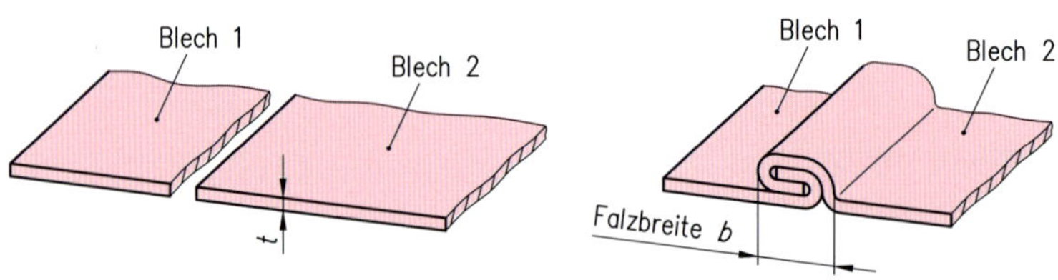

Ermittlung des Blechzuschnitts

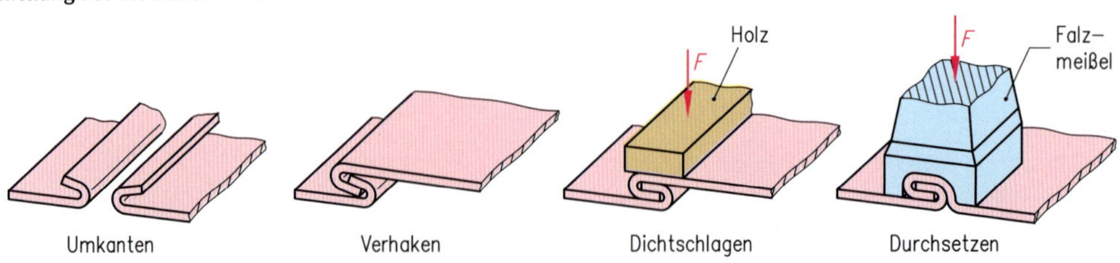

Arbeitsschritte beim Falzen

> **!** Falzen ist ein formschlüssiges, unlösbares Fügen von Blechteilen.

Übungsaufgaben 13/28 bis 13/30

13.5 Schmieden

Rohteile aus Stahl oder Nichteisenmetallen können durch Schmieden ihre Halbfertig- oder Fertigform erhalten. Das Ausgangsmaterial wird erwärmt und durch Druckkräfte zum Schmiedestück umgeformt. Schmieden gehört zu den **Warmumformverfahren**. Zum Schmieden eigenen sich bis auf wenige Ausnahmen fast alle Metalle und Metall-Legierungen. Das manuelle Schmieden gehört zu den ältesten Handwerken, z. B. Kunstschmieden. Das industrielle Schmieden stellt Bauteile für den Fahrzeug-, Flugzeug- und Serienbau her, z. B. Kurbelwellen.

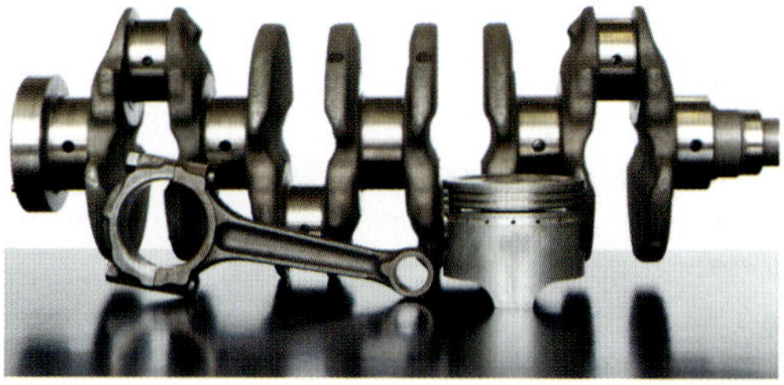

Schmiedeteile

13.5.1 Vorgänge beim Schmieden

Die beim Schmieden aufgebrachten Druckkräfte bewirken, dass sich die Form des Rohteils in Druckrichtung verkürzt und der Werkstoff seitlich ausweicht. Eine Volumenveränderung tritt dabei nicht ein. Der Gefügeaufbau wird jedoch verändert, da eine Verschiebung der Kristallkörner und eine Kornverfeinerung eintreten. Der Faserverlauf des gewalzten Ausgangsmaterials wird durch das Umformen nicht unterbrochen.

Wegen der Kornverfeinerung und des nicht unterbrochenen Faserverlaufs hat das Schmiedestück höhere Festigkeitseigenschaften als das Ausgangsmaterial. Deshalb werden z. B. Kurbelwellen geschmiedet und nicht aus dem vollen Material durch Spanabnahme herausgearbeitet. Es werden vor allem Werkstücke, die einer hohen Dauerbelastung durch wechselnde Kräfte ausgesetzt sind, geschmiedet.

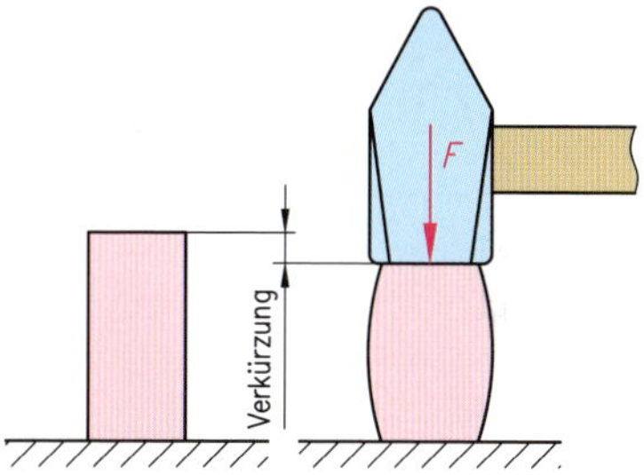

Formänderung beim Schmieden

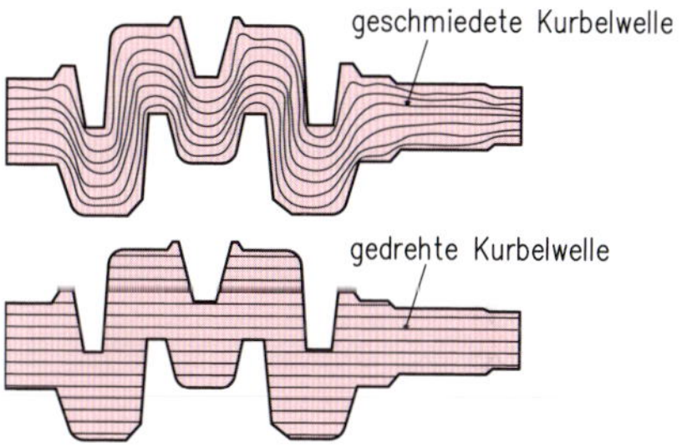

Faserverlauf an Kurbelwellen

> **!** Beim Schmieden werden metallische Werkstücke durch Druckkräfte umgeformt. Dabei werden die Festigkeitseigenschaften des Schmiedestücks verbessert.

Schmieden gehört zu den **Warmumformverfahren**. Das Umformen wird oberhalb der Rekristallisationstemperatur durchgeführt. Die Temperatur, die das Rohteil zu Beginn des Schmiedens hat, wird Anfangstemperatur genannt. Die Anfangstemperatur ist so hoch wie möglich zu wählen, damit der Umformwiderstand möglichst klein wird und ein möglichst großer Bereich für die Abkühlung während der Schmiedevorgänge zur Verfügung steht. Die niedrigste Temperatur, bei der das Schmiedeteil noch geschmiedet werden darf, wird Endtemperatur genannt.

Der Temperaturbereich für das Schmieden von unlegierten Stählen ist vor allem vom Kohlenstoffgehalt abhängig.

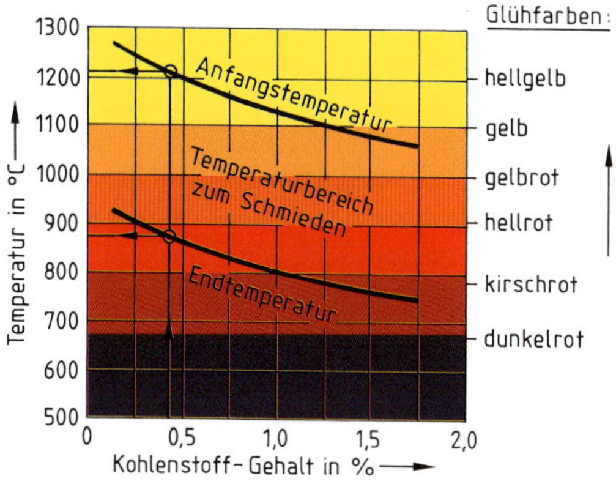

Schmiedetemperaturbereich bei unlegierten Stählen

13.5.2 Schmiedeverfahren

1. Freiformschmieden

Das erwärmte Schmiederohteil wird auf den Amboss gelegt und erhält durch Hammerschläge seine neue Form. Der Werkstoff kann zwischen den Wirkflächen von Hammer und Amboss frei ausweichen. Daher nennt man dieses Verfahren Freiformschmieden. Bei größeren Werkstücken wird die Umformkraft nicht von Hand, sondern durch maschinell betriebene Schmiedehämmer oder Schmiedepressen aufgebracht.

Übersicht über eine Auswahl von einfachen Schmiedearbeiten

Recken	Absetzen	Breiten	Stauchen
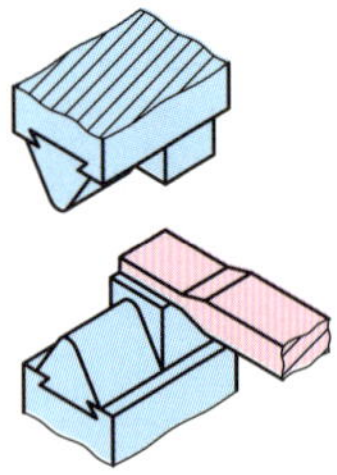		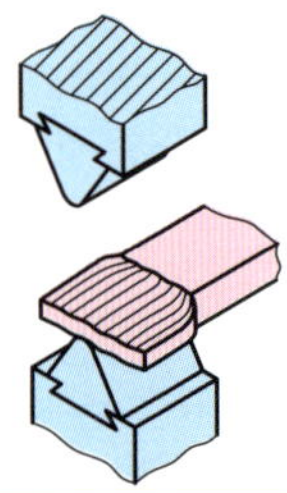	

> **!** Beim Freiformschmieden kann der Werkstoff zwischen den Wirkflächen der Schmiedewerkzeuge frei ausweichen. Die Form des gewünschten Werkstücks ist nicht oder nur teilweise im Werkzeug eingearbeitet.

2. Gesenkschmieden

Beim Gesenkschmieden werden Schmiedewerkzeuge aus hochwertigem Stahl eingesetzt, in die die Hohlräume eingearbeitet sind, die der äußeren Werkstückform entsprechen. Diese Schmiedewerkzeuge bezeichnet man als **Gesenke**, den Hohlraum im Gesenk nennt man **Gravur**.

Beispiel für das Schmieden eines Werkstücks im Gesenk

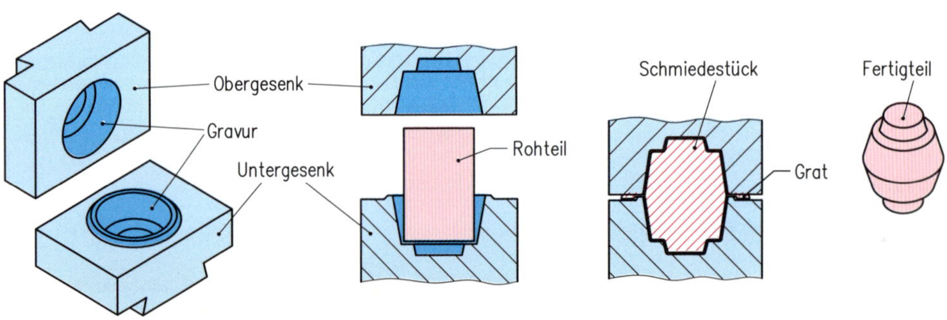

Das auf Schmiedetemperatur erwärmte Rohteil wird unter der Wirkung von Druckkräften in die Gravur des Gesenks geschlagen oder gepresst. Damit die Hohlform vollständig ausgefüllt wird, muss überschüssiger Werkstoff vorhanden sein. Dieser überschüssige Werkstoff wird in der Teilungsebene zwischen Ober- und Untergesenk herausgepresst und bildet einen Grat. Der dünne Grat erkaltet schneller als der in der Hohlform befindliche Werkstoff. Der erkaltete Grat verhindert ein Ausweichen des Werkstoffs in die Trennfuge. Dies bewirkt, dass der vorhandene Werkstoff die Gravur stets vollständig füllt.

> **!** Gesenkschmieden ist ein Druckumformen mit Formwerkzeugen, die das Werkstück ganz oder zum größten Teil umschließen.

Übungsaufgaben 13/34 bis 13/39

13.5.3 Berechnung von Schmiederohlängen

Zur Herstellung von Schmiedeteilen ist die Berechnung der Rohlänge des umzuformenden Stücks erforderlich. Bei dieser Berechnung geht man davon aus, dass der Rohling und das zu fertigende Teil die gleiche Masse haben.
Da das Volumen von Metallen bei einer Umformung nicht verändert wird, kann man in diesen Fällen vom Volumen statt von der Masse ausgehen.

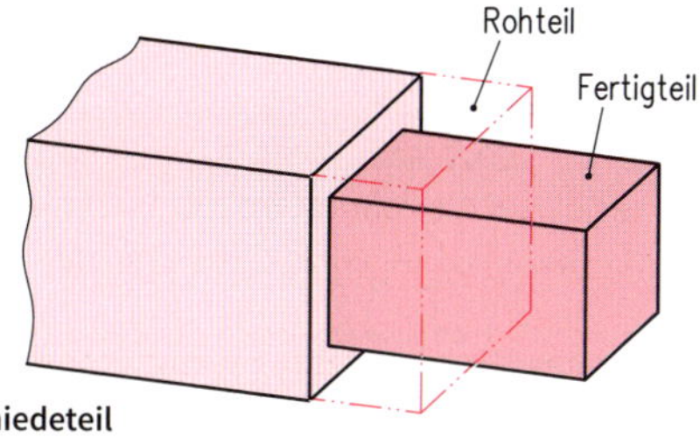

Schmiedeteil

! Beim Kaltumformen von Metallen haben Rohling und Werkstück gleiches Volumen.

Da beim Warmumformen Verluste infolge Abbrand, Grat u.a. entstehen, muss das Volumen des Rohteils größer als das zu formende Werkstück sein. Diese Volumenzugabe wird meist in Prozent ausgedrückt. Das Volumen des Werkstücks ist dabei stets 100 %.

! Beim Warmumformen von Metallen hat der Rohling wegen des Abbrands bzw. Grats ein größeres Volumen als das Werkstück.

Zur Berechnung von Rohlängen für Schmiedeteile geht man in folgenden Schritten vor:
1. Berechnung des Werkstückvolumens V_W (Volumen des Fertigteils),
2. Berechnung des Rohteilvolumens V_R durch Zuschlag der Volumenzugabe V_Z,
3. Errechnung der Länge des Rohlings L_R.

Beispiel für die Berechnung einer Rohlänge

Aufgabe

An ein Rundmaterial soll entsprechend der Skizze ein Vierkantkopf warm angestaucht werden. Als Verlust werden 12 % des Werkstoffvolumens des Fertigteils angenommen. Die erforderliche Rohlänge des Rundmaterials ist zu berechnen.

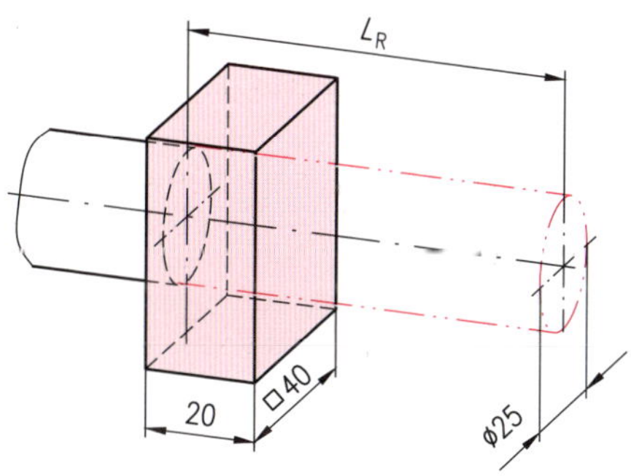

Gegeben: Skizze *Gesucht:* L_R
$V_Z = 0{,}12 \cdot V_W$

Lösung

1. Werkstückvolumen

$V_W = l \cdot b \cdot h$ $V_W = 40\text{ mm} \cdot 40\text{ mm} \cdot 20\text{ mm}$ $\mathbf{V_W = 32\,000\text{ mm}^3}$

2. Rohteilvolumen

$V_R = V_W + V_Z$ $V_R = 32\,000\text{ mm}^3 + 32\,000\text{ mm}^3 \cdot 0{,}12$ $\mathbf{V_R = 35\,840\text{ mm}^3}$

3. Rohlingslänge

$A_R = \dfrac{d^2 \cdot \pi}{4}$ $A_R = \dfrac{(25\text{ mm})^2 \cdot \pi}{4}$ $A_R = 490{,}9\text{ mm}^2$

Anschließend wird die zusätzliche Rohlänge ermittelt:

$L_R = \dfrac{V_R}{A_R}$ $L_R = \dfrac{35\,840\text{ mm}^3}{490{,}9\text{ mm}^2}$ $\mathbf{L_R = 73\text{ mm}}$

13.6 Richten

Bleche oder Profile können z.B. beim Transport, durch unsachgemäße Lagerung, bei der Bearbeitung oder bei ungleichmäßiger Erwärmung verbogen, verdreht oder verbeult werden. Solche Teile müssen vor der Weiterverarbeitung ihre gerade und ebene Form zurückerhalten. Diesen Arbeitsvorgang nennt man Richten.

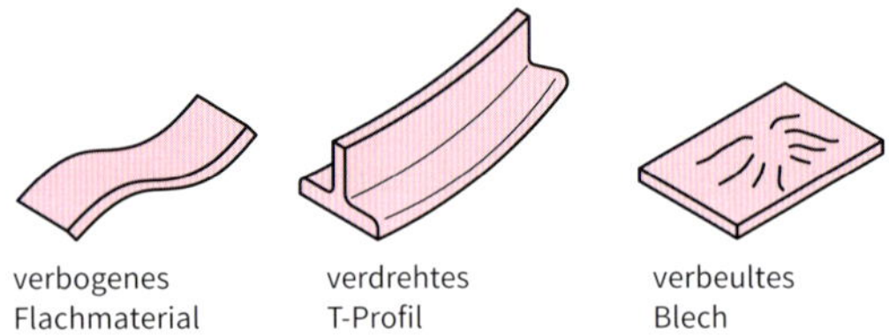

Verformte Halbzeuge

! Durch Richten werden verformte Werkstücke verwendbar gemacht.

Verbogene Teile richtet man, indem verkürzte Fasern gelängt und gestreckte Fasern gestaucht werden. Damit keine Querschnittsveränderung eintritt, sollte dies möglichst gleichmäßig geschehen. Das Richtverfahren muss nach der Werkstoffdicke, der Profilform und der Art der Verformung gewählt werden.

Man unterscheidet:
- Richten durch äußere Krafteinwirkung,
- Richten durch Wärmewirkung.

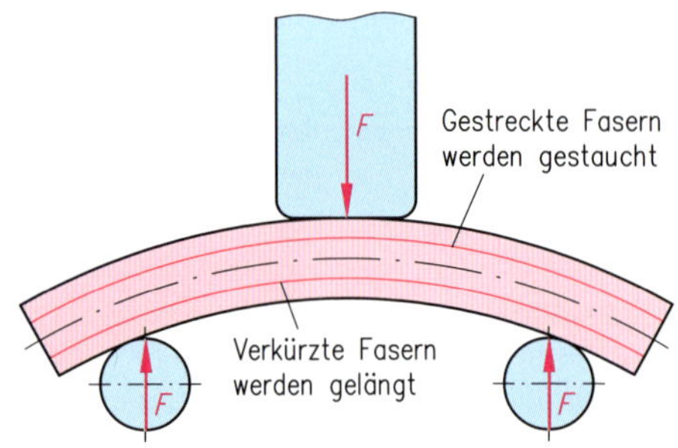

Vorgang beim Richten

13.6.1 Richten durch äußere Krafteinwirkung

Flachmaterial kann über die flache oder hohe Kante verbogen sein.
Flachkantig verbogenes Material wird mit Hammerschlägen auf einer Richtplatte gerichtet. Durch die Krafteinwirkung des Hammers auf die hohl liegenden Stellen werden die zu langen Fasern gestaucht und die zu kurzen gestreckt.

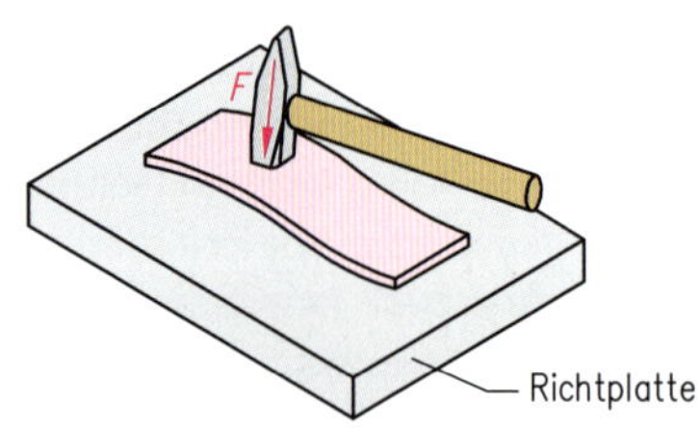

Richten eines flachkantig verbogenen Flachmaterials

Hochkantig verbogenes Material wird durch eng nebeneinander gesetzte Hammerschläge gerichtet. Die Hammerschläge strecken nur einseitig die verkürzten Fasern des Werkstücks. Die Werkstückdicke wird in diesem Bereich verringert.

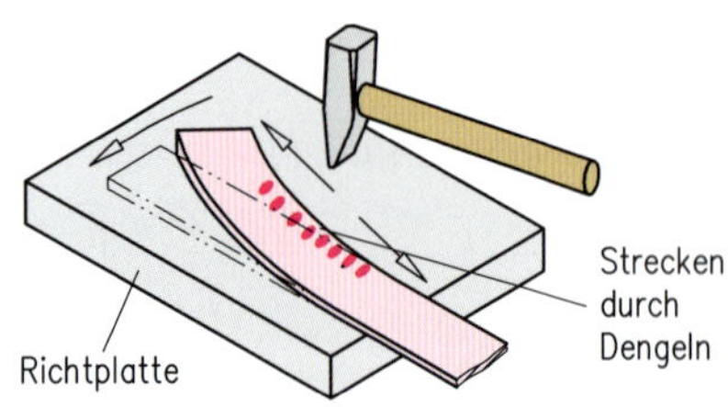

Richten eines hochkantig verbogenen Flachmaterials

Verbogene Flachstäbe und Profile können auch im Schraubstock oder in Pressen gerichtet werden. Das gezielte Aufbringen der Kräfte erfolgt über Beilagen an drei Stellen des verbogenen Werkstücks. Die Größe der Richtkräfte kann allmählich gesteigert und genau gesteuert werden. Dadurch wird die Werkstückoberfläche geschont und der Querschnitt verändert sich kaum.

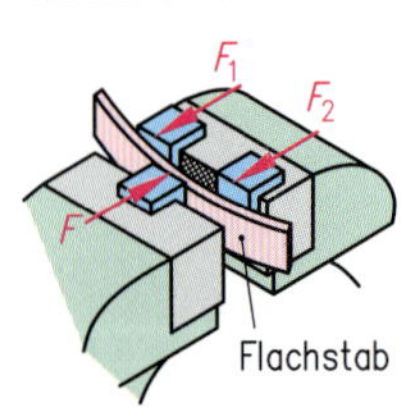

Richten im Schraubstock

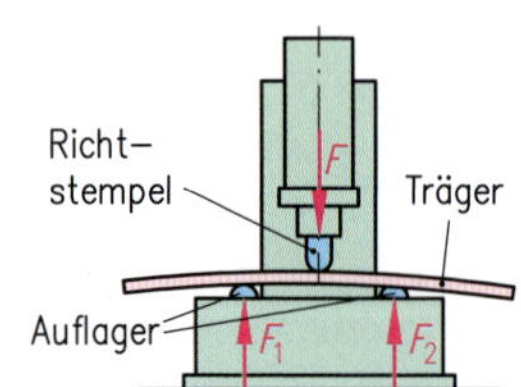

Richten in einer Presse

! Beim Kaltrichten werden gestreckte Fasern durch äußere Krafteinwirkung gestaucht.

Übungsaufgabe 13/41

13.6.2 Richten durch Wärmewirkung

Sperrige Werkstücke und größere Profile lassen sich oft nur mithilfe der Wärmewirkung einer Schweißflamme richten.

Phasen des Richtens durch Wärmewirkung

1. Der verbogene Flachstahl wird an der zu langen Oberseite zunächst bis auf ungefähr 500 °C erwärmt. Diese einseitige Erwärmung führt nur an der Oberseite zu einer Volumenvergrößerung. Dabei entstehen große Wärmespannungen. Der Flachstahl krümmt sich durch die Wärmespannungen noch stärker.

2. Die weitere Erwärmung über 500 °C lässt die Wärmezone plastisch werden, während die kühlere Unterseite sich der Umformung widersetzt. Dadurch entstehen in der erwärmten Oberseite Druckspannungen. Sie stauchen den Werkstoff in der Wärmezone. Durch diese Werkstoffstauchung wird die zu lange Oberseite verkürzt.

3. Beim Abkühlen schrumpft die erwärmte Oberseite des Flachstahls stärker als die kältere Unterseite. Dadurch zieht sich das Werkstück gerade. Bei stark gekrümmten Werkstücken muss ein solcher Richtvorgang mehrfach wiederholt werden.

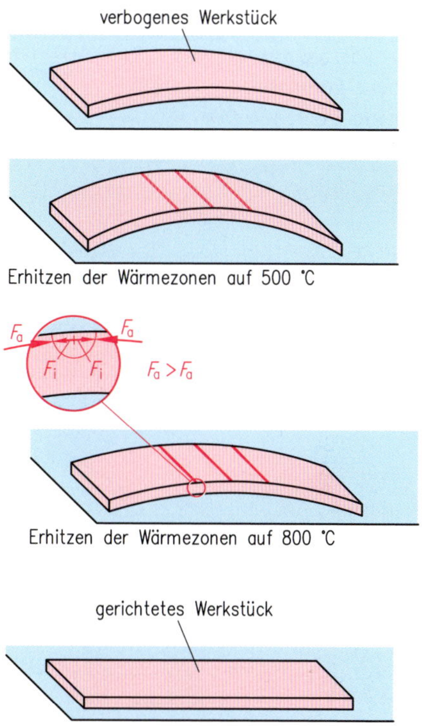

Richten durch Wärmewirkung

> **!** Verbogene Werkstücke können durch Wärmewirkung gerichtet werden.
> Dabei werden gestreckte Fasern hauptsächlich durch Wärmespannungen gestaucht.

Das Erhitzen geschieht stets auf der durch die Verformung länger gewordenen Seite des Werkstücks. Je nach Größe des Werkstücks erhitzt man die Seite komplett oder aufeinanderfolgend einzelne Teilstücke des Werkstücks.

Beispiele für Richten durch Wärmeeinwirkung

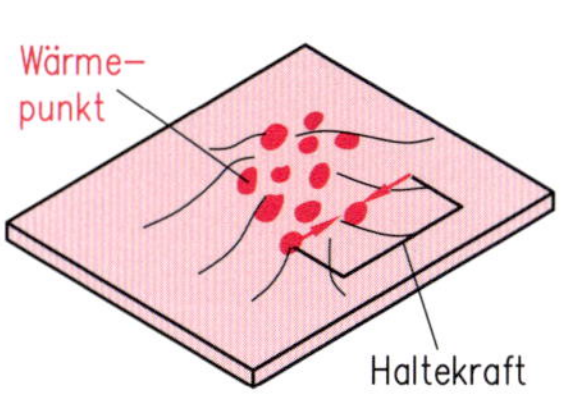

Richten eines Blechs durch Wärmepunkte

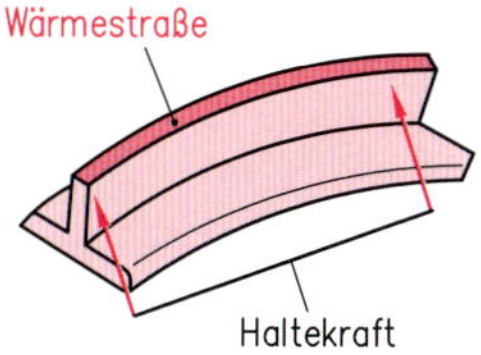

Richten eines Profils durch eine erwärmte Strecke (Wärmestraße)

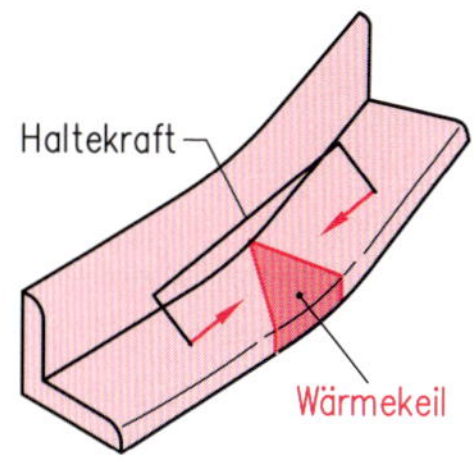

Richten eines Profils durch einen Wärmekeil

> **!** Größe und Geometrie des Werkstücks sowie die Art der Verformung bestimmen die Form der zu erwärmenden Fläche.

Übungsaufgaben 13/42; 13/43

13.7 Übersicht über weitere Umformverfahren

In der Massenfertigung werden wegen technischer und wirtschaftlicher Vorteile immer mehr Fertigteile durch Umformen hergestellt. Die folgende Übersicht verdeutlicht ihre industrielle Bedeutung.

<table>
<tr><th>Verfahren</th><th>Ablauf des Verfahrens</th><th>Erzeugnisse</th></tr>
<tr><td rowspan="2">**Druck-umformen**</td><td>

Fließ-pressen

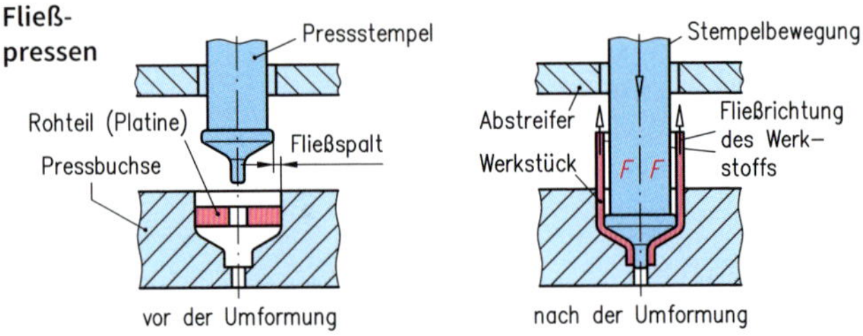

</td><td>

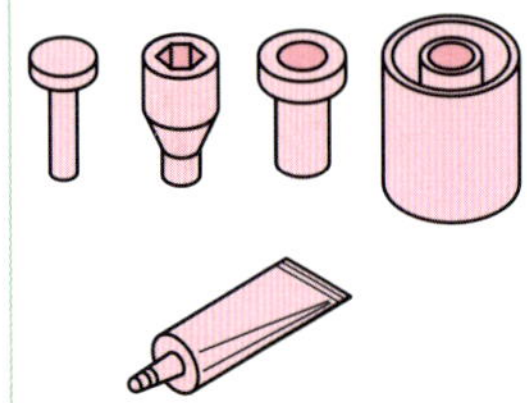

</td></tr>
<tr><td>

Eindrücken

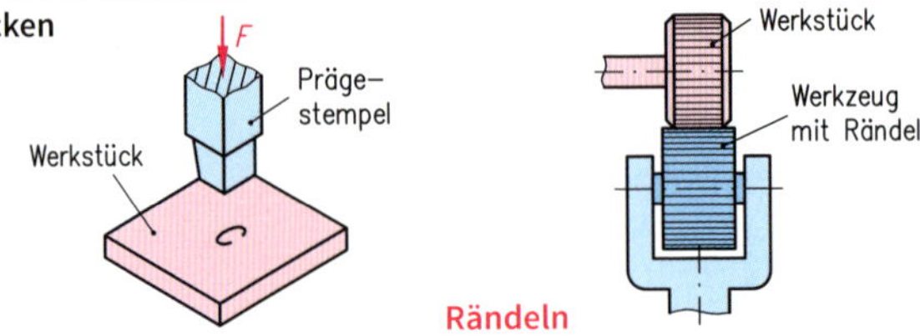

Prägen

Rändeln

</td><td>

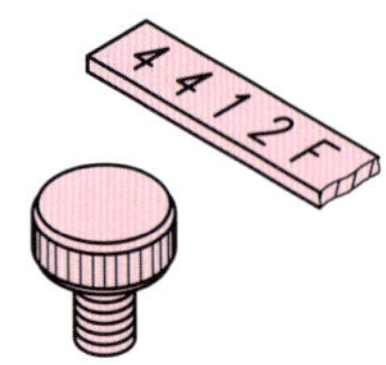

</td></tr>
<tr><td rowspan="2">**Zugdruck-umformen**</td><td>

Tiefziehen mit Werkzeugen

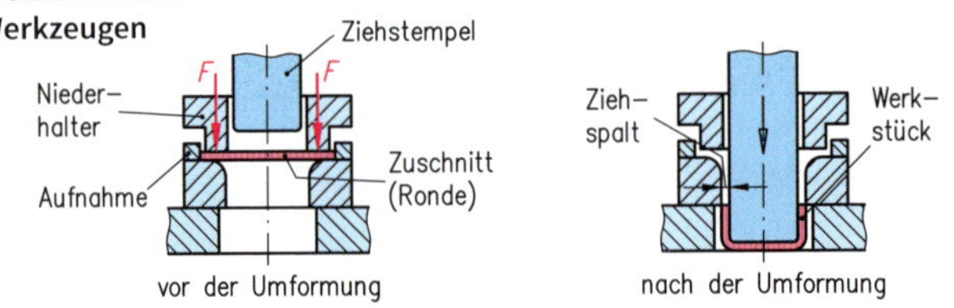

</td><td>

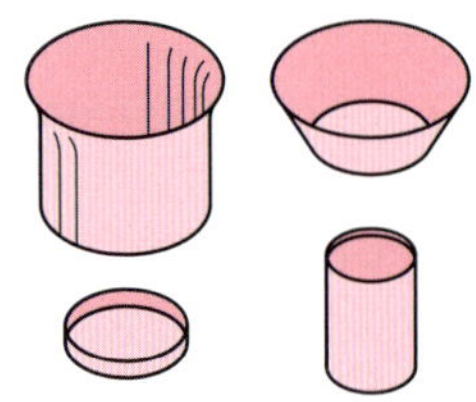

</td></tr>
<tr><td>

Tiefziehen mit Wirkenergie

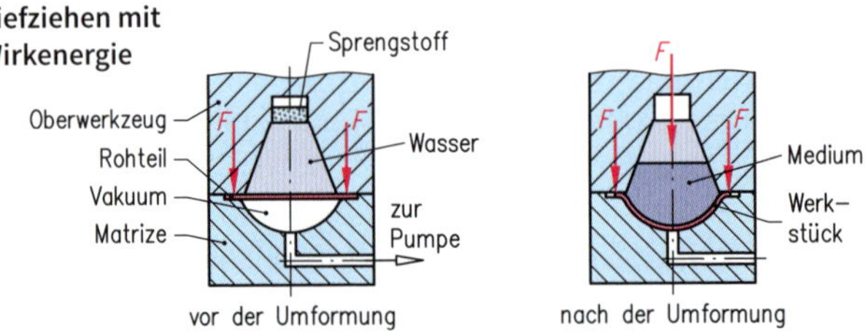

</td><td>

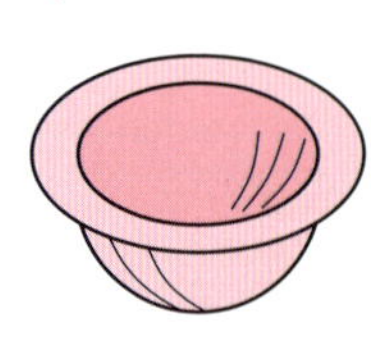

</td></tr>
<tr><td rowspan="2">**Zug-umformen**</td><td>

Weiten mit Werkzeugen

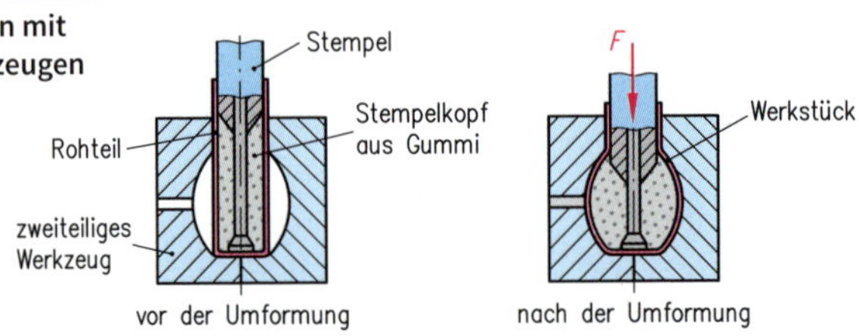

</td><td>

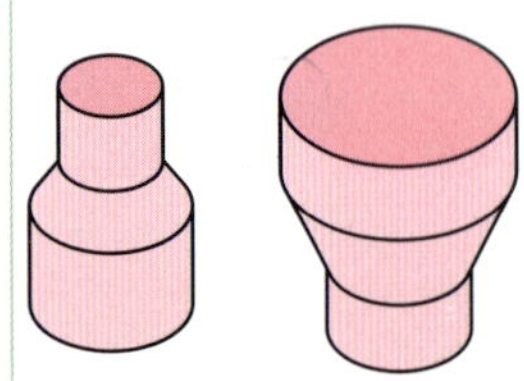

</td></tr>
<tr><td>

Weiten mit Wirkmedien

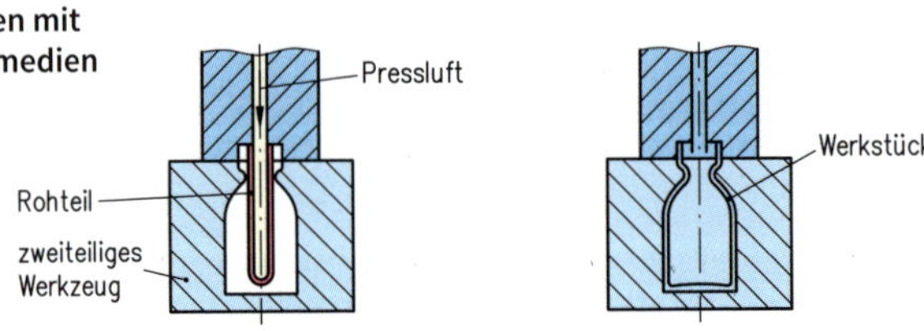

</td><td>

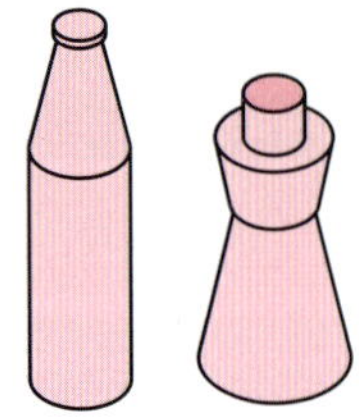

</td></tr>
</table>

14 Fertigungsverfahren des Fügens

Durch die Fertigungsverfahren des Urformens, Umformens und Trennens werden Werkstücke als Einzelteile hergestellt. Fertigungsverfahren, die dazu dienen, zusammengesetzte Baugruppen, vollständige Geräte und Maschinen herzustellen, ordnet man nach DIN 8580 den Verfahren des Fügens zu.

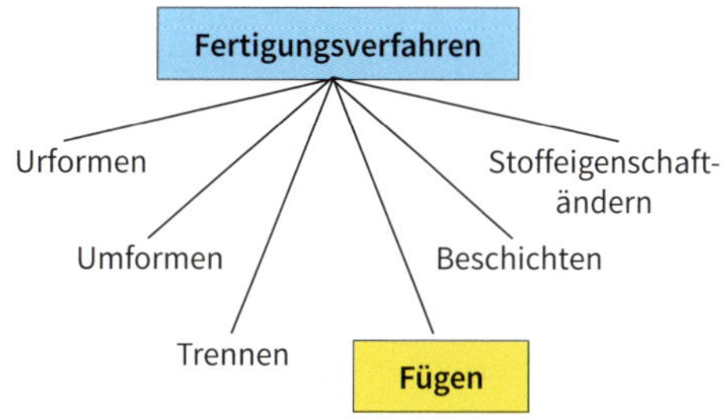

14.1 Grundbegriffe

14.1.1 Einteilung der Fügeverfahren

1. Unterscheidung nach dem Schaffen des Zusammenhalts

Entsprechend der DIN-Norm werden die Fügeverfahren nach der Art und Weise, in der ein Zusammenhalt geschaffen wird, in Gruppen unterteilt.

Wichtige Fügeverfahren sind

- **Fügen durch Zusammensetzen**, z. B. durch Einlegen einer Feder,
- **Fügen durch An- und Einpressen**, z. B. durch Anpressen mit Schrauben,
- **Fügen durch Schweißen**, z. B. durch WIG-Schweißen,
- **Fügen durch Löten**, z. B. durch Hartlöten,
- **Fügen durch Kleben**, z. B. durch Metallkleben,
- **Fügen durch Umformen**, z. B. durch Falzen,
- **Fügen durch Urformen**, z. B. durch Eingießen.

Beispiele für Fügeverfahren bei der Montage eines Fußpedals

Einzelteile

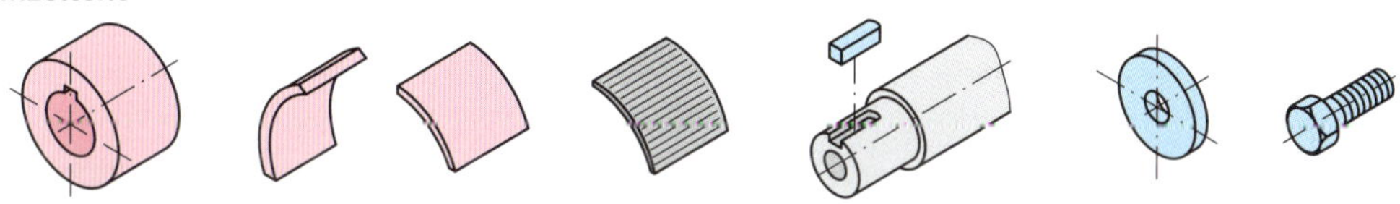

Fügeverfahren

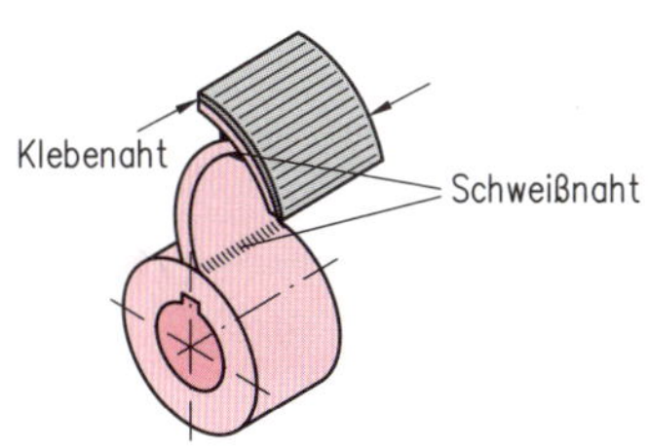

Fügen durch Kleben
Fügen durch Schweißen

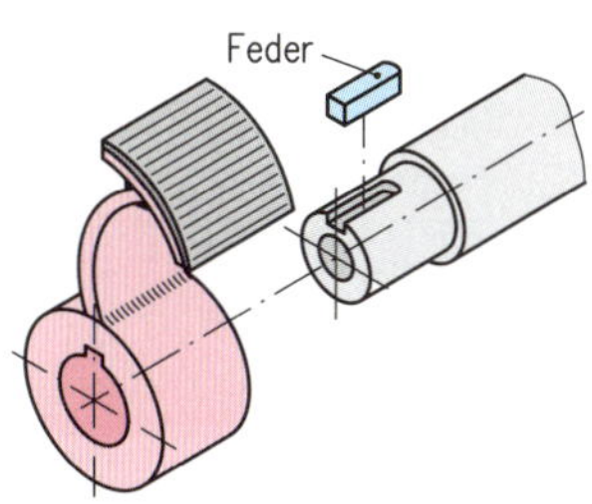

Fügen durch Zusammensetzen

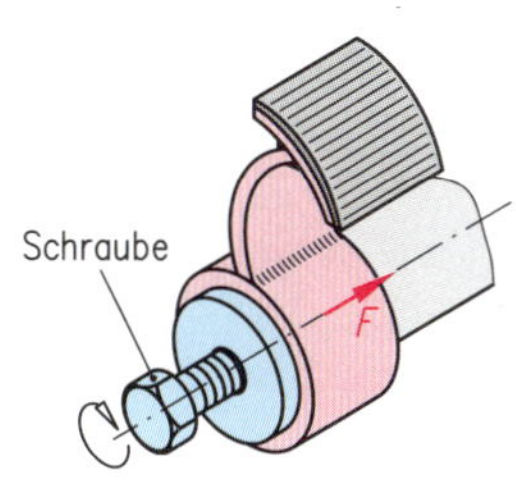

Fügen durch An- und Einpressen

Baugruppe

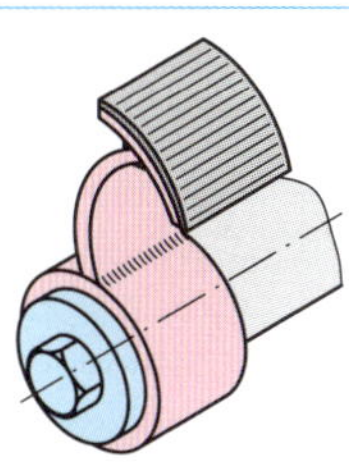

2. Unterscheidung der Fügeverfahren nach Art der Kraftübertragung

Die Kraftübertragung von einem Bauelement auf das nächste kann unterschiedlich bewirkt werden:

- **Formschluss:** Gefügte Bauteile übertragen durch entsprechend gestaltete Bauelemente Kräfte.
- **Kraftschluss:** Reibungskräfte zwischen Bauelementen ermöglichen Kraftübertragung.
- **Stoffschluss:** Zusammenhaltskräfte zwischen den Werkstoffteilchen der gefügten Bauelemente übertragen Kräfte.

Beispiele für Form-, Kraft- und Stoffschluss beim Fügen einer Welle mit einer Nabe

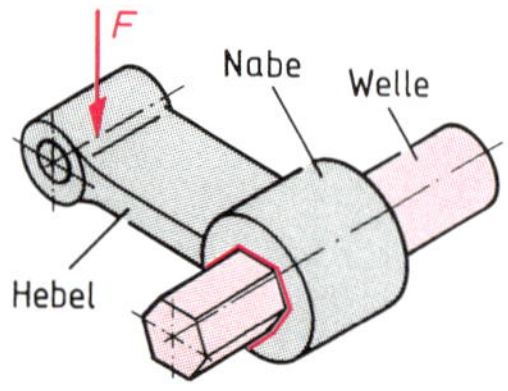

Nabe auf Sechskantwelle gesteckt
Gefügt durch Formschluss

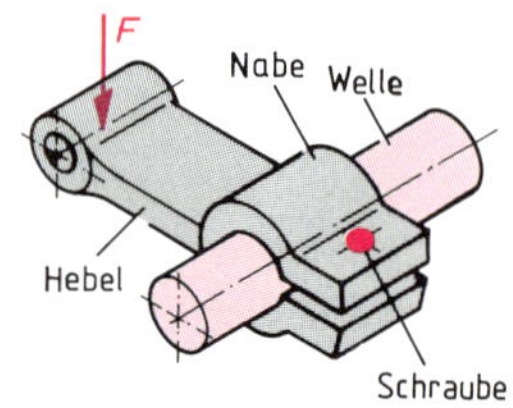

Nabe auf Welle geklemmt
Gefügt durch Kraftschluss

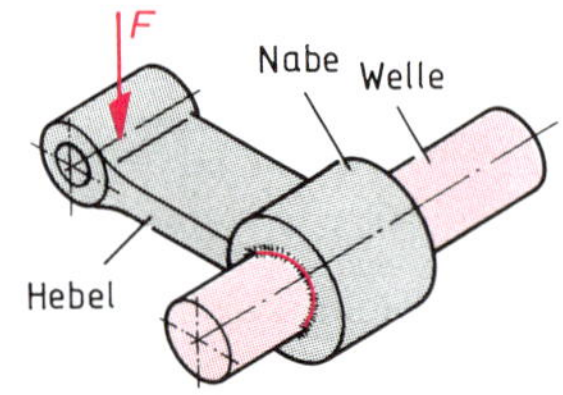

Welle und Nabe verschweißt
Gefügt durch Stoffschluss

! Nach der Art der Kraftübertragung unterscheidet man:
- Formschluss,
- Kraftschluss,
- Stoffschluss.

3. Unterscheidung der Fügeverfahren nach der Beweglichkeit der gefügten Bauelemente

Durch Fügeverfahren können starre oder bewegliche Verbindungen zwischen Bauelementen entstehen.
Starre, unlösbare Verbindungen sind nur durch Zerstörung wieder lösbar.
Starre, lösbare Verbindungen hingegen können bei Bedarf einfach getrennt werden.
Bewegliche Verbindungen lassen an den gefügten Bauteilen vorbestimmte Bewegungen zu.

Beispiele für starre und bewegliche Verbindungen

Starre Verbindung		Bewegliche Verbindung
unlösbar	**lösbar**	

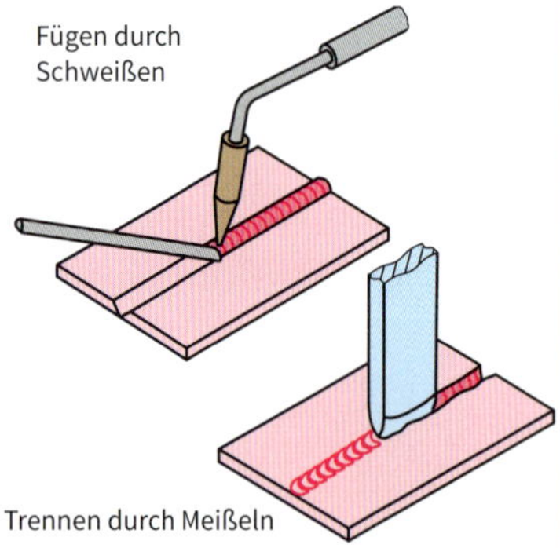

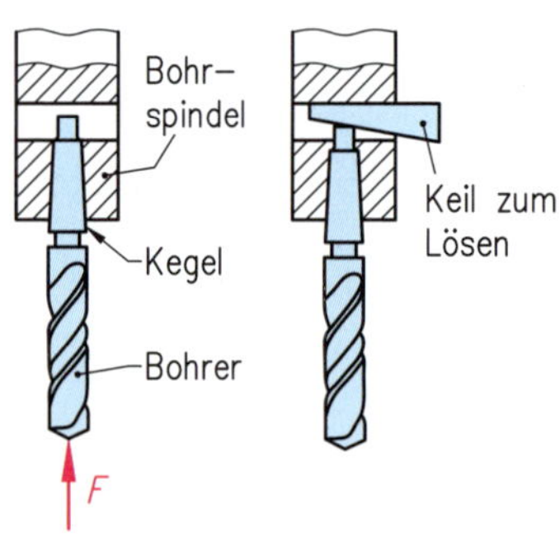

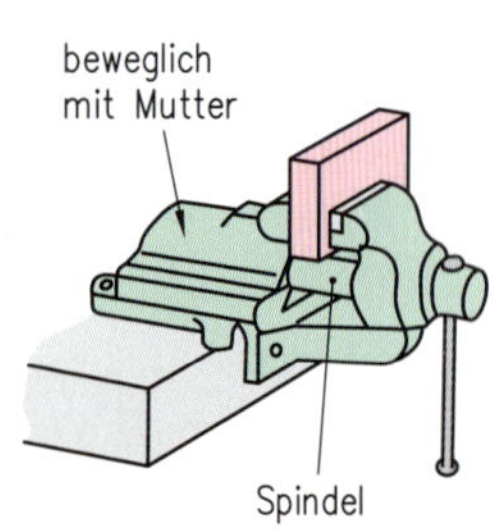

! Nach der Beweglichkeit der verbundenen Bauelemente unterscheidet man:
- starre, unlösbare Verbindungen,
- starre, lösbare Verbindungen,
- bewegliche Verbindungen.

Übungsaufgaben 14/3 bis 14/6

14.1.2 Reibung

1. Reibungskraft

Versucht man aufeinandergepresste Flächen gegeneinander zu bewegen, so entsteht ein Widerstand gegen diese Verschiebung. Dieser Widerstand ist die **Reibungskraft** F_R. Reibungskräfte sind unerwünscht, wenn Bauteile aufeinander gleiten sollen.

Reibungskräfte sind aber überall dort erwünscht, wo Bauteile durch Kraftschluss gefügt werden sollen.
Die Größe der Reibungskraft ist abhängig von

- der **Normalkraft** F_N. Diese ist die Kraft, welche senkrecht auf die Reibungsflächen wirkt;
- der Werkstoffkombination und der Beschaffenheit der aufeinandergepressten Werkstückoberflächen.

Die Werkstoffkombination und die Beschaffenheit der Oberflächen werden mit der **Reibungszahl** μ erfasst.
Die Reibungskraft ist von der Größe der Reibungsflächen unabhängig.
Die Reibungskraft wirkt immer der angestrebten Bewegung entgegen.
Mit steigender Normalkraft wächst im gleichen Verhältnis die Reibungskraft. Somit gilt:

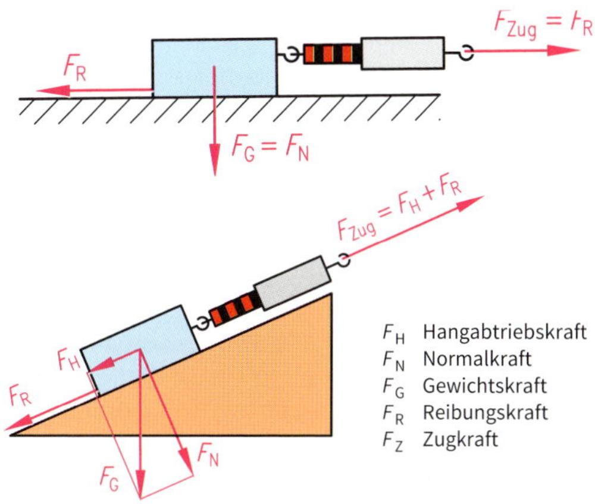

Reibungskraft an der geneigten Ebene

$$F_R = \mu \cdot F_N$$

F_R Reibungskraft
F_N Normalkraft
μ Reibungszahl

> **!** Die Reibungskraft ist von der Normalkraft und der Reibungszahl abhängig.
> Die Reibungskraft wirkt einer entstehenden oder vorhandenen Bewegung immer entgegen.

2. Reibungsarten

Haftreibung muss überwunden werden, wenn ein Bauteil aus dem Ruhezustand in Bewegung gesetzt werden soll.

Gleitreibung muss überwunden werden, um ein Bauteil in gleichförmiger Bewegung zu halten. Gleitreibung ist immer kleiner als Haftreibung.

Rollreibung tritt zwischen aufeinander rollenden Bauteilen auf. Sie ist erheblich kleiner als Gleitreibung.

Reibungskräfte können durch Schmierung verringert werden.

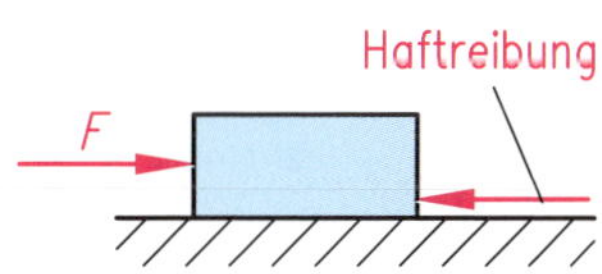

Körper eben noch in Ruhe

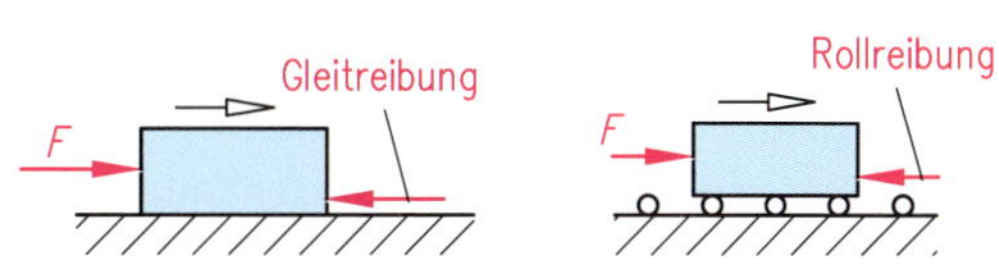

Körper in gleichförmiger Bewegung

3. Richtwerte für Reibungszahlen

Werkstoffpaarung (glatte Oberflächen)	Beispiel	Haftreibungszahl μ_0 trocken	Haftreibungszahl μ_0 geschmiert	Gleitreibungszahl μ trocken	Gleitreibungszahl μ geschmiert
Stahl/Stahl	Schraubstockführung	0,18	0,1	0,13	0,05
Gummi/Gusseisen	Riemen auf Riemenscheibe	0,55	0,3	0,4	0,2
Bremsbelag/Stahl	Scheibenbremse	–	–	0,3–0,5	0,15–0,3
		Rollreibungszahl μ_r			
Stahl/Stahl	Wälzlager	je nach Bauart 0,0005–0,001,			
Gummi/Asphalt	Reifen auf Straße	je nach Größe 0,015–0,025, 0,03–0,04			

14.2 Fügen mit Gewinden

14.2.1 Gewinde

1. Einsatz von Gewinden

Bei Schrauben und Spindeln nutzt man Gewinde zum Fügen.

Schrauben mit **Befestigungsgewinde** setzt man dann ein, wenn

- die Verbindung häufiger gelöst werden muss, z. B. zur Befestigung von Radfelgen;
- genaue Anpresskräfte gefordert werden, z. B. zum Aufpressen des Zylinderkopfs auf einen Motorblock;
- die Montage erleichtert werden soll, z. B. Verschrauben der Teile von Gittermasten.

Befestigungsgewinde sind meist Spitzgewinde.

Spindeln mit **Bewegungsgewinde** werden eingesetzt, wenn

- große Längsbewegungen aus einer Drehbewegung erzeugt werden sollen, z. B. Leitspindel an der Drehmaschine;
- große Längskräfte aus einer Drehbewegung erzeugt werden müssen, z. B. Spindel am Schraubstock.

Bewegungsgewinde sind meist Trapezgewinde.

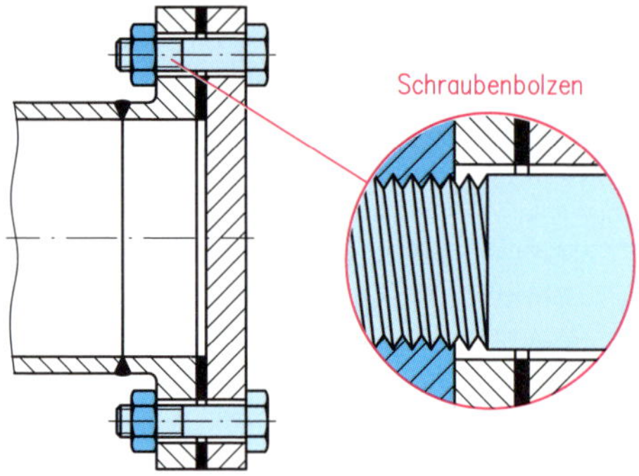

Befestigungsgewinde

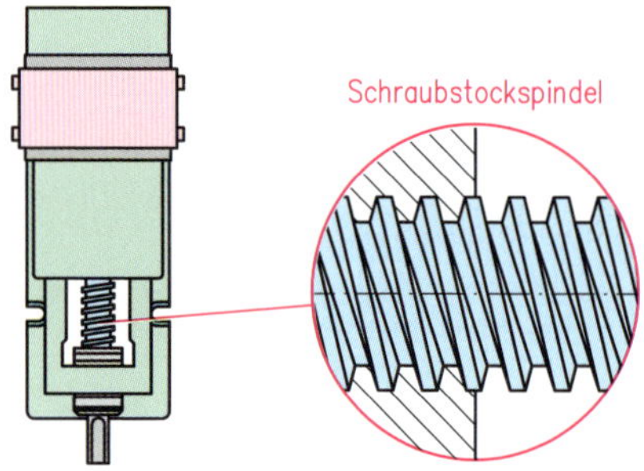

Bewegungsgewinde

2. Kraftverstärkung durch den Gewindegang

Befestigungsschrauben werden mit bestimmten Drehmomenten angezogen. Spindeln mit Bewegungsgewinde werden mit bestimmten Drehmomenten gedreht.

Aus dem wirksamen Drehmoment lässt sich die Umfangskraft am Flankendurchmesser des Gewindes errechnen:

$$F_u = \frac{M_d}{0{,}5 \cdot d_2} = 2 \cdot \frac{M_d}{d_2}$$

F_u Umfangskraft
d_2 Flankendurchmesser
M_d Drehmoment

Um die weitere Untersuchung über die Kräfte in einer Schraubenverbindung zu vereinfachen, wird ein einzelner Gewindegang eines Flachgewindes abgewickelt.

Schrauben haben ein Gewinde, dessen Gänge sich mit der **Steigung** *P* um einen zylindrischen Kern winden. Wickelt man einen Gang am Flankendurchmesser d_2 ab, so ergibt sich ein rechtwinkliges Dreieck mit der Höhe *P* und der Länge $d_2 \cdot \pi$. Es hat den Steigerungswinkel φ.

Eine Schraubenverbindung kann in ihrer Wirkung auf die Bauelemente mit einer Keilverbindung verglichen werden. Dabei muss der Keil in seinen Maßen einem abgewickelten Gewindegang der Mutter entsprechen. Der Keil wird mit der Umfangskraft F_u in die Nut des Bolzens getrieben. Dadurch wird der Bolzen in der Nut und am Kopf durch äußere Kräfte beansprucht. Diese Kräfte sind aus der Umfangskraft entstanden.

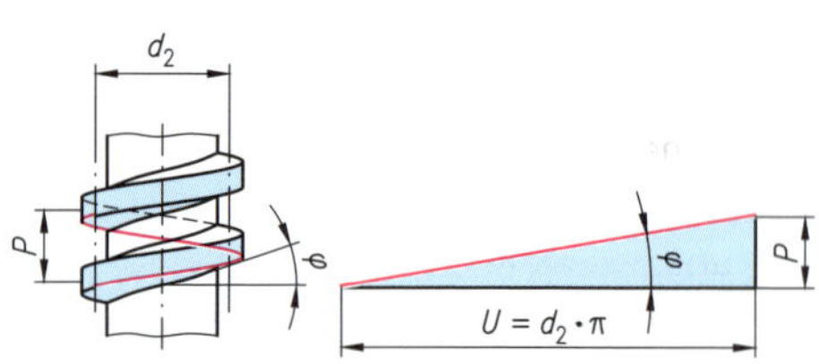

Gewindegang – abgewickelter Gewindegang

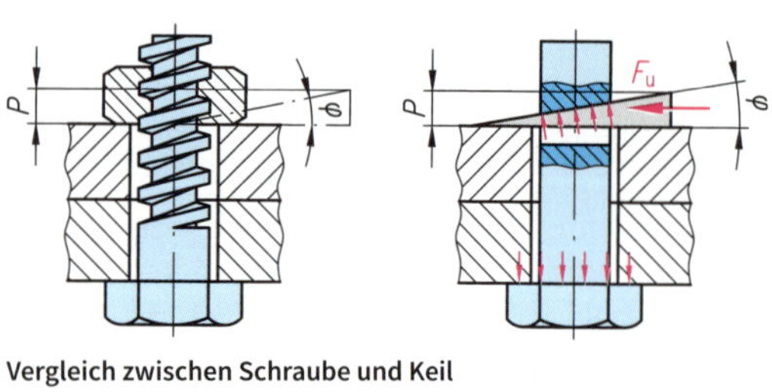

Vergleich zwischen Schraube und Keil

Übungsaufgaben 14/15 bis 14/19

Die Umfangskraft wird durch das Gewinde in eine größere Kraft in Längsrichtung umgesetzt.
Die Verhältnisse der Kräfte am Gewinde und an einem Keil mit gleichem Steigungswinkel sind gleich. Darum können Kräfte im Gewinde über die Kräftezerlegung am Keil einfach ermittelt werden.
Die **Spannkraft** ist dabei die Längskraft in der Schraube oder Spindel. Bei gleicher Umfangskraft sinkt die Spannkraft mit wachsendem Steigungswinkel.
Die Normalkraft, die Reibung an den Gewindeflanken verursacht, ändert sich in gleicher Weise.

Beispiele für Kräfte am Gewinde

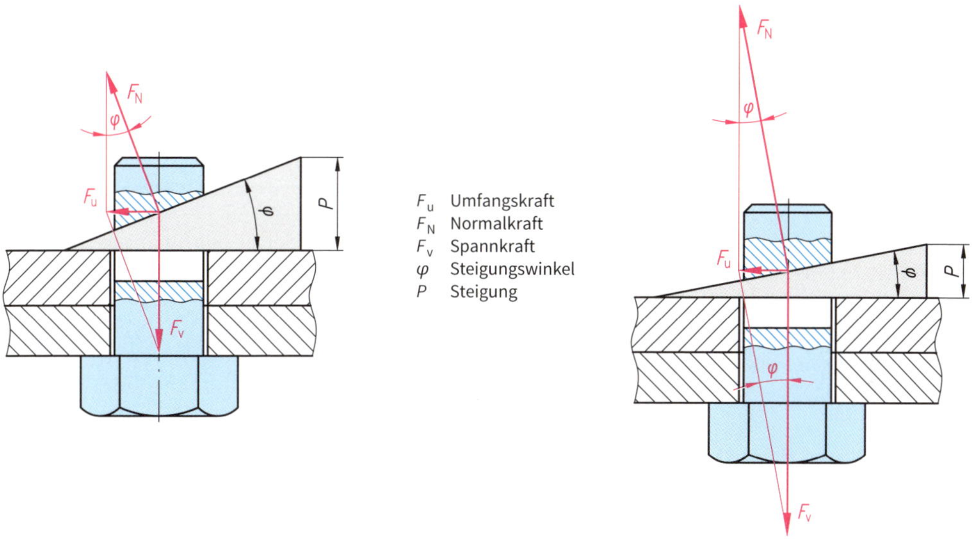

! Die Spannkraft in einem Gewinde steigt bei wachsender Umfangskraft und kleinerem Steigungswinkel.

3. Selbsthemmung im Gewinde

Legt man das Keilmodell zugrunde, so erkennt man, dass bei einem großen Steigungswinkel φ der Keil nicht mehr festklemmt, sondern bei Nachlassen der Kraft F_u sich selbst löst, er ist nicht mehr selbsthemmend. Der gleiche Effekt tritt im Gewinde auf. Bei Stahlschraube und Stahlmutter liegt der Grenzwinkel bei etwa 6°. Für Befestigungsgewinde und Bewegungsgewinde in Spannzeugen usw. verwendet man deshalb Gewinde mit kleinem Steigungswinkel.
Für Bewegungsgewinde *ohne* Selbsthemmung, z. B. in Spindelpressen, werden große Steigungswinkel verwendet.

! Selbsthemmung erfordert kleine Steigungswinkel.

4. Ein- und mehrgängige Gewinde

Es gibt ein- und mehrgängige Gewinde. Bei eingängigen Gewinden ist der Abstand von Gewindeflanke zu Gewindeflanke gleich der Steigung. Bei mehrgängigen Gewinden wird dieser Abstand Teilung genannt. Die Steigung entspricht einem Mehrfachen der Teilung.
Mehrgängige Gewinde werden dort verwendet, wo man bei geringen Drehbewegungen große Längsbewegungen verlangt. Spindeln von Pressen und Schnecken von Getrieben sind daher oft mit mehrgängigen Gewinden ausgerüstet.

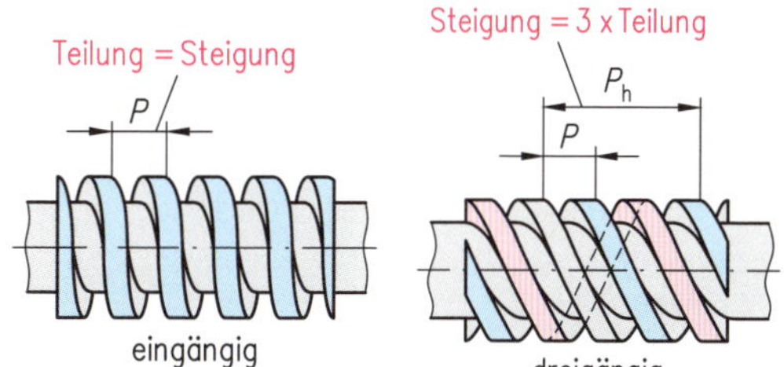

Gängigkeit bei Gewinden

! Mehrgängige Gewinde werden bei großen Gewindesteigungen eingesetzt.

5. Rechts- und linksgängige Gewinde

Die Normalausführung bei Gewinden ist rechtsgängig. Rechtsgängig ist ein Gewinde dann, wenn der Einschraubvorgang im Uhrzeigersinn erfolgt. Linksgewinde werden gegen den Uhrzeigersinn eingeschraubt.

Beispiele für den Einsatz von Linksgewinden

Bei einem Doppelschleifbock muss eine Schleifscheibe mit Links- und die andere mit Rechtsgewinde befestigt werden, damit beim Anlauf kein Lösen erfolgt (*funktionsbedingtes Linksgewinde*).

An der Propangasflasche verhindert man durch Linksgewinde eine Verwechslung mit anderen Gasarmaturen (*sicherheitsbedingtes Linksgewinde*).

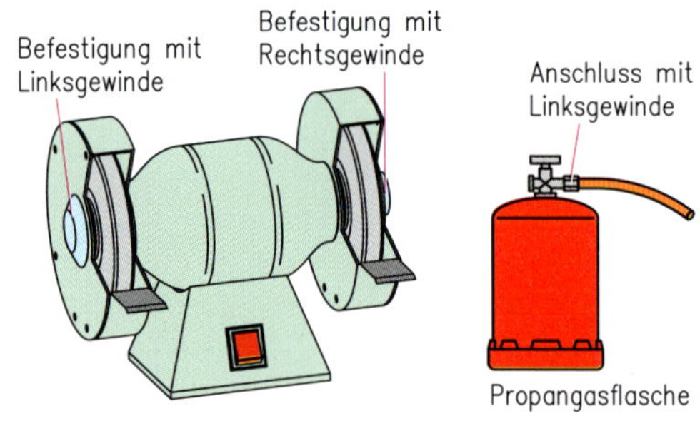

> **!** Linksgewinde kommen nur in Sonderfällen zum Einsatz. Man verwendet sie aus funktions- und sicherheitsbedingten Gründen.

6. Ausführungsformen von Gewinden

– **Befestigungsgewinde**

Als Befestigungsgewinde benutzt man vor allem Spitzgewinde.

Spitzgewinde lassen sich mit geringen Steigungswinkeln bei genügend großer Gewindetiefe herstellen. Geringe Steigungswinkel führen zu großen Normalkräften und zur Selbsthemmung.

Spitzgewinde haben große Flankenwinkel. An den stark geneigten Gewindeflanken tritt durch die Kraftzerlegung eine zusätzliche Verstärkung der Normalkraft auf. Dadurch wächst die Selbsthemmung.

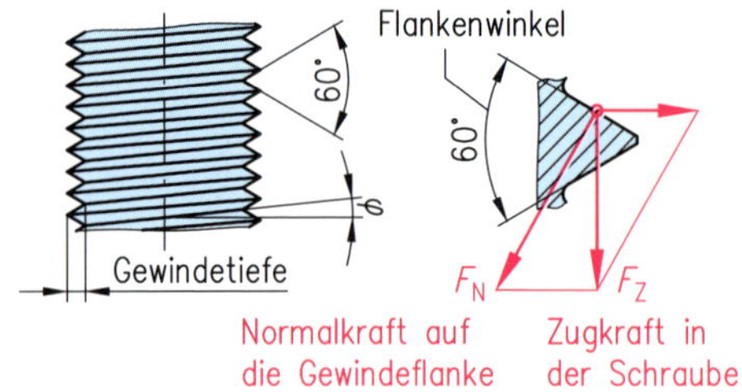

Spitzgewinde als Befestigungsgewinde

> **!** In Spitzgewinden treten wegen der kleinen Steigungswinkel und der großen Flankenwinkel große Reibungskräfte auf; Spitzgewinde sind daher als Befestigungsgewinde besonders geeignet.

Benennung des Gewindes	Gewindeprofil	Beispiel für die Maßangabe	Verwendung
Metrisches ISO-Regelgewinde (DIN 13)	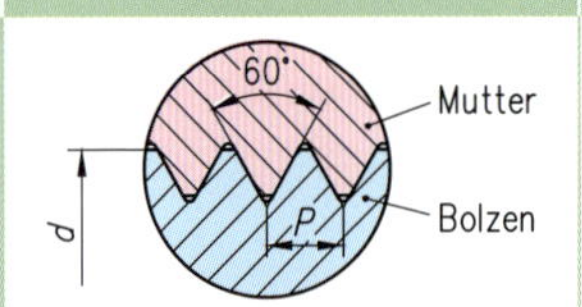	**M 30** M – Zeichen für metrisches Gewinde 30 – Gewindenenndurchmesser „*d*" in mm	**Befestigungsgewinde** für Schrauben und andere Bauteile
Metrisches ISO-Feingewinde (DIN 13)	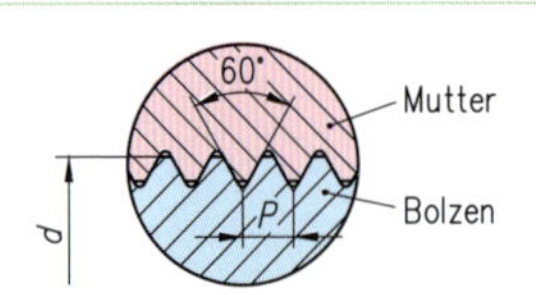	**M 30 × 1,5** M – Zeichen für metrisches Gewinde 30 – Gewindenenndurchmesser „*d*" in mm 1,5 – Steigung „*P*" in mm	**Befestigungsgewinde** bei kurzen Einschraublängen, großen Nenndurchmessern, dünnwandigen Bauteilen. Stellgewinde bei Messschrauben
Whitworth-Rohrgewinde (DIN EN ISO 228)	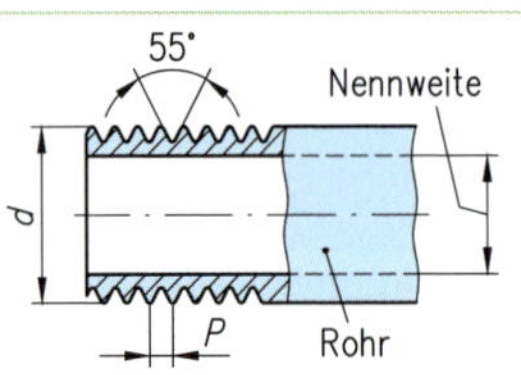	**G ¾** G – Zeichen für zylindrisches Rohrgewinde ¾ – Bezeichnung der Gewindegröße entspricht der Nennweite des benutzten Rohrs in Zoll	**Befestigungsgewinde** für Rohre und Fittings im Installationsbau, nicht dichtend

Übungsaufgaben 14/24 bis 14/26

Normangaben über zusätzliche Eigenschaften der Befestigungsgewinde (DIN ISO 965)

Zusätzliche Eigenschaft	Zusätzliche Angabe hinter der Maßangabe	Beispiel für die Maßangabe	Hinweise
Gewindetoleranzen der nach Norm festgelegten Güteklasse	f = fein m = mittel c = grob oder Kurzzeichen der Gewindetoleranz nach ISO	M 30 f M 30-4h M 30-5h	
Linksgewinde	LH	M 30-LH	Die Abkürzung LH kommt von „*Left Hand*“.

– **Bewegungsgewinde**

Bewegungsgewinde sollen möglichst wenig Reibung aufweisen. Am günstigsten wären Flachgewinde. Da diese jedoch schwer herstellbar sind, fertigt man Bewegungsgewinde mit geringen Flankenwinkeln.

Benennung des Gewindes	Gewindeprofil	Beispiel für die Maßangabe	Verwendung
Metrisches ISO-Trapezgewinde (DIN 103)	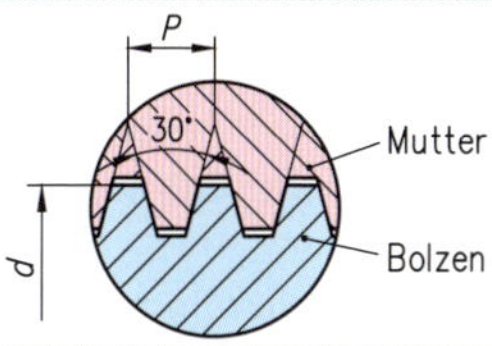	**Tr 32 × 6** Tr – Zeichen für Trapezgewinde 32 – Gewindenenndurchmesser „*d*“ in mm 6 – Steigung „*P*“ in mm	**Bewegungsgewinde** bei Spindeln für beidseitige Kraftübertragung
Sägengewinde (DIN 513)	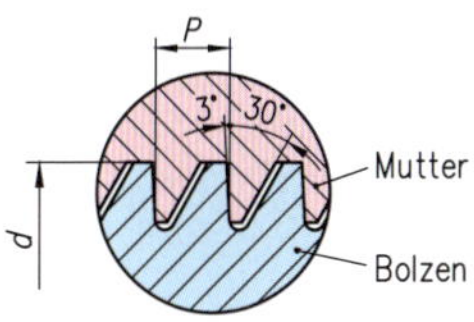	**S 30 × 6** S – Zeichen für Sägengewinde 30 – Gewindenenndurchmesser „*d*“ in mm 6 – Steigung „*P*“ in mm	**Bewegungsgewinde** für einseitig axiale Übertragung großer Kräfte, z. B. bei Spindelpressen und Spannzangen
Rundgewinde (DIN 405)	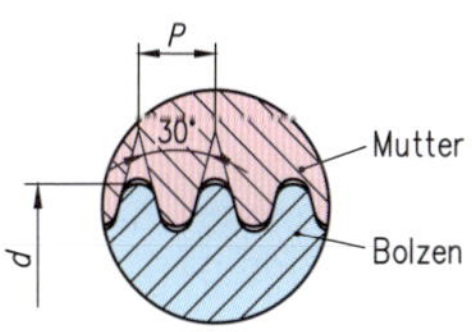	**Rd 30 × 1/8** Rd – Zeichen für Rundgewinde 30 – Gewindenenndurchmesser „*d*“ in mm 1/8 – Steigung „*P*“ in Zoll; entspricht 8 Gewindegängen je 1 Zoll Bolzenlänge	**Bewegungsgewinde** bei Verbindungen, die starken Verschmutzungen unterliegen, z. B. Waggonverbindungen, Kupplungen; Spindeln für Ventile; in seltenen Fällen auch als Befestigungsgewinde

Normangaben über zusätzliche Eigenschaften der Bewegungsgewinde

Zusätzliche Eigenschaft	Zusätzliche Angabe hinter der Maßangabe	Beispiel für die Maßangabe	Hinweise
Gewindetoleranzen der nach Norm festgelegten Güteklasse	f = fein m = mittel c = grob oder Kurzzeichen der Gewindetoleranz	Tr 32 x 6f	
Linksgewinde	LH	Tr 32 x 6-4g-LH	Die Abkürzung LH kommt von „*Left Hand*“.
Mehrgängige Gewinde	hinter dem Kurzzeichen und dem Gewindedurchmesser folgen die Steigung und die Teilung	Tr 60 x Ph 14 P7 Tr 60 x Ph 14 P7-8e Tr 32 x Ph 9 P3-LH	Die Teilung wird mit dem Buchstaben *P* hinter die Steigung P_h gesetzt. $\text{Gangzahl} = \frac{\text{Steigung}}{\text{Teilung}} = \frac{P_h}{P}$

! Bewegungsgewinde erhalten möglichst geringe Flankenwinkel.

14.2.2 Schrauben, Muttern und Sicherungen

1. Schrauben- und Mutternformen

Schrauben unterscheiden sich in ihren verschiedenen Ausführungsformen vor allem durch die Gestaltung des Kopfs, durch das benutzte Gewinde und durch die Ausführung des Bolzenendes.

Kopfschrauben		Stiftschrauben	Gewindestifte
Sechskantschraube 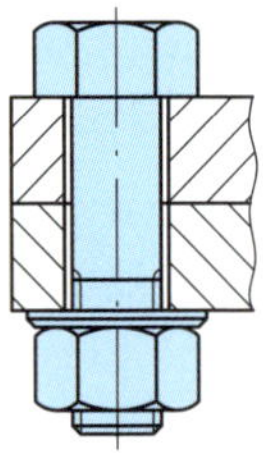	Sechskant-Passschraube 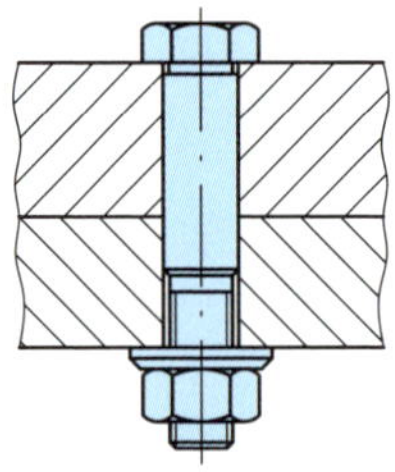	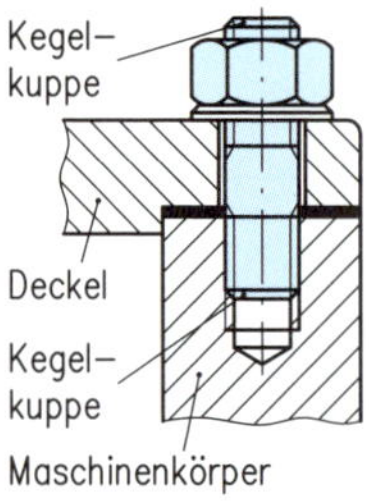 	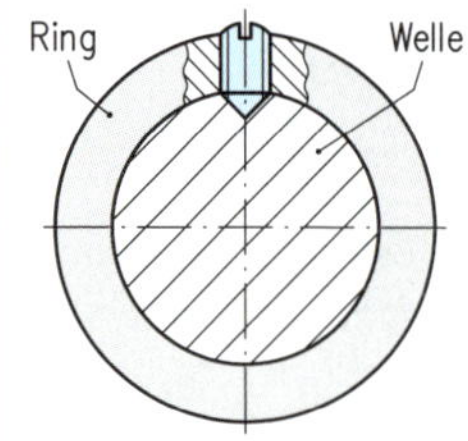

2. Sicherungen von Schraubenverbindungen

Bei Schraubenverbindungen, die richtig ausgelegt sind, ist der Reibungswiderstand im Gewinde und unter dem Schraubenkopf so groß, dass ein selbsttätiges Lösen verhindert wird. Die sogenannte Vorspannkraft ist ausreichend groß. Man spricht in diesem Fall von einer selbsthemmenden Verbindung.
Schwingungen, Temperaturschwankungen und Lastwechsel können allerdings selbsttätiges Lösen von Schraubenverbindungen bewirken.
Schraubensicherungselemente kommen immer dann zum Einsatz, wenn durch konstruktive Maßnahmen bei der Schraubenverbindung die geforderte Sicherheit nicht gewährleistet werden kann.
Je nach Funktion der Sicherungselemente unterscheidet man im Wesentlichen drei Gruppen:

- Setzsicherungen,
- Verliersicherungen und
- Losdrehsicherungen.

– Setzsicherung

Erfolgt aufgrund der Belastung einer Schraubenverbindung eine plastische Verformung der Schraube (Verlängerung, Verkürzung), so verliert sie an Vorspannkraft. Diesen Vorgang bezeichnet man als Setzen. Die Klemmkraft reduziert sich und die Schraube lockert sich.
Das Sicherungselement muss also durch einen hinreichend großen elastischen Federweg das Setzen verhindern. Das lässt sich u. a. durch folgende Sicherungselemente bewerkstelligen:

- Spannscheibe,
- Tellerfeder,
- Kombischraube,
- Flanschschraube.

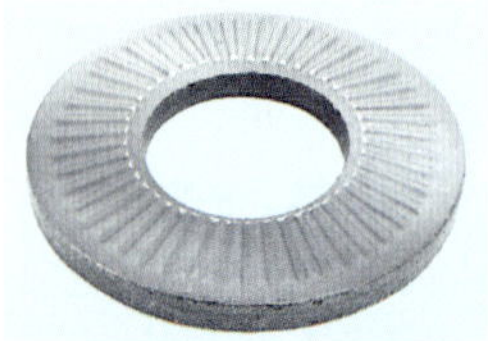
Spannscheibe

Kombischraube

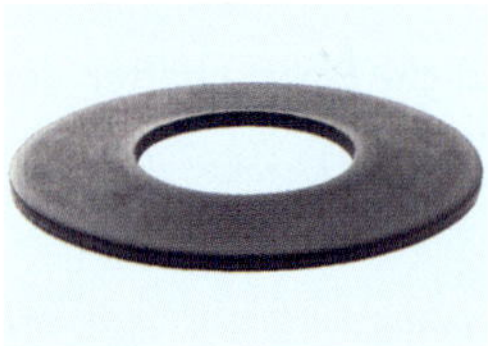
Tellerfeder

Flanschschraube

– Verliersicherung

Verliersicherungen sind Sicherungselemente, die bei Querbelastung das vollständige Auseinanderfallen einer Schraubenverbindung verhindern. Ein Lösen der Schraubenverbindung ist aber durchaus möglich.
Nachfolgend sind mögliche Sicherungselemente beispielhaft aufgeführt:

- Kronenmutter; nur bis zu einer Festigkeitsklasse von 8.8,
- Mutter mit Kunststoffeinsatz oder -beschichtung,
- Muttern mit Klemmteil,
- Drahtsicherung.

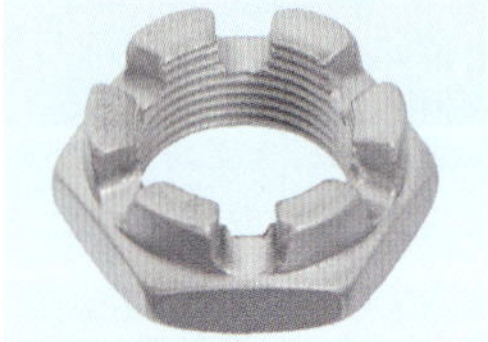
Kronenmutter

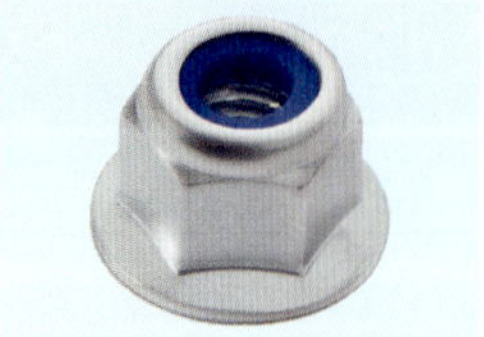
Mutter mit Kunststoffeinsatz

Übungsaufgaben 14/34 bis 14/38

– **Losdrehsicherung**

Die Losdrehsicherungen sind in der Lage, über die gesamte Einsatzzeit die Vorspannkraft der Schraubenverbindung aufrecht zu halten.

Hierzu gehören u. a.:
- Schrauben mit mikroverkapselter Vorbeschichtung,
- Schrauben mit Flüssigklebstoff,
- Keilscheibensicherungspaare.

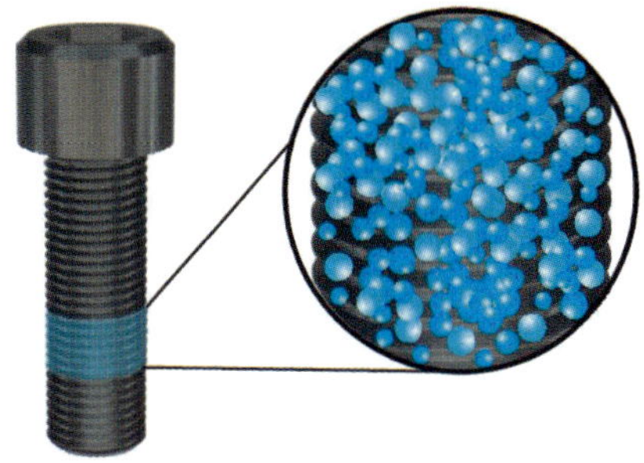

Schraube mit mikroverkapseltem Klebstoff

> **!** Schraubenverbindungen sollen durch richtiges Anziehen der Schraube gegen Lösen gesichert sein. Schraubensicherungen gewähren einen zusätzlichen Schutz.

3. Festigkeit von Schrauben und Muttern

– **Schraubenfestigkeit**

Die Festigkeitsklassen für Schrauben und Muttern aus Stahl sind genormt. Die Schrauben sind am Kopf meist durch zwei Zahlen, z. B. 12.9, gekennzeichnet, die durch einen Punkt getrennt sind. Diese Zahlenangabe wird Festigkeitskennzahl genannt. Aus dieser lassen sich Festigkeitskennwerte des Werkstoffs ermitteln.

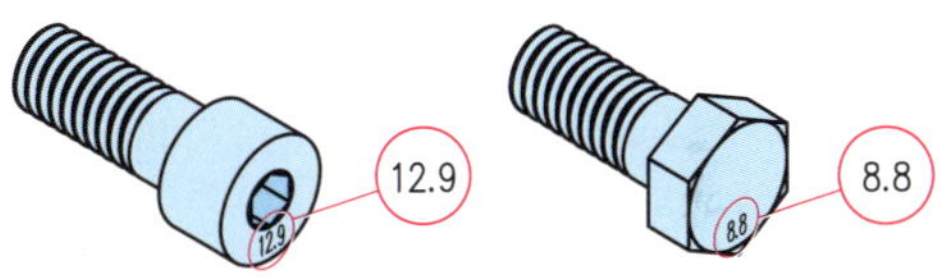

Festigkeitskennzahl bei Schrauben

Die erste Zahl ist die Kennzahl für die Zugfestigkeit R_m des Werkstoffs der Schraube. Zur Ermittlung der Zugfestigkeit aus der Kennzahl wird die erste Zahl mit 100 multipliziert. Man erhält die Zugfestigkeit in N/mm^2. Die Streckgrenze des Schraubenwerkstoffs lässt sich mithilfe der ersten und der zweiten Kennzahl ermitteln. Die erste Zahl mit dem 10-Fachen der zweiten Zahl multipliziert ergibt die Streckgrenze R_{eH} in N/mm^2.

Festigkeitskennzahlen bei Schrauben

3.6	4.6	4.8	5.6	5.8	6.6	6.8	6.9	8.8	10.9	12.9	14.9

Beispiel für die Ermittlung der Festigkeitskennwerte aus der Festigkeitskennzahl

Aufgabe

Es sind Zugfestigkeit R_m und Streckgrenze R_{eH} einer Schraube 12.9 zu ermitteln.

Lösung

Zugfestigkeit: $R_m = 12 \cdot 100 \frac{N}{mm^2} = \mathbf{1200} \frac{\mathbf{N}}{\mathbf{mm^2}}$

Streckgrenze: $R_{eH} = 12 \cdot 9 \cdot 10 \frac{N}{mm^2} = \mathbf{1080} \frac{\mathbf{N}}{\mathbf{mm^2}}$

– **Mutternfestigkeit**

Auch Muttern werden meist mit einer Festigkeitskennzahl versehen. Zulässig sind auch Markierungen durch Striche, die bestimmten Festigkeitskennzahlen zuzuordnen sind. Beim Fügen sollen Schrauben und Muttern die gleiche Festigkeitskennzahl aufweisen.

Die Zugfestigkeit R_m in $\frac{N}{mm^2}$ des Schrauben- und Mutternwerkstoffs errechnet sich aus der Multiplikation der Festigkeitskennzahl mit 100.

Festigkeitskennzahlen bei Muttern

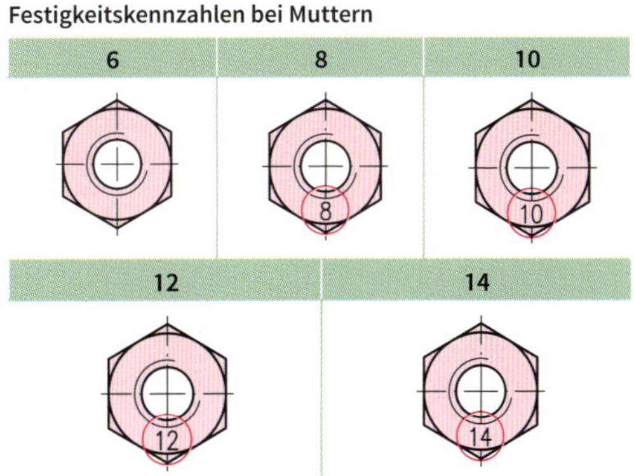

14.2.3 Berechnung des Drehmoments zum Anziehen von Schrauben

Die Funktionsfähigkeit einer Schraubenverbindung ist häufig abhängig von der Kraft, mit der die Schraube beim Anziehen vorgespannt wird. So müssen z. B. die Schrauben des Deckels eines Druckbehälters so angezogen werden, dass sie auch bei Betrieb des Behälters die Dichtungen noch andrücken.

Man erreicht die notwendige Vorspannkraft in der Schraube dadurch, dass man die Drehwirkung beim Anziehen genau beschreibt. Die Drehwirkung drückt man durch das **Drehmoment** aus. Das Drehmoment M_d beim Anziehen der Schraube ist das Produkt aus der Handkraft F_H und dem Hebelarm l des Schraubenschlüssels.

$$M_d = F_H \cdot l$$

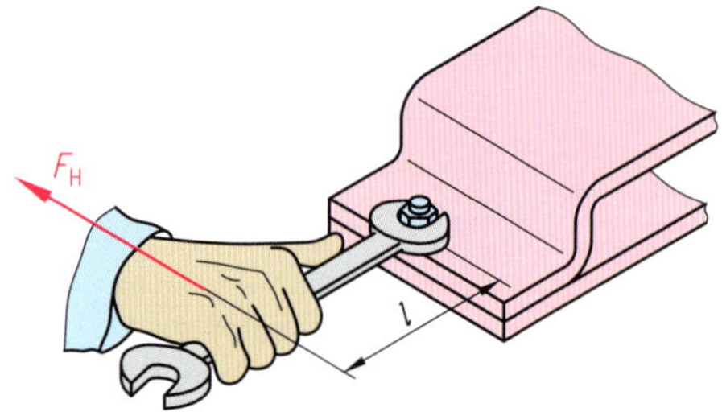

Drehmoment beim Anziehen einer Schraube

Zum genauen Anziehen einer Schraube verwendet man **Drehmomentschlüssel**.

Durch das Drehmoment beim Anziehen der Schraube wird in der Schraube eine Spannkraft F_v bewirkt. Da die Spannkraft auch von der Steigung P des Gewindes und dem Wirkungsgrad der Schraubenverbindung abhängig ist, ergibt sich folgende Formel zu Bestimmung des aufzubringenden Drehmoments:

Zugeführte Arbeit mit Berücksichtigung von Reibungsverlusten = umgesetzte Arbeit im Gewindegang

$$F_H \cdot l \cdot 2 \cdot \pi \cdot \eta = F_V \cdot P$$

daraus folgt:

$$M_d = \frac{F_V \cdot P}{2 \cdot \pi \cdot \eta}$$

F_H	Handkraft
l	Hebelarm (wirksame Schlüssellänge)
M_d	Drehmoment
F_V	Spannkraft
P	Steigung des Gewindes
η	Wirkungsgrad (bei metrischem Spitzgewinde $\eta = 0{,}13$)

Beispiel für die Berechnung von Drehmoment M_d und Handkraft F_H

Aufgabe

Mit der dargestellten Schraubwinde soll ein Werkstück mit der Gewichtskraft von 28 kN angehoben werden. Der Hebel ist 500 mm lang, die Spindel hat ein Trapezgewinde Tr 52 × 8. Der Wirkungsgrad beträgt 0,35. Zu berechnen sind das aufzubringende Drehmoment M_d und die Handkraft F_H.

Gegeben: $F_G = 28$ kN; $l = 500$ mm; $P = 8$ mm; $\eta = 0{,}35$
Gesucht: F_v; M_d; F_H

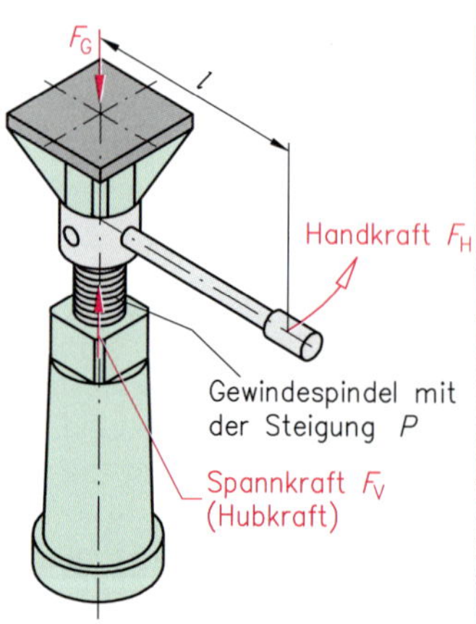

Lösung

Die Gewichtskraft F_G ist gleich der Spannkraft $F_v = 28$ kN.

$$M_d = \frac{F_v \cdot P}{2 \cdot \pi \cdot \eta} \qquad M_d = \frac{28\,000\ \text{N} \cdot 0{,}008\ \text{m}}{2 \cdot \pi \cdot 0{,}35} \qquad M_d = \mathbf{102\ Nm}$$

$$F_H = \frac{M_d}{l} \qquad F_H = \frac{102\ \text{Nm}}{0{,}5\ \text{m}} \qquad F_H = \mathbf{204\ N}$$

Übungsaufgaben 14/42 bis 14/47

14.3 Fügen mit Stiften und Bolzen

14.3.1 Stifte

Stifte dienen zum lösbaren Fügen von Bauelementen. Durch Stifte werden Kräfte vor allem durch Formschluss übertragen.

1. Verwendung von Stiften

Nach der jeweiligen *Verwendung* werden Passstifte, Befestigungsstifte, Sicherungsstifte und Abscherstifte unterschieden.

– **Passstifte**

Werden Stifte vor allem zur Lagesicherung von Teilen eingesetzt, so kennzeichnet man die benutzten Stifte als Passstifte. Durch Passstifte lässt sich die Montage von Bauelementen erleichtern und die genaue Lage von zusammengeschraubten Teilen sichern.

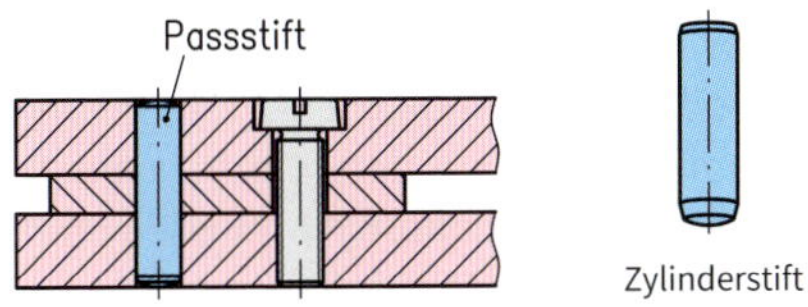

Lagesicherung von Bauteilen durch Passstifte

– **Befestigungsstifte**

Dienen Stifte in einer Verbindung von Bauelementen vor allem zur Befestigung, so bezeichnet man die benutzten Stifte als Befestigungsstifte. Mit Befestigungsstiften lassen sich auf einfache Art bewegliche und feste Verbindungen herstellen.

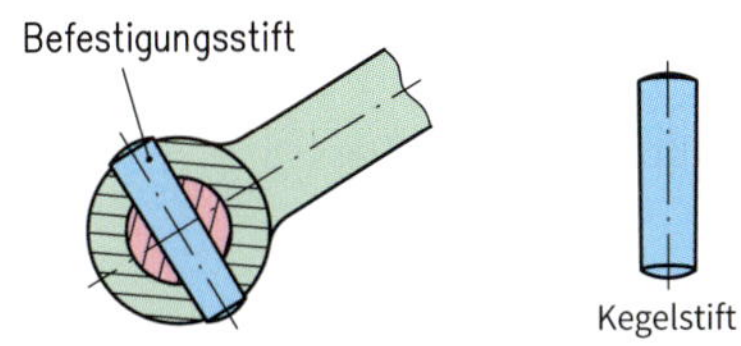

Befestigen von Bauteilen

– **Sicherungsstifte**

Sollen Stifte das selbstständige Lösen gefügter Bauelemente verhindern, so dienen sie zur Sicherung. Sicherungsstifte können gleichzeitig die Aufgabe von Befestigungs- oder Passstiften übernehmen.

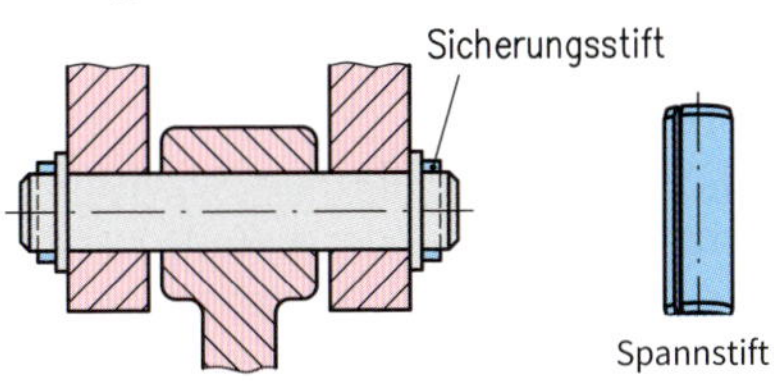

Sichern einer Bolzenverbindung

– **Abscherstifte**

Soll an einer Maschine ein bestimmter Bereich vor Überlastung geschützt werden, so kann man zwischen der treibenden Spindel und dem angetriebenen Bauelement, z. B. Zahnrad auf einer Welle, einen Stift einbauen, der die Kräfte weiterleitet und bei Überbelastung abschert. Der Abscherstift wird nach der Beseitigung der Störung durch einen neuen ersetzt.

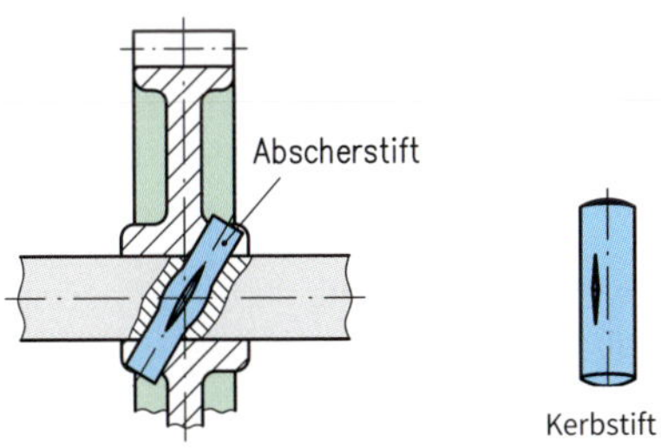

Überlastsicherung durch Abscherstift

2. Stiftformen

Je nach *Form* der Stifte unterscheidet man:
Zylinderstifte, Kegelstifte, Kerbstifte und Spannstifte.

– **Zylinderstifte**

Ungehärtete Zylinderstifte nach DIN EN ISO 2338 werden im Durchmesserbereich von 0,6 bis 50 mm mit den Toleranzen m6 und h8 angeboten. Die Norm erlaubt unterschiedliche Ausführungen der Stiftenden und weitere Toleranzen. So sind z. B. abgerundete Fasen und Einsenkungen möglich.
Die Oberflächengüte ist von der Toleranz abhängig, sie beträgt bei m6 $R_a \leq 0{,}8$ µm, bei h8 $R_a \leq 1{,}6$ µm.

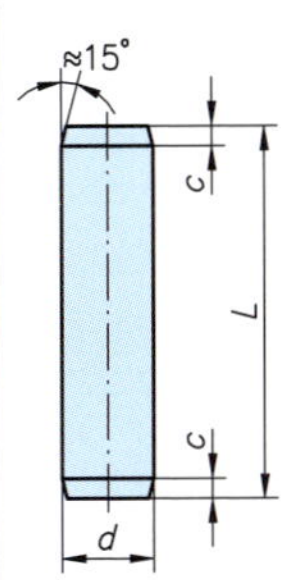

Beispiele für Abmessungen

d (mm)	3	8
c (mm)	0,5	1,6
l (mm)	8–30	12–80

Zylinderstifte (ungehärtet)

Zylinderstifte benutzt man vor allem als Passstifte. Die Ausführung h8 wird auch als Befestigungsstift für bewegliche Verbindungen eingesetzt.

Bei beweglichen Stiftverbindungen und bei häufiger zu lösenden Teilen von Vorrichtungen, Formen oder Werkzeugen kommen vor allem gehärtete Zylinderstifte nach DIN EN ISO 8734 im Durchmesserbereich von 1 bis 20 mm infrage. Gehärtete Zylinderstifte mit Innengewinde verwendet man, wenn diese wiederholt aus Grundlöchern entfernt werden müssen. Zum Eintreiben in Grundlöcher werden Stifte mit einer Längsrille oder leichter Abflachung am Umfang verwendet, damit die Luft aus der Bohrung entweichen kann. Die Aufnahmebohrungen müssen stets aufgerieben und entgratet werden.

Die Toleranz gehärteter Zylinderstifte ist m6, die Oberflächengüte $R_a < 0{,}8$ µm. Stifte des Typs A sind durchgehärtet, des Typs B einsatzgehärtet.

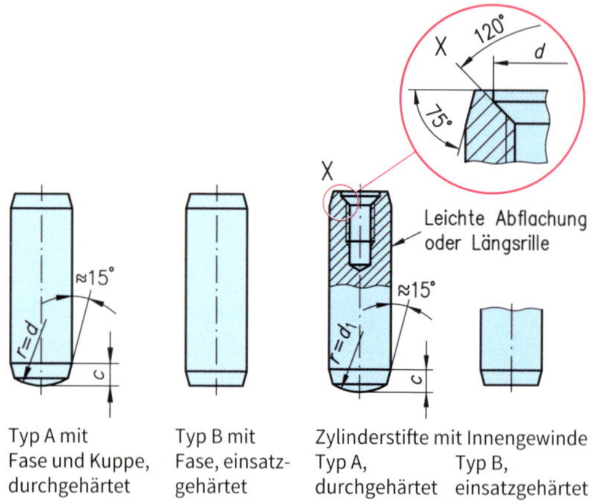

Zylinderstifte (gehärtet)

> **!** Zylinderstifte werden als Passstifte, Befestigungsstifte und Abscherstifte eingesetzt.

– Kegelstifte

Bei Kegelstiften nimmt der Durchmesser je 50 mm Kegellänge um 1 mm ab. Kegelstifte haben dadurch eine Kegelverjüngung von 1:50.

Die einfachste Form sind Kegelstifte nach DIN EN 22339. Neben den einfachen Kegelstiften gibt es Kegelstifte mit Innen- oder Außengewinde. Mithilfe des Gewindes lassen sich solche Kegelstifte wieder aus der Bohrung herausziehen.

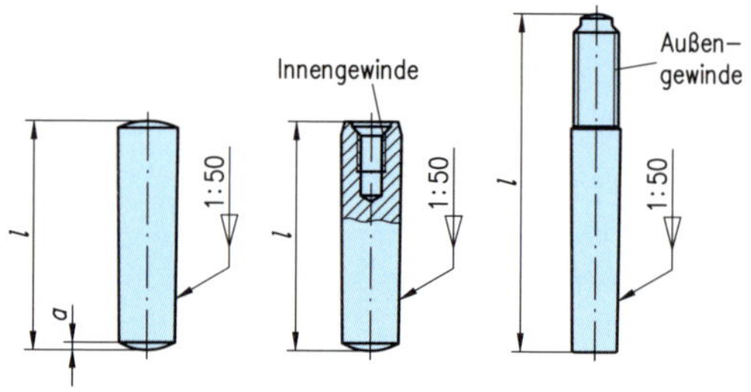

Formen von Kegelstiften

Kegelstifte werden in aufgeriebene Bohrungen eingetrieben, wodurch große Normalkräfte entstehen. Diese sind die Ursache für große Reibungskräfte, welche einen sicheren Sitz des Kegelstifts auch bei wechselnden Belastungen bewirken. Deshalb verwendet man Kegelstifte vor allem als Befestigungsstifte. Der Vorteil dieser Verbindungsart liegt darin, dass auch nach häufigerem Lösen die Bauteile wieder sehr fest und genau in ihre ursprüngliche Lage gebracht werden können.

> **!** Kegelstifte übertragen Kräfte durch Formschluss und Kraftschluss. Sie dienen als Befestigungsstifte und sind auch als Sicherungsstifte geeignet.

– Kerbstifte

Kerbstifte tragen im Gegensatz zu den Zylinder- oder Kegelstiften auf ihrem Umfang in Längsrichtung drei Kerben mit wulstartigen Rändern. Beim Einschlagen des Kerbstifts in die Bohrung sitzt er aufgrund der Verformung sehr fest.

Bohrungen für Kerbstifte brauchen nur mit dem Spiralbohrer hergestellt zu werden, ein Aufreiben entfällt.

Kerbstifte werden als Befestigungs- und Sicherungsstifte verwendet. Auch als Lager- oder Gelenkbolzen können sie eingesetzt werden.

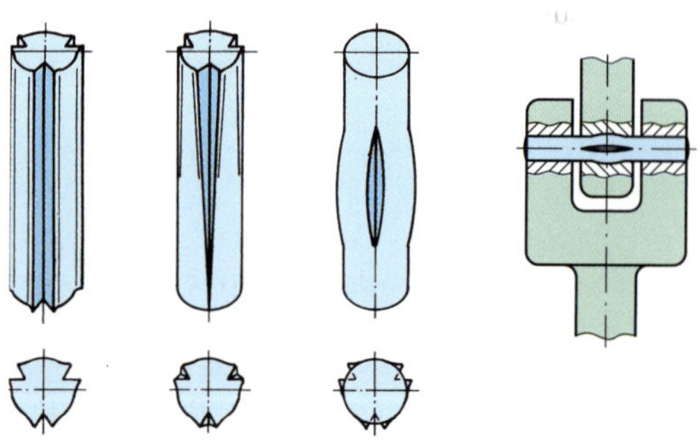

Kerbstifte mit Anwendungsbeispiel

> **!** Verbindungen durch Kerbstifte sind leicht herzustellen. Kerbstifte sollen nur einmal verwendet werden.

Übungsaufgaben 14/49 bis 14/52

– **Spannstifte**

Spannstifte sind in Längsrichtung offene Hülsen aus Federstahl. Sie haben gegenüber dem Nenndurchmesser je nach Größe ein Übermaß von 0,2 bis 0,5 mm. Ein kegeliges Ende an den Spannstiften erleichtert ihr Eintreiben in Bohrungen. Die Bohrungen werden nicht aufgerieben, weil die Spannung der zusammengedrückten Stifte die erforderliche Anpressung gewährleistet.

Spannstifte dienen wie die Kerbstifte als Befestigungs- und Sicherungselemente. Müssen in Schraubenverbindungen Scherkräfte aufgenommen werden, so kann man Spannstifte als Schraubenhülsen einsetzen.

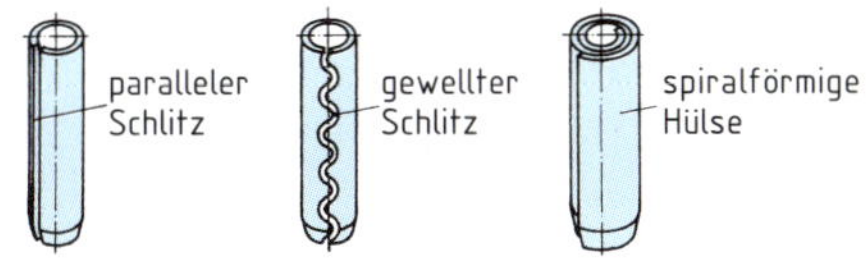

Ausführungsformen von Spannstiften

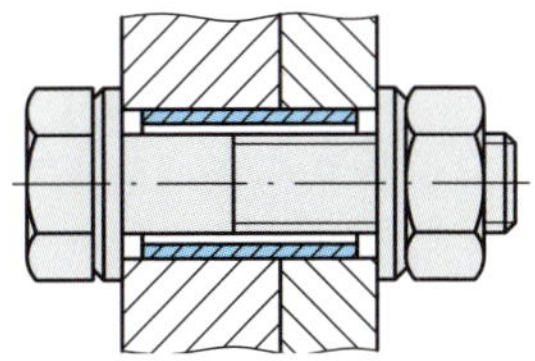

Spannstift als Schraubenhülse

! Verbindungen mit Spannstiften sind preiswert. Spannstifte lassen sich ohne Beschädigung wieder austreiben und können erneut verwenden.

14.3.2 Bolzen

Bolzen sind zylindrische Bauteile mit und ohne Kopf. Bolzen haben meist das Toleranzfeld h11 und werden vor allem als Gelenkbolzen wie z. B. in Stangenverbindungen oder Laschenketten eingesetzt. Als Verbindungselement in beweglichen Verbindungen müssen Bolzen durch Sicherungselemente wie Sicherungsringe oder Splinte gegen Verschieben gesichert werden.

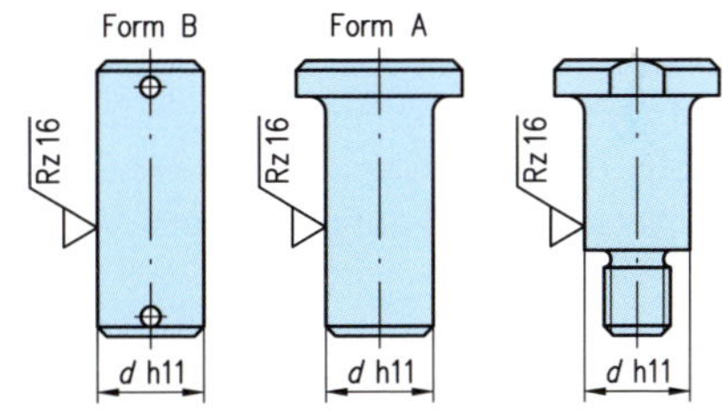

Genormte Bolzenformen

! Bolzen werden zum Fügen von Gelenkverbindungen verwendet. Sie werden dabei vorwiegend auf Scherung beansprucht.

14.4 Fügen mit Passfedern, Keilen und Profilformen

14.4.1 Vergleich zwischen Passfeder- und Keilverbindung

Die Passfederverbindung ist eine häufig angewendete Verbindung zum Fügen von Nabe und Welle. Die Passfeder liegt in Naben- und Wellennut. Die Kraftübertragung erfolgt formschlüssig über die Seitenflächen der Passfeder. Somit werden Passfedern auf Abscheren beansprucht. In der Höhe besteht zwischen Passfeder und Nabe Spiel.

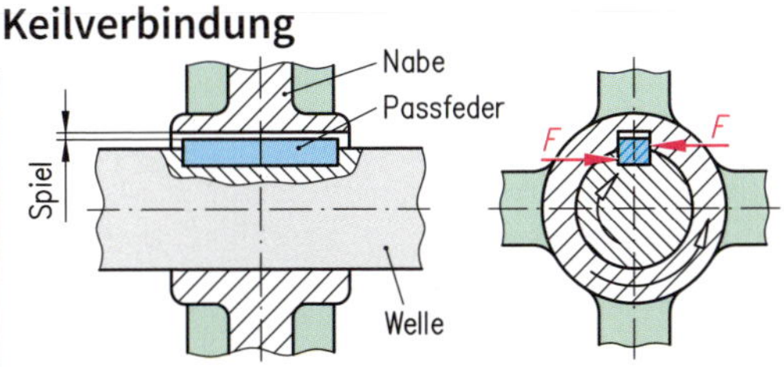

Nabe und Welle gefügt durch Passfeder

! Passfedern übertragen Kräfte durch Formschluss über ihre Seitenflächen.

Keile werden zwischen Nabe und Welle eingetrieben. Im Gegensatz zur Passfeder trägt der Keil mit der oberen und unteren Fläche, die gegeneinander geneigt sind. Die Seitenflächen des Keils haben geringes Spiel. Die Kräfte werden bei Keilverbindungen vor allem durch Kraftschluss übertragen.

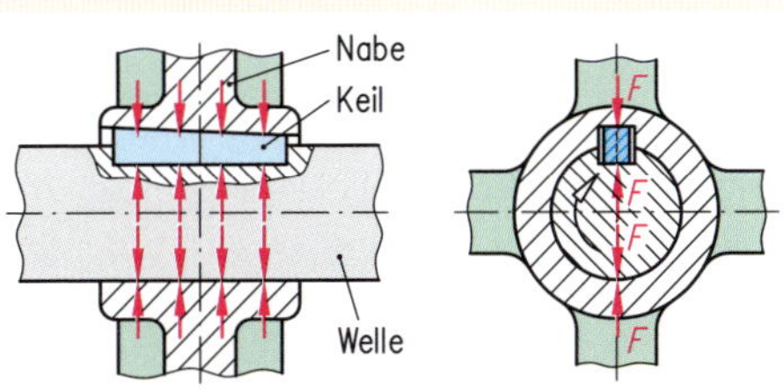

Nabe und Welle gefügt durch Keil

! Keile übertragen Kräfte vorwiegend durch Kraftschluss über ihre obere und untere Fläche.

Übungsaufgaben 14/53 bis 14/55

	Passfederverbindung	Keilverbindung
Vorteile	• einfacher Zusammenbau • leicht lösbar • zentrischer Sitz der Nabe ist gewährleistet	• unempfindlich gegen wechselnde, stoßartige Belastung • sicherer Sitz der Nabe in axialer Richtung
Nachteile	• axiale Sicherung der Nabe notwendig • empfindlich gegen wechselnde Belastung	• zusätzliche Kosten durch Arbeitsaufwand beim Einpassen • leichte Unwucht

14.4.2 Formen von Passfedern

Je nach konstruktiven Anforderungen werden unterschiedliche Passfederformen verwendet.
Meist benutzt man rundstirnige Passfedern. Sie werden in entsprechend gefräste Wellennuten eingelegt. Flachstirnige Passfedern müssen gegen axiales Verrutschen gesichert werden.

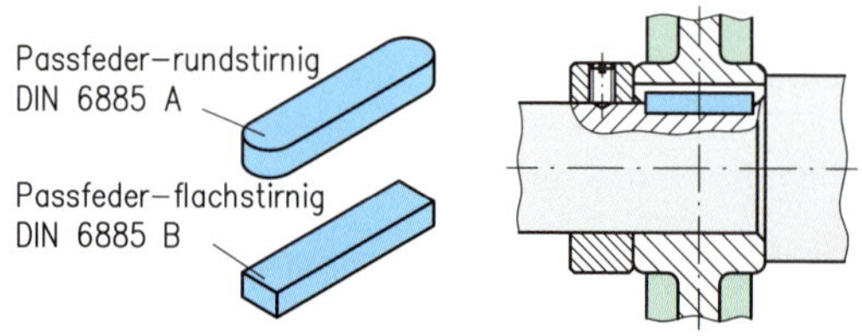

Passfederverbindung

Für Naben von Verschieberädern benutzt man Passfedern mit entsprechenden Toleranzen als **Gleitfedern**. Die Feder ist in der Wellennut befestigt, das Verschieberad kann in axialer Richtung über die Feder gleiten.

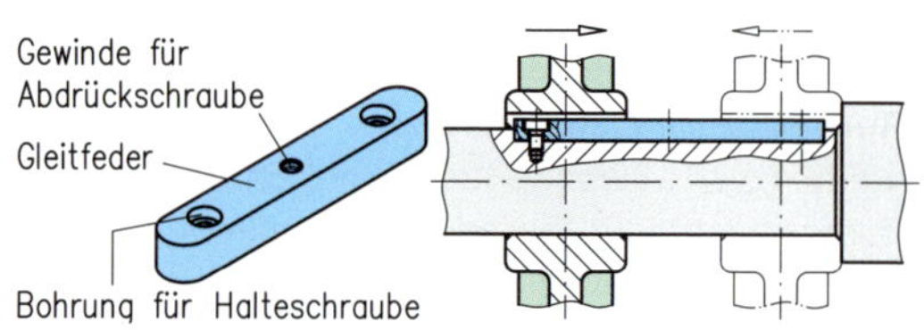

Gleitfederverbindung

Zapfenfedern haben einen einseitigen oder mittigen Zapfen. Sie sitzen mit diesem Zapfen fest in der Nabe. So hat z. B. das Antriebsrad für die Vorschubbewegung an der Drehmaschine eine Zapfenfeder. Die Feder gleitet in der Längsnut der Zugspindel und überträgt die Kräfte und Drehbewegungen.

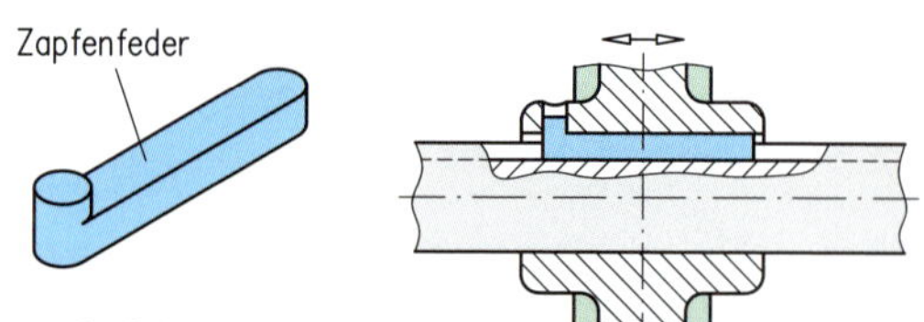

Zapfenfederverbindung

Verbindungen mit **Scheibenfedern** sind eine Sonderform der Federverbindungen. Sie sichern Kegelverbindungen, die durch Kraftschluss Drehmomente übertragen, zusätzlich formschlüssig.
Wegen ihrer Bogenform ist die Wellennut einfach herstellbar, und die Feder stellt sich der Neigung entsprechend selbst ein.

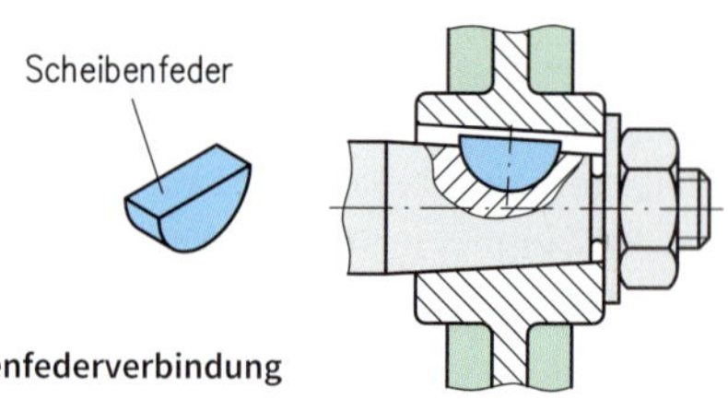

Scheibenfederverbindung

14.4.3 Formen von Keilen

Keile gibt es in unterschiedlichen Ausführungsformen. Die Breite und Höhe der Keile sind in Abhängigkeit vom Wellendurchmesser genormt. Bei genormten Keilen steigt die geneigte Fläche auf 100 mm Länge um 1 mm an. Der Keil hat eine Neigung von 1:100. Der Nutgrund der Nabe hat ebenfalls die Neigung 1:100.
(Symbol für Neigung: ◺)

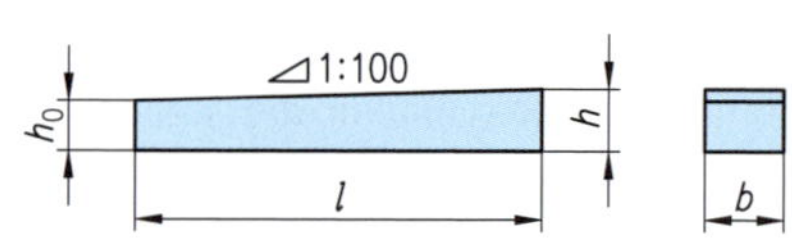

$$\text{Neigung} = \frac{h - h_0}{l}$$

Genormte Maße am Keil

Übungsaufgaben 14/56 bis 14/58

Einlegekeile haben runde Stirnflächen und liegen in der Wellennut. Bei Verbindungen mit Einlegekeilen muss die Nabe aufgetrieben werden.

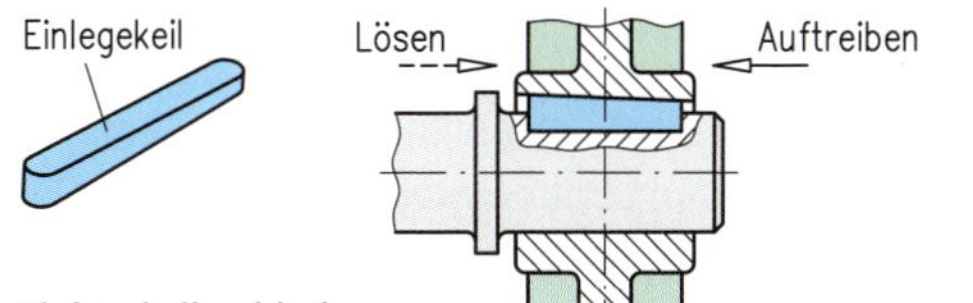

Einlegekeilverbindung

Treibkeile haben gerade Stirnflächen und werden verwendet, wenn die Verbindungsstelle von beiden Seiten zugänglich ist. Der Keil kann von einer Seite eingetrieben und von der anderen Seite gelöst werden.

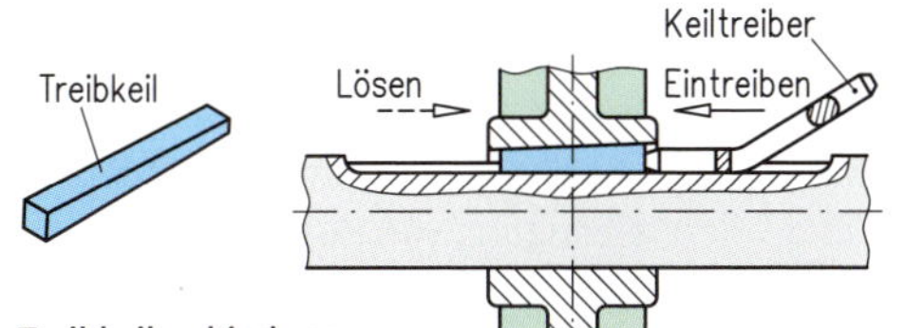

Treibkeilverbindung

Nasenkeile werden benutzt, wenn die Verbindungsstelle nur von einer Seite zugänglich ist. Die „Nase" dient zum Eintreiben und zum Lösen des Keils. Wegen bestehender Unfallgefahr darf sie nie am Wellenende herausragen.

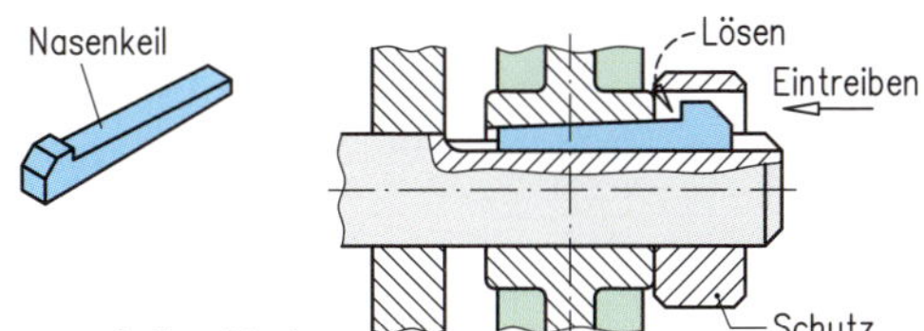

Nasenkeilverbindung

Tangentkeile verwendet man, wenn sehr große Kräfte übertragen werden müssen und die Belastungen stoßartig auftreten. Die Tangentkeile werden als zwei Keilpaare eingesetzt, die um 120° versetzt sind.

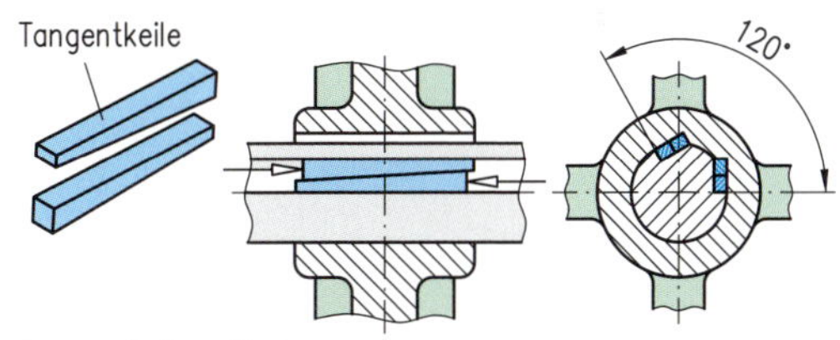

Tangentkeilverbindung

Querschnittsformen von Treib- und Nasenkeilen

Nutenkeil	Flachkeil	Hohlkeil
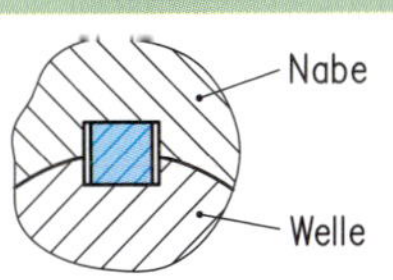	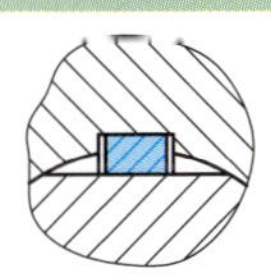	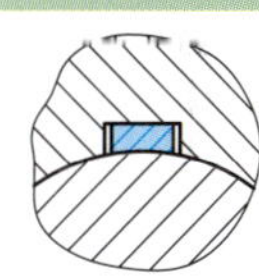
Welle und Nabe haben eine Nut; geeignet zur Übertragung großer Kräfte.	Welle hat eine Abflachung, Nabe hat eine Nut; geeignet zur Übertragung mittlerer Kräfte.	Welle ist rund, nur die Nabe hat eine Nut; geeignet zur Übertragung kleiner Kräfte.

14.4.4 Fügen mit Profilformen

Werden Welle und Nabe mit einem besonderen Profil versehen, dann ist ebenfalls eine Verbindung beider Teile durch Formschluss gewährleistet. Die wichtigsten Profilformen sind das Keilwellenprofil, die Kerbverzahnung und das Polygonwellenprofil.

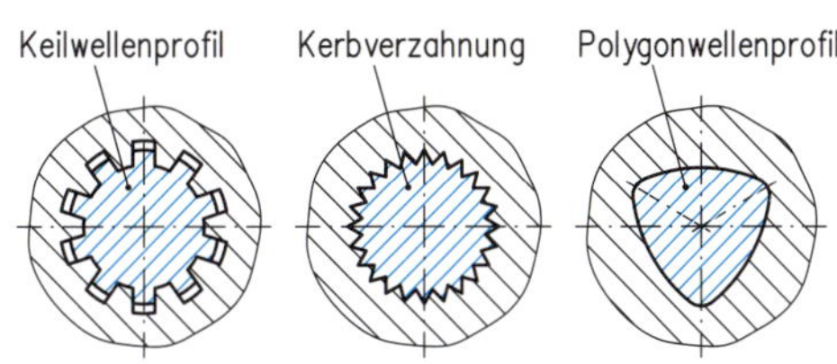

Profilformen von Nabe und Welle

Beim **Keilwellenprofil** sind in die Welle und die Nabe Längsnuten gleichmäßig über den Umfang verteilt. Die Keilwellen haben keine Neigung. Richtiger müsste man daher von Federwellen sprechen. Gegenüber der Passfederverbindung haben Verbindungen mit Profilformen den Vorteil eines gleichmäßigeren Kraftflusses von Welle zu Nabe.

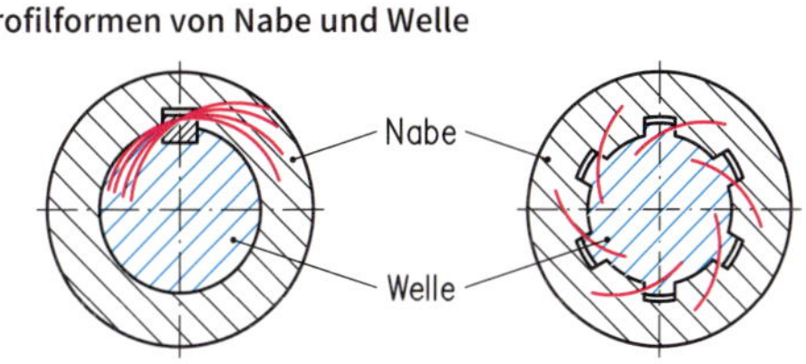

Kraftfluss in Nabenverbindungen

14.5 Fügen mit Nieten

Durch Nieten können Bauelemente aus gleichen und unterschiedlichen Werkstoffen verbunden werden. Die Nietverbindung ist im Bereich des Stahlbaus, des Kesselbaus und des Schiffsbaus weitgehend durch die Schweißtechnik verdrängt worden und wird dort nur noch zu Reparaturarbeiten an vorhandenen Konstruktionen eingesetzt.
Nieten wird aber eingesetzt, wenn
- die zu verarbeitenden Werkstoffe kein Einbringen von Schweißwärme ohne Gefügeänderung zulassen, z. B. bei der Verbindung ausgehärteter Aluminiumlegierungen,
- unterschiedliche Werkstoffe, die hoher Wärmebelastung ausgesetzt sind, verbunden werden müssen, z. B. bei der Befestigung von Kupplungsbelägen.

14.5.1 Nietverbindungen

Zum Nieten wird der Rohniet mit dem zylindrischen Schaft in die Bohrung der zu fügenden Bauelemente gesteckt. Der bereits angestauchte Kopf wird **Setzkopf** genannt und muss an der Oberfläche eines Bauelements anliegen. Das herausragende Ende des Schafts wird gestaucht oder umgeformt und bildet den **Schließkopf**.

Beispiel für die Herstellung einer Nietverbindung

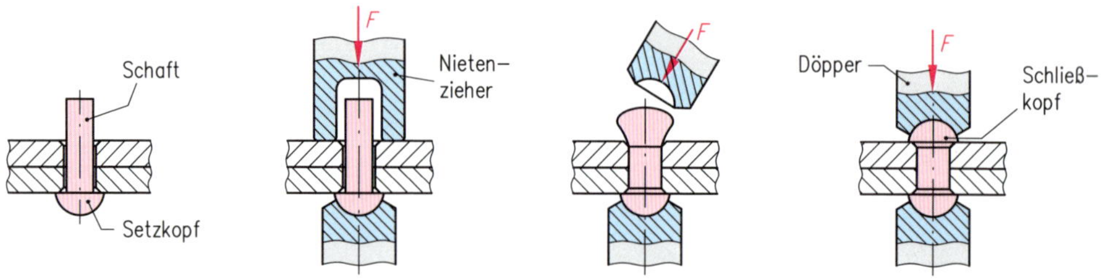

Durchstecken des Niets | **Einziehen des Niets** | **Anstauchen des Kopfs** | **Formen des Kopfs**

Je nach Temperatur, bei der genietet wird, unterscheidet man Kaltnietung und Warmnietung.

1. Kaltnietung
Stahlniete bis zu einem Durchmesser von 10 mm sowie Niete aus Kupfer, Aluminium und entsprechenden Legierungen werden kalt genietet.
Durch das Kaltnieten entsteht nur ein geringer Kraftschluss. Die in der Verbindung auftretenden Kräfte überträgt vor allem der Nietschaft durch Formschluss. Kalt geschlagene Niete werden daher hauptsächlich auf Scherung beansprucht.

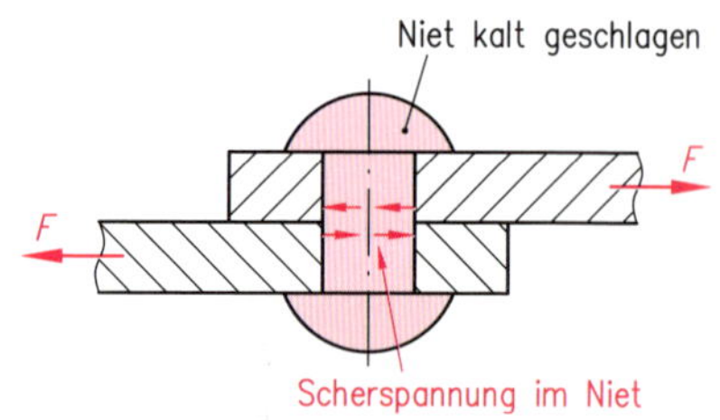

Formschluss durch Kaltnietung

! Kalt geschlagene Niete werden hauptsächlich auf Scherung beansprucht.

2. Warmnietung
Stahlniete mit mehr als 10 mm Durchmesser, Niete im Stahlbau und Niete im Kesselbau werden warm genietet. Die Niete werden bei Hellrotglut bis Weißglut geschlagen oder gepresst. Beim Abkühlen schrumpfen die Niete zusammen. Die Bauelemente werden aufeinandergepresst, sodass ein hoher Kraftschluss entsteht. Warm geschlagene Niete werden in der Verbindung fast nur auf Zug und kaum auf Scherung beansprucht.

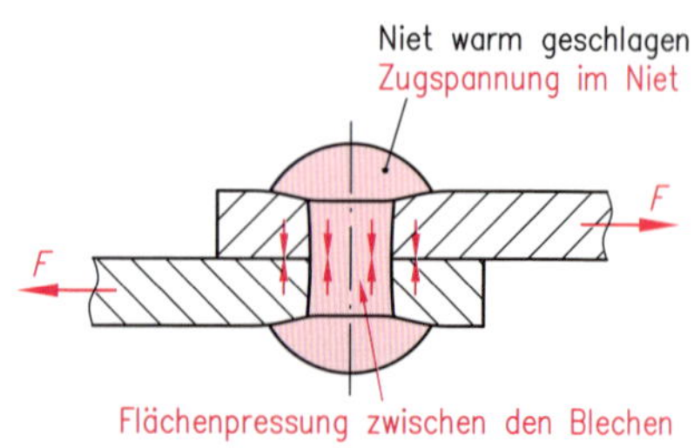

Kraftschluss durch Warmnietung

! Warmniete werden hauptsächlich auf Zug beansprucht.

Übungsaufgaben 14/62 bis 14/65

3. Unterscheidung von Nietverbindungen nach der Zielsetzung

Die zu fügenden Bauelemente werden durch das Nieten unlösbar verbunden. Mit dieser Fügetechnik können unterschiedliche Ziele erreicht werden:

- **Lose Nietverbindungen**
  Die verbundenen Teile sind gegeneinander beweglich, z. B. Schenkel von Handscheren, Zangen.
- **Feste Nietverbindungen**
  Die verbundenen Teile sind gegeneinander nicht beweglich, z. B. Einzelteile einer schmiedeeisernen Tür, Winkeleisen auf einem Knotenblech.
- **Dichte Nietverbindungen**
  Die verbundenen Teile müssen dicht sein, z. B. Bleche im Behälterbau. Dichte Nietverbindungen werden meist warm genietet.

14.5.2 Nietformen und Nietwerkstoffe

1. Nietformen

Niete unterscheiden sich vor allem durch die Form des Setzkopfs und die Ausführungsform des Schafts. Bis auf einige Sonderformen sind Niete genormt.

– **Nietformen und deren Anwendung**

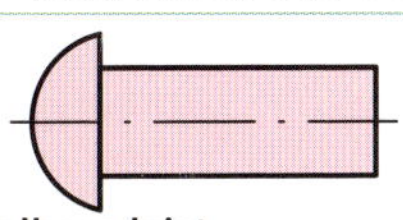	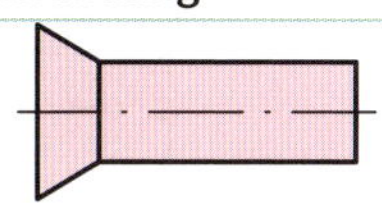	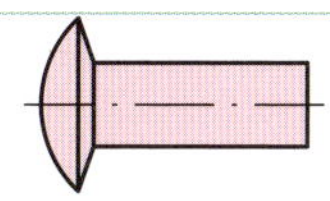	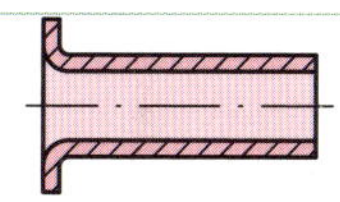
Halbrundniet Stahlbau Kesselbau	**Senkniet** glatte Flächen im Stahl- und Kesselbau	**Linsenniet** Stahlbau	**Rohrniet** Vernietung von Metall mit Kunststoff in Elektroindustrie

– **Blindniete**

Zum Verbinden dünnwandiger Werkstücke bei einseitig zugänglichen Nietstellen im Stahlbau, Maschinenbau, Karosseriebau und Flugzeugbau werden Blindniete verwendet.

Beispiele für Blindniete

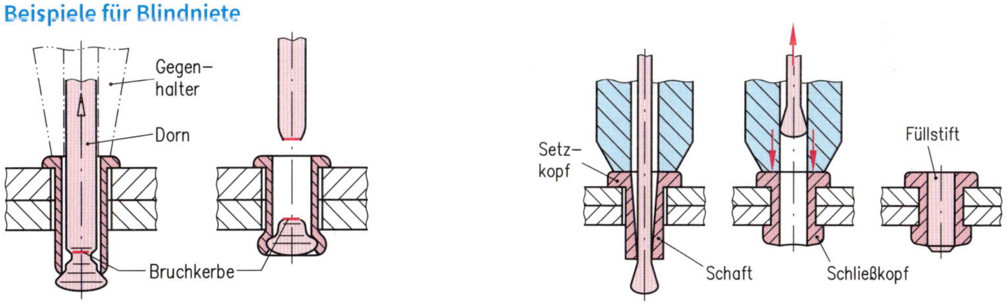

Dornniet **Durchzugniet**

2. Nietwerkstoffe

Niete müssen während ihrer Verarbeitung eine gute plastische Umformbarkeit und im Betriebszustand eine möglichst große Festigkeit und Dehnbarkeit aufweisen. Zudem sollen die zu verbindenden Werkstücke und die Niete aus dem gleichen Werkstoff sein, um elektrochemische Korrosion auszuschließen.

Werkstoffe für Werkstücke und Niete

Werkstücke aus	Niete aus
Stahl	S185
Aluminium	EN AW – Al99,9
Kupfer	EN CW – Cu99
Kupferlegierungen	EN CW – CuZn37

! Zur Vermeidung von elektrochemischer Korrosion sollen Niete möglichst aus dem gleichen Werkstoff wie die zu fügenden Bauteile bestehen.

Übungsaufgaben 14/66 bis 14/68

14.6 Fügen durch Schweißen

Durch Schweißen werden nicht lösbare Verbindungen hergestellt. Dabei werden die zu verbindenden Bauteile durch Wärme oder durch Druck und Wärme stoffschlüssig gefügt. Vielfach geschieht dies unter Zugabe eines Schweißzusatzwerkstoffs.

Schweißen ist häufig das wirtschaftlichste und technisch günstigste Fügeverfahren, weil

- der Fertigungsaufwand bei Einzelfertigung gering ist, z. B. keine Modellherstellung wie beim Gießen,
- der Materialeinsatz gering ist, z. B. keine Überlappung und keine Hilfsfügeteile wie beim Fügen durch Nieten oder Schrauben,
- die Fügestelle nahezu die gleiche Festigkeit und Temperaturbeständigkeit wie die zu fügenden Grundwerkstoffe erreicht, z. B. keine großen Fügeflächen und Temperaturbegrenzung wie beim Löten und Kleben,
- das Schweißen mechanisierbar ist, automatisiert werden kann und so einfach in den Fertigungsprozess einzugliedern ist.

Wolfram-Inertgas-Schweißen (WIG-Schweißen) einer Konstruktion aus hochlegiertem Stahl

Nachteile des Schweißens sind die starke Erwärmung an der Schweißstelle, die zu Gefügeänderungen und Wärmespannungen führt. Ferner ist zu beachten, dass nur gleiche oder ähnliche Werkstoffe durch Schweißen gefügt werden können.

> **!** Durch Schweißen werden meist gleichartige Werkstoffe in flüssigem oder plastischem Zustand zu einem gemeinsamen Gefüge vereinigt. Schweißen ist ein unlösbares Fügen durch Stoffschluss.

Die Schweißverfahren können unter verschiedenen Gesichtspunkten gegliedert werden.

Einteilung der Schweißverfahren

nach der Art des Energieträgers	nach der Art des Grundwerkstoffs	nach dem Zweck des Schweißens	nach dem Ablauf des Schweißens	nach der Art der Fertigung
Beispiel: MAG-Schweißen, Lichtbogenschmelzschweißen	**Beispiel:** Metallschweißen, Kunststoffschweißen	**Beispiel:** Verbindungsschweißen, Auftragschweißen	**Beispiel:** Schmelzschweißen, Pressschweißen	**Beispiel:** Handschweißen, automatisches Schweißen

Europaweit sind wichtige Schweißverfahren nach DIN EN ISO 4063 mit Kennziffern belegt worden, damit internationale Vereinbarungen im Bereich Auftragsabwicklung leichter eingehalten werden können.

Beispiele für Schweißverfahren

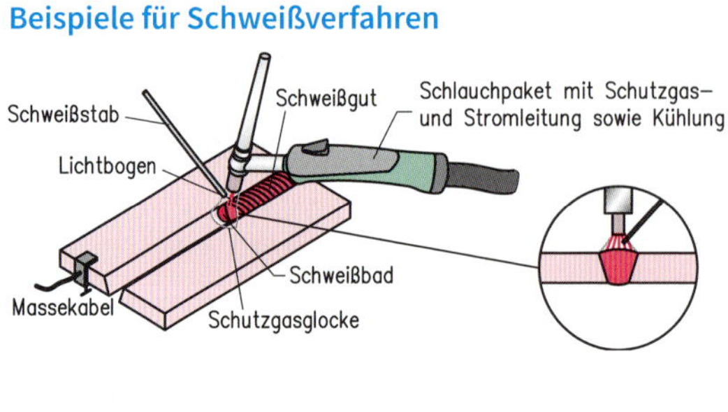

Wolfram-Inertgas-Schweißen (WIG), Kennziffer 141

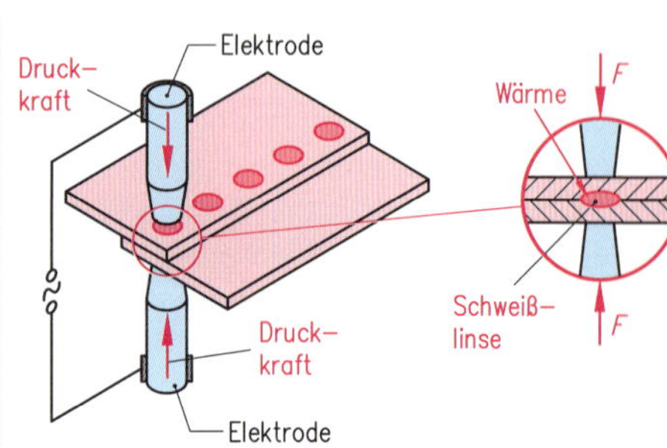

Widerstands-Punktschweißen, Kennziffer 21

Übungsaufgaben 14/69; 14/70

Eine Schweißverbindung wird durch die Kenngrößen Schweißstoß, Schweißnahtart und Schweißposition gekennzeichnet.

Der Bereich, in dem Bauelemente durch Schweißen miteinander verbunden werden, wird Schweißstoß genannt. Die Bauelemente können an der Schweißstelle auf verschiedene Arten aufeinandertreffen. Man unterscheidet daher nach der Anordnung der zu fügenden Teile unterschiedliche Schweißstöße.

Beispiele für Schweißstöße

Stumpfstoß	Überlappstoß	T-Stoß	Mehrfachstoß
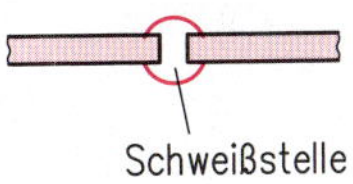	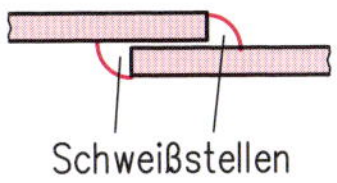	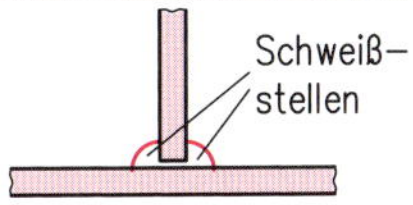	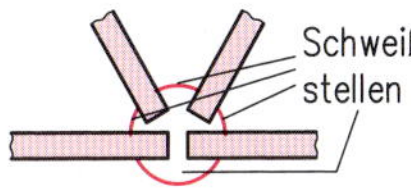

Beim Schweißen bezeichnet man die stoffschlüssige Verbindungsstelle der Bauelemente als Schweißnaht. Schweißnähte können durchgehend oder mit Unterbrechungen geschweißt werden. Auch einzelne Schweißpunkte sind üblich. Die Form einer Schweißnaht ergibt sich aus der Art des Schweißstoßes, aus der Werkstückdicke an der Schweißstelle und aus dem Schweißverfahren. Entsprechend der gewählten Nahtart werden die Werkstückkanten vorbereitet. Die Vorbereitung geschieht durch Fräsen, Schleifen oder Abtragen mittels Brennschneiden. Dünne Schweißnähte werden in einer Lage geschweißt, dickere Schweißnähte müssen in mehreren Lagen geschweißt werden.

Die Durchführung eines Schweißvorgangs hängt u. a. von der Lage der zu verschweißenden Werkstückkanten beim Schweißen ab. Die Lage einer Schweißnaht beim Schweißen bezeichnet man als **Schweißposition**. Nach DIN EN ISO 6947 sind die Schweißpositionen festgelegt:

Beispiele für Schweißpositionen und Schweißnahtarten

Benennung	**Schweißstoß** *(Lage der Halbzeuge zueinander)*					
	Stumpfstoß			**T-Stoß**		
	am Blech		**am Rohr**	**am Blech**		**am Rohr**
Bild	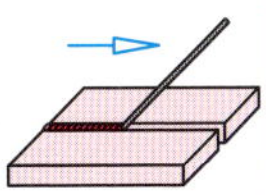	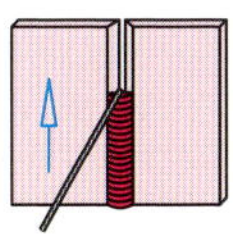	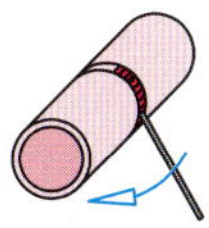	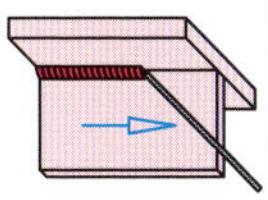	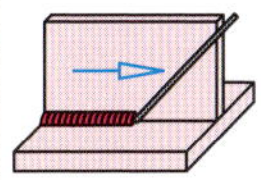	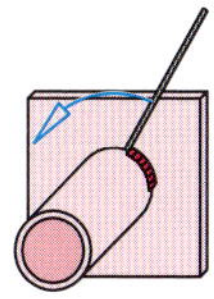
Fugenform (Nahtquerschnitt)	I-Naht 	V-Naht 	V-Naht 	Kehlnaht 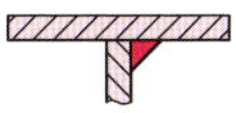	Kehlnaht 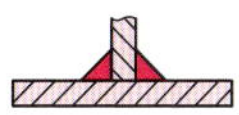	Kehlnaht 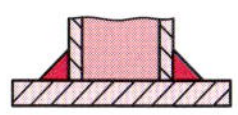
	einseitig bei *t* bis ca. 4 mm	einseitig bei *t* ca. 3 bis 10 mm		einseitig bzw. beidseitig bei $t > 2$ mm		
Symbol	‖	V	V	◺	◿◺	◺
Schweiß-position	Wannen-position	Steig-position	Fall-position	Horizontal-Überkopf-Position	Horizontal-Vertikal-Position	Steig-position
Kurzzeichen	PA	PF	PG	PD	PB	PF

—▷ = Schweißrichtung

14.6.1 Gasschmelzschweißen, Kennziffer 311

Beim Gasschmelzschweißen – auch Autogenschweißen genannt – wird der Werkstoff der zu fügenden Bauteile an der Schweißstelle durch die Verbrennungswärme eines Gases geschmolzen.

Das Gasschmelzschweißen wird hauptsächlich in der Hausinstallationstechnik angewandt.

Beispiel für eine Gasschmelzschweißanlage

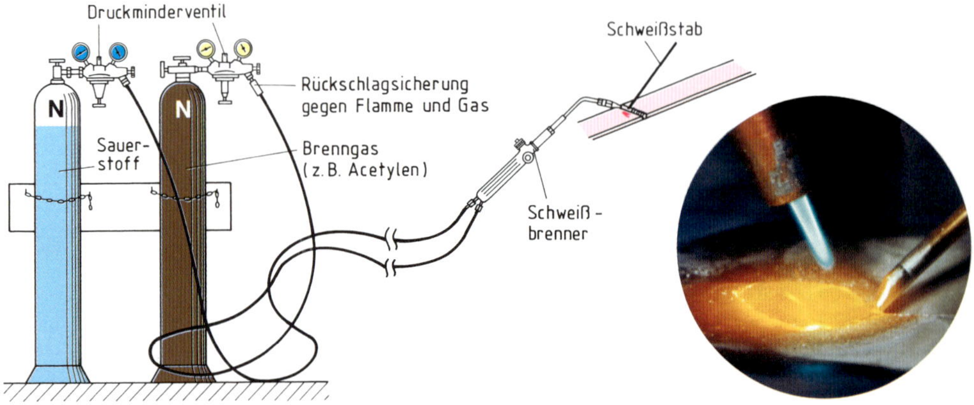

1. Gase für das Gasschmelzschweißen

Zum Gasschmelzschweißen werden als Brenngase Acetylen, Propan oder Wasserstoff eingesetzt. Zur Erzielung hoher Temperaturen werden sie mit reinem Sauerstoff verbrannt.

Die Acetylen-Sauerstoff-Flamme liefert die höchste Flammtemperatur. Sie wird deshalb bevorzugt eingesetzt.

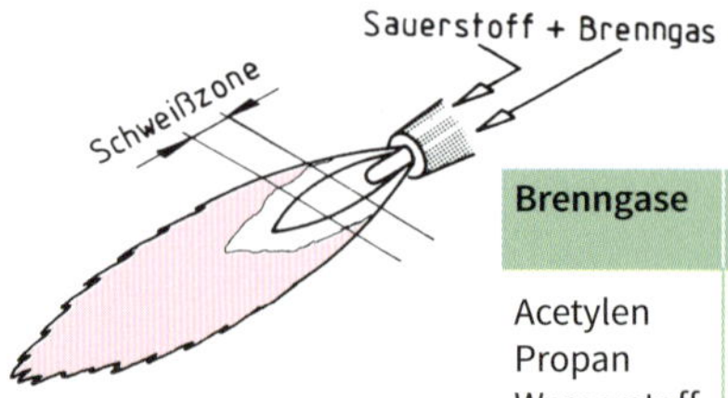

Gasflamme

Brenngase	Flamm-temperatur
Acetylen	3 200 °C
Propan	2 800 °C
Wasserstoff	2 100 °C

Speicherung von Sauerstoff	Speicherung von Acetylen
Sauerstoff wird in Stahlflaschen abgefüllt. Normalflasche (N): 40 l Volumen, 150 bar Überdruck, 6 000 l Entnahmemenge Leichtstahlflasche (L): 50 l Volumen, 200 bar Überdruck, 10 000 l Entnahmemenge	Um größere Mengen Acetylen in einer Stahlflasche zu speichern, muss Acetylen in Aceton gelöst werden. Das Aceton wird in der Flasche von einer hochporösen Masse aufgenommen. Flaschenvolumen: 40 l Acetonmenge: 13 l Inhaltsdruck: 18 bar Überdruck Entnahmemenge: ca. 6 000 l

2. Kennzeichnung von Druckgasflaschen

Die verbindliche Kennzeichnung des Gasinhalts einer Gasflasche erfolgt nach DIN EN 1089 auf einem Gefahrgutaufkleber auf der Schulter der Gasflasche. Eine zusätzliche Farbkennzeichnung der Schulter und des Mantels der Gasflasche erhöht die eindeutige Zuordnung zum technischen Gas. Bei einigen Gasen kann die Farbkennzeichnung des Mantels auch nach Norm – wie in der Tabelle dargestellt – unterschiedlich ausfallen.

Gasart	Farbkennzeichnung nach DIN EN 1089-3; technische Gase		
	Schulter	Mantel	
Sauerstoff	weiß	grau	(blau)
Acetylen	kastanienbraun	grau	(kastanienbraun)
Wasserstoff	rot	rot	rot
Argon	dunkelgrün	grau	(dunkelgrün)

Übungsaufgaben 14/75 bis 14/80

3. Schweißbrenner mit Einstellung der Schweißflamme

Schweißbrenner mit Injektor

Bestandteile
Schweißeinsatz: Auswahl des Durchmessers der Schweißdüse nach Werkstückdicke
Griffstück: Ventil für Sauerstoff und Acetylen; erst wird das Sauerstoffventil geöffnet, um eine Saugwirkung zu ermöglichen. Anschluss für Acetylen- (rot) und Sauerstoffschläuche (blau)

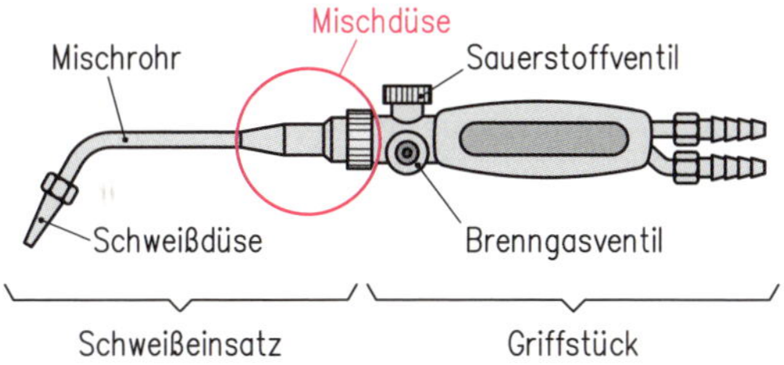

Schweißbrenner (Injektorbrenner = Saugbrenner)

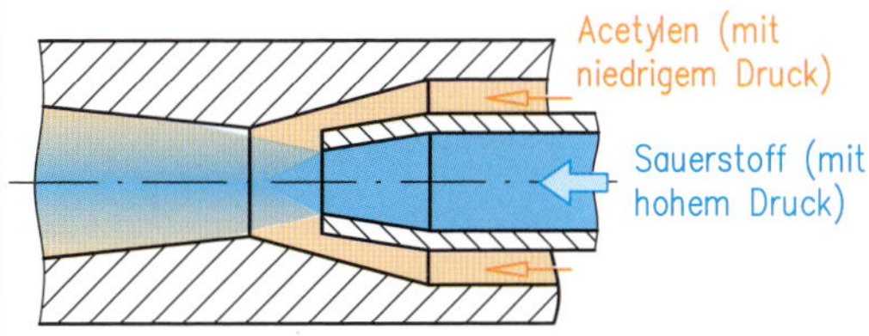

Saugwirkung beim Injektorbrenner

Den **Schweißeinsatz** wählt man entsprechend der Werkstückdicke. Zur Normalausrüstung gehören sechs Schweißeinsätze. Ihr Arbeitsbereich für Stahl entspricht einer Werkstoffdicke von 0,5 bis 14 mm. Für andere Werkstoffe werden abweichende Schweißeinsätze verwendet. Zum Beispiel nimmt man für Aluminium den Schweißeinsatz des höheren Nennbereichs, da dieser Werkstoff die Wärme schnell ableitet.

Einer Flamme mit neutraler Einstellung wird nur so viel Sauerstoff zugeführt, wie für die Verbrennung des Acetylens notwendig ist. Sie ist zum Schweißen von Stählen einzustellen.

Eine Flamme mit Sauerstoffüberschuss wird zum Schweißen von Kupfer-Zink-Legierungen (Messing) verwendet, um eine Zinkausdampfung zu verhindern. Das entstehende Zinkoxid hat eine toxische Wirkung und kann zu Zinkrauchfieber führen.

Schweiß-einsatz Größe	**Nennbereich** (Werkstoff-dicke für Stahl) in mm	**Sauerstoff druck** in bar	**Sauerstoff-verbrauch = Acetylen-verbrauch** in l/h (bei 1 bar)
1	0,5– 1	2,5	ca. 80
2	1 – 2	2,5	ca. 160
3	2 – 4	2,5	ca. 315
4	4 – 6	2,5	ca. 500
5	6 – 9	2,5	ca. 800
6	9 –14	2,5	ca. 1 250

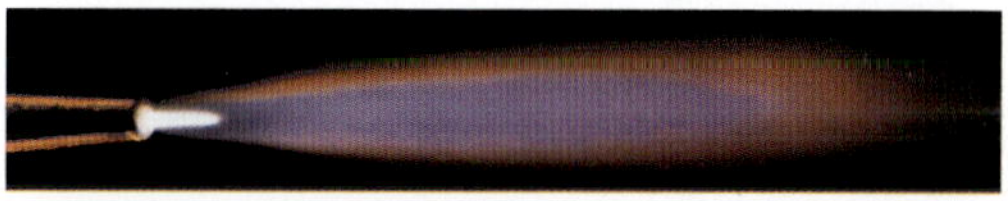

Flamme mit neutraler Einstellung

Flamme mit Sauerstoffüberschuss

4. Schweißzusatzwerkstoff

Der Schweißzusatzwerkstoff muss entsprechend dem zu verschweißenden Grundwerkstoff ausgewählt werden. Für die Ausführung von Gasschmelzschweißarbeiten an unlegierten und niedriglegierten Stählen stehen sieben **Schweißstabklassen** zur Auswahl.
Am häufigsten werden Schweißstäbe der Klassen O III und O IV verwendet.

Grundwerkstoffe	**Schweißstabklassen** OI	OII	OIII	OIV	OV	OVI
...S235	x	x	x	x		
...S275JR		x	x	x		
...S355JR			x	x		
16Mo3				x		
13CrMo4-5					x	
10CrMo9-10						x

Zuordnung der Schweißstabklassen zum Grundwerkstoff

Der **Schweißstabdurchmesser** wird in Abhängigkeit von der Dicke des zu verschweißenden Blechs gewählt. Bevorzugt werden Schweißstäbe mit den Durchmessern 2; 2,5; 3; 4 und 5 mm benutzt.
Die Oberfläche der Stäbe muss frei von Rost, Fett und anderen Verunreinigungen sein. Meist sind die Stäbe zum Korrosionsschutz verkupfert.

5. Bestimmung des Arbeitsverfahrens

Beim Gasschmelzschweißen wird nach zwei Verfahren gearbeitet, dem Nach-links-Schweißen (NL bis etwa $t = 3$ mm) und dem Nach-Rechts-Schweißen (NR ab etwa $t = 3$ mm).

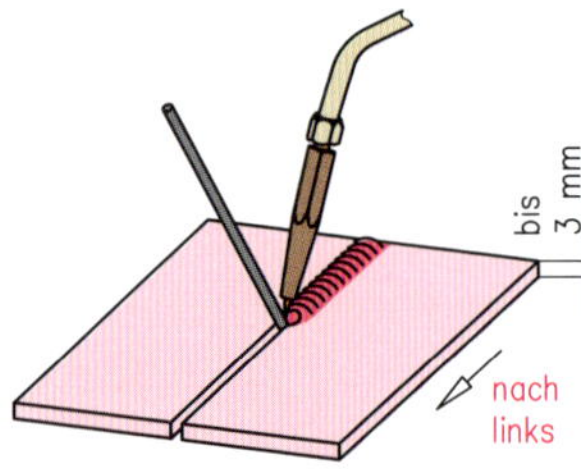

Nach-links-Schweißen

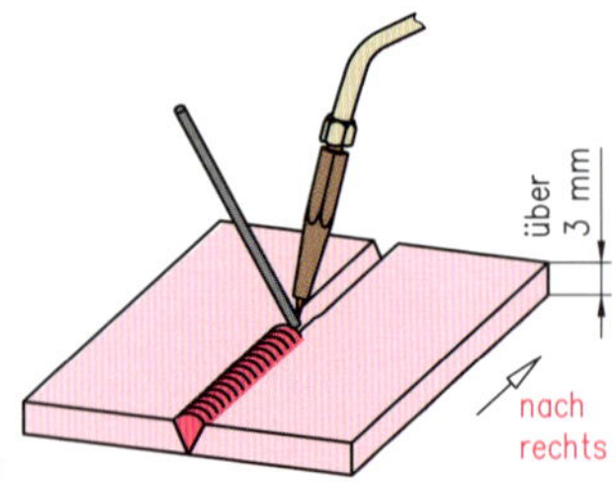

Nach-rechts-Schweißen

6. Auswahl der Arbeitsgrößen beim Gasschmelzschweißen

Zur fachgerechten Durchführung sind der Schweißeinsatz, der Schweißzusatzwerkstoff und das Arbeitsverfahren auszuwählen sowie die Schweißflamme einzustellen.

Beispiel für die Auswahl und Festlegung der Arbeitsgrößen beim Gasschmelzschweißen

Arbeitsauftrag:

Zwei Bleche aus Baustahl S275JR von 3 mm Dicke sind zu verschweißen.
Zu bestimmen sind:
Schweißeinsatz des Schweißbrenners, Schweißstabklasse, Arbeitsverfahren und Einstellung der Schweißflamme.

Lösungen:

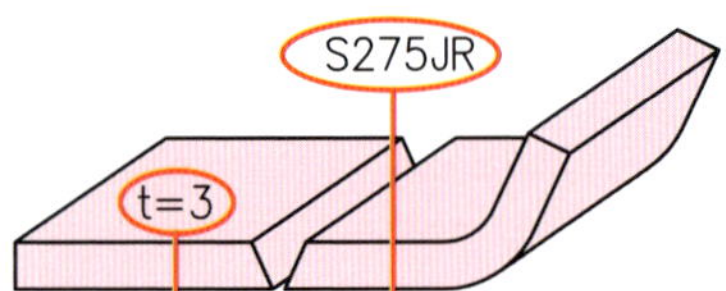

Schweißeinsatz

Schweißeinsatz Größe	Nennbereich (Werkstoffdicke für Stahl in mm)	Sauerstoffverbrauch = Acetylenverbrauch in l/h (bei 1 bar)
1	0,5 – 1	ca. 80
2	1 – 2	ca. 160
3	2 – 4	ca. 315
4	4 – 6	ca. 500
5	6 – 9	ca. 800

Arbeitsverfahren
Ab 3 mm Dicke:
Nach-rechts-Schweißen (NR)

Schweißstabklasse

Grundwerkstoffe	Schweißstabklassen				
	OI	OII	OIII	OIV	OV
...S235	x	x	x	x	
...S275JR		x	x	x	
...S355JR			x	x	
16Mo3				x	
13CrMo4-5					x

Einstellung der Schweißflamme
Schweißen von Stahl:
neutrale Flamme,
Acetylen : Sauerstoff = 1 : 1

7. Regeln für das Gasschmelzschweißen von Stahl:

Hinweis

- Der Schweißeinsatz des Brenners ist entsprechend der Werkstückdicke zu wählen.
- Die Schweißflamme ist neutral einzustellen.
- Die Spitze des Leuchtkegels darf das Schweißbad und den Schweißdraht nicht berühren.
- Der Brenner muss in einem günstigen Winkel zum Werkstück gehalten werden: anfangs steil, später stärker zur Naht hin geneigt.
- Der Schweißdraht muss ins Schweißbad eintauchen, er darf nicht tropfen und nicht „kleben“.
- Längere Schweißstöße sind zunächst zu heften.

Übungsaufgaben 14/84 bis 14/87

14.6.2 Lichtbogenschmelzschweißen

1. Verfahren des Lichtbogenschmelzschweißens

Lichtbogenschmelzschweißverfahren haben in der Fügetechnik besondere Bedeutung. Die gängigen Verfahren in den Bereichen Werkstattfertigung, Instandhaltung und Montage sind:

Lichtbogenhandschweißen	Metall-Schutzgasschweißen	Wolfram-Schutzgasschweißen
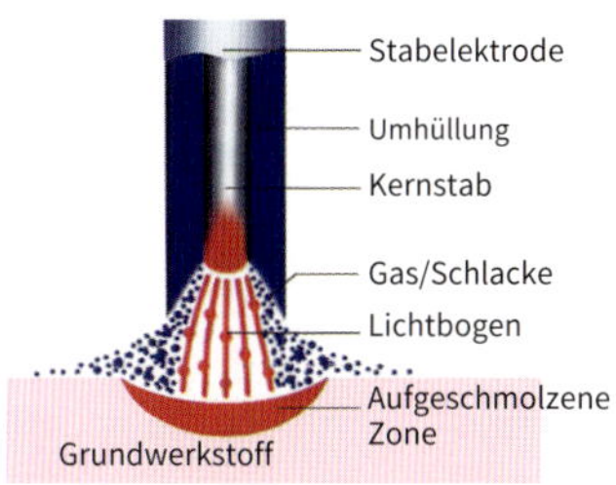	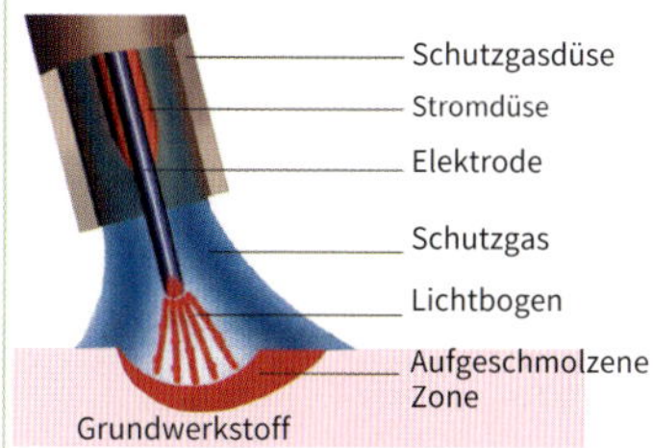	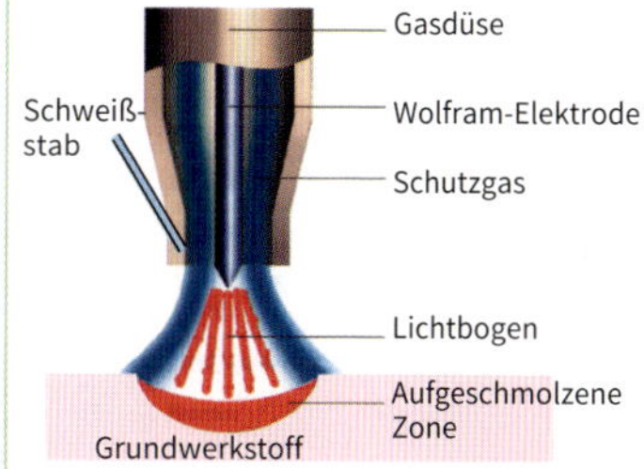

Beim Lichtbogenschmelzschweißen wird mithilfe des elektrischen Stroms durch die Wirkung eines Lichtbogens die Schweißtemperatur erzeugt. Dabei bilden während des Schweißvorgangs die Spannungsquelle, der Lichtbogen und das Werkstück einen Stromkreis.

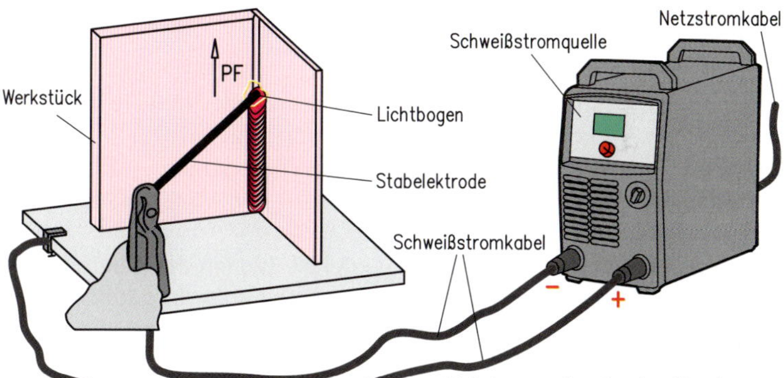

Lichtbogenschmelzschweißanlage

2. Stromfluss im Lichtbogen

Wenn beim Heranführen der Elektrode an das Werkstück der Abstand genügend klein ist oder gar ein Kurzschluss herbeigeführt wurde, zündet der Lichtbogen. Wird nun die Elektrode abgehoben, bleibt der Lichtbogen über eine gewisse Länge erhalten, denn Atome der Umgebung werden in elektrisch positiv geladene Ionen und Elektronen aufgespalten und ermöglichen die bessere Leitung. Sie findet im violett leuchtenden Kern des Lichtbogens statt.

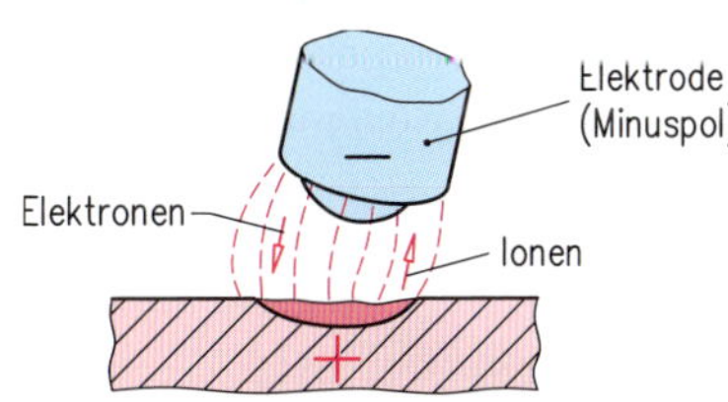

Bewegung der Ladungsträger im Lichtbogen

> **!** Durch Spaltung von Atomen entstehen im Lichtbogen Ionen und Elektronen. Diese Ladungsträger ermöglichen den Stromfluss.

Die Elektronen werden im Lichtbogen besonders hoch beschleunigt und geben beim Auftreffen auf den positiven Pol dort ihre Energie ab. Darum ist beim Schweißen mit Gleichstrom die Temperatur am Pluspol etwa 600 Grad höher als am Minuspol. Beim Schweißen mit Wechselstrom sind die Temperaturen an beiden Ausgangspunkten des Lichtbogens gleich.

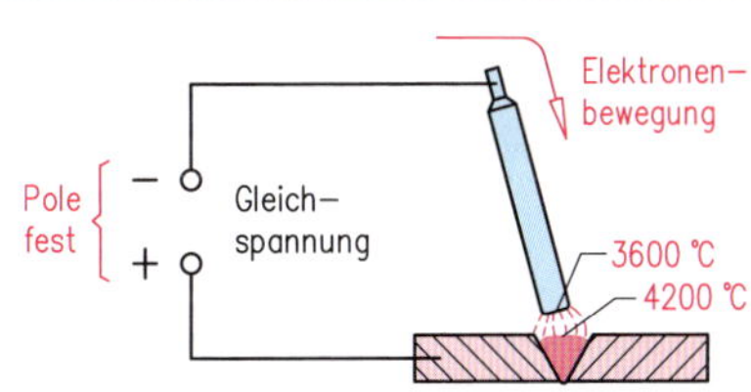

Temperaturen beim Schweißen mit Gleichstrom

Der Lichtbogen brennt beim Schweißen mit Gleichstrom außerdem ruhiger als beim Schweißen mit Wechselstrom.

> **!** Beim Schweißen mit Gleichstrom ist der Pluspol heißer.

3. Schweißstromquellen

Moderne Schweißstromquellen sind mit einer Leistungselektronik ausgerüstet, die Stromstärke und Spannung genau den Erfordernissen angepasst. Man nennt diese Stromquellen **Inverter-Stromquellen** oder auch primär getaktete Stromquellen. Sie sind für alle Schweißverfahren einsetzbar.

Beispiel für das Prinzip des Schweiß-Inverters

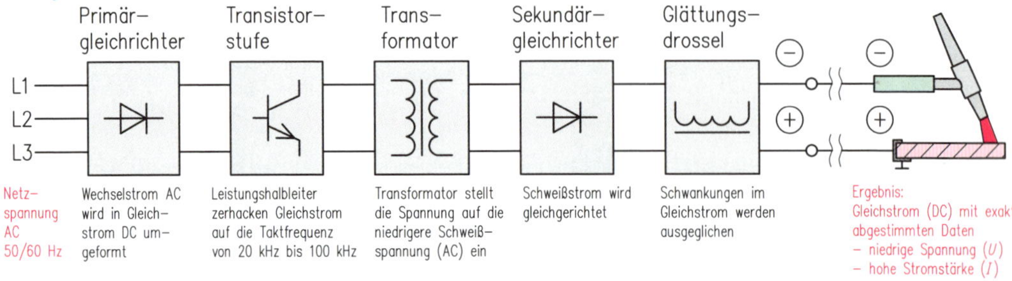

Schweißstromquellen mit Inverter-Technologie haben u. a. folgende Vorteile gegenüber bisherigen Schweißstromquellen:

Besserer Wirkungsgrad (> 0,9), bessere Regelung stark dynamischer Schweißprozesse, geringeres Gewicht aufgrund sehr kleiner Transformatoren, entsprechende Software schafft die Möglichkeit der Wiederholbarkeit von Schweißprozessen, Bedienungskomfort – nur wenige Parameter müssen eingestellt werden, unempfindlicher gegen Staub, Schmutz und Sturz bzw. Schlag.

Durch die Zusatzfunktionen *Hot-Start-*, *Anti-Stick-* und *Arc-Force-Steuerung* können weitere positive Auswirkungen auf den Schweißprozess erfolgen.

Die Zusatzfunktion *Hot-Start* sorgt für perfektes Zünden der Elektrode. Eine kurzfristige Überlagerung des eingestellten Schweißstroms (ca. 30 %) bewirkt ein sofortiges Zünden.

Die Zusatzfunktion *Anti-Stick* reduziert den Zündstrom auf 20 A, wenn die normale Zündzeit überschritten wird. Diese Funktion verhindert z. B. das Ankleben der Elektrode beim Zünden und das Abreißen des Lichtbogens bei zu kurzem Lichtbogen.

Die Zusatzfunktion *Arc-Force-Steuerung* kann die Lichtbogenlänge nahezu konstant halten. Es erfolgt eine automatische Nachregelung des eingestellten Stroms. Ein ruhiger und gleichmäßiger Lichtbogen und eine gleichmäßige Nahtschuppung sind die Folge.

Beispiel für einen Schweiß-Inverter

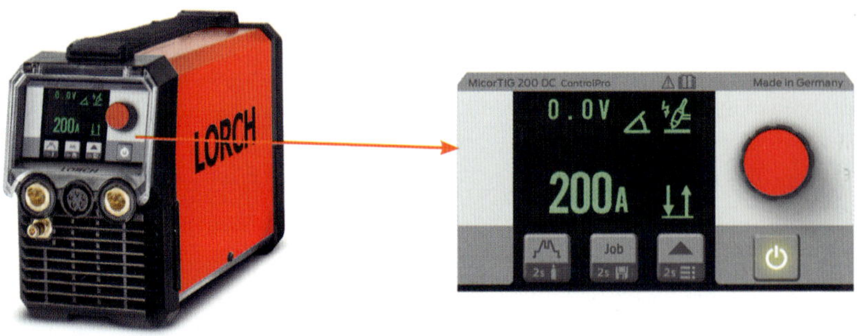

Die Bedienung des Schweiß-Inverters erfolgt in folgenden Schritten:

1. Verfahren wählen (hier: Lichtbogenhandschweißen oder WIG-Schweißen)
2. Betriebsart wählen (Betriebsart 1:2-Takt für kurzes Heften und kurze Nähte: Betriebsart 2:4-Takt für Dauerschweißung bzw. lange Nähte)
3. Schweißstrom einstellen (je nach Verfahren, Position, Schweißzusatz u. a.)

! Schweißstromquellen mit Inverter-Technologie regeln den Schweißstrom entsprechend den augenblicklichen Anforderungen. Dadurch entsteht zu jeder Zeit ein ruhiger und gleichmäßiger Lichtbogen und die Schweißnaht zeigt eine gleichmäßige Schuppung.

14.6.2.1 Lichtbogenhandschweißen, Kennziffer 111

Beim Lichtbogenhandschweißen brennt der Lichtbogen zwischen einer abschmelzenden Elektrode und dem Werkstück. Lichtbogen und Schmelzbad werden vor dem Zutritt der Atmosphäre nur durch Gase und Schlacken abgeschirmt, die von der Elektrode stammen.
Zur einwandfreien Durchführung einer Lichtbogenhandschweißung muss der Schweißer die folgenden Hilfsmittel sachgerecht auswählen bzw. einstellen:

- Schweißstromquelle,
- Schweißelektrode,
- Schweißstromstärke,
- Arbeitstechnik.

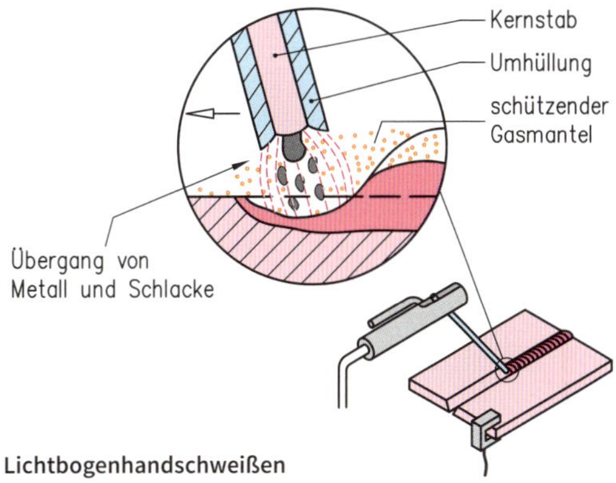

Lichtbogenhandschweißen

1. Wahl der Schweißstromquelle
Als Schweißstromquellen beim Lichtbogenhandschweißen kommen je nach Schweißaufgabe, Güteanforderungen und Fertigungsbedingungen Schweißtransformatoren, Schweißgleichrichter oder Schweißumformer mit *steil fallender Kennlinie* zum Einsatz.

! Schweißstromquellen zum Lichtbogenhandschweißen müssen steil fallende Kennlinien aufweisen.

2. Wahl der Schweißelektrode
Bei der Auswahl der Elektroden sind folgende Gesichtspunkte zu berücksichtigen:

- Werkstoff der zu verbindenden Bauteile,
- Materialdicke,
- Art des Schweißstroms,
- Schweißpositionen.

– Elektrodenwerkstoff
Der metallische Werkstoff der Elektrode muss etwa die gleiche Zusammensetzung haben wie der Werkstoff der zu verbindenden Bauteile.

– Kernstabdurchmesser
Der Kernstabdurchmesser der Elektrode richtet sich nach der Dicke der zu fügenden Bauteile. Für Werkstücke bis 4 mm Dicke wählt man den Elektrodendurchmesser gleich der Materialdicke.
Bei dickeren Werkstücken nimmt der Elektrodendurchmesser nicht in gleichem Maße zu. Große Schweißnahtquerschnitte werden in mehreren Lagen geschweißt.

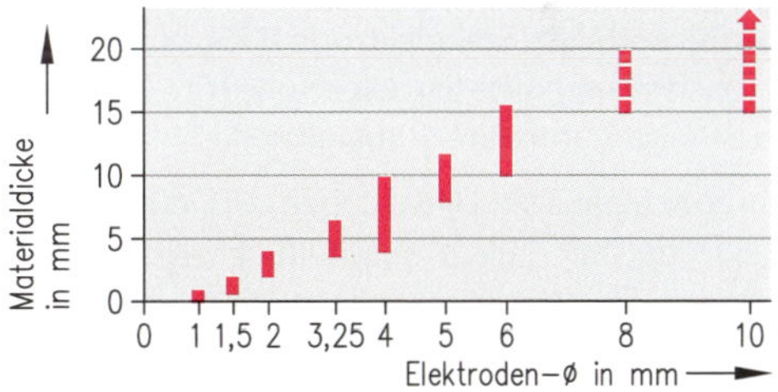

Einsatz der verschiedenen Elektrodendurchmesser

– Umhüllung
Aufgabe der Umhüllung

Die Umhüllung erfüllt beim Schweißvorgang folgende Aufgaben:

- Schutz der Schweißstelle vor Lufteintritt durch Bildung einer Gashülle,
- Bildung einer Schlacke: Schlacke nimmt Verunreinigungen aus der Schmelze auf, schützt die Schweißnaht vor zu schneller Abkühlung und verhindert Lufteintritt,
- Stabilisierung des Lichtbogens durch zusätzliche Ladungsträger,
- Ersetzen oxidierter Elemente wie z. B. C, Mn.

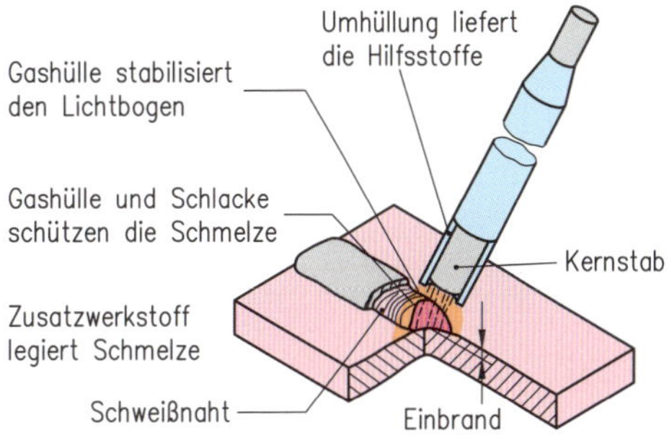

Aufgaben der Umhüllung

Die **Umhüllungsdicke** beeinflusst die Schweißeigenschaften. Je dicker die Umhüllung ist, desto feintropfiger wird der Werkstoffübergang. Dadurch wird das Nahtaussehen gleichmäßiger und die Einbrandtiefe erhöht.

Einfluss der Umhüllungsdicke bei Stabelektroden

Umhüllungsdurchmesser *D*	Werkstoffübergang	Spaltüberbrückbarkeit	Nahtaussehen	Einbrandtiefe
dünn 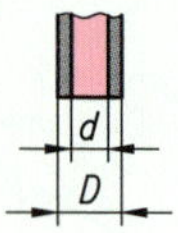 *D* bis 1,2 · *d*	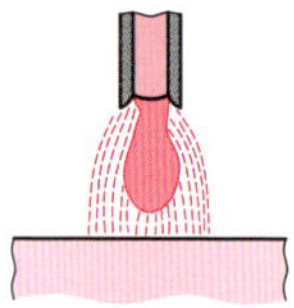	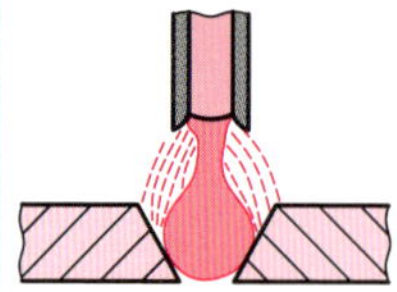	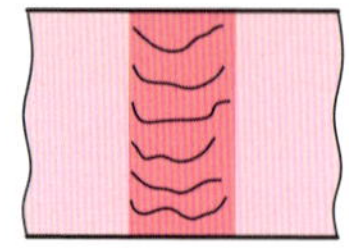	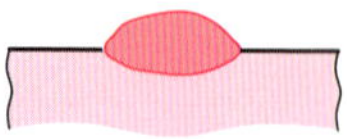
D über 1,2 bis 1,55 · *d* 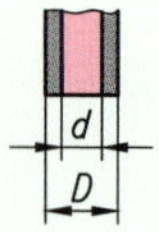	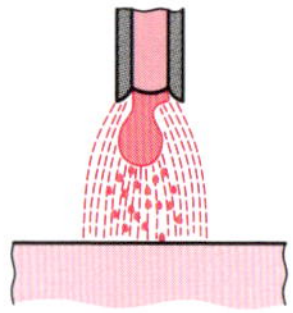	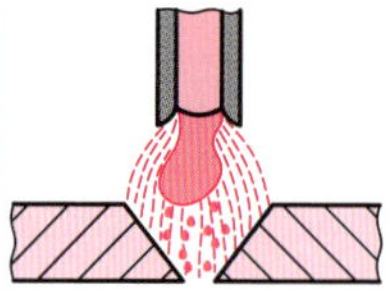	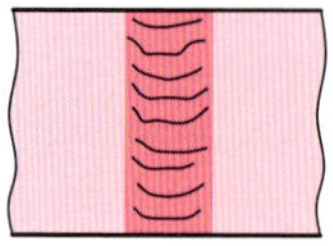	
dick 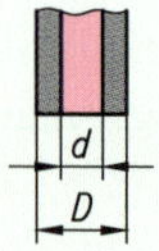 *D* über 1,55 · *d*	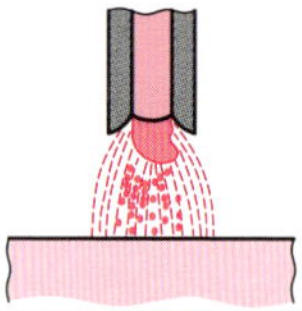	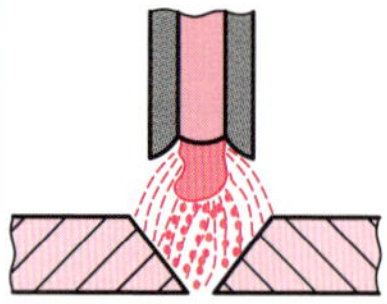	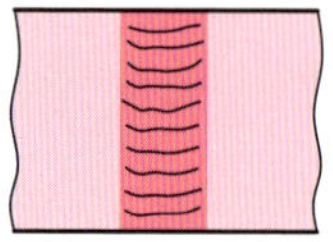	

> **!** Zunehmende Umhüllungsdicke bewirkt:
> • feintropfigeren Werkstoffübergang, • gleichmäßigeres Nahtaussehen, • größere Einbrandtiefe.

Nach der Zusammensetzung der Umhüllung unterscheidet man nach DIN EN ISO 2560 folgende Grundtypen:

- sauer umhüllte Stabelektrode (z. B. SiO_2-, Fe_3O_4-haltig): Umhüllungstyp **A**
- rutil umhüllte Stabelektrode (TiO_2-haltig): Umhüllungstyp **R**
- basisch umhüllte Stabelektrode ($CaCO_3$-, MgO- und CaF_2-haltig): Umhüllungstyp **B**
- zellulose-umhüllte Stabelektrode: Umhüllungstyp **C**

Darüber hinaus sind Mischtypen, z. B. **AR** = rutil und sauer umhüllt, gebräuchlich.
Elektroden mit Celluloseumhüllung werden hauptsächlich zum Fallnahtschweißen verwendet.

Die verschiedenen Umhüllungstypen führen zu unterschiedlichen Schweißeigenschaften:

Umhüllungstyp (dick umhüllt)	Schlackeneigenschaften		Tropfenübergang	Positionsverschweißbarkeit	mechanische Kennwerte des Schweißguts
	Erstarrungsintervall	Entfernbarkeit			
sauer A	groß	platzt ab	feintropfig bis sprühregenartig	schlecht in Zwangslagen	mittel
rutil R	mittel	gut	mittel- bis feintropfig	alle Positionen	gut
basisch B	klein	schlecht	mittel- bis grobtropfig	alle Positionen	sehr gut

> **!** Die Zusammensetzung der Umhüllung beeinflusst Schlackeneigenschaften und Tropfenübergang und wirkt sich auf die Positionsverschweißbarkeit der Elektrode sowie auf die mechanischen Kennwerte des Schweißguts aus.

Übungsaufgaben 14/93 bis 14/94

Beispiel für die Benennung einer Stabelektrode nach DIN EN ISO 2560-A

Stabelektrode: E 42 2 B 4 2 H10

Dehnungseigenschaften

	Mindeststreckgrenze (N/mm²)	Zugfestigkeit (N/mm²)	Mindestbruchdehnung (%)
35	355	440–570	22
38	380	470–600	20
42	420	500–640	20
46	460	530–680	20
50	500	560–720	18

Umhüllungstyp

	Umhüllung
A	sauer
C	zellulose
R	rutil
RR	dick rutil
RC	rutilzellulose
RA	rutilsauer
RB	rutilbasich
B	basisch

Wasserstoffgehalt

	max. Wasserstoffgehalt (ml/100 g)
H5	5
H10	10
H15	15

Basische Universalelektrode für alle Positionen (außer Fallnähte), für un- und niedriglegierte Stähle, mitteltropfig, Spezialumhüllung mit verzögerter Feuchtigkeitsaufnahme

Kerbschlagarbeit

	Temperatur für Mindestkerbschlagarbeit 47 J
Z	keine Anforderungen
A	+20 °C
0	0 °C
2	–20 °C
3	–30 °C
4	–40 °C
5	–50 °C
6	–60 °C

Ausbringung und Stromart

	Ausbringung (%)	Stromart
1	≤ 105	Wechsel- und Gleichstrom
2		Gleichstrom
3	> 105 und ≤ 125	Wechsel- und Gleichstrom
4	> 105 und ≤ 125	Gleichstrom
5	> 125 und ≤ 160	Wechsel- und Gleichstrom
6	> 125 und ≤ 160	Gleichstrom
7	> 160	Wechsel- und Gleichstrom
3	> 160	Gleichstrom

Schweißposition

1	alle Positionen
2	alle Positionen außer Fallnaht
3	Stumpfnaht in Pos. PA Kehlnaht in Pos. PA u. PB
4	Stumpfnaht in Pos. PA Kehlnaht in Pos. PA
5	Stumpfnaht in Pos. PA u. PG Kehlnaht in Pos. PA, PB u. PG

3. Wahl der Schweißstromstärke

Die einzustellende Schweißstromstärke wird nach dem Kernstabdurchmesser festgelegt.
Als Richtwert für die benötigte Stromstärke kann man etwa 40 Ampere je Millimeter Elektrodendurchmesser annehmen.
Jeder Hersteller gibt für seine Elektroden den geeigneten Schweißstrombereich an.

4. Arbeitstechnik beim Lichtbogenhandschweißen

Beim Lichtbogenhandschweißen wird die Elektrode senkrecht oder leicht schräg angestellt und in Schweißrichtung geneigt. Sie soll dabei eine leicht pendelnde Bewegung ausführen. Die Lichtbogenlänge soll etwa dem Kernstabdurchmesser entsprechen. Am Ende der Schweißnaht wird der Lichtbogen in Richtung der Schweißfuge geschleppt, bis er abreißt. Dadurch wird Einbrand vermieden.

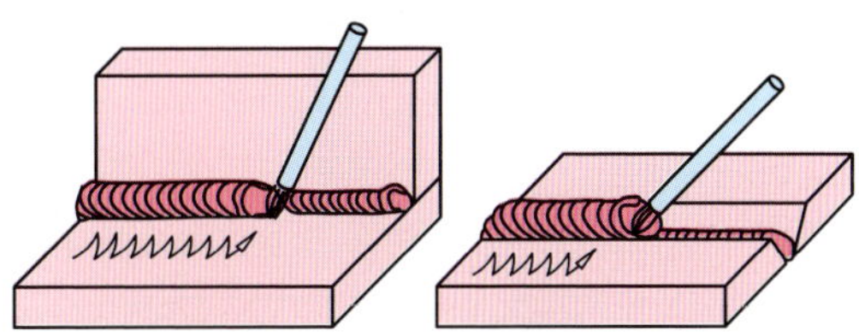
Elektrodenführung

Beim Schweißen mit Gleichstrom muss die **Blaswirkung** beachtet werden. Blaswirkung entsteht durch das Magnetfeld, das sich um einen stromdurchflossenen Leiter ausbildet und dort besonders stark ist, wo Feldlinien gebündelt werden.
Der Lichtbogen wird dabei

- vom Stromanschluss weggedrückt,
- zu großen Stahlmassen hingelenkt,
- an Kanten nach innen gezogen.

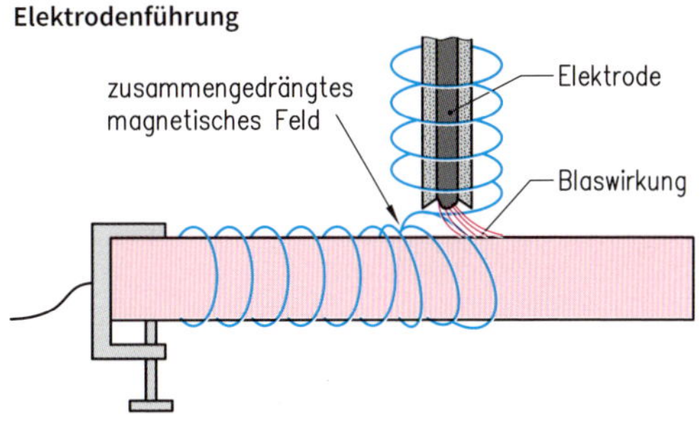

Blaswirkung

Entsprechendes Neigen der Elektrode, Verlegen des Masseanschlusses und Zulegen anderer Stahlmassen sollen die Blaswirkung auf das Schweißbad richten.

14.6.2.2 Schutzgasschweißen

Beim Schutzgasschweißen wird die Schweißstelle durch Schutzgase vor schädlichem Luftzutritt abgeschirmt.

Als Schutzgase werden einerseits Edelgase, z. B. Argon und Helium, verwendet. Diese Gase sind als Schutzgase besonders geeignet, weil sie keine chemischen Verbindungen mit dem Schweißgut eingehen. Diese chemisch nicht reagierenden Gase werden als **„inerte“** Gase bezeichnet.

Zum anderen werden Kohlendioxid, Wasserstoff, Stickstoff und Gemische dieser Gase mit Edelgasen verwendet. Diese Gase können chemisch mit anderen Stoffen reagieren. Man bezeichnet sie deshalb als **„aktive“** Gase. Diese aktiven Schutzgase können oxidierend auf die Schweißstelle wirken.

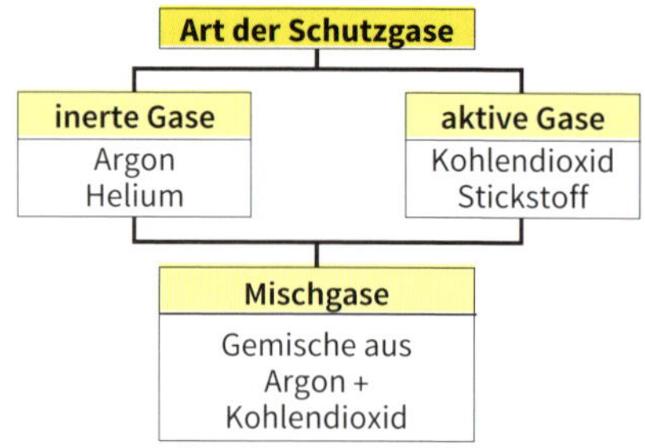

> **!** Schutzgase schirmen die Schweißstelle vor Luftzutritt ab.
> Als Schutzgase verwendet man inerte Gase und aktive Gase.

Beim Schutzgasschweißen kann der Lichtbogen entweder zwischen

- einer abschmelzenden Metallelektrode und dem Werkstück oder
- einer nicht abschmelzenden Wolframelektrode und dem Werkstück brennen.

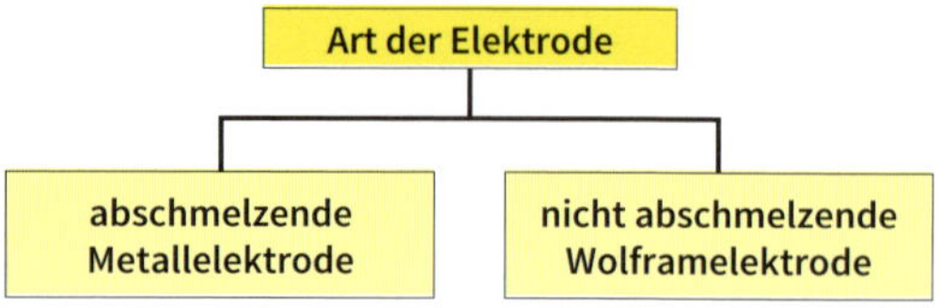

Je nach verwendeter Elektrode und zugeführter Gasart unterscheidet man mehrere Schutzgasschweißverfahren.

<table>
<tr><th colspan="2">Metall-Schutzgasschweißen</th><th>Wolfram-Schutzgasschweißen</th></tr>
<tr><td colspan="2">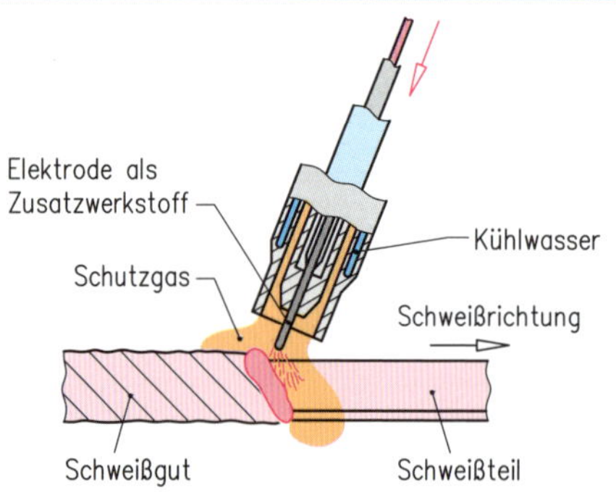
</td><td>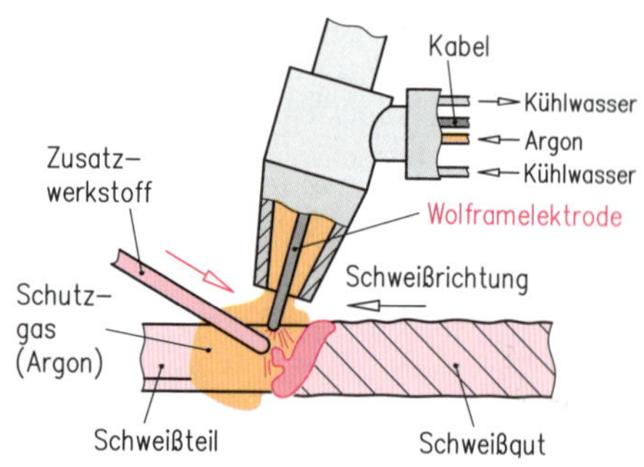
</td></tr>
<tr><td colspan="2">Merkmale:
Der Lichtbogen brennt zwischen der abschmelzenden Metallelektrode und dem Werkstück.
Die abschmelzende Elektrode liefert den Zusatzwerkstoff zur Bildung der Schweißnaht.</td><td>Merkmale:
Der Lichtbogen brennt zwischen der nicht abschmelzenden Wolframelektrode und dem Werkstück.
Schweißzusatzwerkstoffe werden stromlos zugeführt.</td></tr>
<tr><td>Als Schutzgase werden meist inerte Gase wie Argon, seltener Helium, eingesetzt.</td><td>Als Schutzgase werden aktive Gase wie Kohlendioxid, Stickstoff sowie Mischgase verwendet.</td><td>Als Schutzgase werden meist inerte Gase wie Argon, seltener Helium, verwendet.</td></tr>
<tr><td>Metall-Inert-Gas-Verfahren
MIG-Verfahren</td><td>Metall-Aktiv-Gas-Verfahren
MAG-Verfahren</td><td>Wolfram-Inert-Gas-Verfahren
WIG-Verfahren</td></tr>
</table>

Übungsaufgaben 14/97; 14/98

14.6.2.3 Metallschutzgasschweißen (MSG), Kennziffer 13

Beim Metall-Schutzgasschweißen brennt der Lichtbogen innerhalb einer Schutzgasglocke zwischen einer abschmelzenden Elektrode und dem Werkstück. Nach der Art der Schutzgase unterscheidet man die Verfahren

- inerte Schutzgase → **MIG**-Schweißen (**M**etall-**I**nertgas-**S**chweißen, Kennziffer 131),
- aktive Schutzgase → **MAG**-Schweißen (**M**etall-**A**ktivgas-**S**chweißen, Kennziffer 135).

Beispiel für eine Metall-Schutzgasschweißanlage

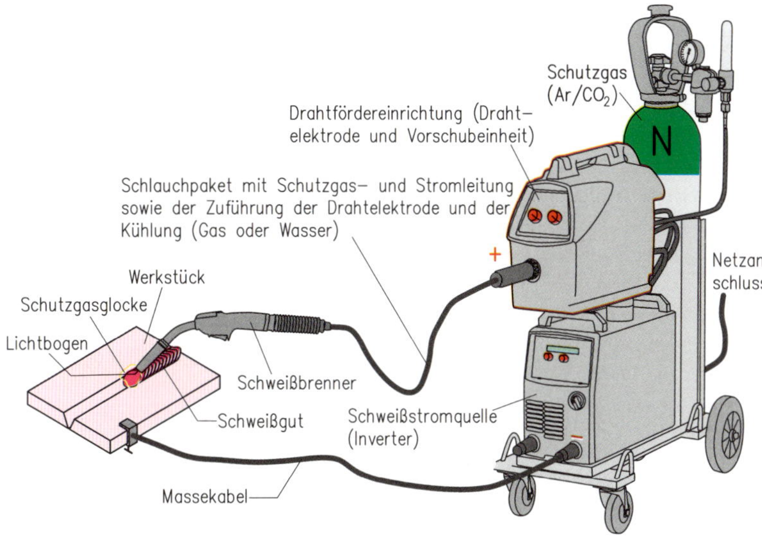

Bei beiden Verfahren, MIG- oder MAG-Schweißen, wird die Drahtelektrode mit eingestellter, gleich bleibender Geschwindigkeit von der Drahtfördereinrichtung transportiert.
Das Metall-Schutzgasschweißen ist bei Werkstückdicken ab 1 mm zum Verbindungsschweißen in allen Positionen sowie zum Auftragsschweißen einsetzbar. Es ist besonders wirtschaftlich wegen seiner hohen Abschmelzleistung und der Möglichkeit zur Mechanisierung.

Zur einwandfreien Durchführung einer Metall-Schutzgasschweißung muss der Industriemechaniker die folgenden Hilfsmittel sachgerecht auswählen bzw. einstellen:

- Schweißstromquelle und Schweißstromkennlinie,
- Spannungs- und Stromwerte,
- Schweißzusatzwerkstoff,
- Schutzgas.

1. Auswahl der Schweißstromquellen

Beim Metall-Schutzgasschweißen kommen hauptsächlich Gleichstromquellen zum Einsatz. Die abschmelzende *Drahtelektrode* wird dabei *positiv* gepolt. Die Stromquelle für das MIG/MAG-Schweißen arbeitet mit nahezu konstanter Kennlinie. Der *Vorschub* für die Drahtelektrode erfolgt mit *konstanter* Geschwindigkeit.
Beim Schweißen passt sich die Lichtbogenlänge selbsttätig an. Bei länger oder kürzer werdendem Lichtbogen ändern sich Schweißspannung und Schweißstrom. Es wird dann mehr oder weniger Schweißdraht abgeschmolzen.

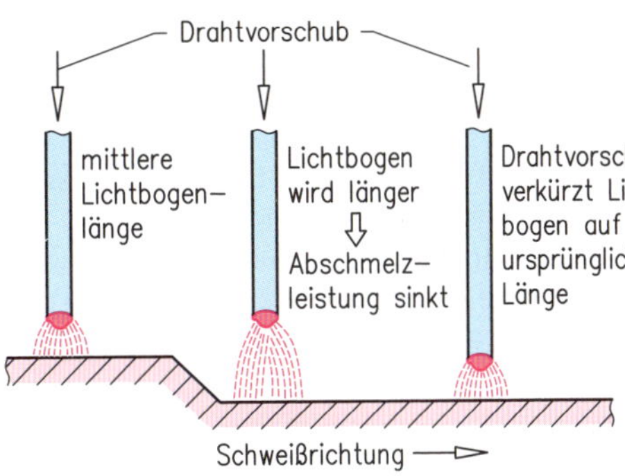

Prinzip der inneren Regelung

> **!** Beim Metall-Schutzgasschweißen werden Gleichstromquellen (z. B. Schweiß-Inverter) mit nahezu konstanter Kennlinie eingesetzt. Die Lichtbogenlänge regelt sich selbsttätig (innere Regelung).

Schweißinverter zum MIG-MAG-Schweißen können auch mit einem **Impulslichtbogen** arbeiten. Die Pulstechnik war bislang im Wesentlichen im Aluminium- und Edelstahl- Sektor sowie in der automatisierten Fertigung anzutreffen. Inzwischen ist der Impulslichtbogen aber auch in der Werkstatt bei Stahlschweißungen beherrschbar. Die geringe Nachbereitung der Schweißnähte und die hohe Nahtqualität sind Vorteile des Impulslichtbogens.

Beim Impulslichtbogen wird dem Grundstrom (Gleichstrom), der mindestens so hoch sein muss, dass der Lichtbogen nicht erlischt, ein *Stromimpuls* überlagert. Der Grundstrom hält das Schweißbad flüssig, und der Stromanstieg bei jedem Impuls bewirkt jeweils den Übergang eines Tropfens in das Schweißbad. Übliche Impulsfrequenzen sind 25, 33 ⅓, 50 und 100 Hertz. Eine Steigerung der Abschmelzleistung lässt sich durch den gezielten Übergang mehrerer Tropfen pro Impuls erreichen (Speed Pulse). Als Schutzgase werden inerte und argonreiche Mischgase verwendet.

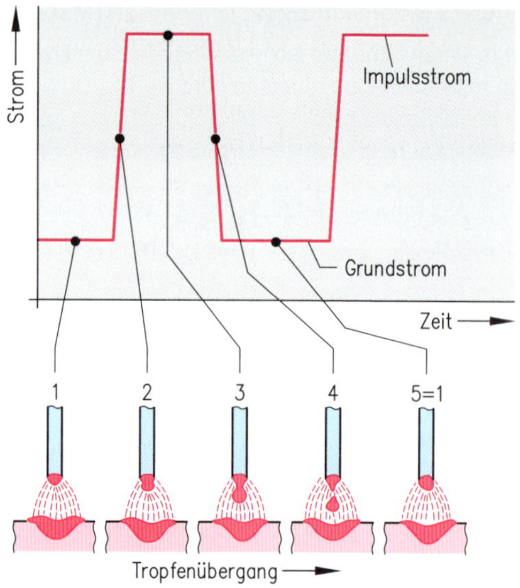

Tropfenübergang beim Impulslichtbogen

Vorteile des Impuls-Lichtbogenschweißens sind:

- genaue Einstellung der abschmelzenden Metallmenge (dünne Bleche – niedrige Frequenz),
- geringe Wärmeeinbringung in die Umgebung der Schweißnaht,
- Einsatz dickerer Elektroden, die billiger und leichter förderbar sind,
- spritzarmer Tropfenübergang.

! Beim Schweißen mit Impuls-Schweißstromquellen wird durch die Stromimpulse ein im Rhythmus der Impulsfrequenz gesteuerter Tropfenübergang erreicht.

2. Auswahl der Drahtelektrode

Die Schweißzusatzwerkstoffe werden dem zu verschweißenden Grundwerkstoff angepasst. Je nach der chemischen Zusammensetzung unterscheidet man z. B. die Schweißzusatztypen **G2S1**; **G3S1**; **G4S1** sowie spezielle, dem Grundwerkstoff angepasste Schweißzusätze (z. B. SG CrMo5).

Der Schweißzusatztyp wird bei der Bezeichnung einer Drahtelektrode angegeben.

Die Auswahl des Drahtelektrodendurchmessers erfolgt nach der Dicke der zu verschweißenden Bauteile. Besonders häufig werden Drähte mit den Durchmessern 0,8 mm, 1,0 mm und 1,2 mm angewendet.

Entsprechend dem Durchmesser wird die Stromstärke eingestellt.

Die Drähte sind verkupfert. Dadurch erreicht man nicht nur besseren Korrosionsschutz, sondern auch bessere Gleitfähigkeit in der Drahtvorschubeinrichtung und einen besseren Stromübergang.

Drahtelektrodentypen

Kurzzeichen	Chemische Zusammensetzung		
	C in %	Si in %	Mn in %
G2S1	0,06–0,14	0,5–0,8	0,9–1,3
G3S1	0,06–0,14	0,7–1,0	1,3–1,6
G4S1	0,06–0,14	0,8–1,2	1,6–1,9

Auswahl von Drahtelektrodendurchmesser und Stromstärke

Werkstückdicke in mm	bis 1	1 bis 7	7 bis 15
Genormter Drahtelektrodendurchmesser in mm	0,8	1,0	1,2
Empfohlene Stromstärke in A	bis 140	bis 220	bis 300

! Die Auswahl der Drahtelektroden erfolgt entsprechend dem zu fügenden Grundwerkstoff und dem Schweißnahtvolumen.

Übungsaufgaben 14/101; 14/102

3. Auswahl der Schutzgase

Als Schutzgase verwendet man je nach Schweißaufgabe drei verschiedene Arten von Gasen:

- *inerte Gase*, das sind die Edelgase Argon und Helium, die chemisch nicht reagieren,
- *Aktivgase*, das ist vor allem Kohlendioxid, das chemisch reaktionsfähig ist,
- *Mischgase*, das sind Gemische aus aktiven und inerten Gasen.

Nichteisenmetalle werden unter Einsatz inerter Gase verschweißt. Zum Schweißen von Stählen werden Aktivgase und Mischgase eingesetzt.
Die Mischgase werden je nach Oxidationsgrad in drei Gruppen unterteilt Ar/O_2; Ar/CO_2; $Ar/CO_2/O_2$.

Zuordnung der Schutzgase zu Schweißverfahren und zu verschweißendem Werkstoff

Zu verschweißender Werkstoff		Schutzgase	Gruppe		Schweißverfahren
NE-Metalle		Ar, He, Mischgas Ar/He	I		MIG
Stähle	hochlegiert	Mischgase: Ar/O_2	M 1	↓ steigende Oxidationswirkung	MAG M (1–3)
	unlegiert und niedriglegiert	Mischgase: Ar/CO_2 $Ar/CO_2/O_2$	M 2 M 3		
Stähle	unlegiert und niedriglegiert	CO_2	C1		MAG C

4. Werkstoffübergang

Je nach Einstelldaten und Wahl des Schutzgases unterscheidet man vier Lichtbogenformen:

- Kurzlichtbogen, • Langlichtbogen, • Sprühlichtbogen, • Impulslichtbogen.

Diese Lichtbogenformen ergeben unterschiedliche Ausbildung des Tropfenübergangs und damit des Anwendungsbereichs.

Formen des Werkstoffübergangs

Lichtbogenform	Kurzlichtbogen	Langlichtbogen	Sprühlichtbogen	Impulslichtbogen
Prinzip	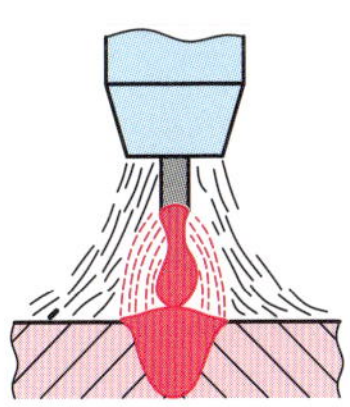	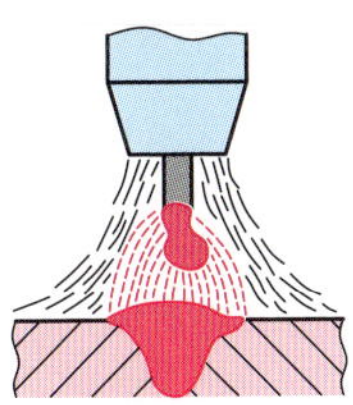	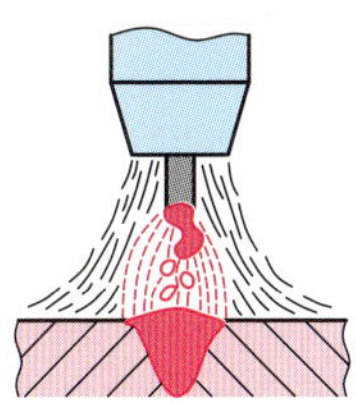	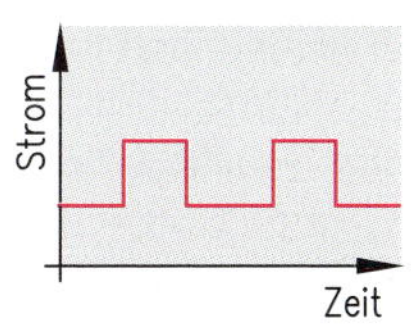
Schutzgas	Mischgase	CO_2	Argon oder Argon + CO_2	Argon oder argonreiche Mischgase
Verfahren	MAG	MAG	MIG oder MAG	MIG oder MAG
Tropfenübergang	feintropfig im Kurzschluss	grobtropfig nicht kurzschlussfrei	feinsttropfig kurzschlussfrei	impulsgesteuerter Tropfenübergang
Stromstärke Spannung für d[3] = 1 mm	70–160 A 16–19 V	180–250 A 24–30 V	180–250 A 24–30 V	–
Anwendung	Dünnbleche, mittlere und dicke Bleche in Zwangslagen	Positionen PA[1] und PB[2] mittlere und dicke Bleche	Positionen PA[1] und PB[2] mittlere und dicke Bleche	Zwangslagen, dünne Bleche mit dicken Drähten

[1] PA Wannenlage [2] PB Horizontallage [3] Drahtdurchmesser

Übungsaufgabe 14/103

14.6.2.4 Wolfram-Inertgas-Schweißen (WIG), Kennziffer 141

Beim Wolfram-Inertgas-Schweißen (WIG) brennt der Lichtbogen zwischen einer *nicht abschmelzenden* Wolframelektrode und dem Werkstück im Schutz eines Inertgases. Das Schutzgas verhindert eine Oxidation der Wolframelektrode und schützt das Schweißgut vor Einflüssen aus der Luft.
Der Schweißdraht wird nicht vom Strom durchflossen.

Beispiel für eine Wolfram-Inertgas-Schweißanlage

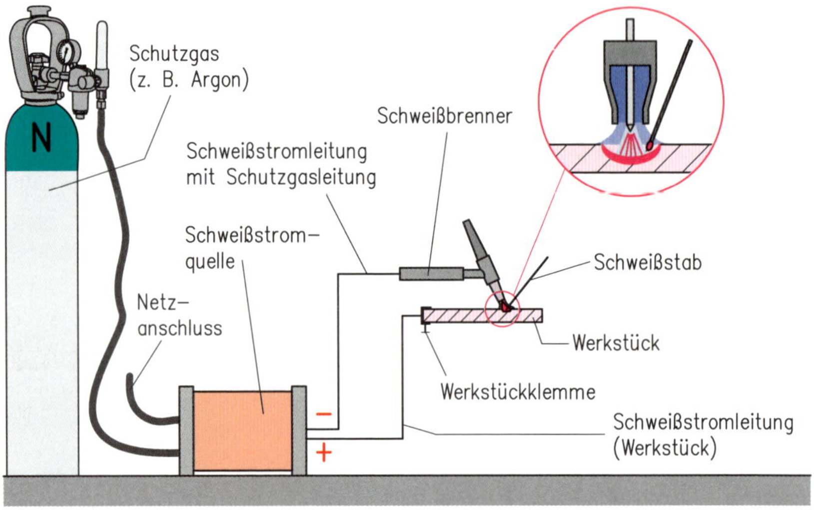

Das wirtschaftliche Einsatzgebiet für dieses Schweißverfahren liegt bei Werkstückdicken zwischen 0,5 und 4 mm.

Das Verfahren ist als Verbindungsschweißen geeignet für
- Schweißungen in allen Schweißpositionen,
- unlegierte, niedriglegierte und hochlegierte Stahlsorten,
- Nichteisenmetalle.

Schweißprobleme, z. B. das Schweißen sehr dünner, hochlegierter Stahlbleche, die sich schwer mit den üblichen Verfahren lösen lassen, sind am ehesten mit dem WIG-Verfahren zu bewältigen.
Die Schweißgeschwindigkeit ist relativ gering, die Qualität der Schweißnaht im Allgemeinen sehr gut. Deshalb wird das WIG-Verfahren auch häufig zum Schweißen von Wurzellagen eingesetzt. Bei den *Zwischen- und Decklagen* werden dann leistungsfähigere Schweißverfahren angewendet.

! Mit dem WIG-Schweißverfahren lassen sich schwierig zu fügende metallische Werkstoffe verschweißen. Hohe Abschmelzleistungen sind mit dem WIG-Schweißen nicht zu erzielen.

1. Auswahl der Schweißstromart
Die anzuwendende Stromart ist werkstoffabhängig. Überwiegend wird mit Gleichstrom geschweißt. Da am Minuspol bei gleich bleibender Stromstärke eine niedrigere Temperatur auftritt als am Pluspol, wird die Wolframelektrode *negativ* gepolt. Metalle mit hochschmelzenden Oxidschichten, wie zum Beispiel Aluminium, werden mit Wechselstrom geschweißt. Ein Hochleistungszündgerät ermöglicht dabei ein berührungsfreies Zünden des Lichtbogens, und es verhindert beim Wechselstromschweißen das Erlöschen des Lichtbogens, wenn die Spannung auf Null zurückgeht.
WIG-Schweißstromquellen haben eine steil fallende Kennlinie.

! Die Wahl der Stromart – Gleich- oder Wechselstrom – ist werkstoffabhängig.

Übungsaufgabe 14/104

2. Auswahl der Elektroden

Beim WIG-Schweißen werden heute hauptsächlich Wolframelektroden (W) eingesetzt. Wolframelektroden mit Thoriumoxid sind nach Möglichkeit nicht zu verwenden (vgl. DGUV-Information). Thoriumoxid ist ein schwach radioaktiver Werkstoff. Transport, Lagerung und Verarbeitung sind somit für Gesundheit und Umwelt problematisch und damit nur bei Beachtung strenger Vorschriften einsetzbar. Die Hersteller von Wolframelektroden haben allerdings für mindestens gleichwertigen Ersatz gesorgt (z. B. WS2, Wolframelektroden mit Seltenen Erden oder WL20, Wolframelektroden mit Lanthanoxid).

Strombelastbarkeit der Wolframelektrode und Auswahl der Gasdüse

Elektroden-durchmesser in mm	Größe	Gasdüsendurch-messer in mm	Gleichstrom in A	Wechselstrom in A
1,6	4– 6	6,5– 9,5	70	50–100
2,4	6– 8	9,5–12,7	150	100–160
3,2	7– 8	11,2–12,7	250	150–210
4,0	8–10	12,7–15,9	400	200–275

Beim WIG-Schweißen nutzen sich auch die Wolframelektroden geringfügig ab. Ursachen dieser Abnutzung sind

- die Wirkungen des Schweißstroms,
- Verunreinigungen infolge Schweißbad- oder Schweißstabberührung.

Die Wolframelektroden werden in der Regel durch Längsanschleifen angespitzt. Die richtige Stromeinstellung ist an der Veränderung der Elektrodenspitze beim Schweißen zu erkennen.
Wird die Spitze der Elektrode durch Berühren mit dem Schweißstab oder dem Schweißbad verunreinigt, so ist dieser Teil der Elektrode vollständig abzuarbeiten, denn die verunreinigten Teile schmelzen ab. Diese abgeschmolzenen Teile wirken später in der Schweißnaht wie Kerben.

	Zünd- und Dauerschweißeigenschaft	Wolframelektrode WS2	Wolframelektrode WL20
Zündverhalten	Elektrode neuwertig	*sehr gut*	*sehr gut*
Zündverhalten	Wiederzündverhalten nach ≥ 30 Minuten Schweißzeit	*sehr gut*	*sehr gut*
Zündverhalten	Sicherheit gegen Fehlzündungen	*sehr gut*	*gut*
Standzeit	Lichtbogenstabilität[1]	*gut*	*gut*
Standzeit	Spitzengeometrie nach Dauerschweißung (1 Stunde Schweißzeit, 3 Unterbrechungen nach jeweils 15 Minuten)	*sehr gut*	*gut*

Untersuchungsergebnisse SLV München (Auszug)

3. Auswahl des Schweißzusatzwerkstoffs

Der Schweißzusatzwerkstoff wird entsprechend dem zu verschweißenden Werkstoff ausgewählt. Die Einteilung und Kennzeichnung der Schweißstäbe wird mit den gleichen Kurzzeichen vorgenommen wie bei den übrigen Schutzgasschweißverfahren.

4. Richtwerte für das WIG-Schweißen

Werkstoff	Blechdicke in mm	Schweißstab-durchmesser in mm	Schutzgas-verbrauch in l/min	Stromstärke in A
Aluminium	2,0 5,0	2,4 3,2	12 16	130–150 250–320
Gusseisen	6,0 25,0	5,0 6,0	8 12	150–170 310–370
unlegierter Stahl	1,2 2,2	1,6 1,6	4 5	100–125 140–170
legierter Stahl	1,5 5,0	1,6 3,2	5 6	80–120 150–275

[1] Kriterien: u. a. Gefügeveränderung, Abbrand, Ablagerung, Kranz-und Bartbildung

14.6.3 Gefügeänderungen beim Metallschweißen

Beim Schweißen bildet sich in der Schweißnaht ein neues Gefüge. Auch in der Schweißzone verändert sich wegen der örtlich unterschiedlichen Wärmewirkung das Gefüge mehr oder weniger stark. Die Schweißnaht und der aufgeschmolzene Grundwerkstoff bilden ein Gussgefüge.
Die angrenzenden, stark erhitzten Zonen haben ein grobkörniges Gefüge, das mit zunehmender Entfernung von der Schweißnaht feinkörniger wird und schließlich in das unbeeinflusste Gefüge des Grundwerkstoffs übergeht.
Jede dieser Gefügezonen hat unterschiedliche Eigenschaften. Besonders Härte und Zähigkeit sind gegenüber dem Grundgefüge stark verändert.
Durch Normalglühen können die durch Schweißen hervorgerufenen Gefügeveränderungen weitgehend beseitigt werden.

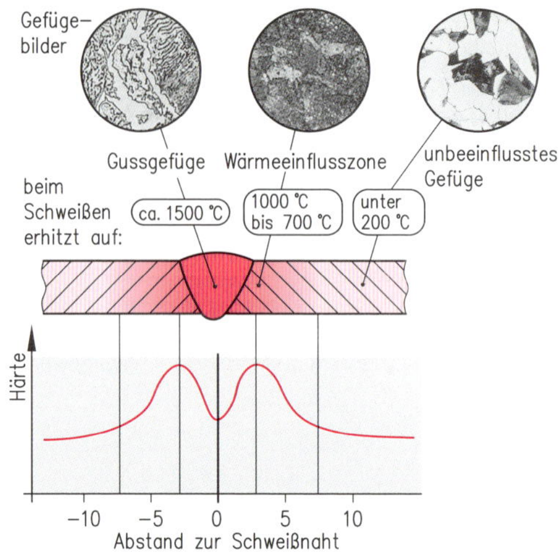

Gefügezonen und Eigenschaften einer Schweißnaht

> **!** Beim Schweißen treten Gefügeänderungen auf. Besonders Härte und Zähigkeit werden nachteilig verändert. Durch Normalglühen können die Gefügeänderungen weitgehend beseitigt werden.

14.6.4 Fehler beim Metallschweißen

Die Folgen einer nicht sorgfältig ausgeführten Schweißung sind Schweißfehler, die eine Schwächung der Fügestelle zur Folge haben.
Man unterscheidet bei den Schweißfehlern äußere und innere Fehler. Äußere Fehler können durch Sichtprüfung mit dem bloßen Auge, der Lupe oder Anwendung des Farbeindringverfahrens festgestellt werden. Innere Fehler sind an Proben durch zerstörende Prüfverfahren, z. B. Biegeversuch bis zum Bruch, zu erkennen. An fertigen Werkstücken sind sie durch zerstörungsfreie Fehlersuchverfahren, z. B. Röntgenprüfung oder Ultraschallverfahren, zu orten.

Beispiele für Schweißnahtfehler

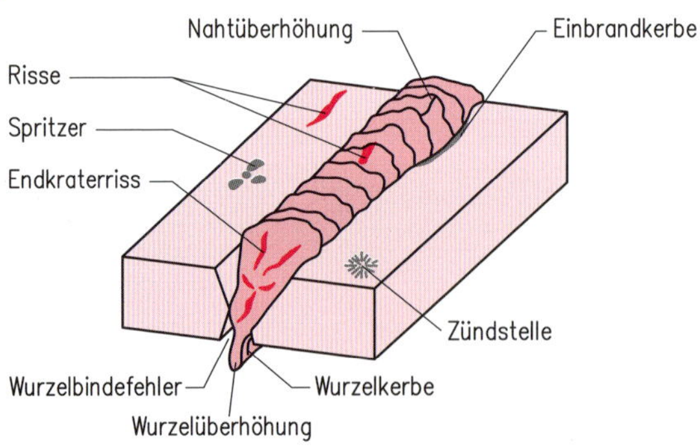

Äußere Fehler

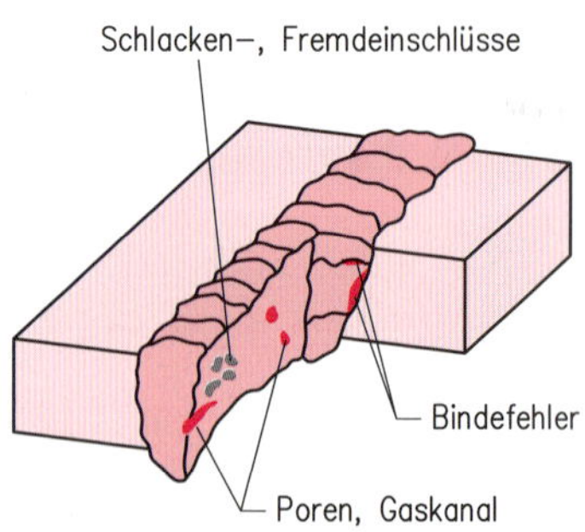

Innere Fehler

Übungsaufgaben 14/105 bis 14/109

1. Fehler beim Gasschmelzschweißen

Fehler		mögliche Ursachen
Einbrandkerbe		ungenügendes Ausfüllen des Schmelzbads mit Schweißzusatzwerkstoff falsche Brennerneigung, harte Flamme
Poren		Luftsauerstoff im Schmelzbad Unsauberkeiten an Werkstück oder Schweißstab
Bindefehler	**einseitig**	falsche Brennerhaltung – einseitige Erwärmung zu großer Flammenabstand, weiche Flamme
	Lage	untere Lage nicht aufgeschmolzen Vorlaufen der Schmelze
Wurzelfehler	ungenügend durchgeschweißt	Nahtgrund nicht erfasst, Stabdurchmesser zu groß Stegabstand zu gering
	durchhängend	zu viel Wärme, Schweißgeschwindigkeit zu gering zu steile Brennerhaltung, zu große Schweißdüse
Ansatzfehler („Kaltstellen“)		ungenügendes Aufschmelzen der Nahtabschnitte zu geringe Vorwärmung

2. Fehler beim Lichtbogenhandschweißen

Fehler	mögliche Ursachen
Einbrandkerben	zu langer Lichtbogen, Stromstärke zu hoch Elektrode zu dick, falsche Elektrodenführung
Endkraterriss	Elektrode zu schnell weggezogen
Schlackeneinschluss	ungenügendes Entfernen der Schlacke beim Mehrlagenschweißen verunreinigte Fugen, Stromstärke zu gering Lichtbogen zu lang, falsche Elektrodenart Schweißgeschwindigkeit zu groß
Poren	Feuchtigkeit aus der Luft ist in das flüssige Schweißgut gelangt falscher Umhüllungstyp, ungenügende Trocknung basischer Elektroden
Bindefehler	ungenügendes Aufschmelzen der Flanken bzw. Lagen vorlaufendes Schweißbad, mangelhafte Nahtvorbereitung
Spritzer	Lichtbogen zu lang, Stromstärke zu hoch, Schweißstelle zu feucht
Zündstellen	Zünden außerhalb der Naht

3. Fehler beim Metallschutzgasschweißen

Fehler	mögliche Ursachen
Poren	Schutzgasmenge zu groß oder zu gering Brennerneigung zu flach, Brennerabstand zu groß, Zugluft Gasdüse durch Spritzer verunreinigt, Werkstück verschmutzt
Bindefehler	mangelnde Nahtvorbereitung (kleiner Öffnungswinkel, große Steghöhe, Kantenversatz, überwölbte Raupen) vorlaufendes Schweißbad, fehlerhafte Brennerführung, Stromstärke zu gering

4. Fehler beim Wolfram-Inertgas-Schweißen

Fehler	mögliche Ursachen
Poren	Werkstück verschmutzt, undichte Wasserkühlung zu große oder zu kleine Gasmenge, Zugluft zu kleine Gasdüse, zu großer Brennerabstand
Bindefehler	Nahtöffnungswinkel zu klein, Steghöhe zu groß Stegabstand zu gering, zu schnelles Schweißen ungünstige Schweißraupenanordnung
Endkraterrisse	Schweißstromstärke zu hoch, Schweißgeschwindigkeit zu niedrig Endkrater nicht ausreichend gefüllt
Wolframeinschlüsse	Stromüberlastung der Wolframelektrode Berührung der Elektrode mit Schweißstab oder Schweißbad
Oxideinschlüsse	Fuge nicht metallisch rein, oxidüberzogene Schweißstäbe ungenügendes Bürsten nach jeder Raupe Schweißstab außerhalb der Schutzgasströmung ungenügende Nahtvorbereitung

Übungsaufgabe 14/110

14.6.5 Überblick über die Verfahren zum Metallschweißen

Schmelzschweißverfahren (unterteilt nach der Art der Wärmeerzeugung)

Umwandlung chemischer Energie in Wärmeenergie

durch Reaktion fester Brennstoffe miteinander

Thermitschmelzschweißen

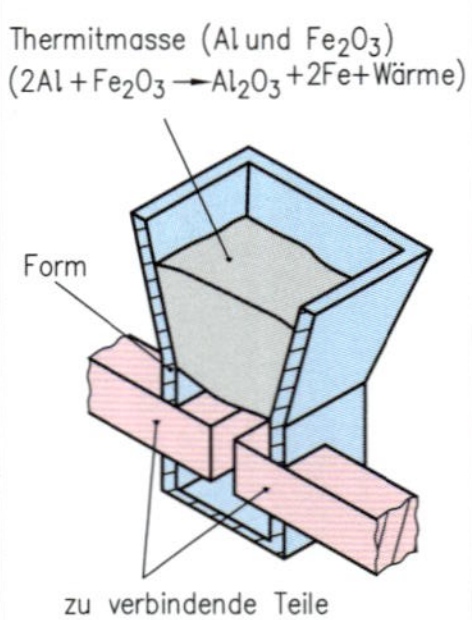

Anwendung:
Schweißen von Stahlschienen

durch Reaktion von Brenngasen mit Sauerstoff

Gasschmelzschweißen

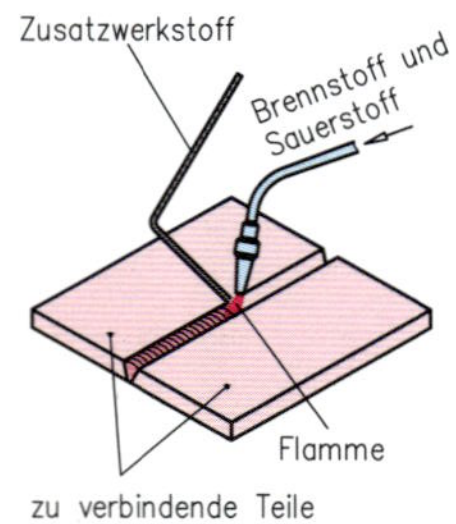

Anwendung:
Schweißen von Rohren und Dünnblechen

Umwandlung elektrischer Energie in Wärmeenergie

im Lichtbogen

offener Lichtbogen

Lichtbogenschmelzschweißen mit umhüllten Elektroden

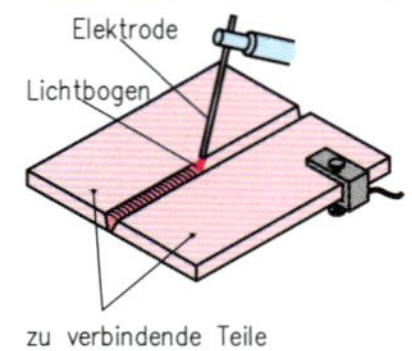

Anwendung:
vorwiegend Schweißen niedriglegierter Stähle von Hand im Stahl- und Maschinenbau

Lichtbogenschmelzschweißen mit Schutzgas

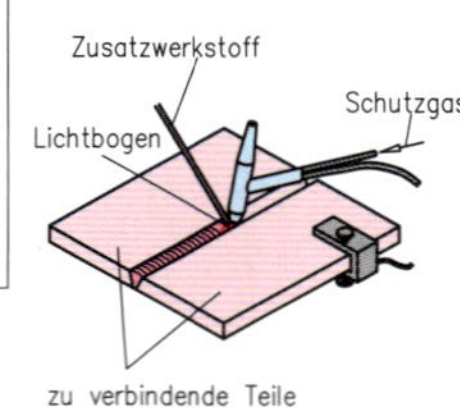

Anwendung:
Schweißen hochlegierter Stähle und NE-Metalle

verdeckter Lichtbogen

Lichtbogenschmelzschweißen unter Pulver

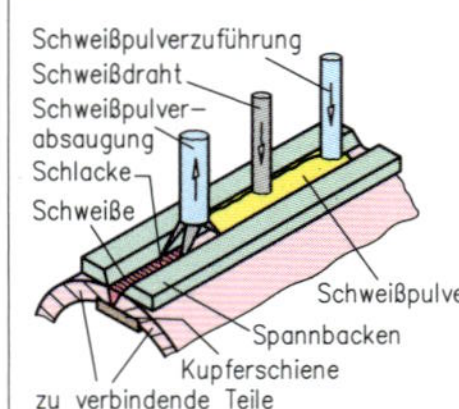

Anwendung:
automatisches Verschweißen großer Stahlbleche im Schiffs- und Behälterbau

Lichtbogenschmelzschweißen unter Schiene

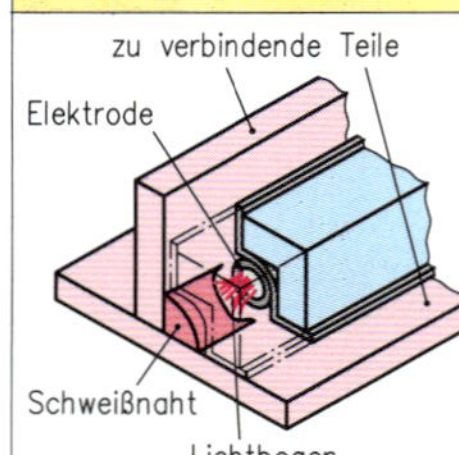

Anwendung:
Schweißen langer, gerader Schweißnähte z. B. im Schiffsbau

im Plasma

Plasmaschweißen

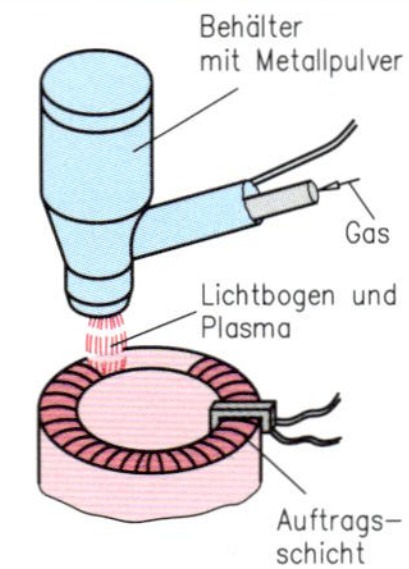

Anwendung:
Auftragsschweißen hochschmelzender Metalle und Metallverbindungen

im Elektronenstrahl

Elektronenstrahlschweißen

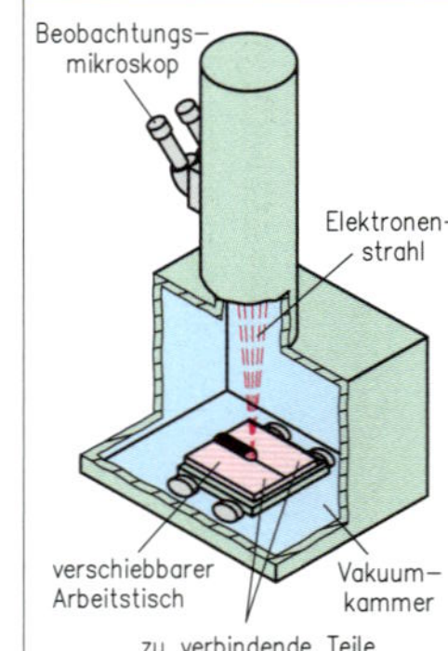

Anwendung:
Schweißen gasempfindlicher Werkstoffe im Vakuum

Pressschweißverfahren (unterteilt nach der Art der Wärmeerzeugung)

- **Umwandlung mechanischer Energie in Wärmeenergie**
  - Ultraschallschweißen
  - Reibschweißen
- **Umwandlung chemischer Energie in Wärmeenergie**
  - durch Reaktion von festem Brennstoff mit Sauerstoff: Feuerschweißen
  - durch Reaktion von Brenngasen mit Sauerstoff: Gaspressschweißen
- **Umwandlung elektrischer Energie in Wärmeenergie**
  - im elektrischen Lichtbogen: Lichtbogenpressschweißen
  - durch elektrischen Widerstand: Widerstandspressschweißen

Ultraschallschweißen

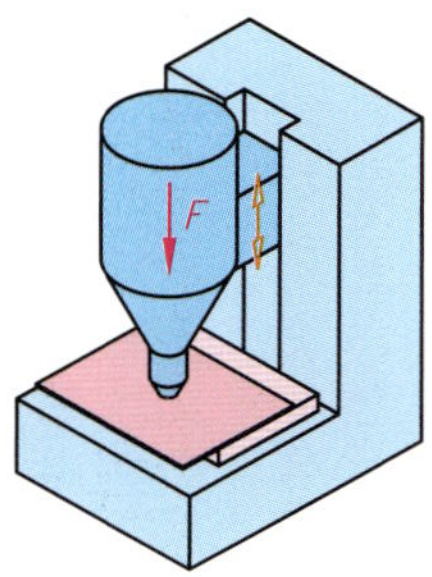

Schweißen unter Druckkraft mittels Ultraschall

Anwendung:
Verschweißen dünner Bleche und Drähte auf dicke Teile aus Stahl und NE-Metallen.

Reibschweißen

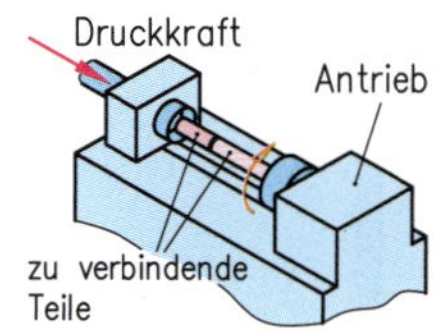

1. Erwärmen durch Reibung bei einer Drehbewegung

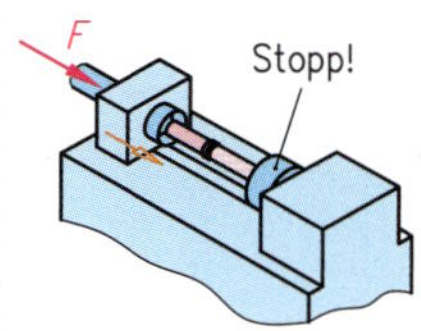

2. Verschweißen durch Druckkraft

Anwendung:
Stirnseitiges Verschweissen runder Teile aus meist unterschiedlichen Werkstoffen.

Feuerschweißen

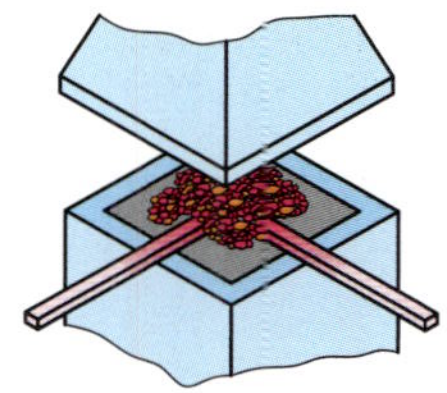

1. Erwärmen im Schmiedefeuer

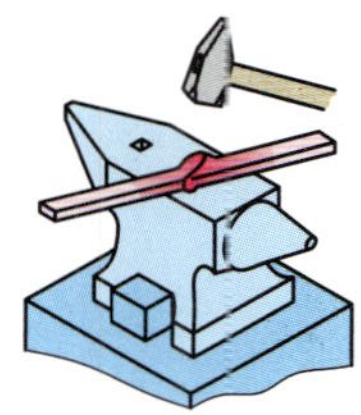

2. Verschweißen durch Druckkraft

Anwendung:
Verschweißen von Stählen bei Kunstschmiedeteilen.

Gaspressschweißen

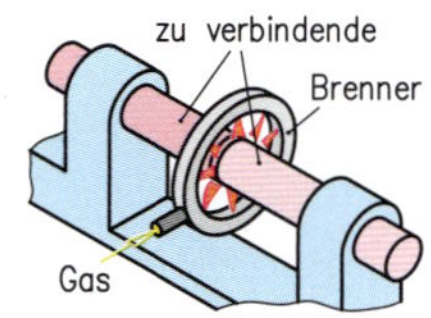

1. Erwärmen durch Gasflammen

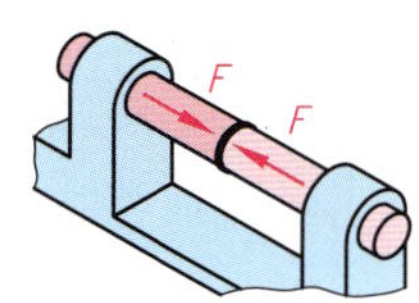

2. Verschweißen durch Druckkraft

Anwendung:
Stirnseitiges Verschweissen von Profilen geringer Querschnitte.

Lichtbogenpressschweißen

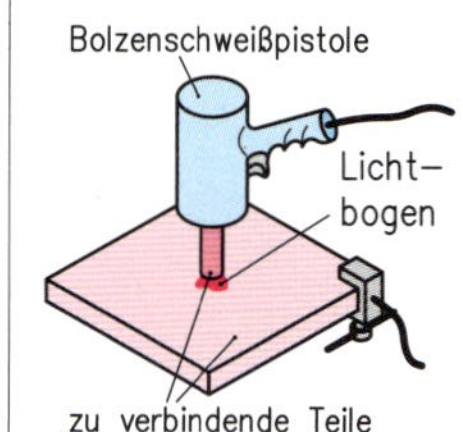

1. Erwärmen mit elektrischem Lichtbogen

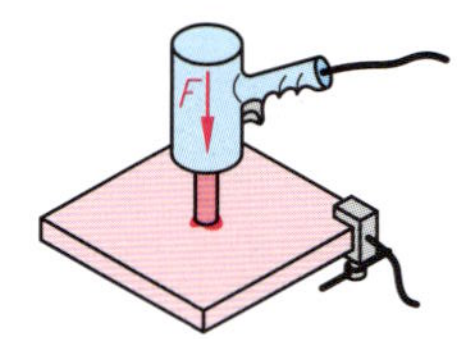

2. Verschweißen durch Druckkraft

Anwendung:
Aufschweißen von Bolzen auf Blechen.

Widerstandspressschweißen

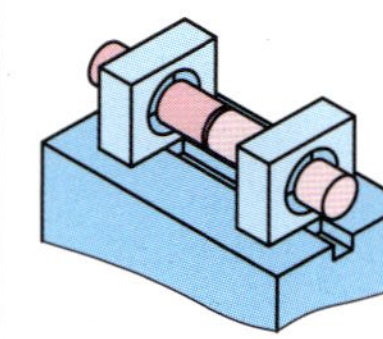

1. Erwärmen durch elektrischen Widerstand

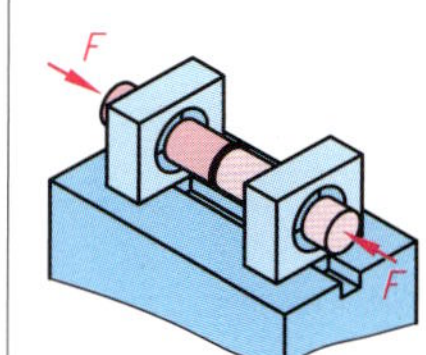

2. Verschweißen durch Druckkraft

Anwendung:
Stirnseitiges Verschweißen von Profilen.

14.6.8 Kunststoffschweißen

Beim Kunststoffschweißen werden Bauteile aus *thermoplastischem* Kunststoff mit oder ohne Schweißzusatzwerkstoff gefügt.
Man unterscheidet nach der Art der Wärmezufuhr:

- Warmgasschweißen,
- Heizelementschweißen,
- Hochfrequenzschweißen,
- Ultraschallschweißen,
- Reibschweißen,
- Strahlschweißen.

Von diesen Verfahren werden das Warmgasschweißen und das Heizelementschweißen in der handwerklichen Fertigung am häufigsten eingesetzt.

14.6.8.1 Warmgasschweißen

1. Schweißgeräte

Beim Warmgasschweißen werden der Grundwerkstoff und der Zusatzwerkstoff durch erhitzte Luft in den plastischen Zustand überführt und meist unter geringem Druck verbunden. Die Luft wird durch Gasbrenner oder elektrische Heizeinrichtungen erwärmt.

Beispiel für ein Warmgasschweißgerät

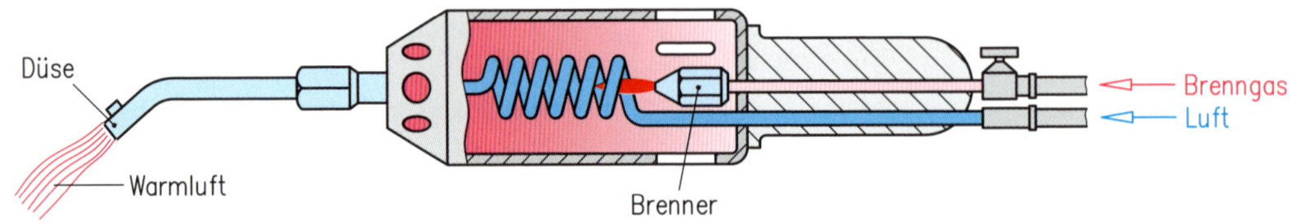

Warmgasschweißgerät mit Gasbrenner

2. Warmgastemperaturen beim Schweißen

Die Schweißgeräte sind mit Temperaturregelungen versehen. Die Warmgastemperatur wird entsprechend dem zu verschweißenden Werkstoff gewählt. Die Warmgastemperatur wird zur Kontrolle mit einem Temperaturmessgerät 5 mm vor der Düse gemessen.

Warmgastemperatur in Abhängigkeit vom Werkstoff

Hart-Polyvinylchlorid	**PVC hart**	200 °C
Polyethylen niederer Dichte	**LD-PE**	200 °C
Polyethylen hoher Dichte	**HD-PE**	230 °C
Polypropylen	**PP**	240 °C

! Durch Schweißen können nur thermoplastische Kunststoffe gefügt werden.

3. Schweißnahtarten

– **Stumpfstöße**

- I-Nähte sind nur zum Fügen sehr dünner Platten bis etwa 1,5 mm geeignet.
- V-Nähte werden zum Verschweißen dünner Platten über 1,5 bis 8 mm Dicke gewählt.

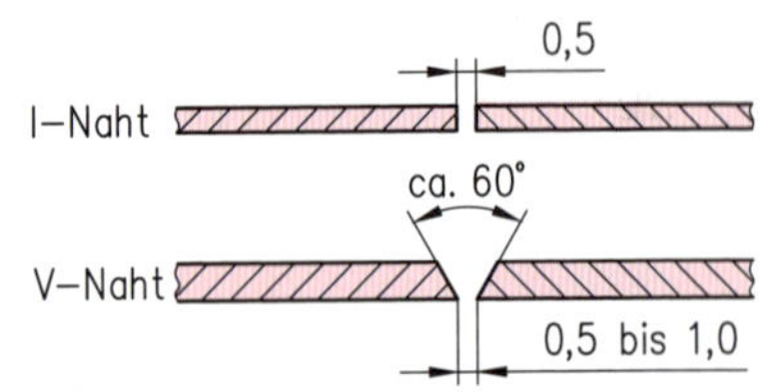

Stumpfstöße

– **T-Stöße**

T-Stöße sollen als K-Nähte in Doppelkehlnahtform ausgeführt werden, da beim Verschweißen eines stumpf aufstehenden Stoßes der Kraftfluss ungünstig ist und auch eine Kerbwirkung am nicht verschweißten Grund der Naht auftritt.

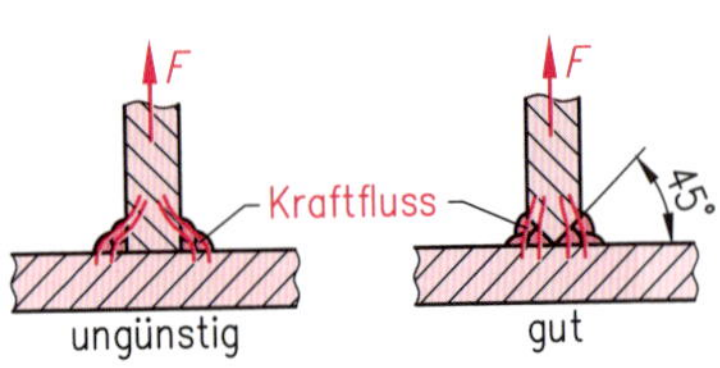

Übungsaufgabe 14/111

4. Vorbereiten der Schweißverbindung

Der Schweißstoß wird durch Sägen, Fräsen oder Feilen in die gewünschte Form gebracht. Vor dem Schweißen werden die Flanken des Schweißstoßes und gegebenenfalls auch der Schweißzusatzwerkstoff durch Abziehen mit einer Ziehklinge oder einem Schaber mechanisch gesäubert und mit einem Lösungsmittel, zum Beispiel Methylenchlorid – *giftig, nicht einatmen* – gesäubert. (Hinweise zum Umgang mit Lösungsmittel siehe *„Kleben von Kunststoffen"*).

! Einwandfrei saubere Flächen des Schweißstoßes und des Zusatzwerkstoffs sind Voraussetzung für hochfeste Schweißverbindungen.

5. Schweißvorgang

Mit der Runddüse werden der zuvor leicht angeschrägte Schweißstab und der Grundwerkstoff mit leicht pendelnder Düsenbewegung gleichmäßig erwärmt. Sobald das Material plastisch wird und eben zu fließen beginnt, wird der Schweißstab mit leichtem Druck in die Schweißfuge heruntergedrückt. Es ist darauf zu achten, dass der Schweißstab bei der Bewegung in Nahtrichtung nicht gestreckt oder gestaucht wird.

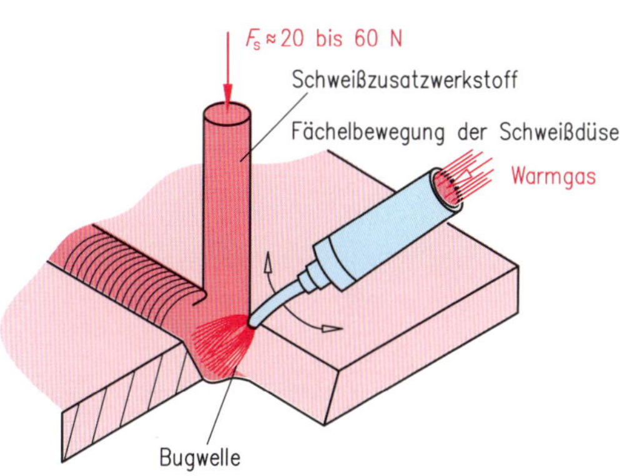

Fächelschweißen mit der Runddüse

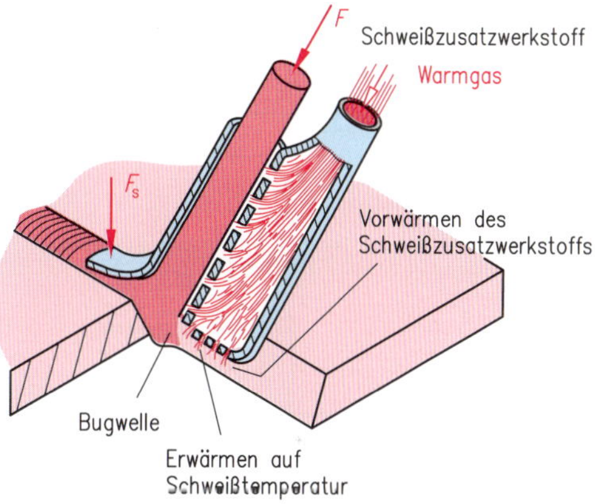

Ziehschweißen mit der Schnellschweißdüse

Die richtig eingestellte Warmgastemperatur und die korrekte Schweißstabhaltung sind beim Schweißen mit der Runddüse daran zu erkennen, dass

- keine Zersetzungen des Kunststoffs an den Schweißnahträndern auftreten und
- eine kleine „Bugwelle" aus geschmolzenem Werkstoff am Nahtgrund erkennbar ist.

! Beim Warmgasschweißen wird der Schweißzusatzwerkstoff mit geringem Druck unter Erwärmung in die Schweißfuge eingeführt.

6. Schweißfehler beim Warmgasschweißen

Fehler	mögliche Ursachen
zersetzter Kunststoff an Grund- und/ oder Zusatzwerkstoff	zu hohe oder zu lange Erwärmung
ungenügende Bindung	mangelhafte Erwärmung von Grund- und/oder Zusatzwerkstoff schlechte Nahtvorbereitung bei mehrlagigen Nähten
Kerben im Übergang Grundwerkstoff – Zusatzwerkstoff	unsaubere Nahtflanken, unsaubere Wurzel, schlechte Nahtfüllung
Verstreckungen in der Naht	Zusatzwerkstoff wurde zu stark gezogen oder geschoben (max. 8 %)

14.6.8.2 Heizelementschweißen

Heizelementschweißen wird vornehmlich zum Verschweißen von Profilen und Rohren aus thermoplastischen Kunststoffen angewendet.

1. Schweißgeräte

Als Heizelemente werden meist elektrisch beheizte Platten, Ringe o.a. aus Aluminium oder Stahl verwendet. Die Heizelemente sind häufig mit Polytetrafluorethylen (PTFE), z. B. Teflon, beschichtet, damit das Ankleben der zu verschweißenden Kunststoffe an den Heizelementen vermieden wird.

Beispiele für Heizelemente zum Kunststoffschweißen

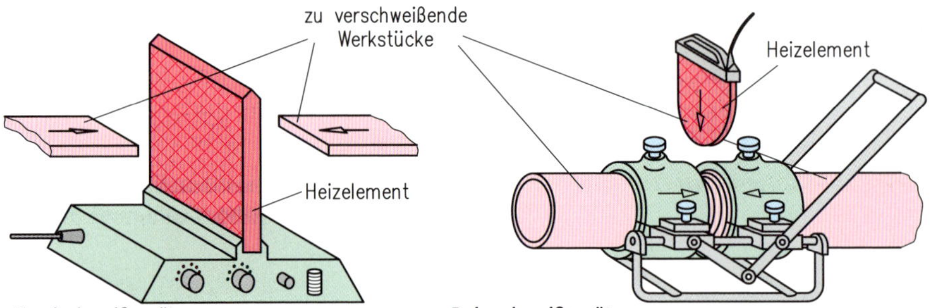

Handschweißgerät — Rohrschweißgerät

2. Schweißvorgang

1. Schritt: Anwärmen	2. Schritt: Zusammenpressen
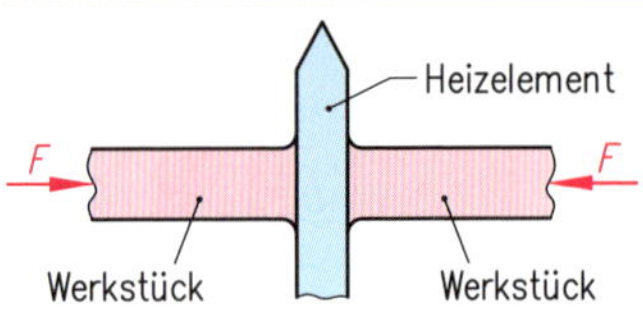	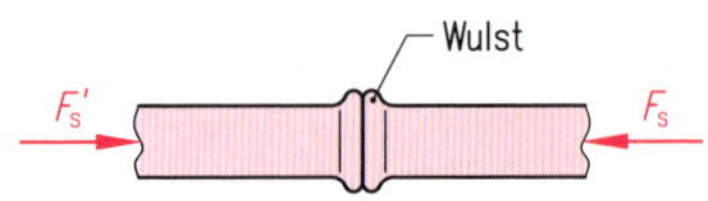

Die anschließende Abkühlzeit muss bei teilkristallinem Kunststoff möglichst lang sein, damit sich kristalline Zonen ausbilden können. Bei amorphen Kunststoffen ist dies weniger wichtig. Die Abkühlzeit ist von der Werkstoffdicke abhängig. Man errechnet sie aus dem Zahlenwert der Materialdicke und einem Faktor.

3. Kennwerte für das Heizelementschweißen

Werkstoff		Schweißtemperatur in °C	Schweißdruck in N/cm²	Mindestabkühlzeit in min
Polyethylen niederer Dichte	**PE-LD**	220	5	$0{,}5 \cdot s$[1])
Polyethylen hoher Dichte	**PE-HD**	240	20	$0{,}7 \cdot s$
Polypropylen	**PP**	250	20	$0{,}8 \cdot s$
Polyvinylchlorid-hart	**PVC-hart**	260	40	$0{,}8 \cdot s$

[1] s = Zahlenwert der Materialstärke in mm

4. Schweißfehler beim Heizelementschweißen

Fehler	mögliche Ursachen
ungenügende Bindung	zu niedrige Heizelementtemperatur, zu hoher Andruck am Heizelement zu niedriger Schweißdruck, zu hoher Schweißdruck zu lange Zeit zwischen Anwärmen und Schweißen, unsaubere Fügeflächen
zu großer Wulst	zu langes Vorwärmen, zu hoher Andruck am Heizelement zu hoher Schweißdruck
zersetzter Kunststoff	zu hohe Heizelementtemperatur

Übungsaufgaben 14/112 bis 14/114

14.7 Fügen durch Löten

14.7.1 Anwendung des Lötens

Das Löten ist ein Fügeverfahren, bei dem metallische Bauteile unlösbar miteinander verbunden werden. Zwischen die zu fügenden Bauteile wird ein flüssiges Zusatzmetall, das sogenannte **Lot**, eingebracht. Nach dem Erstarren des Lots ist die Verbindung fest.
Der Schmelzpunkt des Lots liegt immer unter den Schmelzpunkten der Fügeteile. Die Bauelemente können aus unterschiedlichen Metallen bestehen. So kann z. B. Stahl mit Hartmetall durch Löten verbunden werden.

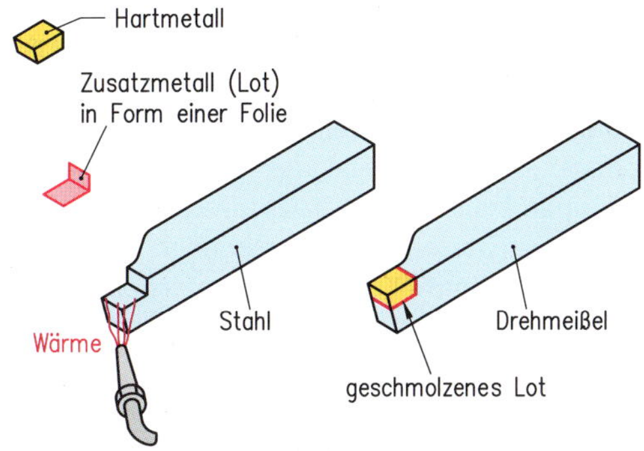

Einlöten einer Hartmetallplatte

> **!** Löten ist ein unlösbares Fügen metallischer Bauelemente durch ein geschmolzenes Zusatzmetall, das Lot. Die Schmelztemperatur des Lots ist niedriger als die der gefügten Metalle.

Löten findet vorwiegend Anwendung:
- im Rohrleitungsbau, da sich dichte Verbindungen einfach herstellen lassen,
- in der Elektrotechnik, da Lötverbindungen elektrisch gut leiten,
- bei Blecharbeiten im Baugewerbe, da sich die dort verarbeiteten Werkstoffe Kupfer und Zink vor Ort sehr einfach löten lassen,
- im Leichtbau, da sich hochfeste Werkstoffe ohne Gefahr von Gefügeänderungen und Verzug bei verhältnismäßig niedrigen Temperaturen verbinden lassen.

Löten einer Hülse mit einem Gabelbrenner (MINITHERM-Brenner)

Nachteilig ist die meist geringe Festigkeit der Lote im Vergleich zur Festigkeit der zu verbindenden Werkstoffe. Darum sollten Lötverbindungen stets überlappt werden – was höheren Materialaufwand bedeutet. Bei Loten auf der Basis von Blei-Zinn besteht die Gefahr des Kriechens unter Belastung. Lote können in aggressiven Medien korrodieren.

> **!** Durch Löten können unterschiedliche Metalle gefügt werden. In den Lötverbindungen treten kaum Gefügeänderungen und nur ein geringer Verzug auf. Sie sind dicht gegenüber Gasen und Flüssigkeiten. Die Fügestelle ist elektrisch gut leitend.

14.7.2 Vorgänge beim Löten

1. Legierungsbildung

Beim Lötvorgang werden die Werkstücke erwärmt und das Lot zum Schmelzen gebracht. Dabei wandern Atome des Lots in die Randschichten der zu verbindenden Bauelemente. Umgekehrt wandern auch Atome aus den Grenzflächen der Bauelemente in das Lot. So entsteht an den Grenzen zwischen Lot und Bauelement eine **Legierung**. Durch die Legierungsbildung ergibt sich an der Lötstelle eine dichte, feste und unlösbare Verbindung. Eine gelötete Verbindung überträgt Kräfte durch **Stoffschluss**.

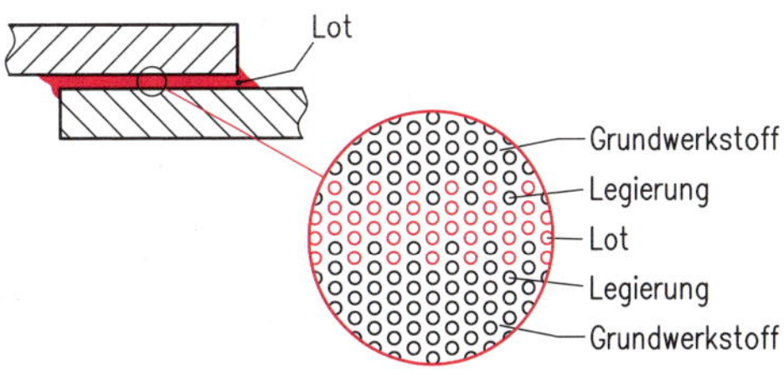

Legierungsbildung in der Lötstelle

> **!** Beim Löten legieren sich in den Randschichten die Werkstoffe von Lot und Bauelementen.

2. Vorbereitung der Oberflächen zum Löten

Die Legierungsbildung beim Löten ist nur möglich, wenn die Werkstückoberflächen an der Lötstelle sauber und metallisch blank sind. Metalloxide werden darum vor dem Löten von der Oberfläche abgetragen. Starke Oxidschichten – etwa Rost – entfernt man zunächst mechanisch. Restliche Oxide werden durch chemische Reaktionen mit sogenannten **Flussmitteln** in Verbindungen überführt, welche bei der Löttemperatur dünnflüssig und leichter als das Lot sind. Dadurch erhöht sich die Benetzbarkeit der Lötstelle mit dem Lot.

Während des Lötens schwimmen die Verbindungen von Oxiden und Flussmitteln auf dem Lot und verhindern eine neue Oxidbildung. Sie werden durch das Lot aus der Lötstelle gedrängt.

Der Temperaturbereich, in dem ein Flussmittel seine Wirkung voll entfaltet, wird Wirktemperaturbereich genannt. Der Schmelztemperaturbereich des Lots muss innerhalb des Wirktemperaturbereichs des Flussmittels liegen.

Reste des Flussmittels müssen nach dem Löten entfernt werden, da sie korrodierend wirken.

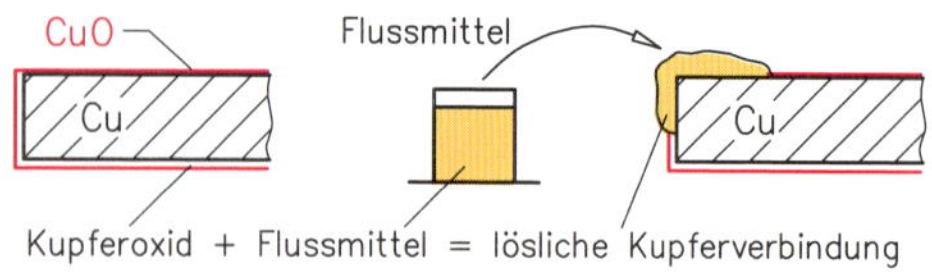

Flussmittel beseitigt Oxidschicht

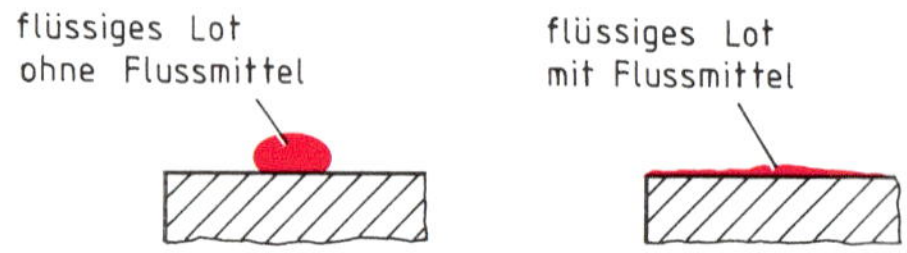

Flussmittel erhöht Benetzbarkeit

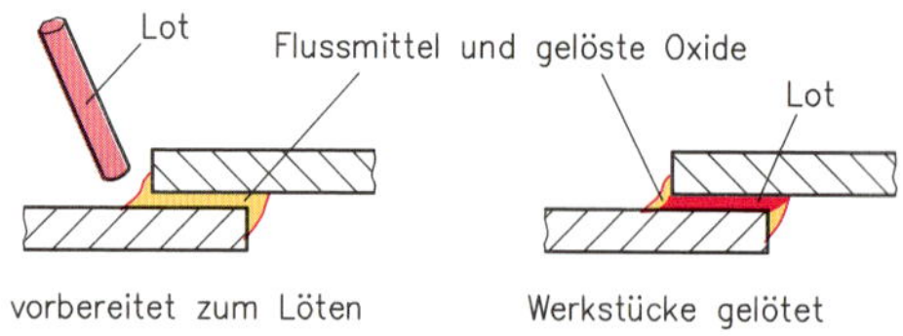

Lot verdrängt Flussmittel und Oxide

> **!** Werkstückflächen müssen zum Löten metallisch blank sein.
> Flussmittel haben folgende Aufgaben:
> - Sie entfernen Metalloxide durch chemische Reaktionen.
> - Sie verhindern die Bildung neuer Metalloxide.
> - Sie erhöhen die Benetzbarkeit der Lötstelle mit Lot.

3. Einbringen des Lots

Zur Erzeugung einer sicheren Lötung müssen Lötstelle und Lot auf die zur Legierungsbildung notwendige Temperatur gebracht werden.

Das Lot kann auf unterschiedliche Art an die Lötstelle gebracht werden.

- Als flüssiger Lottropfen kann das Lot vom Lötkolben unmittelbar an die Lötstelle herangeführt werden, wenn die zu verbindenden Werkstücke sehr dünn sind, wie z. B. bei Lötfahnen und Drähten in der Elektroindustrie. Der flüssige Lottropfen heizt dabei die Lötstelle auf und verbindet die Bauteile.
- Als Draht oder Stange kann Lot von außen an die erwärmte Lötstelle herangeführt werden. Es schmilzt dort ab. Diese Technik wird meist im Rohrleitungs- und Behälterbau angewendet.
- Als angepasste Formteile kann Lot in die kalte Lötstelle eingelegt und mit dieser zusammen erwärmt werden. Dieses Verfahren wird häufig in der Serienfertigung eingesetzt.

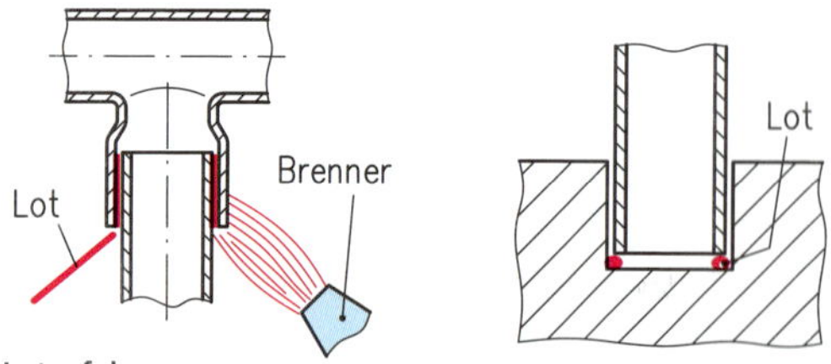

Lotzufuhr

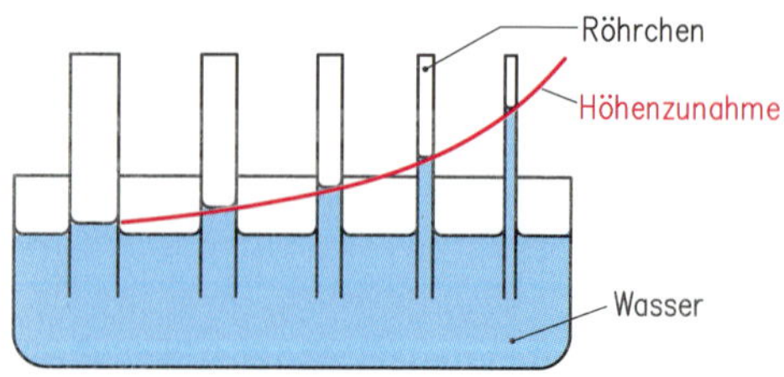

Kapillarwirkung

Damit das Lot an die Lötstelle gelangen kann, muss der Spalt zwischen den Bauelementen möglichst eng sein. Je enger der Lötspalt ist, desto leichter und weiter saugt sich das Lot in den Spalt. Diese Sogwirkung nennt man **Kapillarwirkung**. Sie tritt in dünnen Rohren und engen Spalten auf.

Übungsaufgaben 14/118; 14/119

Wegen der Kapillarwirkung hat sich für Lötverbindungen ein paralleler **Lötspalt** von 0,05 bis 0,2 mm als günstig erwiesen. Bei zu kleinem Spalt zwischen den Bauelementen füllt das Lot wegen seiner Dickflüssigkeit den Lötspalt nicht voll aus. Ist er dagegen zu breit, tritt die Kapillarwirkung nur sehr schwach auf.

Außerdem vermindern sich bei zu breitem Lötspalt die Festigkeitseigenschaften der Lötstelle. Im zu breiten Lötspalt verbleibt nämlich in der Lötstelle zwischen den Bauelementen eine Schicht aus reinem Lot. Diese Schicht hat eine geringere Festigkeit als Legierung und Grundwerkstoff.

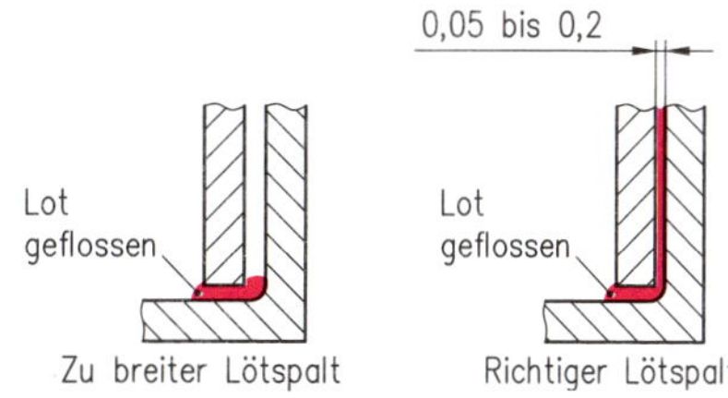

Kapillarwirkung im Lötspalt

> **!** Beim Löten soll das geschmolzene Lot durch die Kapillarwirkung in den Lötspalt gesaugt werden. Ein optimaler Lötspalt soll eine Breite von 0,05 bis 0,2 mm haben.

4. Wahl der Löttemperatur

Lote sind Legierungen, die Kristallgemenge bilden. Deshalb schmelzen und erstarren sie in einem Temperaturbereich. Lediglich eutektische Legierungen und reine Metalle, die als Lote verwendet werden, haben einen Schmelzpunkt. Siehe auch „*Werkstofftechnik*", Kapitel „*Legierungen*".

Die niedrigste Temperatur, bei der das Lot fließt und sich mit dem Grundwerkstoff verbindet, wird *Arbeitstemperatur* genannt. Sie liegt im Schmelzbereich des Lots oder geringfügig darüber.

Bei der höchstzulässigen Löttemperatur darf noch keine Schädigung der beteiligten Werkstoffe erfolgen.

Nach dem Fließen des Lots soll die Löttemperatur etwa 15 bis 60 Sekunden gehalten werden, damit der Legierungsvorgang an den Grenzflächen stattfindet.

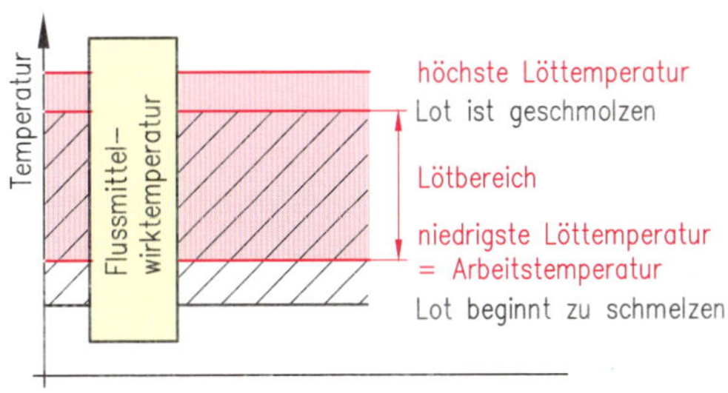

Temperaturen beim Löten

> **!** Die niedrigste Löttemperatur wird Arbeitstemperatur genannt. Der Lötvorgang muss im Temperaturbereich zwischen der Arbeitstemperatur und der höchsten Löttemperatur stattfinden.
> Der Wirktemperaturbereich des Flussmittels muss größer sein als der Schmelztemperaturbereich des Lots.

14.7.3 Lötverfahren

1. Einteilung der Lötverfahren

Die Lötverfahren werden meist nach der Schmelztemperatur der Lote in Weich-, Hart- und Hochtemperaturlöten unterteilt. Für jedes Verfahren sind spezielle Lote und Flussmittel typisch.

Weichlöten	Hartlöten	Hochtemperaturlöten
• Schmelztemperatur der Lote **unter 450 °C** • Lote auf Blei-Zinn-Basis	• Schmelztemperatur der Lote **zwischen 450 und 900 °C** • Kupferbasislote oder silberhaltige Lote	• Schmelztemperatur der Lote **über 900 °C** • Nickelbasislote
• Flussmittel mit geeignetem Wirktemperaturbereich	• Flussmittel mit geeignetem Wirktemperaturbereich	• Flussmittelfrei im Vakuum oder unter Schutzgas

Die größte Bedeutung haben Weich- und Hartlöten. Das Hochtemperaturlöten findet hauptsächlich in der automatisierten Serienfertigung statt.

2. Wärmequellen

Beim **Weichlöten** kann die Lötstelle wegen der niedrigen Temperaturen mit:

- Lötkolben,
- Lötbrenner und
- Lötlampe

erwärmt werden.

Die zum **Hartlöten** erforderlichen Temperaturen können mit folgenden Geräten erreicht werden:

- Schweißbrenner, betrieben mit Acetylen-Sauerstoffgemisch,
- Hartlötbrenner, betrieben mit Acetylen-Luftgemisch.

Übungsaufgaben 14/120 bis 14/123

14.7.4 Gestaltung von Lötverbindungen

Bei der Gestaltung von Lötverbindungen ist Folgendes zu berücksichtigen:

- Lote haben meist geringere Festigkeit als die zu verbindenden Werkstoffe.
- Das Lot sollte möglichst nicht auf Zug und keinesfalls auf Schälung beansprucht werden.

Lötverbindungen sollen als Überlappung gestaltet werden, weil dort eine Scherbeanspruchung vorliegt und die Lötfläche groß genug gestaltet werden kann. Sie soll das 3- bis 5-Fache der Wanddicke des dünneren Fügeteils betragen. Lediglich beim Hartlöten und beim Hochtemperaturlöten können wenig belastete Bauteile durch Stumpfnähte verbunden werden.

Die Form der Überlappung richtet sich vornehmlich nach der Funktion der Bauteile. Es kann zwischen Einfachlasche, Doppellasche, Überplattung und Schäftung gewählt werden.

Besonders bei Weichlötungen ist es günstig, die Überlappung durch eine zusätzliche formschlüssige Verbindung zu sichern.

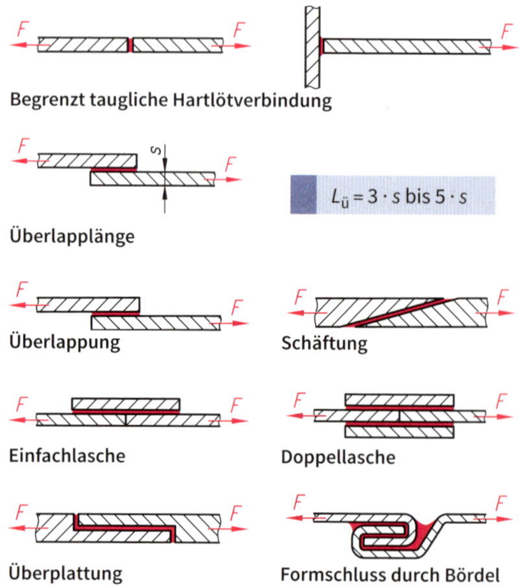

Bei allen maßlichen Festlegungen ist die Breite des Lötspalts zu berücksichtigen. Sie soll bei Stahl 0,1 mm betragen. Bearbeitungsriefen quer zur Flussrichtung des Lots sind zu vermeiden. Die gemittelte Rautiefe R_z in Flussrichtung soll kleiner als 0,02 mm sein.

! Lötverbindungen sollen als Überlappungen gestaltet werden. Schälbeanspruchung ist zu vermeiden.

14.7.5 Lote und Flussmittel

1. Lote

Lote unterteilt man wie die Lötverfahren nach der Schmelztemperatur.

Weichlote sind hauptsächlich Legierungen aus Zinn (Sn) und Blei (Pb) in verschiedenen Mischungsverhältnissen. Zur Steigerung der Härte und Festigkeit der Lötstelle ist diesen Loten vielfach Antimon (Sb), Kupfer (Cu) oder Silber (Ag) in geringen Mengen zugegeben.

Hartlote sind in der Regel Kupfer-Zink-Legierungen (Kupferbasislote) oder silberhaltige Legierungen mit Silberanteilen von 2 bis 85 %.

Durch die Auswahl der geeigneten Lote lassen sich alle Schwermetalle und deren Legierungen löten. Zum Weich- und Hartlöten von Aluminiumwerkstoffen sind besondere Lote entwickelt worden.

Nach DIN EN ISO 9453 werden Weichlote für Schwermetalle mit den Legierungsbestandteilen und den jeweiligen Prozentanteilen angegeben.

Beispiele für die Bezeichnung eines Weichlots

Pb74 Sn25 Sb1

- Sb1 – 1 % Antimon
- Sn25 – 25 % Zinn
- Pb74 – 74 % Blei

Übungsaufgabe 14/124

Übersicht über Weich-[1] und Hartlote (Auswahl)

Art	Kurzzeichen	Zusammensetzung (ungefähr)	Arbeitstemperatur	zu verbindende Werkstoffe	Anwendungsbereich
Weichlote	Sn63Pb37	63 % Zinn, 37 % Blei	183 °C	Stahl Kupfer Cu-Legierungen Zn-Legierungen	Feinwerktechnik
	Pb60Sn40	60 % Blei, 40 % Zinn	190 °C		Metallwaren, Feinblechpackungen
	Sn62Pb36Ag2	62 % Zinn, 36 % Blei 2 % Silber	180 °C	Kupfer Cu-Legierungen	Klempnerlot
	Pb74Sn25Sb1	74 % Blei, 25 % Zinn, 1 % Antimon	263 °C	Stahl, Kupfer Cu-Legierungen	Klempnerlot Schmierlot
Hartlote	Cu 301	60 % Cu, 40 % Zn	900 °C	Stahl, Gusseisen Cu, Cu-Legierungen Ni, Ni-Legierungen	Rohrleitungs- und Fahrzeugbau, Instandsetzungsarbeiten
	AG 207	48 % Cu, 40 % Zn, 12 % Ag	830 °C	Stahl, Gusseisen Cu, Cu-Legierungen Ni, Ni-Legierungen	Maschinen, Geräte
	AG 502	48 % Ag, 27,5 % Cu, 20,5 % Zn, 2,5 % Mu, 0,5 % Ni	690 °C	Hartmetall auf Stahl	Werkzeugbau
	AL 103	90 % Al, 10 % Si	600 °C	Aluminium und Aluminiumlegierungen	Leichtmetallbau

2. Flussmittel

Flussmittel unterstützen geschmolzenes Lot bei der Benetzung der Oberflächen durch Entfernen von Oxiden und anderen Verunreinigungen auf den zu lötenden Oberflächen während des Lötens.

Einteilung von Weichlotflussmitteln nach ihren Hauptbestandteilen DIN EN ISO 9454-1

Flussmitteltyp	Flussmittelbasis	Flussmittelaktivator	Halogenide	Anwendungsbeispiele
① Harz	① Kolophonium ② synthetisches Harz	① ohne Aktivator ② mit Halogenen aktiviert ③ ohne Halogene aktiviert		Elektrotechnik Elektrotechnik Metallwaren
② organisch	① wasserlöslich ② nicht wasserlöslich			Präzisionslötung Elektrotechnik Metallwaren
③ anorganisch	① Salze in wässriger Lösung ② Salze in organischer Verbindung	① mit Ammoniumchlorid ② ohne Ammoniumchlorid	① unter 0,01 % ② unter 0,15 % ③ 0,15 bis 2,0 % ④ über 2,0 %	Metallwaren Wärmetauscher Armaturen
	② Säuren	① mit Phosphorsäure ② ohne Phosphorsäure		
	③ alkalisch	① Amine und/oder Ammoniak		

Entsprechend der Einteilung nach ihren Hauptbestandteilen werden die Flussmittel gekennzeichnet.

Beispiel für die Kennzeichnung eines Flussmittels (ISO-Code)

Flussmittel zum Weichlöten 3214

Flussmitteltyp: anorganisch → 3
Flussmittelbasis: Salze in organischer Verbindung → 2
Flussmittelaktivator: mit Ammoniumchlorid → 1
Halogenidanteil: > 2 % → 4

Als **Flussmittel zum Hartlöten** werden hauptsächlich Borverbindungen, z. B. Borax, verwendet. Zum Hartlöten von Bauteilen aus Kupfer kann auf Flussmittel verzichtet werden, wenn das Lot Phosphor enthält. Dieser schützt das geschmolzene Lot und die Oberflächen vor Oxidation. Beim Hartlöten unter Schutzgas kann in vielen Fällen ebenfalls auf Flussmittel verzichtet werden.

1 Bleihaltige Lote sind seit 2006 in der Elektrotechnik nicht mehr zugelassen; in anderen Technikbereichen sind sie möglichst zu vermeiden.

14.8 Fügen durch Kleben

Metallische bzw. nichtmetallische Werkstoffe können mithilfe von Klebstoffen gefügt werden. Da die Verbindung durch den Zusatzwerkstoff – den Klebstoff – zustande kommt, ist Kleben ein stoffschlüssiges Fügen. Eine Klebeverbindung kann nur durch Zerstören der Kleberschicht oder der Bauteile gelöst werden, daher ist Kleben ein unlösbares Fügen.

14.8.1 Vor- und Nachteile von Klebeverbindungen

1. Vorteile von Klebeverbindungen

Bis auf einige wenige Werkstoffe, wie z. B. Polyethylen (PE) und Silikon, lassen sich alle Werkstoffe in beliebiger Kombination miteinander verkleben.
Beim Kleben werden die Bauteile bis maximal 180 °C erwärmt, wenn ein Heißklebstoff verwendet wird. Daher treten keine Gefügeänderungen, kein Verzug der Bauteile und keine Wärmespannungen auf.

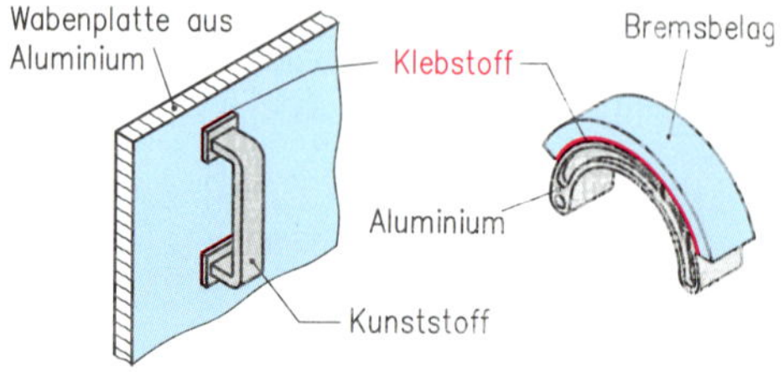

Kleben unterschiedlicher Werkstoffe

Bei Niet- und Schweißverbindungen treten an der Fügestelle unterschiedliche Spannungen auf. Geklebte Bauelemente dagegen haben an der Fügestelle eine gleichmäßige Spannungsverteilung.

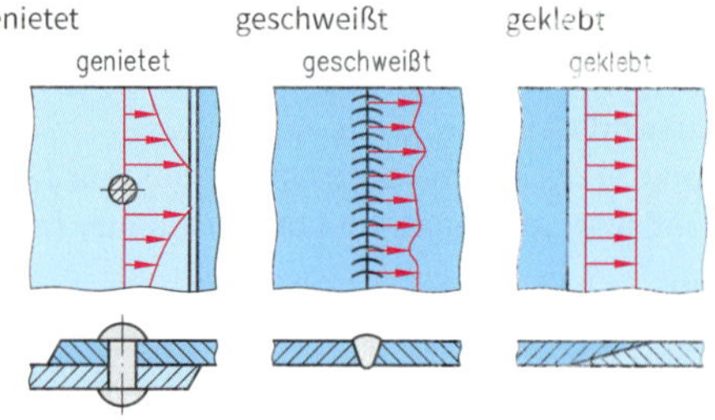

Spannungsverlauf bei gefügten Bauteilen

Durch Kleben gefügte Behälter sind dicht gegen den Austritt von Flüssigkeiten und Gasen.

Klebstoffe leiten den elektrischen Strom nicht. Wegen ihrer Isolierfähigkeit werden sie in der Elektroindustrie als Fügestoffe eingesetzt. Weiterhin wird durch die isolierende Kleberschicht die Kontaktkorrosion verhindert, die sonst bei Verbindungen unterschiedlicher Metalle auftritt.

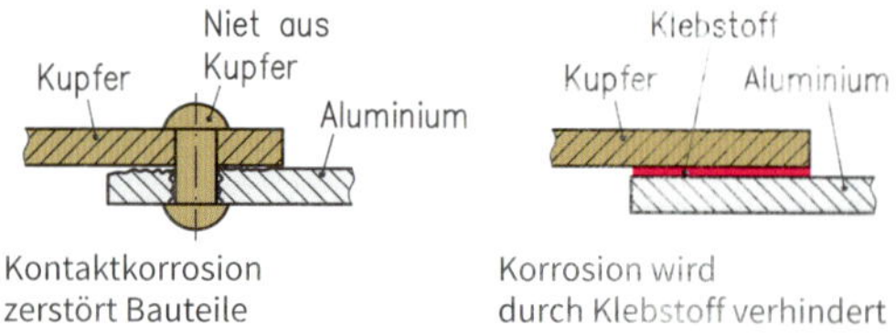

Klebstoff zur Isolierung

Durch Kleben können sowohl verhältnismäßig dünne als auch sehr unterschiedlich dicke Bauelemente gefügt werden. Konstruktionen mit Klebeverbindungen können daher gewichts- und werkstoffsparend gestaltet werden. So wird in der Luft- und Raumfahrtindustrie das Metallkleben besonders häufig eingesetzt.

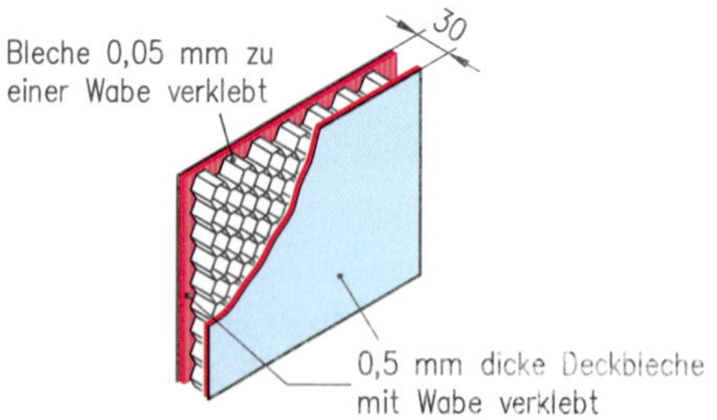

Geklebte Leichtbauplatte

> **!** Kleben ist ein stoffschlüssiges Fügen von gleichen oder verschiedenartigen Werkstoffen.
> Durch Kleben treten keine Gefügeänderungen und kein Verzug der Bauteile auf.
> Klebestoffe wirken isolierend und verhindern Kontaktkorrosion bei unterschiedlichen Metallen.
> Kleben ermöglicht Leichtbauweise.

Übungsaufgaben 14/129; 14/130

2. Nachteile von Klebeverbindungen
Klebstoffe weisen meist eine geringere Festigkeit auf als die Werkstoffe, die gefügt werden sollen. Daher sind Klebeverbindungen nicht so stark belastbar wie Löt- und Schweißverbindungen gleicher Abmessung.
Bei den meisten Klebstoffen beginnt im Bereich von 55 bis ca. 120 °C ein Absinken der Festigkeit. Die Temperatur, bei der die Festigkeit erheblich abnimmt, nennt man die Grenztemperatur des Klebstoffs. Die Betriebstemperatur des Klebstoffs muss stets unter der Grenztemperatur liegen.

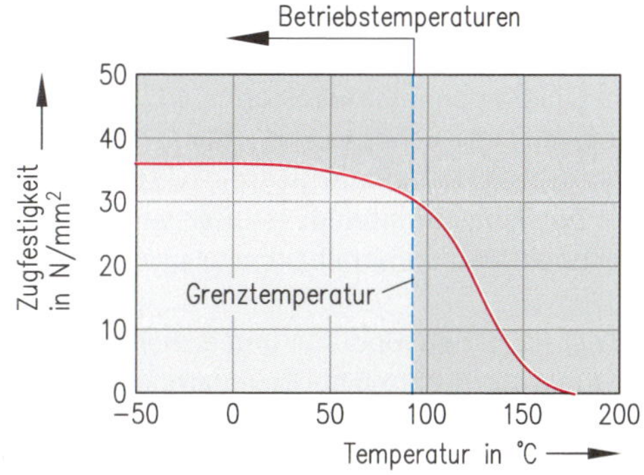

Wärmebeständigkeit eines Epoxidharzes

> **!** Klebstoffe haben meist eine geringere Festigkeit und Wärmebeständigkeit als die zu verbindenden Werkstoffe. Diese Nachteile müssen bei der Auswahl des Klebstoffs und der Gestaltung der Klebeverbindung berücksichtigt werden.

14.8.2 Vorgänge beim Kleben

Die Festigkeit von Klebeverbindungen hängt im Wesentlichen von der Größe der Adhäsionskräfte zwischen dem Klebstoff und den Oberflächen der zu verklebenden Werkstücke ab. Diese Adhäsionskräfte sind umso größer, je enger der Kontakt zwischen Klebstoff und Werkstückoberfläche ist. Schon kleinste Mengen an Verunreinigungen senken die Festigkeit einer Klebeverbindung. Darum müssen Klebestellen sehr sorgfältig gereinigt werden.
Zudem hängt die Festigkeit der Klebeverbindung von den Kohäsionskräften zwischen den Klebstoffmolekülen ab. Da die Festigkeit der Klebstoffe nicht sehr hoch ist, sollten dünne Klebstoffschichten angestrebt werden.

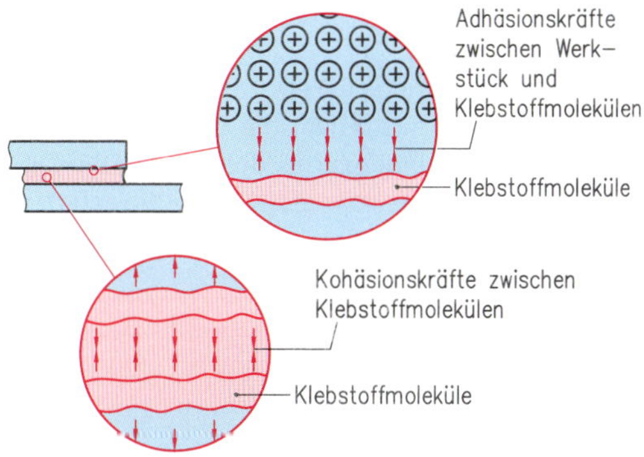

Kräfte in einer Klebeverbindung

> **!** Die Tragfähigkeit einer Klebeverbindung wird entscheidend durch die Sauberkeit der Klebeflächen bestimmt.

Klebstoffe erhärten nach unterschiedlichen Abbindemechanismen.

1. Physikalische Abbindemechanismen

- Bei **Nassklebstoffen** verdunstet das Lösungsmittel des Klebstoffs, wenn es durch einen der zu verklebenden Werkstoffe diffundieren kann. Der Klebstoff haftet durch Adhäsion bzw. durch Verklammern mit der Oberfläche.
- Bei **Kontaktklebstoffen** wird auf die Oberflächen der zu fügenden Bauteile getrennt eine Klebstoffschicht aufgetragen, die zunächst antrocknet. Nur die Oberfläche bleibt noch haftfähig. Nach Zusammendrücken der Bauteile entsteht zwischen den Klebstoffoberflächen eine feste Verbindung.
- Bei **Aktivierklebstoffen** wird ein fester Klebstoff meist durch Wärme aktiviert, z.B. geschmolzen. Nach dem Verfestigen verbindet er die Werkstücke.

2. Chemische Abbindemechanismen
Reaktionsklebstoffe härten durch chemische Reaktionen aus. Die meisten Metallklebstoffe sind Reaktionsklebstoffe. Bei der Aushärtung können je nach Klebstofftyp entweder aus Vorprodukten Kunststoffmoleküle gebildet werden oder vorhandene Kunststoffmoleküle vernetzt werden.

Übungsaufgaben 14/131; 14/132

Reaktionsklebstoffe unterscheidet man nach der Zahl der Komponenten, aus denen der Klebstoff gebildet wird.

- Bei **Einkomponentenklebstoffen** erfolgt die Reaktion im Klebstoff durch Reaktion mit dem Luftsauerstoff, mit Luftfeuchtigkeit oder durch Wärme. Einige Einkomponentenklebstoffe härten nur unter Druck von 10 bis 80 N/cm^2 aus.
- Bei **Zweikomponentenklebstoffen** wird die Reaktion durch Vermischen der beiden Komponenten Binder und Härter unmittelbar eingeleitet.

Nach der Aushärtetemperatur unterscheidet man Kalt- und Warmklebstoffe.

- **Kaltklebstoffe** härten bei Raumtemperatur. Sie sind meist Zweikomponentenklebstoffe.
- **Warmklebstoffe** härten bei Temperaturen zwischen 120 und 180 °C aus. Die Temperatur muss über einen Zeitraum von 15 bis 120 Minuten gehalten werden. Nach dieser Zeit ist die Verbindung fest, aber der Klebstoff härtet auch in der Folgezeit noch nach. Die Festigkeit von Warmklebstoffen ist höher als die von Kaltklebstoffen.

14.8.3 Gestaltung von Klebeverbindungen

Bei der Gestaltung sind folgende Gesichtspunkte zu berücksichtigen:

- Da die vom Klebstoff aufzubringenden Adhäsionskräfte meist geringer sind als die Festigkeit der zu verklebenden Werkstoffe, ist eine große Fügefläche anzustreben, die häufig nur durch eine Überlappung zu erreichen ist. Die Überlappungslänge sollte etwa das 20- bis 30-Fache der dünnsten Werkstückdicke der zu verklebenden Bauteile sein.

Überlappungslänge $l_{ü} = 20 \text{ bis } 30 \cdot s_{min}$

Einfachlaschen, Doppellaschen und besonders die Schäftung sind als Überlappungen geeignet. Bei Bauteilen aus Hohlprofilen wird die Überlappung meist durch Einlagen hergestellt.

- Die geringe Festigkeit des Klebstoffs erfordert dünne Klebeflächen von etwa 0,1 bis 0,15 mm.
- Biegebeanspruchung, die bei einfachen Überlappungen dünnwandiger Werkstücke auftritt, und besonders Schälbeanspruchung müssen vermieden werden.
- Da Klebstoffe bei dauernder statischer Belastung zum Kriechen neigen, sollte eine formschlüssige Sicherung in Verbindung mit der Verklebung vorgesehen werden.

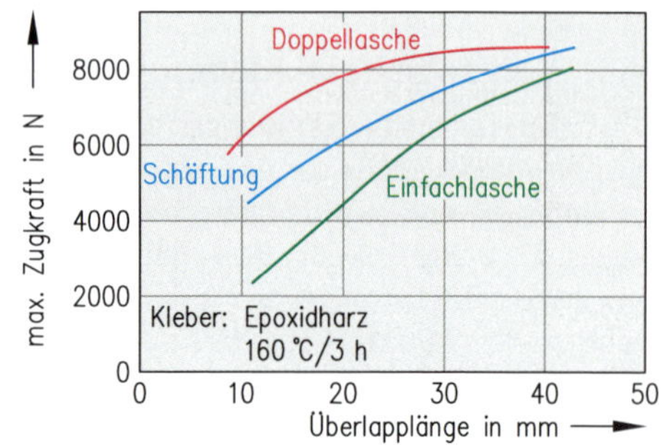

Max. Zugkraft bei verklebten Al-Blechen 12 x 2 mm

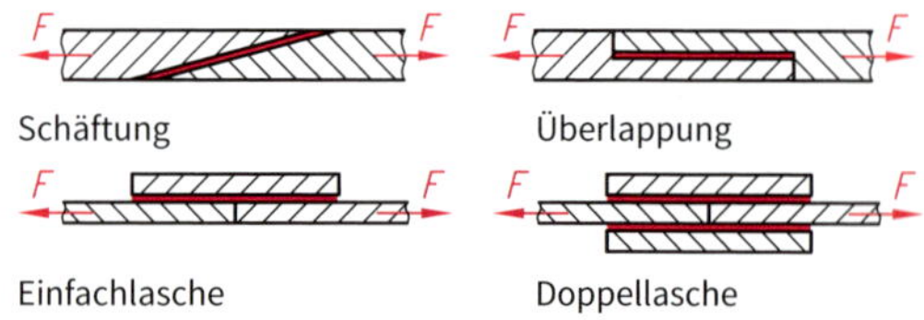

Verbindungen mit Überlappungen

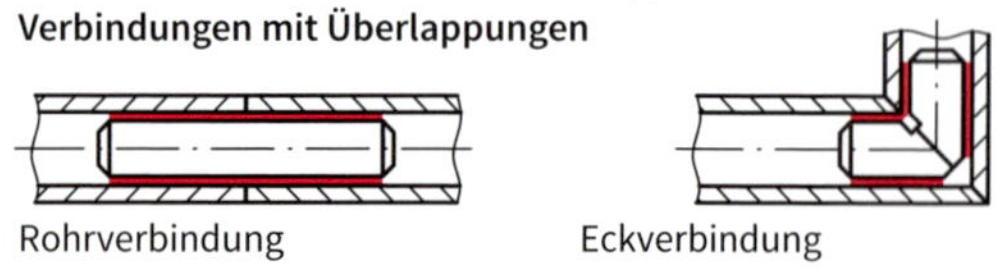

Verbindungen mit Einlagen

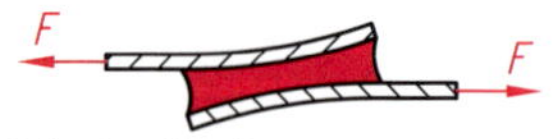

Biegung bei einfacher Überlappung

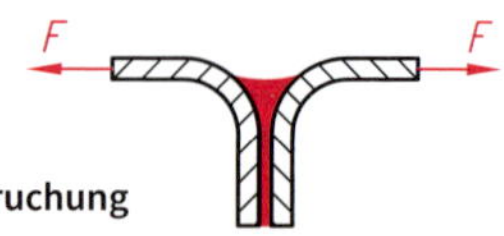

Schälbeanspruchung

! Gestaltungsregeln für Klebeverbindungen:

- Zug- und Schälbeanspruchung vermeiden,
- dünne Klebstoffschichten anstreben,
- großflächig verkleben.

Übungsaufgaben 14/133 bis 14/135

14.8.4 Übersicht über Klebstoffe

1. Kleben mit physikalisch abbindenden Klebstoffen

Klebstoff	Zusammensetzung	zu verklebende Werkstoffe	Abbindemechanismus	Beispiele
Nassklebstoff	Kunststoff in feinster Verteilung in Wasser, z. B. Vinylacetat-Kunststoffe	• poröse Werkstoffe untereinander, z. B. Holz-Hartschaum • poröse Werkstoffe mit dichtem, nichtmetallischem Werkstoff, z. B. Holz mit Phenolharz-Hartpapier	das Dispersionsmittel Wasser verdunstet, der Kunststoff haftet an den Bauteilen (Dispersionskleber)	Ponal® Bindulin® EM-Holz®
	Kunststoffe in organischem Lösungsmittel gelöst, z. B. PVC in Methylenchlorid, Zelluloseacetat in Aceton	• anlösbare Kunststoffe untereinander, z. B. PVC mit PVC • anlösbare Kunststoffe mit porösen, nicht lösbaren Werkstoffen, z. B. PVC mit PU-Schaum	zu verklebende Flächen werden angelöst, der Kunststoff im Klebstoff überbrückt kleine Fugen, das Lösungsmittel verdampft (Lösungsmittelkleber)	Tangit® für PVC Gummilösung
Kontaktklebstoff	gummiartige Kunststoffe in organischen Lösungsmitteln gelöst	• poröse, nicht anlösbare plattenförmige Werkstoffe miteinander • poröse, nicht anlösbare plattenförmige Werkstoffe mit dichtem Werkstoff	zu verklebende Flächen werden beidseitig eingestrichen und nach einer Ablüftzeit die scheinbar trockenen Klebeflächen unter Druck vereinigt	Pattex®
Aktivierklebstoff	thermoplastischer Kunststoff, z. B. Polyamid	alle verklebbaren Werkstoffe einschließlich Metalle (nach guter Vorwärmung)	Erstarren des Klebstoffs beim Abkühlen (Schmelzkleber)	

2. Kleben mit chemisch abbindenden Klebstoffen (Reaktionsklebstoffen)

Klebstoff	Zusammensetzung	zu verklebende Werkstoffe	Abbindemechanismus	Beispiele
Polymerisationsklebstoff	Polyesterharze + Härter (Peroxide)	Metalle, Duroplaste, Keramik, Holz, Glas, keine weichelastischen Werkstoffe wie z. B. PVC, Gummi	Vernetzen des Polyesters	Stabilit®
Polyadditionsklebstoff	Epoxidharze + Härter		Kettenbildung und Vernetzung des Klebstoffs	Araldit® Redux® UHU-plus®
	Polyurethanharze + Härter			Desmocol®

®eingetragenes Markenzeichen

14.8.5 Schutzmaßnahmen beim Kleben

Lösungsmittel zum Entfetten, Beizbäder und Klebstoffe im ungehärteten Zustand können gesundheitsschädliche Dämpfe verursachen. Auch ein Kontakt mit der Haut ist zu vermeiden, da manche Klebstoffe Hautverletzungen hervorrufen. Nachdrücklich sei auf die Feuergefährlichkeit von Lösungsmitteln und Lösungsmittelklebstoffen hingewiesen. Beim Kleben darf nicht mit offenen Flammen umgegangen werden, auch Rauchen ist verboten.

! Beim Umgang mit Klebstoffen und Lösungsmitteln ist Folgendes zu beachten:
- Dämpfe nicht einatmen,
- Hautkontakt vermeiden,
- offenes Feuer fernhalten,
- Herstellerhinweise einhalten.

Übungsaufgaben 14/136; 14/137

15 Beschichten

Durch die Fertigungsverfahren des Beschichtens werden Bauteile, z. B. Leitplanken, wirksam und wirtschaftlich gegen Korrosion geschützt. Darüber hinaus wird häufig durch die Beschichtung eine Verschönerung der Gegenstände, z. B. Lampenfuß, erreicht. In Sonderfällen, z. B. bei Fräswerkzeugen, erreicht man durch das Beschichten eine verschleißfeste Oberfläche.

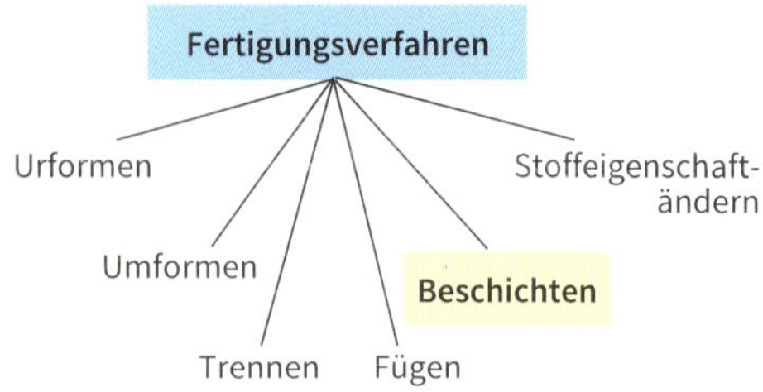

An Beschichtungen werden folgende Anforderungen gestellt:

- Die aufgebrachte Schutzschicht muss auf dem metallischen Untergrund gut haften.
- Die Schicht darf nicht reißen oder abplatzen, wenn das Bauelement sich verformt.
- Die Schicht muss porenfrei sein.
- Die aufgetragene Beschichtung soll an allen Stellen gleich dick sein.
- Die Beschichtung muss eine ausreichende Härte und Verschleißfestigkeit besitzen.

15.1 Beschichten durch Anstreichen

Das Beschichten durch Anstreichen ist ein wirtschaftliches Verfahren zur Erzielung eines guten Korrosionsschutzes. Vor dem Beschichten durch Anstreichen muss zunächst die Oberfläche der zu beschichtenden Bauelemente für den Anstrich vorbereitet werden: Bei Stahl muss der Untergrund von lose anhaftendem Zunder, Rost und noch anhaftendem alten Anstrich gereinigt werden. Dies geschieht mechanisch mit Drahtbürsten, Schmirgelleinen, Schabern oder durch Sandstrahlen.
Am Untergrund haftende Öl- und Fettreste sind mit entsprechenden Fettlösern zu beseitigen.

Auf den so vorbereiteten Untergrund wird der Grundanstrich aufgetragen. Dieser Anstrich enthält meist Zink-, Aluminium- oder Bleiverbindungen. Am bekanntesten ist Bleimennige (Pb_3O_4). Der Grundanstrich soll möglichst in zwei dünnen Schichten aufgetragen werden. Das Auftragen erfolgt mit Pinseln oder Spritzpistolen. Nachdem der Grundanstrich getrocknet ist, wird der Deckanstrich aufgetragen. Für den Deckanstrich kommen alle Anstrichstoffe infrage, die genügend wetterfest sind. Es sind Ölfarben, Lacke, Kunstharzanstriche u. ä. Der Deckanstrich wird in mehreren dünnen Schichten aufgetragen.

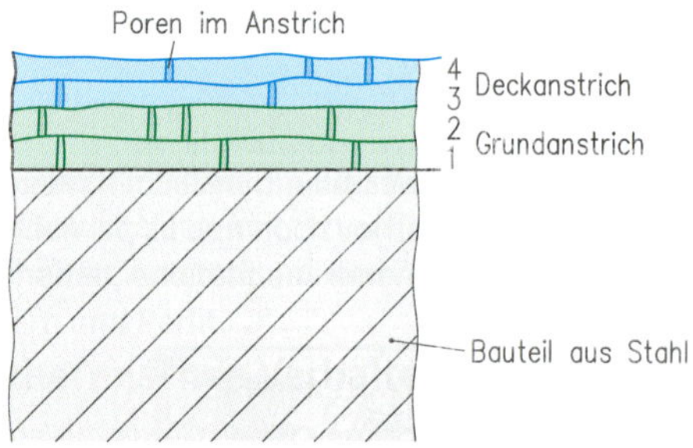

Aufbau eines Schutzanstriches auf Stahl

> **!** Beschichten durch Anstreichen geschieht durch Aufbringen von Grund- und Deckanstrich in mehreren Schichten.

15.2 Beschichten durch Verzinken

Stahlkonstruktionen werden häufig mit einer Zinkschicht versehen. Man spricht von Verzinken. Diese Zinkschicht schützt vor Korrosion durch zwei Wirkungen:

Zink bildet an der Oberfläche mit Luftsauerstoff, Wasser und aggressiven Gasen **korrosionsbeständige Schichten,** die den übrigen Zinküberzug und damit die Konstruktion vor Korrosion schützen.

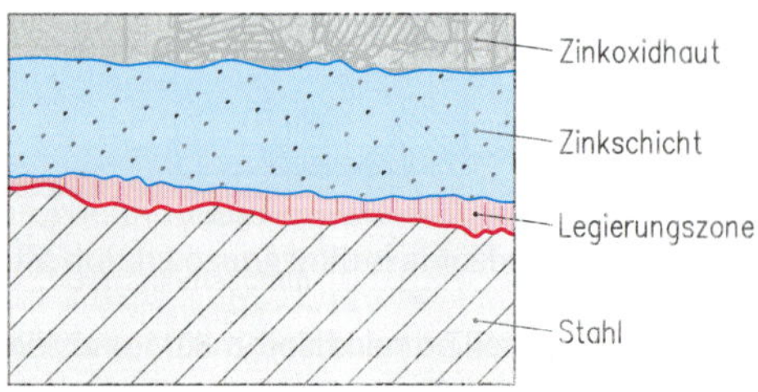

Aufbau einer Verzinkungsschicht auf Stahl

Bei geringfügigen Beschädigungen dieser Schutzschicht baut sich aus dem darunter befindlichen Zink erneut eine Schutzschicht auf.

Bei teilweiser Zerstörung der Zinkschicht wirkt das Zink wie eine **Opferanode.** Zink löst sich als das unedlere Metall langsam auf und verhindert so die Korrosion der Stahlteile, die edler sind.

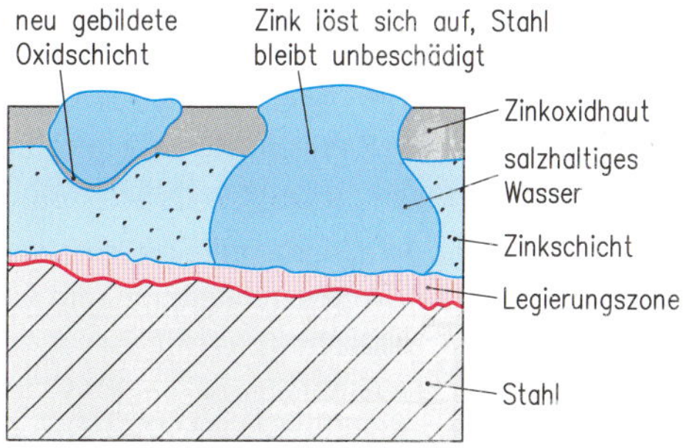

Schutzwirkung des Zinks

Das gebräuchlichste Verzinkungsverfahren ist das **Feuerverzinken.** Bei diesem Verfahren wird das zu verzinkende Bauelement in eine Zinkschmelze von etwa 450 °C eingetaucht und dabei mit einer Zinkschicht versehen. Die Voraussetzung für eine einwandfreie Verzinkung ist die gründliche Vorbehandlung der Stahloberfläche. Man geht bei der Feuerverzinkung wie folgt vor:

1. Durch Sandstrahlen werden evtl. vorhandene Anstriche beseitigt.
2. Mit Fettlösungsmitteln werden Fett- und Ölreste entfernt.
3. Durch Eintauchen in ca. 10%ige Salzsäure oder Schwefelsäure werden Rost und Walzzunder von der Oberfläche beseitigt. Man nennt diese Behandlung Beizen.
4. Spülen mit Wasser entfernt Säurereste und neu entstandene Eisenverbindungen.
5. Der zu verzinkende Gegenstand wird in eine Lösung aus Zinkchlorid und Ammoniumchlorid getaucht. Beide Salze dienen als Flussmittel. Sie entfernen restliche Oxidschichten und erhöhen die Benetzbarkeit der Stahloberfläche.
6. In einem Trockenofen wird das Werkstück getrocknet und aufgeheizt.
7. Durch Eintauchen in das Verzinkungsbad, eine Zinkschmelze von etwa 450 °C, wird ein Zinküberzug erzeugt. Dieser haftet infolge Legierungsbildung an der Stahloberfläche.
   Die Dicke des Zinküberzugs richtet sich nach der Stahlzusammensetzung, der Badtemperatur und der Tauchzeit.

Verzinkungsanlage

Außer dem Feuerverzinken gibt es Verzinkungsverfahren, in denen das Zink durch Metallspritzen, Galvanisieren oder Glühen in Zinkstaub aufgebracht wird.
Häufig wird Verzinken mit anschließendem Anstreichen kombiniert. Diese Kombination ergibt besonders hohen Korrosionsschutz.

> **!** Beim Verzinken wird metallisches Zink auf die Werkstückoberfläche aufgebracht.
> Zink schützt durch • korrosionsbeständige Zinkoxidschicht,
> • Wirkung als Opferanode.

15.3 Beschichten durch Galvanisieren

Beim Beschichten durch Galvanisieren werden mithilfe des elektrischen Stroms aus Salzlösungen dünne Metallschichten auf die Werkstückoberfläche aufgetragen. Diese Überzüge schützen das Bauteil vor Korrosion und verbessern das Aussehen. Deshalb wählt man als Überzugmetalle Chrom, Kupfer, Gold u.a.

Zum Galvanisieren wird das sorgfältig gereinigte Werkstück in eine Salzlösung gehängt und mit dem negativen Pol einer Spannungsquelle verbunden. An den positiven Pol der Spannungsquelle schließt man eine Platte aus dem Beschichtungsmetall an. Diese Platte hängt man ebenfalls in die Salzlösung. Beim Einschalten des Stroms überzieht sich das Werkstück mit einem Metallüberzug – die Zusatzplatte löst sich auf.

Dabei läuft ein elektrochemischer Vorgang ab:
In der Salzlösung liegt der Überzugswerkstoff als positiv geladene Ionen vor. Das Werkstück ist an den negativen Pol der Spannungsquelle angeschlossen.

Deshalb wandern die positiv geladenen Metallionen aus der Salzlösung zum Werkstück. Sie nehmen dort Elektronen auf und werden zu neutralen Metallatomen, die sich auf der Werkstückoberfläche ablagern und einen festen Metallüberzug bilden.
Damit die Salzlösung nicht an Metallionen verarmt, ist an den Pluspol der Spannungsquelle eine Platte, die aus dem Beschichtungsmetall besteht, angeschlossen. Diese Platte nennt man Anode.
Diese Platte löst sich beim Galvanisieren im gleichen Maße auf, wie sich Metallionen am Werkstück abscheiden.

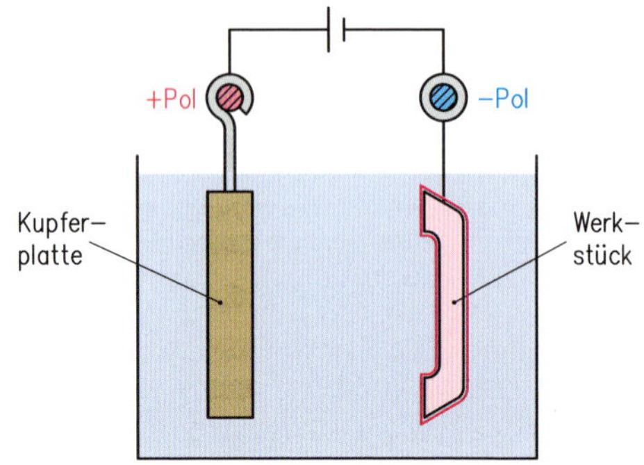

Elektrolyse zum Verkupfern

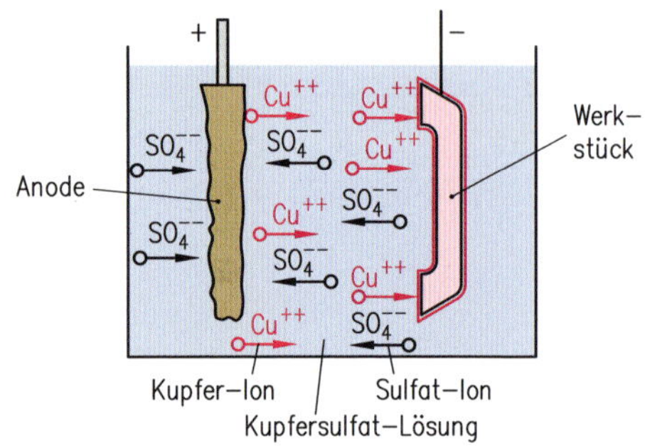

Wanderung von Ionen in einer Elektrolyse

! Beim Galvanisieren wird das Werkstück auf elektrochemischem Weg beschichtet.

Beispiel für Teile, die galvanisch beschichtet wurden

Übungsaufgaben 15/10; 15/11

15.4 Beschichten durch Metallspritzen

Beim Metallspritzen werden Metallpulver, Drähte oder Stäbe aufgeschmolzen und mit Druckluft auf die vorbereitete metallische Oberfläche der Bauelemente geschleudert.

Erfolgt die Verflüssigung des Auftragsmetalls in der Flamme eines Sauerstoff-Acetylen-Brenners, so spricht man vom **Flammspritzen.** Das geschmolzene Auftragsmetall wird in der Flamme zerstäubt und durch den Druck der ausströmenden Verbrennungsgase und der zusätzlichen Druckluft auf die Werkstückoberfläche geschleudert.

Beim Flammspritzen können wegen der relativ niedrigen Temperatur der Flamme nur niedrig schmelzende Auftragsmetalle verwendet werden. Die aufgebrachte Metallschicht ist schwach porös und haftet nur mechanisch auf dem Untergrund.

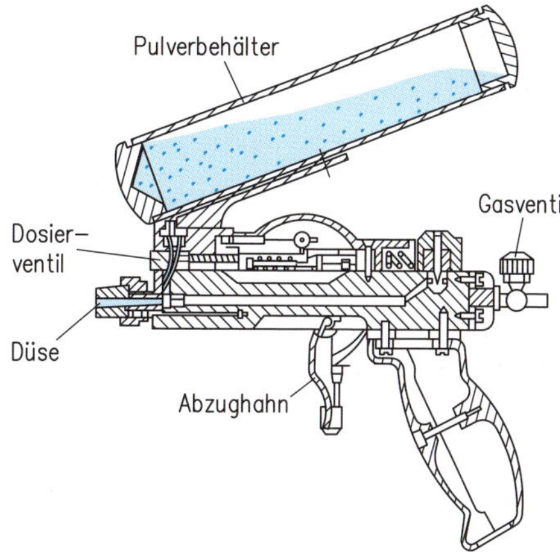

Flammspritzpistole im Schnitt

Beispiel für Flammspritzen

! Beim Flammspritzen wird auf das Werkstück in der Flamme geschmolzenes Metall aufgespritzt.

Wird Metall oder Keramik mithilfe eines Lichtbogens verflüssigt, so spricht man vom **Lichtbogenspritzen.** Metallüberzüge, die durch Lichtbogenspritzen aufgetragen sind, haften neben der mechanischen Verklammerung auch durch Verschweißung mit dem Untergrund.

Metallspritzen dient zum Beschichten von Bauelementen, die harte und verschleißfeste Oberflächen besitzen müssen, wie z. B. Schaufelräder, Förderschnecken oder Werkzeuge.

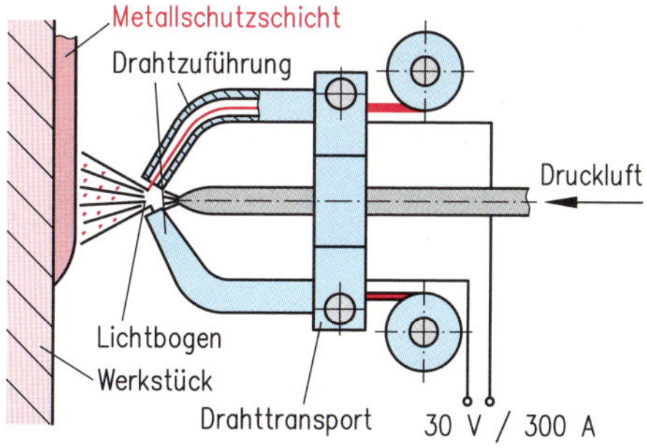

Lichtbogen-Metall-Spritzanlage

! Beim Lichtbogenspritzen wird auf das Werkstück im Lichtbogen aufgeschmolzenes Metall aufgeschweißt.

16 Arbeitssicherheit und Unfallschutz

Jährlich erleidet in der Bundesrepublik Deutschland jeder 16. Arbeitnehmer einen Arbeitsunfall, der eine zeitliche oder gar dauerhafte körperliche Schädigung verursacht. Von diesen Unfällen entfällt ein großer Teil auf den Umgang mit Werkzeugen und Werkzeugmaschinen. Die hohe Zahl der Unfälle kann durch strikte Einhaltung von Sicherheitsbestimmungen und Erweiterung von Schutzmaßnahmen erheblich gesenkt werden.

Arbeits- und Unfallschutz sollen gewährleisten, dass
- *Gefahren nicht wirksam werden können,*
- *Gefährdungen rechtzeitig erkannt werden,*
- *Arbeitsschutzmaßnahmen rechtzeitig ergriffen werden.*

16.1 Sicherheitskennzeichnung

Arbeitsplätze, Maschinen und Anlagen mit gefährlichen Arbeitsstoffen bzw. sonstigen Gefährdungen müssen nach der Unfallverhütungsvorschrift „Sicherheitskennzeichnung am Arbeitsplatz“ mit Sicherheitskennzeichen versehen sein. Die Sicherheitskennzeichen werden mit genormten Farbtönen und allgemein verständlichen Symbolen erstellt.
Die Sicherheitskennzeichen lassen sich mithilfe von Grundfarben in folgende Gruppen einteilen:
- Verbotszeichen (Rot),
- Gebotszeichen (Blau),
- Warnzeichen (Schwarz),
- Rettungszeichen (Grün).

Beispiele für Sicherheitskennzeichen

1. **Verbotszeichen** (Rot auf weißem Grund, schwarze Kontrastfarbe)

Rauchen verboten

Feuer, offenes Licht und Rauchen verboten

Verbot, mit Wasser zu löschen

2. **Warnzeichen** (Schwarz auf gelbem Grund)

Warnung vor feuergefährlichen Stoffen

Warnung vor explosionsgefährlichen Stoffen

Warnung vor giftigen Stoffen

Warnung vor ätzenden Stoffen

3. **Gebotszeichen** (blaue Schilder mit weißen Zeichen)

Augenschutz tragen

Atemschutz tragen

Schutzschuhe tragen

Schutzhandschuhe tragen

4. **Rettungszeichen** (grüne Schilder mit weißen Zeichen)

Hinweis auf „Erste Hilfe“

Rettungsweg (Richtungsangabe für Rettungsweg)

Übungsaufgaben 16/1 bis 16/4

16.2 Allgemeine Anforderungen zum sicherheitsgerechten Verhalten

Arbeitsplatz

- Der Aufenthalt an Arbeitsplätzen ist nur befugten Personen erlaubt.
- Die Inbetriebnahme und Benutzung von Geräten und Maschinen ist nur den dafür ausgebildeten Personen erlaubt.
- Vor der Inbetriebnahme einer Maschine oder eines Geräts muss sich der Bediener von der Betriebssicherheit des Arbeitsmittels und der Arbeitsumgebung überzeugen.
- Auftretende Störungen und Mängel sind unverzüglich der zuständigen Stelle zu melden.
- Maschinen und Anlagen dürfen im Betrieb nicht ohne die vorgeschriebene Aufsicht gelassen werden.
- NOT-AUS-Schalter sind freizuhalten.

Bediener

- Es ist eng anliegende Arbeitskleidung zu tragen. Vorgeschriebene Schutzkleidung (Augenschutz, Ohrschutz, Handschutz, Sicherheitsschuhe) muss angelegt werden.
- Schutz- und Warneinrichtungen dürfen weder entfernt noch zweckentfremdet werden.
- Durch die Tätigkeiten dürfen auch für andere Personen keine Gefährdungen entstehen.

Arbeitsdurchführung

- Technologisch vorgegebene Daten, wie z. B. Schnittgeschwindigkeiten und Vorschübe, dürfen nicht überschritten werden.
- Arbeiten an oder in der Nähe bewegter Teile, z. B. Messen, Richten, Nachspannen, Säubern u. a., sind nur mit speziellen Vorrichtungen erlaubt. Falls diese nicht vorhanden sind, dürfen solche Arbeiten nur beim Stillstand der Maschine vorgenommen werden.

16.3 Arbeitssicherheit beim Umgang mit Werkzeugen und Maschinen

Die Werkzeuge in der Fertigungstechnik und die eingesetzten Werkzeugmaschinen erfordern im Hinblick auf die Arbeitssicherheit ein verantwortungsvolles Handeln. Aus der Untersuchung von Unfällen lassen sich typische Gefährdungen feststellen.

Gefährdung	Ursachen der Gefährdung durch ...		mögliche Auswirkungen
• **Erfassen von Kleidungs- und Körperteilen** • **Berühren scharfer Werkzeugteile**	*Maschinen-bewegungen*	• Schnittbewegungen • Vorschubbewegungen • Spannzeugbewegungen • Transportbewegungen	• Schnittwunden, Quetschungen, Brüche • Verluste von Gliedmaßen
• **Auftreffen abgeschleuderter Teile** • **Hautkontakt mit Schmier- und Kühlmitteln** • **Einatmen von Sprühnebeln und Stäuben**	*unkontrollierte Bewegungen von Maschinen- und Werkzeug-teilen, Werkstoff- und Hilfsteilchen*	• Abreißen von Werkzeugen, Werkstücken oder Teilen infolge von Bruch oder Überlastung • Abschleudern von heißen Spänen • Abschleudern und Versprühen von Kühl- und Schmiermitteln • Mitreißen und Fortschleudern herumliegender Teile • Herabfallen von Teilen aus Transporteinrichtungen	• Schnittwunden, Brüche, Verbrennungen, Hautschäden (z. B. Ölakne) • Augenschäden • Schädigung der Atmungsorgane
• **Bestrahlung mit gefährlichen Strahlen**	*Wärme- und Lichtstrahlung*	• Laserstrahlung • UV-Licht	• Verbrennungen • Augenschäden
• **Berührung spannungführender Teile**	*elektrische Energie*	• Elektroantriebe • elektrische Steuerungen • elektrische Messsysteme	• Verbrennungen • Herz- oder Atemstillstand • Tod
• **Einwirkung auf Gehör und Nervensystem**	*Lärm*	• Lärm durch Antriebe • Lärm durch Arbeitsvorgänge • Lärm durch Transportvorgänge	• Schwerhörigkeit • Herz- und Kreislaufbeschwerden

1. Sicherheit beim Gebrauch von Handwerkzeugen

Werkzeuge wie Hämmer, Meißel und Körner müssen vor dem Gebrauch daraufhin überprüft werden, ob eine Unfallgefährdung vorliegen kann. Der Hammer kann z. B. nicht fest auf dem Stiel sitzen, der Meißelkopf kann einen sogenannten Bart haben.
Trifft man beim Hämmern auf einen Werkzeugkopf mit Bart, so können kleine Teilchen vom Kopf aussplittern und mit enormer Geschwindigkeit den Arbeiter verletzen.
Der Bart an einem Werkzeug muss unbedingt sachgerecht entfernt werden. Weiterhin ist es zwingend erforderlich, beim Meißeln eine Schutzbrille zu tragen.
Handverletzungen durch die Schlagbewegung kann man vermeiden, wenn der Meißelschaft einen elastischen Handschutz hat und dadurch die Faust abschirmt.

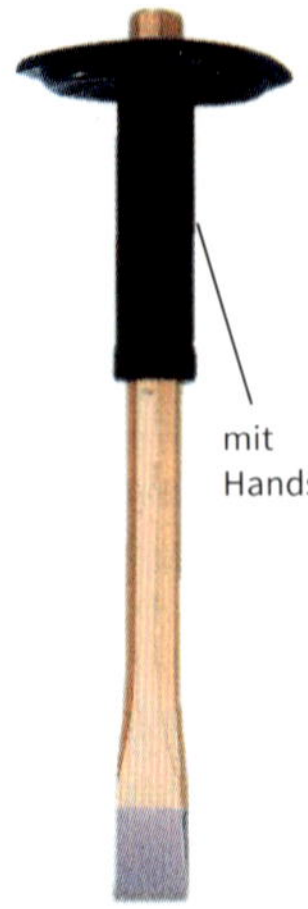

Meißel

Meißelkopf mit Bart

Meißelkopf ohne Bart

2. Sicherheit beim Bohren

- Vor Inbetriebnahme Maschine auf Betriebssicherheit überprüfen.
- Bohrer zentrisch und fest einspannen. Spannschlüssel sofort wieder entfernen und sicher ablegen – nicht an Kette oder Schnur befestigen.
- Werkstück ausrichten und so sicher einspannen, dass es gegen Mit- und Hochreißen gesichert ist.
- Beim Bohren dünner Werkstücke Unterlagen aus Holz oder Kunststoff verwenden.
- Eng anliegende Ärmel tragen, bei langen Haaren Haarnetz benutzen, bei spröden Werkstoffen Schutzbrille tragen.
- Laufende Arbeitsspindel nach Abschalten der Maschine nicht mit der Hand abbremsen.
- Vorsicht vor Schnittverletzungen infolge Gratbildung.

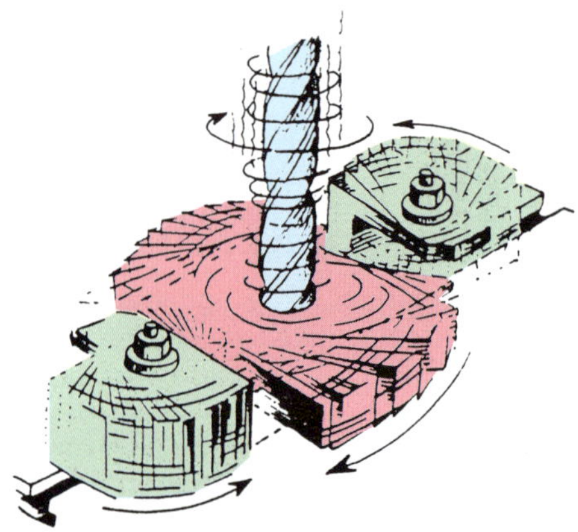
Werkstücke sicher spannen

Bei Verwendung von Handbohrmaschinen ist zusätzlich zu beachten:

- Vor dem Anschließen prüfen, ob der Betriebsschalter auf „AUS“ steht.
- Vor dem Anschließen Bohrer einspannen.
- Vor dem Einschalten sicheren Stand einnehmen.
- Vor dem Bohrerdurchtritt durch das Werkstück den Anpressdruck verringern.
- Maschine nicht feucht werden lassen, selbst nicht im Wasser stehen, nasse Maschinen nicht anfassen.
- Maschinen nicht mit eingespanntem Bohrer ablegen.

3. Sicherheit beim Fräsen

- Geeignete Spannzeuge auswählen und auf dem Frästisch sicher befestigen.
- Fräser unfallsicher ablegen und zum Werkzeugeinbau Schneidenschutz benutzen.
- Werkstücke und Werkzeuge sicher spannen.
- Fräserschutz richtig einstellen.
- Augen durch Schutzbrille vor Spänen und Kühlmittelspritzern schützen.
- Vorgegebene technologische Daten (Umdrehungsfrequenz, Vorschub, Kühlmittelzufuhr) einhalten.
- Späne nur mit geeigneten Hilfsmitteln entfernen.

4. Sicherheit beim Drehen

- Geeignete Spannzeuge auswählen, Werkzeuge und Werkstücke fest und sicher spannen, Spannschlüssel abziehen und sicher ablegen.
- Eng anliegende Kleidung tragen, keine Handschuhe anziehen, Augen gegen abspritzende Späne schützen.
- Rundlauf bei niedriger Umdrehungsfrequenz überprüfen und Unwucht ausgleichen.
- Vorschubweg durch Endschalter begrenzen.
- Vorschub und Umdrehungsfrequenz richtig einstellen.
- Maschine vor Fertigungsbeginn probelaufen lassen.
- Für geeigneten Spanablauf sorgen.
- Keine Messungen an laufenden Werkstücken vornehmen.
- Zur Beseitigung von Spänen Spanhaken verwenden.
- Backenfutter nicht mit der Hand abbremsen.

Nicht zulässig für Freihand- und handgeführtes Schleifen

Warnung vor Handverletzungen

Augenschutz benutzen

Sicherheitskennzeichen beachten

5. Sicherheit beim Schleifen

- Wellenenden, die mehr als 1/4 ihres Durchmessers aus der Spannmutter herausragen, sind zu verkleiden.
- Der Spalt zwischen Schleifkörper und Werkstückauflage darf höchstens 3 mm betragen.
- Die Schutzhaube darf höchstens 65° weit geöffnet sein.
- Bei Trockenschliff Schleifstaub absaugen.
- Die auf den Schleifkörpern angegebenen höchsten Umfangsgeschwindigkeiten (= Schnittgeschwindigkeit) dürfen nicht überschritten werden.
- Schleifkörper sind vor dem Aufspannen auf Risse zu überprüfen (Klangprobe bei keramischen Schleifscheiben).
- Schleifkörper spannungsfrei auf die Schleifspindel schieben, neue elastische Zwischenlagen verwenden, Spannflansch so wählen, dass die Scheibe biegefrei gespannt wird.
- Bei Scheiben für Nassschliff sind Zwischenlagen aus Papier oder Pappe ungeeignet.
- Nach dem Aufspannen Schleifkörper auf Unwucht prüfen.
- Nach jedem Neuaufspannen eines Schleifkörpers ist ein Probelauf von mindestens 5 Minuten bei der zulässigen Umfangsgeschwindigkeit durchzuführen.
- Schleifscheiben je nach Beanspruchung in regelmäßigen Abständen abrichten.
- Bei Schleifarbeiten ist eine geeignete Schutzbrille zu tragen. Eine normale Brille genügt nicht.

16.4 Arbeitssicherheit beim Schweißen

1. Lichtbogenschweißen

- Schweißgerät und Anschlussleitungen auf sicheren Zustand überprüfen, beschädigte Elektrodenhalter und Leitungen auswechseln.
- Schweißstromrückleitung möglichst nah an der Schweißstelle am Werkstück anschließen.
- Augen- und Gesichtsschutz, Schweißerschutzhandschuhe mit Stulpen und Schweißerschürze verwenden.
- Sonderbestimmungen für Schweißarbeiten in engen Räumen und in brand- oder explosionsgefährdeten Bereichen beachten.

Übungsaufgaben 16/8 bis 16/14

2. **Gasschmelzschweißen**
   - Bei Arbeitsunterbrechung angeschlossene Brenner sachgemäß aufhängen.
   - Gasschläuche gegen Beschädigung schützen.
   - Armaturen und Schläuche an Flaschen sicher befestigen.
   - Gasflaschen gegen Umfallen sichern und nur aus stehenden Acetylenflaschen Gas entnehmen.
   - Angeschlossene Brenner nie in geschlossenen Behältern ablegen.
   - Zum Zünden zuerst Sauerstoffventil öffnen, dann erst das Acetylenventil. Beim Schließen ist umgekehrt zu verfahren.

16.5 Schutzmaßnahmen beim Umgang mit Kühlschmierstoffen

Hautschäden im Zusammenhang mit Schmierstoffkontakt gehören zu den häufigsten Berufskrankheiten in der metallverarbeitenden Industrie. Neben dem Einatmen der entstehenden Dämpfe birgt insbesondere der Hautkontakt mit Kühlschmierstoffen eine Reihe von Gefahren:

- Die Haut wird bei ständiger Berührung entfettet, verliert ihre Schutzschicht, wird rissig und anfällig gegenüber Krankheiten, z. B. Entzündungen, Akne und Ekzemen. Nicht selten treten diese Erkrankungen an Körperteilen auf, an denen ölverschmutzte Kleidung eng anliegt.
- Die in den Kühlschmierstoffen mitgeführten Fremdkörper wie kleine Metallspäne u. a. verursachen winzige Verletzungen, die ebenfalls zu Hautschäden führen können.

Einsatz von Kühlschmierstoffen an einer CNC-Fräsmaschine

Den beschriebenen Gefahren kann mit einer Reihe von **Schutzmaßnahmen** begegnet werden.

- Kontakt mit Kühlschmierstoffen möglichst vermeiden.
- Vor der Arbeit eine schützende Hautcreme auftragen.
- Nach dem Kontakt mit Kühlschmierstoffen die Hände mit **geeigneten** Mitteln, z. B. Emulsionsreinigern, waschen. Auf keinen Fall die reinigende Wirkung der Kühlschmierstoffe selbst ausnutzen.
- Öldurchnässte Arbeitskleidung **sofort** wechseln und nicht auf der Haut trocknen lassen.
- Neben der Haut sind auch die Augen durch spritzenden Kühlschmierstoff gefährdet. Gelangt ein Spritzer ins Auge, so ist als erste Hilfe **sofort** mit dem Ausspülen zu beginnen. Anschließend ist **in jedem Fall** ein Augenarzt aufzusuchen.

16.6 Maßnahmen bei Unfällen

Trotz Sicherheitseinrichtungen und sicherheitsbewusstem Verhalten kommt es zu Arbeitsunfällen. Damit in solchen Fällen zielgerichtet und schnell geholfen werden kann, ist es die Pflicht eines jeden Betriebsangehörigen, über die in seinem Betrieb vorhandenen Hilfs- und Meldeeinrichtungen informiert zu sein.

Sofortmaßnahmen nach einem Unfall:

- Maschinen und Geräte im unmittelbaren Gefahrenbereich abschalten.
- Verunglückte Person(en) aus dem Gefahrenbereich bergen.
- Verunglückte Person(en) sicher lagern.
- Hilfe herbeirufen.
- Verunglückte(n) möglichst nicht allein lassen.
- Meldung des Unfalls nach betrieblichem Alarmplan.
- Soweit möglich erste Hilfe leisten.

17 Umweltschutz

1. Entsorgung von Schmier- und Kühlschmierstoffen

Schmier- und Kühlschmierstoffe werden nach einer bestimmten Einsatzdauer unbrauchbar.
Da Öle und Emulsionen zu den wassergefährdenden Stoffen zählen, dürfen sie nicht in den Boden, in Gewässer oder eine übliche Kläranlage geleitet werden. Die Entsorgung regeln Verordnungen, die aufgrund des Bundesabfallgesetzes erlassen wurden. So dürfen z. B. nur Unternehmen mit entsprechenden Genehmigungen die Entsorgung von Sonderabfällen (z. B. Kühlschmierstoffe usw.) vornehmen.
Entsorgungspflichtig ist in jedem Fall der Erzeuger von Sonderabfällen!

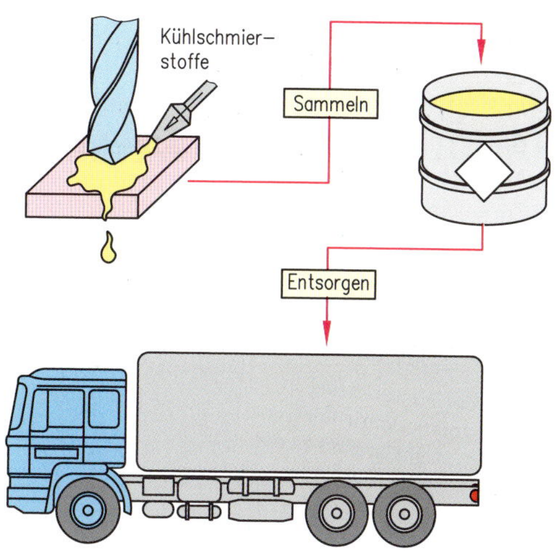

Entsorgung von Schmier- und Kühlschmierstoffen

2. Produktion und Umwelt

Jedes Produkt und auch das damit verbundene Herstellungsverfahren stellen einen Eingriff in die Umwelt dar. Inwieweit diese Eingriffe von einer Gemeinschaft getragen werden können, muss diese Gemeinschaft unter sich entscheiden. Beurteilungskriterien für solche Entscheidungen unter den Gesichtspunkten der Umwelt- und Sozialverträglichkeit kann die folgende Übersicht geben.

Umweltverträglichkeit	• Luftverträglichkeit (Schutz der Atmosphäre durch emissionsarme Produktion, Nutzung und Entsorgung) • Wasserverträglichkeit (Gewässerreinhaltung) • Bodenverträglichkeit (Bodenschutz) • Pflanzenverträglichkeit (Schutz der Artenvielfalt)
Ressourcenschonung[1]	• Schonung der **Energiereserven** (Öl, Erdgas, Kohle, Uran) • Schonung mineralischer **Rohstoffe** (Erze usw.) • Schonung der **Waldbestände** • Schonung der **Wasserreserven,** insbesondere des Trinkwassers • Schonung der **Bodenflächen** (nur unbedingt nötiger Wohnungsbau, Straßenbau, Bahntrassenbau usw.) • Schonung des **Bodens** (z. B. kein Treibstoff aus Zuckerrohr, kein Mais für Schweinezucht)
Abfallvermeidung und Abfallverwertung	• Regenerierbarkeit • Wiederverwendbarkeit • Verpackungsaufwand verringern
Gesundheitsverträglichkeit	• keine gesundheitlichen Gefährdungen und Belastungen für Menschen und Tiere durch **Schadstoff-Freiheit, Sicherheitstauglichkeit** und **Lärmarmut** der Produkte
Gebrauchstauglichkeit	• **Funktionstüchtigkeit** • **Verschleißarmut/Langlebigkeit** • **Bedienungs**- und **Reparaturfreundlichkeit** • **Gebrauchsintensität** (Wie intensiv kann bzw. muss das Produkt genutzt werden? Blockiert es die Nutzung anderer Produkte?) • **Fehlerfreundlichkeit** (Fähigkeit eines Produkts, Fehler, z. B. Material- und Bedienungsfehler, zu tolerieren)
Sozialverträglichkeit	• Die Produkte sollen den Menschen und die Gesellschaft bereichern im Hinblick auf soziale Werte wie **Kommunikation, Kooperation, Qualifikation, Kreativität.** • Sie sollen den Besitzer nicht privilegieren, d. h. ihm keine **Prestige**- und **Machtvorteile** verschaffen (Kann das Produkt massenhaft verwendet werden?). • Sie sollen nicht unter unzumutbaren **Arbeits**- und **Produktionsbedingungen** hergestellt worden sein (z. B. durch extreme Arbeitsteilung, Monotonie, Stress, psychische und physische Belastungen).

1 Ressource (franz.) = Bestand, Mittel

Übungsaufgaben 17/1; 17/2

HANDLUNGSFELD: Werkstoffe auswählen

Problemstellung

Auftrag

Auftrag
Für den Abdrückhebel an der Abdrückvorrichtung eines Magnetgreifers ist der Werkstoff auszuwählen.

Zeichnung

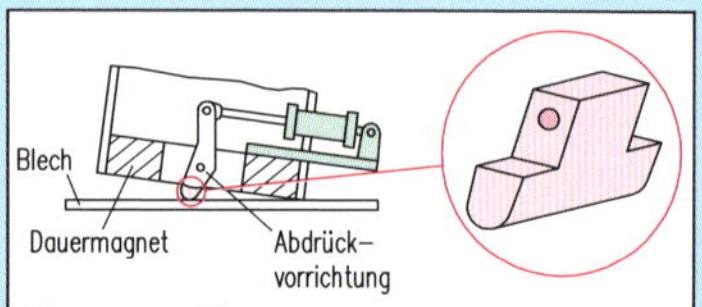

Magnetgreifer

Analysieren

- Belastung des Bauteils feststellen (mechanisch, thermisch, chemisch)
- notwendige Eigenschaften aus der Belastung ermitteln

Belastung:
- Biegung
- Verschleiß

notwendige Eigensch.:
- unmagnetisch
- fest
- abriebfest
- weicher als Blech
- etc.

- bisher verwendete bzw. in ähnlichen Fällen eingesetzte Werkstoffe auflisten
- Kostenrahmen für Werkstoff ermitteln

Vorauswahl durchführen
(für das jeweilige Verfahren)

Werkstoffe mit den notwendigen Eigenschaften auswählen

geeignet:
- austenitischer Stahl
- Messing, Bronze
- PA, PE, PTFE
- Al-Legierungen

- Werkstoffhauptgruppe auswählen (Stahl, Leichtmetall, Kunststoff …)
- Werkstoffuntergruppe benennen (z. B. Baustahl, Messing …)

Werkstoff technisch und wirtschaftlich bewerten

- Fertigung:
  - Werkstoffkosten
  - Fertigungskosten
  - Umweltbelastung

	Punktebewertung		
	Werkstoffpreis	Fertigungskosten	Umweltbelastung
austenitischer Stahl	1	1	
Messing	2	2	
Bronze	1	2	
Polyamid	3	2	
Polytetrafluorethylen	2	1	

- Nutzung:
  - Wartung
  - Instandhaltung (Ersatzteilbeschaffung …)
- Beseitigung:
  - Recycelbarkeit

ausgewählten Werkstoff normgerecht definieren

- Werkstoffbezeichnung

Druckstück: Polyamid PA 6 10

- Werkstoffnummer
- Kurzzeichen

1 Eigenschaften der Werkstoffe

Jeder Werkstoff besitzt viele Eigenschaften, die ihn von anderen Werkstoffen unterscheiden.
Man unterscheidet physikalische und chemische Eigenschaften. Aus diesen ergeben sich die technologischen Eigenschaften. Sie bestimmen die technische Verwendbarkeit von Werkstoffen.

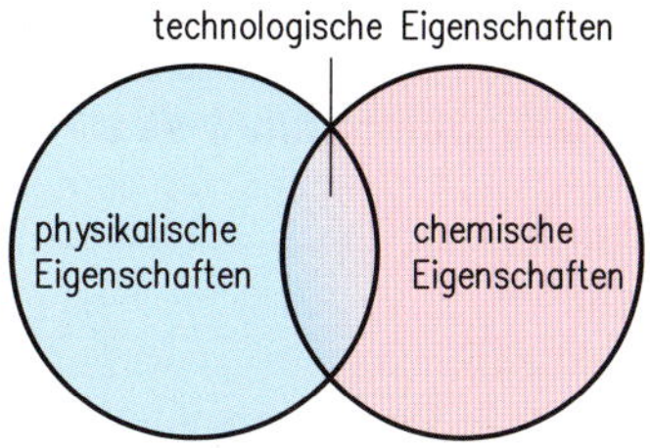

Eigenschaften der Werkstoffe

1.1 Physikalische Eigenschaften

1.1.1 Mechanische Eigenschaften

1. Dichte

Jeder Körper besitzt eine Masse (Formelzeichen m). Die Basiseinheit der Masse ist das Kilogramm (Einheitenzeichen kg).
Jeder Werkstoff hat eine für ihn kennzeichnende Massenkenngröße. Diese Massenkenngröße erhält man, wenn man die Masse eines Körpers durch sein Volumen dividiert. Die so ermittelte Kenngröße bezeichnet man als **Dichte** (Formelzeichen ϱ, gesprochen: rho).

$$\text{Dichte} = \frac{\text{Masse}}{\text{Volumen}}$$

$$\varrho = \frac{m}{V}$$

Einheiten der Dichte:

$$\frac{\text{t}}{\text{m}^3};\ \frac{\text{kg}}{\text{dm}^3};\ \frac{\text{g}}{\text{cm}^3}$$

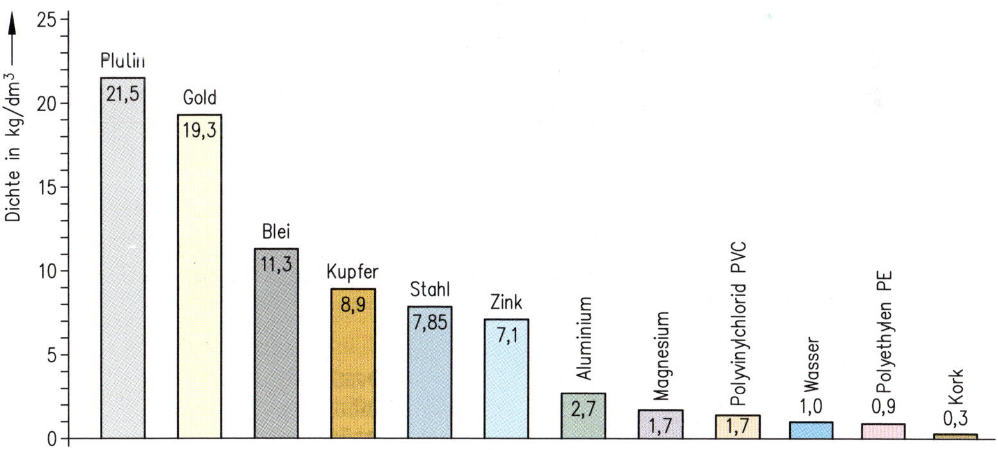

Dichte verschiedener Werkstoffe

Die Dichte ist bei der Auswahl von Werkstoffen z. B. für den Fahrzeug- und Flugzeugbau von Bedeutung. Um Gewicht zu sparen, werden z. B. Flugzeugkonstruktionen aus Aluminiumlegierungen, Felgen für Pkw aus Magnesiumlegierungen, Motor- und Getriebegehäuse für Pkw aus Aluminiumlegierungen gefertigt.

! Die Dichte ist das Verhältnis von Masse zu Volumen.
In der Technik wird die Dichte eines Stoffs meist in kg/dm³ angegeben.

Übungsaufgaben 1/1; 1/2; 1/3

2. Festigkeit

Die kleinsten Teilchen eines Werkstoffs werden untereinander durch Kräfte zusammengehalten. Diese Kräfte bezeichnet man als Zusammenhangskräfte oder Kohäsionskräfte eines Werkstoffs.

Wird ein Werkstoff belastet, so verhindern die **Kohäsionskräfte** die Trennung der Werkstoffteilchen. Sobald jedoch die Belastung in einem Bauteil die Kohäsionskräfte übersteigt, werden die Werkstoffteilchen voneinander getrennt und das Bauteil bricht.

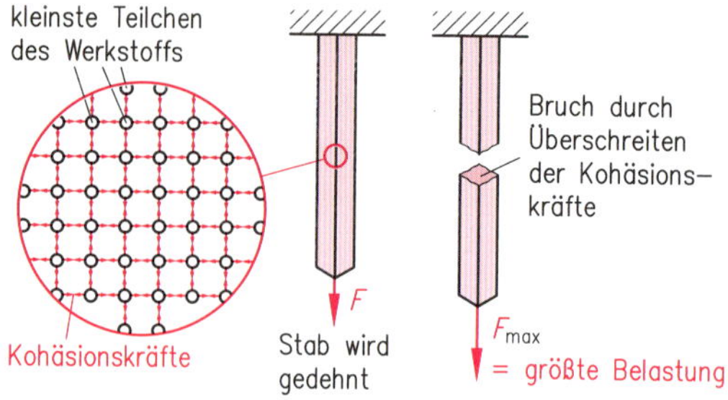

Kohäsionskräfte und Wirkung äußerer Kräfte

Die Kraft zur Überwindung der Kohäsionskräfte hängt von Werkstoff und Querschnitt des belasteten Körpers ab. Mit größer werdendem Querschnitt kann ein Körper eine größere Belastung aufnehmen. Damit verschiedene Werkstoffe miteinander verglichen werden können, rechnet man die zur Überwindung der Kohäsionskräfte notwendige äußere Belastung auf einen Quadratmillimeter des Querschnitts um. Man spricht dann von der Festigkeit des Werkstoffs.

$$\text{Festigkeit} = \frac{\text{größtmögliche Belastung}}{\text{Anfangsquerschnitt}}$$

! Die Festigkeit ist ein Kennwert für die Belastbarkeit eines Werkstoffs. Die Festigkeit wird durch das Verhältnis von größtmöglicher Belastung zum Querschnitt ausgedrückt. Meist wird sie in N/mm² angegeben.

Die Werkstoffe zeigen bei den einzelnen Beanspruchungen unterschiedlichen Widerstand gegen eine Trennung der kleinsten Teilchen. Man unterscheidet darum verschiedene Festigkeitsarten.

– Zugfestigkeit

Wird ein Körper durch Zugkräfte beansprucht, so verlängert er sich. Die Festigkeit, die ein Werkstoff dem Zerreißen infolge Zugbeanspruchung entgegensetzt, nennt man seine Zugfestigkeit.

Die Zugfestigkeit des Werkstoffs ist besonders wichtig z. B. bei Schrauben, Seilen, Ketten und Betonstahl.

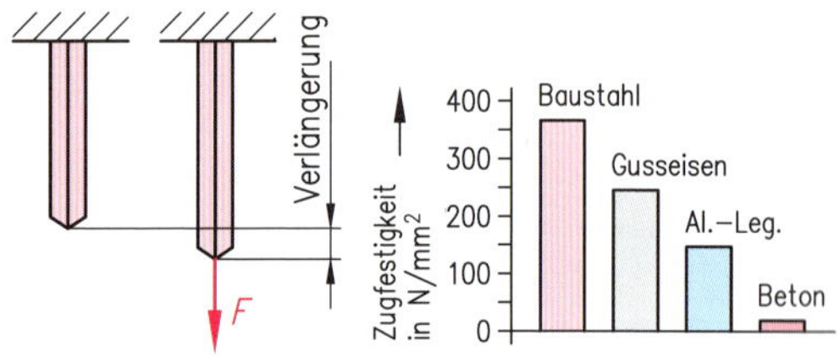

Zugbeanspruchung

– Scherfestigkeit

Wird ein Körper durch Scherkräfte beansprucht, so werden die Teilchen des Werkstoffs gegeneinander verschoben. Die Festigkeit, die ein Werkstoff dem Abscheren infolge Schubbeanspruchung entgegensetzt, nennt man seine Scherfestigkeit. Die Scherfestigkeit eines Werkstoffs ist von besonderer Wichtigkeit bei Bolzen und Nieten.

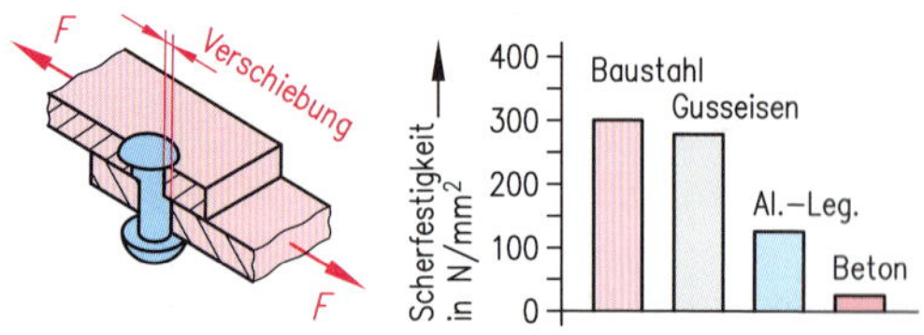

Scherbeanspruchung

Weitere Festigkeitsarten sind:

- bei Biegebeanspruchung: Biegefestigkeit,
- bei Knickbeanspruchung: Knickfestigkeit,
- bei Druckbeanspruchung: Druckfestigkeit,
- bei Verdrehbeanspruchung: Verdrehfestigkeit.

! Zur Ermittlung der Festigkeitsarten werden genormte Prüfverfahren eingesetzt. Dabei werden die Prüfkörper bis zum Bruch belastet.

Festigkeitsarten:
- Zugfestigkeit,
- Biegefestigkeit,
- Druckfestigkeit,
- Knickfestigkeit,
- Scherfestigkeit,
- Verdrehfestigkeit.

3. Elastizität

Wirken Kräfte auf ein Werkstück, so werden die Abstände zwischen den Werkstoffteilchen um ein geringes Maß vergrößert oder verkleinert. Das Werkstück ändert dadurch seine äußere Form. Nach Entlastung gehen die Teilchen wieder auf ihre Ausgangsplätze zurück. Das Werkstück nimmt seine ursprüngliche äußere Form wieder ein. Diese Eigenschaft bezeichnet man als **Elastizität**.
Die Elastizität von Werkstoffen ist meist begrenzt. Beim Überschreiten einer werkstoffeigenen Grenze (Elastizitätsgrenze) wird der Werkstoff dauerhaft verformt oder bricht.
Hohe Elastizität des Werkstoffs ist z. B. bei Blatt- und Wendelfedern besonders wichtig.

Hochelastische Werkstoffe, z. B. Gummi, sind nicht umformbar, weil sie nach Entlasten wieder in ihre Ausgangslage zurückgehen.

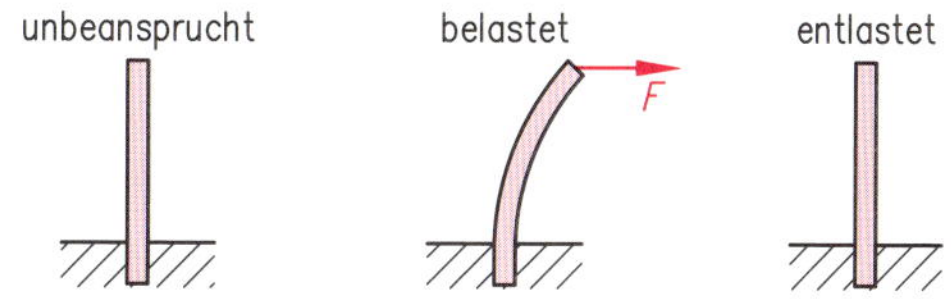

Elastischer Werkstoff

Plastisch und elastisch verformter Werkstoff

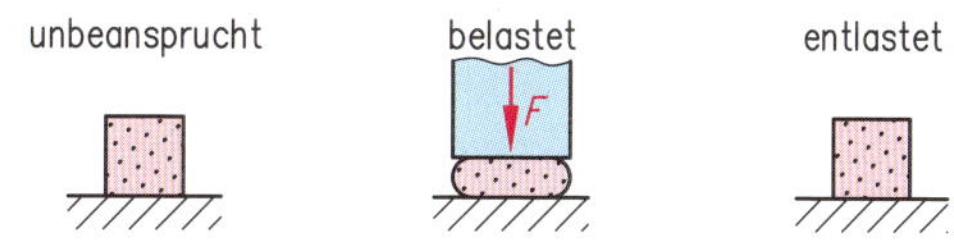

Hochelastischer Werkstoff, z. B. Gummi

> **!** Elastizität ist die Eigenschaft eines Werkstoffs, nach Entlasten seine Ausgangsform wieder einzunehmen.

4. Plastizität

Wird ein Werkstoff so hoch belastet, dass er nach Entlastung *nicht* in seine ursprüngliche Form zurückgeht, ist er bleibend umgeformt. Man spricht von **plastischer Formänderung**. Werkstoffe mit hoher Plastizität lassen sich mit geringem Kräfteaufwand stark umformen.
Bei Metallen nimmt die Plastizität mit steigender Temperatur zu.
Für Werkstücke, die durch Umformen gefertigt werden, wie Profile, Bleche, Rohre, müssen Werkstoffe mit hoher Plastizität gewählt werden.
Werkstoffe, die bei Belastung ohne nennenswerte plastische Verformung zu Bruch gehen, bezeichnet man als **spröde**.

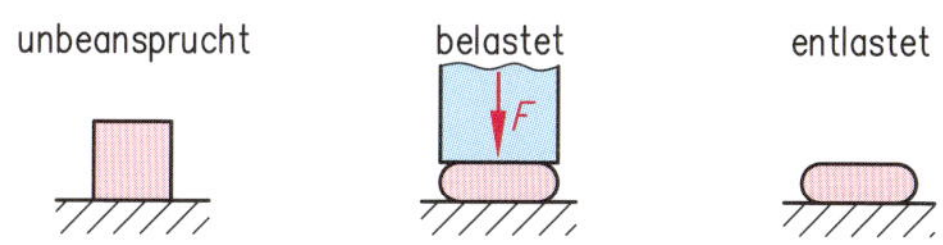

Plastischer Werkstoff, z. B. Blei

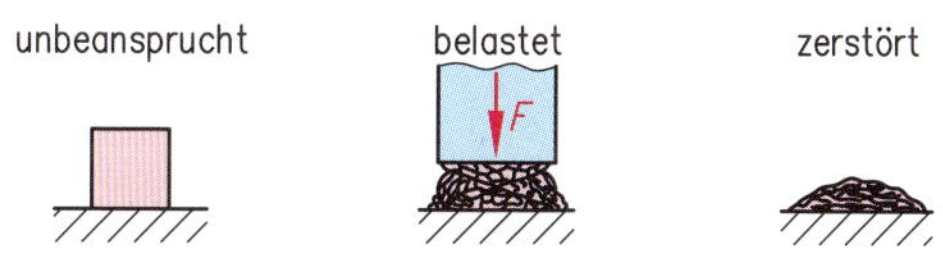

Spröder Werkstoff, z. B. Glas, Stein

> **!** Plastizität ist die Eigenschaft eines Werkstoffs, sich in bestimmten Grenzen bleibend umformen zu lassen.

5. Härte

Werkstoffe können unterschiedlich hart sein. Diese Eigenschaft lässt sich nur durch Vergleich mehrerer Werkstoffe ermitteln. Harte Werkstoffe ritzen weiche. Den Widerstand, den ein Werkstoff dem Eindringen eines anderen in seine Oberfläche entgegensetzt, nennt man seine **Härte**. Bei der Auswahl von Werkstoffen für Werkzeugschneiden ist eine große Härte von besonderer Bedeutung.

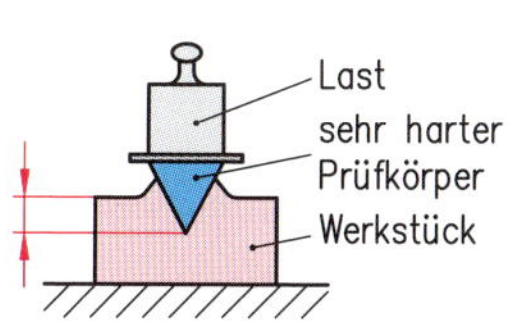

Weicher Werkstoff

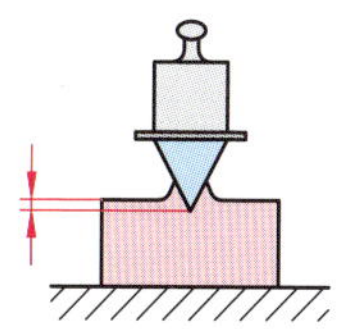

Harter Werkstoff

> **!** Härte ist der Widerstand, den ein Werkstoff dem Eindringen eines anderen Körpers entgegensetzt.

Übungsaufgaben 1/6; 1/7

1.1.2 Thermische Eigenschaften

1. Wärmedehnung

Bei steigender Erwärmung eines Stoffs geraten seine kleinsten Teilchen in immer heftigere Bewegung. Sie benötigen dafür mehr Raum, das Volumen des Werkstoffs nimmt zu. Darum dehnen sich die Werkstoffe bei Erwärmung aus. Beim Abkühlen nimmt das Volumen ab, der Werkstoff schrumpft.
Bei Stahl beträgt die Wärmedehnung 0,012 mm je Meter Länge bei 1 Grad Temperaturänderung.

Versuch zur Wärmedehnung

Beim Fügen von Werkstücken muss die Wärmedehnung berücksichtigt werden, so werden z. B. Wellen und Achsen nur einseitig genau fixiert, während sie auf der anderen Seite verschiebbar gelagert werden.
Beim Fügen durch Eingießen muss darauf geachtet werden, dass nur Werkstoffe mit gleicher Wärmedehnung verbunden werden.
In der Praxis wird die Wärmedehnung als Verfahren zum Fügen – **Schrumpfverbindungen** – eingesetzt.

Wärmedehnung verschiedender Werkstoffe im Vergleich zur Längenausdehnung von Stahl

Kunststoffe: **Polyethylen (PE)** **Polyvinylchlorid (PVC)**	 **16**-fach **7**-fach
Zink	**2,5**-fach
Aluminium	**2**-fach
Beton	**1**-fach
Glas	**0,6**-fach

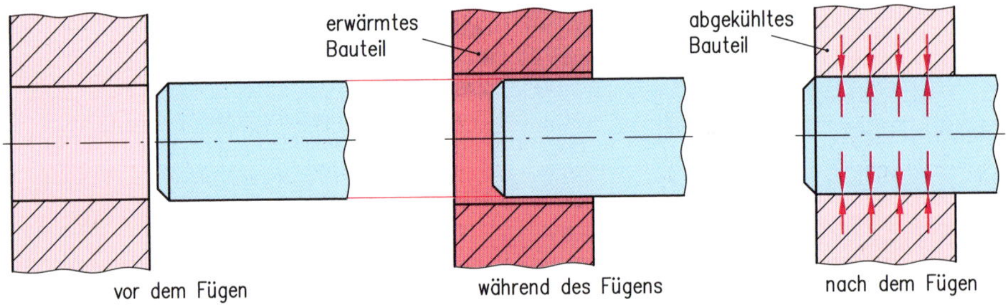

Herstellung einer Schrumpfverbindung

> **!** Wärmedehnung ist die Eigenschaft eines Werkstoffs, bei Temperaturänderung sein Volumen zu vergrößern. Angaben für die Wärmedehnung berücksichtigen meist nur die Längenausdehnung.

2. Wärmeleitfähigkeit

Die Geschwindigkeit, mit der beim Erwärmen eines Stoffs die Wärmeenergie von einem Teilchen auf das nächste weitergeleitet wird, bestimmt die Wärmeleitfähigkeit.
Metalle sind Stoffe mit hoher Wärmeleitfähigkeit. Man verwendet sie darum als Werkstoffe für wärmeabgebende und wärmeaufnehmende Flächen, z. B. in Heiz- oder Kühlanlagen. Schlechte Wärmeleiter sind Kunststoffe, Glas, Holz u. a. Man verwendet sie deshalb zum Isolieren.

Wärmeleitfähigkeit verschiedener Werkstoffe im Vergleich zur Wärmeleitfähigkeit von Glas

Kupfer	**320**-fach	**Kesselstein**	**1**- bis **3**-fach
Stahl	**43**-fach	**Styropor**	**0,02**-fach

> **!** Die Wärmeleitfähigkeit gibt an, wie gut ein Werkstoff Wärmeenergie weiterleitet.

Übungsaufgaben 1/8 bis 1/11

1.2 Chemische Eigenschaften

1. Korrosionsbeständigkeit

Durch chemische Vorgänge können metallische Werkstoffe von der Oberfläche her unter Einwirkung von Luft, Wasser, Säuren oder anderen Stoffen zerstört werden. Diese Zerstörung bezeichnet man als **Korrosion**. Werkstoffe, die sich durch Einflüsse ihrer Umgebung chemisch nicht verändern, sind korrosionsbeständig.

2. Giftigkeit

Flüssige Metalle verdampfen geringfügig. Dämpfe von Blei, Quecksilber und Kadmium sind giftig, sie können schon in geringen Mengen beim Einatmen zu akuten Gesundheitsschäden führen.

1.3 Technologische Eigenschaften

Durch technologische Eigenschaften wird das Verhalten der Werkstoffe bei der Verarbeitung beschrieben.

1. Gießbarkeit

Durch Gießen von flüssigem Werkstoff in Formen werden Werkstücke gefertigt.
Die Eignung eines Werkstoffs, durch Gießen in Formen eine vorgegebene Gestalt anzunehmen, bezeichnet man als **Gießbarkeit**. Gut gießbare Stoffe sind im flüssigen Zustand dünnflüssig und neigen bei der Erstarrung und Abkühlung nicht zu Fehlern, wie z. B. zu Rissen und Blasen.

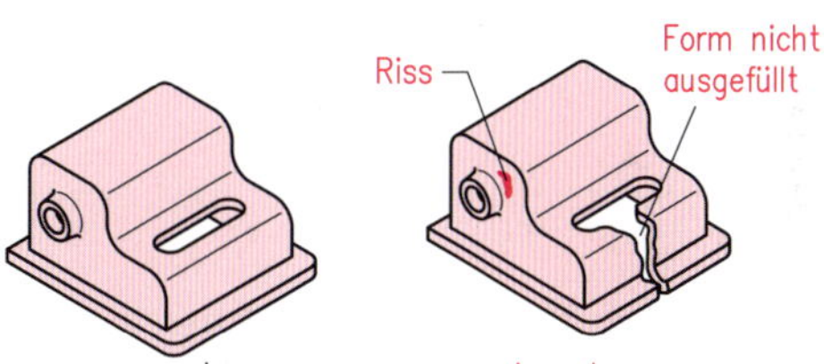

Gießbarkeit

> **!** Gießbarkeit ist die Eignung eines Werkstoffs zum Vergießen in Formen.

2. Umformbarkeit

Durch Walzen, Schmieden und andere Umformverfahren werden Werkstücke in ihrer Form bleibend geändert. Die Eignung eines Werkstoffs, durch Umformen in eine andere Form gebracht zu werden, bezeichnet man als seine **Umformbarkeit**. Gut umformbare Werkstoffe sind leicht plastisch formbar.

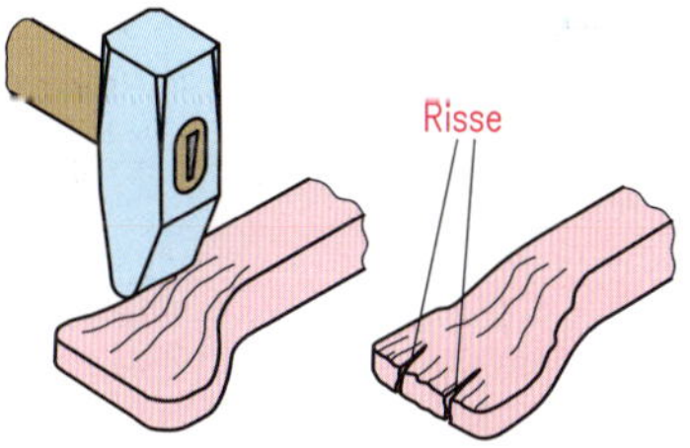

Umformbarkeit

> **!** Umformbarkeit ist die Eigenschaft eines Werkstoffs, durch äußere Beanspruchung bleibend umgeformt zu werden.

3. Zerspanbarkeit

Durch spanende Bearbeitung, wie z. B. durch Drehen, Fräsen und Bohren, werden Werkstücke in ihrer Form geändert. Die Eignung eines Werkstoffs zum Zerspanen bezeichnet man als seine **Zerspanbarkeit**. Gut zerspanbare Werkstoffe zeigen glatte Oberflächen nach der Zerspanung und ergeben Späne, die den Fertigungsablauf nicht behindern.

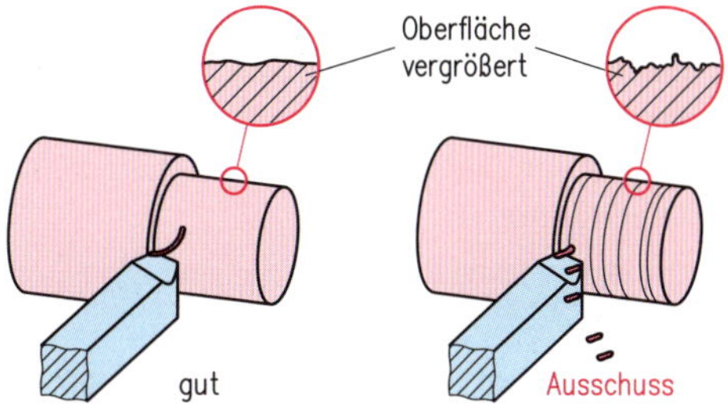

Zerspanbarkeit

> **!** Zerspanbarkeit ist die Eignung eines Werkstoffs zum Zerspanen.

2 Aufbau metallischer Werkstoffe

2.1 Chemische Elemente

1. Vorkommen und Einteilung

Alle Stoffe auf der Erde, z.B. Wasser, Stein, Holz, Stahl, Kunststoff, sind aus Grundstoffen aufgebaut. Diese Grundstoffe nennt man chemische **Elemente**. In der Natur gibt es 92 Elemente. Zu diesen kommen noch Elemente, die mit Mitteln der modernen Atomphysik erzeugt werden, hinzu. Diese künstlich hergestellten Elemente sind bislang jedoch technisch bedeutungslos.

Auf der Erde sind die Elemente in sehr unterschiedlichen Mengen vorhanden. So bestehen z.B. 50 % der Erdrinde aus dem Element Sauerstoff, während 83 andere Elemente einen Anteil von insgesamt nur 1,4 % haben. Darunter befinden sich so wichtige Elemente wie Kupfer, Zink, Nickel und Kohlenstoff.

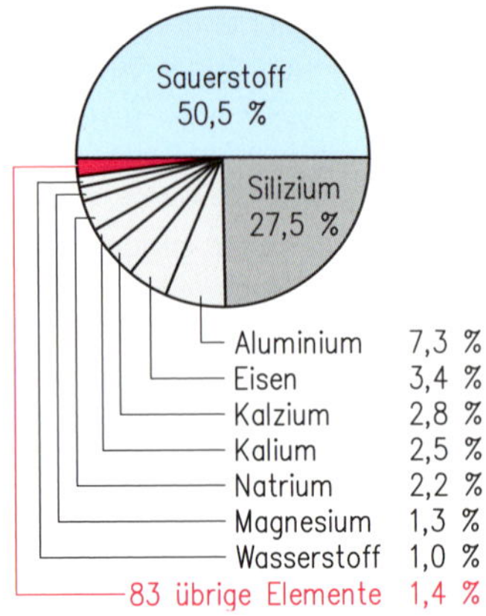

Verteilung der Elemente in der Erdrinde

> ! Alle Stoffe bestehen aus Grundstoffen, den chemischen Elementen.

Jedes Element hat einen Namen, der durch ein international gültiges Symbol abgekürzt wird. Das Symbol setzt sich aus Buchstaben des lateinischen Namens des Elements zusammen.

Eisen	= **Fe**rrum	⇒	**Fe**
Sauerstoff	= **O**xygenium	⇒	**O**
Kohlenstoff	= **C**arboneum	⇒	**C**
Stickstoff	= **N**itrogenium	⇒	**N**

Etwa 70 Elemente zeigen als gemeinsame Merkmale besonderen Glanz, gute Wärmeleitfähigkeit, elektrische Leitfähigkeit und gute Umformbarkeit. Sie werden als **Metalle** bezeichnet.

> ! Kennzeichen der Metalle:
> - glänzende Oberfläche,
> - gute Wärmeleitfähigkeit,
> - gute elektrische Leitfähigkeit,
> - gute Umformbarkeit.

Einige Elemente weisen nur unter bestimmten Bedingungen, z.B. ab einer bestimmten Temperatur, alle Eigenschaften eines Metalls auf. Man bezeichnet diese Elemente als **Halbmetalle**. Zu den Halbmetallen gehören z.B. Silizium, Germanium und Antimon.

Die übrigen Elemente, z.B. Kohlenstoff, Stickstoff und Sauerstoff, bezeichnet man als **Nichtmetalle**.

Die Metalle werden nach der Dichte in **Leichtmetalle** und **Schwermetalle** unterteilt. Leichtmetalle haben eine Dichte von unter 5 g/cm^3.

Von den Schwermetallen ist das Element Eisen das in der Technik am häufigsten verwendete Metall. Andere Schwermetalle sind als Legierungsmetalle des Eisens von Bedeutung, wie z.B. Mangan, Wolfram und Chrom.

Häufig verwendete Leichtmetalle sind die Elemente Aluminium, Magnesium und Titan.

Unter den Nichtmetallen nimmt das Element Kohlenstoff eine besondere Stellung ein. Kohlenstoff ist die Grundlage aller Stoffe der lebenden Natur und der meisten Kunststoffe.

Schwermetalle:					
Eisen	Fe	Kupfer	Cu	Zinn	Sn
Zink	Zn	Blei	Pb	Nickel	Ni
Mangan	Mn	Wolfram	W	Vanadium	V
Kobalt	Co	Molybdän	Mo	Chrom	Cr
Leichtmetalle:					
Aluminium	Al	Magnesium	Mg	Titan	Ti
Nichtmetalle:					
Kohlenstoff	C	Silizium	Si	Stickstoff	N
Schwefel	S	Wasserstoff	H	Chlor	Cl
Phospor	P	Sauerstoff	O	Argon	Ar

Übungsaufgaben 2/1; 2/2; 2/3

2. Aufbau der Elemente

Das Atom ist das kleinste Teilchen eines chemischen Elements. Jedes Element hat anders aufgebaute Atome. Bausteine der Atome sind das **Proton**, das **Neutron** und das **Elektron**. Sie unterscheiden sich voneinander durch ihre Masse, ihre elektrische Ladung und ihren Platz im Atom.

Protonen sind elektrisch positiv geladen.
Elektronen sind elektrisch negativ geladen.
Neutronen sind elektrisch neutral.
Protonen und Neutronen haben etwa die gleiche Masse und bilden den **Atomkern**.
Das Elektron hat nur etwa 1/2 000 der Masse eines Protons. Die Elektronen bilden die **Hülle des Atoms**.
Das erste brauchbare Atommodell wurde 1913 von Ernst Rutherford (1871–1937) entworfen und von Niels Bohr (1885–1962) weiterentwickelt. Hiernach bewegen sich die Elektronen auf kreis- oder ellipsenförmigen Bahnen um den Atomkern.
Die Bahnen, auf denen sich die Elektronen bewegen, liegen schalenförmig um den Atomkern. Man spricht deshalb von Schalen, die unterschiedliche Abstände zum Kern haben.

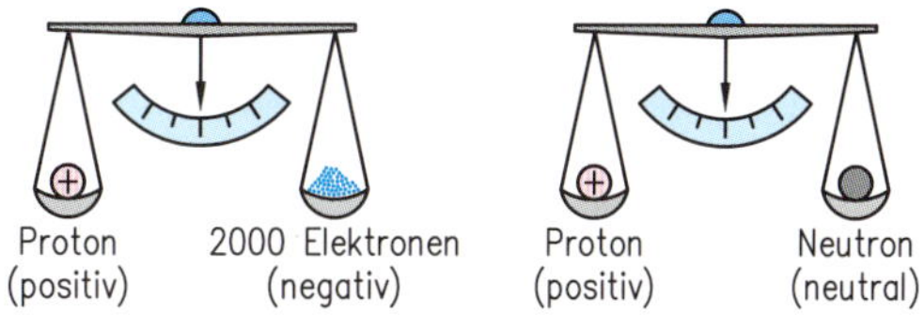

Massenvergleich der Atombausteine

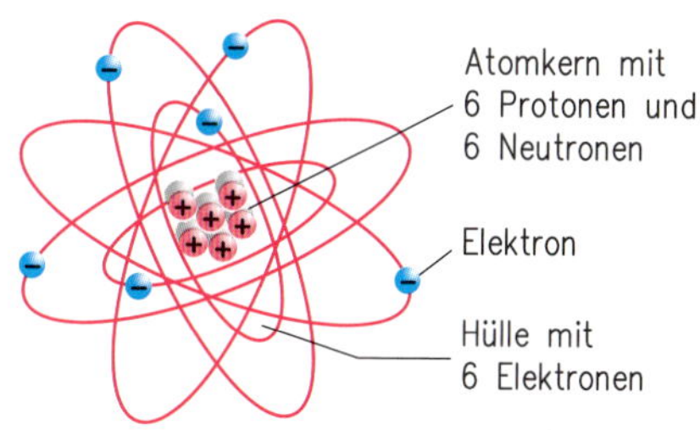

Kohlenstoffatom nach Bohr

Atombausteine
Kernbausteine: • Protonen (elektrisch positiv) • Neutronen (ungeladen)
Bausteine der Hülle: • Elektronen (elektrisch negativ)
Ein Atom ist nach außen elektrisch neutral, da die Anzahl der Protonen und Elektronen gleich groß ist.

3. Atomaufbau der Elemente 1 bis 18
(nach dem Atommodell von Bohr)

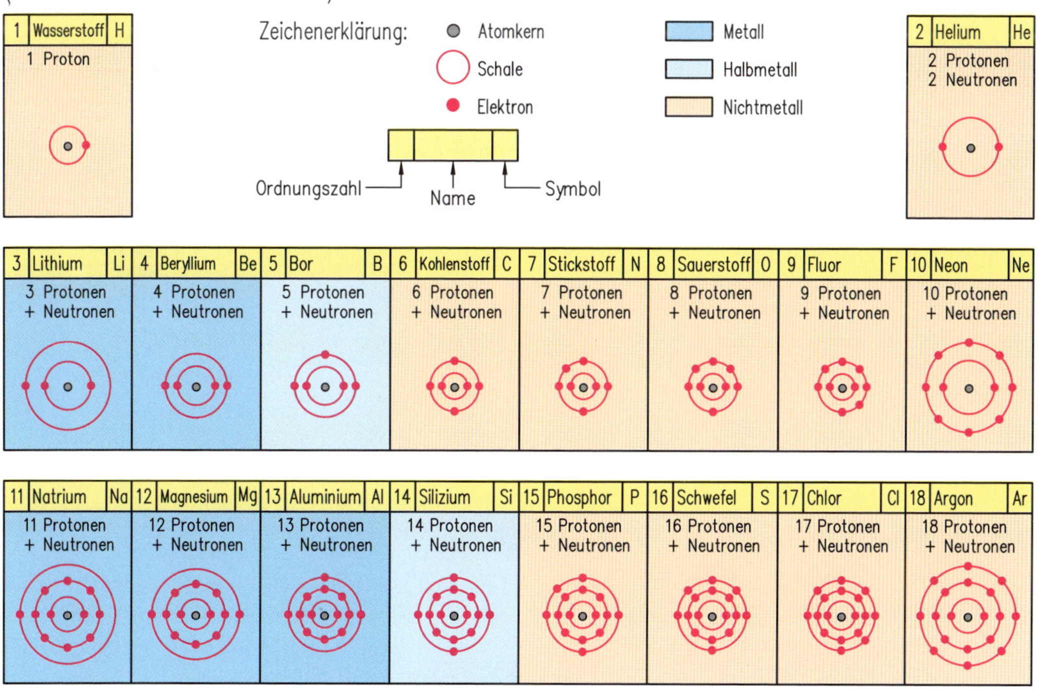

Übungsaufgaben 2/4; 2/5; 2/6

2.2 Aufbau von reinen Metallen

2.2.1 Metallbindung

Metallatome geben die Elektronen der äußeren Schalen ab. Dadurch entstehen elektrisch positiv geladene Teilchen, die man als **Metallionen** bezeichnet.

Die abgegebenen Elektronen bleiben ungebunden und können sich zwischen den Metallionen frei bewegen. Durch ihre negative Ladung bewirken sie den Zusammenhalt der Metallionen. Es entsteht ein **kristalliner Aufbau** – ein Metallkristall.

Bei starker Vergrößerung ist an polierten Metallflächen die Kristallform erkennbar.

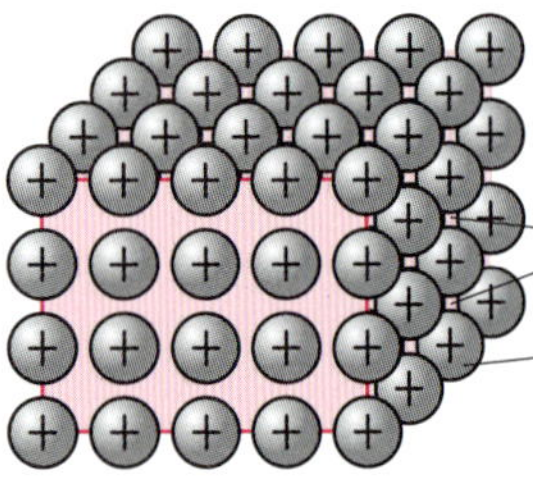

Schema eines Metallkristalls

Foto einer Aluminiumoberfläche

! In Metallen werden die positiv geladenen Metallionen von freien Elektronen zusammengehalten. Metalle sind kristallin aufgebaut.

Wirken Kräfte auf einen Metallkristall, so können die Schichten innerhalb des Metallkristalls gegeneinander verschoben werden, ohne dass der Gesamtzusammenhang verloren geht. Die Folge ist eine gute Umformbarkeit der Metalle.

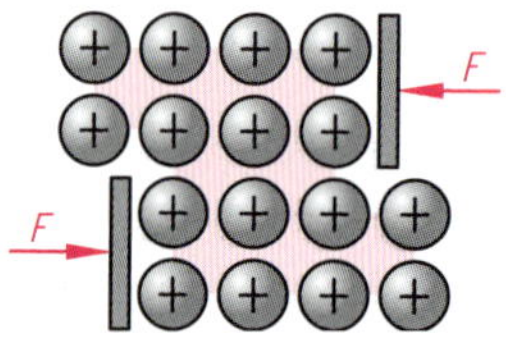

Metallkristall bei Umformung

! Metalle sind wegen des kristallinen Aufbaus umformbar.

Bildet man mit einem metallenen Draht und einer Batterie einen geschlossenen Stromkreis, so fließen Elektronen. Die Elektronen strömen vom Minuspol durch den Draht zum Pluspol. Die leichte Verschiebbarkeit der freien Elektronen in Metallen ist die Ursache für die gute elektrische Leitfähigkeit der Metalle.

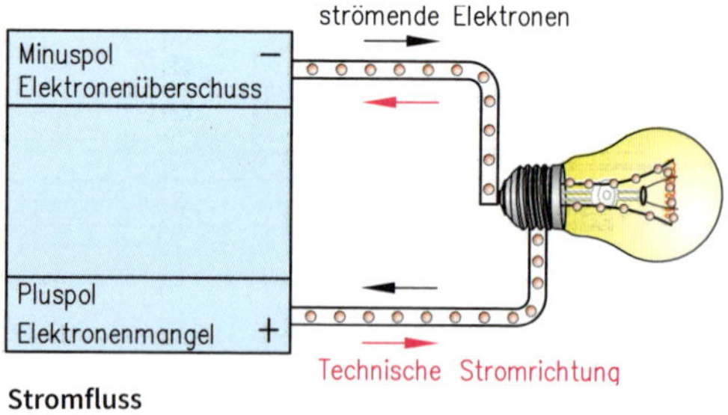

Stromfluss

! Die freien Elektronen sind die Ursache für die elektrische Leitfähigkeit der Metalle.

2.2.2 Schmelzverhalten von reinem Metall

Erwärmt man reines Metall, so steigt die Temperatur im Werkstoff zunächst gleichmäßig an. Dabei behalten die kleinsten Teilchen des Metallgefüges ihre Plätze im Metallkristall bei. Sie werden jedoch mit steigender Temperatur in immer stärkere Schwingungen versetzt. Schließlich lösen sich nacheinander einige Teilchen aus dem Gitter und bewegen sich frei – das Metall beginnt flüssig zu werden.

Übungsaufgaben 2/7; 2/8; 2/9

Zum Übergang vom festen in den flüssigen Zustand benötigen die Teilchen sehr viel Wärme. Die Temperatur im Werkstoff steigt deswegen nicht weiter, obwohl ständig Wärme zugeführt wird. Erst wenn das ganze Metall geschmolzen ist, steigt die Temperatur wieder stetig an.

Beispiele für das Schmelzen eines reinen Metalls

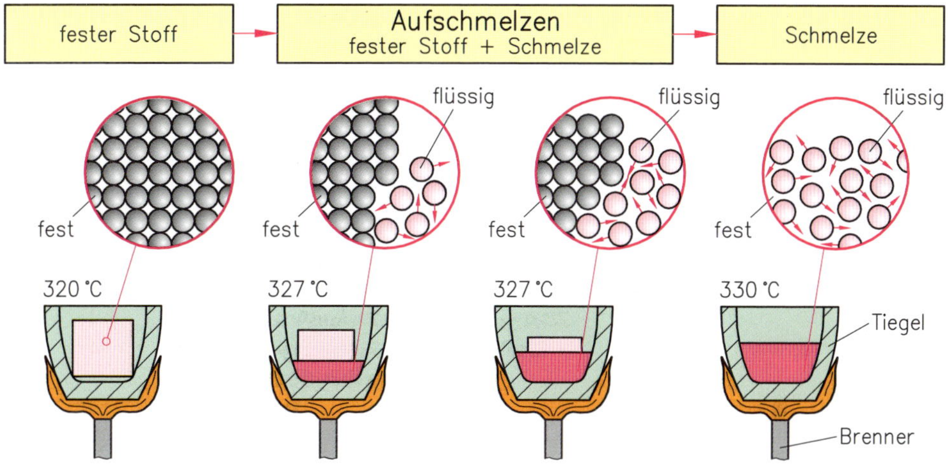

Schmelzen von reinem Blei

Misst man beim Aufschmelzen eines Metalls in bestimmten Zeitabständen die Temperaturen und trägt zugehörige Temperaturen und Zeiten in ein Diagramm ein, so erhält man durch Verbinden der einzelnen Punkte einen Linienzug. Dieser Linienzug gibt das Verhalten des Metalls genau wieder. Zunächst verläuft der Linienzug steil nach oben. Während eines bestimmten Zeitraums erfolgt kein weiterer Temperaturanstieg. Es tritt also keine Temperaturveränderung ein. Diese Temperatur bezeichnet man als **Schmelztemperatur** oder Schmelzpunkt. Man spricht auch von einem **Haltepunkt**, weil die Temperatur „anhält“. Anschließend verläuft die Kurve entsprechend der steigenden Temperatur wieder steil nach oben.

Beispiele für die Schmelzpunktbestimmung eines reinen Metalls

Schmelzpunktbestimmung bei Blei

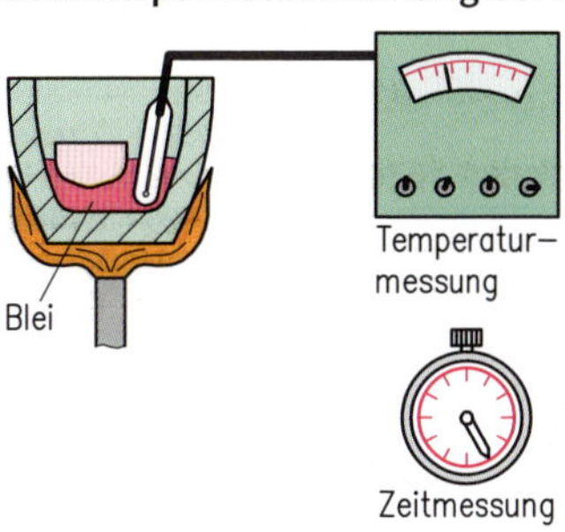

Versuchseinrichtung

Zeit in s	Temp. in °C
20	315
30	321
40	327
50	327
60	327
70	327
80	345

Messergebnisse

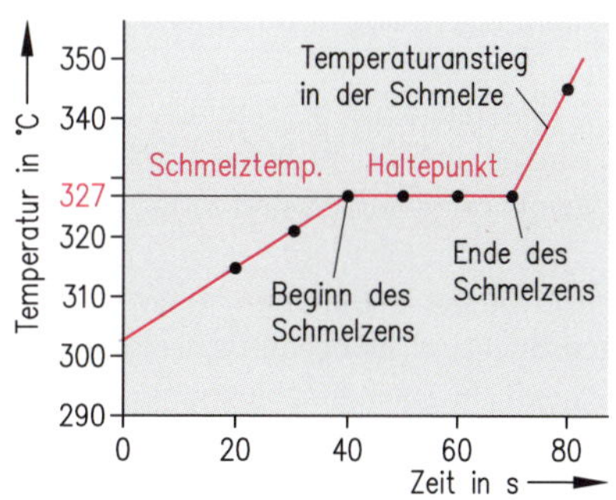

Aufheizkurve

Misst man den zeitlichen Verlauf der Temperatur bei der Abkühlung, so ergibt sich bei der Umwandlung vom flüssigen in den festen Zustand ein Haltepunkt bei der gleichen Temperatur wie der Schmelzpunkt. Schmelz- und Erstarrungspunkt sind gleich.

> **!** Reine Metalle schmelzen und erstarren während eines Haltepunkts.
> Schmelz- und Erstarrungstemperatur sind gleich. Darum können Umwandlungspunkte über den Aufheiz- oder Abkühlungsverlauf ermittelt werden.

Übungsaufgaben 2/10; 2/11

2.2.3 Metallgefüge

Die Entstehung des kristallinen Aufbaus eines Metalls lässt sich am besten am Erstarrungsvorgang einer Metallschmelze erklären.
In einer Metallschmelze bewegen sich Metallionen regellos mit hoher Geschwindigkeit durcheinander. Kühlt die Schmelze ab, wird die Bewegung der Metallionen langsamer. Bei Erreichen der **Erstarrungstemperatur** lagern sich die Ionen gleichzeitig an vielen Stellen der Schmelze zusammen. Es entstehen viele einzelne Kristalle, die während des Erstarrungsvorgangs wachsen.

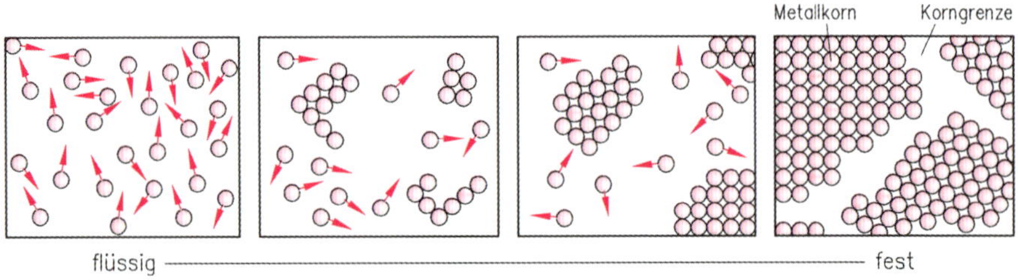

Entstehung des Metallgefüges

> **!** Bei der Erstarrung einer Metallschmelze lagern sich Metallionen zu Kristallen zusammen.

Gegen Ende der Erstarrung stoßen die Kristalle aneinander. Die so entstandenen und gegeneinander gewachsenen Kristalle nennt man **Körner**. Die Grenzen zwischen den Körnern werden als **Korngrenzen** bezeichnet. Körner und Korngrenzen sind an polierten und mit Säure behandelten Metallproben unter dem Mikroskop zu erkennen. Diesen unter dem Mikroskop sichtbaren Aufbau des Metalls nennt man **Metallgefüge**.
Die Größe der Körner beeinflusst die Eigenschaften eines Metalls:

- grobkörnige Gefüge sind leichter zerspanbar,
- feinkörnige Gefüge sind zäher.

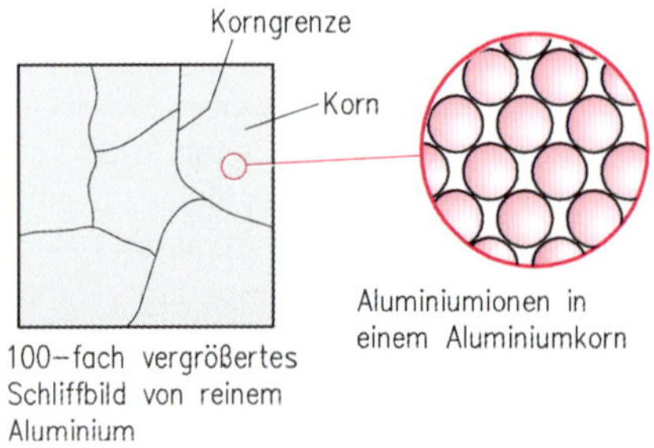

Gefüge von Aluminium

> **!** Das Metallgefüge besteht aus vielen gegeneinander gewachsenen Kristallen.
> Man nennt diese Kristalle Körner.
> Feinkörnige Gefüge sind zäher, grobkörnige Gefüge sind besser zerspanbar.

Die Art, wie die Metallionen innerhalb eines Korns angeordnet sind, ist bei den einzelnen Metallen unterschiedlich. Zur Kennzeichnung dieser Ordnung denkt man sich die Mitten der nächsten benachbarten Metallionen miteinander verbunden. Man erkennt dann ein immer wiederkehrendes, räumliches Gebilde. Dieses räumliche Gebilde bezeichnet man als **Gitter**.

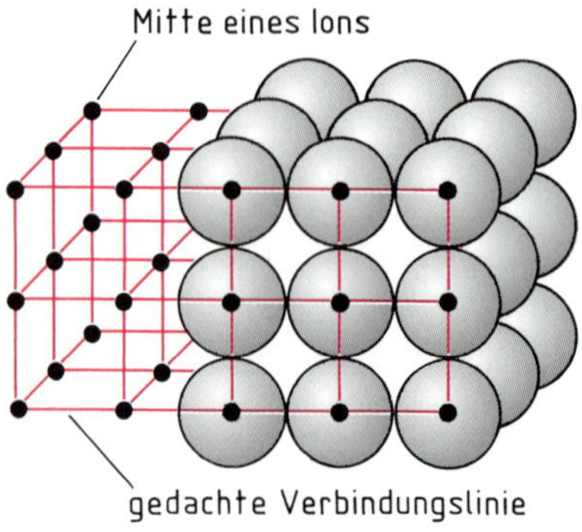

Gitteraufbau

> **!** Die Anordnung der Metallionen im Metallkristall wird durch das Gitter beschrieben.

Übungsaufgaben 2/12; 2/13; 2/14

2.2.4 Gittertypen

1. Kubisch-raumzentriertes Gitter (krz-Gitter)

Beim kubisch-raumzentrierten Gitter sind acht Metallionen räumlich so angeordnet, dass die Verbindungen ihrer Mitten einen Würfel ergeben. Ein weiteres Metallion befindet sich in der Mitte – im Zentrum – des Würfels.
Metalle mit kubisch-raumzentriertem Gitteraufbau sind z. B. Chrom, Molybdän und Eisen (bei niedrigen Temperaturen).

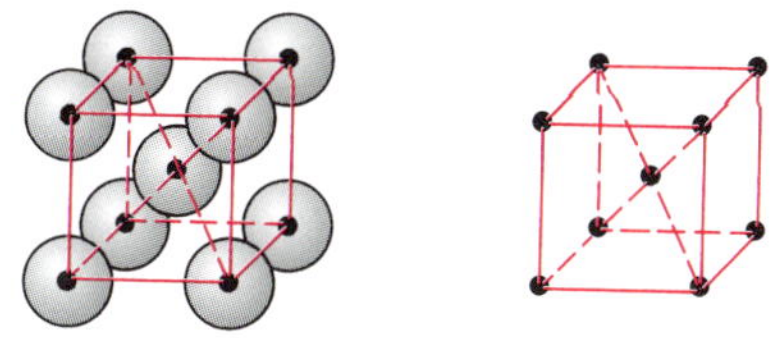

Kubisch-raumzentrierter Gitteraufbau

2. Kubisch-flächenzentriertes Gitter (kfz-Gitter)

Beim kubisch-flächenzentrierten Gitter sind ebenfalls acht Metallionen räumlich so angeordnet, dass die Verbindungen ihrer Mitten einen Würfel bilden. Weitere sechs Metallionen befinden sich in den Mitten jeder Würfelfläche.
Metalle mit kubisch-flächenzentriertem Gitteraufbau sind z. B. Aluminium, Kupfer, Blei und Eisen (bei höheren Temperaturen).

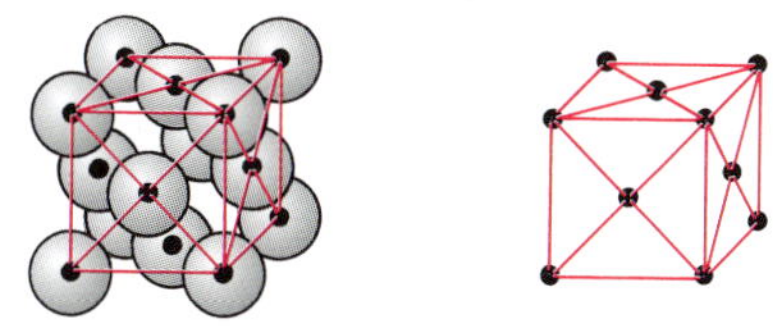

Kubisch-flächenzentrierter Gitteraufbau

3. Hexagonales Gitter (hex-Gitter)

Beim hexagonalen Gitter bilden die Verbindungslinien benachbarter Metallionen einen Körper mit sechseckiger Grundfläche und Deckfläche. In der Mitte dieser beiden Flächen befindet sich je ein weiteres Metallion. Zwischen Grund- und Deckfläche haben zusätzlich drei Metallionen Platz.
Metalle mit hexagonalem Gitteraufbau sind z. B. Magnesium, Titan und Zink.

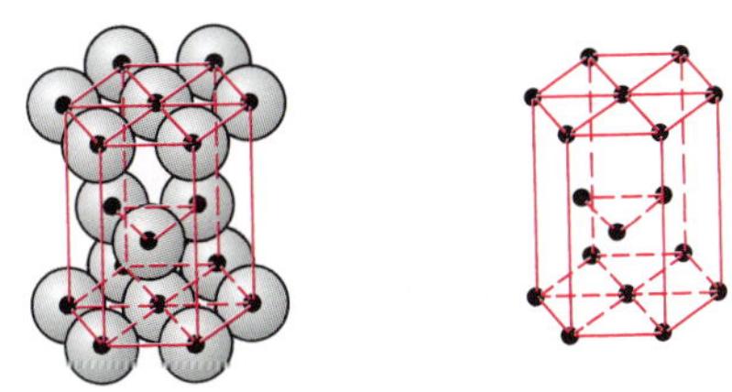

Hexagonaler Gitteraufbau

> **!** Metalle kristallisieren hauptsächlich in
> - kubisch-flächenzentrierten Gittern,
> - kubisch-raumzentrierten Gittern oder
> - hexagonalen Gittern.

4. Einfluss des Gittertyps auf Eigenschaften

Aus den unterschiedlichen Gittertypen ergeben sich jeweils andere Eigenschaften:
Metalle mit hexagonalem Gitter – wie z. B. Magnesium – lassen sich schlechter umformen.
Metalle mit kubisch-flächenzentriertem Gitter – wie z. B. Blei – lassen sich gut umformen.
Auch für die Wärmebehandlung von Werkstoffen, z. B. beim Härten von Stahl, ist der Gittertyp von Bedeutung.

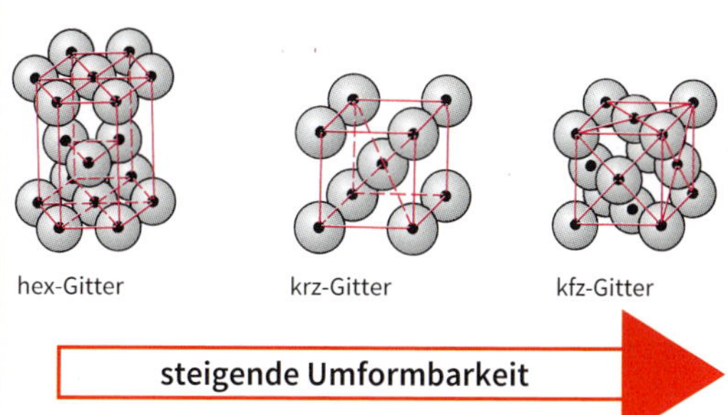

Bedeutung des Gittertyps für die Umformbarkeit

> **!** Am besten umformbar sind Metalle mit kfz-Gitter, am schlechtesten Metalle mit hex-Gitter.

2.3 Legierungen

Reine Metalle haben im Maschinenbau und in der Fertigungstechnik nur geringe Bedeutung. Die reinen Metalle erfüllen nicht die vielseitigen Anforderungen, die an die Werkstoffe von Bauteilen gestellt werden. Zur Änderung der Eigenschaften werden darum Metalle mit anderen Metallen oder Nichtmetallen im flüssigen Zustand gemischt. Ein solches Gemisch ist eine **Legierung**.
Häufig verwendete Legierungen haben einen besonderen Namen, wie z. B. Stahl, Gusseisen, Messing.
Stahl ist eine Sammelbezeichnung für schmiedbare Legierungen aus Eisen und höchstens 2,06 % Kohlenstoff. Für besondere Anforderungen legiert man andere Elemente zu.
Gusseisen ist eine Sammelbezeichnung für nicht schmiedbare Legierungen aus Eisen und 3 bis 5 % Kohlenstoff.
Messing ist eine Sammelbezeichnung für Legierungen aus Kupfer (mehr als 50 %) und Zink.

! Eine Legierung ist ein Gemisch von Metallen bzw. Metallen mit Nichtmetallen, das aus einer gemeinsamen Schmelze erstarrt.

An die einzelnen Bauelemente von Maschinen und Anlagen werden unterschiedliche Anforderungen gestellt, die für die Auswahl des Werkstoffs entscheidend sind.

Beispiele für verschiedene Legierungen in einem Getriebemotor

Bauelemente	geforderte Eigenschaften	Werkstoff
① Gehäuse	mittlere Festigkeit, leicht herstellbar durch Gießen	**Gusseisen** mit 3,5 % Kohlenstoff und 1,5 % Silizium
② Welle	hohe Festigkeit und Zähigkeit	**Stahl** mit 0,42 % Kohlenstoff, 1 % Chrom, 0,5 % Silizium und 0,4 % Mangan
③ Zahnräder	hohe Zähigkeit mit harter Oberfläche	**Stahl** mit 0,2 % Kohlenstoff, 1,3 % Mangan und 0,5 % Silizium (oberflächengehärtet)
④ Wälzlager	harte und verschleißfeste Oberfläche	**Stahl** mit 1,05 % Kohlenstoff, 0,5 % Chrom und 0,3 % Silizium
⑤ Deckel	leicht herstellbar durch Gießen, sehr geringe Anforderungen	**Zinkdruckguss** mit 3,8 % Aluminium
Wicklung	gute elektrische Leitfähigkeit	**reines Kupfer**
Kontaktschrauben	gute elektrische Leitfähigkeit, mittlere Festigkeit	**Messing** mit 65 % Kupfer und 35 % Zink

Übungsaufgaben 2/17; 2/18

Entscheidend für die Eigenschaften legierter Werkstoffe ist das Verhalten der Legierungsbestandteile zueinander im festen Zustand.
Man unterscheidet grundsätzlich zwei Legierungstypen, Legierungen mit *Mischkristallen* und Legierungen mit *Kristallgemengen*.

2.3.1 Legierungen mit Mischkristallen

1. Aufbau und Eigenschaften

Sind die Bestandteile einer Legierung am Aufbau des Kristallgitters gemeinsam beteiligt, so spricht man von einem **Mischkristall**.
Die Legierungsbestandteile sind im Korn gemischt. Legierungen mit Mischkristallbildung sind unter dem Mikroskop von den reinen Metallen nicht zu unterscheiden, da man im einzelnen Korn die verschiedenen Elemente nicht erkennen kann.

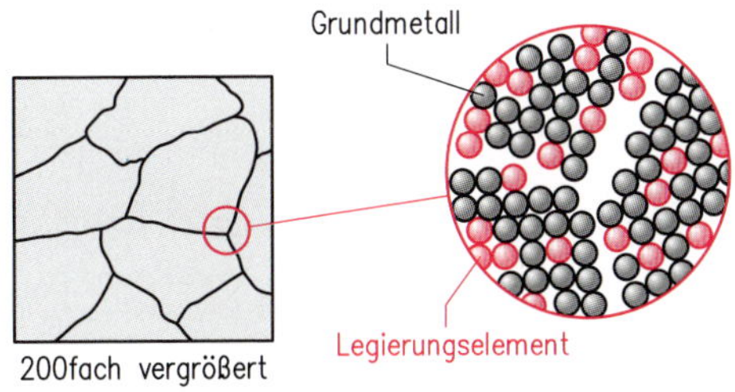

Gefüge von Mischkristallen

> **!** Legierungen bilden Mischkristalle, indem die Bestandteile gemeinsame Gitter bilden.

Legierungsbestandteile mit kleinen Atomdurchmessern können Mischkristalle bilden, indem sie sich in Gitterlücken des Grundwerkstoffs einlagern. Die Fremdatome müssen erheblich kleiner sein als die Atome des Grundmetalls.
Diese Art der Mischkristalle bezeichnet man als **Einlagerungsmischkristalle**.

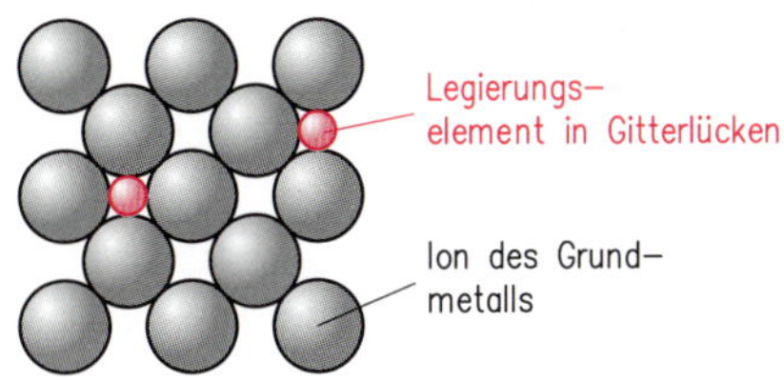

Einlagerungsmischkristall

Legierungsbestandteile mit etwa gleichem Atomdurchmesser wie das Grundmetall bilden Mischkristalle, indem die Atome des Legierungsbestandteils Atome des Grundwerkstoffs ersetzen. Diese Art der Mischkristalle bezeichnet man als **Austauschmischkristalle** (Substitutionsmischkristall).
Die Bildung von Austauschmischkristallen ist nur möglich, wenn die Ausgangsstoffe gleichen Gittertyp haben.

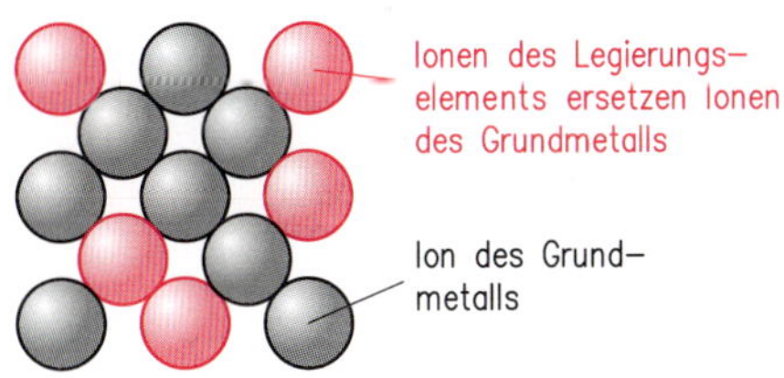

Austauschmischkristall

> **!** Bei den Legierungen mit Mischkristallbildung müssen zwei Arten unterschieden werden:
> - Einlagerungsmischkristalle,
> - Austauschmischkristalle.

Die Atome der Legierungsbestandteile in Mischkristallen behindern die Umformung des Grundwerkstoffs nur wenig. Deshalb sind Legierungen mit Mischkristallen leicht umformbar und zäh.
Wegen ihres einheitlichen Gefüges sind Mischkristalle verhältnismäßig korrosionsbeständig.

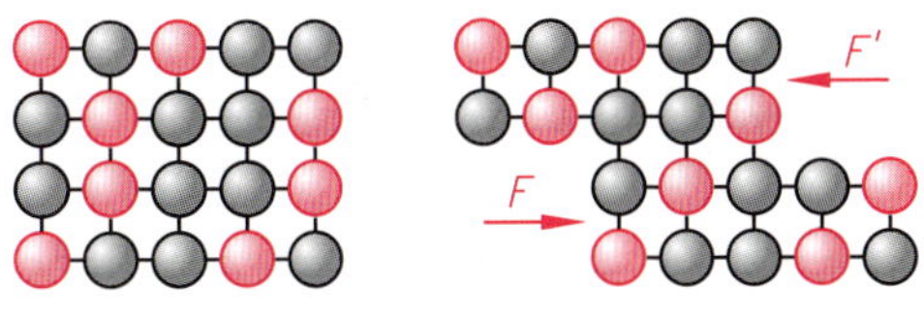

Umformung von Mischkristallen

> **!** Legierungen mit Mischkristallen
> - haben hohe Zähigkeit,
> - sind leicht umformbar,
> - sind meist korrosionsbeständig.

Übungsaufgaben 2/19; 2/20

2. Schmelz- und Erstarrungsverhalten von Legierungen mit Mischkristallen

Legierungen mit Mischkristallen zeigen ein anderes Aufheiz- und Abkühlungsverhalten als reine Metalle. Sie schmelzen und erstarren nicht bei einer bestimmten Temperatur, einem Haltepunkt, sondern in einem Temperaturbereich. Temperaturbereiche nennt man in der Fachsprache Temperaturintervalle, darum spricht man von einem **Schmelz**- bzw. **Erstarrungsintervall**.

Beispiel für das unterschiedliche Erstarrungsverhalten von zwei reinen Metallen und einer daraus gebildeten Legierung

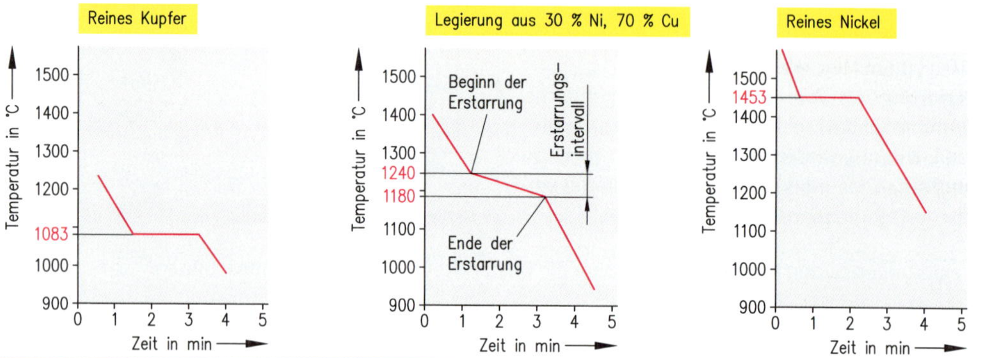

! Legierungen mit Mischkristallen schmelzen und erstarren in einem Temperaturintervall.

Die Temperaturen von Erstarrungsbeginn und Erstarrungsende sind abhängig von der Zusammensetzung der Legierung. Zur besseren Übersicht über das Schmelz- und Erstarrungsverhalten von verschiedenen Legierungen trägt man Beginn und Ende der Erstarrungsintervalle von Legierungen in ein Diagramm mit den Achsen Temperatur und Zusammensetzung ein. Verbindet man die Punkte untereinander, so erhält man ein Diagramm, das man als **Zustandsdiagramm** der Legierung bezeichnet.

Beispiel für die Entwicklung eines Zustandsdiagramms aus Abkühlungskurven

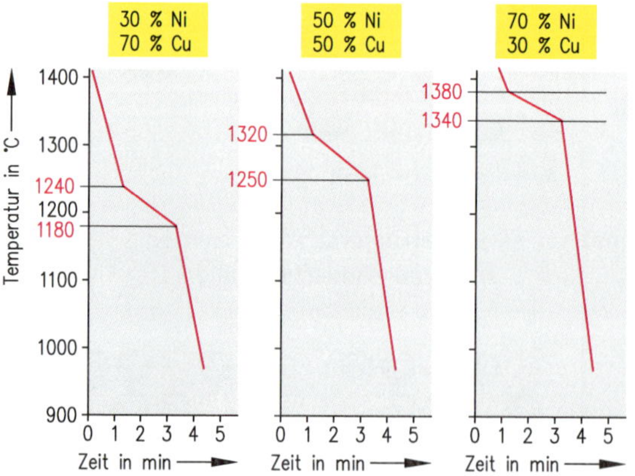

Abkühlungskurven von Kupfer-Nickel-Legierungen

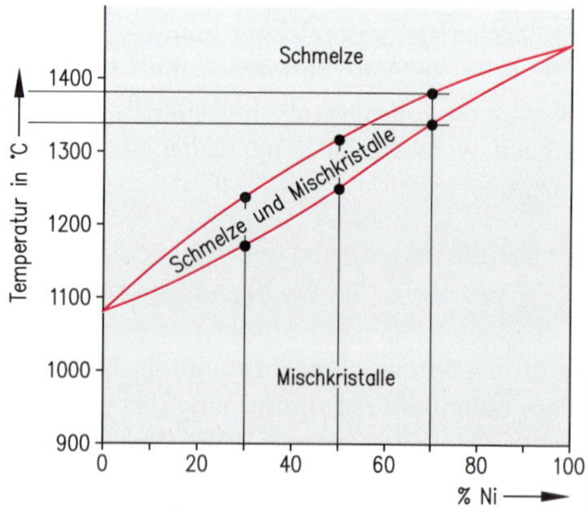

Zustandsdiagramm von Cu-Ni-Legierungen

Aus diesem Zustandsdiagramm können Beginn und Ende des Schmelzens oder Erstarrens für jede beliebige Zusammensetzung abgelesen werden. Ferner kann man aus Zustandsdiagrammen die jeweils höchste Temperatur ablesen, auf die eine Legierung erhitzt werden darf, ohne dass sie zu schmelzen beginnt.

! Zustandsdiagramme von Legierungen mit Mischkristallen haben die Form einer „Zigarre“.

Übungsaufgaben 2/21; 2/22

2.3.2 Legierungen mit Kristallgemengen

1. Aufbau und Eigenschaften

Liegen in einem Werkstoff die einzelnen Legierungsbestandteile im festen Zustand getrennt nebeneinander vor, so spricht man von **Kristallgemengen**.

Die verschiedenen Kristallarten sind aufgrund ihrer Größe nur unter dem Mikroskop deutlich zu erkennen. Weil sich die Atome von Grundmetall und Legierungselement bei Kristallgemengen meist im Durchmesser und im Gittertyp, in dem sie Kristalle bilden, unterscheiden, ist das Gefüge uneinheitlich.

Beispiel für das Gefüge einer Legierung mit Kristallgemenge

Aluminiumatome haben einen Durchmesser von $3 \cdot 10^{-10}$ m, Siliziumatome haben dagegen einen Durchmesser von $2{,}3 \cdot 10^{-10}$ m.

Aluminium erstarrt im kfz-Gitter, Silizium nicht. In einer Legierung mit 12 % Si ist Aluminium das Grundmetall, in das Siliziumkörner eingelagert sind.

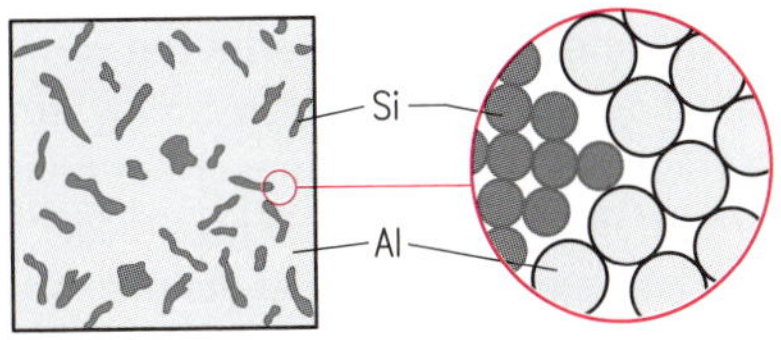

Gefüge einer schlecht umformbaren Al-Legierung mit 12 % Silizium

> **!** Legierungen bilden Kristallgemenge, indem die Legierungsbestandteile nebeneinander eigene Kristalle bilden.

Die verschiedenen Atomdurchmesser und Gittertypen der einzelnen Bestandteile eines Kristallgemenges behindern die Umformung sehr. Darum verwendet man Werkstoffe mit Kristallgemenge möglichst nicht zum Umformen.

> **!** Legierungen mit Kristallgemengen sind schlecht umformbar.

Kristallgemenge haben bei bestimmten Zusammensetzungen besonders niedrige Schmelztemperaturen und sind besonders dünnflüssig. Deshalb lassen sich solche Legierungen gut gießen.

Beispiel für die Schmelzpunkterniedrigung in einer Legierung mit Kristallgemenge

Im Gusseisen mit Kugelgrafit liegt der Legierungsbestandteil Kohlenstoff getrennt neben Eisen in Form von Grafitkugeln vor.

Eine Legierung mit etwa 4 % Kohlenstoffgehalt schmilzt und erstarrt bei niedrigerer Temperatur als die Stoffe, aus der sie besteht.

Der Schmelzpunkt beträgt für

- Eisen 1 536 °C,
- Grafit (Kohlenstoff) 3 500 °C,
- Legierung mit 4% Kohlenstoff 1 123 °C.

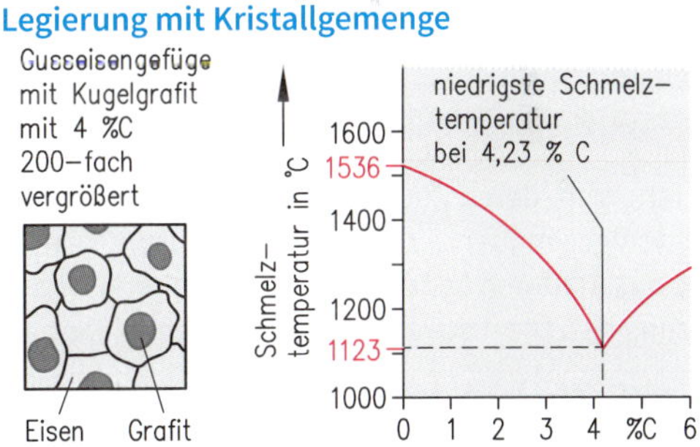

Schmelztemperatur von Fe-C-Gusslegierungen

> **!** Bilden Stoffe Legierungen mit Kristallgemenge, so ist darunter stets eine Legierung mit einer bestimmten Zusammensetzung, die bei tieferer Temperatur schmilzt und erstarrt als die Ausgangsstoffe. Die Legierung ist besonders gut gießbar.

Legierungen mit Kristallgemengen ergeben bei spanabhebender Bearbeitung, z. B. Drehen, kurze Späne, weil der Span an den unterschiedlichen Gefügebestandteilen bricht. Darum verwendet man solche Legierungen zum Zerspanen auf automatischen Bearbeitungsmaschinen.

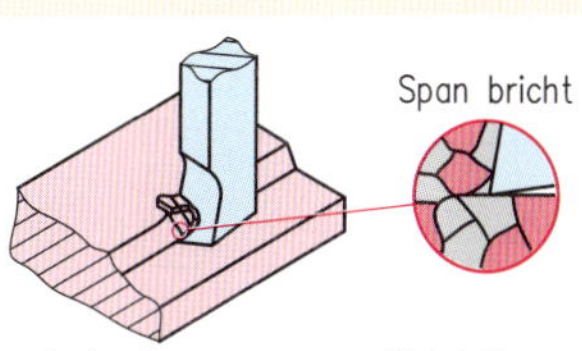

Kurze Späne beim Zerspanen von Kristallgemengen

> **!** Legierungen mit Kristallgemengen sind sehr gut spanbar.

Viele Legierungen mit Kristallgemengen sind gute Lagerwerkstoffe. Dabei tragen die Körper des härteren Legierungsbestandteils die Welle, während die weicheren Körner die Schmierung begünstigen.

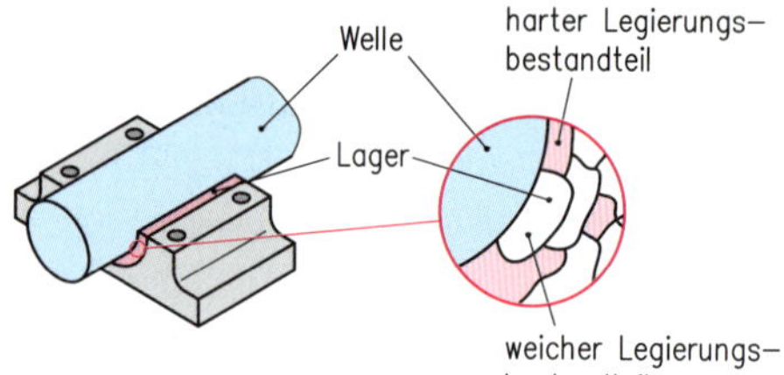

Kristallgemenge als Lagerwerkstoff

> **!** Lagermetalle sind meist Legierungen mit Kristallgemengen.

2. Schmelz- und Erstarrungsverhalten von Legierungen mit Kristallgemengen

Unter den möglichen Legierungen zweier Stoffe, die ein Kristallgemenge bilden, befindet sich ein Gemisch, das wie ein reines Metall bei einem Haltepunkt erstarrt. Diese Legierung weist eine besonders feine Verteilung der Bestandteile auf. Das Gefüge dieser Legierung nennt man **Eutektikum**. Der Schmelzpunkt des Eutektikums liegt stets tiefer als der Schmelzpunkt des niedrigst schmelzenden Bestandteils.

Beispiel für das Erstarrungsverhalten und das Gefüge eines Eutektikums

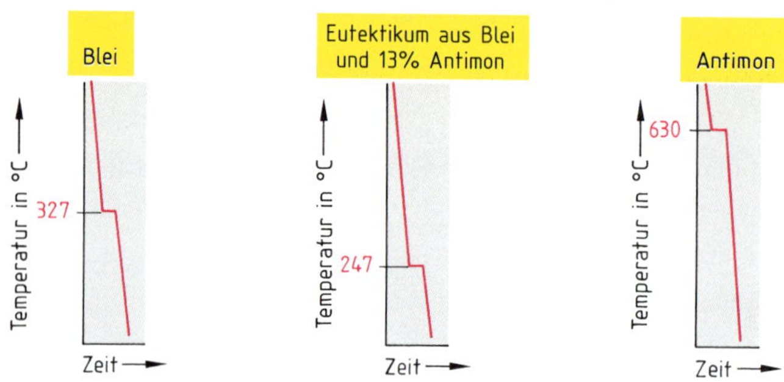

Abkühlungsverläufe der reinen Metalle und des Eutektikums

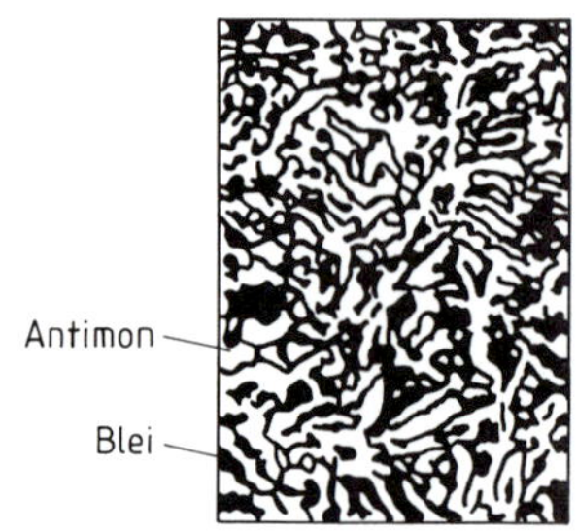

Gefüge des Eutektikums

> **!** Kennzeichen eines Eutektikums:
> - feinstes Kristallgemenge,
> - Erstarrung bei einem Haltepunkt,
> - niedrigste Schmelztemperatur.

Legierungen, deren Zusammensetzung nicht eutektisch ist, scheiden zunächst in einem Erstarrungsintervall den gegenüber der eutektischen Zusammensetzung überschüssigen Bestandteil in Form kleiner Kristalle aus. Dadurch ändert sich die Zusammensetzung der Schmelze so weit, bis sie eutektische Zusammensetzung hat. Die restliche Schmelze erstarrt dann als Eutektikum.

Beispiel für das Erstarrungsverhalten und das Gefüge einer nicht eutektischen Legierung

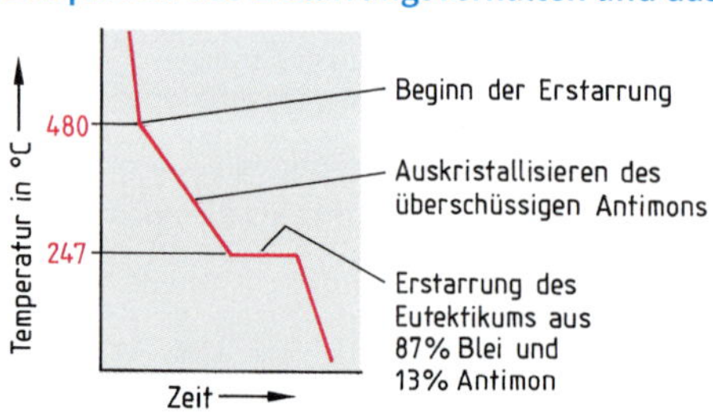

Abkühlungsverlauf einer Legierung mit 50 % Antimon

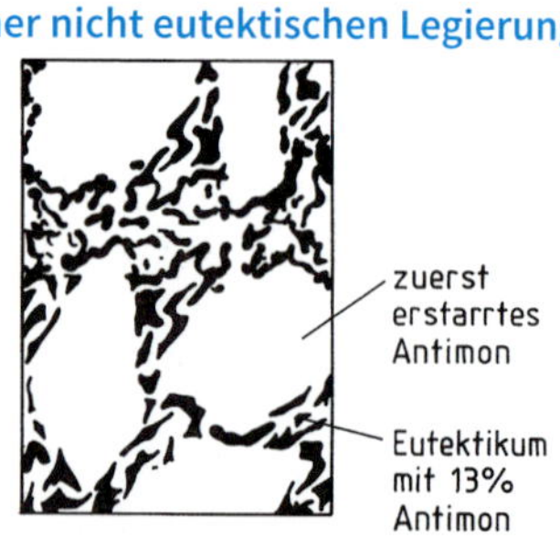

Gefüge einer Legierung mit 50 % Antimon

> **!** In Legierungen mit Kristallgemengen, die nicht die eutektische Zusammensetzung haben, kristallisiert zunächst in einem Temperaturintervall der überschüssige Bestandteil aus. Die Restschmelze erstarrt eutektisch.

Übungsaufgaben 2/26; 2/27

Zur Erstellung des Zustandsdiagramms für ein Kristallgemenge trägt man den Beginn und das Ende der Erstarrung verschiedener Legierungen in ein Diagramm mit den Achsen Temperatur und Zusammensetzung ein. Hier entsteht ein V-förmiges Diagramm mit einer waagerechten Linie bei der Erstarrungstemperatur des Eutektikums.

Beispiel für das Zustandsdiagramm und die Gefüge einer Legierung mit Kristallgemenge

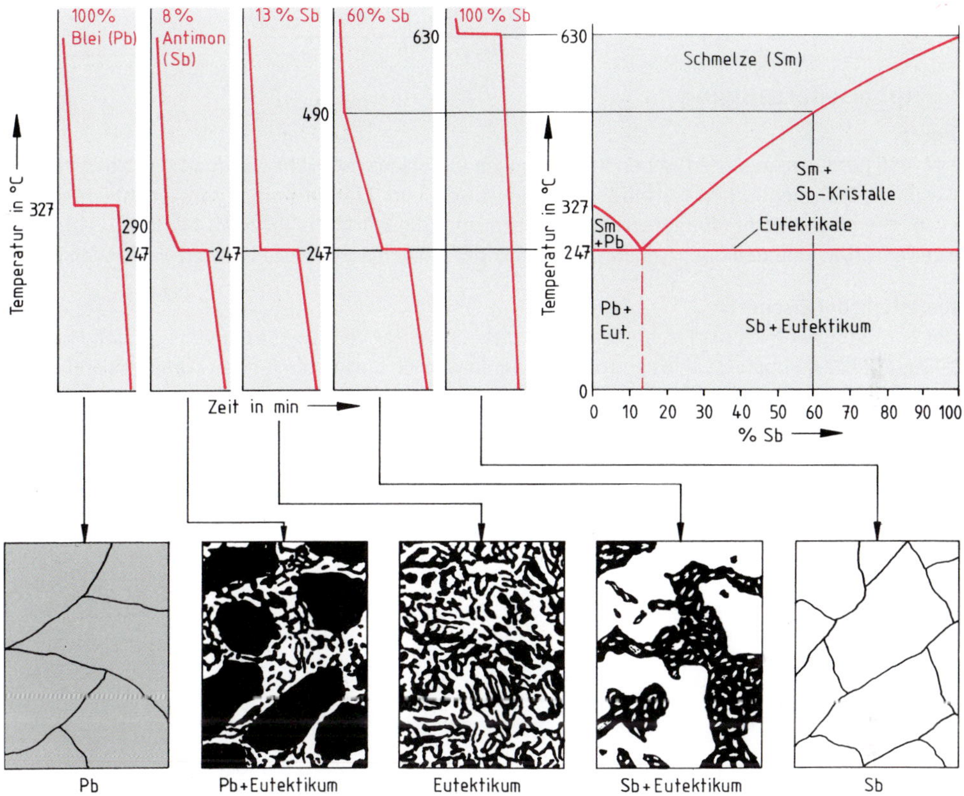

Gefügebilder von Blei, Antimon und deren Legierungen

In die verschiedenen Felder des Diagramms werden die jeweils vorliegenden Bestandteile eingetragen. Oberhalb der V-förmigen Kurve besteht eine Legierung nur aus Schmelze. Das Feld erhält die Beschriftung „Schmelze“.

Zwischen der v-förmigen Kurve und der waagerechten Linie – **der Eutektikalen** – liegen die Bereiche, in denen der gegenüber dem Eutektikum überschüssige Bestandteil kristallisiert:

- Bei Legierungen, die mehr Blei als die eutektische Legierung enthalten, liegen Bleikristalle und Schmelze als Bestandteile vor.
- Bei Legierungen, die mehr Antimon als die eutektische Legierung enthalten, liegen Antimonkristalle und Schmelze vor.
- Unterhalb der eutektischen Temperatur ist alles fest. Als Bestandteile findet man hier die vorher ausgeschiedenen Kristalle und das Eutektikum. In die Felder trägt man demnach die Bezeichnungen der Gefügebestandteile „Blei + Eutektikum“ und „Antimon + Eutektikum“ ein.

! Zustandsdiagramme von Legierungen mit Kristallgemengen haben die Form des Buchstabens V, der auf einer waagerechten Linie – der Eutektikalen – steht.

3 Eisen und Stahl

3.1 Roheisen- und Stahlerzeugung

Der Weg vom Eisenerz zum Stahl führt über drei Stufen.

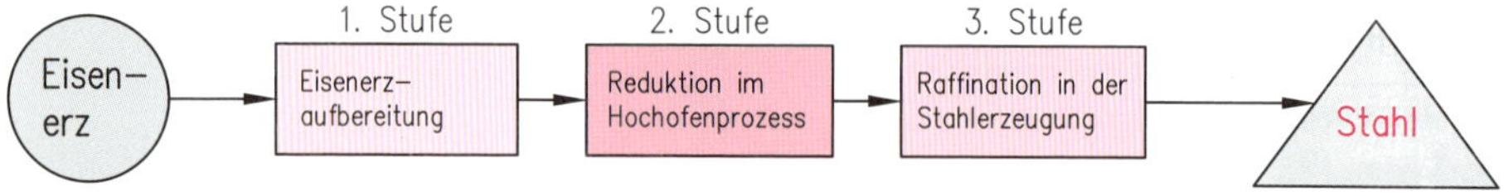

3.1.1 Roheisenerzeugung

1. Eisenerz

Eisenerze sind Gemenge aus chemischen Verbindungen des Eisens mit nicht eisenhaltigen Gesteinen (taubem Gestein). Die chemischen Verbindungen des Eisens im Eisenerz sind im Wesentlichen Eisenoxide, d.h. chemische Verbindungen zwischen Eisen und Sauerstoff. In geringen Mengen werden auch Eisenerze verhüttet, in denen das Eisen mit Schwefel oder einigen anderen Elementen verbunden ist.

2. Aufbereitung der Eisenerze

Nach der Förderung werden die Eisenerze in der ersten Stufe der Verarbeitung bereits an den Fundorten vom größten Teil des tauben Gesteins getrennt. Dadurch werden die Kosten für den Transport und die Weiterverarbeitung erheblich gesenkt.

3. Reduktion der Eisenerze im Hochofen

Im Hochofenprozess wird dem Eisenoxid durch chemische Reaktion mit Kohlenstoff und Kohlenmonoxid der Sauerstoff entzogen. Man nennt diese Reaktion, bei der Sauerstoff entzogen wird, eine **Reduktion**.

Im Hochofen werden auch andere Oxide, z.B. Manganoxid und Siliziumoxid, reduziert. Ferner nimmt das Eisen Kohlenstoff auf. Darum entsteht im Hochofenprozess kein reines Eisen, sondern **Roheisen**, das mit Kohlenstoff, Silizium, Mangan, Phosphor und Schwefel verunreinigt ist.

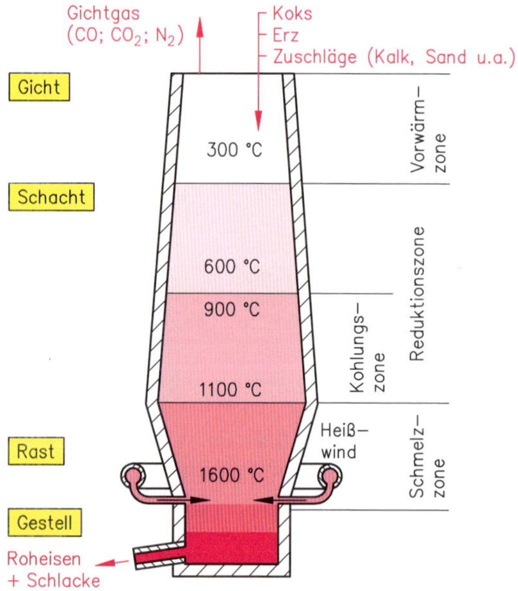

Hochofen

3.1.2 Stahlerzeugung

Roheisen ist sehr spröde. Es ist nicht schmiedbar und nicht schweißbar. Aus diesem Grund kann Roheisen nicht direkt verwendet werden. Hauptursache für diese ungünstigen Eigenschaften sind der hohe Kohlenstoffgehalt sowie die Verunreinigungen durch Silizium, Phosphor und Schwefel. Deshalb müssen diese Bestandteile aus dem Roheisen entfernt werden. Diesen „Reinigungsprozess" bezeichnet man als Raffination. Speziell beim Eisen spricht man auf das Endprodukt bezogen von der Stahlerzeugung.
Die Verminderung des Kohlenstoffgehalts und der Gehalte an Eisenbegleitern geschieht durch chemische Verbindung dieser Elemente mit Sauerstoff. Bei der Oxidation wird Wärme frei. Es entsteht Stahl.

! Durch Oxidation und Abtrennung der Eisenbegleiter wird Roheisen zu Stahl.

1. Sauerstoffaufblasverfahren

Das bekannteste Verfahren zur Erzeugung von Stahl aus Roheisen ist das Sauerstoffaufblasverfahren. Es wurde von den Vereinigten Österreichischen Stahlwerken in **L**inz-**D**onawitz entwickelt. Nach dem Ort der Entwicklung heißt es **LD-Verfahren**.

Beim LD-Verfahren wird die Roheisenschmelze in einen schwenkbaren Tiegel mit einem Fassungsvermögen von bis zu 400 t gegeben.

Von oben wird in diesen Tiegel ein wassergekühltes Rohr (Lanze) eingeführt. Durch das Rohr wird reiner Sauerstoff auf die Schmelze aufgeblasen. Dabei oxidieren die Eisenbegleiter, weil sie ein stärkeres Verbindungsbestreben zu Sauerstoff haben als Eisen. Die gasförmigen Oxide gehen über Filter in die Atmosphäre; die übrigen Oxide bilden mit der Kalkzugabe eine Schlacke auf der Schmelze. Bei der Oxidation und Verschlackung der Eisenbegleiter wird eine erhebliche Wärmemenge frei. Dadurch steigt die Temperatur im Tiegel von etwa 1 250 °C auf mehr als 1 600 °C. Diese Temperaturerhöhung ist unbedingt erforderlich, da die kohlenstoffarme Stahlschmelze einen Schmelzpunkt von ca. 1 500 °C hat, im Gegensatz zu Roheisen, das etwa bei 1 150 °C schmilzt.

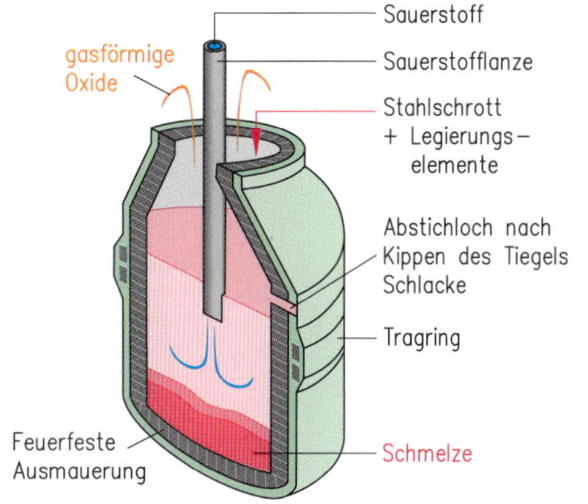

Tiegel für Sauerstoffaufblasverfahren

Die Eisenbegleiter reagieren mit dem aufgeblasenen Sauerstoff entsprechend folgenden Reaktionsgleichungen:

$$Si + O_2 \rightarrow SiO_2 + \text{Wärme} \qquad C + O_2 \rightarrow CO_2 + \text{Wärme}$$
$$2\,Mn + O_2 \rightarrow 2\,MnO + \text{Wärme} \qquad 4\,P + 5\,O_2 \rightarrow 2\,P_2O_5 + \text{Wärme}$$

Die bei der Oxidation frei werdende Wärmemenge ist größer als erforderlich und würde zur Überhitzung der Schmelze führen. Deshalb gibt man zur Kühlung einen erheblichen Anteil an Stahlschrott in die Schmelze. Je nach gewünschter Zusammensetzung des Stahls werden am Ende des Blasvorgangs oder beim Abfüllen in die Gießpfanne Legierungselemente zugesetzt.

! Im Sauerstoffaufblasverfahren wird aus flüssigem Roheisen durch Oxidation der Eisenbegleiter mit aufgeblasenem Sauerstoff Stahl erzeugt.

2. Elektrostahlverfahren

Beim Elektrostahlverfahren wird Stahl veredelt. Der Elektroofen ist ein runder, schwenkbarer Ofen, der mit einem Deckel abgeschlossen wird. Der Ofen wird mit flüssigem oder festem Stahl und ausgesuchtem Stahlschrott beschickt. Der eingefüllte Stahl wird durch elektrische Lichtbögen aufgeschmolzen. Diese Lichtbögen brennen zwischen Kohleelektroden und dem Schmelzgut und erreichen Temperaturen bis zu 3 500 °C. Durch diese hohen Temperaturen und den elektrischen Strom als sauberen Energieträger lassen sich Stähle hoher Reinheit herstellen. Zur Verbesserung der Eigenschaften werden Elektrostähle meist legiert. Im Elektroofen ist das Legieren auch mit hochschmelzenden Legierungselementen wie Chrom, Wolfram, Molybdän und anderen möglich. Man erzeugt im Elektroofen Edelstahl.

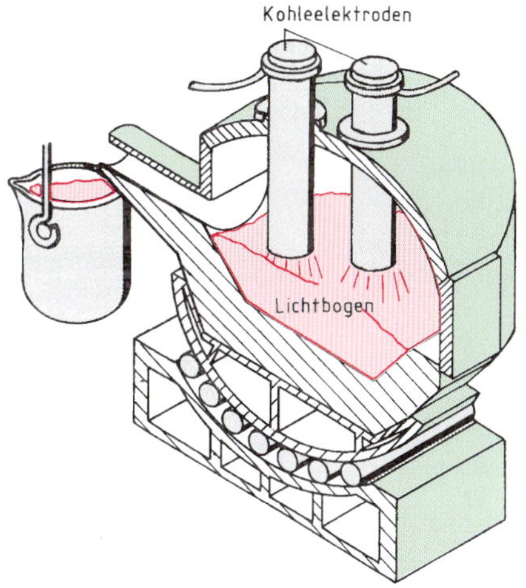

Lichtbogenofen für das Elektrostahlverfahren

! Im Elektrostahlverfahren wird Edelstahl durch Umschmelzen, Raffinieren und Legieren von Stahl und Stahlschrott erzeugt.

3.1.3 Übersicht über die Wirkungen von Begleit- und Legierungselementen

☐ Bereich des unlegierten Stahls ☐ Bereich des legierten Stahls

	Name Symbol	Anteil in % als Begleitelement	Veränderung der Eigenschaften bei steigendem Anteil		Anwendung als Legierungselement
		in Stahl	erhöht	vermindert	
Begleitelemente	**Kohlenstoff C**	0,02 bis 2,06	Festigkeit (stark) Härte Härtbarkeit	Dehnbarkeit Schweißbarkeit Schmiedbarkeit Zähigkeit Schmelzpunkt	
	Silizium Si	0,03 bis 0,6	Festigkeit Elastizität Härtetiefe Korrosionsbeständigkeit Grafitbildung	Umformbarkeit Schweißbarkeit	1,0 bis 3,0 % Federstähle 2,0 bis 4,0 % Elektrobleche 11,0 bis 13,0 % säurebeständiger Guss
	Mangan Mn	0,4 bis 0,8	Festigkeit Zähigkeit Härtetiefe	Zerspanbarkeit Grafitbildung	0,6 bis 1,5 % Mangan-Vergütungsstähle 1,0 bis 2,0 % Federstähle 10,0 % Manganhartstahl 12,0 bis 18,0 % säure- u. hitzebeständiger Stahl
	Phosphor P	0,03 bis 0,08	Festigkeit	Dehnbarkeit Kaltumformbarkeit Zähigkeit Schweißbarkeit	1,0 bis 2,0 % dünnwandiger Guss
	Schwefel S	0,03 bis 0,06	Zerspanbarkeit	Umformbarkeit bei hohen Temperaturen (Rot- und Heißbruch)	0,2 bis 0,25 % Automatenstahl
Legierungselemente	**Chrom Cr**		Zugfestigkeit Härte Warmfestigkeit Härtetiefe Korrosionsbeständigkeit Schneidhaltigkeit Kornfeinheit	Dehnung (gering)	0,3 bis 1,2 % Vergütungs- und Einsatzstähle (z. B. f. Wälzlager) 5,0 bis 9,0 % warmfeste Stähle 8,0 bis 25,0 % rost- und säurebeständige Chrom- und Chrom-Nickel-Stähle
	Nickel Ni		Zugfestigkeit Härte Korrosionsbeständigkeit Härtetiefe	Wärmedehnung	7,0 bis 18,0 % korrosionsbeständige Chrom-Nickel-Stähle bis 5,0 % Vergütungsstähle 1,0 bis 2,0 % Einsatzstähle 3,0 bis 5,0 % verschleißfestes Gusseisen
	Vanadium V		Zugfestigkeit Warmfestigkeit Härte Zähigkeit		0,6 bis 2,0 % warmfeste Stähle bis 5,0 % Schnellarbeitsstähle (mit Wolfram und Molybdän)
	Wolfram W		Feinkörnigkeit Warmfestigkeit Härtetiefe Korrosionsbeständigkeit	Dehnung (gering)	0,4 bis 2,0 % warmfeste Stähle 2,5 bis 4,0 % Schnellarbeitsstähle (mit Vanadium und Molybdän)
	Molybdän Mo		Zugfestigkeit Härte Warmfestigkeit	Schmiedbarkeit Dehnung	0,4 bis 0,9 % warmfeste Stähle 3,0 bis 4,0 % Schnellarbeitsstähle (mit Wolfram und Vanadium)

3.2 Gefüge und Eigenschaften von Stahl

3.2.1 Kohlenstoffgehalt von Stahl

Stähle sind **Eisen-Kohlenstoff-Legierungen**. Entstehung und Veränderung des Gefüges von Eisen-Kohlenstoff-Legierungen werden durch das Zustandsdiagramm Eisen-Kohlenstoff veranschaulicht. Stähle haben höchstens 2,06 % Kohlenstoff. Deshalb bezeichnet man den Teil des Diagramms von 0,05 bis 2,06 % Kohlenstoff als die Stahlseite des Zustandsdiagramms der Eisen-Kohlenstoff-Legierungen.

> **!** Das Eisen-Kohlenstoff-Diagramm beschreibt die Entstehung und Veränderung des Gefüges von Eisen-Kohlenstoff-Legierungen. Die Stahlseite reicht von 0,05 bis 2,06 % Kohlenstoff.

3.2.2 Gefügebestandteile

Die vielseitige Verwendung von Stahl erfordert unterschiedliche Werkstoffeigenschaften. Durch die Wahl des Kohlenstoffgehalts und eine entsprechende Behandlung können Stähle erzeugt werden, die den unterschiedlichsten Anforderungen genügen. Die Eigenschaften der Stähle und die Möglichkeiten, sie zu ändern, lassen sich am inneren Aufbau erklären.

1. Austenit

Stahlschmelzen jeder Zusammensetzung erstarren zunächst als Mischkristalle. Die Kohlenstoffatome sind in Gitterlücken zwischen den Eisenatomen eingelagert. Die Eisenatome bilden bei der Erstarrung ein **kubisch-flächenzentriertes Gitter** (kfz-Gitter). Man bezeichnet das Gefüge des Mischkristalls aus kubisch-flächenzentriertem Eisen- und eingelagerten Kohlenstoffatomen als **Austenit**.
Austenit ist zäh und gut umformbar.
Das Eisen-Kohlenstoff-Diagramm zeigt wegen der Mischkristallbildung im oberen Bereich den für Mischkristalle typischen Verlauf.

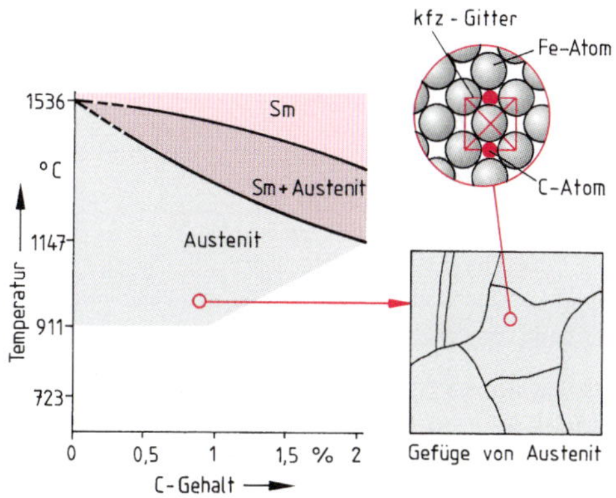

Austenit im Eisen-Kohlenstoff-Diagramm

> **!** **Austenit** ist das Gefüge von Mischkristallen aus kubisch-flächenzentriertem Eisen mit Kohlenstoffatomen in den Gitterlücken. Austenit ist zäh und gut umformbar.

2. Ferrit

Kühlt man reines Eisen langsam ab, lagern sich die Eisenatome um. Aus dem kubisch-flächenzentrierten Gitter des Eisens entsteht ein **kubisch-raumzentriertes Gitter** (krz-Gitter). Dieses Eisen mit dem kubisch-raumzentrierten Gitter bezeichnet man als **Ferrit**. In den Gitterlücken des Ferrits haben die Kohlenstoffatome keinen Platz. Ferrit ist weich und leicht umformbar.

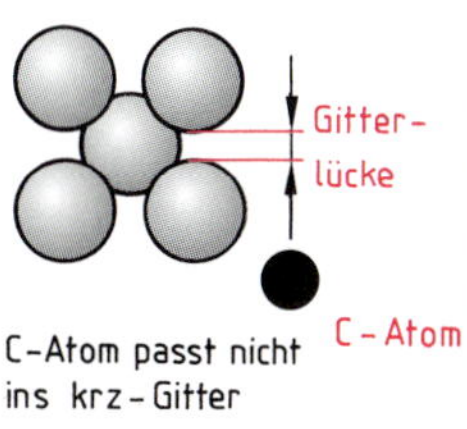

Gitterlücke im krz-Gitter

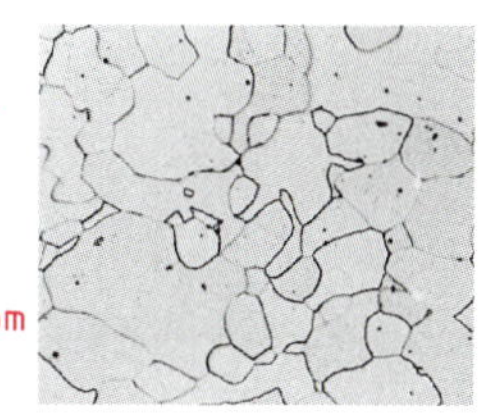

200-fach vergrößert
Ferrit

> **!** **Ferrit** ist das Gefüge von nahezu reinem Eisen mit kubisch-raumzentriertem Gitteraufbau. Ferrit ist weich und leicht umformbar.

3. Zementit

Kohlenstoffatome können mit Eisenatomen die Verbindung Fe_3C bilden. Diese Verbindung Fe_3C nennt man **Zementit**. Zementit besitzt eine hohe Festigkeit, ist aber hart und spröde.

> **!** **Zementit** ist das Gefüge, das aus einer chemischen Verbindung von Eisen und Kohlenstoff mit der Formel Fe_3C besteht. Zementit ist hart und spröde.

4. Perlit

Kühlt man Austenit mit 0,8 % Kohlenstoff ab, so bleibt bei 723 °C die Temperatur für eine gewisse Zeit konstant, weil ein neues Gefüge entsteht. Das Gitter des Eisens wandelt sich vom kubisch-flächenzentrierten in ein kubisch-raumzentriertes Gitter um. Weil die Gitterlücken im kubisch-raumzentrierten Gitter sehr klein sind, kann dieses Gitter keinen Kohlenstoff aufnehmen.
Die Kohlenstoffatome wandern darum geringe Strecken und bilden mit einem Teil des Eisens die Verbindung Fe_3C. So entsteht ein lamellenartiges Gefüge aus kubisch-raumzentriertem Eisen und Fe_3C. Man bezeichnet das Gefüge als **Perlit**.
Perlit entspricht einem eutektischen Gefüge. Weil es nicht aus der Schmelze, sondern aus Mischkristallen entsteht, spricht man von einem eutektoidischen Gefüge.

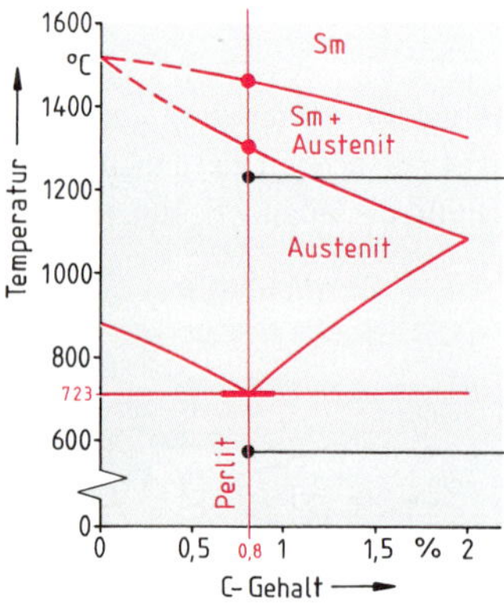

Stahlseite des Eisen-Kohlenstoff-Diagramms

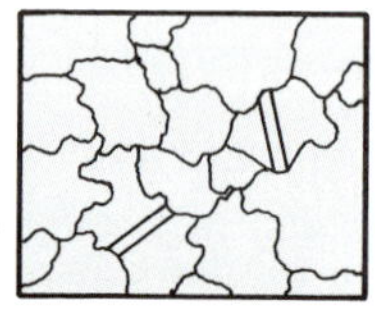

Gefüge von Austenit

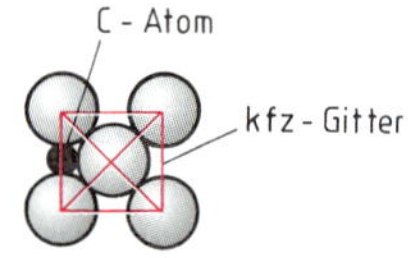

Kristallaufbau von Austenit

Gefüge von Perlit

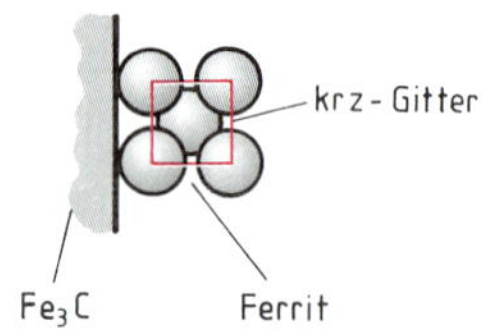

Kristallaufbau von Perlit

Entstehung von Perlit

> **!** Austenit mit 0,8 % Kohlenstoff wandelt sich bei 723 °C in Perlit um.
> Perlit besteht aus lamellenartig gelagertem Ferrit und Zementit.

5. Gefüge untereutektoidischer Stähle

Legierungen mit weniger als 0,8 % Kohlenstoff haben gegenüber Perlit zu viel Eisen. Das überschüssige Eisen wandelt sich bei der Abkühlung in einem Temperaturbereich in Ferrit um. Der Kohlenstoff aus diesem Eisen wandert von den Stellen, an denen der Ferrit entstanden ist, zu den noch vorhandenen Mischkristallen. Sobald diese Mischkristalle 0,8 % Kohlenstoff erreicht haben, entsteht aus ihnen Perlit. Stähle mit weniger als 0,8 % Kohlenstoff bestehen darum aus Ferritkörnern und Perlit.

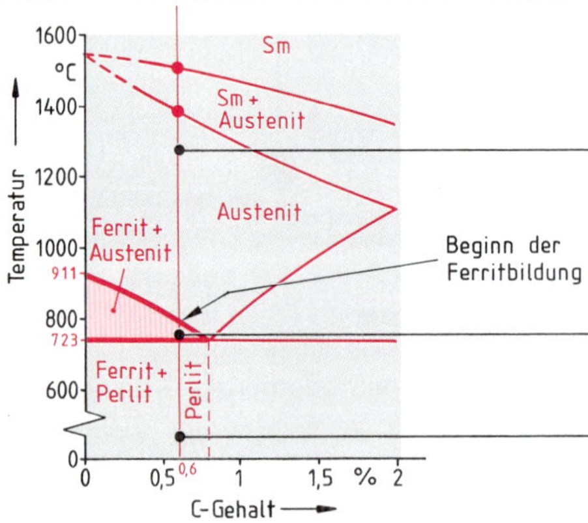

Stahlseite des Eisen-Kohlenstoff-Diagramms

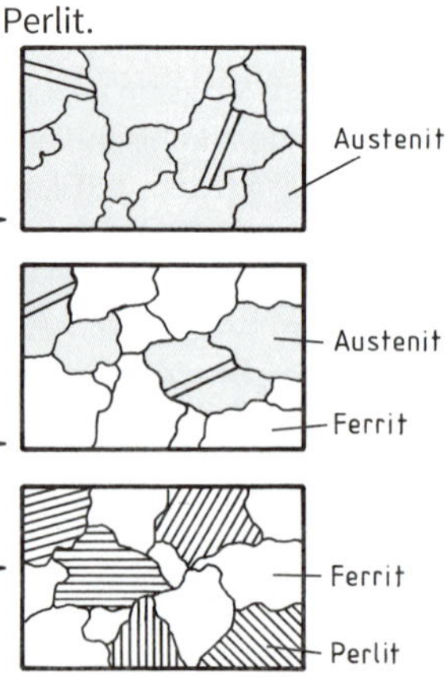

Gefüge von Stahl mit 0,6 % C

Entstehung des Gefüges untereutektoidischer Stähle

> **!** Gefüge von unlegierten Stählen mit Kohlenstoffgehalten unter 0,8 % bestehen bei Raumtemperatur aus Ferrit und Perlitkörnern. Je höher der Anteil an Kohlenstoff, desto mehr Perlitkörner entstehen.

Übungsaufgaben 3/13; 3/14

6. Gefüge übereutektoidischer Stähle

Legierungen mit mehr als 0,8 % Kohlenstoff haben gegenüber dem Perlit zu viel Kohlenstoff. Darum bildet sich bei diesen Legierungen während der Abkühlung in einem Temperaturbereich zunächst Zementit. Die Mischkristalle werden dadurch ärmer an Kohlenstoff. Sobald die noch vorhandenen Mischkristalle 0,8 % Kohlenstoffgehalt erreicht haben, entsteht aus ihnen Perlit. Stähle mit mehr als 0,8 % Kohlenstoff bestehen darum aus Zementit, der schalenförmig an den Korngrenzen vorliegt, und Perlit. Dieser Zementit wird als **Sekundärzementit** bezeichnet.

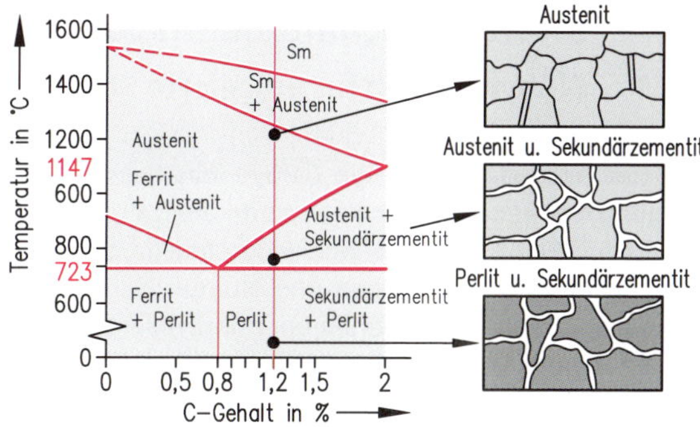

Stahlseite des Eisen-Kohlenstoff-Diagramms

Gefüge von Stahl mit 1,2 % C

Entstehung des Gefüges übereutektoidischer Stähle

> **!** Gefüge von unlegierten Stählen mit Kohlenstoffgehalten über 0,8 % bestehen bei Raumtemperatur aus Perlitkörnern und Sekundärzementit an den Korngrenzen.

7. Zusammenfassung wichtiger Begriffe zu Gefügen von Stählen

Gefüge	Erklärung
Austenit	Mischkristalle mit einem kubisch-flächenzentrierten Gitter Bei 1 147 °C löst es bis zu 2,06 % Kohlenstoff.
Ferrit	Eisen mit einem kubisch-raumzentrierten Gitter Ferrit löst nahezu keinen Kohlenstoff.
Zementit	Chemische Verbindung zwischen Eisen und Kohlenstoff – Fe_3C Fe_3C liegt bei Stählen mit mehr als 0,8 % Kohlenstoff als Sekundärzementit vor.
Perlit	Eutektoidisches Gefüge aus Ferrit und Zementit, entsteht bei 723 °C

3.2.3 Eigenschaften der Stähle in Abhängigkeit vom Gefüge

Aus der Kombination Ferrit/Zementit ergeben sich unterschiedliche Eigenschaften der Stähle.
Je höher der Gehalt an Zementit wird, desto härter und fester wird der Stahl. Seine Umformbarkeit und Zähigkeit sinken. Das Auftreten von Korngrenzenzementit (Sekundärzementit) führt zu besonders starkem Abfall der Zähigkeit. Die Härtbarkeit der Stähle steigt mit steigendem Kohlenstoffgehalt.

C-Gehalt	**0 %**	**0,4 %**	**0,6 %**	**0,8 %**	**1,2 %**
Perlitanteil	0 %	50 %	75 %	100 %	93 % (7 % Sek.-Zem.)
Gefüge	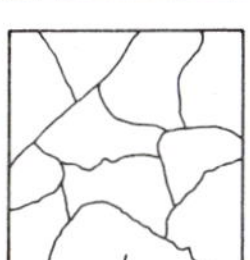 Ferrit	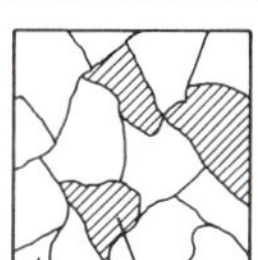 Ferrit, Perlit	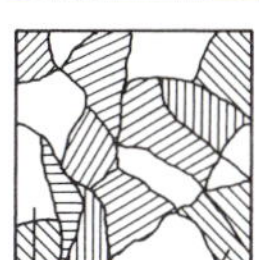 Ferrit, Perlit	 Perlit	 Perlit, Sekundärzementit
Zugfestigkeit	ca. 200 N/mm²	ca. 700 N/mm²	ca. 850 N/mm²	ca. 950 N/mm²	ca. 1 000 N/mm²
Härte	ca. 150 HB	ca. 180 HB	ca. 220 HB	ca. 240 HB	ca. 260 HB
Härtbarkeit	bis 0,35 % nicht härtbar	**steigende Härtbarkeit** →			

> **!** Mit steigendem Gehalt eines Stahls an Zementit wachsen Härte, Festigkeit, Verschleißfestigkeit und Härtbarkeit. Die Zähigkeit und der Widerstand gegen Rissbildung sinken.

3.3 Stoffeigenschaftändern von Stählen

3.3.1 Glühverfahren für unlegierte Stähle

1. Weichglühen

Ziel des Weichglühens ist ein Gefüge, das besser spanend bearbeitet werden kann als das Ausgangsgefüge. Im Perlit muss die Werkzeugschneide die Zementitlamellen zerbrechen und stumpft dabei schnell ab. Durch Weichglühen überführt man die Zementitlamellen des Perlits in Kugeln, die leicht vom Werkzeug aus der Ferritmasse herausgehoben oder zur Seite gedrängt werden können. Dadurch wird die Schneide weniger beansprucht.

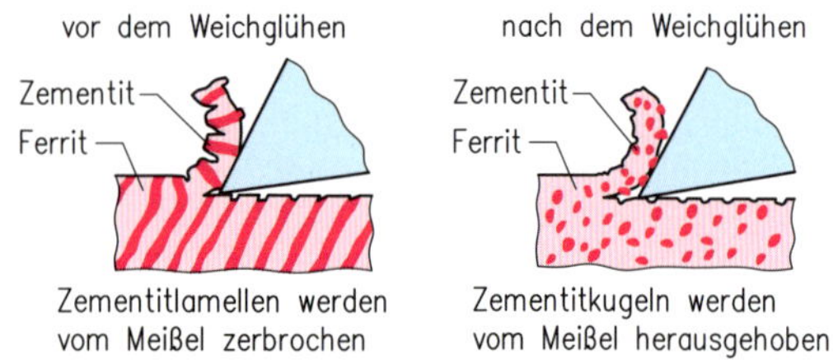

Spanen vor und nach dem Weichglühen

Bei untereutektoidischen Stählen glüht man zur Erzeugung kugelförmigen Zementits den Stahl viele Stunden lang unterhalb von 723 °C. Bei übereutektoidischen Stählen formt man zunächst durch eine mehrstündige Glühung bei etwa 750 bis 780 °C den schalenförmigen Zementit an den Korngrenzen zu Kugeln um. Danach glüht man unter 723 °C weiter, um Perlit mit kugelförmigem Zementit zu erhalten.

Beispiel für Weichglühen

Ausgangszustand → Weichglühen → Endzustand

Lamellarer Zementit des Perlits

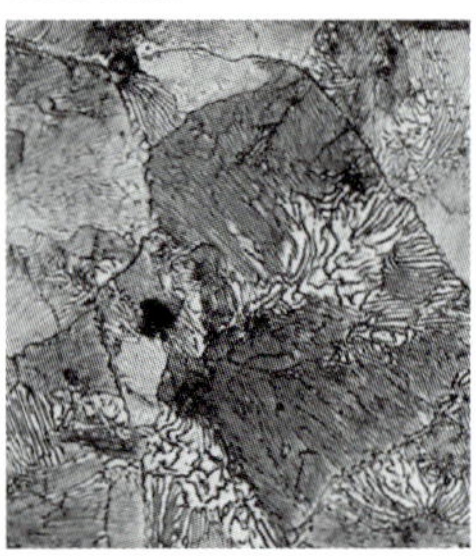

Zugfestigkeit: 950 $\frac{N}{mm^2}$
Bruchdehnung: 9 %
Härte: 240 HB

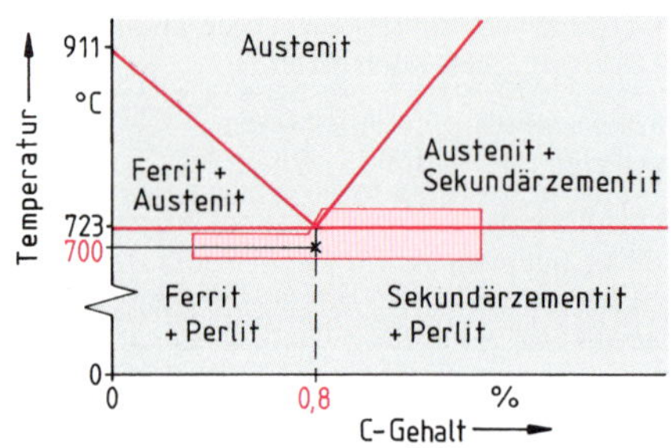

Glühtemperatur: 700 °C
Glühzeit: 5 Stunden
Abkühlung: im Ofen

Kugeliger Zementit des Perlits

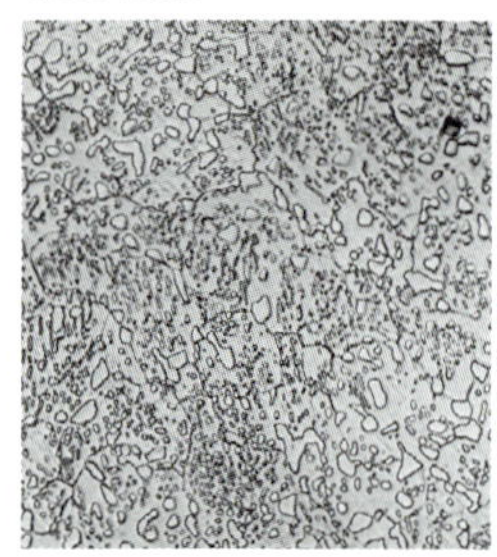

Zugfestigkeit: 520 $\frac{N}{mm^2}$
Bruchdehnung: 27 %
Härte: 150 HB

> **!** Weichglühen dient zur Verbesserung der Zerspanbarkeit und Umformbarkeit.
> Beim Weichglühen werden lamellarer und schalenförmiger Zementit in Kugelform überführt.

2. Spannungsarmglühen

Enthält ein Werkstück aus Stahl starke Eigenspannungen durch ungleichmäßiges Abkühlen beim Gießen, Schweißen, Schmieden oder anderen Verfahren, so können diese Spannungen durch Erwärmen abgebaut werden. Damit keine Gefügeänderungen und keine Verformung durch das Eigengewicht des Werkstücks eintreten, erfolgt das Spannungsarmglühen bei Temperaturen zwischen 500 und 600 °C. Beim Spannungsarmglühen muss das Werkstück über den ganzen Querschnitt die gleiche Temperatur aufweisen und anschließend sehr langsam abgekühlt werden. Deshalb zieht sich dieses Glühverfahren über mehrere Stunden hin.

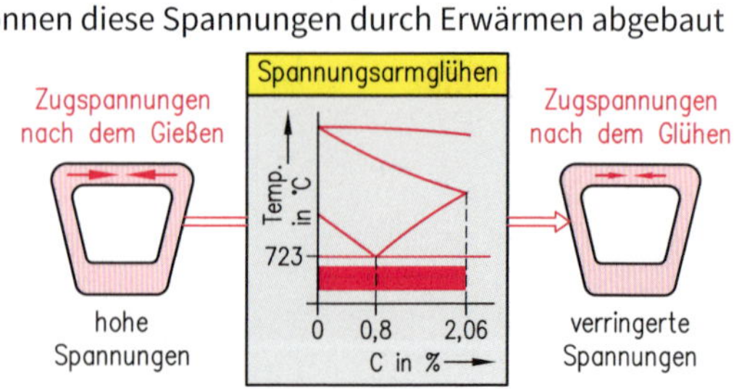

Spannungsarmglühen

> **!** Spannungsarmglühen geschieht bei Temperaturen zwischen 500 und 600 °C über mehrere Stunden. Spannungsarmglühen führt man durch, um Spannungen im Werkstück zu verringern.

Übungsaufgaben 3/16; 3/17; 3/18

3. Normalglühen

Häufig muss das Gefüge gehärteter oder geschweißter Bauteile wieder in den Zustand, den es nach dem Fe-Fe_3C-Diagramm haben müsste, zurückgeführt werden. Dies geschieht durch Normalglühen. Gleichzeitig wird beim Normalglühen ein feinkörniges und damit zähes Gefüge erzeugt.

Normalglühen geschieht dadurch, dass man die Stähle bis in den Austenitbereich erhitzt. Es entsteht ein neues Gefüge. Man glüht etwa 15 Minuten je 10 mm Wanddicke. Danach kühlt man an ruhender Luft ab. Bei übereutektiodischen Stählen glüht man den Stahl meist vorher weich, sodass der Sekundärzementit in Kugelform überführt wird. Danach führt man die Normalglühung bei etwa 750 °C durch.

Beispiel für das Normalglühen einer 20 mm dicken Platte aus C35

Ausgangszustand → Normalglühen → Endzustand

Gefüge nach der Reparaturschweißung an einem Werkstück
Plattendicke: 20 mm

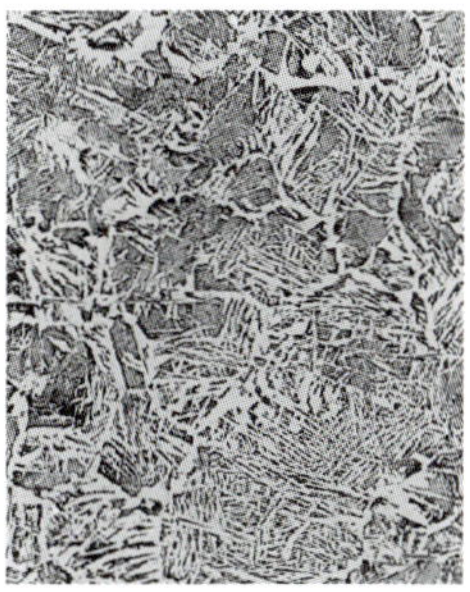

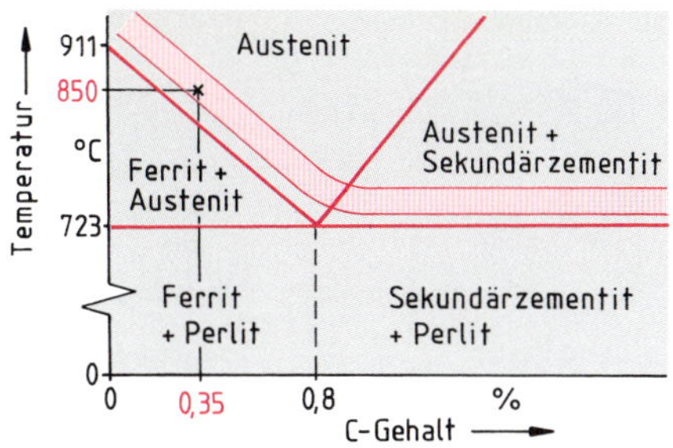

Glühtemperatur: 850 °C
Glühzeit: 30 Minuten
Abkühlung: an ruhender Luft

Ferrit-Perlit-Gefüge, feinkörnig

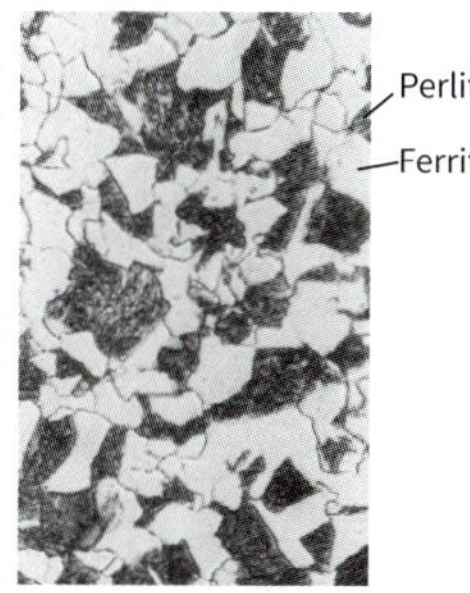

> **!** Beim Normalglühen erhitzt man den Stahl kurzzeitig in den Austenitbereich und kühlt ihn anschließend an der Luft ab. Normalglühen geschieht zur Erzeugung eines feinkörnigen und gleichmäßigen Gefüges.

4. Rekristallisationsglühen

Beim Kaltumformen tritt durch die Streckung der Gefügekörner eine Kaltverfestigung ein, die den Werkstoff in seinen Eigenschaften verändert. Festigkeit und Härte nehmen zu, die Dehnbarkeit nimmt ab. Um Stähle nach einer Kaltumformung wieder umformbar zu machen, glüht man sie bei einer Temperatur um 700 °C. Dabei tritt eine Kornneubildung – eine **Rekristallisation** – ein. Das Gefüge lässt sich nun wieder umformen.

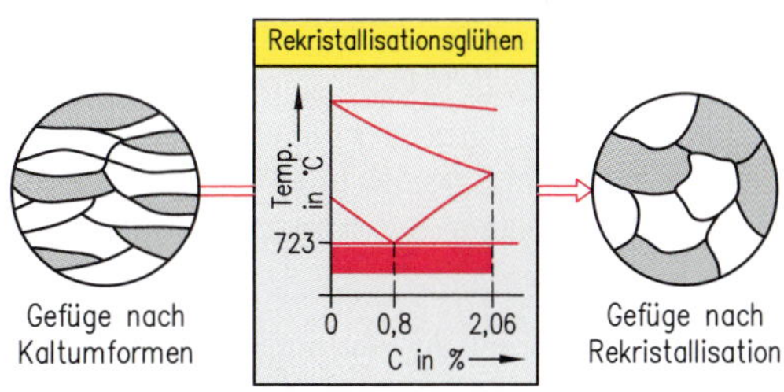

Rekristallisationsglühen

> **!** Rekristallisationsglühen geschieht zum Zweck der Kornneubildung nach Kaltumformen.
> Beim Rekristallisationsglühen wird ein kalt verfestigtes Gefüge durch Kornneubildung wieder umformbar.

3.3.2 Härten

Härte und Verschleißfestigkeit werden durch Abschreckhärten erhöht. Zum Abschreckhärten wird das Werkstück zunächst bis in den Austenitbereich erhitzt. Dabei geht aller Kohlenstoff in Lösung, d. h., er befindet sich dann in Gitterlücken des kubisch-flächenzentrierten Gitters.

Übereutektoidische Stähle werden vor dem Härten weich geglüht, damit der Korngrenzenzementit in Kugelform überführt und dann von einer Temperatur kurz über 723 °C gehärtet wird.

Übungsaufgaben 3/19; 3/20

Beim Abschrecken haben die Kohlenstoffatome keine Zeit zum Wandern und zur Bildung von Fe_3C. Das Gitter klappt vom kubisch-flächenzentrierten Gitter ins kubisch-raumzentrierte um. Die Kohlenstoffatome werden auf Zwischengitterplätzen eingeschlossen und verspannen das kubisch-raumzentrierte Gitter. Der Werkstoff wird hart und hochfest, aber spröder. Das Gefüge, welches sich nach dem Abschrecken einstellt, heißt **Martensit**.

Martensit

Beispiel für Gefüge und Kristalländerung beim Härten eines C60

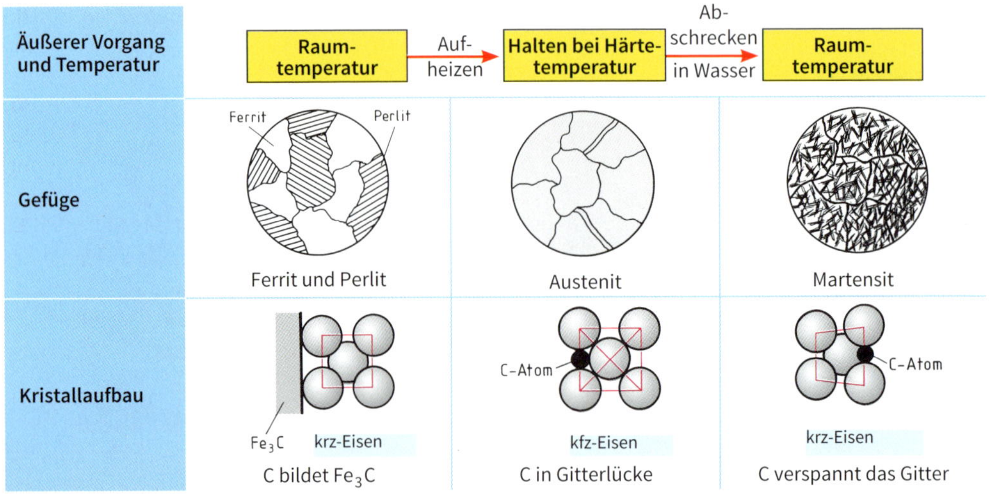

! Härten ist Erwärmen in den Austenitbereich mit anschließendem Abschrecken, damit die Kohlenstoffatome zwangsweise im Gitter gehalten werden. Das entstandene Gefüge ist Martensit.

Beim Abschrecken kühlt das Werkstück außen am schnellsten ab. Nach innen hin verringert sich die Abkühlungsgeschwindigkeit. Dicke Werkstücke härten daher nur bis zu der Tiefe, in der die notwendige Abkühlungsgeschwindigkeit erreicht wird. Die Einhärtetiefe kann durch Legierungselemente vergrößert werden.

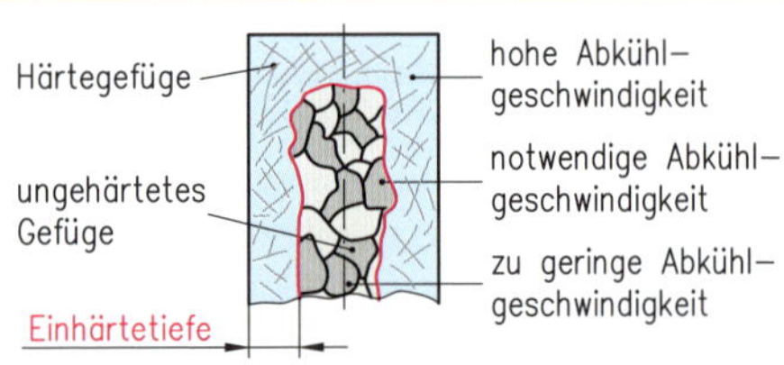

Einhärtetiefe eines Bolzens aus C60

Bei der Durchführung der Härtung ist Folgendes zu beachten:

- **Aufheizen**

Damit Wärmespannungen und Verzug in Werkzeugen gering bleiben, müssen die Werkstücke langsam aufgeheizt werden. Zweckmäßig geschieht dies in Stufen, z. B. zunächst bis 400 °C erhitzen und dort bis zur völligen Durchwärmung halten, danach weiteres Aufheizen auf Härtetemperatur. Die Haltezeit auf jeder Stufe ist 30 sec je mm Wanddicke.

- **Halten bei Härtetemperatur (Austenitisieren)**

Die Temperatur, auf die Stähle zu erhitzen sind, damit sie bei entsprechender Abkühlung Härtegefüge aufweisen, nennt man Härtetemperatur. Sie ist dem Fe-Fe_3C-Diagramm zu entnehmen.
Für untereutektoidische Stähle liegt sie im Austenitbereich und bei übereutektoidischen Stählen bei etwa 780 °C.

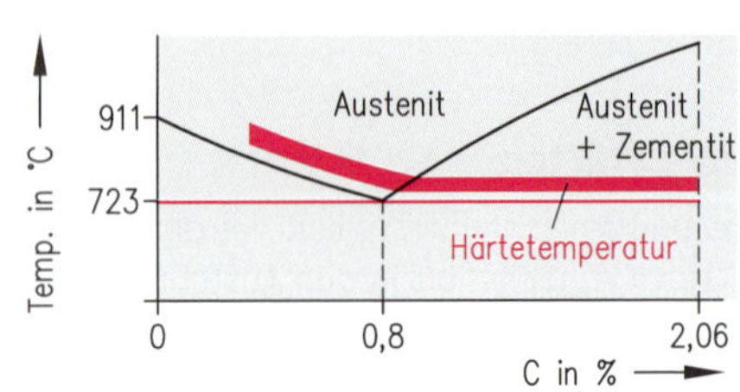

Härtetemperatur für Stähle

Übungsaufgaben 3/21; 3/22; 3/23

Bei Härtetemperatur wird das Werkstück nach völliger Durchwärmung noch etwa 20 Minuten gehalten. Wenn an der Werkstückoberfläche die Härtetemperatur erreicht ist, dauert die Zeit bis zur völligen Durchwärmung nach einer „Faustformel" für Wanddicken ab 40 mm etwa:

> Durchwärmzeit in min = 1/2 der größten Wanddicke in mm – 10 min

- **Abschrecken**

Nach dem Austenitisieren werden die Werkstücke abgeschreckt. Die erreichbare Härte wird durch die mögliche Abkühlungsgeschwindigkeit und das Abschreckmittel bestimmt. Darum können unlegierte Stähle nur in begrenzten Wanddicken durchgehärtet werden.
Die Abkühlungsgeschwindigkeit richtet sich nach dem Kohlenstoffgehalt der Stähle. Je höher der Kohlenstoffgehalt eines Stahls ist, desto mehr behindern sich die Kohlenstoffatome gegenseitig bei der Wanderung. Für die Martensitbildung genügt darum bei höheren Kohlenstoffgehalten eine geringere Abkühlungsgeschwindigkeit.
Die Atome der Legierungselemente Chrom, Mangan, Wolfram und Vanadium behindern ebenfalls die Wanderung der Kohlenstoffatome. Bei hohen Gehalten an diesen Elementen ist auch bei langsamer Abkühlung keine Wanderung der Kohlenstoffatome möglich. Darum bildet sich bei legierten Stählen auch bei geringer Abkühlungsgeschwindigkeit ein Härtegefüge.
Durch unterschiedliche Abschreckmittel erreicht man verschiedene Abkühlungsgeschwindigkeiten. Entsprechend den einsetzbaren Abschreckmitteln unterscheidet man:

- **Wasserhärter:** unlegierte Stähle, z. B. C60;
- **Ölhärter:** legierte Stähle, z. B. 34Cr4;
- **Lufthärter:** speziell legierte Stähle, z. B. 60CrNiMo8.

Beim Abschrecken muss das Werkstück im Abschreckmittel so bewegt werden, dass es ständig vom Abschreckmittel umgeben ist, denn die Bildung isolierender Dampfblasen führt zu weichen Stellen. Sobald die zu härtenden Teile beim Abschrecken eine Oberflächentemperatur von 150 bis 100 °C erreicht haben, werden sie in einem Temperaturausgleichsofen so lange gehalten, bis sich über den Querschnitt eine gleichmäßige Temperatur eingestellt hat. Dann erst wird auf Raumtemperatur abgekühlt. Anschließend erfolgt das Anlassen.

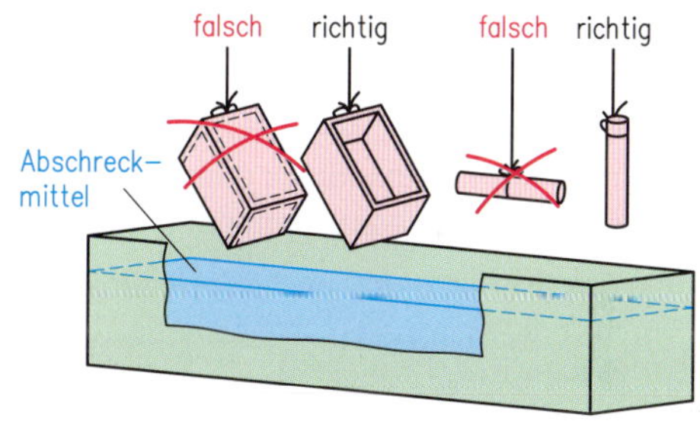

Richtiges und falsches Eintauchen der Werkstücke in ein Abschreckmittel

Beispiel für eine Temperaturfolge zur Härtung eines C45

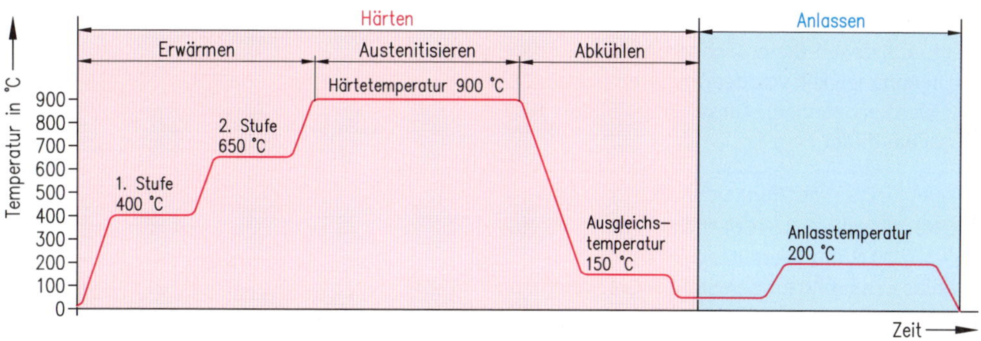

> **!** Arbeitsfolge beim Härten:
> - vorsichtiges Erwärmen, möglichst in Stufen auf Härtetemperatur,
> - Halten ca. 20 Minuten nach vollständiger Durchwärmung,
> - Abschrecken bis zur Ausgleichstemperatur

– **Anlassen bei niederen Temperaturen**

Durch Erwärmen auf niedrige Temperaturen von etwa 180 bis 250 °C können Kohlenstoffatome auf günstigere Zwischengitterplätze umgelagert werden. Dieses Erwärmen bezeichnet man als **Anlassen** bei niederen Temperaturen. Es führt zu einer unbedeutenden Minderung der Härte. Die Neigung zu Spannungsrissen nimmt jedoch *erheblich* ab. Darum werden alle Werkzeuge nach dem Härten etwa 1 Stunde je 20 mm Wanddicke, mindestens aber 2 Stunden lang, angelassen. Das Anlassen geschieht in Öfen, Salz- oder Ölbädern. Die Abkühlung erfolgt an der Luft oder in Öl.

! Anlassen bei niederen Temperaturen bewirkt
- geringen Abfall der Härte,
- geringen Anstieg der Zähigkeit,
- starke Minderung der Rissneigung.

Die Anlasstemperatur wird dem notwendigen Widerstand gegen Rissneigung und der Stahlqualität angepasst. Je geringer die Gefahr der Rissentstehung ist, desto geringer sind die Anlasstemperaturen.

Beispiele für Anlasstemperaturen

Messzeuge, Lehren	100 bis 200 °C	Bohrer, Gewindebohrer	bis 250 °C
Drehmeißel, Fräser	bis 200 °C	Messer, Äxte	bis 300 °C

! Je geringer die Gefahr der Rissbildung, desto niedriger sollte die Anlasstemperatur sein.

3.3.3 Vergüten

Bei hochbeanspruchten Bauelementen wie Drahtseilen, Schrauben und Wellen steigert man durch ein Wärmebehandlungsverfahren die Festigkeit und die Widerstandsfähigkeit gegen schlagartige Belastung (Zähigkeit). Die Veränderung dieser Eigenschaften erzielt man durch einen Härtevorgang mit nachfolgendem Anlassen bei Temperaturen zwischen 400 und 700 °C. Diese Wärmebehandlung durch Härten mit Anlassen bei hohen Temperaturen nennt man **Vergüten**.

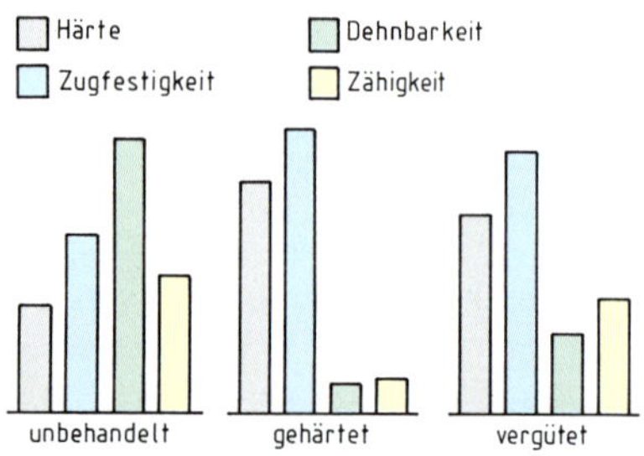

Vergleich von Festigkeitskennwerten eines Stahls nach Härten und Vergüten

! Vergüten ist Härten mit nachfolgendem Anlassen bei Temperaturen zwischen 400 bis 700 °C. Durch Vergüten erzielt man eine hohe Zugfestigkeit und hohe Widerstandsfähigkeit gegen schlagartige Belastung (Zähigkeit).

Beim Vergüten richtet sich die Temperatur für das Anlassen nach der Art des Stahls und der geforderten Zugfestigkeit. Stähle, die besonders zum Vergüten geeignet sind, heißen Vergütungsstähle. Sie sind in DIN EN 10083 genormt. Vergütungsstähle sind unlegierte Stähle mit einem Kohlenstoffgehalt von 0,22 bis 0,6 % und niedrig legierte Stähle.

Für jeden Stahl hat man in Versuchen Diagramme aufgestellt, aus denen die erreichbaren Festigkeitskennwerte in Abhängigkeit von der Anlasstemperatur abgelesen werden können. Diese Schaubilder heißen **Anlassschaubilder**.

Beispiel für die Ermittlung der Anlasstemperatur

Eine Kurbelwelle aus 34Cr4 soll auf eine Zugfestigkeit von 800 N/mm² vergütet werden.
Im Anlassschaubild für den Stahl 34Cr4 findet man dafür eine Anlasstemperatur von 590 °C, eine Streckgrenze von 550 N/mm² und eine Bruchdehnung von 18 %.

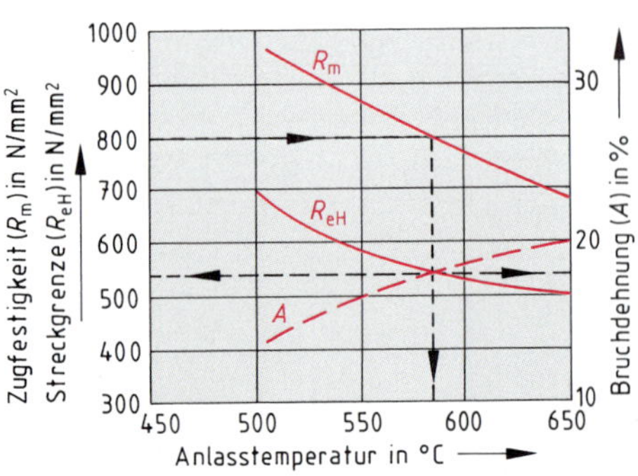

Anlassschaubild von 34Cr4

! Aus Anlassschaubildern können die Anlasstemperaturen für verschiedene Vergütungsstähle entnommen werden. Bei diesen Temperaturen werden bestimmte Festigkeitswerte erreicht.

Übungsaufgaben 3/28; 3/29

3.3.4 Härten der Randschicht

Werkstücke, welche stoßartiger oder ständig wechselnder Belastung ausgesetzt sind, werden nur in der Randschicht gehärtet. Dadurch erhalten die Bauelemente eine harte und verschleißfeste Randschicht, während der Kern zäh bleibt. So werden z.B. die Gleitflächen an Kurbelwellen oder an Nockenwellen, die Zahnflanken bei Zahnrädern und die Messflächen bei Messwerkzeugen in der Randschicht gehärtet.

Beispiel für ein randschichtgehärtetes Bauteil

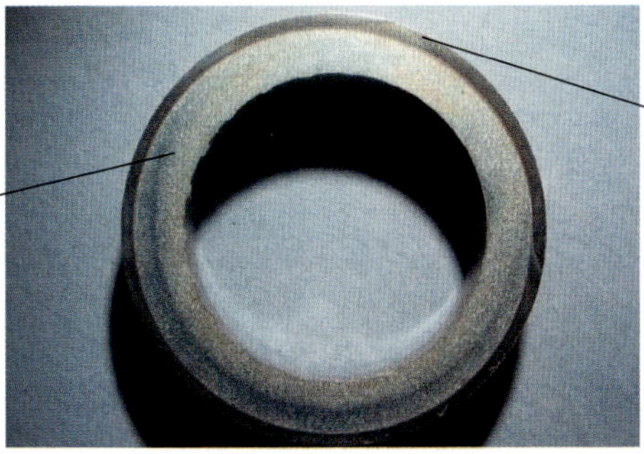

Randschichtgehärtetes Werkstück

! Härten der Randschicht zielt auf harte und verschleißfeste Randschicht bei zähem Kern ab.

3.3.4.1 Flamm- und Induktionshärten

Härtbare Stähle mit 0,3 bis 1,2 % Kohlenstoff werden nur in der Randzone auf Härtetemperatur erwärmt und dann abgeschreckt.

Beim **Flammhärten** wird das Werkstück von einem Brenner schnell bis zur Härtetemperatur erwärmt und sofort mit einer Brause abgeschreckt.

Die Härtetiefe beträgt mindestens 1 mm und kann durch Verringerung der Vorschubgeschwindigkeit von Brenner und Brause vergrößert werden. Das Flammhärten kann bei jeder Werkstückgröße vorgenommen werden. Es wird vor allem für große Teile und Teile mit komplizierter Form angewendet.

Beim **Induktionshärten** wird das Werkstück mithilfe von elektrischem Wechselstrom in der Randschicht erwärmt. Dazu wird das Werkstück in eine Spule eingeführt, durch die Wechselstrom mit hoher Frequenz fließt. Dadurch werden im Werkstück Wirbelströme induziert, die die Randzone schnell auf Härtetemperatur erwärmen. Mit einer Brause, die hinter der Spule angeordnet ist, wird das Werkstück abgeschreckt. Die Einhärtetiefe ist sehr gleichmäßig und kann gut gesteuert werden. Sie beträgt 0,1 bis 1 mm und wird mit höherer Frequenz des Stroms geringer.

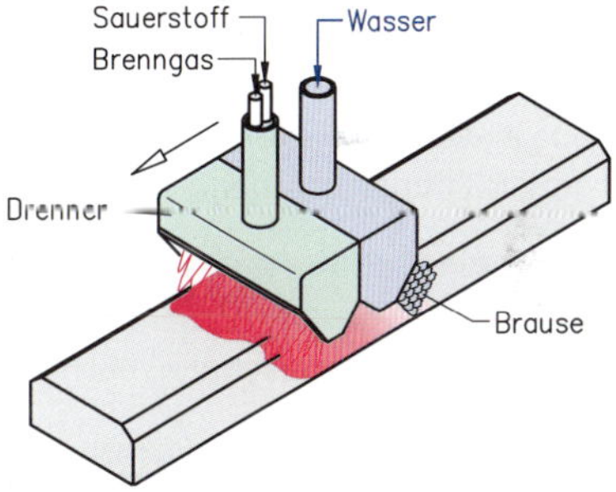

Flammhärten eines Gleitstücks

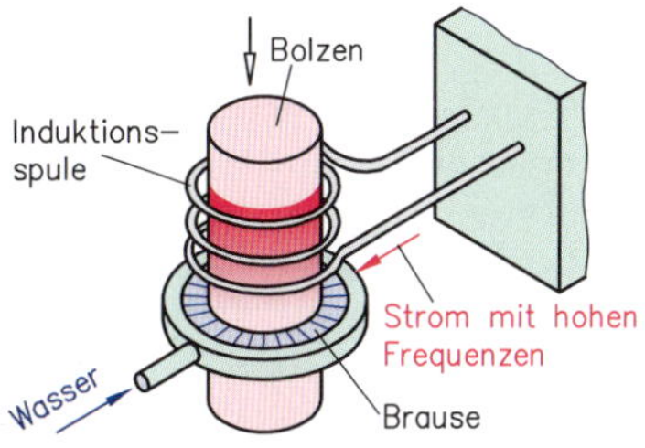

Induktionshärten eines Bolzens

! Bauelemente aus härtbarem Stahl mit einem Kohlenstoffgehalt von 0,3 bis 1,2 % werden in der Randschicht gehärtet, indem man die Randschicht hoch erhitzt und dann abschreckt. Nach der Art der Erwärmung unterscheidet man: • Flammhärten, • Induktionshärten.

Übungsaufgaben 3/30; 3/31; 3/32

3.3.4.2 Einsatzhärten

1. Übersicht über den Verfahrensablauf

Bauteile aus kohlenstoffarmen Stählen (C < 0,2 %) sind gut bearbeitbar und sehr zäh. Sie können stoßartige und wechselnde Belastungen gut aufnehmen. Ihre Randschicht verschleißt jedoch sehr schnell. Zur Erzeugung einer harten und verschleißfesten Randschicht werden diese Stähle zunächst durch Einbringen von Kohlenstoff in die Randschicht aufgekohlt (eingesetzt) und danach abschreckgehärtet.

Beispiel für Verfahrensablauf und Gefüge beim Einsatzhärten

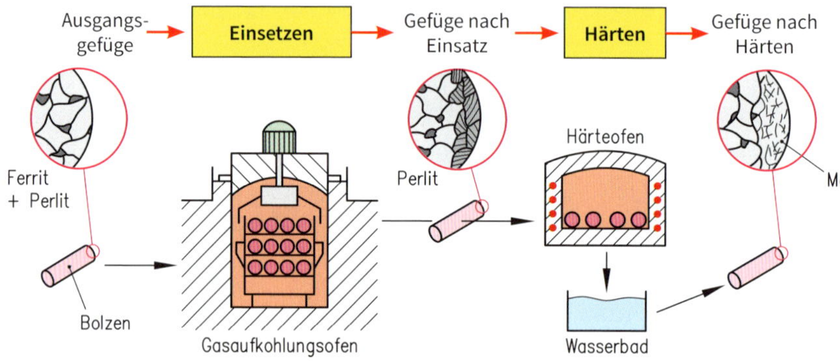

Beim Einsatzhärten werden kohlenstoffarme Stähle in der Randschicht aufgekohlt (eingesetzt) und anschließend abschreckgehärtet.

2. Aufkohlen (Einsetzen)

Das Einsetzen geschieht in Öfen, in die man gleichzeitig Stoffe gibt, welche leicht Kohlenstoff abgeben. Dies sind häufig Gasgemische aus Kohlenmonoxid (CO), Methan (CH_4) u. a. Damit die Kohlenstoffatome in die Werkstückoberfläche eindringen können, erfolgt die Aufkohlung bei Temperaturen, bei denen das Eisen ein kubisch-flächenzentriertes Gitter hat. Dies ist im Austenitbereich der Fall. Das kfz-Gitter weist große Gitterlücken auf, in welche die Kohlenstoffatome leicht eindringen können. Je nach gewünschter Einhärtetiefe dauert dieser Glühprozess mehrere Stunden.

Beispiel für die Ermittlung von Glühtemperatur und Aufkohlungszeit

Ein Bolzen aus C15 für eine Fördereinrichtung soll 1 mm tief aufgekohlt (eingesetzt) werden. Glühtemperatur und Aufkohlungszeit sind zu bestimmen.

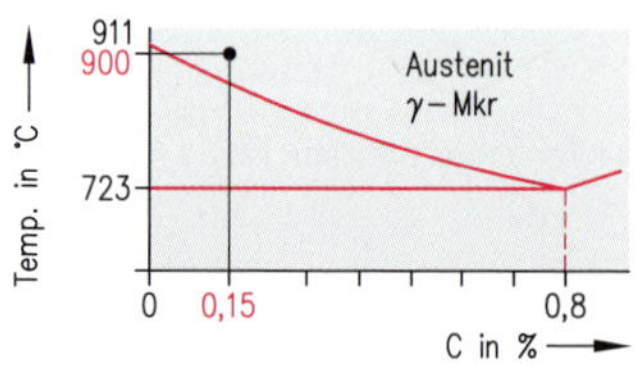

Glühtemperatur für das Einsetzen eines Bolzens aus C 15

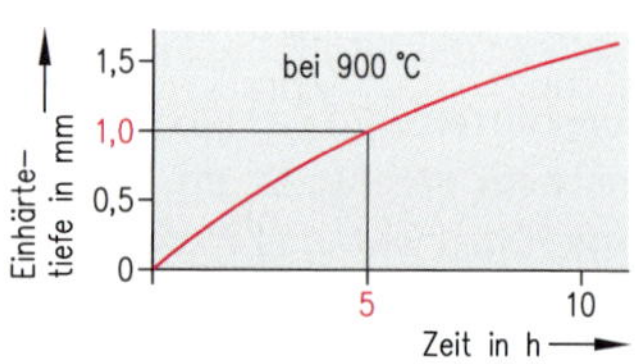

Einhärtetiefe in Abhängigkeit von der Aufkohlungszeit

- Nach dem Eisen-Kohlenstoff-Diagramm muss der C15 zum Aufkohlen auf 900 °C erwärmt werden.
- Für die geforderte Einhärtetiefe 1 mm ist eine Aufkohlungszeit von 5 Stunden erforderlich.

Aufkohlen (Einsetzen) kann durch Gasaufkohlung erfolgen.
Bei der Gasaufkohlung kann der Kohlenstoffgehalt der Randschicht durch Temperatur und Gaszusammensetzung exakt vorherbestimmt werden.

3. Härten nach dem Einsetzen

Das Härten nach dem Einsetzen geschieht nach erneutem vorsichtigen Aufheizen in den Austenitbereich der Randschicht. Als Abschreckmittel werden je nach Zusammensetzung des Stahls Wasser, Öl oder besser das Warmbad mit ca. 200 °C verwendet.

Übungsaufgaben 3/33; 3/34

3.3.4.3 Nitrieren

Beim Nitrieren dringen Stickstoffatome in die Randschicht der Werkstücke ein und bilden mit den metallischen Legierungszusätzen (Cr, V) chemische Verbindungen, die besonders hart sind. Ein Abschrecken erübrigt sich. Chemische Verbindungen von Metallen und Stickstoff bezeichnet man als **Nitride**. Die Dicke der Nitridschicht wird durch die Glühdauer bestimmt. Zum Beispiel benötigt man 20 h für 0,3 mm Eindringtiefe.

Für das Randschichthärten durch Nitrieren sind Stähle mit 0,3 bis 0,5 % Kohlenstoffgehalt und zusätzlichen Legierungsanteilen aus Aluminium, Chrom, Molybdän, Vanadium u. a. geeignet. Diese Stähle werden in Stickstoff abgebenden Mitteln, meist in Ammoniakgas (NH_3), bei etwa 500 bis 580 °C geglüht.

Die geringe Glühtemperatur und das Fehlen des Abschreckens ermöglichen es, dass man fertig bearbeitete Werkstücke nitrieren kann. Dabei tritt kein Verzug auf. Die Nitride der Legierungszusätze Aluminium, Molybdän, Vanadium, Chrom u. a. haben neben der hohen Härte große Korrosions- und Hitzebeständigkeit.
Nitriergehärtet werden Messzeuge und Verschleißteile warmbeanspruchter Werkstücke, wie z. B. Ventile in Verbrennungsmotoren.

Gefüge eines nitrierten Stahls

> **!** Beim Nitrieren bilden die Legierungszusätze besonders legierter Stähle in der Randschicht der Werkstücke Nitride. Die Randschicht nitrierter Bauelemente ist sehr hart und verschleißfest, hitze- und korrosionsbeständig.

3.4 Einteilung, Normung und Verwendung von Stählen

3.4.1 Einteilung von Stählen

Die in der Technik verwendeten Stähle werden nach DIN EN 10027 unter verschiedenen Gesichtspunkten geordnet. Ordnungsgesichtspunkte sind:
- der Gehalt an Legierungselementen sowie
- die Anforderungen und Gebrauchseigenschaften.

1. Unterteilung nach der chemischen Zusammensetzung
Unlegierte Stähle dürfen bestimmte Gehalte an Begleitelementen nicht überschreiten, z. B. Mn 1,6 %; Si 0,5 %; Al 0,1 %; Ti 0,05 %; Cu 0,4 %; Ni und Cr 0,3 %.
In **legierten Stählen** überschreitet mindestens ein Element diese Grenzwerte.

2. Unterteilung nach Anforderungen und Gebrauchseigenschaften
Nach den Anforderungen und Gebrauchseigenschaften gliedert man die Stähle in Grundstähle, Qualitätsstähle und Edelstähle.

Grundstähle sind unlegierte Stähle, die folgende Bedingungen erfüllen:
- Eine Wärmebehandlung ist nicht vorgesehen.
- Die Eigenschaften liegen innerhalb bestimmter, in der Norm festgelegter Grenzen:

Mindestzugfestigkeit:	höchstens 690 N/mm²,	Mindestbruchdehnung:	höchstens 26 %,
Mindeststreckgrenze:	höchstens 360 N/mm²,	Rockwell-Härte:	höchstens 60HRB.
Kohlenstoffgehalt:	mindestens 0,1 %,		

Übungsaufgaben 3/35 bis 3/38

Qualitätsstähle können unlegiert oder legiert sein.
Unlegierte Qualitätsstähle gehen hinsichtlich ihrer Eigenschaften über die Grundstähle hinaus. Es sind auch keine Anforderungen an den Reinheitsgrad vorgesehen.

Legierte Qualitätsstähle sind im Allgemeinen nicht für Oberflächenhärtung und Vergütung bestimmt. Zu ihnen zählen:

- Feinkornbaustähle mit Höchstgehalten an Mn 1,8 %; Cr, Cu, Ni 0,5 %; Ti, V, Mo 0,12 %;
- schweißbare Feinkornbaustähle für Behälter und Rohrleitungsbau, für die Mindeswerte für die Streckgrenze (380 N/mm² bei Dicken bis 16 mm) und die Kerbschlagarbeit (KV < 27J bei –50 °C) garantiert werden;
- legierte Stähle für Rohrleitungsbau, Schienen und Spundwände;
- Stähle, die nur mit Cu legiert sind.

Edelstähle können unlegiert oder legiert sein.
Unlegierte Edelstähle sind meist zum Vergüten oder Oberflächenhärten bestimmt.

Zu den **unlegierten Edelstählen** zählen:

- Stähle, die besonders hohe Kerbschlagarbeit im vergüteten Zustand erreichen,
- Stähle, die besondere Anforderungen an Einhärtungstiefe und Oberflächenhärte erfüllen,
- Stähle mit geringen P- und S-Gehalten (< 0,02 %),
- Stähle mit hoher Kerbschlagarbeit (über 27 J bis –50 °C).

Legierte Edelstähle sind alle bis hierher nicht einzuordnenden, legierten Stähle.
Dazu zählen besonders nicht rostende, mit Cr und Ni legierte Stähle, Schnellarbeitsstähle, Wälzlagerstähle und legierte Werkzeugstähle.

Die Zuordnung eines Stahls zu den verschiedenen Gruppen ist am einfachsten anhand der Stahlgruppennummer der entsprechenden Werkstoffnummer vorzunehmen.

> **!** Stähle werden nach DIN EN 10027 in Grundstähle, Qualitätsstähle und Edelstähle gegliedert. Qualitäts- und Edelstähle können legiert und unlegiert sein.

3.4.2 Normung von Stählen

3.4.2.1 Kurznamen von Stählen

1. Benennung nach den mechanischen Eigenschaften und der Verwendung
Für Stähle, die zu Konstruktionszwecken verwendet werden, gibt der Kurzname nach DIN EN 10027 Auskunft über die Festigkeitseigenschaften.

Die Bezeichnung beginnt mit einer Buchstabenkennzeichnung für den Verwendungszweck. Es folgen Kennzahlen bzw. Kennbuchstaben für Eigenschaften. Anschließend können in zwei Gruppen besondere Kennzeichen für Behandlung, Verwendung u. a. angeführt werden.

Hauptgruppe		Zusatzgruppe	
Kennzeichen für Verwendungszweck	**Kennzahl**	**Gruppe 1**	**Gruppe 2**
S Stähle für den allgemeinen Stahlbau **P** Stähle für Druckbehälter **L** Stähle für Rohrleitungen **E** Stähle für den Maschinenbau **D** Flacherzeugnisse zum Kaltumformen	Zahlenwert der Mindeststreckgrenze in N/mm²	Kerbschlagarbeit für Stahlbaustähle besondere Eigenschaften spezielle Verwendung	ergänzende Angaben zu Gruppe 1

Für Stahlbaustähle ergibt sich folgender Aufbau der Kurzzeichen:

Kennzeichen für Verwendungszweck	Kennzahl	Gruppe 1				Gruppe 2	
		Mindestwerte der Kerbschlagarbeit			Prüftemperatur in °C	M	thermomechanisch gewalzt
		27J	40J	60J		N	normalisiert
						Q	vergütet
						G	sonstige Angaben
S	Zahlenwert der Mindeststreckgrenze in N/mm²	JR	KR	LR	20		
		J0	K0	L0	0	J	Hinweis auf Kerbschlagarbeit bei vorgegebener Temperatur
		J2	K2	L2	−20	K	
		J3	K3	L3	−30	L	
		J4	K4	L4	−40		
		J5	K5	L5	−50		
		J6	K6	L6	−60		

Bei den übrigen Stählen werden in Gruppe 1 die Warmbehandlung und besondere Angaben zur Verwendung angegeben. Die Angabe erfolgt wie zur Gruppe 2 der Stahlbaustähle durch Buchstaben.

Beispiele für den Aufbau von Kurznamen mit Hinweisen auf Verwendung und mechanische Eigenschaften nach DIN EN 10027

S355J2W
- W – wetterfester Stahl
- J2 – Kerbschlagarbeit mind. 27 J bei −20 °C
- 355 – Streckgrenze 355 N/mm²
- S – Stahl für den allgemeinen Stahlbau

L360N
- N – normalisiert
- 360 – Streckgrenze 360 N/mm²
- L – Stahl für Rohrleitungen

S460Q
- Q – vergütet
- 460 – Streckgrenze 460 N/mm²
- S – Stahl für den allgemeinen Stahlbau

Gelegentlich wird in der Werkstatt im Sprachgebrauch ein Stahl noch nach der ungültigen Norm DIN 17006 bezeichnet. In dieser Norm stand für allgemeine Baustähle **St**. Es folgte der ungefähre Bereich der Mindestzugfestigkeit, der durch einen Zahlenwert angegeben wurde.

Beispiel für die Kennzeichnung der mechanischen Eigenschaften in einem Kurzzeichen nach DIN 17006 (nicht mehr gültig)

St37
- 37 – Bereich der Mindestzugfestigkeit 340 bis 470 N/mm²
- St – allgemeiner Baustahl

2. Benennung unlegierter Stähle

Unlegierte Stähle, deren Eigenschaften durch eine Wärmebehandlung verändert werden können, werden nach der DIN EN 10027 durch das Symbol **C** für Kohlenstoff und eine angehängte Zahl, welche das 100-Fache des C-Gehalts angibt, gekennzeichnet.

Beispiele für die Kurzbenennung unlegierter Stähle nach DIN EN 10027

C 35
- 35 – 0,35 % C
- C – unlegierter Stahl

C 40
- 40 – 0,40 % C
- C – unlegierter Stahl

! Schema für den Aufbau einer Kurzbenennung unlegierter Stähle:

| C | Kennzahl für den C-Gehalt |

3. Benennung niedriglegierter Stähle

Bei niedriglegierten Stählen hat jedes Legierungselement weniger als 5 % Anteil an der Zusammensetzung. Nach DIN EN 10027 werden diese Stähle gekennzeichnet durch

- Kennzahlen für den C-Gehalt,
- Symbole für die Legierungselemente,
- Kennzahlen für die Legierungsanteile.

Für Stahlformguss wird dem Kurzzeichen der Buchstabe **G** vorangestellt.

Die Kennzahlen ergeben sich durch Multiplikation des %-Anteils des Legierungselements mit dem Faktor *f* (siehe Tabelle).

Umgekehrt kann man aus der Kennzahl den prozentualen Anteil des einzelnen Legierungselements ermitteln, indem man die Kennzahl durch den Faktor dividiert.

Faktoren für Legierungselemente

Faktor *f*	Legierungselement
100	C, P, S, N, Ce
10	Al, Cu, Mo, Ta, Ti, V
4	Si, Co, Cr, W, Ni, Mn

Beispiele für die Kurzbenennung niedriglegierter Stähle nach DIN EN 10027

20 Mn 5
- 5 → $\frac{5}{4}$ % Mn = 1,25 % Mn
- 20 → $\frac{20}{100}$ % C = 0,2 % C

G 90 Cr 4
- 4 → $\frac{4}{4}$ % Cr = 1 % Cr
- 90 → $\frac{90}{100}$ % C = 0,9 % C
- G → Stahlformguss

45 Cr Mo V 6-7
- V → Vanadium in wirksamen Anteilen
- 7 → $\frac{7}{10}$ % Mo = 0,7 % Mo
- 6 → $\frac{6}{4}$ % Cr = 1,5 % Cr
- 45 → $\frac{45}{100}$ % C = 0,45 % C

! Schema für den Aufbau einer Kurzbenennung niedriglegierter Stähle:

Kennzahl für C-Gehalt	chem. Symbole der Leg.-Elemente	Kennzahlen für Leg.-Anteile

4. Benennung hochlegierter Stähle

Stähle, bei denen mindestens ein Legierungselement mehr als 5 % beträgt, sind hochlegiert. Alle hochlegierten Stähle sind Edelstähle. Bei diesen Stählen beginnt die Kurzbenennung mit dem großen Buchstaben **X**. Es folgen

- Kennzahl für den C-Gehalt,
- Symbole der Legierungselemente,
- Anteile der Legierungselemente in Prozent.

Beispiele für Werkstoffnummern unlegierter Stähle

X 10 Cr 13
- 13 → 13 % Cr
- 10 → 0,1 % C
- X → hochlegierter Stahl

G X 15 Cr 13
- 13 → 13 % Cr
- 15 → 0,15 % C
- X → hochlegiert
- G → Stahlformguss

! Schema für den Aufbau einer Kurzbenennung hochlegierter Stähle:

X	Kennzahl für C-Gehalt	Symbole der Leg.-Elemente	Leg.-Anteile in Prozent

Übungsaufgaben 3/40 bis 3/46

3.4.2.2 Werkstoffnummern von Stählen

Neben den systematischen Benennungen von Werkstoffen mit Buchstaben und Zahlenkombinationen besteht auch ein Nummernsystem für Werkstoffe aller Art.
Diese Werkstoffnummern sind mithilfe der Datenverarbeitung besser auswertbar. Die Normung der Werkstoffnummern für Stähle ist in DIN EN 10027-2: 2015 erfasst.
Werkstoffnummern sind mindestens fünfstellig und beginnen mit der Werkstoffhauptgruppennummer. Stahl hat die Hauptgruppennummer 1.

Aufbau der Werkstoffnummern für Stähle

1 . XX XX XX
- XX XX – Zählnummer
- XX – Stahlgruppennummer
- 1 – Werkstoffhauptgruppennummer (1 = Stahl)

Die Stahlgruppennummer lässt Rückschlüsse auf Zusammensetzung oder Verwendung des Stahls zu. Die Zählnummern werden für die einzelne Stahlsorte vom Normenausschuss auf Antrag des Stahlerzeugers festgelegt. Meist werden zur Kennzeichnung eines Stahls nur die ersten zwei Stellen der Zählnummer angegeben.

1. **Unlegierte Stähle**

Grundstähle, die allein wegen ihrer Festigkeitseigenschaften verwendet werden, tragen die Stahlgruppennummern 00 und 90.
Unlegierte Qualitätsstähle werden mit den Stahlgruppennummern 01 bis 07 und 91 bis 97 gekennzeichnet. Einer höheren Zahl entspricht eine höhere Festigkeit bzw. ein höherer Kohlenstoffgehalt.
Unlegierte Edelstähle sind mit den Stahlgruppennummern 10 bis 19 gekennzeichnet.
Darin sind mit 15 bis 18 die unlegierten Werkzeugstähle enthalten.

Beispiele für Werkstoffnummern unlegierter Stähle

1.00 60
- 60 – Zählnummer für E335
- 00 – Grundstahl
- 1 – Stahl

1.01 16
- 16 – Zählnummer für S235J2G3
- 01 – Qualitätsstahl R_m < 500 N/mm²
- 1 – Stahl

1.12 21
- 21 – Zählnummer für C60
- 12 – Edelstahl ≥ 0,5 % C
- 1 – Stahl

2. **Legierte Stähle**

Legierte Qualitätsstähle sind mit den Stahlgruppennummern 08 bis 09 sowie 98 und 99 gekennzeichnet.
Legierte Edelstähle haben die Stahlgruppennummern von 20 bis 89. Davon sind
- 20 bis 29 Werkzeugstähle,
- 32 bis 33 Schnellarbeitsstähle, 35 ist Wälzlagerstahl,
- 40 bis 49 chemisch beständige Stähle,
- 50 bis 89 Stähle für den Maschinen- und Behälterbau.

Beispiele für Werkstoffnummern unlegierter Stähle

1.71 31
- 31 – Zählnummer für 16MnCr 5
- 71 – Stahl für Maschinen- und Behälterbau Cr- und Mn-legiert
- 1 – Stahl

1.59 19
- 19 – Zählnummer für 15CrNi 6
- 59 – Stahl für Maschinen- und Behälterbau Cr- und Ni-legiert 1,5 bis 2 % Cr
- 1 – Stahl

1.23 16
- 16 – Zählnummer für X38CrMo16
- 23 – Werkzeugstahl mit Cr-Mo legiert
- 1 – Stahl

Zur genauen Entschlüsselung benötigt man die Tabellen des Normblatts DIN EN 10027.

Übungsaufgabe 3/47

3.4.3 Stahlsorten

1. Unlegierte Baustähle

Unlegierte Baustähle nach DIN EN 10025 sind Grund- und Qualitätsstähle, die vorwiegend aufgrund ihrer mechanischen Eigenschaften im Stahlbau und Maschinenbau eingesetzt werden.

Beispiele für unlegierte Baustähle

Kurzname	Werkstoffnummer	Gewährleistete mechanische Werte		
		Proben 3–100 mm	Mittelwerte Proben 3–100 mm	
nach DIN EN 10025-2		R_m N/mm²	R_{eH} N/mm²	A %
S185	1.0035	510–295	185–175	18
S235 J2 G3	1.0116	470–340	235–215	26
S235 J0	1.0144	470–340	275–205	26
E295	1.0050	610–470	295–265	26
E335	1.0060	710–570	335–305	16
E360	1.0070	830–790	360–335	11

2. Schweißgeeignete Feinkornbaustähle

Schweißgeeignete Feinkornbaustähle nach DIN EN 10025 sind Qualitäts- und Edelstähle, die aufgrund ihres feinkörnigen Gefüges hohe Streckgrenze und gute Zähigkeit aufweisen. Sie werden besonders im Brückenbau und zum Bau von Druckbehältern eingesetzt.

Beispiele für schweißgeeignete Feinkornbaustähle

Kurzname	Werkstoffnummer	Zugfestigkeit	Streckgrenze		Bruchdehnung	Kerbschlagarbeit	chemische Zusammensetzung maximal		
nach DIN EN 10025-3		Proben 16–40 mm N/mm²	Proben 16–40 mm N/mm²	Proben 40–63 mm N/mm²	%	bei 20 °C J	C %	Si %	Mn %
S275N	1.0490	510–370	265	255	24		0,18	0,4	0,5–1,4
S355N	1.0545	630–470	345	335	22	55	0,20	0,5	0,9–1,65
S420N	1.8902	680–520	400	390	19		0,20	0,6	1,0–1,7

3. Vergütungsstähle

Vergütungsstähle sind nach DIN EN ISO 683 unlegierte und legierte Stähle. Sie sind für kleine Maschinenelemente mit geringer Festigkeit wie Schrauben und Bolzen bis zu großen Bauelementen mit hohen Festigkeitseigenschaften wie Schiffskurbelwellen einzusetzen.

Beispiele für Vergütungsstähle

Kurzname	Werkstoffnummer	Gewährleistete mechanische Werte über 16 bis 40 mm Durchmesser vergütet		
nach DIN EN 10083		Zugfestigkeit N/mm²	Streckgrenze N/mm²	Bruchdehnung %
C45	1.0503	800– 650	305	16
C60	1.1221	950– 800	520	13
28Mn 6	1.1170	840– 690	490	15
34Cr 4	1.7033	950– 800	590	14
50CrMo 4	1.7228	1 200–1 000	780	10
30CrNiMo 8	1.6580	1 300–1 100	900	10
34CrNiMo 6	1.6582	1 300–1 100	900	10

4. Nitrierstähle

Nitrierstähle nach DIN EN 10085 sind Stähle, die als Legierungselemente Cr, Al und V enthalten. Diese Legierungselemente bilden mit Stickstoff harte und verschleißfeste Nitride.
Typische Nitrierstähle sind 39 CrMoV 13-9 und 41 CrAlMo 7.

Übungsaufgaben 3/48; 3/49; 3/50

5. Einsatzstähle

Einsatzstähle nach DIN EN ISO 683 sind Qualitäts- und Edelstähle, die nach Aufkohlen und Härten der Oberfläche vorwiegend im Maschinen- und Werkzeugbau verwendet werden.

Beispiele für Vergütungsstähle

Kurzname	Werkstoffnummer	Gewährleistete mechanische Werte Probestab 30 mm Durchmesser		
nach DIN EN ISO 683		Zugfestigkeit N/mm²	Streckgrenze N/mm²	Bruchdehnung %
C10 E	1.1121	490– 640	295	16
C15 E	1.1141	590– 780	350	14
16MnCr5	1.7131	880–1 180	390	11
20MnCr5	1.7147	1 080–1 370	685	8
18CrNiMo13-4	1.6587	1 180–1 420	785	8

6. Nicht rostende Stähle

Nicht rostende Stähle nach DIN EN 10088 sind Edelstähle, die durch Zulegieren von mindestens 12 % Cr hohe Beständigkeit gegen chemische Angriffe durch korrodierende Flüssigkeiten aufweisen.
Der bekannteste Stahl dieser Gruppe ist der X10CrNiMoTi18-9.

7. Automatenstähle

Automatenstähle nach DIN EN 10087 sind Stähle, die sich durch gute Zerspanbarkeit und gute Spanbrüchigkeit auszeichnen. Diese Eigenschaften werden durch Einschlüsse von Schwefel im Grundgefüge erzielt. Bleizusätze erhöhen ebenfalls die Zerspanbarkeit.
Automatenstähle sind z. B. 10S20 für verschleißfeste Kleinteile und 38SMn28 für große Bauteile.

8. Federstähle

Federstähle nach DIN EN 10089 weisen in gehärtetem und angelassenem Zustand eine hohe Streckgrenze und damit gute Elastizität auf. Sie sind meist mit Chrom und mehr als 1 % Silizium legiert.
Federstähle sind z. B. 38Si7, 61SiCr7 und 51CrV4.

9. Schnellarbeitsstähle

Schnellarbeitsstähle werden zur Herstellung von Zerspanungs- und Schnittwerkzeugen eingesetzt. Sie erhalten ihre hohe Härte vorwiegend durch harte und warmfeste Karbide der Legierungselemente.
Schnellarbeitsstähle werden durch ein besonderes Bezeichnungssystem gekennzeichnet. Der Kurzname beginnt mit **HS**, es folgen in ganzen Zahlen die Gehalte an Wolfram, Molybdän, Vanadium und Kobalt. Der Kohlenstoffgehalt (0,6 % bis 1,2 %) und der Chromgehalt (meist 4 %) werden nicht angegeben.

Beispiele für Schnellarbeitsstähle

Kurzname HS (W-Mo-V-Co)	Werkstoff-nummer	Chemische Zusammensetzung in % (Mittelwerte)						Härte nach dem Anlassen in HRC
		C	Cr	W	Mo	V	Co	
HS3 - 3 - 2	1.3333	0,99	4,15	2,85	2,75	2,35	–	62–64
HS6 - 5 - 2 - 5	1.3343	0,88	4,15	6,35	4,95	1,85	–	64–66
HS0 - 4 - 3 - 10	1.3207	1,27	4,15	10,25	3,75	3,25	10,50	65–67
HS12 - 1 - 4 - 5	1.3202	1,37	4,15	12,00	0,85	3,75	4,75	65–67

3.5 Eisen-Kohlenstoff-Gusswerkstoffe

1. Kohlenstoff in Fe-C-Gusswerkstoffen

Fe-C-Gusswerkstoffe enthalten Kohlenstoff in verschiedener Konzentration und unterschiedlicher Form. Sie haben deshalb sehr verschiedenartige Gefüge.
Stahlguss ist in Formen gegossener Stahl mit normalem Stahlgefüge. Der C-Gehalt beträgt höchstens 0,75 %.
Gusseisen enthält Kohlenstoff überwiegend in Form von Lamellen oder Kugeln, C-Gehalte 3 bis 5 %.
Temperguss hat im Rohzustand allen Kohlenstoff als Fe_3C. Der C-Gehalt liegt zwischen 2,5 und 3,5 %.
Sonderguss sind Hartguss und besonders legierte Gusseisensorten.

Übungsaufgaben 3/51 bis 3/56

2. Gießeigenschaften

Durch Gießen lassen sich Werkstücke in beliebiger Gestalt herstellen. Für Werkstücke mit komplizierten Formen ist Gießen das wirtschaftlichste Fertigungsverfahren. Gießen erfordert vom Werkstoff bestimmte Eigenschaften:

- **gutes Formfüllungsvermögen** und **Dünnflüssigkeit**, damit der flüssige Gusswerkstoff die gesamte Gießform auch in kleinsten Querschnitten ausfüllt;
- **niedriger Schmelzpunkt**, damit Energiekosten gespart werden und die Gießform nicht unnötig durch hohe Temperaturen belastet wird;
- **geringe Schwindung**, damit beim Übergang vom flüssigen in den festen Zustand keine Schwindungshohlräume – Lunker – entstehen (Schwindung: 1 %).

Die Gießeigenschaften entscheiden nicht allein über die Verwendung eines Werkstoffs als Gusswerkstoff. Wichtiger sind in vielen Fällen die Festigkeitseigenschaften.

Eisen-Kohlenstoff-Legierungen mit ungefähr 4 % Kohlenstoff zeigen gute Gießeigenschaften. Nachteilig ist jedoch die gegenüber Stahl geringere Zugfestigkeit dieser Werkstoffe. Für Werkstücke mit hoher Beanspruchung wählt man darum Stahlguss, der zwar schlechtere Gießeigenschaften besitzt, jedoch hohe Festigkeit und Zähigkeit hat.

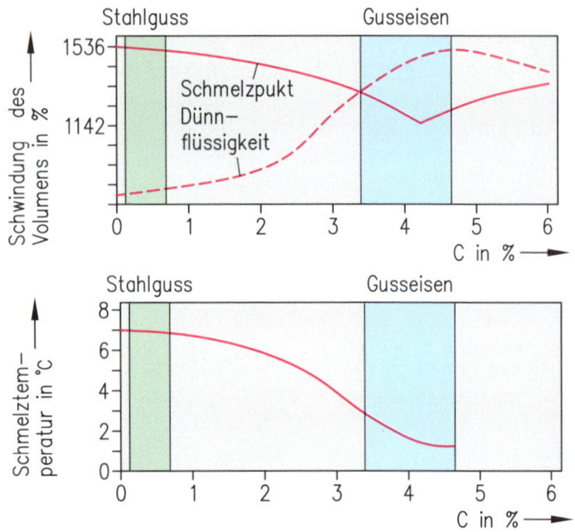

Vergleich der Gießeigenschaften von Stahlguss und Gusseisen

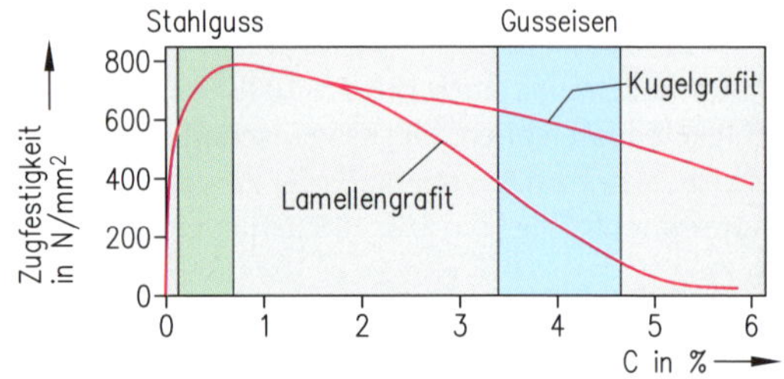

Zugfestigkeit von Stahlguss und Gusseisen

> **!** Fe-C-Gusslegierungen haben im Bereich von 3 bis 4 % C beste Gießeigenschaften.

3.5.1 Stahlguss

Stahlguss ist in Formen gegossener unlegierter und legierter Stahl mit einem Kohlenstoffgehalt meist um 0,25 %. Wegen des geringen Kohlenstoffgehalts hat Stahlguss eine Gießtemperatur von etwa 1 600 °C, also um 300 °C höher als bei Gusseisen. Das Volumen von Stahlguss schwindet beim Erkalten bis zu achtmal so stark wie bei Gusseisen, die Festigkeit ist jedoch doppelt so hoch.

Stahlguss wird als Werkstoff etwa für hochfeste Werkstücke mit komplizierter Form verwendet. So werden Turbinengehäuse u. a. aus Stahlguss hergestellt. Die Stückgewichte reichen von weniger als einem Gramm bis zu mehreren 100 Tonnen.

Unlegierter Stahlguss wird mit dem Kurzzeichen GE und der Streckgrenze R_e gekennzeichnet; z. B. GE240 (alte Bezeichnung GS-45).

Stahlgussteile

> **!** Stahlguss ist unlegierter und legierter Stahl, der in Formen unmittelbar zu Werkstücken vergossen wird. Der Stahlguss hat hohe Festigkeit und Zähigkeit.
> Stahlguss mit unter 1 % C hat ungünstige Gießeigenschaften, aber hohe Festigkeit.

Übungsaufgabe 3/57

3.5.2 Gusseisen

3.5.2.1 Gefüge und Eigenschaften von Gusseisen

Gusseisen enthält 3 bis 5 % Kohlenstoff. Bei diesen Kohlenstoffgehalten erhält man niedrige Schmelztemperaturen. Darüber hinaus sind die Gießeigenschaften wie Dünnflüssigkeit, geringe Schrumpfung, geringe Rissneigung u. a. besonders günstig. Darum können auch sehr dünnwandige Werkstücke aus Gusseisen hergestellt werden.
Im Gefüge der meisten Eisen-Kohlenstoff-Gusswerkstoffe mit höherem Kohlenstoffgehalt liegt der Kohlenstoff überwiegend als Grafit vor. Den Gefügebestandteil, der das Eisen enthält, bezeichnet man als Grundgefüge.

! Gusseisen ist eine Eisen-Kohlenstoff-Legierung mit 3 bis 5 % C. Gusseisen besteht aus einem Grundgefüge, das im Wesentlichen vom Eisen gebildet wird, und darin eingelagertem Grafit.

Dieses Grundgefüge kann wie beim Stahl nur aus Ferrit, aus Ferrit und Perlit oder ganz aus Perlit bestehen. Je höher der Perlitanteil ist, desto größer sind Festigkeit und Härte des Gefüges. Festigkeit und Zähigkeit des Grundgefüges können bei besonderen Anforderungen durch Vergüten erhöht werden.

Grundgefüge in Gusseisen mit Kugelgrafit

! Das Grundgefüge des Gusseisens kann bestehen aus:
- Ferrit,
- Perlit,
- Ferrit und Perlit,
- Vergütungsgefüge.

Der im Grundgefüge eingelagerte Grafit hat nur sehr geringe Festigkeit und Härte und vermindert die Festigkeitseigenschaften des gesamten Gefüges. Dabei werden Festigkeit und Zähigkeit weniger durch die Menge des Grafits als vielmehr durch seine Form beeinflusst. Lamellenförmig eingelagerter Graphit schwächt das Grundgefüge stärker als flockenförmiger oder gar kugelförmiger Grafit, denn jede Grafitlamelle wirkt auf das Grundgefüge wie eine Kerbe, von der Risse ausgehen können.

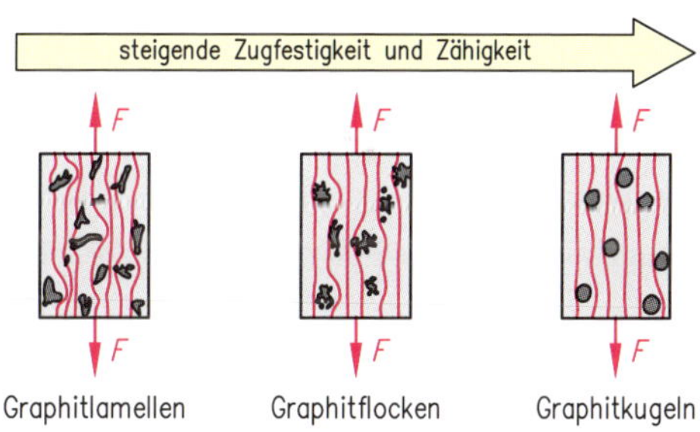

Einfluss der Grafitform

! Die Grafitform beeinflusst entscheidend die Festigkeit und Zähigkeit von Gusseisen.

3.5.2.2 Gusseisen mit Lamellengrafit (GJL)

Gusseisen mit Lamellengrafit nach DIN EN 1561 ist ein Eisen-Kohlenstoff-Gusswerkstoff, dessen Kohlenstoff im Gefüge überwiegend in Form von Grafitlamellen vorliegt. Er hat in der Regel Kohlenstoffgehalte von 2,5 bis 4,0 % bei Siliziumgehalten um 2,0 %. Dadurch ergeben sich gute Gießeigenschaften.

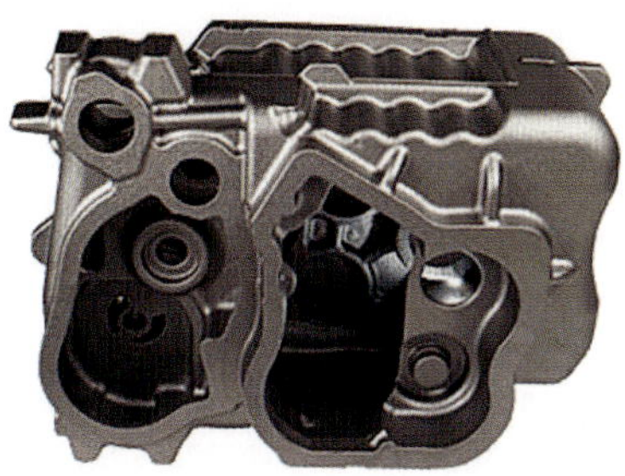

Getriebegehäuse aus Gusseisen mit Lamellengrafit

! Gusseisen mit Lamellengrafit (GJL) ist ein Eisen-Kohlenstoff-Gusswerkstoff, bei dem der Kohlenstoff überwiegend als Grafit in Lamellenform vorliegt.

Da jede Grafitlamelle eine Kerbe für das Grundgefüge darstellt, ist die Festigkeit des Gusseisens weit geringer als die von Stahlguss. Dabei weisen Gefüge von Gusseisen mit gleicher Zusammensetzung, aber mit kleineren Lamellen höhere Festigkeit auf als Gefüge mit großen Lamellen.
Weiterhin bestimmt die Art des Grundgefüges die Festigkeitseigenschaften.

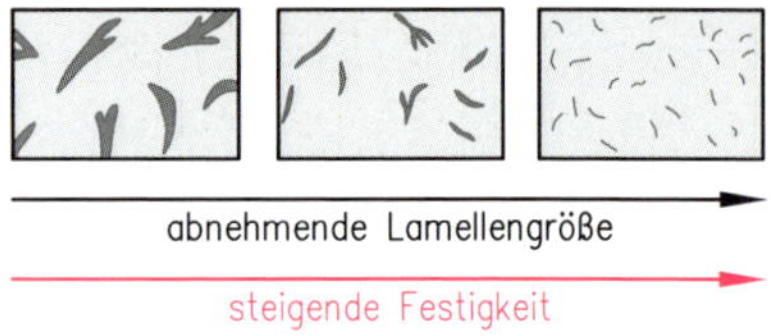

Einfluss der Lamellengröße auf die Festigkeit

> **!** Die Festigkeit von Gusseisen mit Lamellengrafit (GJL) hängt von der Größe der Grafitlamellen und der Art des Grundgefüges ab.

Gusseisen dämpft Schwingungen. Seine Dämpfungseigenschaften beruhen darauf, dass die Grafitlamellen wie Polster das Übertragen der Schwingungen verhindern. Wegen seiner schwingungsdämpfenden Eigenschaft und seiner guten Gießbarkeit wird Gusseisen zur Herstellung von Ständern für Werkzeugmaschinen, Motorengehäusen u. a. verwendet.

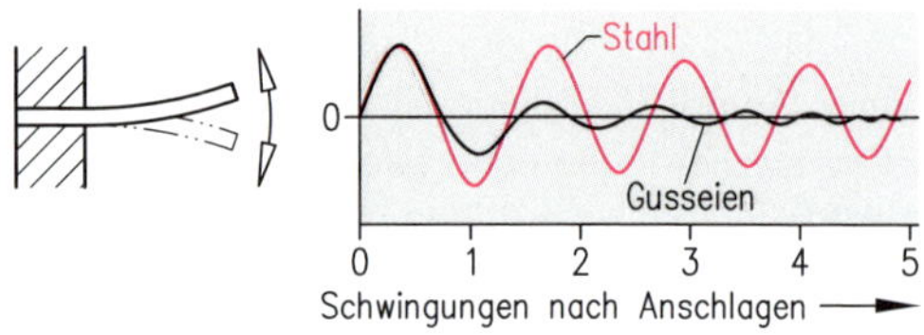

Schwingungsverlauf bei Stahl und Gusseisen

> **!** Gusseisen mit Lamellengrafit (GJL)
> - ist gut gießbar,
> - wirkt schwingungsdämpfend,
> - ist relativ korrosionsbeständig.

3.5.2.3 Gusseisen mit Kugelgrafit (GJS)

Gusseisen mit Kugelgrafit nach DIN EN 1563 ist ein Eisen-Kohlenstoff-Gusswerkstoff, dessen Kohlenstoff im Gefüge weitgehend kugelförmig vorliegt. Der Kohlenstoffgehalt liegt zwischen 3,5 und 4,5 %. Die kugelförmige Ausbildung des Grafits im Gefüge entsteht durch Zugabe von Magnesium in die Schmelze. Da die Grafitkugeln nur geringe Kerbwirkung für das Grundgefüge haben, ist die Festigkeit von Gusseisen mit Kugelgrafit annähernd so hoch wie bei Stahlguss, ohne dass sich die Gießeigenschaften gegenüber Gusseisen mit Lamellengrafit verschlechtern.

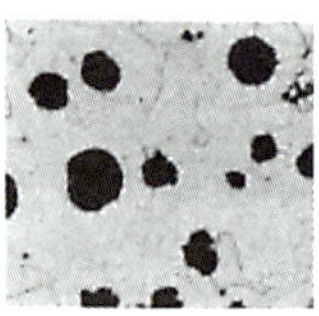

Gefüge eines ferritischen GJS

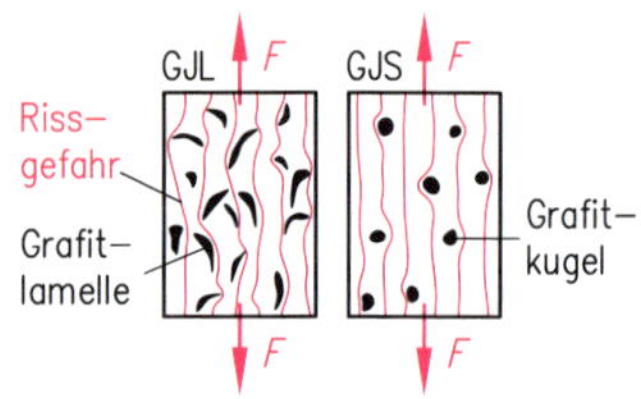

Kerbwirkung

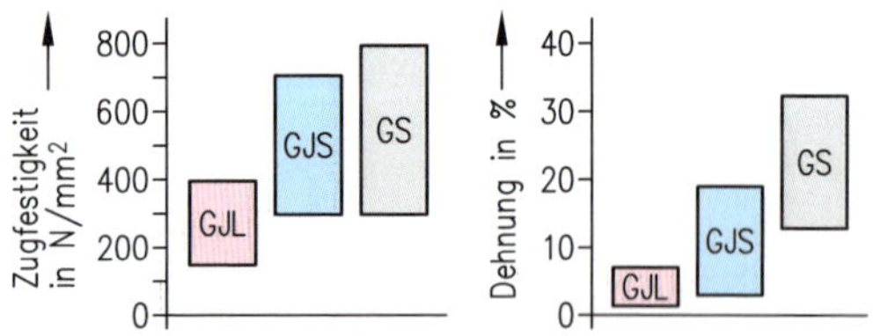

Festigkeitskenntwerte von Fe-C-Gusswerkstoffen

> **!** Gusseisen mit Kugelgrafit ist ein Eisen-Kohlenstoff-Gusswerkstoff, bei dem der Kohlenstoff überwiegend als Grafit in Kugelform vorliegt.

Gusseisen mit Kugelgrafit wird als Werkstoff für Automobilteile (Achsgehäuse, Getriebegehäuse, Bremstrommeln, Kurbelwellen u. a.), hoch beanspruchte Maschinenteile, Bauteile im Landmaschinenbau und Waggonbau verwendet.

Wasserkasten für Betonpumpe aus GJS

> **!** Gusseisen mit Kugelgrafit (GJS)
> - ist fester und zäher als GJL,
> - ist gut gießbar,
> - ist relativ korrosionsbeständig.

Übungsaufgaben 3/64; 3/65; 3/66

3.5.3 Normbezeichnung von Fe-C-Gusswerkstoffen

1. Kurznamen von Gusseisenwerkstoffen

Der Kurzname für Gusseisenwerkstoffe wird nach DIN EN 1560 durch maximal sechs Angaben gebildet, wobei nicht alle Positionen belegt sein müsen. Es wird immer die Sorte des Gusseisenwerkstoffs und die mechanische Eigenschaft bzw. die Härte angegeben.

Beispiele für Kurznamen von Gusseisenwerkstoffen

EN – G J L – 150

- 150: Mindestzugfestigkeit R_m = 150 N/mm²
- L: Lamellengrafit
- J: Eisen (Iron)
- G: Guss
- EN: Europäische Norm

EN – GJL – HB 155

- HB 155: Brinell-Härte 155 HB

EN – G J S – 400 – 18

- 18: zusätzlich: Mindestbruchdehnung 18 %
- 400: Mindestzugfestigkeit R_m = 400 N/mm²
- S: Kugelgrafit (Sphäroguss)
- J: Eisen (Iron)
- G: Guss
- EN: Europäische Norm

! Kurznamen für Gusseisenwerkstoffe beginnen immer mit EN, es folgt ein G für Guss und dann ein J für Eisen, die Sorte schließt diese Buchstabenfolge mit L für Lamellengrafit oder S für Kugelgrafit ab. Abschließend werden mechanische Eigenschaften angegeben.

2. Werkstoffnummern für Gusseisenwerkstoffe

Die Werkstoffnummern für Gusseisenwerkstoffe unterscheiden sich nach DIN EN 1561 von denen der Stahlwerkstoffe. Sie beginnen immer mit EN, es folgen die Sorte des Gusseisenwerkstoffs, wie z. B. JL oder JS, und eine vierstellige Zahl.

Beispiele für Werkstoffnummern von Gusseisenwerkstoffen

Werkstoff	Kurzname	Werkstoff-nummer	Bisheriger Kurzname	Festigkeitseigenschaft/ Härte
Gusseisen mit Lamellengrafit	EN-GJL-200	**EN-JL1030**	GG-20	Zugfestigkeit R_m = 200 bis 300 N/mm²
Gusseisen mit Lamellengrafit	EN-GJL-HB 235	**EN-JL2050**	GG-240 HB	Brinell-Härte HB 165 bis 235
Gusseisen mit Kugelgrafit	EN-GJS-400	**EN-JS1030**	GGG-40	Zugfestigkeit R_m = 370 bis 400 N/mm²

3. Werkstoffnummern für Stahlguss

Die Werkstoffnummern werden für Stahlguss nach dem Nummernsystem für Stähle nach DIN EN 10027 angegeben. Sie beginnen immer mit einer 1. und dann folgt eine vierstellige Zahl.

Beispiele für Werkstoffnummern von Stahlguss

Werkstoff	Kurzname	Werkstoff-nummer	Bisheriger Kurzname	Festigkeitseigenschaft
Stahlguss für Druckbehälter	GP240	**1.0619**	GS-C 25	R_{eHF} = 240 N/mm²
Stahlguss	GE200	**1.0420**	GS-38	R_{eH} = 200 N/mm²

! Bei Stahlguss beginnt die Werkstoffnummer immer mit 1. und es folgt eine vierstellige Zahl.

Übungsaufgabe 3/67

4 Nichteisenmetalle

4.1 Aluminium und Aluminiumlegierungen

4.1.1 Eigenschaften und Verwendung

1. Reinaluminium

Aluminium wird im Gegensatz zu Eisen auch als reines Metall verwendet.
Der innere Aufbau des Aluminiums bestimmt seine Eigenschaften, die eine vielseitige Anwendung des Aluminiums und seiner Legierungen ergeben.

chem. Symbol:	**Al**
Schmelzpunkt:	660 °C
Dichte:	2,7 g/cm³
Gittertyp:	kubisch-flächenzentriert

Eigenschaft	Ursache	Verwendungsbeispiele
geringe Dichte $\varrho = 2{,}7\ g/cm^3$	großer Abstand der Atome, kleine Masse eines Atoms	Legierungen für Fahrzeugbau und Flugzeugbau
gute elektrische Leitfähigkeit	viele freie Elektronen	Reinaluminium für Stromschienen und Überlandleitungen
gute Wärmeleitfähigkeit		Reinaluminium und Aluminiumlegierungen für Kochtöpfe und Heizkörper
gute Umformbarkeit	kubisch-flächenzentriertes Gitter	Reinaluminium für Folien und Tuben
Korrosionsbeständigkeit	Bildung einer festen und dichten Oxidhaut an der Luft	Reinaluminium und Aluminiumlegierungen für Nahrungsmittelbehälter und Rohrleitungen
schweiß- und lötbar mit besonderen Verfahren		

2. Aluminiumgusslegierungen

Aluminium bildet mit Silizium ein Kristallgemenge. Eine Aluminium-Silizium-Legierung mit etwa 12 % Silizium schmilzt bereits bei etwa 600 °C, besitzt sehr gute Gießeigenschaften (Dünnflüssigkeit, geringe Schwindung) und hat hohe Festigkeit. Sie lässt sich gut schweißen und ist korrosionsbeständig.
Anteile an Magnesium und Kupfer erhöhen die Festigkeit. Kupfer verringert jedoch die Korrosionsbeständigkeit. Aluminiumgusslegierungen mit diesen Elementen werden als Werkstoffe z. B. für Motorengehäuse und Getriebegehäuse im Fahrzeug- und Flugzeugbau verwendet.

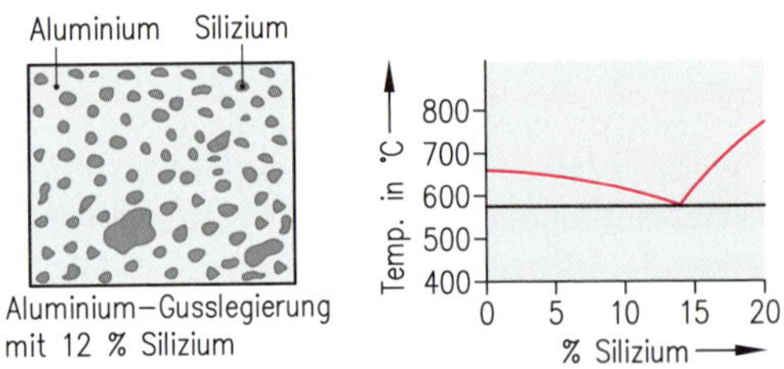

Gefüge und Schmelztemperatur von Al-Si-Legierungen

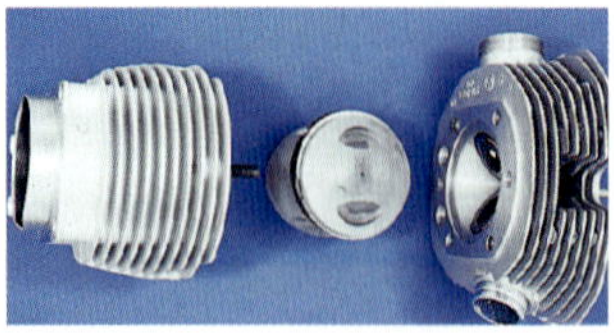
Zylinderkopf aus Aluminiumgusslegierung

> **!** Aluminiumgusslegierungen sind Aluminiumlegierungen mit guten Gießeigenschaften. Sie enthalten in der Regel Silizium.

3. Aluminiumknetlegierungen

Bereits geringe Zusätze der Legierungselemente Magnesium (Mg), Silizium (Si), Kupfer (Cu), Zink (Zn) und Mangan (Mn) ändern sehr stark die Eigenschaften des reinen Aluminiums. Insbesondere werden Festigkeit und Härte gesteigert, die elektrische Leitfähigkeit gesenkt, während die Umformbarkeit nur gering nachlässt. Diese Legierungen können durch Warmumformen (Walzen, Strangpressen) durchgeknetet werden, deshalb nennt man sie Aluminiumknetlegierungen.
Aluminiumknetlegierungen werden aufgrund ihrer hohen Festigkeit und geringen Dichte als Werkstoffe für Transportbehälter sowie Konstruktionsteile im Fahrzeug-, Flugzeug- und Schiffbau verwendet.

> **!** Aluminiumlegierungen mit Zusätzen von Magnesium, Silizium, Kupfer, Zink und Mangan sind gut umformbar und haben hohe Festigkeit. Man nennt sie Knetlegierungen.

Übungsaufgaben 4/1; 4/2; 4/3

4. Aushärtung von Aluminiumlegierungen

Aluminium bildet mit bestimmten Legierungselementen (Kupfer, Magnesium, Zink) bei höheren Temperaturen (ca. 500 °C) Mischkristalle. Zum Aushärten erhitzt man die Werkstücke zunächst auf diese Temperatur. Man nennt dies **Lösungsglühen**. Werden Guss- oder Knetlegierungen, welche solche Legierungselemente enthalten, auf Raumtemperatur langsam abgekühlt, entstehen Kristallgemenge aus Aluminium und den Legierungselementen. Kühlt man jedoch solche Legierungen von höheren Temperaturen schnell ab, bleibt das Mischkristallgefüge auch bei Raumtemperatur erhalten. Die Atome der Legierungselemente bleiben zwangsweise im Aluminiumgitter eingebaut.

Im Gegensatz zum Stahl sind diese Aluminium-Legierungen zunächst weich und leicht umformbar. Die Härtezunahme setzt erst ein, wenn die schnell abgekühlten Aluminiumlegierungen eine Zeitlang lagern. Erst während dieser Zeit tritt die Gitterverspannung ein. Sie bewirkt die Zunahme der Härte und der Festigkeit. Diesen Vorgang bezeichnet man als **Auslagerung**.

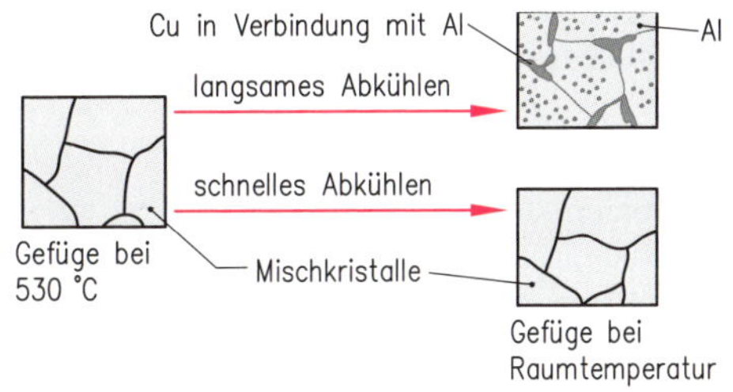

Gefüge aushärtbarer Al-Legierungen

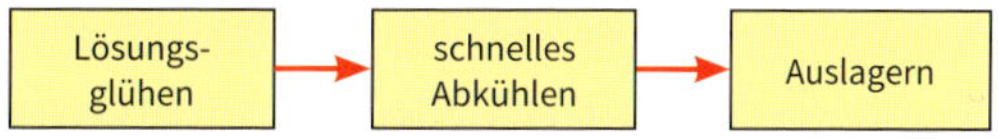

Arbeitsgänge zur Aushärtung

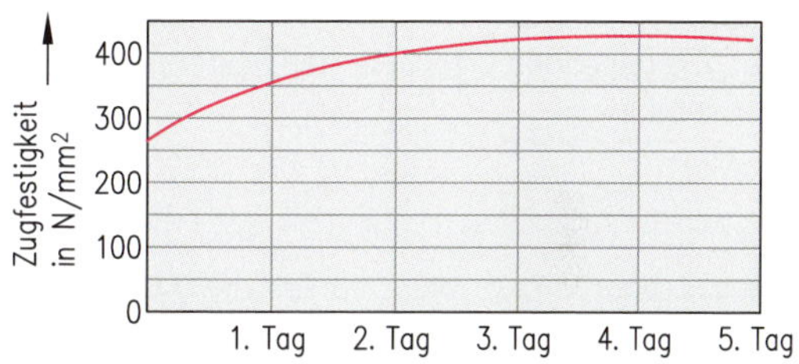

Einfluss der Lagerzeit auf die Zugfestigkeit

> **!** Die Aushärtung der Aluminiumlegierungen geschieht in drei Stufen:
> - Lösungsglühen,
> - schnelles Abkühlen,
> - Auslagern.

4.1.2 Normbezeichnungen

Entsprechend der Systematik für Nichteisenmetalle gliedern sich die Kurzzeichen für Aluminium nach DIN EN 573 in mehrere Teile. Das Kurzzeichen beginnt immer mit dem Normhinweis **EN**.

Es folgt ein **A** für Aluminium. Die folgenden Teile weisen auf Herstellung, Zusammensetzung und Werkstoffzustand hin.

Aufbau des Kennzeichens von Aluminium und Al-Legierungen

Norm	Werkstoff	Herstellung	Kennzeichen für Zusammensetzung	Kennzeichen für Werkstoffzustand
		W Halbzeug	Normen für Zusammensetzung	Buchstabe und Zahl für Behandlungszustand
			1. Stelle **1** reines Aluminium	
EN	A	**C** Guss	**2** Cu	
			3 Mn Hauptbestandteil	**O** weichgeglüht
		B Block	**4** Si	**O2** thermomechanisch behandelt für höchste Umformbarkeit
			-- oder --	**H** kaltverfestigt
			Zeichen für **Al** und chemische Symbole für Legierungselemente mit evtl. Zahlenwert des Gehalts in fallender Reihenfolge	**H12** 1/4 hart kaltverfestigt **T** ausgehärtet **T4** lösungsgeglüht und kalt ausgelagert

Beispiele für Normbezeichnungen von Aluminiumlegierungen

EN A W - 4 2 0 0

- EN: Europäische Norm
- A: Aluminium
- W: Herstellungsart Halbzeug
- 4: Hauptlegierungselement Silizium
- 2: spezielle Legierungsgruppe 7 % Si + Mg
- 00: Leerstellen

EN A W - Al Mn1 T9

- EN: Europäische Norm
- A: Aluminium
- W: Herstellungsart Halbzeug
- Al: Aluminium als Grundgehalt
- Mn1: 1 % Mangan
- T9: lösungsgeglüht, warmausgelagert und kaltumgeformt

4.2 Kupfer und Kupferlegierungen

4.2.1 Eigenschaften und Verwendung von Kupfer

Kupfer wird als reines Metall in der Technik verwendet. Die folgenden Eigenschaften bestimmen seine Verwendung.

chem. Symbol:	Cu
Schmelzpunkt:	1 083 °C
Dichte:	8,9 g/cm³
Gittertyp:	kfz

Eigenschaft	Ursache	Verwendungsbeispiele
sehr gute elektrische Leitfähigkeit	viele freie Elektronen	Kabel, Stromschienen
sehr gute Wärmeleitfähigkeit		Wärmetauscher, Lötkolben
gute Umformbarkeit	kubisch-flächenzentriertes Gitter	Behälter, Kessel, Dichtungen, Kunstgegenstände
gute Korrosionsbeständigkeit	Bildung einer dichten und festen Oxidschicht an der Luft	Rohrleitungen, Dachabdeckungen, Plattierungen

4.2.2 Kupferlegierungen

Die wichtigsten Legierungselemente des Kupfers sind Zink (Zn), Zinn (Sn), Nickel (Ni), Aluminium (Al) und Blei (Pb).
Die Normenbezeichnung der Kupferlegierungen ist in gleicher Weise aufgebaut wie die der Al-Legierungen. Sie beginnt jedoch mit Cu.

1. Kupfer-Zink-Legierungen

Kupfer-Zink-Legierungen mit einem Kupfergehalt von mindestens 50 % und Zink als Hauptlegierungsbestandteil werden als **Messing** bezeichnet. Damit bei der spanenden Bearbeitung der Span besser bricht, kann Messing bis zu 3 % Blei enthalten.
Beträgt der Zinkgehalt unter 38 %, so besteht das Messing aus Mischkristallen mit kubisch-flächenzentriertem Gitteraufbau. Diese Messingsorten sind sehr gut umformbar. Sie werden als Kupfer-Zink-Knetlegierungen bezeichnet. Aus diesen Messingsorten werden Schrauben, Blattfedern, Kugelschreiberminen, Hülsen u. a. Bauteile durch Kaltumformen hergestellt.

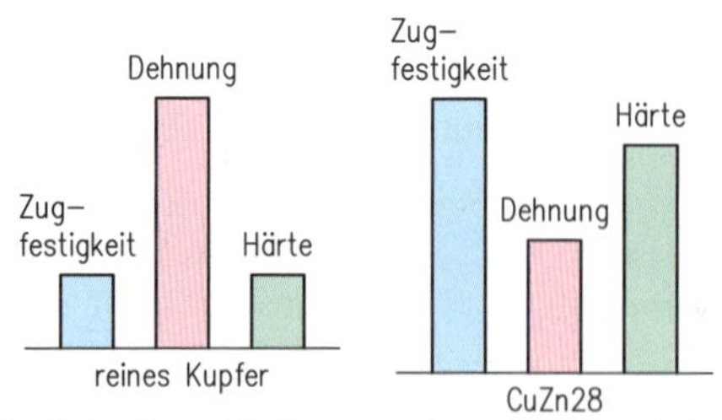

Mechanische Eigenschaften von reinem Kupfer und einer Kupfer-Zink-Legierung

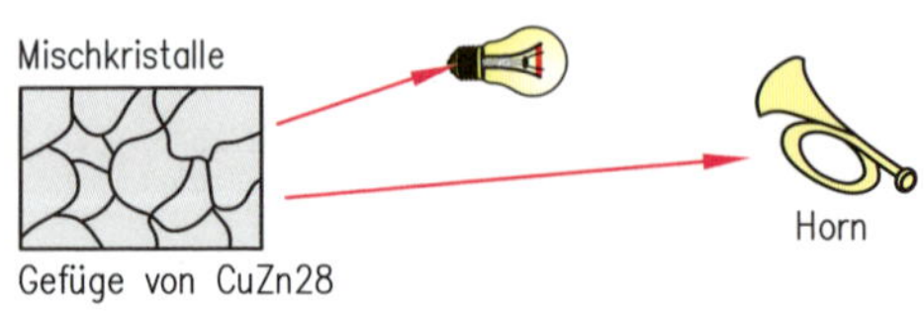

Gefüge und Beispiele für die Verwendung von Cu-Zn-Legierungen mit niedrigem Zn-Gehalt (Messing)

Übungsaufgaben 4/7; 4/8

Steigt der Zinkgehalt über 38 %, bildet sich ein Kristallgemenge aus kubisch-flächenzentrierten und kubisch-raumzentrierten Mischkristallen. Diese Messingsorten sind schlecht umformbar, aber gut gießbar und zerspanbar. Aus diesen Messingsorten werden Armaturen, Ventile, Steuerungsbauteile und Formdrehteile aller Art hergestellt.

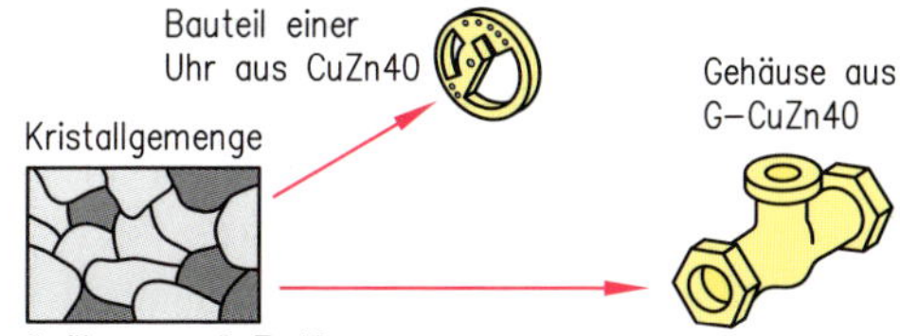

Gefüge und Beispiele für die Verwendung von Cu-Zn-Legierungen mit höheren Zn-Gehalten (Messing)

> **!** Messing ist eine Kupfer-Zink-Legierung. Messingsorten mit weniger als 38 % Zinkgehalt sind gut umformbar. Messingsorten mit mehr als 38 % Zinkgehalt sind gut gieß- und zerspanbar.

2. Kupfer-Zinn-Legierungen

Kupfer-Zinn-Legierungen bezeichnet man als **Zinnbronzen**. Zinnbronzen werden in Knetlegierungen und Gusslegierungen unterteilt. Dabei werden die Zinnbronzen mit bis zu 9 % Zinn als Knetlegierungen bezeichnet, da bis zu diesem Zinngehalt Mischkristalle gebildet werden. Diese Zinnbronzen sind gut umformbar, aus ihnen werden Schrauben, Drähte, Bleche, Bänder und andere Bauteile hergestellt.

Bei einem Zinngehalt von über 9 %, entstehen Kristallgemenge. Die Umformbarkeit verschlechtert sich während die Gießeigenschaften besser werden. Darüber hinaus verbessern sich Korrosionsbeständigkeit und die Gleiteigenschaften. Aus Zinnbronzen stellt man Schneckenräder, Lager, Armaturen, Bauteile für Turbinen und Gleitschienen durch Gießen her.

CuSn6	94 % Cu	6 % Sn
CuSn8	92 % Cu	8 % Sn

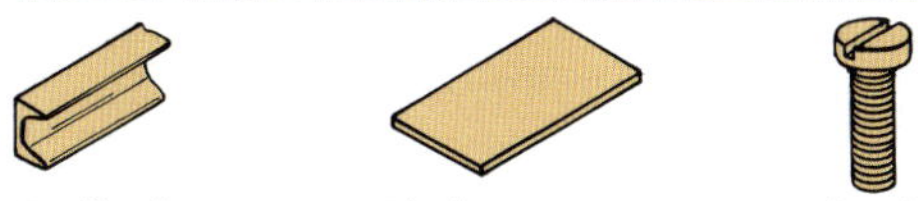

Profilstab Blech Schraube

Verwendung von Cu-Sn-Knetlegierungen

G-CuSn12	88 % Cu	12 % Sn
G-CuSn14	86 % Cu	14 % Sn

Führung Ventilgehäuse

Verwendung von Cu-Sn-Gusslegierungen

> **!** Bronzen sind Kupfer-Zinn-Legierungen. Bronzen mit weniger als 9 % Zinn sind Knetlegierungen. Bronzen mit mehr als 9 % Zinn werden vergossen.

3. Kupfer-Zink-Zinn-Legierungen

Kupfer-Zink-Zinn-Legierungen bezeichnet man als **Rotguss**. Rotguss ist ein sehr gut gießbarer und korrosionsbeständiger Werkstoff. Er wird für dünnwandige komplizierte Werkstücke wie Pumpengehäuse, Schneckenräder, Heißdampfarmaturen verwendet.

G-CuSn5ZnPb	85 % Cu	5 % Sn; Zn u. Pb in Anteilen
G-CuSn10Zn	88 % Cu	10 % Sn 2 % Zn

Pumpengehäuse Armatur

Verwendung von Cu-Zn-Sn-Legierungen

> **!** Rotguss sind Kupfer-Zink-Zinn-Legierungen.

4. Kupfer-Zink-Nickel-Legierungen

Kupfer-Zink-Nickel-Legierungen bezeichnet man wegen ihres silbernen Glanzes als Neusilber. Es enthält zwischen 10 und 25 % Nickel. **Neusilber** ist gut umformbar und sehr korrosionsbeständig. Es wird als Werkstoff in der Optik, in der Feinmechanik und im Kunstgewerbe verwendet.

CuZn30Ni12Pb	56 % Cu 30 % Zn 12 % Ni 2 % Pb

Türgriffe Bestecke Teile an Fotoapparaten

Verwendung von Cu-Zn-Ni-Legierungen

> **!** Neusilber sind Kupfer-Zink-Nickel-Legierungen.

5 Sinterwerkstoffe

5.1 Sintermetalle

Durch das Umformverfahren Sintern stellt man aus pulverförmigen Ausgangsstoffen feste Werkstücke in ihrer Endform her. Die Fertigung von Werkstücken aus Metallpulvern erfolgt in mehreren Arbeitsschritten:

→ Pulvergemisch herstellen → Formkörper erzeugen → Sintern → Nachbehandeln →

Erzeugen des Formkörpers
Für Werkstücke aus Sintermetall mit hoher Porosität, z. B. Filter, erzeugt man den Formkörper aus nicht verdichtetem Metallpulver mit Bindemittel in Formen. Formkörper für Bauteile, an die höhere Ansprüche hinsichtlich der Festigkeit gestellt werden, werden in Formen gepresst. Bei Drücken bis etwa 60 kN/cm^2 verklammern sich die Pulverteilchen mechanisch, sodass ein handhabbarer Formkörper entsteht. Beim Heißpressen haben die Formkörper so hohe Festigkeit, dass ggf. eine spanende Bearbeitung möglich ist. Man bezeichnet die Formkörper als **Grünlinge**.

Sintern
Die Grünlinge werden bei Temperaturen knapp unter dem Schmelzpunkt des Metallpulvers, z. B. bei Stahl ca. 1 120 °C, geglüht. Bei diesen hohen Temperaturen kann sich bereits das Bestreben von Körpern, die kleinste Oberfläche zu bilden, auswirken. Bei den hohen Temperaturen, aber noch eben im festen Zustand, wandern an den Berührungsstellen Atome der einzelnen Metallpulverteilchen so ineinander, dass ein Zusammenhalt entsteht. Gleichzeitig verkleinert sich der Porenraum zwischen den Teilchen und der Grünling schwindet.

! Zur Erzeugung von Werkstücken durch Sintern wird zunächst aus metallischen Pulvern ein Formkörper erzeugt. Durch einen anschließenden Glühvorgang knapp unterhalb der Schmelztemperatur des Metalls, dem eigentlichen Sintern, entsteht ein zusammenhängendes Gefüge.

5.1.1 Arten, Eigenschaften und Verwendung

So kann man aus pulverförmigen Ausgangsstoffen:

- Bauelemente herstellen, die aus Werkstoffen mit sehr hohen Schmelzpunkten bestehen, z. B. Glühfäden aus Wolfram für Glühlampen. Sie haben einen Schmelzpunkt von 3 380 °C.
- Werkstoffe herstellen, deren Bestandteile im schmelzflüssigen Zustand nicht mischbar sind, z. B. Grafit und Kupfer als Werkstoff für Stromabnehmer.
- poröse metallische Werkstücke erzeugen, z. B. Gleitlager aus Bronzen, Metallfilter u. a.

Werkstoffe aus Sinterbronzen und Eisen-Kupfer-Grafit-Sinterwerkstoffe besitzen sehr gute Eigenschaften als **Lagerwerkstoffe**. Sie sind nahezu wartungsfrei, geräuscharm und besitzen wegen ihrer Porosität gutes Ölspeichervermögen. Durch den eingelagerten Kohlenstoff sind diese Lagerwerkstoffe im Notfall selbstschmierend. Sie haben dadurch gute **Notlaufeigenschaften**.
Hochporöse Werkstoffe wie Sinterkupfer, Sinterbronzen und Sinterstahl eignen sich besonders für die Herstellung von Filtern, Schalldämpfern und als Flammenschutz in der Autogentechnik.

Werkstücke aus Sintermetall

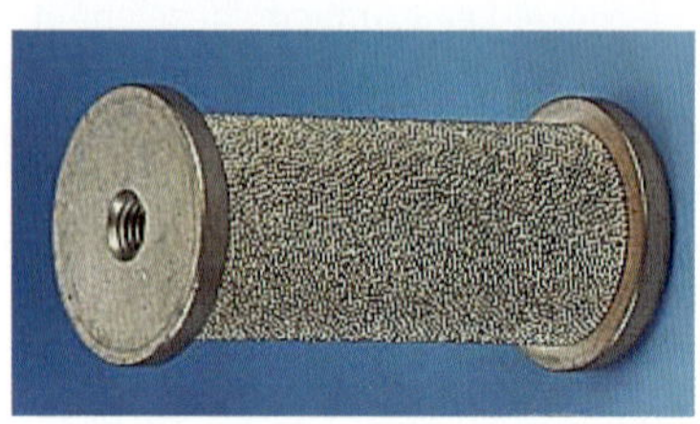

Filter aus rostfreiem Stahl und Bronze (GKN-Filters)

Übungsaufgabe 5/1

5.1.2 Normung

Die Kennzeichnung der Sintermetalle ist nach DIN 30910 festgelegt. Eine normgerechte Werkstoffbezeichnung enthält folgende Angaben:

Kennwort SINT für Verfahren	**Kennbuchstabe für Werkstoffklasse**	**Kennziffer für Werkstoff**	**Zählziffer für Einordnung in die Norm**	**Wort für Werkstoffbehandlung**	**Wort für Oberflächenzustand**

Bedeutung der Kennzeichen

Werkstoffklasse	Raumausfüllung
AF	<73 %
A	75 %
B	80 %
C	85 %
D	90 %
E	94 %
F	>95 %[1]
G	>92 %[2]
S	>90 %[3]

Kennziffer	Chemische Zusammensetzung
0	Eisen und Stahl, 0 bis 1 % Cu
1	Eisen und Stahl, 1 bis 5 % Cu
2	Eisen und Stahl, > 5 % Cu
3	Eisen und Stahl, < 6 % legiert
4	Eisen und Stahl, > 6 % legiert
5	legiert mit Cu > 60 %
6	Buntmetalllegierung (außer Ziffer 5)
7	Leichtmetalle

Werkstoffbehandlung
gesintert
kalibriert
wärmebehandelt
dampfbehandelt
sintergeschmiedet
isostatisch gepresst

Oberflächenzustand
sinterglatt
kalibrierglatt
sintergeschmiedet glatt
mechanisch bearbeitet
oberflächenbehandelt

1) warmgepresste Formteile, 2) infiltrierte Formteile, 3) warmgepresste Gleitlager

Beispiel für den Aufbau von Normbezeichnungen von Sintermetallen

SINT-D 3 0 dampfbehandelt

- dampfbehandelt: Behandlung mit Wasserdampf
- 0: Zählziffer für Einordnung in die Norm
- 3: Sintereisen unter 6 % legiert, evtl. zusätzlich Cu
- D: Raumerfüllung 90 %, d. h. 10 % Porenvolumen

5.2 Hartmetalle

5.2.1 Aufbau von Hartmetallen

Hartmetalle sind Sinterwerkstoffe aus einem sehr harten Werkstoff, dem Härteträger, und einem Bindemittel. Härteträger sind vorwiegend Verbindungen von Metallen mit Kohlenstoff.

Diese Metallverbindungen bezeichnet man als **Metallkarbide**. Wolframkarbid (WC), Titankarbid (TiC), Borkarbid (B_4C) haben eine Härte, die um ein Vielfaches über der Härte von Stahl liegt. Gleichzeitig besitzen sie Schmelztemperaturen, die über 2 000 °C liegen.

Eigenschaften		WC	TiC	TiN
Dichte	g/cm^3	15,7	4,93	5,21
Schmelzpunkt	°C	2 776	3 067	2 950
Oxidationsbeständigkeit		mäßig	gut	sehr gut
Vickers-Härte	HV10	1 800	3 200	2 450
Druckfestigkeit	N/mm^2	400	300	
Biegebruchfestigkeit	N/mm^2	550	350	

Nach der Zusammensetzung unterscheidet man zwei Gruppen von Hartmetallen:

- Hartmetalle, in denen vorwiegend Wolframkarbid der Härteträger und Kobalt das Bindemittel ist, werden als **Hartmetalle HW** gekennzeichnet.
- Hartmetalle, in denen die Härteträger Mischungen aus Karbiden und Nitriden von Tantal, Titan u. a. sind und ein Gemisch aus Nickel, Kobalt und Molybdän das Bindemittel ist, werden als **Hartmetalle HT** bezeichnet. Man nennt diese Hartmetalle auch **Cermets** (**cer**amics + **met**als).

Beschichtete Hartmetalle, gleich welcher Art, werden mit **HC** gekennzeichnet.

Zur Herstellung von Hartmetallen mischt man die pulverförmigen Härteträger mit pulverförmigem Bindemittel. Das Gemisch wird zu Formkörpern gepresst und anschließend gesintert. Im fertig gesinterten Zustand bilden die Bindemittel die zähe Grundmasse, in die die Härteträger eingebettet sind.
Cermets besitzen wegen der erheblich geringeren Dichte der Härteträger nur etwa 50 % der Dichte von Hartmetallen auf Wolframkarbid-Basis. Sie sind zudem härter und verschleißfester. Da Cermets erst bei höheren Temperaturen oxidieren, erlauben sie beim Einsatz als Schneidstoffe erheblich höhere Schnittgeschwindigkeiten.
Cermets leiten gegenüber Hartmetallen HW Wärme schlechter und haben gleichzeitig hohe Wärmedehnung. Als Folge dieser Eigenschaften ist die Beständigkeit gegen schnelle Temperaturwechsel geringer als bei den Hartmetallen HW.

> **!** Hartmetalle auf Wolframkarbidbasis (HW) haben höhere Temperaturwechselbeständigkeit und Wärmeleitfähigkeit. Hartmetalle mit vorwiegend Titan- und Tantalkarbiden (HT) sowie -nitriden sind härter und verschleißfester.

5.2.2 Verwendung und Eigenschaften von Hartmetallen HW

Hartmetalle HW werden in der Zerspanungstechnik als Schneidstoffe von Zerspanungswerkzeugen eingesetzt.
In der Stanz- und Umformtechnik werden Stempel, Matrizen und stark verschleißbeanspruchte Teile von Werkzeugen aus Hartmetall gefertigt.
Die Eigenschaften der verschiedenen Hartmetallsorten HW und die damit verbundenen Einsatzmöglichkeiten ergeben sich aus

- den unterschiedlichen Bindemittelanteilen (3 bis 30 %),
- den unterschiedlichen Korngrößen der Karbide (1 bis 10 µm).

Beispiele für den Einfluss von Co-Gehalt und WC-Korngröße auf die Biegefestigkeit von Hartmetallen HW

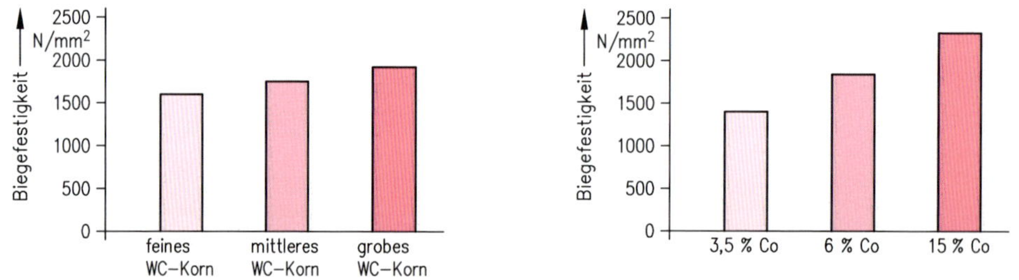

Hartmetall mit 6 % Co | **Hartmetall mit mittlerer WC-Korngröße**

Hartmetalle HW als Schneidstoffe sind in drei Gruppen genormt, die durch Buchstaben gekennzeichnet sind. Jede Gruppe ist in weitere Anwendungsgruppen unterteilt. Dabei sind Verschleißfestigkeit und Zähigkeit der Hartmetalle HW Merkmale für die Einordnung in die Anwendungsgruppen.

Hauptgruppen der Hartmetalle						Eigenschaften		Schnittbedingungen	
P blau	**M** gelb	**K** rot	**N** grün	**S** braun	**H** grau	zunehmende Zähigkeit ↑	zunehmende Verschleißfestigkeit ↓	zunehmende Schnittgeschwindigkeit ↑	zunehmender Vorschub ↓
P01 P10 … P40 P50	M10 M20 M30 M40	K01 K10 K20 K30 K40	N01 N05 N10 N20 N30	S01 S10 S20 S30	H01 H10 H20 H30				

- H: für harte und gehärtete Eisenwerkstoffe
- S: für Titan und Titanlegierungen
- N: für Nichteisenmetalle, Kunststoffe
- K: für Gusseisen, Temperguss
- M: für austenitische und ferritische Stähle, Stahlguss
- P: für Baustähle und nicht gehärtete Vergütungsstähle

Übungsaufgaben 5/4; 5/5

5.3 Keramische Werkstoffe

Keramische Werkstoffe sind Sinterwerkstoffe. Die meisten technischen Keramiken sind Verbindungen von Metallen und Halbmetallen mit Sauerstoff, Kohlenstoff oder Stickstoff. Man unterscheidet demnach *oxidische* und *nicht oxidische* Keramiken. Die im Maschinenbau und in der Fertigungstechnik eingesetzten technischen Keramiken haben drei besondere Eigenschaften:

- Sie sind *nichtmetallisch* und unterscheiden sich dadurch von Metallen.
- Sie sind *anorganisch* und unterscheiden sich dadurch von den Kunststoffen.
- Sie sind zu mindestens *30 % kristallin* und unterscheiden sich so von den Gläsern.

Werkstücke aus Keramik

! Technische Keramiken sind Sinterwerkstoffe aus chemischen Verbindungen von Metallen mit Nichtmetallen. Sie sind nicht metallisch, anorganisch und mindestens teilweise kristallin.

5.3.1 Erzeugung keramischer Werkstücke

Wesentliche Unterschiede im Verhalten der verschiedenen Ausgangsstoffe bedingen andere Arbeitstechniken als beim Herstellen von Werkstücken aus Metallpulvern.

1. Pulverherstellung

Die Herstellung der Pulverteilchen erfolgt wegen der Sprödigkeit der Ausgangsstoffe, z. B. des Siliziumkarbids, vorwiegend durch Mahlen. Die mechanischen Eigenschaften von Keramik werden entscheidend durch die Größe der Pulverteilchen mitbestimmt. Kleine Pulverteilchen begünstigen die Entstehung eines feinkörnigen Gefüges, das hohe Bruchfestigkeit aufweist.

2. Formgebung

Die Formgebung kann vor der Sinterung auf unterschiedliche Weise erfolgen:

Kaltpressen geschieht in Stahl- oder Hartmetallformen und führt zu Werkstücken mit kreideartiger Festigkeit.

Kaltisostatisches Pressen geschieht in Formen mit einer elastischen Seite. Die Formkörper müssen evtl. an der entsprechenden Seite nachgearbeitet werden.

Spritzpressen geschieht – wie in der Kunststoffverarbeitung – in Metallformen.

Extrudieren wird ebenfalls – wie in der Kunststoffverarbeitung – mit angeteigten Keramikmassen zur Formgebung von Profilen durchgeführt.

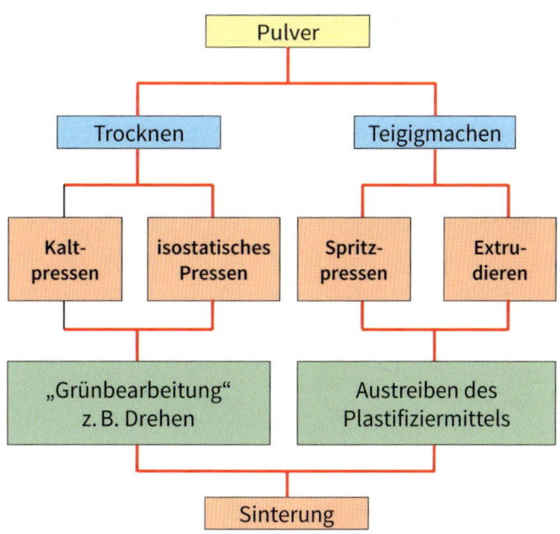

Formgebungsverfahren vor der Sinterung

! Formgebung vor der Sinterung geschieht bei
- trockenen Pulvern durch Kaltpressen oder isostatisches Pressen,
- angeteigten Pulvern durch Spritzpressen oder Extrudieren.

In einigen Fällen wird die Formgebung unmittelbar mit der Sinterung verknüpft:
Heißpressen ist ein Formgebungsverfahren, bei dem die Formkörper bei Drücken von 400 bar und Temperaturen von 1 500 °C in Grafitformen erzeugt und gesintert werden. Die Erhitzung in der Form geschieht dabei nur kurzzeitig durch hohen elektrischen Strom (ca. 10 000 A). Durch Heißpressen werden Keramiken mit hohen mechanischen Festigkeitswerten gewonnen. Das Verfahren ist aber wegen des starken Formverschleißes sehr teuer.

! Beim Heißpressen erfolgt Formgebung und Sinterung in einem Arbeitsgang.

Heißisostatisches Pressen (HIPing) geschieht nicht mit Pulvern, sondern mit bereits vorgesinterten und porendichten Formkörpern. Diese werden in einem Druckbehälter auf 1 600 bis 1 800 °C aufgeheizt und dann durch hohe Gasdrücke zu ihrer endgültigen Form verdichtet. In diesem Verfahren können Bauteile mit komplizierten Konturen hergestellt werden. Die Fertigung ist sehr kostenaufwendig.

! Heißisostatisches Pressen geschieht in heißen Gasen unter hohem Druck mit vorgesinterten Werkstücken, deren Poren nach außen geschlossen sind.

3. Sinterung

Durch die Sinterung, die bei 1 600 bis 1 800 °C durchgeführt wird, erhalten die Pulverteilchen den Zusammenhalt. Dabei tritt eine erhebliche Schwindung ein, die größer ist als die der Sintermetalle. Sie beträgt in Einzelfällen bis zu 20 %. Die hohe Schwindung erfordert eine sehr genaue Vorplanung der Werkstückformen, damit nach der Sinterung die geplanten Maße auch erreicht werden und eine Nacharbeit entfallen kann. Sintertemperatur, Sinterzeit sowie Aufheiz- und Abkühlungsverlauf beeinflussen die Gefügebildung. Sie müssen darum so gestaltet werden, dass feinkörnige Gefüge entstehen, denn nur solche Gefüge besitzen hohe Bruchfestigkeit.

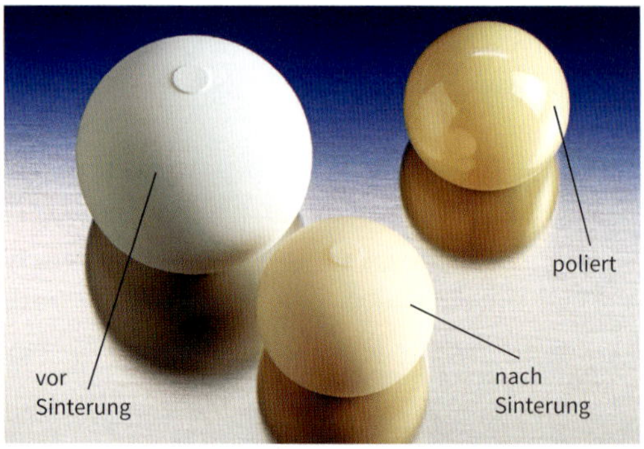

Schwindung beim Sintern: Keramikkugeln vor dem Sintern, nach dem Sintern und poliert (CeramTec)

5.3.2 Eigenschaften und Verwendung keramischer Werkstoffe

Für technische Keramiken setzt man vorwiegend Aluminiumoxid, Zirkonoxid, Siliziumkarbid, Siliziumnitrid und Gemenge aus diesen Werkstoffen ein.

Übersicht über Eigenschaften und Verwendung technischer Keramiken

Eigenschaften und Verwendung	Aluminiumoxid Al_2O_3	Zirkonoxid ZrO_2	Siliziumkarbid SiC	Siliziumnitrid Si_3N_4
Biegefestigkeit in N/mm^2	bis 350	bis 800	kaltgepresst 350 heißgepresst 700	heißgepresst 750
Druckfestigkeit in N/mm^2	bis 3 500	bis 2 000	1 200	3 000
Härte in HV	3 000	2 800	3 500	4 200
Ausdehnungskoeffizient in 1/K	0,000 008	0,000 011	0,000 004	0,000 003
obere Verwendungstemperatur in °C	1 700	2 300	1 400	1 400
Verwendung im Maschinen- und Motorenbau sowie in der Fertigungstechnik	Armaturenteile Schneidplatten Ziehkonen Pumpenkolben	Ventilteile Lagerteile Ziehkonen	Gleitringe Lagerteile Wellenschutzhülsen	Turboladerrotoren Düsen Motorenteile

Übungsaufgaben 5/7 bis 5/10

6 Verbundwerkstoffe

6.1 Einteilung

Durch Kombination verschiedener Werkstoffe kann man optimale Werkstoffeigenschaften erreichen. Werkstoffe, die man durch das Verbinden mehrerer Werkstoffe erzielt, nennt man Verbundwerkstoffe.

Verbundwerkstoffe teilt man ein in

- **Durchdringungsverbundwerkstoffe**, bei denen fest zusammenhängende Teilchen, zwischen denen Hohlräume vorliegen, von einem zweiten Stoff durchdrungen werden. Die fest zusammenhängenden Teilchen (Grundwerkstoff) bezeichnet man als Matrix;
- **Teilchenverbundwerkstoffe**, bei denen in einem zusammenhängenden Stoff (Matrix) kleine Teilchen eines zweiten Stoffs eingelagert sind;
- **Faserverbundwerkstoffe**, bei denen Fasern in den Grundwerkstoff (Matrix) eingelagert sind;
- **Schichtverbundwerkstoffe**, bei denen gleichartige oder verschiedenartige Materialschichten miteinander verbunden sind;
- **Oberflächenbeschichtungen**, bei denen nur die Oberfläche mit einer Schicht aus einem anderen Stoff versehen ist.

Beispiele für die Struktur und die Verwendung von Verbundwerkstoffen

Durchdringungsverbund | **Teilchenverbund** | **Faserverbund** | **Schichtverbund**

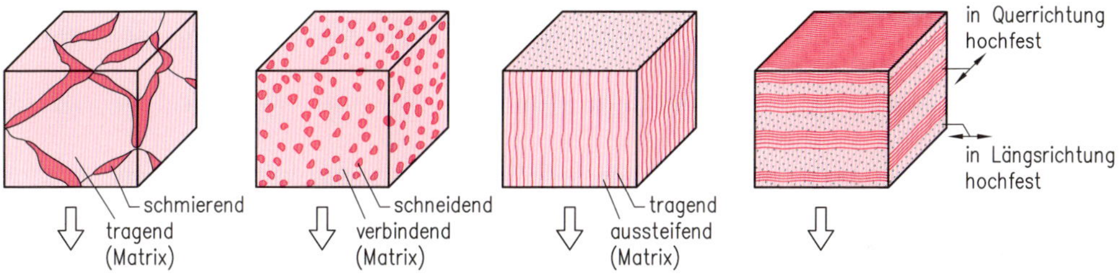

Tränkwerkstoffe
- getränkte Sinterwerkstoffe
- Lagerwerkstoffe

Schneidstoffe
- Hartmetalle
- Schleifscheiben

Konstruktionswerkstoffe
- glasfaserverstärkte Werkstoffe
- kohlenstofffaserverstärkte Werkstoffe
- Stahlbeton
- Drahtglas

Platten (Halbzeug)
- Sperrholz
- Schichtpapier
- Damaszenerstahl

> **!** Verbundwerkstoffe kombinieren die Eigenschaften der Grundwerkstoffe.
> Verbundwerkstoffe entstehen nicht aus einer gemeinsamen Schmelze.
> Man unterscheidet:
> - Durchdringungsverbundwerkstoffe,
> - Teilchenverbundwerkstoffe,
> - Faserverbundwerkstoffe,
> - Schichtverbundwerkstoffe,
> - Oberflächenbeschichtungen.

6.2 Aufbau

1. Durchdringungsverbundwerkstoffe

Durchdringungsverbundwerkstoffe werden häufig als Lagerwerkstoffe eingesetzt. Dabei erzeugt man durch Sintern eine poröse Matrix, welche die Aufgabe des Tragens übernimmt. Der zweite Werkstoff, das Schmiermittel, wird durch Tränken in die Poren des Grundwerkstoffs eingebracht.

Übungsaufgabe 6/1

2. Teilchenverbundwerkstoffe

Teilchenverbundwerkstoffe werden bevorzugt in der Fertigungstechnik als Schneidwerkstoffe eingesetzt. Dabei bindet eine relativ weiche und zähe – meist auch preiswertere – Matrix (Grundwerkstoff) harte Teilchen des Schneidstoffs.

3. Faserverbundwerkstoffe

Faserverbundwerkstoffe haben in der Luftfahrttechnik erhebliche Bedeutung erlangt und gewinnen im Maschinen- und Kraftfahrzeugbau dort Bedeutung, wo Bauteile mit geringer Masse und hoher Festigkeit gefordert werden.

Die Verstärkerfaser in einem Faserverbundwerkstoff muss zwei Bedingungen erfüllen, wenn sie ihre Aufgabe optimal erfüllen soll:

- Sie muss höhere Streckgrenze und Festigkeit als die zu verstärkende Matrix aufweisen.
- Sie muss weniger elastisch als die Matrix sein, damit bei der Dehnung des Werkstoffs infolge der Belastung die Faser die Last aufnimmt und die Matrix nur unwesentlich belastet wird.

Die zweite Bedingung wird nicht von allen Werkstoffkombinationen erfüllt. So ist z. B. Beton weniger elastisch als der verstärkende Stahl – bei Zugbelastung reißt darum der Beton vielfach, ehe der Stahl nennenswert beansprucht wurde.

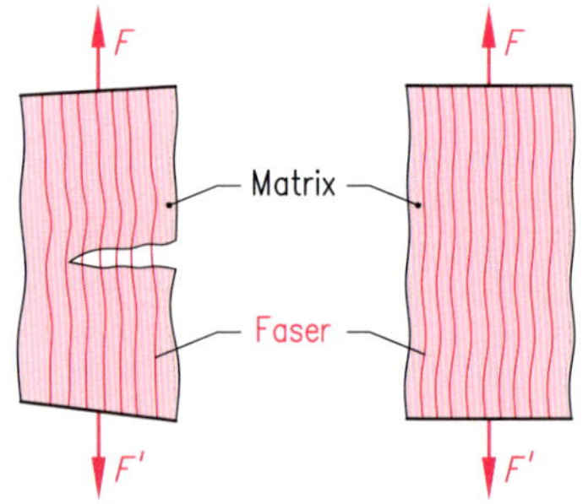

Werkstoffverhalten bei höherer Elastizität der Verstärkungsfaser, z. B. bei Stahl in Beton

Werkstoffverhalten bei höherer Elastizität der Matrix, z. B. Stahl in Gummi

> **!** Bei Faserverbundwerkstoffen soll möglichst
> - die Verstärkungsfaser höhere Festigkeit als die Matrix haben und
> - die Matrix elastischer als der Werkstoff der Verstärkungsfaser sein.

Die Festigkeit ist in Faserrichtung am höchsten. Daher sind hohe Zugfestigkeiten nur dann zu erreichen, wenn die Fasern in Beanspruchungsrichtung ausgerichtet sind.

Entsprechend der Faserrichtung unterscheidet man:

Stränge eine Richtung (unidirektional) | **Gewebe** zwei Richtungen (bidirektional) | **Matten** viele Richtungen (multidirektional)

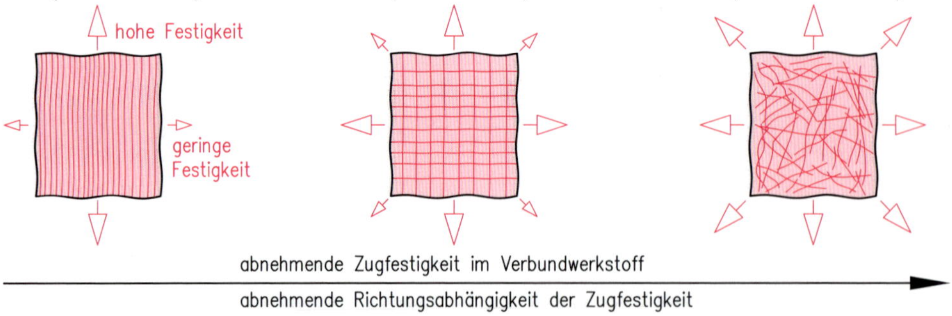

Da die Fasern stets nur einen Bruchteil des Gefüges ausmachen, kann ein Faserverbundwerkstoff nicht die Festigkeit des reinen Faserwerkstoffs erreichen.

> **!** Die Festigkeit eines faserverstärkten Werkstoffs hängt ab
> - von der Festigkeit des Faserwerkstoffs,
> - von der Lage der Fasern zur Beanspruchungsrichtung,
> - vom Faseranteil.

Übungsaufgabe 6/2

Als Faserverbundwerkstoffe verwendet man im Maschinenbau und in der Luftfahrttechnik hauptsächlich Kunststoffe, die mit Glas-, Kohlenstoff- oder hochfesten Kunststofffasern verstärkt sind.

– **Glasfaserverstärkte Kunststoffe (GFK)**

Glasfaserfäden haben etwa 10 µm Durchmesser und eine Zugfestigkeit von 3 000 N/mm². Die Bruchdehnung ist mit 2 % gering. Die Fasern werden durch Ziehen aus der Schmelze hergestellt. 20 bis 60 Fäden fasst man zu einem Spinnfaden zusammen, der wie Textilfaser verarbeitet wird. Für Matten werden die Spinnfäden in etwa 50 mm lange Teilstücke geschnitten.

Als Matrixwerkstoff dient meist ungesättigter Polyester (siehe Kapital Kunststoffe).

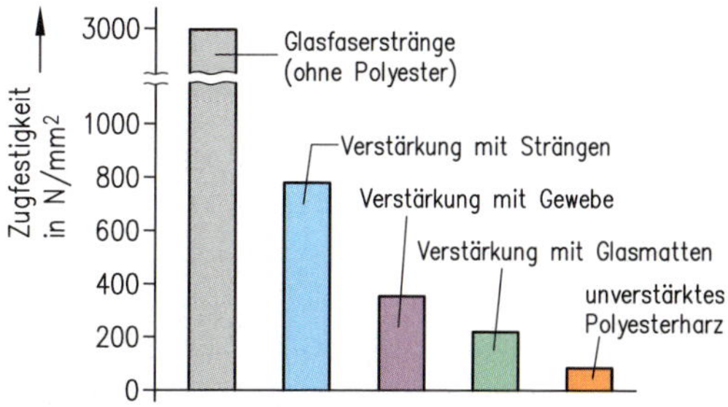

Vergleich der Zugfestigkeiten glasfaserverstärkter Polyester

– **Kohlenstofffaserverstärkte Kunststoffe (CFK)**

Kohlenstofffasern verkörpern die ideale Kristallstruktur, die bei Metallen im großen Maßstab unerreichbar ist. Kohlenstofffasern sind nahezu fehlerlose Einkristalle von großer Länge. Man erzeugt Kohlenstofffasern durch Erhitzen und Umwandeln von langkettigen Kunststoffmolekülen. Bei Kohlenstofffasern können Zugfestigkeiten von bis zu 20 000 N/mm² erreicht werden. Die Zugfestigkeit nimmt jedoch mit steigendem Faserdurchmesser ab. Die Bruchdehnung ist ebenso wie bei Glasfasern mit 2 % sehr gering. Kohlenstofffasern sind im Gegensatz zu Glasfasern sehr teuer. Als Matrixwerkstoff wird durchweg Epoxidharz verwendet (siehe Kapitel Kunststoffe).

! In faserverstärkten Kunststoffen verwendet man als Matrix Polyester oder Epoxidharze.
Als Verstärkungsfaser verwendet man Glasfasern, Kohlenstofffasern oder hochfeste Kunststofffasern.

7 Kunststoffe

Im Maschinenbau haben die Kunststoffe neben den Metallen als Konstruktionswerkstoffe Bedeutung gewonnen. Ihre Anwendung wächst ständig, da die Eigenschaften dieser Werkstoffgruppe sehr leicht den Erfordernissen angepasst werden können.

Wichtige Anwendungen von Kunststoffen im Maschinenbau sind:

- Verkleidungen, Gehäuse;
- Rohrleitungen, Schläuche, Behälter;
- Zahnräder, Riemen, Kupplungen, Lager;
- Dichtungen, Isolierungen;
- Klebstoffe.

Alle Kunststoffe haben gemeinsame Eigenschaften, durch die sie sich von anderen Werkstoffen unterscheiden.

Getriebeteile aus Kunststoff

Eigenschaft	Verwendung	Beispiele
geringe Dichte	Behälterwerkstoff	Flaschenkästen, Eimer, Öltanks
elektrisch nicht leitend	Isolierstoffe	Steckdosen, Handbohrmaschinengehäuse
schlecht wärmeleitend	Wärmedämmstoffe	Heizleitungsisolation, Kühlschrankisolation
schwingungsdämpfend	Schallschutzstoffe	Getriebeteile, Maschinenunterlagen
korrosionsbeständig	Korrosionsschutzwerkstoff	Rohrleitungen, Apparate, Beschichtungen

7.1 Einteilung der Kunststoffe

Kunststoffe sind sehr vielfältig in ihrem Aufbau und ihren Eigenschaften. Darum können diese Werkstoffe unter verschiedensten Gesichtspunkten gegliedert werden, z. B. nach dem *Molekülaufbau*, der *Struktur* und dem *thermischen Verhalten* sowie nach der *Art der Erzeugung*.

7.1.1 Einteilung nach dem Molekülaufbau

Kunststoffe bestehen aus sehr großen Molekülen, von denen jedes aus vielen tausend Atomen gebildet wird. Man nennt diese großen Moleküle **Makromoleküle**. Die Makromoleküle haben die Form von langen Ketten, die auch verzweigt sein können.

Das Grundgerüst der Makromoleküle, die Kette, wird bei Kunststoffen auf Kohlenstoffbasis durch Kohlenstoffatome gebildet. Die meisten Kunststoffe bestehen aus Makromolekülen, in denen Kohlenstoffatome das Grundgerüst bilden.

Bei Kunststoffen auf Siliziumbasis, den Silikonen, bilden Silizium- und Sauerstoffatome das Grundgerüst der Makromoleküle.

Beispiele für den unterschiedlichen Molekülaufbau von Kunststoffen

Kunststoff auf Kohlenstoffbasis:
Polyvinylchlorid (PVC)

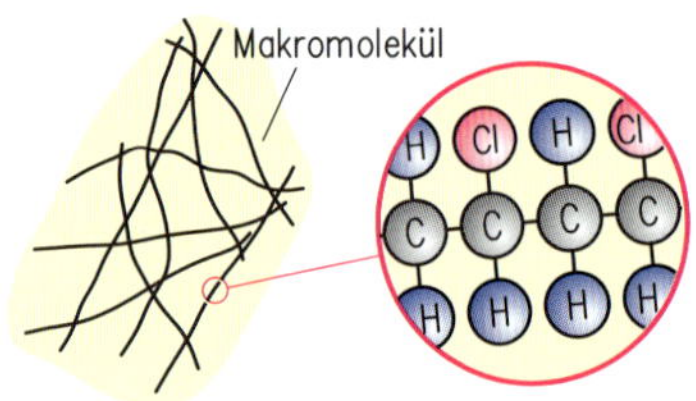

Kunststoff auf Siliziumbasis:
Silikonkautschuk

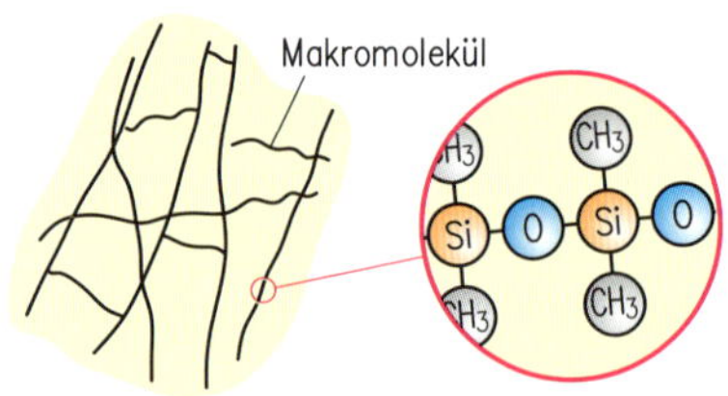

> **!** Die meisten Kunststoffe bestehen aus Makromolekülen mit Kohlenstoffatomen als Grundgerüst. In den Kunststoffen, die als Silikone bezeichnet werden, bilden Silizium- und Sauerstoffatome das Grundgerüst der Makromoleküle.

7.1.2 Einteilung nach der Struktur und dem thermischen Verhalten

Die fadenförmigen Makromoleküle eines Kunststoffs können unvernetzt oder vernetzt sein. Dies bestimmt entscheidend das Verhalten eines Kunststoffs beim Erwärmen.

1. Unvernetzte Makromoleküle

In unvernetzten Kunststoffen liegen die Makromoleküle miteinander verknäult vor. Bei Erwärmen sind die Makromoleküle sehr leicht gegeneinander verschiebbar. Darum sind Kunststoffe mit unvernetzten Makromolekülen in der Wärme schmelzbar und plastisch formbar. Sie werden als **Thermoplaste** bezeichnet (z. B. PVC).

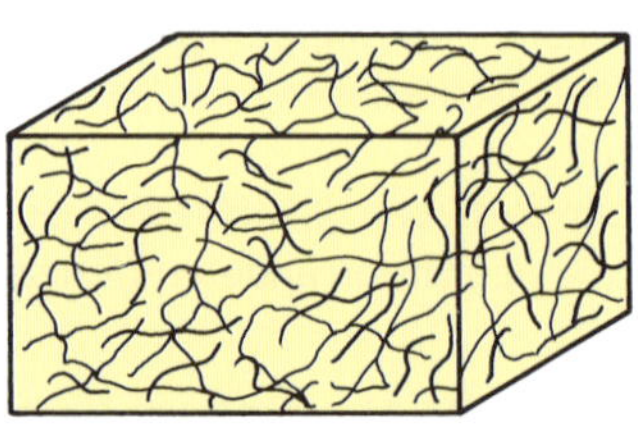

Unvernetzte Makromoleküle

Thermoplastische Kunststoffe können durch Schweißen miteinander verbunden werden. Durch Lösungsmittel, z. B. Aceton, können die unvernetzten Moleküle von Thermoplasten aus ihrem Verband gelöst werden. Darum sind die meisten thermoplastischen Kunststoffe durch Lösungsmittel anlösbar.

> **!** Thermoplastische Kunststoffe bestehen aus unvernetzten Makromolekülen. Thermoplaste sind schmelzbar, im warmen Zustand unformbar, schweißbar und meist unbeständig gegen Lösungsmittel.

Übungsaufgabe 7/5

2. Vernetzte Makromoleküle

In vernetzten Kunststoffen bilden die Makromoleküle infolge chemischer Verknüpfung ein mehr oder weniger dichtes *räumliches Netzwerk*. Die Makromoleküle können auch beim Erwärmen nicht mehr gegeneinander verschoben werden. Darum sind Kunststoffe mit vernetzten Makromolekülen auch nach Erwärmen nicht mehr umformbar.

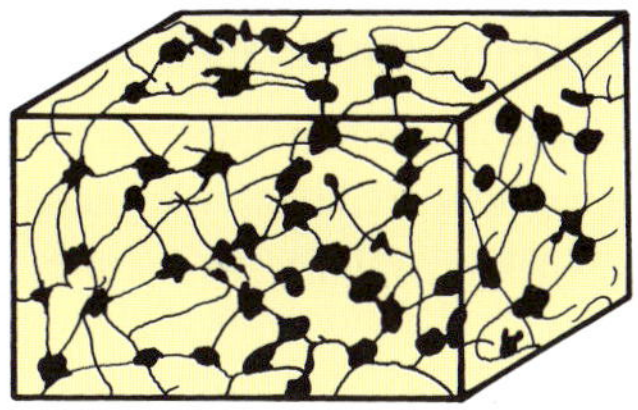

Räumlich vernetzte Makromoleküle

– **Duroplastische Kunststoffe**

Kunststoffe, in denen die Makromoleküle *vernetzt* vorliegen, bleiben auch bei höheren Temperaturen hart und fest. Diese Kunststoffe bezeichnet man als **Duroplaste**.
Bei den Duroplasten können sich die fadenförmigen Makromoleküle nicht gegeneinander verschieben, weil sie in kurzen Abständen verknüpft sind. Man kann Duroplaste auch nicht verschweißen.

Zur Herstellung von Bauelementen liefert der chemische Betrieb diese Kunststoffe als unvernetzte Vorprodukte. Nach der endgültigen Formgebung leitet man die Vernetzung der Makromoleküle meist durch Wärme ein. Diesen Vernetzungsvorgang bezeichnet man auch als Aushärtung.

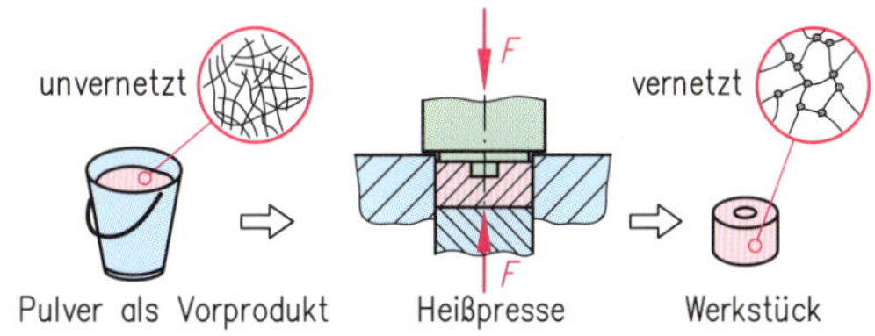

Herstellen eines Bauteils aus Duroplast

> **!** Duroplaste sind Kunststoffe, die aus vernetzten Makromolekülen bestehen.
> Duroplaste sind nach der Aushärtung in der Wärme nicht umformbar und nicht schweißbar.

Elastische Kunststoffe

Kunststoffe, in denen die Makromoleküle in größeren Abständen voneinander vorliegen und dabei weitmaschig vernetzt sind, zeigen auch bei Raumtemperatur gummielastisches Verhalten. Diese Kunststoffe bezeichnet man als **Elaste**.

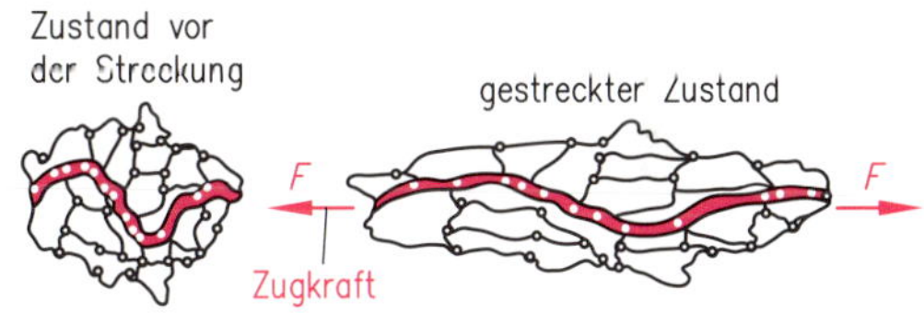

Gummielastisches Verhalten eines Elasts

> **!** Elaste sind Kunststoffe, die aus weitmaschig vernetzten Makromolekülen bestehen. Sie zeigen gummielastisches Verhalten und sind nach der Aushärtung in der Wärme nicht umformbar und nicht schweißbar.

Vergleich des thermischen Verhaltens von Thermoplasten und Duroplasten

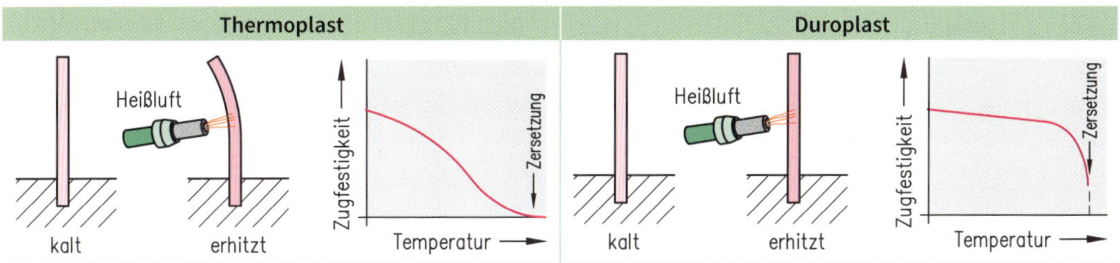

7.2 Erzeugung von Kunststoffen

Die Makromoleküle der Kunststoffe erzeugt man vollsynthetisch durch Verbinden kleiner Moleküle. Die Verfahren, nach denen die kleinen Ausgangsmoleküle zu Makromolekülen verknüpft werden, geben den so erzeugten Kunststoffgruppen ihre Bezeichnung:
Polymerisation → **Polymerisate**, Polykondensation → **Polykondensate**, Polyaddition → **Polyaddukte**.

> **!** Kunststoffe können abgewandelte Naturstoffe oder vollsynthetisch erzeugte Werkstoffe sein. Vollsynthetisch erzeugte Kunststoffe sind Polymerisate, Polykondensate und Polyaddukte.

1. Kunststofferzeugung durch Polymerisation
Bei der Polymerisation werden Makromoleküle aus meist gleichartigen kleinen Molekülen aufgebaut. Diese kleinen Moleküle müssen zwischen zwei Kohlenstoffatomen eine Doppelbindung aufweisen.

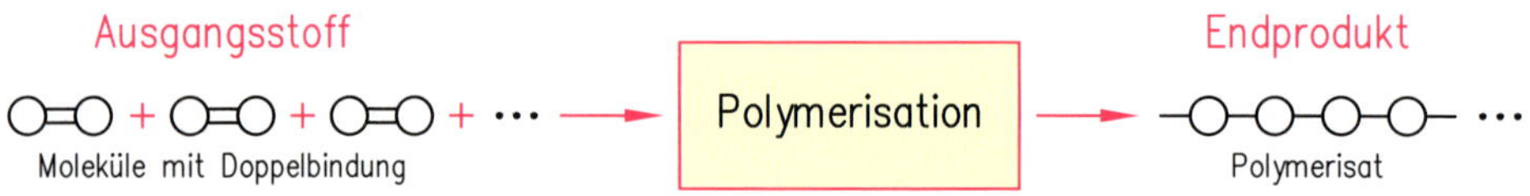

> **!** Kleine Moleküle mit Doppelbindungen zwischen zwei C-Atomen werden durch Polymerisation zu Großmolekülen verknüpft. Es entstehen Polymerisate.

2. Kunststofferzeugung durch Polykondensation
Bei der Polykondensation werden Makromoleküle aus meist verschiedenartigen kleinen Molekülen aufgebaut. Die Bindung der einzelnen Moleküle erfolgt dadurch, dass sich ein Nebenprodukt (Kondensat) abspaltet. Dieses Nebenprodukt ist in vielen Fällen Wasser.

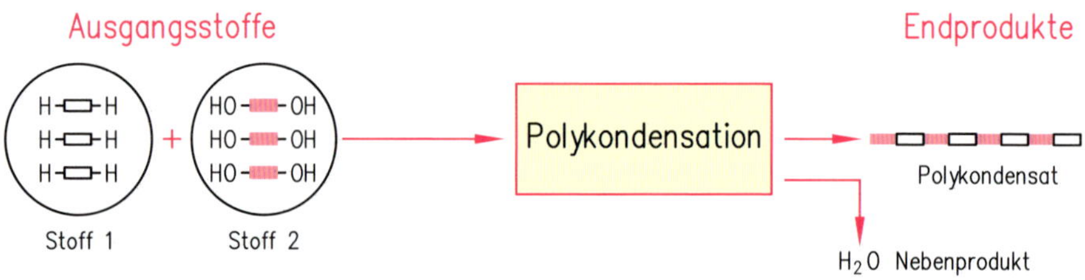

> **!** Kleine Moleküle mit Doppelbindungen zwischen zwei C-Atomen werden durch Polymerisation zu Großmolekülen verknüpft. Es entstehen Polymerisate.

3. Kunststofferzeugung durch Polyaddition
Bei der Polyaddition werden Makromoleküle aus meist verschiedenartigen kleinen Molekülen aufgebaut. Die Bindung der einzelnen Moleküle wird möglich durch Platzwechsel von Wasserstoffatomen von Stoff 1 zu Stoff 2.

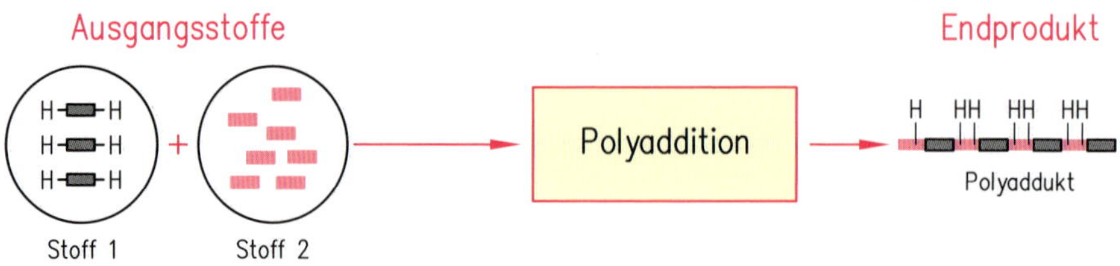

> **!** Kleine Moleküle von zwei verschiedenen Stoffen werden ohne Nebenprodukte zu Großmolekülen durch Polyaddition verknüpft. Es entstehen Polyaddukte.

7.3 Übersicht über wichtige Kunststoffe

	Kunststoff Kurzzeichen	Typische Verwendungen	Weitere Anwendungen Handelsnamen	Eigenschaften	Erkennen des Kunststoffs am Verhalten eines Spans in der Flamme eines Bunsenbrenners
Polymerisate	**Polyethylen** **PE**	 Eimer 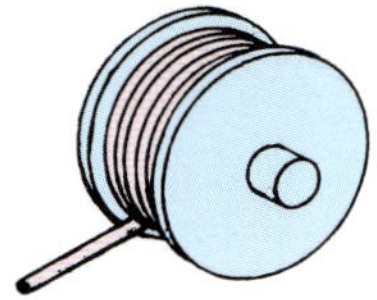 Druckrohre	Haushaltsartikel (Eimer, Wannen, Schüsseln), Schutzhelme, Rohre, Verpackungsfolien, Kabelisolierungen, Hohlkörper, Folien *Handelsnamen:* Hostalen®, Vestolen®, Lupolen®	Dichte: 0,9 g/cm³ Zugfestigkeit: 140 N/mm² Bruchdehnung: bis 500 % chem. Beständigkeit: beständig gegen Säuren, Laugen und organische Lösungsmittel, unbeständig gegen heißes Öl	bläuliche Flamme Geruch nach brennender Kerze schmilzt brennende Tropfen fallen ab, dabei gelbe Flamme
	Polyvinylchlorid **PVC**	 Dachrinnen u. Abwasserrohre  Fensterrahmen u. Rolläden	Fußbodenbeläge, Kunstleder, Vorhänge, Stiefel, Rohre, Platten, Flaschen, Folien, Apparate *Handelsnamen:* Vestolit®, Hostalit®, Skai®, Pegulan®	Dichte: 1,4 g/cm³ Zugfestigkeit: 60 N/mm² Bruchdehnung: bis 100 % chem. Beständigkeit: unbeständig gegen organische Lösungsmittel	grünliche Flamme brennt schlecht stechender Geruch nach Salzsäure erlischt außerhalb der Flamme
	Polystyrol **PS**	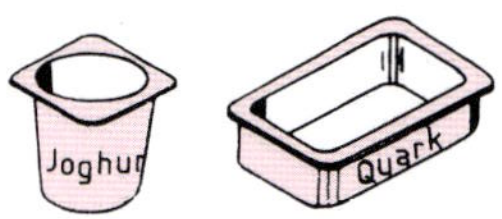 Behälter für Molkereiprodukte  Isolierplatten aus Hartschaum	Isolierteile für Elektrotechnik, Werkzeuggriffe, billige Haushaltsartikel, kleine Behälter, Einwegverpackungen, Isolierungen *Handelsnamen:* Luran®, Hostyren®, Vestyran®, Styropor®	Dichte: 1,05 g/cm³ Zugfestigkeit: 65 N/mm² Bruchdehnung: 3,5 % chem. Beständigkeit: unbeständig gegen organische Lösungsmittel	gelbe Flamme süßlicher Geruch stark rußend schmilzt beim Brennen
Polyaddukte	**Polyurethan** **PU**	 Härter Zweikomponentenlacke 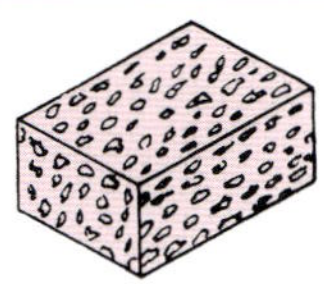 Polsterschäume	Kleber, Dichtungen, Zahnräder, Treibriemen, Textilfasern, Lacke *Handelsnamen:* Desmodur-Desmophen®, Moltopren®, Vulkollan®	Dichte: 1,21 g/cm³ Zugfestigkeit: 50 N/mm² Bruchdehnung: 80 % chem. Beständigkeit: unlöslich in organischen Lösungsmitteln	gelbliche Flamme stechender Geruch verkohlt an der Brennfläche
	Epoxidharz **EP**	 Zweikomponentenkleber 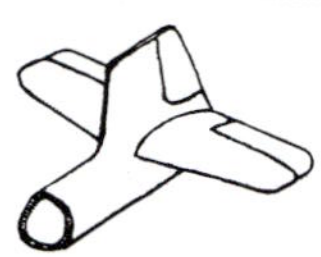 Leitwerk von Sportflugzeug (glasfaserverstärkt)	hochfeste, glasfaserverstärkte Konstruktionsteile, Gießereimodelle, abriebfeste Anstrichstoffe *Handelsnamen:* Lekutherm®, Epoxin®, Araldit®, UHU-plus®	Dichte: 1,3 g/cm³ Zugfestigkeit: 50 N/mm² Bruchdehnung: 0,7 % chem. Beständigkeit: unlöslich in organischen Lösungsmitteln	hellorangefarbige, bläulich gesäumte Flamme rußend phenolartiger Geruch

	Kunststoff Kurzzeichen	Typische Verwendungen	Weitere Anwendungen	Eigenschaften	Erkennen des Kunststoffs am Verhalten eines Spans in der Flamme eines Bunsenbrenners
Polykondensate	**Polyester PETP**	 Seile  Textilfasern	Lagerschalen, Schaltergehäuse, Kontaktabdeckungen, Folien *Handelsnamen:* Diolen®, Trevira®, Dacron®, Hostaphan®	Dichte: 1,8 g/cm³ Zugfestigkeit: 150 N/mm² Bruchdehnung: 40 % chem. Beständigkeit: unlöslich in den meisten Lösungsmitteln	zusammenschmelzend süßlicher Geruch brennt außerhalb der Flamme weiter
	glasfaser-verstärkter Polyester UP	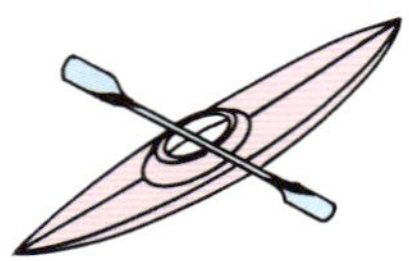 Boote 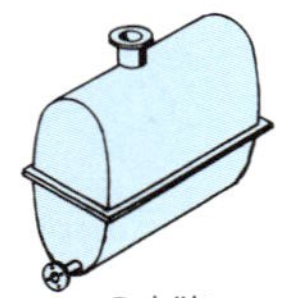 Behälter	Abdeckungen, lichtdurchlässige Verkleidungen, Angelruten *Handelsnamen:* Leguval®, Palatal®, Polyleit®, Vestopal®	Dichte: 1,9 g/cm³ Zugfestigkeit: bis 800 N/mm² Bruchdehnung: 3 % chem. Beständigkeit: unlöslich in organischen Lösungsmitteln	gelbliche Flamme süßlicher Geruch starke Rußentwicklung
	Polyamide PA	 Bohrmaschinen-gehäuse 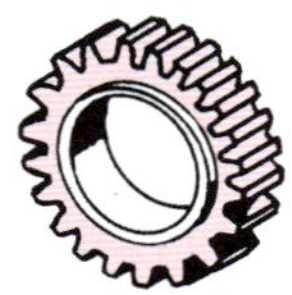 Zahnräder	Füllhalter, Schutzhelme, Rollen, Bürsten, Angelschnüre, Textil-fasern, Lagerschalen *Handelsnamen:* Supramid®, Ultramid®, Vestamid®	Dichte: 1,15 g/cm³ Zugfestigkeit: 85 N/mm² Bruchdehnung: bis 200 % chem. Beständigkeit: unbeständig gegen starke Säuren und Laugen, beständig gegen Öl und Benzin	bläuliche Flamme Geruch nach Horn bräunlich anschmelzend zieht Tropfen
	Aminoplaste MF u. a.	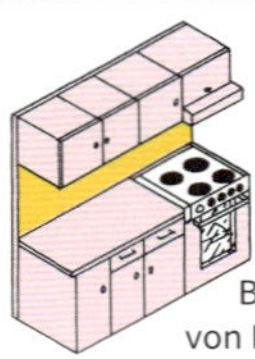 Beschichtungen von Küchenmöbeln 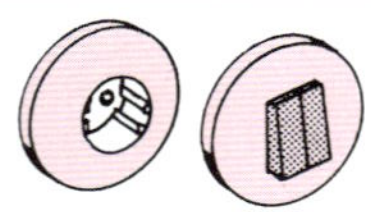 Steckdose Schalter Isolierteile	Telefongehäuse, Camping-geschirr, Küchenmaschinengehäuse, Toilettendeckel *Handelsnamen:* Albamit®, Getalit®, Resopal®	Dichte: 1,5 g/cm³ Zugfestigkeit: 40 N/mm² Bruchdehnung: 0,5 % chem. Beständigkeit: beständig gegen schwache Säuren und Laugen sowie gegen organische Lösungsmittel	brennt schlecht Material verkohlt unter knackendem Geräusch fischartiger Geruch
	Pheno-plaste PF	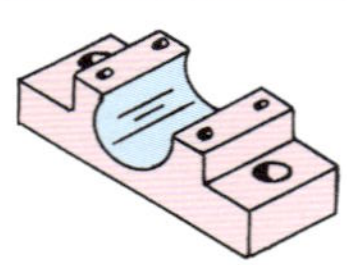 Lagerschale aus Schichtpressstoffen 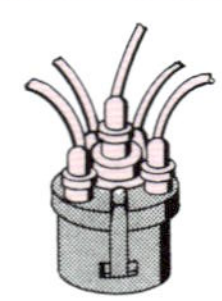 Zündverteiler im Kfz	Zahnräder, Schichtholz, Isolierplatten, Bedienungs-knöpfe *Handelsnamen:* Bakelit®, Pertinax®	Dichte: 1,3 g/cm³ Zugfestigkeit: bis 250 N/mm² Bruchdehnung: 1 % chem. Beständigkeit: beständig gegen schwache Säuren und Laugen sowie organische Lösungsmittel	gelbe Flamme Material brennt schwer platzt knackend Phenolgeruch

8 Werkstoffprüfung

Damit die verschiedenen Eigenschaften der Werkstoffe erfasst werden können, sind viele Prüfverfahren entwickelt worden.

- **Mechanische Prüfverfahren** dienen der Ermittlung von Festigkeitskennwerten des Werkstoffs. Besonders wichtig unter diesen Prüfverfahren sind die Prüfung der Zugfestigkeit und der Härte.
- **Technologische Prüfverfahren** dienen zur Ermittlung des Werkstoffverhaltens bei der Verarbeitung. Wichtige technologische Prüfverfahren sind die Verfahren zur Prüfung der Umformbarkeit.
- **Metallografische Prüfverfahren** geben Auskunft über das Gefüge der Werkstoffe.
- **Zerstörungsfreie Prüfverfahren** dienen zur Fehlersuche an fertigen Werkstücken.

8.1 Mechanische Prüfverfahren

8.1.1 Zugversuch

Der Zugversuch nach DIN EN ISO 6892 ist einer der wichtigsten Versuche zur Prüfung von Metallen. Man ermittelt im Zugversuch das Werkstoffverhalten unter Zugbeanspruchung. Dabei werden als wichtige Werkstoffkennwerte die Zugfestigkeit, die Streckgrenze und die Dehnbarkeit des Werkstoffs festgestellt.
Als Proben für den Zugversuch werden genormte Rund- oder Flachproben verwendet. Ausschnitte aus dickwandigen Werkstücken und Gussteilchen werden zu Rundproben gedreht. Aus Blechen werden Flachproben gefertigt.

Für die Probenabmessung gilt:

- Rundproben $L_0 = 5 \cdot d_0$
- Flachproben $L_0 = 5 \cdot 1{,}13 \cdot \sqrt{S_0}$

d_0 Anfangsdurchmesser
L_0 Anfangsmesslänge
S_0 Anfangsquerschnitt

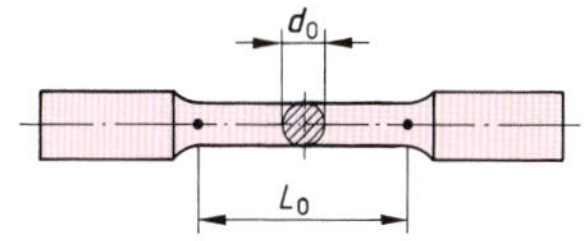

Rundprobe

Diese Werkstoffproben werden auf einer Zugprüfmaschine einer stetig wachsenden Belastung ausgesetzt. Als Prüfmaschinen verwendet man meist Universalprüfmaschinen, die neben dem Zugversuch auch die Durchführung von Biege-, Scher- und Druckversuchen erlauben.
Die Aufbringung der Prüfkraft auf die Zugprobe erfolgt hydraulisch, wobei die jeweils wirkende Kraft durch einen Kraftmesser angezeigt wird. Ein Schreibgerät zeichnet die Verlängerung der Probe in Abhängigkeit von der wirkenden Kraft auf. Es entsteht ein **Kraft-Verlängerungs-Schaubild**.

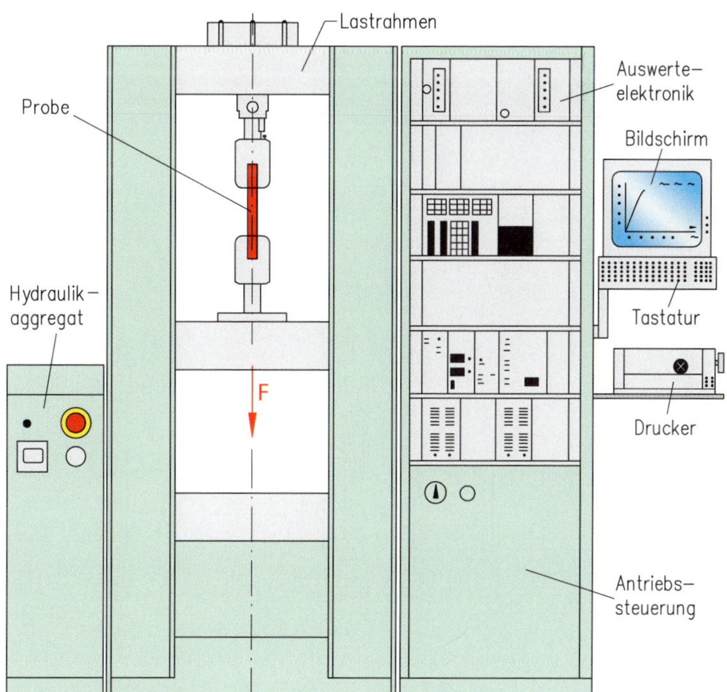

Universal-Prüfmaschine

Durch die Umrechnung der Kraft- und Verlängerungswerte ergibt sich das Spannungs-Dehnungs-Schaubild des geprüften Werkstoffs. Dieses Diagramm zeigt das Verhalten eines Werkstoffs unter Zugbelastung. Aus dem **Spannungs-Dehnungs-Schaubild** können wichtige Kennwerte des Werkstoffs entnommen werden. Im Zugversuch ist die **Spannung** (σ) das Verhältnis zwischen Zugkraft und Anfangsquerschnitt der Probe.

$$\text{Spannung} = \frac{\text{Zugkraft}}{\text{Anfangsquerschnitt}} \qquad \sigma = \frac{F}{S_0}$$

Die **Dehnung** (ε) ist die prozentuale Längenänderung bezogen auf die Anfangsmesslänge.

$$\text{Dehnung} = \frac{\text{Verlängerung}}{\text{Anfangsmesslänge}} \qquad \varepsilon = \frac{L - L_0}{L_0} \cdot 100\,\%$$

1. Spannungs-Dehnungs-Schaubild eines unlegierten Baustahls

Unlegierte Baustähle werden in Konstruktionen verwendet. Sie werden nach ihrem Verhalten unter Zugbelastung beurteilt.

Die Spannungs-Dehnungs-Kurve eines unlegierten Baustahls zeigt folgenden Verlauf:

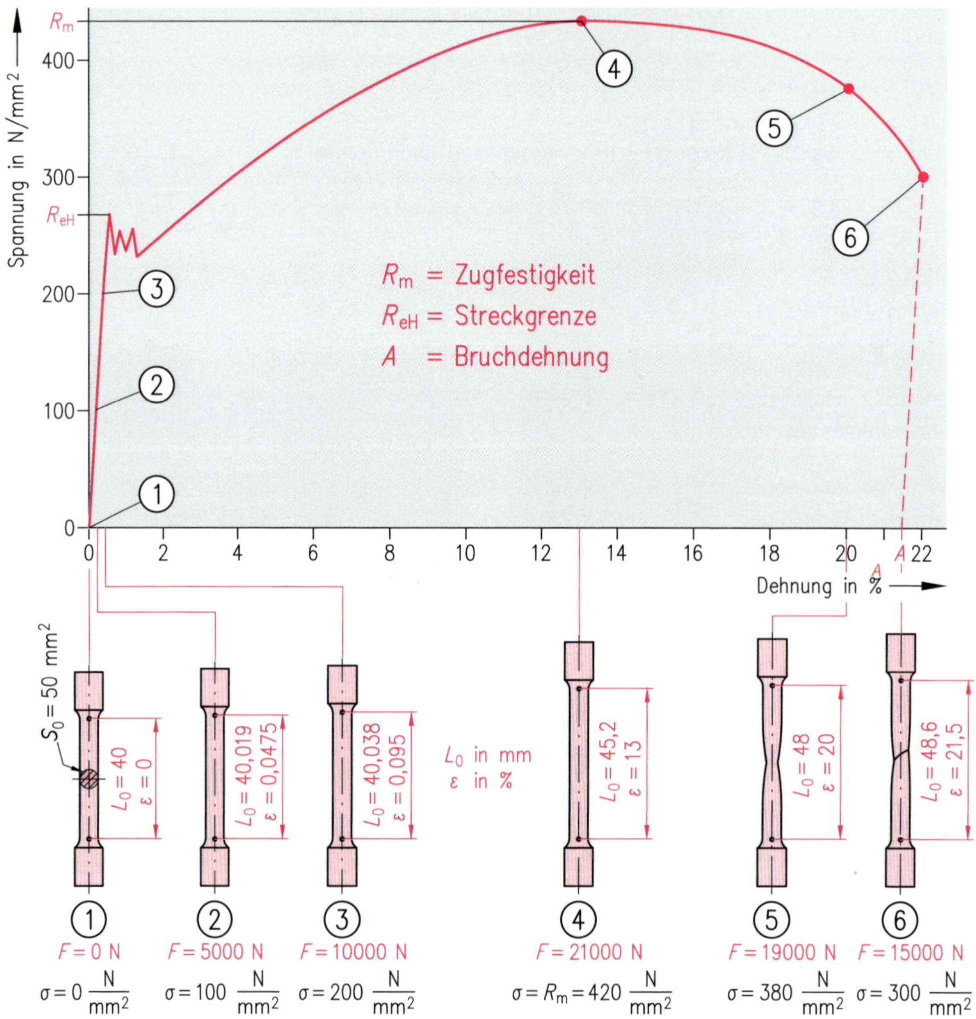

2. Wichtige Bereiche und Kennwerte

Die zeichnerische Darstellung des Spannungs-Dehnungs-Verlaufs zeigt im Anfangsbereich eine ansteigende Gerade. Spannung und Dehnung sind hier einander proportional. Der Werkstoff verhält sich in diesem Bereich **elastisch**.

- Die **Streckgrenze** (R_{eH}) ist die Spannung, bei der erstmals eine plastische Verformung ohne Anstieg der Belastung auftritt. Bei gut dehnbaren Werkstoffen wird die in Bauteilen zulässige Spannung aus der Streckgrenze berechnet.
- Die **Zugfestigkeit** (R_m) ist die höchste Spannung, die der Werkstoff im Zugversuch ertragen hat. Bei spröden Werkstoffen wird die in Bauteilen zulässige Spannung aus der Zugfestigkeit berechnet.

$$\text{Spannung} = \frac{\text{größte Zugkraft}}{\text{Anfangsquerschnitt}} \qquad R_m = \frac{F_m}{S_0}$$

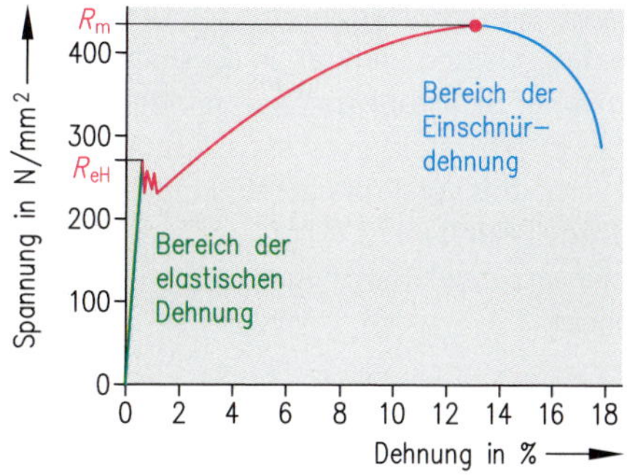

Spannungs-Dehnungs-Diagramm eines unlegierten Baustahls

Nach Erreichen der Zugfestigkeit schnürt die Probe an einer Stelle ein, dadurch fällt die Spannung bis zum Bruch ab.

- Die **Bruchdehnung** (A) ist die bleibende Längenänderung nach dem Bruch bezogen auf die Anfangsmesslänge.
  Die Längenänderung wird nicht aus dem Diagramm entnommen, sondern an den zusammengelegten Probenteilen ermittelt.

$$\text{Bruchdehnung} = \frac{\text{Verlängerung}}{\text{Anfangsmesslänge}} \cdot 100\,\%$$

$$A = \frac{L_u - L_0}{L_0} \cdot 100\,\%$$

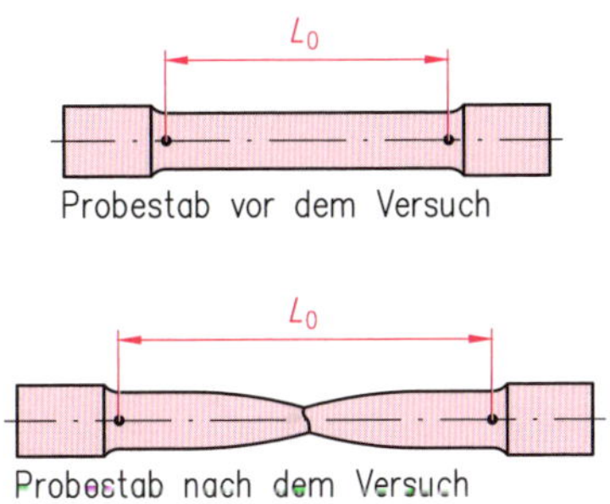

Die Bruchdehnung dient zur Beurteilung der Verformungsfähigkeit eines Werkstoffs.

> **!** Wichtige Kennwerte des Zugversuchs sind:
> • Streckgrenze, • Zugfestigkeit, • Bruchdehnung.

8.1.2 Härteprüfung

Neben dem Zugversuch ist die Prüfung der Werkstoffe auf ihre Härte ein wichtiges Prüfverfahren metallischer Werkstoffe.

> **!** Als Härte bezeichnet man den Widerstand, den ein Werkstoff dem Eindringen eines Körpers in seine Oberfläche entgegensetzt.

Die Ergebnisse von Härteprüfungen sind wichtig, um zum Beispiel:

- Anhaltswerte für die richtige Wahl des Werkstoffs von Werkzeugen für die spanende Bearbeitung zu finden,
- den Erfolg einer Wärmebehandlung an Werkstoffen zu kontrollieren,
- in der automatisierten Fertigung Werkstücke mit ungeeigneter Härte zu ermitteln und von der Weiterverarbeitung auszuschließen.

Bei der Härteprüfung erhält man Werte über die Härte eines Werkstoffs, die lediglich Vergleichswerte darstellen. Sie können nicht als Grundlage zur Berechnung von Konstruktionen verwendet werden. Die durch verschiedene Härteprüfverfahren erhaltenen Werte sind nur bedingt miteinander vergleichbar.

Übungsaufgaben 8/2 bis 8/6

1. Härteprüfung nach Brinell (DIN EN ISO 6506)

Die Härteprüfung nach Brinell dient zur Bestimmung der Härte von

- weichen Werkstoffen, z. B. unlegiertem Baustahl, Aluminiumlegierungen und
- Werkstoffen mit ungleichmäßigem Gefüge, z. B. Gusseisen.

Bei dem Härteprüfverfahren nach Brinell wird eine gehärtete Stahlkugel oder eine Hartmetallkugel mit einer festgelegten Prüfkraft in die Oberfläche des zu prüfenden Werkstücks gedrückt.
Nach einer Belastungszeit von mindestens zehn Sekunden wird der Durchmesser *d* des bleibenden Eindrucks im Werkstück gemessen. Aus diesem Durchmesser wird die Oberfläche des Eindrucks bestimmt.
Das Verhältnis von Prüfkraft zur Eindruckoberfläche multipliziert mit dem Faktor 0,102 bezeichnet man als die Brinell-Härte.
Bei Einsatz einer Hartmetallkugel wird der Härtewert mit **HBW**, bei einer Stahlkugel mit **HBS** gekennzeichnet.

$$HB = 0{,}102 \cdot \frac{F}{A} \qquad HB = 0{,}102 \cdot \frac{2\,F}{D \cdot \pi \left(D - \sqrt{D^2 - d^2}\right)}$$

F Prüfkraft in N
A Oberfläche des bleibenden Eindrucks in mm^2
D Durchmesser der Prüfkugel in mm
d Durchmesser des Eindrucks in mm
(In die Gleichungen werden nur die Zahlenwerte ohne Einheiten eingesetzt.)

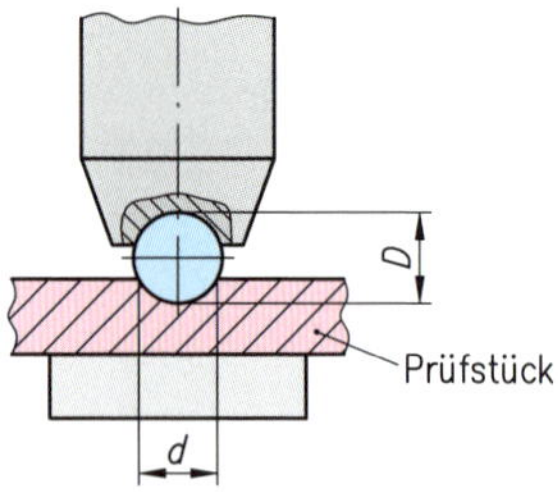

Härteprüfung nach Brinell (Schema)

! Die Brinell-Härte eines Werkstoffs ergibt sich aus dem Verhältnis von Prüfkraft zur Eindruckoberfläche, die von einer Prüfkugel erzeugt wurde.

Die Zugfestigkeit allgemeiner Baustähle lässt sich näherungsweise aus der Brinell-Härte errechnen.

$$R_m \approx 3{,}5 \cdot HB \text{ in N/mm}^2$$

Beispiel für die Berechnung der Zugfestigkeit aus dem HBS-Wert
gemessene Härte: 200 HBS
Zugfestigkeit $R_m \approx 3{,}5 \cdot 200 \text{ N/mm}^2$
$\mathbf{R_m \approx 700 \cdot N/mm^2}$

2. Härteprüfung nach Vickers (DIN EN ISO 6507)

Die Härteprüfung nach Vickers dient zur Prüfung harter und gleichmäßig aufgebauter Werkstoffe.
Dieses Verfahren wird auch zur Härteprüfung an dünnwandigen Werkstücken und Randzonen eingesetzt. Bei der Härteprüfung nach Vickers wird eine Diamantpyramide mit einer festgelegten Prüfkraft in das Werkstück eingedrückt. Aus den Diagonalen *d* des bleibenden Eindrucks wird die Eindruckoberfläche errechnet.

Das Verhältnis von Prüfkraft und Eindruckoberfläche ergibt mit dem Faktor 0,102 multipliziert die Vickers-Härte (HV).

$$HV = \frac{0{,}102 \cdot F}{A} = \frac{0{,}1891 \cdot F}{d^2}$$

F Zahlenwert der Prüfkraft in N
A Zahlenwert der Oberfläche des bleibenden Eindrucks in mm^2
d Zahlenwert der Länge der Eindruckdiagonale in mm

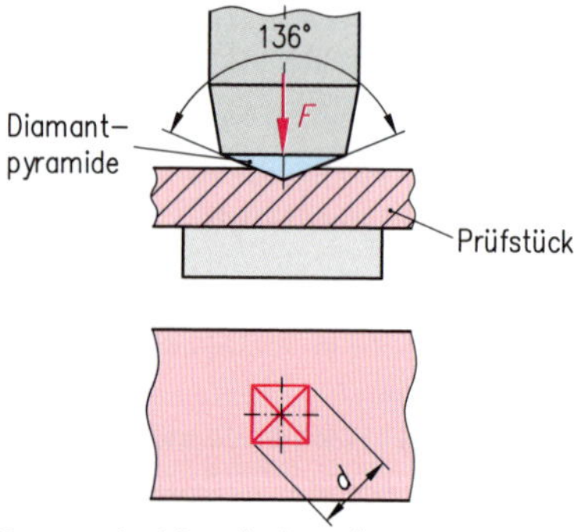

Härteprüfung nach Vickers (Schema)

! Die Vickers-Härte ergibt sich aus dem Verhältnis von Prüfkraft zu Eindruckoberfläche, die durch einen pyramidenförmigen Prüfkörper aus Diamant erzeugt wurde.

3. Härteprüfung nach Rockwell-C (DIN EN ISO 6508)

Die Härteprüfung nach dem Rockwell-C-Verfahren dient zur Bestimmung der Härte bei sehr harten Werkstoffen. Als Prüfkörper wird ein Diamantkegel verwendet. Mit einer festgelegten Prüfkraft wird dieser Kegel in die Oberfläche des zu prüfenden Werkstücks eingedrückt. Die Eindringtiefe des Diamantkegels ist ein Maß für die Härte des Werkstoffs. Eine Messuhr, die mit dem Prüfgerät verbunden ist, misst die Eindringtiefe. Auf der Skala der Uhr kann man die Härtewerte in Rockwell-Einheiten (HRC) unmittelbar ablesen.

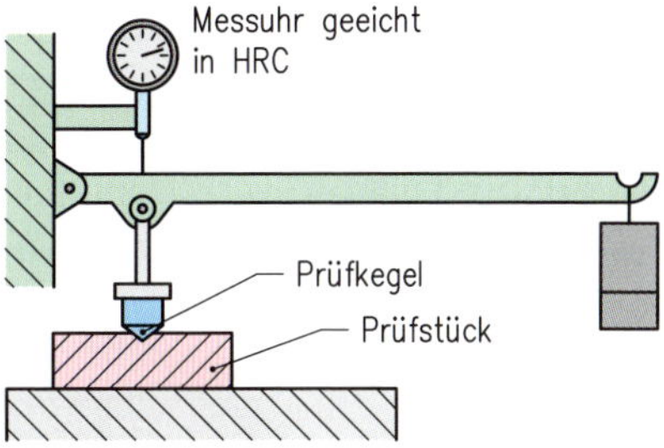

Schema der HRC-Prüfung

> ! Die Rockwell-Härte HRC eines Werkstoffs ergibt sich aus der Eindringtiefe eines kegelförmigen Prüfkörpers aus Diamant.

8.1.3 Kerbschlag-Biegeversuch

Der Kerbschlag-Biegeversuch nach DIN EN ISO 148 dient zur Beurteilung der Zähigkeit eines Werkstoffs. Der Versuch liefert keinen Kennwert für die Festigkeitsberechnung.

Beim Versuch wird eine sorgfältig gekerbte Probe, die zwischen zwei Widerlagern liegt, auf einem Pendelschlagwerk mit einem einzigen Schlag entweder durchgebrochen oder durch die Widerlager gezogen. Die dabei verbrauchte Schlagarbeit ist die **Kerbschlagarbeit**. Die Kerbschlagarbeit (K) in Joule, im Zusammenhang mit der Angabe der verwendeten Probe, ist der im Kerbschlag-Biegeversuch ermittelte Kennwert eines Werkstoffs.

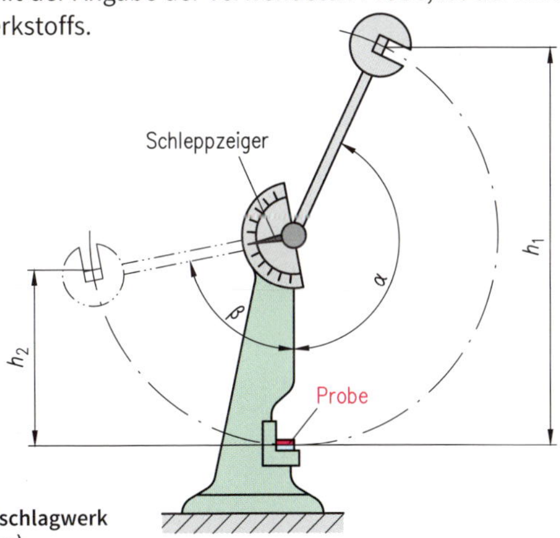

Pendelschlagwerk (Schema)

$$K = F_G \cdot (h_1 - h_2)$$

K Kerbschlagarbeit
F_G Gewichtskraft des Hammers
h_1 Fallhöhe
h_2 Steighöhe

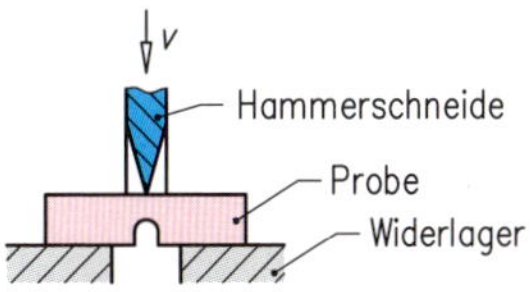

Auftreffen der Hammerschneide auf die Probe

Je nach Temperatur verhält sich ein Werkstoff zäh oder spröde. Mit Kerbschlagbiegeversuchen bei unterschiedlichen Temperaturen ermittelt man die Übergangstemperatur zwischen zähem und sprödem Verhalten unter den Versuchsbedingungen.

In der Praxis verlangt man, dass ein Werkstoff auch unterhalb der minimalen Einsatztemperatur noch eine wesentliche Kerbschlagarbeit K aufweist.

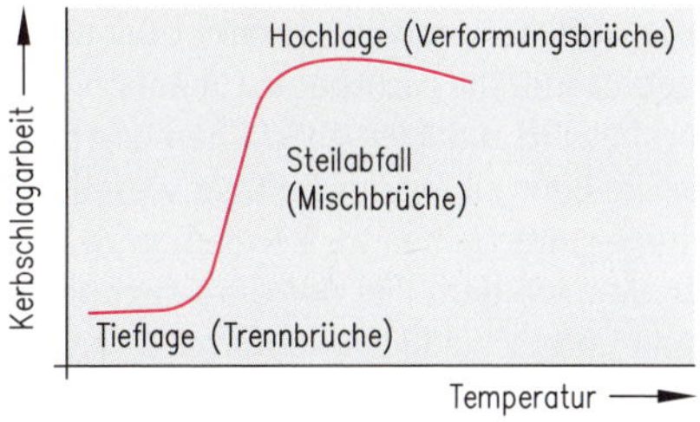

Kerbschlagarbeit in Abhängigkeit von der Prüftemperatur bei unlegiertem Baustahl S235JR

> ! Der Kerbschlag-Biegeversuch dient zur Beurteilung der Zähigkeit eines Werkstoffs.

8.2 Technologische Prüfverfahren

Technologische Prüfverfahren untersuchen das Verhalten der Werkstoffe bei der Verarbeitung. Demzufolge sind die Prüfverfahren sehr zahlreich. Die meisten von ihnen sind genormt.

8.2.1 Ausbreitprobe

Die Ausbreitprobe dient zur Ermittlung der Schmiedbarkeit eines Werkstoffs. Ein Flachstab wird bei Schmiedetemperatur so weit ausgeschmiedet (ausgebreitet), bis Risse an den Kanten auftreten. Ein gut schmiedbarer Werkstoff soll auf das Doppelte bis Dreifache der Ausgangsbreite ausschmiedbar sein.

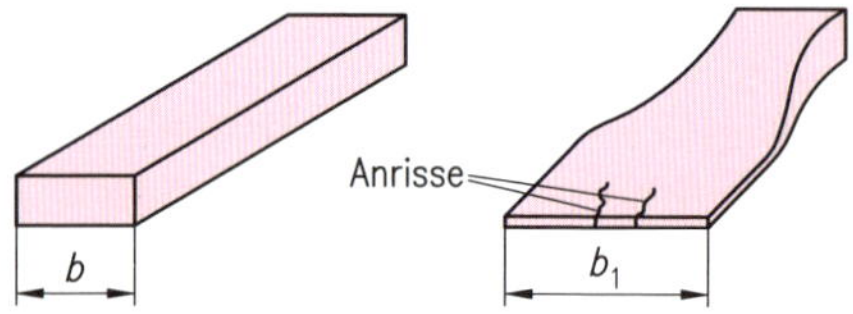

Ausbreitprobe

8.2.2 Biegeversuch

Der Biegeversuch nach DIN EN ISO 7438 dient zur Ermittlung der Faltbarkeit eines Werkstoffs. Dabei wird eine Probe stetig bis zum Auftreten von Rissen gebogen. Der Winkel, bei dem die ersten Risse auf der Zugseite auftreten, ist ein Maß für die Faltbarkeit eines Werkstoffs. Gut faltbare Werkstoffe sollen sich ganz zusammenfalten lassen.

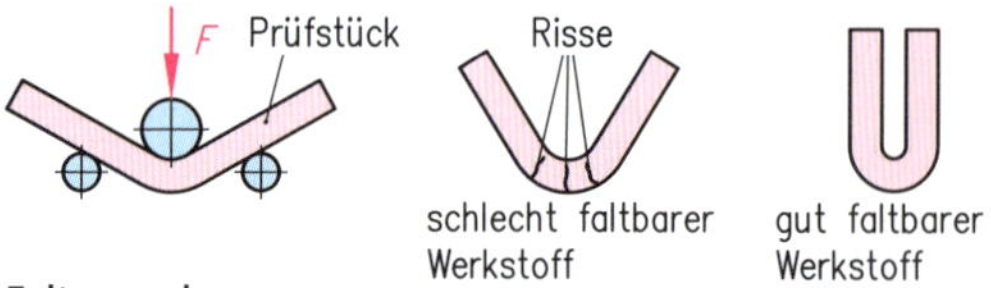

Faltversuch

8.2.3 Tiefungsversuch nach Erichsen

Der Tiefungsversuch nach DIN EN ISO 20482:2014-03 dient zur Ermittlung der Tiefziehfähigkeit von Blechen. Dabei wird das Probeblech mithilfe einer Stahlkugel von 20 mm Durchmesser in einer Matrize so lange getieft, bis der erste Riss auftritt. Die Tiefung bis zu diesem Anriss dient zur Beurteilung des Werkstoffs.

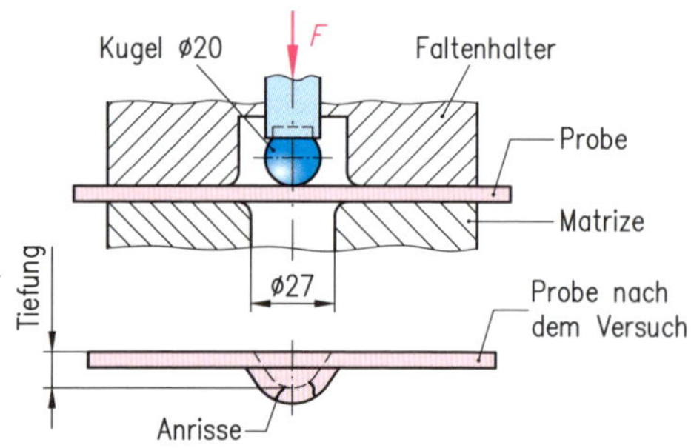

Tiefungsversuch nach Erichsen

! In technologischen Prüfverfahren wird das Verhalten des Werkstoffs bei der Verarbeitung untersucht.

8.3 Metallografische Prüfverfahren

Bei der metallografischen Prüfung wird das Gefüge des Werkstoffs sichtbar gemacht, um Aufschluss über Gefügeaufbau und Gefügefehler zu erhalten.

Durch die Metallmikroskopie ist es möglich, das Gefüge einer Werkstoffprobe insgesamt oder nur einzelne Gefügebestandteile sichtbar zu machen. Die Werkstoffprobe wird zunächst geschliffen und poliert. Um die für die Beurteilung des Gefüges wesentlichen Bestandteile untersuchen zu können, wird der Schliff geätzt. Je nach dem Ziel der Untersuchung verwendet man unterschiedliche Ätzmittel. Das Gefüge von Stählen und die Korngrenzen von reinen Metallen werden z. B. mit einer 1%igen Salpetersäure geätzt. Einzelne Gefügebestandteile können auch durch entsprechende Beleuchtung, z. B. durch schräg einfallendes oder farbiges Licht, hervorgehoben werden.

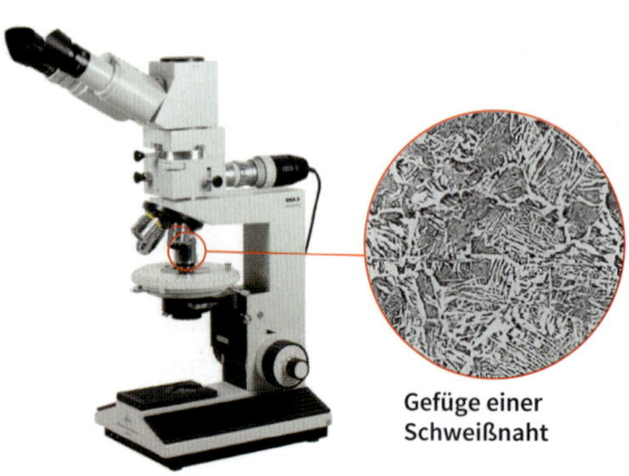
Gefüge einer Schweißnaht

Lichtmikroskop zur Metalluntersuchung

8.4 Zerstörungsfreie Prüfverfahren

Ein fertiges Werkstück kann versteckte Fehler wie Lunker, Risse oder Schlackeneinschlüsse aufweisen. Die Fehler können bei einer Verwendung des Werkstücks zu Gefahrenquellen für Menschen und Geräte werden. Es ist Aufgabe der zerstörungsfreien Werkstoffprüfung, solche Fehler ohne Beschädigung des Bauteils ausfindig zu machen.

8.4.1 Prüfung mit Röntgenstrahlen

Röntgenstrahlen sind wie das sichtbare Licht elektromagnetische Wellen. Die Wellenlänge der Röntgenstrahlen beträgt jedoch nur 1/10 000 der Wellenlänge des sichtbaren Lichts. Deshalb sind Röntgenstrahlen unsichtbar. Sie durchdringen jedoch lichtundurchlässige Körper und schwärzen dahinter befindliche Filme. **Röntgenstrahlen sind sehr schädlich für den menschlichen Organismus.** Darum sind bei der Anwendung umfangreiche Sicherheitsbestimmungen zu beachten.

Mithilfe der Röntgenstrahlen werden in der zerstörungsfreien Werkstoffprüfung Schlackeneinschlüsse, Gasblasen, Lunker und andere größere Werkstofffehler sichtbar gemacht. Das zu prüfende Werkstück wird zwischen eine Röntgenröhre und einen Film gebracht. Die Röntgenstrahlen werden durch die Werkstoffehler weniger abgeschwächt als durch das fehlerfreie Metall. Die Strahlen schwärzen darum den Film hinter dem Fehler stärker als an den anderen Stellen. Damit werden die Werkstofffehler auf dem Film deutlich.

Ähnlich verfährt man bei der Werkstoffprüfung mit Gammastrahlen. Hier sendet jedoch statt einer Röhre ein radioaktiver Stoff ständig Strahlen aus.

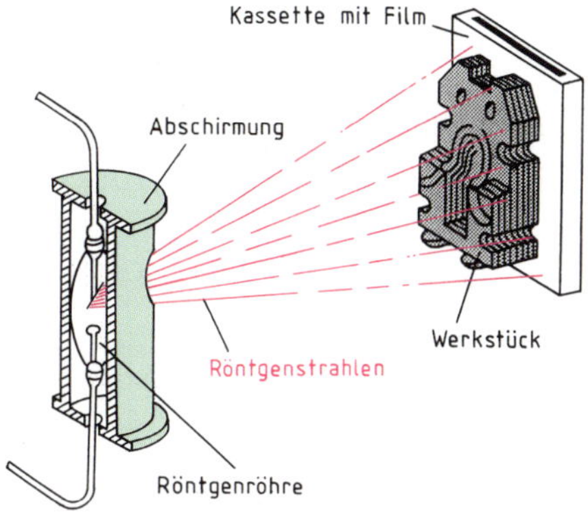

Prüfung eines Zylinderkopfs mit Röntgenstrahlen

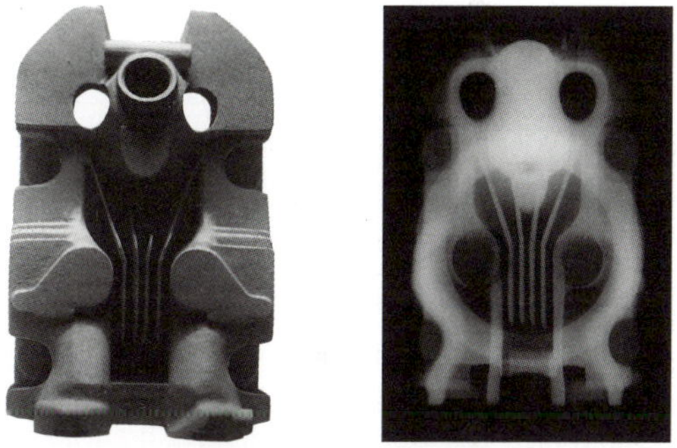

Foto und Röntgenbild eines Zylinderkopfs

> ! Mithilfe von Röntgenstrahlen können Werkstofffehler wie Lunker, Schlackeneinschüsse u. a. in Werkstoffen aller Art aufgespürt werden.

8.4.2 Prüfung mit Magnetpulver

Mit dem Magnetpulver-Prüfverfahren können Risse, Lunker und andere Fehlerstellen, die dicht unter der Oberfläche von Werkstücken aus Stahl liegen, erkannt werden.

Bei diesem Verfahren wird das Werkstück durch einen Elektromagneten magnetisiert. Die magnetischen Feldlinien, welche das Werkstück durchdringen, stoßen an den Fehlerstellen auf einen Widerstand, den sie außerhalb des Werkstücks umgehen. Eisenpulver, das mit Petroleum auf das Prüfstück geschlämmt wird, haftet infolge der austretenden Feldlinien an der Fehlerstelle. Dadurch ist die Fehlerstelle erkennbar.

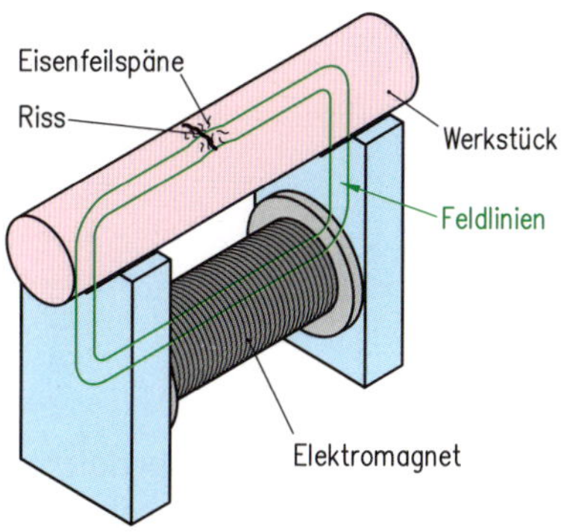

Magnetpulverprüfung

> ! Mithilfe der Magnetpulverprüfung können Werkstoffehler in der Nähe der Oberfläche von ferromagnetischen Werkstoffen aufgespürt werden.

8.4.3 Prüfung mit Kapillarverfahren

Viele Flüssigkeiten steigen aufgrund von Anhaftkräften (Adhäsionskräften) und Kräften in der Oberfläche (Oberflächenspannung) in engen Spalten hoch. Man nennt enge Röhren Haarröhrchen oder Kapillare und spricht entsprechend von Kapillarwirkung.

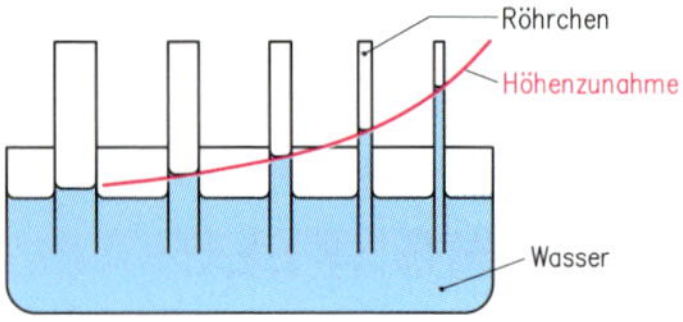

Kapillarwirkung

Bei allen Kapillarverfahren wird zunächst eine meist rote Kapillarflüssigkeit auf das Werkstück gesprüht. Diese Flüssigkeit dringt wegen ihrer Dünnflüssigkeit in die Fehlerstellen ein. Nach Abwischen der Werkstückoberfläche wird ein weißer Entwickler aufgesprüht. Die rote Flüssigkeit, die noch in den Fehlerstellen geblieben ist, färbt den Entwickler rot. Die Fehlerstellen sind so mit bloßem Auge erkennbar.

Beispiel für die Arbeitsfolge bei einem Kapillarverfahren

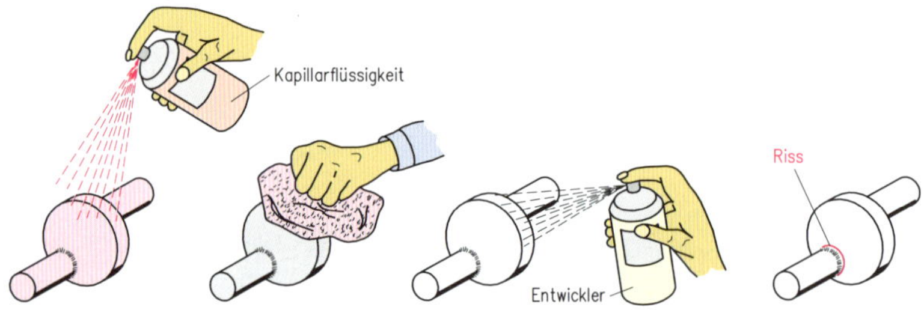

① **Aufsprühen der Kapillarflüssigkeit**
② **Säubern der Oberfläche von Kapillarflüssigkeit**
③ **Aufsprühen des Entwicklers**
④ **Betrachtung der Fehlerstellen**

! Mithilfe von Kapillarverfahren können Werkstofffehler wie Risse, Lunker u.a., die mit der Oberfläche in Verbindung stehen, aufgespürt werden.

8.4.4 Prüfung mit Ultraschall

Mit dieser Prüfung können Werkstücke bis zu mehreren Metern Dicke auf Fehler untersucht werden. Die Schallwellen zur Werkstoffprüfung führen 500 000 bis 10 000 000 Schwingungen in einer Sekunde aus.

Bei der Werkstoffprüfung mit Ultraschall wird ein Schallkopf, der als Sender und Empfänger arbeitet, auf das zu prüfende Werkstück gesetzt. Für eine sehr kurze Zeit (einige Mikrosekunden) sendet der Schallkopf Ultraschall. Er wird dann auf Empfang geschaltet. Der Schall durchläuft das Werkstück, wird an der gegenüberliegenden Werkstückoberfläche zurückgeworfen und kehrt als Echo zum Schallkopf zurück. Die Laufzeit des Schalls wird auf einem Bildschirm als Abstand zweier Zacken sichtbar gemacht. Befindet sich ein Fehler im Werkstück, so wird ein Teil des Schalls bereits von dort zum Schallkopf zurückgeworfen. Da dieses Echo früher im Empfänger ist als das Bodenecho, zeichnet sich der Fehler auf dem Bildschirm als zusätzliche Zacke zwischen Eingangs- und Bodenecho ab.

Das Foto zeigt die Prüfung einer Welle durch senkrechtes Einschallen, und auf dem Bildschirm ist in der Mitte ein Fehlerecho erkennbar.

Fehlersuche mit Ultraschall

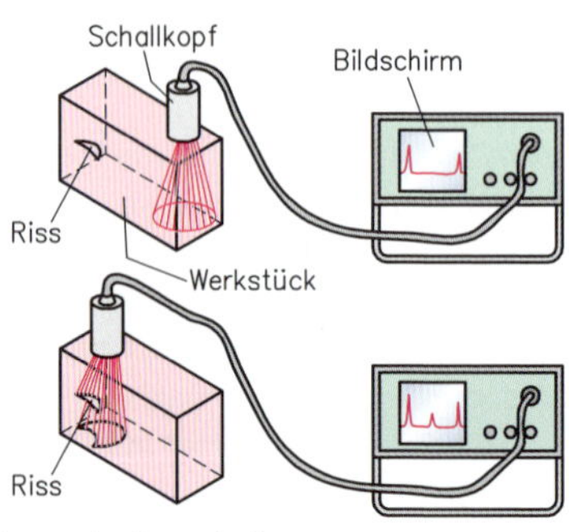

Prüfung mit Ultraschall

! Mithilfe der Ultraschallprüfung können in metallischen Werkstoffen Fehler aller Art in beliebiger Tiefenlage im Werkstück aufgespürt werden.

HANDLUNGSFELD: Technische Systeme gestalten

Problemstellung

Konstruktionsauftrag

Auftrag
Einrichtung zum Zuführen von Bolzen aus einem Fallmagazin zu einer Übergabestation an einen Roboter konstruieren.

Skizze

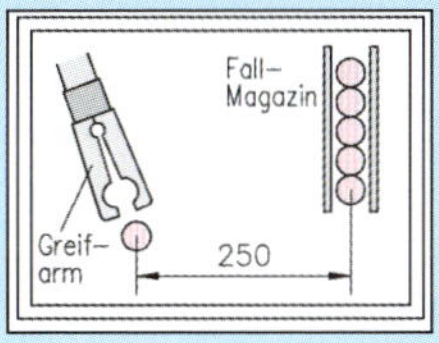

Analysieren

Anforderungen
- technisch
  - funktionstechnisch
  - fertigungstechnisch
  - werkstofftechnisch
- wirtschaftlich
- gesellschaftlich

Anforderungen
- technisch
  - präzises Vereinzeln
  - sichere Lage des Bolzens an der Übergabestelle
  - automatischer Betrieb
  - hohe Betriebssicherheit
- wirtschaftlich
  - kostengünstige Herstellung

Ergebnisse
- Anforderungsliste
- K.o.-Kriterien

Planen

Lösungsprinzipsuche
- Auswahl einer Suchsystematik (Brainstorming, morphologischer Kasten ...)
- Lösungsalternativen suchen
- Bewertung der Lösungen
- Entscheidung für eine Lösung

Dimensionierung
- Berechnung wesentlicher Konstruktionsdetails

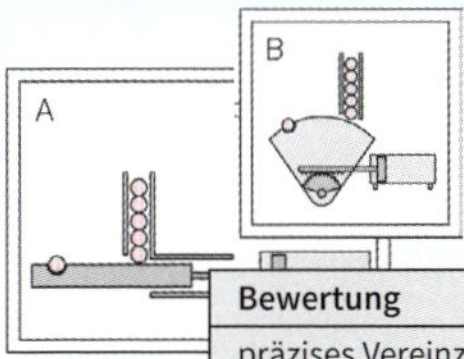

Bewertung	A	B
präzises Vereinzeln	4	4
sichere Lage	4	3
betriebssicher	3	2

Ergebnisse
- Skizzen
- Beschreibungen
- Maße
- Entscheidungsmatrix

Konstruieren

Berücksichtigung von
- Vorschriften (Sicherheit ...)
- Normen
- Lagervorräten
- Zulieferungen

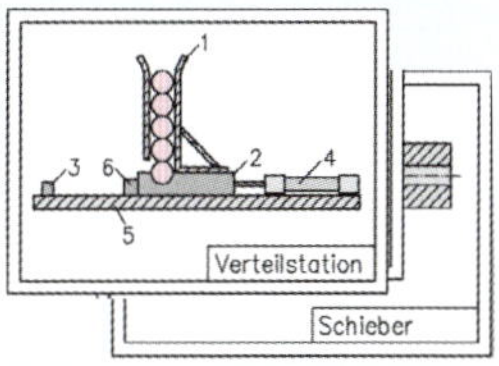

Ergebnisse
- Gesamtzeichnung
- Teilzeichnungen
- Stücklisten
- CAD-Daten
- Gebrauchshinweise, Wartungspläne u. a.

1 Technische Systeme

1.1 Systemtechnische Grundlagen

Maschinen, Geräte, Anlagen usw. sind häufig kaum überschaubar. Man versucht darum, durch Zusammenfassung die Überschaubarkeit herzustellen.

In der Technik bezeichnet man alles, was in sich geschlossen eine Funktion erfüllen kann, als **technisches System**. Man spricht so z. B. vom Verkehrssystem oder Informationssystem. Auch ein Walzwerk, eine Ölraffinerie oder eine Maschinenfabrik kann man ebenso wie ein Automobil oder eine Werkzeugmaschine als System bezeichnen. Ein technisches System hat folgende Eigenschaften:

- *Es ist nach außen abgegrenzt,*
- *es hat Eingang und Ausgang,*
- *es erfüllt eine Funktion, bei der Eingangs- und Ausgangsgrößen verknüpft werden,*
- *es ist gekennzeichnet durch die Gesamtaufgabe* – nicht durch die Einzelaufgaben, die innerhalb des Systems gelöst werden.

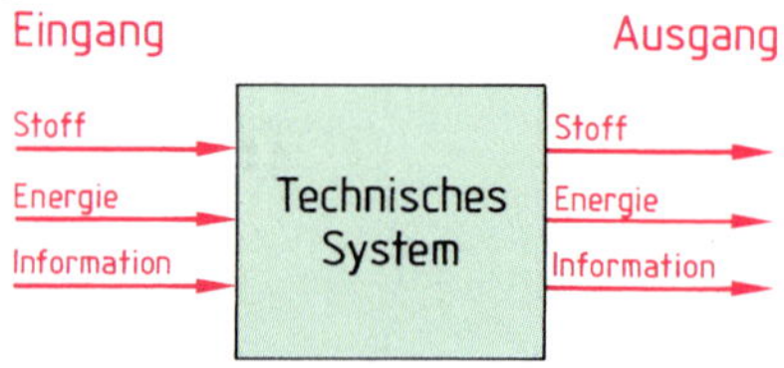

Allgemeine Systemdarstellung

Jedes technische System erfüllt eine Hauptfunktion, wie z. B. die Umwandlung von Energie oder die Produktion von Gütern. In das System fließen Stoff, Energie und Information ein und gehen anschließend wieder heraus.
Das technische System stellt man grafisch durch ein Rechteck dar. Die Eingangs- und Ausgangsgrößen kennzeichnet man durch Pfeile.

Beispiel für ein technisches System

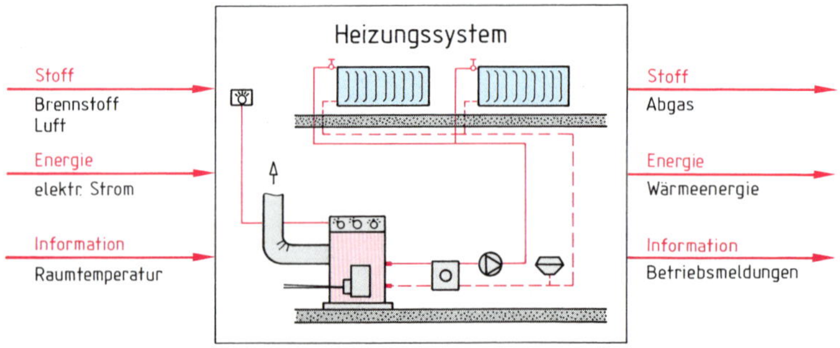

> **!** Ein technisches System ist in sich geschlossen und funktionsfähig. Eingangs- und Ausgangsgrößen werden miteinander verknüpft.
> Ein- und Ausgangsgrößen können sein: • Stoff, • Energie, • Information.

An Stoff, Energie und Information können (in technischen Systemen) folgende Vorgänge ablaufen:

- **Transport,** • **Formung,** • **Umwandlung.**

Von den genannten Vorgängen steht in technischen Systemen entsprechend ihrer Aufgabe meist nur einer im Vordergrund.
Systeme, die vorwiegend dem Transport dienen, sind **Transportsysteme**. Zu den Transportsystemen zählen auch Speicher, in denen Stoff, Energie oder Informationen auf dem Transport zwischengespeichert werden.
Systeme zur Formung verändern nur die Form von Stoff, Energie oder Information.
Werden in einem System diese Größen umgewandelt, so spricht man von **Umwandlungssystemen**.

> **!** In technischen Systemen können Stoff, Energie und Informationen transportiert, geformt und umgewandelt werden.

Übungsaufgaben 1/1 bis 1/4

1.2 Unterteilung innerhalb eines technischen Systems

Technische Systeme lassen sich in Teilsysteme untergliedern. Dabei ergibt sich:

System → **Einrichtung** → **Gruppe** → **Element**

System	Einrichtung	Gruppe	Element
Gesamtheit der Einrichtungen zur Auftragserfüllung	selbstständig verwendbare Einheit *innerhalb eines Systems*	noch nicht selbstständig verwendbare Einheit *innerhalb einer Einrichtung*	kleinste unteilbare Einheit *in einer Gruppe*

Beispiel für die Gliederung eines Systems

Das System CNC-Drehmaschine besteht aus verschiedenen **Einrichtungen**, z. B. dem Gestell, dem Antrieb, der Steuerung.
Die Einrichtung Steuerung besteht aus verschiedenen **Gruppen**, z. B. der Eingabeeinheit, dem Rechner, den Stellmotoren. Die Gruppe Stellmotore setzt sich aus **Elementen** zusammen, z. B. Wellen, Wicklungen.

System

Einrichtungen aus dem System CNC-Drehmaschine

Gruppen aus der Einrichtung Steuerung

Elemente aus der Gruppe Stellmotoren

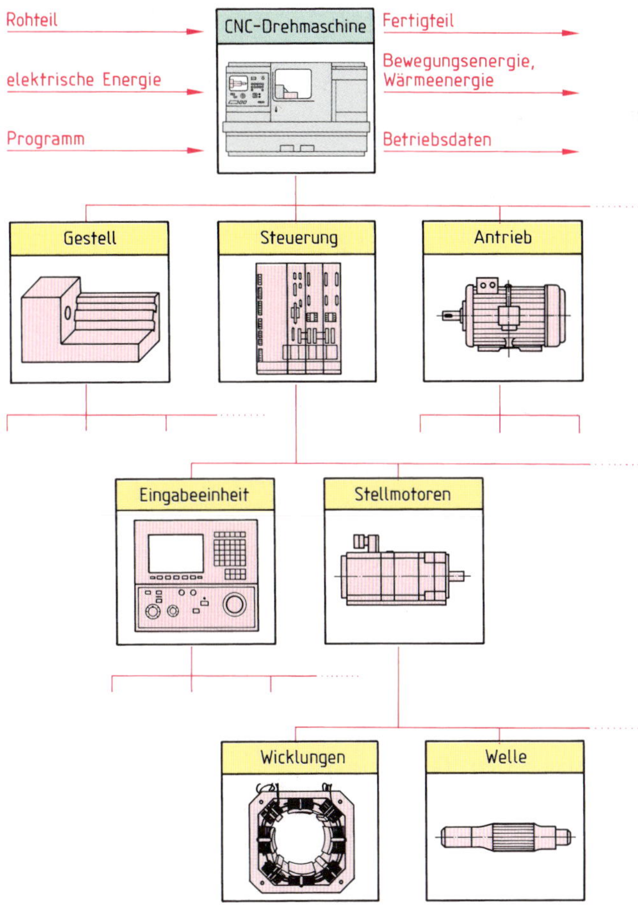

Ganz allgemein, ohne Rücksicht auf die Gliederung eines Systems, spricht man bei Einrichtungen und Gruppen auch von Einheiten. Was man als System bezeichnet, hängt vom Betrachter ab. So ist z. B. die Heizungsanlage eines Wohnhauses für den Architekten eine Einrichtung – ein Teilsystem. Der Heizungsbauer sieht die Heizungsanlage aber als ein System an, das von ihm installiert wird.

! Systeme bestehen aus Einrichtungen (Teilsystemen).
Einrichtungen bestehen aus Gruppen. Gruppen bestehen aus Elementen.

Übungsaufgaben 1/5; 1/6

1.3 Funktionen von Einrichtungen

Ein technisches System erfüllt eine Hauptfunktion. Diese Hauptfunktion kann nur durch das Zusammenwirken von **Teilfunktionen** erreicht werden. Wichtige Teilfunktionen in technischen Systemen sind z. B. Antreiben, Steuern und Regeln, Tragen und Stützen.
Einrichtungen, die Teilfunktionen erfüllen, bezeichnet man als **funktionale Einrichtungen**.
Neben dem Gesichtspunkt der Funktion ist der *Aufbau von Einrichtungen* von Bedeutung. Man spricht in diesem Zusammenhang dann von **Baueinrichtungen**. So kann z. B. die funktionale Einrichtung Antriebseinheit die Baueinrichtung Verbrennungsmotor sein.

Wichtige funktionale Einrichtungen und Beispiele für die entsprechenden Baueinrichtungen sind:

Antriebseinheiten	z. B. Turbine im Kraftwerk
Steuer- und Regeleinheiten	z. B. ABS-Bremsanlage im Auto
Energieübertragungseinheiten	z. B. Getriebe in einer Werkzeugmaschine
Speichereinheiten	z. B. Erzbunkeranlage im Hüttenwerk
Stütz- und Trageinheiten	z. B. Gestell einer Presse
Arbeits- und Umweltschutzeinheiten	z. B. Rauchgasentschwefelung eines Kraftwerks

Beispiel für die Funktionen von Einrichtungen und die entsprechenden Baueinrichtungen im technischen System Handbohrmaschine

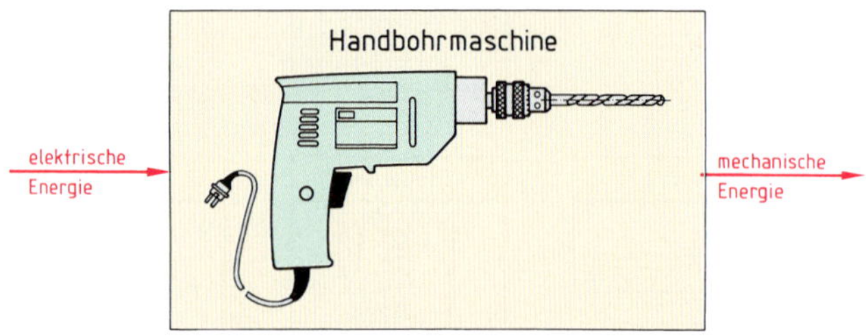

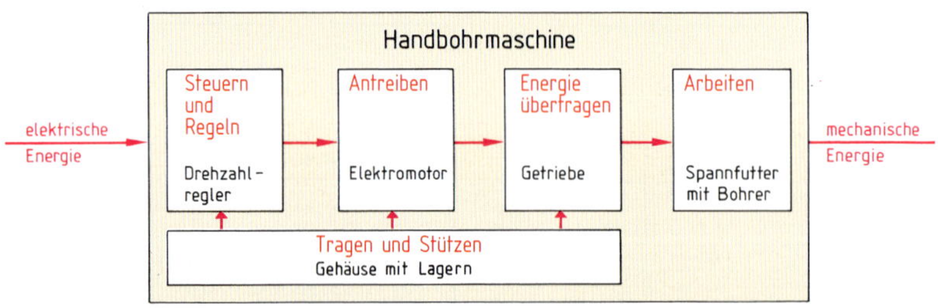

! Funktionale Einrichtungen erfüllen Teilfunktionen, die erst in ihrer Gesamtheit die Hauptfunktion ermöglichen.

1.4 Funktionen von Gruppen

Innerhalb von Einrichtungen erfüllen Funktionsgruppen bestimmte Grundfunktionen. Solche Grundfunktionen sind z.B.

- Leiten und Isolieren,
- Sammeln und Verzweigen,
- Vergrößern und Verkleinern.

! Funktionsgruppen erfüllen innerhalb einer Einrichtung Grundfunktionen.

In der Fertigungstechnik hat die Grundfunktion **Zusammenhaltändern** besondere Bedeutung, weil in nahezu allen Fertigungsverfahren der Zusammenhalt geändert wird. So werden z. B. beim Schweißen der Zusammenhalt vermehrt und beim Drehen der Zusammenhalt vermindert.

! In Maschinen und Geräten der Fertigungstechnik hat die Funktionsgruppe, mit welcher der Zusammenhalt geändert wird, besondere Bedeutung.

Beispiele für Grundfunktionen

Grundfunktionen	Beispiele aus der Mechanik	Beispiele aus der Elektrik	Weitere Beispiele
Leiten und Isolieren (nicht leiten)	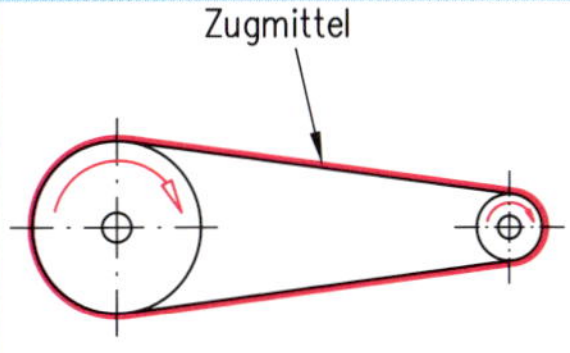 Leiten des Drehmoments in einem Riementrieb	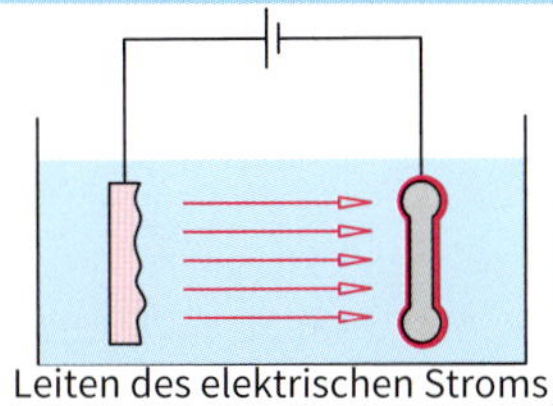 Leiten des elektrischen Stroms durch ein Versilberungsbad	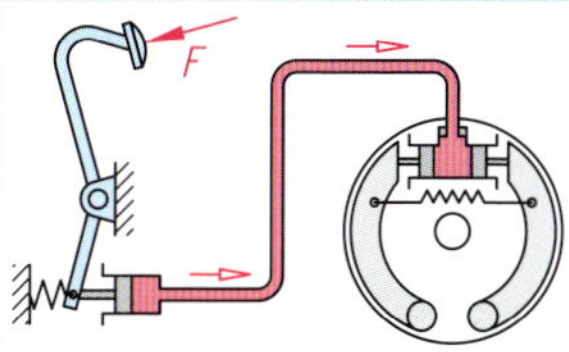 Leiten des Drucks durch die Bremsflüssigkeit
	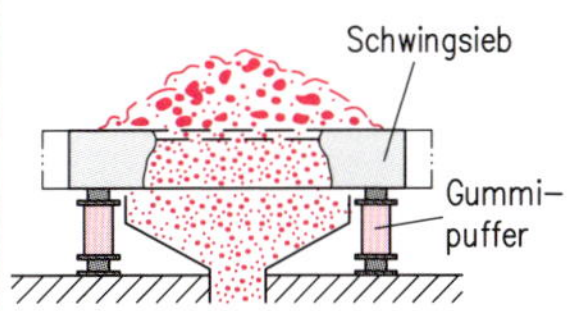 Isolieren des Unterbaus gegen mechanische Schwingungen	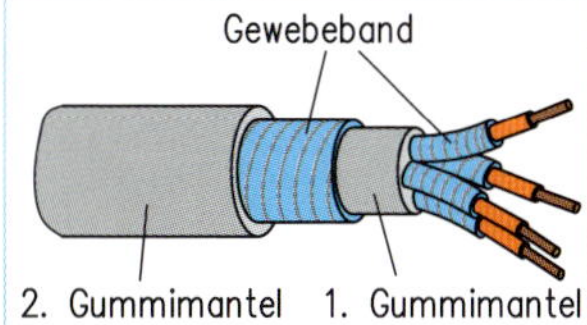 Elektrische Isolierung eines flexiblen Kabels	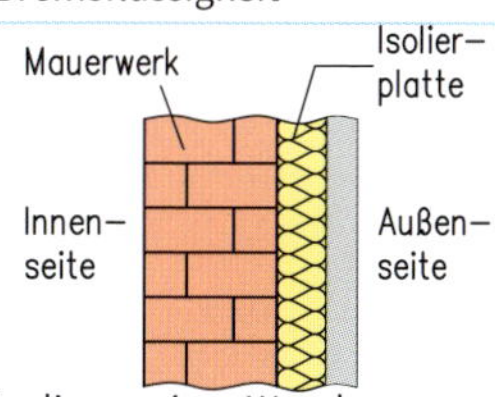 Isolieren einer Wand gegen Ableiten von Wärme
Sammeln und Verzweigen	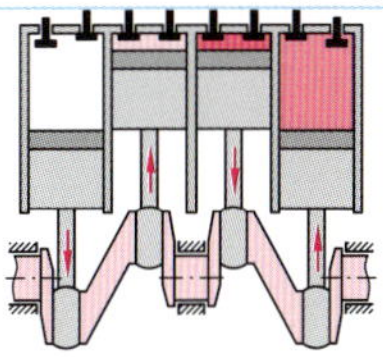 Sammeln mechanischer Energie auf der Kurbelwelle eines Verbrennungsmotors	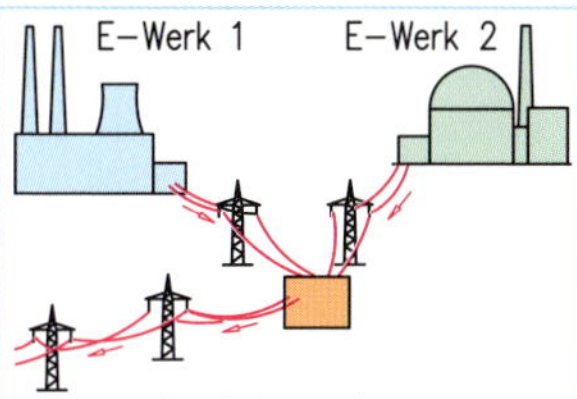 Sammeln elektrischer Energie von verschiedenen Erzeugern	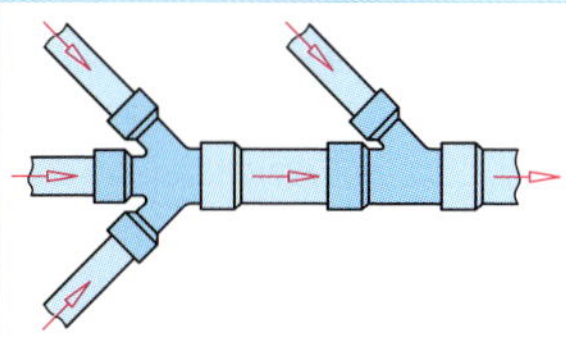 Sammeln von Abwasser in einem Rohrleitungssystem
	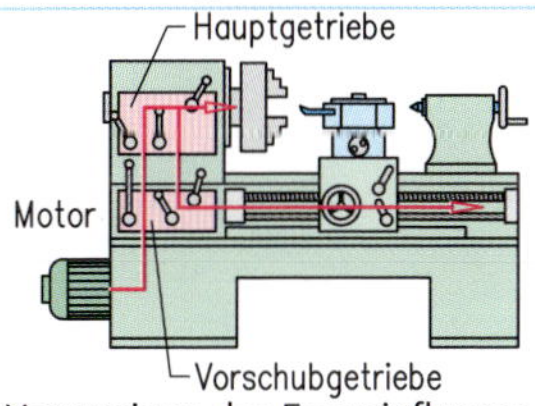 Verzweigen des Energieflusses an einer Drehmaschine	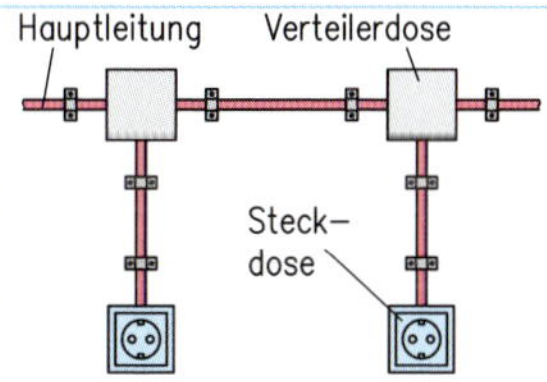 Verzweigen elektrischer Energie	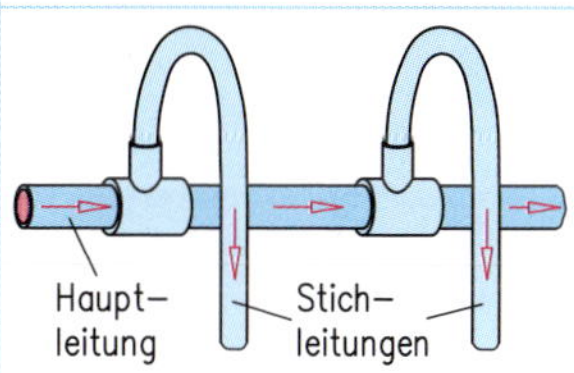 Verzweigen eines Druckluftstroms
Führen	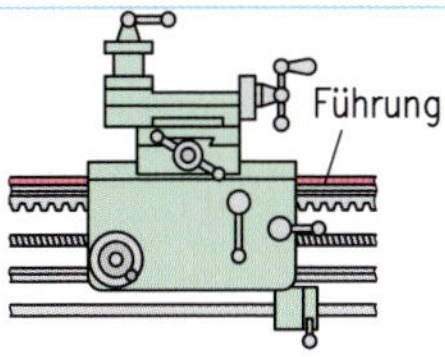 Führen des Werkzeugschlittens einer Drehmaschine	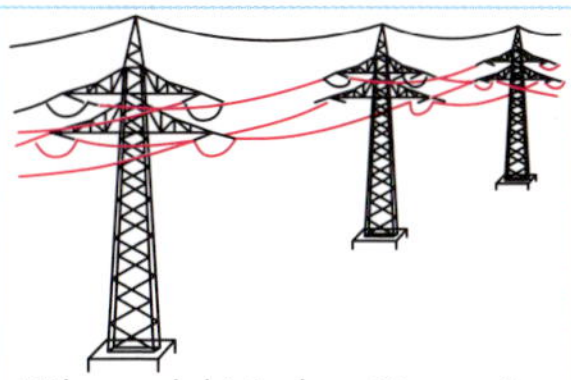 Führen elektrischen Stroms in einer Hochspannungsleitung	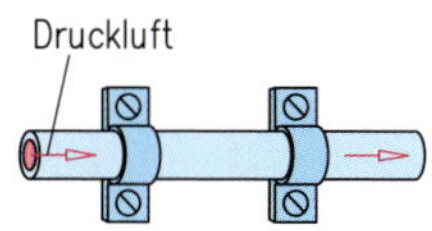 Führen von Druckluft in einer Rohrleitung
Wandeln	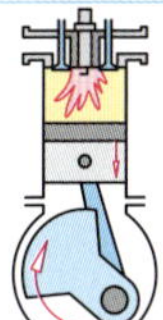 Wandeln von Wärmeenergie in mechanische Energie	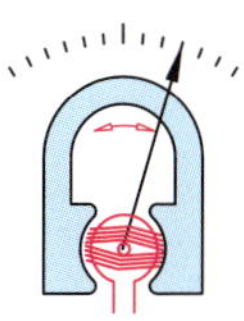 Wandeln eines elektrischen Stroms in ein mechanisches Signal	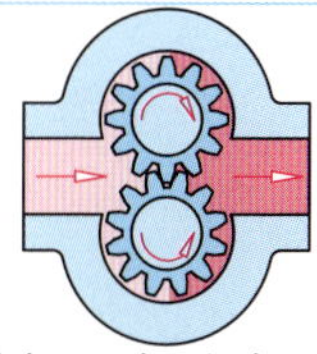 Wandeln mechanischer Energie in Energie eines Volumenstroms

Beispiele für Grundfunktionen (Fortsetzung)

Grundfunktionen	Beispiele aus der Mechanik	Beispiele aus der Elektrik	Weitere Beispiele
Vergrößern und Verkleinern	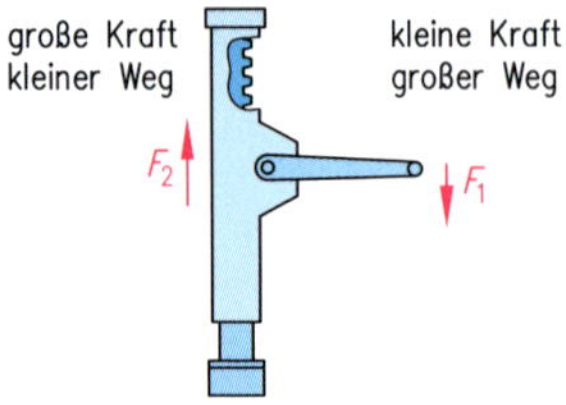 Vergrößern der Kraft – Verkleinern des Wegs an einem Hebebock	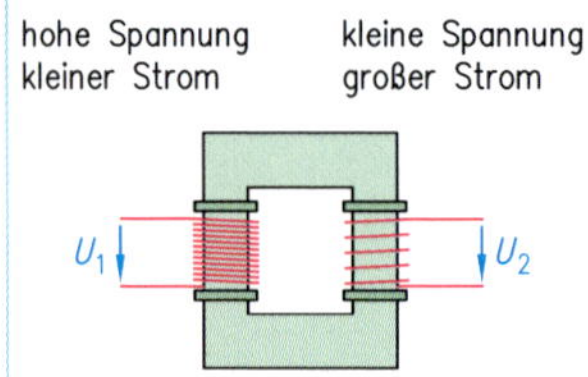 Verkleinern der Spannung und Vergrößern des Stroms in einem Transformator	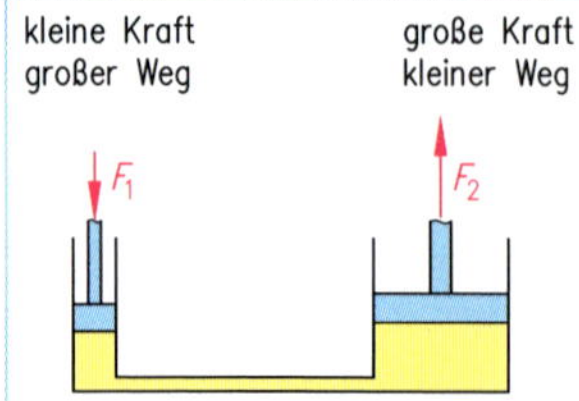 Vergrößern der Kraft und Verkleinern des Wegs an einer hydraulischen Presse
Richten und Oszillieren	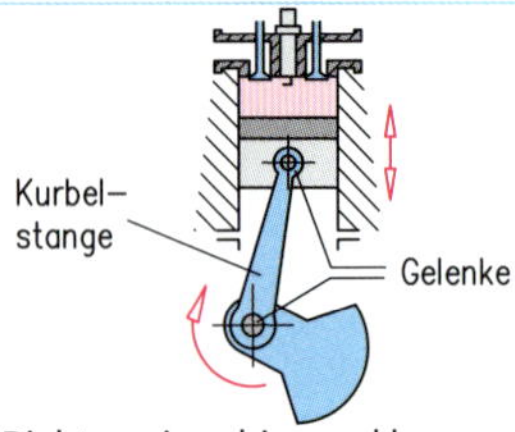 Richten einer hin- und hergehenden Bewegung in eine gleichmäßige Drehbewegung	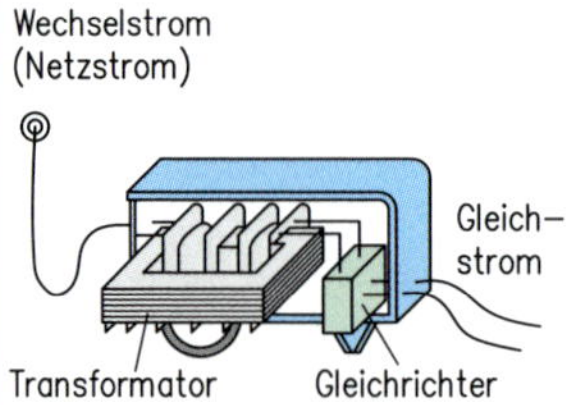 Richten eines Wechselstroms in einen Gleichstrom im Schweißgleichrichter	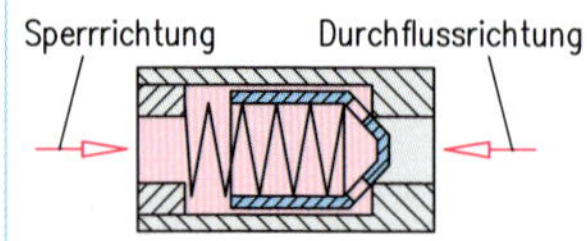 Richten eines Ölstroms durch ein Rückschlagventil
	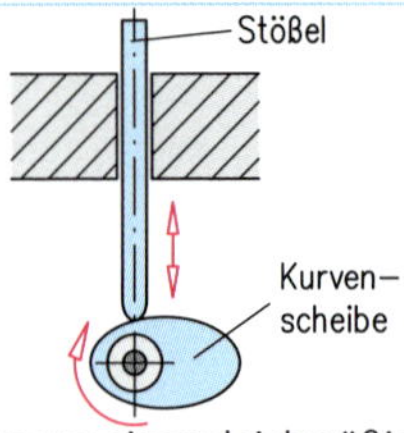 Formung einer gleichmäßigen Drehbewegung in eine oszillierende Hubbewegung	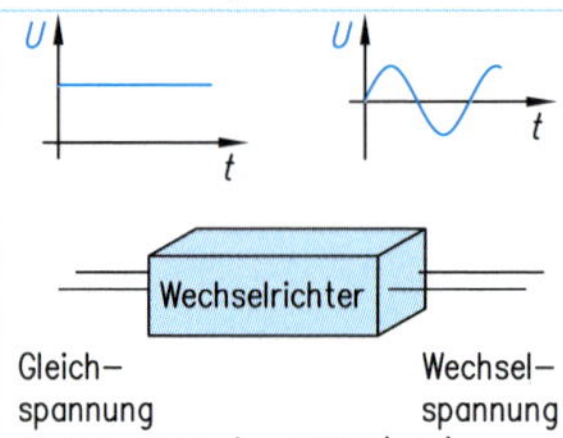 Erzeugung einer Wechselspannung aus einer Gleichspannung	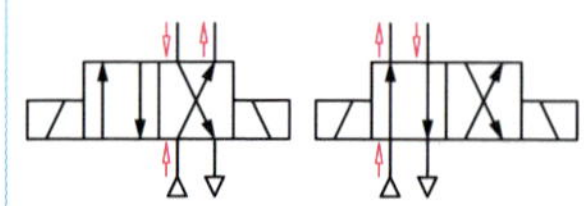 Erzeugung eines hin- und herströmenden Druckluftstroms durch fortwährendes Umschalten
Koppeln und Unterbrechen	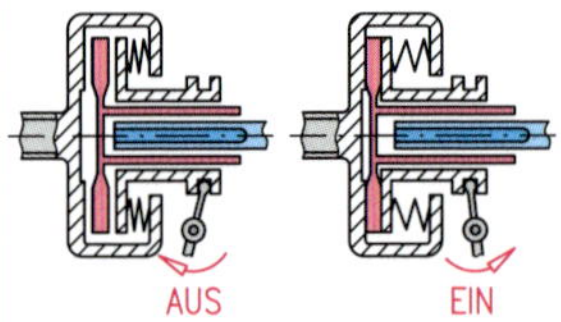 Koppeln und Unterbrechen des Energieflusses mit einer Scheibenkupplung	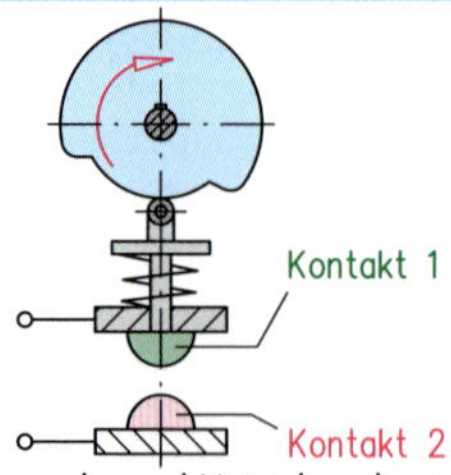 Koppeln und Unterbrechen mit einem Schalter	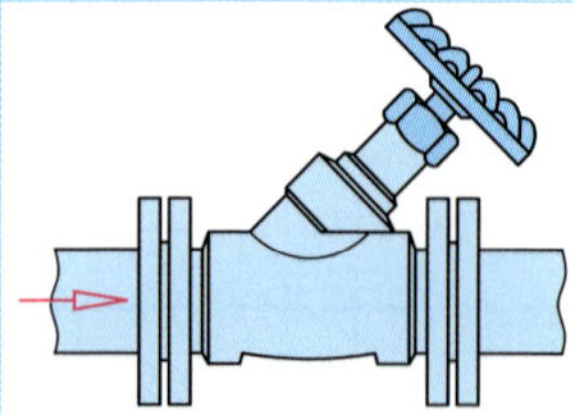 Koppeln und Unterbrechen mit einem Schieber
Verbinden (Mischen) und Lösen (Entmischen)	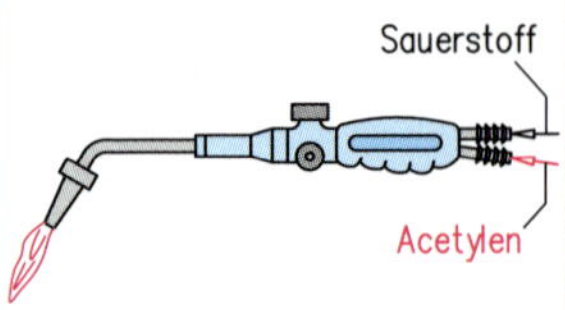 Mischen von Sauerstoff und Acetylen im Schweißbrenner		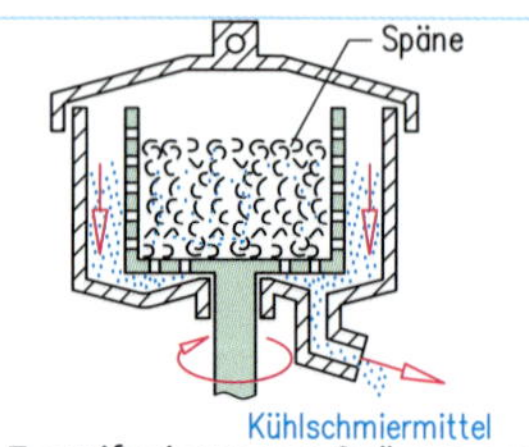 Zentrifugieren von Spänen zum Abtrennen von Kühlschmiermittel

Übungsaufgaben 1/7; 1/8

2 Systeme zur Umsetzung von Energie, Stoff, Information

2.1 Systeme zum Energieumsatz

2.1.1 Energie und Energieumsetzung

2.1.1.1 Arbeit

Eine Last kann auf verschiedene Art und Weise auf eine bestimmte Höhe befördert werden:

- die Last wird auf einer geneigten Ebene hochgezogen,
- die Last wird an einem Seil hochgezogen,
- die Last wird durch eine Hydraulikanlage hochgehoben.

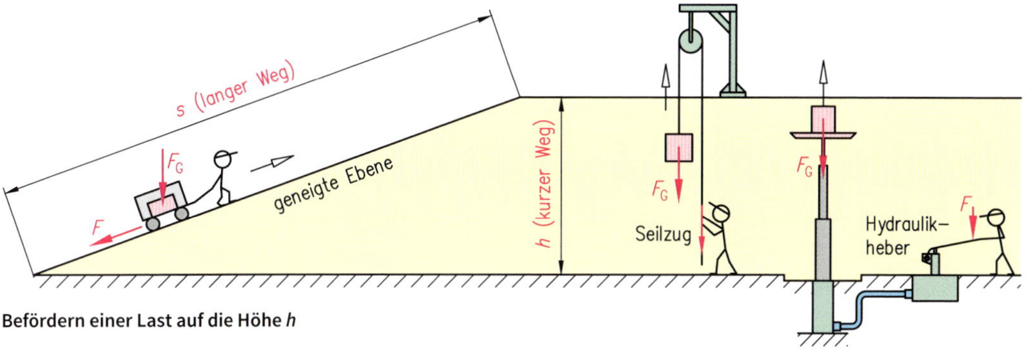

Befördern einer Last auf die Höhe *h*

In jedem Fall ist das Ergebnis gleich: Ein Gewicht wird um eine Höhe h gehoben; jedesmal wird die gleiche Arbeit verrichtet. Physikalisch bezeichnet man eine solche Arbeit als Hubarbeit W_{Hub}. Sie ist das Produkt aus Gewichtskraft mal Höhe. Ganz allgemein gilt für die physikalische Arbeit:

> **!** Die Arbeit ist das Produkt aus Kraft mal Weg.
> - Hubarbeit = Gewichtskraft · Höhe
> $W_{Hub} = F_G \cdot h$
> - Arbeit = Kraft · Weg
> $W = F \cdot s$

Bei der Ermittlung der Arbeit ist zu beachten, dass Weg und Kraft auf der *gleichen* Wirkungslinie liegen. Bei der Hubarbeit liegen Gewichtskraft und Hubhöhe auf gleicher Linie. Dabei ist die Gewichtskraft der Bewegungsrichtung der Gewichtskraft genau entgegengerichtet.

Beim Ziehen eines Wagens wird der Weg in waagerechter Richtung zurückgelegt. Die Kraft, welche aufzubringen ist, damit der Wagen in Bewegung bleibt, entspricht nicht der Gewichtskraft, sondern lediglich der Reibungskraft des Wagens. Diese Reibungskraft ist der Bewegungsrichtung entgegengesetzt.

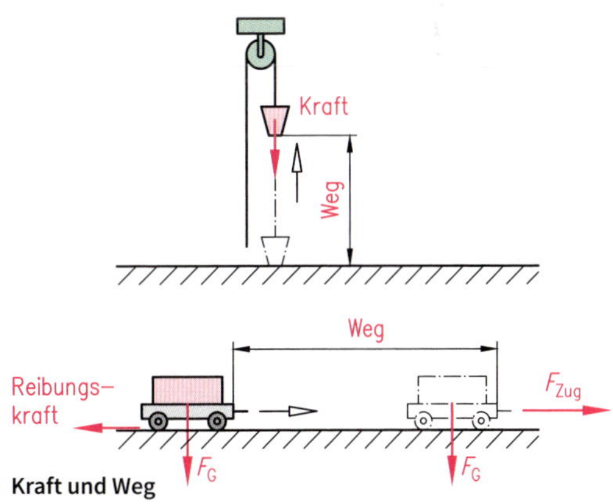

Kraft und Weg

> **!** Bei der Berechnung der Arbeit müssen Kraftrichtung und Wegrichtung übereinstimmen, aber entgegengesetzt gerichtet sein.

Die Einheit der Arbeit setzt sich zusammen aus dem Produkt der Krafteinheit und der Längeneinheit und ist demnach Nm. Die Einheit Nm bezeichnet man als J (Joule).
Ein Joule entspricht auch der elektrischen Arbeit von einer Wattsekunde.

> **!** 1 Nm = 1 J = 1 Ws

Übungsaufgabe 2/1

Um eine bestimmte Arbeit zu verrichten, gibt es verschiedene Möglichkeiten:

- große Kraft auf einem kurzen Weg,
- kleine Kraft auf einem langen Weg.

Hebt man einen Gegenstand senkrecht auf eine bestimmte Höhe, so ist die Kraft groß und der Weg kurz. Befördert man jedoch diesen Gegenstand über eine geneigte Ebene auf dieselbe Höhe, so ist die Kraft klein, der Weg jedoch länger. Die Arbeit, als Produkt aus Kraft und Weg, ist immer gleich.

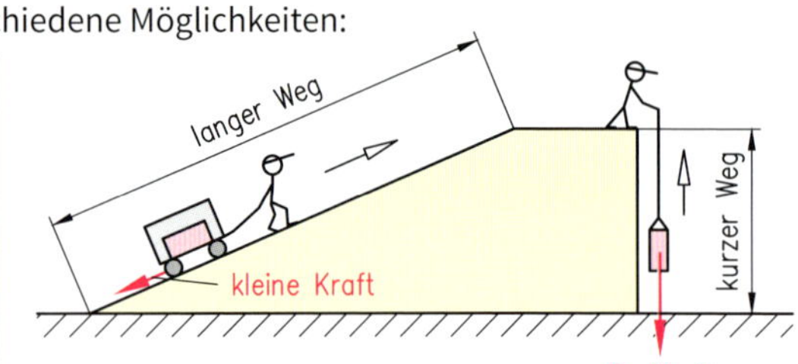

Arbeit an der geneigten Ebene

> **!** Bei mechanischer Arbeit kann die Kraft verringert werden, wenn entsprechend mehr Weg zurückgelegt wird.

Beispiel für die Berechnung einer mechanischen Arbeit

Aufgabe

Ein Stahlträger mit 800 kg Masse wird durch einen Kran auf eine Höhe von 12,5 m gehoben. Welche Arbeit muss durch den Kran verrichtet werden?

Gegeben
$m = 800\ \text{kg} \triangleq F_G = 8\,000\ \text{N}; h = 12{,}5\ \text{m}$

Gesucht
W in Nm

Lösung

$W = F \cdot s$

$W = 8\,000\ \text{N} \cdot 12{,}5\ \text{m}$

$W = \mathbf{100\,000\ Nm}$

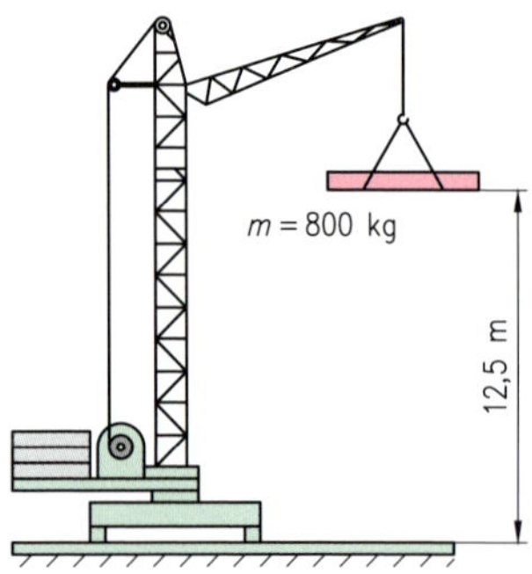

2.1.1.2 Leistung

Die gleiche Arbeit W kann in unterschiedlicher Zeit t verrichtet werden. Man bezeichnet das Verhältnis von Arbeit zu der dafür benötigten Zeit als Leistung P. Die Einheit der Leistung ist $\frac{\text{Nm}}{\text{s}}$.

$$\text{Leistung} = \frac{\text{Arbeit}}{\text{Zeit}} \qquad P = \frac{W}{t} = \frac{F \cdot s}{t} = F \cdot v$$

Einheiten der Leistung

$$1\,\frac{\text{Nm}}{\text{s}} = 1\,\frac{\text{J}}{\text{s}} = 1\ \text{W}$$

P	Leistung in $\frac{\text{Nm}}{\text{s}}$
W	Arbeit in Nm
t	Zeit in s
F	Kraft in N
s	Weg in m
v	Geschwindigkeit in $\frac{\text{m}}{\text{s}}$

> **!** Leistung ist das Verhältnis von Arbeit zur dafür benötigten Zeit. $P = \frac{W}{t}$

Beispiel für die Berechnung einer mechanischen Leistung

Aufgabe

Ein Stahlträger mit 800 kg Masse wird durch einen Kran in 8 Sekunden auf eine Höhe von 12,5 m gehoben. Welche Leistung wird durch den Kran erbracht?

Gegeben $m = 800\ \text{kg} \triangleq F_G = 8\,000\ \text{N}; \quad h = 12{,}5\ \text{m}; \quad t = 8\ \text{s}$

Gesucht P in kW

Lösung

$P = \frac{F \cdot s}{t} \qquad P = \frac{8\,000\ \text{N} \cdot 12{,}5\ \text{m}}{8\ \text{s}} = 12\,500\ \frac{\text{Nm}}{\text{s}}$

$P = 12\,500\ \text{W} = \mathbf{12{,}5\ kW}$

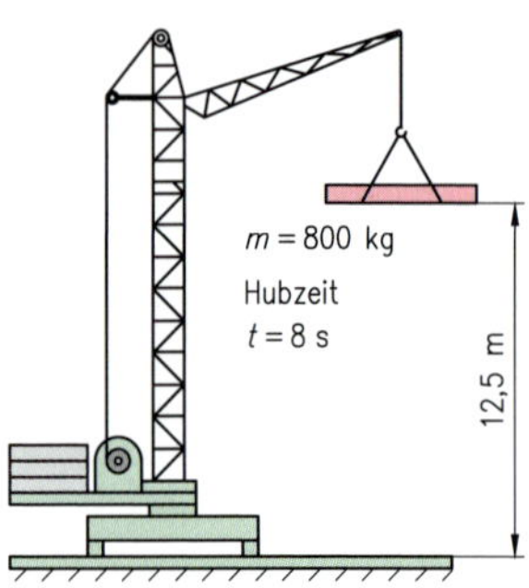

Übungsaufgaben 2/2 bis 2/9

2.1.1.3 Energie

1. Potenzielle Energie

In einem Körper, der auf die Höhe h gebracht wurde, ist Hubarbeit gespeichert. Aufgrund seiner Lage in bestimmter Höhe besitzt der Körper Energie der Lage, auch **potenzielle Energie** genannt. Ein hochgezogener Fallhammer besitzt potenzielle Energie.

$$W_{pot} = F_G \cdot h$$

W_{pot} potenzielle Energie in Nm
F_G Gewichtskraft in N
h Höhe in m

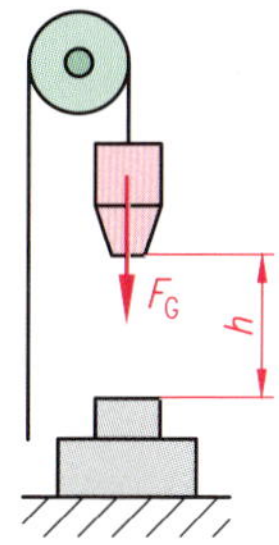

Einfacher Fallhammer

! Potenzielle Energie ist gespeicherte Hubarbeit.

2. Kinetische Energie

In einem elektropneumatischen Bohrhammer schlägt der Hammerkolben auf die Bohrerwelle. Der Hammerkolben wird durch die Kraftwirkung komprimierter Luft auf seinem Weg beschleunigt. Die während der Beschleunigung verrichtete Arbeit ist in der Bewegung des Hammerkolbens gespeichert. Man nennt diese gespeicherte Arbeit Bewegungsenergie oder **kinetische Energie** W_{kin}. Die kinetische Energie wird beim Auftreffen des Hammerkolbens über die Welle an den Bohrer weitergegeben.

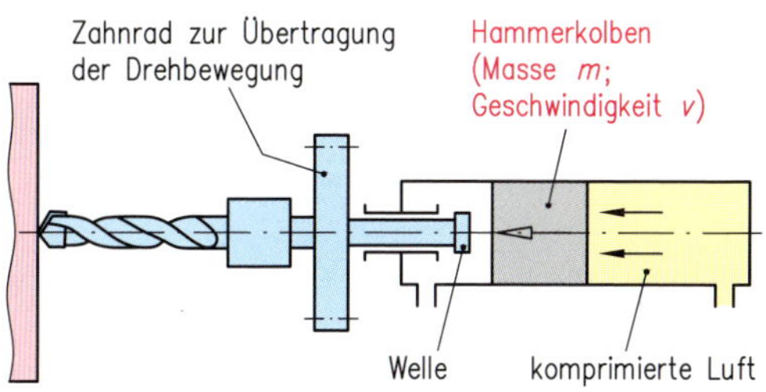

Schema eines elektropneumatischen Bohrhammers

$$W_{kin} = \frac{m \cdot v^2}{2}$$

W_{kin} kinetische Energie in kg m²/s² (1 kg m²/s² = 1 Nm)
m Masse in kg
v Geschwindigkeit in m/s

Auch strömende Flüssigkeiten und Gase besitzen Bewegungsenergie. So wird z. B. in einer Turbine die Bewegungsenergie der Teilchen genutzt, um die Turbine zu bewegen.

! Kinetische Energie ist gespeicherte Beschleunigungsarbeit. Sie ist gespeichert in Massen, die sich bewegen.

3. Druckenergie

Zum Komprimieren eines Gases muss man z. B. einen Kolben bewegen, der das Gas in einem Zylinder verdichtet. Dabei speichert das Gas Energie in Form von Druck. Man spricht in diesem Zusammenhang von **Druckenergie**.

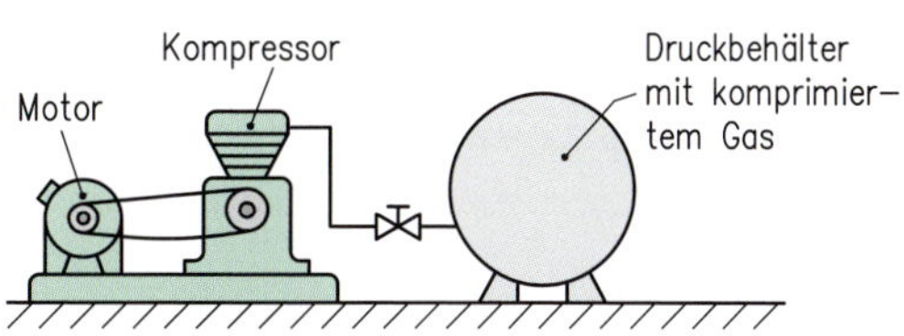

Erzeugung von Druckenergie

! Druckenergie ist die beim Komprimieren in Gasen gespeicherte Arbeit.

4. Heizwert

In Brennstoffen ist Energie chemisch gespeichert. Beim Verbrennen wird diese Wärmemenge frei. Die in einem Stoff enthaltene Wärmemenge gibt der **Heizwert** an.

Er ist bei festen und flüssigen Brennstoffen auf 1 kg bezogen. Bei Gasen bezieht man ihn auf 1 m³ bei 20 °C und 1,013 bar.

Heizwerte von Brennstoffen (Auszug)

Stoff	Heizwert
Anthrazit (Kohle)	35 000 kJ/kg
Benzin	41 000 kJ/kg
Erdgas	36 000 kJ/m³
Wasserstoff	11 000 kJ/m³

! Die in Brennstoffen chemisch gebundene Energie wird durch den Heizwert näher beschrieben.

Übungsaufgaben 2/10; 2/11; 2/12

2.1.1.4 Wirkungsgrad

Energie kann nie verloren gehen. Sie kann nur in andere Formen der Energie umgewandelt werden. Diesen grundlegenden Satz der Physik nennt man den **Energieerhaltungssatz**.

In technischen Systemen kann die eingegebene Energie nie vollständig in eine andere nutzbare Energieform umgewandelt werden. Es wird stets ein gewisser Anteil der aufgewendeten Energie *nicht nutzbringend* eingesetzt. Bei mechanischen Systemen wird er meist in Reibungswärme umgewandelt. Bei Systemen zur Umwandlung von Wärmeenergie in mechanische Energie, z. B. bei Verbrennungsmotoren, treten erhebliche Verluste durch Abwärme auf.

Man nennt das Verhältnis von Nutzenergie W_e zur aufge wendeten Energie W_i den **Wirkungsgrad** η (gesprochen eta) des Systems.

$$\eta = \frac{W_e}{W_i}$$

Wenn Energieaufwand und Nutzung der Energie *zur gleichen Zeit* erfolgen, kann der Wirkungsgrad auch aus der Leistung berechnet werden.

Auf die Leistung bezogen ist der Wirkungsgrad η das Verhältnis von Nutzleistung (effektiver Leistung) P_e zu auf gewendeter (induzierter) Leistung P_i.

$$\eta = \frac{P_e}{P_i}$$

Beispiele für die Energieausnutzung von Verbrennungsmotoren

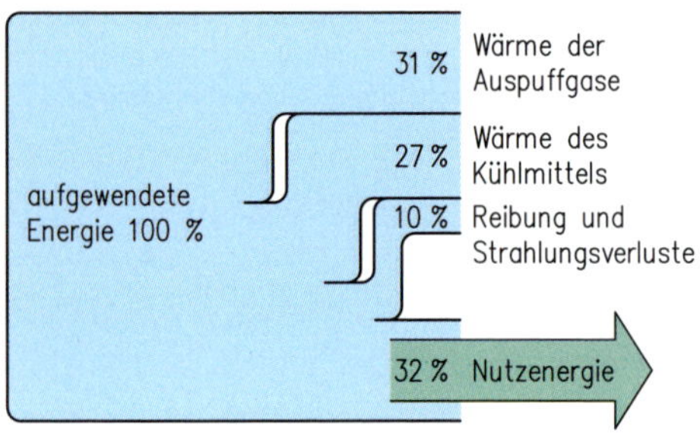

Viertakt-Otto-Motor

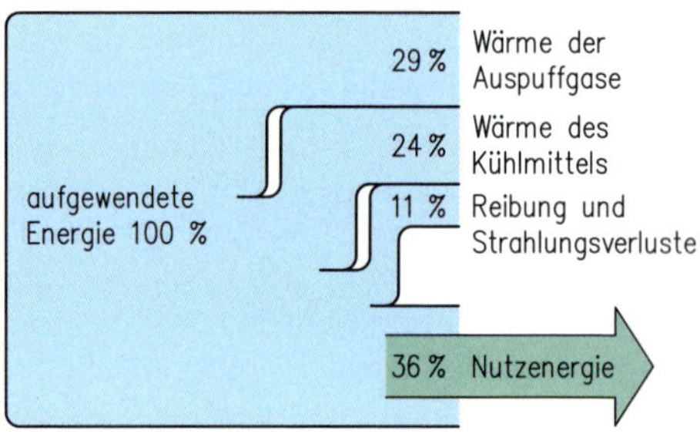

Viertakt-Diesel-Motor

Beispiel für die Berechnung eines Wirkungsgrads

Aufgabe

Ein Kran hebt in 6 Sekunden 3 140 N Schrott auf eine Höhe von 4,8 m. Der Kranmotor nimmt in dieser Zeit 4,2 kW aus dem Stromnetz auf. Wie groß ist der Wirkungsgrad der Hubeinrichtung?

Gegeben

$F = 3\,140$ N
$s = 4,8$ m
$t = 6,0$ s
$P_i = 4,2$ kW

Gesucht

η

Lösung

$$P_e = \frac{F \cdot s}{t}$$

$$P_e = \frac{3\,140\ \text{N} \cdot 4,8\ \text{m}}{6\ \text{s}} = 2\,512\ \frac{\text{Nm}}{\text{s}} = \mathbf{2,5\ kW}$$

$$\eta = \frac{P_2}{P_1} = \frac{2,5\ \text{kW}}{4,2\ \text{kW}} = \mathbf{0,59}$$

!

Energie geht nicht verloren (Energieerhaltungssatz).
Technisch ist eine verlustfreie Umwandlung in eine andere Energieform nicht möglich.

$$\text{Wirkungsgrad} = \frac{\text{Nutzenergie}}{\text{aufgewendete Energie}} \qquad \eta = \frac{W_e}{W_i}$$

Übungsaufgaben 2/13; 2/14; 2/15

2.1.2 Technische Systeme zum Energieumsatz

Die Energie zum Betrieb von Maschinen und Anlagen liegt meist nicht in der gewünschten Form und an der gewünschten Einsatzstelle vor. Systeme mit der Hauptfunktion Energieumsatz besorgen die Wandlung, die Formung und den Transport von Energie.

2.1.2.1 Kraftwerke

Kraftwerke liefern die elektrische Energie für Maschinen und Anlagen.

Beispiel für den Energieumsatz in einem Wärmekraftwerk

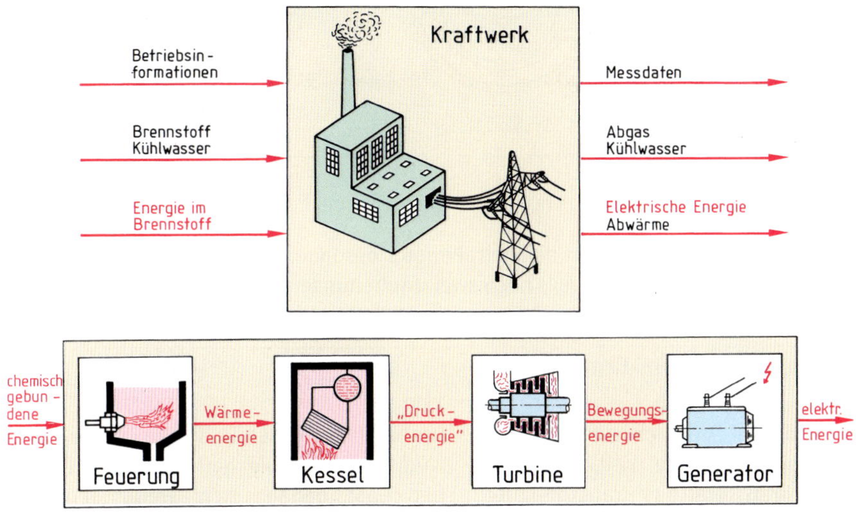

Energieumsatz im Wärmekraftwerk

! Kraftwerke wandeln Energie von Brennstoff, Wasserströmung, Wind u. a. in elektrische Energie um.

2.1.2.2 Kraftmaschinen

Kraftmaschinen haben die Hauptfunktion, mechanische Energie zum Antrieb von Maschinen, Fahrzeugen oder Geräten bereitzustellen. Man unterscheidet nach der Eingangsenergie zum Betrieb dieser Maschinen

- *Wärmekraftmaschinen,* z. B. Verbrennungskraftmaschinen,
- *elektrische Antriebsmaschinen,* z. B. Elektromotoren,
- *Strömungsmaschinen,* z. B. Gasturbinen.

1. Verbrennungskraftmaschinen

Verbrennungskraftmaschinen wandeln chemisch gebundene Energie zumeist in Wärmeenergie eines Gases um. Die Energie des Gases wird anschließend unter Druck- und Temperaturabnahme (thermodynamische Umwandlung) in mechanische Energie umgewandelt. Diese Maschinen finden Verwendung als Antriebseinheiten, z. B. in Kraftfahrzeugen, Schienenfahrzeugen, Baumaschinen und landwirtschaftlichen Maschinen.

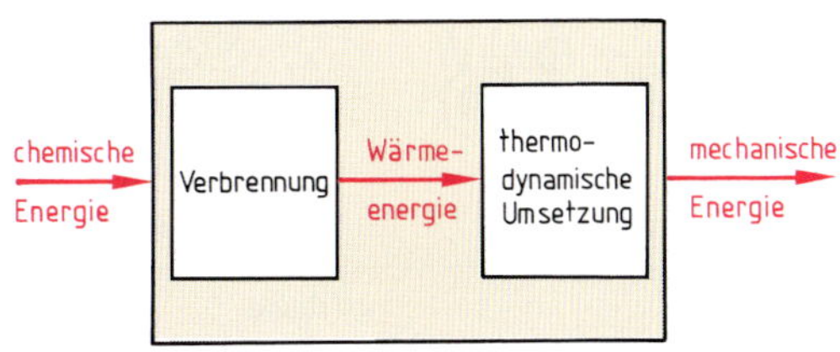

Energieumwandlung in Verbrennungsmotoren

Der Wirkungsgrad von Verbrennungskraftmaschinen liegt unter 40 % und ist erheblich niedriger als der von elektrischen Maschinen.

Beispiele für Verbrennungskraftmaschinen

Kolbenmaschinen mit		Strömungsmaschine
Hubkolben	**Drehkolben**	

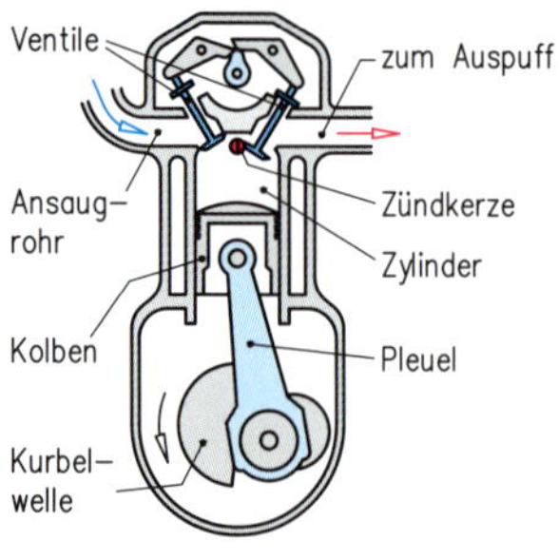

Viertakt-Otto-Motor

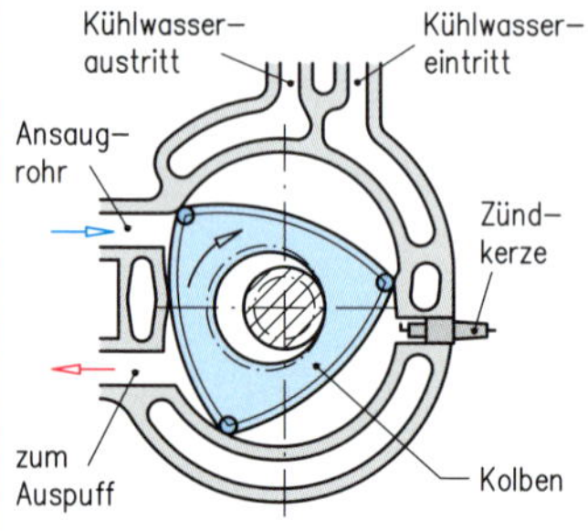

Wankel-Motor

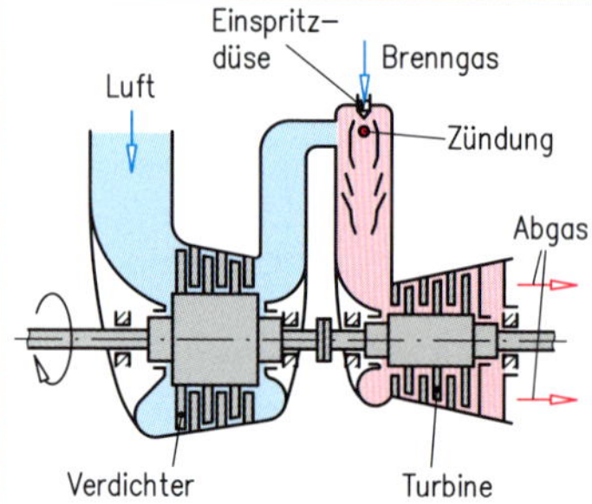

Gasturbine

! Verbrennungskraftmaschinen wandeln chemische Energie in mechanische Energie um.

Von den Verbrennungskraftmaschinen wird der Viertaktmotor besonders häufig eingesetzt. Viertaktmotoren arbeiten nach einem Rhythmus, der jeweils nach zwei Umdrehungen der Kurbelwelle neu beginnt. Der Motor arbeitet in vier Schritten – Takte genannt.

Beispiel für die Takte eines Viertakt-Otto-Motors

Takt 1
Der sich abwärts bewegende Kolben bewirkt das **Ansaugen** von Kraftstoff und Luft.

Takt 2
Der sich aufwärts bewegende Kolben **verdichtet** das Kraftstoff-Luftgemisch.

Takt 3
Das verdichtete Gemisch wird gezündet. Die heißen Gase dehnen sich aus. Der Kolben bewegt sich nach unten. Es wird **Arbeit verrichtet**.

Takt 4
Die **Abgase** werden durch den sich aufwärts bewegenden Kolben **ausgestoßen**.

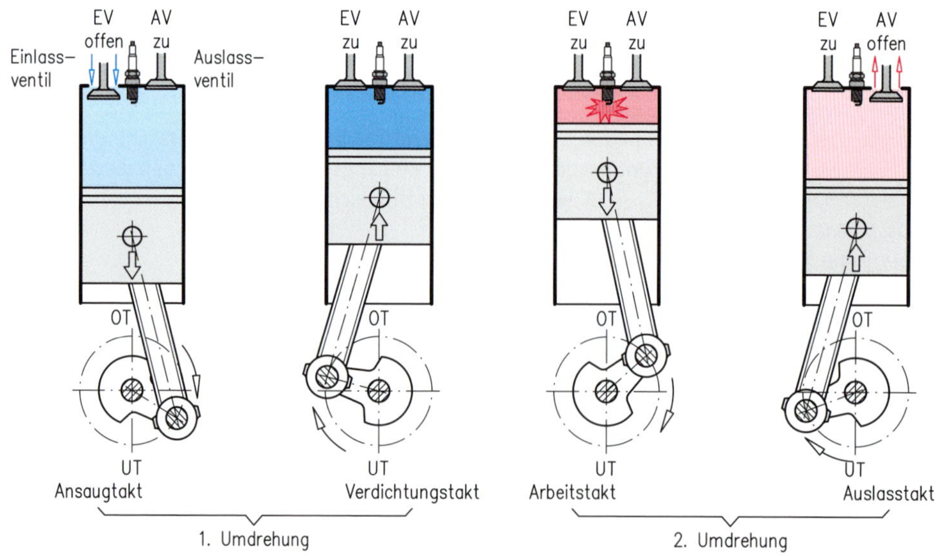

EV = Einlassventil AV = Auslassventil OT = oberer Totpunkt UT = unterer Totpunkt

! Takte des Viertaktmotors:
1. Ansaugen,
2. Verdichten,
3. Arbeiten,
4. Ausstoßen

Verbrennungskraftmaschinen bestehen aus mehreren Funktionseinheiten, die erst im Zusammenwirken die Hauptfunktion ergeben.

Beispiel für Funktionseinheiten zum Betrieb eines Viertakt-Otto-Motors

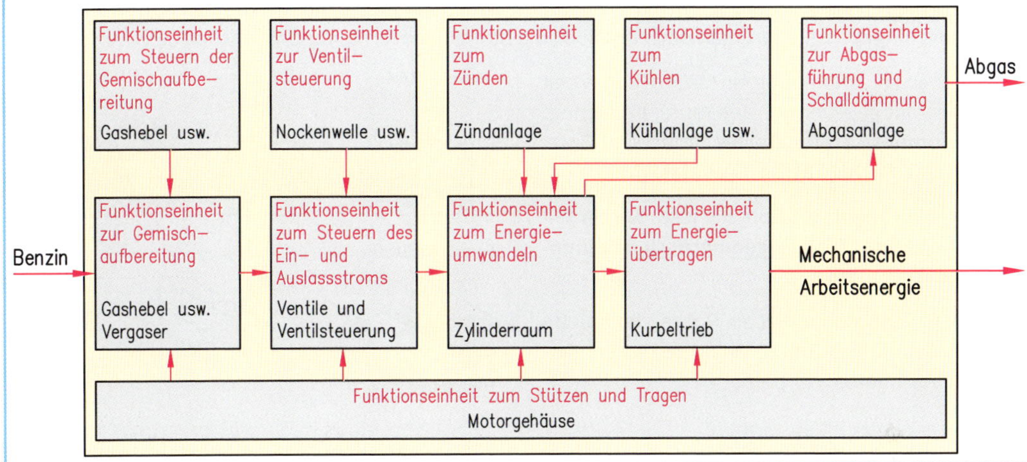

2. Elektrische Antriebsmaschinen

Antriebsmaschinen, die elektrische Energie aufnehmen und diese in mechanische Energie wandeln, heißen Elektromotoren. Nach ihrer Arbeitsweise unterscheidet man **Rotations- und Linearmotoren**.

Für Werkzeugmaschinen, Aufzüge und Schienenfahrzeuge ist der Elektromotor als Rotationsmotor das bevorzugte Antriebselement. Bei ihm wird elektrische Energie als Eingangsgröße in mechanische Energie als Ausgangsgröße *umgewandelt*. Der Elektromotor hat einen besonders hohen Wirkungsgrad (über 90 %), ist für nahezu alle Leistungen herstellbar und hat im Verhältnis zu seiner Leistungsfähigkeit nur geringe Masse.

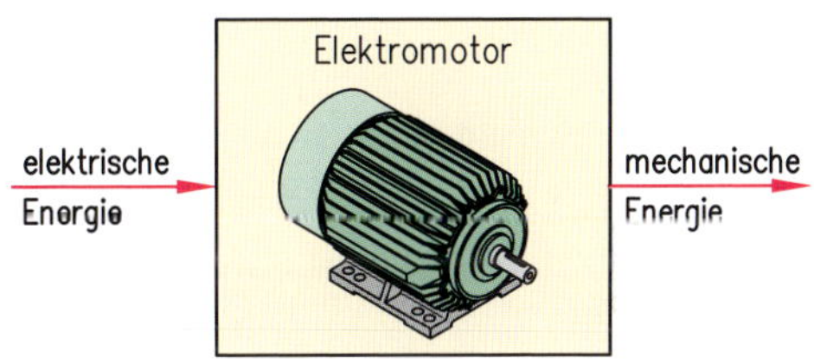

Elektromotor

! Elektromotoren wandeln mit sehr hohem Wirkungsgrad elektrische Energie in mechanische Energie um.

3. Strömungsmaschinen

In Druckluft- und Hydraulikantrieben wird mechanische Energie von Gasen oder Flüssigkeiten in Bewegung mechanischer Bauteile *umgeformt*. Zu dieser Gruppe der Antriebsmaschinen gehören auch Wind- und Wasserräder. Man nennt alle Antriebsmaschinen, die durch die Bewegungsenergie von Gasen und Flüssigkeiten angetrieben werden, Fluidantriebe oder Strömungsmaschinen.

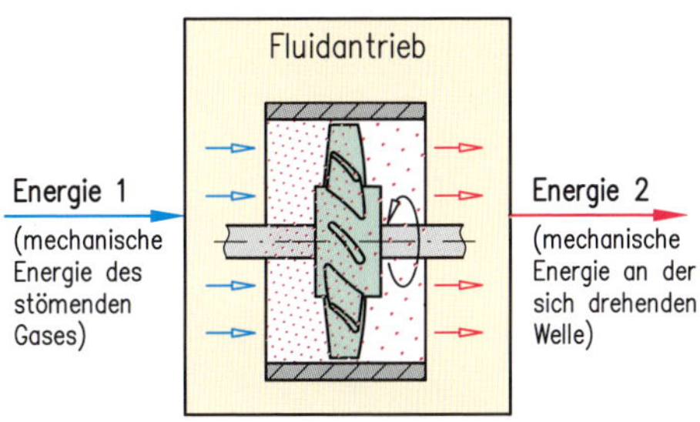

Strömungsmaschine

! In Fluidantrieben wird die mechanische Energie von Gasen und Flüssigkeiten in Bewegung mechanischer Bauteile umgeformt.

2.2 Systeme zum Stoffumsatz

2.2.1 Stoff und Stoffumsetzung

2.2.1.1 Stoff

Allgemein gliedert man die Stoffe nach den *Aggregatzuständen* in feste, flüssige und gasförmige Stoffe. In der Technik hingegen gliedert man nach DIN 8580 die Stoffe nach *fertigungstechnischen Gesichtspunkten*.

Stoffe, denen zur Entstehung eines Werkstücks erst Zusammenhalt gegeben werden muss, bezeichnet man als **formlose Stoffe**. Solche Stoffe sind Gase, Flüssigkeiten, Pulver, Fasern, Granulate u. a.

Stoffe, welche bereits als Rohteile feste Körper bilden, heißen in der Technik **geometrisch bestimmte Körper**.

Halbzeuge (Profilstäbe, Bleche, Rohre), komplette Werkstücke und Maschinen zählen zu diesen geometrisch bestimmten Körpern.

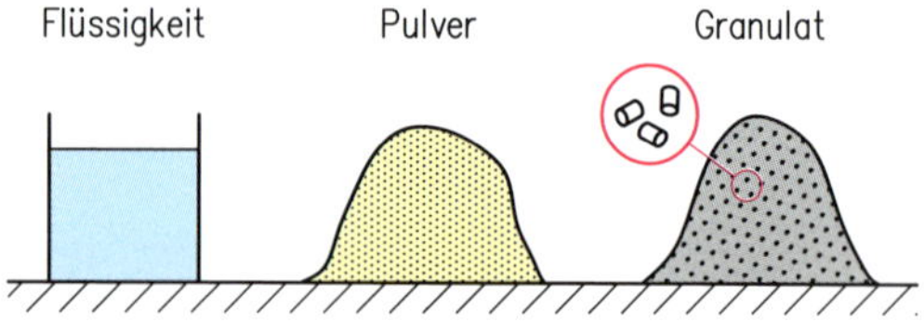

Formlose Stoffe

Halbzeuge

> In der Technik unterscheidet man nach DIN 8580 die Stoffe nach dem Zusammenhalt in formlosen Stoff und geometrisch bestimmte Körper.

2.2.1.2 Stoffumsetzung

Stoffumsetzungen sind Stofftransport, Stofformung und Stoffumwandlung. Von diesen Stoffumsetzungen haben der Stofftransport und die Stoffformung im Bereich der Metalltechnik besondere Bedeutung.

1. Stofftransport

Stofftransport geschieht mithilfe von Fördermitteln. Die Fördermittel unterscheidet man nach der Art des Bewegungsablaufs in stetige und unstetige Fördermittel.

Stetige Fördermittel bringen mit etwa gleichförmiger Geschwindigkeit das Fördergut von der Aufnahme- zur Abgabestelle.
Zu stetigen Fördermitteln gehören:
- *mechanische Fördermittel:* Förderbänder, Förderschnecken, Becherwerke u. a.,
- *pneumatische Fördermittel:* Sandstrahlanlagen, Fördergebläse u. a.,
- *hydraulische Fördermittel:* Spülrinnen, Saugbagger, Pipelines u. a.

Unstetige Fördermittel müssen die Transportbewegung zum Zweck der Aufnahme und Abgabe der Last unterbrechen sowie eventuell eine Rücklaufbewegung durchführen. Zu unstetigen Fördermitteln gehören:
- *Hebezeuge:* Flaschenzüge, Kräne, Hebebühnen u. a.,
- *Flurfördermittel:* Gabelstapler, Hubwagen, Kraftfahrzeuge u. a.

Beispiele für Fördermittel

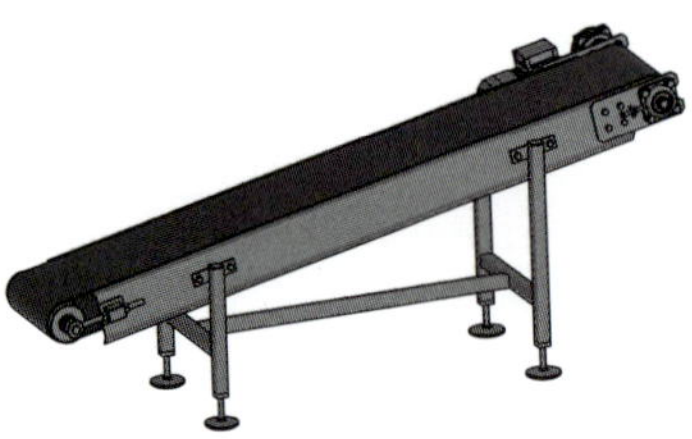
Stetiges Fördermittel

Unstetiges Fördermittel

Übungsaufgaben 2/19; 2/20

2. Berechnung zum Massestrom

Ein Fördergut legt auf einem Stetigförderer in gleichen Zeiten gleiche Wege zurück. Kennzeichnend für diesen Bewegungsvorgang ist das stets gleiche Verhältnis von zurückgelegtem Weg zur dafür benötigten Zeit t. Dieses Verhältnis ist die **Geschwindigkeit** v.

$$\text{Geschwindigkeit} = \frac{\text{Weg}}{\text{Zeit}} \qquad v = \frac{s}{t}$$

Für den Fall der konstanten Geschwindigkeit, die z. B. bei einem Förderband vorliegt, spricht man von einer gleichförmigen Bewegung.

Kenngröße eines Stetigförderers für Schüttgüter (Kohle, Sand, Zement u. a.) ist die je Zeiteinheit geförderte Masse m. Man nennt diese Masse je Zeiteinheit den **Massestrom** $\dot{m}$. Den Massestrom berechnet man aus der geförderten Masse m und der dafür benötigten Zeit t.

$$\text{Massestrom} = \frac{\text{geförderte Masse}}{\text{benötigte Zeit}} \qquad \dot{m} = \frac{m}{t}$$

Beispiel für die Berechnung von Transportgeschwindigkeit und Massestrom

Aufgabe

Auf einem Förderband wird Kohle befördert. Das Band transportiert die Kohle in 20 Sekunden über einen Weg von 25 m. In einer 8-Stunden-Schicht werden 85 000 kg Kohle gefördert. Es sind Bandgeschwindigkeit und Massestrom zu berechnen.

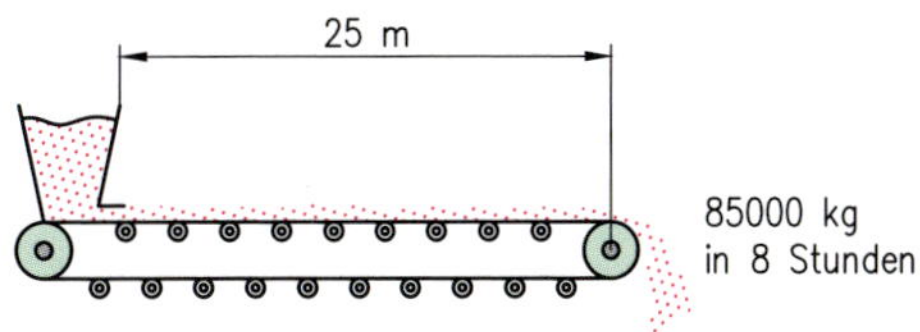

85 000 kg in 8 Stunden

Gegeben

$s = 25\ \text{m}$

$t = 20\ \text{s}$

$m = 85\,000\ \text{kg}$

$t_{ges} = 8\ \text{h}$

Gesucht

v in $\frac{\text{m}}{\text{s}}$

$\dot{m}$ in $\frac{\text{kg}}{\text{s}}$

Lösung

$$v = \frac{s}{t} \qquad \dot{m} = \frac{m}{t}$$

$$v = \frac{25\ \text{m}}{20\ \text{s}} \qquad \dot{m} = \frac{85\,000\ \text{kg}}{8\ \text{h}}$$

$$v = \mathbf{1{,}25\ \frac{m}{s}} \qquad \dot{m} = 10\,625\ \frac{\text{kg}}{\text{h}} \mathrel{\hat{=}} \mathbf{2{,}95\ \frac{kg}{s}}$$

3. Berechnung zum Volumenstrom

Flüssige Stoffe und Aufschlämmungen werden in Rohren oder Rinnen gefördert. Kennzeichnend für diese Förderung ist der **Volumenstrom** q_V. Er ist das Verhältnis von gefördertem Volumen V zur dafür benötigten Zeit t.

$$\text{Volumenstrom} = \frac{\text{gefördertes Volumen}}{\text{benötigte Zeit}} \qquad q_V = \frac{V}{t}$$

Das geförderte Volumen errechnet man aus dem gefüllten Querschnitt S des Rohrs oder der Rinne und der Strecke s, die ein Teilchen in der Zeit t zurückgelegt hat.

Gefördertes Volumen = Querschnitt · Weg

$$V = S \cdot s$$

Damit ergibt sich für die Berechnung des Volumenstroms q_V die Gleichung:

$$q_V = \frac{S \cdot s}{t} = S \cdot v$$

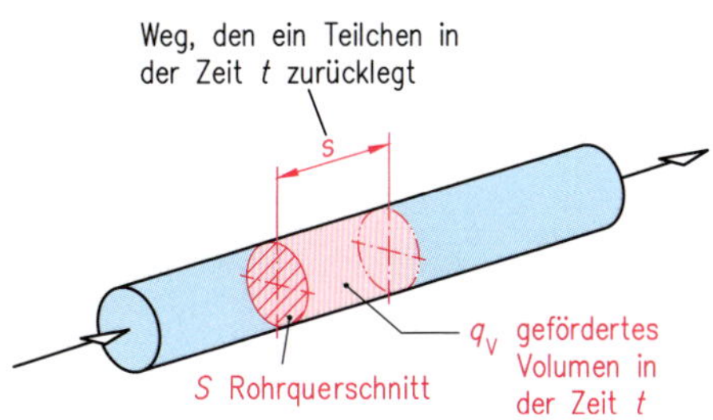

Gefördertes Volumen

Bei Querschnittsänderungen ist der Volumenstrom vor und hinter der Querschnittsänderung gleich. Demnach gilt:

$$q_{V1} = q_{V2}$$

$$S_1 \cdot v_1 = S_2 \cdot v_2$$

Diese Gleichung bezeichnet man als die **Kontinuitätsgleichung**.

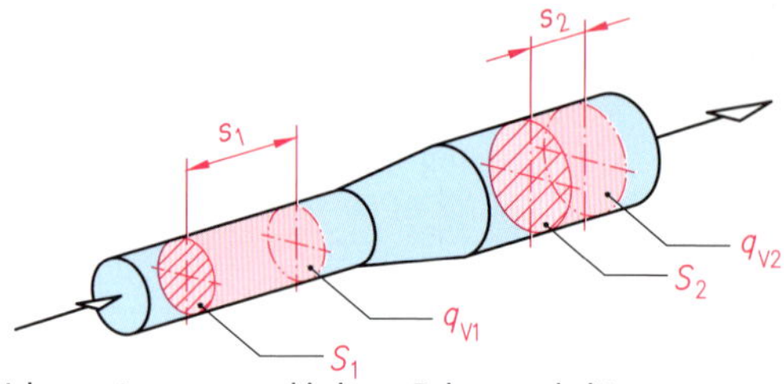

Volumenstrom an verschiedenen Rohrquerschnitten

! In Rohrleitungen ist der Volumenstrom unabhängig vom Querschnitt an allen Stellen gleich.

Beispiel für die Berechnung eines Volumenstroms

Aufgabe

Eine Pumpanlage für Trinkwasser saugt durch ein Ansaugrohr mit 60 mm Durchmesser das Wasser an. In der Druckleitung von 28 mm Durchmesser strömt das Wasser mit einer Geschwindigkeit von 2 m/s. Zu berechnen sind:

a) der Volumenstrom,
b) die Strömungsgeschwindigkeit im Saugrohr.

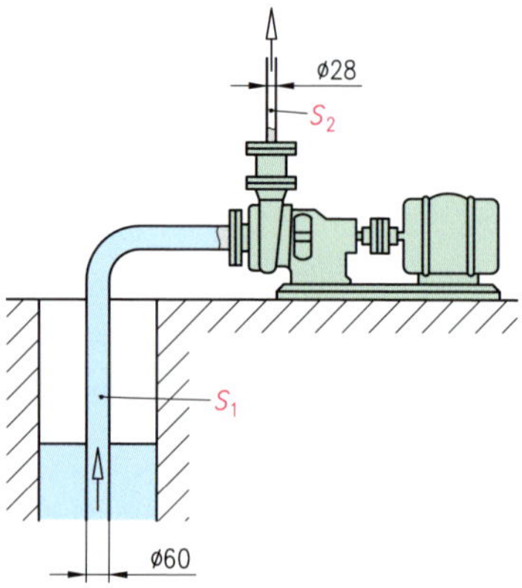

Gegeben

$d_1 = 60\ \text{mm};\ v_2 = 2\ \frac{\text{m}}{\text{s}}$

$d_2 = 28\ \text{mm}$

Gesucht

q_V in $\frac{\text{dm}^3}{\text{s}}$; v_1 in $\frac{\text{m}}{\text{s}}$

Lösung

a) $q_V = S_2 \cdot v_2$

$$S_2 = \frac{28^2\ \text{mm}^2 \cdot 3{,}14}{4} = 615\ \text{mm}^2$$

$$q_V = 615\ \text{mm}^2 \cdot 2\ \frac{\text{m}}{\text{s}} = 615\ \text{mm}^2 \cdot 2\,000\ \frac{\text{mm}}{\text{s}}$$

$$q_V = 1\,230\,000\ \frac{\text{mm}^3}{\text{s}} = \mathbf{1{,}23\ \frac{dm^3}{s}}$$

b) $S_1 \cdot v_1 = S_2 \cdot v_2$

$$v_1 = \frac{S_2 \cdot v_2}{S_1}$$

$$v_1 = \frac{615\ \text{mm}^2 \cdot 2\ \text{m}}{2\,826\ \text{mm}^2 \cdot \text{s}}$$

$$v_1 = \mathbf{0{,}435\ \frac{m}{s}}$$

4. Stoffumformung siehe „Fertigungstechnik"

5. Stoffumwandlung siehe „Werkstofftechnik"

Beispiel für Stoffumformung beim Gesenkschmieden

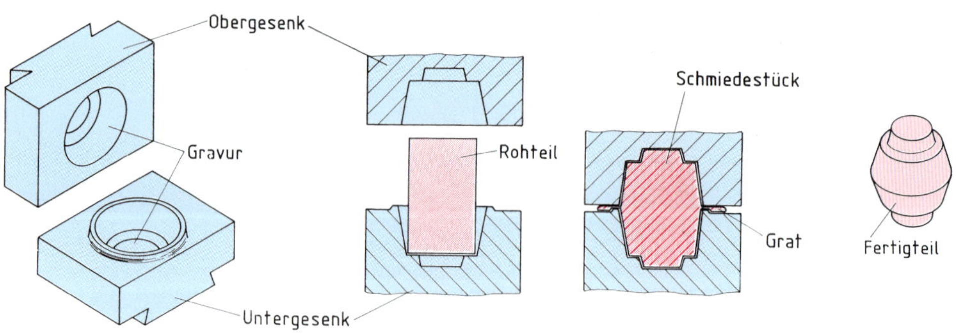

Übungsaufgaben 2/23 bis 2/27

2.2.2 Technische Systeme zur Stoffumsetzung

In Systemen zur Stoffumsetzung werden Stoffe von einem Ort zum anderen Ort transportiert oder ihre Form wird geändert oder sie werden in andere Stoffe umgewandelt.
In der Metalltechnik sind die Formänderung mithilfe von Maschinen und der Stofftransport durch Fördermittel von besonderer Bedeutung.

2.2.2.1 Werkzeugmaschinen

Werkzeugmaschinen dienen zur Fertigung von Bauteilen und Fertigprodukten. Die Maschinen sind meist mit auswechselbaren Spannvorrichtungen und Werkzeugen ausgerüstet.
Werkzeugmaschinen werden entsprechend den Fertigungsverfahren in Maschinen zum Urformen, Umformen, Trennen usw. eingeteilt.

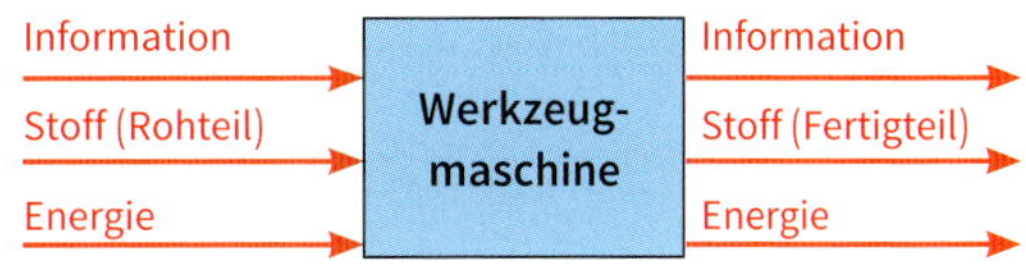

System Werkzeugmaschine

In der Metallverarbeitung werden Werkzeugmaschinen zum Trennen, Umformen und Fügen eingesetzt. Alle diese Maschinen sind aus Funktionseinheiten aufgebaut.
Funktionseinheiten von Werkzeugmaschinen sind

- Antriebseinheiten,
- Einheiten zur Energieleitung,
- Einheiten zur Verrichtung des Arbeitsauftrags,
- Steuer- und Regeleinheiten,
- Stütz- und Trageeinheiten,
- Einheiten zur Arbeitssicherheit und zum Umweltschutz.

Maschinen zum Trennen durch Spanen

Von den Maschinen zum Trennen durch Spanen werden Bohr-, Dreh- und Fräsmaschinen am häufigsten angewendet. Diese Maschinen sind aus bestimmten Funktionseinheiten aufgebaut, die in allen anderen Maschinen zum Spanen ebenfalls vertreten sind. Je nach Art und Größe der Maschine können die Funktionseinheiten unterschiedlich aufgebaut sein.
Als Funktionseinheiten zum Arbeiten besitzen alle Maschinen zum Spanen eine Aufnahme für ein Zerspanungswerkzeug und eine Werkstückaufnahme.
Je nach Art der Maschine werden entweder das Werkzeug oder das Werkstück oder beide so gegeneinander bewegt, dass eine Spanabnahme erfolgen kann. Die Funktionseinheiten, die diese Bewegungen bewirken, sind das Hauptgetriebe und das Vorschubgetriebe.

Beispiel für Funktionseinheiten an einer herkömmlichen Drehmaschine

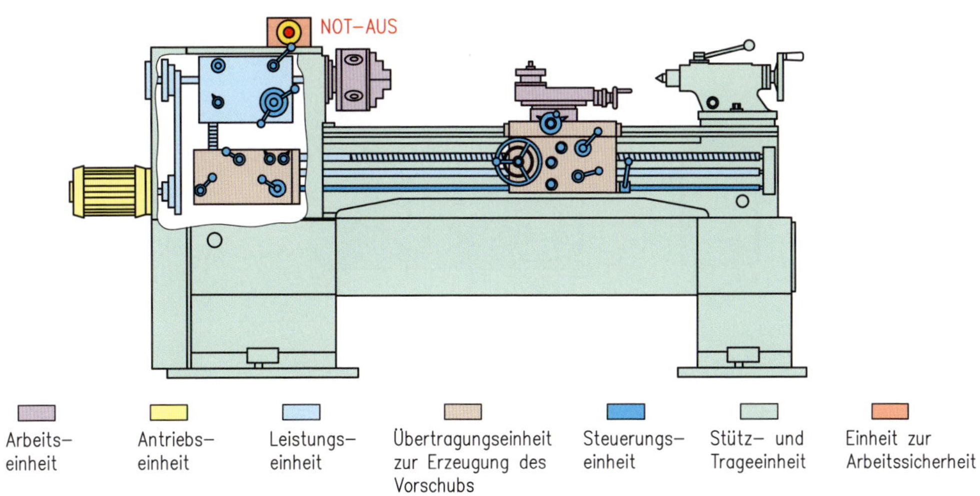

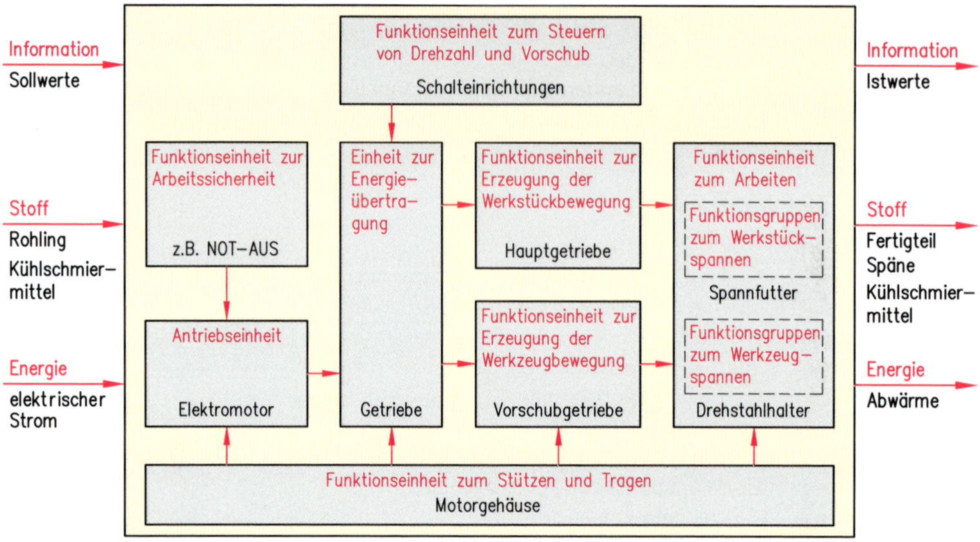

Funktionseinheiten einer Drehmaschine

> **!** Wesentliche Funktionseinheiten an Maschinen zum Trennen durch Spanen sind Einheiten zur Erzeugung einer Bewegung
> - zwischen Werkzeug und Werkstück → Schnittbewegung,
> - für eine kontinuierliche Spanabnahme → Vorschubbewegung.

2.2.2.2 Pumpen und Verdichter

Pumpen dienen zum Transport von Flüssigkeiten und Gasen.
Verdichter, auch Kompressoren genannt, dienen in der Hauptfunktion zum Verdichten von Gasen. Sie transportieren dabei auch die Gase.

Pumpen und Verdichter können nach zwei Prinzipien arbeiten: • Verdrängungsprinzip oder • Strömungsprinzip.

Bei Pumpen und Verdichtern nach dem *Verdrängungsprinzip* verdrängen Kolben, Membranen, Flügel oder andere Körper das auf der Saugseite eingeströmte Medium und fördern es so periodisch zur Druckseite.

Bei Pumpen und Verdichtern nach dem *Strömungsprinzip* wird dem strömenden Medium durch die Schaufeln rotierender Laufräder Energie zugeführt. Dieses bewirkt eine Beschleunigung der Strömung. Das Medium wird dadurch kontinuierlich weitergefördert. Wird die Strömung gehemmt, steigt der Druck.

Beispiele für Pumpen und Verdichter

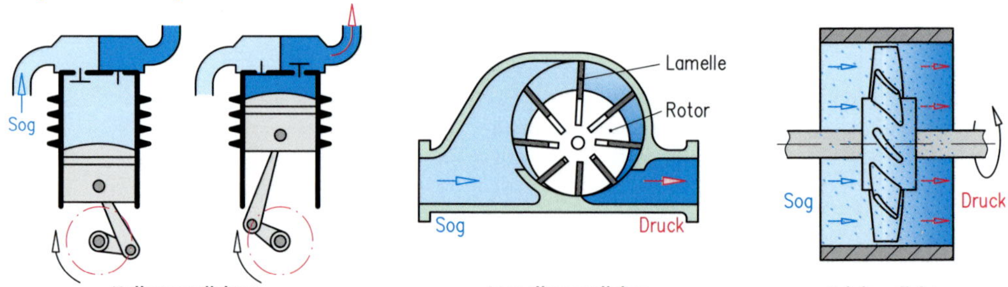

Kolbenverdichter **Lamellenverdichter** **Axialverdichter**

Verdrängungsprinzip **Strömungsprinzip**

> **!** In Pumpen und Verdichtern nach dem Verdrängungsprinzip geschieht der Transport des Mediums durch eine Volumenverkleinerung des Arbeitsraums.
> Kreiselpumpen und Axialverdichter arbeiten nach dem Strömungsprinzip. Das Volumen des Arbeitsraums der Pumpe bleibt konstant.

Übungsaufgaben 2/29; 2/30

2.3 Systeme zum Informationsumsatz

2.3.1 Information und Informationsumsetzung

Informationen sind alle Mitteilungen, Nachrichten, Anweisungen, Hinweise u. a., die zwischen einem „Sender" über einen Übertragungskanal an einen „Empfänger" übertragen werden.
Im unmittelbaren Austausch von Informationen zwischen Menschen ist die akustische Übertragung durch die Sprache die wichtigste Form der Übermittlung. Neben der akustischen Übertragung durch die Sprache werden im zwischenmenschlichen Bereich auch optisch Informationen durch Mimik und Gestik übertragen. Der unmittelbare Informationsaustausch durch Gespräch zwischen Menschen zeigt die Grundelemente einer jeden Informationsübertragungskette oder **Kommunikationskette**, wie der Fachbegriff lautet.

Kommunikationskette: **Sender** — Übertragungskanal / Information → **Empfänger**

! Ein Informationsübertragungssystem besteht aus Sender, Übertragungskanal und Empfänger.

Als Partner treten in herkömmlichen technischen Systemen Mensch und Maschine auf. Der Begriff Maschine steht hier auch für Transport- und Lagereinrichtungen. Daraus ergeben sich vier mögliche Beziehungen:

Sender	Informationsträger in der Technik	Empfänger
Mensch	Sprache, Schrift, Zeichnungen, Bilder, Symbole, Modelle	Mensch
Mensch	Schalter, Hebel, Kurvenscheiben, Codes, Programme, Identifikationssyteme	Maschine
Maschine	Akustische und optisch Signale, Anzeigen auf Bildschirmen und Instrumenten	Mensch
Maschine	Hebel, Gestänge u. Ä. , pneumat. u. elektr. Signale, digitale Signale	Maschine

Mit zunehmender Digitalisierung sind in der modernen Fertigung die Kommunikationsketten

Werkzeug → Maschine und
Werkstück → Maschine

hinzugekommen. Die Kommunikation erfolgt hier über

- Codes, die nur einseitig, vom Werkzeug bzw. Werkstück Daten übertragen sowie über
- digitale Systeme, die sowohl an die Maschine Daten übertragen, als auch von der Maschine Informationen mitnehmen und weitergeben können.

2.3.1.1 Kommunikationssystem Mensch – Maschine

Die Beziehung Mensch – Maschine, in welcher der Mensch als Sender und die Maschine als Empfänger auftritt, hat in der Transport- und Fertigungstechnik besondere Bedeutung. Zur Fertigung eines Produkts gibt der Fachmann zwei Arten von Informationen an die Werkzeugmaschine. Informationen, welche die Maße des Werkstücks betreffen, nennt man **Weginformationen**. Informationen, die Drehzahlen, Vorschübe, Kühlmittelzufuhr und andere Größen betreffen, die später am Produkt nicht wiederzufinden sind, nennt man **Schaltinformationen**. Unter diesen hat die Funktion NOT-AUS eine besondere Bedeutung.

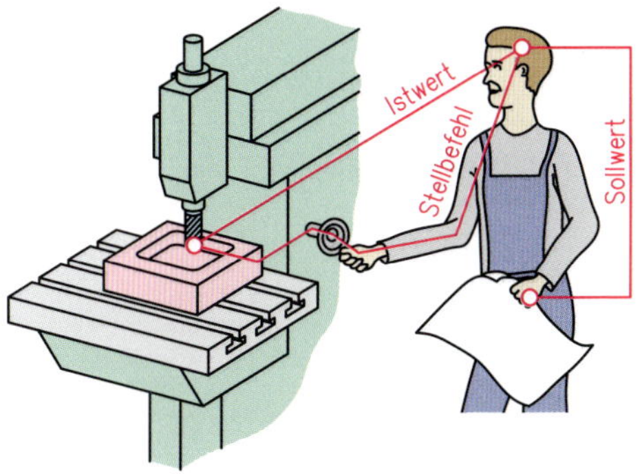

Informationsfluss an einer herkömmlichen Werkzeugmaschine

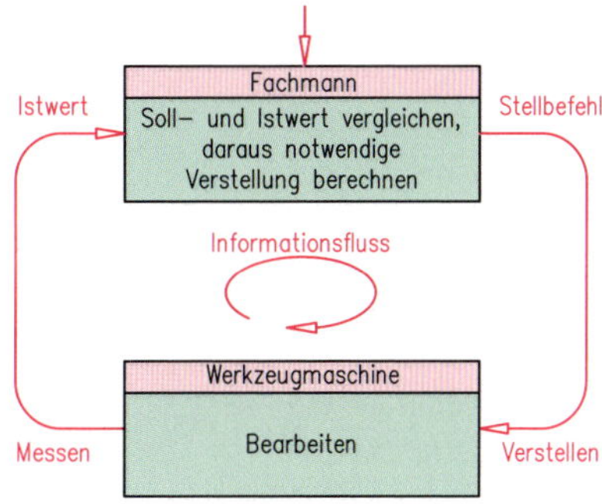

Die Art der Informationseingabe ist abhängig von der Maschinensteuerung. Gesteuert werden kann:

- manuell,
- mechanisch,
- numerisch.

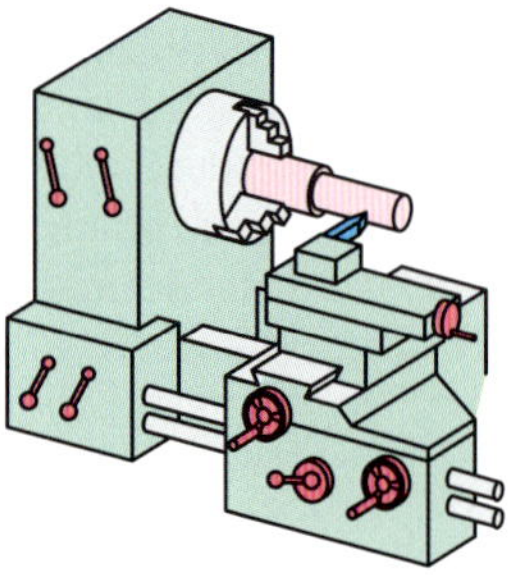

Informationseingabe durch Hebel, Kurbeln …

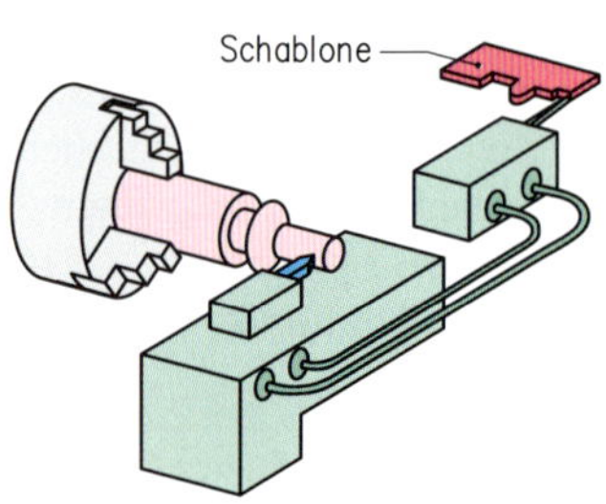

Informationseingabe durch Maß- und Formverkörperungen

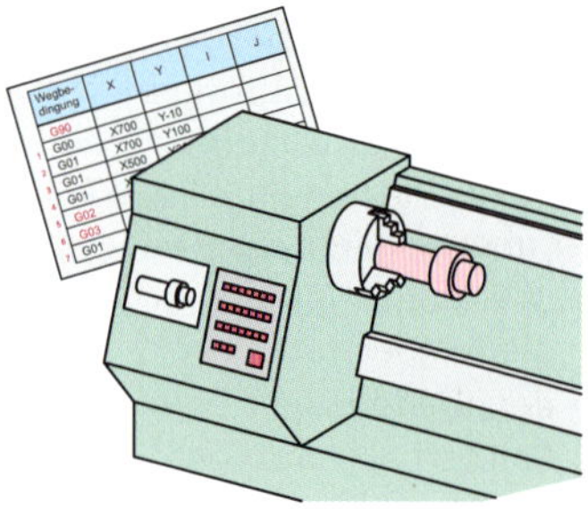

Informationseingabe durch Zeichen

> **!** Die Informationseingabe im Kommunikationssystem Mensch – Maschine kann manuell, mechanisch oder numerisch erfolgen.

2.3.1.2 Kommunikationssystem Maschine – Mensch

Die Kommunikationsbeziehung Maschine – Mensch beschränkte sich bei herkömmlichen Werkzeugmaschinen fast ausschließlich auf Warnungen und Ausführungsmeldungen, z. B. durch Signalleuchten, Signalhörner und Maßanzeigen.

An numerisch gesteuerten Werkzeugmaschinen kann die Steuerung der Maschine auch vorprogrammierte Anweisungen, Fragen und Entscheidungshilfen an den Bediener geben. In diesem Fall spricht man vom **Dialogbetrieb**.

Maschinen und Anlagen, die über das Internet Daten in die Cloud liefern, können an jedem Ort und zu jeder Zeit befugten Personen und Einrichtungen Meldungen über ihren Zustand und ihre Produktion liefern.

Beispiel für die Kommunikation zwischen Mensch und Maschine in der Getränkeindustrie

Sensoren an den einzelnen Elementen der Produktionslinie erfassen Produktionsdaten und Maschinenzustände und liefern sie an den Zentralrechner des Getränkeflaschenfüllsystems. Dieser wertet die Daten aus und leitet die Ergebnisse weiter in die Cloud.
Von dort kann jeder Berechtigte die für seinen Arbeitsbereich wichtigen Daten abrufen.

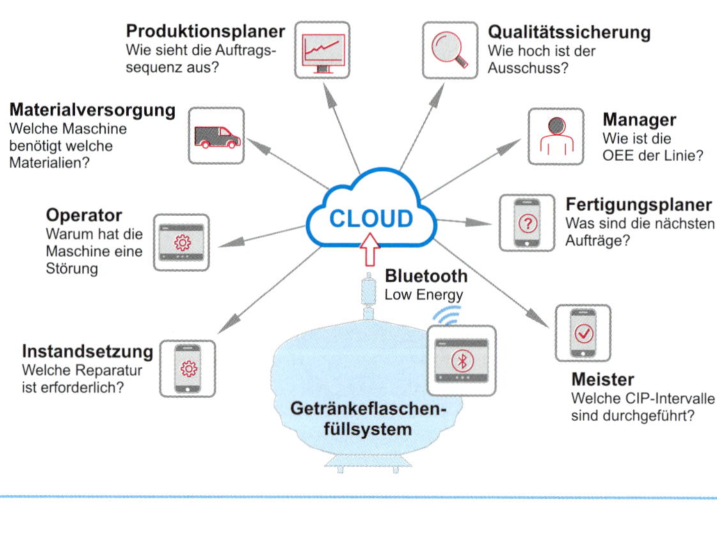

Im Bereich der Instandhaltung können Maschinen, die mit entsprechenden digitalen Komponenten ausgerüstet sind, ihren Zustand unmittelbar der zuständigen Stelle mitteilen. Diese Komponenten bestehen aus Sensoren, einem Chip mit der Auswertungssoftware und einer Einrichtung zur drahtlosen digitalen Datenübertragung.
Die Sensoren liefern ständige Hinweise auf den Zustand der überwachten Baugruppe und fordern automatisch die Wartung an. So gibt es Warnmeldungen, wenn z. B.
- die Temperatur in einem Lager zu hoch ist,
- der pH-Wert eines Schmierstoffs zu stark vom Sollwert abweicht oder
- die Vibrationen einen festgelegten Höchstwert überschreiten.

Ermittlung des Betriebszustands

> **!** Bei herkömmlichen Maschinen und Anlagen beschränkt sich die Kommunikation zwischen Maschine als Sender und Mensch als Empfänger auf Warnungen und Anzeigen.
> NC-gesteuerte Maschinen verlangen Eingaben im Dialog.
> Mit Sensoren, entsprechender Software und Übertragungseinrichtungen ausgerüstete Maschinen geben fortlaufend Auskunft über den Zustand des Systems.

2.3.1.3 Kommunikationssystem Maschine – Maschine

Im Kommunikationssystem Maschine – Maschine werden Informationen von Maschinen ermittelt, weitergeleitet, ausgewertet und in Befehle umgesetzt. *Steuer- und Regeleinrichtungen* stellen derartige Kommunikationssysteme dar.

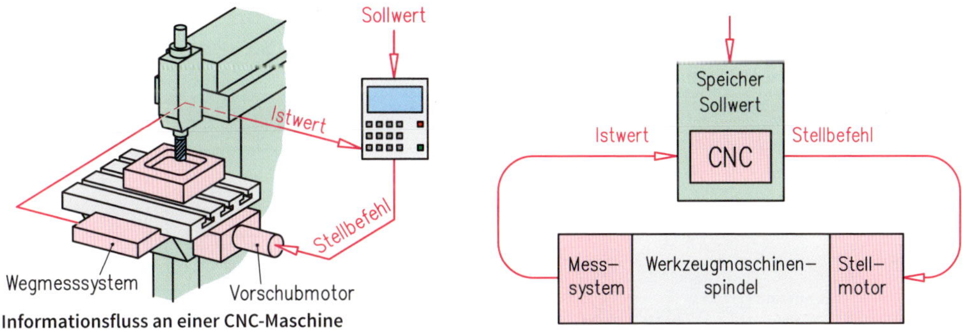

Informationsfluss an einer CNC-Maschine

> **!** Die Kommunikation Maschine – Maschine geschieht in einfachster Weise in Steuer- und Regeleinrichtungen.

Das Kommunikationssystem Maschine – Maschine ist am weitesten in der automatisierten Fertigung verwirklicht. Dort müssen z. B. Computer, Roboter, Transport- und Lagereinrichtungen miteinander kommunizieren, um einen reibungslosen Fertigungsablauf sicherzustellen.
In sehr weit automatisierten Anlagen, die an das Ziel der Industrie 4.0 heranreichen, sind Werkstücke, Werkzeuge, Vorrichtungen u. A. mit RFID-Tags (lesbares und beschreibbare Speicher) ausgerüstet. Diese RFID-Tags tragen alle notwendigen Informationen für den Fertigungsprozess mit sich. Sie kommunizieren mit den einzelnen Maschinen, Handhabungsgeräten, Transport-, Zuführ- und Entnahmeeinrichtungen, damit ein störungsfreier und zügiger Fertigungsprozess ablaufen kann. Gleichzeitig dokumentieren sie lückenlos den Produktionsablauf.

Beispiel für die Steuerung einer Transporteinrichtung durch ein RFID-Tag (Bosch)

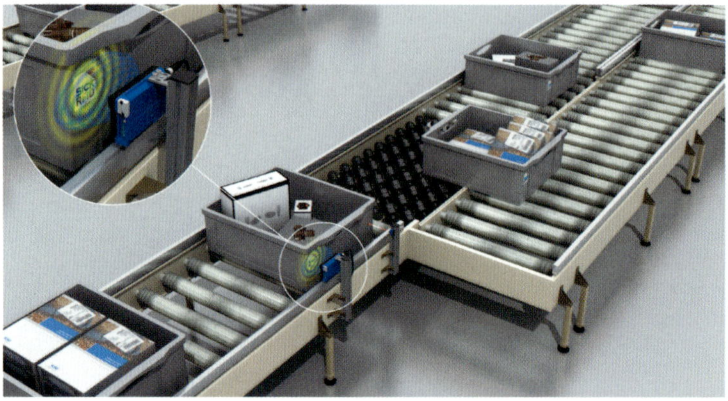

2.3.2 Technische Systeme zum Informationsumsatz

Systeme zum Informationsumsatz haben die Hauptfunktion, Informationen zu transportieren, zu wandeln und umzuformen. Ohne Informationsumsatz sind technische Prozesse nicht möglich.

2.3.2.1 Informationsumsatz bei der industriellen Fertigung

Jeder Betrieb benötigt ein gut funktionierendes System des Informationsumsatzes, um Betriebsabläufe wirtschaftlich optimal zu gestalten. Das betriebliche Informationssystem gliedert sich für den Bereich der industriellen Fertigung in zwei Teilsysteme:

- Planungs- und Steuerungssystem, in ihm wird
  - konstruiert,
  - Maschinen- und Materialeinsatz geplant und
  - Materialbeschaffung sowie Zeitplanung betrieben.
- Kontrollsystem, in ihm werden
  - Qualität,
  - Kosten und
  - Termine kontrolliert.

Die Informationen des Kontrollsystems werden zurück an das Planungs- und Steuerungssystem gegeben, damit Korrekturen im Ablauf vorgenommen werden können.

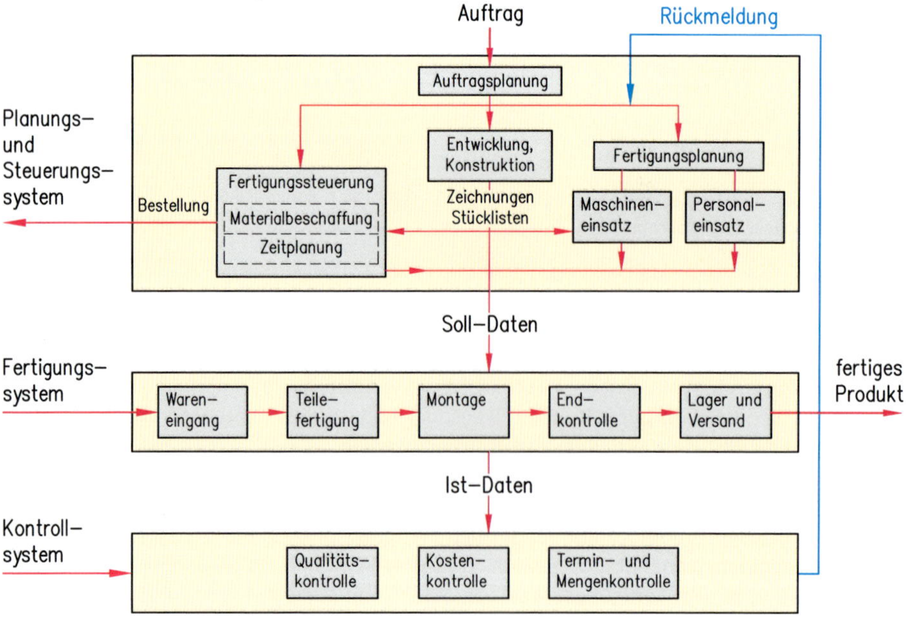

Informationsfluss bei industrieller Fertigung

2.3.2.2 Messsysteme

Messsysteme haben die Hauptfunktion, die **Messgröße**, mit einer Maßeinheit, zu vergleichen und das Ergebnis des Vergleichs als **Messergebnis** auszugeben.

So hat ein Längenmesssystem die Hauptfunktion, Längen mit der Maßeinheit mm zu vergleichen und das Ergebnis anzuzeigen.

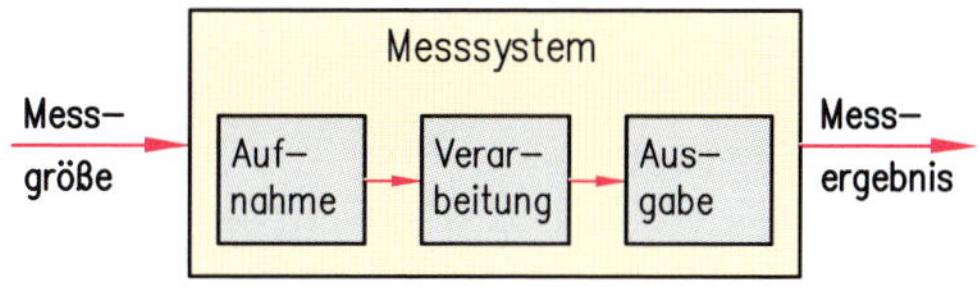

Hauptfunktion von Messsystemen

! Messsysteme haben die Hauptfunktion, eine Messgröße aufzunehmen, zu verarbeiten und das Messergebnis auszugeben.

Messsysteme bestehen aus Teilsystemen, die bestimmte Funktionen innerhalb des Gesamtsystems erfüllen:

- **Messgrößenaufnehmer** erfassen zunächst die zu messende Größe.
- **Wandler** wandeln die aufgenommene Größe so um, dass sie in Rechengliedern verarbeitet und danach weitergeleitet werden kann.
- **Rechenglieder** verarbeiten die Ausgangsgröße des Wandlers. Meist sind die Rechenglieder Verstärker. Verstärken bedeutet vervielfachen, d. h. multiplizieren.
- **Übertragungsglieder** leiten die Ausgangsgröße der Rechenglieder weiter.
- **Anzeige- oder Registriereinheiten** bringen die Messwerte zur Anzeige oder speichern sie.

Diese verschiedenen Teilsysteme sind nicht immer sichtbar voneinander getrennt. Die gedankliche Trennung in Teilsysteme erlaubt es jedoch, ein Messsystem präziser zu analysieren. Die Teilsysteme müssen nicht immer insgesamt vorhanden sein, so kann z. B. eine Fernübertragung oder Rechnung entfallen.

Beispiel für den Aufbau einer Messeinrichtung zur Durchflussmessung

Als Messgrößenaufnehmer dient ein schwach beheizter Widerstand. Je höher die Strömungsgeschwindigkeit des an ihm vorbeiströmenden Gases ist, desto stärker kühlt er ab. Die Abkühlung bewirkt eine Widerstandsänderung.

Eine anschließende Messschaltung mit einem Verstärker nimmt die erste Signalverarbeitung vor. Eine weitere Funktionseinheit sorgt dafür, dass zum Durchfluss eine proportionale Spannung abgegeben werden kann.

Ein ebenfalls angeschlossener Analog-/Digital-Wandler gibt ein digitales Signal aus.
Je nach Art der Weiterverarbeitung können das analoge oder das digitale Signal weiterverwendet werden.

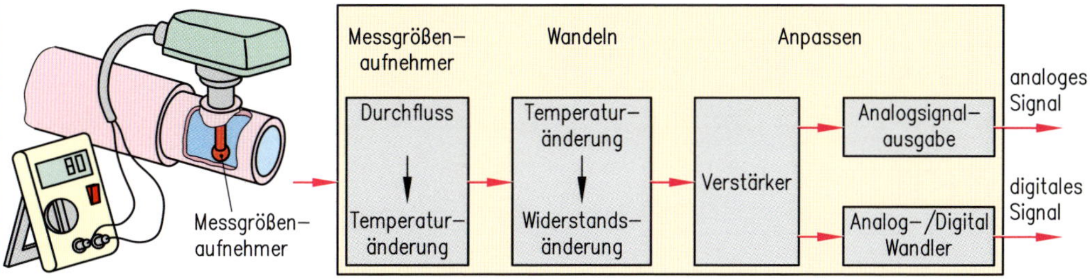

! Messsysteme bestehen aus:
Messgrößenaufnehmer, Wandler, Rechenglied, Übertragungsglied, Anzeige und evtl. Registriersystem.

2.3.2.3 Steuerungs- und Regelungssysteme*

Steuerungs- und Regelungssysteme haben die Aufgabe, physikalische Größen, z. B. die Temperatur in einem Raum, in bestimmter Weise zu beeinflussen.

1. Steuerungssysteme

In Steuerungssystemen wird eine physikalische Größe so beeinflusst, dass bei Abweichungen vom Sollwert die Steuereinrichtung nicht selbsttätig in den Informationsfluss eingreift und die Störung ausgleicht.

Beispiel für die Steuerung der Raumtemperatur

Der Raum wird durch ein elektrisches Heizgerät erwärmt. Es kann in drei Stufen geschaltet werden. Stufe zwei ist zurzeit zur angenehmen Beheizung ausreichend.

Diese Information ist eingegeben. Einen plötzlichen Temperaturabfall, z. B. durch Öffnen des Fensters, kann die Heizung nicht selbsttätig korrigieren.

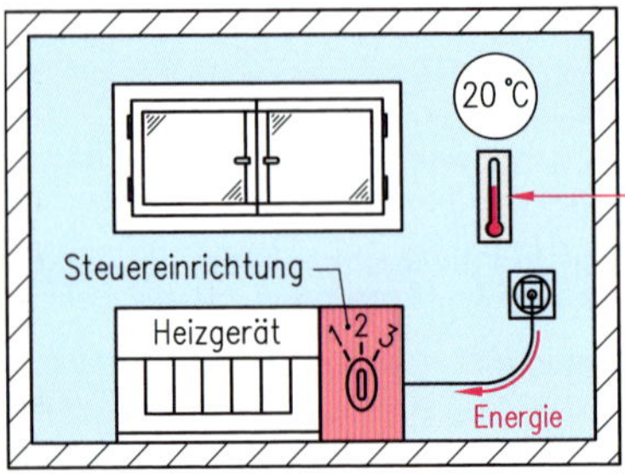

Schematische Darstellung

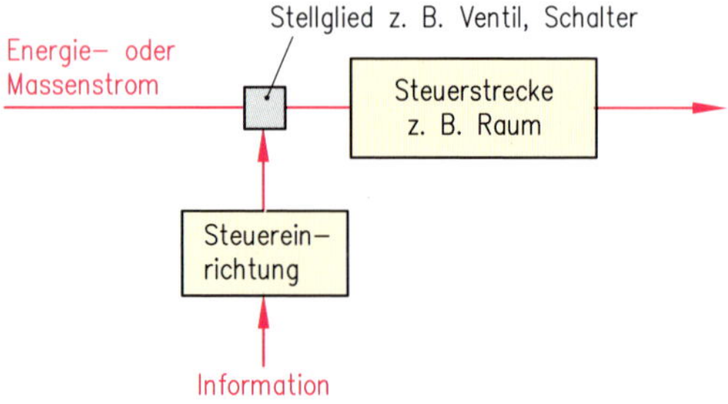

Systemdarstellung einer Steuerung

! Steuerungssysteme greifen nicht selbsttätig in den Informationsfluss ein, um Störungen auszugleichen.

2. Regelungssysteme

Regelungssysteme sind so konstruiert, dass sie bei Störungen selbsttätig die zu regelnde Größe auf den eingestellten Wert bringen.

Beispiel für eine Regelung der Raumtemperatur

Der Raum wird durch ein elektrisches Heizgerät erwärmt. Dieses wird durch einen Thermostaten als Regler geschaltet. Wenn die Raumtemperatur den am Regler eingestellten Sollwert überschreitet, schaltet der Regler das Heizgerät ab. Wenn die Raumtemperatur unter den eingestellten Sollwert fällt, schaltet der Regler das Heizgerät selbsttätig wieder ein.

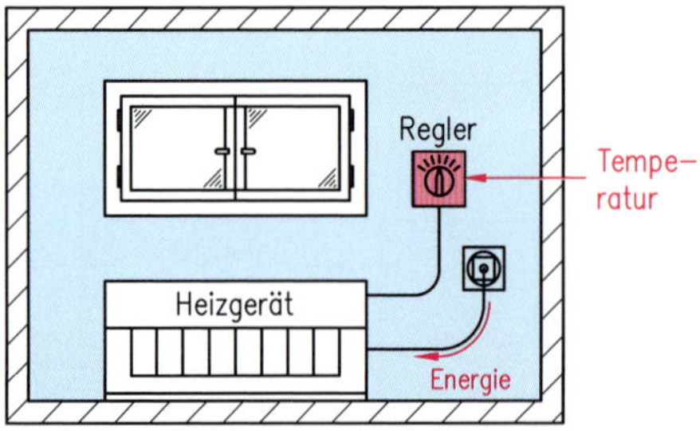

Schematische Darstellung

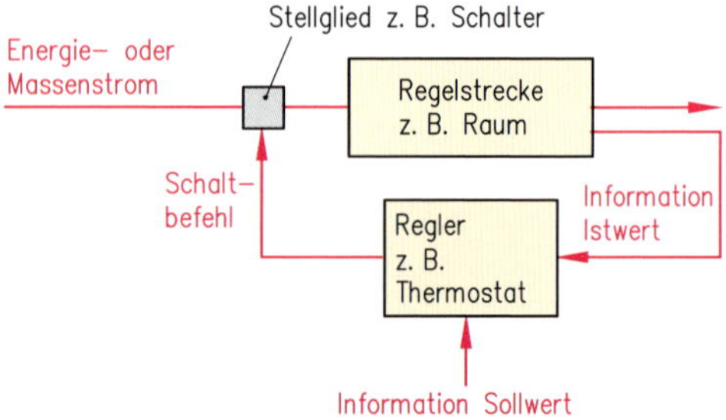

Systemdarstellung einer Regelung

! Regelungssysteme greifen bei Störungen selbsttätig in den Informationsfluss ein.

* siehe auch Kapitel „Steuerungs- und Regelungstechnik"

2.3.2.4 Identifikationssysteme

1. Identifikation von Personen und Berechtigungsnachweisen
An vielen Stellen im Betrieb müssen Mechaniker einen persönlichen Nachweis über ihre Anwesenheit und ihre besonderen Berechtigungen führen. Identifikationen werden z. B. verlangt über:
- die Anwesenheit am Arbeitsplatz,
- die Berechtigung zum Zugang zu gesicherten Räumen (Schaltwarte u. Ä.),
- die Berechtigung zur Abschaltung von Sicherheitseinrichtungen bei Wartungsarbeiten,
- die Ausleihe von speziellen Werkzeugen aus dem Magazin.

Die Daten aus diesen Nachweisen werden dokumentiert.

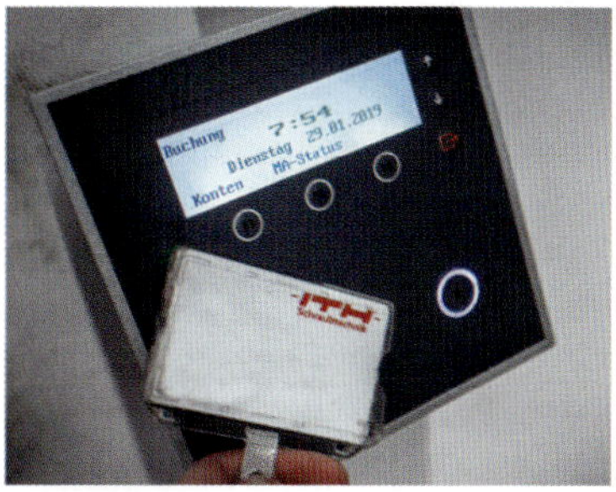
Zugangskontrolle mit RFID (ITH GmbH & Co. KG, Meschede)

Die Nachweise für die Berechtigungen und der Nachweis für die Anwesenheit werden sehr häufig mit besonders ausgestatteten Plastikkarten erbracht. Die Karten sind mit dem **RFID-System** versehen. Dieses RFID-System (**R**adio **F**requency **I**dentification) ist ein Sender-Empfänger-System.

In der Plastikkarte, die der Identifikation von Personen dient, ist ein Chip mit den entsprechenden Informationen eingebaut. Die Karte trägt eine Spule, die bei Kontakt mit einem Lesegerät von diesem Energie aufnimmt. Sodann kann die Einheit als Sender und Empfänger wirksam werden. Man nennt die Einheit aus Antennenspule und Chip den **Transponder**.
Das Gegenstück, von dem die Daten aus dem Chip des Transponders gelesen werden, ist das **RFID-Lesegerät**. Es enthält eine Spule, über die ständig ein hochfrequenter Strom geschickt wird. Kommt ein Transponder in die unmittelbare Nähe des Lesegeräts, so versorgt es den Transponder mit Energie und der Datenaustausch zwischen Transponder und Lesegerät zur Überprüfung der Berechtigung kann beginnen.

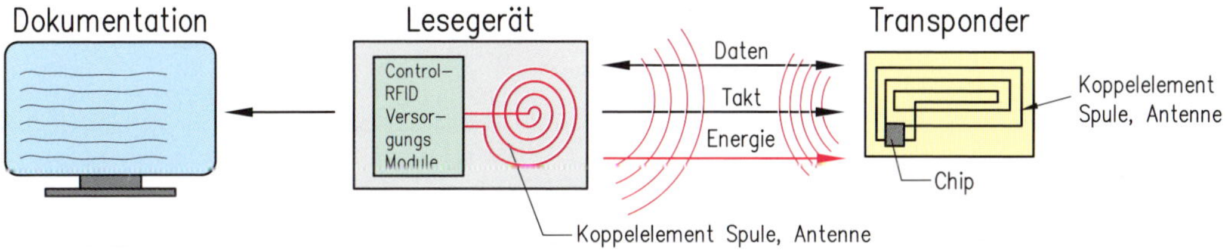

RFID-System (Schema)

2. Identifikation von Gegenständen und gleichzeitiger Datentransport
Mithilfe des RFID-Systems werden Gegenständen nicht nur Daten zur Identifikation, sondern auch Fertigungsdaten mitgegeben. Dies sind
- Daten in Zerspanungswerkzeugen, z. B. Werkzeuggeometrie, Standzeit und Schnittdaten,
- Daten in Rohteilen, z. B. CNC-Programmnummern, Hinweise zu Montage und Lagerplätzen sowie Daten zur Qualitätssicherung, z. B. Prüfmaße, Prüfkriterien und Wege zu eventueller Nacharbeit, transportiert und gespeichert.

Die verwendeten Transponder sind meist **passive Transponder**, die wie Transponder in Plastikkarten ihre Energie vom Lesegerät beziehen.
Aktive Transponder hingegen, wie sie z. B. in einem Autoschlüssel enthalten sind, haben eine Batterie als Energiequelle und können somit ihr Signal über größere Reichweiten senden.

Die Transponder können an jeder Station vom Schreib- und Lesegerät auch mit neuen Informationen, z. B. über Ort und Zeitpunkt der Bearbeitung sowie Ergebnisse der Qualitätsprüfung, ausgestattet werden.

Türöffnung mit einem aktiven Transponder

Übungsaufgabe 2/38

3. Identifikation von Produkten

Mit Strichcodes und 2D-Codes werden in der Industrie Werkstücke, Werkzeuge u. a. mit Zahlenfolgen gekennzeichnet. Die Codes können mit Laser-Scannern, Handy-Scannern oder Auflicht-Scannern gelesen werden. Entsprechend der Codenummer können dem gekennzeichneten Objekt Lagerplätze, Montagearbeitsplätze, Bearbeitungsprogramme usw. zugewiesen werden.

Strichcode Interleaved 2/5 ITF

Der **Strichcode ITF** (Interleaved **T**wo of **F**ive) wird in Form von aufgeklebten, gedruckten Etiketten oder gelaserten Markierungen verwendet.

1234567890

- Der Code **2/5 Interleaved** besteht aus jeweils fünf Elementen – zwei breiten und drei schmalen Elementen. Die breiten Elemente sind zwei- bis dreimal so breit wie die schmalen.
- Elemente sind sowohl Balken als auch Lücken.
- Jeweils zwei Ziffern bilden eine Einheit. Die erste Ziffer wird durch Balken dargestellt, die zweite durch die Lücken dazwischen. Bei ungerader Anzahl der darzustellenden Ziffernfolge wird eine Null vorangesetzt, z. B. statt 345 wird 0345 gesetzt.
- Die Zahlencodierung:

Beispiel für eine Codierung

Ziffer	1 bedeutet breit 0 bedeutet schmal				
0	0	0	1	1	0
1	1	0	0	0	1
2	0	1	0	0	1
3	1	1	0	0	0
4	0	0	1	0	1
5	1	0	1	0	0
6	0	1	1	0	0
7	0	0	0	1	1
8	1	0	0	1	0
9	0	1	0	1	0

Codierung der Zahl 34:

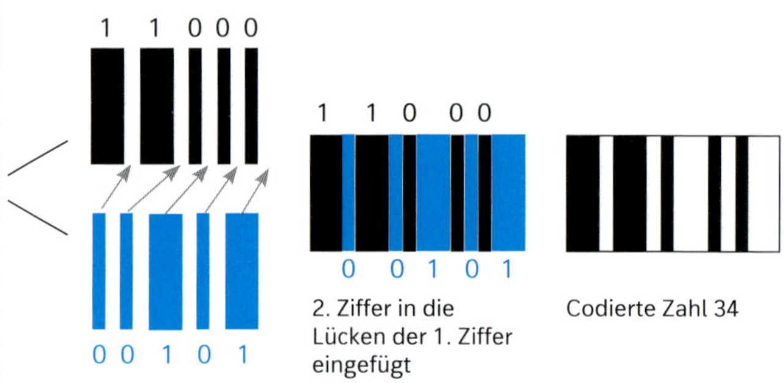

- Am Anfang der Ziffernfolge steht als Steuerzeichen die Folge: schmaler Balken, schmale Lücke, schmaler Balken, schmale Lücke.
  Am Ende der Zahlenfolge steht das Stoppzeichen: breiter Balken, schmale Lücke, schmaler Balken.

QR-Code

Der **QR-Code** (**Q**uick **R**esponse-**C**ode) wird wie der Strichcode in Form von aufgeklebten, gedruckten Etiketten oder gelaserten Markierungen eingesetzt. Im Unterschied zum Strichcode sind bei ihm die Informationen in der Fläche gespeichert.

Der Code ist ein 2D-Code. Er besteht aus einer quadratischen Struktur mit 21 × 21 bis zu 177 × 177 kleinen schwarzen und weißen Flächen. An drei Ecken befinden sich quadratische Positions-Markierungen zur Orientierung des Lesegeräts. In Angrenzung an die Positionsmarken liegen Bereiche, aus denen das Lesegerät das Datenformat und die Version des QR-Codes erkennen kann.

Aus dem flächenförmigem Aufbau ergeben sich deutliche Vorteile gegenüber der Strichcodierung:

- Es können erheblich mehr Daten gespeichert werden.
- Daten können mehrfach an verschieden Stellen innerhalb der Struktur hinterlegt werden, sodass bei einer Beschädigung von bis zu 7 % in der niedrigsten und 30 % im höchsten Fehlerkorrekturlevel die Informationen noch einwandfrei ausgelesen werden können.

Übungsaufgaben 2/39; 2/40

2.3.2.5 IT-Sicherheit

Informationstechnische Systeme haben für Betriebe eine zentrale Bedeutung. Ohne ihre sichere Funktion sind Betriebsabläufe gestört oder gar unmöglich und es kann zu schweren Personen- und Sachschäden kommen. IT-Sicherheit umfasst:

- **Gerätesicherheit**,
- **Datensicherung**,
- **Datenschutz**.

Zur IT-Sicherheit hat jeder Nutzer beizutragen, auch wenn leider festzustellen ist:
„100 % Sicherheit sind unmöglich."

1. Gerätesicherheit

Gerätesicherheit verlangt Schutz vor dem Ausfall des Geräts, Schutz vor Manipulation und Schutz vor unerlaubter Benutzung.

Vor **Ausfall** sind Geräte, die im Betrieb von Mechanikern genutzt werden, meist durch entsprechende Umkleidung und bruchfeste Bildschirme gegen Schlag und Stoß gesichert. Die Umkleidungen schützen meist auch in einem gewissen Umfang vor dem Einfluss elektrischer und magnetischer Felder, wie sie z. B. in der Nähe von Elektroschweißanlagen und Elektroöfen auftreten. Die Felder sind im Moment des Ein- und Ausschaltens extrem stark. Sie schädigen besonders die Speichermedien.

Manipulationen des Computers erfolgen häufig durch das Internet, indem unbeabsichtigt Viren, Trojaner und andere Schadsoftware aufgeladen wird. Diese Schadprogramme manipulieren Abläufe oder legen gar das gesamte System lahm. Betrieblich eingesetzte Computer dürfen darum nur mit ausdrücklicher Erlaubnis im Internet genutzt werden. Mitgebrachte Datenträger dürfen wegen der Gefahr, Viren u. a. einzuschleppen, nicht am Computer angeschlossen werden.
In Betrieben mit einem entsprechenden IT-Management-System überwacht dieses alle Computer des Betriebs auf Schadsoftware, spielt zentral Updates auf und begrenzt aus Sicherheitsgründen den Einsatz des einzelnen PCs auf das für den Arbeitsplatz Notwendige.

Schutz vor unerlaubtem Zugriff auf den Computer und das WLAN geschieht durch geeignete Passwörter. Ein Passwort soll mindestens acht Zeichen enthalten und keinen Namen und persönlich bezogene Begriffe (z. B. *Ausbildung*) sowie keine leicht erkennbaren Zahlenfolgen (z. B. *Geburtstagsdaten*) enthalten. Am einfachsten merkt man sich einen Satz und stellt das Passwort aus den Anfangsbuchstaben und Sonderzeichen zusammen, wie z. B. *Für jeden PC und jede Anwendung ein eigenes Passwort,* ergibt *FjP+jA1eP*.
Damit eine unbefugte Person bei einer kurzen Abwesenheit des Benutzers nicht auf den Computer zugreifen kann, ist zusätzlich ein selbstständiges Abschalten bei Nichtbenutzung einzurichten.

2. Datensicherung

Datensicherung ist für Unternehmen lebenswichtig, denn der Verlust von Daten über Produktionsprozesse, Konstruktionen, Kunden u. A. kann zu schwersten Betriebsstörungen führen.

Auch der Einzelne muss an seinem Arbeitsplatz laufend die gewonnenen Daten sichern, damit bei einer Störung nicht die Arbeit eines ganzen Tags, z. B. die Ausarbeitung eines Fertigungsprogramms, dahin ist.

Damit ein solcher Fall nicht eintritt, erlauben alle Betriebssysteme eine automatische Speicherung in frei zu wählenden Zeitabständen.

Verbranntes Notebook

Damit bei einem Ausfall des PCs, z. B. durch einen Brand oder ein Schadprogramm, die Daten weiterhin zur Verfügung stehen, sollten möglichst täglich Kopien der Daten auf Speichermedien außerhalb des Computers gesichert werden.

Häufig geschieht die Speicherung der Daten außerhalb des Betriebs in einer Cloud. Man spricht von **Cloud-Backup**. Dabei werden die örtlich gewonnenen Daten verschlüsselt über das Internet an die Cloud, einen externen Datenspeicher mit riesigem Speichervolumen, übertragen und dort sicher aufbewahrt. Bei Bedarf können berechtigte Personen die Daten jederzeit und von überall abrufen.

3. Datenschutz

Unter Datenschutz versteht man zunächst den Schutz personenbezogener Daten. Entsprechend den gesetzlichen Bestimmungen ist eine Weitergabe personenbezogener Daten nur mit Zustimmung der betreffenden Person gestattet und auch nur für den in der Zustimmung vorliegenden Fall. Eine mit der Zustimmung erfolgte Weitergabe ist in allen Einzelheiten zu protokollieren und ggf. ist der betroffenen Person Auskunft über die weitergeleiteten Daten zu geben.

In Betrieben kommt zum personenbezogenen Datenschutz der sachbezogene Datenschutz hinzu. Dabei geht es darum, betriebsbezogene Daten vor missbräuchlicher Anwendung, Verfälschung, Verlust und Spionage zu schützen.

Der wichtigste Datenschutz ist der Zugangsschutz nur für Berechtigte z. B. durch ein Passwort.

Datenvermeidung ist nahezu ebenso wichtig, d. h., Daten, die im Rahmen eines Auftrags nicht benötigt werden, sind geschützt, wenn jeder Zugangsberechtigte nur Zugriff auf diejenigen Daten bekommt, die er für seine Arbeit benötigt.

Ein Verfälschen von Daten (Sabotage) oder ihr unberechtigtes Abgreifen zu Spionagezwecken kann durch Verschlüsselung und verschlüsselte Weitergabe verhindert werden.

Um in einem Unternehmen Datenschutz effektiv durchzusetzen, sind gute Fachkenntnisse nötig. Darum sollten Firmen einen Datenschutzbeauftragten benennen und schulen. Bei zehn Beschäftigten im Bereich der automatisierten Datenverarbeitung oder bei 20 beschäftigten Personen, die die Daten anders verarbeiten, sind Betriebe sogar dazu verpflichtet, einen betrieblichen Datenschutzbeauftragten zu beschäftigen.

Hinweise **Zusammenfassung der IT-Sicherheitsregeln**

- PC und Datenträger vor magnetischen und elektrischen Feldern schützen.
- Passwörter verwenden, Mindestlänge sind acht Zeichen, dabei auch Zahlen und Sonderzeichen.
- Passwörter sicher aufbewahren und regelmäßig ändern.
- Passwörter und geheim zu haltende Daten verdeckt eingeben.
- Datenträger regelmäßig mit Virenschutzprogrammen überprüfen.
- Keine unbekannten Dateien aus dem Internet herunterladen.
- Auf Betriebs-PC nur auftragsbezogene Daten hochladen, keine privaten Dateien.
- Daten regelmäßig sichern, Sicherungskopien anfertigen und geschützt aufbewahren.
- USB-Sticks verschlüsseln.
- WLAN-Betrieb durch Verschlüsselung sichern.

Übungsaufgabe 2/41

3 Funktionseinheiten des Maschinenbaus

3.1 Einteilung der Funktionseinheiten

Maschinen und Anlagen bestehen aus festen und beweglichen Elementen. Durch das Zusammenwirken der Elemente führen Maschinen vorbestimmte, regelmäßig wiederkehrende Bewegungen aus.
Es gibt Maschinen für die verschiedensten Aufgaben. In ihnen werden unabhängig von der Gesamtaufgabe gleiche Bauelemente für gleiche Einzelaufgaben verwendet. Darum sind diese Bauelemente zumeist in Abmessungen und im Werkstoff genormt. Die Normung führt zur Vereinfachung in Konstruktion und Montage und ermöglicht das Austauschen.

Beispiele für Funktionselemente und Bauelemente in einer elektrischen Bohrmaschine

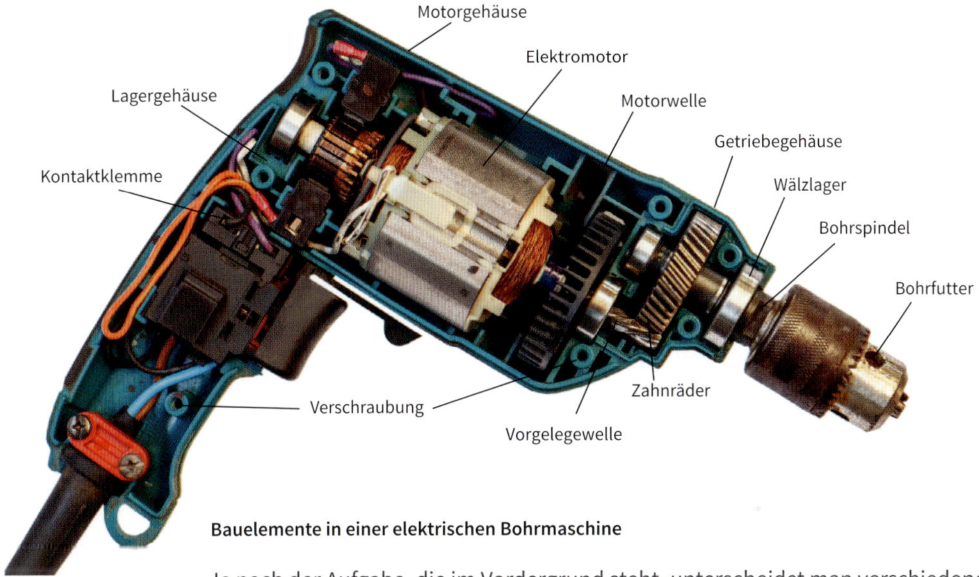

Bauelemente in einer elektrischen Bohrmaschine

Je nach der Aufgabe, die im Vordergrund steht, unterscheidet man verschiedene Gruppen von Funktionselementen.

Funktionselemente	Bauelemente	Funktion
Verbindungselemente	**Schraubenverbindung** **Kontaktklemme**	verbindet Gehäuseober- und -unterteil verbindet Elektrozuleitung mit Schalter
Stützelemente	**Gehäuse** **Wälzlager**	trägt Lager und nimmt feststehende Bauteile auf trägt Bohrspindel, Motorwelle und Vorgelegewelle
Leitungselemente für mechanische Energie	**Vorgelegewelle** **Bohrspindel**	überträgt Energie auf Zahnräder überträgt Energie vom Zahnradgetriebe
Elemente zum Formen von Bewegungen	**Zahnräder**	übertragen Drehmoment vom Motor auf die Bohrspindel und ändern Umdrehungsfrequenzen

3.2 Funktionseinheiten zum Stützen und Tragen

Alle Einheiten zum Abstützen beweglicher Baueinheiten gehören zu den Gruppen Lager und Führungen. Lager tragen Bauteile, die Drehbewegungen ausführen, z. B. Wellen und Achsen. Geradführungen tragen Baueinheiten, die geradlinige Bewegungen ausführen, z. B. Schlitten und Maschinentische.

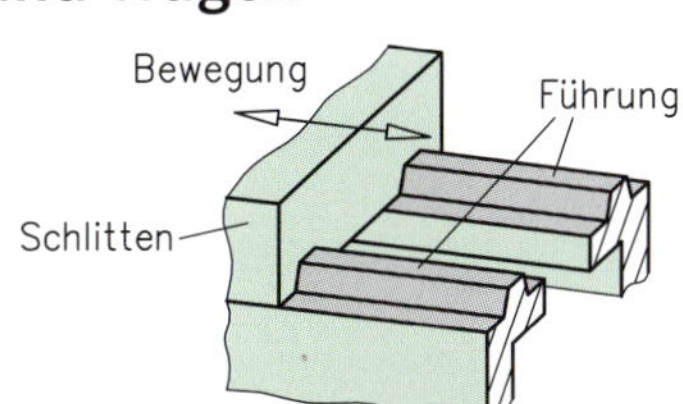

Geradführung

Auflagerkräfte

Baueinheiten belasten durch ihr Eigengewicht und durch die von ihnen zu übertragenden Kräfte die Lager und Führungen.

Die Kräfte, mit denen Lager und Führungen die Baueinheiten abstützen, heißen **Auflagerkräfte**. Sie halten den auf die Baueinheiten wirkenden Kräften das Gleichgewicht. Sie sind also den *angreifenden Kräften entgegengerichtet*. Je nach Größe der Auflagerkräfte bestimmt man den Werkstoff und die Abmessungen von Lagern und Führungen. Eine Berechnung dieser Kräfte ist daher notwendig.

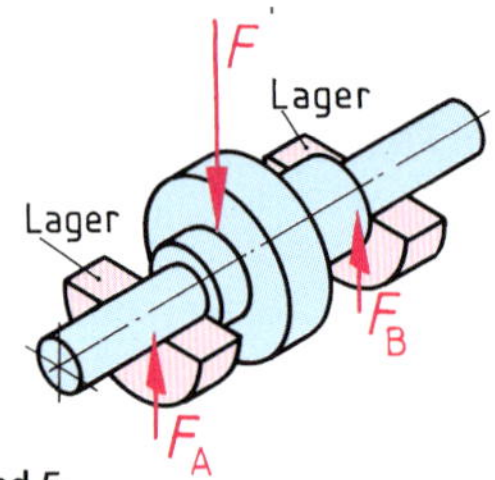

Auflagerkräfte F_A und F_B

Die Berechnung von Auflagerkräften geschieht mithilfe des Hebelgesetzes.

Beispiel für die Berechnung von Auflagerkräften

Aufgabe

Die Führungen einer Maschine sind durch eine Kraft von 8 000 N belastet. Es sind die Auflagerkräfte zu berechnen.

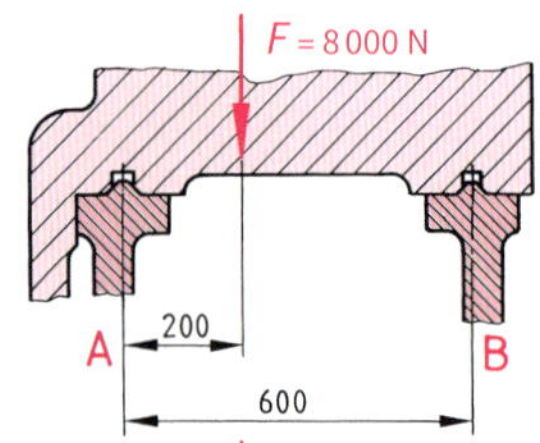

Lösung

1. Schritt

Man stellt das Bauelement durch eine Linie dar und trägt die am Bauelement angreifenden äußeren Kräfte durch Kraftpfeile in ihren Angriffspunkten an. Die Auflagerkräfte kennzeichnet man mit F_A und F_B.

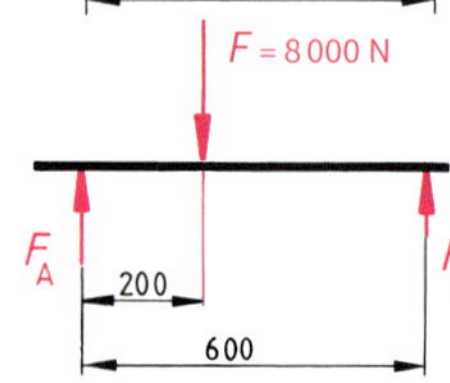

2. Schritt

Um das Hebelgesetz anwenden zu können, denkt man sich einen Auflagerpunkt als Drehpunkt.

Es gilt: Summe aller linksdrehenden Momente gleich Summe aller rechtsdrehenden Momente.

$$\Sigma M_l = \Sigma M_r$$

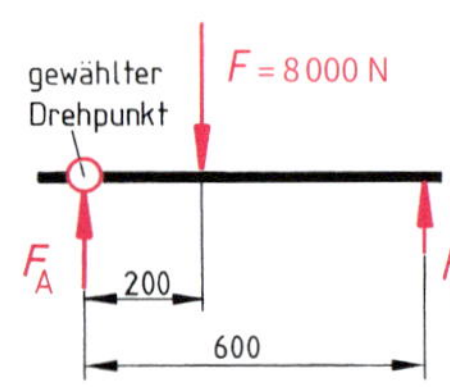

Man stellt die entsprechenden Gleichungen auf. Durch Lösung der Gleichungen wird eine Auflagerkraft errechnet.

Berechnung von F_B:

$$\Sigma M_l = \Sigma M_r$$

$$F_B \cdot 600\text{ mm} = 8\,000\text{ N} \cdot 200\text{ mm}$$

$$F_B = \frac{8\,000\text{ N} \cdot 200\text{ mm}}{600\text{ mm}}$$

$$F_B = \mathbf{2\,667\text{ N}}$$

3. Schritt

Die zweite Auflagerkraft erhält man *entweder* durch Vertauschen des Drehpunkts und Berechnung wie unter Schritt 2 *oder* durch Anwendung der Bedingung: Summe der abwärts gerichteten Kräfte gleich Summe der aufwärts gerichteten Kräfte.

$$\Sigma F_{auf} = \Sigma F_{ab}$$

Berechnung von F_A:

$$\Sigma F_{auf} = \Sigma F_{ab}$$

$$F_A + F_B = F$$

$$F_A = F - F_B$$

$$F_A = 8\,000\text{ N} - 2\,667\text{ N}$$

$$F_A = \mathbf{5\,333\text{ N}}$$

! Auflagerkräfte in Lagern und Führungen stützen Baueinheiten. Sie werden nach dem Hebelgesetz berechnet, indem man ein Auflager als Drehpunkt wählt und die Beziehung $\Sigma M_l = \Sigma M_r$ bildet.

Übungsaufgaben 3/2; 3/3; 3/4

3.2.1 Lager

Nach der Richtung der *Lagerbelastung* unterteilt man die Lager in zwei Gruppen:

- **Radiallager:** Die zu tragende Kraft wirkt in Richtung des Radius.
- **Axial- oder Längslager:** Die zu tragende Kraft wirkt in Richtung der Längsachse.

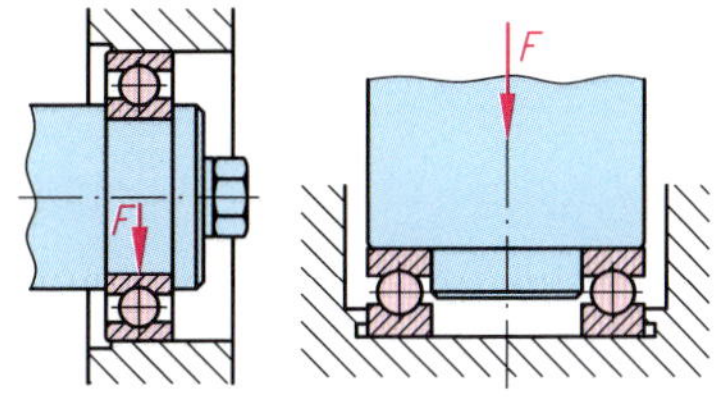

! Nach der Richtung der Belastung unterscheidet man:
- Radiallager: Belastung in Richtung des Radius,
- Axiallager: Belastung in Längsrichtung der Achse.

Weiterhin unterscheidet man die Lager nach der Art der *Reibung* im Lager:

- **Gleitlager:** Der Wellenzapfen gleitet über die Lagerfläche, es entsteht *Gleitreibung*.
- **Wälzlager:** Im Lager sind zur Verringerung der Reibung Kugeln, Nadeln o.Ä. eingebaut, es entsteht *Rollreibung*.

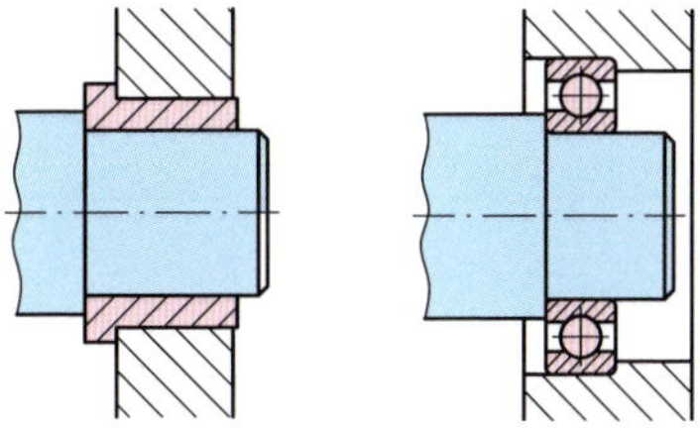

! Nach der Art der Reibung unterscheidet man:
- Gleitlager bei Gleitreibung,
- Wälzlager bei Rollreibung.

3.2.1.1 Gleitlager

1. Aufbau

Ein Gleitlager besteht meist aus

- Lagergehäuse,
- Lagerbuchse oder Lagerschalen,
- Schmiereinrichtung.

Lagergehäuse werden als genormte Bauelemente in Maschinen eingebaut. Sie sind meist gegossen oder geschmiedet. Um die Montage zu ermöglichen bzw. zu erleichtern, sind die Lagergehäuse meist geteilt.

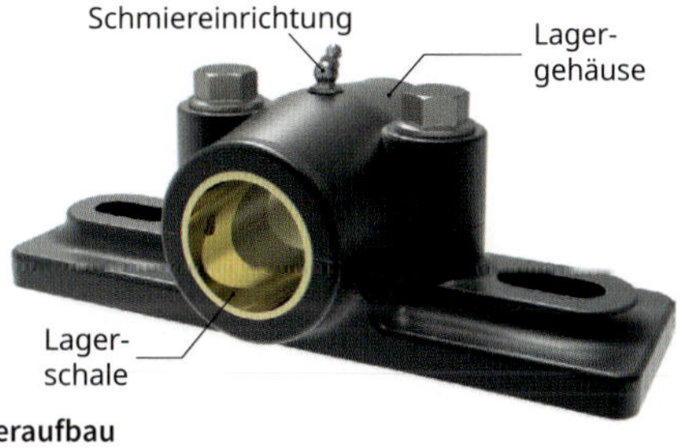

Lageraufbau

In vielen Fällen, besonders bei Großmaschinen und Getrieben, sind die Lagergehäuse keine gesonderten Bauelemente, sondern fester Bestandteil der Maschinengehäuse.

Lagerwerkstoffe können in verschiedener Weise in das Lagergehäuse eingebracht werden:

- als geteilte Buchse,
- als geteilte Schale,
- als gegossene Auflage auf Stützschalen,
- als geschlossene Buchse.

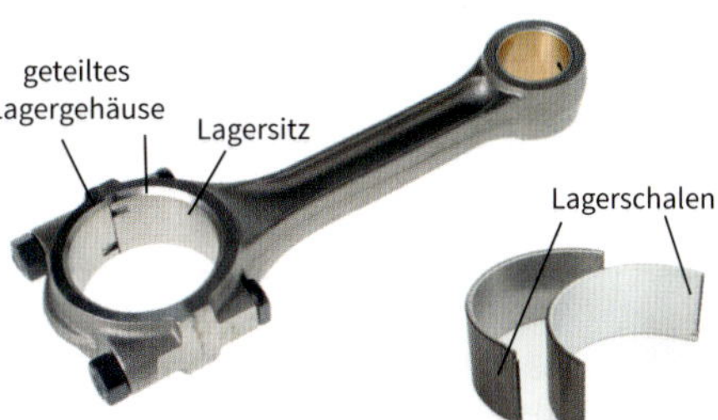

Pleuellager mit Lagerschalen

Je nach Werkstoff des Lagers und Qualität der Ausführung wird das Lager eingepasst oder der Lagerwerkstoff eingegossen. Eingegossene Lager werden spanend nachgearbeitet. Die Gleitfläche des Lagers muss eine hohe Oberflächengüte aufweisen. Die Rautiefe darf jedoch $R_Z \approx 1$ µm nicht unterschreiten, da Flächen mit geringerer Rautiefe zum Ausreißen neigen.

! Lagergehäuse sind genormte Bauelemente oder feste Bestandteile der Maschine.

2. Eigenschaften wichtiger Lagerwerkstoffe

Notwendige Eigenschaft	Gusseisen	Sintermetalle	Bronzen und Pb-Sn-Legierungen	Kunststoff PA; PTFE
Gleiteigenschaft	befriedigend	befriedigend	gut	sehr gut
Notlaufeigenschaft	befriedigend	sehr gut	gut	sehr gut
Verschleißfestigkeit	sehr gut	befriedigend	gut	befriedigend
Tragfähigkeit	sehr gut	befriedigend	Bronze gut; Pb-Sn ausreichend	mäßig
Wärmeleitfähigkeit	befriedigend	befriedigend	befriedigend	mangelhaft
geringe Wärmedehnung	sehr gut	sehr gut	gut	mangelhaft
Anwendungsbeispiel	GJL-200, für wenig belastete und billige Lager	Sint-B10 und Sint-B51, für Kleinmaschinen	G-CuPb10Sn, für hochwertige Lager an Motoren	Polyamid, für kleine und schwingungsfreie Lager

3. Lagerreibung

Man unterscheidet bei Gleitlagern folgende Fälle der Reibung:

– **Trockenreibung**

Es ist kein Schmiermittel vorhanden. Die Gleitflächen von Welle und Lager gleiten unmittelbar aufeinander. Trockenreibung führt zu starker Erwärmung und schneller Zerstörung des Lagers.

– **Mischreibung**

Zwischen den Gleitflächen von Lager und Welle ist kein zusammenhängender Schmierfilm vorhanden. Teilweise tritt Trockenreibung auf.

– **Flüssigkeitsreibung**

Ein zusammenhängender Schmierfilm trennt die Gleitflächen voneinander. Dabei findet die Reibung im Schmiermittel statt. Es tritt kein Verschleiß auf, die Erwärmung bleibt niedrig.

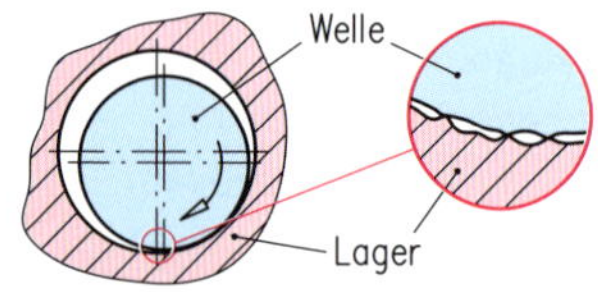

Trockenreibung

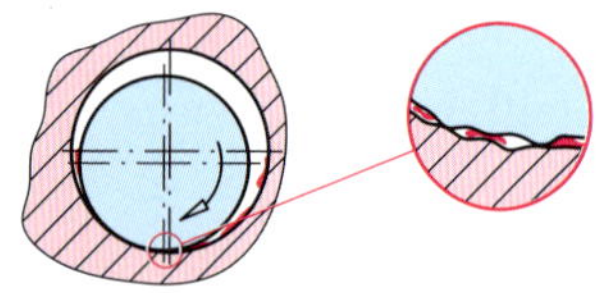
Mischreibung

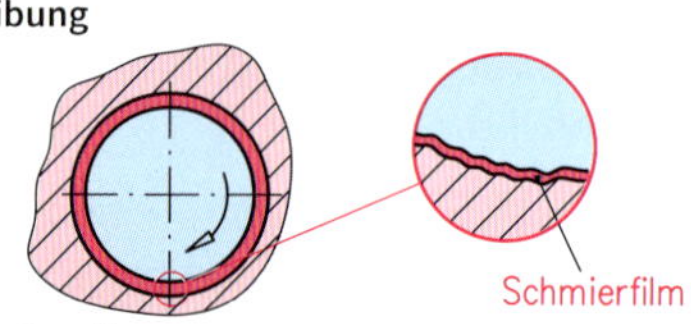

Flüssigkeitsreibung

> **!** Man unterscheidet hinsichtlich der Reibung bei Lagern
> • Trockenreibung, • Mischreibung, • Flüssigkeitsreibung.

4. Hydrodynamische Schmierung

In Ruhestellung liegen Zapfen und Lager besonders nach längerem Stillstand unmittelbar aufeinander. Beim Anlauf tritt deshalb Mischreibung oder gar Trockenreibung auf. Durch die Gleitbewegung wird an der Welle anhaftender Schmierstoff mitgerissen und in den sich verengenden Spalt zwischen Welle und Lager gepresst. Dadurch wird der Zapfen im Lager geringfügig angehoben, und es entsteht bei genügend großer Umdrehungsfrequenz ein zusammenhängender Schmierfilm, also Flüssigkeitsreibung. Dies ist die **hydrodynamische Schmierung**. Die Lagerflächen so geschmierter Lager dürfen im Bereich des größten Drucks keine Schmiernute u.Ä. aufweisen.

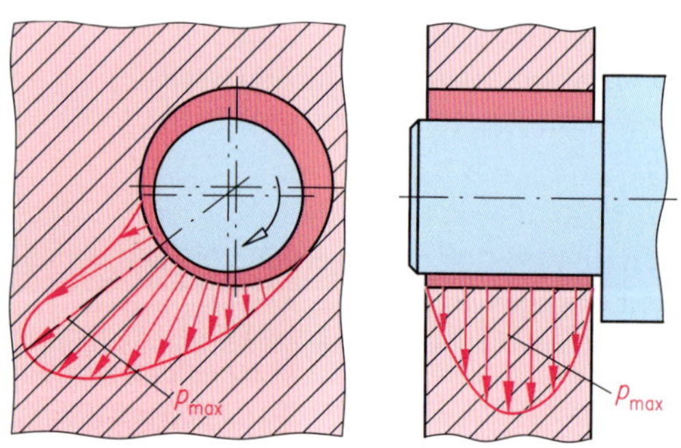

Druckverteilung bei hydrodynamischer Schmierung

In Maschinen und Geräten, die stets nur kurzzeitig in Betrieb gesetzt werden, tritt bei jedem Anlauf Misch- bzw. Trockenreibung auf. Deshalb ist bei diesen Maschinen und Geräten der Verschleiß höher als bei Maschinen im Dauerbetrieb.
Bei Gleitführungen an Werkzeugmaschinen tritt während der Bewegung Mischreibung auf.

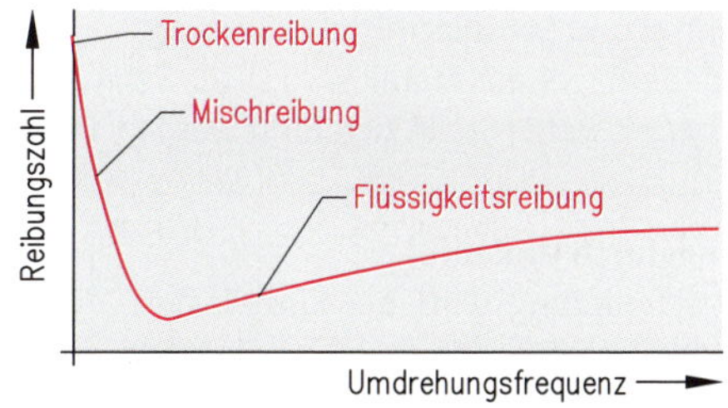

Abhängigkeit der Reibungszahl von der Umdrehungsfrequenz

> **!** Bei hydrodynamischer Schmierung wird der tragende Schmierfilm bei genügender Umdrehungsfrequenz durch mitgerissenen Schmierstoff aufgebaut.

5. Hydrostatische Schmierung

Im Werkzeugmaschinen- und Großmaschinenbau werden häufig Lager eingesetzt, bei denen ein Film aus eingepresstem Drucköl die Wellenzapfen trägt. Durch das eingepresste und damit unter Druck stehende Öl werden die Gleitflächen von Lager und Wellenzapfen schon vor Anlaufen der Maschine voneinander getrennt. Man bezeichnet diese Gleitlager wegen des konstanten Öldrucks im Lager, der unabhängig von der Umdrehungsfrequenz ist, als hydrostatische Lager.

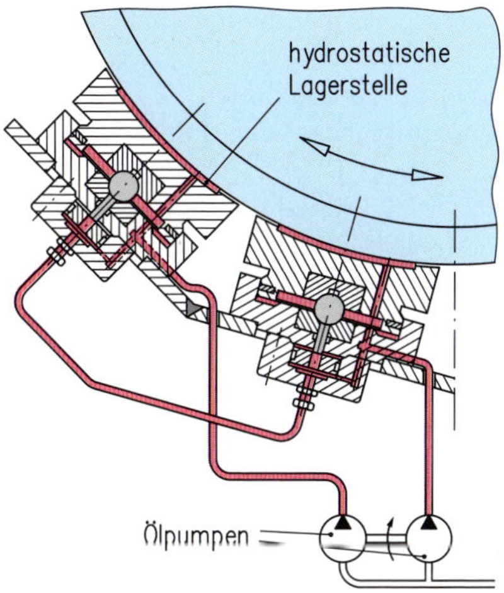

Hydrostatisch geschmiertes Segmentlager einer Erzmühle

Hydrostatische Lager haben gegenüber den hydrodynamischen Lagern folgende Vorteile:
- *kein Verschleiß im Lager*, weil bereits beim Anlauf Flüssigkeitsreibung besteht,
- *Eignung für geringe Umdrehungsfrequenzen*, da der Öldruck unabhängig von der Umdrehungsfrequenz ist,
- *hohe Laufgenauigkeit*, da die Welle durch den gleichmäßigen Öldruck zentriert wird,
- *Einsatz von Segmentlagern* für besonders große Lager, die hydrodynamisch nicht zu schmieren wären.

Von der Ölversorgung hydrostatisch geschmierter Lager werden folgende Sicherheiten gefordert:
- Die Maschine darf erst in Betrieb gesetzt werden, wenn der erforderliche Öldruck im Lager erreicht ist.
- Beim Nachlassen des Öldrucks muss der Antrieb der Maschine selbsttätig ausschalten.
- Beim Abschalten des Antriebs der Maschine muss die Ölpumpe noch so lange vollen Öldruck liefern, bis die Welle stillsteht.

> **!** In hydrostatisch geschmierten Lagern wird von außen ein Schmiermitteldruck erzeugt.
> Durch hydrostatische Schmierung ergeben sich folgende Vorteile:
> - Flüssigkeitsreibung beim Anlauf der Maschine,
> - von der Umdrehungsfrequenz unabhängiger Schmiermitteldruck,
> - verschleißfreie Lager,
> - möglicher Segmentlagereinsatz.

Übungsaufgaben 3/11; 3/12

6. Ölschmierung

– Schmiermittel und Schmiermittelzuführung

Für die meisten Gleitlager aus Metall wird Öl als Schmiermittel verwendet. Dabei muss das Schmieröl dem Lager an einer *unbelasteten* Stelle zugeführt werden. Die Schmierölzuführung kann auf verschiedene Weise erfolgen:

– Schmierung durch Umlauföl

Diese Art der Schmierung wird bei Einzellagern häufig verwendet. Hierbei gibt es folgende Möglichkeiten:

- Welle und Lager befinden sich im Ölbad.
- Durch einen Schmierring, der sich lose auf der Welle mitdreht, wird das Öl aus dem Bad hochbefördert.

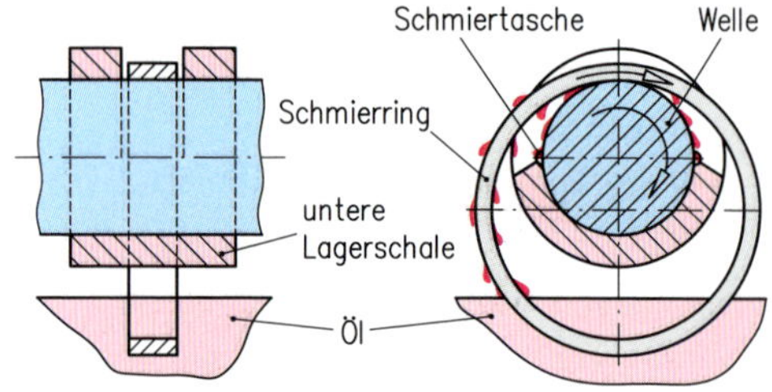

Schmierung durch Umlauföl mit Schmierring

– Zentralschmierung

Hier werden alle Gleitlager einer Maschine von einer zentralen Schmieranlage mit Schmiermittel versorgt. Solche automatisch arbeitenden Zentralschmieranlagen bieten gegenüber Einzelschmierung folgende Vorteile:

- *genaue Dosierung des Schmiermittels,*
- *keine Stillstandzeiten wegen Schmierung,*
- *automatische Kontrolle jeder Schmierstelle.*

> **!** Ölschmierung erfolgt bei Gleitlagern mit kleinen bis sehr hohen Drehzahlen und Belastungen. Die Zuführung des Schmieröls kann erfolgen durch:
> - Ölbäder ohne und mit Schmierring,
> - Pumpen in Zentralschmieranlagen.

7. Fettschmierung

Fettschmierung erfolgt bei Lagern mit geringen Drehzahlen und hoher Belastung sowie bei Lagern in Gelenken. Vorzugsweise wird eine Fettschmierung bei Sinterlagern verwendet. Das Fett kann auf unterschiedliche Weise ins Lager gebracht werden:

Handschmierung	Selbsttätige Schmierung	Schmierung aus Fettdepot
Fett wird durch Schmiernippel oder Staufferbuchsen an die Schmierstelle gepresst.	Fett wird durch Federdruck aus einer Fettbuchse in das Lager gepresst.	Fett wird vom Lager aus einem Depot entnommen. Lager mit Depotfüllung sind wartungsfrei.
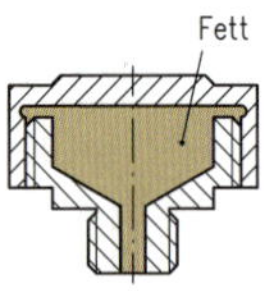	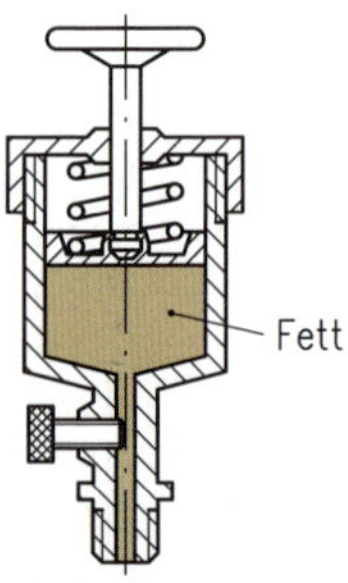	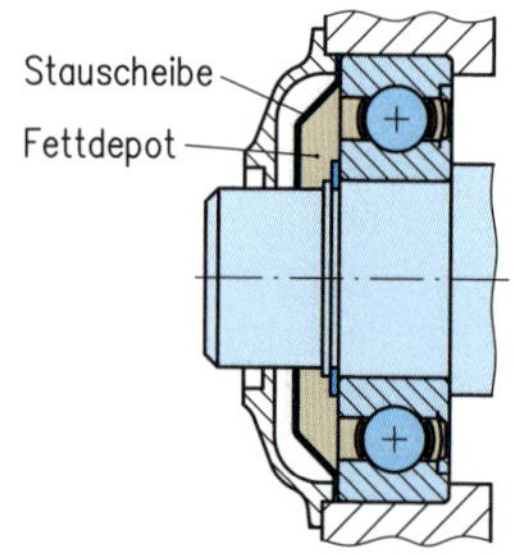
Staufferbuchse	**Fettbuchse**	**Sinterlager mit Depotfettfüllung**

8. Einsatz von Gleitlagern

Gleitlager werden als Axial- und Radiallager hergestellt und bevorzugt verwendet bei

- *zentral geschmierten Großmaschinen, die ununterbrochen laufen*, z. B. Turbinen und Generatoren,
- *zentral geschmierten Maschinen mit starker Stoßbelastung*, z. B. Walzen, Pressen und Stanzen,
- *Kleinmaschinen mit geringem Anspruch an die Lagerung*, z. B. Haushaltsmaschinen. Hier wird Depotfettfüllung verwendet.

Gleitlager werden außerdem immer verwendet, wenn aufgrund des Zusammenbaus mehrteilige Lager erforderlich sind, z. B. bei Kurbelwellen und Pleuelstangen.

3.2.1.2 Wälzlager

In Wälzlagern rollen zwischen der inneren und der äußeren Lauffläche Wälzkörper ab. Dabei entsteht **Rollreibung**. Sie ist wesentlich geringer als Gleitreibung.

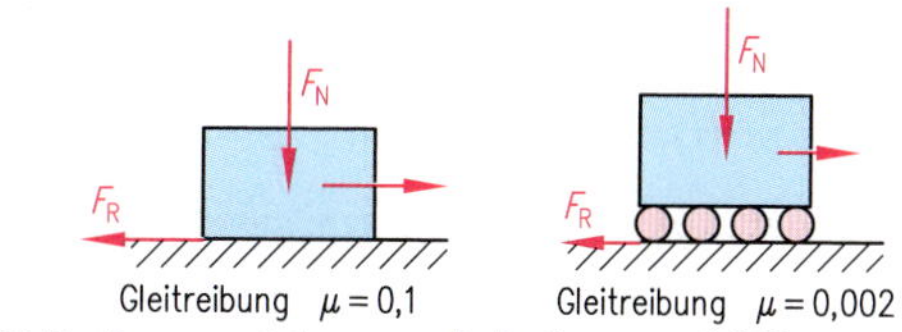

Gleitreibung $\mu = 0{,}1$ Rollreibung $\mu = 0{,}002$

Gleit- und Rollreibung (Stahl auf Stahl, ungeschmiert)

> **!** In Wälzlagern rollen Wälzkörper auf Laufflächen ab. Die dabei entstehende Rollreibung ist wesentlich geringer als die Gleitreibung.

Wälzlager werden bevorzugt eingesetzt bei

- *wartungsfreien Lagern mit normaler Beanspruchung*, z. B. Getriebe, Motoren, Fördereinrichtungen,
- *Lagern mit kleinen Drehzahlen und hohen Belastungen*, z. B. Kranhaken und Drehgestellen,
- *Lagern, in denen Bewegungen „ruckfrei" ausgeführt werden müssen*, z. B. Werkzeugmaschinen.

1. Aufbau

Wälzlager bestehen aus den Laufringen und den dazwischen liegenden Wälzkörpern, die in Käfigen geführt werden.
Die Wälzkörper werden aus gehärtetem Chrom- oder Chrom-Nickel-Stahl gefertigt.
Ihre Oberfläche ist geschliffen und poliert.

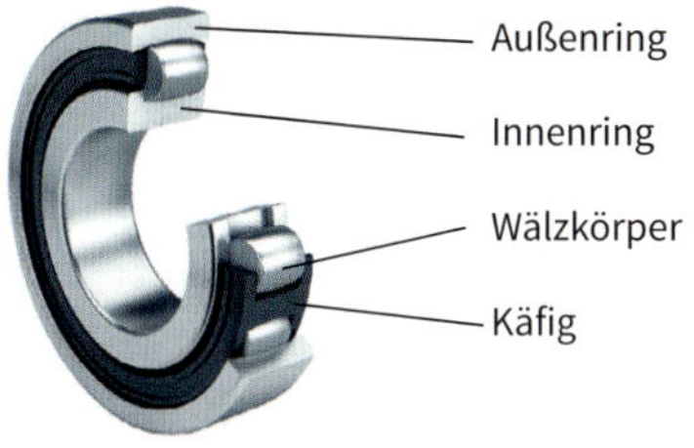

Teile eines Wälzlagers

In die **Laufringe** sind Bahnen eingearbeitet, auf denen die Wälzkörper abrollen. Die Laufringe werden ebenfalls aus gehärtetem Chrom- oder Chrom-Nickel-Stahl hergestellt. Die Laufbahnen sind geschliffen und poliert.

Die Wälzkörper werden meist in Käfige eingebaut. Wälzkörperkäfige haben folgende Aufgaben:

- Sie verteilen die Wälzkörper gleichmäßig auf dem Umfang des Lagers.
- Sie verhindern beim Lauf des Lagers die direkte Berührung der Wälzkörper untereinander. Damit werden Reibung, Erwärmung und Geräusche vermindert.

Die Wälzkörperkäfige sind aus Stahlblech, Leichtmetall, Kunststoff oder bei großen Lagern aus Messing.

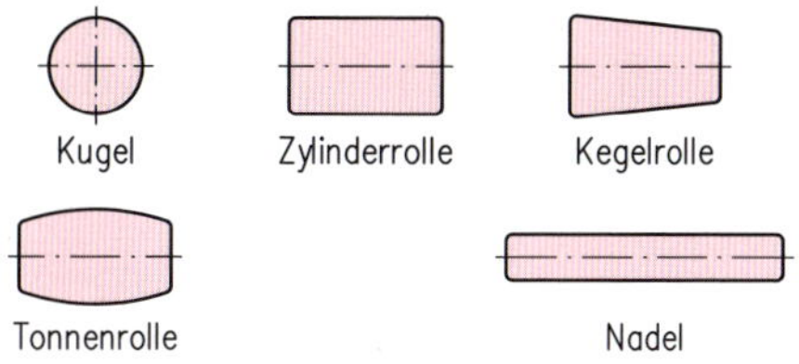

Bauformen von Wälzkörpern

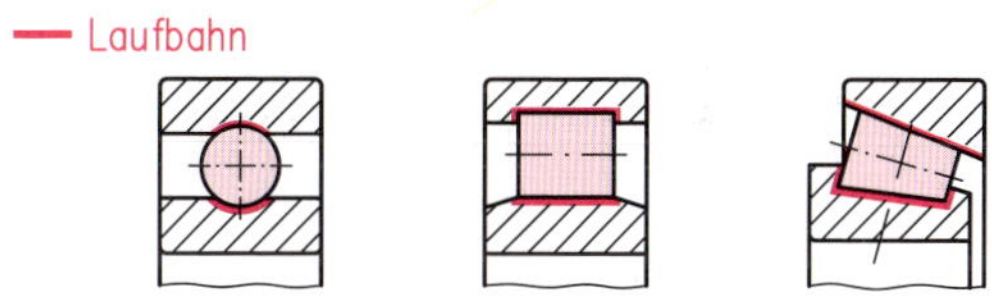

Wälzlagerquerschnitte

für Rillenkugellager für Kegelrollenlager

Wälzkörperkäfige aus Stahlblech

Falls der Lagerdurchmesser sehr klein werden muss, verwendet man käfiglose **Nadellager** ohne Innen- und ohne Außenring und lässt die Wälzkörper unmittelbar zwischen Gehäuse und Welle rollen.

> **!** Ein Wälzlager besteht meist aus Außenring, Innenring, Wälzkörpern und Wälzkörperkäfig.
> Als Wälzkörper werden Kugeln, Zylinder, Kegelstümpfe, Tonnen oder Nadeln verwendet.

Übungsaufgaben 3/14; 3/15; 3/16

2. Ausführungsformen von Wälzlagern

Wälzlager werden in verschiedenen Ausführungen für den jeweiligen Verwendungszweck hergestellt. Die verschiedenen Ausführungsformen werden eingeteilt:

- nach der Hauptbelastungsrichtung in **Radiallager** und **Axiallager**,
- nach der Wälzkörperform in Kugellager, Rollenlager mit Zylinder- oder **Kegelrollen**, **Tonnenlager** und **Nadellager** sowie
- nach der Anzahl der Wälzkörperreihen in **einreihige** und **mehrreihige Lager**.

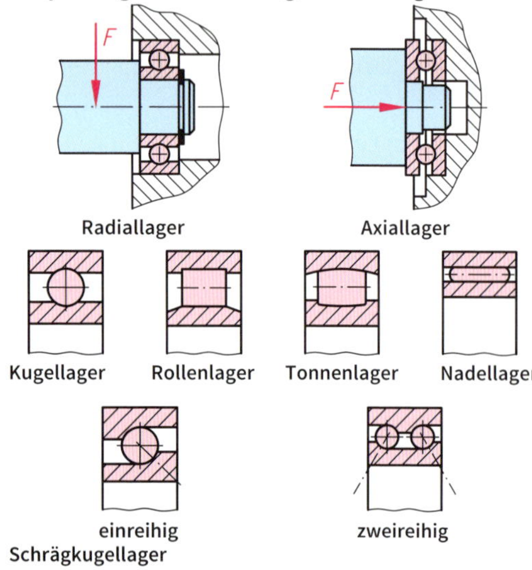

Übersicht über wichtige Bauformen von Kugellagern

Bezeichnung der Bauform	Radiallager					Axiallager
	Rillenkugellager	Rillenkugellager einreihig	Rillenkugellager zweireihig	Vierpunktlager	Pendelkugellager	Axialrillenkugellager
Belastungsrichtung	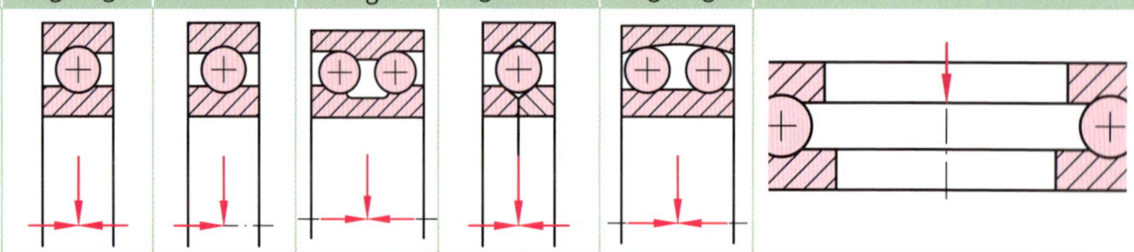					

Von den Kugellagern werden bevorzugt Rillenkugellager verwendet, weil sie gut in axialer und radialer Richtung belastbar sind. Darüber hinaus sind diese Lager preiswert.

Übersicht über wichtige Ausführungsformen von Rollen- und Nadellagern

Bezeichnung der Bauform	Radiallager				Axiallager
	Zylinderrollenlager	Nadellager	Kegelrollenlager	Pendelrollenlager	Axialpendelkugellager
Belastungsrichtung	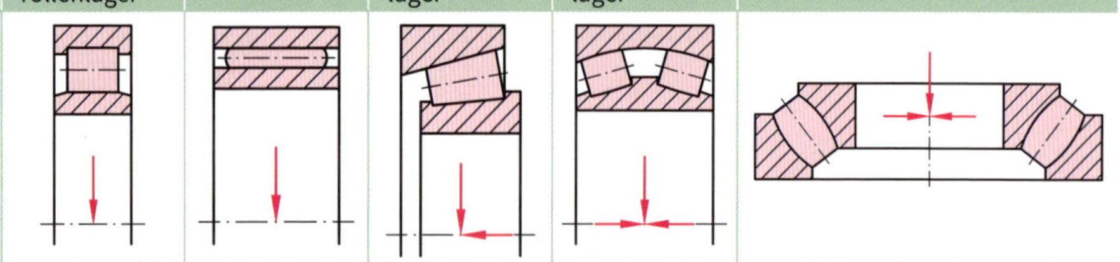				

3. Auswahl der Passungen

Wälzlager müssen auf der Welle und im Gehäuse radial und axial festgelegt werden. Ferner darf sich der Innenring nicht auf der Welle und der Außenring nicht im Gehäuse drehen. Fehler in der Befestigung von Innen- und Außenring führen zu Beschädigungen der Wälzkörper. Durch die richtige Auswahl der Passung erreicht man eine einwandfreie Befestigung. Darüber hinaus richtet sich die Auswahl der Passung nach den Belastungsarten. Dabei unterscheidet man grundsätzlich für Innen- und Außenring getrennt *Punktlast* und *Umfangslast*.

– **Umfangslast**

Wird der *ganze Umfang* des zu betrachtenden Lagerrings bei jeder Umdrehung nacheinander der Höchstbelastung ausgesetzt, so spricht man von Umfangslast.

Umfangslast liegt für einen Ring vor:
- wenn der Ring stillsteht und die Last um ihn umläuft oder
- der Ring umläuft und die Last stillsteht.

– **Punktlast**

Wird immer *ein bestimmter Punkt* des Lagerumfangs der Höchstbelastung ausgesetzt, so spricht man von Punktlast.

Punktlast liegt für einen Ring vor, wenn
- der Ring stillsteht und die Last stets auf die gleiche Stelle wirkt oder
- der Ring und die Last mit gleicher Drehzahl umlaufen.

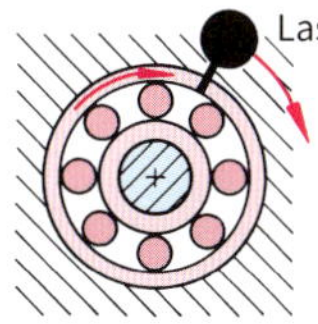

Innenring steht still
Lastrichtung rotiert mit dem Außenring

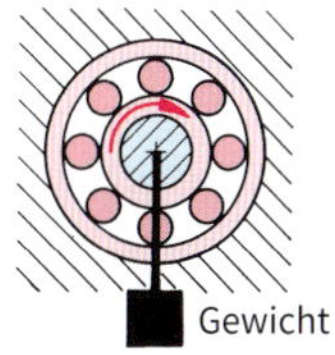

Innenring rotiert
Lastrichtung unveränderlich

Umfangslast für den Innenring

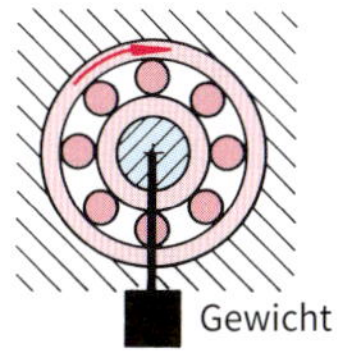

Innenring steht still
Lastrichtung unveränderlich

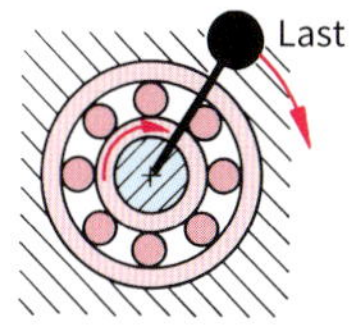

Innenring rotiert
Lastrichtung rotiert mit dem Innenring

Punktlast für den Innenring

In jedem Wälzlager hat jeweils der eine Ring Punktlast und der andere Ring Umfangslast.

Beispiele für Punkt- und Umfangslast

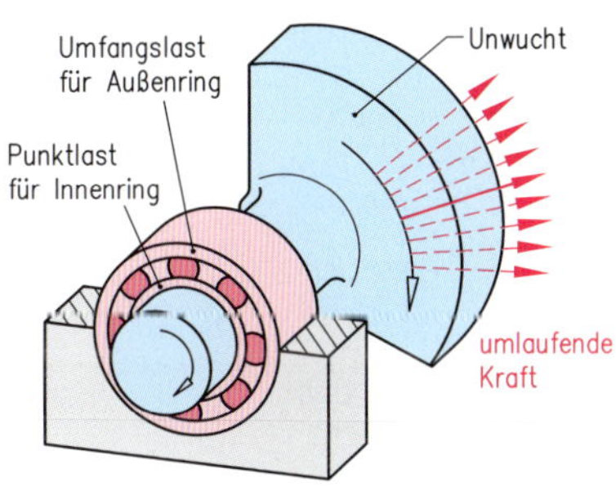

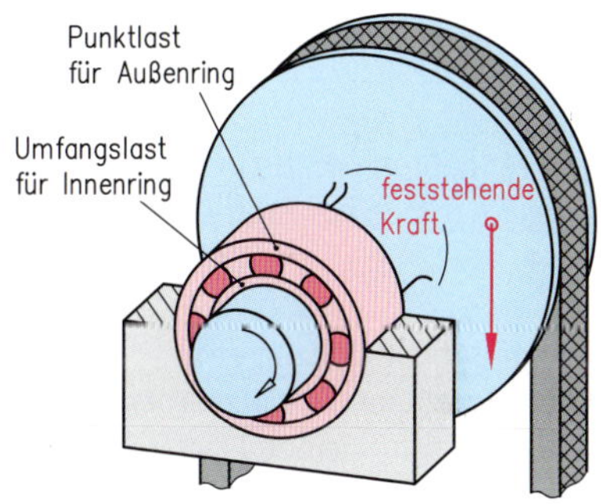

Bei der Auswahl der Toleranzen für Welle und Gehäuse müssen die aufgezeigten Belastungsfälle, die Größe der Belastung und die Größe des Lagers berücksichtigt werden. In den Empfehlungen der Kugellagerhersteller werden für häufig auftretende Betriebsfälle folgende ISO-Toleranzen angegeben:

ISO-Toleranzen für Gehäusebohrungen

Belastungsfall	Beispiele	Toleranz der Bohrung
Umfangslast	Seilrollen, Pleuellager, Radnaben (schwer belastet)	M 7 N 7 P 7
Punktlast	allgemeiner Maschinenbau, Elektromotoren	G 7 bis J 7

ISO-Toleranzen für Wellen

Belastungsfall	Beispiele	Toleranz der Welle
Umfangslast	Werkzeugmaschinen, allgemeiner Maschinenbau, Achslager für schwere Fahrzeuge	j 6 bis p 6
Punktlast	Seilrollen, Spannrollen	g 6 und h 6

! Bei wachsender Belastung und zunehmender Lagergröße gelten folgende Richtlinien:
- Ringe mit Umfangslast erhalten ein enges Übergangs- bis mittleres Übermaßtoleranzfeld.
- Ringe mit Punktlast erhalten ein enges Spiel- bis Übergangstoleranzfeld.

Übungsaufgaben 3/18; 3/19

4. Fest- und Loslager

Wärmedehnung und Einbautoleranzen der Wellen verlangen den Einbau eines Festlagers, das Kräfte in axialer Richtung aufnehmen kann und eines oder mehrerer Loslager, welche geringe Verschiebungen in der Längsachse zulassen.

Festlager sind mit beiden Lagerringen beidseitig in Längsrichtung festgelegt. Die Wälzkörper können sich nicht auf der Lauffläche verschieben.

Loslager können auf zwei verschiedene Arten gestaltet werden:
- durch entsprechende Auswahl von Wälzlagern, z. B. Nadellager oder Zylinderrollenlager mit einem bordlosen Ring, oder
- durch entsprechende Gestaltung der Aufnahmestelle für das Wälzlager – dabei ist entweder der Außenring oder der Innenring des Wälzlagers verschiebbar.

Beispiele für Fest- und Loslager

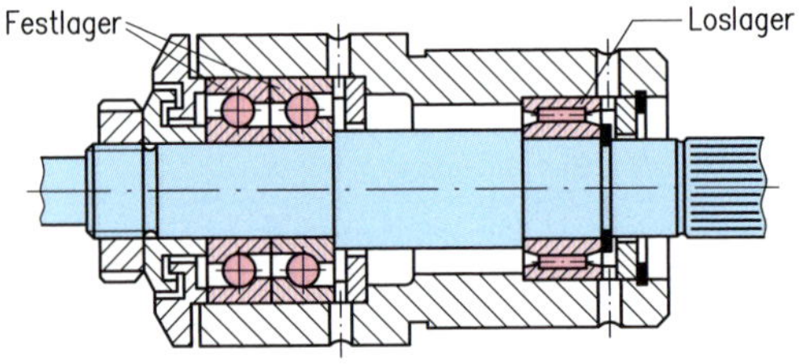

Nadellager als Loslager

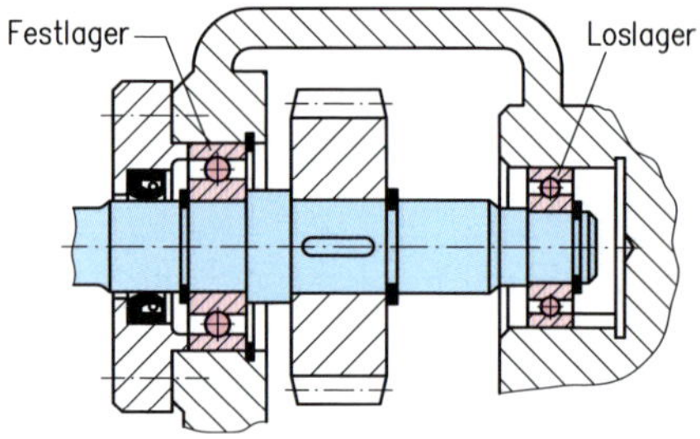

Loslager mit Axialbeweglichkeit im Gehäuse

> **!** Festlager nehmen Kräfte in axialer und radialer Richtung auf.
> Loslager nehmen nur Kräfte in radialer Richtung auf.

5. Lebensdauer von Wälzlagern

Da in einem Wälzlager die Wälzkörper auf den Laufflächen nur mit sehr kleinen Flächen abrollen, unterliegen Wälzlager auch bei bester Schmierung dem Verschleiß. Darum ist die Lebensdauer von Wälzlagern stets begrenzt. Wenn Kugel- oder Rollenlager unter Belastung umlaufen, stellt sich nach gewisser Zeit an irgendeiner Stelle eine Ermüdung des Werkstoffs ein. Sie beginnt im Allgemeinen mit feinen Rissen unter der Oberfläche, die im weiteren Verlauf zur Schälung führen und dadurch früher oder später einen Lagerwechsel erforderlich machen. Bei den ersten Anzeichen einer Schälung hat das Lager seine maximale Lebensdauer erreicht.

Hohe Lebensdauer von Wälzlagern wird durch niedrige Auflast, die sich auf viele Walzkörper verteilt, sowie geringe Drehzahl, niedrige Lagertemperatur und gute Schmierung erreicht.

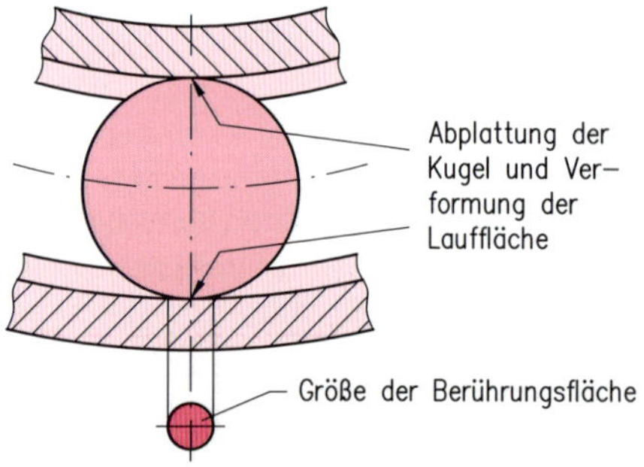

Abblätterung der Laufbahn infolge Fluchtungsfehler

> **!** Die Lebensdauer von Wälzlagern ist begrenzt. Sie hängt ab von
> • Größe der Lagerbelastung, • Zahl der Umläufe, • Lagertemperatur, • Schmierung.

Übungsaufgaben 3/20; 3/21

3.2.1.3 Gegenüberstellung von Gleit- und Wälzlagern

Vergleichsgrößen	Gleitlager	Wälzlager
Reibung beim Anlauf	groß bei Trockenreibung, gering bei Flüssigkeitsreibung	gering
Empfindlichkeit gegen Stöße	unempfindlich, Stöße werden gedämpft	empfindlich, Stöße werden nicht gedämpft
Laufgeräusch	gering	höher
Umdrehungsfrequenz	unbegrenzt hoch, bei hydrodynamisch geschmierten Lagern nach unten begrenzt	nach unten unbegrenzt, nach oben begrenzt
Lebensdauer	bei ständiger Flüssigkeitsreibung unbegrenzt	begrenzt durch Materialermüdung
Schmierstoffverbrauch	hoch	gering
Wartung	ständige Wartung nötig	geringe Wartung
Abdichtung gegen Verunreinigung	gut	weniger gut
Austauschbau	aufwendig	einfach

3.2.2 Geradführungen

Bauelemente, welche geradlinig zu bewegende Maschinenteile, wie z. B. Tische und Schlitten, tragen und zwangsläufig führen, nennt man Geradführungen.

Nach der Art der Reibung in der Führung unterscheidet man

- **Gleitführungen** mit *Gleitreibung* und
- **Wälzführungen** mit *Rollreibung*.

3.2.2.1 Gleitführungen

Bei Gleitführungen bewegen sich die Gleitflächen der Baueinheiten aufeinander. Zur Verringerung der Reibung und zur genaueren Führung werden die Gleitflächen geschliffen oder geschabt. Gute Schmierung gewährleistet Flüssigkeitsreibung und vermindert den Verschleiß. Häufig sind die Gleitflächen gehärtet, wodurch der Verschleiß ebenfalls verringert wird.

Nach dem Querschnitt unterscheidet man folgende Grundformen von Gleitführungen:

- **Flachführungen**
  für schwere Maschinen,
- **Schwalbenschwanzführungen**
  für mittelgroße Maschinen,
- **V- und Dachführungen**
  für kleine bis mittelgroße Maschinen,
- **zylindrische Führungen**
  für Bohrspindeln, Säulenführungen, Zahnradführungen u. a.

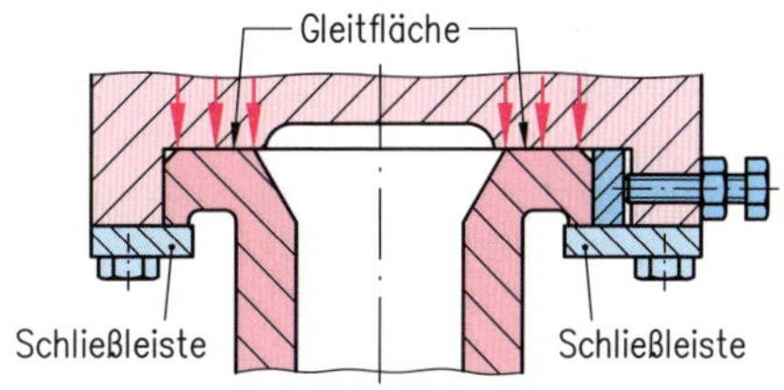

Flachführung

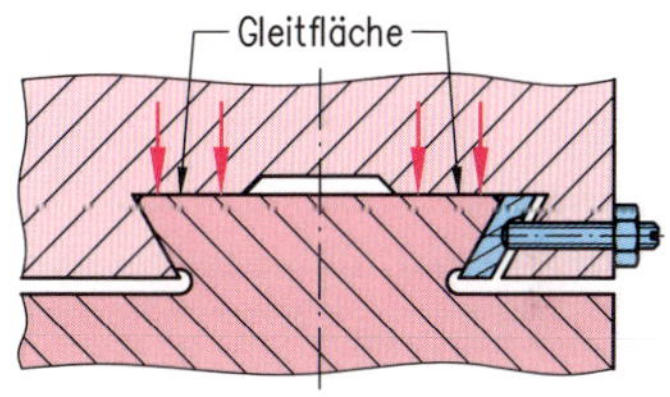

Schwalbenschwanzführung

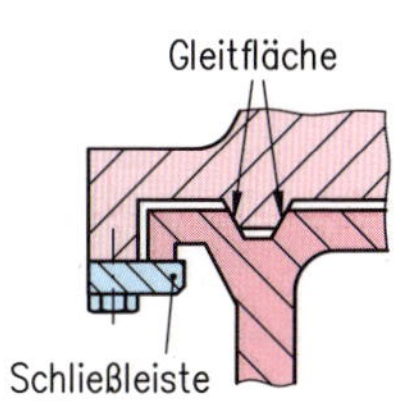

V-Führung

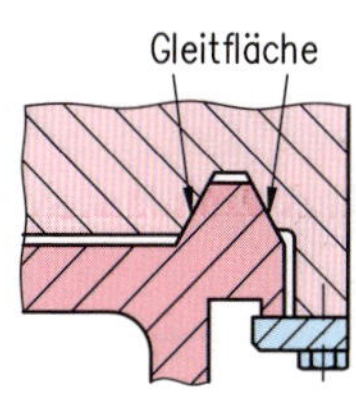

Dachführung

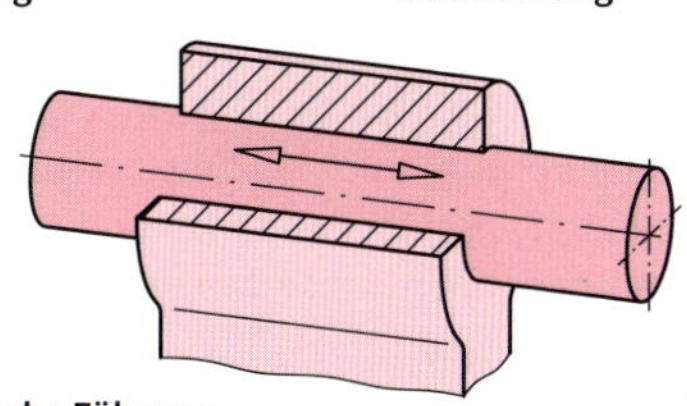
Zylindrische Führung

Grundformen von Gleitführungen sind:
- Flachführungen,
- Schwalbenschwanzführungen,
- V-Führungen und Dachführungen,
- zylindrische Führungen.

Gleitführungen sind leicht herzustellen und gut belastbar. Deshalb werden sie im Maschinenbau, Apparatebau und in vielen anderen Bereichen verwendet.

Gleitführungen haben gegenüber Wälzführungen jedoch folgende Nachteile:

- *unterschiedlicher Kraftbedarf:* Beim Anfahren ist durch Haftreibung hoher Kraftaufwand nötig, geringerer Kraftaufwand beim Gleiten durch Gleitreibung. Die Folge ist ein nicht ruckfreies Anfahren des gleitenden Bauteils, Stick-Slip-Effekt genannt;
- *hoher Schmiermittelverbrauch:* Eine laufende Wartung ist erforderlich;
- *Verschleiß:* Eine ständige Flüssigkeitsreibung kann nicht aufrecht erhalten werden;
- *schwieriger Austauschbau:* Die Teile der Führung müssen meist zueinander passend gefertigt werden;
- *Auftreten von Spiel:* Verschleiß führt zu Spiel. Die Folge ist ein ungenaues Führen. Deshalb müssen Gleitführungen von Zeit zu Zeit nachgestellt werden.

> **!** Vor- und Nachteile von Gleitführungen:
> Vorteile: • einfache Herstellung, • hohe Belastbarkeit,
> Nachteile: • hoher Schmierstoffverbrauch, • Verschleiß, • Stick-Slip-Effekt

3.2.2.2 Wälzführungen

In Wälzführungen rollen wie bei den Wälzlagern zwischen zwei Laufflächen Wälzkörper ab. Dabei entsteht Rollreibung, die wesentlich geringer ist als Gleitreibung. Wälzführungen sind im Gegensatz zu Gleitführungen Bauelemente, die komplett geliefert werden, wie dies auch bei den Wälzlagern der Fall ist. Insgesamt haben Wälzführungen gegenüber Gleitführungen folgende Vorteile:

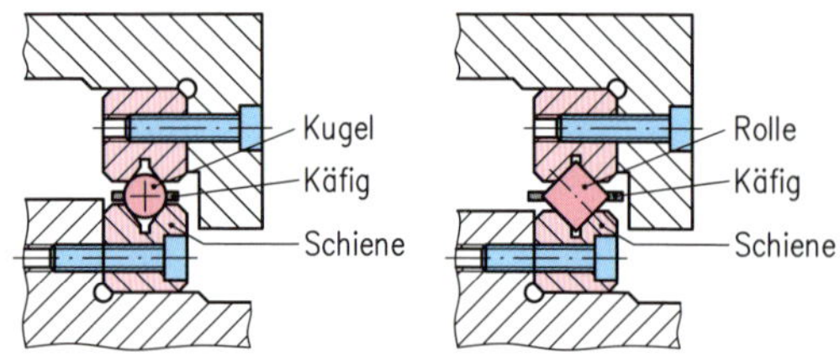

Wälzführungen

- *geringe Reibung,*
- *leichtes und spielfreies Führen,*
- *leichter Austauschbau,*
- *kein Stick-Slip-Effekt,*
- *geringer Schmiermittelverbrauch.*

1. Grundformen

Man unterscheidet Wälzführungen meist nach der Form der Laufflächen.

Flache Laufflächen	V-förmige Laufflächen	Zylinderförmige Laufflächen

2. Hublängen

Bei Wälzführungen mit *unbegrenztem Hub* müssen die durchgelaufenen Wälzkörper wieder an den Anfang der Führung zurückgeführt werden. Dies geschieht durch entsprechende Nuten in den Bauelementen oder durch kettenförmige Wälzkörperkäfige.

Längsführung mit unbegrenztem Hub

> **!** In Längsführungen mit unbegrenztem Hub müssen Wälzkörper zum Anfang des Gleitstücks zurückgeführt werden.

Übungsaufgabe 3/25

In Wälzführungen nehmen die Wälzkörper infolge des Kraftschlusses mit den Führungsschienen zwangsläufig an der Bewegung teil. Aus diesem Grund bewegen sich Wälzkörperkäfig und Wälzkörper mit halber Geschwindigkeit gegenüber der Führung weiter. Der Hub des Wälzkörperkäfigs ist daher stets nur halb so groß wie der Hub der Führung.

Bei Wälzführungen, die nur einen begrenzten Hub ausführen, müssen die Käfige mit den Wälzkörpern um die Länge des halben Hubs gegenüber der Führungsschiene überstehen. Damit rollt die Führungsschiene stets auf der ganzen Länge auf Wälzkörpern.

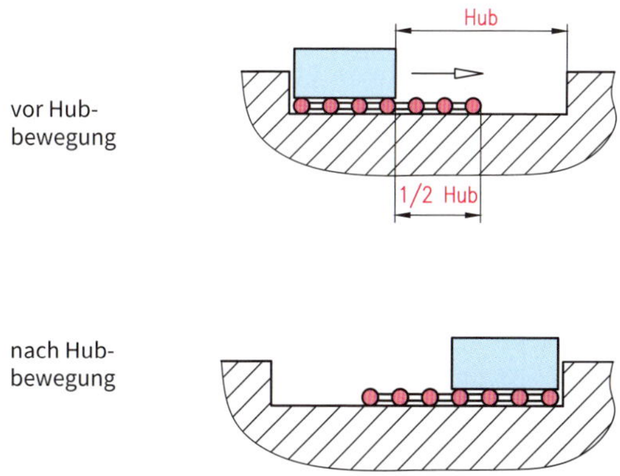

Bewegung von Führung und Käfig bei begrenztem Hub

> **!** Der Käfig von Wälzführungen mit begrenztem Hub muss um den halben Hub gegenüber der Führungsschiene vorstehen.

3.2.3 Achsen

Achsen sind Funktionselemente zum Stützen und Tragen von drehbaren Bauelementen. Achsen werden in der Hauptsache auf Biegung und nie auf Verdrehen beansprucht. Man unterscheidet feststehende und umlaufende Achsen. Kurze Achsen, die feststehen, nennt man auch Bolzen. Sie sind zur wirtschaftlichen Verwendung in unterschiedlichen Formen genormt.

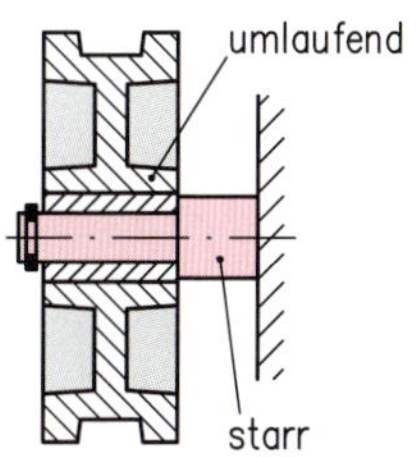

Starre Achse

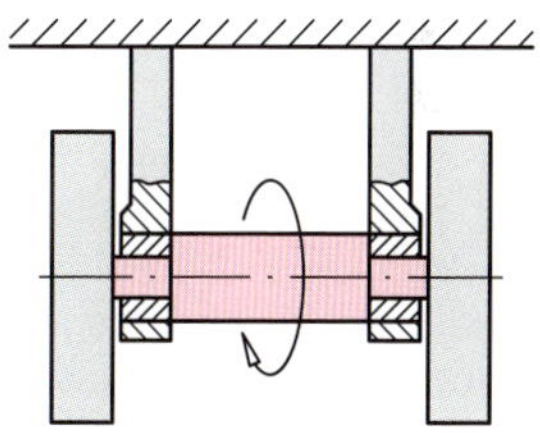

Umlaufende Achse

> **!** Achsen werden hauptsächlich auf Biegung und nie auf Verdrehung beansprucht.

Biegebeanspruchung

Die Biegebeanspruchung bei Achsen entsteht dadurch, dass die Lagerung der Achse und der Kraftangriff der abgestützten Baueinheit an verschiedenen Stellen der Achse erfolgen.

Damit die Beanspruchung der Achse durch die zu stützende Baueinheit anschaulicher wird, zeichnet man die Achse als Strecke und trägt Größe und Richtung der angreifenden Biegekräfte als Pfeile entsprechend an. Nimmt die Biegekraft zu, so wächst im gleichen Verhältnis die Biegebeanspruchung.

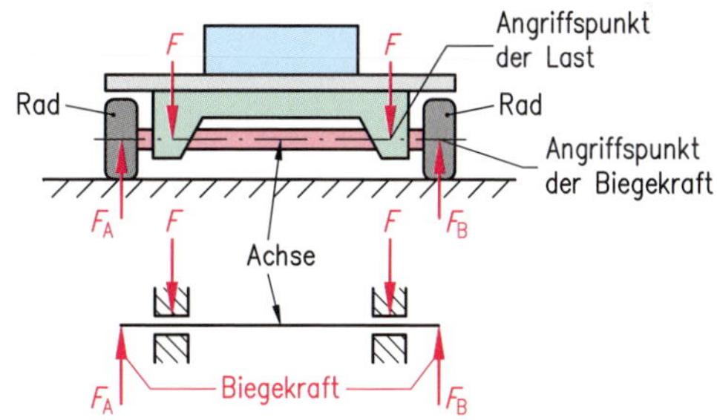

Kräfte an einer Achse

Bei gleicher Biegekraft wächst die Biegebeanspruchung mit größer werdendem Abstand zwischen Biegekraft und Lagerstelle. Die Biegewirkung für jede Stelle der Achse in diesem Bereich hängt ab:

- von der *Größe* der aufgebrachten Kraft,
- von dem *Abstand* zwischen Kraftangriff und Achslagerung.

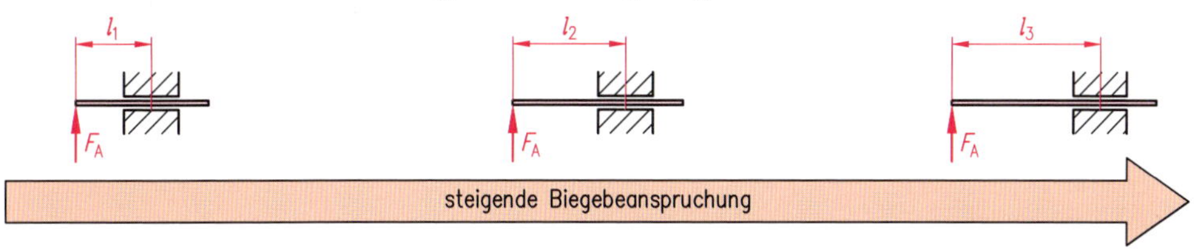

Die größte Biegewirkung tritt bei der skizzierten Achse an der Lagerstelle auf. Sie wird als Produkt aus Kraft und Abstand zwischen Kraftangriff und Lagerstelle berechnet und als **Biegemoment** bezeichnet. Das Biegemoment ist ein Maß für die Biegebeanspruchung.

Biegemoment = Kraft · Hebelarm

$$M_b = F \cdot l$$

Beispiel zur Bestimmung eines Biegemoments

Aufgabe

Das Biegemoment an der Lagerstelle ist zu ermitteln.

Der Anstieg des Biegemoments vom Kraftangriff zur Lagerstelle ist in einem Diagramm darzustellen.

Lösung

$M_b = F_A \cdot l$

$M_b = 4\,000 \text{ Nm} \cdot 0{,}5 \text{ m}$

$M_b = \mathbf{2\,000 \text{ Nm}}$

(Das Biegemoment wächst stetig vom Angriffspunkt der Kraft bis zur Lagerstelle.)

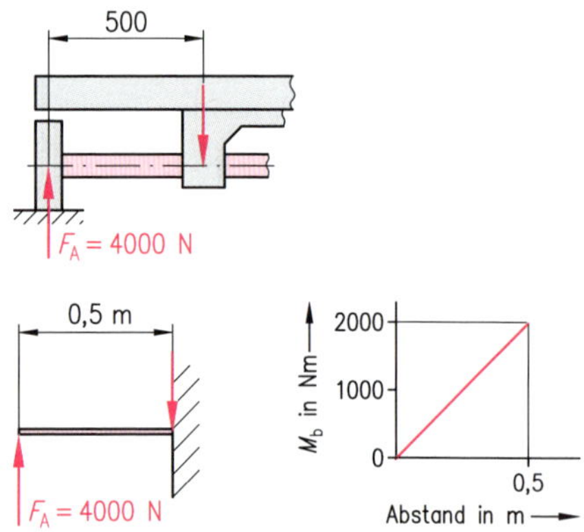

! Das Biegemoment M_b ist das Produkt aus Kraft und Abstand zwischen Kraftangriff und Lagerstelle. Das Biegemoment ist ein Maß für die Biegebeanspruchung.

Durch das Biegemoment wird die Achse gebogen. Dabei wird der Werkstoff auf der einen Seite gestreckt, auf der anderen Seite verkürzt. In der Ebene dazwischen, der neutralen Faser, treten keine Längenänderungen ein.

Auf der gestreckten Seite der Achse entstehen Zugspannungen, die verkürzte Seite weist dagegen Druckspannungen auf. Zug- und Druckspannungen nehmen zur **neutralen Faser** hin ab.

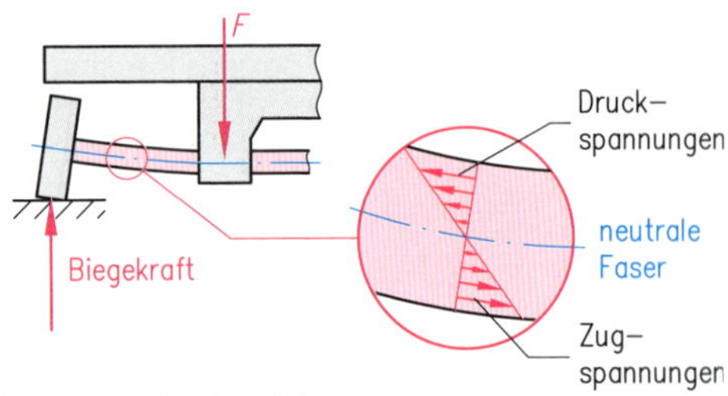

Spannungen in einer Achse

! Als Folge der Biegebeanspruchung treten in der Achse auf der gestreckten Seite Zugspannungen und auf der gestauchten Seite Druckspannungen auf. Die neutrale Faser ist frei von Spannungen.

3.3 Elemente und Gruppen zur Energieübertragung

3.3.1 Wellen

Wellen haben die Aufgabe, mechanische Energie von der Antriebseinheit zum Antriebsort zu leiten. Sie laufen dabei um und übertragen Drehbewegungen. Diese werden durch Zahnräder, Kupplungen, Hebel u. a. in die Welle eingeleitet und auch wieder abgeleitet. Dadurch sind Wellen auf Verdrehung beansprucht. Gleichzeitig können Wellen durch Kräfte, die senkrecht zur Wellenachse wirken, zusätzlich auf Biegung beansprucht werden.

Weiterleiten mechanischer Energie über Wellen

! Wellen sind Bauelemente, die mechanische Energie weiterleiten. Sie werden hauptsächlich auf Verdrehung beansprucht.

Übungsaufgaben 3/29; 3/30; 3/31

1. Drehmoment

Beim Einleiten der Drehbewegung in eine Welle wirkt eine Kraft an einem Hebelarm, z. B. am Teilkreis eines Zahnrads. Dabei ist der Hebelarm der Abstand zwischen Angriffspunkt der Kraft und Drehpunkt.

Das Drehbestreben, welches eine Kraft an einem Hebel ausübt, nennt man Drehmoment (M_d). Das Drehmoment ist das Produkt aus Umfangskraft und Hebelarm.

$$M_d = F \cdot r$$

F Umfangskraft
r Radius

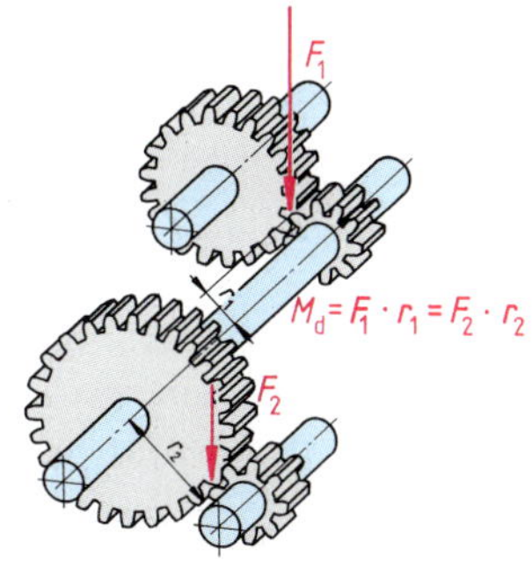

Drehmoment an einer Welle

> **!** Wellen übertragen Drehmomente. Ein Drehmoment ist das Produkt aus Umfangskraft und Hebelarm (Radius).

2. Torsionsspannung

Durch das Drehmoment wird auf die Welle eine Verdrehbeanspruchung ausgeübt.

Dadurch entstehen im Werkstoff der Welle Torsionsspannungen (Verdrehspannungen). Die größten Spannungen entstehen außen am Wellenumfang. Sie nehmen stetig nach innen hin ab. In der Mittellinie der Welle sind sie gleich Null.

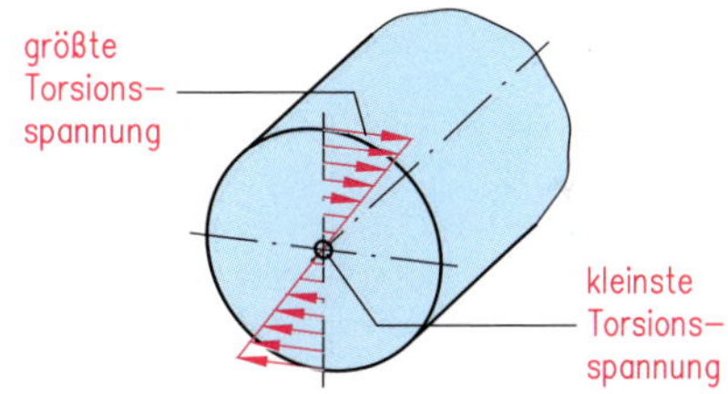

Torsionsspannungen in einer Welle

> **!** Das Drehmoment verursacht in der Welle Torsionsspannungen. Diese Torsionsspannungen sind am Umfang der Welle am größten und nehmen zur Mittellinie stetig ab.

3. Lagerung von Achsen und Wellen

Achsen und Wellen müssen abgestützt werden. Zur Abstützung benutzt man Lager. Die Stützstelle an den Wellen und Achsen bezeichnet man als **Lagerzapfen**. Je nach Richtung der auftretenden Lagerkräfte unterscheidet man Tragzapfen und Stützzapfen.

Tragzapfen nehmen Kräfte in *radialer* Richtung auf. Je nach Abstand der Lagerstelle vom Achsen- oder Wellenende spricht man von Stirnzapfen oder Halszapfen.

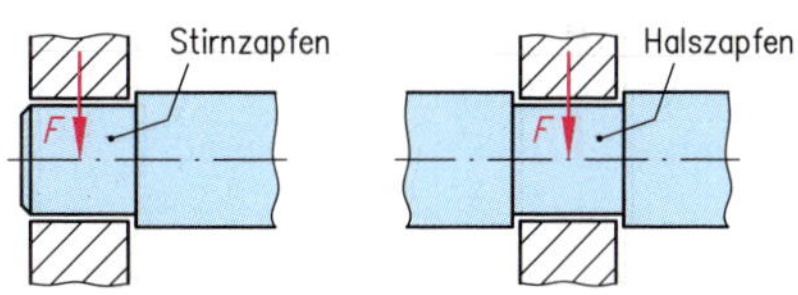

Tragzapfen

Stützzapfen nehmen Kräfte in *axialer* Richtung auf. Bei Verwendung von Gleitlagern benutzt man Ringzapfen. Soll die Lagerung gelenkartig beweglich sein, benutzt man Kugelzapfen.

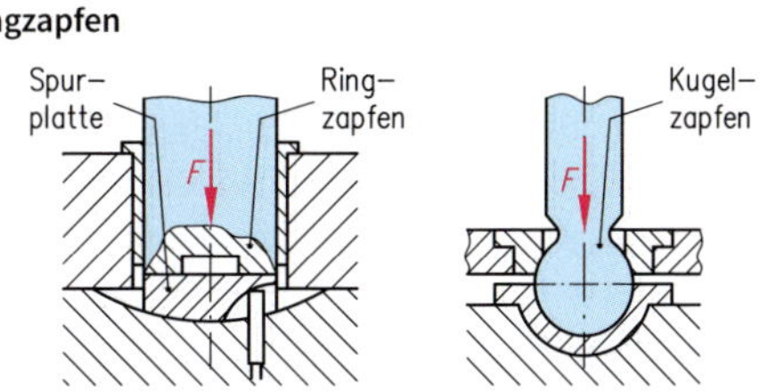

Stützzapfen

Der Übergang vom Zapfen zum übrigen Teil der Achse oder Welle ist gut abgerundet, um Kerbwirkung und damit verbundene Bruchgefahr zu vermindern.

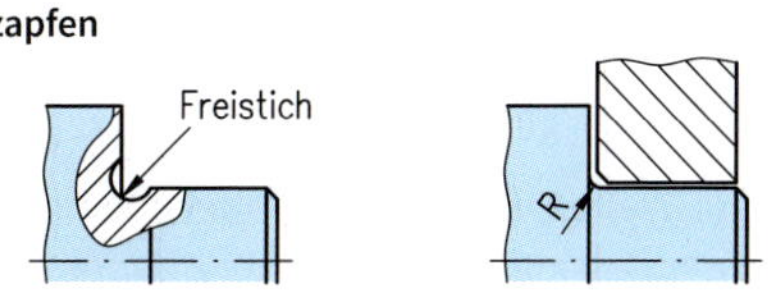

Zapfenübergänge

> **!** Achsen und Wellen werden an Zapfen in Lagern abgestützt.
> Tragzapfen werden in radialer Richtung und Stützzapfen in axialer Richtung belastet.

4. Befestigung von Bauteilen auf Wellen und Achsen

Auf Wellen und Achsen müssen die Naben von Rädern, Hebeln u. a. gegen Verschieben in axialer Richtung gesichert werden. Zur Übertragung des Drehmoments müssen Wellen und Naben durch Verbindungselemente u. a. fest verbunden werden.

– Sicherungen von Wellen und Achsen gegen axiales Verschieben

Wenn in axialer Richtung nur geringe Kräfte an der Nabe wirken, genügen einfache Sicherungselemente wie Stifte, Splinte, Federstecker und Sicherungsringe zur Sicherung gegen axiale Verschiebungen.
Bei Wellen dürfen diese Sicherungselemente nur in den Bereichen der Welle eingesetzt werden, die nicht durch Dreh- oder Biegemoment beansprucht werden, weil die entsprechenden Aussparungen in der Welle hohe Kerbwirkung verursachen. Besonders hoch ist die Kerbwirkung der schmalen scharfkantigen Nuten für Sicherungsringe.
Bei Wellen verwendet man darum meist angedrehte Schultern und Distanzhülsen zur Sicherung gegen Verschiebungen im Bereich der Beanspruchung durch Dreh- und Biegemomente.

Beispiele für Sicherungen gegen axiales Verschieben

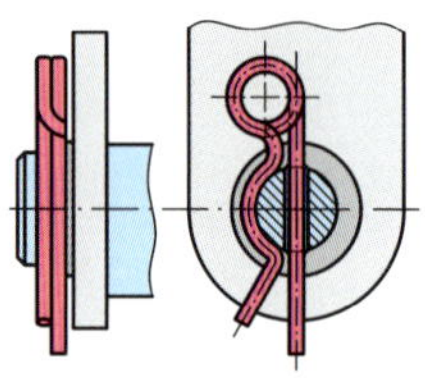

Federstecker

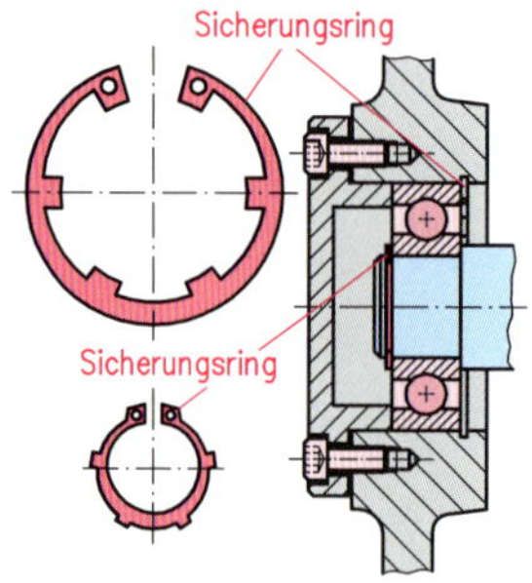

Sicherungsringe

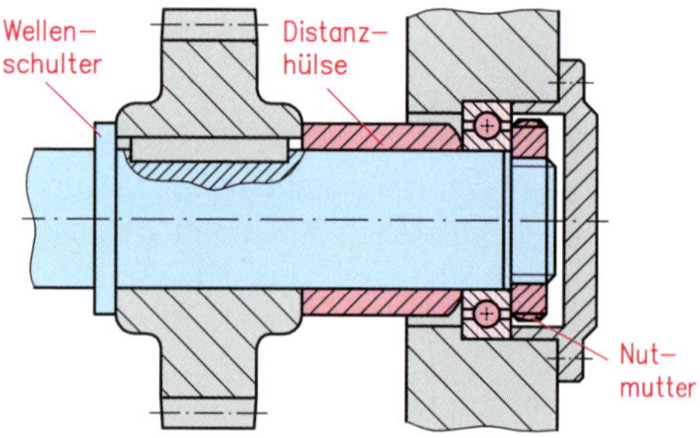

Sicherung durch Wellenschulter, Distanzhülse und Nutmutter

– Verbindungen von Wellen und Nabe zur Übertragung eines Drehmoments

Siehe „Fertigungstechnik“, Kap. „Fügen mit Passfedern, Keilen und Profilformen“

5. Sonderformen von Wellen

Gelenkwellen dienen zur Übertragung von Drehmomenten, wenn Höhenunterschiede und seitlicher Versatz von An- und Abtrieb zu überbrücken sind. Zum gleichförmigen Bewegungsablauf müssen An- und Abtrieb achsparallel liegen. Gelenkwellen bestehen darum aus beidseitigen Gelenken und einem zwischenliegenden Mittelteil mit Längsverschiebung. Bevorzugt werden Gelenkwellen in Kfz, Schienenfahrzeugen und Antrieben im Maschinenbau eingesetzt.
Gelenkwellen gleichen Höhenunterschiede und Versätze aus. Bedingung für gleichförmigen Lauf sind achsparalleler An- und Abtrieb.

Biegsame Wellen werden zum Übertragen kleiner Drehmomente eingesetzt. Man verwendet sie zum Weiterleiten mechanischer Energie bei Handfräsen, Tachometern u. a.
Biegsame Wellen bestehen aus gewundenen Drähten, die in Metallschläuchen geführt werden.

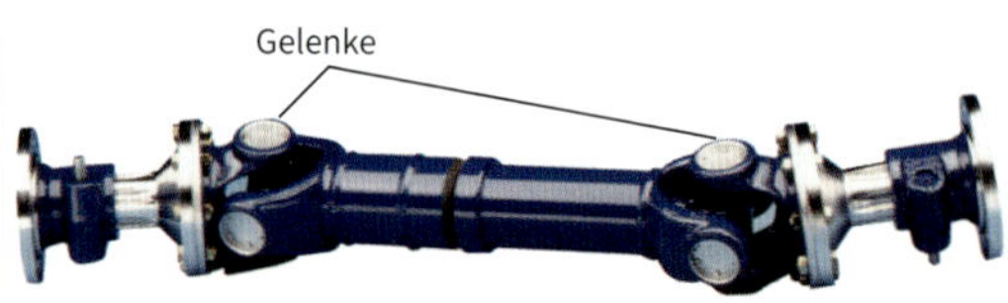

Gelenkwelle

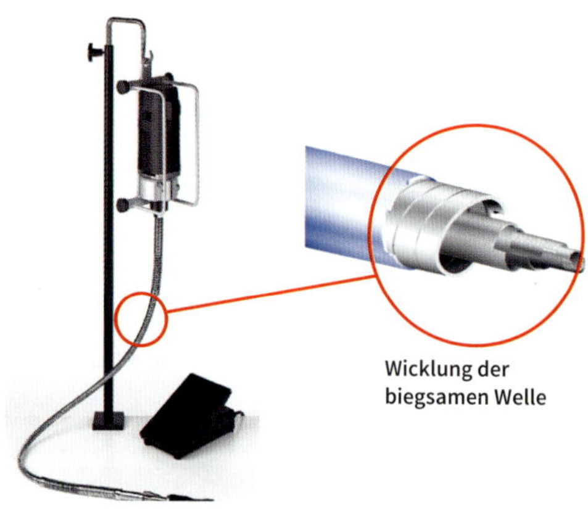

Biegsame Welle mit Antrieb

3.3.2 Kupplungen

3.3.2.1 Aufgaben und Einteilung von Kupplungen

Kupplungen sind Funktionseinheiten, die zur Übertragung von Drehmomenten von einer Welle auf die andere dienen. Eine Kupplung besteht darum aus zwei Hälften, die auf unterschiedliche Weise verbunden sind. Weitere Aufgaben können sein:

- *zeitweilige Trennung von laufendem Antriebselement und Getriebe,*
  z. B. schaltbare Kupplung im Auto und in Werkzeugmaschinen;
- *Schutz vor Überbelastung,*
  z. B. Rutschkupplung an Bohrmaschinen;
- *Trennen oder Zuschalten von Antrieb und Getriebe bei bestimmter vorgegebener Drehzahl oder Drehrichtung,*
  z. B. Freilauf beim Fahrrad;
- *Ausgleich von Querverlagerungen und Beugungswinkeln von Wellen,*
  z. B. Gelenkkupplungen an Kardanwellen;
- *Dämpfung von Stößen,*
  z. B. elastische Kupplungen bei Förderanlagen.

Einbau einer schaltbaren Kfz-Kupplung

Die Bauformen von Kupplungen lassen sich in zwei Gruppen einteilen:
- nicht schaltbare Kupplungen und
- schaltbare Kupplungen.

! Kupplungen sind Baueinheiten, die Drehmomente von einer Welle auf die andere übertragen.

3.3.2.2 Nicht schaltbare Kupplungen

1. Starre, nicht schaltbare Kupplungen

Formschlüssige Kupplung	Kraftschlüssige und formschlüssige Kupplung	Kraftschlüssige Kupplung (mit Sicherung durch Passfeder)
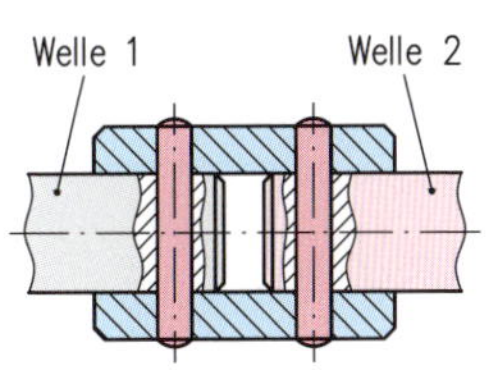	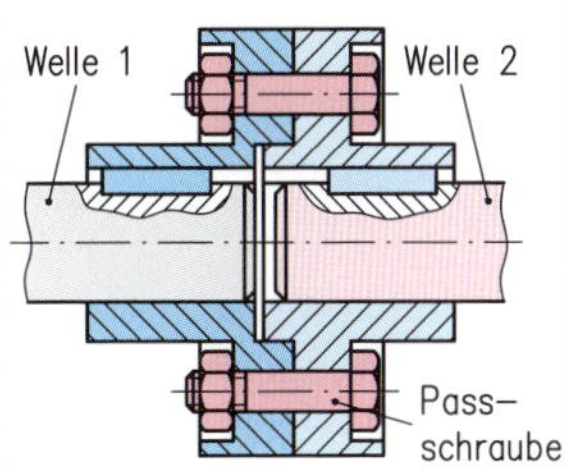	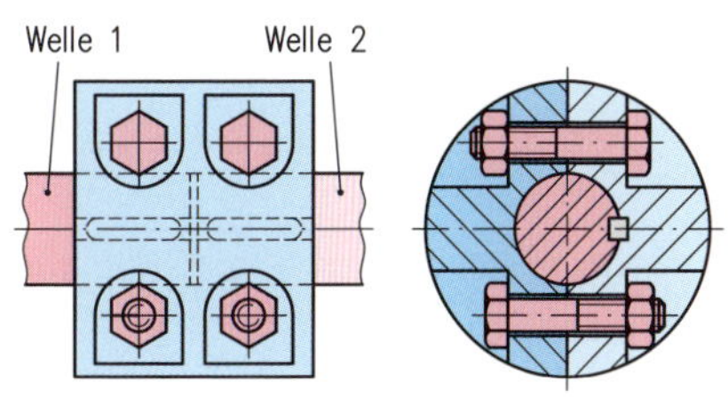
Stiftkupplung *Vorteile:* einfache Herstellung und Montage, platzsparend *Nachteile:* Übertragung geringer Drehmomente	**Scheibenkupplung** *Vorteile:* Übertragung großer und wechelseitiger Drehmomente *Nachteile:* schwieriger Ein- und Ausbau	**Schalenkupplung** *Vorteile:* leichter Ein- und Ausbau *Nachteile:* Übertragung kleinerer Drehmomente als bei Scheibenkupplungen

! Starre, nicht schaltbare Kupplungen verbinden Wellen dreh- und biegefest, so, als bestünden die Wellen aus einem Stück. Abweichungen zwischen Wellen können nicht ausgeglichen werden.

Übungsaufgaben 3/42; 3/43

2. Nachgiebige, nicht schaltbare Kupplungen

Nachgiebige, nicht schaltbare Kupplungen, welche durch Formschluss Wellen miteinander verbinden, erlauben den Ausgleich von

- *Längenänderung,*
- *Winkelbeugung,*
- *Querverlagerung.*

Formschluss zwischen den Teilen der Kupplung auf den Wellenenden kann durch starre oder elastische Glieder erzielt werden.

Elastische Glieder aus Gummi, Kunststoff, Federstahl o.Ä. dämpfen Stöße und erlauben in Grenzen den Ausgleich von Wellenverlagerungen aller Art.

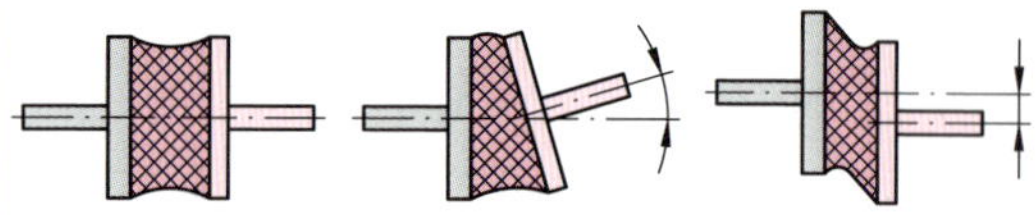

Verlagerung von Wellen zueinander

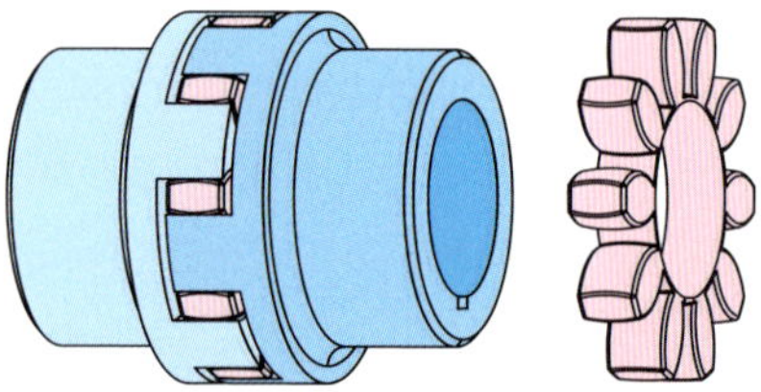

Drehelastische, nicht schaltbare ROTEX-Klauenkupplung

Starre Verbindung	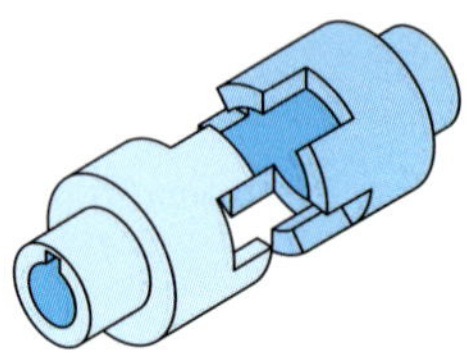 Klauenkupplung (erlaubt nur Längenänderung)	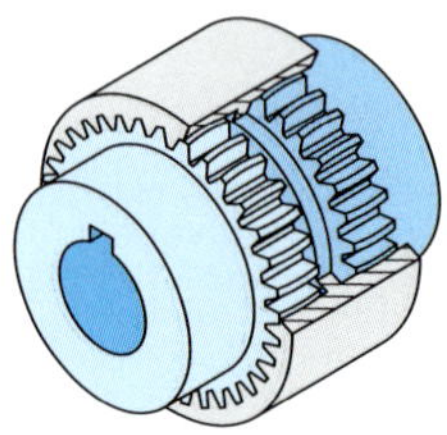 Bogenzahn-Kupplung	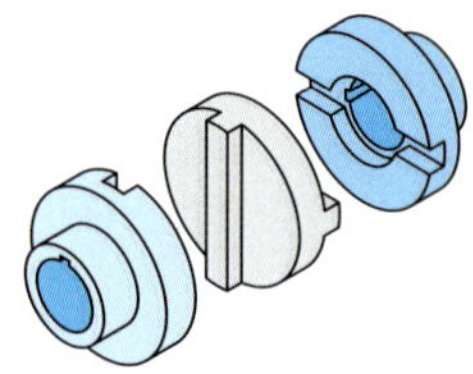 Kreuzscheiben-Kupplung
Elastische Verbindung	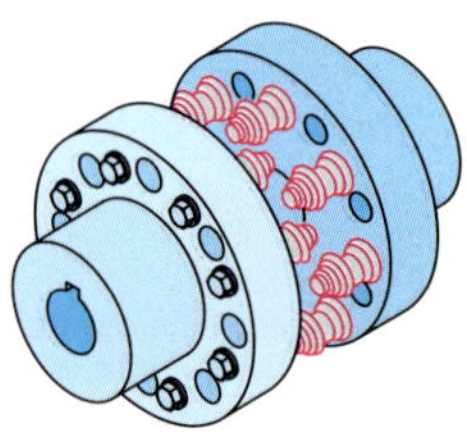 ELCO®-Kupplung mit gummierten Bolzen	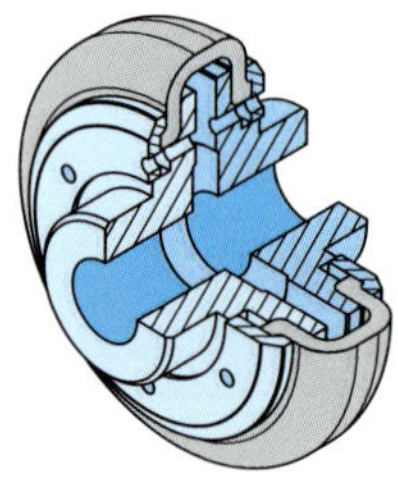 Periflex®-Kupplung mit Gummireifen	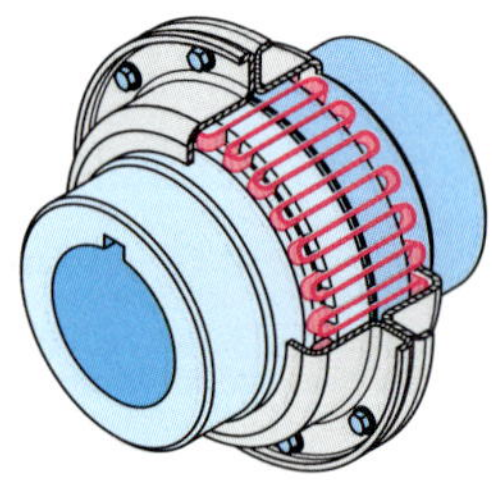 Winiflex®-Kupplung mit Stahlband

> **!** Nachgiebige, nicht schaltbare Kupplungen verbinden Wellen stoßdämpfend miteinander. Die Verbindungsglieder bestehen aus Gummi, Federstahl, Leder, Textilgewebe u.ä. Diese Verbindungsteile lassen folgende Verlagerungen zwischen den Wellen zu:
> - Längenänderung,
> - Winkelbeugung,
> - Querverlagerung.

3. Gelenkkupplung

Zur Übertragung von Drehmomenten zwischen Wellen, deren Mitten verlagert sind oder die ihre Lage zueinander im Betrieb ändern, verwendet man Gelenkwellen mit zwei Gelenkkupplungen. Zur Übertragung kleiner Drehmomente, z.B. an den Spindeln von Mehrspindelbohrmaschinen, eignen sich Kugelgelenke. Größere Drehmomente überträgt man durch Kreuzgelenke.

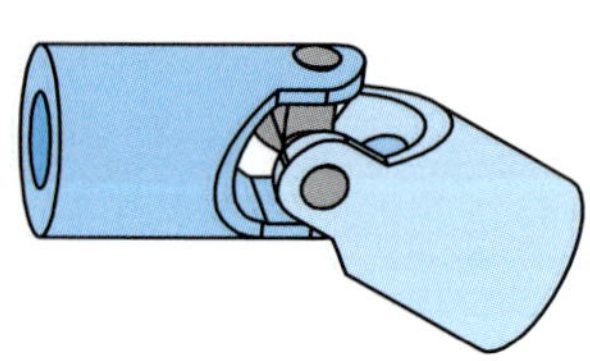

Kreuzgelenk

Übungsaufgaben 3/44; 3/45

3.3.2.3 Schaltbare Kupplungen

Schaltbare Kupplungen erlauben es, die Verbindung zwischen treibenden und getriebenen Baueinheiten einer Maschine zu unterbrechen.

1. Im Stillstand schaltbare Kupplungen

Nur im Stillstand (oder bei Gleichlauf) schaltbare Kupplungen sind in der Regel formschlüssige Kupplungen. Sie sind während des Betriebs bedingt ausrückbar. Bei formschlüssigen Schaltkupplungen muss eine Hälfte der Kupplung auf der Welle axial verschiebbar sein. Dadurch können die Verbindungselemente (Klauen, Zähne, Bolzen usw.) bei Schaltung ineinandergefügt werden. Die Verbindung zwischen dem beweglichen Teil der Kupplung und der Welle erfolgt durch Gleitfederverbindungen oder durch Profilwellen.

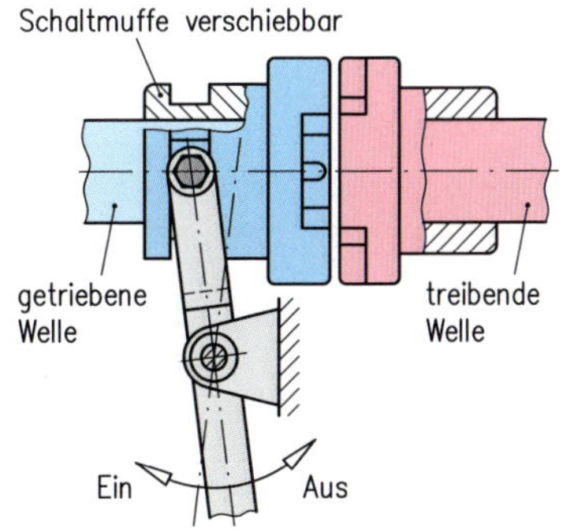

Klauenkupplung

> **!** Formschlüssige Schaltkupplungen sind nur im Stillstand (oder bei Gleichlauf) schaltbar.

2. Während des Betriebs schaltbare Kupplungen

Diese Kupplungen übertragen die Drehmomente durch Kraftschluss. Dabei werden die Reibflächen der beiden Kupplungshälften durch eine Kraft gegeneinandergepresst. Die Reibflächen können als Scheiben, Kegel oder als Backen konstruiert sein. Im Maschinen- und Kraftfahrzeugbau verwendet man meist Scheibenkupplungen.

Wirkprinzipien kraftschlüssiger Schaltkupplung

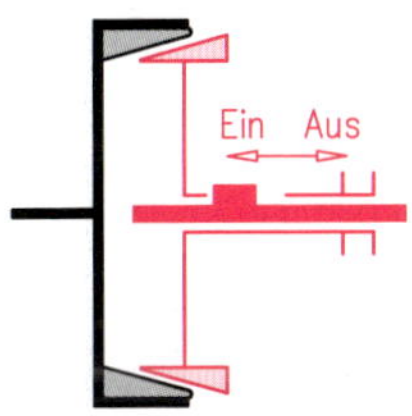

Kegelkupplung

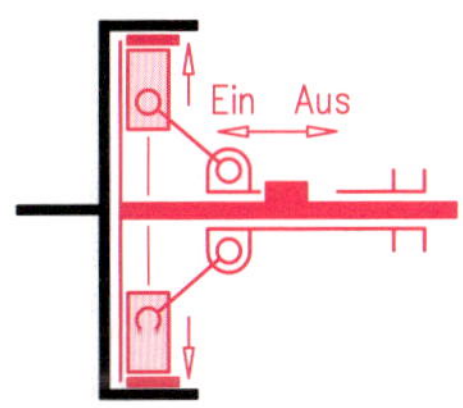

Backenkupplung

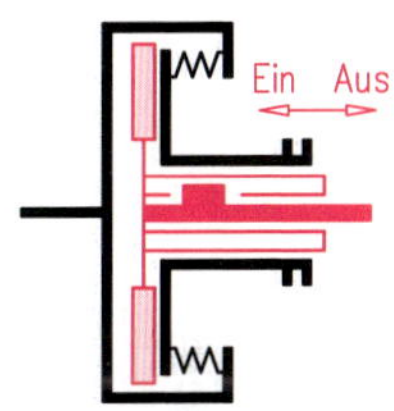

Scheibenkupplung

– **Scheibenkupplungen**

Scheibenkupplungen werden als Einscheibenkupplungen und Mehrscheibenkupplungen (Lamellenkupplungen) hergestellt.

Bei **Einscheibenkupplungen** wird durch Federkraft eine Druckplatte gegen eine axial verschiebbare Scheibe, die sich auf der getriebenen Welle befindet, gepresst. Die Kupplungsscheibe drückt dadurch gegen das Kupplungsgehäuse auf der Antriebswelle. Die Kupplungsscheibe ist auf beiden Seiten mit einem besonderen Reibbelag versehen. Zum Entkuppeln wird die Druckplatte mithilfe von Ausrückhebeln gegen die Federkraft zurückgezogen.

Einscheibenkupplungen werden meist in Kraftfahrzeugen verwendet.

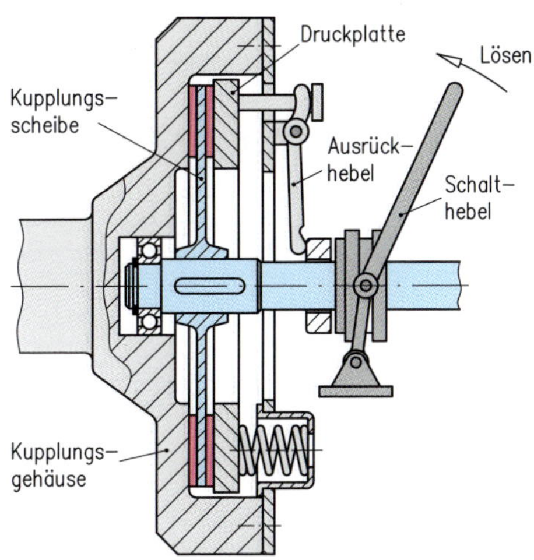

Einscheibenkupplung mit mechanischer Betätigung

Mehrscheibenkupplungen, Lamellenkupplungen genannt, haben mehrere Scheiben bzw. Lamellen. Mit der Anzahl der Lamellen und der Anpresskraft erhöht sich das übertragbare Drehmoment. Dabei unterscheidet man Außen- und Innenlamellen, die abwechselnd angeordnet sind. Die Außenlamellen werden vom Kupplungsgehäuse, die Innenlamellen von der getriebenen Welle in Nuten mitgenommen. Beim Einschalten der Kupplung werden die Lamellen durch Hebel gegeneinandergepresst.
Mehrscheibenkupplungen verwendet man in Werkzeugmaschinen und Getrieben.

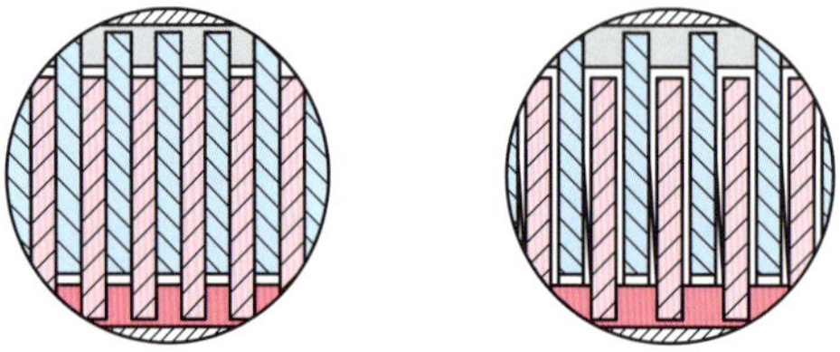

Lamellen gekuppelt   Lamellen entkuppelt

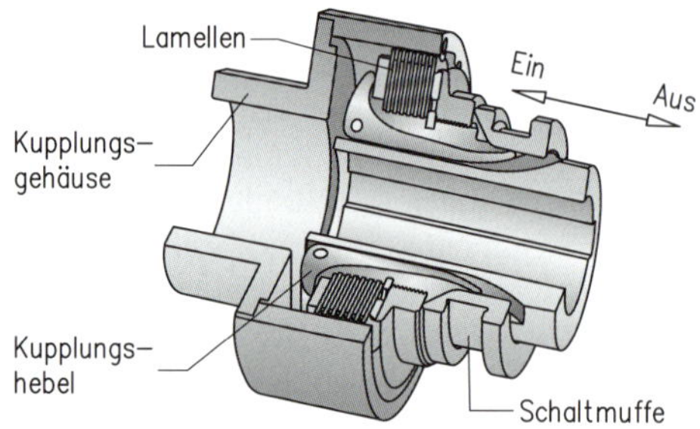

Lamellenkupplung mit mechanischer Betätigung

Zur **Ausführung der Schaltbewegung** bei Kupplungen benötigt man einen Schaltmechanismus. Dieser Schaltmechanismus kann auf verschiedene Weise betätigt werden:

- *mechanisch,*
- *hydraulisch bzw. pneumatisch,*
- *magnetisch.*

Verschiedene Arten der Schaltung einer Lamellenkupplung

Mechanisch geschaltet	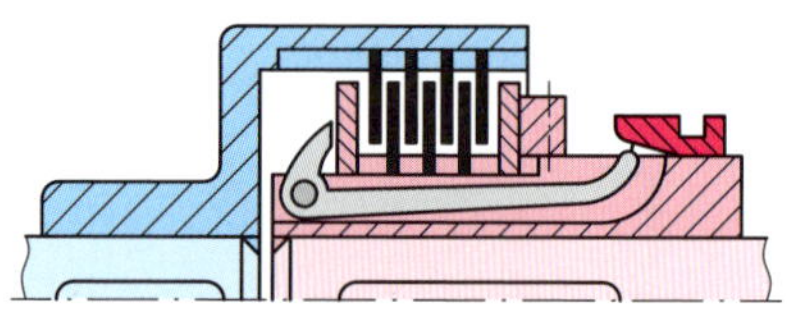	*Besondere Merkmale:* feinfühliges Schalten, geringe Schaltgenauigkeit, ungeeignet für Fernbedienung und Programmsteuerung *Einbaubeispiele:* Werkzeugmaschinen, Bootsgetriebe, Verladegeräte
Hydraulisch geschaltet	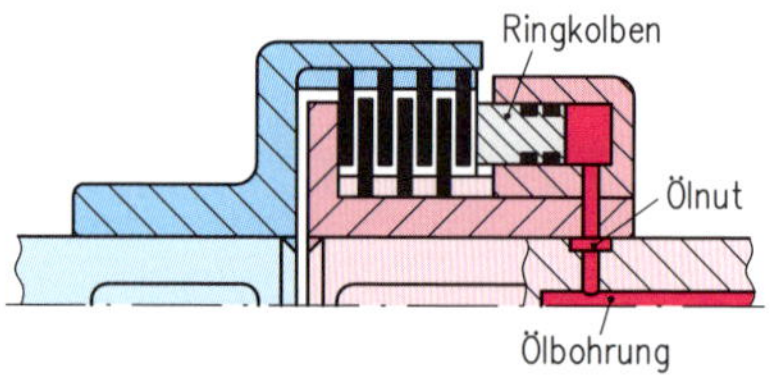	*Besondere Merkmale:* sehr kleine und robuste Bauart, Übertragung großer Drehmomente, größere Schaltgenauigkeit als mechanische Schaltung, weitgehende Wartungsfreiheit *Einbaubeispiele:* Maschinen mit eigener Hydraulik, z. B. Bagger, Baumaschinen, Werkzeugmaschinen
Elektrisch geschaltet	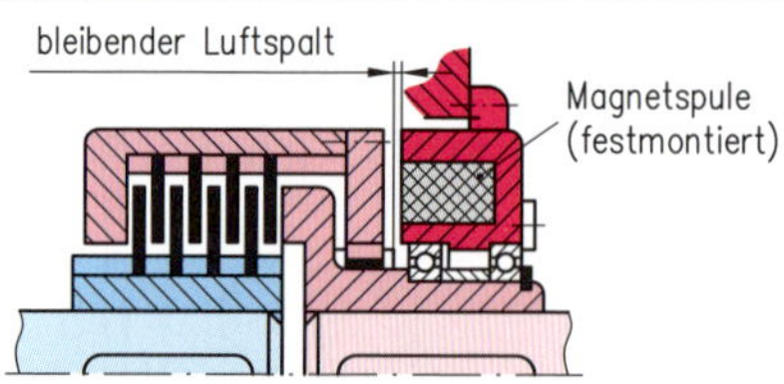	*Besondere Merkmale:* sehr hohe Schaltgenauigkeit, sehr gut geeignet für Fernbedienung und Programmsteuerung *Einbaubeispiele:* fernbediente Förderanlagen, programmgesteuerte Maschinen

Die **Auswahl der Schaltung**, ob mechanisch, hydraulisch, pneumatisch oder elektromagnetisch, richtet sich nach folgenden Gesichtspunkten:

- *Größe der zu übertragenden Drehmomente,*
- *Größe der Schaltkraft,*
- *geforderte Schaltzeit und Schaltgenauigkeit,*
- *Entfernung der Schaltstelle von der Kupplung,*
- *Baugröße,*
- *Medium, das an der Maschine vorliegt.*

! Kraftschlüssige Kupplungen sind im Stillstand und in Betrieb schaltbar.
Der Schaltvorgang kann mechanisch, hydraulisch, pneumatisch oder elektromagnetisch erfolgen.

Übungsaufgaben 3/47; 3/48; 3/49

– Strömungskupplung

Bei sehr großen zu bewegenden Massen und hohen Antriebsleistungen werden häufig Strömungskupplungen verwendet.

Eine Strömungskupplung besteht aus zwei Schalen. Dabei wirkt die treibende Schale wie eine *Pumpe*. Beim Lauf des Antriebs strömt das Öl in dieser Schale infolge der Fliehkraft nach außen. Das strömende Öl tritt in die Kupplungsschale auf der angetriebenen Welle ein. Diese getriebene Schale wirkt wie eine *Turbine*. Sie bremst das strömende Öl ab, wird aber dadurch in Bewegung gesetzt.

Je größer Drehzahldifferenz und Ölmenge sind, desto größer ist das übertragbare Drehmoment. Durch die Flüssigkeitsmenge werden in der Kupplung auch Drehzahl und Drehmoment verändert. Strömungskupplungen gleichen Unregelmäßigkeiten in der Belastung gut aus und schützen vor Überbelastung.

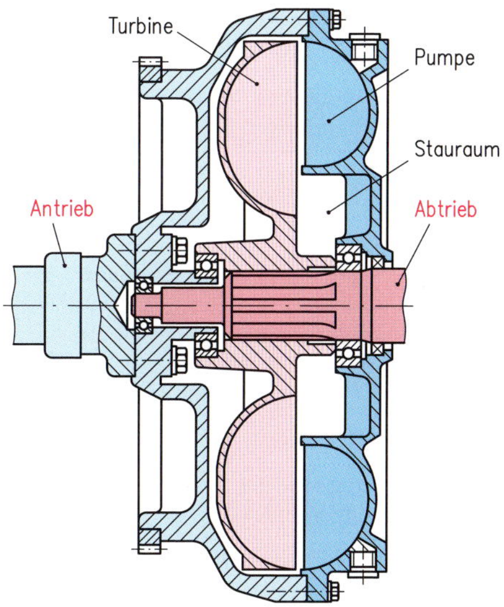

Schema einer Strömungskupplung

> **!** In Strömungskupplungen verleiht die treibende Schale – Pumpe – dem Öl kinetische Energie, die an die getriebene Schale – Turbine – auf der getriebenen Welle wieder abgegeben wird.

3. Selbsttätig schaltende Kupplungen

– Anlauf- und Überlastkupplung

Damit Motoren vorsichtig anlaufen können, setzt man Anlaufkupplungen ein, die mit steigender Drehzahl allmählich einkuppeln.

Überlastkupplungen werden als Sicherheitskupplungen eingesetzt. Sie sind meist als Rutschkupplung ausgeführt.

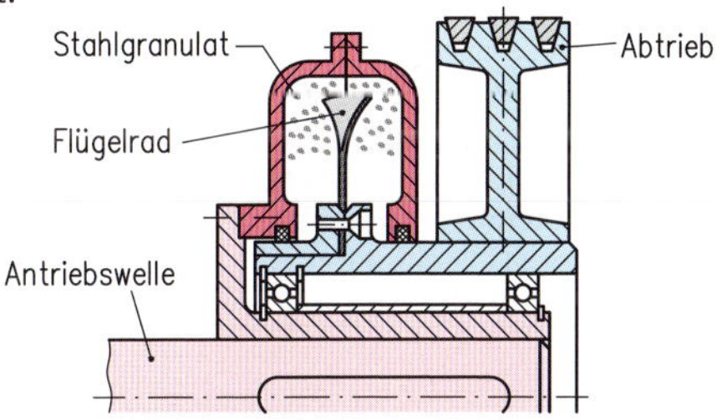

Anlaufkupplung

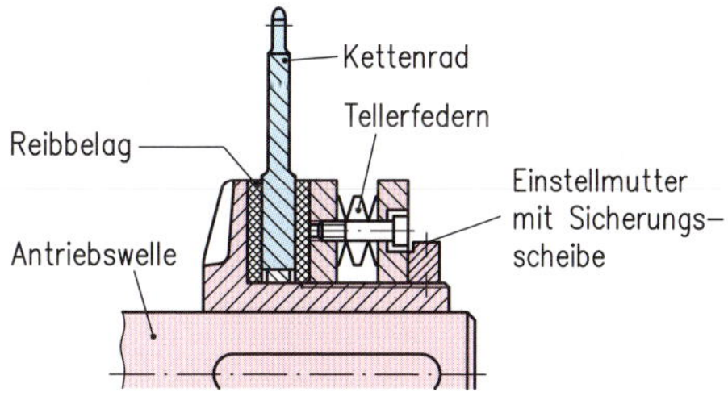

Überlastkupplung

> **!** Anlaufkupplungen bewirken „weichen" Anlauf.
> Überlastkupplungen schützen durch Rutschen bei überhöhtem Drehmoment.

– Richtungsbetätigte Schaltkupplungen

Freiläufe sind richtungsbetätigte Schaltkupplungen. Sie verbinden treibende und getriebene Wellen miteinander, sobald beide Kupplungsteile die gleiche Drehzahl haben. Sobald der treibende Teil langsamer läuft als der getriebene Teil, löst der Freilauf, hierdurch überholt das getriebene Teil das treibende. Deshalb verwendet man Freiläufe als Überholkupplungen und Rücklaufsperren.

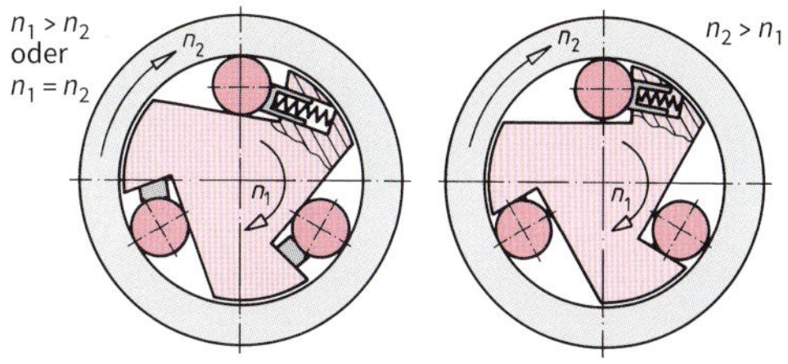

Mitnahme des Außenrings — frei laufender Außenring

Klemmrollen-Überholkupplung (Freilauf)

> **!** Freiläufe sind richtungsbetätigte Schaltkupplungen. Sie entkuppeln, wenn das getriebene Teil das treibende in der Drehzahl überholt.

3.3.3 Getriebe und ihre Einteilung

Getriebe sind Baueinheiten zwischen Antriebs- und Arbeitseinheit. Sie können die Funktionen haben:

- Bewegungsenergie weiterzuleiten,
- Drehzahlen zu ändern,
- Drehrichtung umzukehren,
- Bewegungsart umzuformen.

Antriebseinheit → Getriebe → Arbeitseinheit

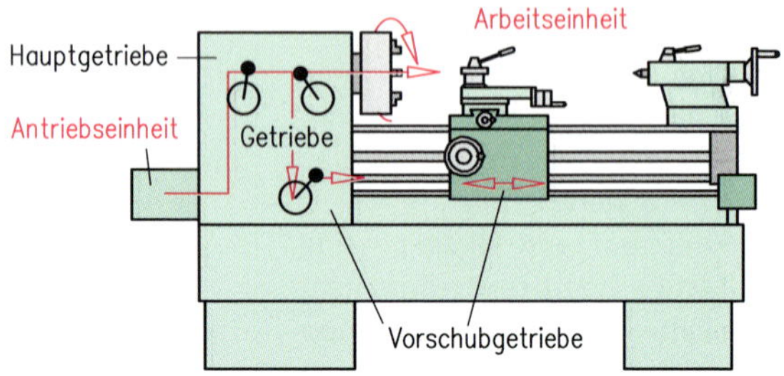

Weiterleiten der Energie von der Antriebseinheit zur Arbeitseinheit

Entsprechend dem mechanischen Prinzip der Änderung der Bewegung lassen sich verschiedene Getriebearten unterscheiden.

Übersicht über mechanische Getriebe

	Zugmittelgetriebe	Zahnradgetriebe	Schraubengetriebe
Aufgabe	Übertragung einer Drehbewegung von einer Welle auf eine andere, bei einem großen Achsabstand, meist verbunden mit Änderung der Drehzahl	Übertragung der Drehbewegung von einer Welle auf eine andere, verknüpft mit der Umkehrung der Drehrichtung, meist angewendet zur Änderung der Drehzahl	Umwandlung einer Drehbewegung in eine geradlinige Bewegung, wobei die geradlinige Bewegung der Drehbewegung jederzeit proportional ist
Beispiel	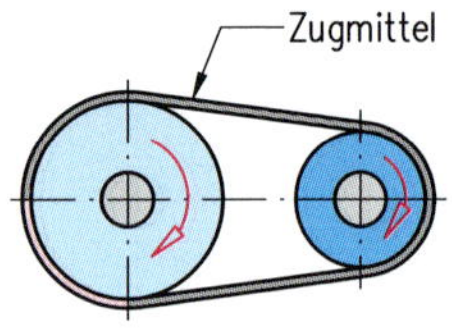	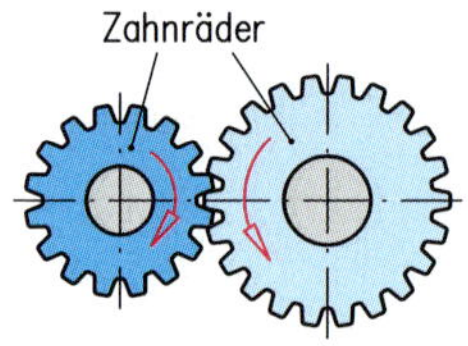	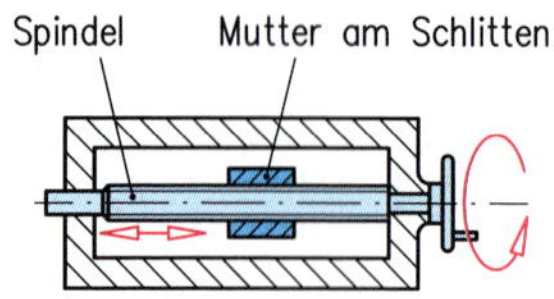
	Übertragen der Drehbewegung der Pedalbewegung auf das Hinterrad eines Fahrrads	Umformung der Drehzahl und Drehrichtung von der Antriebseinheit auf die Arbeitseinheit in einem Drehmaschinengetriebe	Schlittenbewegung an der Drehmaschine Umformung der Drehbewegung in geradlinige Bewegung des Schlittens

	Gelenkgetriebe	Kurvengetriebe	Sperrgetriebe
Aufgabe	Umwandlung einer Drehbewegung in eine geradlinige Hin- und Herbewegung oder umgekehrt	Umwandlung einer Drehbewegung in eine andere Bewegung nach bestimmter Gesetzmäßigkeit	Sperren und Freigeben einer Bewegung in bestimmten Abständen
Beispiel	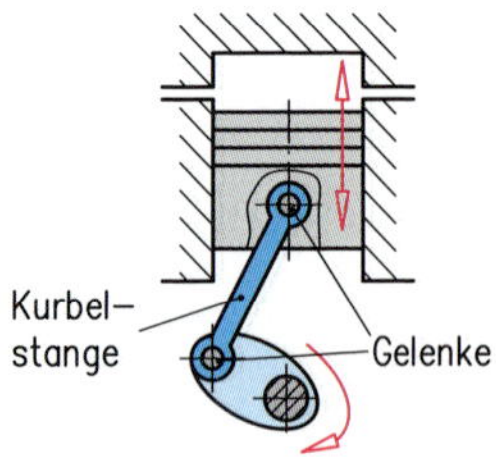	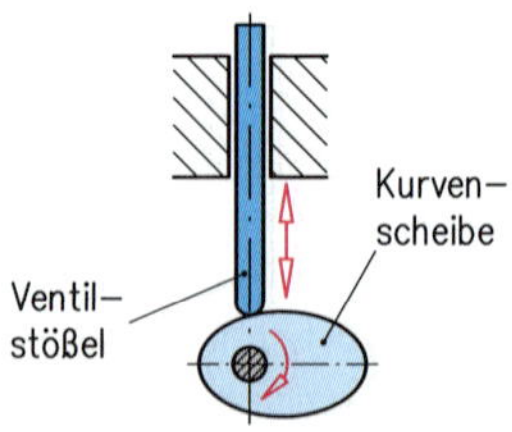	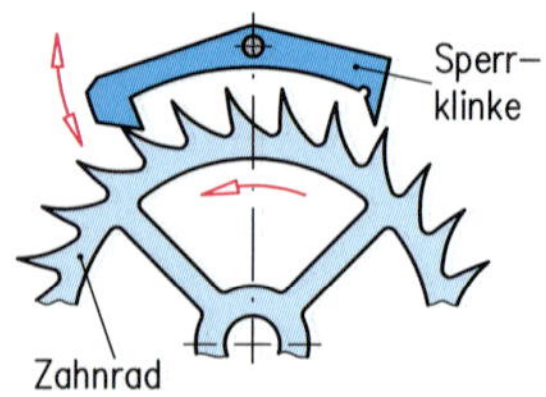
	Umwandlung der geradlinigen Kolbenbewegung eines Verbrennungsmotors in die Drehbewegung der Kurbelwelle	Umwandlung der Drehbewegung der Nockenwelle in geradlinige Hubbewegung der Ventilsteuerung im Kraftfahrzeug	Sperrung der Drehbewegung des Uhrengetriebes in regelmäßigen Zeitabständen

Übungsaufgabe 3/54

3.3.4 Berechnungsgrundlagen für Getriebe

1. Umdrehungsfrequenz und Umfangsgeschwindigkeit

Die Zahl der Umdrehungen, die ein Rad eines Getriebes in einer Zeiteinheit (min oder s) ausführt, wird als Umdrehungsfrequenz (Drehzahl) bezeichnet. Meist wird die Drehzahl n mit der Einheit 1/min verwendet. Die Umfangsgeschwindigkeit für die kreisförmige Bewegung wird aus dem Durchmesser und der Drehzahl berechnet:

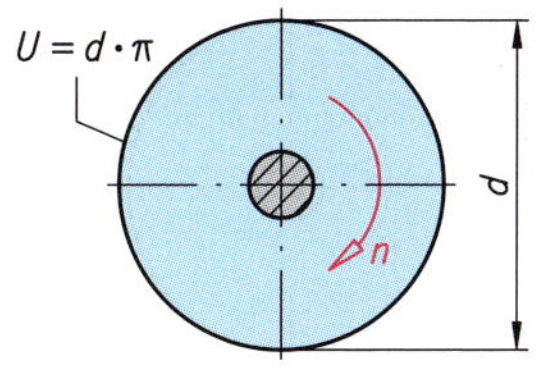

d Durchmesser
n Drehzahl
U Umfang

> **!** Umfangsgeschwindigkeit = Durchmesser · π · Drehzahl
> $$v = d \cdot \pi \cdot n$$

2. Übersetzungsverhältnis

Treibt ein Rad in einem Getriebe ein anderes Rad, ohne dass die Oberflächen aufeinanderrutschen, so haben beide Räder die gleiche Umfangsgeschwindigkeit v, auch wenn die Räder unterschiedliche Durchmesser haben.
Es gilt dann die Beziehung:

$$v_1 = v_2$$
$$d_1 \cdot \pi \cdot n_1 = d_2 \cdot \pi \cdot n_2$$

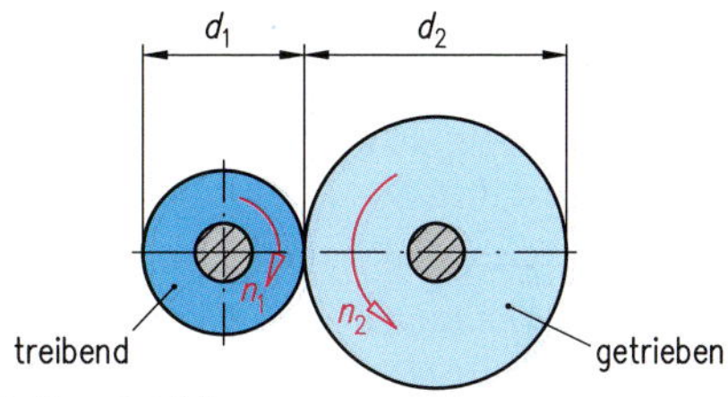

Einstufiges Getriebe

Aus dieser Gleichung ergibt sich durch Umstellen und Kürzen von π das Verhältnis der Drehzahlen.
Das Verhältnis der Drehzahl des treibenden Rads zur Drehzahl des getriebenen Rads ist das **Übersetzungsverhältnis** i. Das Übersetzungsverhältnis wird als Bruch angegeben, z. B. $i = 1:5$.

> **!** $$\text{Übersetzungsverhältnis } i = \frac{\text{Drehzahl des treibenden Rads } n_1}{\text{Drehzahl des getriebenen Rads } n_2} = \frac{\text{Durchmesser des getriebenen Rads } d_2}{\text{Durchmesser des treibenden Rads } d_1}$$
> $$i = \frac{n_1}{n_2} = \frac{d_2}{d_1}$$

Will man die Drehzahl noch weiter verändern, bringt man auf die Welle des getriebenen Rads ein weiteres Rad, das ein viertes Rad auf einer dritten Welle treibt. Man hat nun ein zweistufiges Getriebe.
Kennzeichnung von Durchmessern und Drehzahlen:

- treibende Räder: ungerade Kennzahlen (d_1; d_3; n_1...)
- getriebene Räder: geradzahlige Kennzahlen (d_2; n_2...)

Das Übersetzungsverhältnis eines Getriebes insgesamt (i_{ges}) ist das Verhältnis der Drehzahlen vom ersten treibenden zum letzten getriebenen Rad.

$$i_{ges} = \frac{n_A}{n_E}$$

n_A Drehzahl des ersten treibenden Rads
n_E Drehzahl des letzten getriebenen Rads

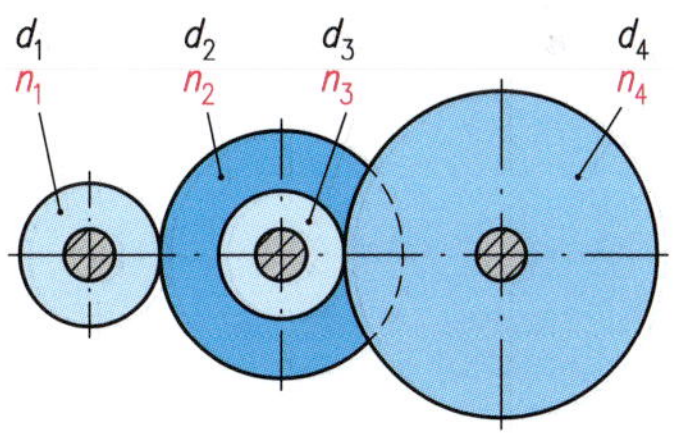

$$i_1 = \frac{n_1}{n_2} \qquad i_2 = \frac{n_3}{n_4}$$
$$n_2 = n_3$$
$$i_{ges} = \frac{n_1}{n_4} = \frac{n_A}{n_E}$$

Zweistufiges Getriebe

Das gesamte Übersetzungsverhältnis kann auch aus dem Produkt der Übersetzungsverhältnisse der einzelnen Stufen berechnet werden, $i_{ges} = i_1 \cdot i_2 \cdot ...$

> **!** Bei mehrstufigen Getrieben ist das Gesamtübersetzungsverhältnis das Produkt der Übersetzungsverhältnisse jeder Stufe. Das Gesamtübersetzungsverhältnis lässt sich auch aus dem Verhältnis der Drehzahl des ersten Rads n_A zur Drehzahl des letztes Rads n_E berechnen.
> $$i_{ges} = i_1 \cdot i_2 \cdot ... \quad \text{oder} \quad i_{ges} = \frac{n_1}{n_E}$$

Übungsaufgaben 3/55; 3/56

Beispiel für die Berechnung von Übersetzungen und Drehzahlen

Für das skizzierte zweistufige Getriebe sind die Übersetzungsverhältnisse und die Drehzahlen zu berechnen.

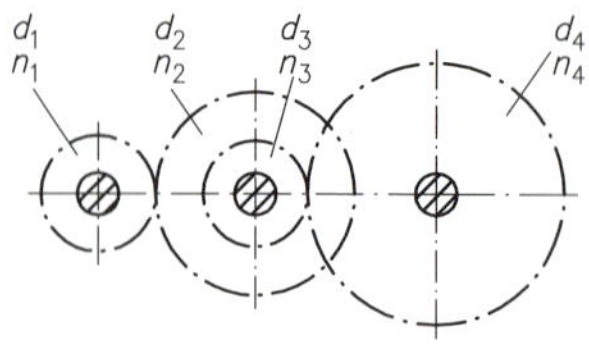

Gegeben

$d_1 = 80\text{ mm}$
$d_2 = 200\text{ mm}$
$d_3 = 60\text{ mm}$
$d_4 = 240\text{ mm}$
$n_1 = 200\,\frac{1}{\text{min}}$

Gesucht

i_1, i_2, i_{ges}, n_2, n_3, n_4

Lösung

$$i_1 = \frac{d_2}{d_1} = \frac{200\text{ mm}}{80\text{ mm}} = \mathbf{2{,}5 : 1}$$

$$i_2 = \frac{d_4}{d_3} = \frac{240\text{ mm}}{60\text{ mm}} = \mathbf{4 : 1}$$

$$i_{ges} = i_1 \cdot i_2 = 2{,}5 \cdot 4 = \mathbf{10 : 1}$$

$$n_2 = \frac{n_1}{i_1} = \frac{200 \cdot 1}{2{,}5 \cdot \text{min}} = \mathbf{80\,\frac{1}{min}}$$

$$n_3 = n_2 = \mathbf{80\,\frac{1}{min}}$$

$$n_4 = \frac{n_3}{i_2} = \frac{80 \cdot 1}{4 \cdot \text{min}} = \mathbf{20\,\frac{1}{min}}$$

3. Drehmoment

Ein Drehmoment M_d an einer Welle oder einem Rad ist das Produkt aus Umfangskraft F und Radius r.

$$M_d = F \cdot r$$

Nach der Drehrichtung unterscheidet man rechtsdrehende Momente M_r und linksdrehende Momente M_l.

Gleichgewicht herrscht an einem Bauelement, wenn die Summe der rechtsdrehenden Momente gleich der Summe der linksdrehenden Momente ist (Hebelgesetz).

Zur Berechnung der Drehmomente in Getrieben fasst man die Radien von Rädern und Wellen als Hebel auf, deren Drehpunkt die Drehachse ist.

Die Bestimmung der Kräfte und Momente erfolgt über das Gleichgewicht am Hebel.

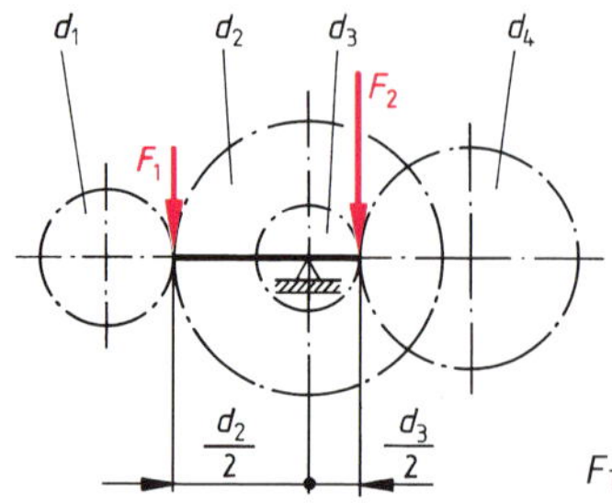

Hebelwirkung am Zahnrad

$$M_l = M_r$$

$$F_1 \cdot \frac{d_2}{2} = F_2 \cdot \frac{d_3}{2}$$

Beispiel für die Berechnung der Handkraft an einem Wellrad

Aufgabe

Mit dem skizzierten Wellrad wird eine Last von 800 N gehoben.

Es ist die Handkraft zu berechnen.

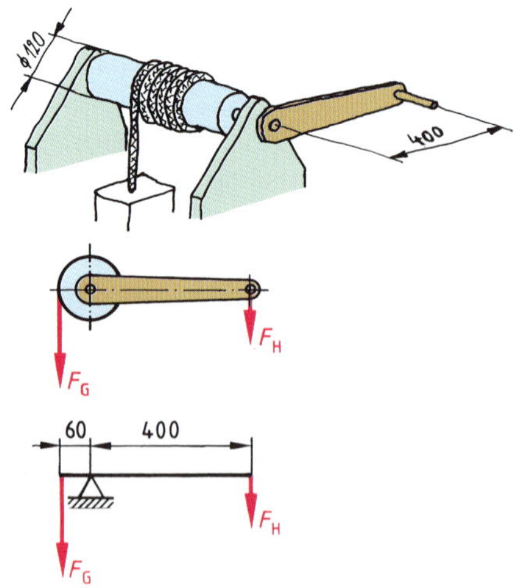

Gegeben

$F_G = 800\text{ N}$ $\quad l = 400\text{ mm}$
$r = 60\text{ mm}$

Gesucht

F_H in N

Lösung

$$M_r = M_l$$

$$F_G \cdot r = F_H \cdot l$$

$$F_H = \frac{F_G \cdot r}{l}$$

$$F_H = \frac{800\text{ N} \cdot 60\text{ mm}}{400\text{ mm}} = \mathbf{120\text{ N}}$$

! Gleichgewicht am Hebel:
Summe der rechtsdrehenden Momente = Summe der linksdrehenden Momente

– **Berechnung des Drehmoments aus Drehzahl und Leistung**

Bei Getriebewellen ist meist die Umfangskraft, welche an den Rädern angreift, nicht gegeben. Bekannt sind dagegen die zu übertragende Leistung und die Drehzahl. Aus diesen Größen kann das Drehmoment berechnet werden.

$P = F \cdot v$

$P = F \cdot 2r \cdot \pi \cdot n$

$M_d = F \cdot r$

$$M_d = \frac{P}{2\pi \cdot n}$$

M_d Drehmoment
P Leistung
n Drehzahl
v Umfangsgeschwindigkeit

Beispiel für die Berechnung des Drehmoments aus Drehzahl und Leistung

Aufgabe

Eine Winde wird von einem Motor, der 3 kW abgibt und 1480 1/min Drehzahl hat, über eine eingängige Schnecke angetrieben. Das Schneckenrad hat 90 Zähne.
Die Seiltrommel hat einen Durchmesser von 150 mm.
Der Wirkungsgrad des Getriebes beträgt 78 %.
Es sind zu berechnen:
a) das Drehmoment an der Motorwelle,
b) die Leistung an der Seiltrommel,
c) die Zugkraft der Winde.

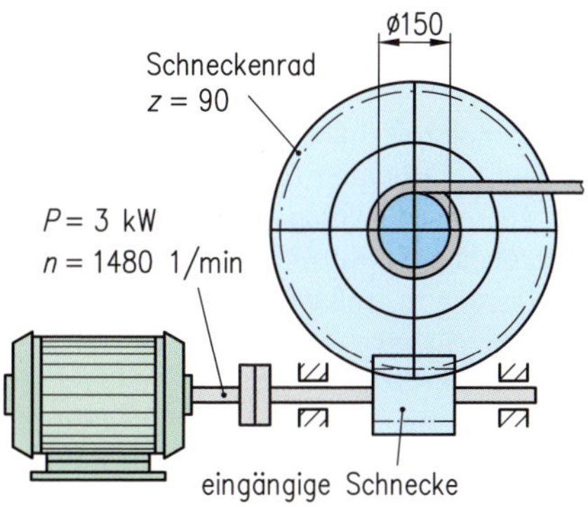

Gegeben

$P_i = 3000 \frac{Nm}{s}$

$n_A = 1480 \frac{1}{min} = 24{,}66 \frac{1}{s}$

$i = 90 : 1$

$\eta = 0{,}78$

$d = 150$ mm

Gesucht

a) $M_{d\,Motor}$ in Nm
b) $P_{Trommel}$ (P_e) in kW
c) F in N

Lösung

a) $M_{dM} = \frac{P}{2 \cdot \pi \cdot n_A}$

$M_{dM} = \frac{3000 \text{ Nm} \cdot s}{s \cdot 2 \cdot \pi \cdot 24{,}66}$

$M_{dM} = \mathbf{19{,}37\ Nm}$

b) $P_e = P_i \cdot \eta$

$P_e = 3 \text{ kW} \cdot 0{,}78$

$P_e = \mathbf{2{,}340\ kW}$

Bestimmung von n_E

$i = \frac{n_A}{n_E}$

$n_E = \frac{1480 \cdot 1}{90 \cdot min}$

$n_E = 16{,}44 \frac{1}{min}$

$n_E = \mathbf{0{,}274 \frac{1}{s}}$

c) $M_{dT} = \frac{P_e}{2 \cdot \pi \cdot n_E}$

$M_{dT} = \frac{2340 \text{ Nm} \cdot s}{s \cdot 2 \cdot \pi \cdot 0{,}274}$

$M_{dT} = 1360$ Nm

$M_{dT} = F \cdot r$

$F = \frac{M_{dT}}{r}$

$F = \frac{1360 \text{ Nm}}{0{,}075 \text{ m}} = \mathbf{18\,130\ N}$

3.3.5 Zugmittelgetriebe

Bei Zugmittelgetrieben werden die Drehbewegungen vom Antriebsrad durch Riemen oder Ketten als Zugmittel auf das getriebene Rad übertragen. Diese Getriebe verwendet man, wenn große Achsabstände zu überbrücken sind.

3.3.5.1 Kraftschlüssige Riemengetriebe

In Riemengetrieben dient ein elastischer Riemen als Zugmittel zur Übertragung der Drehbewegung. Dabei besteht *Kraftschluss* zwischen Riemen und Riemenscheibe. Die Größe der übertragbaren Kraft hängt von der Reibungskraft ab, die zwischen Riemen und Riemenscheibe wirkt. Die Reibungskraft wird bestimmt durch:

- die Normalkraft F_N,
- die Reibungszahl μ,
- den Umschlingungswinkel α.

Die **Normalkraft** hängt wesentlich von der Vorspannung im Riemen ab. Zur Erhöhung der Normalkraft kann die Vorspannung im Riemen jedoch nicht beliebig erhöht werden, weil dadurch die Lagerbelastung zu groß wird.

Die **Haftreibungszahl** der Werkstoffpaarung Riemen – Riemenscheibe soll möglichst groß sein, um große Kräfte zu übertragen. Deshalb wählt man als Riemenwerkstoffe Leder, Gummi oder gewebeverstärkte Kunststoffe und für die Scheiben Metalle bzw. Kunststoffe.

Der Riemen liegt innerhalb des **Umschlingungswinkels** auf der Riemenscheibe auf. Die Riemenscheibe mit dem geringeren Durchmesser in einem Riementrieb besitzt den kleineren Umschlingungswinkel. Je geringer der Umschlingungswinkel, desto kleiner ist die übertragbare Kraft.

Ein Riemen wird im Betrieb auf der Zugseite (**Zugtrum oder Arbeitstrum**) stärker gedehnt als auf der gegenüberliegenden Seite (**Leertrum**). Die Zugkraft im Riemen nimmt auf dem Umfang des treibenden Rads allmählich zu und später auf dem Umfang des getriebenen Rads allmählich ab. In gleicher Weise verhalten sich die Dehnungen im Riemen. Als Folge verringert sich die Umfangsgeschwindigkeit des getriebenen Rads ein wenig gegenüber dem treibenden – die Drehzahl des getriebenen Rads ist also kleiner als die theoretisch zu erwartende Drehzahl. Man bezeichnet dies als **Dehnungschlupf**. Er beträgt je nach Belastung bis etwa 2 % der Drehzahl.

Teil eines Zugmittelgetriebes

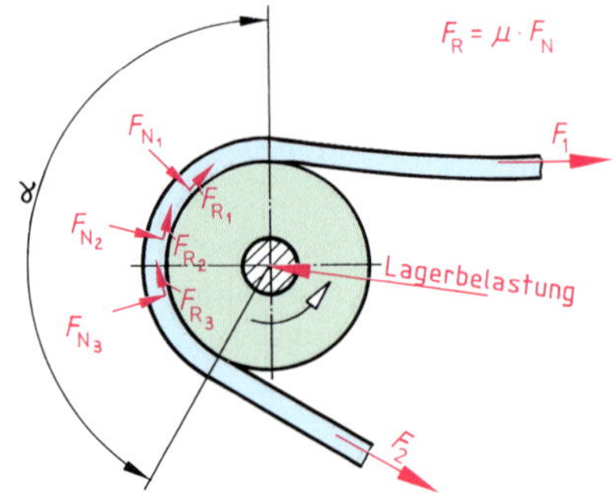

Kräfte beim Riementrieb

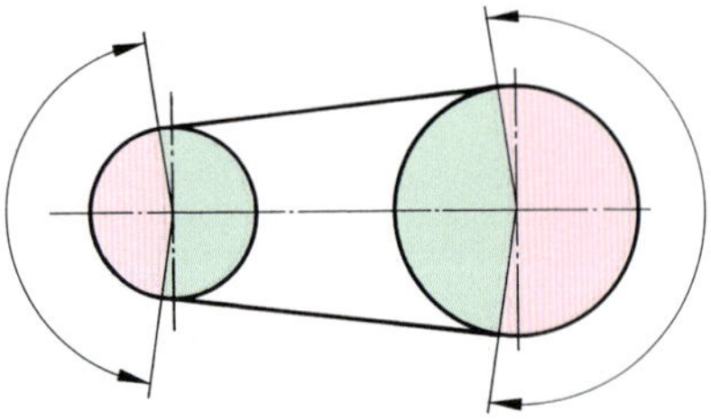

Umschlingungswinkel beim Riementrieb

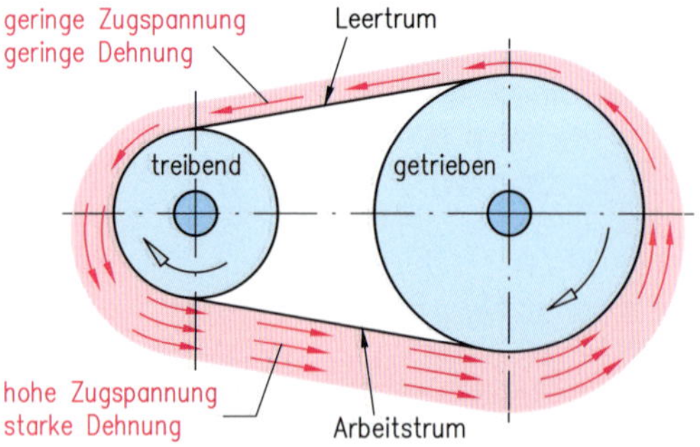

Spannung und Dehnung im Arbeits- und Leertrum

! Bei kraftschlüssigen Riemengetrieben tritt immer ein Dehnungsschlupf auf. Dadurch vermindert sich die Umfangsgeschwindigkeit des getriebenen Rads gegenüber dem treibenden Rad.

Übungsaufgaben 3/64; 3/65; 3/66

Flachriemen werden aus Leder oder Textil mit Reibbelag hergestellt. Bei mehrschichtigem Aufbau besteht die Zugschicht aus einem Polyestergewebe und die Reibschicht aus Chromleder oder gummielastischem Kunststoff. Flachriemen werden bei großen Wellenabständen verwendet.

Keilriemen werden aus Gummi hergestellt. Sie werden wegen ihrer Höhe im Wesentlichen auf der Oberseite auf Zug beansprucht und sind dort durch Gewebe verstärkt.

Keilriemen liegen an den Flanken der keilförmig ausgearbeiteten Riemenscheibe an. Dadurch wird die Kraft im Riemen in große Normalkräfte zerlegt, welche auf die Flanken wirken. Daher müssen Keilriemen den gleichen Flankenwinkel wie die Riemenscheiben haben und dürfen am Scheibengrund nicht aufliegen. Wegen der hohen Normalkräfte können große Umfangskräfte übertragen werden.

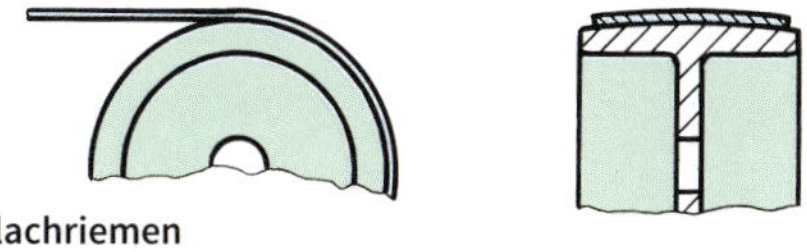

Flachriemen

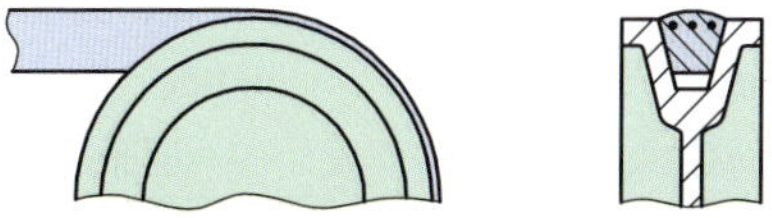

Keilriemen

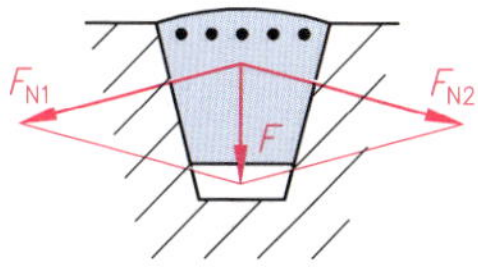

Normalkräfte beim Keilriemen

> Flachriemen haben Kraftschluss am Umfang der Riemenscheiben.
> Keilriemen haben Kraftschluss an den Flanken der Riemenscheiben.

3.3.5.2 Formschlüssige Riemengetriebe

Zahnriemen werden aus Gummi oder Kunststoff hergestellt. Durch das Zahnprofil wird zwischen Riemen und Scheibe Formschluss erzeugt. Dadurch ist eine schlupffreie Übertragung der Drehbewegung möglich.

Zahnriemen werden eingesetzt, wenn die Vorteile der Riemengetriebe, z. B. großer Wellenabstand und Stoßminderung, genutzt werden sollen und der Nachteil, der Schlupf, aber keinesfalls auftreten darf.

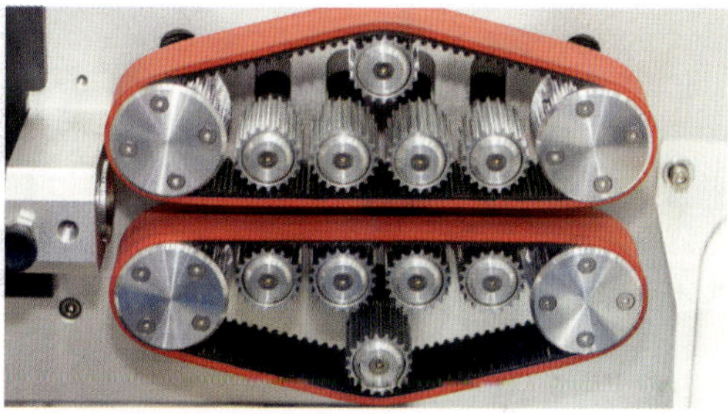

Zahnriemengetriebe

> Zahnriemen übertragen die Drehbewegung durch Formschluss zwischen Riemen und Scheibe.

3.3.5.3 Kettengetriebe

In Kettengetrieben dienen Stahlketten als Zugmittel zur Übertragung der Bewegung. Die Bewegung wird formschlüssig übertragen. Es entsteht daher kein Schlupf. Im Maschinenbau verwendet man am häufigsten die Rollenketten. Diese werden als Einfach- oder als Mehrfachketten mit bis zu zehn Rollen nebeneinander gefertigt.

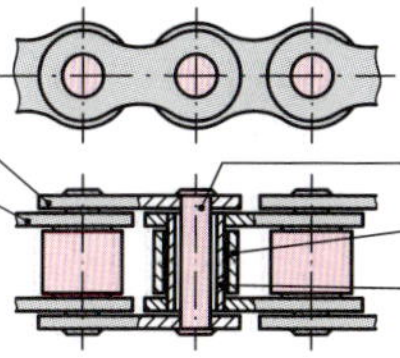

Einfach-rollenkette

Kettengetriebe

> Rollenketten übertragen die Drehbewegung durch Formschluss. Sie übertragen bei geringerer Baubreite größere Kräfte als Riemengetriebe.

Übungsaufgaben 3/67 bis 3/71

3.3.5.4 Vergleich der Zugmittelgetriebe

	Flachriemen-getriebe	Keilriemen-getriebe	Zahnriemen-getriebe	Ketten-getriebe
Möglicher Achsenabstand	sehr groß	mittel	mittel	mittel
Drehrichtungsänderung durch gekreuztes Zugmittel	möglich	nicht möglich	nicht möglich	nicht möglich
Umfangskraft	mittel	hoch	hoch	sehr hoch
Umfangsgeschwindigkeit	bis 100 m/s	bis 50 m/s	bis 80 m/s	bis 40 m/s
Mögl. Übersetzungsverhältnisse	max. 6 : 1	max. 10 : 1	bis 15 : 1	über 15 : 1
Übertragung der Drehbewegung	mit großem Schlupf	mit Schlupf	zwangsläufig	zwangsläufig
Schwingungsdämpfung	gut	gut	gut	gering
Max. Einsatztemperatur	ca. 80 °C	ca. 70 °C	ca. 80 °C	ca. 180 °C
Einsatzbeispiele	Generator-antriebe, Mühlenbetriebe	Werkzeugmaschi-nen, Zusatzan-triebe in Kfz	Textilmaschinen, Steuerantriebe	Fahrrad, Hebezeuge

3.3.6 Zahnradgetriebe

Mithilfe von Zahnrädern werden Drehbewegungen von einer Welle auf eine andere durch Formschluss und damit ohne Schlupf übertragen. Zahnradgetriebe eignen sich je nach Ausführung zur Übertragung von sehr niedrigen Leistungen, wie z. B. in der Uhrentechnik, bis zu sehr großen Leistungen, wie z. B. bei Walzenantrieben. Neben der Übertragung der Drehbewegung werden in Zahnradgetrieben meist Drehzahl, Drehmoment oder auch Drehrichtung geändert.

Zahnrad-getriebe

3.3.6.1 Zahnradmaße und ihre Berechnung

Als **Teilkreis** bezeichnet man die gedachte Linie auf dem Zahnrad, auf welcher der Abstand von Zahn zu Zahn bestimmt wird. Den Teilkreisdurchmesser bezeichnet man mit *d*.

Die **Zähnezahl** hat das Kurzzeichen *z*.

Zahnteilung nennt man den Abstand zweier Zähne auf dem Teilkreis. Die Zahnteilung hat das Kurzzeichen *p*.

Die **Zahnteilung** lässt sich aus Umfang des Teilkreises ($U = d \cdot \pi$) und der Zähnezahl berechnen:

$$p = \frac{d \cdot \pi}{z}$$

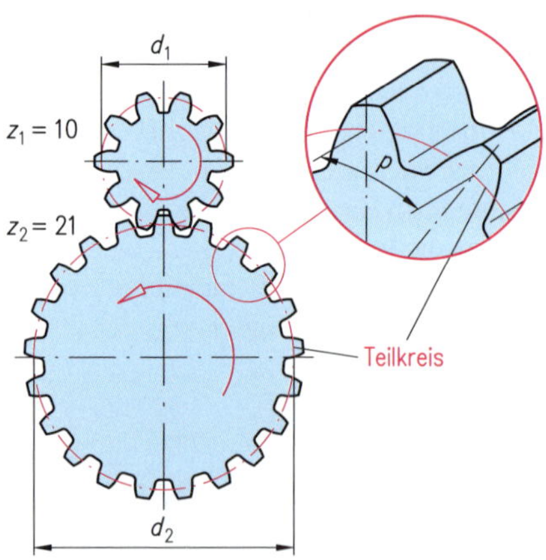

Teilkreisdurchmesser und Teilung

Die Zahnteilung *p* ist das Maß des Bogens von Zahnmitte zu Zahnmitte auf dem Teilkreis.

Als **Modul** m bezeichnet man das Verhältnis von Teilkreisdurchmesser d zur Zähnezahl z.

Damit ergibt sich für den Modul: $m = \frac{d}{z}$

Für die Teilung gilt dann: $p = m \cdot \pi$

Durch den Modul werden die meisten Maße eines Zahnrads bestimmt. Zahnräder mit gleichem Modul haben gleiche Zahnteilung und können darum bei gleicher Zahnform miteinander in Eingriff gebracht werden. Die Module sind genormt und in DIN 780 festgelegt, sie werden in mm angegeben, z. B. 0,4 mm, 1 mm.

! Der Modul ist das Verhältnis von Teilkreisdurchmesser zu Zähnezahl. Er bestimmt die wichtigen Maße eines Zahnrads.

Geht man davon aus, dass sich bei einem Zahnradeingriff die beiden Teilkreise berühren, dann gilt

für den **Achsabstand** a: $a = \frac{d_1}{2} + \frac{d_2}{2}$

daraus folgt: $a = \frac{m \cdot (z_1 + z_2)}{2}$

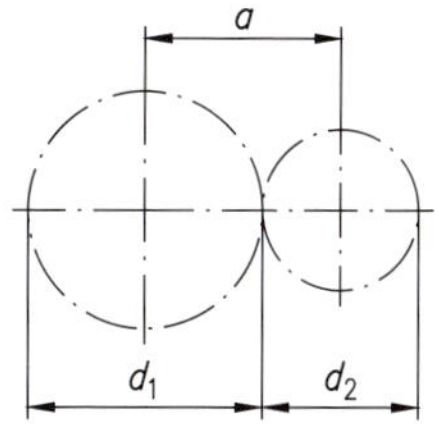

Achsabstand

Die **Kopfhöhe** h_a ist der Abstand vom Teilkreis bis zum Außendurchmesser. Die Kopfhöhe ist genauso groß wie der Modul. Damit ist der Außendurchmesser des Zahnrads $d_a = d + 2 \cdot m$.

Der Außendurchmesser wird auch als Kopfkreisdurchmesser bezeichnet.

Die **Fußhöhe** h_f des Zahns ist der Abstand vom Teilkreis bis zum Zahngrund. Die Fußhöhe beträgt $h_f = 1{,}2 \cdot m$.

Damit ergibt sich für den Fußkreisdurchmesser eines Zahnrads die Beziehung $d_f = d - 2{,}4 \cdot m$.

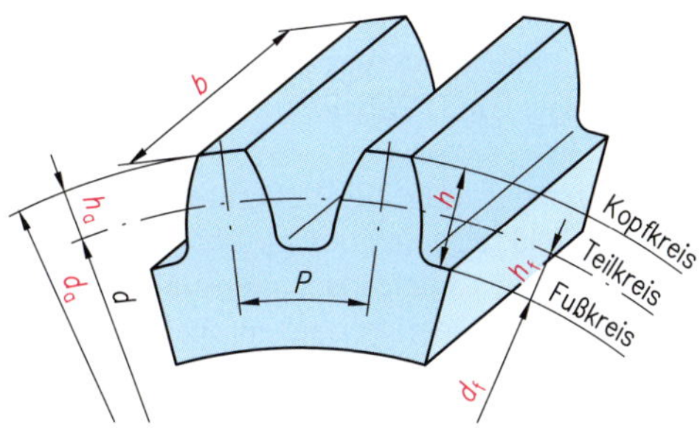

Abmessungen an Geradstirnrädern

! Für den Kopfkreisdurchmesser gilt: $d_a = d + 2 \cdot m$, $d_a = m \cdot (z + 2)$
Für den Fußkreisdurchmesser gilt: $d_f = d - 2{,}4 \cdot m$, $d_f = m \cdot (z - 2{,}4)$

3.3.6.2 Zahnflankenformen

Die Übertragung der Drehbewegung durch Zahnräder soll gleichförmig, d. h. ruckfrei und kontinuierlich sowie reibungsarm erfolgen. Fertigungstechnisch müssen Zahnformen verwendet werden, die in Massenfertigung herzustellen sind. Bei der Montage auftretende geringe Achsabstandsfehler dürfen im Betrieb nicht zu Beschädigungen führen.

1. Evolventenverzahnung

Zähne, deren Zahnflanken als Evolventenkurve gestaltet sind, erfüllen die an eine Zahnflankenform gerichteten Bedingungen in bestmöglicher Weise.

Eine Evolvente entsteht als Bahnkurve, wenn ein Faden von einem Zylinder abgewickelt wird.

Von dieser Evolventenkurve wird lediglich der Beginn der Abwicklung als Bestandteil für die Zahnflanken verwendet.

Die Evolventenkurve wird im Maschinenbau und im Kfz-Bau als Zahnflankenform verwendet.

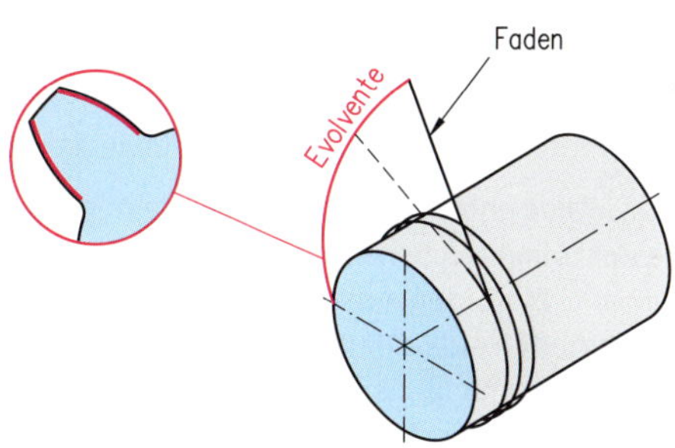

Entstehung einer Evolvente

! Im Maschinenbau und im Kfz-Gewerbe verwendet man Zahnräder mit Evolventenverzahnung.

Die Form der Zahnflanke lässt sich am einfachsten erläutern, wenn eines von zwei im Eingriff befindlichen Zahnrädern durch eine Zahnstange ersetzt wird.

Bei der genormten Evolventenverzahnung wird eine Zahnstange verwendet, die einen Zahnflankenwinkel von 20° hat. Man bezeichnet ihn als **Eingriffswinkel**. Die Linie, welche auf der Zahnstange dem Teilkreis entspricht, bezeichnet man als **Profilmittellinie**.
Im Normalfall berührt diese Profilmittellinie den Teilkreis des zweiten Rads. Man spricht in diesem Fall von **Nullrädern** (N-Räder).
Bedingt durch die Zahnflankenform tritt unterhalb der Grenzzähnezahl von 17 Zähnen bei Null-Rädern ein Unterschneiden der Zähne auf, d. h., die Zähne müssen im Zahngrund ausgearbeitet werden. Durch dieses Unterschneiden wird nicht nur der Zahn im Fuß geschwächt, sondern es werden auch die Eingriffsverhältnisse verschlechtert.

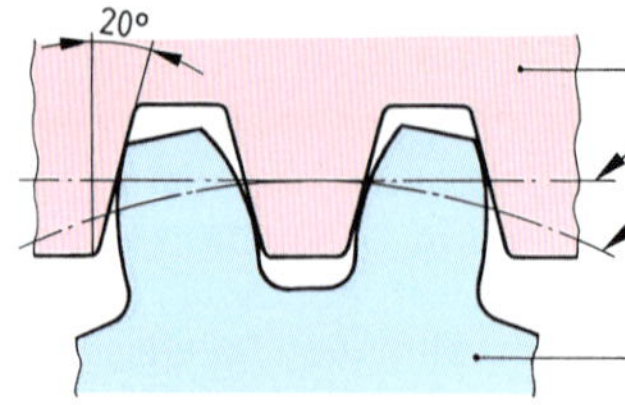

Zahnstange mit Nullrad

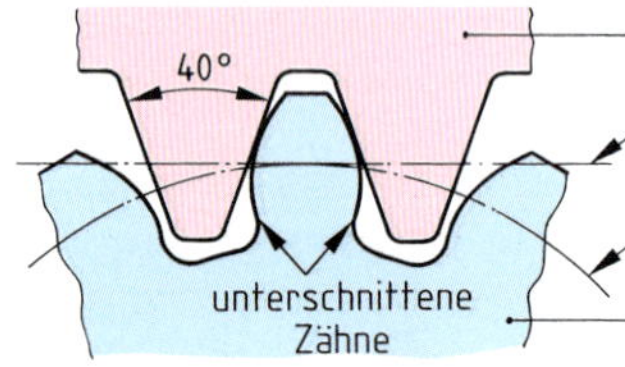

Unterschneidung

> **!** Bei Null-Rädern berührt die Profilmittellinie den Teilkreis.
> Unterhalb von 17 Zähnen tritt Unterschnitt auf.

Meist verschiebt man die Profilmittellinie gegenüber dem Teilkreisdurchmesser. Dadurch erreicht man günstigste Laufeigenschaften und hohe Lebensdauer. Zahnräder, bei denen die Profilmittellinie verschoben ist, bezeichnet man als **V-Räder**. Bei der Paarung zweier Zahnräder, bei der ein V-Rad beteiligt ist, wälzen sich die Teilkreisdurchmesser nicht mehr aufeinander ab.

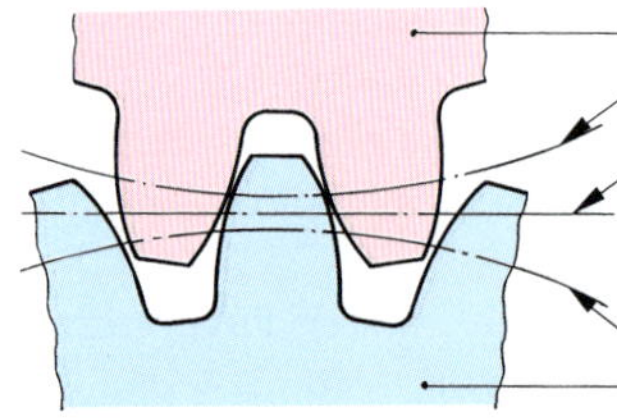

Positive Profilverschiebung (V-Plus-Räder)

Wird die Profilmittellinie von der Radmitte nach außen verschoben, so ist dies eine positive Profilverschiebung. Durch positive Profilverschiebung ist es außerdem möglich, bestimmte vorgegebene Achsenabstände zu erreichen, die Zähne zu verstärken und Unterschnitt zu vermeiden.
Man nennt Räder mit positiver Profilverschiebung **V-Plus-Räder**.

> **!** Positive Profilverschiebung bei Evolventenverzahnung wendet man an:
> - zur Vermeidung des Unterschnitts bei kleinen Zähnezahlen (unter 17 Zähnen),
> - um einen bestimmten Achsabstand zu erreichen,
> - zur Verstärkung der Zähne.

2. Zykloidenverzahnung

In der Feinwerktechnik, insbesondere in mechanischen Uhren, verwendet man die Zykloidenform als Zahnflankenform. Man spricht von Zykloidenverzahnung.

Eine **Zykloide** entsteht, wenn der Weg eines Punkts auf einer rollenden Scheibe betrachtet wird. Zahnräder mit Zykloidenverzahnungen weisen gutes Abrollverhalten auf und unterliegen deshalb einem geringen Verschleiß der Zahnflanken. Zykloidenverzahnungen sind jedoch schwieriger herzustellen als Evolventenverzahnungen.

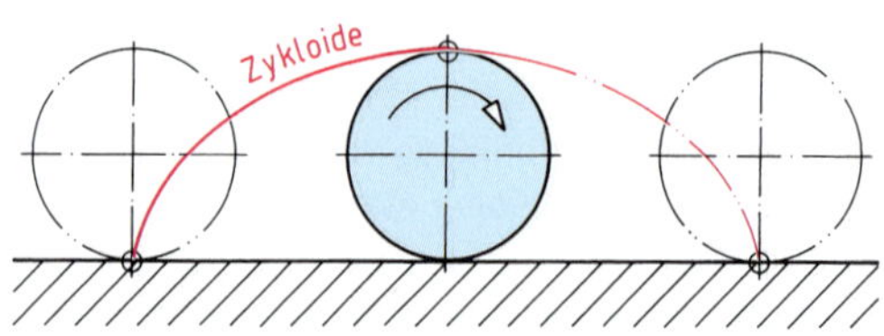

Entstehung einer Zykloide

> **!** Zahnräder mit Zykloidenverzahnung werden im Feinwerksbau eingesetzt.

Übungsaufgaben 3/82; 3/83; 3/84

3.3.6.3 Formen von Zahnradgetrieben

Man unterscheidet nach der Lage der Wellen verschiedene Grundformen von Zahnradgetrieben.

Wellen liegen parallel zueinander	Wellen schneiden sich	Wellen kreuzen sich

Stirnradgetriebe	Kegelradgetriebe	Schneckengetriebe

1. Stirnradgetriebe

Stirnradgetriebe werden zur Übertragung von Drehmomenten von einer Welle auf eine parallel dazu liegende andere Welle verwendet. Nach der Lage der Zähne zur Drehachse spricht man bei Stirnradgetrieben von Rädern mit Geradverzahnung und Schrägverzahnung.

Bei schräg verzahnten Stirnrädern sind stets mehrere Zähne im Eingriff. Dadurch laufen diese Getriebe ruhiger. Infolge der schrägen Verzahnung treten aber Kräfte in Achsrichtung auf, die von den Lagern aufgenommen werden müssen.

Stirnradgetriebe mit Schrägverzahnung

Geradstirnräder gerade verzahnt	Schrägstirnräder schräg verzahnt	Schrägstirnräder pfeilverzahnt	Schrägstirnräder doppelt schräg verzahnt
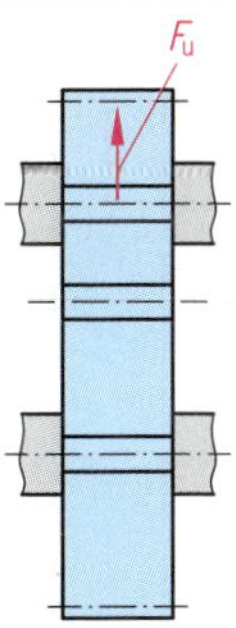	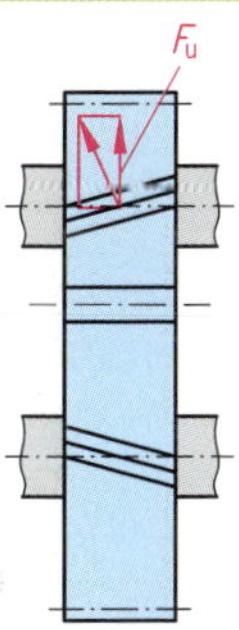	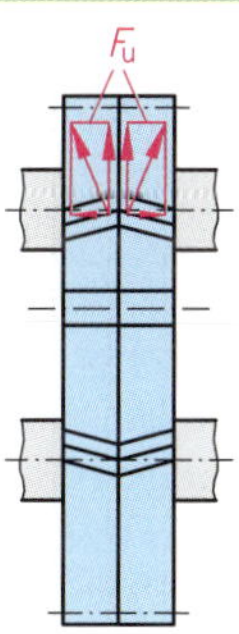	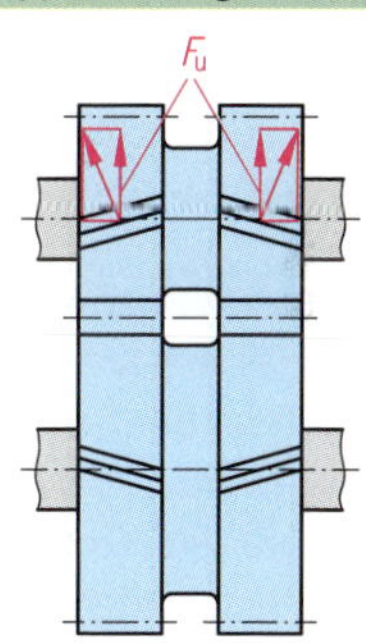
• geringe Reibungsverluste • hohe Geräuschentwicklung • empfindlich gegen Zahnformfehler	• höhere Laufruhe • bessere Eignung für hohe Drehzahlen • geringere Empfindlichkeit gegen Zahnformfehler • Axialkraft wird durch Pfeil- oder Doppelschrägverzahnung kompensiert		

!

Schräg verzahnte Stirnräder haben gegenüber gerade verzahnten Stirnrädern:
- höhere Laufruhe,
- bessere Eignung für hohe Drehzahlen,
- geringe Empfindlichkeit gegen Zahnformfehler,
- geringeren Wirkungsgrad,
- Schubkraft in Axialrichtung (kann durch Doppelschräg- und Pfeilverzahnung aufgehoben werden).

Neben der normalen Ausführung mit Außenverzahnung verwendet man Stirnradgetriebe mit Innenverzahnung. Durch die Innenverzahnung des großen Rads verringert sich der Achsabstand so, dass kleine Abmessungen erreicht werden. Der Drehsinn der Räder bleibt im Gegensatz zur Außenverzahnung gleich.

Übungsaufgaben 3/85 bis 3/88

2. Kegelradgetriebe

Kegelradgetriebe dienen zur Übertragung von Drehmomenten von einer Welle auf eine andere Welle, die im rechten Winkel dazu steht. Nach der Lage der Zähne zur Kegelspitze unterscheidet man gerade, schräg und bogenverzahnte Kegelräder.

gerade verzahnt	schräg verzahnt	bogenverzahnt
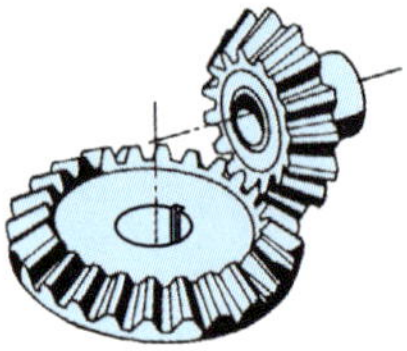	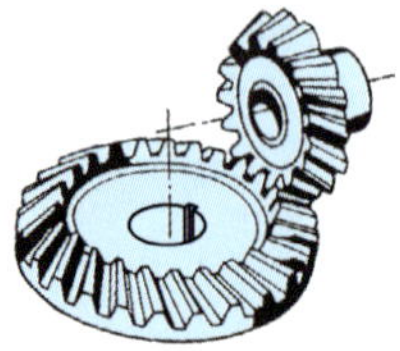	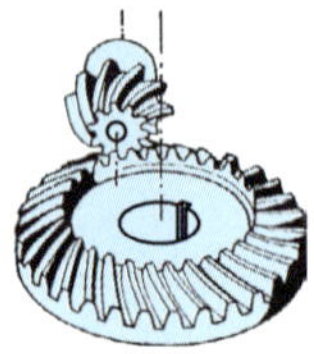

höhere Laufruhe

bessere Eignung für hohe Drehzahlen

Kegelräder mit Bogenverzahnung erlauben eine geringe Verschiebung der Wellen, sodass auch zwischen Wellen, die nicht genau in einer Ebene liegen, die Drehbewegung übertragen werden kann.

> **!** Kegelradgetriebe dienen zur Übertragung von Drehbewegungen bei sich schneidenden Wellen. Man unterscheidet gerade, schräg und bogenverzahnte Kegelräder.

3. Schraubenradgetriebe

Bringt man Schrägstirnräder mit verschiedenen Schrägungswinkeln zusammen, so kreuzen sich die Wellen. Dadurch schieben sich die Zähne wie bei einem Schraubengewinde aneinander vorbei und übertragen so die Drehbewegung. Wegen der geringen Berührungsfläche der Zähne und der starken Gleitreibung können diese Schraubenradgetriebe nur geringe Drehmomente übertragen und weisen hohen Verschleiß auf.

Schraubenradgetriebe

> **!** Schraubenradgetriebe dienen zur Übertragung von Drehbewegungen bei sich kreuzenden Wellen. Punktförmige Berührung der Zahnflanken hat zur Folge, dass nur geringe Drehmomente übertragen werden können.

4. Schneckengetriebe

Wird bei einem Schraubenradgetriebe der Schrägungswinkel der Zähne so groß, dass nur ein Zahn auf dem Radzylinder umläuft, erhält man ein Schneckengetriebe. Dabei bewegt die Schnecke – gleich einem Bewegungsgewinde – bei einer Umdrehung das Schneckenrad um den Betrag der Steigung weiter. Dadurch sind extreme Übersetzungen bis max. 100 : 1 möglich.

Man unterscheidet (wie bei Schrauben) bei den Schnecken rechts- und linksgängige sowie ein- und mehrgängige Schnecken. Eingängige Schnecken besitzen kleinere Steigungswinkel als mehrgängige. Sie haben dadurch eine höhere Reibung und einen geringeren Wirkungsgrad als mehrgängige Schnecken. Bei kleiner werdendem Steigungswinkel des Schneckengangs tritt bei etwa 5° infolge der Reibung Selbsthemmung ein. Der Schneckentrieb kann dann nur noch von der Schneckenseite angetrieben werden.

Schneckengetriebe laufen geräuscharm und können große Leistungen übertragen. Sie haben aber wegen der Gleitbewegung der Zahnflanken aufeinander einen hohen Verschleiß. Nachteilig sind ferner die hohen Axialkräfte, die in der Schnecke auftreten und von den Lagern aufgenommen werden müssen.

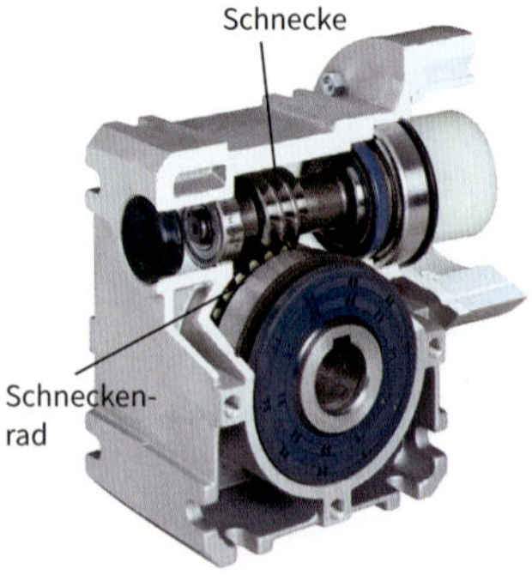

Schneckengetriebe

> **!** Schneckengetriebe dienen zur Übertragung von Drehbewegungen bei sich kreuzenden Wellen. Mit Schneckengetrieben sind extreme Übersetzungen möglich.

Übungsaufgabe 3/89

3.3.6.4 Verstellbare Zahnradstufengetriebe

In verstellbaren Zahnradstufengetrieben sind mehrere Rädergetriebe vereinigt. Mit ihnen lassen sich unterschiedliche Umdrehungsfrequenzen, Drehmomente und Drehrichtungen einstellen.

1. Schieberadgetriebe
In Schieberadgetrieben werden gerade verzahnte Zahnradpaare, Stirnradsätze oder Schiebeblöcke durch axiales Verschieben zum Eingriff gebracht. Die Schiebeblöcke werden meist auf Keilwellen geführt und durch Schaltgabeln in die jeweilige Eingriffsposition geschoben.

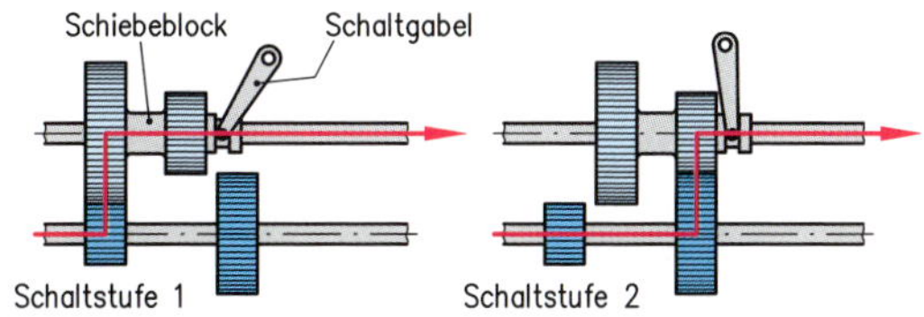

Schieberadgetriebe

2. Kupplungsgetriebe
Bei Kupplungsgetrieben sind stets alle Zahnräder im Eingriff. Die getriebenen Räder werden jedoch hier mit der Antriebswelle durch eine elektrisch oder mechanisch betätigte Kupplung verbunden. Müssen große Leistungen übertragen werden, verwendet man Lamellenkupplungen.

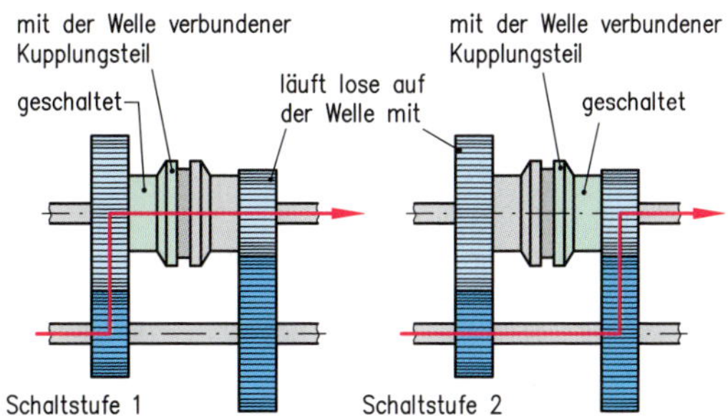

Kupplungsgetriebe (vereinfacht)

3.3.7 Stufenlos verstellbare mechanische Getriebe

3.3.7.1 Reibradgetriebe

Im Reibradgetriebe werden Drehmomente vom treibenden Bauelement über Reibräder kraftschlüssig auf das Abtriebsrad übertragen.

Reibrad-getriebe	Ver-stellung	Kleinere Drehzahl am Abtrieb $n_1 > n_2$	Gleiche Drehzahl am Abtrieb $n_1 = n_2$	Größere Drehzahl am Abtrieb $n_1 < n_2$
mit Tellerscheiben	Verschiebung des Reibrads	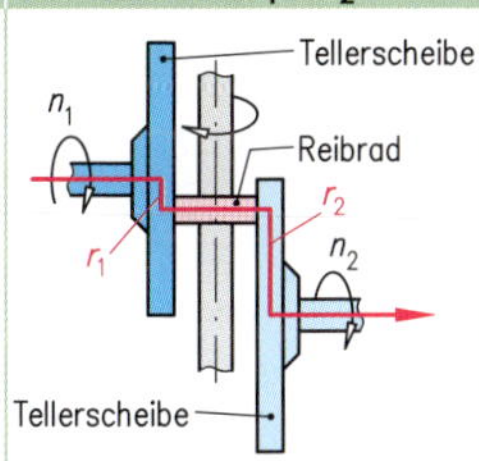	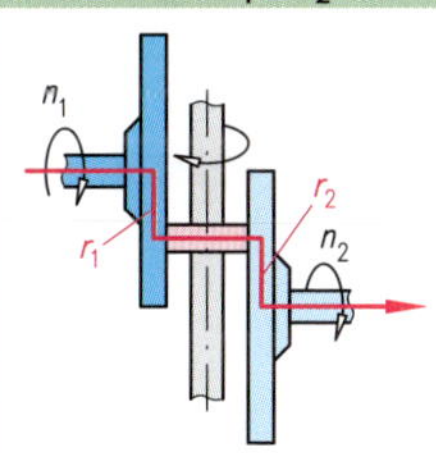	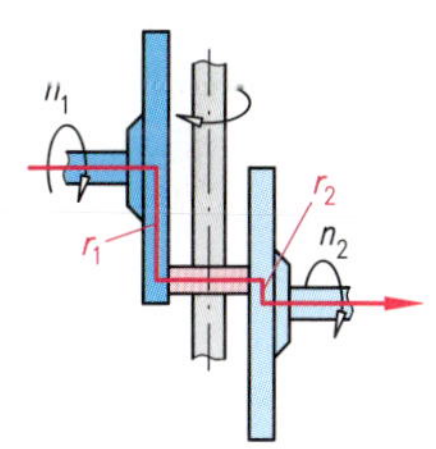
mit Kegeln	Verschiebung des Reibrings	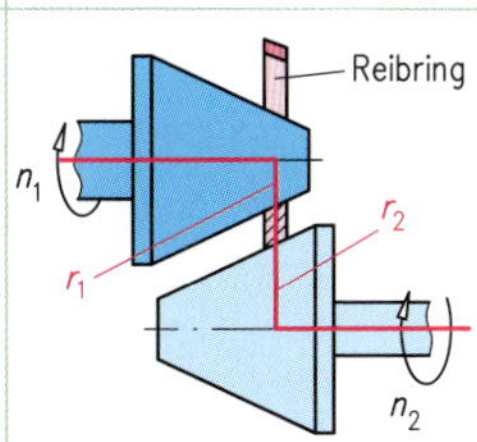	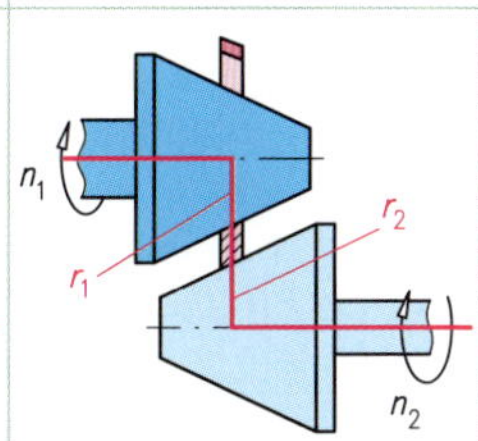	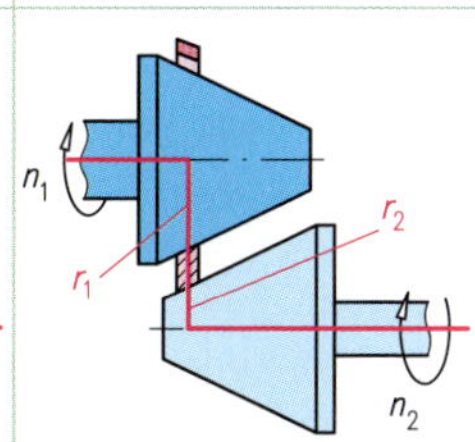
mit Kugeln	Schwenkung der Reibkugeln	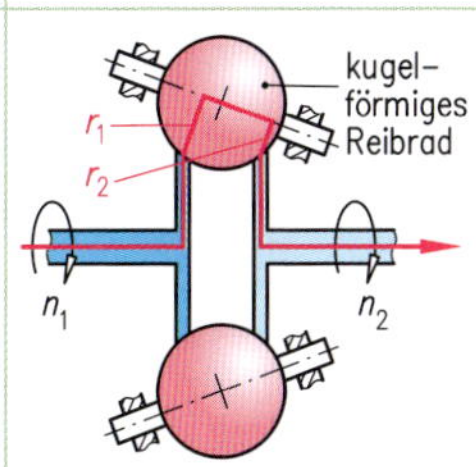	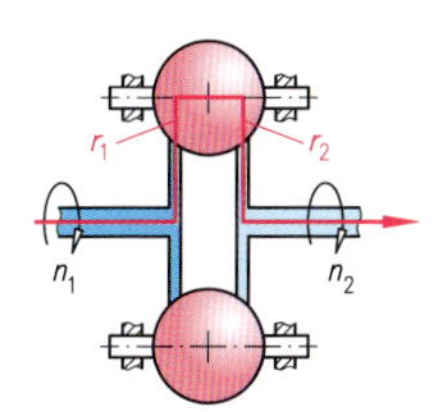	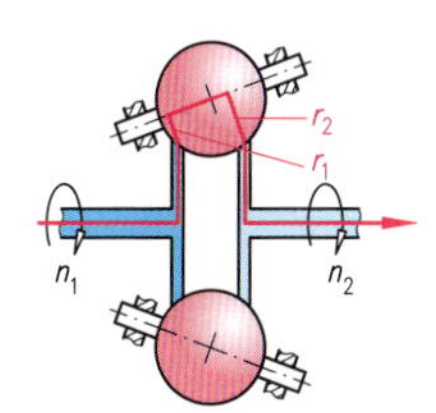

3.3.7.2 Umschlingungsgetriebe

Unter den mechanischen, stufenlos verstellbaren Getrieben sind die Umschlingungsgetriebe besonders im mittleren und oberen Leistungsbereich bis etwa 150 kW am stärksten vertreten.

Der Aufbau ist bei allen Umschlingungsgetrieben mit stufenloser Einstellbarkeit der Drehzahl grundsätzlich gleich. Zwei kegelige Scheibenpaare lassen sich auf ihren Wellen axial so verschieben, dass die dadurch entstehenden Keilrillen mehr oder weniger geöffnet bzw. geschlossen werden können. Die so entstehenden unterschiedlichen Laufradien für das Zugmittel bewirken die Drehzahländerung. Diese Getriebe sind meist unter **PIV-Getriebe** bekannt.

Der Wirkungsgrad des Getriebes wird bestimmt von der Festigkeit des Zugstrangs, von der Größe der Reibung zwischen Zugstrang und Scheibe sowie von der Anpresskraft der Scheibe gegen den Zugstrang.

Die Anpresskraft der Kegelscheibe gegen den Zugstrang wird durch mechanische oder hydraulische Stelleinrichtungen der zu übertragenden Leistung angepasst. Die Drehzahländerung kann bei kraftschlüssigen Ausführungsformen im Stillstand und während des Laufs erfolgen. Bei formschlüssigen Ausführungsformen kann die Drehzahländerung nur während des Laufs vorgenommen werden.

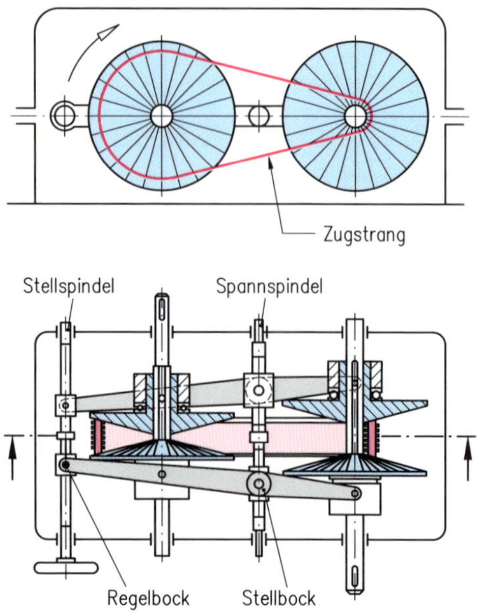

Stufenlos einstellbares Umschlingungsgetriebe mit Lamellenkette

> **!** Stufenlos verstellbare Umschlingungsgetriebe arbeiten mit keilförmigen Zugmitteln, die auf unterschiedlich einstellbaren Durchmessern von Antriebs- und Abtriebsscheibe laufen können.

3.3.7.3 Kugelscheibengetriebe

Das Kugelscheibengetriebe (KS) ist ein stufenlos einstellbares Wälzgetriebe. Seine Vorzüge sind:

- im Stillstand einstellbar,
- Stellbereich bis Null,
- kleine Stellkräfte,
- sehr gleichförmiger ruhiger Lauf,
- stoßunempfindlich,
- ohne Schaden überlastbar.

Zwischen zwei versetzten glatten Stahlscheiben befinden sich, in einem Käfig gehalten, mehrere Stahlkugeln. Sie übertragen das Drehmoment kraftschlüssig von einer Scheibe zur anderen. Die Lage des Kugelkäfigs ist mit einer Stellspindel einstellbar. Befindet er sich achsengleich zur Antriebswelle, so können die Kugeln auf der Abtriebsscheibe abrollen, ohne diese zu bewegen (Abtriebsdrehzahl = Null). Wird der Kugelkäfig in Richtung Abtriebsscheibenmitte verschoben, so wird durch Reibungsschluss die Abtriebsscheibe mitgenommen.

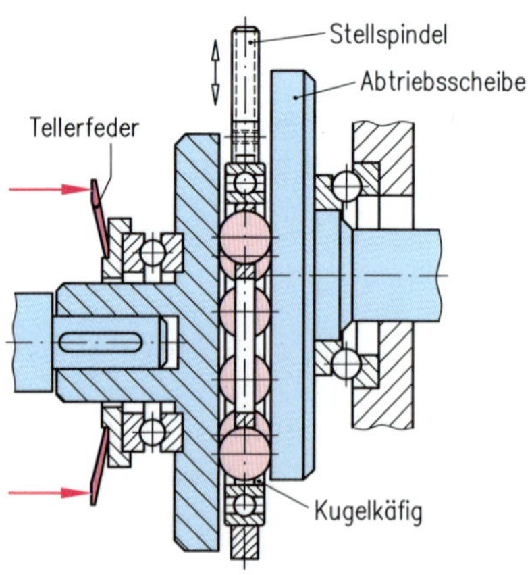

Kugelscheibengetriebe

> **!** Kugelscheibengetriebe arbeiten mit kugelförmigen Wälzkörpern, die in einem verschiebbaren Käfig zwischen Stahlscheiben laufen. An- und Abtriebsscheibe sind versetzt angeordnet.

4 Festigkeitsberechnungen von Bauelementen

4.1 Grundlagen zur Festigkeitsberechnung

4.1.1 Beanspruchungsarten

Jedes Werkstück wird beim Gebrauch durch Kräfte beansprucht. Die Beanspruchung der Werkstücke unterscheidet man nach Beanspruchungsarten: z. B. Zug-, Druck-, Biegebeanspruchung. Tritt an einem Bauelement nur eine dieser Beanspruchungsarten auf, so spricht man von einer *einfachen* Beanspruchung. Treten dagegen mehrere Beanspruchungsarten gleichzeitig auf, spricht man von einer zusammengesetzten Beanspruchung. Eine Welle kann z. B. gleichzeitig auf Biegung und Verdrehung beansprucht werden.

Einfache Beanspruchungsarten

	Zug	Druck	Abscherung	Biegung	Verdrehung	Knickung
Beanspruchungsarten	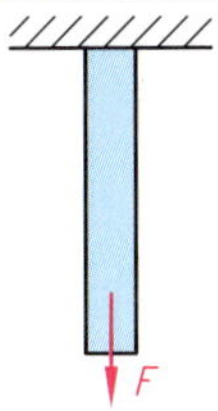	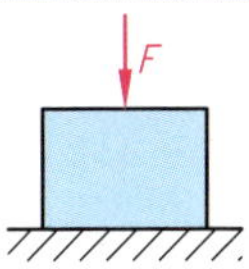	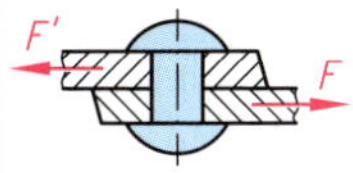	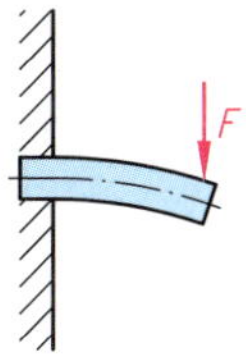	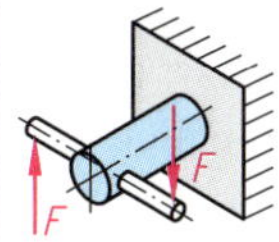	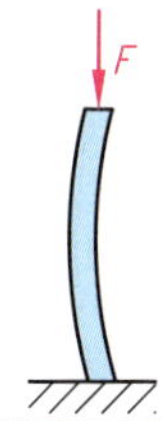
Beispiele	Kranseil Kette	Säule Maschinenständer	Niet Bolzen	Träger Achse	Welle Torsionsfederstab	Schubstange Gerüststange

> **!** Bei Beanspruchungsarten unterscheidet man einfache und zusammengesetzte Beanspruchung.
> Einfache Beanspruchungsarten sind:
> • Zug, • Druck, • Abscherung, • Biegung, • Verdrehung, • Knickung.

4.1.2 Belastungsarten – Belastungsfälle

Nach dem zeitlichen Verlauf der Belastung unterscheidet man ruhende, schwellende und wechselnde Belastung. Ruhende Belastung herrscht, wenn die Last in der gesamten Nutzungszeit gleich bleibt. Diese beansprucht einen Werkstoff am wenigsten. Eine Last, die laufend zwischen einem positiven und einem negativen Höchstwert, z. B. zwischen hohen Zug- und Druckspannungen, wechselt, beansprucht dagegen den Werkstoff am intensivsten.

Belastungsarten	**Statisch** **ruhend**	**Dynamisch** **schwellend**	 **wechselnd**
Zeitlicher Verlauf der Belastung	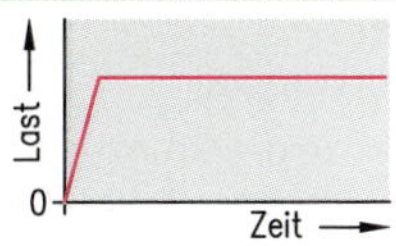 Last bleibt nach Aufbringen konstant.	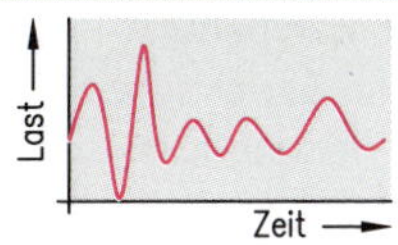 Last schwillt im Bereich zwischen Null und dem Höchstwert.	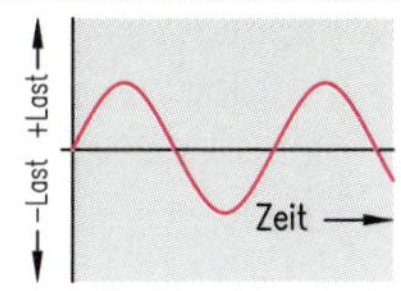 Last wechselt zwischen positivem und negativem Höchstwert.
Belastungsfall	I	II	III
Beispiele	Säule, Gebäudefundament	Kranseil, feststehende Achse	Schraubendreher, umlaufende Achse

> **!** Nach dem zeitlichen Verlauf einer Belastung unterscheidet man
> • ruhende Belastung – Belastungsfall I,
> • schwellende Belastung – Belastungsfall II,
> • wechselnde Belastung – Belastungsfall III.

Übungsaufgaben 4/1; 4/2

4.1.3 Zugbeanspruchung

Wird ein Stab durch eine Zugkraft F beansprucht, so ruft diese Kraft im Inneren des Stabs, d. h. im Querschnitt S, Zugspannungen hervor, die senkrecht zum beanspruchten Querschnitt wirken. Spannungen senkrecht zum beanspruchten Querschnitt werden auch als **Normalspannungen** bezeichnet.

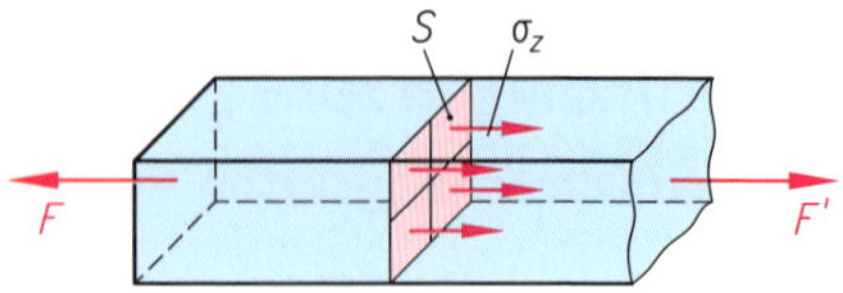

Zugspannungen im Zugstab

Aus der Bedingung, dass sich innere und äußere Kräfte das Gleichgewicht halten müssen, ergibt sich:

$$F = \sigma_z \cdot S$$

σ_z Zugspannung
F Zugkraft
S beanspruchter Querschnitt

Diese Zugspannung darf den Wert der zulässigen Spannung $\sigma_{z\,zul}$ nicht überschreiten. Es gilt also die Forderung: $\sigma_z \leq \sigma_{z\,zul}$
Die zulässige Zugspannung von spröden Werkstoffen, wie z. B. Gusseisen und Glas, berechnet man aus der Zugfestigkeit.
Da plastisch verformbare Werkstoffe, z. B. weicher Stahl und Aluminium, bereits bei Auftreten bleibender Verformungen zerstört sind, berechnet man die zulässige Spannung dieser Werkstoffe aus der Streckgrenze. Damit die zulässige Spannung unter der Zugfestigkeit bzw. der Streckgrenze bleibt, fügt man eine Sicherheitszahl ν (nü) ein. Dabei gilt

- für plastisch verformbare Werkstoffe: $\sigma_{z\,zul} = \dfrac{R_{eh}}{\nu}$
- für spröde Werkstoffe: $\sigma_{z\,zul} = \dfrac{R_m}{\nu}$

$\sigma_{z\,zul}$ zulässige Zugspannung
R_{eh} Streckgrenze
R_m Zugfestigkeit
ν Sicherheitszahl

Die Sicherheitzahl liegt je nach Anwendung zwischen 1,5 und 3.
In den meisten Fällen greift man zur Wahl der zulässigen Spannungen auf Tabellenwerte zurück, in denen bereits die Sicherheit enthalten ist.

Zulässige Zugspannungen für Werkstoffe bei verschiedenen Belastungsfällen

Werkstoffe		S235	E295	E360	GS-45	25CrMo4	G-AlSi 12	AlCuMg	Messing
Zulässige Spannung $\sigma_{z\,zul}$ in N/mm²	**ruhend I**	125	175	260	125	325	40	135	145
	schwellend II	80	110	170	80	220	22	60	90
	wechselnd III	55	80	115	55	145	17	45	50

> **!** Die zulässige Spannung für Werkstoffe errechnet man entweder aus der Grenzspannung und der verlangten Sicherheit oder man benutzt Tabellenwerte.
> Für spröde Werkstoffe ist die Zugfestigkeit die Grenzspannung.
> Für plastisch verformbare Werkstoffe ist die Streckgrenze die Grenzspannung.

Berechnung des erforderlichen Querschnitts: $S_{erf} = \dfrac{F_{max}}{\sigma_{z\,zul}}$ in mm²

S_{erf} erforderlicher Querschnitt
F_{max} höchste Zugkraft
$\sigma_{z\,zul}$ zulässige Zugspannung

Beispiel für die Berechnung eines zugbeanspruchten Querschnitts

Aufgabe

Eine runde Stange aus E 295 wird schwellend durch eine Zugkraft von max. 120 000 N belastet.
Der Durchmesser der Stange ist zu berechnen.

Lösung

$S_{erf} = \dfrac{F_{max}}{\sigma_{z\,zul}}$ $\quad S_{erf} = \dfrac{120\,000\ \text{N} \cdot \text{mm}^2}{110\ \text{N}} = 1\,090{,}9\ \text{mm}^2$ $\quad d = 37{,}2\ \text{mm}$ $\quad d_{gewählt} = \mathbf{38\ mm}$

Übungsaufgaben 4/3 bis 4/6

4.1.4 Druckbeanspruchung

Eine Druckkraft ruft im *Inneren* eines Werkstoffs bei einem beanspruchten Bauelement als Reaktion **Druckspannungen** σ_d hervor.

Die in der *Grenzfläche* zu einem anderen Werkstoff infolge Druck entstehenden Spannungen bezeichnet man als **Flächenpressung** p.

Entsprechend der Gleichgewichtsbedingung gilt für das Werkstoffinnere $F = \sigma_d \cdot S$, für die Grenzfläche $F = p \cdot A$.

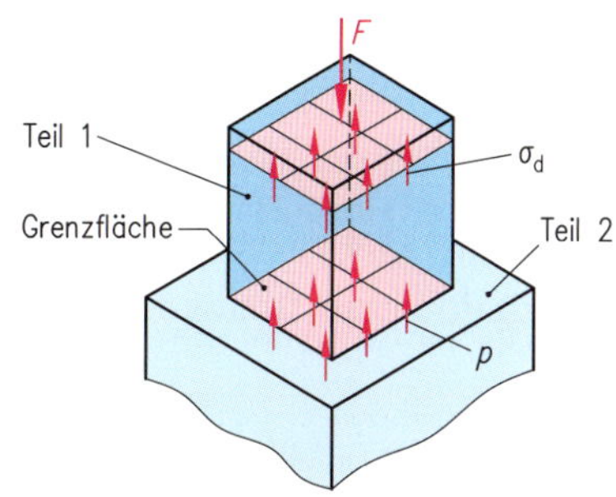

Druckspannungen und Flächenpressung

$F = \sigma_d \cdot S$ bzw. $F = p \cdot A$

S Querschnittsfläche
A Berührungsfläche
σ_d Druckspannung
p Flächenpressung
F Druckkraft

Häufig sind die gepressten Flächen nicht eben, wie zum Beispiel bei Wellen im Lager, Gewindegängen, Prismenführungen. Die gepresste Fläche ist in solchen Fällen als Projektion der Berührungsfläche auf eine senkrecht zur Kraftrichtung liegende Ebene aufzufassen. Man spricht von projizierter Berührungsfläche.

Beispiele für projizierte Berührungsflächen

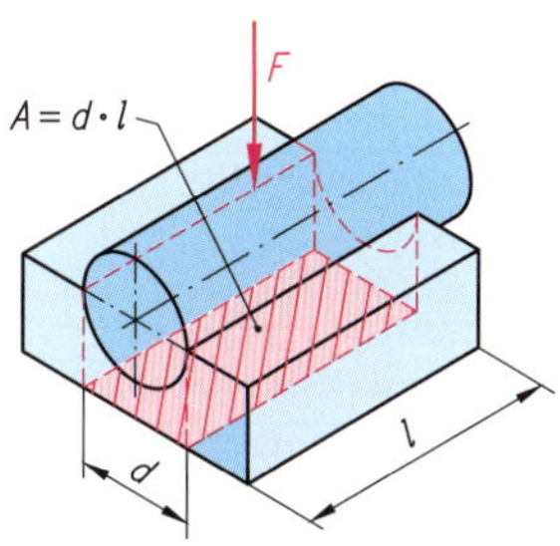

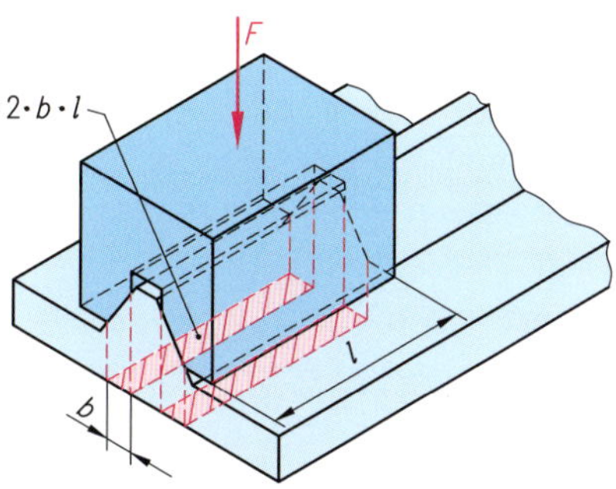

! Die durch Flächenpressung beanspruchte Fläche wird in Berechnungen als Projektion der Berührungsflächen eingesetzt bzw. ermittelt.

Für die Berechnung der erforderlichen Querschnitte S bzw. Auflagefläche A gilt demnach:

$$S_{erf} = \frac{F_{max}}{\sigma_{d\,zul}} \quad \text{bzw.} \quad A_{erf} = \frac{F_{max}}{p_{zul}}$$

$\sigma_{d\,zul}$ zulässige Druckspannung
p_{zul} zulässige Flächenpressung des schwächsten Werkstoffs

Bei der Flächenpressung ist darauf zu achten, dass die zulässige Flächenpressung des schwächsten Werkstoffs nicht überschritten werden darf.
Die zulässige Druckspannung entspricht bei Stählen und NE-Metallen der zulässigen Zugspannung. Bei sehr ungleichmäßig aufgebauten Werkstoffen, z. B. Gusseisen, ist die zulässige Druckspannung höher als die zulässige Zugspannung.

Die zulässige Flächenpressung ist besonderen Tabellen zu entnehmen.

Zulässige Flächenpressung für Werkstoffe bei verschiedenen Belastungsfällen

Werkstoffe		S235	E295	E360	GS-45	25CrMo4
Zulässige Flächenpressung p_{zul} in N/mm²	ruhend I	80	120	180	100	210
	schwellend II	50	70	90	70	105

Übungsaufgaben 4/7; 4/8

Beispiel für die Berechnung eines druckbeanspruchten Bauelements

Aufgabe

Ein runder Maschinenfuß aus GE240 wird mit 80 000 N schwellend belastet. Er steht auf einer Betonplatte, deren Werkstoff eine zulässige Flächenpressung von 12 N/mm² besitzt.

a) Durchmesser *d* der Säule ist zu bestimmen.

b) Welchen Durchmesser *D* muss der Fuß haben?

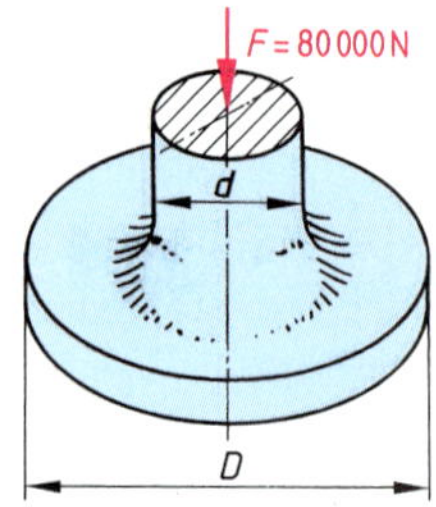

Gegeben

$\sigma_{d\,zul} = 80\ \text{N/mm}^2$ für GE240 nach Tabelle

$F = 80\,000\ \text{N}$

$p_{zul} = 12\ \frac{\text{N}}{\text{mm}^2}$ (für Beton)

Gesucht

d in mm

D in mm

Lösung

a) $S_{erf} = \frac{F_{max}}{\sigma_{d\,zul}}$

$S_{erf} = \frac{80\,000\ \text{N} \cdot \text{mm}^2}{80\ \text{N}}$

$S_{erf} = \mathbf{1\,000\ mm^2}$

$d = \sqrt{\frac{4 \cdot S}{\pi}}$

$d = \sqrt{\frac{4 \cdot 1\,000\ \text{mm}^2}{3{,}14}}$

$d = 35{,}69\ \text{mm}$

$d_{gewählt} = \mathbf{36\ mm}$

b) $A_{erf} = \frac{F_{max}}{p_{zul}}$

$A_{erf} = \frac{80\,000\ \text{N} \cdot \text{mm}^2}{12\ \text{N}}$

$A_{erf} = \mathbf{6\,666{,}66\ mm^2}$

$D = \sqrt{\frac{4 \cdot A}{\pi}}$

$D = \sqrt{\frac{4 \cdot 6\,666{,}66\ \text{mm}^2}{3{,}14}}$

$D = 92{,}15\ \text{mm}$

$D_{gewählt} = \mathbf{94\ mm}$

4.1.5 Scherbeanspruchung

Im Gegensatz zu den Zug- und Druckspannungen, die als Normalspannungen senkrecht zum beanspruchten Querschnitt stehen, wirken Scherspannungen *im* beanspruchten Querschnitt.

Wird ein Werkstück durch eine Scherkraft beansprucht, so ruft diese Kraft im Inneren des Werkstoffs in der Scherfläche Scherspannungen τ_s hervor.

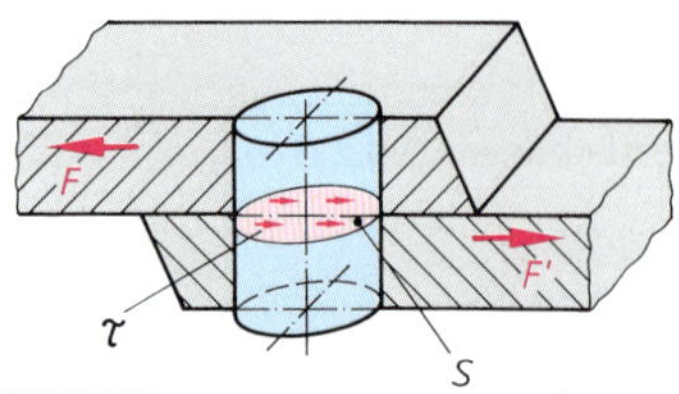

Scherspannungen

Gleichgewicht ergibt sich für: $F = \tau_s \cdot S$

F Scherkraft

τ_s Scherspannung

S beanspruchter Querschnitt

Häufig wird bei der Beanspruchung auf Scherung ein Bauelement in mehreren Querschnitten gleichzeitig beansprucht.

Beispiele für die Zahl der Scherquerschnitte

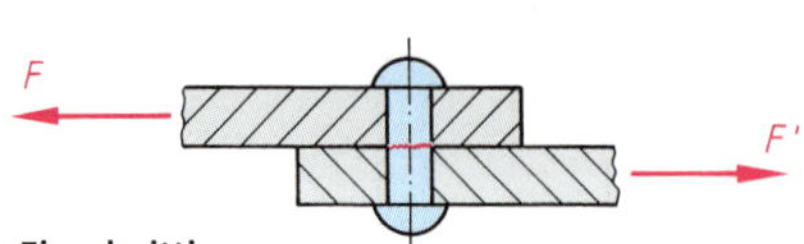

Einschnittig

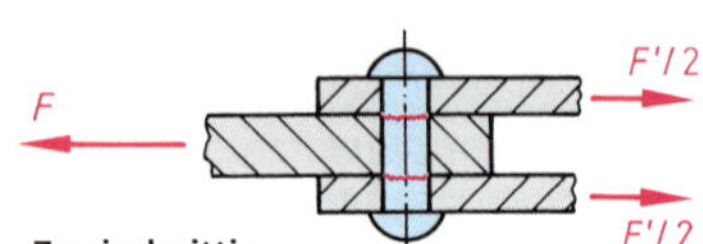

Zweischnittig

Übungsaufgaben 4/9 bis 4/12

Für die Berechnung des erforderlichen Querschnitts unter Berücksichtigung der Zahl der Scherquerschnitte ergibt sich somit die Gleichung:

$$S_{erf} = \frac{F_{max}}{N \cdot \tau_{s\,zul}}$$

N Zahl der beanspruchten Scherquerschnitte
F_{max} Scherkraft
S_{erf} erforderlicher Querschnitt
$\tau_{s\,zul}$ zulässige Scherspannung

Der Wert der zulässigen Scherspannung ist bei einer Scherbeanspruchung etwa $\tau_{s\,zul} = 0{,}8 \cdot \sigma_{z\,zul}$ für Baustahl und etwa $\tau_{s\,zul} = 1{,}1 \cdot \sigma_{z\,zul}$ für Gusseisen.

Beispiel für die Berechnung eines durch Scherkräfte beanspruchten Bauelements

Aufgabe

Das dargestellte Gelenk soll eine Zugkraft von 40 000 N übertragen:
Der Bolzendurchmesser ist zu berechnen. Die zulässige Scherspannung ist aus der Zugfestigkeit des Bolzenwerkstoffs E 295 zu ermitteln.

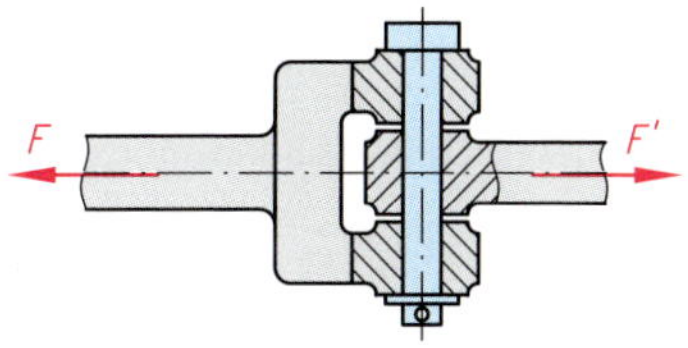

Gegeben
$F = 40\,000$ N
$N = 2$
E 295; $\sigma_{z\,zul} = 110\ \frac{N}{mm^2}$ nach Tabelle

Gesucht
d in mm

Lösung

$\tau_{s\,zul} = \sigma_{z\,zul} \cdot 0{,}8$

$\tau_{s\,zul} = 110\ \frac{N}{mm^2} \cdot 0{,}8$

$\tau_{s\,zul} = \mathbf{88\ \frac{N}{mm^2}}$

$S_{erf} = \frac{F_{max}}{N \cdot \tau_{s\,zul}}$

$S_{erf} = \frac{40\,000\ N \cdot mm^2}{2 \cdot 88\ N}$

$S_{erf} = \mathbf{227{,}2\ mm^2}$

$d = \sqrt{\frac{4 \cdot S_{erf}}{\pi}}$

$d = \sqrt{\frac{4 \cdot 227{,}2\ mm^2}{3{,}14}}$

$d = \mathbf{17\ mm}$

4.2 Berechnungen von Verbindungselementen

4.2.1 Berechnung von Schrauben

Schrauben als Verbindungselemente siehe *„Fertigungstechnik“*, Kapitel *„Fügen mit Gewinden“*.

Schrauben werden durch die äußeren Kräfte auf Zug beansprucht. Als Reaktion auf die äußeren Kräfte treten im Kern der Schraube Zugspannungen auf. Im Gewinde entstehen Flächenpressung und Scherbeanspruchung. Die Auswahl von Schrauben erfolgt in zwei Schritten:

- Berechnung des erforderlichen Schraubendurchmessers aus der Belastung und der Festigkeit des Schraubenwerkstoffs,
- Ermittlung der tragenden Gewindelänge (Einschraubtiefe nach Tabelle).

Nach der Art der Belastung unterscheidet man

- Schrauben ohne Vorlast und
- Schrauben mit Vorlast.

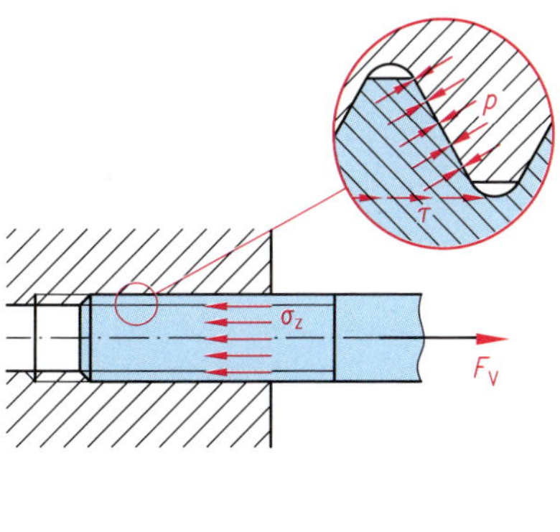

Spannungen in einer Schraubenverbindung

1. Berechnung von Schrauben ohne Vorlast

Wird eine Schraube nur durch *eine* Kraft, z. B. die angehängte Last oder nur durch die Spannkraft infolge des Anziehens belastet, so spricht man von Schrauben ohne Vorlast. Schrauben ohne Vorlast sind z. B. die Schrauben in Spannschlössern.

Die zulässige Spannung $\sigma_{z\,zul}$ errechnet man aus der Streckgrenze des Schraubenwerkstoffs R_{eH} und der Sicherheitszahl ν, die für Schrauben ohne Vorlast mit 2 angenommen wird.
Aus der Betriebskraft F_B und der zulässigen Spannung $\sigma_{z\,zul}$ berechnet man den Spannungsquerschnitt S_s der Schraube.

$$S_s = \frac{F_B}{\sigma_{z\,zul}}$$

$$\sigma_{z\,zul} = \frac{R_{eH}}{\nu}$$

F_B Betriebskraft
S_s Spannungsquerschnitt
$\sigma_{z\,zul}$ zulässige Zugspannung
R_{eH} Streckgrenze
ν Sicherheitszahl

Mit dem errechneten Spannungsquerschnitt wählt man aus Gewindetabellen den erforderlichen Gewindedurchmesser.

Beispiel für die Berechnung eines Gewindes

Aufgabe

Eine Schraube aus 5.6 soll eine Betriebskraft von 10 kN aufnehmen, $\nu = 2$.
Das Gewinde der Schraube ist zu ermitteln.

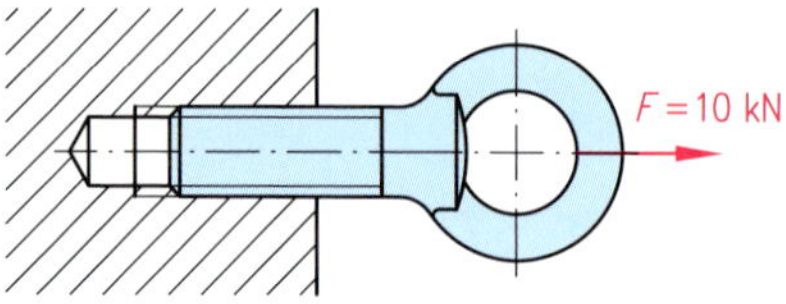

Gegeben
$R_{eH} = 300\,\frac{\text{N}}{\text{mm}^2}$ (aus 5.6 ermittelt)
$F = 10\,000$ N

Gesucht
Gewindedurchmesser d

Lösungshilfe

Abmessungen metrischer ISO-Gewinde nach DIN 13 (Auszug)

d mm	P mm	d_2 mm	d_3 mm	S_s mm²	H_1 mm
10	1,5	9,026	8,160	58,0	0,812
12	1,75	10,863	9,853	84,3	0,947
16	2,0	14,701	13,546	157	1,083

Lösung

$$\sigma_{z\,zul} = \frac{R_{eH}}{\nu}$$

$$\sigma_{z\,zul} = \frac{300\ \text{N}}{\text{mm}^2 \cdot 2}$$

$$\sigma_{z\,zul} = 150\,\frac{\text{N}}{\text{mm}^2}$$

$$S_s = \frac{F_B}{\sigma_{z\,zul}}$$

$$S_s = \frac{10\,000\ \text{N} \cdot \text{mm}^2}{2 \cdot 88\ \text{N}}$$

$$S_s = \mathbf{66{,}6\ mm^2}$$

Gewählt **M 12** ($S_s = 84{,}3$ mm²)

2. Berechnung von Schrauben mit Vorlast

Werden Schrauben angezogen, so erhalten sie dadurch eine Vorlast. Bei anschließender Belastung durch die Betriebskraft F_B erhöht sich die Belastung der Schraube. Die Gesamtbelastung F_{max} ist in diesem Fall die Summe aus Vorlast und Betriebslast.
In Überschlagsrechnungen berücksichtigt man die Vorlast, indem man als Gesamtbelastung das 1,7-Fache der Betriebslast annimmt.

$$F_{max} = 1{,}7 \cdot F_B$$

F_{max} Gesamtbelastung
F_B Betriebskraft

Übungsaufgaben 4/16 bis 4/19

4.2.2 Berechnung von Stiften

Stifte als Verbindungselemente siehe *„Fertigungstechnik“*, Kapitel *„Fügen mit Stiften“*.

Stiftverbindungen sind lösbare Verbindungen, die ausschließlich Scherkräfte aufnehmen können. Die Berechnung der Stifte erfolgt auf Abscheren.

Die zulässige Scherspannung errechnet man aus der zulässigen Zugspannung und einem werkstoffabhängigen Faktor. Für Verbindungsstifte aus Stahl beträgt die zulässige Scherspannung = $0{,}8 \cdot \sigma_{z\,zul}$.

Beispiel für die Berechnung eines Verbindungsstifts

Aufgabe

Das dargestellte Gelenk einer Zugstange wird durch einen Knebelkerbstift zusammengehalten. Welchen Durchmesser muss ein Stift aus E 295 haben, wenn eine schwellende Last von 45 000 N übertragen wird?

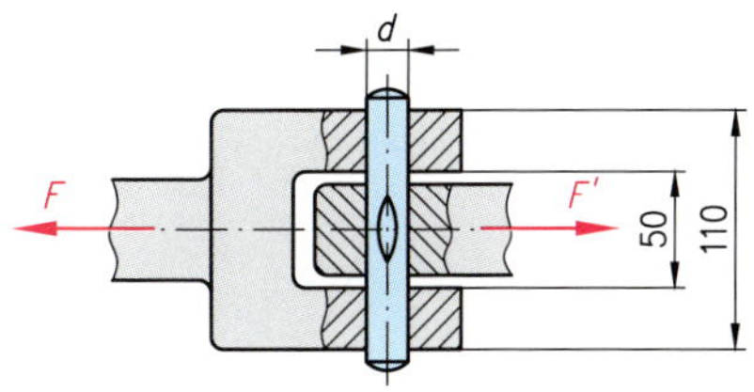

Gegeben

$F = 45\,000$ N $\quad N = 2$

E 295 $\Rightarrow \sigma_{z\,zul} = 110 \dfrac{\text{N}}{\text{mm}^2}$

Gesucht

d in mm

Lösung

$\tau_{s\,zul} = 0{,}8 \cdot \sigma_{z\,zul}$

$\tau_{s\,zul} = 0{,}8 \cdot 110 \dfrac{\text{N}}{\text{mm}^2}$

$\tau_{s\,zul} = \mathbf{88 \dfrac{N}{mm^2}}$

$S_{erf} = \dfrac{F_{max}}{N \cdot \tau_{s\,zul}}$

$S_{erf} = \dfrac{45\,000 \text{ N} \cdot \text{mm}^2}{2 \cdot 88 \text{ N}}$

$S_{erf} = \mathbf{255{,}6\ mm^2}$

$S = \dfrac{d^2 \cdot \pi}{4}$

$d = \sqrt{\dfrac{4 \cdot S}{\pi}}$

$d = \sqrt{\dfrac{4 \cdot 255{,}6 \text{ mm}^2}{3{,}14}}$

$d = \mathbf{18{,}0\ mm}$

Bei Stiftverbindungen tritt in den Grenzflächen zwischen Bohrung und Stift auch Flächenpressung auf. Es ist zu überprüfen, ob in den Lagerstellen die zulässige Flächenpressung nicht überschritten wird.

Beispiel für die Überprüfung der Abmessungen einer Stiftverbindung auf zulässige Flächenpressung

Aufgabe

Die Abmessungen der im vorherigen Beispiel dargestellten Gabel aus S 235 sind auf Flächenpressung zu überprüfen.

Gegeben

$F = 45\,000$ N

S 235 $\Rightarrow p_{z\,zul} = 50 \dfrac{\text{N}}{\text{mm}^2}$

$d = 18$ mm (aus vorherigem Beispiel)

$l = 110 \text{ mm} - 50 \text{ mm} \Rightarrow 60$ mm (aus Skizze)

Gesucht

p

Lösung

$p = \dfrac{F}{A} \qquad A = d \cdot l \qquad A = 18 \text{ mm} \cdot 60 \text{ mm} = 1\,080 \text{ mm}^2$

$p = \dfrac{45\,000 \text{ N}}{1\,080 \text{ mm}^2} \qquad p = \mathbf{41{,}6 \dfrac{N}{mm^2}}$

Da $p_{zul} = 50 \dfrac{\text{N}}{\text{mm}^2}$ für S 235 beträgt, sind die Abmessungen ausreichend.

4.2.3 Berechnung von Passfedern

Passfedern als Verbindungselemente siehe *„Fertigungstechnik“*, Kapitel *„Fügen mit Passfedern“* und in diesem Kapitel *„Fügen im Montageprozess“*.

Passfedern werden auf Abscheren und Flächenpressung beansprucht. Die Berechnung erfolgt jedoch nur auf Flächenpressung, da die Normmaße für Passfedern so gewählt sind, dass die zulässige Scherbeanspruchung nicht überschritten wird, wenn die zulässige Flächenpressung eingehalten wird. Für Passfedern sind die Maße *b* und *h* in Abhängigkeit vom Wellendurchmesser genormt.

$$M_d = F \cdot \frac{d}{2}$$

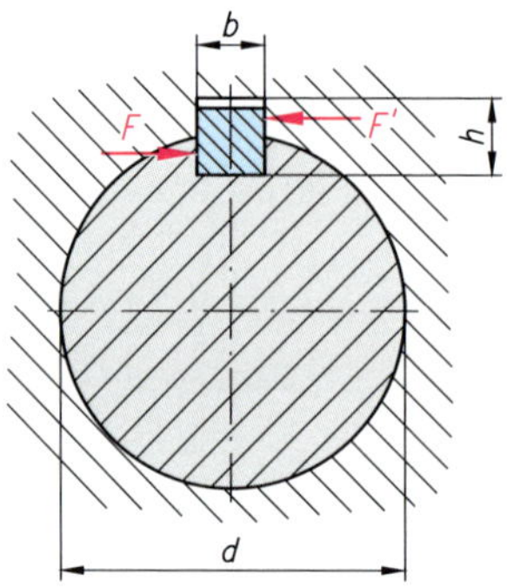

F Umfangskraft
b Breite der Passfedern
h Höhe der Passfedern
d Durchmesser der Welle
M_d Drehmoment

Beanspruchung einer Passfeder

Aus der Forderung $p \leq p_{zul}$ des schwächsten Werkstoffs ergibt sich für die Länge der Passfedern:

bei geradstirnigen Passfedern

$$l_{erf} = \frac{4 \cdot M_d}{d \cdot h \cdot p_{zul}}$$

bei rundstirnigen Passfedern

$$l_{erf} = \frac{4 \cdot M_d}{d \cdot h \cdot p_{zul}} + b$$

Beispiel für eine Federberechnung

Aufgabe

Eine Welle soll ein Drehmoment von 90 Nm übertragen. Welle und Nabe werden mit einer Passfeder Form A verbunden. p_{zul} des schwächsten Werkstoffs ist 70 N/mm². Der Wellendurchmesser beträgt 25 mm. Die Maße der Feder sind zu ermitteln.

Gegeben
$d = 25$ mm

Gesucht
l in mm

Lösungshilfe

Abmessung für Passfedern nach DIN 6885 (Auszug)

Wellendurchmesser	10 bis 12	12 bis 17	17 bis 22	22 bis 30	30 bis 38	38 bis 44	44 bis 50	50 bis 58	58 bis 65	65 bis 75
Breite der Feder *b*	4	5	6	8	10	12	14	16	18	20
Höhe der Feder *h*	4	5	6	7	8	8	9	10	11	12
Passfederlängen	6 8 10 12 14 16 18 20 22 25 28 32 36 40 45 50 56 63 70 80 90 100 110 125 140 160 180 200									

Lösung

Wellendurchmesser $d = 25$ mm $\Rightarrow b = 8$ mm, $h = 7$ mm (nach Tabelle)

$$l_{erf} = \frac{4 \cdot M_d}{d \cdot h \cdot p_{zul}} + b$$

$$l_{erf} = \frac{4 \cdot 90\,000 \text{ Nmm} \cdot \text{mm}^2}{25 \text{ mm} \cdot 7 \text{ mm} \cdot 70 \text{ N}} + 8 \text{ mm}$$

$l_{erf} = 37{,}3$ mm
$l_{gew} =$ **40 mm**

Übungsaufgaben 4/23; 4/24; 4/25

4.2.4 Berechnung von Klebeverbindungen

Klebeverbindungen siehe *„Fertigungstechnik"*, Kapitel *„Fügen durch Kleben"*.
Klebeverbindungen sollen ausschließlich auf Scherung beansprucht werden. Fachgerechte Klebeverbindungen werden daher als Überlappungen oder Schäftungen ausgeführt. Die notwendige Klebefläche *S* (Überlappungsfläche) wird aus der zulässigen Scherspannung des Klebstoffs errechnet.

$$S = \frac{F}{\tau_{s\,zul}}$$

S Klebefläche
$\tau_{s\,zul}$ zulässige Scherspannung

Die zulässige Scherspannung der Klebstoffe kann aus den Verarbeitungsrichtlinien der Klebstoffhersteller entnommen werden. Für überschlägige Berechnungen kann man als zulässige Scherspannung annehmen:

- für Kaltklebstoff $\tau_{s\,zul} = 6$ bis $12\ \text{N/mm}^2$,
- für Warmklebstoffe $\tau_{s\,zul} = 10$ bis $20\ \text{N/mm}^2$.

Die Überlappungslänge ergibt sich aus:

$$l_ü = \frac{F}{\tau_{s\,zul} \cdot b}$$

$l_ü$ Überlappungslänge
F Belastung
b Breite der Klebeverbindung
$\tau_{s\,zul}$ zulässige Scherspannung

Die Überlappungslänge soll das 15-Fache der Dicke des schwächsten zu verbindenden Teils nicht überschreiten.

Beispiel für die Berechnung einer Klebeverbindung

Aufgabe

An ein 1,5 mm dickes Aluminiumblech soll eine 4 mm dicke und 40 mm breite Lasche aus einer Phenolharz-Schichtplatte geklebt werden. Der Klebstoff hat lt. Herstellerangabe eine zulässige Scherfestigkeit von 12 N/mm² bei einer vorherigen Reinigung der Flächen mit Aceton.
Die Verbindung soll mit 8 000 N belastet werden.
Berechnen Sie die mindestens erforderliche Überlappungslänge $l_ü$.

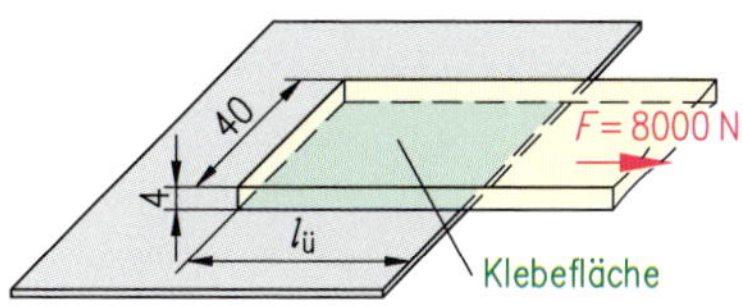

Gegeben
$F = 8\,000\ \text{N}$
$\tau_{s\,zul} = 12\ \frac{\text{N}}{\text{mm}^2}$

Gesucht
$l_ü$ in mm

Lösung

$$l_ü = \frac{F}{\tau_{s\,zul} \cdot b}$$

$$l_ü = \frac{8\,000\ \text{N} \cdot \text{mm}^2}{12\ \text{N} \cdot 40\ \text{mm}}$$

$l_ü =$ **16,6 mm**

4.2.5 Berechnung von Lötverbindungen

Lötverbindungen siehe *„Fertigungstechnik"*, Kapitel *„Fügen durch Löten"* und in diesem Kapitel *„Fügen im Montageprozess"*.
Lötverbindungen sollen ebenso wie Klebeverbindungen ausschließlich auf Scherung beansprucht werden. Entsprechend sind auch Lötverbindungen als Überlappungen oder Schäftungen auszuführen.
Die zulässige Scherspannung für Lote beträgt etwa:

- für Hartlote $\tau_{s\,zul} = 70\ \text{N/mm}^2$,
- für Weichlote $\tau_{s\,zul} = 20\ \text{N/mm}^2$.

Die zulässige Scherspannung der Weichlote ist stark von der Temperatur der Lötstelle abhängig, bei der das gelötete Werkstück benutzt wird.

Die Überlappungslänge ergibt sich aus:

$$l_ü = \frac{F}{\tau_{s\,zul} \cdot b}$$

$l_ü$ Überlappungslänge
F Belastung
b Breite der Lötverbindung
$\tau_{s\,zul}$ zulässige Scherspannung

HANDLUNGSFELD: Fertigungszeichnung nach einem Prototyp erstellen

Auftrag

Auftragsbeschreibung

- Es liegt der geschweißte Prototyp vom Grundkörper eines Lagerbocks vor.
- Von ihm sind die Konstruktionsmaße abzunehmen.
- Mit diesen Maßen ist eine Zeichnung des Grundkörpers in drei Ansichten für eine Gusskonstruktion (Werkstoff EN-GJS-800-8) zu erstellen

Bild des Prototyps

Analysieren

Vorgaben:
- Bezeichnung, Werkstoff …
- Funktion, Funktionsmaße …
- Fertigungsverfahren
- Art der Darstellung

Lagerbock Grundkörper

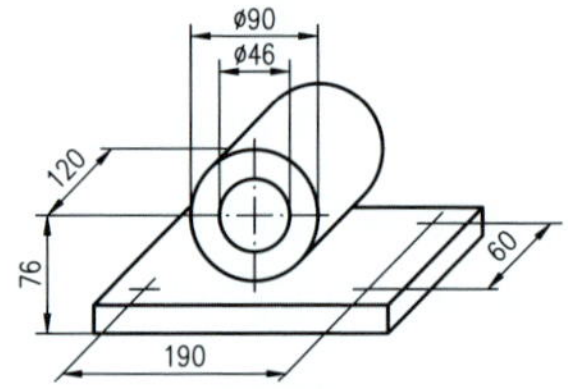

Toleranzen EN ISO 8062 DCTG9

Ergebnisse:
- Funktionsmaße
- Toleranzen
- Oberflächenqualität
- Grundsätze fertigungsgerechter Gestaltung
- speziell zu bearbeitende Flächen (z. B. Passflächen)

Planen

Vorgaben:
- Ergebnisse der Analyse
- Verfahren des Zeichners

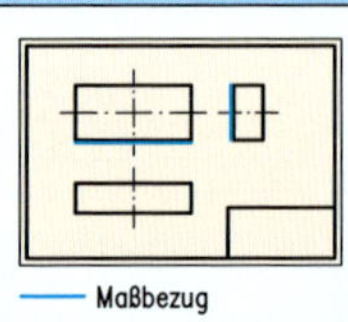

DIN A3
Maßstab: 1:1

Ergebnisse:
- Blattformat
- Maßstab
- Lage der Ansichten, der Schnitte, von Details …
- Maßbezugskanten

Ausführen

Vorgaben:
- Ergebnisse aus Analyse und Planung
- Zeichnungsnormen (Stricharten, Strichstärken, Anordnung von Maßen …)

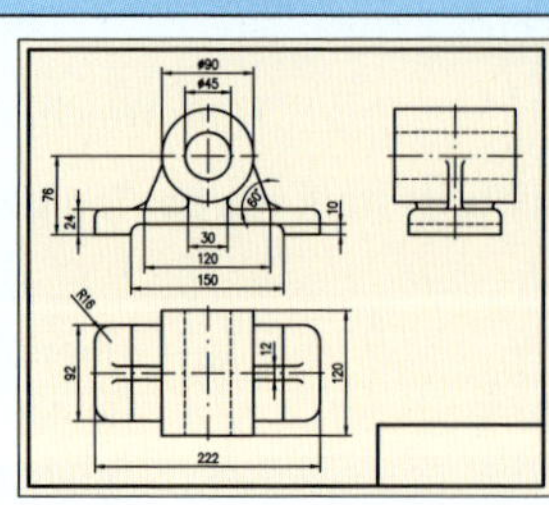

Ergebnis:
- Zeichnung in drei Ansichten
- fertigungsgerecht dargestellt
- normgerecht ausgeführt
- spezifiziert durch vollständiges Schriftbild (Name, Datum …)

1 Technisches Zeichnen

1.1 Technische Zeichnungen als Informationsträger

Der Austausch von Informationen zwischen Menschen wird meist über Sprache und Texte vorgenommen. Zeichnungen können darüber hinaus unabhängig von der Sprache zu einem eindeutigen Informationsaustausch genutzt werden. Alle Informationsträger und -wege in einem Betrieb basieren auf Fachsprache, Texten, Datensammlungen und Zeichnungen, die weitgehend vereinheitlicht sind. Man fasst sie unter dem Begriff „Technische Kommunikation“ zusammen.

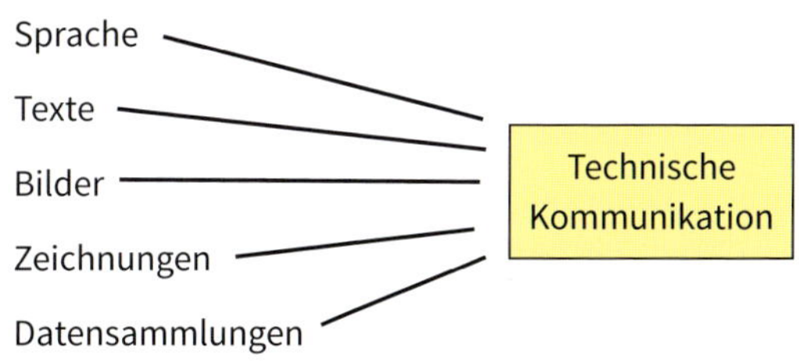

Informationsträger in einem Betrieb

Alle für die Fertigung eines Produkts notwendigen Informationen müssen klar und eindeutig sein. Die technische Zeichnung ist ein wesentliches Mittel im Produktherstellungsprozess, weil sie diese Bedingungen erfüllt.

Beispiele für technische Kommunikationsmittel in einem Fertigungsauftrag

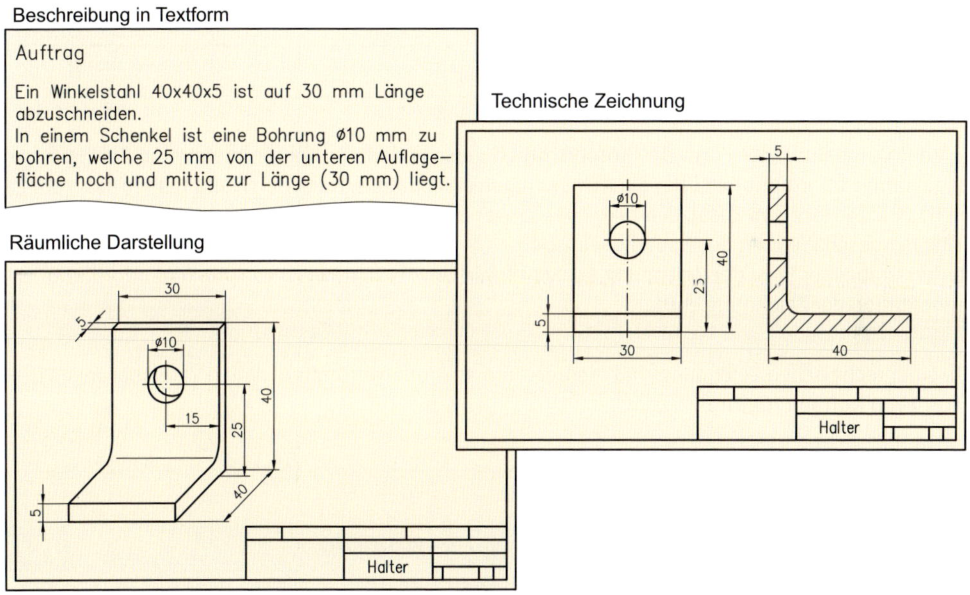

Der Fachmann muss die für seinen Beruf angewendeten Kommunikationsmittel lesen und verstehen können. Außerdem soll er in der Lage sein, aus technischen Informationen, wie z. B. aus einer Skizze, entsprechende technische Zeichnungen zu erstellen. Dazu muss er die fachlichen Grundlagen der technischen Kommunikation beherrschen.

> **!** Technische Kommunikationsmittel dienen dazu, alle notwendigen Informationen bereitzustellen, um einen reibungslosen Produktherstellungsprozess innerhalb eines Unternehmens zu ermöglichen und zu dokumentieren.

Das wichtigste Kommunikationsmittel in der Fertigungsabteilung eines Betriebs ist die technische Zeichnung, weil optische Informationen vom Betrachter besser aufgenommen werden können als umfangreiche Texte.
Man hat die Möglichkeit, dreidimensionale Darstellungen von Werkstücken zu wählen. Diese Darstellungsart ist anschaulich und leicht zu verstehen.
Üblicherweise werden Werkstücke in Ansichten gezeichnet, aus denen der Betrachter auf die räumliche Form des Körpers schließen kann.

Beispiele für verschiedene Darstellungsformen eines Werkstücks

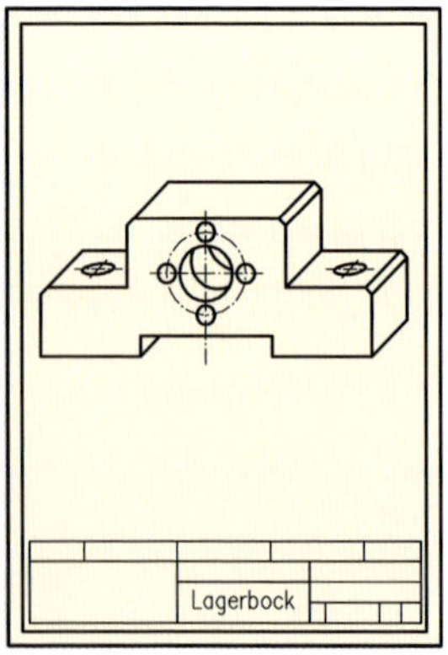

Räumliche Darstellung

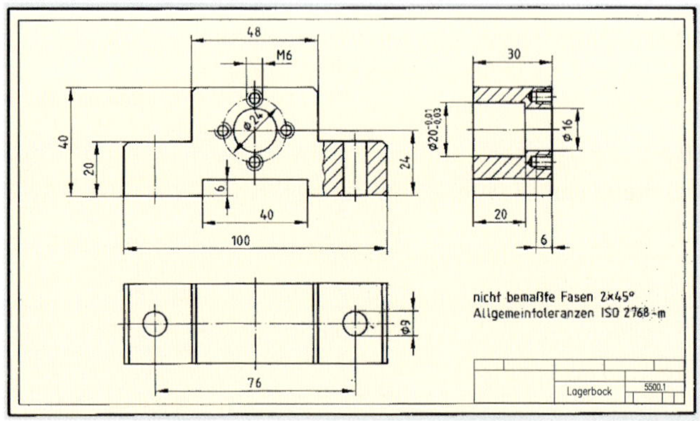

Technische Zeichnung

Neben der Darstellung der Form des Körpers durch verschiedene Ansichten bietet eine Zeichnung auch aussagekräftige Informationen über die Abmessungen des Bauteils. Nach den Maßangaben kann der Fachmann das Bauteil fertigen. Zusätzlich zu den Maßangaben finden sich meist auch Angaben darüber, wie die Oberflächenbeschaffenheit des Bauteils sein soll.
Weiterhin ist in einer Ecke der Zeichnung ein Schriftfeld angebracht, welches vor allem Informationen zur Dokumentation der Zeichnung enthält.

! In einer technischen Zeichnung sind mehrere Informationen enthalten, denen Vereinbarungen in Form von Normen zugrunde liegen.

Beispiele für genormte Elemente in Zeichnungen

Genormte Elemente	Erklärungen
Ansichten	Aus der Lage der Ansichten kann man auf den räumlichen Aufbau des Werkstücks schließen.
Blatteinteilung	Die Blatteinteilung wird so vorgenommen, dass die Zeichenfläche optimal ausgenutzt wird.
Schriftfeld	Das Schriftfeld dient zur Dokumentation der Werkstückunterlagen und Zeichnungserstellung.
Maßeintragungen	Die Maßeintragungen beschreiben die Größe und Form des Werkstücks.
Schnittdarstellungen	Die Schnittdarstellungen erlauben, innere Konturen des Werkstücks zu verstehen.
Gewindedarstellungen	Die Gewindedarstellungen bieten eine vereinfachte Information über die Art und Größe von Gewinden.
Toleranzangaben	Die Toleranzangaben legen fest, wie genau das Werkstück hergestellt werden soll.

1.2 Von der räumlichen Darstellung zur technischen Zeichnung

Den räumlichen Aufbau eines Werkstücks auf einer Blattebene kann man darstellen, indem das Werkstück in verschiedenen Ansichten gezeichnet wird. Man unterscheidet z. B.:
- Vorderansicht,
- Seitenansicht,
- Draufsicht.

Eine Ansicht zeichnet man aus der jeweiligen Blickrichtung des Zeichners. Die von ihm gesehene Kontur des Werkstücks wird auf das Zeichenblatt übertragen.

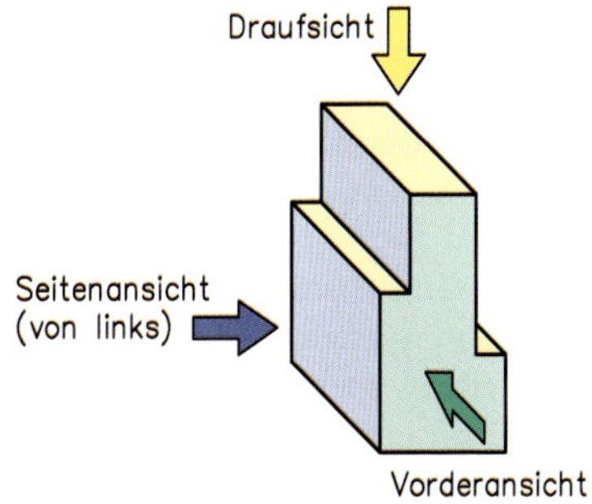

Blickrichtungen für die Ansichten

Damit die Zeichnung auch von einer anderen Person gelesen werden kann, müssen die Ansichten nach festgelegten Regeln auf dem Zeichenblatt angeordnet sein.
Von der Vorderansicht ausgehend, gelten folgende Vereinbarungen:
- Die Seitenansicht von links wird rechts neben die Vorderansicht gezeichnet.
- Die Draufsicht wird unter der Vorderansicht gezeichnet.

Hält man diese Regeln ein, so erkennt der Betrachter, aus welchen Blickrichtungen die Ansichten gezeichnet worden sind. Er kann sich somit das Werkstück räumlich vorstellen.

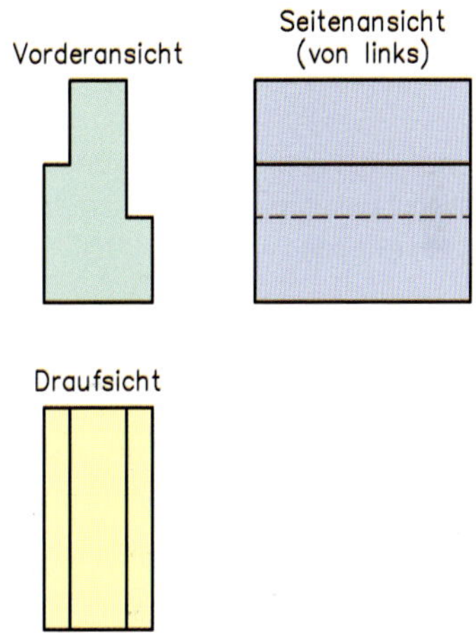

Anordnung der Ansichten auf einem Zeichenblatt

Damit ein Werkstück eindeutig dargestellt ist, zeichnet man so viele Ansichten, wie nötig.
- Prismatische Werkstücke werden meist in drei Ansichten gezeichnet.
- Bei Drehteilen reichen oftmals zwei Ansichten aus.
- Für flache Werkstücke ist vielfach nur die Draufsicht mit der zusätzlichen Angabe der Dicke ausreichend.

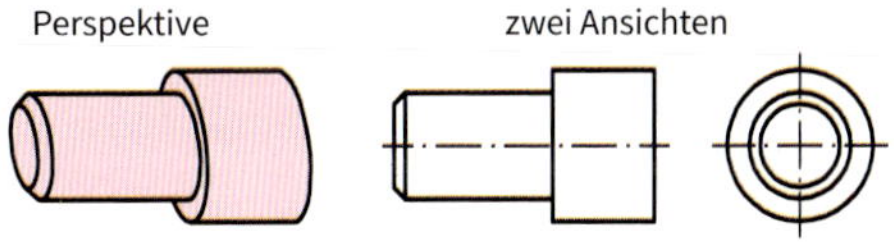

Drehteil

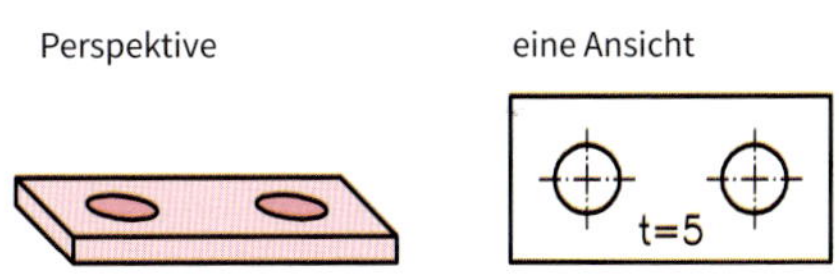

Flaches Werkstück

Folgende Vereinbarungen über Linienarten bestehen:
- Sichtbare Kanten werden mit einer breiten Volllinie gezeichnet.
- Verdeckte Kanten zeichnet man gestrichelt und schmal.
- Strichpunktlinien wendet man für Mittellinien und Symmetrielinien an.

Linienart	Breite	Anwendung
———————	0,5 mm	sichtbare Kanten
— — — — —	0,25 mm	verdeckte Kanten
—— · —— · ——	0,25 mm	Mittellinie

Linienarten und Strichstärken

! Die technische Zeichnung stellt einen Körper in Ansichten dar. Aus diesen Ansichten kann man auf die räumliche Struktur des Werkstücks schließen.

Übungsaufgaben 1/3; 1/4

1.2.1 Festlegung der Werkstücklage für die zeichnerische Darstellung

Wenn der Fachmann eine technische Zeichnung von einem Werkstück erstellt, so wählt er zuerst die Vorderansicht aus. Diese Ansicht ist so zu wählen, dass möglichst wenig Kanten, z. B. durch vorliegende Flächen, verdeckt werden.

Verdeckte Kanten lassen sich nicht immer vermeiden und müssen dann gezeichnet werden, wenn die alleinige Darstellung der sichtbaren Kanten nicht ausreicht, um die räumliche Formgebung des Werkstücks vollständig wiederzugeben.

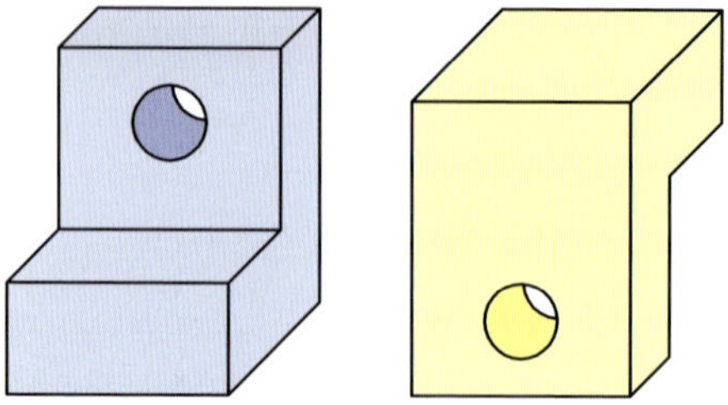

Werkstück in unterschiedlichen Perspektiven

Regeln zur Wahl von Körperansichten und zur Darstellung von verdeckten Kanten und Bohrungen:

- Die Anordnung der Ansichten ist so zu wählen, dass möglichst wenige verdeckte Kanten dargestellt werden müssen.
- Verdeckte Kanten werden durch schmale Strichlinien dargestellt.
- Angrenzungen von verdeckten Kanten an andere Körperkanten beginnen und enden immer als Strich, nicht als Lücke.

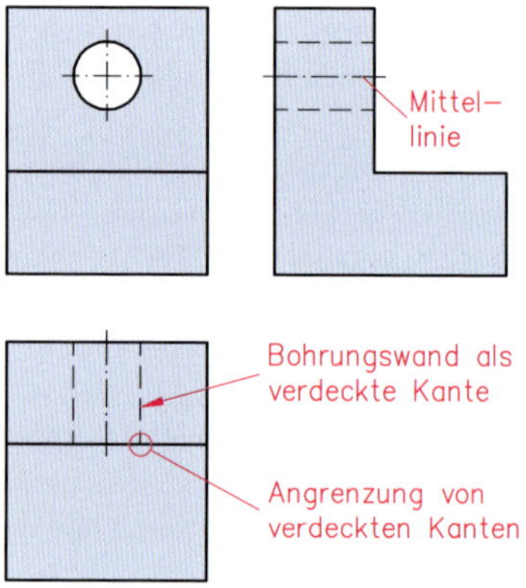

Günstige Anordnung der Ansichten mit wenigen verdeckten Kanten

- Wandungen von Bohrungen werden auch als verdeckte „Kante“ dargestellt.
- Die Lage der Bohrungsmitte wird in allen Ansichten durch dünne Strichpunktlinien dargestellt.
- Das Achsenkreuz von Strichpunktlinien wird durch den Schnitt zweier Linien erfasst.
- Verdeckte Kanten müssen nicht immer eingezeichnet werden, sondern nur dann, wenn die Lesbarkeit der Zeichnung verbessert wird.

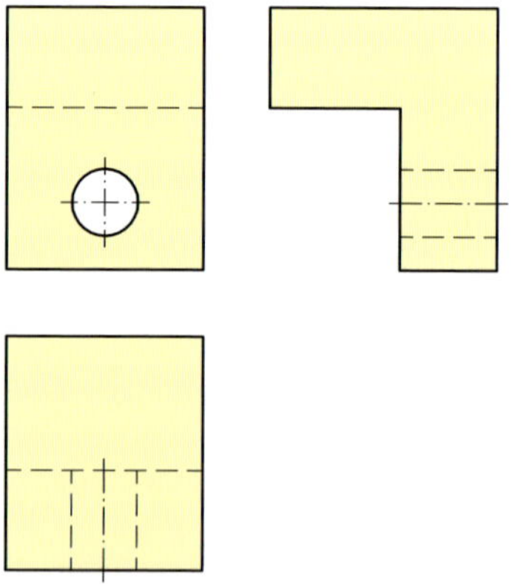

Ungünstige Anordnung der Ansichten mit mehreren verdeckten Kanten

> **!** Verdeckte Kanten sind aus der Blickrichtung einer Ansicht nicht sichtbar. Sie werden durch schmale Strichlinien dargestellt.
> Äußere Begrenzungen von Bohrungen werden als verdeckte Kanten gezeichnet.

1.2.2 Blatteinteilung

Ein Zeichenblatt besteht aus einer Zeichenfläche und einem Schriftfeld. Damit die Körperansichten auf die Zeichenfläche des Zeichenblatts passen und ausreichend Platz für eine spätere Bemaßung vorhanden ist, muss das Zeichenblatt entsprechend eingeteilt werden.

Die Abstände zwischen den Ansichten sind möglichst gleich groß zu wählen und betragen bei einfachen Werkstücken etwa 30 mm.

Die Seitenabstände *a* und *b* für eine günstige Blatteinteilung können wie folgt bestimmt werden:

$$a = \frac{\text{Breite der Zeichenfläche} - x}{2}$$

$$b = \frac{\text{Höhe der Zeichenfläche} - y}{2}$$

Je nach Form des Werkstücks ist es manchmal günstiger, das Zeichenblatt im Querformat zu nutzen.

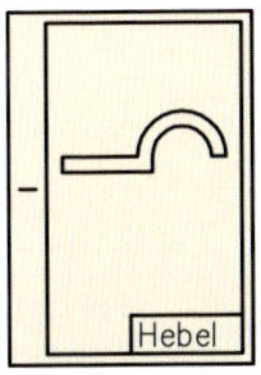

Hochformat

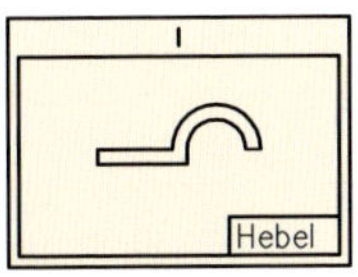

Querformat

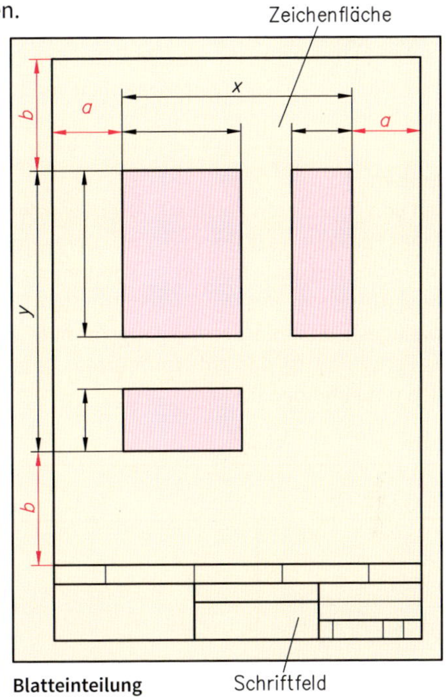

Blatteinteilung

! Ansichten werden möglichst gleichmäßig und übersichtlich auf der Zeichenfläche angeordnet.

1.2.3 Schriftfeld

Alle technischen Zeichnungen erhalten ein Schriftfeld, in das alle für den betrieblichen Informationsaustausch notwendigen Angaben eingetragen sind. Der Aufbau von Schriftfeldern ist genormt und legt vereinheitlichte Datenfelder fest. Um die Anzahl der Datenfelder gering zu halten, gibt es Pflichtfelder, welche im besonderen Fall durch weitere optionale Felder ergänzt werden können.

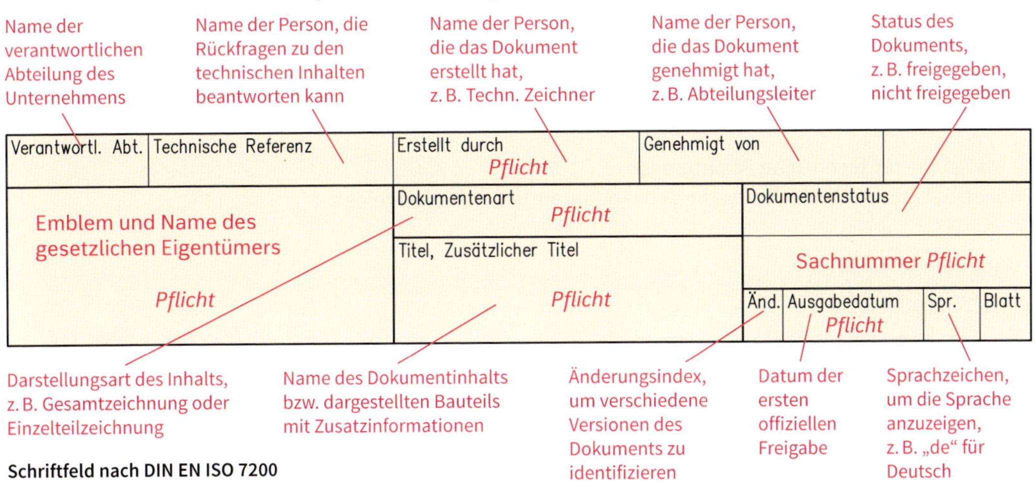

Schriftfeld nach DIN EN ISO 7200

! Zeichnung und Schriftfeld zusammen dienen als ein betriebliches Dokument, nach welchem die Fertigung durchgeführt wird und spätere Ersatzteilbeschaffungen möglich sein müssen.

Übungsaufgaben 1/6; 1/7

1.2.4 Blattgrößen und Maßstäbe

Ein Werkstück wird möglichst in seinen realen Abmessungen im Maßstab 1:1 gezeichnet, damit die Größe des Werkstücks vorstellbar bleibt. Kann man die realen Werkstückabmessungen auf ein Zeichenblatt nicht übertragen, da das Werkstück zu groß oder zu klein ist, muss man Folgendes abwägen:

- Das Zeichenblatt wird größer gewählt, um den Originalmaßstab 1:1 zu erhalten.
- Zu große Werkstücke werden maßstäblich verkleinert gezeichnet.
- Zu kleine Werkstücke werden maßstäblich vergrößert gezeichnet.

1. Blattgrößen

Die Größen von genormten Zeichenblättern werden in DIN-Formaten geordnet. Die Fläche des Ausgangsformats eines Fertigblatts A0 beträgt 1 m^2. Die Seitenverhältnisse sind immer: $1 : \sqrt{2}$
Halbiert man das Ausgangsformat, so entstehen zwei gleich große nachfolgende Formate. Aus dem Ausgangsformat A0 werden zwei Nachfolgeformate A1; aus A1 werden zwei Nachfolgeformate A2 usw.
Durch jeweiliges Halbieren der Ausgangsformate ergibt sich somit die Größe des nächst kleineren Formats. Das Fertigblatt ist das auf Normformat geschnittene äußere Zeichenblatt. Die Zeichenfläche wird durch einen umlaufenden Rand begrenzt.

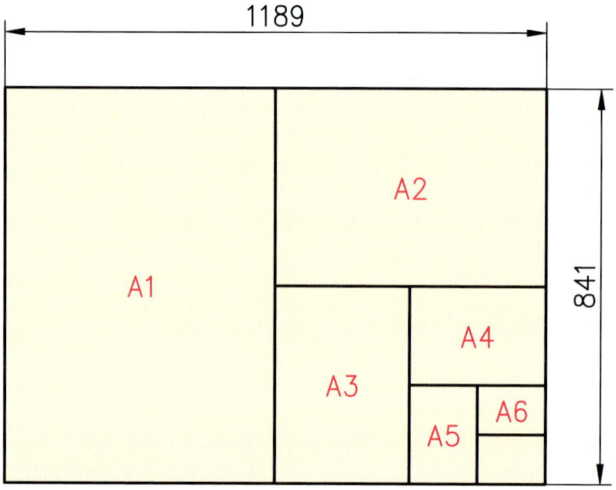

Teilung eines DIN-A0-Zeichenblatts

DIN-Format	Fertigblatt-Maße in mm
A0	841 × 1 189
A1	594 × 841
A2	420 × 594
A3	297 × 420
A4	210 × 297
A5	148 × 210
A6	105 × 148

! Das Ausgangsformat eines Zeichenblatts ist DIN A0. Die nächst kleineren Formate ergeben sich durch wiederholtes Halbieren des Ausgangsformats.

2. Maßstäbe für technische Zeichnungen

Für alle Gebiete der Technik sind die verwendbaren Maßstäbe festgelegt.

Natürlicher Maßstab	1:1					
Verkleinerungsmaßstäbe	1:2	1:5	1:10	1:20	1:50	1:100
Vergrößerungsmaßstäbe	2:1	5:1	10:1	20:1	50:1	

Der verwendete Maßstab muss in der technischen Zeichnung kenntlich gemacht werden. Dazu trägt der Zeichner in dem dafür vorgesehenen Bereich des Schriftfelds den Maßstab ein.
Die Bemaßung des Werkstücks erfolgt mit den wirklichen Abmessungen des Werkstücks.

! Der Maßstab gibt das Verhältnis der Zeichnungsabmessungen des Werkstücks zur Wirklichkeit an.

Übungsaufgaben 1/8; 1/9

1.3 Beschriftungen in technischen Zeichnungen

1.3.1 Normschrift

In der Norm sind Schriftform und Schriftgröße nach internationalen Vereinbarungen festgelegt. Damit in der Fertigung Fehler vermieden werden, müssen die Schriftzeichen, besonders die Zahlen, einheitlich geschrieben werden und klar lesbar sein.
Auch die Leserichtung von Zahlen und Texten in Zeichnungen ist vereinbart, damit keine Fehler auftreten und z. B. statt 86 die Zahl 98 gelesen wird.

Schriftform A (kursiv)	Schriftform B (vertikal)
abcdefghi	abcdefghi
ABCDEFGHI	ABCDEFGHI
1234567890	1234567890

! Durch die international vereinbarte Normschrift verringert man im Bereich der technischen Kommunikation Informationsfehler.

1.3.2 Maßeintragungen

Für die Bemaßung von Körpern werden folgende drei Bemaßungselemente benutzt:

- **Maßhilfslinie:** Sie dient zum Herausziehen von Maßen und verläuft senkrecht zur bemaßenden Körperkante.
- **Maßlinie:** Sie stellt die Größe der zu bemaßenden Körperkante dar, verläuft parallel zu ihr und wird durch Maßpfeile abgeschlossen.
- **Maßzahl:** Sie gibt die Größe der Körperkante an und wird über die Maßlinie geschrieben.

Maßhilfslinien und Maßlinien werden mit schmalen Linien gezeichnet.

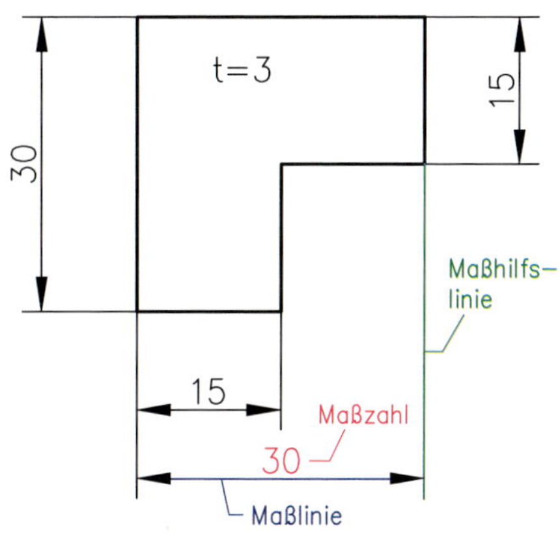

Bemaßungselemente

Um eine normgerechte Bemaßung vorzunehmen, muss Folgendes beachtet werden:

- Im Maschinenbau werden Längenmaße in Millimetern ohne Nennung der Einheit angegeben.
- Alle Maße müssen von unten oder von rechts lesbar sein.
- Es wird in der Ansicht bemaßt, welche am deutlichsten die zu bemaßende Kontur zeigt.
- Doppelbemaßungen sind nicht erlaubt, sondern nur als Kontrollmaße zulässig und müssen in Klammern gesetzt werden.
- An verdeckten Kanten soll möglichst keine Maßlinie geführt werden.
- Maßlinien sind in übersichtlichen Abständen anzubringen.

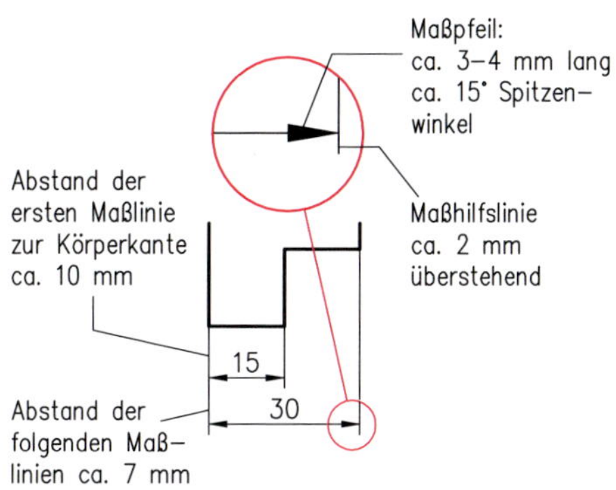

Form, Größe und Abstände von Maßlinien

! Die Bemaßung hat die Aufgabe, die Abmessungen eines Werkstücks eindeutig festzulegen.
Für alle Längenmaße ohne Einheit gilt im Maschinenbau die Einheit „mm“ als vereinbart.

1.3.3 Maßbezugsebenen

1. Maßbezugsebenen unsymmetrischer Werkstücke

Eine Bemaßung sollte immer nach Bezugsebenen erfolgen. Die Bezugsebene ist eine Fläche (in der Ansicht eine Kante), von der aus alle Maße angetragen werden.

Um ein Werkstück vollständig zu bemaßen, wird für jede der drei räumlichen Achsen eine Bezugsebene festgelegt. Häufig werden Auflageflächen als Bezugsebenen gewählt. Die Wahl einer Bezugsebene kann auch durch die Arbeitsfolge zur Fertigung des Werkstücks bestimmt werden.

Beispiel für eine Bemaßung nach Bezugsebenen

Für das Anreißen mit dem Parallelreißer werden die Auflageflächen des Werkstücks als Bezugsebenen für das Werkstück gewählt.

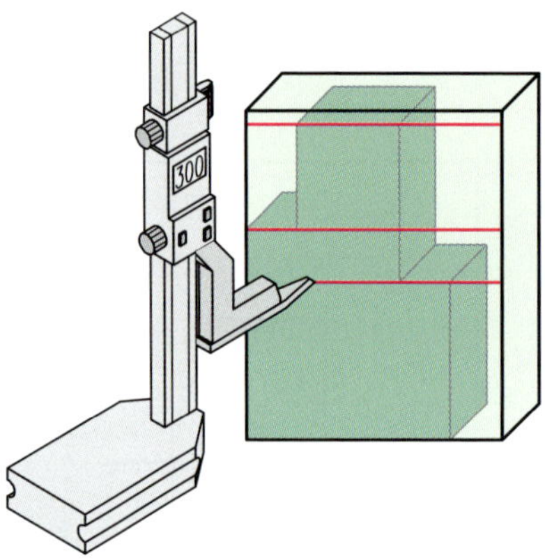

Parallelreißer mit Werkstück

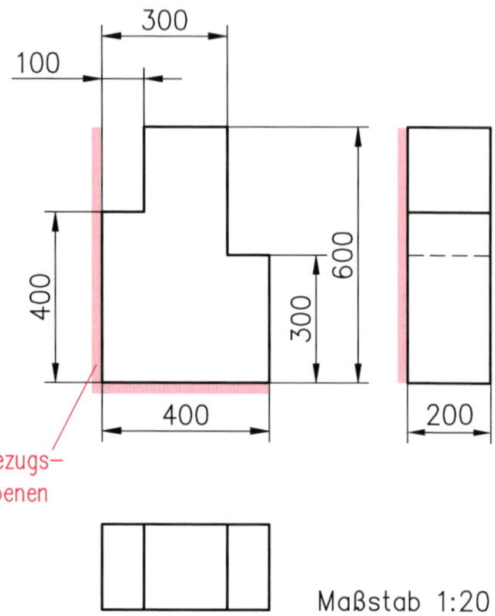

Bezugsebenen an einem Werkstück

2. Maßbezugsebenen symmetrischer Werkstücke

Bei symmetrischen Werkstücken dient die Symmetrieebene als Bezugsebene. Die Symmetrieebene ist die Ebene, an der das Werkstück nach beiden Seiten gespiegelt werden kann.

In der zweidimensionalen Ansicht entspricht die Symmetrieebene der Mittellinie, welche mit einer schmalen Strichpunktlinie gezeichnet wird.

Beispiel für eine Symmetriebemaßung

Von der Mittellinie ausgehend werden alle Breitenmaße symmetrisch angetragen.

Für die Höhenmaße ist die Hauptauflagefläche als Bezugsebene gewählt worden.

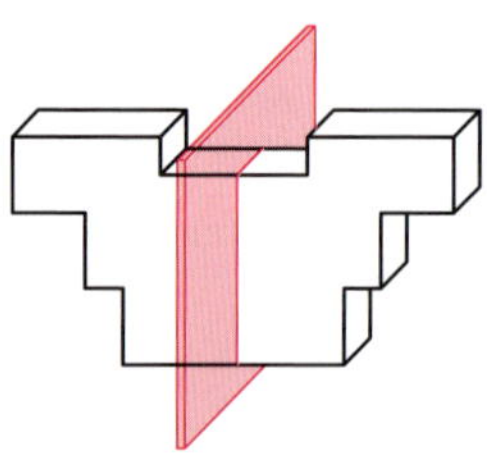

Symmetrieebene eines Werkstücks

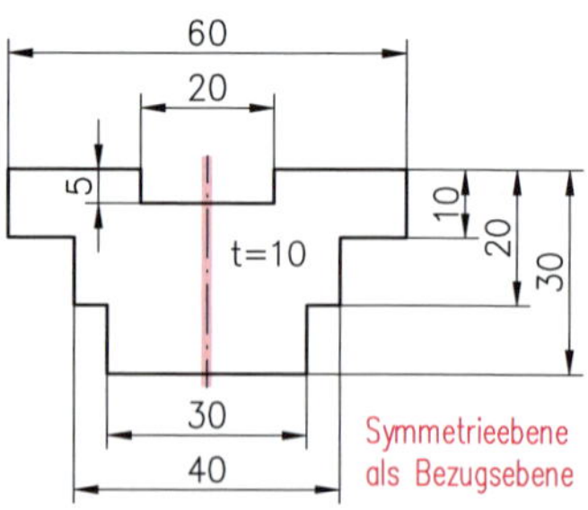

Werkstück mit Symmetriebemaßung

> **!** Neben Symmetrieebenen dienen möglichst große Auflage- oder Spannflächen als Bezugsebenen, welche in einem frühen Stadium gefertigt werden und dann für Prüf- und Anreißaufgaben zur Verfügung stehen.

Übungsaufgabe 1/10

1.3.4 Bemaßung einzelner Formelemente

Ein Werkstück ist vollständig, eindeutig und normgerecht zu bemaßen. Doppelbemaßungen – sogenannte Überbemaßungen – dürfen nicht vorgenommen werden.

1. Bemaßung von Radien, Durchmessern und Winkeln

Rundungen an Werkstücken werden durch Radien bemaßt. Sie werden durch ein „**R**“ vor der Maßzahl gekennzeichnet. Die Maßlinie des Radius kann von außen oder von innen an die Rundung herangeführt werden.

Die Bemaßung einer **Bohrung** besteht aus:

- Längenmaßen, die eindeutig die Lage des Bohrungsmittelpunkts bestimmen,
- der Durchmesserangabe mit einem ⌀-Zeichen vor der Maßzahl,
- einem Längenmaß, welches die Tiefe der Bohrung angibt. (Entfällt bei Durchgangsbohrungen)

Schrägen lassen sich auf zwei Arten bemaßen:

- Die Endpunkte der Schräge werden bemaßt.
- Die Schräge wird durch eine Winkelangabe in Grad und die Lage eines Bezugspunkts festgelegt.

Fasen bemaßt man entweder

- durch Bemaßung der Ecken oder
- durch Bemaßung von Eckabstand und Fasenwinkel.

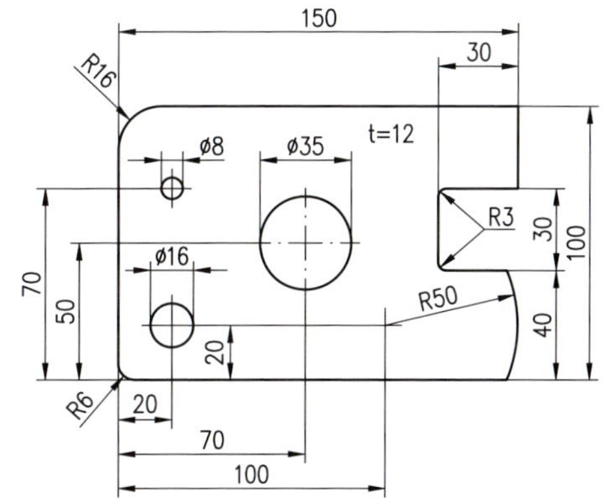

Werkstück mit Radien und Bohrungen

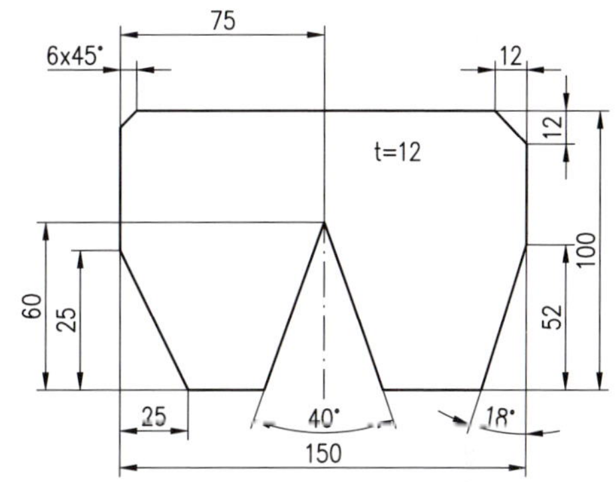

Werkstück mit Fasern und Winkeln

2. Bemaßung von Teilkreisdurchmessern und Teilungen

Durchmesser können auf zwei Arten bemaßt werden:

- Der Durchmesser wird direkt in den zu bemaßenden Kreis eingetragen. Ausnahmsweise dürfen sich hierbei Maßlinien schneiden.
- Die Durchmesserangabe kann mithilfe von Maßhilfslinien achsparallel an den Durchmesser herangeführt werden.

Bohrungen und andere Formelemente können auf Kreisen mit gleichen Winkelabständen liegen. Solche **Teilungen** lassen sich vereinfacht bemaßen. Man gibt die Anzahl und den Winkelabstand der Formelemente an; zusätzlich wird der Gesamtwinkel in Klammern eingetragen.

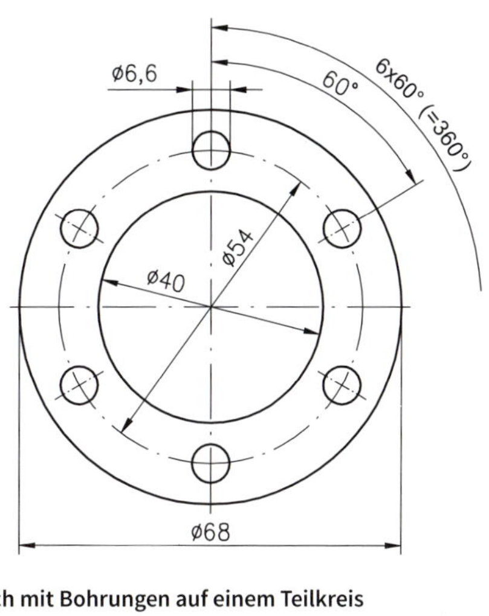

Flansch mit Bohrungen auf einem Teilkreis

1.3.5 Eintragung von Toleranzangaben

Maßangaben bestimmen die Größe einzelner Konturen eines Werkstücks. Berücksichtigt wird dabei aber nicht, dass Maße nie genau eingehalten werden können, aber auch nicht genau eingehalten werden müssen. Daher legt man für die Maße zulässige Abweichungen in Form von Toleranzangaben fest.
Man unterscheidet in Zeichnungen drei Arten der Toleranzangaben:

- **Allgemeintoleranzen:** Diese gelten für alle Maße ohne Toleranzzeichen.
- **Einzeltolerierte Maße:** Sie sind mit den Zahlenwerten der Grenzabmaße gekennzeichnet.
- **Passmaße:** In Passmaßen sind die Grenzabmaße durch eine Buchstaben- und Zahlenkombination verschlüsselt.

Beispiel für eine Zeichnung mit Toleranzangaben

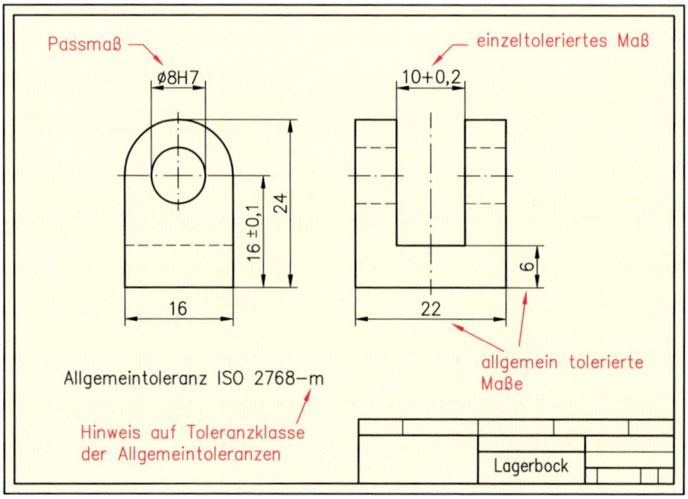

Allgemeintoleranzen gelten für alle Maße, die nicht unmittelbar mit einem Toleranzzeichen versehen sind. Die Größe der Allgemeintoleranzen entspricht den werkstattüblich erreichbaren Maßabweichungen. Allgemeintoleranzen sind in folgende Toleranzklassen eingeteilt:

f fein, **m** mittel, **g** grob, **v** sehr grob.

Der Hinweis auf die Toleranzklasse wird auf der Zeichnung angegeben durch *„Allgemeintoleranzen DIN ISO 2768 -....“.*
Die Grenzabmaße sind Tabellen zu entnehmen. Für nicht funktionsbedingte Radien und Fasen sind die Allgemeintoleranzen in eigenen Tabellen aufgeführt.
Z. B. betragen bei der Toleranzklasse m für das Maß 22 die Grenzabmaße ± 0,2 mm.

Einzeltolerierte Maße enthalten hinter dem Nennmaß die Angabe der Abmaße mit Vorzeichen +/–. Falls die Abmaße gleich groß sind, wird der Zahlenwert mit ± eingetragen. Wird nur ein Abmaß angegeben, gilt das Nennmaß als Grenze zur nicht zahlenmäßig beschriebenen Seite. Die Angabe 10+0,2 bedeutet z. B., dass die Grenzmaße 10,0 mm und 10,2 mm sind.

Passmaße werden durch einen Buchstaben und eine Zahl gekennzeichnet. Die Kombination weist auf die Größe der Abmaße hin und kann mithilfe von genormten Passungstabellen entschlüsselt werden. Große Buchstaben stehen an Angaben für Bohrungen, kleine Buchstaben an Angaben für Wellen. So bedeutet z. B. 8H7: Das Höchstmaß der Bohrung kann 8,015 mm und das Mindestmaß 8,000 mm sein.

!
- Für nicht gekennzeichnete Maße gelten Allgemeintoleranzen, deren Toleranzklasse in der Zeichnung angegeben wird.
- Einzeltolerierte Maße enthalten hinter dem Nennmaß die Grenzabmaße.
- Passmaße werden durch einen Buchstaben und eine Zahl gekennzeichnet.

1.3.6 Eintragung von Oberflächenangaben

Die Funktionstauglichkeit eines Werkstücks ist oftmals auch von der Beschaffenheit der Oberfläche abhängig. An die Oberflächenrauheit werden z. B. in Dichtungsbereichen oder bei Gleitflächen besondere Anforderungen gestellt. Entsprechende Oberflächenangaben müssen in der Zeichnung normgemäß den jeweiligen Werkstückflächen zugeordnet werden.

1. Symbole für Oberflächenangaben

Das Grundsymbol für Oberflächenangaben besteht aus zwei unter 60° gezeichneten Linien ungleicher Länge.

Eine zusätzliche waagerechte Linie weist darauf hin, dass die Oberfläche materialabtrennend bearbeitet wird.

Steht statt der Linie ein Kreis ohne zusätzliche Angabe, so bleibt die Oberfläche im Anlieferungszustand.

An das Grundsymbol werden die Zusatzangaben eingetragen:

- a Rauheitswerte Ra in µm und Rz in µm
- b zweite Anforderung an die Oberflächenbeschaffenheit (wie a)
- c Fertigungsverfahren, Behandlung
- d Rillenrichtung
- e Bearbeitungszugabe in mm

Grundsymbol für Oberflächenangaben

Materialabtrennend bearbeitete Oberfläche

Oberfläche bleibt im Anlieferungszustand

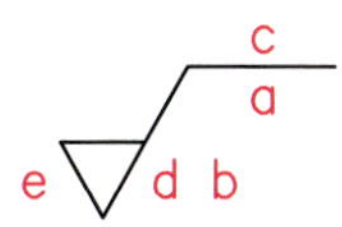

Lage von Oberflächenangaben am Symbol

Beispiele von Symbolen für Oberflächenangaben

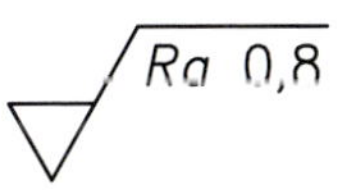

spanend bearbeitete Oberfläche mit dem oberen Grenzwert für die Rauheitskenngröße

Ra = 0,8 *µ*m

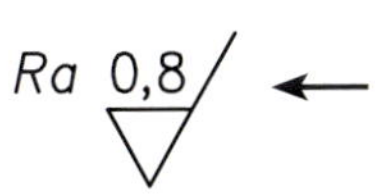

← in alten Zeichnungen

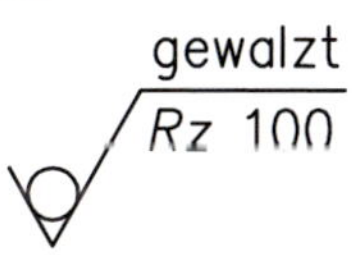

durch Walzen bearbeitete Oberfläche mit der Rauheitskenngröße

Rz = 100 *µ*m

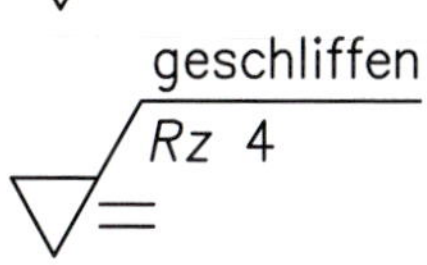

geschliffene Oberfläche mit der Rauheitskenngröße

Rz = 4 *µ*m,
Rillenrichtung parallel zur Projektionsachse

Werte für die Kennzeichnung der Oberflächenbeschaffenheit
(Die Reihe R 2 ist bevorzugt zu verwenden.)

Oberflächenbeschaffenheit nach alter Norm	**Oberflächenangaben** nach DIN EN ISO 1302							
	Rz in µm				*Ra* in µm			
	R 1	R 2	R 3	R 4	R 1	R 2	R 3	R 4
geschruppt Riefen fühlbar und mit bloßem Auge sichtbar	160	100	63	25	25	12,5	6,3	3,2
geschlichtet Riefen mit bloßem Auge noch sichtbar	40	25	16	10	6,3	3,2	1,6	0,8
fein geschlichtet Riefen mit bloßem Auge nicht mehr sichtbar	16	6,3	4	2,5	1,6	0,8	0,4	0,2
feinst geschlichtet		–	1	1	0,4	–	0,1	0,1

2. Eintragung von Oberflächenangaben in Zeichnungen

Für die Eintragung von Oberflächenangaben gilt, dass jede Fläche gekennzeichnet sein muss. Symmetrieeigenschaften werden nicht übernommen:

- Die Symbole und Beschriftungen müssen von unten oder von rechts lesbar sein.
- Das Symbol darf man auch in anderen Lagen zeichnen, wenn nur Angaben zur Rauheit eingetragen werden. Die grundsätzliche Lesbarkeit von unten oder von rechts muss beibehalten bleiben.
- Sind in dem Symbol Angaben zu besonderen Oberflächenbeschaffenheiten enthalten, werden Bezugslinien eingezeichnet, wenn sie nicht von unten oder rechts lesbar sind.

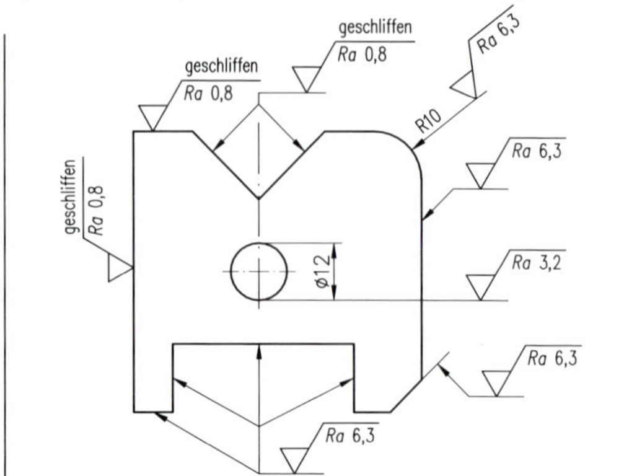

Eintragung von Oberflächenangaben

> **!** Die Eintragungsrichtung der Oberflächensymbole ist so zu wählen, dass die Spitze des Symbols wie ein Bearbeitungskeil auf die zu bearbeitende Oberfläche weist.

- Ist ein Werkstück durchweg mit der gleichen Oberflächenqualität zu fertigen, so erhält die Gesamtzeichnung das entsprechende Oberflächenzeichen als Hauptsymbol. Die abweichenden Oberflächenqualitäten werden in der Zeichnung gekennzeichnet, und in einer Klammer hinter das Hauptsymbol werden die entsprechenden Oberflächenzeichen angeordnet.
- Das Symbol sollte dort eingetragen werden, wo die zugehörige Bemaßung erfolgt.

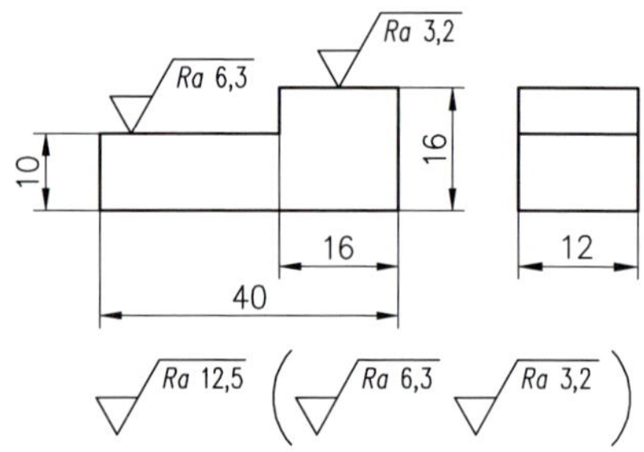

Werkstück mit Oberflächenangaben

3. Fertigungsverfahren und Oberflächenangaben

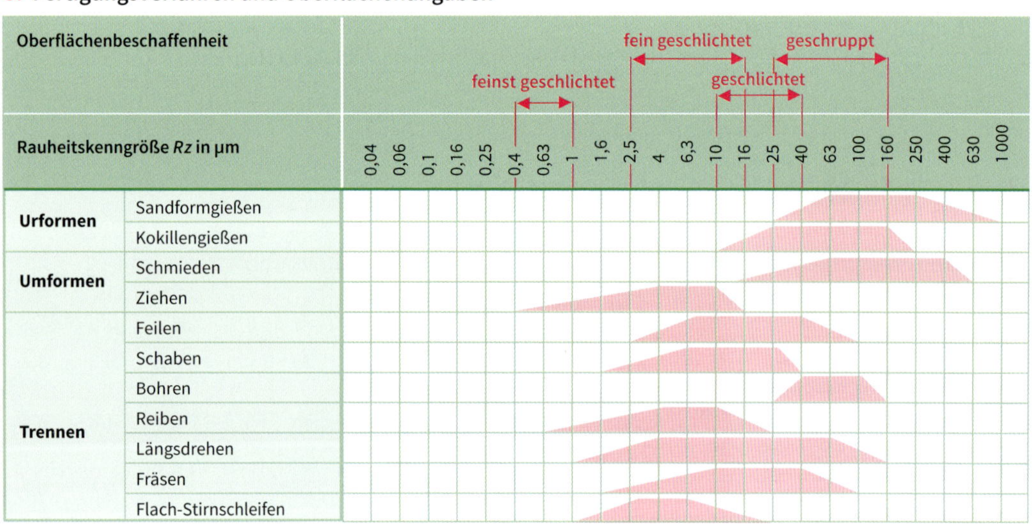

Zeichenerklärung: Rauheitswert bei sorgfältiger Fertigung Rauheitswert bei grober Fertigung

Übungsaufgabe 1/12

1.3.7 Anwendungsbezogene Bemaßung

Für die Eintragung von bestimmten Maßen kann es notwendig sein, die jeweilige Maßeintragung anwendungsbezogen vorzunehmen.
Die Ausgangszeichnung dient als Grundlage für die Darstellung der Funktion. Sie ist so vermaßt, dass das Bauteil hergestellt werden kann und dass die Funktion des Bauteils sichergestellt ist. Für die Fertigung, bzw. für die Prüfung können daraus abgeleitet eigene Zeichnungen mit den anwendungsbezogenen Maßen erstellt werden.

Beispiele für anwendungsbezogene Bemaßung

Sachverhalt

Die zwei Stifte des dargestellten Oberteils sollen in die Bohrungen des Unterteils passen.

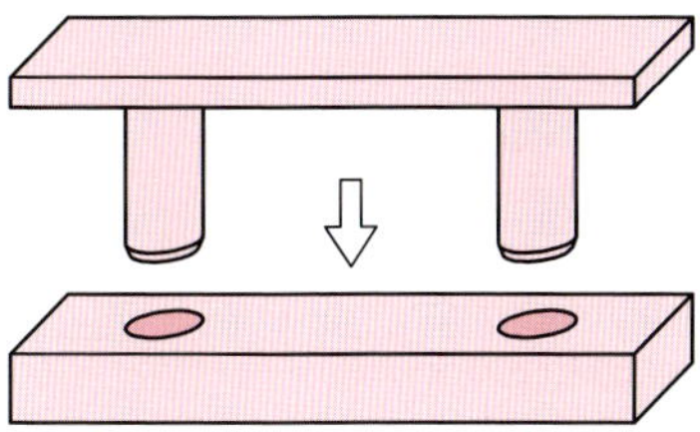

Gesichtspunkte zur Bemaßung

Funktionsgerechte Bemaßung

Damit dies sichergestellt ist, wählt der Zeichner für die Bemaßung der Bohrungsabstände eine funktionsgerechte Maßeintragung. Aus dem Bohrungsabstand und dem Bohrungsdurchmesser mit den jeweiligen Toleranzangaben ergeben sich entsprechende Fertigungs- bzw. Prüfmaße.

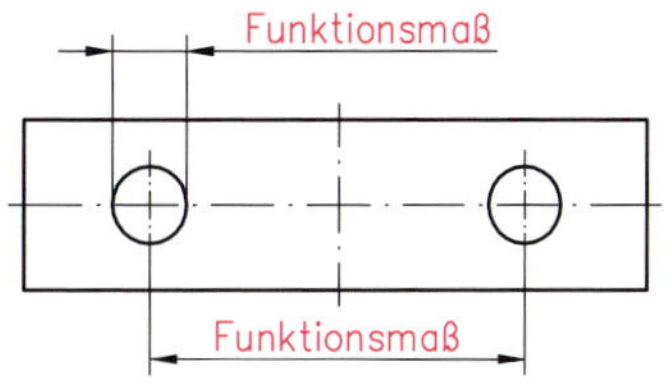

Fertigungsgerechte Bemaßung

Für die Fertigung des Unterteils ist es vorteilhaft, wenn die Bemaßung so eingetragen ist, wie der Fachmann den Flachstahl anreißen würde. Dies ist eine fertigungsgerechte Bemaßung.

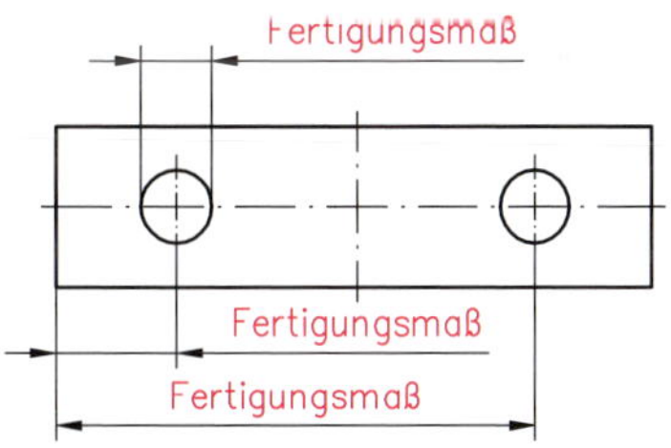

Prüfgerechte Bemaßung

Eine prüfgerechte Bemaßung ergibt sich aus den zur Prüfung des Werkstücks verwendeten Messmitteln. Die dargestellte prüfgerechte Bemaßung des Unterteils erleichtert die Prüfung der Bohrungsabstände mit dem Messschieber.

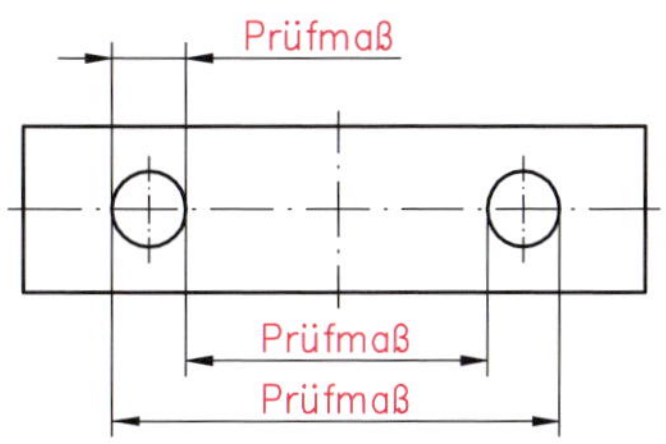

!

Die funktionsgerechte Zeichnung dient als Vorgabe für die Fertigung, Prüfung und Dokumentation eines Bauteils.
Anwendungsbezogene Maße können in zusätzlichen Zeichnungen für die Fertigung bzw. Prüfung eingetragen werden.

Übungsaufgaben 1/13 bis 1/15

1.4 Darstellung und Bemaßung zylindrischer Werkstücke

Zylindrische Bauteile können in einer Ansicht bemaßt werden. Das Durchmesserzeichen vor der Maßzahl gibt die Information, dass es sich um ein Drehteil handelt.

Die **Drehachse** des zylindrischen Bauteils wird durch eine schmale Strichpunktlinie gekennzeichnet.

Fasen an Drehteilen werden mit einem Längenmaß und dem Winkel bemaßt.

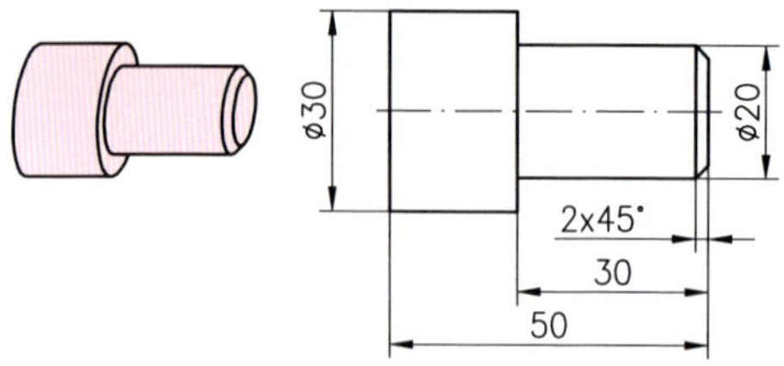

Darstellung eines Bolzens mit Fase

Sind an Drehteilen **Abflachungen** vorhanden, werden diese durch zwei sich kreuzende schmale diagonale Volllinien gekennzeichnet.

Oft werden Abflachungen an Drehteilen angebracht, damit man bei der Montage einen Maulschlüssel ansetzen kann. Die sogenannte **Schlüsselweite** kann vereinfacht mit dem Kurzzeichen SW und der entsprechenden Maßzahl dargestellt werden.

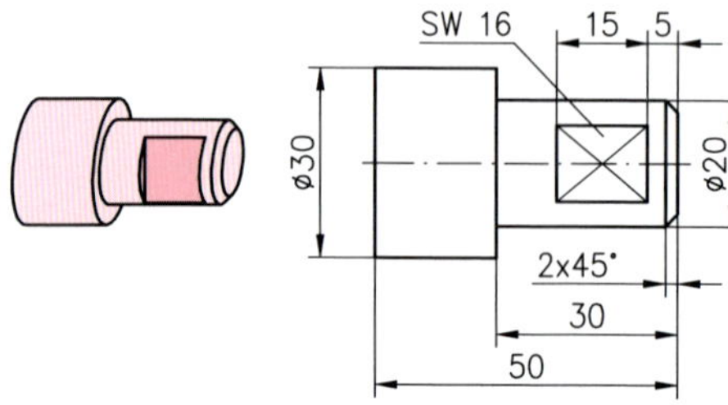

Zylindrisches Werkstück mit Abflachung

Abflachungen an zylindrischen Werkstücken führen in den unterschiedlichen Ansichten der Werkstückkontur zu Kanten, die nur mithilfe von Konstruktionslinien ermittelt werden können.

Folgende Vorgehensweise zur Konstruktion der Abflachung ist möglich:

- Blatteinteilung mit gleichen Abständen der Ansichten wählen und 45°-Linie einzeichnen.
- Mittellinien und Umrisse (Hüllform) in allen Ansichten mit schmalen Linien zeichnen.
- Mithilfe der Konstruktionslinien die Lage der fehlenden Kanten der Werkstückkontur in allen Ansichten ermitteln.
- Konstruktionslinien abradieren und Ausziehen der sichtbaren Kanten mit breiter Volllinie.

Beispiel für ein Werkstück mit Abflachung

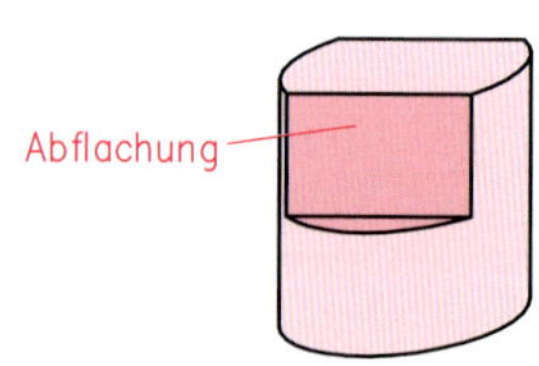

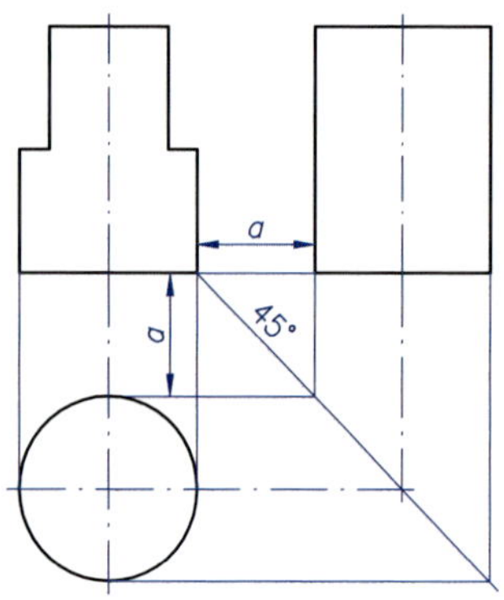

Hüllform des Werkstücks

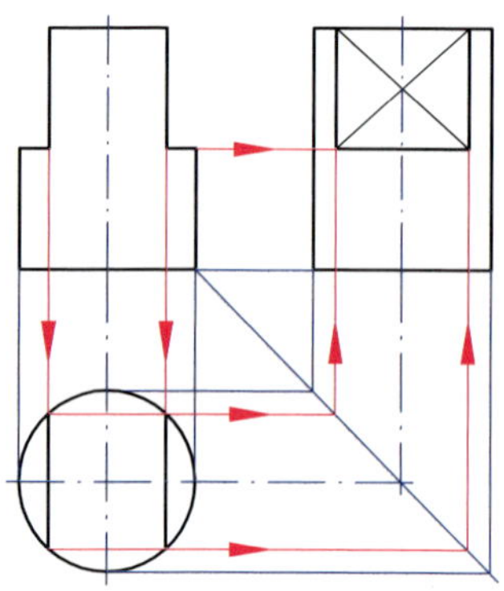
Konstruktion der Abflachung

1.5 Schnittdarstellungen

Der innere Aufbau eines Werkstücks wird besser vorstellbar, wenn man sich der Schnittdarstellungen bedient.
Beim Zeichnen eines Schnitts kann man sich das Werkstück in der Mitte durchgetrennt vorstellen. Es werden neue Kanten in der Schnittfläche sichtbar.
Die gedachte Schnittfläche kennzeichnet man in der Zeichnung durch eine Schraffur. Die Schraffur besteht aus schmalen Volllinien, die in gleichmäßigen Abständen diagonal gezeichnet werden. Die bevorzugte Schraffurrichtung verläuft im Winkel von 45° von unten links nach oben rechts.

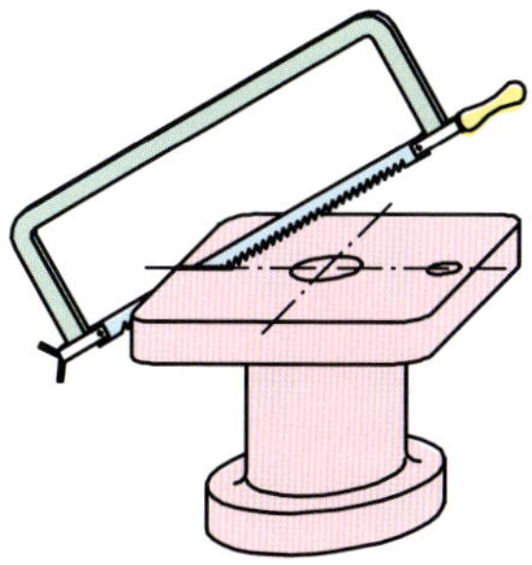
Gedankliches Modell eines Schnitts

Schnitte kann man in verschiedenen Darstellungen zeichnen. Man unterscheidet:
- Vollschnitt,
- Halbschnitt,
- Teilschnitt.

1. Vollschnitt
Das Werkstück wird als vollständig durchgeschnitten gezeichnet. Die sichtbar gewordenen Kanten zeichnet man als breite Volllinie, verdeckte Kanten lässt man entfallen. Die Schraffurlinien sollen ohne Versatz durch die ganze Schnittfläche verlaufen.

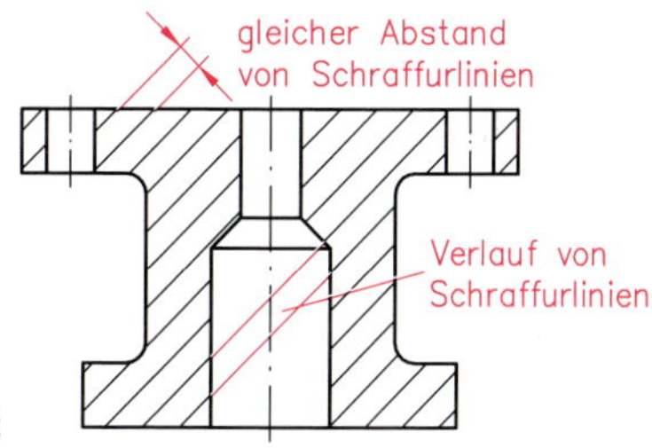

Vollschnitt

2. Halbschnitt
Das Werkstück wird nur auf einer Seite bis zur Symmetrielinie im Schnitt gezeichnet. Die Symmetrielinie bleibt auch in der Darstellung erhalten.
Im nicht geschnittenen Teil des Werkstücks werden keine verdeckten Kanten eingezeichnet.
Im Halbschnitt bemaßt man die Durchmesser mit nur einem Maßpfeil.
Bei einem Halbschnitt mit senkrechter Mittellinie liegt der Schnitt immer rechts von der Mittellinie. Bei einem Halbschnitt mit waagerechter Mittellinie liegt der Schnitt immer unter dieser.

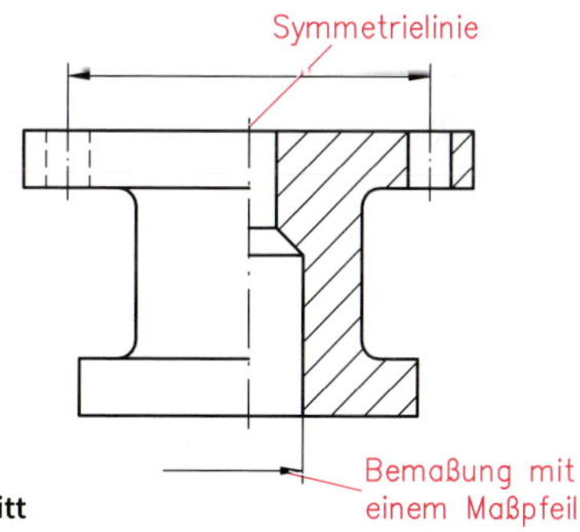

Halbschnitt

3. Teilschnitt
Ein Teilschnitt wird durch eine Ausbruchlinie als schmale Freihandlinie oder schmale Zickzacklinie begrenzt. Der Rest der Werkstücks wird in einer normalen Ansichtsdarstellung gezeichnet.

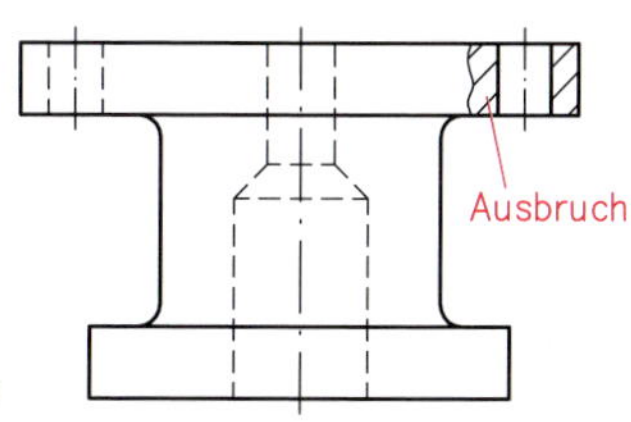

Teilschnitt

> **!** Der Halbschnitt wird bei symmetrischen Bauteilen angewandt und hat gegenüber dem Vollschnitt den Vorteil, dass die Innenkontur und gleichzeitig die Außenkontur sichtbar werden. Der Teilschnitt zeigt nur die Innenkontur von wichtigen Teilbereichen eines Bauteils.

1.6 Darstellung und Bemaßung von Gewinden

In der Technik hat man sich auf eine vereinfachte Darstellung von Gewinden geeinigt, weil die eigentlichen Gewindegänge sehr aufwendig zu zeichnen sind.

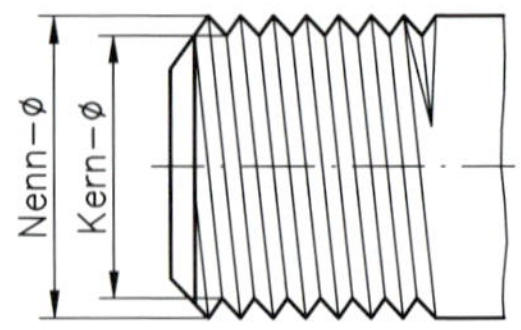

Darstellung eines Gewindebolzens mit Gewindegängen

1. Außengewinde in der Ansicht

Folgende Vereinbarungen gelten:

- Der Nenndurchmesser wird als breite Volllinie gezeichnet.
- Der Kerndurchmesser wird als schmale Volllinie dargestellt.
- Den Anschnitt des Gewindes zeichnet man mit einer 45°-Fase.
- Das Gewindeende erhält eine breite Volllinie.
- Bei der Ansicht in Achsrichtung wird das Außengewinde mit einem Vollkreis (breite Volllinie) für den Nenndurchmesser und einem 3/4-Kreis (schmale Volllinie) mit beliebiger Lage für den Kerndurchmesser gezeichnet.

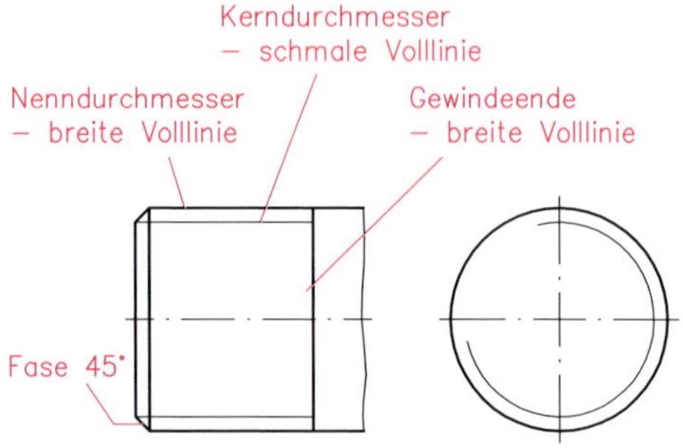

Vereinfachte Darstellung eines Gewindebolzens

2. Innengewinde im Schnitt

Folgende Vereinbarungen gelten:

- Der Nenndurchmesser wird als schmale Volllinie gezeichnet.
- Der Kerndurchmesser wird als breite Volllinie dargestellt, die Schraffur wird bis zu dieser Linie geführt.
- Das Gewindeende erhält eine breite Volllinie.
- Bei der Ansicht in Achsrichtung wird ein Innengewinde mit einem Vollkreis (breite Volllinie) für das Kernloch und einem 3/4-Kreis (schmale Volllinie) mit beliebiger Lage für den Nenndurchmesser gezeichnet.

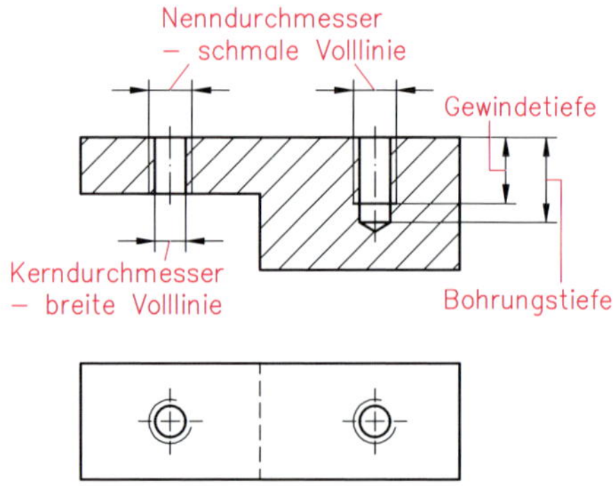

Darstellung von Innengewinden

3. Bemaßung von Gewinden

Ein Gewinde ist durch die Angabe der Gewindeart, des Nenndurchmessers und der Gewindelänge vollständig bemaßt.
Die Gewindeart wird durch Buchstaben verschlüsselt angegeben, an den sich die Zahl des Nenndurchmessers anschließt.

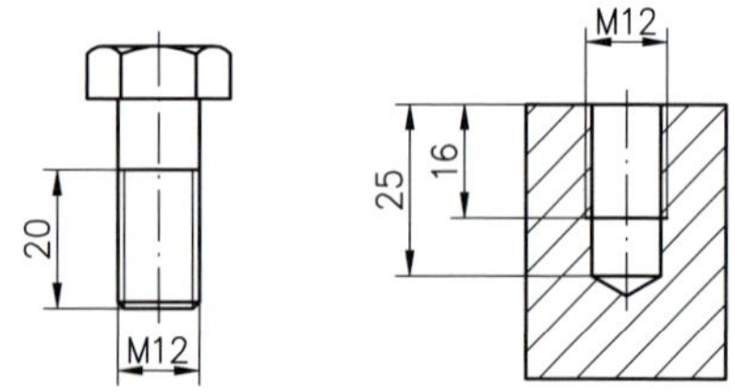

Bemaßung von Gewinden

! Gewinde werden in technischen Zeichnungen vereinfacht durch Volllinien mit unterschiedlichen Strichstärken für Nenn- und Kerndurchmesser dargestellt.

Übungsaufgaben 1/19 bis 1/22

1.7 Normen und Normteile

Durch Normen vereinheitlicht man Verfahren, Methoden und Gegenstände. Im Rahmen der internationalen Arbeitsteilung und Gewährleistung der Austauschbarkeit von Bauteilen werden Normen gemeinschaftlich festgelegt. Normangaben enthalten in der Regel neben dem Fachbegriff Kurzzeichen für den Geltungsbereich der Norm und eine Nummer. Diese Nummer verweist auf das Normblatt, in dem alle Vorgaben genau festgelegt sind.

Beispiele für genormte Konturen und Bauteilformen

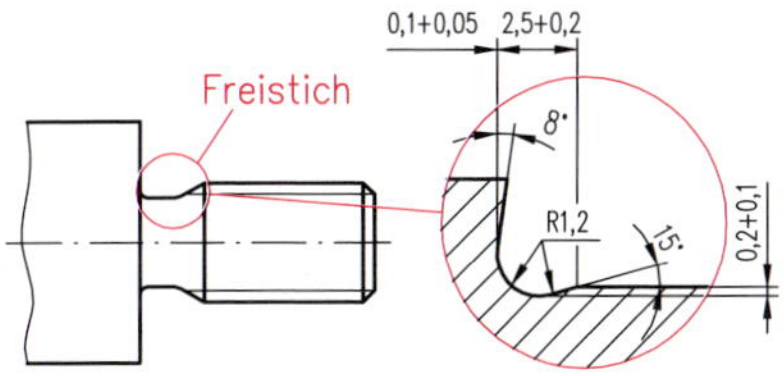

Gewindefreistich nach DIN 76-1

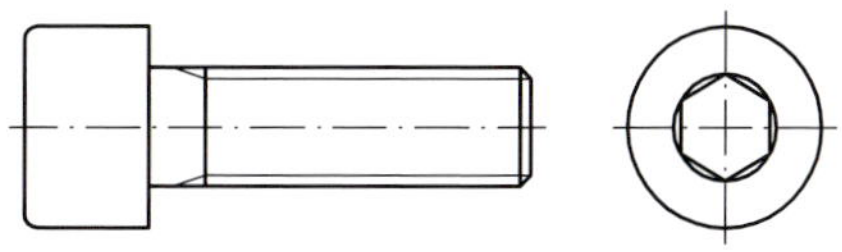

Zylinderschraube nach DIN EN ISO 4762

Es existieren nationale und internationale Arbeitsausschüsse, welche Normen für die Allgemeinheit entwickeln, pflegen und für verbindlich erklären.

Deutsches Institut für Normung – DIN	Internationale Norm – ISO	Europäische Norm – EN
In Deutschland werden die Normen durch das Deutsche Institut für Normung e.V. erstellt, welche dann mit **DIN** gekennzeichnet sind.	Normen des Internationalen Normenausschusses (International Standardization Organisation) werden mit ISO gekennzeichnet. Wenn DIN-Normen der ISO-Norm entsprechen, werden sie mit den Zeichen **DIN ISO** aufgeschrieben.	Findet man die Kennzeichnung **EN**, so enthält diese Norm auch die Festlegungen der europäischen Norm.

Neben genormten Bauelementen sind auch Werkstückdetails, wie z. B. Gewindefreistiche und Zentrierbohrungen, in einer Norm vereinheitlicht. Diese Werkstückdetails können in der Zeichnung vereinfacht dargestellt werden. Der Fachmann muss dann in der Fertigung mit entsprechenden Werkzeugen dieses Werkstückdetail herstellen. Die notwendigen Abmessungen kann er aus Tabellenbüchern entnehmen.

Beispiel für ein genormtes Werkstückdetail

Vereinfachte Darstellung in der Zeichnung

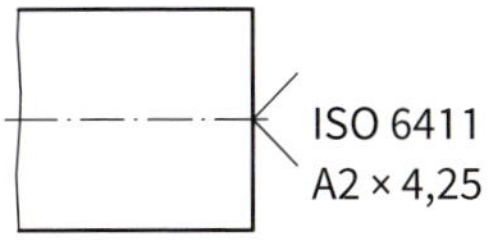

Zentrierbohrung ist am Fertigteil erforderlich.

Auszug der Norm aus dem Tabellenbuch

Zentrierbohrungen nach ISO 6411

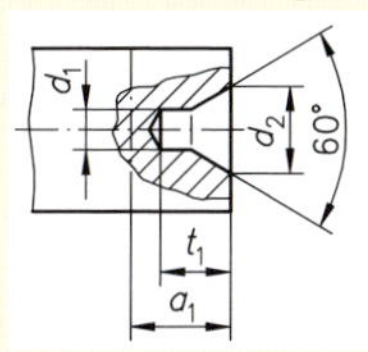

Form A

d_1	1	1,25	1,6	2	2,5
d_2	2,12	2,65	3,25	4,25	5,3
t_1	1,9	2,3	2,9	3,7	4,6
a_1	3	4	5	6	7

! Normteile sind in Form, Größe und Material vereinheitlichte Bauelemente, deren Abmessungen und Eigenschaften aus Tabellen entnommen werden können.

1.8 Darstellung von Schraubenverbindungen

Die Schraubenverbindung wird im Maschinenbau häufig verwendet, um Bauteile miteinander zu fügen. Schrauben, Muttern und Scheiben werden nicht geschnitten dargestellt. Diese Vereinbarung gilt auch für Bolzen, Achsen, Wellen und andere zylindrische Bauelemente.

Die Schraubenabmessungen sowie die Abmessungen der Normteile und Senkungen sind aus Tabellenbüchern zu entnehmen.

Hierarchie der Verdeckungen bei Schraubenverbindungen in Schnittdarstellungen

- Unterlegscheibe verdeckt Schraube,
- Außengewinde hat Vorrang von Innengewinde,
- Mutter verdeckt Schraube.

Beispiele für Schraubenverbindungen in Schnittdarstellungen

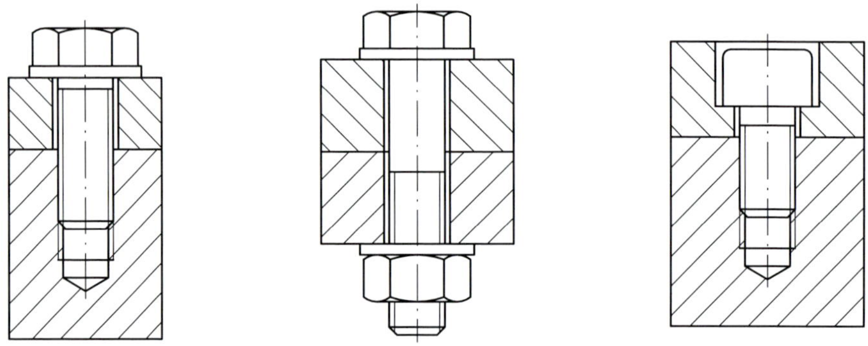

!

Beim Zeichnen einer Schraubenverbindung gelten folgende Vereinbarungen:
- Schrauben, Muttern und Scheiben liegen zeichnerisch übergeordnet vor den anderen Bauteilen.
- Von diesen Elementen verdeckte Kanten werden nicht gezeichnet.
- Das Außengewinde der Schraube verdeckt das Innengewinde.
- Die Mutter verdeckt die Schraube.

1.9 Gesamtzeichnung und Stückliste

Die Funktion und den Aufbau einer Baugruppe kann man in einer Gesamtzeichnung darstellen. Sie zeigt die Einzelteile einer Baugruppe im Zusammenbau.

Jedes Einzelteil erhält in der Gesamtzeichnung eine Positionsnummer. In der zugehörigen Stückliste werden dann alle Einzelteile der Baugruppe listenartig aufgeführt. Die Gesamtzeichnung enthält keine Bemaßung. Wichtige Zusammenbaumaße können jedoch eingetragen werden.

Bei Schnittdarstellungen werden die verschiedenen Bauteile unterschiedlich schraffiert, insbesondere, wenn sie aneinandergrenzen. Man erreicht dies durch Änderung der Schraffurrichtung oder durch eine andere Schraffurbreite.

Zu jeder Baugruppe gehören eine Gesamtzeichnung, Einzelteilzeichnungen und eine Stückliste. Positionsnummern kennzeichnen die Einzelteile. Mithilfe der Positionsnummern in der Stückliste werden den Einzelteilen Angaben zu Menge, Benennung und Kennzeichnung zugeordnet.

Übungsaufgabe 1/23

Beispiel einer Gesamtzeichnung mit Stückliste

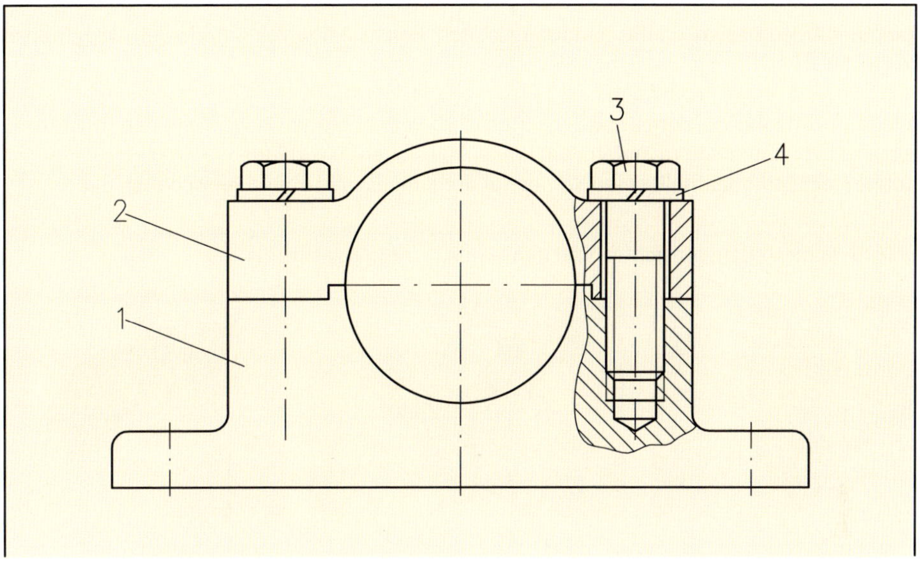

Angaben zur Kennzeichnung: Sachnummer, DIN-Nummer, Abmessungen

Zusätzliche Angaben: Werkstoffangaben, Bestell-nummern, Rohteilmaße

4	2	Stck.	Federring		
3	2	Stck.	Sechskantschraube	ISO 4014 – M10x30	8.8
2	1	Stck.	Gehäuseoberteil	1.02	EN-GJS-400-15
1	1	Stck.	Gehäuseunterteil	1.01	EN-GJS-400-15
Pos.	Menge	Einheit	Benennung	Sachnummer / Norm-Kurzbezeichnung	Werkstoff
1	2	3	4	5	6

Verantwortl. Abt.	Technische Referenz Stahlschmidt	Erstellt durch Hengesbach	Genehmigt von Pyzalla	
	Dokumentenart Gesamtzeichnung		Dokumentenstatus freigegeben	
	Titel, Zusätzlicher Titel Lager		1.00	
			Änd. A / Ausgabedatum 16.01. / Spr. de / Blatt 1/1	

Name des Teils, wird auch in der Einzelteilzeichnung verwendet (immer in der Einzahl)

Anzahl der gleichen Teile einer Position mit Einheitsangabe

Fortlaufende Nummerierung der Einzelteile

! In einer Gesamtzeichnung wird eine Baugruppe im zusammengebauten Zustand dargestellt. Die Einzelteile erhalten Positionsnummern und sind damit in der Stückliste aufgeführt. Unterschiedliche Schraffuren erleichtern die Lesbarkeit.

2 3D-CAD-Systeme

2.1 3D-CAD-Technik

CAD (**C**omputer **A**ided **D**esign) ist die computergestützte Konstruktion von Einzelteilen, Baugruppen oder gesamten technischen Erzeugnissen, beispielsweise Maschinen.

3D-CAD-Systeme erlauben es dem Benutzer, virtuelle 3D-Volumenmodelle während der Konstruktion von allen Seiten zu betrachten und zu ändern, um Bauteilkollisionen zu verhindern.
Das veraltete Flächenmodell stellt einen Körper nur dreidimensional ohne Eigenschaften dar.

Beispiele für verschiedene Ansichten und den Schnitt eines Abgaskrümmers

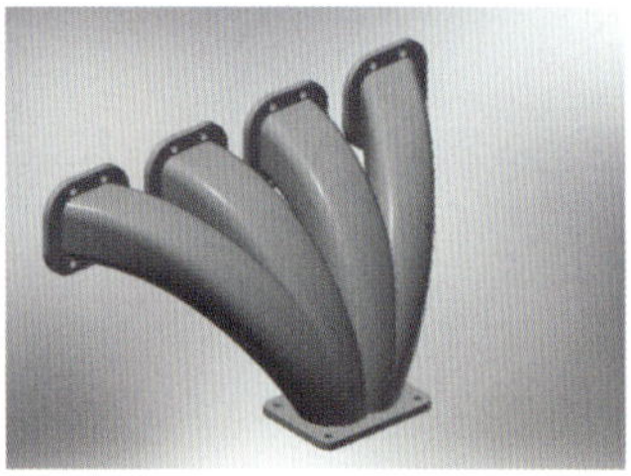

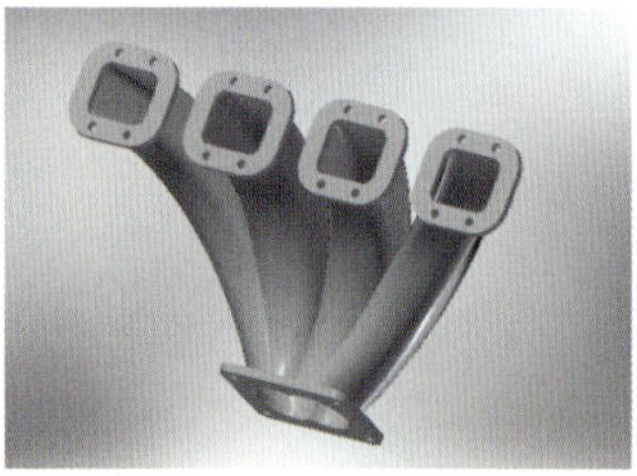

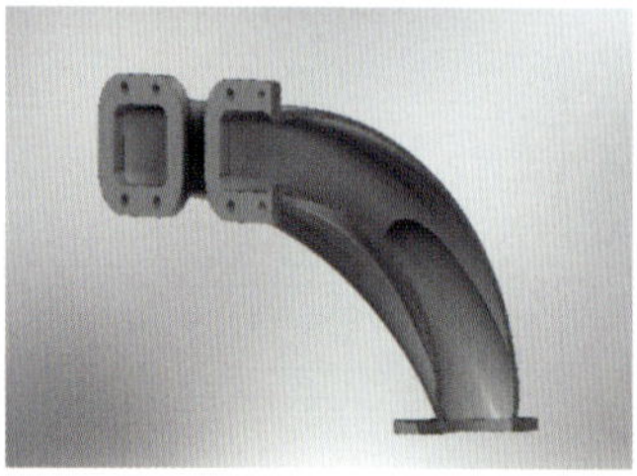

Aus den 3D-Modellen werden später klassische technische Zeichnungen mit Bemaßungen zur Fertigung abgeleitet. Es ist aber auch möglich, die 3D-Daten ohne Umwege an die jeweilige Fertigungsanlage zu senden. 3D-Drucker, Fräs- oder Drehmaschinen erstellen dann selbstständig das geforderte Bauteil.

In Ergänzung dazu erlauben moderne 3D-CAD-Systeme die Erstellung von Simulationen oder Berechnungen zu Festigkeiten. Die Computersimulationen ermöglichen es, verschiedene Materialien, die zur Auswahl stehen, oder unterschiedliche Konstruktionsvarianten zu vergleichen. Das hilft den Konstrukteuren dabei, Produkte zu verbessern oder an neue Anforderungen anzupassen.

Beispiel einer Belastungsanalyse an einem Klemmflansch

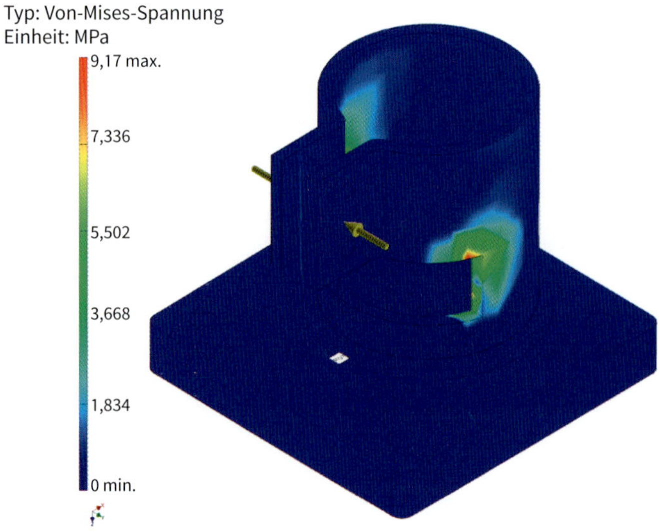

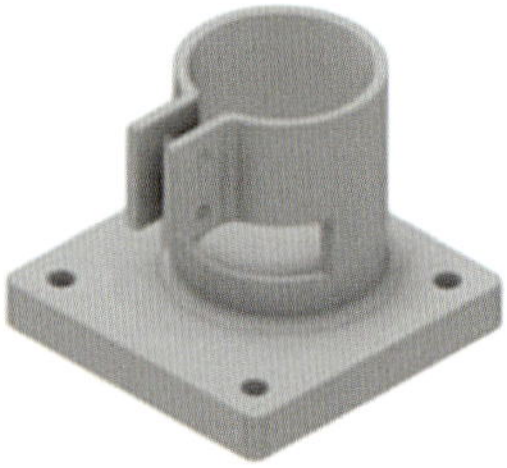

2.2 Konstruieren mit 3D-CAD-Programmen

Die Konstruktion von Bauteilen mit modernen 3D-CAD-Programmen geschieht mithilfe der Bedienelemente nach einem einfachen Prinzip:

Im ersten Stadium der Konstruktion, dem **Erstellen**, wird eine 2D-Skizze der Basis angefertigt. Nach deren Fertigstellung und Bemaßung wird diese bei einfachen Körpern zu einem Volumenmodell extrudiert, bei ringförmigen Körpern, die nicht durch Extrudieren zu erzeugen sind, wird die Basis durch Drehung zum Volumenkörper. Für Spiralen, Rippen u. a. stehen zur Erzeugung des Volumenkörpers weitere Funktionen zur Verfügung.

Das zweite Stadium der Konstruktion ist das **Ergänzen und Ändern** des Volumenkörpers durch Anbringen von Fasen, Radien, Bohrungen usw.

Beispiele für Bedienelemente eines 3D-CAD-Programms

Aufbauschema einfacher Körper

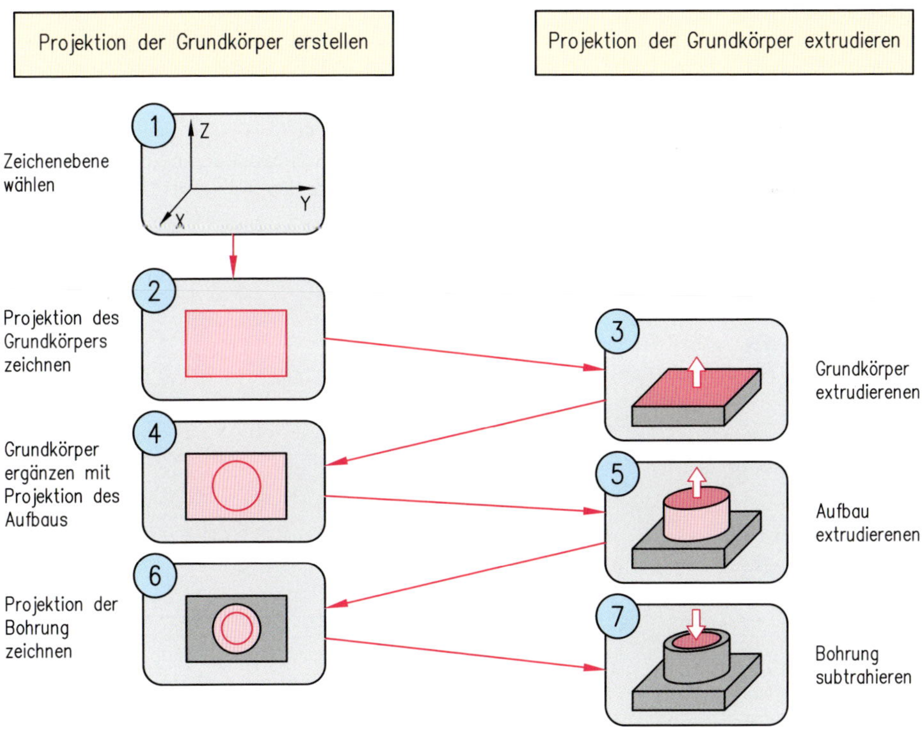

Außer den hier kurz beschriebenen Funktionen existieren noch vielfältige weitere Konstruktionsinstrumente. Die parametrische Modellierung erlaubt z. B. viele Größenvarianten einer Konstruktion über die Eingabe von veränderlichen Konstanten (Parametern) zu erstellen.

! 3D-Modelle werden aus einzelnen Volumenkörpern zusammengesetzt.

Übungsaufgabe 2/1

Beispiel für eine 3D-CAD-Konstruktion

Ein am Boden gerissener Klemmflansch ist mithilfe von additiven Fertigungsverfahren möglichst schnell und kostengünstig zu ersetzen.

Zu diesem Zweck ist im ersten Schritt ein 3D-Modell zu konstruieren.

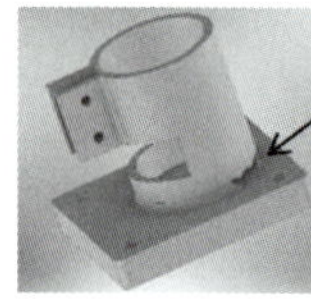

Lösung

Projektionen der Grundkörper erstellen	Projektionen der Grundkörper extrudieren

1 Zeichenebene wählen

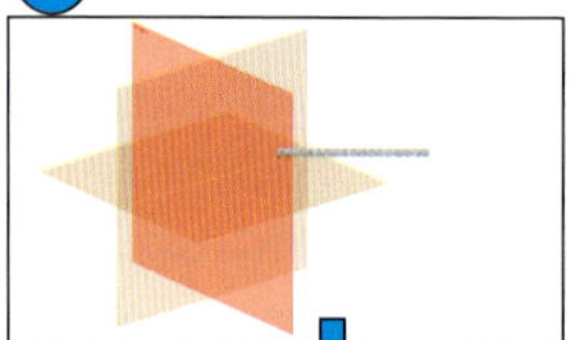

2 Projektion des Grundkörpers zeichnen und bemaßen

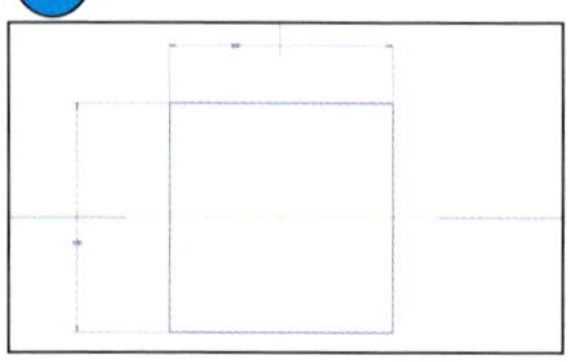

3 Grundkörper extrudieren

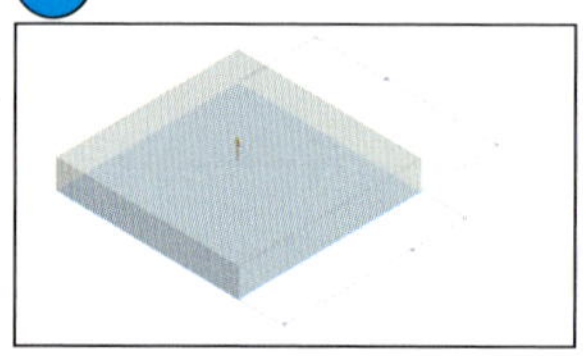

4 Grundköprer mit Zeichnungen des Aufbaus ergänzen

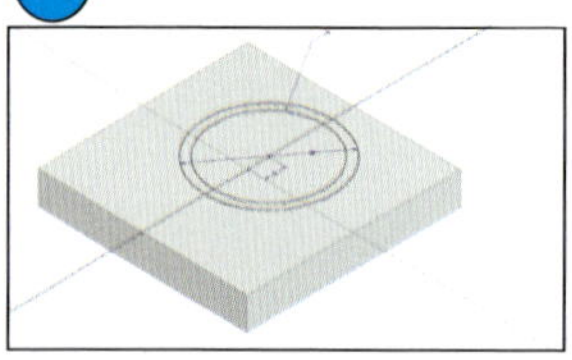

5 Aufbau extrudieren

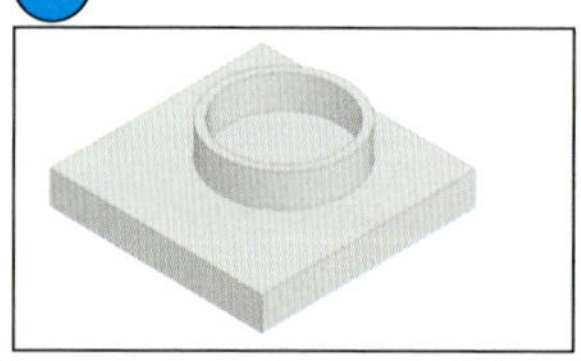

6 Zeichnung des Ausschnitts anfertigen

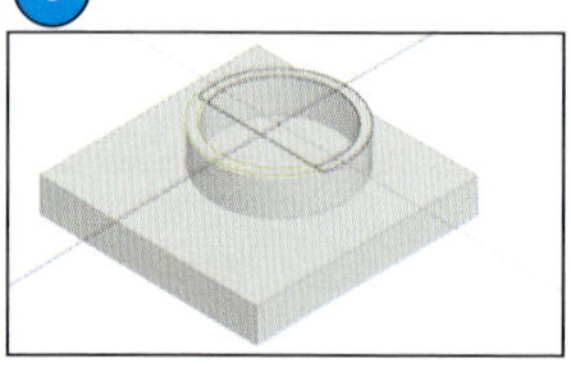

7 Aufbau mit Ausschnitt versehen

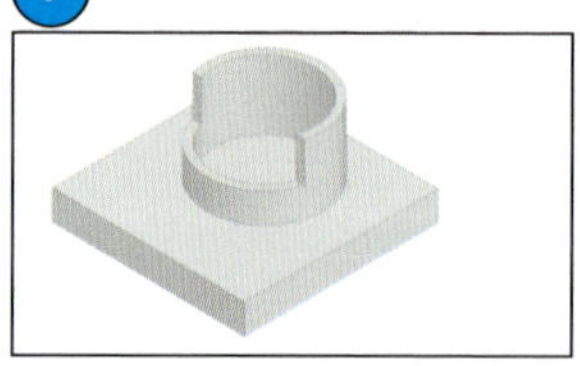

8 Grundkörper ergänzen mit Projektionen der Lasche

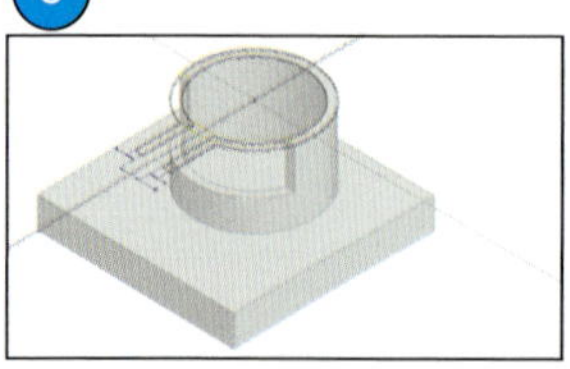

9 Konstruktionstechnische Elemente in der 3D-Zeichnung anfügen (Bohrungen, Rundungen)

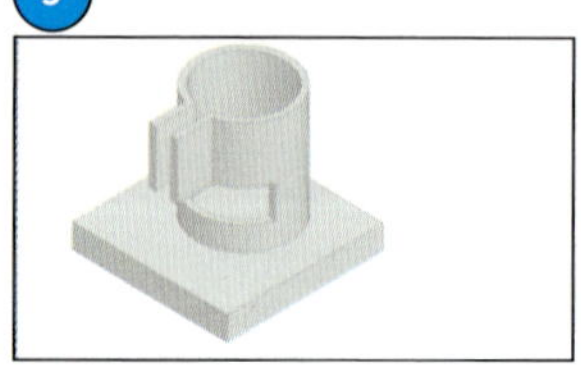

Aus einem vollendeten 3D-Volumenmodell kann eine technische Zeichnung angefertigt werden. Die dreidimensionale Konstruktion wird also in ein technisches Dokument umgewandelt, welches zur Herstellung des Bauteils in der Werkstatt verwendet werden kann.

Beispiel für eine aus einem 3D-Modell entwickelte Bauteilzeichnung

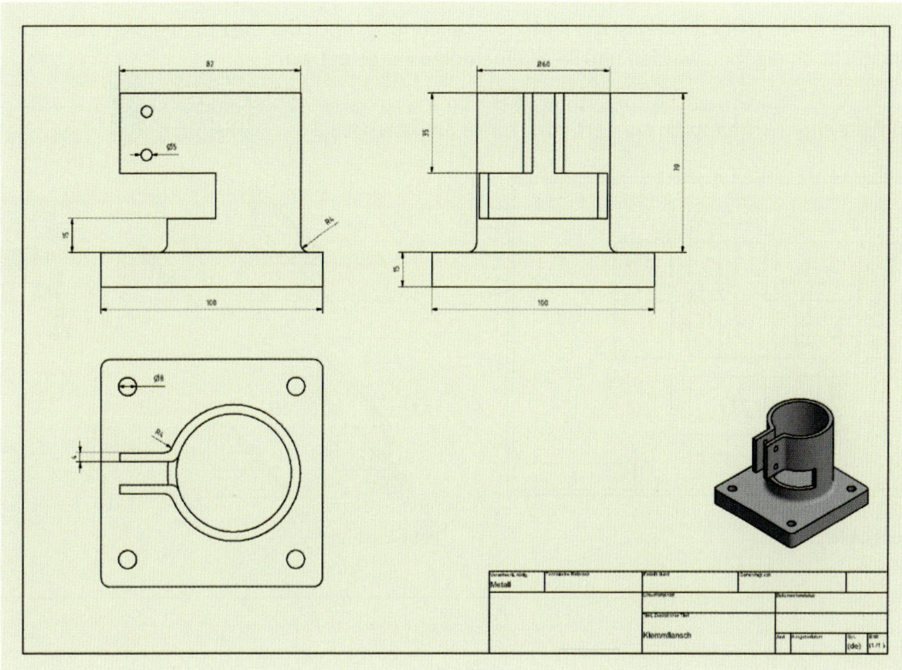

2.3 Abspeichern und Weiterleiten von 3D-Konstruktionen

Es existieren verschiedene 3D-CAD Programme wie z. B. Solid Edge, CATIA V5, Autodesk Inventor oder SOLIDWORKS. Da alle Programme unterschiedliche Dateiformate zum Speichern der Daten besitzen, wurde eine von der ISO (**I**nternationale **O**rganisation für **N**ormung) standardisierte Norm zum Datenaustausch definiert: das **STEP**-Format. Die mit .stp oder .step endenden Dateien eignen sich für CAD-Anwendungsbereiche, die rechnerunterstütze Fertigung (CAM) sowie die additiven Fertigungsverfahren.

Beispiel für den Einsatz einer 3D-Konstruktion bei der Planung des 3D-Drucks

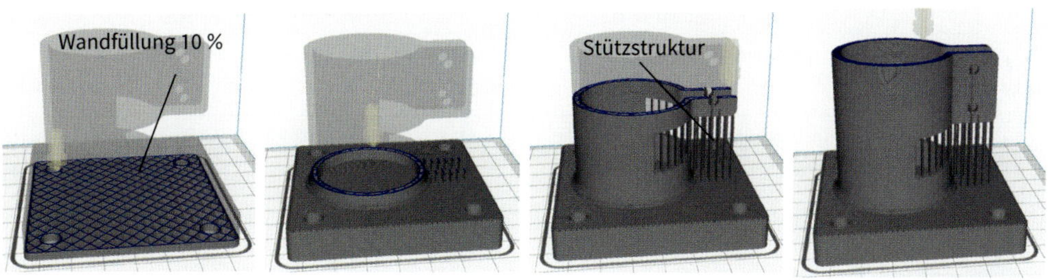

3 Technische Informationsquellen

3.1 Arbeitspläne

Der Arbeitsplan ist eine tabellenförmige Auflistung der bei der Fertigung eines Werkstücks durchzuführenden Arbeitsgänge. Zusätzlich enthält er zu jedem Arbeitsgang wichtige ergänzende Informationen zur Fertigung.
Die Grundlage für den Arbeitsplan ist die Fertigungszeichnung, nach der die Arbeitsgänge zur Fertigung eines Werkstücks angegeben werden und ihre Reihenfolge festgelegt wird.

Beispiel für einen Arbeitsplan zur Fertigung eines Zwischenstücks

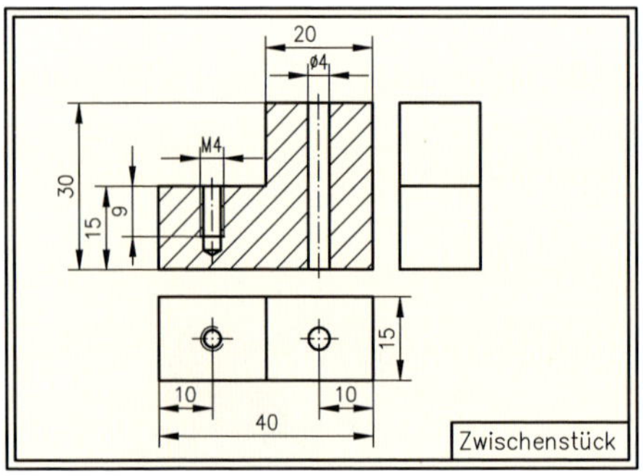

Fertigungszeichnung

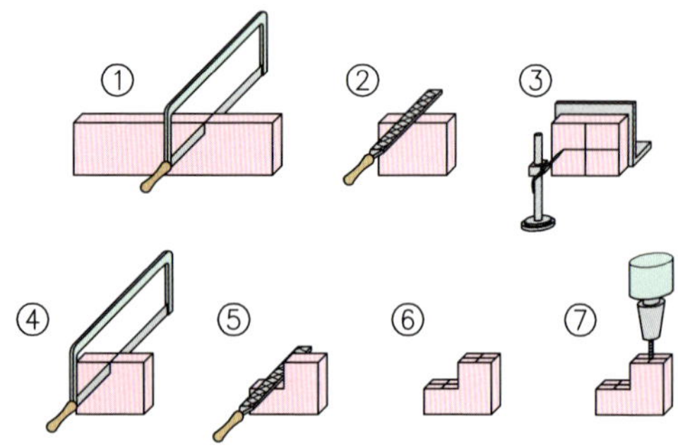

Arbeitsgänge

Arbeitsplan					
Benennung Zwischenstück	**Zeichng.-Nr** 1001.00		**Rohteil** Fl DIN EN 10278 30x15	**Werkstoff** S235 JR	**Datum:** 10.03. . . **Name:** Feilmann
Fertigungsfolge					
Nr.	**Arbeitsgang**	**Maschinen Werkzeuge**	**Spannmittel**		**Messmittel Anreißmittel Hilfsmittel**
1.	Rohteil ablängen	Bügelsäge	Schraubstock		Stahlmaß Winkel
2.	Stirnfläche feilen	Flachstumpffeilen H1 u. H2	Schraubstock		Winkel Messschieber
3.	Ausklinkung anreißen	Anreißplatte	Aufspannwinkel		Parallelanreißer
4.	Ausklinkung aussägen	Bügelsäge	Schraubstock		Messschieber Winkel
5.	Ausklinkung feilen	Flachstumpffeilen H1 u. H2	Schraubstock		Messschieber Winkel
6.	Bohrungen anreißen und körnen				Reißnadel, Stahllineal, Körner, Winkel
7.	Bohrung für Gewindeloch bohren	Bohrmaschine Bohrer ∅ 3,3 mm	Maschinenschraubstock		Tiefanschlag an der Bohrmaschine
8.	...				

Die Anordnung der Spalten eines Arbeitsplans muss nicht immer gleich sein, sondern hängt von seinem Einsatzzweck ab. Die grundsätzliche Struktur des Arbeitsplans, eine Reihenfolge der Arbeitsgänge aufzulisten, bleibt jedoch immer erhalten.

Beispiel für einen Arbeitsplan zur maschinellen Fertigung eines Werkstücks

Arbeitsplan für: ....

Nr.	**Arbeitsgang**	**Arbeitsmittel**	**Einstellwerte**			**Arbeitssicherheit/ Umweltschutz**
			v_c m/min	f ; f_z mm	n 1/min	
Nach nummern geordnete Auflistung der Arbeitsgänge		Werkzeuge, Maschinen und Hilfsmittel	Maschineneinstellungen v_c Schnittgeschwindigkeit f Vorschub n Drehfrequenz (Drehzahl)			Hinweise zur Arbeitssicherheit und zum Umweltschutz

! Der Arbeitsplan ist eine nach Arbeitsgängen eingeteilte Arbeitsanweisung für:
- die Fertigung eines Bauteils (Fertigungsplan) oder
- die Montage einer Baugruppe (Montageplan).

3.2 Betriebsanleitungen

Nach gesetzlich festgelegten Sicherheitsanforderungen dürfen Maschinen nicht in den Handel gebracht werden, wenn sie keine vollständige Betriebsanleitung besitzen.
Die Betriebsanleitung ergänzt die mündliche Einweisung in eine Maschine, indem sie jederzeit alle wichtigen Informationen zur Maschinenbedienung zugänglich macht.
Gesetzlich vorgeschriebene Mindestinhalte einer Betriebsanleitung müssen sein:
- Name und Kennzeichnung des Produkts,
- Name des Herstellers,
- Beschreibung der bestimmungsgemäßen Verwendung (Inbetriebnahme, Bedienungsanleitung, Wartungshinweise ...),
- Sicherheitshinweise, die deutlich kenntlich zu machen sind.

! Zu jeder Maschine gehört eine Betriebsanleitung, welche die bestimmungsgemäße Verwendung und die Instandhaltung der Maschine beschreibt.

3.3 Montage-/Demontagebeschreibungen

Montagebeschreibungen sind aus Bildern und Texten verfasste Dokumente, welche als Hilfsmittel dienen, um z. B.:
- Einzelteile zu Baugruppen zusammenzusetzen,
- Baugruppen an Maschinen oder Werkzeugen zu fügen oder
- Bauteile an ihrem Bestimmungsort anzubringen.

Sie geben ähnlich einem Arbeitsplan schrittweise den Arbeitsablauf zur Montage der Werkstücke vor. Die Beschreibungen der Arbeitsschritte werden jedoch meistens zusätzlich durch Grafiken, Bilder oder Anordnungspläne unterstützt.

! Montage- bzw. Demontagebeschreibungen sind durch Grafiken und Anordnungspläne erläuterte Handlungsanweisungen zur Montage oder Demontage von Werkstücken.

Übungsaufgabe 3/1

Beispiel für die Betriebsanleitung einer Bohrmaschine mit Montagebeschreibungen

Kurzbeschreibung

Umschalter Rechts-/Linkslauf durch Schaltsperre nur bei nicht gedrücktem Schalterdrücker schaltbar (nur bei BE 570 R)

Zahnkranzbohrfutter

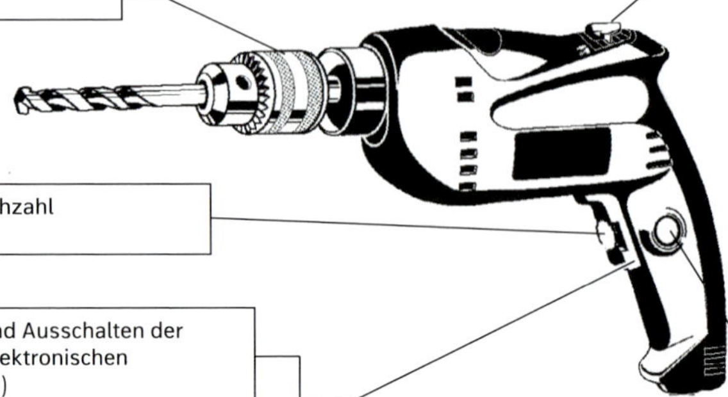

Stellrad zur Vorwahl der Drehzahl (nur bei BE 570 R)

Schalterdrücker zum Ein- und Ausschalten der Maschine und stufenlosem elektronischen „Gasgeben" (nur bei BE 570 R)

Ein-/Ausschalter (nur bei B 500)

Arretierknopf zum Feststellen des Schalterdrückers

Änderungen: Text, Bild und Daten entsprechen dem technischen Stand zur Zeit des Drucktermins. Änderungen im Sinne der Weiterentwicklung unseres Produkts sind vorbehalten.

Zahnkranzbohrfutter wechseln

⚠ Vor allen Arbeiten an der Maschine Stecker aus der Steckdose ziehen.

1. Bohrspindel mit Maulschlüssel festhalten.

Bohrfutterschlüssel in Bohrfutter stecken und durch leichten Schlag mit dem Gummihammer Bohrfutter linksdrehend lösen.

Die Montage des Bohrfutters erfolgt in umgekehrter Reihenfolge.

Werkzeuge einsetzen

In das Bohrfutter sind Bohrer oder Schrauberbits einsetzbar. Dazu Bohrfutter öffnen, Werkzeug einsetzen und mit Bohrfutterschlüssel spannen.

Zum Herausnehmen der Arbeitswerkzeuge Bohrfutterschlüssel in eine der drei Bohrungen am Bohrfutterkopf einsetzen und linksdrehend lösen.

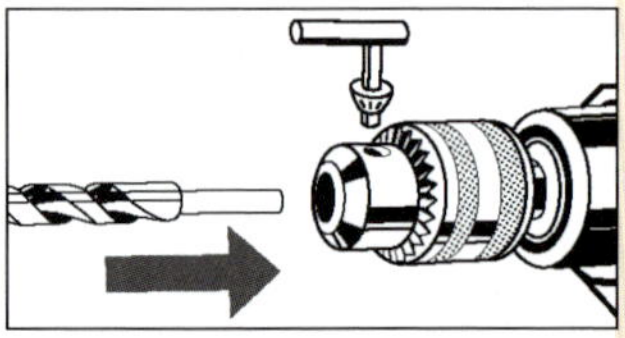

Drehzahl vorwählen (nur bei BE 570 R)

Drehzahlvorwahl mit Stellrad.

A = kleinste Drehzahl ....

F = größte Drehzahl ....

Die Drehzahl kann je nach Druck auf den Ein-/Ausschalter stufenlos bis zur am Stellrad vorgewählten Drehzahl gesteuert werden.

DEUTSCH | 5 | B 500, BE 570R

Quelle: AEG

3.4 Anordnungspläne

Der Anordnungsplan, auch unter dem Namen „Explosionszeichnung" geläufig, stellt die Einzelteile einer Baugruppe in einer räumlich expandierten Lage dar. Dies ermöglicht, alle Einzelteile sichtbar zu machen und dem Betrachter eine Vorstellung davon zu geben, wie die jeweiligen Einzelteile beim Zusammenbau gefügt werden müssen.
Diese Darstellungsart ist einprägsam und verständlich. Aus diesem Grund findet der Anordnungsplan häufig bei Montage-/Demontage-Beschreibungen und in Betriebsanleitungen seine Anwendung.

Beispiel für den Anordnungsplan eines Winkelschleifers

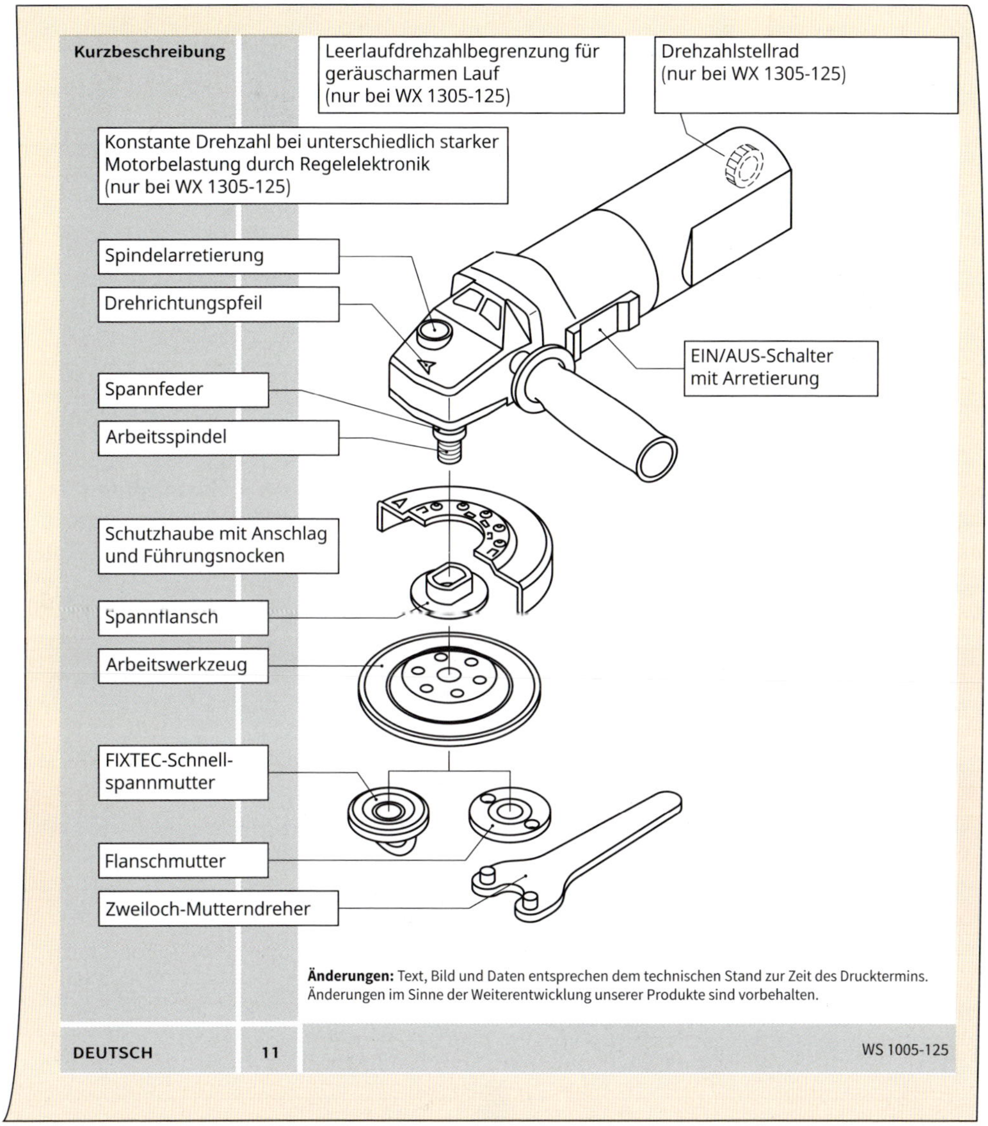

Quelle: AEG

! In einem Anordnungsplan sind die Einzelteile einer Baugruppe in einer räumlich expandierten Lage dargestellt.

HANDLUNGSFELD: Werkstücke mit CNC-Maschinen fertigen

Problemstellung

Auftrag

Auftrag
Eine Welle soll gedreht werden.

Zeichnung

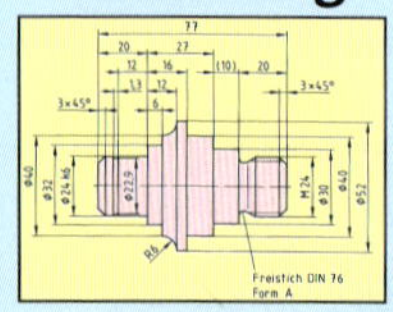

Analysieren

Zeichnung

Auftrag (Stückzahl, Termin) →
Zeichnung →
evtl. Rohteil (z. B. Gussrohling) →

- Fertigmaße
- Toleranzen
- Oberflächengüte
- Rohteilform
- Werkstoff
- Fertigungsverfahren (Maschine)
- Stückzahl
- Termine

→ Maschinentyp

Planen

Spannmitteldaten →
Werkzeugdaten →
Maschinendaten →

Spannplan
Werkzeugplan
Arbeitsablaufplan
1. Planschruppen
2. Außenlängsschruppen
3. Planschlichten

→ Spannplan
→ Werkzeugplan
→ Arbeitsablaufplan

Programmieren

Konstruktion

CAD-Daten - - →

Programmierhandbuch →

Programmierplatz oder Werkzeugmaschine

→ Programm

N1
N2 G1 .....
N3 .....
N4

Überprüfen und Speichern

Programm

N1
N2 G1 .....
N3 .....
N4

→

Simulation

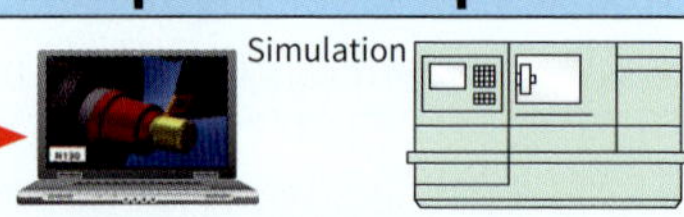

Programmierplatz oder Werkzeugmaschine

→ Speichern
- Ausdruck
- CD-ROM
- Diskette
- Festplatte

Fertigen und Optimieren

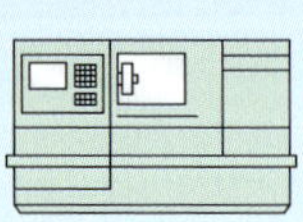

- Überwachte Fertigung
- Optimierung des Programmablaufs

- - → Optimierung Speichern

1 CNC-Werkzeugmaschinen

1.1 Datenfluss in CNC-Maschinen

Bei der Bearbeitung von Werkstücken auf Werkzeugmaschinen müssen der Werkstückrohling und das Werkzeug so geführt werden, dass ein Werkstück in der vorgegebenen Form entsteht.

In der herkömmlichen Fertigung werden vom Maschinenbediener die Wege gesteuert, Bewegungen (z. B. Vorschub, Umdrehungsfrequenz) geschaltet und der Ablauf überwacht. In modernen Werkzeugmaschinen werden all diese Informationen als Programm, bestehend aus Buchstaben und Zahlen, eingegeben.
Ein Computer verarbeitet dieses und gibt entsprechende Stellbefehle an die Steuerung der Maschinenantriebe. Gleichzeitig überwacht der Computer die Ausführung der Befehle. Man bezeichnet darum Maschinen mit solchen Steuerungen als „computerüberwacht und zahlenwertgesteuert" – engl. **c**omputerized **n**umerical **c**ontrol – als CNC-Maschinen.

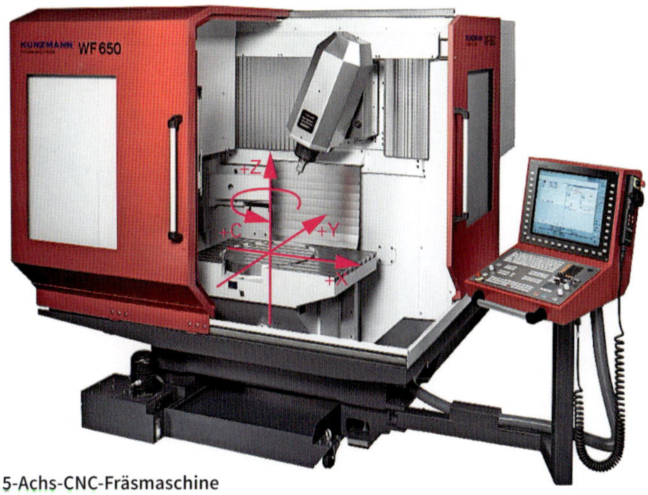

5-Achs-CNC-Fräsmaschine

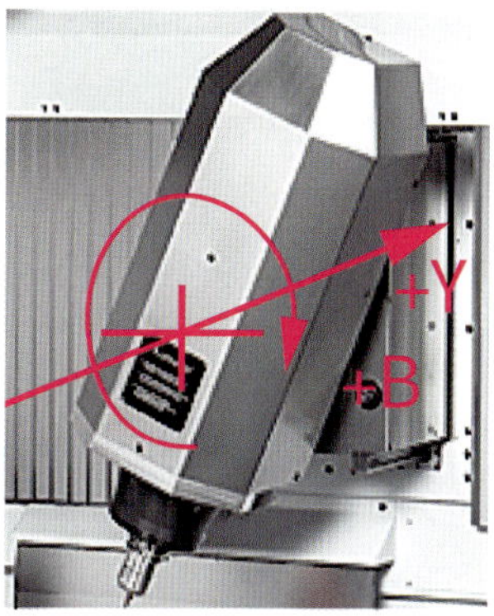

Fräskopf mit Werkzeug

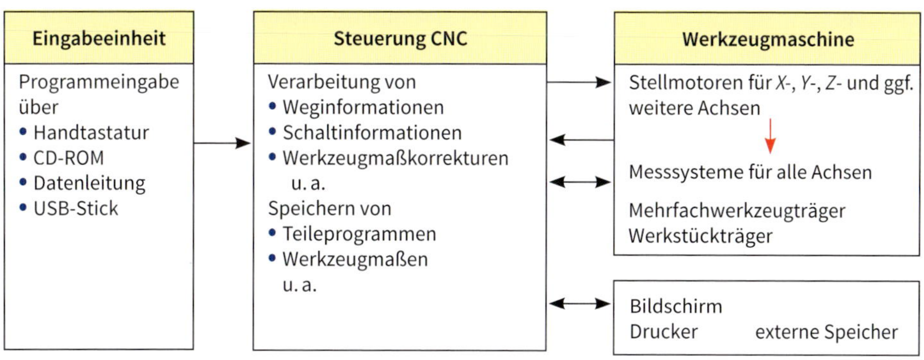

Übersicht über den Informationsfluss an einer CNC-Maschine

> **!** CNC-Maschinen sind Fertigungsmaschinen, die mit einer computergeführten Steuerung ausgestattet sind. Sie führen entsprechend einem aus Zahlen und Buchstaben bestehenden Programm einen selbstständigen Fertigungsablauf durch.

Eine CNC-Maschine besteht aus der eigentlichen Werkzeugmaschine und der Steuerung. Die Steuerung erhält Informationen über Eingabeeinheiten und vom Messsystem der Maschine. Sie kann Befehle an die Werkzeugmaschine und Informationen an Anzeige- und Dokumentationseinrichtungen weitergeben.

Übungsaufgabe 1/1

1.2 Lageregelung an CNC-Maschinen

1. Lageregelkreis

Die programmgemäße Bewegung von Werkstück und Werkzeug wird in einem **Lageregelkreis** geregelt. Dabei misst das zu einer Bearbeitungsrichtung gehörende Messsystem in jedem Augenblick den Istwert der Lage des Werkzeugs zum Werkstückträger. Eine elektronische Regeleinrichtung vergleicht ihn mit dem Sollwert und gibt einen entsprechenden Stellbefehl an den Stellmotor. Dies wird so lange fortgeführt, bis der Istwert – innerhalb festgesetzter Grenzen – mit dem Sollwert übereinstimmt.

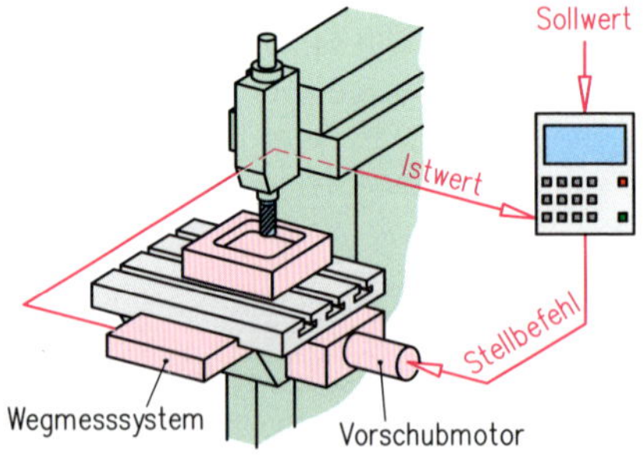

Lageregelung an einer CNC-Maschine

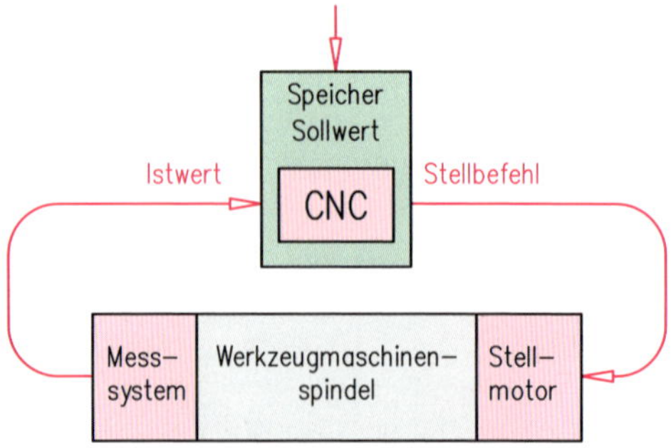

2. Messverfahren zur Lageregelung

Inkrementales Messen geschieht, wenn man einen neuen Standort jeweils vom letzten Standort aus bestimmt, z. B. 30 mm nach rechts, von dort 20 mm zurück nach links, dann von dort 40 mm nach links. Man verwendet an Werkzeugmaschinen zum inkrementalen Messen in 0,001 mm geteilte Glaslineale, die von einer Lichtquelle beleuchtet werden. Eine Fotozelle zählt die bei einer Bewegung auftretenden Lichtreflexe und meldet ihre Zahl an den Rechner der Maschine. Dieser ermittelt dann aus dieser Zahl die Positionsänderung gegenüber dem letzten Standort.

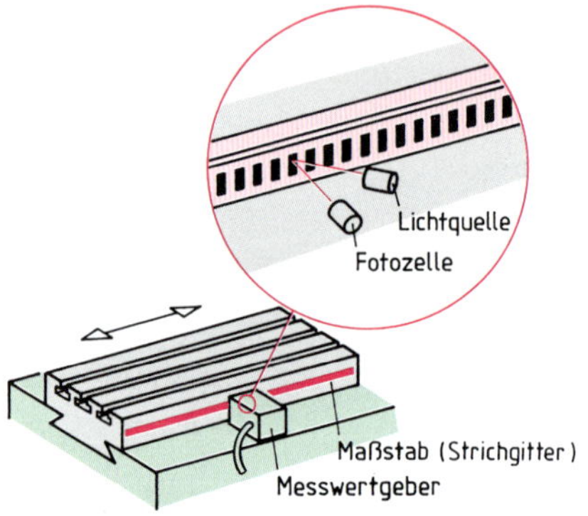

Inkrementales Messen

> **!** Inkrementale Messverfahren erfassen den Messwert in Schritten von einem wählbaren Nullpunkt aus.

Absolutes Messen liegt vor, wenn man alle Standorte von einem festen Nullpunkt aus misst, z. B. nach rechts auf 120 mm vom Nullpunkt, zurück auf 80 mm vom Nullpunkt, wieder nach links auf 200 mm vom Nullpunkt.

Man verwendet zum absoluten Messen in 0,001 mm geteilte Code-Lineale, auf denen jeder Punkt ein ganz bestimmtes Hell-Dunkel-Muster aufweist.

Zur genauen Bestimmung der Maschinentischposition wird dieses Muster von Fotozellen aufgenommen und an den Rechner der Maschine weitergeleitet. Daraus ermittelt der Rechner die genaue Position auf dem Maschinentisch.

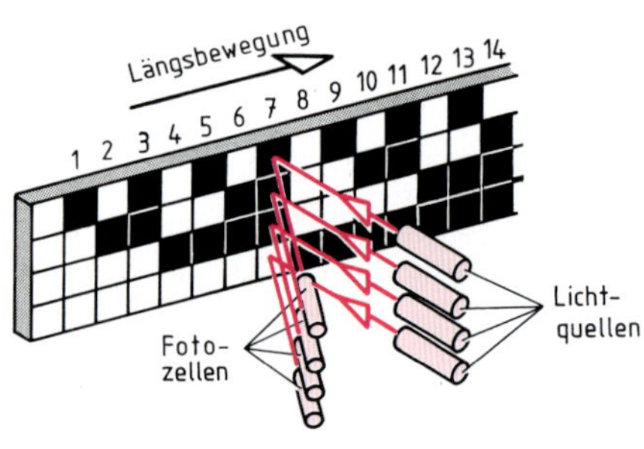

Direktes absolutes Messen mit Code-Lineal

> **!** Bei absoluten Messverfahren kann jeder Punkt auf der Messstrecke sofort zahlenmäßig bestimmt werden, weil er ein für die Messstrecke nur einmal auftretendes Signal liefert.

Übungsaufgaben 1/2 bis 1/6

1.3 Bahnsteuerungen an CNC-Maschinen

Mit einer Bahnsteuerung können in einer Ebene oder im Raum beliebige Schrägen oder Kurven gesteuert werden, das Werkzeug ist während der Bewegung im Eingriff. Beliebige Umrisse erreicht man durch das gleichzeitige Zusammenwirken von zwei oder mehreren Vorschubmotoren.

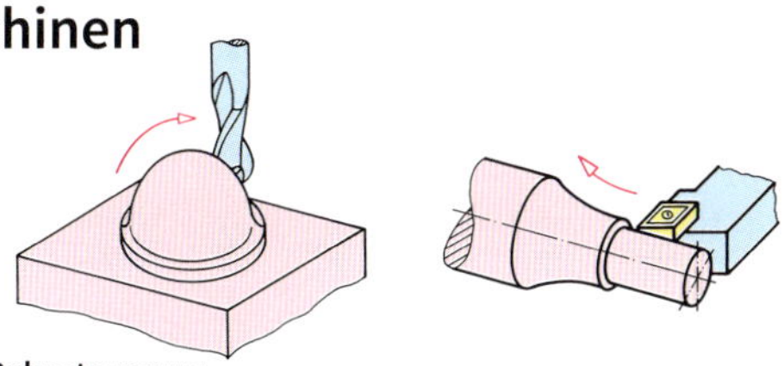

Bahnsteuerung

! Bei Bahnsteuerungen erfolgt die Bearbeitung auf räumlichen Geraden oder Kurven, bei denen mehrere Achsen gleichzeitig mit voneinander unabhängigen Geschwindigkeiten gesteuert werden.

1. 2D-Bahnsteuerung

Die Steuerung einer Senkrechtfräsmaschine, mit der nur in der X-Y-Ebene Geraden, Kreisbögen und beliebige Kurven gefahren werden, nennt man eine 2D-Bahnsteuerung. Dabei müssen Zustellbewegungen in Z-Richtung von Hand vorgenommen werden. Bei einer 2D-Bahnsteuerung werden nur die Bewegungen in X- und Y-Richtung programmiert.
An Fräsmaschinen werden 2D-Bahnsteuerungen nur an Maschinen zur Schriftgravur eingesetzt.
Bei Drehmaschinen können in der X-Z-Ebene Geraden, Kreisbögen und Kurven gefahren werden.

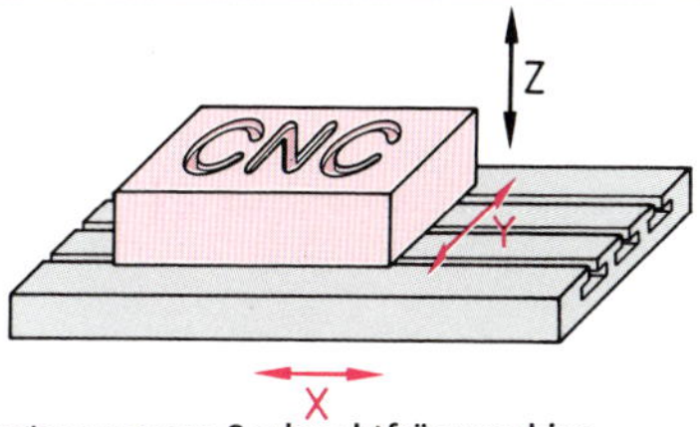

2D-Bahnsteuerung an Senkrechtfräsmaschine

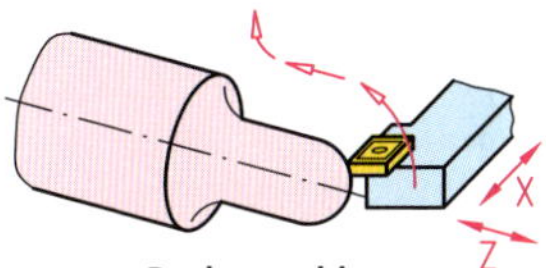

2D-Bahnsteuerung an Drehmaschine

! Bei einer 2D-Bahnsteuerung erfolgt eine Steuerung nur in zwei Achsrichtungen. Alle CNC- Drehmaschinen sind mit einer 2D-Bahnsteuerung ausgestattet.

2. 2½D-Bahnsteuerung

Eine Steuerung, die zwar in jeder beliebigen Ebene Geraden, Kreisbögen und Kurven fahren kann, jedoch **gleichzeitig** immer nur in zwei Achsrichtungen, nennt man eine 2½D-Bahnsteuerung. Die beiden steuerbaren Achsrichtungen sind in allen Ebenen möglich. Eine 2½D-Bahnsteuerung kann in einem Satz nur in zwei Achsrichtungen programmiert werden, z. B. in der X-Y-Ebene oder der X-Z-Ebene oder der Y-Z-Ebene.

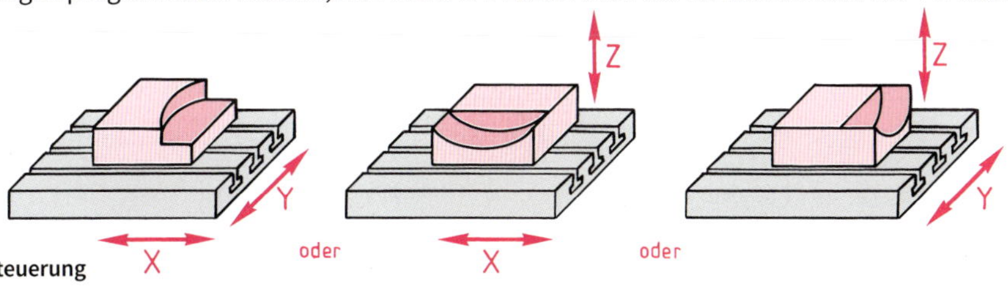

2½D-Bahnsteuerung

! Bei einer 2½D-Bahnsteuerung sind die drei Achsen steuerbar, gleichzeitig können jedoch stets nur zwei Achsen gesteuert werden.

3. 3D-Bahnsteuerung

Die Steuerung einer Werkzeugmaschine, bei der alle drei Achsen gleichzeitig vom Computer aus steuerbar sind, nennt man eine 3D-Bahnsteuerung. Bei einer 3D-Bahnsteuerung können in einem Satz gesteuerte Bewegungen in X-, Y- und Z-Richtung programmiert werden, d. h., es können beliebige räumliche Bewegungen ausgeführt werden.

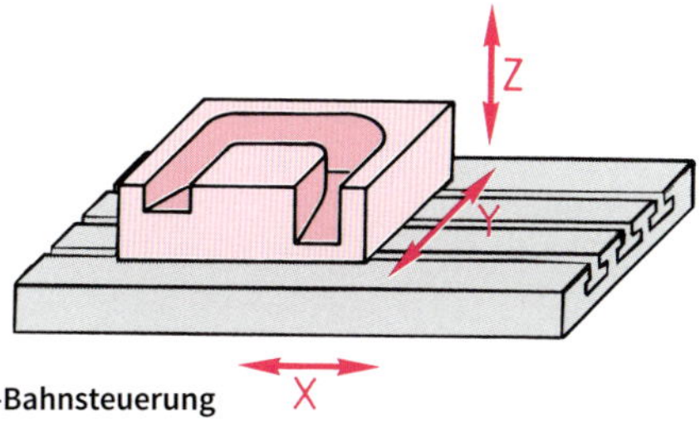

3D-Bahnsteuerung

! Bei einer 3D-Bahnsteuerung können alle drei Achsen gleichzeitig gesteuert werden.

2 Grundlagen zur manuellen Programmierung

2.1 Arbeitsablauf beim manuellen Programmieren

Alle Tätigkeiten, die ein Fachmann an einer herkömmlichen Werkzeugmaschine aufgrund seiner Erfahrung ausführt, müssen bei einer Fertigung auf CNC-Maschinen sorgfältig vorgeplant und als Befehle der Maschine eingegeben werden. Diese Befehle sind in Form von Buchstaben, Zahlen und Zeichen verschlüsselt; man bezeichnet sie als alphanummerische Zeichen. Die Auflistung der Befehle zur Fertigung eines Werkstücks nennt man das **Programm**.

Programme werden meist von Programmierern geschrieben und im Büro erstellt (externe Programmierung). Kleinere Programme und Programmänderungen dagegen werden häufig vom Fachmann an der Werkzeugmaschine geschrieben (Werkstattprogrammierung).

> **!** Das Programm ist die Auflistung aller Befehle an die Steuerung einer Werkzeugmaschine zur Fertigung eines Werkstücks.

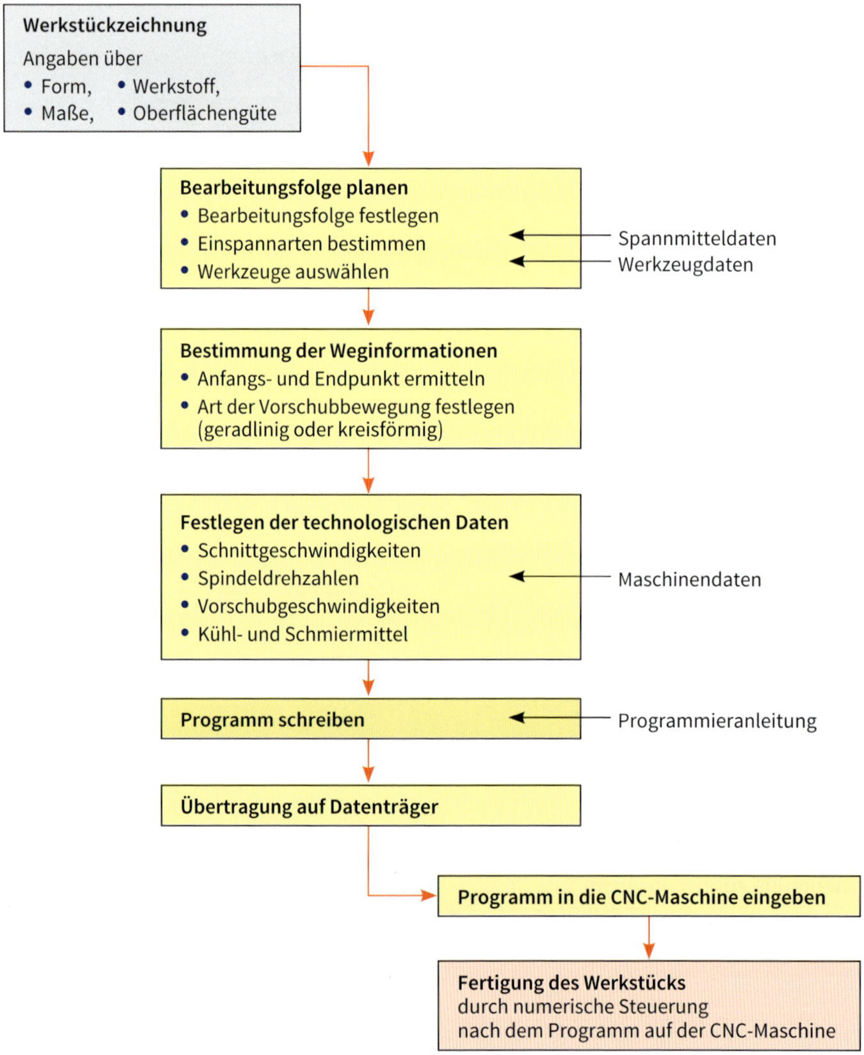

2.2 Koordinatensystem

Jeder Punkt eines Werkstücks, der bei der Bearbeitung auf einer Maschine angefahren wird, muss eindeutig festgelegt sein. Diese Festlegung geschieht im Sprachgebrauch z. B. durch die Angabe von Länge, Breite und Höhe. Für eine Bearbeitung auf CNC-Maschinen ist diese Angabe zu unpräzise, darum stellt man sich jedes Werkstück in einem rechtwinkligen Koordinatensystem vor und gibt die Abstände der Bearbeitungspunkte in X-, Y- und Z-Richtung an. Die Lage dieser Achsen zueinander ist in DIN 66217 festgelegt und wird durch die **„Rechte-Hand-Regel"** anschaulich gemacht.

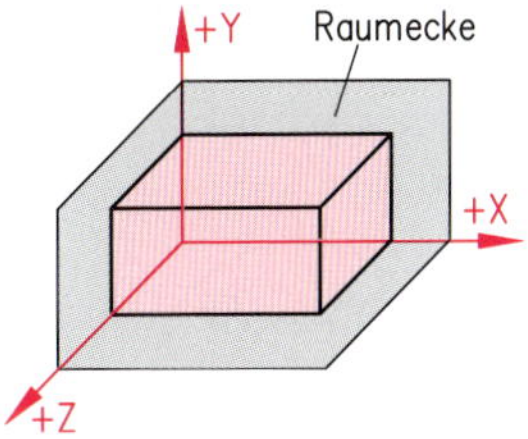

Dreiachsiges Koordinatensystem

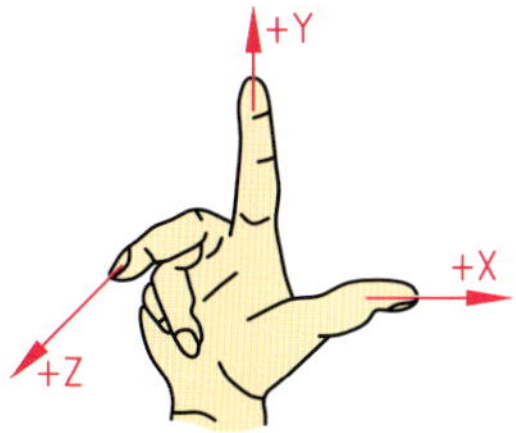

Rechte-Hand-Regel

Daumen	in + **X**-Richtung
Zeigefinger	in + **Y**-Richtung
Mittelfinger	in + **Z**-Richtung

> **!** In einem X-, Y-, Z-Koordinatensystem ist die Lage jedes Punkts im Raum eindeutig bestimmt.
> Für die Lage der Achsen zueinander gilt die „Rechte-Hand-Regel".

Die richtige Lage des Koordinatensystems am Werkstück richtet sich nach dem Bearbeitungsvorgang und ist für jeden Werkzeugmaschinentyp genormt.

Beispiele für die Achsrichtungen bei Werkzeugmaschinen nach DIN 66217

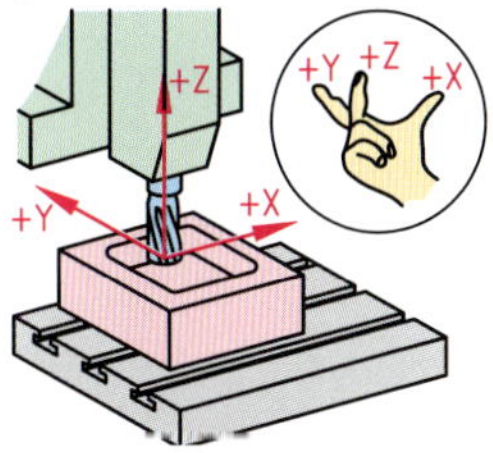

Fräsmaschine

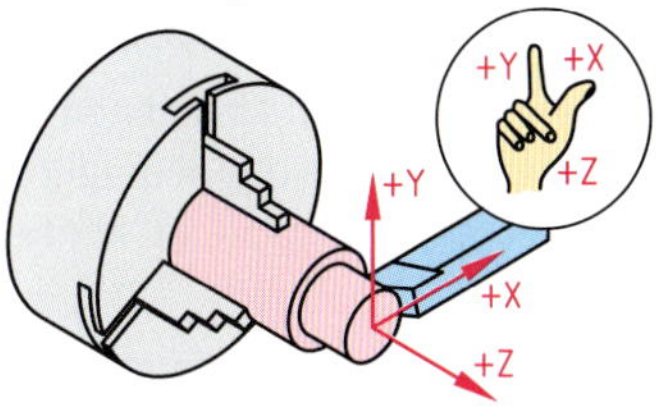

Meißel hinter der Drehmitte

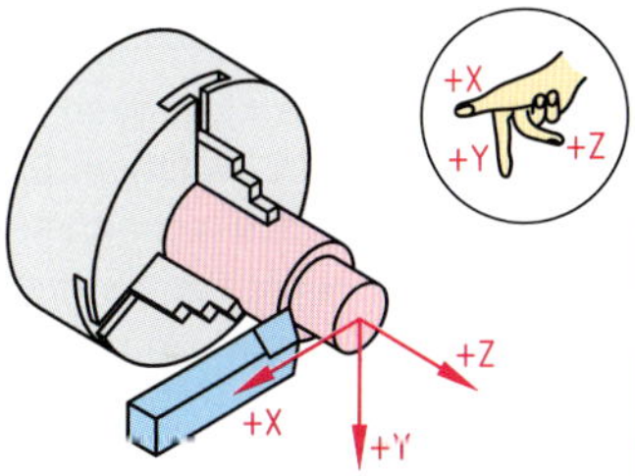

Meißel vor der Drehmitte

Die Festlegung der Achsrichtungen erfolgt immer parallel zu den Führungsbahnen der Maschine; sie ist jedoch stets im Zusammenhang mit dem aufgespannten Werkstück zu sehen.
Die Z-Richtung liegt immer parallel zur Arbeitsspindel. Ihre positive Richtung ist so festgelegt, dass mit zunehmendem Z-Wert der Abstand zwischen Werkzeug und Werkstück größer wird.

> **!** Die Achsrichtungen einer Werkzeugmaschine ergeben sich aus der Lage von Führungsbahnen und Werkzeugbewegung.
> Die Achsrichtungen sind im Handbuch der jeweiligen Werkzeugmaschine angegeben.

Zur Bearbeitung komplizierter Konturen und Hinterschneidungen in hoher Oberflächengüte sowie zur Betätigung angetriebener Werkzeuge reichen Werkzeugbewegungen allein in Richtung der drei Achsen nicht aus. Durch Schwenkbewegungen um die einzelnen Achsen wird erst eine optimale Erreichbarkeit jeder Werkstückposition erreicht.
Die Schwenkbewegungen werden mit **A**, **B** und **C** gekennzeichnet. A ist die Bewegung um die X-Achse, B um die Y-Achse und C um die Z-Achse. Die positive Drehrichtung liegt vor, wenn in Achsrichtung gesehen die Drehung im Uhrzeigersinn erfolgt.

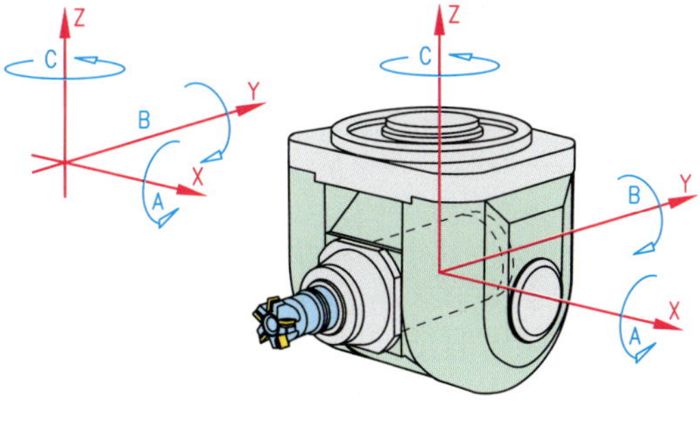

Schwenkachsen A, B und C

2.3 Wahl des Werkstücknullpunkts

Bei der Programmierung werden die Werkstückabmessungen als Koordinaten erfasst, um die erforderlichen Wegbeschreibungen programmieren zu können. Daher bezieht man das Koordinatensystem immer auf das Werkstück. Als Nullpunkt des Systems wählt man einen charakteristischen Punkt des Werkstücks.

Diesen frei gewählten Bezugspunkt bezeichnet man als Werkstücknullpunkt. In den Zeichnungen trägt man den Werkstücknullpunkt durch das abgebildete Symbol ein.

Bei *flachen unsymmetrischen Werkstücken* legt man den **Werkstücknullpunkt** an eine Ecke des Werkstücks.

Bei *flachen symmetrischen Werkstücken* wird der Werkstücknullpunkt in den Mittelpunkt bzw. auf die Symmetrieachse gelegt.

Bei Werkstücken mit dreidimensionaler Ausdehnung muss die Nullpunktfestlegung sich auf alle drei Achsen erstrecken.

Symbol für Werkstücknullpunkt

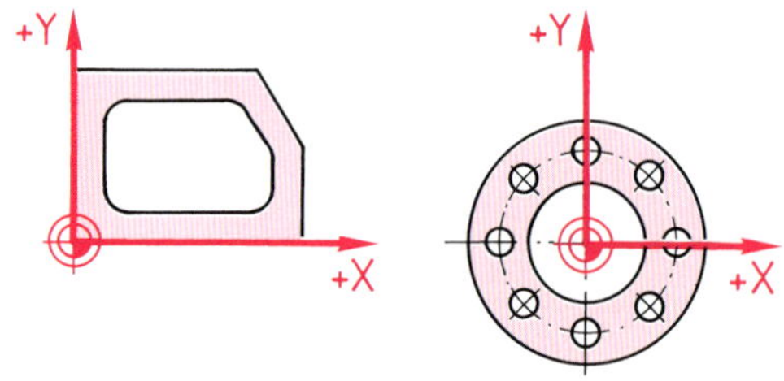

Lage von Werkstücknullpunkten

> **!** Als Ursprung des Koordinatensystems wählt man einen sinnvollen Punkt des Werkstücks als Werkstücknullpunkt. Der Werkstücknullpunkt wird in der Zeichnung durch ein Symbol angegeben.

2.4 Bemaßungsarten für die Programmierung

2.4.1 Absolutbemaßung G90

In den meisten Fällen gibt man der Steuerung von CNC-Maschinen alle Maße so ein, dass sie sich auf den Werkstücknullpunkt beziehen. Die Maßangaben sind in einem solchen Fall **Absolutmaße**. Da der Werkstücknullpunkt jedoch nicht immer einem Eckpunkt entspricht, können sich Werkstückbereiche nach allen Seiten vom Nullpunkt aus erstrecken.

Beispiel für eine Konturbeschreibung durch Absolutmaße

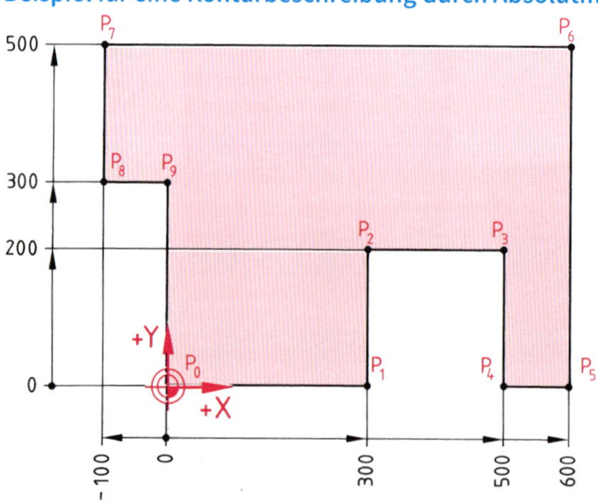

G90

	X	Y
P_0	X 0	Y 0
→ P_1	X + 300	Y 0
→ P_2	X + 300	Y + 200
→ P_3	X + 500	Y + 200
→ P_4	X + 500	Y 0
→ P_5	X + 600	Y 0
→ P_6	X + 600	Y + 500
→ P_7	X − 100	Y + 500
→ P_8	X − 100	Y + 300
→ P_9	X 0	Y + 300
→ P_0	X 0	Y 0

Normalerweise befinden sich CNC-Maschinen nach dem Einschalten in der **Absolutmaßprogrammierung**, sodass kein zusätzlicher Befehl eingegeben werden muss. Wenn jedoch innerhalb eines Programms von einer anderen Art der Maßangabe z. B. von der Inkrementalmaßprogrammierung in die Absolutmaßprogrammierung umgeschaltet werden soll, ist **G90** einzugeben.

> **!** Die Absolutmaßprogrammierung wird der Steuerung durch G90 eingegeben.
> Absolutmaße sind die tatsächlichen Abstände zum Werkstücknullpunkt.

Übungsaufgaben 2/4; 2/5; 2/6

2.4.2 Inkrementalbemaßung G91

Bei der Inkrementalbemaßung wird jeder Punkt als Bezugspunkt für den nachfolgenden Punkt angesehen. Die Lage des folgenden Punkts wird durch die Abstände in X-, Y- und Z-Richtung mit entsprechendem Vorzeichen angegeben. Das Pluszeichen kann entfallen.
Der Steuerung wird eine Wegprogrammierung mit Inkrementalmaßen durch **G91** eingegeben.

Beispiel für eine Konturbeschreibung durch Inkrementalmaße

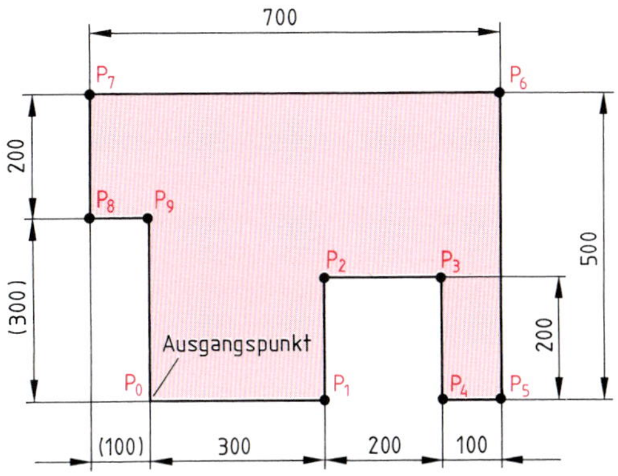

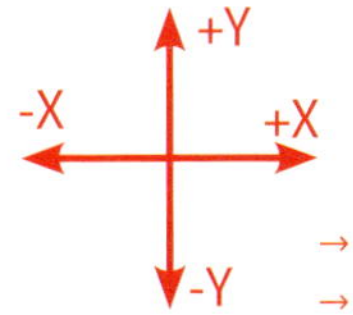

Bewegungs-richtungen

G91

	weiterzufahrende Strecke in **X-Richtung**	**Y-Richtung**
P_0	Ausgangspunkt	
→ P_1	X + 300	Y 0
→ P_2	X 0	Y + 200
→ P_3	X + 200	Y 0
→ P_4	X 0	Y – 200
→ P_5	X + 100	Y 0
→ P_6	X 0	Y + 500
→ P_7	X – 700	Y 0
→ P_8	X 0	Y – 200
→ P_9	X + 100	Y 0
→ P_0	X 0	Y – 300

! Der Steuerung wird eine Wegprogrammierung mit Inkrementalmaßen durch G91 eingegeben. Bei Inkrementalmaßprogrammierung gibt man die Entfernungen vom letzten bis zum nächsten Punkt an.

2.4.3 Polarkoordinatenbemaßung G11

Die Lage eines jeden Punkts in einem festgelegten Koordinatensystem kann durch die Länge des Leitstrahls (auch Zeiger oder Radius genannt) und den Winkel, unter dem der Leitstrahl den Punkt trifft, beschrieben werden. Der Winkel wird von der positiven X-Achse aus gegen den Uhrzeigersinn gemessen.

Bei der Programmierung
- wird die Lage des Koordinatenschnittpunkts (Pol) mit den Koordinaten **IA** und **JA** angegeben und
- werden die Länge des Leitstrahls mit **R** und der Winkel mit **A** gekennzeichnet.

Polarkoordinatenbemaßung wird hauptsächlich zur Bemaßung von Bohrbildern und regelmäßigen Vielecken eingesetzt.

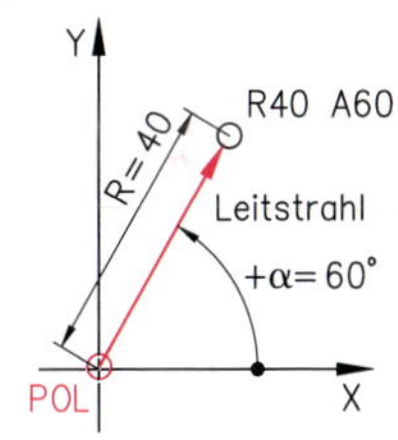

Polar-koordinaten

Beispiel für Bemaßung mit Polarkoordinaten

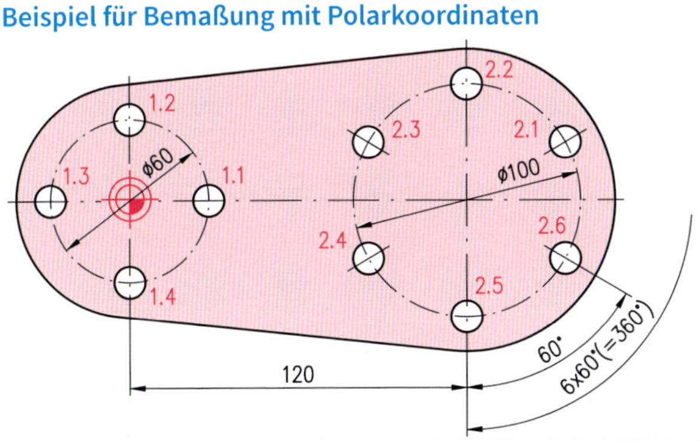

G11

	Pol	Polarkoordinaten
→ 1.1	IA0 JA0	R30 A0
→ 1.2	IA0 JA0	R30 A90
→ 1.3	IA0 JA0	R30 A180
→ 1.4	IA0 JA0	R30 A270
→ 2.1	IA120 JA0	R50 A30
→ 2.2	IA120 JA0	R50 A90
→ 2.3	IA120 JA0	R50 A150
→ 2.4	IA120 JA0	R50 A210
→ 2.5	IA120 JA0	R50 A270
→ 2.6	IA120 JA0	R50 A330

! Polarkoordinaten werden durch den Leitstrahl R und den Polarwinkel A angegeben.
Der Winkel wird positiv gegen den Uhrzeigersinn oder negativ im Uhrzeigersinn angegeben.

2.5 Programmierung von Bahnbewegungen

2.5.1 Bearbeitungsrichtung

Bei der Fertigung können die Anfahr- und Bearbeitungswege vom Werkzeugträger oder vom Werkstückträger ausgeführt werden. Die Bearbeitungsrichtung ändert sich jedoch dadurch nicht. Man hat deshalb vereinbart, bei der Programmierung so vorzugehen, als stünde das Werkstück fest und es würde nur das Werkzeug bewegt.

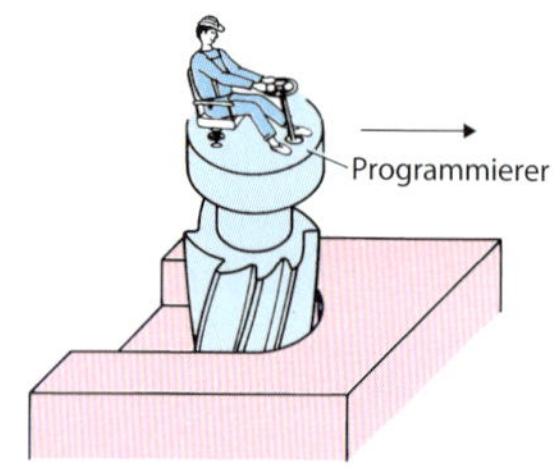

Vereinbarte Bearbeitungsrichtung beim Programmieren

2.5.2 Bewegungen im Eilgang

Wenn ein Werkzeug, das nicht im Eingriff ist, von einem Punkt zu einem anderen verfahren werden soll, erwartet man, dass diese Bewegung möglichst schnell ausgeführt wird. Die Vorschubmotoren werden dann in jeder Achse den Werkzeug- oder Werkstückträger im Eilgang bewegen. Sobald das Werkzeug in die Nähe des anzufahrenden Punkts kommt, wird es abgebremst und am Zielpunkt genau gestoppt. Der Zielpunkt wird auf einer unbestimmten Bahn angefahren. Der Maschinensteuerung gibt man den Befehl, einen Punkt im Eilgang anzusteuern, durch **G00** (vereinfacht G0) und die Koordinaten des Zielpunkts.

Beispiel für die Beschreibung einer Eilgangbewegung bei Absolutmaßprogrammierung

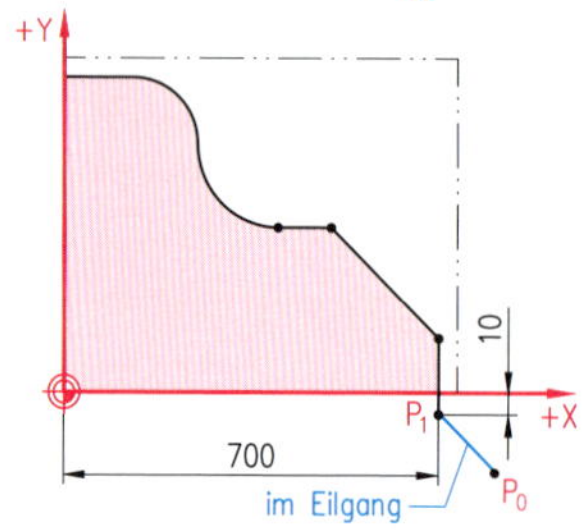

G00

	Wegbedingung	X	Y
	G 90		
→ P_1	G 00	X 700	Y – 10

! Das exakte Ansteuern eines Punkts im Eilgang auf nicht vorgegebener Bahn wird durch G00 (auch G0) eingegeben.

2.5.3 Geradlinige Arbeitsbewegungen

Soll die Steuerung von einem bestimmten Anfangspunkt aus eine geradlinige Arbeitsbewegung zu einem Endpunkt hin ausführen, so ist dazu **G01** (vereinfacht G1) erforderlich. Dabei ist gleichgültig, ob die Bewegungsrichtung achsparallel oder schräg verläuft. Hat man den Befehl zur geradlinigen Bewegung und die Koordinaten des Bewegungsendpunkts eingegeben, dann ermittelt der Rechner die erforderliche Bahn.

Beispiel für die Beschreibung geradliniger Arbeitsbewegungen bei Absolutmaßprogrammierung

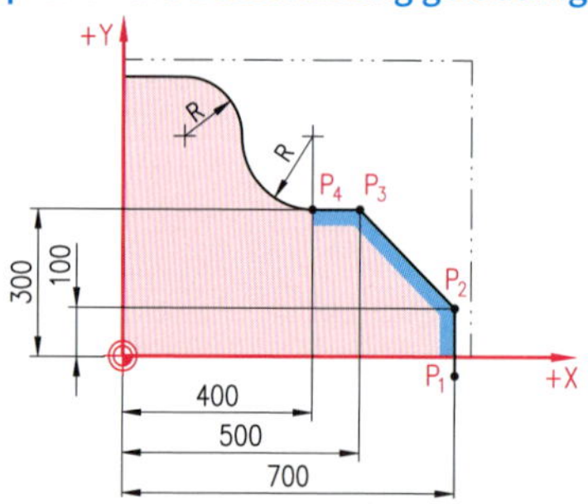

G01

	Wegbedingung	X	Y
	G 90		
→ P_1	G 00	X 700	Y – 10
→ P_2	G 01	X 700	Y 100
→ P_3	G 01	X 500	Y 300
→ P_4	G 01	X 400	Y 300

Der Wegbefehl G01 bleibt in der Steuerung so lange wirksam, bis er durch einen anderen Wegbefehl aufgehoben wird.

! Geradlinige Arbeitsbewegungen mit vorgegebenem Vorschub werden auf G01 hin ausgeführt.

Übungsaufgaben 2/11; 2/12

2.5.4 Kreisförmige Arbeitsbewegungen

Zur eindeutigen Durchführung einer kreisförmigen Arbeitsbewegung sind neben den Zielkoordinaten auch Angaben zur Bewegungsrichtung und zur Lage des Kreismittelpunkts erforderlich.

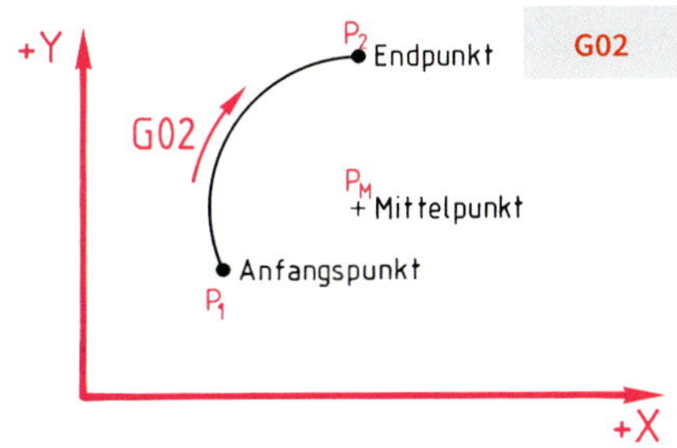

Kreisbewegung im Uhrzeigersinn

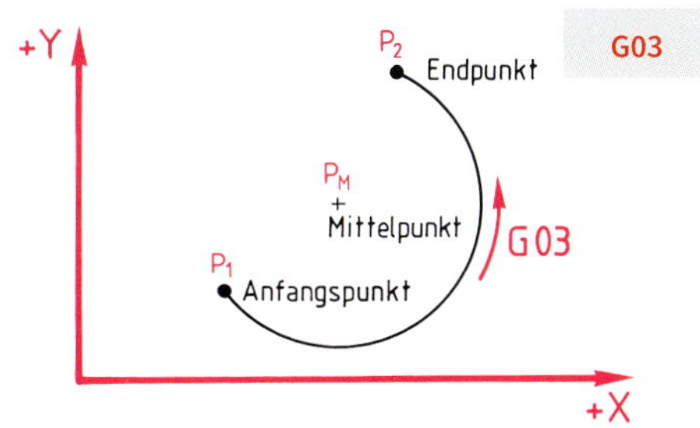

Kreisbewegung im Gegenuhrzeigersinn

> **!** Kreisförmige Arbeitsbewegungen im Uhrzeigersinn werden auf den Befehl G02 (G2) hin ausgeführt, kreisförmige Arbeitsbewegungen im Gegenuhrzeigersinn erfolgen auf den Befehl G03 (G3).

Bei einer Bahnbeschreibung ist der Kreismittelpunkt im Gegensatz zum Anfangs- und Endpunkt ein Punkt, der außerhalb der Bewegungsbahn liegt; er dient der Steuerung lediglich als Information über Lage und Größe des Kreises. Daher gibt man die Koordination des Kreismittelpunkts – meist auch bei Absolutmaßprogrammierung – inkremental als Abstand vom Anfangspunkt in das Programm. Nähere Angaben findet man im Handbuch der entsprechenden Steuerung.

Die Kreismittelpunktkoordinaten bekommen die Adressbuchstaben:

I für den Abstand vom Anfangspunkt auf der **X-Achse**,
J für den Abstand vom Anfangspunkt auf der **Y-Achse**,
K für den Abstand vom Anfangspunkt auf der **Z-Achse**.

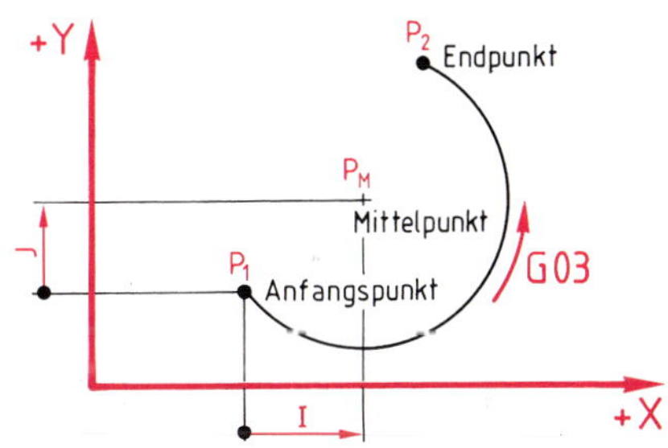

Inkrementale Mittelpunktbemaßung

1. Programmierung einer Kontur mit kreisförmigem Anteil in Absolutmaßprogrammierung

Im Normalfall ist mit der Eröffnung der Programmierung die Absolutmaßprogrammierung eingeschaltet. Der Befehl G90 braucht darum nicht unbedingt eingegeben zu werden.

Beispiel für die Beschreibung einer Kontur mit kreisförmiger Bewegung bei Absolutmaßprogrammierung

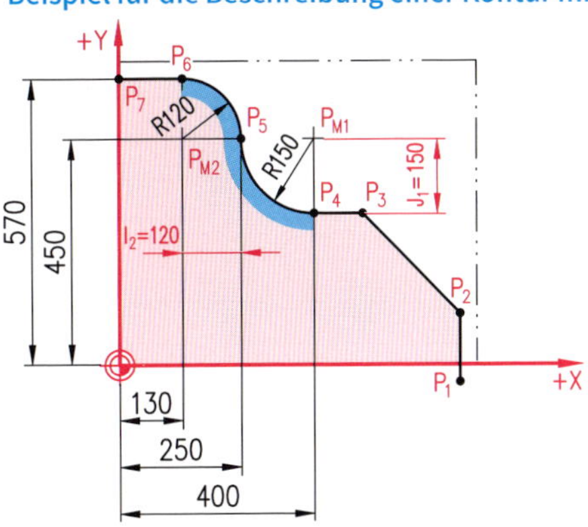

	Wegbedingung	X	Y	I	J
	G 90				
→ P_1	G 00	X 700	Y – 10		
→ P_2	G 01	X 700	Y 100		
→ P_3	G 01	X 500	Y 300		
→ P_4	G 01	X 400	Y 300		
→ P_5	G 02	X 250	Y 450	I 0	J 150
→ P_6	G 03	X 130	Y 570	I - 120	J 0
→ P_7	G 01	X 000	Y 570		

> **!** Bei einer kreisförmigen Arbeitsbewegung werden die Koordinaten des Kreismittelpunkts häufig inkremental vom Anfangspunkt des Kreisbogens programmiert.

2. Programmierung von Bahnbewegungen in Inkrementalmaßprogrammierung

Im Normalfall ist mit der Eröffnung der Programmierung die Absolutmaßprogrammierung eingeschaltet. Der Befehl G90 braucht darum zu Beginn der Programmierung nicht eingegeben zu werden.

Bei einer Programmierung mit Inkrementalmaßen muss zunächst die Inkrementalmaßprogrammierung mit G91 eingeschaltet werden. Die Inkrementalmaßprogrammierung bleibt so lange wirksam, bis mit G90 wieder auf die Absolutmaßprogrammierung umgeschaltet wird.

Beispiel für die Beschreibung von Bahnbewegungen mit Inkrementalmaßen

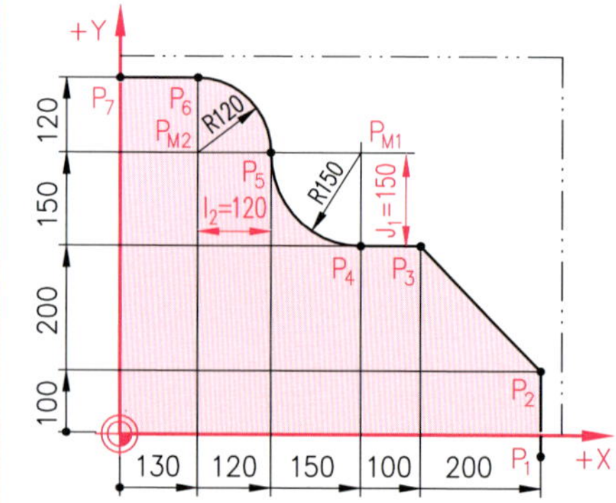

	Wegbedingung	X	Y	I	J
→ P1	G 90	Absolutprogrammierung ein			
		X 700	Y – 10		
	G 91	Inkrementalprogrammierung ein			
→ P2	G 01	X 0	Y 110		
→ P3	G 01	X -200	Y 200		
→ P4	G 01	X -100	Y 0		
→ P5	G 02	X -150	Y 150	I 0	J 150
→ P6	G 03	X -120	Y 120	I -120	J 0
→ P7	G 01	X -130	Y 0		

! Einschaltzustand ist die Absolutmaßprogrammierung.
Die Inkrementalprogrammierung wird mit G91 eingeschaltet und wird durch G90 abgeschaltet.

3. Vereinfachte Programmierung von Übergangsradien und Fasen

Viele Programmiersysteme vereinfachen die Programmierung von Übergangsradien und Fasen so, dass die Startpunkte von Radien und Fasen nicht mehr berechnet und programmiert werden müssen. Die Arbeitswege werden dann so beschrieben, als sei das Werkstück scharfkantig. Der Übergangsradius oder die Fase wird z. B. bei PAL mit dem Befehlszusatz RN und der Maßangabe des Radius bzw. der Fase angehängt. Positives RN (+RN) erzeugt einen Radius, negatives RN (–RN) eine Fase.

Beispiel für die vereinfachte Beschreibung einer Kontur mit Übergangsradien und Fasen (PAL)

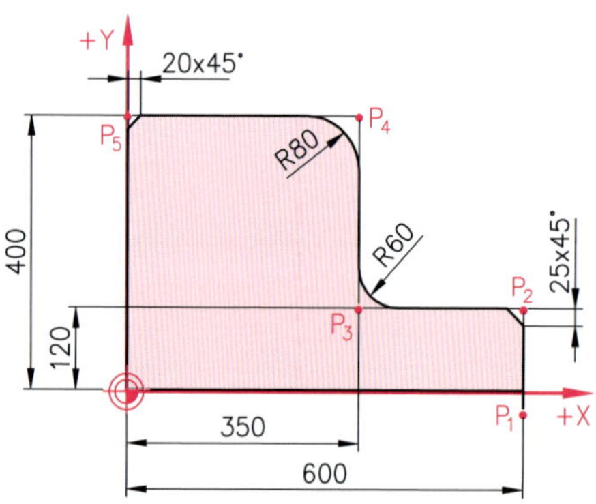

	Wegbedingung	X	Y	RN
	G 90			
→ P1	G 01	X 600	Y –10	
→ P2	G 01	X 600	Y 120	RN –25
→ P3	G 01	X 350	Y 120	RN +60
→ P4	G 01	X 350	Y 400	RN +80
→ P5	G 01	X 0	Y 400	RN –20
→ P6	G 01	X 0	Y 0	

! Übergangsradien und Fasen können vereinfacht programmiert werden, indem das Werkstück scharfkantig beschrieben wird und die Übergänge mit einem entsprechenden Zusatz gekennzeichnet werden.

Nach PAL: RN+ … Übergangsradius; RN– … Fase.

2.6 Programmierung von Schaltinformationen

2.6.1 Programmierung von Technologiedaten

1. Schaltinformationen für die Vorschubbewegung

Die Vorschubbewegung kann nach dem Adressbuchstaben **F** als Vorschub in mm (je Umdrehung) oder als Vorschubgeschwindigkeit in mm/min eingegeben werden.

Vorschubbewegung	Befehl	Beispiel
in mm/min	G94	G94 F100 bedeutet $v_f = 100$ mm/min
in mm	G95	G95 F0,25 bedeutet $f = 0{,}25$ mm (je Umdrehung)

2. Schaltinformationen für die Schnittbewegung

Die Schnittbewegung kann beim Drehen entweder mit konstanter Schnittgeschwindigkeit oder konstanter Umdrehungsfrequenz mit dem Adressbuchstaben **S** eingegeben werden.
Beim Fräsen wird nur mit konstanter Umdrehungsfrequenz gearbeitet.

Schnittbewegung	Befehl	Beispiel
konstante Schnittgeschwindigkeit	G96	G96 S40 bedeutet $v_c = 40$ m/min
konstante Umdrehungsfrequenz	G97	G97 S900 bedeutet $n = 900$ 1/min

Beim Drehen ist bei den meisten Maschinen eine konstante Schnittgeschwindigkeit programmierbar. Die Steuerung stellt entsprechend dem programmierten Durchmesser die Umdrehungsfrequenz ein. Damit beim Plandrehen in Nähe der Werkstückmitte nicht extreme Drehzahlen auftreten, kann ein Höchstwert eingegeben werden, z. B. bedeutet bei PAL der Befehl G 92 S2000 höchste Drehzahl 2 000 $^1/_{min}$.

2.6.2 Programmierung von Werkzeugeinsatz und Zusatzfunktionen

1. Schaltinformationen für den Werkzeugeinsatz

Die benötigten Werkzeuge sind in einem Mehrfach-Werkzeugträger oder Magazin abgelegt und durch Nummerierung gekennzeichnet. Durch den Adressbuchstaben **T** werden die Schaltbefehle zum Werkzeugeinsatz erteilt. Das **T-Wort** enthält als Zahlenwert die Nummer des verlangten Werkzeugs.

T03 Einsatzbefehl für Werkzeug Nr. 3

Bei vielen Steuerungen löst allein der Buchstabe **T** einen Werkzeugwechsel aus. Aus Kollisionsgründen muss vor jedem Werkzeugwechsel eine sichere Werkzeugwechselposition angefahren werden.

2. Schaltinformationen für Zusatzfunktionen

Zusatzfunktionen werden durch **M-Wörter** eingegeben.

M 0 Programmierter Halt
M 3 Spindel EIN, Rechtslauf
M 4 Spindel EIN, Linkslauf
M 17 Unterprogrammende
M 30 Programmende mit Rücksprung auf Satz 1
M 6 Werkzeugwechsel
M 8 Kühlmittel EIN
M 9 Kühlmittel AUS

Werkzeugmagazin

Die **Spindeldrehrichtung** wird folgendermaßen beschrieben:
- Bei Drehmaschinen blickt man von der Antriebsseite auf die Werkstückeinspannung.
- Bei Fräsmaschinen blickt man von der Arbeitsspindel auf die Werkstückeinspannung.

Dreht sich die Spindel im Uhrzeigersinn, so ist das ein Rechtslauf, der mit M03 zu programmieren ist. Dreht sich die Spindel im Gegenuhrzeigersinn, so ist das ein Linkslauf mit dem Befehl M04.

2.7 Zusammenstellung von Programmdaten zu Sätzen

In das Programm werden alle Daten eingegeben, welche die Steuerung benötigt, um am Werkstück einen Arbeitsschritt ausführen zu können. Dabei werden zusammengehörige Befehle zu Sätzen zusammengefasst. Die Sätze nummeriert man nach der Abfolge der Arbeitsschritte in Einer- oder Zehnerstufen.

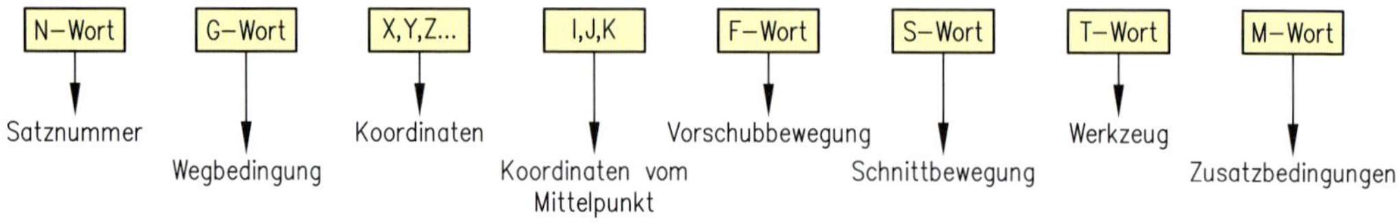

In einem Satz können Befehle und Wegangaben entfallen, die für den jeweiligen Arbeitsablauf nicht notwendig oder bereits wirksam sind. Man nennt solche Programmworte **modal** wirksam oder **selbsthaltend**.

Beispiel für die Programmierung eines ebenen Werkstücks (nach PAL)

Aufgabe: Die unten bemaßte Nut soll in einem Schnitt durch Schruppen gefräst werden. Der Werkstückwerkstoff ist aus S 235. Der Fräser ist aus HSS und hat zwei Zähne.

Zeichnung

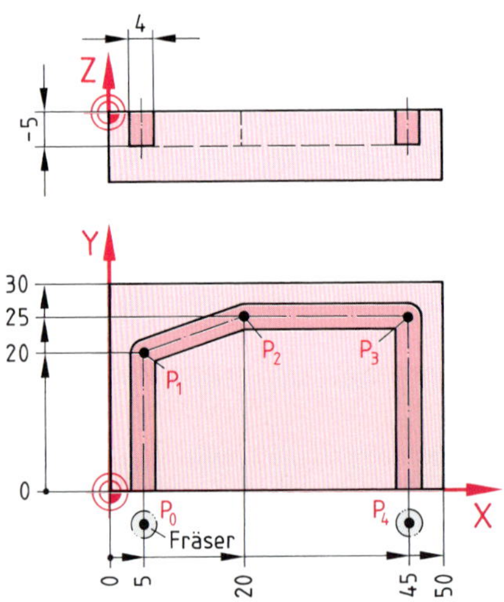

Programm
(mit Eintragung modal wirksamer Programmwerte)

N	G	X	Y	Z	F	S	T	M
N010	G90							
N020	G94				F540			
N030						S2700		M03
N040							T0100	M08
N050	G00	X5	Y-10					
N060	G00	(X5)	(Y-10)	Z2				
N070	G01	(X5)	(Y-10)	Z-5				
N080	(G01)	(X5)	Y20					
N090	(G01)	X20	Y25					
N100	(G01)	X45	(Y25)					
N110	(G01)	(X45)	Y-10					
N120	G00	(X45)	(Y-10)	Z50				M09
N130	G00	X-50	Y-20					M30

Die Werte in Klammern sind modal wirksam.
Sie werden normalerweise wegen Gefahr der Falscheingabe und zur Verbesserung der Übersichtlichkeit fortgelassen.

Erklärung

N010 Absolutmaße gelten bis auf Widerruf für alle Sätze
N020 Vorschub wird in mm/min angegeben, vorgesehen werden 540 mm/min
N030 Spindel soll im Uhrzeigersinn drehen, Umdrehungsfrequenz 2700 1/min
N040 Werkzeug T0100 einwechseln, Kühlschmiermittel einschalten
N050 Im Eilgang auf X5, Y-10 fahren
N060 Im Eilgang auf Z2 fahren
N070 Mit Vorschubgeschwindigkeit (540 mm/min) geradlinig auf Z-5 herunterfahren
N080 Mit Vorschubgeschwindigkeit geradlinig bis Y20 fräsen
N090 Mit Vorschubgeschwindigkeit geradeaus bis X20 Y25 fräsen
N100 Mit Vorschubgeschwindigkeit geradeaus bis X45 (Y25) fräsen
N110 Mit Vorschubgeschwindigkeit geradeaus bis (X45) Y-10 fräsen
N120 Im Eilgang auf Z50 fahren, Kühlschmiermittel ausschalten
N130 Im Eilgang auf X-50, Y-20 fahren, Ende des Programms

Übungsaufgaben 2/18; 2/19

3 Programmieren zur Fertigung von Drehteilen

3.1 Programmieren von Weginformationen beim Drehen

3.1.1 Koordinatensysteme an CNC-Drehmaschinen

Drehmaschinen werden mit Werkzeugträgern gebaut, bei denen das Werkzeug von vorne gesehen vor oder hinter der Drehmitte angeordnet ist. Im Gegensatz zu herkömmlichen Drehmaschinen werden CNC-Maschinen bevorzugt mit Werkzeugträgern ausgerüstet, die sich hinter dem Werkstück befinden. Daher muss je nach Bauform der Maschine zum Programmieren eine andere Lage des Koordinatensystems berücksichtigt werden. In beiden Fällen entspricht die Werkstückachse der Z-Achse.
Die positive X-Achse weist immer vom Drehteil aus in radialer Richtung auf das Werkzeug. Damit ergibt sich für beide Werkzeuganordnungen, dass größere Z-Werte eine größere Werkstücklänge und größere X-Werte einen größeren Werkstückdurchmesser zur Folge haben.

Drehmeißel vor der Drehmitte

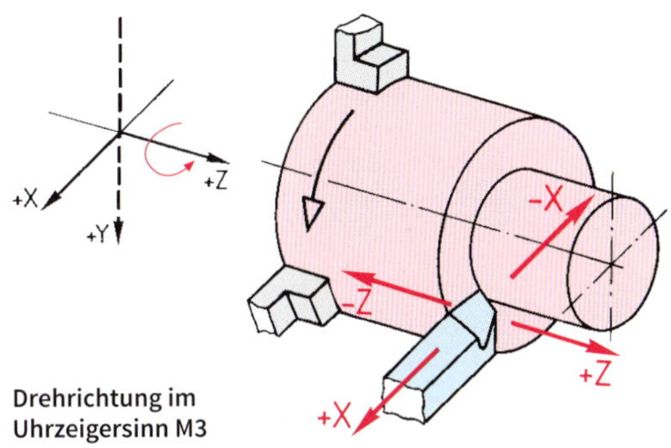

Drehrichtung im Uhrzeigersinn M3

Drehmeißel hinter der Drehmitte

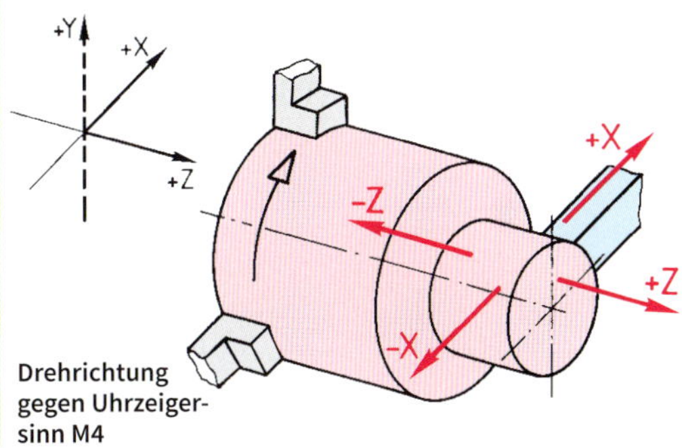

Drehrichtung gegen Uhrzeigersinn M4

> **!** Die Z-Achse ist immer Drehachse des Werkstücks. Größerer Z-Wert bedeutet größere Werkstücklänge. Die X-Achse verläuft rechtwinklig zur Z-Achse auf das Drehwerkzeug zu. Größerer X-Wert bedeutet größerer Werkstückdurchmesser.

3.1.2 Nullpunkte und Bezugspunkte

1. Maschinennullpunkt, Referenzpunkt und Werkstücknullpunkt

Nullpunkte legen für die Bearbeitung auf CNC-Maschinen das Koordinatensystem fest. Dabei unterscheidet man einen Maschinennullpunkt und einen Werkstücknullpunkt. Bezugspunkte – auch Referenzpunkte genannt – sind genau festgelegte Punkte, welche die Programmierung und das Bedienen der Maschine erleichtern.

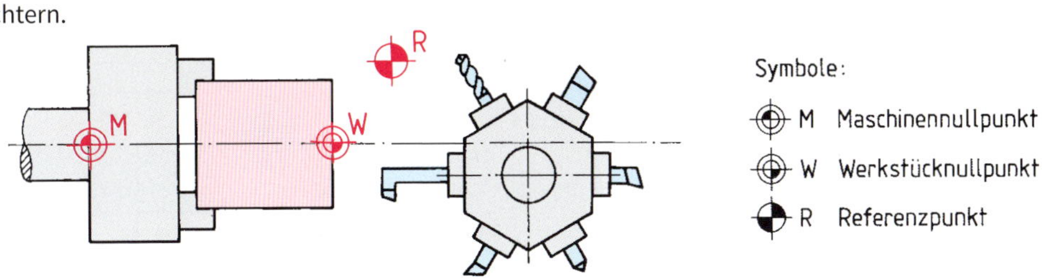

Nullpunkte und Bezugspunkte an einer Drehmaschine

Der **Maschinennullpunkt** ist der Ursprung des Maschinenkoordinatensystems. Er liegt bei CNC-Drehmaschinen im Schnittpunkt der Arbeitsspindelachse mit dem Werkstückträger.
Der Referenzpunkt ist ein festgelegter Punkt im Arbeitsbereich inkremental messender CNC-Drehmaschinen, welcher einen genau bestimmten Abstand zum Maschinennullpunkt hat. Der Referenzpunkt wird zum Nullsetzen des Messsystems angefahren, da der Maschinennullpunkt meist nicht angefahren werden kann.

2. Werkstücknullpunkte

Der Werkstücknullpunkt ist vom Programmierer frei wählbar. Meist legt man ihn auf die rechte Planseite des Werkstücks. Weniger üblich ist es, ihn auf der linken Planseite festzulegen.

Beispiele für mögliche Lagen von Werkstücknullpunkten

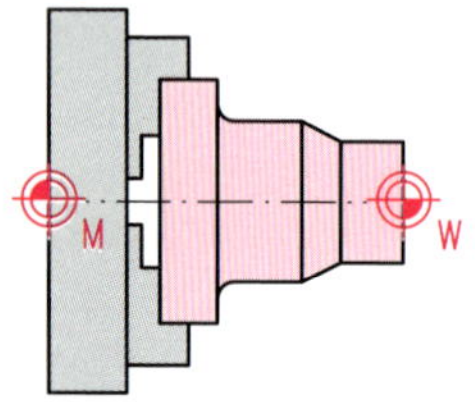

Werkstücknullpunkt auf rechter Planseite

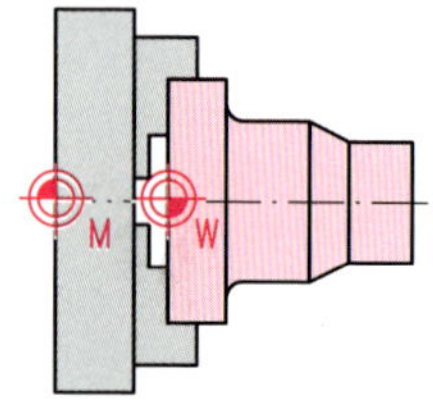

Werkstücknullpunkt auf linker Planseite

Ist zunächst eine Werkstückaußenbearbeitung an der rechten Planseite und danach eine Innenbearbeitung an der linken Planseite erforderlich, muss das Werkstück umgespannt werden. In solchen Fällen legt man zwei Nullpunkte fest.

Beispiel für Umspannvorgang und Werkstücknullpunktlage

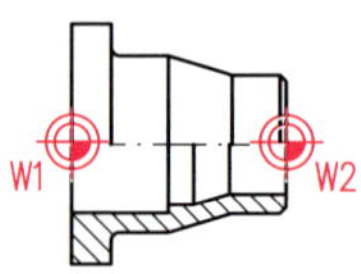

Werkstück

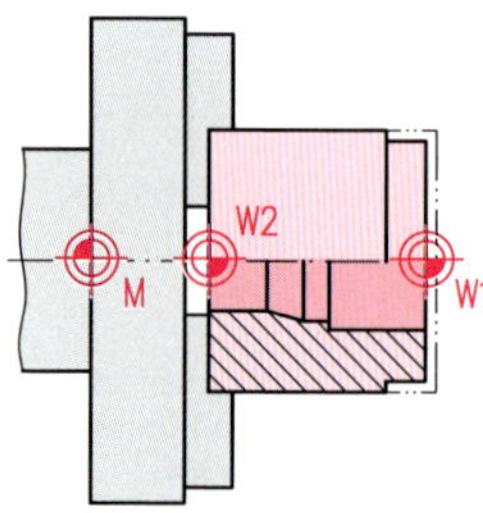

1. Aufspannung W1

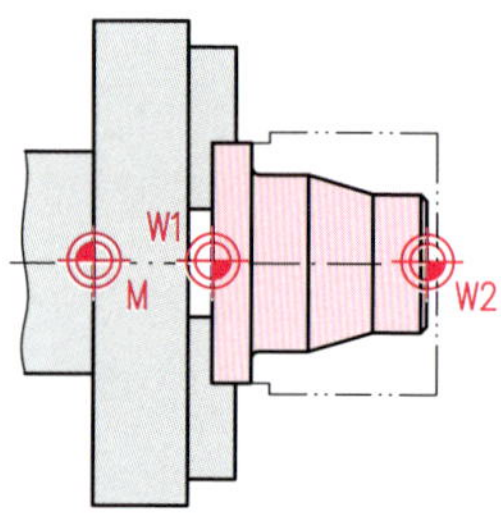

2. Aufspannung W2

> **!** Der Programmierer legt den Werkstücknullpunkt entsprechend der Bearbeitungsaufgabe an der linken oder rechten Planseite fest. Bei Werkstücken, für die ein Umspannvorgang benötigt wird, werden zwei Werkstücknullpunkte angegeben.

3.1.3 Drehteile mit geradliniger Kontur

Geradlinige Drehteilkonturen werden mit dem Wegbefehl G01 programmiert. Der anzufahrende Endpunkt wird in X-Richtung nicht mit dem Radius, sondern mit dem Durchmesser programmiert. Abstände in Z-Richtung werden auf den Werkstücknullpunkt bezogen.

Beispiel für die Konturbeschreibung eines Drehteils

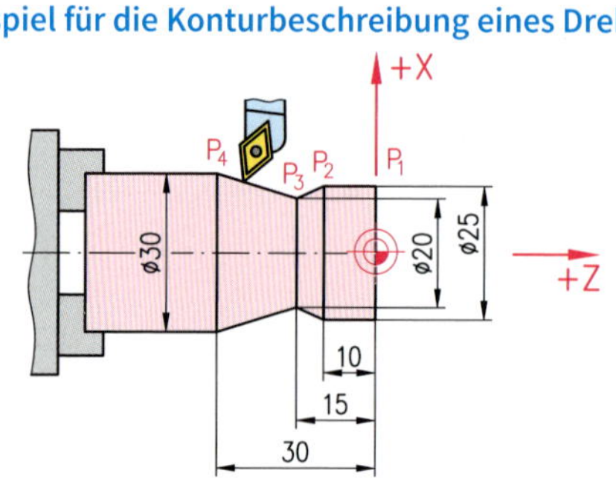

	Wegbedingung	X	Y
	G 90		
	G 00	X 25	Z 3
→ P_1	G 01	X 25	Z 0
→ P_2	(G 01)	X 25	Z – 10
→ P_3	(G 01)	X 20	Z – 15
→ P_4	(G 01)	X 30	Z – 30

> **!** Bei Drehteilen werden in X-Richtung Durchmesser und in Z-Richtung Längen programmiert.

3.1.4 Drehteile mit kreisförmigen Konturanteilen

Zur Festlegung des Richtungssinns von kreisförmigen Bewegungen muss ein Betrachter immer in Richtung der negativen Y-Achse auf die X-Z-Ebene blicken. Soll sich – aus dieser Sicht – der Meißel in Vorschubrichtung im Uhrzeigersinn bewegen, so ist das durch einen G02-Befehl zu programmieren. Soll er sich im Gegenuhrzeigersinn bewegen, so ist ein G03-Befehl zu programmieren.

Drehmeißel vor der Drehmitte	Drehmeißel hinter der Drehmitte

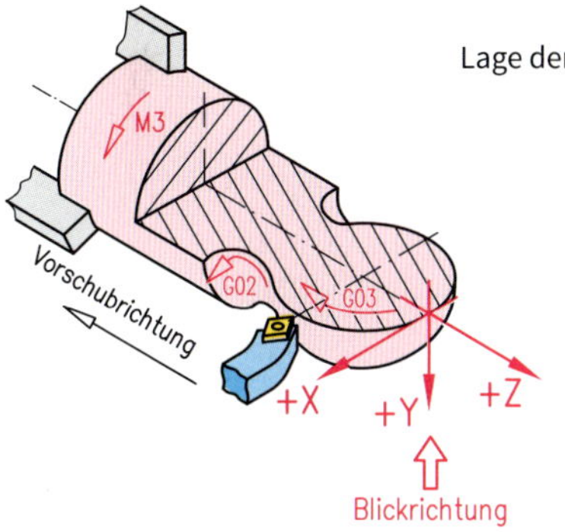

Lage der Achsen und Blickrichtung

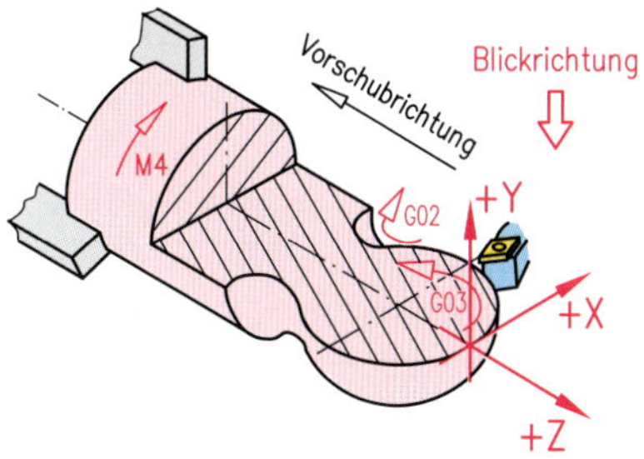

Sowohl für den Werkzeugeinsatz „Drehmeißel vor der Drehmitte" als auch für den Werkzeugeinsatz „Drehmeißel hinter der Drehmitte" sind die Programme gleich.

> **!** Zur Beurteilung des Richtungssinns für die Wegbedingungen G02 und G03 blickt man bei einer Stellung des Drehmeißels vor der Drehmitte **von unten** auf das Werkstück,
> bei Stellung des Drehmeißels hinter der Drehmitte **von oben** auf das Werkstück.

Kreisprogrammierung mit Angabe der Mittelpunktkoordinaten

Bei der Programmierung kreisförmiger Bahnbewegungen des Werkzeugs in der X-Z-Ebene werden die Koordinaten des Endpunkts und die Mittelpunktkoordinaten angegeben. Die Mittelpunktkoordinaten werden immer inkremental auf den Anfangspunkt der kreisförmigen Arbeitsbewegung des Werkzeugs bezogen. Der Abstand des Mittelpunkts in X-Richtung hat dabei den Adressbuchstaben **I** und der Abstand in Z-Richtung den Adressbuchstaben **K**.

Beispiele für die Programmierung von Radien mit Mittelpunktkoordinaten

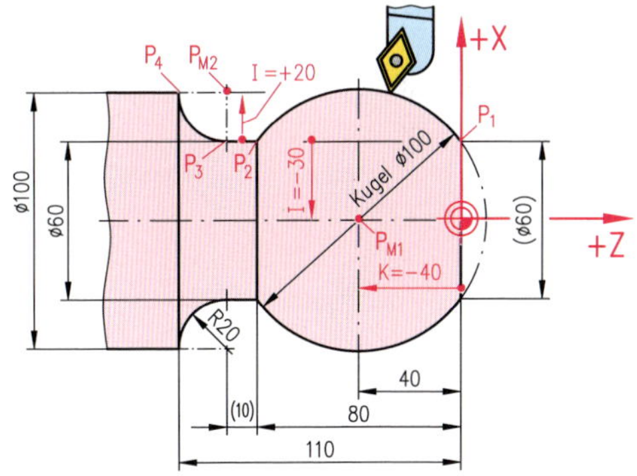

Werkzeug hinter der Drehmitte

	Wegbedingung	X	Z	I	K
	G 90				
	G 00	X 60	Z 3		
→ P_1	G 01	X 60	Z 0		
→ P_2	G 03	X 60	Z −80	I −30	K −40
→ P_3	G 01	X 60	Z −90		
→ P_4	G 02	X 100	Z 110	I +20	K 0

> **!** Angaben bei kreisförmiger Arbeitsbewegung mit Mittelpunktkoordinaten:
> - Richtungssinn mit G02 im Uhrzeigersinn oder G03 im Gegenuhrzeigersinn,
> - Endpunktkoordinaten der Kreisbewegung mit X und Z,
> - Mittelpunktkoordinaten der Kreisbewegung mit I und K inkremental
>   I für den Abstand vom Anfangspunkt auf der X-Achse,
>   K für den Abstand vom Anfangspunkt auf der Z-Achse.

3.2 Programmierhilfen beim Drehen

3.2.1 Übersicht über Zyklen beim Drehen

Bei der Bearbeitung von Drehteilen sind häufig sich wiederholende, gleichartige Arbeiten in Teilbereichen durchzuführen, die aufwendig zu programmieren sind. Solche Arbeitsabläufe fasst man in Unterprogrammen zusammen, die bereits in der Steuerung der CNC-Drehmaschinen als Zyklen vorhanden sind. Diese Zyklen vereinfachen die Programmierung erheblich.

Beispiele für wichtige Drehzyklen (PAL):

- Gewindezyklus (**G31**)
- Gewindebohrzyklus (**G32**)
- Längsschruppkonturzyklus (**G81**)
- Planschruppkonturzyklus (**G82**)
- Bohrzyklus (**G84**)
- Freistichzyklus (**G85**)
- Stechzyklus radial (**G86**)
- Stechzyklus axial (**G88**)

- Zyklen, die mit einer freistehenden Kontur verknüpft sind, z. B. Bohrzyklen, bestehen nur aus einem Satz. Dieser beginnt mit dem **G-Wort**. Es folgen die notwendigen Angaben zur Bearbeitung.
- Zyklen, die mit unterschiedichen Konturen verknüpft sein können, beginnen mit dem **G-Wort** zum Aufruf des Zyklus. Auf das G-Wort folgen die notwendigen Angaben zur Technologie der Bearbeitung. In den anschließenden Sätzen wird die Kontur beschrieben. Diese Beschreibung kann auch durch den Aufruf eines Unterprogramms, das die Konturbeschreibung enthält, erfolgen. Die Konturbeschreibung endet mit einem Satz, in dem G80 den Zyklus abschließt.

3.2.2 Konturschruppzyklen

Man unterscheidet je nach Zustellung beim Drehen einen Längs- und einen Planschruppkonturzyklus. Mit beiden Zyklen wird zunächst der Werkstoff entweder parallel zur Drehachse bzw. senkrecht zur Drehachse mit einer Bearbeitungszugabe abgearbeitet. Anschließend erfolgt eine Schlichtbearbeitung parallel zur Kontur.
Nach Aufruf eines Schruppzyklus mit **G-Wort** sowie Zustellung, Eintauchvorschub und Bearbeitungsart folgt die Fertigkonturbeschreibung mit Angabe der Schneidenradiuskorrektur. Das Zyklusende wird mit G80 in das Programm eingegeben.

Beispiele für Konturschruppzyklen (PAL-Codierung)

Längsschruppzyklus G81

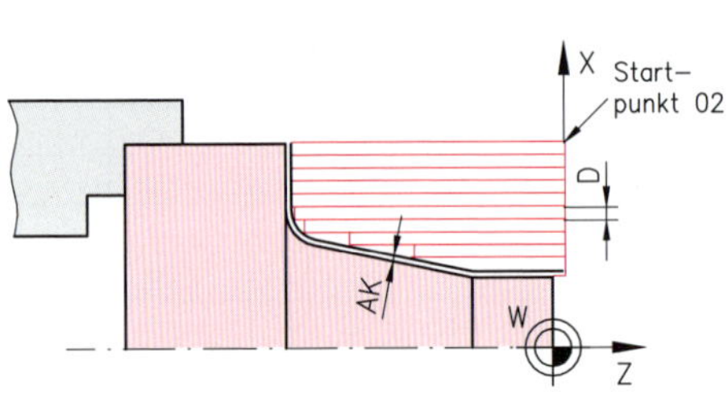

Planschruppzyklus G82

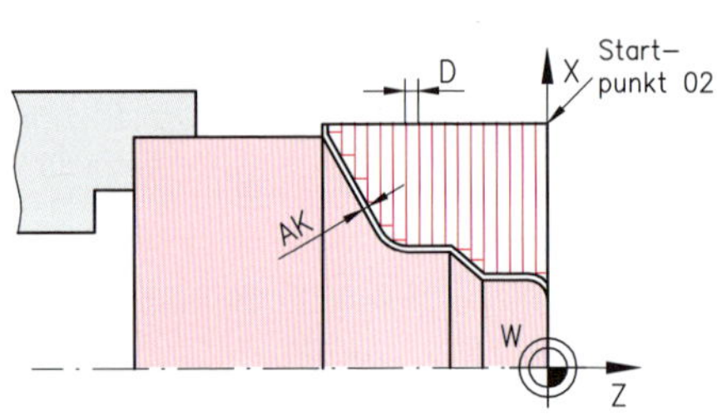

NC-Satz (verkürzt): G81/G82 D [H1, H3...] [AK] [O] [E] [F] [S] [M]   [ ] optionale Adressen

Adressbuchstaben:

D	**Zustellung pro Schruppschnitt**
H1	Schruppen der Kontur, 45° abheben
AK	Konturparalleles Aufmaß auf die Kontur
H3	Wie H1 mit zusätzlichem Konturschnitt am Ende
O2	Bearbeitungsstartpunkt an der Kontur
E	Eintauchvorschub
F	Aktueller Vorschub
S	Drehzahl/Schnittgeschwindigkeit
M	Drehrichtung/Kühlmittel

Übungsaufgaben 3/6; 3/7

Beispiel für die Programmierung einer Drehbearbeitung mit dem Schruppzyklus G81

Aufgabe: Es soll die Außenkontur mithilfe der automatischen Schnittaufteilung des Konturzyklus G81 und einer maximalen Schnitttiefe von 2 mm gedreht werden.

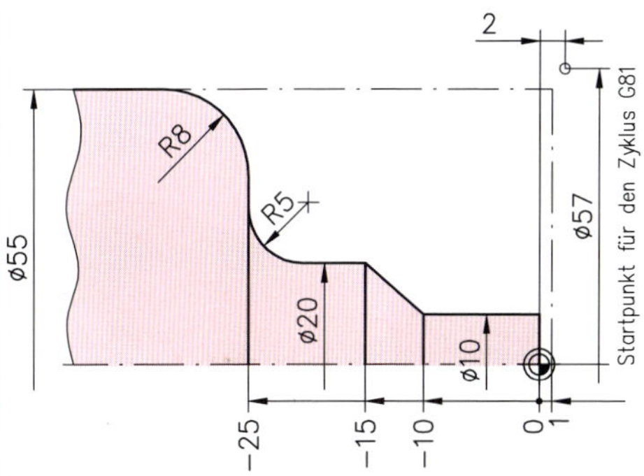

Rohteil:	Ø 55 mm × 70 mm
Werkstoff:	S275JR
Werkzeug:	Schrupp- und Schlicht-Drehmeißel (T3)
Schneidplatte:	DCMT11-P20
Schnittwerte:	f = 0,1 mm v_c = 300 m/min

Programm	Bemerkungen
N10 G96 S300	Konstante Schnittgeschwindigkeit v_c = 300 m/min
N20 T3 M6	Aufruf von Werkzeug T3
N30 F0.1 M4	Vorschub mit f = 0,1 mm festlegen, Spindel EIN, Linkslauf
N40 G0 X57 Z0	Anfahren zum Plandrehen
N50 G1 X-0.2	Plandrehen
N60 G0 Z2	Wegfahren von der Kontur
N70 X57	Anfahren des Startpunkts für den Zyklus G81
N80 G81 D2 H3	**Aufruf des Zyklus G81, Schruppbearbeitung mit maximaler Schnitttiefe von 2 mm und anschließendem Konturschnitt**
N90 G1 G42 X10 Z0	Beginn der Beschreibung der Kontur, Werkzeugbahnkorrektur, rechts
N100 Z-10	Geradlinige Vorschubbewegung
N110 X20 Z-15	Geradlinige Vorschubbewegung
N120 Z-20	Geradlinige Vorschubbewegung
N130 G2 X30 Z-25 I5 K0	Kreisförmige Bewegung im Uhrzeigersinn, Ende der Beschreibung der Fertigkontur
N140 G1 X39	Geradlinige Vorschubbewegung
N150 G3 X55 Z-33 I0 K8	Kreisförmige Bewegung im Gegenuhrzeigersinn
N160 G40	Schneidenradiuskorrektur aufheben
N170 G80	**Ende des Konturzyklus**
N180 G0 X80 Z50 N190 M30	Wegfahren des Werkzeugs im Eilgang, Programmende mit Rücksetzen

! Mit dem Längsschruppzyklus G81 wird eine Kontur parallel zur Drehachse und mit einem Planschruppzyklus G82 senkrecht zur Drehachse geschruppt und dann konturparallel geschlichtet.

3.3 Werkzeuge und Werkzeugmaße beim Drehen

3.3.1 Aufbau von Drehwerkzeugen

Auf CNC-Drehmaschinen setzt man ausschließlich Drehmeißel mit auswechselbaren Wendeschneidplatten ein. Der Drehmeißel wird in den Werkzeughalter eingesetzt. Werkzeughalter sind meist mit genormten Schäften ausgestattet, mit denen sie in entsprechend gestaltete Mehrfachwerkzeugträger (Werkzeugrevolver) eingesetzt werden.

Beispiel für einen Werkzeughalter mit Schaft und einen Werkzeugrevolver einer CNC-Drehmaschine

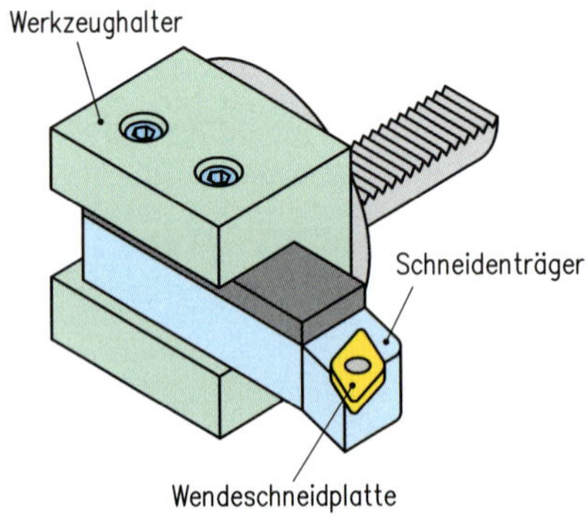

Werkzeugrevolver

3.3.2 Werkzeugmaße

Der Steuerung müssen die Maße der eingesetzten Werkzeuge eingegeben werden. Das zur Programmierung benutzte CAM-System benötigt diese Maße ebenfalls zur sicheren Simulation, damit die Gefahren von zu großer Spanabnahme und Kollisionen sicher erkannt werden können. Bezugspunkt für die Ermittlung der Werkzeugmaße ist der sogenannte **Werkzeugeinstellpunkt**.
Der Werkzeugeinstellpunkt ist ein der Steuerung bekannter Punkt, der bei allen Werkzeugpositionen an der dem Futter zugewandten Seite des Revolvers liegt.

Zur Eingabe in den Werkzeugspeicher der Steuerung benötigt man folgende Daten des Werkzeugs:

- **Werkzeuglänge *L***
  Dies ist der Abstand der Schneidenspitze vom Werkzeugeinstellpunkt in Z-Richtung.
- **Querlage *Q***
  Dies ist der Abstand der Schneidenspitze vom Werkzeugeinstellpunkt in X-Richtung.
- **Schneidenradius *R***
  Dies ist die Rundung der Werkzeugschneide.

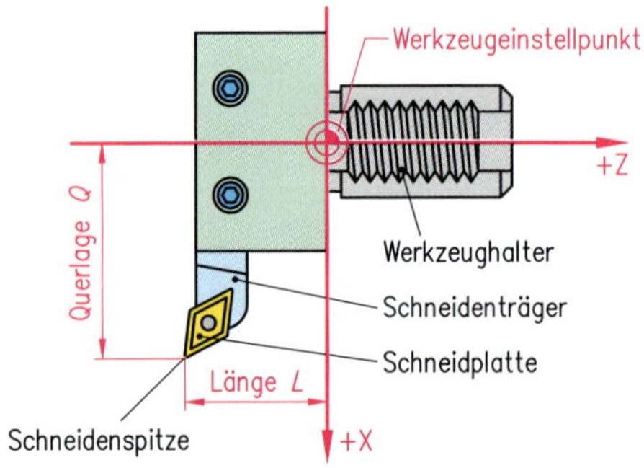

> **!** Für den Einsatz der Werkzeuge werden folgende Daten in den Werkzeugspeicher eingegeben:
> - die Länge *L*,
> - die Querlage *Q*,
> - der Schneidenradius *R*.

– Manuelle Ermittlung von Werkzeugmaßen an der Maschine

Zuerst wird ein beliebiger Durchmesser angedreht und in Z-Richtung freigefahren. Nach dem Messen des Zylinderdurchmessers wird dieser Wert in die Steuerung eingegeben. Sie errechnet daraus die Querlage *Q*. Anschließend wird eine Planfläche angedreht und in X-Richtung freigefahren. Nach dem Ausmessen der Werkstücklänge wird dieser Wert ebenfalls der Steuerung eingegeben. Die Steuerung errechnet daraus die Werkzeuglänge *L*.

> **!** Aus der Eingabe des angedrehten Werkstückdurchmessers und der Werkstücklänge errechnet die Steuerung die Querlage *Q* und die Länge *L*.

Übungsaufgaben 3/8; 3/9

3.3.3 Schneidenradiuskompensation

Die Schneide eines Drehmeißels endet nie in einer punktförmigen Schneidenspitze, sondern ist stets mit einem kleinen Radius versehen. Dadurch erhöht sich die Standzeit des Werkzeugs und die Oberflächenqualität des Werkstücks wird verbessert. Die Schneidenradien betragen etwa 0,2 bis 2 mm. Beim Drehen zylindrischer Werkstücke verursacht ein Schneidenradius keinen Fehler. Beim Drehen konischer Werkstücke und größerer Radien muss der Schneidenradius berücksichtigt werden. Dabei ist der Weg, den ein Meißel mit *punktförmiger* Schneidenspitze zur Erzeugung der programmierten Kontur zurücklegen würde, nicht gleich dem Weg einer gerundeten Schneidenecke. In der Praxis würde das gefertigte Werkstück nicht die vorbestimmte Form haben, sondern mehr oder weniger große Formabweichungen aufweisen.

Beispiele für die Entstehung von Konturfehlern durch einen Schneidenradius

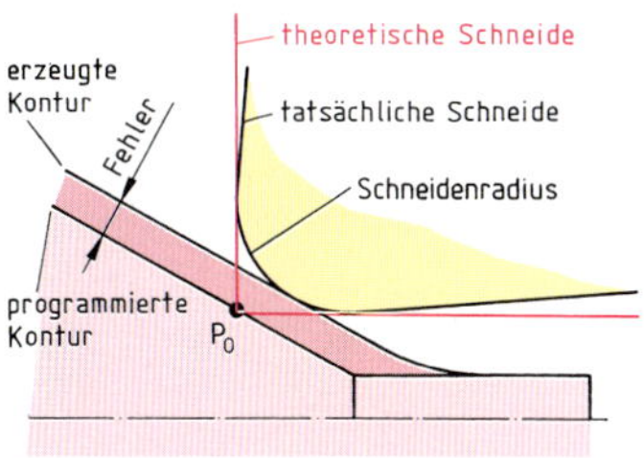

Fehler an Schrägen

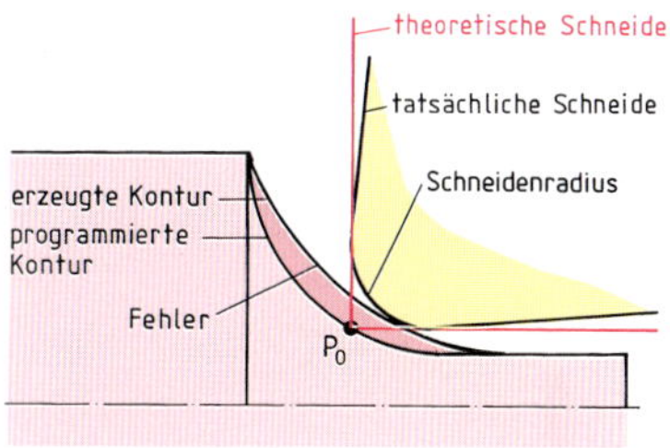

Radiusfehler

> **!** Beim Drehen mit Meißeln mit gerundeter Schneidenecke entstehen an Schrägen und in großen Radien Konturfehler, falls keine Schneidenradiuskorrektur vorgenommen wird.

Um eine Schneidenradiuskompensation zutreffend zu berechnen, muss dem Rechner angegeben werden, in welcher Stellung sich die Schneide in Vorschubrichtung zum Werkstück befindet.

Bei dem Befehl **G41** erfolgt die Korrektur für ein Werkzeug, das links von der Kontur arbeitet – *betrachtet in Vorschubrichtung*.

Bei dem Befehl **G42** erfolgt die Korrektur für ein Werkzeug, das rechts von der Kontur arbeitet – *betrachtet in Vorschubrichtung*.

Die Schneidenradiuskompensation bleibt so lange wirksam, bis mit dem Befehl **G40** die vorherige Anweisung zur Werkzeugkorrektur aufgehoben wird.

Beispiele für eine Schneidenradiuskompensation bei Drehteilen

G 41

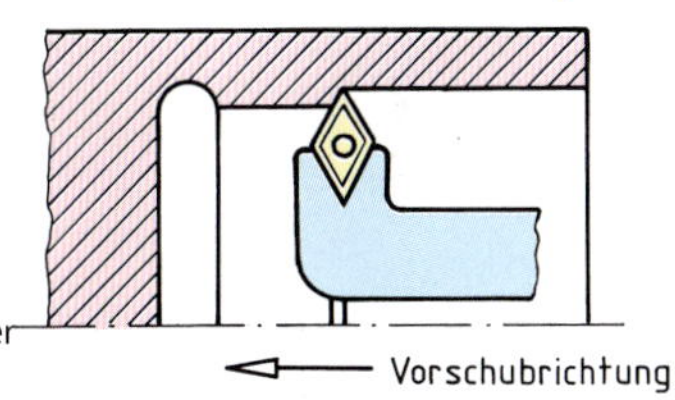

Werkzeug **links** von der Kontur

G 42

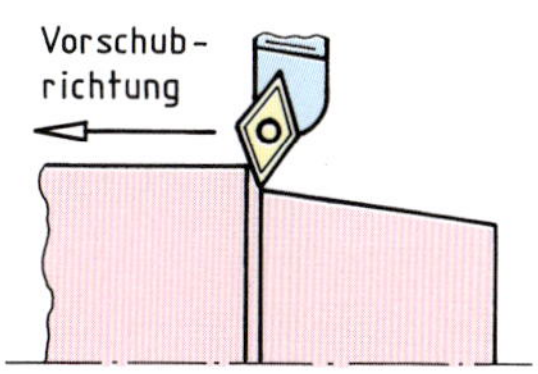

Werkzeug **rechts** von der Kontur

> **!** Schneidenradiuskompensation:
> - G41 Werkzeug in Vorschubrichtung links von der Kontur,
> - G42 Werkzeug in Vorschubrichtung rechts von der Kontur,
> - G40 für das Aufheben der Schneidenradiuskompensation.

Zusätzlich muss die Lage der theoretischen Schneidenspitze P0 zum Schneidenradiusmittelpunkt S durch eine herstellerspezifische Kennzeichnung eingegeben werden.

Mögliche Positionen:

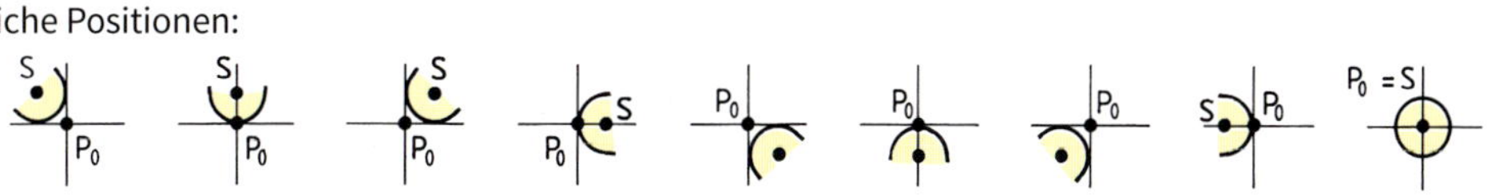

4 Programmieren zur Fertigung von Frästeilen

4.1 Programmieren von Weginformationen beim Fräsen

4.1.1 Achsrichtungen bei Fräsarbeiten

Bei Fräsmaschinen unterscheidet man nach der Lage der Arbeitsspindel Senkrechtfräsmaschinen und Waagerechtfräsmaschinen.

Senkrechtfräsmaschine

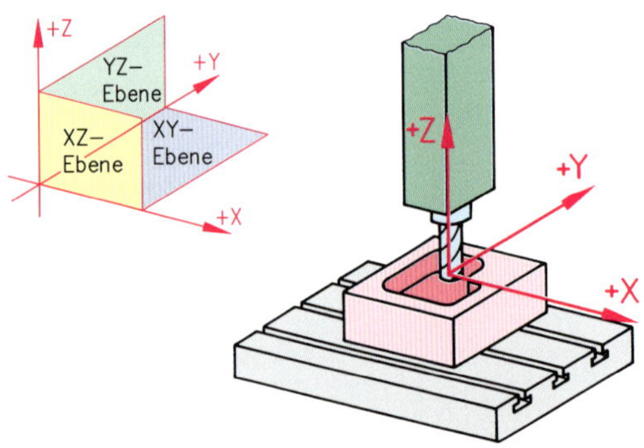

Waagerechtfräsmaschine

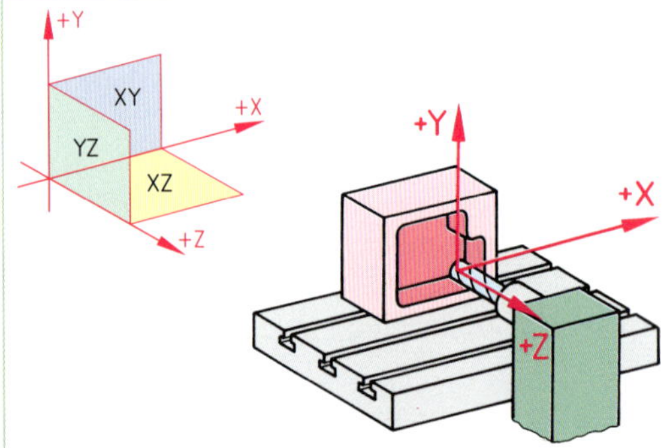

Zur Fertigung komplizierter Werkstücke müssen Fräsmaschinen über zusätzliche Bewegungsrichtungen verfügen.

Zum Programmieren der Schwenkbewegungen um die drei Achsen sind Adressbuchstaben festgelegt, die durch Winkelangaben ergänzt werden.

Dabei bezeichnet der Buchstabe

A eine Schwenkbewegung um die **X-Achse**,
B eine Schwenkbewegung um die **Y-Achse**,
C eine Schwenkbewegung um die **Z-Achse**.

Die Bewegungen sind dann positiv, wenn sie in Richtung der positiven Achse gesehen im *Uhrzeigersinn* erfolgen.

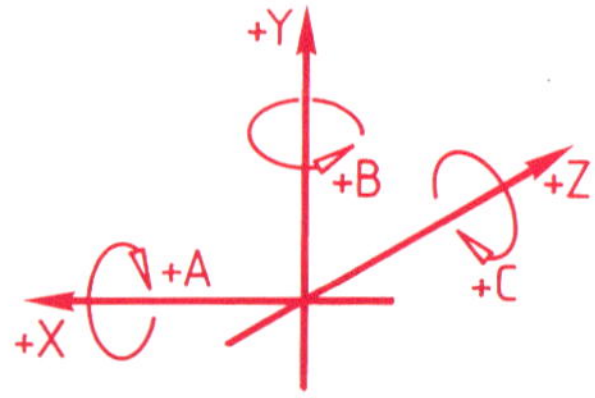

Koordinatenachsen

Beispiele für Achsen an CNC-Fräsmaschinen

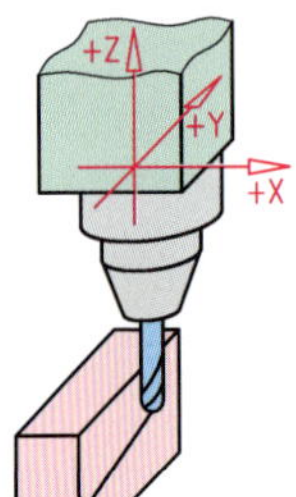

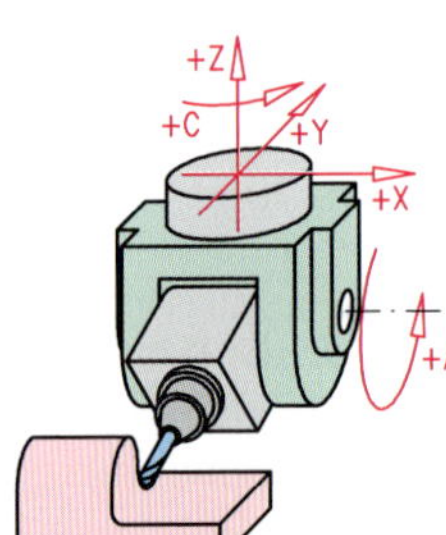

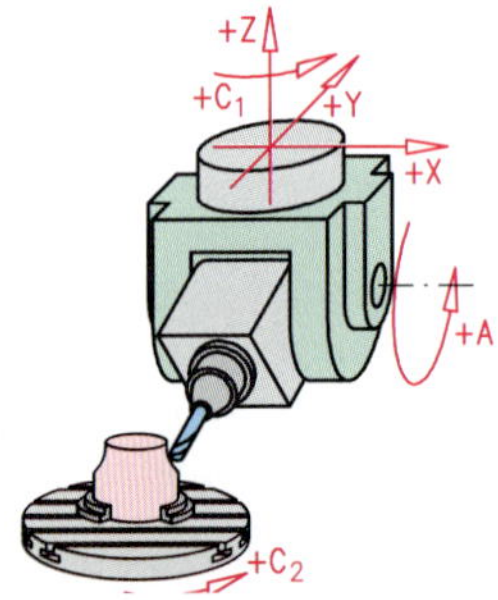

! Programmgesteuerte Schwenkbewegungen um die X-, Y- und Z-Achse werden mit A, B und C bezeichnet. Die Bewegungen sind positiv, wenn sie sich in Richtung der positiven Achse gesehen im Uhrzeigersinn drehen.

Übungsaufgabe 4/1

4.1.2 Bahnsteuerungen beim Fräsen

Im Gegensatz zur Drehmaschine, die in einer Ebene zu steuern ist, muss eine Fräsmaschine in drei Achsrichtungen gesteuert werden. Das gleichzeitige Steuern von drei Achsen stellt hohe Anforderungen an den Computer der Steuerung, sodass man diese nur bei aufwendigen Fräsarbeiten einsetzt. Für einfache Fräsarbeiten kann die Steuerung weniger aufwendig sein. Man unterscheidet drei Arten von Bahnsteuerungen: *2D-Bahnsteuerung, 2½ D-Bahnsteuerung, 3D-Bahnsteuerung.*

- **2D-Bahnsteuerung**

Die Steuerung einer Senkrechtfräsmaschine, mit der nur in der X-Y-Ebene Geraden, Kreisbögen und beliebige Kurven gefahren werden, nennt man eine 2D-Bahnsteuerung. Dabei müssen Zustellbewegungen in Z-Richtung von Hand vorgenommen werden. Bei einer 2D-Bahnsteuerung werden nur die Bewegungen in X- und Y-Richtung programmiert.
An Fräsmaschinen werden 2D-Bahnsteuerungen nur an Maschinen zur Schriftgravur eingesetzt.

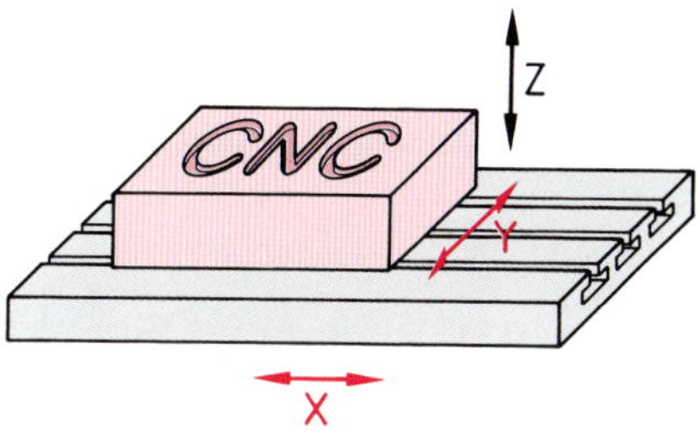

2D-Bahnsteuerung

> **!** Bei einer 2D-Bahnsteuerung erfolgt eine Steuerung nur in zwei Achsrichtungen.

- **2½D-Bahnsteuerung**

Eine Steuerung, die zwar in jeder beliebigen Ebene Geraden, Kreisbögen und Kurven fahren kann, jedoch gleichzeitig immer nur in zwei Achsrichtungen, nennt man eine 2½D-Bahnsteuerung. Die beiden steuerbaren Achsrichtungen sind in allen Ebenen möglich.
Eine 2½ D-Bahnsteuerung kann in einem Satz nur in zwei Achsrichtungen programmiert werden, z. B. in der X-Y-Ebene oder der X-Z-Ebene oder der Y-Z-Ebene.

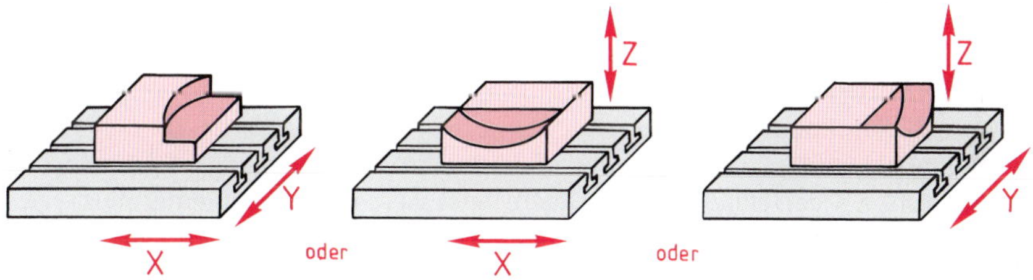

2½D-Bahnsteuerung

> **!** Bei einer 2½D-Bahnsteuerung sind die drei Achsen steuerbar, gleichzeitig können jedoch stets nur zwei Achsen gesteuert werden.

- **3D-Bahnsteuerung**

Die Steuerung einer Werkzeugmaschine, bei der alle drei Achsen gleichzeitig vom Computer aus steuerbar sind, nennt man eine 3D-Bahnsteuerung.
Bei einer 3D-Bahnsteuerung können in einem Satz gesteuerte Bewegungen in X-, Y- und Z-Richtung programmiert werden, d. h., es können beliebige räumliche Bewegungen ausgeführt werden.

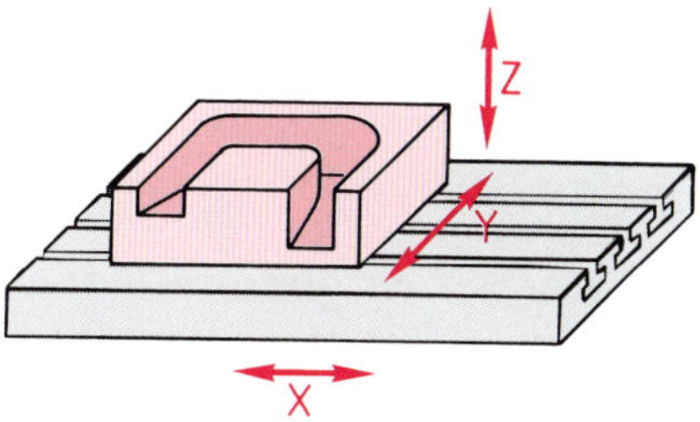

3D-Bahnsteuerung

> **!** Bei einer 3D-Bahnsteuerung können alle drei Achsen gleichzeitig gesteuert werden.

4.1.3 Maschinennullpunkt und Referenzpunkt

Der Maschinennullpunkt ist der Ursprung des Maschinen-Koordinatensystems. Er liegt bei CNC-Fräsmaschinen an der Grenze des Arbeitsbereichs. Bei Fräsmaschinen mit inkrementalen Messsystemen muss beim Einschalten der Maschine ein Nullpunkt angefahren und die Messsysteme müssen dort in allen Achsrichtungen Null gesetzt werden. Einen solchen Punkt bezeichnet man als Referenzpunkt. An Fräsmaschinen sind der Referenzpunkt und der Maschinennullpunkt vielfach identisch. Zum Anfahren des Referenzpunkts sind auf allen Maßstäben der Bewegungsachsen Markierungen (Referenzmarken) vorhanden.
Kann bei einer Fräsmaschine der Maschinennullpunkt nicht angefahren werden, so wird ein Referenzpunkt ersatzweise an anderer Stelle im Arbeitsbereich festgelegt.

Beispiel für die Lage von Maschinennullpunkt und Referenzpunkt an Fräsmaschinen

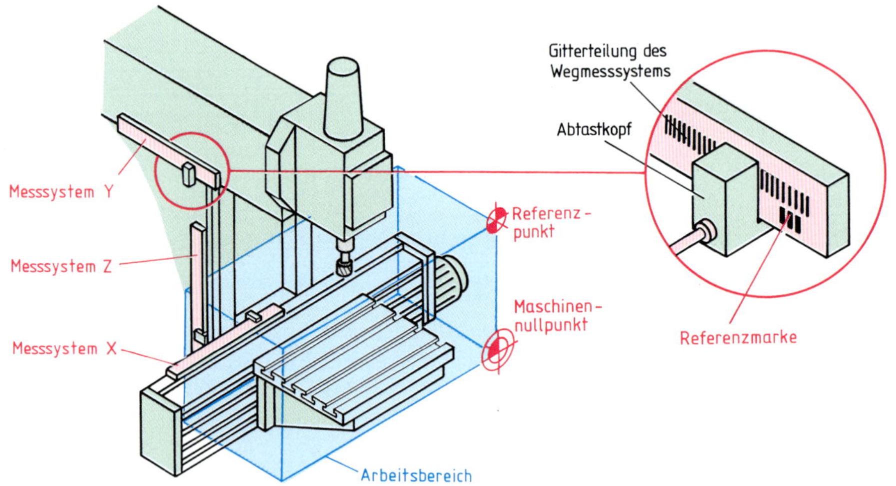

4.1.4 Werkstücknullpunktlagen

1. Wahl des Werkstücknullpunkts

Der Werkstücknullpunkt wird vom Programmierer frei gewählt. Die Festlegung erfolgt jedoch so, dass alle Werkstückmaße leicht auf den Nullpunkt zurückgerechnet werden können. Ferner muss nach dem Aufspannen des Werkstücks eine einfache Lagebestimmung des Nullpunkts möglich sein. Zweckmäßig wählt man bei einfachen Frästeilen den Nullpunkt an einer Werkstückecke.
Bei symmetrischen Werkstücken legt man den Werkstücknullpunkt auf die Symmetrieachse, bei radialen Anordnungen in den Kreismittelpunkt.

Beispiele für Nullpunktlagen an einfachen Frästeilen

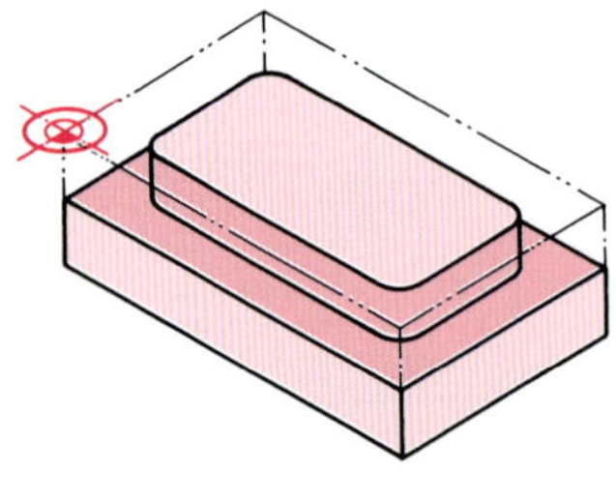

Werkstücknullpunkt an einem Werkstückeckpunkt

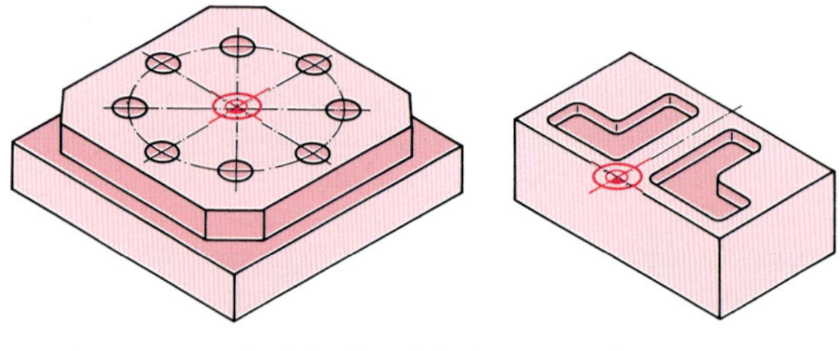

Werkstücknullpunkt in der Symmetrieachse

! Den Werkstücknullpunkt legt man bei einfachen Werkstücken an einen Werkstückeckpunkt, bei symmetrischen Werkstücken auf die Symmetrieachse.

Übungsaufgaben 4/3; 4/4

2. Verschiebung des Werkstücknullpunkts

Für die Bearbeitung auf CNC-Maschinen kann es vorteilhaft sein, den Werkstücknullpunkt innerhalb eines längeren Fertigungsprozesses zu verlegen. Dies geschieht mit dem Befehl **G59**. Der Befehl **G53** hebt die Verschiebung wieder auf.

Beispiel für eine Nullpunktverschiebung mit dem Befehl G59 (nach PAL)

Eine programmierte Grundkontur kann mithilfe einer Nullpunktverschiebung an die gewünschte Stelle übertragen werden. Die Verschiebung wird mit dem Befehl G59 aufgerufen und durch die Angabe der Absolutmaße für die Nullpunktverschiebung programmiert. Weitere Verschiebungen können mit der Absolutbemaßung auf den neuen Nullpunkt bezogen programmiert werden.

N… G59 X120 Y100

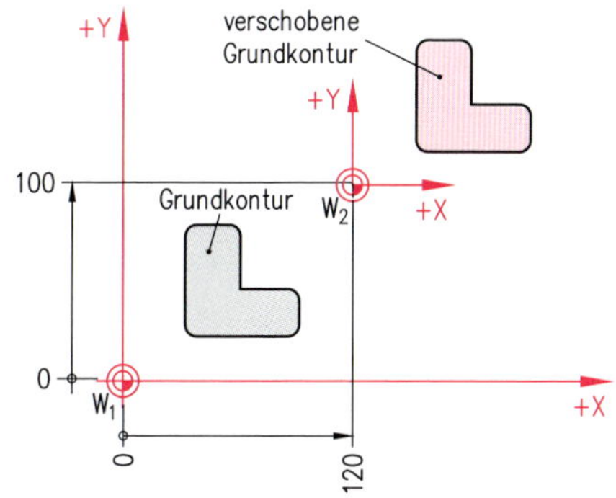

! Für die Bearbeitung komplizierter Werkstücke können nacheinander mehrere Werkstücknullpunkte gesetzt werden. Die Verschiebung des Werkstücknullpunkts wird mit dem Befehl G59 programmiert. G53 hebt die Verschiebung wieder auf.

4.1.5 Werkzeugbahnkorrekturen

Die erforderliche Werkzeugbewegung für eine Fräsarbeit entspricht theoretisch der Bahn des Fräsermittelpunkts parallel zur fertigenden Werkstückkontur. Je nach Durchmesser des eingesetzten Fräsers muss die Bahn des Werkzeugmittelpunkts entlang der Werkstückkontur nach links oder rechts verlegt werden.

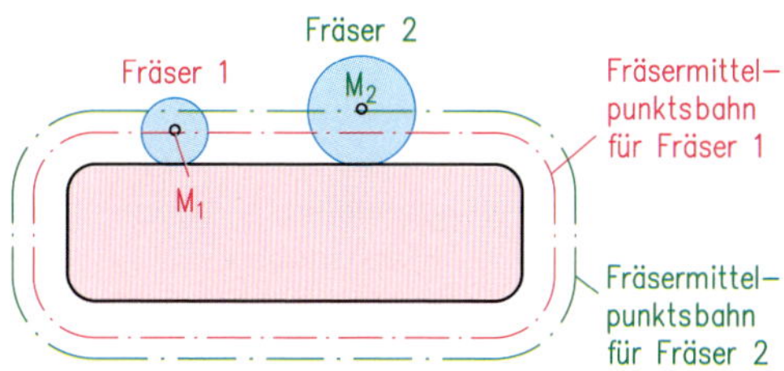

Lage der Fräsermittelpunktsbahn

Soll das Werkzeug in Vorschubrichtung links von der gewünschten Kontur arbeiten, ruft man die Korrektur durch den Wegbefehl **G41** auf.

Soll das Werkzeug in Vorschubrichtung rechts von der gewünschten Kontur arbeiten, dann ruft man die Korrektur durch den Wegbefehl **G42** auf.

Der Befehl **G40** hebt die Bahnkorrektur wieder auf.

Beispiele zu Werkzeugbahnkorrekturen mit den Befehlen G41 und G42

!
- G41 korrigiert bei der Stellung des Werkzeugs in Vorschubrichtung links von der Kontur.
- G42 korrigiert bei der Stellung des Werkzeugs in Vorschubrichtung rechts von der Kontur.
- G40 hebt Korrekturen wieder auf.

Bei Fräsern mit der Schnittrichtung rechts führt G42 immer zu Gegenlauffräsen und G41 zu Gleichlauffräsen.

4.2 Programmierhilfen beim Fräsen

4.2.1 Zyklen beim Fräsen

Häufig sind bei Arbeiten auf Fräsmaschinen sich wiederholende, gleichartige Bearbeitungen durchzuführen, die in vielen Einzelschritten programmiert werden müssen. Man fasst diese Arbeiten in Zyklen zusammen, die in einem Satz programmiert werden.
Wichtige Zyklen für die Fräsbearbeitung sind:
- *Bohrzyklen:* Durchbohren, Tiefbohren, Gewindebohren, Lochmusterbohren,
- *Konturzyklen:* Taschenfräsen, Zapfenfräsen, Fasenfräsen, Eckenrunden,
- *An- und Ausfahrzyklen:* sanftes Anfahren an die Kontur.

Beispiele für Vorgänge, die mit Zyklen zu programmieren sind

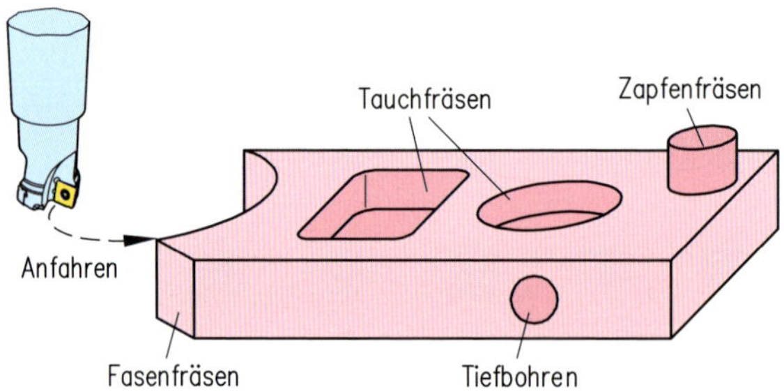

1. Tiefbohrzyklus mit Spänebrechen G82

Zum Bohren tiefer Bohrungen wird der Zyklus G82 verwendet. Die Vorschubbewegung des Bohrers wird nach Erreichen der programmierten Zwischenbohrtiefe angehalten, anschließend wird das Werkzeug um einen bestimmten Betrag angehoben, um die Späne zu brechen.

Beispiel für einen Tiefbohrzyklus

Tiefbohrzyklus mit Spänebrechen G82 (PAL-Codierung)

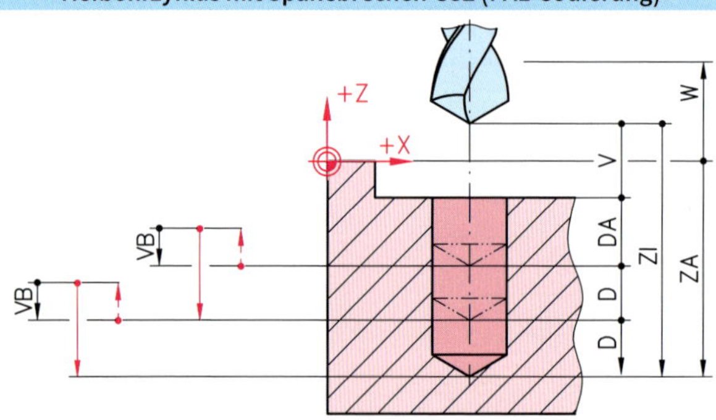

NC-Satz
G82 ZI/ZA D V [W] [DA] [VB] [O1] [F] [S] [M]   **[ ] optionale Adressen**

Adressbuchstaben:

ZI	**Tiefe der Bohrung inkremental ab Bohrungsoberkante oder**
ZA	**Tiefe der Bohrung absolut ab Werkstückoberfläche**
D	**Zustelltiefe**
V	**Höhe der Rückzugsebene von der Materialoberfläche**
W	Höhe der Rückzugsebene absolut in Werkstückkoordinaten
DA	inkrementale Anbohrtiefe der ersten Zustellung ab Bohrungskante
VB	Rückzugsabstand nach jeder Zustelltiefe vom jeweiligen Bohrungsgrund
O1	Verweildauer in Sekunden

Übungsaufgabe 4/7

2. Rechtecktaschenfräszyklus G72

Zum Fräsen von Rechtecktaschen wird der Zyklus G72 verwendet. Der Startpunkt für das Werkzeug liegt oberhalb des Taschenmittelpunkts. Die Tasche wird konturparallel vom Mittelpunkt her ausgeräumt.
Als Pflichtparameter sind die Länge, die Breite und die Tiefe der Rechtecktasche einzugeben, außerdem die maximale Zustelltiefe und der Sicherheitsabstand des Fräsers von der Taschenoberkante. Für die Schlichtbearbeitung können Bearbeitungsaufmaße für Taschenwandung und Taschenboden programmiert werden.

Beispiel für einen Rechtecktaschenfräszyklus

Rechtecktaschenfräszyklus G72 (PAL-Codierung)

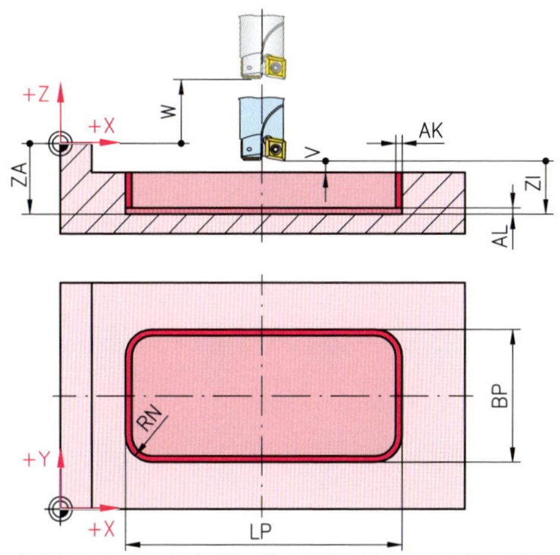

NC-Satz
G72 LP BP ZI/ZA D V [W] [RN] [AK] [AL] [F] [S] [M] [ ] optionale Adressen

Adressbuchstaben:

LP	**Länge der Rechtecktasche in X-Richtung**
BP	**Breite der Rechtecktasche in Y-Richtung**
ZI	**Tiefe der Rechtecktasche inkremental ab Taschenoberkante oder**
ZA	**Tiefe der Rechtecktasche absolut ab Werkstückoberfläche**
D	**maximale Zustelltiefe**
V	**Abstand der Sicherheitsebene von der Taschenoberfläche**
W	Höhe der Rückzugsebene absolut in Werkstückkoordinaten
RN	Eckenradius (Voreinstellung RN0, damit ist der erzeugte Eckenradius gleich dem Werkzeugradius)
AK	Aufmaß auf die Berandung
AL	Aufmaß auf den Taschenboden

Mit der G-Funktion G79 wird der Fräser zum Startpunkt des Zyklus zurückgeführt.

Beispiel für den Einsatz eines Rechtecktaschenfräszyklus (nach PAL)

Mit einem Schaftfräser von 20 mm Durchmesser ist die dargestellte Rechtecktasche zu fräsen.
Der Programmteil zum Fräsen der Tasche ist zu schreiben.

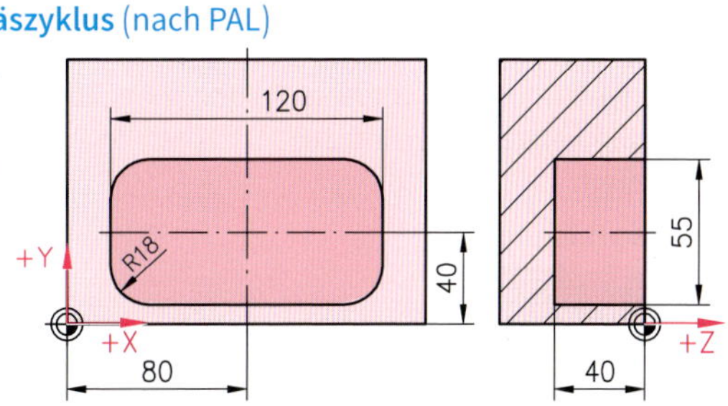

Lösung:

```
N70 G72 LP120 BP56 ZI-40 D4 V3 RN18
N80 G79 XA80 YA40
```

N70 Beschreibung der Tasche, die mit zuvor programmierten Schnittdaten auszuräumen ist
N80 Auf Setzpunkt fahren, Tasche ausräumen

4.2.2 Manipulation von Programmteilen

Der Programmieraufwand kann erheblich vermindert werden, wenn eine Grundkontur mithilfe von Befehlen in ihrer Lage, Form und Größe verändert werden kann. Vorgänge, mit denen solche Veränderungen wie *Verschieben*, *Drehen* und *Spiegeln* o. Ä. bewirkt werden, nennt man **Manipulationen**. Die Verschlüsselung von Manipulationen ist nicht genormt und daher steuerungsabhängig.

Beispiel für eine programmierbare Nullpunktverschiebung und -drehung mit Polarkoordinaten (nach PAL)

Eine in einem Unterprogramm programmierte Kontur kann mit dem Befehl G58 zu einem neuen Nullpunkt im Abstand von RP verschoben und gleichzeitig mit z. B. AP20 um einen Winkel von 20° gedreht werden. Die Winkelangabe wird in Gegenuhrzeigerrichtung mit *positiven* und in Uhrzeigerrichtung mit *negativen* Vorzeichen versehen. Der Winkel 0° liegt auf der positiven waagerechten Achse des ursprünglichen Koordinatensystems.

Programmierung:

```
N... G58 L35 RP180 AP20
```

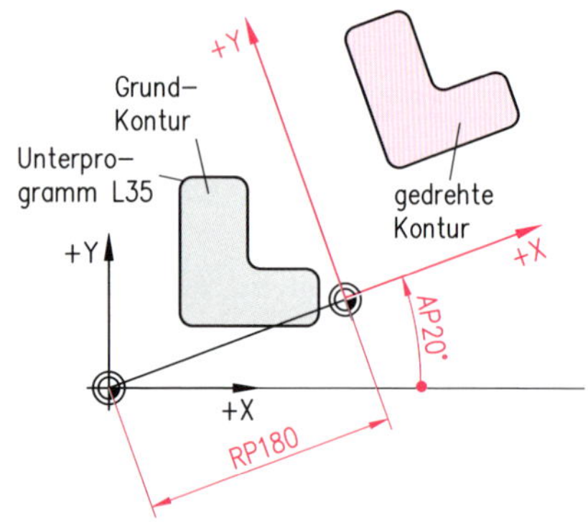

Beispiele für Spiegelungen einer Grundkontur (nach PAL)

Eine in einem Unterprogramm programmierte Kontur kann mit einem festgelegten Befehl, z. B. mit G66 und Angabe der Spiegelachse gespiegelt werden. Die Spiegelung ist um eine Achse oder um zwei Achsen möglich. G66 ohne Achsangabe hebt die Spiegelung auf.

Programmierung:

N... G22 L35 H1	Fräsen in I
N... G66 Y	Spiegeln in II
N... G22 L35 H1	Fräsen in II
N... G66	Spiegeln aufheben
N... G66 XY	Spiegeln I auf III
N... G22 L35 H1	Fräsen in III

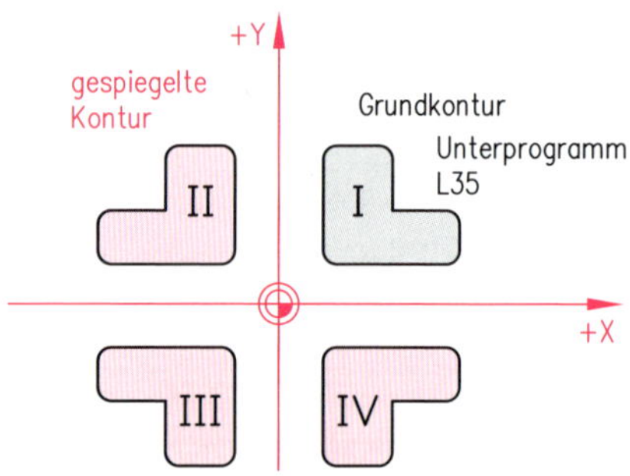

Beispiele für die Vergrößerung einer Grundkontur (nach PAL)

Die Abmessungen einer Kontur, die in einem Unterprogramm programmiert ist, können mit dem Befehl G67 vergrößert oder verkleinert werden. Die Umwandlung der Längen wird mit SK programmiert und die Größenveränderung mit einem Faktor angegeben. So wird eine Längenänderung auf 150 % mit SK1.5 programmiert.

Programmierung:

```
N... G67 Sk1.5
```

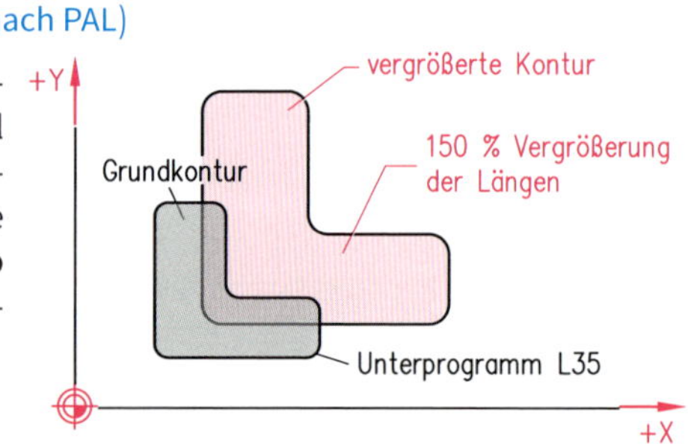

G67 Befehl zum Vergrößern einer Kontur
SK Angabe des Vergrößerungsfaktors

! Eine in einem Unterprogramm programmierte Grundkontur kann mit kurzen Befehlen vielfach manipuliert werden. Häufige Manipulationen sind Verschiebung, Drehung, Spiegelung und Größenveränderung von Grundkonturen.

4.2.3 Unterprogramme beim Fräsen

1. Unterprogramme mit festen Zahlenwerten

Gleiche Bearbeitungsabläufe, die in der Fertigung an unterschiedlichen Stellen eingesetzt werden, werden als Unterprogramm geschrieben. Diese Unterprogramme können an jeder beliebigen Stelle eines Hauptprogramms aufgerufen werden.

Beispiele für ein Unterprogramm mit festen Zahlenwerten (nach PAL)

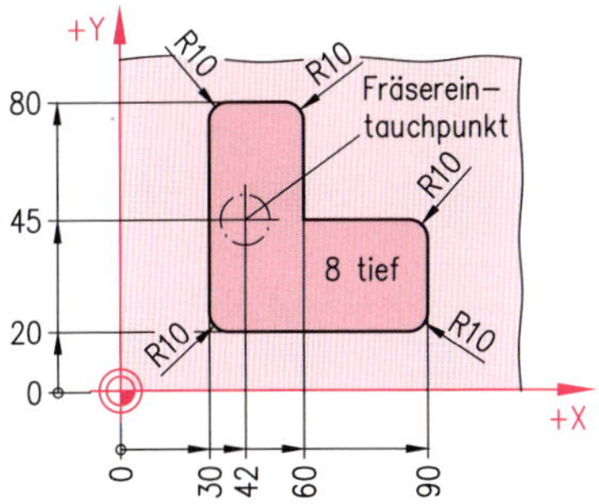

Fräserdurchmesser:
$d = 20$ mm
≙ Eckenradius

L 22		Unterprogramm Ausfräsung			
N1	G90			S220	T1
N2	G00	X42	Y45	Z2	M3
N3	G01			Z-8	F25
N4	G43	X30			F50
N5	G42		Y80		
N6		X60			
N7			Y45		
N8		X90			
N9			Y20		
N10		X30			
N11			Y45		
N12				Z2	
N13	G40				
N14	G00	X0	Y0	Z40	
N15	M17				

Erklärungen:

L 22 H1
- H1: Zahl der Durchläufe: 1
- 22: Unterprogrammnummer: 22
- L: Unterprogramm

M 17 Unterprogrammende

Der Aufruf des Unterprogramms erfolgt mit G22.

2. Unterprogramme mit Parametertechnik

Für Bearbeitungsvorgänge, bei denen zwar ähnliche Formen mit unterschiedlichen Maßen vorkommen, werden statt der Maße Parameter programmiert. Parameter werden von den Steuerungsherstellern mit unterschiedlichen Buchstaben benannt, zum Beispiel **R**. Die Arbeitsweise mit Unterprogrammen in Parametertechnik für Fräsarbeiten entspricht der bei Dreharbeiten.

4.2.4 Einbau von Unterprogrammen und Zyklen in Hauptprogramme

In Hauptprogramme versucht man zur Verringerung des Programmieraufwands möglichst viele Zyklen oder bereits vorhandene Unterprogramme einzubauen. Im Verlauf des Hauptprogramms werden dem Fertigungsablauf entsprechend Unterprogramme mit Unterprogrammnummern, z. B. L350, und Zyklen mit G-Worten, z. B. G81, aus dem Programmspeicher aufgerufen. Es ist möglich, eingearbeitete Unterprogramme und Zyklen mehrfach in einem Hauptprogramm zu verwenden.

Beispiel für einen geschachtelten Aufbau eines Hauptprogramms (PAL-Simulation)

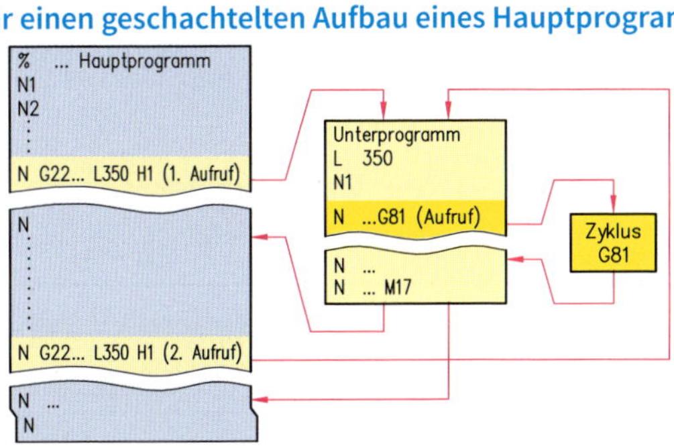

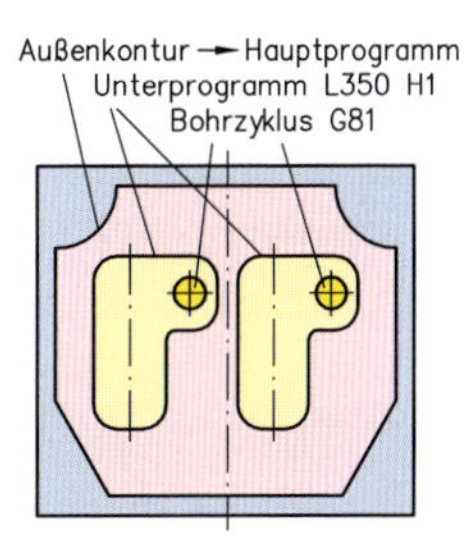

! Durch Werkzeugmaßkorrekturen werden Maßabweichungen der Werkzeuge von ihren Nennmaßen bei der Fertigung berücksichtigt.

4.3 Programmierung von Werkzeugmaßen und Schnittdaten

4.3.1 Werkzeugmaße

Die Bezugsebene für die Ermittlung der Werkzeuglängen ist die Planflächenebene der Frässpindel. In dieser Ebene legt man den Werkzeugeinstellpunkt auf die Drehachse der Spindel.

Als Abmessungen der Fräswerkzeuge werden Fräserdurchmesser, Fräserlänge und evtl. weitere Maße, z. B. bei Formfräsern, erfasst. Die Werkzeugabmessungen werden unter der Werkzeugadresse im Werkzeugspeicher abgelegt.

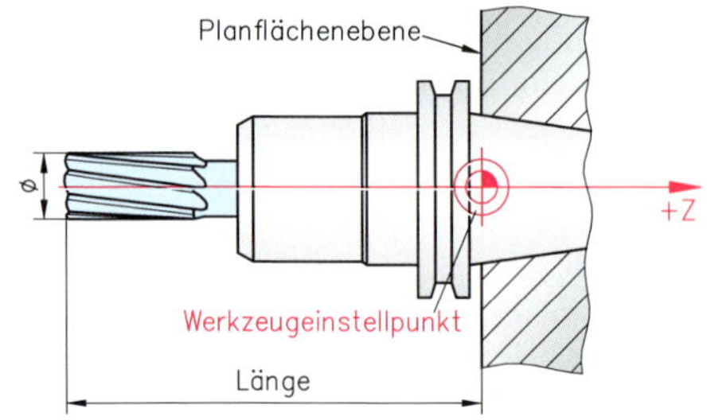

Werkzeugmaße am Fräser

Die Übermittlung der Daten kann auf verschiedene Weise erfolgen:
- Die Daten werden manuell aufgenommen und übertragen.
- Die Daten codiert man auf Etiketten, die dann dem jeweiligen Werkzeugsystem zugeordnet werden.
- Das Messgerät überträgt die Daten online auf die Steuerung der CNC-Maschine.
- An jedem Werkzeugträger ist ein Chip mit den Werkzeugdaten angebracht, sodas sie an der CNC-Maschine eingelesen werden können.

! Vor der CNC-Bearbeitung müssen die Werkzeugdaten in den Werkzeugspeicher der Steuerung eingegeben werden. Die wichtigsten Werkzeugmaße von Fräswerkzeugen sind Durchmesser und Länge. Bezugspunkt für die Länge ist der Werkzeugeinstellpunkt.

4.3.2 Programmieren von Schnittdaten

1. Schaltinformationen für die Vorschubbewegung

Die Vorschubbewegung kann nach dem Adressbuchstaben **F** als Vorschub in mm (je Umdrehung) oder als Vorschubgeschwindigkeit in mm/min eingegeben werden.

Vorschubbewegung	Befehl	Beispiel
in mm/min	G94	G94 F100 bedeutet v_f = 100 mm/min
in mm	G95	G95 F0,25 bedeutet f = 0,25 mm (je Umdrehung)

2. Schaltinformationen für die Schnittbewegung

Die Schnittbewegung kann beim Drehen entweder mit konstanter Schnittgeschwindigkeit oder konstanter Umdrehungsfrequenz mit dem Adressbuchstaben **S** eingegeben werden.

Schnittbewegung	Befehl	Beispiel
konstante Schnittgeschwindigkeit	G96	G96 S40 bedeutet v_c = 40 mm/min
konstante Umdrehungsfrequenz	G97	G97 S900 bedeutet n = 900 1/min

Beim Fräsen wird nur mit konstanter Umdrehungsfrequenz gearbeitet.

N	G	X	Y	Z	I	J	K	F	S	T	M
⋮	⋮	⋮	⋮	⋮	⋮	⋮	⋮	⋮	⋮	⋮	⋮
...	G94	...	...	...				F30	S600		
	G97										

Übungsaufgaben 4/12 bis 4/16

5 Werkstattorientierte Programmierung (WOP)

Unter **w**erkstatt**o**rientierter **P**rogrammierung (WOP) versteht man den Einsatz grafisch unterstützter und dialoggeführter Programmiersysteme, die an der CNC-Maschine oder an einem Computer mit Simulationsgrafik eingesetzt werden.

Die Software der WOP ist so gestaltet, dass

- am Bildschirm das Fertigteil konstruiert wird und nicht wie herkömmlich Werkzeugwege beschrieben werden,
- im Dialog die Art der Konturelemente und die aus der Zeichnung zu entnehmenden Maße jedes einzelnen Konturelements abgefragt werden,
- Übergangspunkte zwischen einzelnen Konturelementen automatisch aus den Konturdaten errechnet werden,
- jedes Konturelement nach seiner Beschreibung am Bildschirm dargestellt wird. Bei mehrdeutigen Lösungen der Kontur wählt der Programmierer die richtige aus.

Beispiel für eine Computersimulation für die WOP-Programmierung (MTS TopTurn)

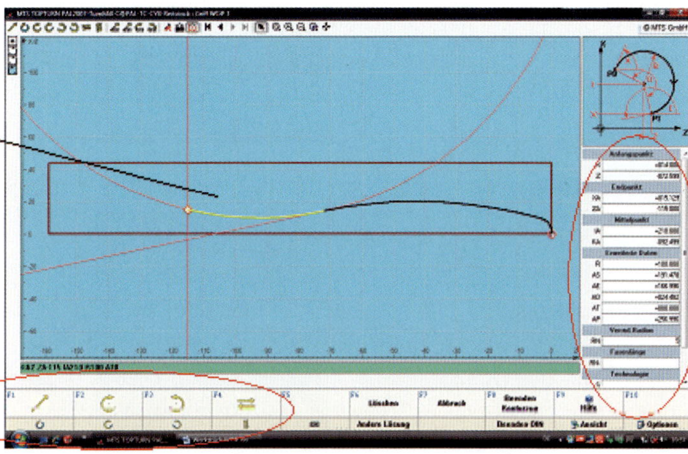

Die Technologiedaten und evtl. notwendige Programmergänzungen können vor oder nach der Erstellung der Kontur eingegeben werden, sodass ein komplettes Bearbeitungsprogramm entsteht.

Beispiel für die Programmierung mithilfe eines WOP-Systems (MTS TopTurn)

Das Programm zum Drehen des dargestellten Griffs ist mithilfe einer WOP-Simulation zu programmieren. Das Abstechen nach dem Drehen der Kontur erfolgt in einem getrennten Arbeitsgang.

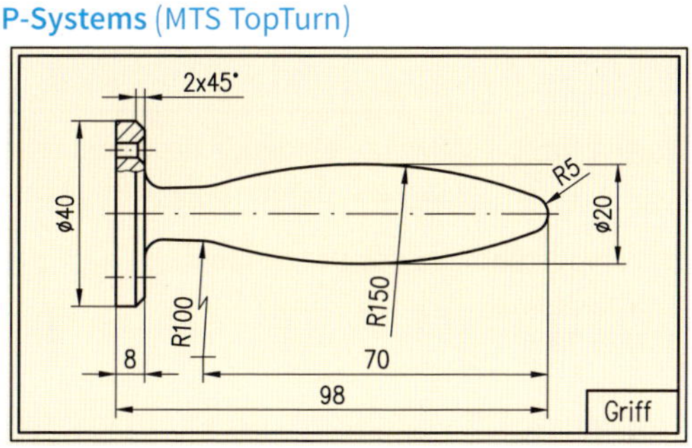

Lösungsschritte:

1. **Programm einrichten**
   Programmname: Griff
2. **Einrichtdaten eingeben**
   Rohteil: Durchmesser 42 mm, mind. 150 mm lang
   Werkstoff: AlMg1
   Einspannung: Kraftspannfutter, außengestufte Backen, Auskraglänge 120 mm
   Nullpunktlage: rechte Außenseite des Rohteils
   Werkzeuge: linker Eckdrehmeißel

3. Eingabe der Technologiedaten und Anfahren an den Beginn des Konturzugs

N10 G54
N15 T1 M3 S2000 F0.2
N20 G0 X51 Z2
N25 G1 Z0
N30 G1 X-1
N35 G0 X45 Z2
N40 G81 D2 H3 V1
N45 G42
N50 G0 X0 Z0

4. Grafische Programmierung des Konturzugs in WOP

Konturzug	Eingabedaten		Bildschirmanzeige	NC-Satz
Kreisbogen gegen Uhrzeigersinn	Mittelpunkt Radius	IA 0 KA-5 R5	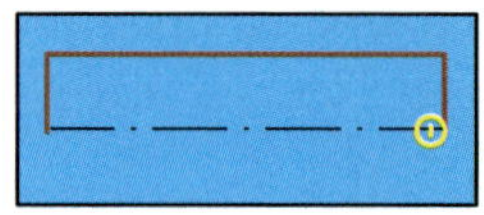	N55 G63 KA-5 R5
Kreisbogen gegen Uhrzeigersinn tangential angeschlossen	Mittelpunkt Radius	IA-240 R130	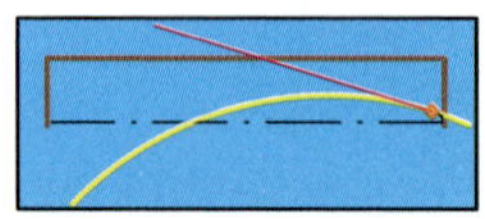	N60 G63 IA-240 R130 AT0
Kreisbogen im Uhrzeigersinn tangential angeschlossen	Mittelpunkt Endpunkt Radius Übergangs-radius	KA-70 ZA-90 R100 RN 5	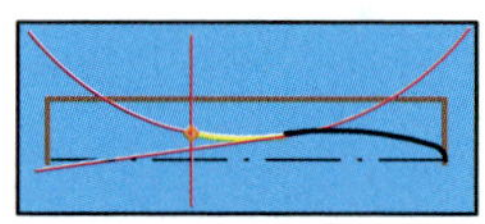	N65 G62 KA-70 ZA-90 R100 RN5 AT0
Gerade in X-Richtung	Gerade in X zu Übergangsfase	XA40 RN-2	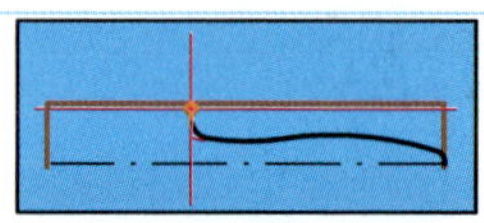	N70 G61 XA40 ZA-90 RN-2
Gerade in Z-Richtung	Gerade in Z zu	ZA-110	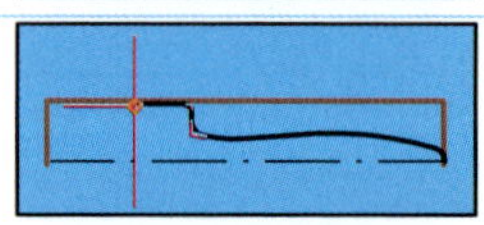	N75 G61 XA40 ZA-110
Gerade in X-Richtung	Gerade in X zu	XA46	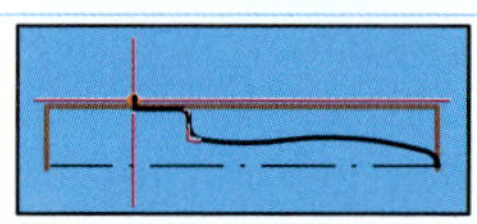	N80 G61 XA46 ZA-110

Linienfarben: schwarz = eindeutig bestimmter Konturzug
gelb = erst durch Folgeelement bestimmter Konturzug

5. Vervollständigen des Programms

N85 G40
N90 G80
N95 G14
N100 M30

Abbildung aus Simulation mit MTS TopTurn

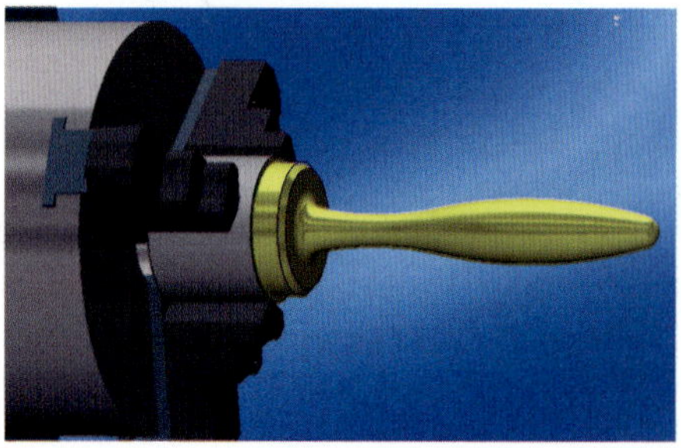

Werkstück in der Simulation vor dem Stechdrehen

6 Bedienfeld von CNC-Maschinen

1. Aufbau des Bedienfelds

Alle außerhalb der Maschine erstellten Programme werden mit Datenträgern oder Datenleitung in die CNC-Maschine eingegeben. Zudem können fertige Programme manuell über das Bedienfeld eingegeben werden.

Beim Programmieren in der Werkstatt werden Programme am Bedienfeld erstellt.

Die Fertigungssteuerung erfolgt in allen Fällen vom Bedienfeld der Maschine aus. Dazu kann der Bediener verschiedene Betriebsarten aufrufen:

- Simulation der Fertigung auf dem Bildschirm,
- Probefertigung mit verminderter Vorschubgeschwindigkeit bzw. im Einzelsatzbetrieb,
- Fertigung im Automatikbetrieb.

Zudem können zur Optimierung der Bearbeitung über das Bedienfeld Programmteile, Werkzeug- und Schnittdaten verändert werden.

Beispiel für die Gestaltung der Bedientafel und des Bildschirms einer CNC-Steuerung

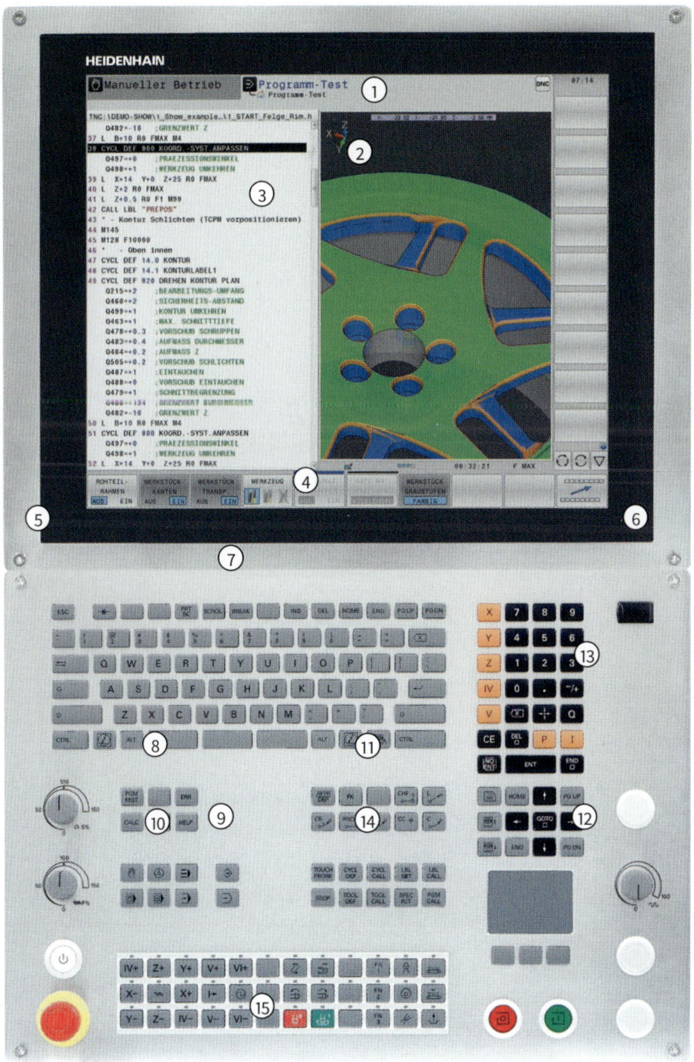

① Kopfzeile, zeigt Betriebsarten, Dialoge und Meldetexte
② Programmiergrafik
③ Programm
④ Fußzeile mit Softkeys und Umschalttasten
⑤ Wahl des Bildschirminhalts, z. B. *Programm und Programmiergrafik zeigen*
⑥ Umschalten des Bildschirms zwischen Programmierbetriebsart und Maschinenbetriebsart
⑦ Tastatur für Texteingabe, z. B. *Dateiname eingeben*
⑧ Dateiverwaltung, z. B. *Programm wählen*
⑨ Programmierbetriebsarten, z. B. *Programm einspeichern, Programm testen*
⑩ Maschinenbetriebsarten, z. B. *Manueller Betrieb*
⑪ Eröffnung der Programmierdialoge, z. B. *Kreisbewegung zu bestimmtem Zielpunkt*
⑫ Pfeiltasten, Zahleneingabe und Achswahl
⑬ ENTER-, Löschtaste
⑭ Zyklen, Unterprogramme
⑮ Maschinenbedienfeld

2. Bildzeichen für CNC-Maschinen

Viele Bildzeichen an numerisch gesteuerten Werkzeugmaschinen werden aus mehreren Grundbildzeichen zusammengesetzt. Der Pfeil nimmt unter den Bildzeichen eine Sonderstellung ein. Er erscheint selten allein und wird benutzt, um einem Bildzeichen eine ergänzende Aussage zu geben.

Grundbildzeichen

		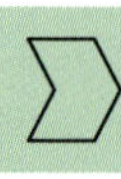	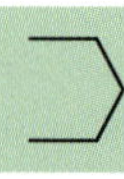	
Richtungspfeil	Funktionspfeil für Maschinenfunktion	Datenträger	Programm ohne Maschinenfunktion	Programm mit Maschinenfunktion

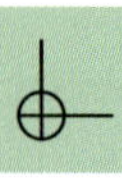			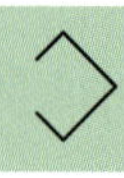	
Bezugspunkt	Korrektur oder Verschiebung	Satz	Speicher	Wechsel

Bildzeichen für CNC-Werkzeugmaschinen (Auswahl)

Bildzeichen (Symbol)	Bezeichnung und Anmerkungen
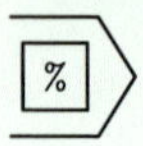	Programmanfang
	Handeingabe
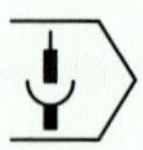	Dateneingabe extern
	Satzweises Einlesen ohne Maschinenfunktion, Auslösung durch Handbetätigung
	Programm einlesen mit Maschinenfunktionen
	Hauptsatz-Suche rückwärts
	Satznummern-Suche vorwärts
	Satzunterdrückung
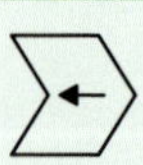	Rücklauf Datenträger (ohne Einlesen, ohne Maschinenfunktionen)
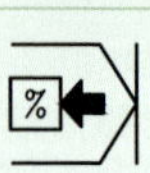	Programmende; Datenträgerrücklauf zum Programmanfang (ohne Maschinenfunktionen)

Bildzeichen (Symbol)	Bezeichnung und Anmerkungen
	Dateneingabe in Speicher
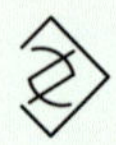	Daten im Speicher verändern
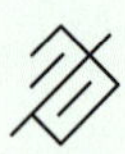	Speicherinhalt löschen
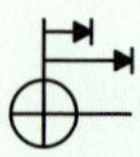	absolute Maßangaben
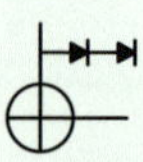	relative (inkrementale) Maßangaben
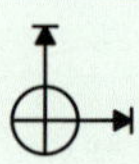	Verschiebung des Nullpunkts
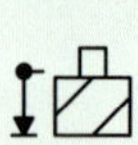	Korrektur der Werkzeuglänge
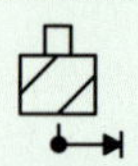	Korrektur des Werkzeugradius
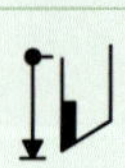	Werkzeug-Korrektur
	Kompensation des Schneidenradius

7 Werkstückspannsysteme

Ein wirtschaftlicher Einsatz von CNC-Maschinen verlangt weitgehende Verkürzung der Nebenzeiten für den Werkstückwechsel. Dieses Ziel kann durch schnelles Auf- und Abspannen der Werkstücke auf der Werkzeugmaschine oder durch schnelles Einwechseln von Werkstückträgern (Paletten) mit aufgespannten Werkstücken in die Werkzeugmaschinen erreicht werden. In jedem Fall wird mit einem den Werkstücken angepassten Spannsystem gearbeitet.

Beispiele für ein Baukastenspannsystem

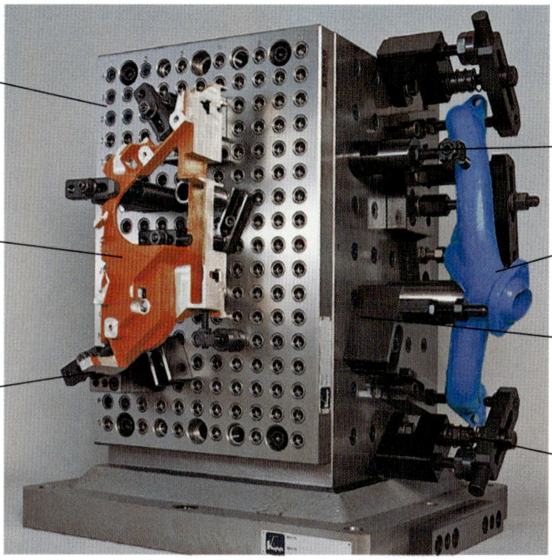

Ein **Werkstückspannsystem** hat die Aufgabe, Werkstücke im Raum zu positionieren und zu spannen. Dabei dürfen die Werkstücke durch einwirkende Kräfte (Eigengewichts-, Spann-, Bearbeitungs- und Rotationskräfte) nicht unzulässig verformt werden.

Spannsysteme unterscheiden sich:

- *im Aufbau* der folgenden Elemente:
  - Grundelemente, z. B. Paletten,
  - Stützelemente, z. B. Auflagenstücke, Auflageböcke,
  - Positionierelemente, z. B. Anschläge, Zentrierbolzen, Zentrierhülsen,
  - Spannelemente, z. B. Spannpratzen,
- *durch die Art der Kraftaufbringung:*
  - mechanisches Spannen mit Gewinden, Exzentern, Hebeln u. a.,
  - pneumatisches oder hydraulisches Spannen durch Spannzylinder,
  - elektromagnetisches und magnetisches Spannen mit Magnetspannplatten,
- *durch die Steuerung der Spannfunktion:*
  - handgesteuert,
  - programmgesteuert.

Anforderungen an Spannsysteme für eine CNC-Fertigung:

- Aufbau aus Standardteilen – es muss in der Arbeitsvorbereitung nach Form und Maßen planbar sein,
- hohe Wiederholgenauigkeit der Einspannung bei wiederholtem Aufbau der Spannvorrichtung,
- sicheres und schnelles Spannen der Werkstücke in einer festgelegten Lage,
- schnelles Anpassen der Spannsysteme an wechselnde Werkstückformen,
- Steuern der Spannsysteme über Programme.

! Die Fertigung von Werkstücken mit einer hohen Maß- und Formgenauigkeit auf CNC-Maschinen erfordert ein hochwertiges Spannsystem mit exakter Lagefixierung auf dem Werkstückträger.

Übungsaufgabe 7/1

HANDLUNGSFELD: Entwickeln von Steuerungen

Problemstellung

Auftrag

Auftrag
Lagerbuchsen in Laufrollen einpressen. Schaltung für die Presse entwickeln.

Anlage

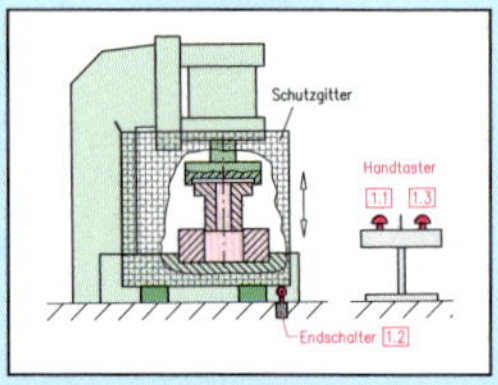

Analysieren

Technische Anforderungen
- Art des Arbeitselements (z. B. Motor, Zylinder ...)
- Größe des zu steuernden Energie- oder Massestroms
- Länge der Zuleitungen
- Schrittfolgen
- Sicherheitsanforderungen
- (z. B. explosionssicher, NOT-AUS ...)

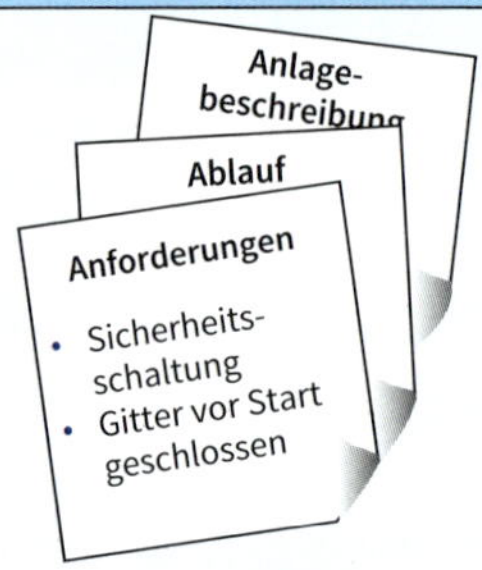

Ergebnisse
- Anforderungskatalog
- Daten für Planungsentscheidung
- Ablaufbeschreibung
- Lagepläne

Planen

Entscheidung über:
- Art der Steuerung (z. B. pneumatisch, SPS ...)
- Ablauf
- Schaltung
- Einbau
- Bauelemente

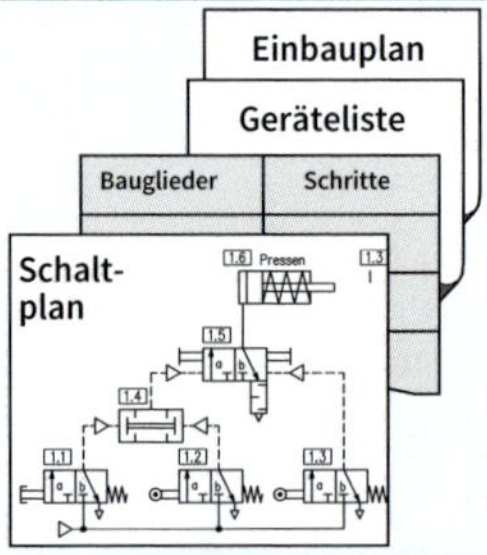

Ergebnisse
1. Technologieschema
2. Funktionsplan
3. Schaltplan
4. Geräteliste
5. Einbaupläne

Realisieren (Aufbauen)

Aufbau der Steuerung:
- Sensoren einbauen
- Aktoren einbauen
- Bauteile verdrahten
  - bzw. verrohren
  - bzw. verschlauchen

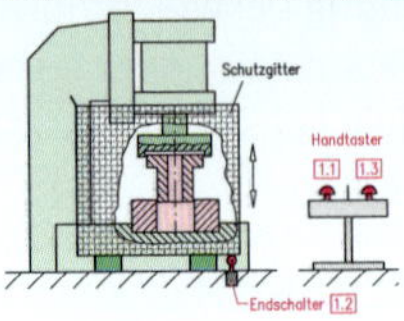

Ergebnisse
- Probefahrt durchführen
- Testdaten protokollieren
- Anlage übergeben

1 Grundlagen für pneumatische und hydraulische Steuerungen

Gesteuerte Maschinen, Anlagen und Vorrichtungen zeichnen sich durch den Einsatz unterschiedlicher Technologien aus. Die Kombination von mechanischen und elektronischen Bauteilen mit pneumatischen oder hydraulischen Systemen schafft die Voraussetzung für die Automatisierung. Durch eine Steuerung werden in einem technischen System Signale, Bewegungen und Kräfte in einer gewünschten zeitlichen Abfolge ausgeführt.

Gesteuerter Anlagenteil mit mechanischen, pneumatischen, elektrischen und elektronischen Bauteilen

Die Technologien, die sich mit der Umformung, Übertragung und Steuerung von Kräften und Bewegungen befassen, nennt man nach den jeweiligen Informations- und Energieträgern:

- Elektrotechnik/Elektronik (Elektronen),
- Pneumatik (Luft),
- Hydraulik (Flüssigkeit).

Pneumatik und Hydraulik werden auch unter dem Begriff „Fluidtechnik“ zusammengefasst.

1.1 Physikalische Grundlagen

1.1.1 Druck

Übt man über einen Kolben eine Kraft auf ein Gas oder eine Flüssigkeit aus, entsteht ein Druck. Der Druck p ist das Verhältnis der Kraft F zur Fläche A. In Anlagen zur Druckerzeugung entsteht nur dann ein Druck, wenn dem geförderten Fluid ein Widerstand entgegengesetzt wird.

$$\text{Druck} = \frac{\text{Kraft}}{\text{Fläche}} \quad \text{bzw. } p = \frac{F}{A}$$

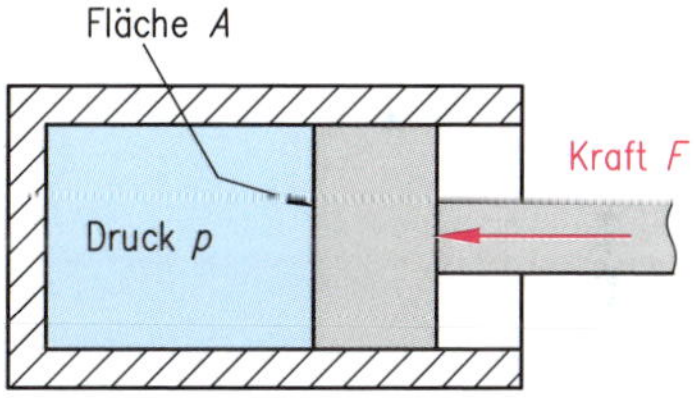

Druck, Kraft und Fläche

1. Einheit des Drucks

Der Druck ist durch die Beziehung Kraft je Fläche festgelegt. Im internationalen Einheitensystem (SI-Einheiten) ist die Einheit des Drucks deshalb Newton je Quadratmeter. Ein Newton je Quadratmeter ist ein Pascal (Einheitenzeichen: Pa).

Die Einheit Pa ist für Angaben in der Pneumatik und in der Hydraulik zu klein. Bei Drücken in technischen Anlagen müsste man vielstellige Zahlen schreiben. Deshalb wurde die Druckeinheit Bar (Einheitenzeichen: bar) eingeführt.

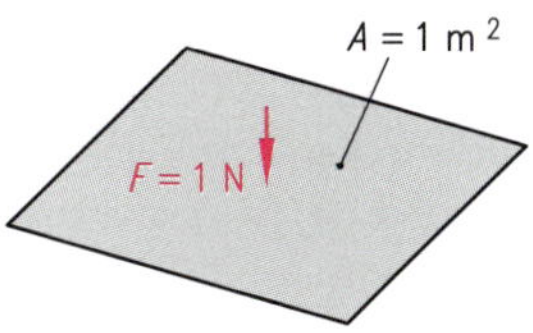

$$p = \frac{F}{A} \qquad p = \frac{1\ \text{N}}{1\ \text{m}^2} \qquad p = 1\ \text{Pa}$$

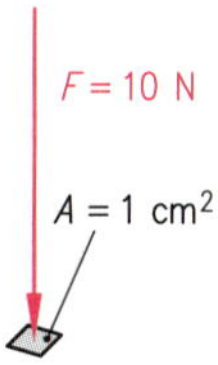

$$p = \frac{F}{A} \qquad p = \frac{10\ \text{N}}{1\ \text{cm}^2} \qquad p = 1\ \text{bar}$$

Druckberechnung in Pa und bar

! Im internationalen Einheitensystem sind als Druckeinheiten das Pascal und das Bar festgelegt.

$$1\ \text{Pa} = 1\ \frac{\text{N}}{\text{m}^2} \qquad 1\ \text{bar} = 100\,000\ \text{Pa} \qquad 1\ \text{bar} = 10\ \frac{\text{N}}{\text{cm}^2}$$

Übungsaufgaben 1/1; 1/2; 1/3

2. Atmosphärischer Druck
Die Lufthülle der Erde erzeugt aufgrund ihres Eigengewichts einen atmosphärischen Druck (Formelzeichen: p_{amb}).

! Als mittlerer atmosphärischer Jahresdruck wurden p_{amb} = 1,013 bar gemessen und festgelegt.

3. Absoluter Druck und Überdruck
In einem geöffneten Zylinder wird vor und hinter dem Kolben der atmosphärische Druck von p_{amb} = 1 bar gemessen. Schließt man den Raum vor dem Kolben ab und erhöht durch eine von außen wirkende Kraft den Druck in diesem Raum auf z. B. 3 bar, dann zeigen beide Messgeräte den Druck gegenüber dem luftleeren Raum an. Deshalb nennt man den angezeigten Druck den absoluten Druck (Formelzeichen: p_{abs}).

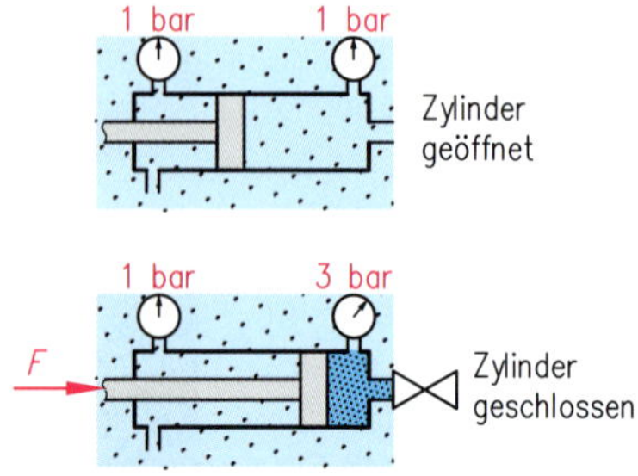

Absoluter Druck p_{abs}

! Der absolute Druck p_{abs} ist der Druck gegenüber dem luftleeren Raum (Vakuum).

Schließt man z. B. einen Zylinder an eine Druckerzeugungsanlage an, so kann der absolute Druck der Druckluft technisch nicht voll genutzt werden. Der atmosphärische Druck (p_{amb}) wirkt am Arbeitskolben gegen den absoluten Druck. Daher ist nur der Druckunterschied wirksam, den man als Überdruck bezeichnet (Formelzeichen: p_e).
Herrscht in einer Anlage der absolute Druck p_{abs} = 3 bar und beträgt der atmosphärische Druck p_{amb} = 1 bar, dann wirkt auf der Arbeitsseite des Kolbens ein Überdruck p_e = 2 bar.

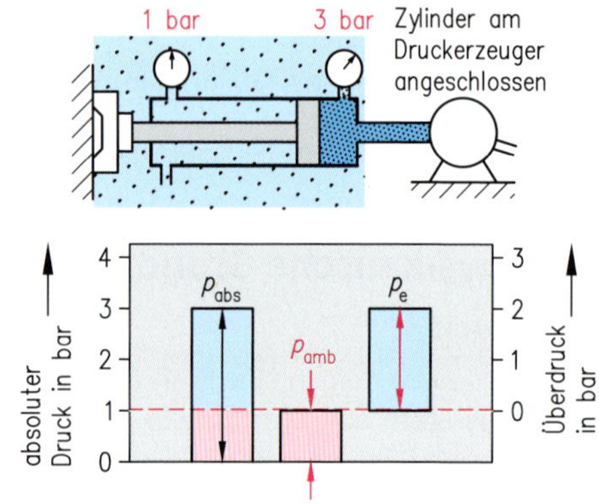

Überdruck p_e

! Der Überdruck p_e ist der Druckunterschied zwischen dem absoluten Druck p_{abs} und dem atmosphärischen Druck p_{amb}. Messgeräte für die Fluidtechnik zeigen den Überdruck an.

$$p_e = p_{abs} - p_{amb}$$

4. Druckausbreitung
Wirkt in einem Gerät auf einen Kolben mit der Fläche A_1 die Kraft F_1, so entsteht in der Flüssigkeit der Überdruck p_e. Dieser Überdruck wirkt über ein Verbindungsrohr auf einen größeren Kolben mit der Fläche A_2. Angeschlossene Messgeräte zeigen überall den gleichen Druck an. Wegen der größeren Fläche am großen Kolben wirkt dort auf ihn eine größere Kraft F_2 als auf den kleineren Kolben.

Bei gleichem Druck gilt folgende Beziehung:
kleine Fläche – kleine Kraft
große Fläche – große Kraft

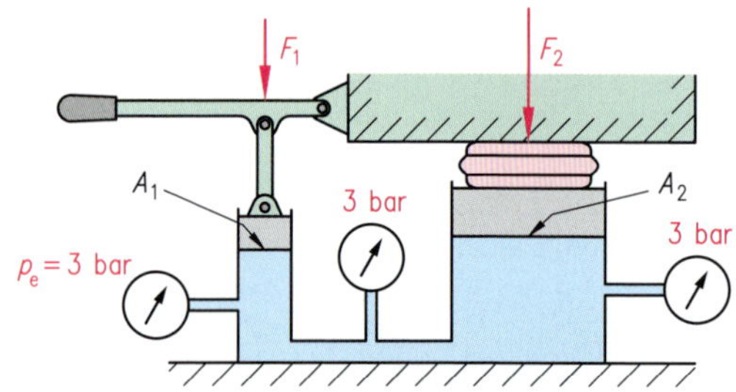

$$p_e = \frac{F_1}{A_1} \qquad p_e = \frac{F_2}{A_2} \qquad \frac{F_1}{A_1} = \frac{F_2}{A_2}$$

Druckausbreitung

! Der Überdruck ist innerhalb eines geschlossenen Systems in allen Richtungen wirksam und überall gleich groß.

1.1.2 Kolbenkraft

Die Druckluft oder das Drucköl erzeugen im Zylinder auf den Kolben eine Kraft. Sie wird auch Kolbenkraft F genannt. Die Kolbenkraft ist abhängig von dem herrschenden Arbeitsdruck p_e und der Größe der beaufschlagten Kolbenfläche A.
Die rechnerisch ermittelte Kolbenkraft kann nicht voll wirksam werden. Vor allem Reibungsverluste vermindern diese Kraft.

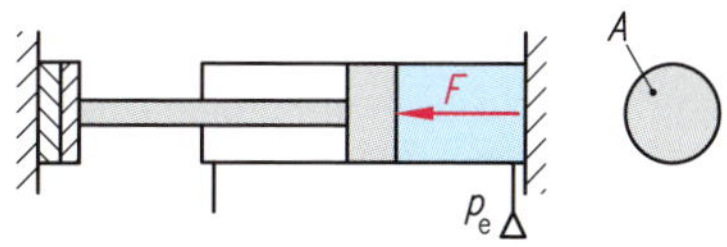

Kolbenkraft	$F = p_e \cdot A$
Wirksame Kolbenkraft	$F_W = F - F_{Verlust}$

Kolbenkraft

! Die wirksame Kolbenkraft F_W ist stets kleiner als die theoretische Kolbenkraft F.

1. Kolbenkraft am einfach wirkenden Zylinder

Bei einfach wirkenden Zylindern wird beim Vorhub die gesamte Kolbenfläche mit Druck beaufschlagt. Der Vorhub erfolgt gegen die Kraft der eingebauten Feder. Die wirksame Kolbenkraft F_W – auch effektive Kolbenkraft genannt – ergibt sich dann aus der Druckkraft, vermindert um die Reibungsverluste F_V und die Federkraft F_F. Von der aufgebrachten Druckkraft F können wegen der Verluste duch Reibungs- und Federkraft nur etwa 75 % genutzt werden.

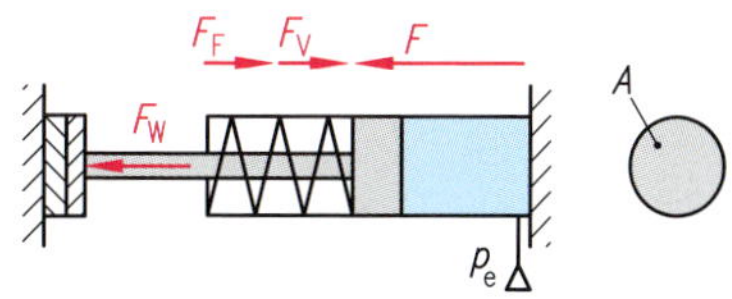

$F_W = F - F_V - F_F$

$F_W \approx 0{,}75 \cdot F$

Wirksame (effektive) Kolbenkraft

Beispiel für die Berechnung der wirksamen Kolbenkraft

Aufgabe

In einem einfach wirkenden Zylinder mit Federrückstellung herrscht ein Arbeitsdruck von 6 bar. Der Kolbendurchmesser beträgt 80 mm. Wie groß ist die Druckkraft F_W an der Kolbenstange bei Berücksichtigung von 25 % Verlust?

Lösung $F_W \approx 0{,}75 \cdot F$; $\quad F_W \approx 0{,}75 \cdot p_e \cdot \frac{d^2 \cdot \pi}{4}$; $\quad F_W \approx \frac{0{,}75 \cdot 60\ \text{N} \cdot (8\ \text{cm})^2 \cdot 3{,}14}{\text{cm}^2 \cdot 4}$

$F_W \approx$ **2,3 kN** (wirksame Kraft)

! Die Kolbenkraft wird bei einfach wirkenden Zylindern durch die Reibungskraft und die Federkraft vermindert.

2. Kolbenkraft am dopppelt wirkenden Zylinder

– Kolbenkraft im Vorhub

Beim Ausfahren der Kolbenstange wird die volle Kolbenfläche von der Druckluft beaufschlagt. Die wirksame Kolbenkraft im Vorhub F_{vor} ergibt sich nach Abzug der Reibungskraft. Wegen der Verluste duch die Reibungskraft können nur etwa 80 % der Druckkraft F genutzt werden.

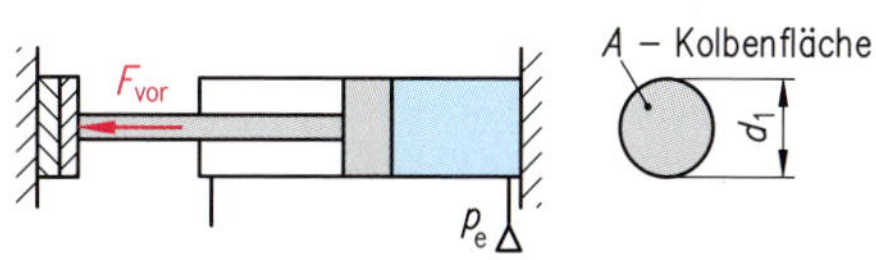

Kolbenkraft beim Vorhub $\quad F_{vor} = 0{,}8 \cdot p_e \cdot d_1^2 \cdot \frac{\pi}{4}$

– Kolbenkraft im Rückhub

Beim Einfahren der Kolbenstange wird nun eine geringere Fläche mit Druckluft beaufschlagt. Denn diese Kolbenfläche ist um den Querschnitt der Kolbenstange kleiner. Für Berechnungen kann man daher nur die verbleibende Ringfläche berücksichtigen.

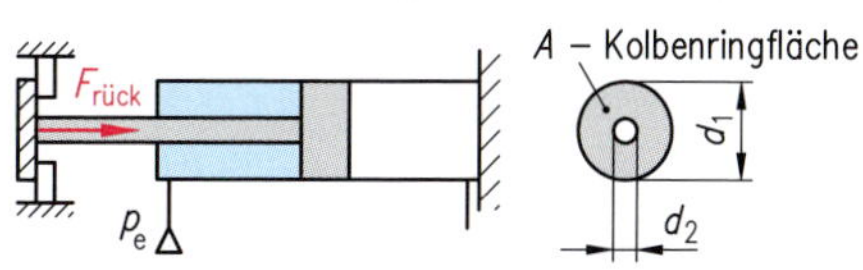

Kolbenkraft im Rückhub $\quad F_{rück} = 0{,}8 \cdot p_e \cdot \frac{\pi}{4} (d_1^2 - d_2^2)$

! Wegen der unterschiedlichen Kolbenflächen ist beim doppelt wirkenden Zylinder die Kolbenkraft im Vorhub größer als im Rückhub.

1.2 Grafische Symbole und Schaltpläne in der Fluidtechnik

Grafische Symbole verdeutlichen die Funktion von Elementen, Bauteilen und Geräten aus der Fluidtechnik. Die Symbole werden in Schaltplänen benutzt und an den Elementen oder Bauteilen angebracht.
Schaltpläne dienen durch ihre genormte Darstellung dazu, den Entwurf und die Beschreibung einer Anlage zu erleichtern. Einheitliche Schaltpläne helfen auch, dass man Fehler bei der Planung und der Fertigung sowie beim Einbau und bei der Instandhaltung vermeidet.

Pneumatische Bauteile mit Symbolen

> **!** Für Elemente, Bauteile und Anlagen in der Fluidtechnik sind die grafischen Symbole und die Schaltpläne seit 1996 international genormt (DIN ISO 1219 Teil 1 und Teil 2).

1.2.1 Zeichnerische Darstellung von Wegeventilen

Wegeventile öffnen oder schließen Durchflusswege der Druckluft. Zeichnerisch werden die Wegeventile durch Qua-drate dargestellt. Pfeile in den Quadraten kennzeichnen die Durchflusswege. Die Sperrung wird durch „T“-Zeichen gekennzeichnet. Bei Wegeventilen wird jede Schaltstellung durch ein eigenes Quadrat dargestellt. Die Schaltstellung kennzeichnet man durch Buchstaben oder Zahlen. Die Anzahl der Quadrate entspricht somit der Anzahl der Schaltstellungen. Die Rohranschlüsse zeichnet man nur an das Quadrat des Symbols, welches die Ausgangsstellung zeigt. Den Anschluss ins Freie symbolisiert man durch ein Dreieck. Rechts und links trägt man an die Quadrate die Symbole für die Betätigung an.
Die einzelnen Schaltstellungen stellt man sich durch Verschieben der Quadrate vor. Im Beispiel ist das Ventil zunächst in der Ausgangsstellung gezeichnet – der Zylinder ist eingefahren. Durch Verschieben der Quadrate kommt man zur zweiten Schaltstellung des Ventils – der Zylinder fährt aus. Die Rohranschlüsse werden dabei nicht verschoben.
Man bezeichnet ein Ventil nach der Anzahl der Anschlüsse und der Zahl der möglichen Schaltstellungen. So hat z. B. ein 4/3-Wegeventil 4 Anschlüsse und 3 Schaltstellungen (1; 0; 2).

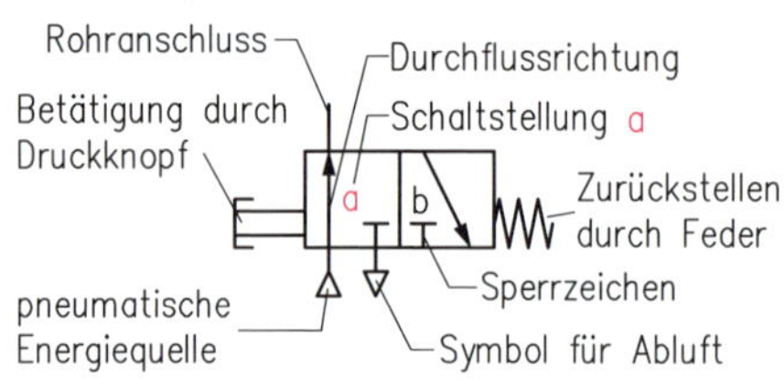

3/2-Wegeventil (Pneumatik)

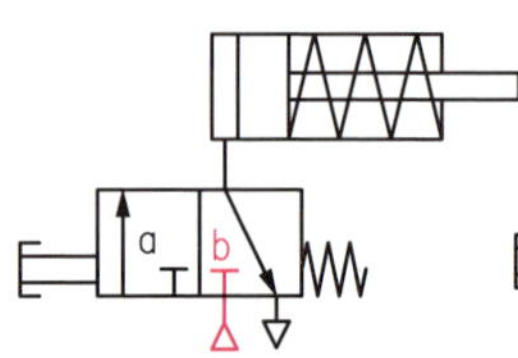

Ventil in Schaltstellung b (Ausgangsstellung)

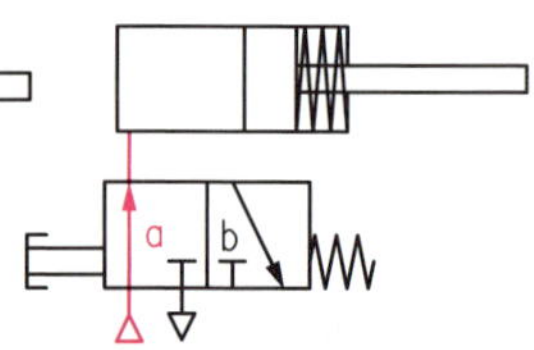

Ventil in Schaltstellung a (Verschoben)

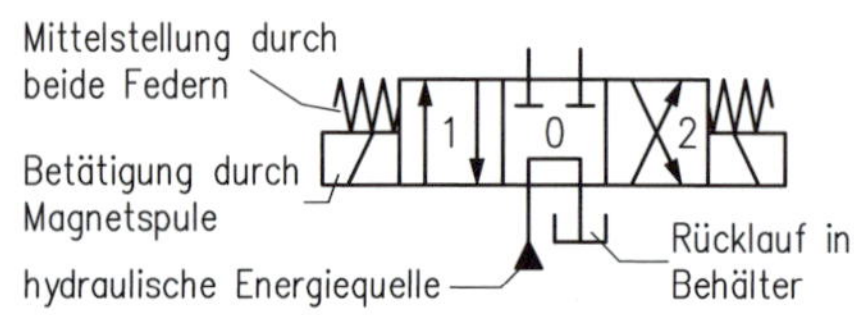

4/3-Wegeventil (Hydraulik)

> **!** Grafische Symbole von Wegeventilen enthalten u. a.:
> - für jede Schaltstellung ein Quadrat mit zugeordneten Betätigungen,
> - Zeichen für die Anschlüsse an der Ausgangsstellung des Ventils,
> - Kennzeichen für Durchflusswege und Sperrstellung.

1.2.2 Kennzeichnung der Anschlüsse von Ventilen

1. Ventile in der Pneumatik

Die Anschlüsse an Ventilen in der Pneumatik können durch Buchstaben oder Zahlen gekennzeichnet sein. Viele Ventile tragen noch die Kennzeichen durch Buchstaben, die gemäß DIN ISO 5599 in der Pneumatik durch Zahlen ersetzt werden können. Da noch über längere Zeit ältere Ventile im Einsatz sind, müssen beide Bezeichnungsarten bekannt sein.

Beispiele für die Kennzeichnung von Anschlüssen in der Pneumatik

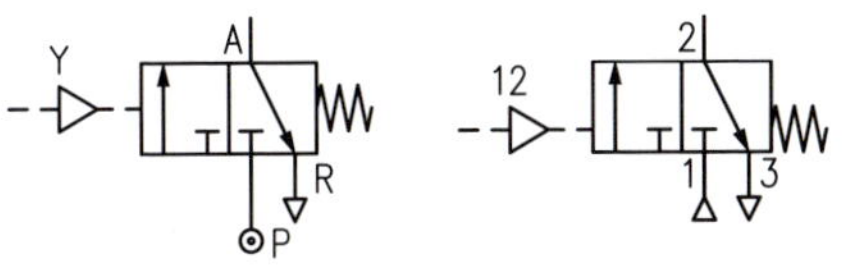

alte Norm DIN ISO 5599

3/2-Wegeventil

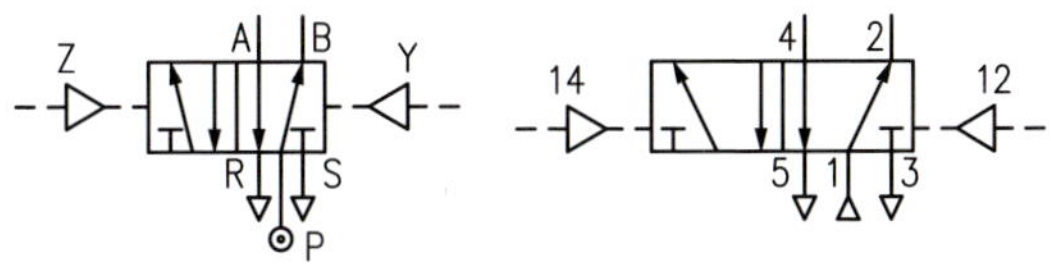

alte Norm DIN ISO 5599

5/2-Wegeventil

Erklärung der Kennzeichnung nach DIN ISO 5599

Der in Ausgangsstellung mit Druckluft versorgte Arbeitsanschluss bei 4/2- und 5/2-Wegeventilen erhält die Ziffer 2.

Signal an Steueranschluss 12 bedeutet: Druckleitung 1 wird mit Arbeitsleitung 2 verbunden.

Signal an Steueranschluss 14 bedeutet: Druckleitung 1 wird mit Arbeitsleitung 4 verbunden.

2. Ventile in der Hydraulik

In der Hydraulik werden die Anschlüsse an Ventilen für die Druckleitung mit P, für Arbeitsleitungen mit A, B, C, für Rückleitungen mit T und für Steuerleitungen mit X, Y, Z gekennzeichnet. Die Kennzeichnungen sind noch nicht genormt. Verbindlich sind die auf dem jeweiligen Ventil angegebenen Kennzeichen.

1.2.3 Schaltpläne in der Fluidtechnik (DIN ISO 1219-2)

1. Aufbau des Schaltplans

Die pneumatischen bzw. hydraulischen Symbole werden im Schaltplan in Wirkrichtung von unten nach oben und von links nach rechts in folgender Reihenfolge angeordnet:

- Energiequellen: unten links,
- Steuerungselemente: aufwärts und von links nach rechts,
- Antriebe: oben und von links nach rechts.

> **!** Im Schaltplan müssen die Symbole für die Bauteile in der Ausgangsstellung der Anlage dargestellt werden. Unter Ausgangsstellung versteht man in der Pneumatik den Schaltzustand in der Anlage, der bei Druckbeaufschlagung vor Betätigung des Startsignals vorliegt. In der Hydraulik wird als Ausgangsstellung meist die Stellung vor dem Anstellen der Pumpen für die Druckversorgung vereinbart.

2. Bezeichnungsschlüssel

Die Bezeichnung der Bauteile in der Fluidtechnik erfolgt durch einen Bezeichnungsschlüssel, der auf dem Schaltplan an dem entsprechenden grafischen Symbol angegeben ist. Die Bezeichnung setzt sich aus mehreren Elementen zusammen und ist mit einem Rahmen versehen. Die Bezeichnung muss in allen zugehörigen Dokumentationen verwendet werden.

Beispiel für die Bezeichnung von Bauteilen in der Fluidtechnik

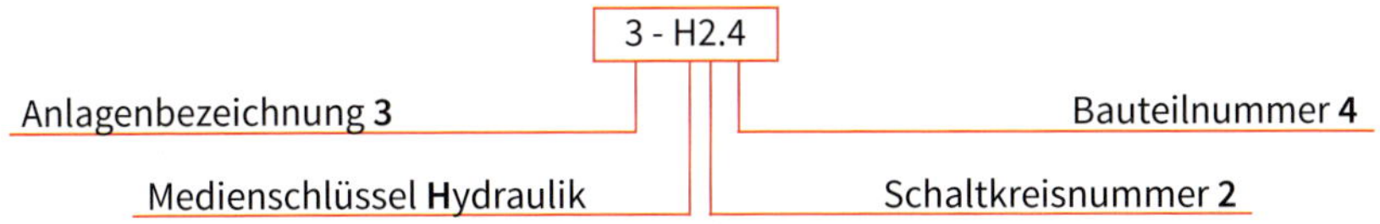

Anlagenbezeichnung	Medienschlüssel	Schaltkreisnummer	Bauteilnummer
Besteht ein fluidtechnischer Kreislauf aus mehreren Anlagen, so muss die Anlagenbezeichnung angegeben werden. Man ordnet ihr eine Zahl oder einen Buchstaben zu. Ist nur eine Anlage vorhanden, so kann die Anlagenbezeichnung weggelassen werden.	Werden in einer fluidtechnischen Anlage unterschiedliche Medien verwendet, so muss folgender Medienschlüssel aufgenommen werden: **H** Hydraulik; **P** Pneumatik; **G** Gastechnik; **C** Kühlung; **L** Schmierung; **K** Kühlschmiermittel. Wird in der Anlage nur ein Medium eingesetzt, so kann der Medienschlüssel weggelassen werden.	Die Schaltkreisnummer erhalten alle Zubehörteile, die an der Druckluftversorgung oder an dem Aggregat angebracht sind. Man beginnt vorzugsweise mit 0 und weiter mit nachfolgenden Nummern für alle fluidischen Schaltkreise.	Jedes Bauteil in einem Schaltkreis wird mit einer Bauteilnummer versehen, beginnend mit 1 und weiter mit nachfolgenden Nummern.

Zwischen der Schaltkreisnummer und der Bauteilnummer steht ein Punkt.

Beispiel für den Aufbau eines Schaltplans

Aufgabe

In einer Bohrvorrichtung sollen Werkstücke pneumatisch gespannt werden. Der Spannvorgang muss durch Knopfdruck von zwei verschiedenen Stellen ausgelöst werden können. Das Lösen soll über einen Fußschalter vorgenommen werden. Aus Sicherheitsgründen muss gewährleistet sein, dass die Spannvorrichtung nur gelöst wird, wenn die Bohrspindel zurückgefahren ist.

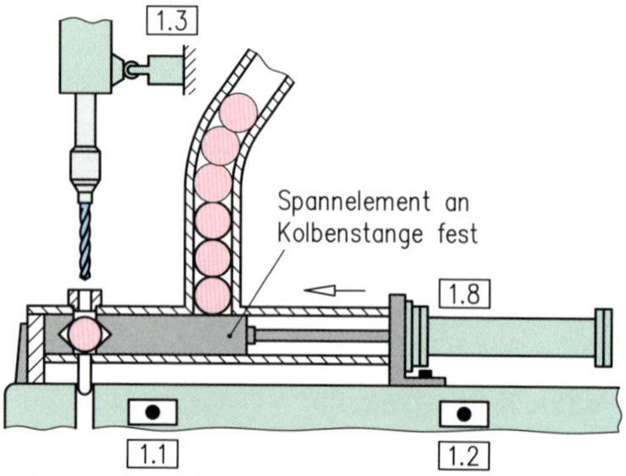

Bohrvorrichtung (gespannter Zustand)

Lösung

Steuerkette und Schaltplan

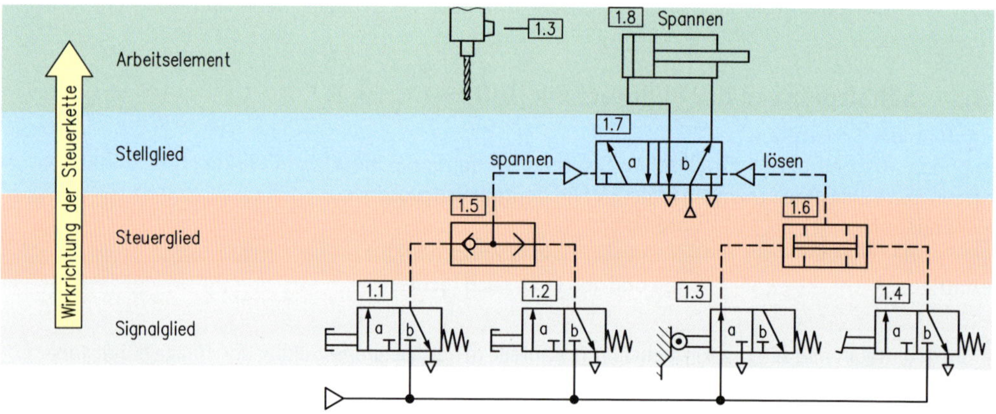

Funktionsbeschreibung

- Der Spannvorgang wird eingeleitet durch Bedienung von Handtaster 1.1 oder Handtaster 1.2.
- Über das Wechselventil 1.5 wird das Signal zum Umsteuern des Wegeventils 1.7 weitergeleitet, sofern 1.4 nicht gedrückt ist.
- Die Kolbenstange von Zylinder 1.8 fährt in ihre Spannstellung vor.
- Der Spannvorgang wird gelöst durch Betätigung von Endschalter 1.3 und Fußschalter 1.4.
- Über das Zweidruckventil 1.6 wird das Signal zum Umsteuern des Wegeventils 1.7 weitergeleitet.
- Die Kolbenstange von Zylinder 1.8 fährt in ihre Ausgangslage zurück.

Hinweis

Geräte wie Grenztaster oder Ventile, die durch Antriebe betätigt werden, stellt man an ihrer Betätigungsstelle, z. B. an einem Zylinder, durch einen Markierungsstrich und ihren Bezeichnungsschlüssel zusätzlich dar. Erfolgt die Betätigung nur in einer Richtung, so wird ein entsprechender Richtungspfeil an den Markierungsstrich gezeichnet (im Beispiel siehe Signalglied 1.3).

Übungsaufgabe 1/16

1.2.4 Grafische Symbole in der Fluidtechnik (DIN ISO 1219-1)

1. Symbole aus dem Bereich der Energieumformung (Auswahl)

Symbole	Benennung und Erklärung	Symbole	Benennung und Erklärung
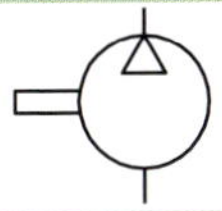	Verdichter (Kompressor)	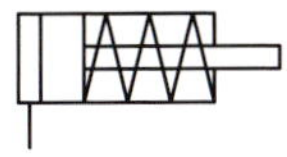	Pneumatikzylinder, einfach wirkender Zylinder Rückbewegung durch Feder
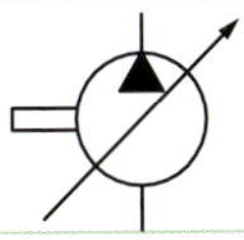	Hydropumpe mit verstellbarem Fördervolumen	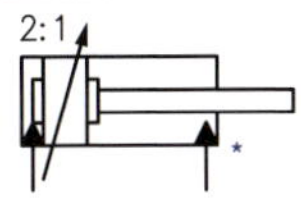	Hydrozylinder, doppelt wirkender Zylinder, z. B. mit beidseitig verstellbarer Dämpfung, Flächenverhältnis 2:1
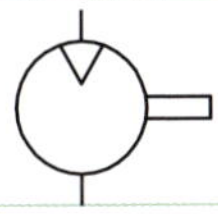	Pneumatikkonstantmotor mit einer Strömungsrichtung		Pneumatikzylinder, doppelt wirkender Zylinder mit zweiseitiger Kolbenstange
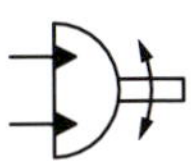	Hydromotor mit begrenztem Schwenkbereich (Drehantrieb)	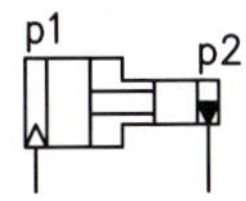	Druckübersetzer, Druckwandler, pneumatischer Druck p1 wird in hydraulischen Druck p2 umgewandelt

* Die Dreiecke brauchen bei eindeutigen Planungsvorgaben nicht dargestellt zu werden.

2. Symbole aus dem Bereich der Energieübertragung (Auswahl)

Symbole	Benennung und Erklärung	Symbole	Benennung und Erklärung
	Energiequelle pneumatisch – hydraulisch	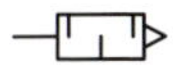	Schalldämpfer
	Arbeitsleitung; Rückstromleitung; elektrische Leitung	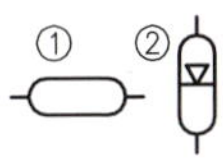	① Luftbehälter ② Speicher mit Gasvorspannung
	Steuerleitung; Leckstrom-, Spül- oder Entlüftungsleitung	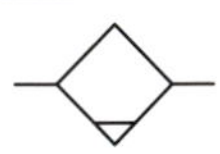	Wasserabscheider, handbetätigt
	biegsame Leitung	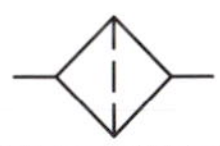	Filter oder Sieb
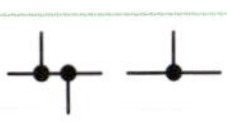	Leitungsverbindung (fest)	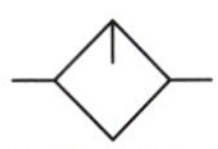	Öler (Befeuchter)
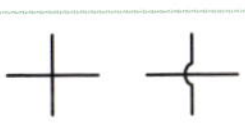	Leitungskreuzung (nicht verbunden)	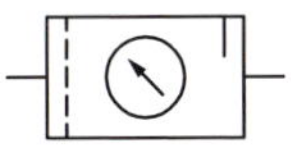	Wartungseinheit (Filter, Abscheider, Druckreduzierventil, Überdruckmessgerät, Öler)
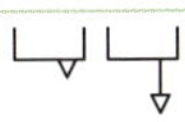	Luftauslassöffnung ohne bzw. mit Anschlussmöglichkeit		
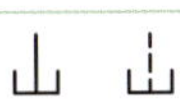	Leitungen in belüfteten Behälter Rücklauf- bzw. Leckstromleitung		

3. Symbole aus dem Bereich der Energiesteuerung (Auswahl)

Symbole	Benennung	Ruhestellung	Symbole	Benennung	Ruhestellung
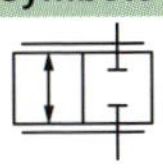	2/2-Wegeventil mit variablem Durchflussweg	geschlossen	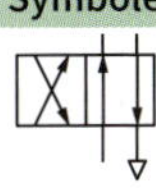	4/2-Wegeventil	eine Leitung belüftet eine Leitung entlüftet
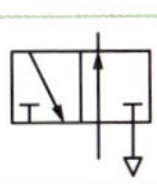	3/2-Wegeventil	geöffnet	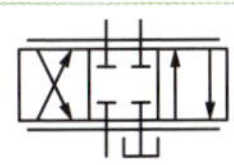	4/3-Wegeventil mit variablem Durchflussweg	Mittelstellung geschlossen
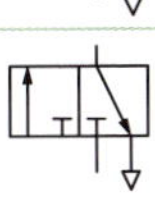	3/2-Wegeventil	geschlossen	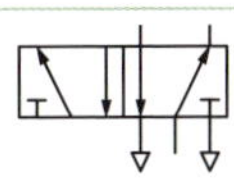	5/2-Wegeventil	eine Leitung belüftet eine Leitung entlüftet

– Betätigungen von Ventilen (Auswahl)

Muskelkraftbetätigung	
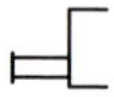	– allgemein
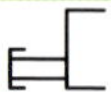	– durch Drücker
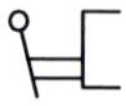	– durch Hebel
	– durch Pedal (eine Betätigungsrichtung)
	– allgemein, mit Raste

Mechanische Betätigung	
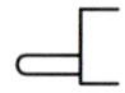	– durch Stößel
	– durch Feder
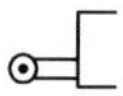	– durch Rolle
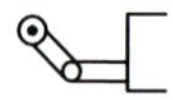	– durch Rolle, nur in einer Richtung arbeitend
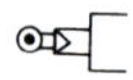	– durch Rolle, pneumatisch vorgesteuert

Im Ausgangszustand betätigte Ventile kennzeichnet man durch das Betätigungsglied mit angesetztem Symbol für die Steuerschiene.

Beispiel für ein Ventil, das im Ausgangszustand betätigt ist

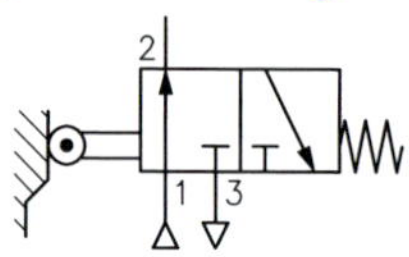

Elektrische Betätigung	
	– durch Elektromotor in zwei Richtungen
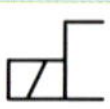	– durch Elektromagnet mit einer Wicklung
	– zwei Betätigungsrichtungen durch zwei Wicklungen im E-Magnet

Betätigung durch Druckbeaufschlagung oder Druckentlastung	
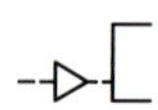	– durch Druckbeaufschlagung
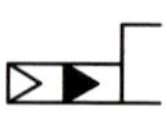	– zweistufige Betätigung durch pneumatisch-hydraulische Vorsteuerstufe
	– durch Druck über Steuerkanäle außerhalb der Einheit

Beispiele für Betätigungen von Wegeventilen

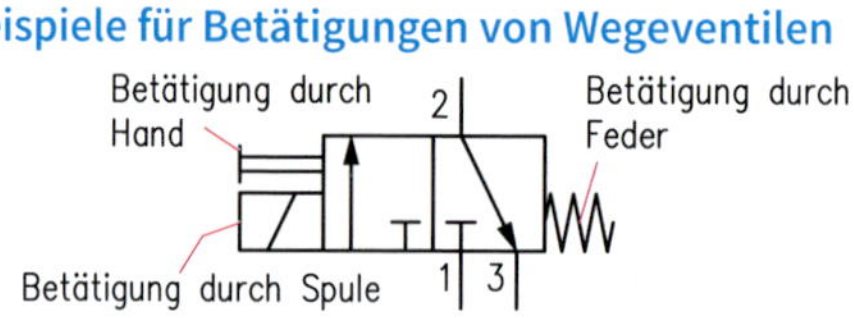

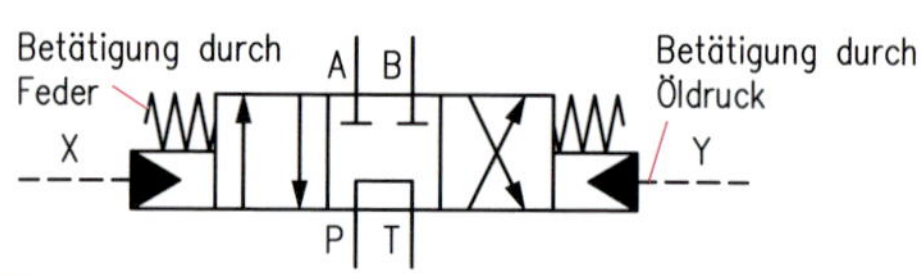

– Stromventile (Auswahl)

Stromventile sind Ventile, welche den Durchfluss des Druckmediums bzw. den Volumenstrom beeinflussen. Besonders wichtig ist in dieser Gruppe das Drosselventil.

Drosselventil

	Ventil, das eine einstellbare Verengung aufweist, die in beide Richtungen wirksam ist
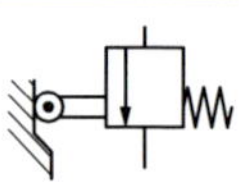	einstellbares Drosselventil; Betätigung mittels Rollenstößel federbelastet

– Rückschlag-, Wechsel-, Schnellentlüftungsventile (Auswahl)

Diese Ventile werden häufig unter der Bezeichnung Sperrventile zusammengefasst. Ventile dieser Bauart gestatten einen Durchfluss nur in *einer* Richtung.

Rückschlagventile

	– unbelastet;	öffnet, wenn der Einlassdruck höher ist als der Auslassdruck
	– federbelastet;	öffnet, wenn der Einlassdruck höher ist als der Auslassdruck einschließlich der Federanpresskraft
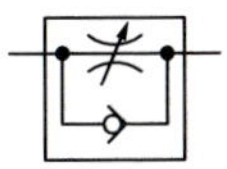	– mit Drosselung;	Einheit erlaubt freien Durchfluss in einer Richtung und begrenzt den Durchfluss in der anderen

Wechselventil (ODER Funktion)

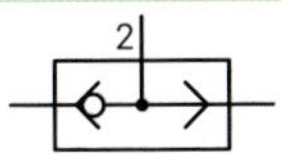	Einlassöffnung mit dem höheren Druck ist automatisch mit der Auslassöffnung 2 verbunden, während die andere Einlassöffnung verschlossen ist.

Schnellentlüftungsventil

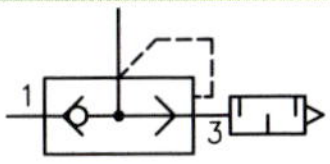	Wenn die Einlassöffnung 1 unbeaufschlagt ist, dann ist die Auslassöffnung 3 frei zur Atmosphäre entlüftet.

Zweidruckventil (UND Funktion)

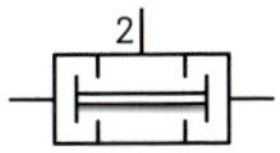	Ventil hat nur dann Durchgang nach 2, wenn beide Seiten beaufschlagt sind.

– Druckventile (Auswahl)

Druckventile sind Baueinheiten, die eine Steuerung des Drucks gewährleisten.

Druckbegrenzungsventil (Sicherheitsventil)

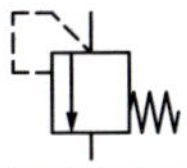	Einlassdruck wird durch Öffnen der Ablassöffnung zur Atmosphäre gegen eine Gegenkraft (z. B. eine Feder) gesteuert.

Folgeventil

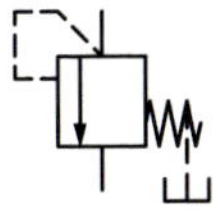	Wenn der Eingangsdruck größer als die Gegenkraft der Feder wird, dann öffnet das Ventil und gibt Durchfluss zum Auslassanschluss frei; dieses Hydraulikventil hat einen externen Leckstromanschluss.

Druckregelventil oder Druckreduzierventil (Druckminderer)

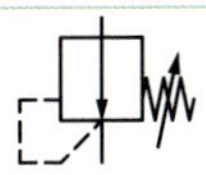	Einheit mit einem veränderlichen Eingangsdruck liefert im Wesentlichen konstanten Ausgangsdruck, vorausgesetzt, dass der Eingangsdruck höher als der erforderliche Ausgangsdruck ist.

2 Pneumatik

Jede pneumatische Anlage besteht aus drei Teilsystemen:
- System zur *Druckluftbereitstellung*,
- System zur *Steuerung*,
- System zur *Arbeitsverrichtung*.

Beispiele für die Teilsysteme einer Pneumatikanlage (Schema)

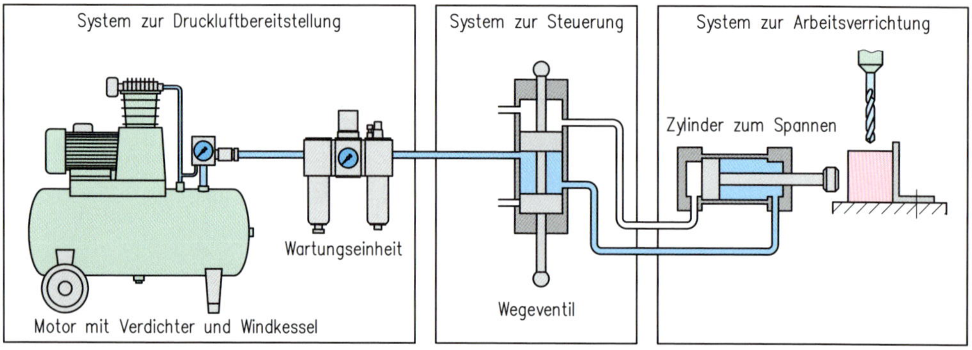

2.1 Einheiten zur Bereitstellung der Druckluft

2.1.1 Verdichter (Kompressoren)

1. Grundlagen

Drückt man Luft zusammen, so spricht man von Verdichten bzw. Komprimieren. Entsprechende Geräte heißen Verdichter oder Kompressoren. Bei Verdichtungsvorgängen wird ein vorhandenes Ansaugvolumen V_1 mit dem Eingangsdruck p_1 zu einem kleineren Volumen V_2 zusammengepresst. In dem kleineren Volumen V_2 herrscht ein erhöhter Druck p_2.

Für Verdichtungsvorgänge gilt bei konstant bleibender Temperatur das Boyle-Mariottesche Gesetz. Bei der Anwendung dieses Gesetzes ist darauf zu achten, dass p_1 und p_2 **absolute Drücke** sind.

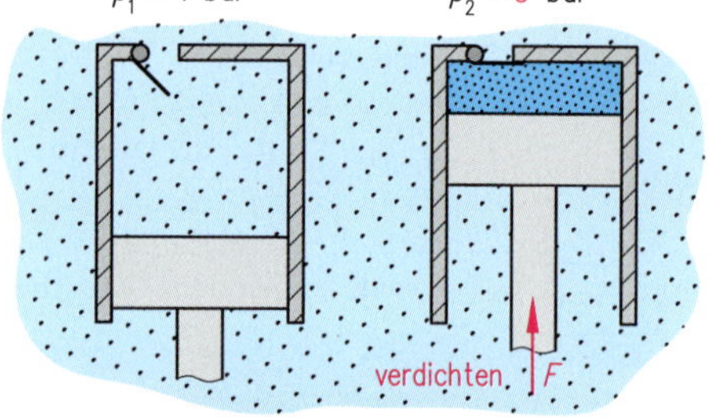

$100\ \text{cm}^3 \cdot 1\ \text{bar} = 20\ \text{cm}^3 \cdot 5\ \text{bar}$

allgemein gilt: $V_1 \cdot p_1 = V_2 \cdot p_2$

Gesetz von Boyle-Mariotte

Alle Druckangaben bei pneumatischen Anlagen beziehen sich jedoch auf den Überdruck p_e gegenüber dem atmosphärischen Druck. Andernfalls werden Druckangaben besonders gekennzeichnet.

Beispiele für eine Druckberechnung

Aufgabe

Ein Verdichter saugt je Hub 200 cm³ Luft an, die einen Druck von 1 bar hat. Er verdichtet auf ein Volumen von 50 cm³.

a) Auf welchen absoluten Druck wird die Luft verdichtet?

b) Welchen Druck zeigt das Messgerät in der Druckleitung an?

Lösung

a) Druck im Verdichter

$$p_2 = \frac{p_1 \cdot V_1}{V_2} = \frac{1\ \text{bar} \cdot 200\ \text{cm}^3}{50\ \text{cm}^3}$$

$p_2 = \mathbf{4\ bar}$ (absoluter Druck im Verdichter)

b) $p_e = \mathbf{3\ bar}$ (angezeigter Druck vom Messgerät)

! Druckangaben in der Pneumatik beziehen sich auf Überdruck.
Druckmessgeräte in der Pneumatik sind auf Überdruck eingestellt.

Übungsaufgaben 2/1; 2/2; 2/3

2. Bauformen von Verdichtern

Verdichter unterscheidet man nach der Art der Drucklufterzeugung. Werden in einem Verdichter die Luftteilchen durch einen Kolben oder einen Exzenter verdrängt und wird dabei das Luftvolumen verkleinert, so benutzt man das **Verdrängungsprinzip** zur Erzeugung der Druckluft. Nach dem **Strömungsprinzip** arbeitet ein Verdichter, wenn den Lufteilchen duch die Schaufeln rotierender Räder Energie zugeführt wird.
Im Hinblick auf den erreichbaren Druck und die gewünschte Liefermenge haben sich in der Pneumatik die Verdichter nach dem Verdrängungsprinzip durchgesetzt.

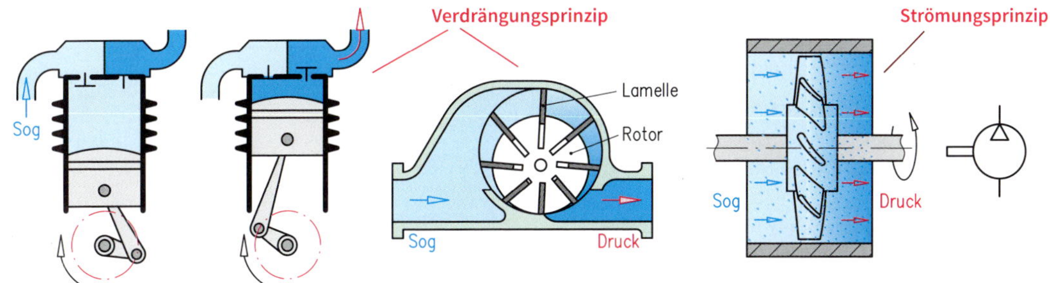

Kolbenverdichter **Lamellenverdichter** **Axialverdichter** **Symbol für Verdichter**

> **!** Hubkolbenverdichter und Lamellenverdichter arbeiten nach dem Verdrängungsprinzip. Axialverdichter arbeiten nach dem Strömungsprinzip.

3. Liefermenge und Betriebsdruck

Stationäre Verdichter werden meist durch Elektromotoren angetrieben. Bei fahrbaren Anlagen benutzt man zum Antrieb häufig Verbrennungsmotoren.
Zur Kennzeichnung eines Verdichters dienen der erreichbare Druck und die Liefermenge. Die Liefermenge ist das je Zeiteinheit abgegebene Luftvolumen; sie wird bei kleinen Anlagen in l/min, sonst in m^3/min angegeben.
Pneumatische Anlagen arbeiten in der Regel mit einem Druck von 6 bar; als untere Grenze werden 3 bar und als obere 15 bar angesehen.

> **!** Die Kenngrößen eines Verdichters sind:
> - Liefermenge – Volumen der abgegebenen Luft je Zeiteinheit,
> - Betriebsdruck – erreichbarer Überdruck.

2.1.2 Druckluft und Luftfeuchtigkeit

Luft ist in der Lage, Wasser in Form von Wasserdampf aufzunehmen. Die Fähigkeit, Wasser aufzunehmen, nimmt mit steigender Temperatur zu. Wird mit Wasserda mpf gesättigte Luft abgekühlt, scheidet sich Wasser in Tröpfchenform aus der Luft aus. Die Wassertröpfchen kondensieren und schlagen sich an den Gefäßwänden nieder.

Die Luft hat für jede Temperatur eine bestimmte Sättigungsmenge. So kann 1 m^3 Luft von 10 °C 9,41 g Wasser aufnehmen. Die gleiche Luftmenge von 1 m^3 nimmt bei 30 °C bis zu 30,38 g Wasser auf.

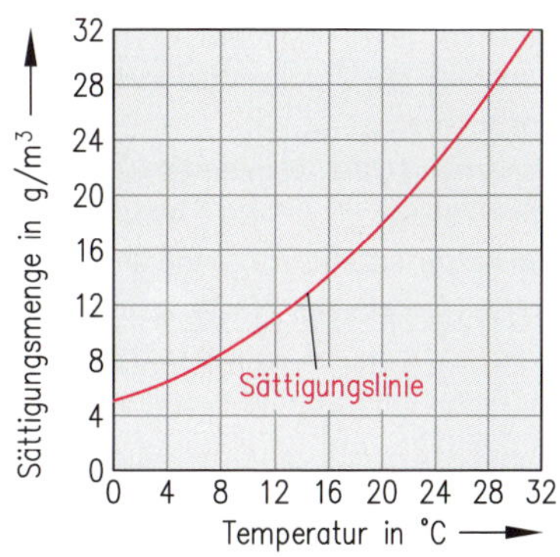

Wasserdampfaufnahme der Luft

> **!** Die Wasseraufnahme der Luft ist von der Temperatur abhängig, nicht jedoch vom Druck. Das bedeutet, dass Druckluft nicht mehr Wasser aufnehmen kann als normale Luft.

Übungsaufgaben 2/4 bis 2/10

2.1.3 Druckluftverteilung

1. Windkessel

In Druckluftverteilungsanlagen wird die Luft aus dem Verdichter in einen Behälter geleitet, den man Windkessel nennt.
In Anlagen für den Betrieb pneumatischer Steuerungen werden nach dem Verdichter ein Nachkühler mit Wasserabscheider und danach ein Windkessel eingebaut. In kleineren Anlagen ist dem Verdichter der Windkessel direkt nachgeschaltet.

Die Aufgaben des Windkessels sind:
- *Ausgleich* der Druckstöße vom Verdichter,
- *Speicherung* von Druckluft für das angeschlossene Netz,
- *Abkühlung* der Druckluft mit Kondensatausscheidung.

2. Speicher

Innerhalb eines Druckluftnetzes werden nach Bedarf Speicher für Druckluft eingebaut.

Die Speicher haben folgende Aufgaben:
- *Ausgleich von Druckschwankungen* in größeren Netzen, dadurch Versorgung der Verbraucher mit gleichem Betriebsdruck,
- *Bereitstellung von Druckluft* in der unmittelbaren Nähe von Verbrauchern mit großem, plötzlichem Luftverbrauch,
- *Ausscheidung von anfallendem Kondensat.*

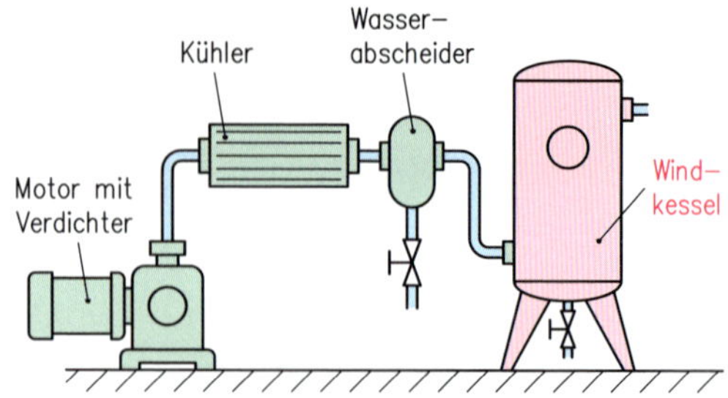

Druckluftanlage für pneumatische Steuerungen

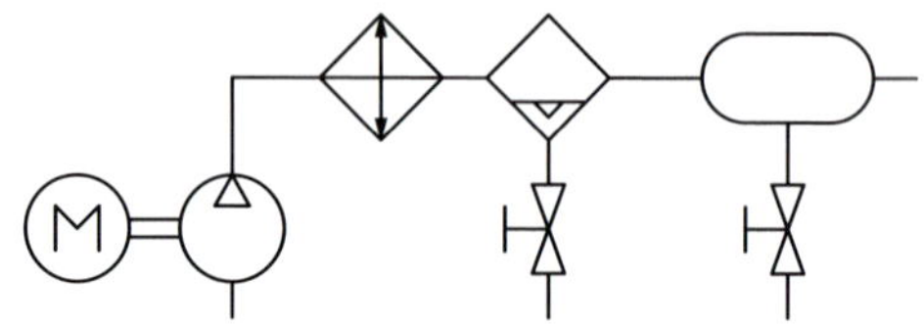
Druckluftanlage (symbolische Darstellung)

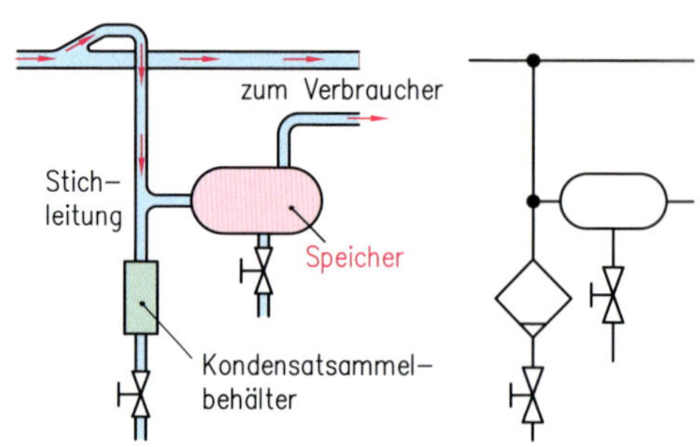

Speicher im Druckluftnetz

2.1.4 Aufbereitung der Druckluft

1. Aufgabe der Wartungseinheit

Die Druckluft aus dem Rohrleitungsnetz darf nicht unmittelbar den Pneumatikelementen zugeführt werden. Sie wird wie folgt aufbereitet:
- *Reinigen* und *Abscheiden* von Kondensat in einem Filter mit Abscheider,
- *Regeln* durch ein Druckreduzierventil mit Überdruckmessgerät,
- *Anreichern mit Ölnebel* in einem Öler (in seltenen Fällen).

Diese drei Aufbereitungsvorgänge werden in einem kombinierten Gerät – der Wartungseinheit – durchgeführt.
Die Wartungseinheit gehört zu jeder vollständigen Pneumatikanlage und wird daher im Schaltplan direkt nach dem Absperrventil eingezeichnet. Das Symbol für die ausführliche Darstellung wird immer mehr durch das Symbol für die vereinfachte Darstellung abgelöst.

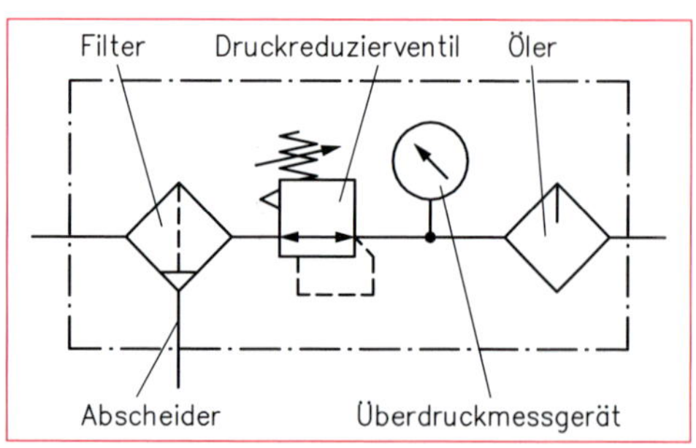

Symbol für Wartungseinheit (ausführlich)

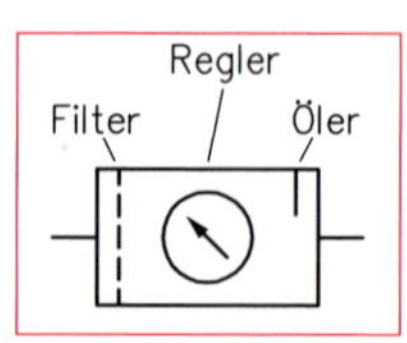

vereinfachtes Symbol

Symbol für Wartungseinheit (vereinfacht)

! Die Wartungseinheit besteht aus Filter, Regler (Druckreduzierventil mit Überdruckmessgerät) und Öler.

2.2 Arbeitseinheiten in der Pneumatik

Arbeitseinheiten in der Pneumatik sind vorwiegend Zylinder, die hin- und hergehende Bewegungen ausführen. In besonderen Fällen werden in Werkzeugen und Maschinen auch Pneumatikmotore eingesetzt.

Beispiele für Arbeitseinheiten

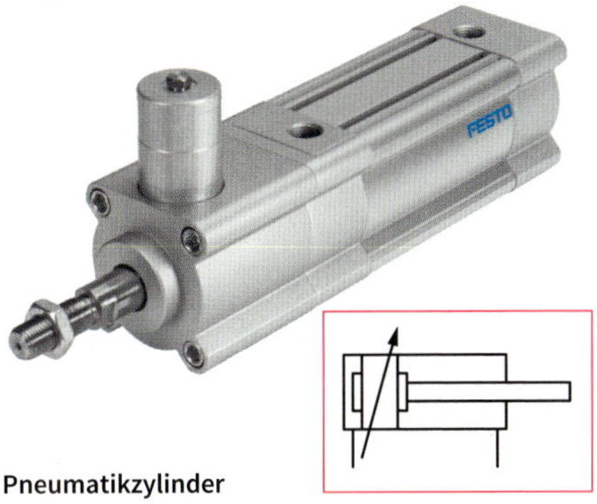

Pneumatikzylinder

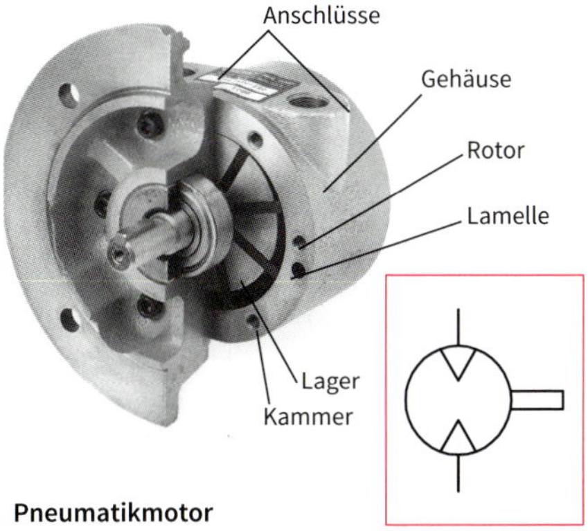

Pneumatikmotor

2.2.1 Aufbau von Pneumatikzylindern

1. Einfach wirkender Zylinder

Wird ein Zylinder nur von einer Seite druckbeaufschlagt, so kann er nur in dieser einen Richtung Kräfte übertragen. Ein solcher Zylinder wird einfach wirkender Zylinder genannt. Bei einfach wirkenden Zylindern erfolgt der Rückhub durch eine eingebaute Feder, Membrane oder durch äußere Krafteinwirkung. Die Baulänge einfach wirkender Zylinder ist wegen der Rückholfeder in seiner Länge begrenzt.

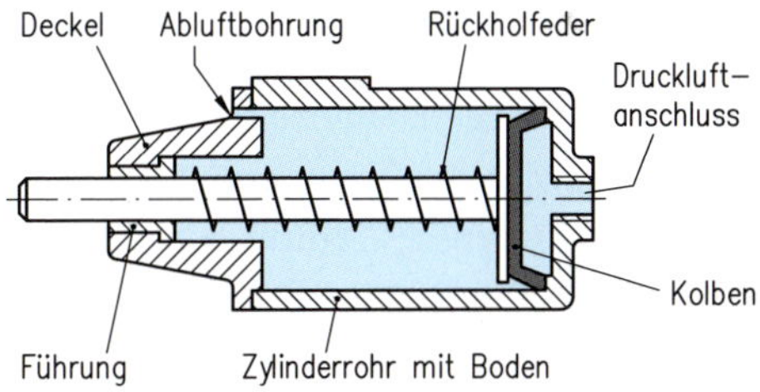

Einfach wirkender Zylinder

> ! Einfach wirkende Zylinder benötigen nur für eine Bewegungsrichtung Druckluft. Sie können Kräfte nur in einer Richtung übertragen und haben begrenzte Baulängen.

2. Doppelt wirkender Zylinder

Werden in einem Zylinder beide Kolbenseiten wechselweise mit Druckluft beaufschlagt, so ist in jede dieser Richtungen eine Kraftübertragung möglich.
Ein solcher doppelt wirkender Zylinder kann sowohl im Vorhub als auch im Rückhub gesteuert werden. Doppelt wirkende Zylinder können in großen Baulängen ausgeführt werden.

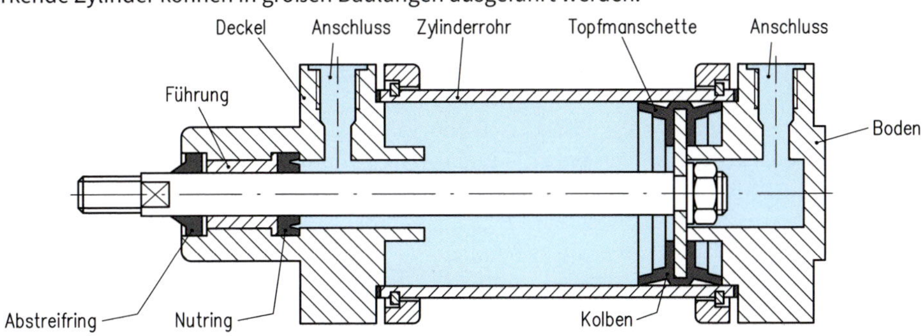

Doppelt wirkender Zylinder

> ! Doppelt wirkende Zylinder benötigen für zwei Bewegungsrichtungen Druckluft. Sie übertragen Kräfte in beide Richtungen. Ihre Baulänge kann den gestellten Anforderungen weitgehend angepasst werden.

Übungsaufgaben 2/19; 2/20

2.2.2 Dämpfung in Zylindern

Bewegt sich der Kolben in einem Druckluftzylinder mit hoher Geschwindigkeit, so trifft er mit großer Wucht auf den Deckel oder Boden des Zylinders auf. Damit bei größeren Massen keine Beschädigungen auftreten und die Geschwindigkeit des Kolbens allmählich abgebaut wird, haben Zylinder vielfach eine eingebaute Abbremsvorrichtung, die man als Dämpfung bezeichnet. Die Dämpfung kann konstant sein oder verändert werden.

Die einstellbare Dämpfung beruht darauf, dass das schnelle Ausströmen der Luft aus dem Zylinder in dem Augenblick behindert wird, in dem sich der Kolben kurz vor Erreichen einer Endlage befindet. Diese Drosselung der Abluft bewirkt man dadurch, dass der Kolben kurz vor Erreichen der Endlage mit einem Zapfen in eine Bohrung des Deckels bzw. des Bodens eintaucht und den Ausströmquerschnitt verringert. Vor dem Kolben baut sich dann ein Luftpolster auf und bremst den Kolben ab. Über ein verstellbares Drosselventil wird die Luft abgelassen, bis der Kolben die Endlage erreicht.

Soll der Kolben wieder in Gegenrichtung anfahren, so kann die zuströmende Druckluft die gesamte Kolbenfläche sofort beaufschlagen, weil ein Rückschlagventil durch die Druckluft geöffnet wird.

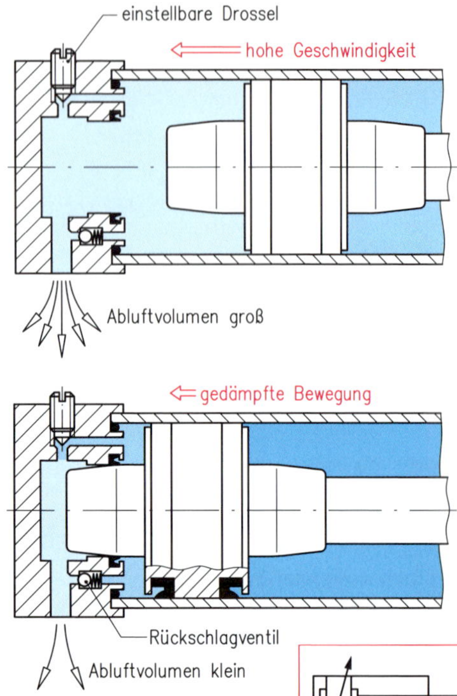

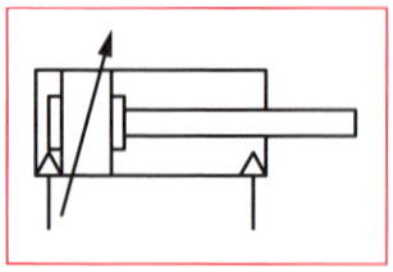

Dämpfung der Endlagen

! Die Dämpfung bei Zylindern verhindert hartes Anschlagen des Kolbens in den Endlagen. Durch eine einstellbare Dämpfung wird das Bewegungsverhalten von Zylindern den Anforderungen angepasst.

2.2.3 Befestigungsarten von Zylindern

Die Art der Befestigung eines Zylinders wird dadurch bestimmt, wie der Zylinder an der Maschine oder der Vorrichtung zum Einsatz kommt. Die auftretenden Kräfte und die Belastungsfälle beeinflussen ebenfalls die Auswahl der Befestigung.
Befestigungssysteme nach dem Baukastenprinzip sind vorteilhaft.

Befestigungsarten von Zylindern (Auswahl)

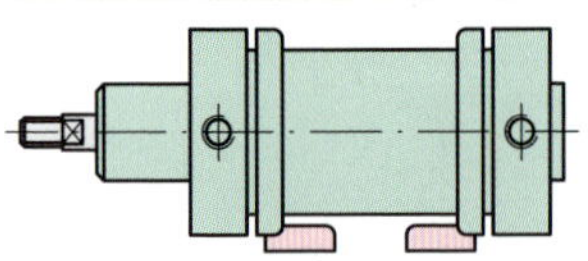

Fuß

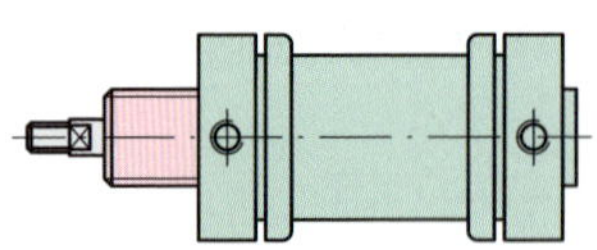

Gewinde, vorne

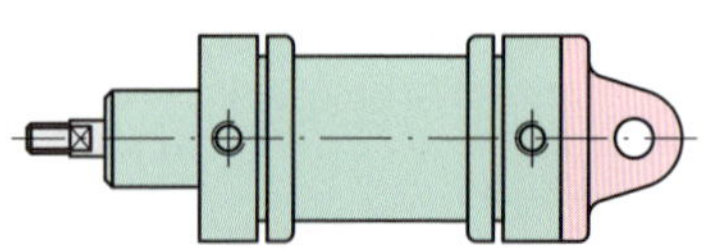

Anschluss, schwenkbar – hinten

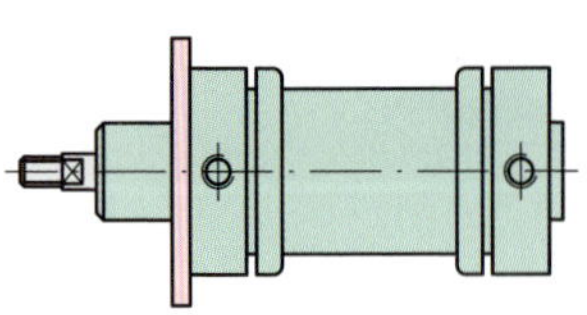

Flansch, vorne

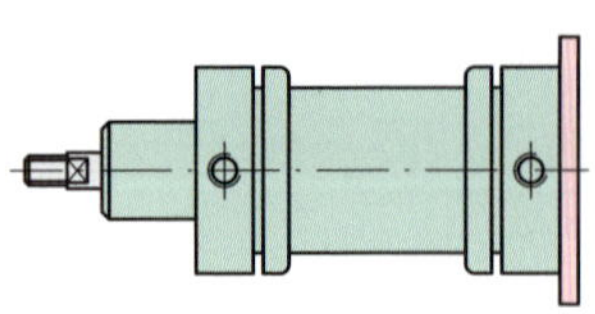

Flansch, hinten

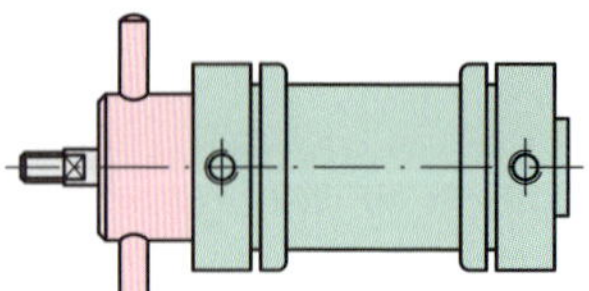

Anschluss, schwenkbar – vorne

Übungsaufgaben 2/21; 2/22

2.2.4 Kriterien für die Auswahl von Pneumatikzylindern

Kriterien	Beschreibung
Kolbenkräfte	Die Kolbenkräfte bestimmen den notwendigen Kolbendurchmesser. Je nach Zylinderart und Zylindergröße ergeben sich für die Schubkräfte und die Rückzugkräfte unterschiedliche Werte. Diese Werte sind in den Datenblättern der Zylinderhersteller verzeichnet.
Kolbenstangen-durchmesser	Der Kolbenstangendurchmesser richtet sich bei genormten Zylindern nach dem Kolbendurchmesser. Lange, schlanke Kolbenstangen können knicken. Sie müssen daher nach einem aufwendigen Rechenverfahren auf Knickung berechnet werden.
Dämpfung, Hubbegrenzung	Die Hubbegrenzung der Kolbenstange kann man außerhalb des Zylinders durch Anschläge oder Endschalter erreichen. Innerhalb des Zylinders kann der Hub durch eine einstellbare Dämpfung begrenzt werden.
Hublänge	Die auszuwählende Hublänge des Zylinders richtet sich im Wesentlichen nach dem Arbeitsweg. Dabei bevorzugt man genormte Hublängen. Die Hublänge entspricht entweder dem Arbeitsweg oder ist etwas größer. Maximale Hublänge: • bei einfach wirkenden Zylindern ca. 100 mm, • bei doppelt wirkenden Zylindern ca. 2 000 mm.
Gewinde-anschlüsse	Mit der Auswahl des Zylinders liegt auch das Anschlussgewinde für die Rohrleitungen fest, üblich waren Rohrgewinde, es finden immer mehr metrische Gewinde Verwendung.
Befestigungsart	Die Befestigungsart wird nach den auftretenden maximalen Kräften und den Drehmomenten, die zu der Zylinderachse wirken, ausgewählt.
Einbaumaße	Es gibt viele verschiedenartige Zylindertypen. Je nach Kundenwunsch werden sie gesondert angefertigt. Für Standardaufgaben hat man die Zylinder und ihre Einbaumaße genormt. Das Europäische Komitee Ölhydraulik und Pneumatik (CETOP) hat ebenfalls Richtlinien herausgegeben. Beispiele: CETOP RP 43 P, CETOP RP 51 P, CETOP RP 53 P
Umwelt-bedingungen	Sind die Zylinder besonderen Umweltbedingungen wie z. B. hohen Temperaturen oder chemisch agressiven Medien ausgesetzt, so werden entsprechende Sonderausführungen gefertigt.

2.2.5 Grundlagen zur Ermittlung des Kolbendurchmessers

Die Durchmesser der Kolben werden entweder rechnerisch ermittelt oder nach Diagrammen der Hersteller ausgewählt. Falls der ermittelte Durchmesser nicht mit dem eines genormten Zylinders übereinstimmt, muss der Zylinder mit dem nächstgrößeren Kolbendurchmesser gewählt werden.

Bei **einfach wirkenden Zylindern** muss für Verluste durch Reibung sowie zur Überwindung der Federkraft für die Rückstellung ein Verlust von etwa 25 % angesetzt werden.

Beispiel für die Auswahl des Kolbendurchmessers eines einfach wirkenden Zylinders

Aufgabe

Die Spannkraft eines einfach wirkenden Zylinders soll mindestens 1700 N bei einem Betriebsdruck von 6 bar betragen.

a) Der Kolbendurchmesser ist zu berechnen und ein entsprechender Normdurchmesser aus der Tabelle auszuwählen.

b) Der Kolbendurchmesser ist mithilfe einer Tabelle zu ermitteln.

Übungsaufgaben 2/23 bis 2/27

a) Rechnerische Lösung

Die Spannkraft von 1 700 N ist die effektive Kolbenkraft F_w.

$$F_w = 0{,}75 \cdot F$$
$$F_w = 0{,}75 \cdot p_e \cdot A$$
$$F_w = 0{,}75\, p_e \cdot \frac{d^2 \cdot \pi}{4}$$
$$d = \sqrt{\frac{4 \cdot F_w}{0{,}75 \cdot p_e \cdot \pi}} \qquad d = \sqrt{\frac{4 \cdot 1700\ \text{N}}{0{,}75 \cdot 60\,\frac{\text{N}}{\text{cm}^2} \cdot \pi}}$$

$d = 6{,}93$ cm

Normdurchmesser gewählt nach Tabelle:

Ø 80 mm

Effektive Kolbenkräfte in N bei einfach wirkenden Zylindern (Auszug)

genormter Kolbendurchmesser in mm	Betriebsdruck in bar						
	4	5	6	7	8	9	10
32	170	260	340	420	500	570	650
50	500	700	880	1 080	1 380	1 490	1 670
63	860	1 140	1 480	1 750	2 080	2 360	2 700
80	1 500	2 000	2 500	3 040	3 540	4 000	4 560
100	2 480	3 250	4 000	4 650	5 500	6 250	7 100

b) Lösung mit Tabelle

In der Tabelle ist der Wert 1700 N bei 6 bar nicht angegeben. Für den nächsthöheren Wert 2 500 N ergibt sich ein Kolbendurchmesser von **80 mm**.

Bei **doppelt wirkenden Zylindern** beträgt der Verlust durch Reibung etwa 20%. Für die Kraft im Rückhub, die **Rückzugkraft,** muss die Verringerung der Kolbenfläche durch die Kolbenstange berücksichtigt werden.

Beispiel für die Auswahl des Kolbendurchmessers eines doppelt wirkenden Zylinders

Aufgabe

Ein doppelt wirkender Zylinder muss beim Ausfahren eine Hubkraft von 170 N überwinden. Der Betriebsdruck in der Anlage schwankt zwischen 5 und 6 bar.

a) Der Kolbendurchmesser ist mithilfe des Diagramms zu bestimmen. Der genaue Durchmesser ist aus der folgenden Reihe auszuwählen:
20 mm, 25 mm, 32 mm, 40 mm, 50 mm.

b) Die effektive Kolbenkraft ist rechnerisch zu überprüfen.

Lösung

a) Bestimmung des Kolbendurchmessers

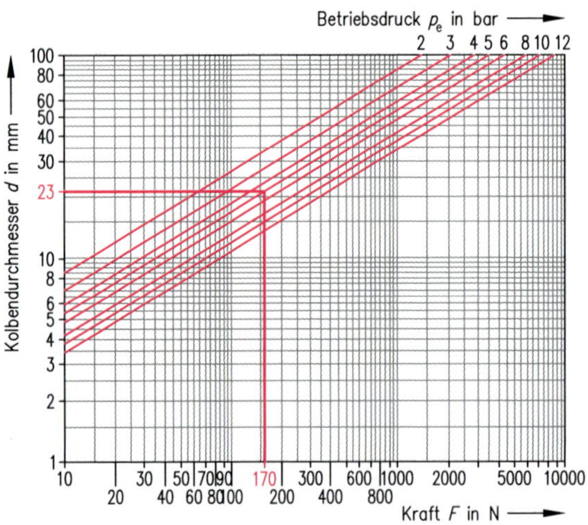

Der ermittelte Durchmesser beträgt **23 mm.** Aus der Reihe der genormten Zylinder ist der Zylinder mit 25 mm Durchmesser zu wählen.

b) Rechnerische Überprüfung des Kolbendurchmessers:

$$F = p_e \cdot d^2 \cdot \frac{\pi}{4} \qquad F_w = 0{,}8 \cdot F$$
$$F = 50\,\frac{\text{N}}{\text{cm}^2} \cdot (2{,}5\ \text{cm})^2 \cdot \frac{\pi}{4} \qquad F_w = 0{,}8 \cdot 245\ \text{N}$$
$$F = 245\ \text{N} \qquad F_w = \mathbf{196\ N}$$

Die effektive Kolbenkraft soll mindestens 170 N betragen. Für den gewählten Kolbendurchmesser von 25 mm ergibt sich eine Kolbenkraft von 245 N bei einem Betriebsdruck von 5 bar. Die effektive Kolbenkraft würde bei 20 % Verlust 196 N betragen und damit den Anforderungen genügen.

Übungsaufgaben 2/28; 2/29

2.3 Einheiten zum Steuern der Druckluft

In einer pneumatischen Anlage benötigt man Bauteile, welche die Druckluft steuern. Solche Bauteile nennt man Ventile. Die Ventile unterteilt man nach ihrer Funktion wie folgt:

Ventile, Pneumatik

- **Wegeventile**: Sie *öffnen* oder *schließen* Durchflusswege des Luftstroms.
- **Sperrventile**: Sie sperren den Luftdurchfluss vorzugsweise *in einer Richtung* und geben den Durchfluss in der entgegengesetzten Richtung frei.
- **Druckventile**: Sie *regeln* den Druck in einer Anlage oder werden durch einen vorgegebenen Druck betätigt.
- **Stromventile**: Sie beeinflussen die *Durchflussmenge* der Druckluft.

2.3.1 Bauformen pneumatischer Wegeventile

1. Sitzventile

Bei Sitzventilen erfolgt die Abdichtung der Ventilsitze entweder durch Kugeln (Kugelsitzventile) oder durch Teller (Tellersitzventile).

Beispiel für ein Sitzventil

Kugelsitzventil

Im gezeigten 3/2-Wegeventil ist in der Ruhestellung die Arbeitsleitung 2(A) mit der Abluft 3(R) verbunden. Die Druckluft 1(P) ist abgesperrt. Wird der Ventilstößel betätigt, so schließt sich die Abluftleitung, die Kugel hebt ab und die Druckluft kann in die Arbeitsleitung strömen. Kugelsitzventile sind einfach aufgebaut, klein und preiswert; jedoch dichten sie nicht immer zuverlässig ab.

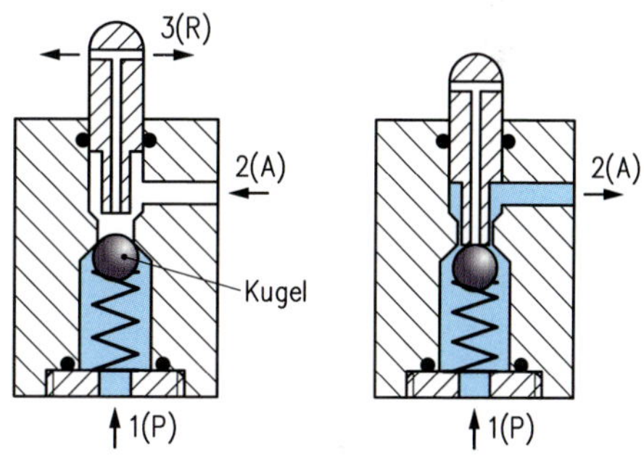

Kugelsitzventil

2. Schieberventile

Bei Schieberventilen benutzt man zur Umsteuerung der Durchgänge für die Luft Kolben, die in Längsrichtung verschoben werden (Längsschieberventile) oder Schlitze in Platten, die durch Drehbewegungen gegenüber den Anschlüssen verstellt werden (Drehschieberventile).

Beispiel für ein Schieberventil

Längsschieberventil

In Längsschieberventilen werden die Anschlüsse zum Arbeitselement durch die Längsbewegung eines Steuerkolbens wechselseitig be- und entlüftet. Im gezeigten Beispiel geschieht die Betätigung durch Druckbeaufschlagung. Wird bei 12(Y) die Steuerluft betätigt und ist die Leitung bei 14(Z) entlüftet, schaltet das Ventil durch. Arbeitsluft strömt von 1(P) nach 2(B) und Rückluft von 4(A) nach 5(R).

Da zum Umschalten ein kurzfristiger, impulsartiger Druck genügt, wird ein solches Ventil auch Impulsventil genannt. In dem Impulsventil bleibt die Schaltstellung so lange erhalten – sie wird gespeichert –, bis ein Gegenimpuls erfolgt.

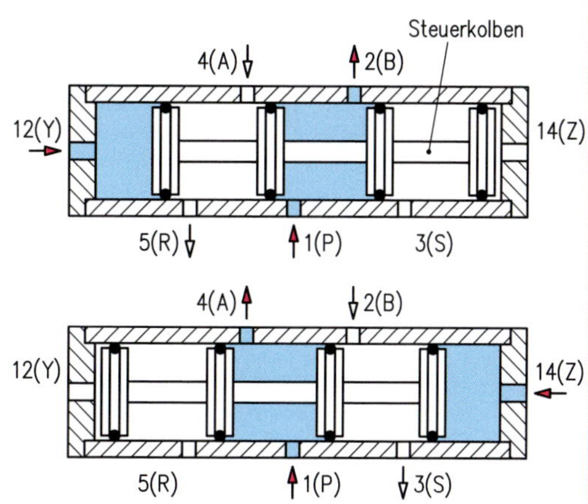

Längsschieberventil (5/2-Wegeventil)

Merkmale für Sitz- und Schieberventile	
Sitzventile	**Schieberventile**
• kleiner Betätigungsweg, kurze Ansprechzeit	• großer Betätigungsweg, längere Ansprechzeit
• unempfindlich gegen Schmutz, wenig Verschleiß	• empfindlich gegen Schmutz, mehr Verschleiß
• erforderliche Betätigungskraft groß	• erforderliche Betätigungskraft gering

2.3.1.1 Vorsteuerung von Ventilen

Ventile mit großen Nennweiten werden wegen der hohen Betätigungskräfte vorgesteuert. Dabei wird das Hauptventil mithilfe eines kleinen Vorsteuerventils betätigt. Das Vorsteuerventil ist mit dem Hauptventil zusammengebaut und wird von ihm mit Druckluft versorgt. Vorgesteuerte Ventile bezeichnet man als **indirekt betätigte Ventile**.

Die Betätigung durch ein Vorsteuerventil wird im Schaltplan vereinfacht dargestellt. Dabei wird das grafische Symbol für das Hauptventil mit einem besonderen Symbol für die indirekte Betätigung versehen.

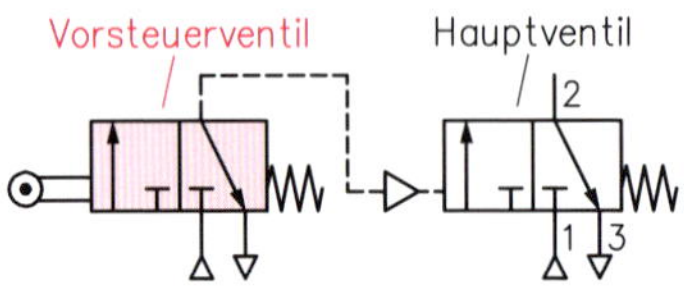

Vorgesteuertes Ventil (ausführliche Darstellung)

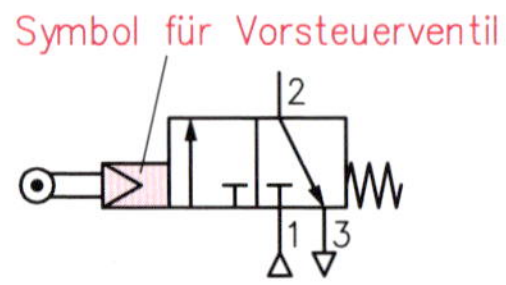

Vorgesteuertes Ventil (vereinfachtes Symbol)

Beispiel für ein vorgesteuertes 3/2-Wegeventil mit Rollenbetätigung

Das Vorsteuerventil ist über eine kleine Bohrung mit dem Druckanschluss verbunden. Drückt man auf den Rollenhebel, so öffnet das Vorsteuerventil. Die anstehende Druckluft strömt zur Membrane und bewegt den Ventilteller des Hauptventils nach unten. Die Umsteuerung des Hauptventils erfolgt dadurch, dass zunächst die Arbeitsleitung 2 nach der Abluftleitung 3 geschlossen wird. Anschließend wird die Druckleitung 1 mit der Arbeitsleitung **2** verbunden.

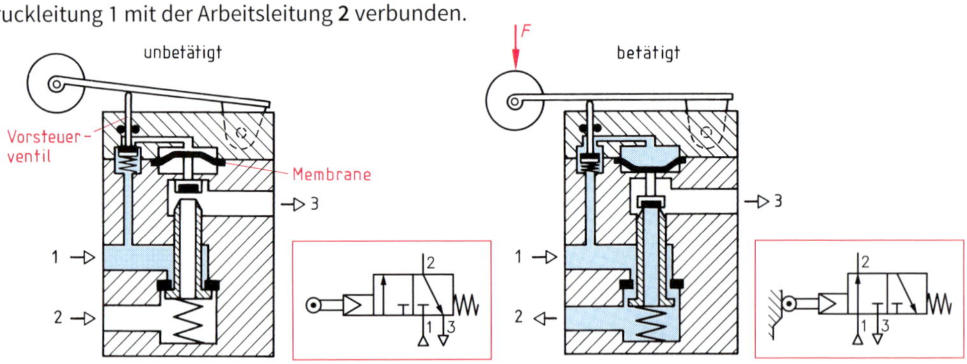

Die Rückstellung des Ventils beginnt, wenn der Rollenhebel gelöst wird. Dadurch wird im Vorsteuerventil die Druckleitung zur Membrane geschlossen und die Membrane durch die Entlüftung druckentlastet. Die eingebaute Rückstellfeder im Hauptventil drückt den Steuerkolben in seine Ausgangslage. Dabei wird zunächst der Druckanschluss geschlossen und danach die Arbeitsleitung mit der Abluftseite verbunden.

! Zur Verminderung der Betätigungskräfte werden indirekt betätigte Ventile eingesetzt. Durch die indirekte Betätigung werden die Schaltkräfte um 80 bis 90 % verringert. Das Prinzip der Vorsteuerung lässt sich mit verschiedenen Betätigungsarten kombinieren.

Übungsaufgaben 2/33; 2/34

2.3.1.2 Betätigungsarten an pneumatischen Wegeventilen

1. Muskelkraftbetätigte Ventile

Muskelkraftbetätigte Wegeventile dienen in Steuerungen zur Belüftung von Steuerungsanlagen. Weiterhin setzt man sie im Schaltschrank als Schlossschalter, Wahlschalter oder Schlagtaster für Not-Aus ein. In einfachen Vorrichtungen oder beim nachträglichen Ausrüsten von Maschinen verwendet man fuß- oder handbetätigte Schalter als Signalglieder.

2. Mechanisch betätigte Ventile

Wegeventile mit mechanischer Betätigung dienen in Steuerungsanlagen zur Festlegung von Endlagen und zur Positionskontrolle. Da sie durchweg Signalglieder sind, setzt man hauptsächlich 3/2-Wegeventile ein. Neben Stößelventilen benutzt man auch Rollenhebel- und Kipphebelventile.

Beispiele für Ventile, die mit Muskelkraft ① oder anders mechanisch ② betätigt werden

Zuschaltventil ①

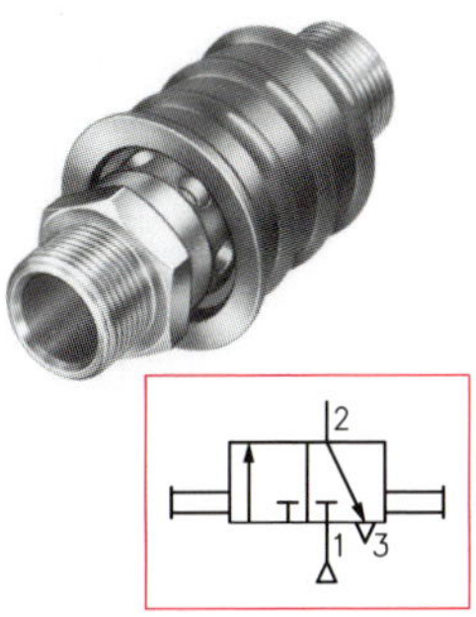

Tasterventil ①

Rollenhebelventil ②

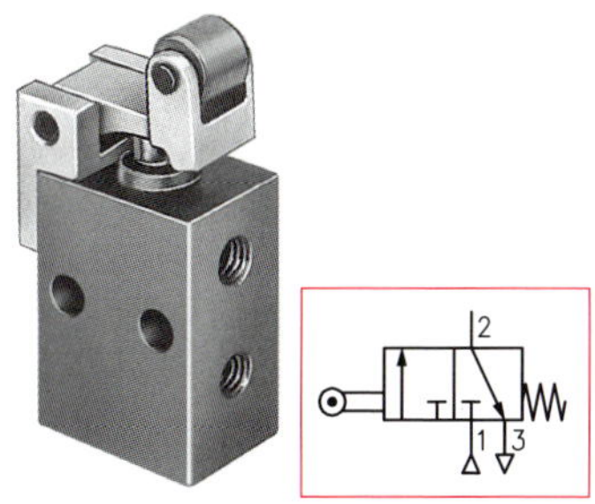

3. Pneumatisch betätigte Ventile und pneumatische Näherungsschalter

Pneumatisch betätigte Wegeventile verwendet man in pneumatischen Anlagen als Stellglieder für die Steuerung von Zylindern und Motoren. Will man z. B. einen doppelt wirkenden Zylinder ansteuern, so benutzt man ein 5/2-Wegeventil, das von beiden Seiten durch Druckluft betätigt werden kann. Dieses sogenannte **Impulsventil** ist meist mit Handhilfsbetätigungen ausgerüstet. Dadurch kann das Arbeitsglied in die gewünschte Stellung gebracht werden.

Ein pneumatischer Näherungsschalter wird mit einem Befestigungsbausatz an das Zylinderrohr des aus Aluminium bestehenden Pneumatikzylinders montiert. Auf dem Kolben des Zylinders ist ein Permanentmagnet angebracht. Beim Überfahren des Näherungsschalters löst er das Steuersignal aus. Mit dem System kann eine reproduzierbare Schaltgenauigkeit von +/– 0,1 mm erreicht werden.

Beispiele für pneumatisch betätigte Ventile und pneumatische Näherungsschalter

5/2-Wegeventil

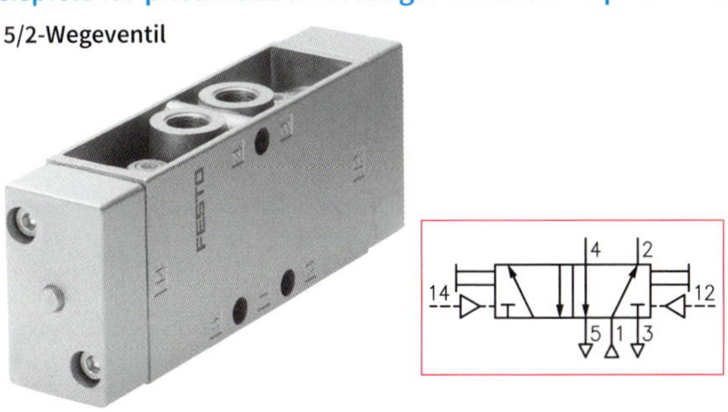

pneumatischer Näherungsschalter

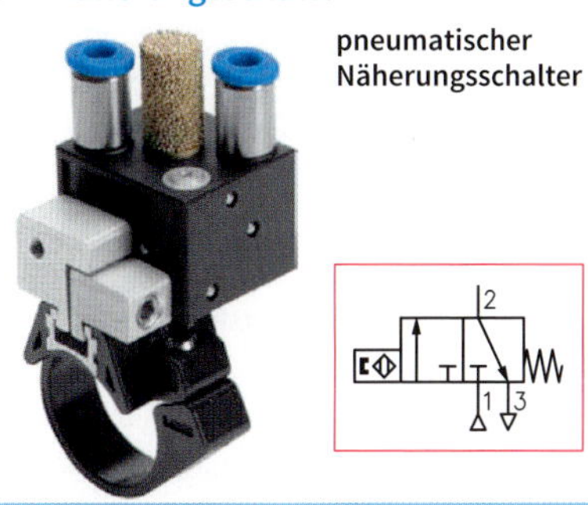

> **!** Mit Muskelkraft betätigte und anderes mechanisch betätigte Ventile sind fast ausnahmslos Ventile mit zwei Schaltstellungen, die ihre Ausgangsstellung meist über Federkräfte einnehmen. Federrückgestellte Ventile haben eine eindeutige Ausgangsstellung und eignen sich daher für Schaltungen mit Sicherheitsanforderungen.

2.3.1.3 Kriterien für die Auswahl pneumatischer Wegeventile

Wegeventile werden nach unterschiedlichen Gesichtspunkten ausgesucht. Die wichtigsten Merkmale für die Auswahl eines Ventils sind seine *Funktion* und seine *Betätigungsart*.

Der Einsatz des Ventils im Steuerungs- oder Leistungsteil einer Anlage bestimmt vor allem die *Baugröße*. Im Steuerungsteil setzt man durchweg wesentlich kleinere Ventile als im Leistungsteil ein. Wichtige Kenndaten für die Größe eines Ventils sind **Nennweite** und **Normal-Nenndurchfluss**.

1. Nennweite

Die Nennweite ist eine Angabe über den kleinsten Querschnitt eines Ventils, durch den die Druckluft strömt. Dieser engste Querschnitt wird auf einen Kreisquerschnitt mit gleicher Fläche umgerechnet. Der entsprechende Durchmesser dieses Vergleichsquerschnitts wird als Nennweite **NW** angegeben. Die lichte Weite der Druckluftleitungen muss mindestens so groß wie die Nennweite sein.

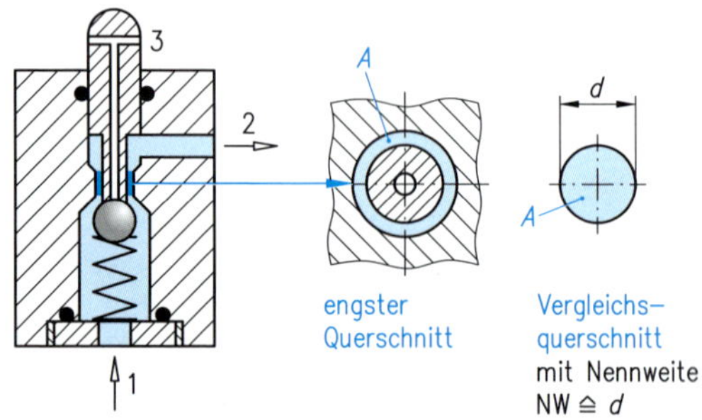

Nennweite bei Ventilen

2. Normal-Nenndurchfluss

Der Normal-Nenndurchfluss bei pneumatischen Bauteilen ist das Luftvolumen, welches unter Normbedingungen in 1 Minute durch einen Querschnitt ausströmen würde (Luftdruck 1,013 bar und Temperatur 0 °C).

3. Weitere Gesichtspunkte für die Auswahl von Wegeventilen

Kriterien	Beschreibung	Hinweise
Betriebsdruckbereich	Der Betriebsdruckbereich ist der Druckbereich, in dem ein Bauelement mit Sicherheit funktioniert.	**Beispiel für die Abhängigkeit des Steuerdrucks vom Betriebsdruck** 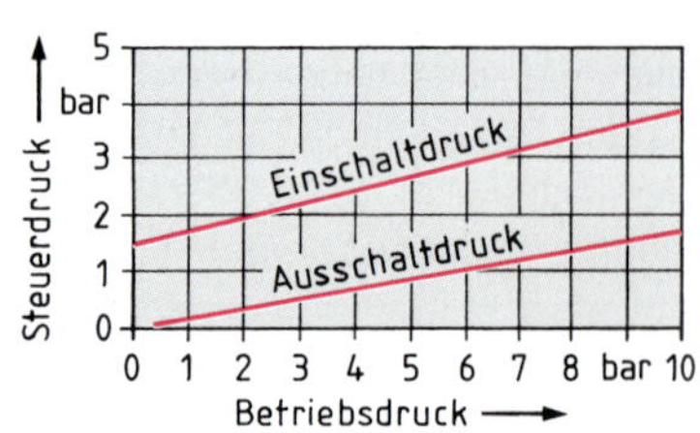
Steuerdruckbereich	Für pneumatisch betätigte Ventile muss ein Druckbereich eingehalten werden, in dem diese Ventile zuverlässig angesteuert werden können. Der Steuerdruckbereich ist abhängig vom jeweiligen Betriebsdruckbereich.	
Betätigungskräfte	Die Kraft, mit der ein Ventil umgesteuert wird, bezeichnet man als Betätigungskraft. Sitzventile erfordern hohe Betätigungskräfte, Schieberventile benötigen geringe Betätigungskräfte. Bei indirekt angesteuerten Ventilen vermindert sich die Betätigungskraft weiter.	In den Katalogen für die Wegeventile sind die Betätigungskräfte aufgeführt; durch indirekte Betätigungen vermindern sich die Betätigungskräfte um 80 bis 90 %.
Gewindeanschlüsse	Mit der Auswahl des Ventils liegt auch das Anschlussgewinde fest. Üblich sind Rohrgewinde und metrische Gewinde.	Nach DIN EN ISO 228 werden Rohrgewinde für Pneumatikelemente mit G gekennzeichnet.
Temperaturbereich	Die Umgebungstemperatur für den Einsatz von Ventilen bestimmt den Werkstoff der Ventilkörper und der Dichtungselemente.	Preiswerte Ventile werden teilweise ganz aus Kunststoff hergestellt; der Einsatzbereich ist in den Katalogen angegeben.

Übungsaufgaben 2/36; 2/37

2.3.2 Bauformen pneumatischer Sperrventile, Stromventile und Druckventile

Ventile, die den Durchfluss der Druckluft richtungsmäßig beeinflussen, bezeichnet man als **Sperrventile**. Ventile, die den Durchfluss der Druckluft mengenmäßig beeinflussen, nennt man **Stromventile**.
Mit Druckventilen kann man in Pneumatikanlagen den anstehenden Druck oder den Druck der durchströmenden Luft beeinflussen.

Ventilbezeichnung und Beschreibung	Schemazeichnung	Bildzeichen
Rückschlagventil Rückschlagventile sperren den Durchfluss in einer Richtung ab, in der entgegengesetzten Richtung kann die Druckluft mit geringen Druckverlusten frei durchströmen. In einem Rückschlagventil setzt man als Absperrelement entweder eine Kugel, Platte, Membrane oder einen Kegel ein. Die Elemente zum Abdichten können federbelastet oder unbelastet eingebaut werden.	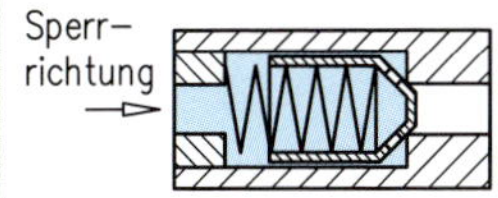	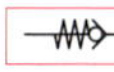
Wechselventil (ODER-Element) Ein Wechselventil hat zwei Eingänge. Der Eingang mit dem höheren Druck ist automatisch mit der Auslassöffnung verbunden, während der andere Eingang verschlossen ist. Wird zum Beispiel E1 mit Druckluft beaufschlagt, so dichtet die Kugel E2 ab, und die Luft strömt von E1 zum Ausgang 2.	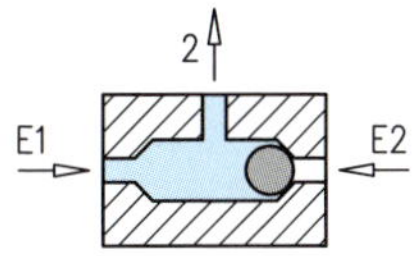	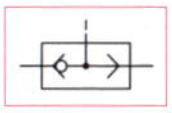
Zweidruckventil (UND-Element) Ein Zweidruckventil hat zwei Eingänge **E1** und **E2**. Das Ausgangssignal bei A ist dann vorhanden, wenn an beiden Eingängen der Druck in gleicher Höhe ansteht. Wird nur von einer Seite ein Eingangssignal gegeben, so ist dieses Signal nicht wirksam.	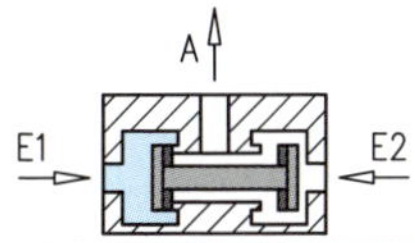	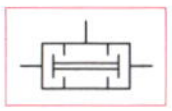
Drosselventil In einem Drosselventil wird der Volumenstrom verändert. In der Pneumatik benutzt man hauptsächlich Drosselventile, die von Hand verstellt werden. Die Drosselstelle ist als Kegelsitz ausgeführt. Verstellt man die Regulierschraube, so ändert sich der Querschnitt am Kegelsitz und dadurch der Volumenstrom. Die Drosselwirkung erfolgt in beiden Strömungsrichtungen.	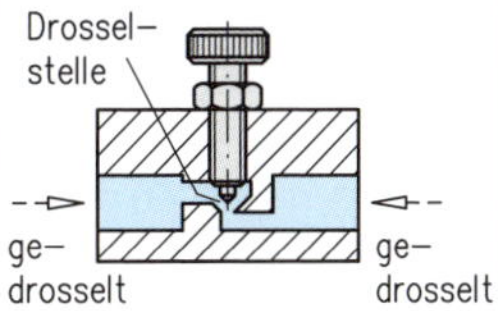	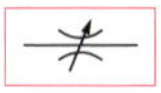
Drosselrückschlagventil In einem Drosselrückschlagventil hat man in einem Bauelement ein Drosselventil mit einem Rückschlagventil kombiniert. Die Drosselung wirkt nur in einer Richtung. Es ist eine stufenlose Regelung des Durchflusses in dieser Richtung möglich. In der Gegenrichtung hat die Druckluft freien Durchgang über das geöffnete Rückschlagventil. Drosselrückschlagventile werden vor allem zur Regulierung der Kolbengeschwindigkeiten eingesetzt.	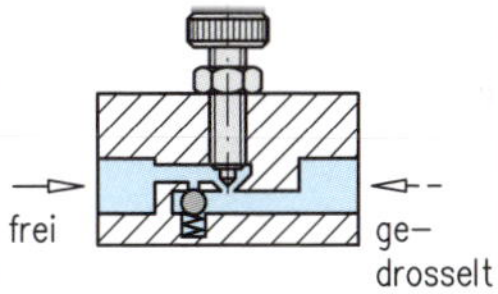	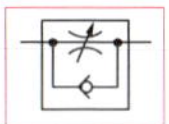
Verzögerungsventil Das Verzögerungsventil ist eine Kombination von Drosselrückschlagventil, Speicher und 3/2-Wegeventil. Die Druckluft liegt bei 1 an. Wird Steuerluft auf den Eingang 12 gegeben, so durchströmt die Druckluft ein Drosselrückschlagventil. Je nach Einstellung der Drossel füllt sich der nachgeschaltete Speicher mehr oder weniger schnell. Ist der notwendige Steuerdruck aufgebaut, schaltet der Steuerkolben des 3/2-Wegeventils den Durchgang von 2 nach 3 ab. Der Ventilteller wird vom Sitz gehoben und die Luft kann von 1 nach 2 strömen. Die Zeit, in der sich im Speicher des Ventils der Druck aufbaut, ist die Zeitverzögerung des Ventils. Wird die Steuerleitung 12 entlüftet, so schaltet das 3/2-Wegeventil über die Rückstellfeder wieder in die Ausgangsstellung.	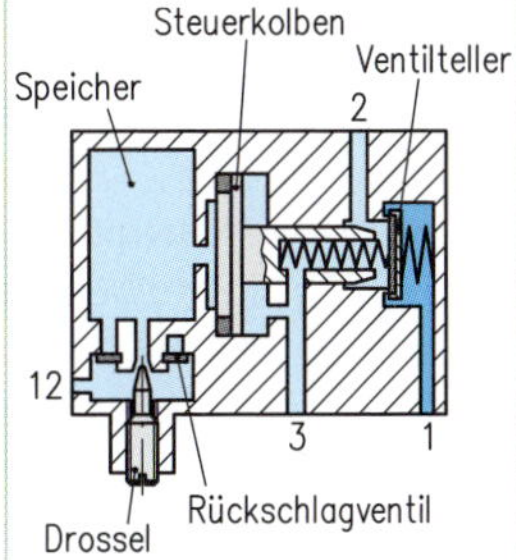	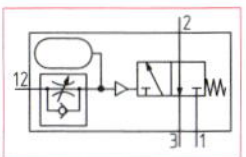
Druckregelventil (Druckluftregler) Die Aufgabe von Druckregelventilen ist es, den gewünschten Arbeitsdruck 2 nach dem Ventil – den Sekundärdruck – konstant zu halten. Der Arbeitsdruck soll unabhängig vom Lieferdruck – dem Primärdruck – und unabhängig vom Verbrauch auf der Arbeitsseite sein. Die Regelung erfolgt über eine Membran, die durch eine Feder eingestellt wird. In jeder Wartungseinheit befindet sich ein Druckregelventil.	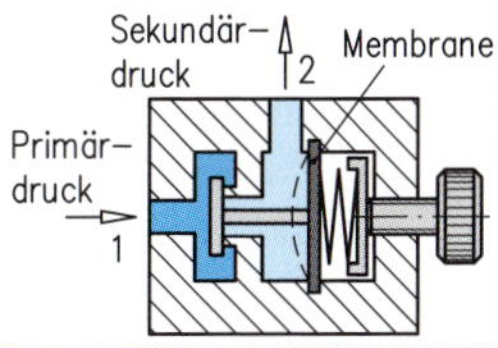	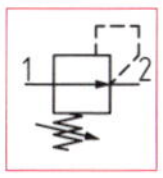

Übungsaufgaben 2/38 bis 2/48

2.4 Pneumatische Steuerungen

2.4.1 Grundschaltungen

Jede noch so umfangreiche und aufwendige pneumatische Steuerung setzt sich aus einzelnen Grundschaltungen zusammen, für die es nur wenige Veränderungsmöglichkeiten gibt.

1. Steuerung einfach wirkender Zylinder

Einfach wirkende Zylinder werden unabhängig von der Betätigungsart und dem Umfang der Steuerung durchweg mit einem 3/2-Wegeventil als Stellglied kombiniert.
Zur Ansteuerung eines großvolumigen Zylinders benutzt man ein Stellglied mit großer Nennweite, das möglichst nahe am Zylinder montiert ist. Das Stellglied kann dann von einem Ventil mit kleiner Nennweite von einem entfernteren Betätigungsort bedient werden. Mit dieser Anordnung können Energiekosten verringert werden, da lange und großvolumige Steuerleitungen entfallen.

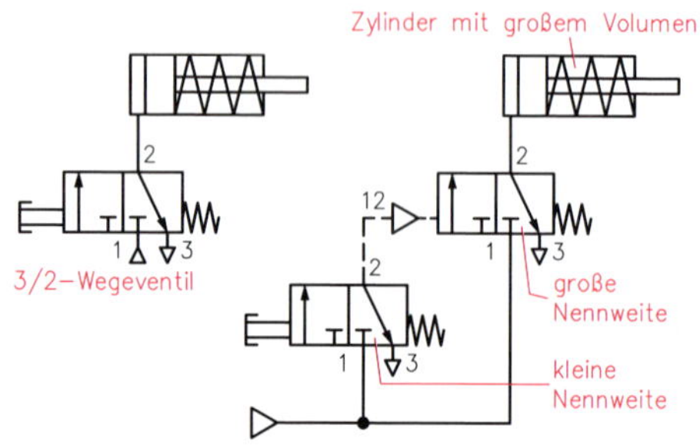

Steuerung einfach wirkender Zylinder

! Ein einfach wirkender Zylinder wird meist über ein 3/2-Wegeventil als Stellglied gesteuert.

2. Steuerung doppelt wirkender Zylinder

Doppelt wirkende Zylinder steuert man in der Pneumatik häufig mit 5/2-Wegeventilen. In umfangreichen Schaltungen werden diese Ventile fast immer impulsbetätigt ausgeführt. Mit 4/3-Wegeventilen können doppelt wirkende Zylinder ebenfalls angesteuert werden. In der Mittelstellung des hier gezeigten Ventils sind z. B. beide Zylinderanschlüsse entlüftet, der Kolben ist daher frei beweglich (Schwimmstellung). Auch bei einem doppelt wirkenden Zylinder wird das Stellglied möglichst nah an dem Zylinder montiert.

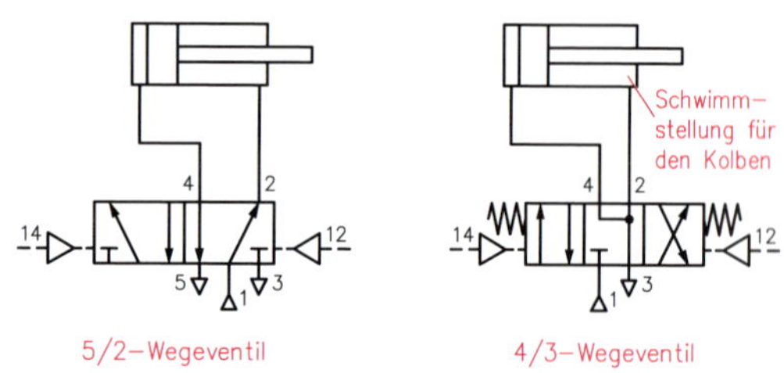

Steuerung doppelt wirkender Zylinder

! Doppelt wirkende Zylinder werden meist über 5/2-Wegeventile gesteuert. Falls besondere Anforderungen vorliegen, z. B. Schwimmstellung, werden 4/3-Wegeventile verwendet.

3. Steuerung der Kolbengeschwindigkeit

Sehr oft ist es notwendig, die Kolbengeschwindigkeit zu beeinflussen. Soll die Geschwindigkeit ins Langsame gesteuert werden, so setzt man Drosselrückschlagventile ein. Möglich ist dabei die Drosselung der Zuluft oder der Abluft. Die Drosselung der Abluft ist günstiger, weil der Kolben zwischen zwei Luftpolstern gespannt ist und dadurch eine gleichmäßigere Bewegung erzielt werden kann.

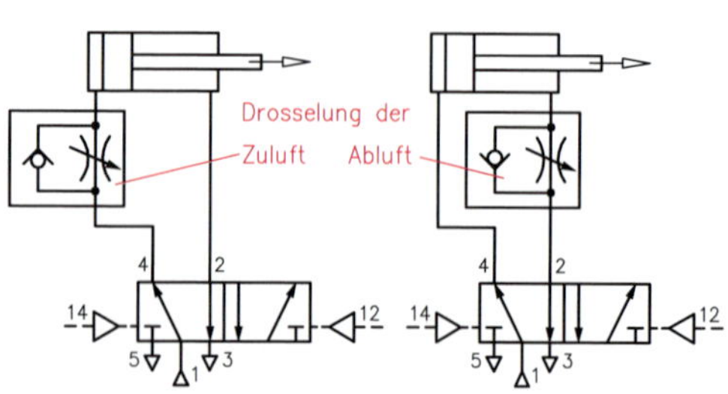

Steuerung der Kolbengeschwindigkeit beim Ausfahren

! Die Kolbengeschwindigkeit wird meist am günstigsten durch die Abluftdrosselung gesteuert.

Übungsaufgaben 2/49; 2/50

Soll die Kolbengeschwindigkeit in beiden Richtungen ins Langsame beeinflusst werden, so kann die Steuerung mithilfe von zwei Drosselrückschlagventilen verwirklicht werden. Auch hier verwendet man am besten die Abluftdrosselung. Eine Beeinflussung ins Langsame beim Vorlauf und ins Schnelle beim Rücklauf ist ebenfalls möglich. Den Vorlauf steuert man über ein Drosselrückschlagventil in der Abluft, den Rücklauf über ein Schnellentlüftungsventil.
Bei Druckluftmotoren kann man mit Drosselventilen die Drehfrequenz steuern.

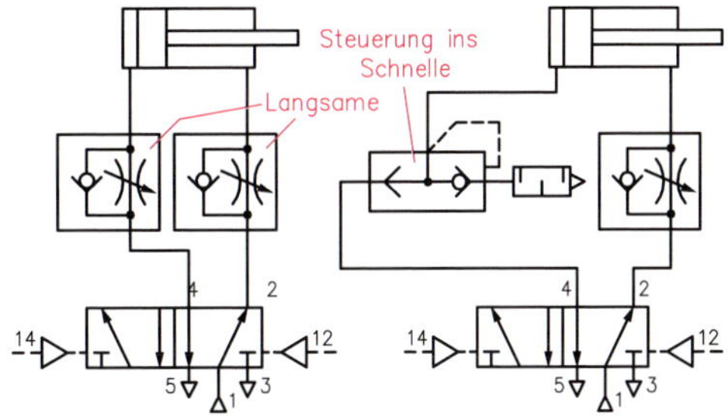

Steuerung der Kolbengeschwindigkeit bei Vor- und Rücklauf

> **!** Die Kolbengeschwindigkeit ins Langsame wird mit Drosselrückschlagventilen gesteuert.
> Die Kolbengeschwindigkeit ins Schnelle wird mit Schnellentlüftungsventilen gesteuert.
> Durch Drosselventile wird bei Druckluftmotoren die Drehfrequenz beeinflusst.

2.4.2 Grundsteuerungen

Der Steuerungsteil einer Anlage muss mit dem Arbeitsteil so verknüpft sein, dass alle Arbeitsschritte in der vorgesehenen Art und Abfolge ausgeführt werden. Der Steuerungsteil und der Arbeitsteil werden daher einander logisch zugeordnet. Entsprechend der logischen Verknüpfung kann man folgende Grundsteuerungen unterscheiden:

- willensabhängige Steuerungen,
- wegabhängige Steuerungen,
- zeitabhängige Steuerungen,
- kombinierte Steuerungen.

1. Willensabhängige Steuerungen

Bei willensabhängigen Steuerungen werden alle Start- und Steuersignale von der Bedienungsperson eingegeben. Dabei wird der Vor- und Rücklauf der Zylinder bzw. der Rechts- und Linkslauf der Motoren einzeln angesteuert. Soll das Antriebsglied nur so lange angesteuert werden, wie das Signalglied betätigt wird, verwendet man als Stellglieder Ventile mit Federrückstellung; in diesen Ventilen wird das Signal nicht gespeichert.

Soll das Antriebsglied dagegen so lange angesteuert bleiben, bis es durch ein entgegengesetztes Signal wieder die Ausgangsstellung einnimmt, verwendet man als Stellglieder Ventile ohne Federrückstellung. Üblich sind hierbei entweder handgesteuerte 3-Stellungsventile oder über Impuls angesteuerte 2-Stellungsventile; in diesen Ventilen wird das Signal gespeichert.

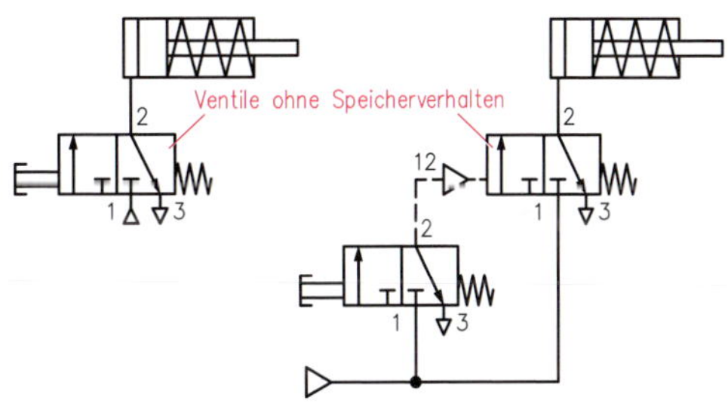

Willensabhängige Steuerungen ohne Speicherverhalten

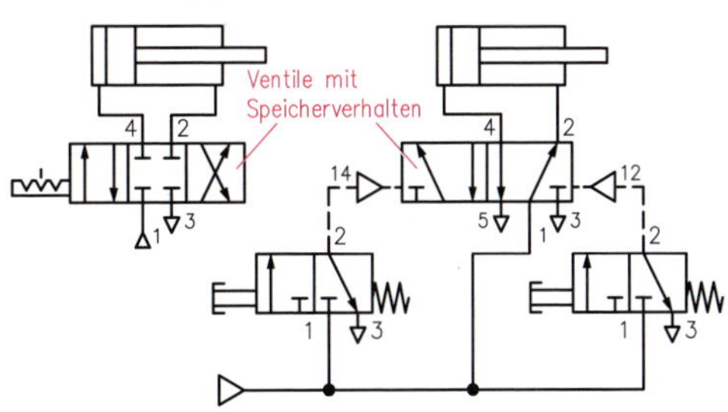

Willensabhängige Steuerungen mit Speicherverhalten

Willensabhängige Steuerungen sind nur für sehr einfache Aufgaben – etwa Spannvorgänge – geeignet. Bei umfangreichen pneumatischen Steuerungen ist die willensabhängige Steuerung jedoch insoweit notwendig, als sie zum ersten Einleiten jeder Maschinensteuerung erforderlich ist oder als Notbetätigung bei automatisierten Steuerungen unbedingt vorhanden sein muss.

> **!** Willensabhängige Steuerungen sind vom Menschen als Bedienungsperson abhängig.

Übungsaufgaben 2/51 bis 2/55

2. Wegabhängige Steuerungen

Bei wegabhängigen Steuerungen werden die Signalglieder von dem Antriebsglied betätigt. Signalglieder mit Rollen können beispielsweise von einem Nocken an der Kolbenstange in Abhängigkeit vom zurückgelegten Weg betätigt werden. Verwendet man pneumatische oder elektrische Näherungsschalter als Signalglieder, so lassen sich diese z. B. über einen Dauermagneten im Kolben des jeweiligen Zylinders ansteuern.

Signalglieder geben die Signale weiter, wenn die Ventile erreicht oder überfahren werden. Bei Tastrollen mit Leerrücklauf wird das Signal nur in einer Anfahrrichtung wirksam.

Im Schaltplan wird die Lage von wegabhängig betätigten Ventilen jeweils durch einen Markierungsstrich beim zugehörigen Arbeitsglied gekennzeichnet. Über diesem Markierungsstrich steht die Kennzeichnung des entsprechenden Signalglieds in einem kleinen Rechteck.

Die Kennzeichnung des Signalglieds ordnet man der Kennzeichnung des entsprechenden Arbeitsglieds zu. Das Signalglied erhält die gleiche Schaltkreisnummer wie das Arbeitsglied Diese so festgelegten Kennzeichnungen werden im Pneumatikschaltplan übernommen.

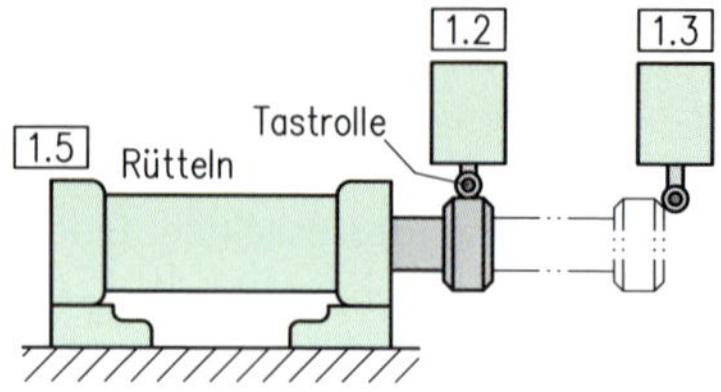

Einbaulage der 3/2-Wegeventile 1.2 und 1.3

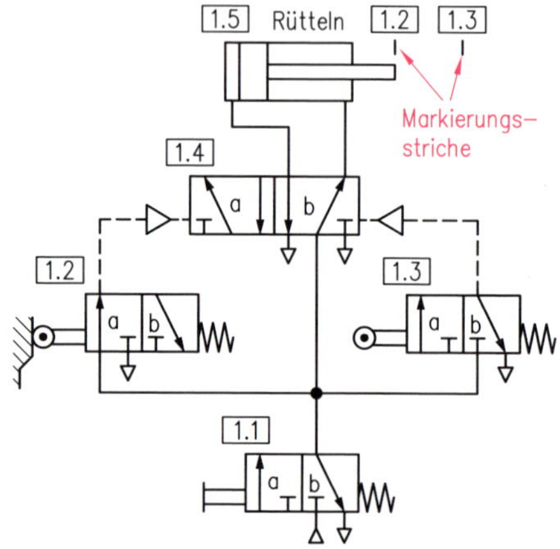

Wegabhängige Steuerung

! Wegabhängige Steuerungen werden durch die Bewegungen des Kolbens (des Antriebsglieds) gesteuert.

3. Zeitabhängige Steuerungen

In der Pneumatik kann man zeitabhängige Steuerungen mit Verzögerungsventilen verwirklichen. Die Verzögerungszeit zwischen dem Signaleingang und dem Auslösen der Steuerung (Signalausgang) kann über eine Drossel stufenlos eingestellt werden.

Durch den nachgeschalteten Speicher dauert es eine gewisse Zeit, bis sich der notwendige Schaltdruck für das 3/2-Wegeventil aufgebaut hat. Mit Drossel und Speicher lassen sich Verzögerungszeiten von mehreren Minuten erreichen.

- **Zeitverzögerte Druckversorgung**

Nach Betätigung des Zeitglieds durch das Eingangssignal erfolgt die Druckversorgung am Ausgang (Ausgangssignal) nach einer bestimmten einstellbaren Zeit.

- **Zeitverzögerte Druckabschaltung**

Nach Betätigung des Zeitglieds durch das Eingangssignal erfolgt die Druckabschaltung am Ausgang (Ausgangssignal) nach einer bestimmten einstellbaren Zeit.

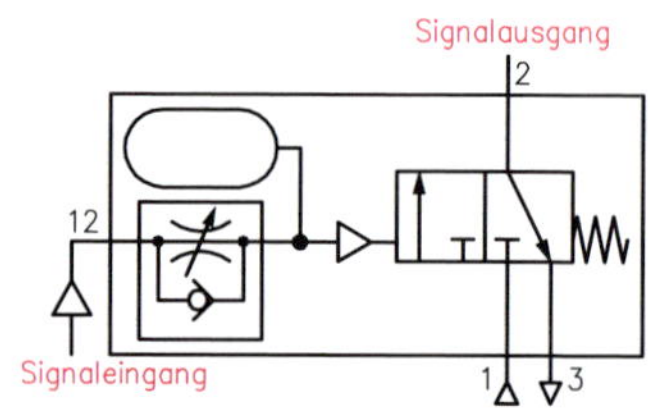

Zeitverzögerte Druckversorgung

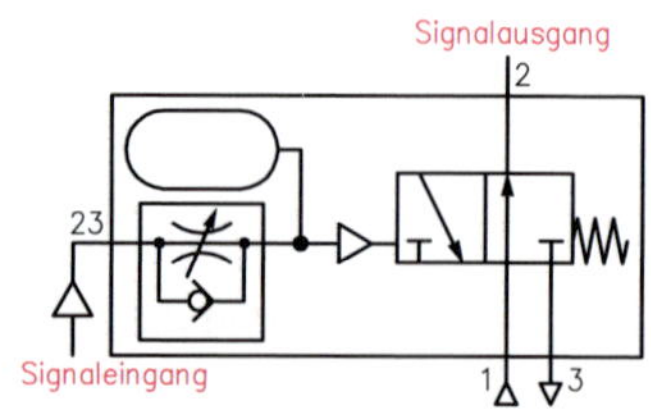

Zeitverzögerte Druckabschaltung

! Für zeitabhängige Steuerungen verwendet man Verzögerungsventile.
Die Verzögerungszeit wird über eine Drossel eingestellt.

Übungsaufgaben 2/56 bis 2/60

2.4.3 Steuerungsplanung

Pneumatische Steuerungen für Maschinen und Anlagen setzen sich meist aus einer Kombination verschiedener Steuerungsarten zusammen. Je nach Aufgabenstellung lassen sich die Abläufe über willens-, weg- oder zeitabhängig beeinflusste Elemente verwirklichen.

In der Planungsphase für die Steuerung untersucht man die Aufgabe genau und erstellt folgende Planungsunterlagen:
- Aufgabenstellung und Technologieschema,
- Funktionsdiagramm,
- Schaltplan.

2.4.3.1 Aufgabenstellung und Technologieschema

Die Beschreibung der Steuerungsaufgabe muss möglichst eindeutig und vollständig sein. In der Aufgabenstellung werden die Teilfunktionen der Steuerung beschrieben. Der Ablauf der Steuerung wird schrittweise erfasst. Das Technologieschema verdeutlicht die Lage der Elemente und Baugruppen zueinander in einer stark vereinfachten Form.

Beispiel für Aufgabenstellung und Technologieschema

In einer Biegevorrichtung werden Werkstücke pneumatisch gespannt und anschließend selbsttätig gebogen. Der Steuerungsablauf erfolgt in folgenden Schritten:

Schritt	Beschreibung des Ablaufs
1	Zylinder 1.1 fährt aus, spannt Biegeteil
2	Zylinder 2.1 fährt aus, biegt Werkstück vor
3	Zylinder 3.1 fährt aus, biegt Werkstück fertig
4	Zylinder 2.1 und 3.1 fahren ein
5	Zylinder 1.1 fährt ein, Werkstück wird gelöst und entnommen

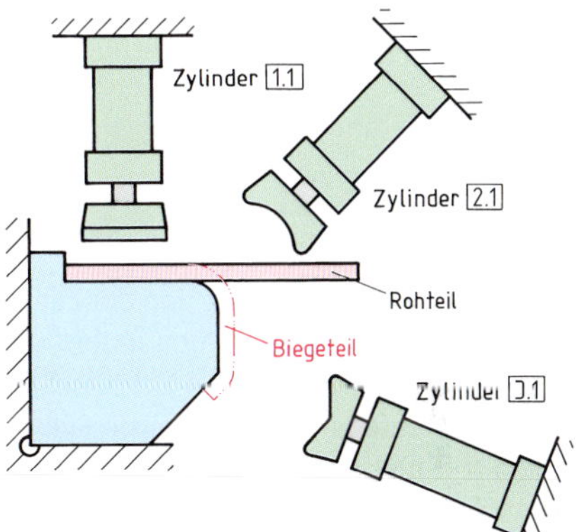

Technologieschema Biegevorrichtung

Anmerkungen:
Beim Start müssen alle Zylinder eingefahren sein, der Ablauf für die Rückstellung der Zylinder kann auch anders erfolgen. Statt der Aussage „die Kolbenstange des Zylinders 1.1 fährt aus“ wird abkürzend gesagt: „Zylinder 1.1 fährt aus“.

! In der genauen Beschreibung der Steuerung wird die Gesamtaufgabe in Teilfunktionen zerlegt und in einzelnen Schritten beschrieben. Das Technologieschema verdeutlicht in einfacher Form die Lage der Bauteile zueinander.

2.4.3.2 Funktionsdiagramme und Signallinien

Die zeitlichen und funktionellen Abläufe in Steuerungen verdeutlicht man in Funktionsdiagrammen. Die Grundlage für den Aufbau der Diagramme bildet die Gliederung des zeitlichen Ablaufs der Steuerung in einzelne Schritte. Für die Untersuchung des Bewegungsablaufs der Antriebsglieder kennt man Weg-Zeit-Diagramme bzw. Weg-Schritt-Diagramme. Soll das Zusammenwirken zwischen den Antriebsgliedern und Schaltelementen einer Steuerung dargestellt werden, so zeichnet man Zustands-Schritt-Diagramme.

Übungsaufgabe 2/61

1. Weg-Zeit-Diagramm

Im Weg-Zeit-Diagramm wird der Bewegungsablauf von Antriebsgliedern in Abhängigkeit von Weg und Zeit dargestellt. An dem Beispiel einer pneumatischen Bohrvorrichtung wird diese Darstellungsweise gezeigt.

1. Schritt: Zylinder 1.1 fährt aus
– Spannen des Werkstücks

2. Schritt: Zylinder 2.1 fährt schnell aus
– Eilzustellung des Bohrers

3. Schritt: Zylinder 2.1 fährt langsam aus
– Bohrvorschub

4. Schritt: Zylinder 2.1 fährt schnell ein
– Eilrückstellung des Bohrers

5. Schritt: Zylinder 1.1 fährt ein
– Lösen des Werkstücks

Im Diagramm trägt man auf der senkrechten Achse den Weg auf, dabei kann auf eine maßstäbliche Darstellung verzichtet werden. Auf der waagerechten Achse wird die zeitliche Zuordnung der Schritte vorgenommen.

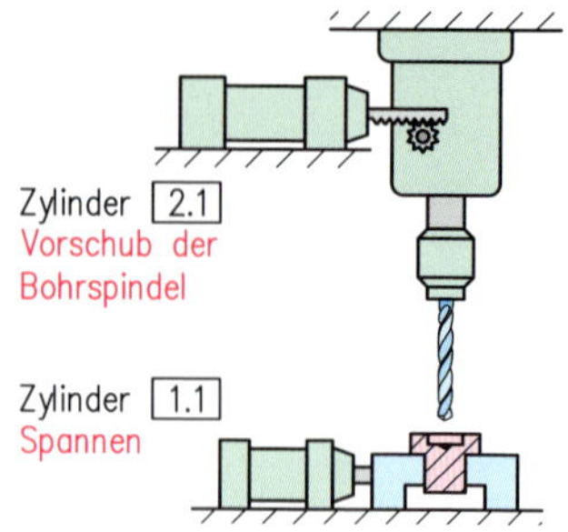

Technologieschema für eine Bohrvorrichtung

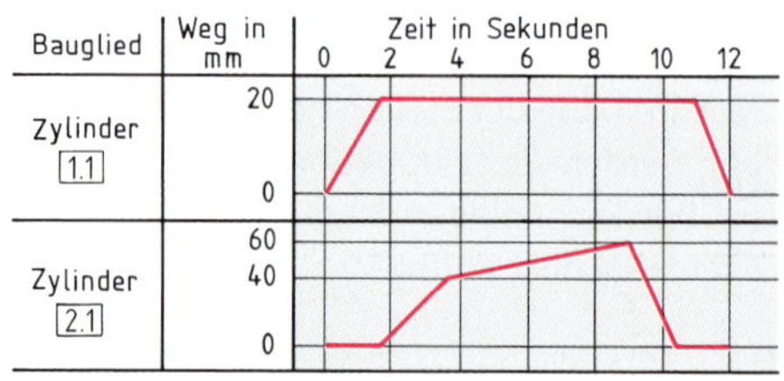

Weg-Zeit-Diagramm

! Weg-Zeit-Diagramme dienen zur Untersuchung der Bewegungsabläufe von Antriebsgliedern.

2. Weg-Schritt-Diagramm

Übersichtlicher und unabhängig von der Zeiteinteilung ist ein Weg-Schritt-Diagramm. In ihm werden auf der waagerechten Achse die Schaltschritte in zeitlicher Reihenfolge eingetragen. Für jeden Schaltschritt wird der gleiche Abstand gewählt. Will man in einem solchen Diagramm Zeiten kennzeichnen, so können diese Angaben zwischen den jeweiligen Schritten zusätzlich eingetragen werden. Auf der senkrechten Achse wird der Weg aufgetragen. Auch hier kann auf maßstäbliche Darstellung verzichtet werden.

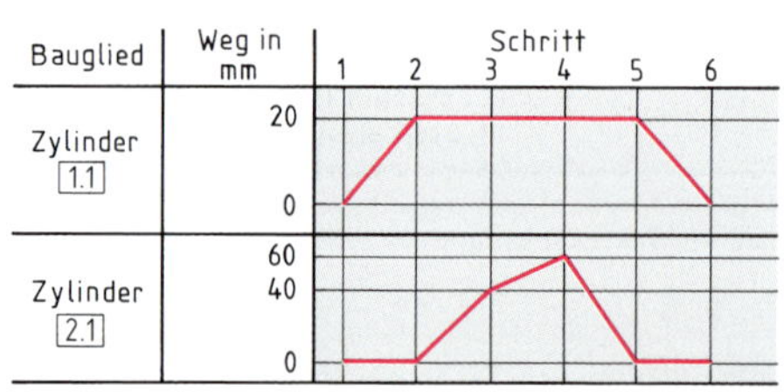

Weg-Schritt-Diagramm

! Bei einfachen Steuerungen bilden Weg-Schritt-Diagramme in Verbindung mit den jeweiligen Schaltplänen die Grundlage für die Wartung und die Instandsetzung pneumatischer Steuerungen.

3. Zustands-Schritt-Diagramm

Das Zusammenwirken zwischen den Antriebsgliedern und den Schaltelementen einer Steuerung kann am zweckmäßigsten im Zustands-Schritt-Diagramm erfasst werden. Auch in diesem Funktionsdiagramm wird die Steuerung in ihren einzelnen aufeinanderfolgenden Schritten dargestellt. Auf der senkrechten Achse werden statt der Wege die Zustände der Elemente gekennzeichnet. Bei Zylindern kann man die beiden Zustände „eingefahren“ und „ausgefahren“ unterscheiden.
Den Steuer- und Stellgliedern ordnet man den jeweiligen Schaltzustand durch die Buchstaben **a**, **b** und **0** zu. Bei Ventilen mit zwei Schaltstellungen bedeutet **b** Ruhestellung und **a** Schaltstellung. Bei Ventilen mit drei Schaltstellungen bedeutet **0** Ruhestellung; **a** und **b** sind dann Schaltstellungen.

Übungsaufgaben 2/62; 2/63

4. Signallinien im Zustands-Schritt-Diagramm

Eine zusätzliche Orientierungshilfe im Zustands-Schritt-Diagramm können **Signallinien** sein. Sie verdeutlichen, welche zeitliche und logische Verbindung zwischen den einzelnen Gliedern einer Steuerung besteht. Die Signallinien gehen von dem Element aus, von dem der Schaltschritt ausgelöst wird. Sie weisen mit ihrem Pfeil auf das Element, welches betätigt wird.

Beispiel für ein Zustands-Schritt-Diagramm mit Signallinien

Aufgabenstellung

Ein Rüttler soll das Sieb in Schwingungen halten, damit das Schüttgut durch das Sieb fällt. Der Rüttelvorgang soll so lange anhalten, wie das Ventil 1.2 betätigt ist.

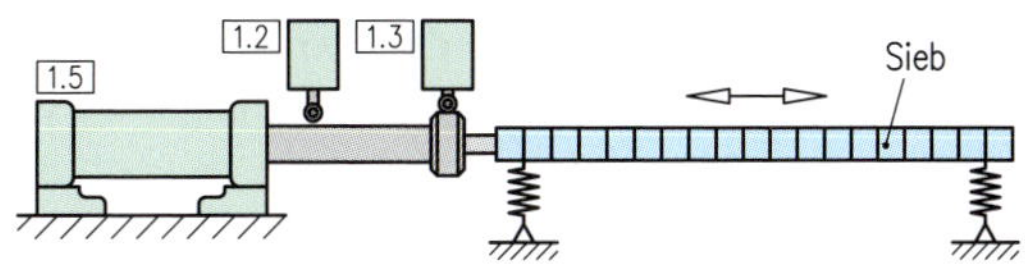

Technologieschema Rüttler

Lösung

Bauelement		Zustand		Schritt
Pos.	Benennung	Aufgabe	Lage	
1.1	Hauptventil	Druckluft auf Anlage	a b	
1.5	Zylinder (Rütteln)	oszillierende Bewegung	ausgefahren eingefahren	
1.4	Impulsventil	Zustellung von Zylinder 1.5	a b	
1.2	3/2-Wegeventil	steuert Vorlauf von 1.5	a b	
1.3	3/2-Wegeventil	steuert Rücklauf von 1.5	a b	

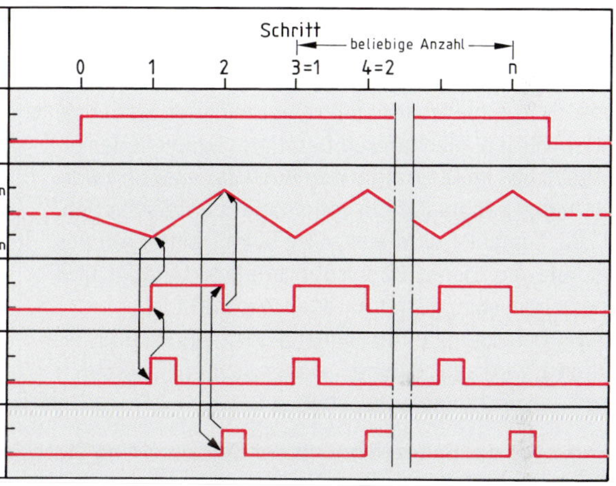

Zustands-Schritt-Diagramm

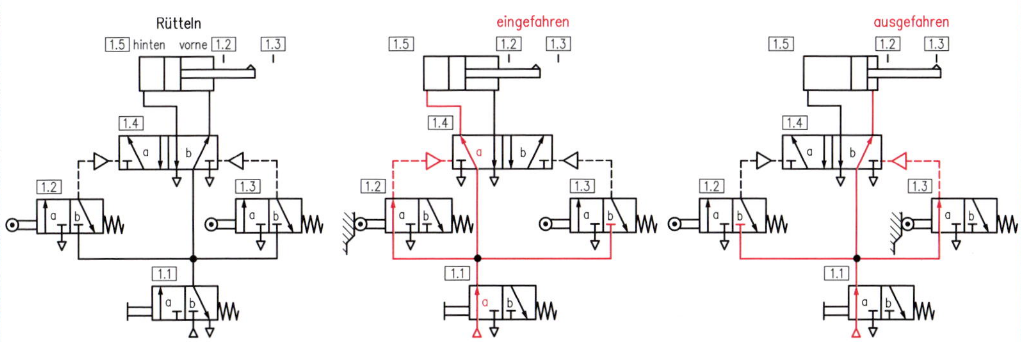

Ausgangszustand — Schaltschritt 1 und 3 — Schaltschritt 2 und 4

Schaltzustände

5. Zeichnerische Darstellung von Signalgliedern und Signallinien

Symbole für die Handbetätigung von Signalgliedern		
EIN	Automatik EIN	Wahlschalter
AUS	Tippen	NOT–AUS

– Darstellung handbetätigter Signalglieder

Handbetätigungen werden durch einen Kreis gekennzeichnet und durch zusätzliche Symbole im Kreis voneinander unterschieden. Diese handbetätigten Signalglieder werden im Weg-Schritt-Diagramm oberhalb der Weg-Schritt-Linie eingezeichnet. Die Richtung des Signalflusses wird in einer Steuerung durch Pfeile an den Signallinien gekennzeichnet. Handbetätigte Signalglieder werden mit dem Buchstaben S gekennzeichnet.

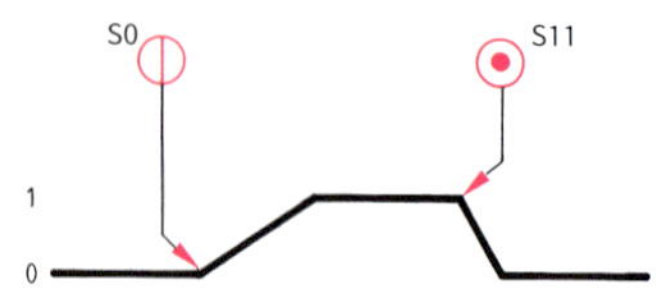

– Darstellung mechanisch betätigter Signalglieder (keine Handbetätigung)

Mechanische Betätigungen werden durch einen Punkt auf der Weg-Schritt-Linie an der Stelle eingezeichnet, an der sie geschaltet werden. Mechanisch betätigte Signalglieder erhalten zusätzlich im Diagramm den Buchstaben B und werden durch angehängte Zahlen voneinander unterschieden, z. B. B1, B2. Signal B1 wird kurzzeitig beim Überfahren des Sensors betätigt; Signal B2 wird in Endlage betätigt und bleibt bestehen, solange der Aktor im Zustand 1 ist.
Eine NICHT-Betätigung eines Signalglieds (vergleichbar einem Öffner) wird durch einen waagerechten Querstrich über der Kennzeichnung angegeben, z. B. $\overline{B3}$.

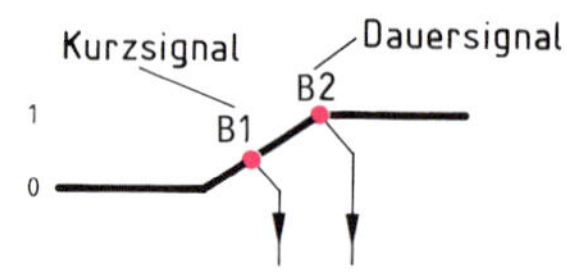

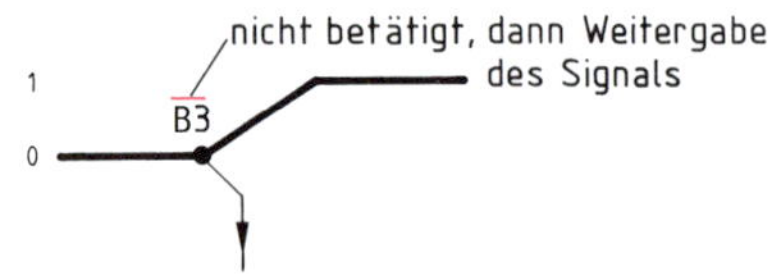

Anmerkung: Für die Kennzeichnung der Sensoren sind statt der Angaben B1, B2 usw. entsprechend der neuen Norm in der Pneumatik auch die Angaben z. B. [1.4], [1.5] usw. möglich.

– Darstellung von Verknüpfungen, Verzweigungen und Verzögerungen

Für **UND-Verknüpfungen** von Signalen werden die Signallinien zusammengeführt und durch einen breiten Querstrich unter 45° an der Verbindungsstelle dargestellt. Für **ODER-Verknüpfungen** führt man die Signallinien zusammen und kennzeichnet die Verbindungsstelle durch einen Punkt.

Wird von einem Sensor ein Signal an mehrere Aktoren geleitet, so tritt eine Verzweigung des Signals ein. **Signalverzweigungen** werden an den Verzweigungsstellen durch einen Punkt gekennzeichnet.

Zeitverzögerte Signale stellt man durch eine Linie dar, die parallel zu den Weg-Schritt-Linien verläuft. In diese Signallinie wird ein Rechteck mit dem Funktionszeichen *t* eingezeichnet. Verzögerungszeiten werden über das Rechteck geschrieben.

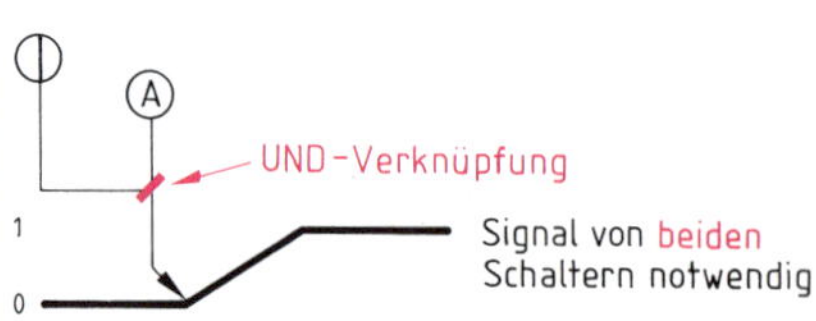

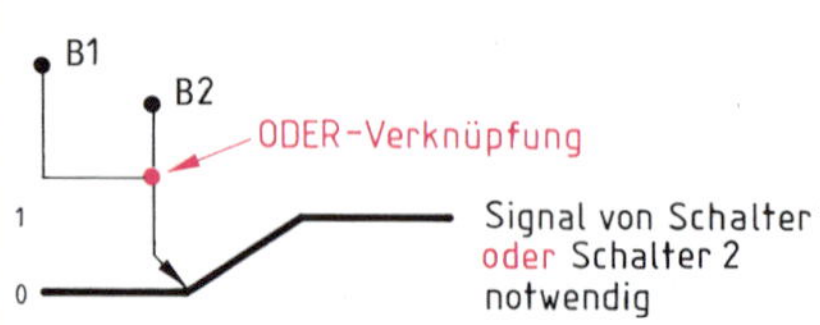

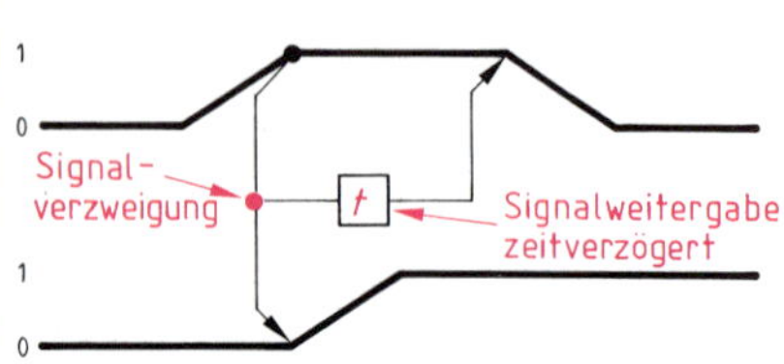

Übungsaufgaben 2/66; 2/67; 2/68

2.4.3.3 Signalverarbeitung in Steuerungen

Steuerungen kann man nach unterschiedlichen Merkmalen einteilen. Für die verschiedenen technischen Steuerungssysteme aus den Bereichen der Pneumatik, Hydraulik, Elektronik und Elektromechanik einheitliche Begriffe festgelegt.

Unterteilt man die Steuerungen nach dem Gesichtspunkt der Signalverarbeitung, so erhält man:
- Verknüpfungssteuerungen,
- Ablaufsteuerungen.

1. Verknüpfungssteuerungen

Bei Verknüpfungssteuerungen werden den Eingangssignalen bestimmte Ausgangssignale durch Verknüpfungsglieder zugeordnet. Die dabei vorliegenden binären Signale werden durch logische Glieder wie UND, ODER, NICHT verarbeitet.

Beispiel für eine Verknüpfungssteuerung

Eine Presse soll erst dann arbeiten, wenn das Schutzgitter geschlossen ist **und** beide Handtaster am Ständer der Maschine betätigt werden (1.1 UND 1.3 UND 1.4).
Eine andere Möglichkeit für das Startsignal ist dann gegeben, wenn das Schutzgitter geschlossen ist **und** ein Handtaster am 2 m entfernten Steuerstand betätigt wird (1.2 UND 1.3).

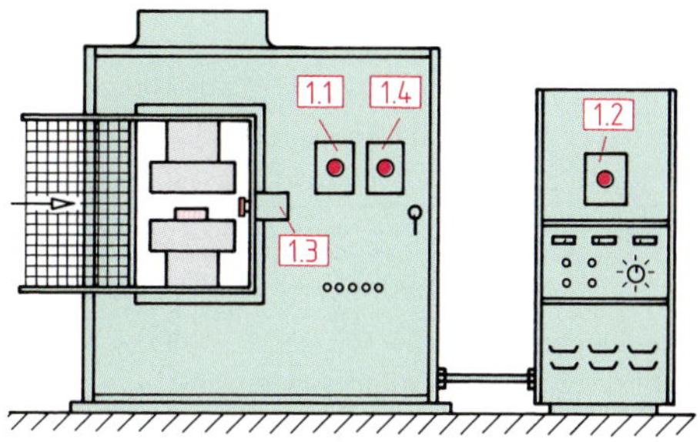

Eine Verknüpfungssteuerung liegt dann vor, wenn den Signalzuständen der Eingangssignale bestimmte Signalzustände der Ausgangssignale über logische Verknüpfungen zugeordnet sind.

2. Ablaufsteuerung

Ablaufsteuerungen sind Steuerungen mit erzwungenem schrittweisen Ablauf. Der jeweils nächste Schaltschritt erfolgt erst, wenn von dem vorhergehenden Schritt ein Weiterschaltsignal vorliegt.

Beispiel für eine Ablaufsteuerung

In einer Bohrvorrichtung sollen Werkstücke pneumatisch gespannt und danach selbsttätig gebohrt werden.
Der Bohrvorgang darf erst dann erfolgen, wenn der Spannzylinder 1.1 das Werkstück gespannt hat. Nach dem Bohrvorgang wird erst die Bohrspindel selbsttätig zurückgeführt und dann das Werkstück ausgespannt.

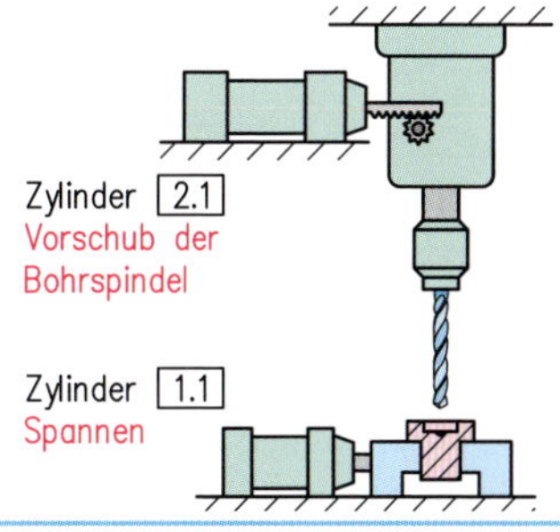

In einer Ablaufsteuerung folgen die Steuerschritte mit zwangsläufigem schrittweisen Ablauf. Das Weiterschalten von einem Schritt auf den programmgemäßen nächsten Schritt erfolgt durch festgelegte Bedingungen.

In den meisten Steuerungen findet man sowohl Verknüpfungssteuerungen als auch Ablaufsteuerungen. Startbedingungen, Betriebsartenwahl, Gefahrenabschaltungen erfolgen über Verknüpfungssteuerungen. Die Schrittfolge in einer Anlage oder Maschine wird als Ablaufsteuerung gestaltet.

Übungsaufgabe 2/69

2.4.4 Pneumatische Verknüpfungssteuerungen

2.4.4.1 UND-Verknüpfung

Bei einer UND-Verknüpfung werden mehrere eingegebene Signale mit einem besonderen Bauteil – dem **UND-Glied** – zu einem Ausgangssignal verknüpft. Am UND-Glied liegt nur dann ein Ausgangssignal vor, wenn die Signalglieder gleichzeitig betätigt werden. Eine UND-Verknüpfung kann man auch durch das Hintereinanderschalten von Signalgliedern erreichen.

Beispiel für eine Steuerung mit UND-Verknüpfung

Aufgabenstellung

Mit der dargestellten Vorrichtung werden Lagerbuchsen in Laufrollen eingepresst. Die Laufrollen und die Lagerbuchsen werden von Hand in die Pressvorrichtung gelegt. Der Pressvorgang soll in folgenden Schritten ablaufen:

Schritt	Beschreibung des Ablaufs
1	Zylinder 1.7 fährt aus, Einpressen der Buchse
2	Zylinder 1.7 fährt ein, Pressvorgang beendet

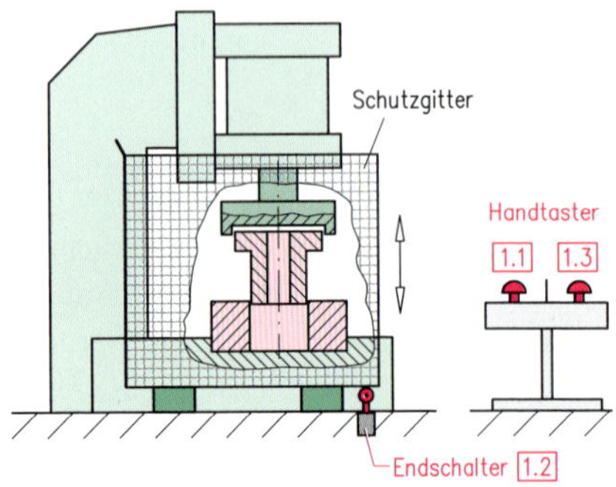

Technologieschema Presse

Anmerkungen:
- Der Presszylinder soll nur dann ausfahren, wenn das Schutzgitter über den Endschalter 1.2 geschlossen ist und der Handtaster 1.1 betätigt wurde.
- Nach dem Einpressen der Lagerbuchse wird durch Betätigung des Handtasters 1.3 das Rückfahren des Zylinders 1.7 eingeleitet.

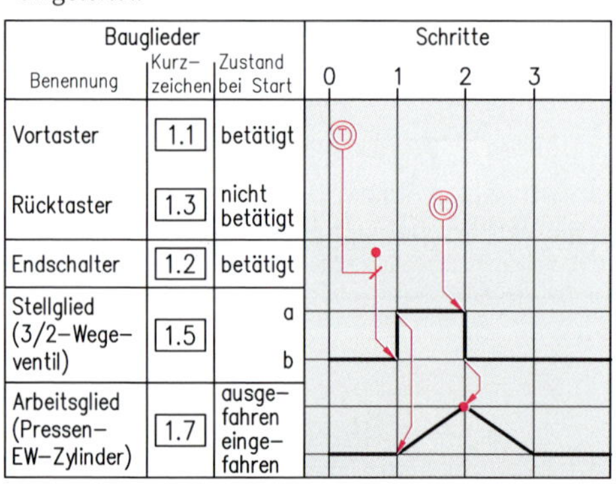

Funktionsdiagramm

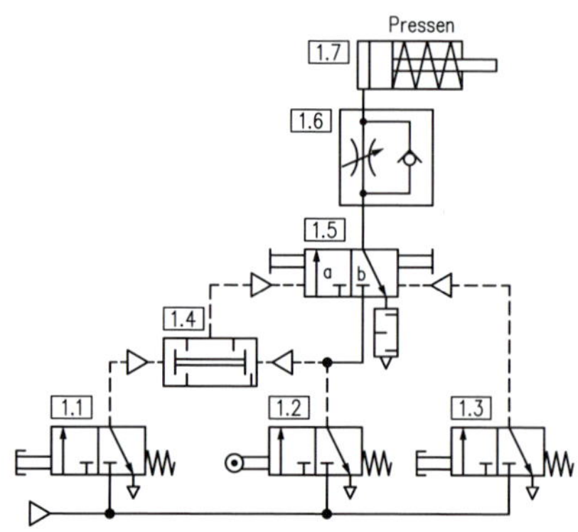

Pneumatikschaltplan

> **!** Bei einer Steuerung mit UND-Verknüpfung fährt der Zylinder nur dann aus, wenn zwei Signalglieder gleichzeitig betätigt werden. Im Funktionsdiagramm wird die UND-Verknüpfung durch einen Schrägstrich in den Signallinien gekennzeichnet.

2.4.4.2 ODER-Verknüpfung; NICHT-Verknüpfung

Bei einer ODER-Verknüpfung wird ein besonderes Bauteil – das **ODER-Glied** – von zwei Stellen aus angesteuert. Das Ausgangssignal ist vorhanden, wenn mindestens ein Signaleingang belegt ist.
Als **NICHT-Glieder** werden Wegeventile eingesetzt. Bei einer NICHT-Verknüpfung liegt dann ein Ausgangssignal vor, wenn kein Eingangssignal vorhanden ist. Ist jedoch ein Eingangssignal vorhanden, so liegt kein Ausgangssignal vor. Die Nicht-Verknüpfung ist vergleichbar mit der Aufgabe eines Schalters, der bei Betätigung öffnet.

Übungsaufgabe 2/70

Beispiel für eine Steuerung mit UND-, ODER- und NICHT-Verknüpfung

Aufgabenstellung

Mit der dargestellten Klebepresse werden zwei Bauteile aufeinandergepresst. Die Bauteile werden von Hand in die Presse gelegt und justiert. Der Pressvorgang soll in folgenden Schritten ablaufen:

Schritt	Beschreibung des Ablaufs
1	Zylinder 1.8 fährt aus, Pressen der Bauteile
2	Pressvorgang dauert an, bis Gitter geöffnet wird
3	Zylinder 1.8 fährt ein, Pressvorgang beendet

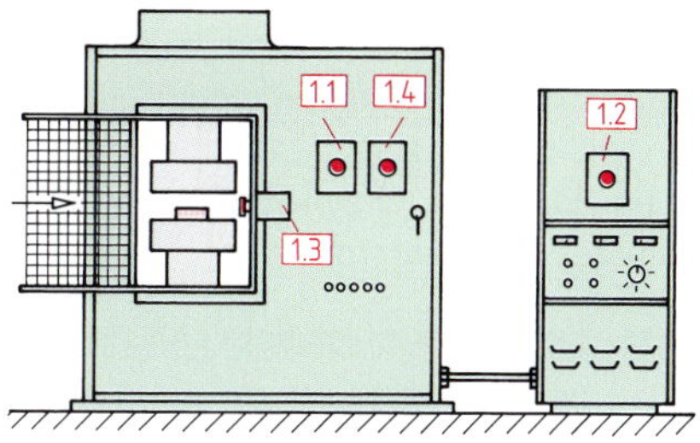

Technologieschema Klebepresse

Anmerkungen:
- Der Pressvorgang soll nur dann möglich sein, wenn das Schutzgitter geschlossen ist.
- Der Pressvorgang wird entweder über die Handtaster 1.1 **und** 1.4 an der Maschine eingeleitet **oder** über den etwas entfernt liegenden Taster 1.2 an der Steuersäule.
- Der Presszylinder fährt **nicht** aus, wenn das Schutzgitter geöffnet ist.

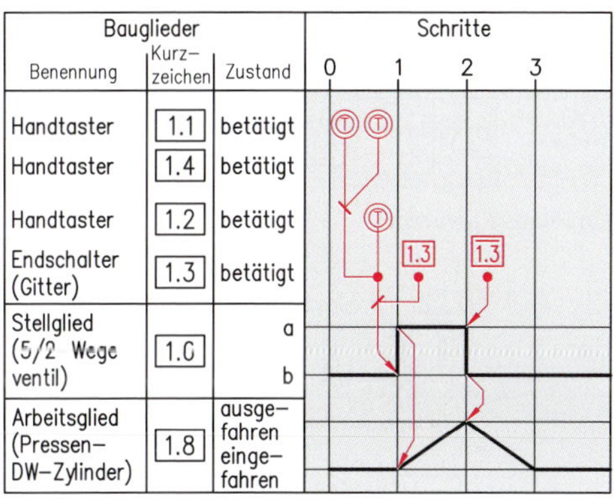

Funktionsdiagramm

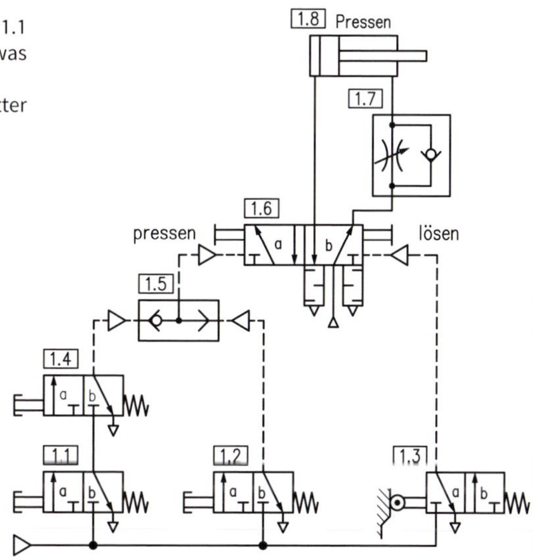

Pneumatikschaltplan

> **!** Bei einer ODER-Verknüpfung fährt der Zylinder aus, wenn das eine oder andere Signalglied betätigt wird. Im Funktionsdiagramm wird die ODER-Verknüpfung durch einen Punkt in den Signallinien gekennzeichnet.

2.4.4.3 Steuerung mit Zeitglied

In Steuerungen mit Zeitgliedern werden die eingegebenen Signale zeitlich verzögert weitergeleitet. Die Verzögerungszeit ist stufenlos einstellbar. Je nach dem Aufbau eines Verzögerungsventils unterscheidet man Ventile, die den Druck zeitverzögert zuschalten oder den Druck zeitverzögert abschalten.

Beispiel für eine Steuerung mit Zeitglied

Aufgabenstellung

In einer Klebepresse drücken drei Pneumatikzylinder Kunststoffplatten aufeinander. Die Platten werden von Hand eingelegt. Der Pressvorgang soll mit einem Handtaster eingeleitet werden und eine einstellbare Zeit andauern.

Schritt	Beschreibung des Ablaufs
1	Zylinder 1.6 fährt aus, Anpressen der Platten
2	Zylinder 2.2 und 2.3 fahren aus, pressen
3	Pressvorgang dauert eine einstellbare Zeit an
4	Alle drei Zylinder fahren ein

Anmerkungen:

- Die Anlage wird über ein Schutzgitter abgesichert; der Start ist nur möglich, wenn das Schutzgitter geschlossen ist (Endschalter 1.3).
- Der mittlere Presszylinder 1.6 soll dann ausfahren, wenn der Starttaster 1.1 betätigt wurde.
- Erst wenn Zylinder 1.6 seine Endlage erreicht hat, sollen die beiden anderen Zylinder ausfahren.
- Alle drei Zylinder bleiben eine einstellbare Zeit ausgefahren und pressen die Platten. Danach sollen die Zylinder einfahren.

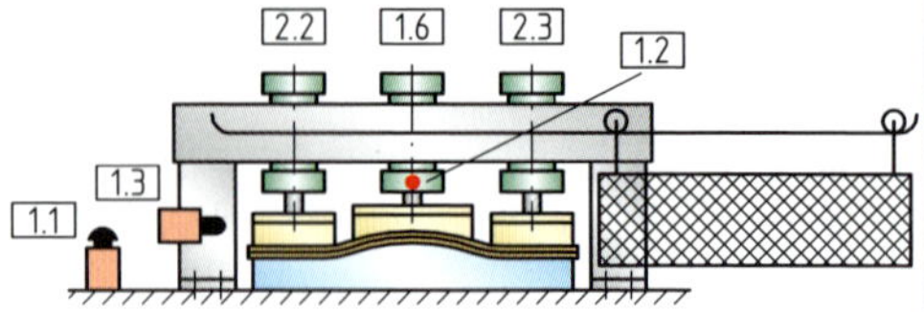

Technologieschema Kunststoffpresse

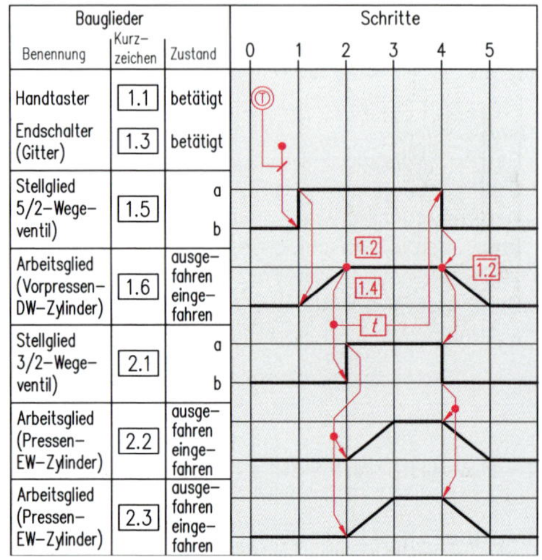

Funktionsdiagramm

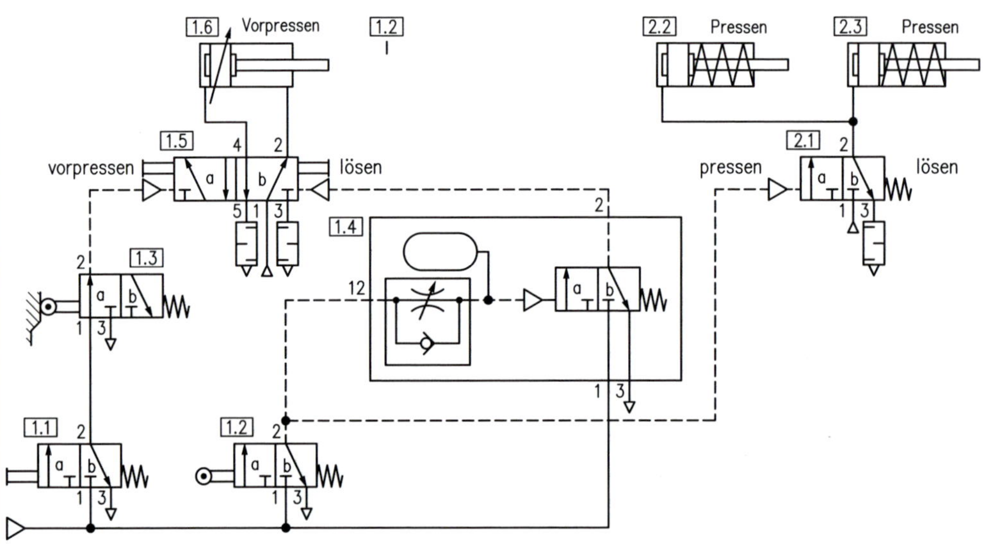

Pneumatikschaltplan

Als Zeitglieder verwendet man Verzögerungsventile. Durch das Verzögerungsventil wird ein Signal zeitverzögert wirksam. Im Funktionsdiagramm wird das Zeitglied durch ein Rechteck mit „*t*" oder Zeitangabe gekennzeichnet.

2.4.4.4 Steuerung mit Zweihand-Betätigung

Beispiel für eine Steuerung mit verschiedenen Steuergliedern (Zweihand-Betätigung)

Aufgabenstellung

In einer Vorrichtung sollen Lagerbuchsen in Laufrollen eingepresst werden. Die Laufrollen werden von Hand eingelegt und gespannt. Der Arbeitshub der Pressmaschine darf aus Sicherheitsgründen nur durch die gleichzeitige Betätigung von zwei Handtastern eingeleitet werden. Nach dem Pressvorgang soll der Pressenstößel selbsttätig in die Ausgangslage zurückfahren. Die Geschwindigkeit für den Arbeitshub soll einstellbar sein.

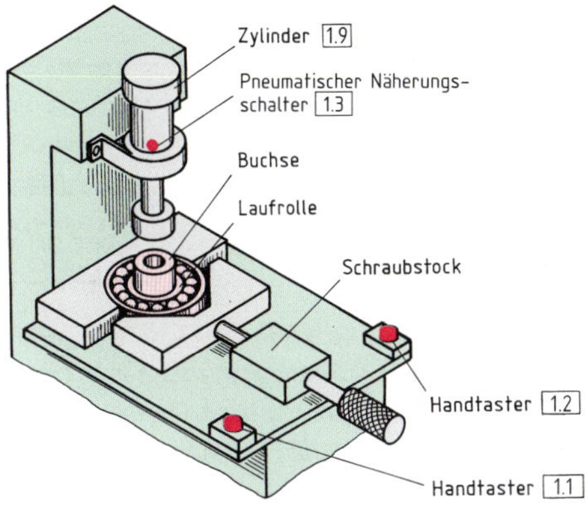

Technologieschema Presse

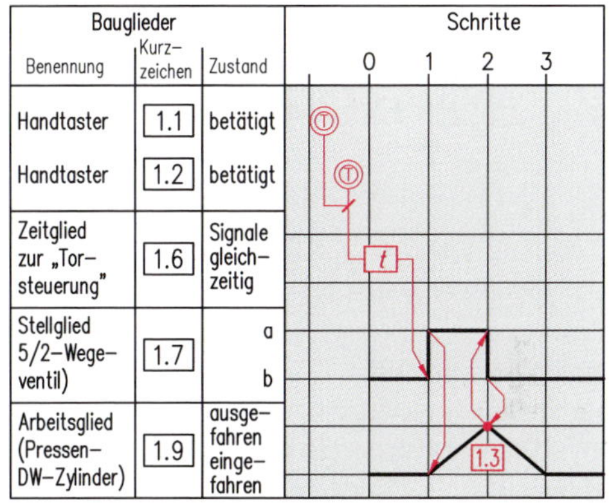

Funktionsdiagramm

Anmerkungen:

- Die Vorrichtung wird über eine Zweihand-Schaltung abgesichert. Nur durch das fast gleichzeitige Drücken der Handtaster 1.1 und 1.2 beginnt der Pressvorgang.
- Werden beide Handtaster nicht innerhalb einer kurzen Zeit gedrückt, so schaltet das Zeitglied 1.6 die Steuerleitung zum Stellglied 1.7 ab.
- Eine Manipulation der Handtaster ist durch die Schaltung unterbunden.
- Der Zylinder fährt ein, sobald der pneumatische Näherungsschalter 1.3 betätigt wurde.

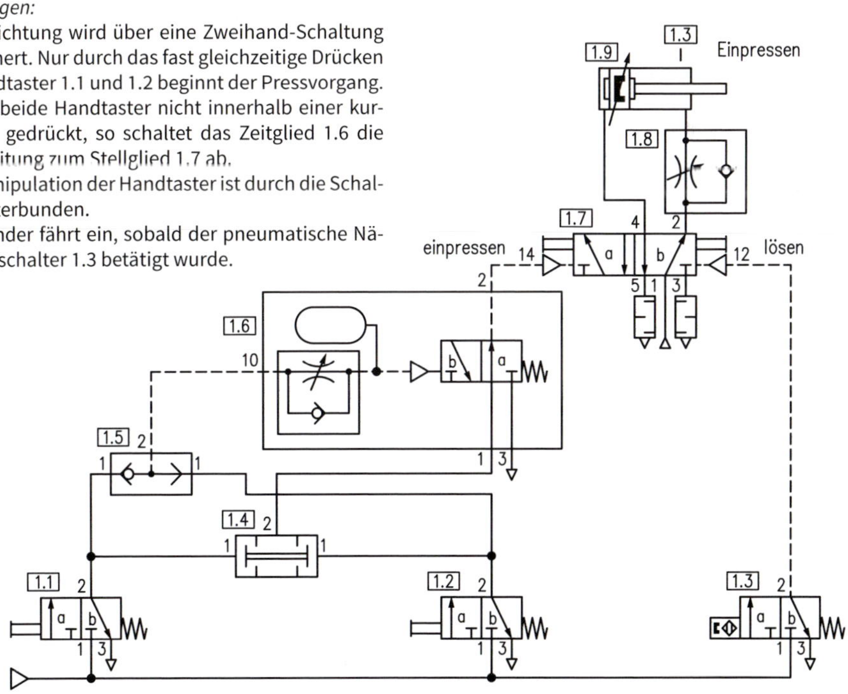

Pneumatikschaltplan

Durch Absicherung mit einer Zweihand-Betätigung können Gefährdungen für das Bedienungspersonal an einer pneumatisch gesteuerten Anlage vermindert werden.

2.4.5 Pneumatische Ablaufsteuerungen

2.4.5.1 Signalüberschneidung

Ablaufsteuerungen sind Steuerungen mit erzwungenem schrittweisen Ablauf. Der jeweils nächste Schaltschritt erfolgt erst, wenn von dem vorhergehenden Schritt ein Weiterschaltsignal vorliegt. Damit man zu jedem Zeitpunkt der Steuerung den Ist-Zustand der Arbeitsglieder kennt, werden die Endlagen der Zylinder über Sensoren bzw. Endschalter abgefragt.

1. Dauersignal

Wird ein Endschalter oder anderer Sensor dauernd betätigt, so gibt er an das Stellglied ein Dauersignal weiter. In Steuerungen mit mehreren Steuerketten führen Dauersignale zu widersprüchlichen Signalfolgen.

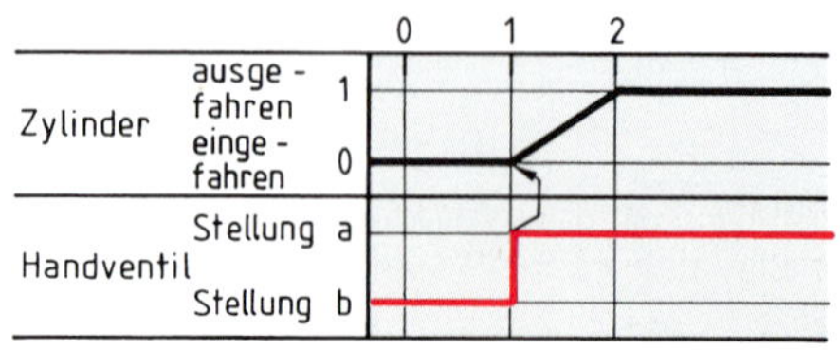

Dauersignal auf Betriebssystem

! In pneumatischen Ablaufsteuerungen dürfen Signale am Stellglied nur von einer Seite anstehen. Deshalb müssen Dauersignale rechtzeitig abgeschaltet werden.

2. Signalüberschneidung

Wird ein Stellglied gleichzeitig von beiden Seiten betätigt, so kann es nicht geschaltet werden, weil sich die Signale überschneiden. Signalüberschneidungen werden durch nicht abgeschaltete Dauersignale verursacht.

Signalüberschneidungen erkennt man im Funktionsdiagramm daran, dass Signalglieder, die die Stellung eines Stellglieds verändern sollen, gleichen Signalzustand haben.

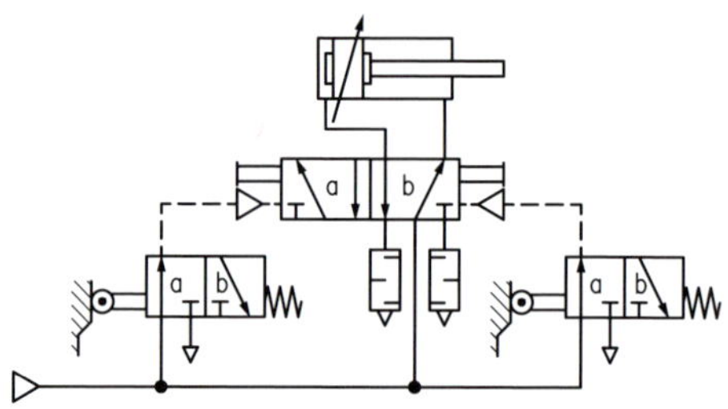

Signalüberschneidung

Beispiel für Signalüberschneidung

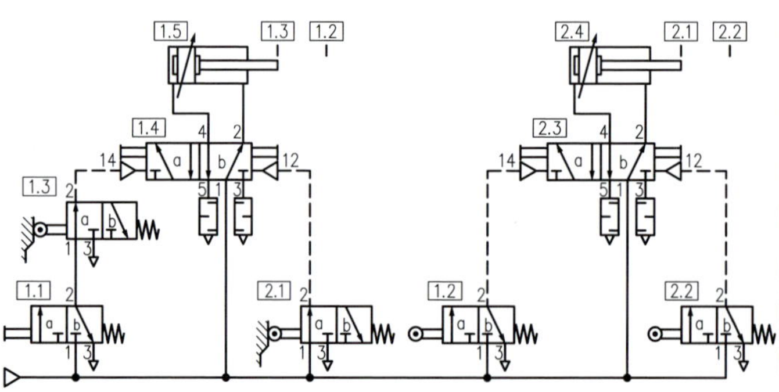

Zylinder 1.5 kann nicht ausfahren, denn das Stellglied 1.4 ist nach Betätigung von Ventil 1.1 auf beiden Seiten mit Druck beaufschlagt.

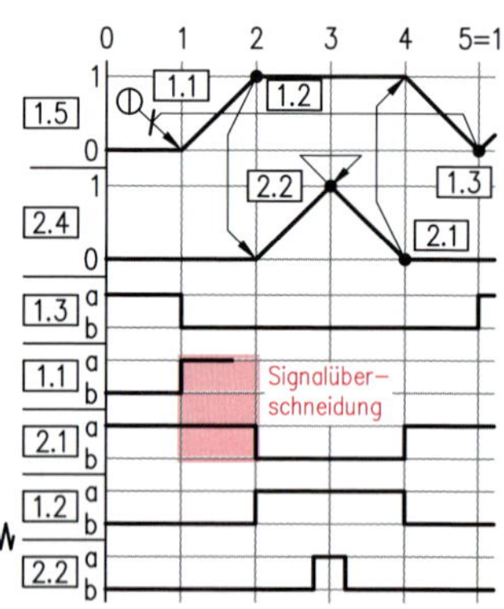

Ventil 1.1 und Ventil 2.1 haben zur gleichen Zeit gleichen Zustand.

Außer der beschriebenen Signalüberschneidung liegt in diesem Schaltplan noch eine Signalüberschneidung zwischen den Ventilen 1.2 und 2.2 vor.

! Nicht abgeschaltete Dauersignale an beiden Eingängen eines Stellglieds führen zu Signalüberschneidungen.

Übungsaufgaben 2/73; 2/74

2.4.5.2 Signalabschaltung

Signalüberschneidungen werden dadurch vermieden, dass die entsprechenden Signale rechtzeitig abgeschaltet werden. Signalabschaltungen können auf unterschiedliche Weise erfolgen:

- durch Ventile mit Leerrücklaufrolle,
- über Verzögerungsventile,
- durch Umschaltventile.

Da Schaltungen mit Leerrücklaufrollen zu Unfällen führen können, sind sie möglichst zu vermeiden.

1. Signalabschaltung über Verzögerungsventile

Bei der Signalabschaltung durch Verzögerungsventile wird die Luftzufuhr nach einer einstellbaren Zeit *automatisch* abgeschaltet.

Die Signalabschaltung mit Verzögerungsventilen erlaubt auch bei kurzen und schnellen Bewegungen einen genauen Ablauf der Steuerung. Die Verzögerungsventile sind jedoch teurer als andere Ventile.

Beispiel für eine Signalabschaltung über Verzögerungsventile

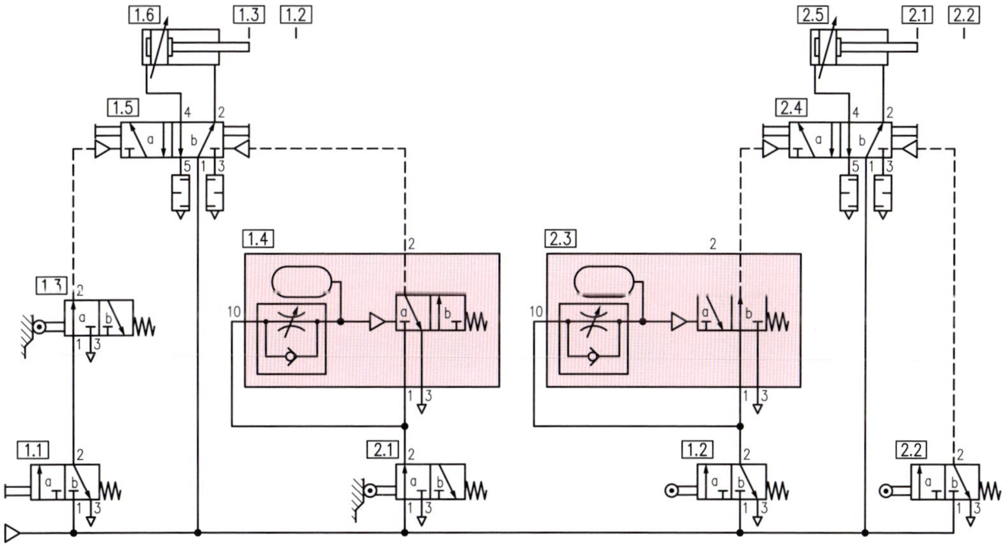

Funktionsbeschreibung

Zwischen dem Signalglied 2.1 und dem Stellglied 1.5 befindet sich in dieser Steuerung das Verzögerungsventil 1.4. In der Ausgangsstellung ist Ventil 2.1 betätigt, der anstehende Druck schaltet jedoch das Verzögerungsventil auf Entlüftung. Wird die Anlage gestartet, so kann das Signal von 1.1 über Ventil 1.3 auf das Stellglied 1.5 wirksam werden, weil dessen andere Seite entlüftet ist (Schritt 1).

In entsprechender Weise wird das Signal von Ventil 1.2 abgeschaltet.

! Die Signalabschaltung mit Zeitgliedern erlaubt einen genauen Ablauf der Steuerung auch bei schnellen Bewegungen. Nachteilig ist der zusätzliche Einsatz verhältnismäßig teurer Pneumatikelemente.

2. Signalabschaltung durch Umschaltventile

Eine weitere Möglichkeit für die Abschaltung von Dauersignalen besteht darin, ein zusätzliches Umschaltventil einzubauen. Dieses Umschaltventil 0.2 ist vor die Signalglieder geschaltet, bei denen Dauersignale abgeschaltet werden müssen. Die Signalglieder sind dadurch im betätigten Zustand einmal an die Druckluft und einmal an die Abluft angeschlossen.

Im Schaltplan werden nach dem Umschaltventil **Verteilerstränge** gezeichnet, die dann jeweils mit den Signalgliedern verbunden werden, die vom Umschaltventil bedient werden müssen.

Beispiel für Signalabschaltung durch Umschaltventil

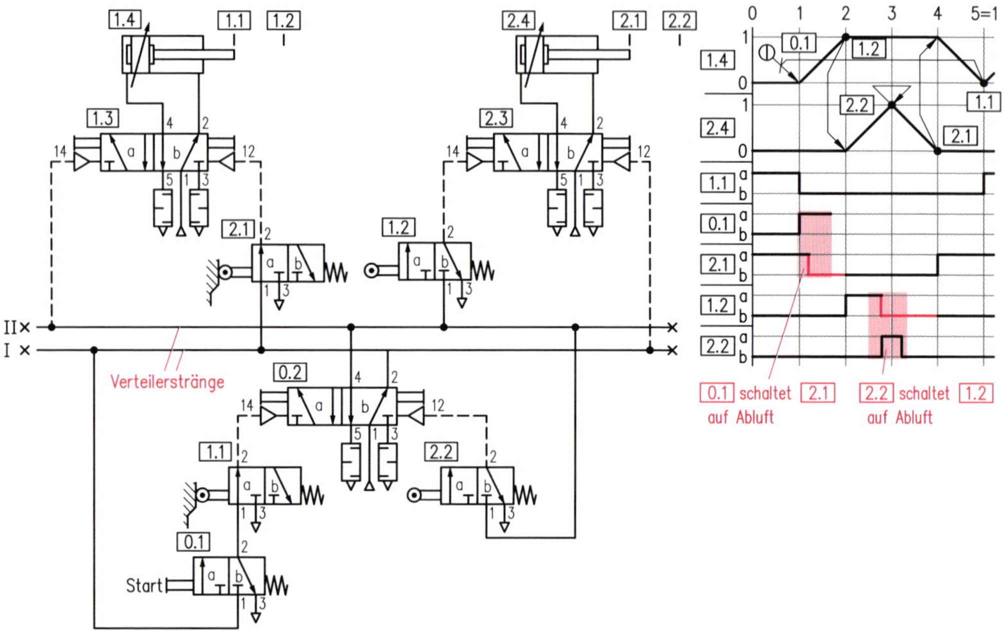

Funktionsbeschreibung

Startet man die Anlage über den Taster 0.1, so wird das zusätzliche Umschaltventil 0.2 über den betätigten Grenztaster 1.1 umgeschaltet. Leitung II führt jetzt Druckluft und Leitung I ist mit der Abluftseite verbunden. Dadurch kann Stellglied 1.3 umgeschaltet werden, weil Signalglied 2.1 mit der Leitung I, die auf Abluft steht, verbunden ist.

Der Zylinder 1.4 betätigt das Signalglied 1.2. Das Stellglied 2.3 wird umgeschaltet, weil Leitung II auf Druck geschaltet ist und Leitung I mit der Abluft verbunden ist.

Zylinder 2.4 fährt auf den Grenztaster 2.2 und leitet damit den Rückhub ein. Signalglied 2.2 schaltet das Umschaltventil 0.2 um. Die Umschaltung ist möglich, weil Ventil 1.1 nicht betätigt ist und auf Entlüftung steht. Durch diese Umschaltung von Ventil 0.2 wird die Leitung I nun Druckluftleitung und die Leitung II Abluftleitung.

Zylinder 2.4 fährt ein und betätigt Ventil 2.1. Dieses Signalglied kann nun Stellglied 1.3 deswegen umschalten, weil Leitung I Druckluft führt und die Steuerseite „14“ von Stellglied 1.3 über Leitung II entlüftet ist. Zylinder 1.4 fährt in Ausgangsstellung zurück.

! Signalabschaltungen mit zusätzlichen Umschaltventilen eignen sich besonders für umfangreiche Steuerungen und erlauben eine systematische Entwicklung von Schaltplänen mit mehreren Arbeitsgliedern.

2.5 Zeichnen und Simulieren pneumatischer Steuerungen am PC

Mit geeigneten Programmen kann man pneumatische Steuerungen zeichnen und simulieren. Ein bewährtes Zeichnungs- und Simulationsprogramm ist z. B. FluidSIM-P. Im Folgenden wird schrittweise der Umgang mit diesem Programm an einem Beispiel erklärt. Die Vorgehensweise ist wie folgt:

- Zunächst wird der vorgelegte Plan gezeichnet,
- anschließend erfolgt die Simulation der Steuerung,
- die überprüfte Steuerung wird gegebenenfalls optimiert.

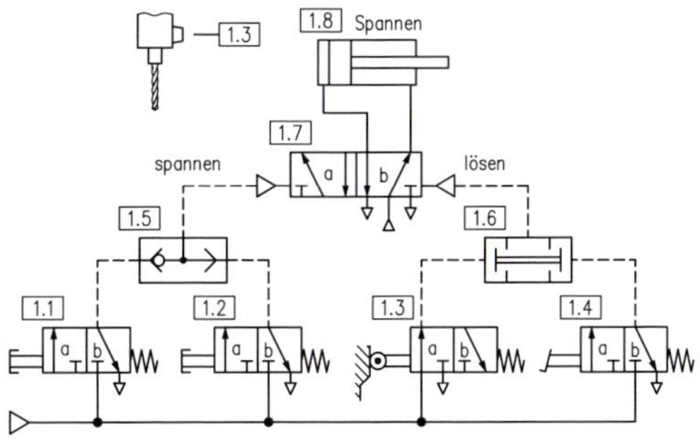

Spannvorrichtung Schaltplan

Steuerungsaufgabe

In einer Bohrvorrichtung sollen Werkstücke pneumatisch gespannt werden. Der Spannvorgang muss durch Tastendruck von zwei verschiedenen Stellen ausgelöst werden können. Das Lösen soll über einen Fußschalter vorgenommen werden. Aus Sicherheitsgründen muss gewährleistet sein, dass der Spannvorgang nur gelöst wird, wenn die Bohrspindel zurückgefahren ist.

1. Vorbereitende Maßnahmen

- FluidSIM-P aufrufen.
- Über den Button ***Bibliothek*** die ***hierarchische Darstellung – Komponenten*** links auf dem Bildschirm platzieren.
- Über den Button ***Datei*** und den Hinweis ***neu*** eine leere Seite aufrufen, diese rechts auf dem Bildschirm platzieren.

Seite einrichten

2. Versorgungselemente öffnen und platzieren

- In der Bibliothek den Bereich ***Pneumatik*** öffnen und dort die ***Versorgungselemente*** aufrufen.
- Gewünschte Elemente jeweils mit der linken Maustaste anklicken und auf die Seite ziehen. Im Beispiel werden hier die ***Druckversorgung*** und zusätzlich die ***Wartungseinheit*** übernommen.

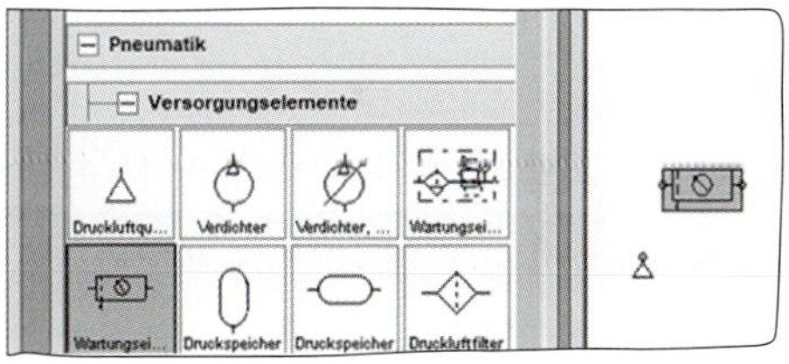

Elemente übernehmen

3. Aktoren öffnen, Untermenü aufrufen und Element ändern

- In der Bibliothek den Bereich ***Aktoren*** öffnen, dort ***Zylinder, doppelt wirkend*** anklicken und auf die Seite ziehen.
- Da der angebotene Zylindertyp nicht genau dem gewünschten Zylinder entspricht, können über ein ***Untermenü Zylinder*** die Eigenschaften des Elements konfiguriert werden. Dazu wird durch einen Doppelklick mit der linken Maustaste auf den Zylinder das benötigte Untermenü geöffnet.
- Im Beispiel werden die Vorgaben ***Endlagendämpfung, einstellbar*** und ***Abfrage*** zurückgesetzt, sodass der Zylinder die geforderten Eigenschaften hat. Mit der Bestätigung über ***OK*** wird das neue Schaltzeichen übernommen.

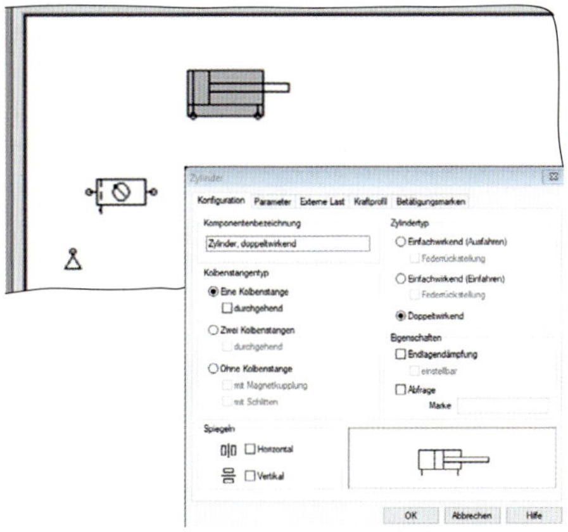

Untermenü nutzen

4. Ventile öffnen, auswählen und konfigurieren

- In der ***Bibliothek*** den Bereich ***Ventile*** öffnen und den Bereich ***Konfigurierbare Wegeventile*** aufrufen.
- Im Beispiel wird ein 3/n-Wegeventil mit der linken Maustaste angeklickt und auf die Seite gezogen. Da das Ventil noch unvollständig ist, es fehlen hier z. B. die Betätigungen, wird es mit der rechten Maustaste angeklickt. Es öffnet sich ein ***Auswahlfenster***, in dem die Zeile ***Eigenschaften*** aufgerufen wird.
- Über das ***Untermenü Ventil konfigurieren*** können alle verfügbaren Betätigungen und sonstigen möglichen Einstellungen für das Ventil konfiguriert werden. Die vorgenommen Änderungen am Ventil werden im Untermenü in einem Sichtfenster angezeigt. Im Beispiel wird bei der Betätigung rechts das Feld ***Federrückgestellt*** aktiviert. Entsprechend wird bei der Betätigung Links unter ***Muskelkraft*** der Handtaster ausgewählt. Das Untermenü schließt man durch Anklicken des Zeichnungsblatts. Das Ventil wird in der geänderten Form übernommen.

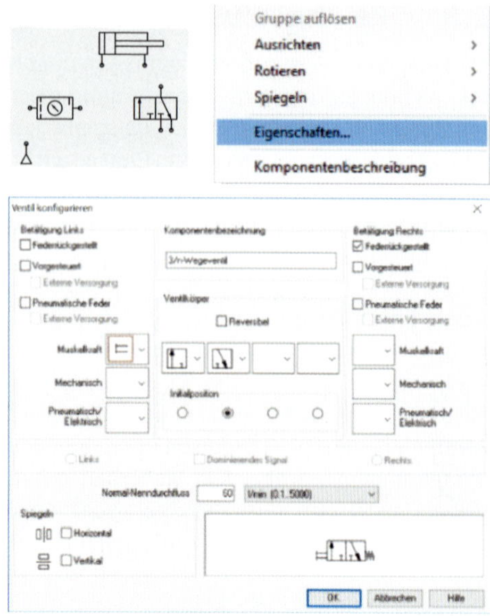

Elemente konfigurieren

5. Elemente aufrufen, kopieren, ändern und platzieren

- In der ***Bibliothek*** den Bereich für das gewünschte Element öffnen, das gewählte Bauteil anklicken und auf die Zeichnungsebene ziehen.
- Schon auf der Zeichnungsebene vorhandene Elemente können kopiert werden. Dazu klickt man das zu kopierende Element an und nutzt das erscheinende ***Auswahlfenster*** singngemäß mit den Aktionen ***kopieren*** und ***einfügen.***
- Die für die Steuerung benötigten Elemente werden gemäß der Vorlage auf der Zeichnungsebene platziert und gegebenenfalls über Untermenüs konfiguriert.
  Hinweis: Für das Ventil 1.3 wird als Betätigung ein rastender Taster gewählt, damit die Funktion der Bohrspindel simuliert werden kann.

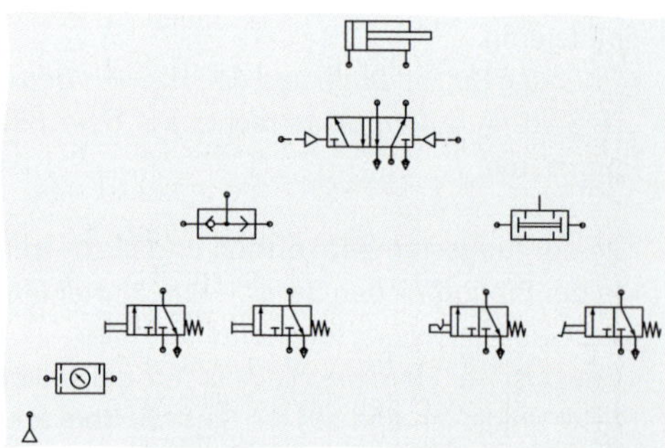

Elemente kopieren und platzieren

6. Elemente ergänzen und Leitungen zeichnen

- Die Elemente kann man, falls notwendig, noch ergänzen oder korrigieren. Im Beispiel werden die Signalglieder noch um das Symbol für die Abluft ergänzt. Dazu klickt man das jeweilige Element an und orientiert sich am Auswahlfenster oder Untermenü.
- Die Leitungen werden gezeichnet, indem man den Cursor in den kleinen Kreis des jeweiligen Bauteils setzt und mit gedrückter Maustaste die Leitung zum gewünschten Anschluss zieht.
- Die Leitungen werden als Arbeitsleitung ausgeführt. Will man gestrichelte Steuerleitungen einzeichnen, so klickt man die jeweilige Leitung mit der rechten Maustaste an und nutzt das erscheinende Untermenü sinngemäß.

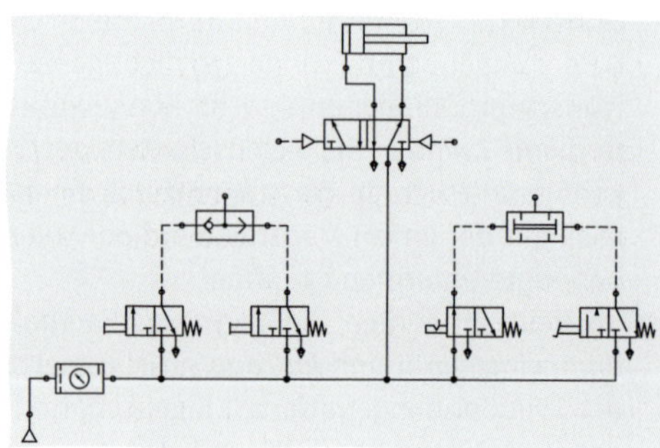

Leitungen zeichnen

7. Schaltplan vervollständigen und Elemente kennzeichnen

- Die Elemente sollen gemäß der Vorlage gekennzeichnet werden. In der Bibliothek wird dazu der Bereich ***Verschiedenes*** geöffnet, daraus das Feld ***Text*** angeklickt und auf die Seite gezogen.
- Durch einen Doppelklick mit der linken Maustaste auf dieses Feld ***Text*** öffnet sich das ***Untermenü Text.***
- In diesem Menü wird das Kästchen ***Text umrahmen*** angewählt. Außerdem lassen sich über den Hinweis ***Schriftart*** sowohl der Schrifttyp als auch die Schriftgröße einstellen.
- Im Unterfenster kann nun der Text – im Beispiel 1.8 – eingegeben werden. Bestätigt man mit ***OK***, so erscheint auf der Zeichenebene an der Stelle „Text" die eingeschriebene Information. Mit dem Cursor kann man diesen Textbaustein an die gewünschte Stelle verschieben.

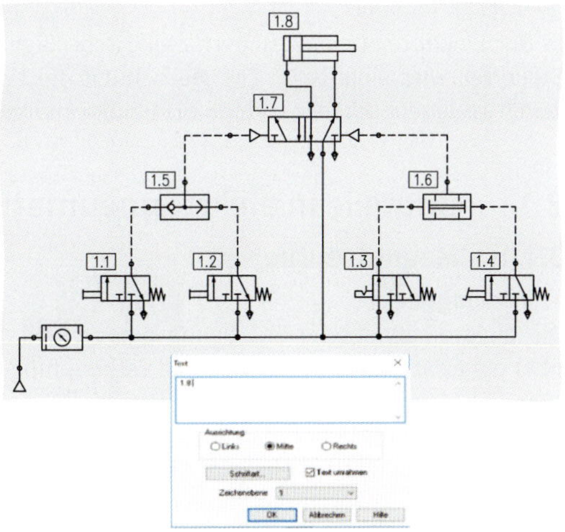

Elemente kennzeichnen

8. Steuerung zeichnerisch überprüfen und simulieren

- Die Zeichnung für eine Steuerung kann über den Button ***Ausführen*** und die Aktion ***Zeichnung prüfen*** auf zeichnerische Richtigkeit untersucht werden. Fehlermeldungen geben Korrekturhinweise.
- Über die Aktion ***Start*** beginnt die Simulation. Sobald man die Zeile Start angeklickt hat, wird die Anlage unter Druck gesetzt und die druckführenden Leitungen sind eingefärbt.
- Mit dem Cursor betätigt man die erforderlichen Ventile und das Programm simuliert die Steuerung. Dabei werden die Ventile bzw. die Aktoren gemäß der Vorgaben geschaltet.

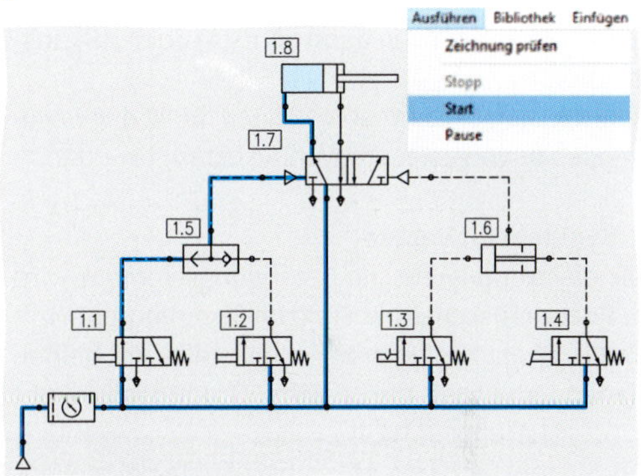

Steuerung simulieren

9. Steuerung optimieren

- Nach der Simulation kann die Steuerung optimiert werden, indem man die vorhandene Zeichnung abändert. Dazu wechselt man aus dem Simulationsmodus wieder in den ***Bearbeitungsmodus*** des Programms.
- Im Vorlauf des Zylinders soll zusätzlich ein Drosselrückschlagventil als Abluftdrosselung eingebaut werden. Dazu wird zunächst die Leitung zwischen dem Zylinder auf der Kolbenstangenseite und Ventil 1.7 gelöscht, indem man die Leitung markiert und mit Doppelklick der linken Maustaste über das Hilfsmenü die Aktion ***Löschen*** aufruft.
- Wie oben beschrieben, bedient man sich aus der Bibliothek und fügt ein Drosselrückschlagventil ein. Anschließend werden die Leitungen eingezeichnet. Ebenso kann man ein Hauptventil zur Einschaltung der Druckversorgung einfügen.

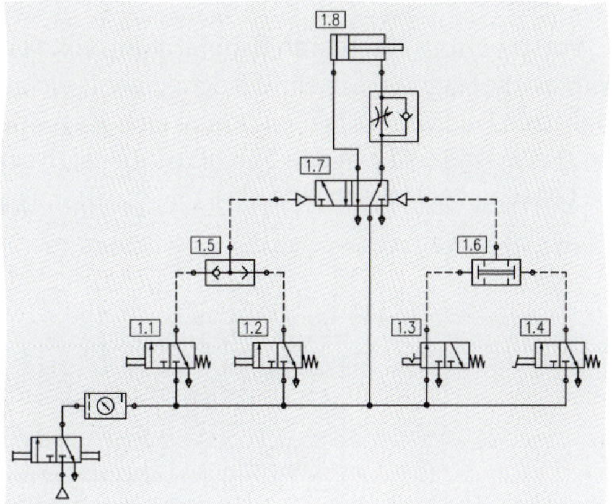

Steuerung optimieren

3 Elektropneumatik

In der Elektropneumatik steuern elektrische Signale den Energiefluss in pneumatischen Systemen. Im Steuerteil wird elektrische Energie benutzt. Im Leistungsteil setzt man Druckluft als Energieträger ein. Durch geeignete Bauteile werden die beiden Energiekreise verknüpft.

3.1 Bauteile in elektropneumatischen Anlagen

3.1.1 Magnetventile

1. Wirkungsweise

Die elektromagnetische Betätigung eines Ventils über ein elektrisches Signal stellt die Verknüpfung zwischen dem Stromkreis und dem Druckluftkreis dar. Magnetventile nennt man auch **EP-Wandler**.
Schaltet man den Strom ein, wird die Magnetspule erregt und der Anker in die Spule hineingezogen. Dadurch öffnet sich das Ventil, und Druckluft kann von 1 (P) nach 2 (A) strömen.
Schaltet man den Strom ab, ist die magnetische Wirkung erloschen und die Federkraft schließt das Ventil. Die Abluft kann dann von 2(A) über 3(R) ausströmen.
Elektromagnetische Ventile können direkt angesteuert oder als vorgesteuerte Ventile betätigt werden.

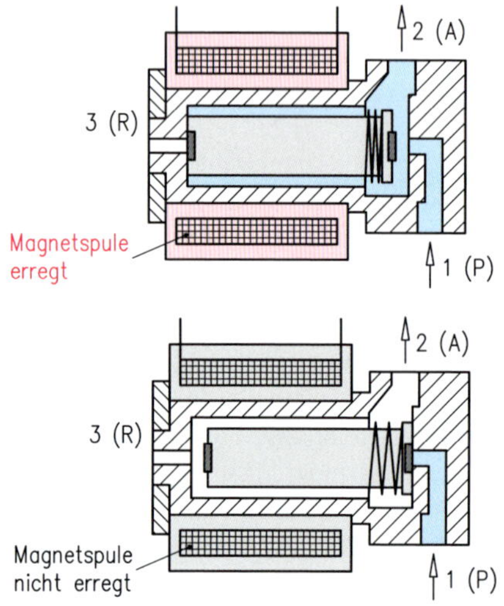

Elektropneumatisches Magnetventil

2. Symbole für Ventile

Das elektromagnetische Betätigungselement wird im Pneumatikschaltplan und im Stromlaufplan mit einem ähnlichen Symbol dargestellt. In beiden Plänen erhält es die gleiche Ordnungsnummer (z. B. -M1; früher 2M1).
Das Symbol für das Ventil selbst wird in beiden Plänen unterschiedlich dargestellt. Für den Elektroschaltplan gelten DIN EN 60617 und DIN EN 81346-2 als Grundlage, für den Pneumatikschaltplan ist für Symbole die DIN ISO 1219-1 und für die Bezeichnungen die DIN ISO 1219-2 anzuwenden.

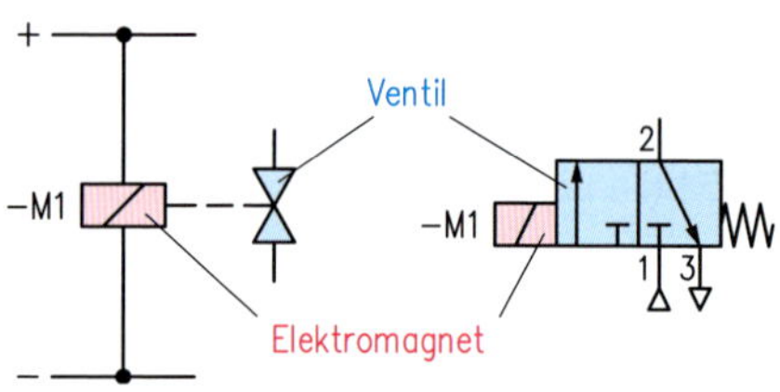

Symbole für Schaltpläne der Elektropneumatik

3. Vorsteuerung und Handhilfsbetätigung von Magnetventilen

Wird an die Magnetspule eines Magnetventils ein elektrisches Signal angelegt, so entsteht ein Magnetfeld. In diesem Feld wird auf einen Stößel eine Magnetkraft ausgeübt. Die Magnetkraft öffnet das Ventil gegen eine Federkraft und gibt den Durchfluss für die Druckluft frei. Aus der erforderlichen Magnetkraft ergibt sich die Leistung der Magnetspule.

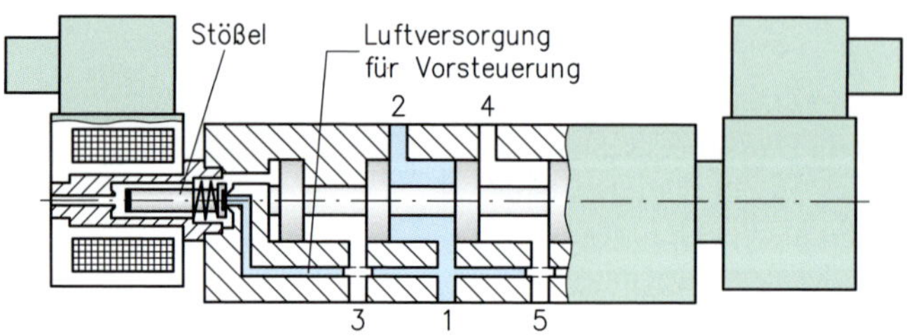

Magnetventil mit Vorsteuerung

Das Bestreben nach niedrigen Leistungsdaten für Magnetspulen hat zum Vorsteuerprinzip bei diesen Ventilen geführt. So haben auch Ventile mit großen Nennweiten eine geringe Leistungsaufnahme. Beispielsweise können Ventile mit 14 mm Nennweite und einem Normal-Nenndurchfluss von 4 000 l/min mit Leistungen von unter 5 W geschaltet werden.

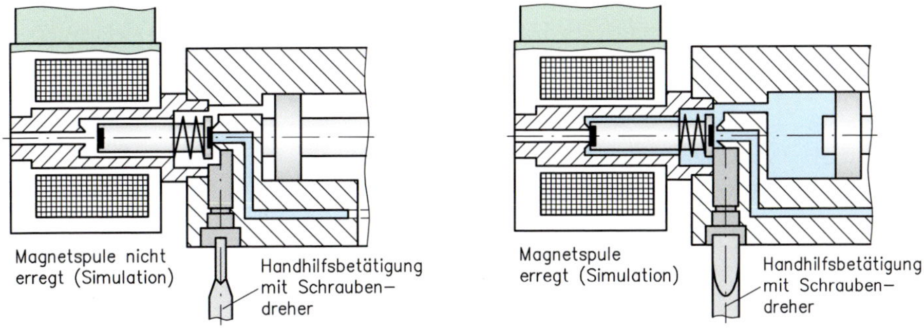

Magnetventil mit Handhilfsbetätigung

Auch bei Magnetventilen sind Handhilfsbetätigungen üblich. Die Handhilfsbetätigung dient zur Funktionskontrolle des Ventils und zum Einrichten der Anlage.

> **!** Die elektromagnetische Betätigung im Magnetventil stellt das Verbindungsglied zwischen dem Stromkreis und dem Druckluftkreis dar.
> In dieser Schnittstelle findet die Signalumwandlung von der Elektrik zur Pneumatik statt, deswegen nennt man Magnetventile auch **EP-Wandler**.

3.1.2 Druckschalter

Müssen in elektropneumatischen Steuerungen pneumatische Signale in elektrische Signale umgewandelt werden, so benutzt man **pneumatische Druckschalter**, die auf einen elektrischen Mikroschalter wirken.

Steigt der Druck in der Steuerleitung des Druckschalters, so wird über eine Membrane ein kleiner Stößel gegen eine Federkraft betätigt. Bei genügend großem Betätigungsdruck schaltet dieser Stößel über einen Hebel den angebauten elektrischen Schalter.

Sinkt der Steuerdruck unter den eingestellten Wert, so drückt die Feder den Stößel mit dem Hebel zurück und das elektrische Signal wird umgeschaltet. In dieser *Schnittstelle* findet die Signalumwandlung von der Pneumatik zur Elektrik statt. Aus diesem Grund nennt man pneumatisch-elektrische Druckschalter auch **PE-Wandler**.

Je nach Kontaktanordnung ist der elektrische Schalter ein Öffner, Schließer oder Wechsler. Für die Auswahl der elektrischen Kenngrößen von Druckschaltern sind die Hinweise, die bei den Magnetventilen gemacht werden, zu beachten.

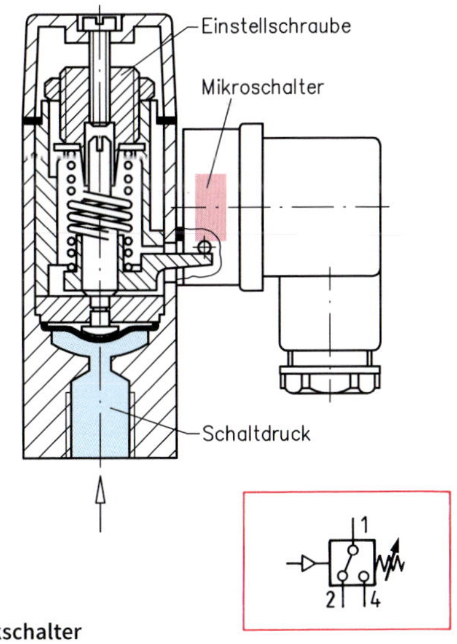

Druckschalter

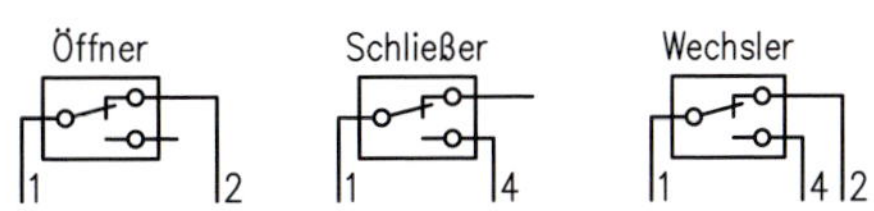

Mögliche Kontaktanordnungen eines Druckschalters

> **!** Der Druckschalter stellt ein Verbindungsglied zwischen dem Druckluftkreis und dem Stromkreis dar. Pneumatisch-elektrische Druckschalter sind PE-Wandler.

3.1.3 Schutzbeschaltung

Beim Abschalten einer Magnetspule bricht das bestehende Magnetfeld schlagartig zusammen. Ein sich änderndes Magnetfeld erzeugt durch Induktion eine Spannung. Diese Induktionsspannung ist wegen des kurzen Abschaltaugenblicks besonders hoch. Somit entstehen Gefahren für den Bediener, und der Verschleiß der Kontakte wird erheblich erhöht.
Durch eine sogenannte Schutzbeschaltung können diese Gefahren und Verschleißerscheinungen verringert werden.

Beispiel für Schutzbeschaltung eines Magnetventils

Die einfachste Schutzmaßnahme ist die Parallelschaltung eines Kondensators, auch **C-Glied** genannt, zum Schalter. Um zu vermeiden, dass sich die Kondensatorladung beim erneuten Einschalten voll über die Kontakte entlädt, ist ein Widerstand, auch **R-Glied** genannt, erforderlich. Dieser Widerstand wird in Reihe geschaltet und hält den Entladestrom klein. Die Kombination von Kondensator und Widerstand wird auch als **RC-Glied** bezeichnet.

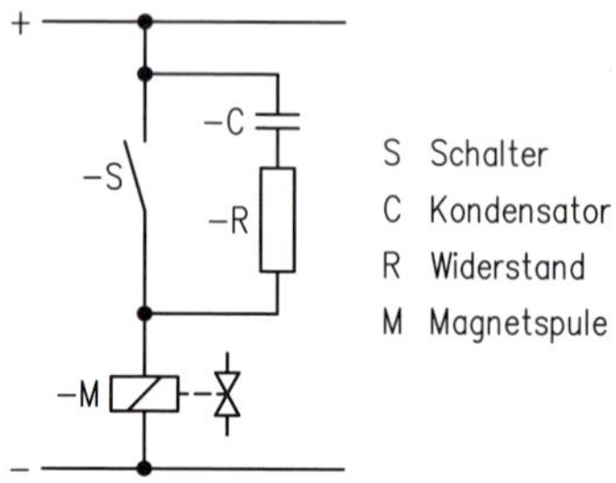

Schutzbeschaltung durch RC-Glied

3.1.4 Schutzarten

Magnetspulen sind elektrische Betriebsmittel, die wie alle elektrischen Betriebsmittel in Schutzarten eingeteilt werden. Dadurch werden dem Anwender die Einsatzmöglichkeiten und Einsatzgrenzen aufgezeigt. Die Norm DIN EN 60529 umfasst unter anderem den Schutz für:

- **Personen,**
- **Betriebsmittel.**

Die Schutzarten werden durch ein Kurzzeichen angegeben, das sich aus den zwei stets gleich bleibenden Kennbuchstaben IP und zwei Kennziffern für den Schutzgrad zusammensetzt. Die **Kennbuchstaben IP** kommen von **I**nternational **P**rotection und weisen so auf übernationale Vereinbarungen im Bereich der Schutzarten hin.

Die *erste Kennziffer* zwischen **0** und **6** kennzeichnet die Schutzgrade gegen Berühren und gegen Eindringen von Fremdkörpern. Damit wird der Schutz von Personen gegen Berühren von Teilen, die unter Spannung stehen oder von Teilen, die sich bewegen, beschrieben. Zusätzlich beschreibt man den Schutz des Betriebsmittels gegen das Eindringen von festen Fremdkörpern.

Die *zweite Kennziffer* zwischen **0** und **8** bezeichnet die Schutzgrade gegen das Eindringen von Wasser in das Betriebsmittel.

Schutzart IP ... nach DIN EN 60529			
erste Ziffer: Schutz gegen das Eindringen von festen Körpern		**zweite Ziffer:** Schutz gegen das Eindringen von Wasser	
0	nicht vorhanden	0	nicht vorhanden
1	größer 30 mm Durchmesser	1	Tropfwasser senkrecht
2	größer 12 mm Durchmesser	2	Tropfwasser 15° schräg
3	größer 2,5 mm Durchmesser	3	Sprühwasser 60° schräg
4	größer 1 mm Durchmesser	4	Spritzwasser von überall
5	gegen Staubablagerungen	5	Strahlwasser von überall
6	absolut staubdicht	6	starkes Strahlwasser
	–	7	kurzzeitiges Druckwasser
	–	8	dauerndes Druckwasser

Beispiel für Schutzart an Magnetventilen

IP 65	in nassen Räumen verwendbar, geschützt gegen Strahlwasser aus allen Richtungen, absolut staubdicht (**übliche Schutzart für Magnetventile**)

Übungsaufgaben 3/7; 3/8; 3/9

3.1.5 Auswahlkriterien für Magnetventile

Beim Einsatz von Magnetventilen muss man pneumatische und elektrische Gesichtspunkte beachten. Der Leistungsteil der Anlage bestimmt die Auswahlkriterien für die Wegeventile in Bezug auf Bauart und Nennweite. Die Auswahlkriterien für die elektrischen Elemente werden wesentlich vom Einsatzbereich her festgelegt. Neben den Schutzarten sind noch weitere Gesichtspunkte zu beachten.

Kriterien	Beschreibung	Hinweise
Einschaltdauer	Die Zeit, die ein Gerät eingeschaltet ist, bezeichnet man als Einschaltdauer. Die heute übliche Einschaltdauer beträgt 100 % und wird mit **ED 100 %** angegeben. Dies bedeutet, das Gerät darf dauernd eingeschaltet sein.	Die Umgebungstemperatur für Magnetventile nach Europa-Norm bei ED 100 % beträgt max. 50 °C.
Stromart	Magnetventile gibt es sowohl für Gleichstrom als auch für Wechselstrom.	Anlagen über 24 V dürfen nur von autorisiertem Fachpersonal montiert werden, VDE 0113.
Spannung	Übliche Spannungen sind 24 V Gleich- oder Wechselspannung bzw. 230 V Wechselspannung.	
Frequenz	Die übliche Frequenz beträgt 50 Hz, in Sonderfällen auch 60 Hz.	
Explosionsgefahr	Für besonders explosionsgefährdete Räume gibt man nach VDE den Schutz durch die Buchstaben Eex an. Weiterhin werden Kurzzeichen der verwendeten Zündschutzart, der Betriebsmittelgruppe und der Temperaturklasse angegeben.	nach DIN VDE

3.1.6 Grenztaster (Sensoren)

Mit Grenztastern werden Hubkolben, Werkzeugschlitten und andere Maschinenteile beim Erreichen von Endlagen ein- bzw. ausgeschaltet. Dabei ist das genaue Einhalten der Position auch nach mehrmaligem Schalten sehr wichtig. In der Elektropneumatik stehen neben Grenzschaltern auch berührungslose Grenztaster zur Verfügung, die nach verschiedenen physikalischen Prinzipien arbeiten. In der Übersicht sind die im Handel erhältlichen Grenztaster aufgeführt.

Name des Grenztasters und Art des Kontakts	Erklärung der Funktion	Schaltzeichen
Magnet-Grenztaster mit Reedkontakt magnetisch geschaltet	Ein Permanentmagnet fährt mit der Hubbewegung über die Kontakte und öffnet bzw. schließt so den Stromkreis berührungslos über das Magnetfeld. Vorteilhaft ist, dass der Schaltmagnet in den Zylinder selbst eingebaut werden kann.	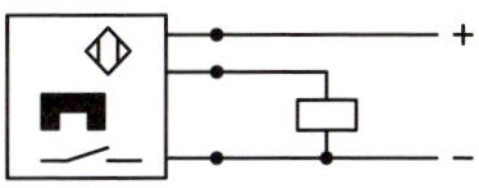
Fotoelektronische Grenztaster geschaltet über Lichtschranke	Bei fotoelektronischen Grenztastern ist der Stromkreis über eine Lichtschranke zwischen Sender und Empfänger geschlossen. Fährt der Hubkolben in seine Endlage, wird die Lichtschranke durchfahren und der Stromkreis ist unterbrochen.	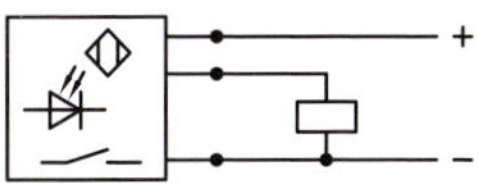
Näherungsschalter als Grenztaster induktiv geschaltet	Beim induktiven Näherungsschalter wird durch den Metallstößel des Hubkolbens ein elektromagnetisches Wechselstromfeld gestört und so der Schaltvorgang ausgelöst.	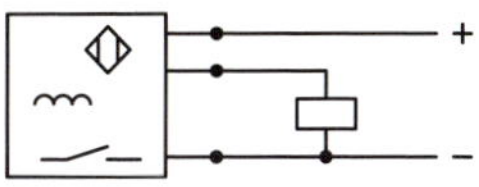
kapazitiv geschaltet	Beim kapazitiven Näherungsschalter wird durch die Hubbewegung die elektrische Kapazität von Kondensatoren gestört und dadurch ein Schaltvorgang ausgelöst. Kapazitive Näherungsschalter können durch jeden beliebigen Werkstoff geschaltet werden.	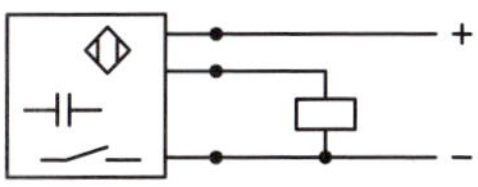

Übungsaufgaben 3/10; 3/11; 3/12

3.1.7 Schütz und Relais

Schütze und Relais sind Tastschalter, die durch Fernbetätigung elektromagnetisch schalten.
Wird z. B. eine Schützspule erregt, d. h. eingeschaltet, so wird der Anker mit den Kontakten in die Spule gezogen und die Kontakte werden geschaltet. Schütze und Relais schalten in der Regel mehrere Kontakte gleichzeitig. Der Unterschied zwischen Schütz und Relais liegt in der Schaltleistung.

- Schütze haben eine Schaltleistung von 1 bis 500 kW.
- Relais liegen mit der Schaltleistung wesentlich darunter – wenige mW bis 1 kW.

Zeitrelais schalten zeitverzögert. Ein einschaltverzögertes Zeitrelais schaltet verzögert ein, während ein ausschaltverzögertes Zeitrelais verzögert ausschaltet.

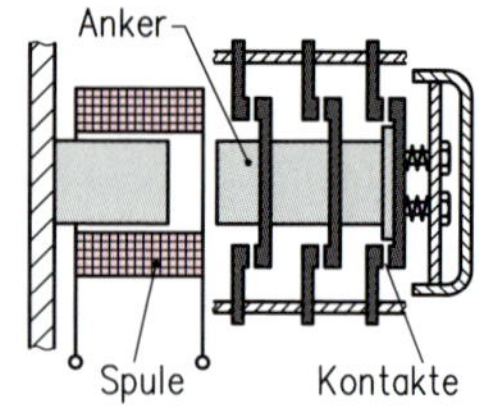

Schütz mit 3 Kontakten

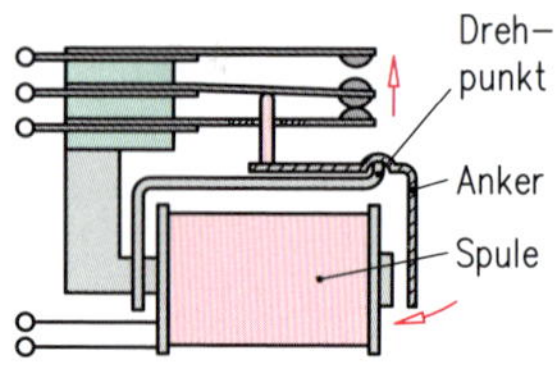

Relais als Wechsler

! Schütz und Relais sind Schaltglieder, in denen durch die Magnetkräfte des Steuerstroms Kontakte im Laststromkreis betätigt werden.

3.1.8 Anschlusskennzeichen an Relais

Anschlüsse an Relais und Schützen werden durch zweistellige Zahlen- bzw. Buchstabenkombinationen gekennzeichnet. Die Plusseite der Spule wird mit A1 und die Minusseite mit A2 gekennzeichnet. Für die Kontakte gilt Folgendes: Die erste Ziffer kennzeichnet die Kontaktbahn, die zweite Ziffer kennzeichnet die Schalterart. Dabei steht 1–2 für Öffnerkontakte und 3–4 für Schließerkontakte.

Beispiel für Anschlusskennzeichen am Relais

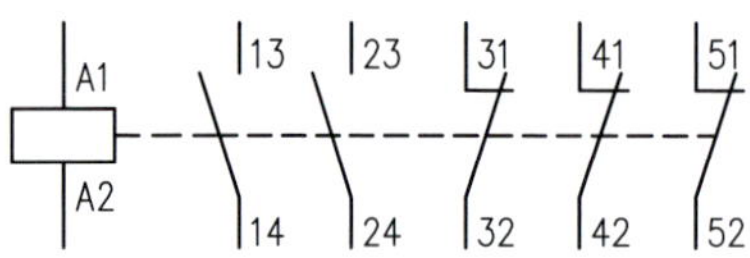

Schaltzeichen mit Anschlusskennzeichen

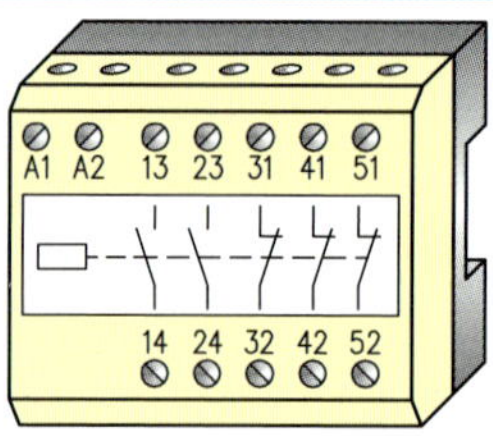

Bauteil

3.1.9 Schaltzeichen für elektrische Bauteile

Schaltzeichen für wichtige elektrische Bauteile in elektropneumatischen Anlagen (Beispiele)

Elektrisches Bauteil (Funktion)	Erklärung	Schaltzeichen nach DIN EN 60617
Grenztaster (Wechsler)	Die Betätigung erfolgt über Kolbenhub mechanisch durch eine Rolle.	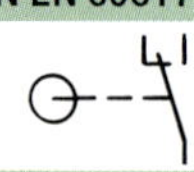
Zeitrelais (Schließer)	Nach Betätigung erfolgt der Schaltvorgang mit einstellbarer Verzögerung – hier Einschaltverzögerung.	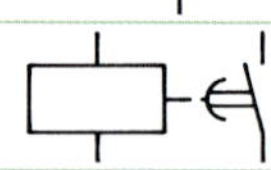
Zeitrelais (Öffner)	Nach Betätigung erfolgt der Schaltvorgang mit verstellbarer Verzögerung – hier Ausschaltverzögerung.	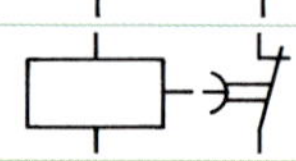
Schütz bzw. Relais (2 Schließer, 1 Öffner)	Die Betätigung mehrerer Schalter erfolgt elektromagnetisch, Fernbedienung und unterschiedliche Kombination von Schaltern sind möglich.	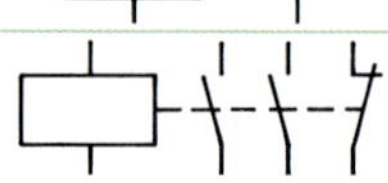
Elektromagnet (Einschaltverzögerung)	Nach Betätigung erfolgt der Schaltvorgang erst nach einer bestimmten einstellbaren Zeit. Über einen Widerstand und einen Kondensator wird die Schaltspannung zeitverzögert erreicht.	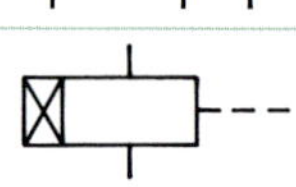
Elektromagnet (Ausschaltverzögerung)	Wird das Eingangssignal gelöscht, d. h. ausgeschaltet, bleibt für eine einstellbare Zeit der Elektromagnet angezogen bzw. eingeschaltet.	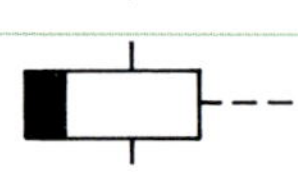

Übungsaufgaben 3/13; 3/14

3.2 Elektropneumatische Steuerungen

3.2.1 Pneumatikschaltplan und Stromlaufplan

In der Industrie hat sich zunehmend eine Verknüpfung von Pneumatik und Elektrik durchgesetzt. Dabei übernimmt die Elektrik die Signalgebung und Signalweiterleitung – **Signalfluss** –, während die Pneumatik die Druckluft als Energie für Maschinen und Vorrichtungen bereitstellt – **Energiefluss** –. In der zeichnerischen Darstellung elektropneumatischer Anlagen werden der Signalfluss durch Stromlaufpläne und der Energiefluss durch Pneumatikschaltpläne getrennt dargestellt.

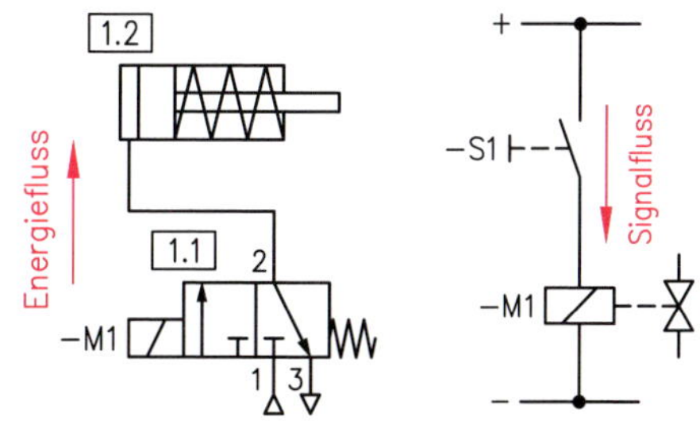

Auszug aus einem Pneumatikschaltplan

Auszug aus einem Stromlaufplan

Schaltpläne in der Elektropneumatik

Der Stromfluss wird im **Stromlaufplan** von oben (+) nach unten (–) angenommen. Die Bauteile sind durch genormte Schaltzeichen dargestellt und in der Reihenfolge des Stromdurchgangs angeordnet. Die tatsächliche Lage der Bauteile in der Anlage oder in der Maschine ist aus dem Stromlaufplan nicht ersichtlich.

> **!** In der Elektropneumatik werden pneumatisch angetriebene Systeme durch elektrische Signale gesteuert. Als Schaltpläne dienen der Pneumatikschaltplan und der Stromlaufplan.

1. Kennzeichnung der Betriebsmittel

Weil in der Elektropneumatik verschiedene Technologien ineinandergreifen, hat man aus jedem Teilgebiet die entsprechenden Normen zu beachten. Die Kennzeichnung der Betriebsmittel muss im Pneumatikschaltplan und im Stromlaufplan einheitlich sein.

Im Pneumatikschaltplan werden die Arbeitselemente mit den zugehörigen Stellgliedern dargestellt. Die lagemäßige Zuordnung der Sensoren zu den Arbeitselementen wird hier ebenfalls erfasst. Durch entsprechende Betätigungssymbole kennzeichnet man die elektromagnetische Betätigung der Stellglieder. Den Kennbuchstaben elektrischer Betriebsmittel wird ein **Minuszeichen** vorangestellt.

Kennbuchstabe	**Art des Betriebsmittels (Beispiele)**	
B	Sensoren allgemein, Positionsschalter, Näherungsschalter usw.	
F	Sicherungen, Schutzeinrichtungen, Druckwächter	
P	Signalhorn, Lichthupe, Klingel, LED	
K	Relais	
Q	Schütz (für Last)	
M	Antriebe (Stellantrieb, Betätigungsspule, Elektromotor, Linearmotor)	
R	Widerstand	
S	Signalgeber manuell, Tastschalter, Wahlschalter usw.	
x.y	Zylinder	**Hinweis:**
x.y +	ausfahrende Zylinder	x und y stehen für die
x.y –	einfahrende Zylinder	Nummern aus dem Pneumatikplan

2. Schaltgliedertabelle

Weil in umfangreichen Steuerungen ein Schütz mehrere Schließer und Öffner in verschiedenen Strompfaden betätigt, erleichtert eine **Schaltgliedertabelle** die Übersicht.

Die Schaltgliedertabelle zeichnet man jeweils unterhalb des Strompfads, in dem das entsprechende Schütz eingezeichnet ist. Vereinbarungsgemäß stehen unter dem Schaltzeichen für Öffner die Pfadnummern, in denen sich Kontakte für Öffner befinden. Unter dem Schaltzeichen für Schließer stehen die Pfadnummern, in denen sich Kontakte für Schließer befinden.

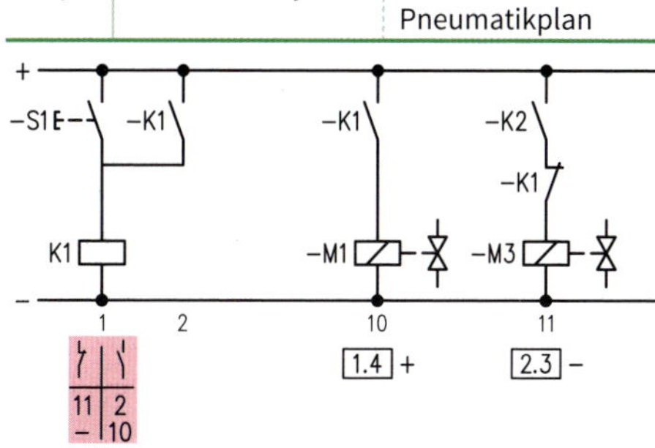

Schaltplanauszug mit Schaltgliedertabelle

> **!** Die Schaltgliedertabelle gibt darüber Aufschluss, in welchen Strompfaden sich Schließer bzw. Öffner des über der Tabelle gezeichneten Schützes befinden.

3.2.2 Reihen- und Parallelschaltung

Für die Ansteuerung von Ventilen können unterschiedliche Bedingungen gefordert sein. Einmal kann es nötig sein, ein Ventil von verschiedenen Stellen aus zu schalten; es kann aber auch erforderlich sein, dass erst mehrere Schalter bedient werden müssen, um ein Ventil zu betätigen. Im Hinblick auf die Ansteuerung unterscheidet man zwei Arten von Schaltungen.

Die **Reihenschaltung** ist eine **UND**-Schaltung. Ein Spannzylinder soll beispielsweise erst spannen, wenn das Werkstück eingelegt worden ist und die Schutzvorrichtung geschlossen wurde. Erst wenn **beide Bedingungen** erfüllt sind, darf das Magnetventil für den Spannzylinder betätigt werden. Schalter S1 und Schalter S2 sind also in Reihe geschaltet. In umfangreichen Schaltplänen wird die Darstellung durch Logikzeichen bevorzugt.

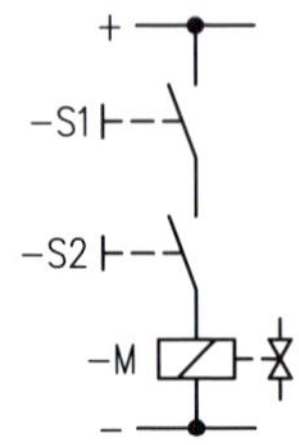

Stromlaufplan einer Reihenschaltung

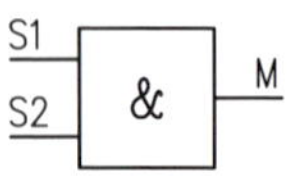

Logikzeichen einer UND-Schaltung

Die **Parallelschaltung** ist eine **ODER**-Schaltung. Mit einer solchen Schaltung kann man z. B. ein Ventil von verschiedenen Stellen aus schalten. **Entweder** wird der Stromkreis für die Ventilbetätigung über den Schalter S1 **oder** den Schalter S2 geschlossen. Die Schalter sind also parallel angeordnet.

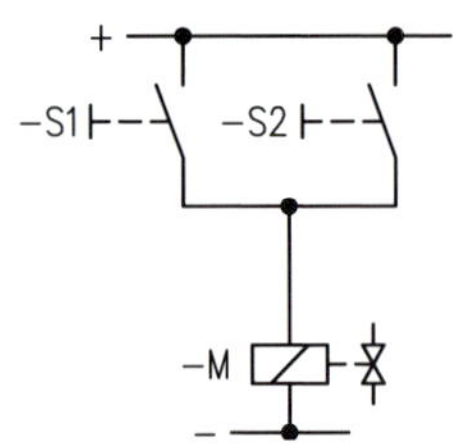

Stromlaufplan einer Parallelschaltung

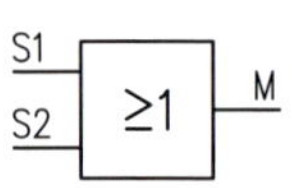

Logikzeichen einer ODER-Schaltung

> **!** Elektropneumatische Ventile können angesteuert werden durch:
> - Reihenschaltung (UND-Schaltung),
> - Parallelschaltung (ODER-Schaltung).

3.2.3 Ansteuerung von Wegeventilen

1. Ventil mit Speicherverhalten durch Permanentmagnete

Ist z. B. ein 5/2-Wegeventil von beiden Seiten ansteuerbar, so bleibt die geschaltete Stellung erhalten, bis das Gegensignal erfolgt, denn in den Endlagen des Ventils sind Permanentmagnete eingebaut, die die jeweilige Lage der Ventilstellung sichern. Wird das Ventil beispielsweise zum Ansteuern eines Spannzylinders eingesetzt, so bleibt das Werkstück nach dem Spannvorgang so lange gespannt, bis der elektrische Taster zum Lösen betätigt wird.
Vorgesteuerte 5/2-Wegeventile lassen sich mit geringer elektrischer Energie schalten.

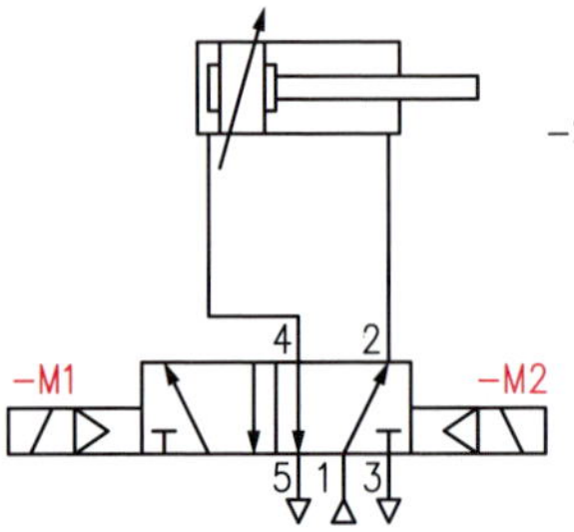

Pneumatikschaltplan

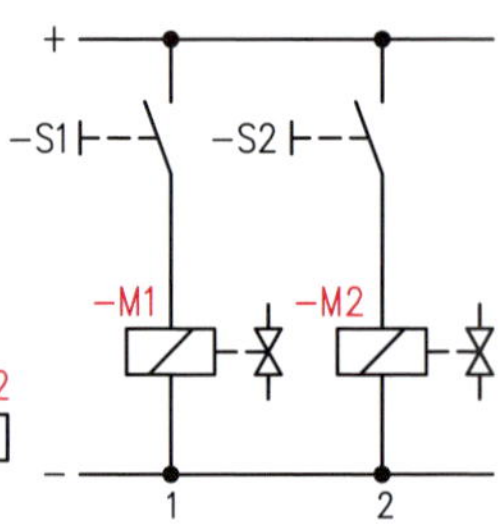

Stromlaufplan

> **!** Ein Impulssignal bewirkt in elektropneumatischen Wegeventilen mit Speicherverhalten eine bleibende Umschaltung des Ventils.

2. Ventil mit Speicherverhalten durch Selbsthaltung im Relais

Schütze und Relais sind fernbetätigte elektromagnetische Schalter, die als Schließer, Öffner oder Wechsler entsprechend der Gesamtaufgabe ausgebildet sind.
Die Ansteuerung eines Wegeventils mithilfe eines Relais erlaubt eine Daueransteuerung des Ventils, obwohl das Signalglied nur angetippt zu werden braucht (Taster).

Übungsaufgaben 3/17; 3/18

Ein solches Speicherverhalten in der Steuerung kann man durch eine besondere elektrische Schaltung erreichen.
Von dem Relais wird eine Kontaktbahn genutzt, damit das Relais eingeschaltet bleibt. Man spricht von Selbsthaltung. Erst wenn über einen zusätzlichen Schalter der Steuerkreis unterbrochen wird, kann die Selbsthaltung des Relais aufgehoben werden.

Beispiel für ein schützgesteuertes Ventil mit Selbsthaltung im Stromkreis

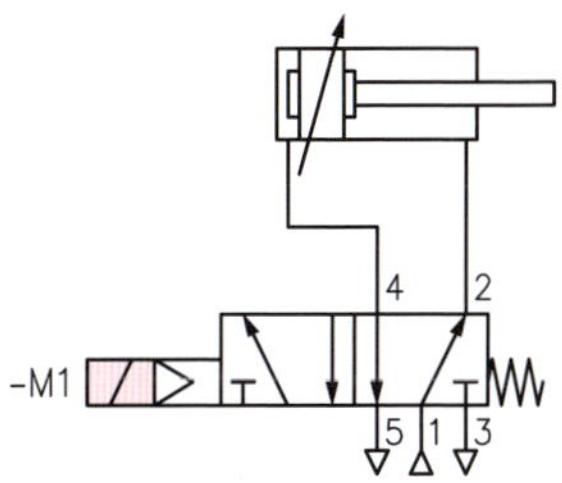

Pneumatikschaltplan

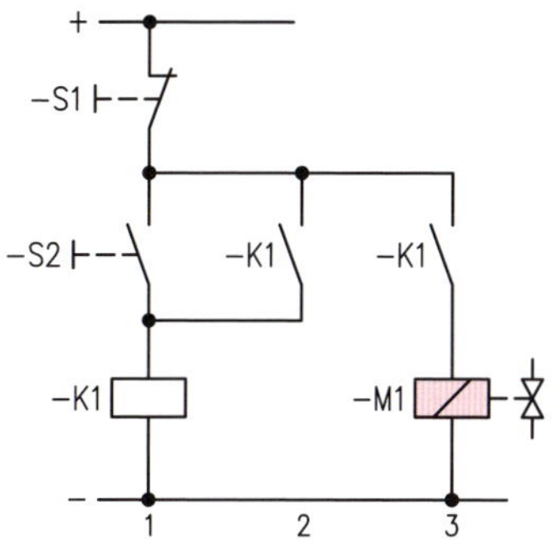

Stromlaufplan

Funktionsbeschreibung

Durch die Betätigung des Schließers S2 wird das Schütz K1 an den Stromkreis geschlossen und schaltet seinerseits elektromagnetisch gleichzeitig zwei Schließer des Schützes K1 in den Strompfaden 2 und 3. Wird S2 durch Loslassen des Tasters wieder geöffnet, so bleibt das Schütz jedoch über K1 im Strompfad 2 an den Stromkreis angeschlossen. Das Schütz K1 fällt also nicht ab, sondern hält sich selbst (**Selbsthaltung eines Schützes**).
Der geschlossene Kontakt K1 im Strompfad 3 bewirkt die elektromagnetische Betätigung des 5/2-Wegeventils. Das Ventil schaltet durch und die Kolbenstange fährt aus. Die Selbsthaltung des Schützes hat zur Folge, dass die Kolbenstange ausgefahren bleibt. Wird der Taster S1 betätigt, so ist der gesamte Stromkreis unterbrochen. Das Schütz fällt ab und seine Kontakte K1 öffnen sich. Dadurch wird die Magnetspule M1 stromlos und das Ventil stellt sich durch die Feder in die Ausgangsstellung zurück. Der Weg von 1 nach 2 im Ventil öffnet sich und die Kolbenstange fährt ein.

! Impulssignale lassen sich mithilfe der Selbsthaltung des Schützes in Dauersignale umwandeln. Wegeventile werden dadurch so lange angesteuert, bis die Spannung abgeschaltet wird.

3.2.4 Wegabhängige Steuerungen

In wegabhängigen Steuerungen werden die Bauelemente in Abhängigkeit vom zurückgelegten Kolbenweg geschaltet. Mit Grenztastern und Schützsteuerungen lassen sich solche Schaltungen elektropneumatisch einfach verwirklichen. Grenztaster können Sensoren oder Endschalter sein.

Beispiel für eine wegabhängige Steuerung

Aufgabenstellung

Ein doppelt wirkender Zylinder soll aus einem Magazin Bauteile zur weiteren Bearbeitung bereitstellen. Ist das Bauteil verschoben, soll die ausgefahrene Kolbenstange einen Grenztaster betätigen, der das Einfahren bewirkt.

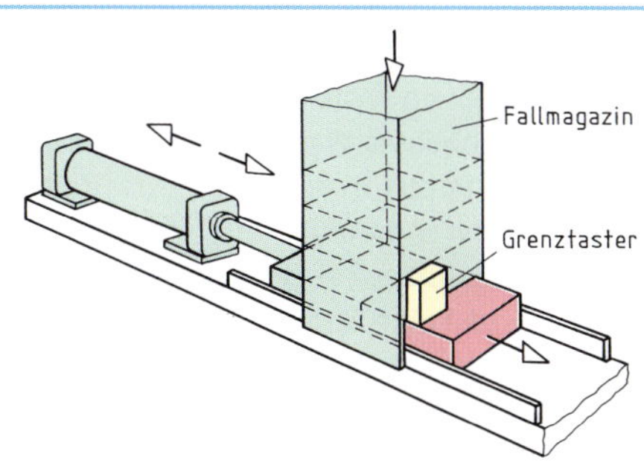

Technologieschema für Zustellvorrichtung

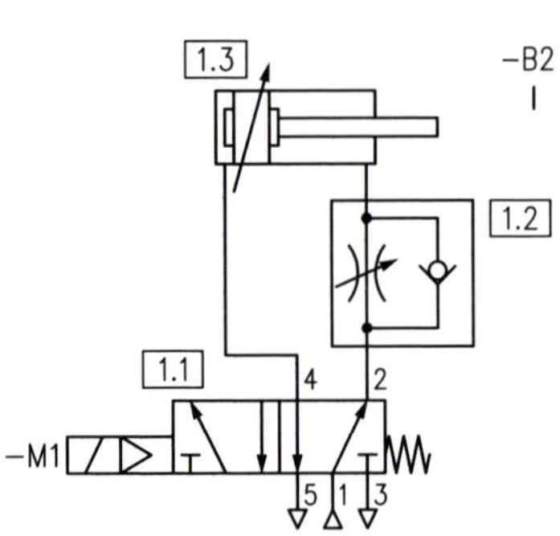

Pneumatikschaltplan

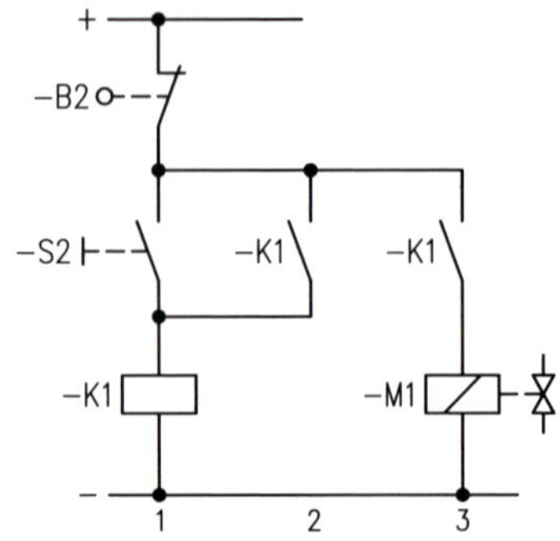

Stromlaufplan

Funktionsbeschreibung

Einschalttaster S2 gibt Strom auf Schütz K1; daraus folgt Selbsthaltung von K1 und Spannung auf Magnetspule M1. Die Kolbenstange fährt aus und betätigt in der Endlage Taster B2. Schütz K1 und dadurch Spule M1 werden spannungsfrei, das Ventil schaltet in die Ausgangsstellung, die Kolbenstange fährt ein.

! Wegabhängige Steuerungen verwirklicht man in der Elektropneumatik vor allem über Grenztaster (Sensoren, Endschalter) mit Schützsteuerungen.

3.2.5 Weg- und zeitabhängige Steuerungen

Zeitabhängige Steuerungen können in der Elektropneumatik mithilfe von Zeitrelais verwirklicht werden. Im Zeitrelais wird über einen verstellbaren Widerstand ein Kondensator aufgeladen. Erst wenn der Kondensator aufgeladen ist, erfolgt der Schaltkontakt.

Beispiel für eine weg- und zeitabhängige Steuerung

In einer Klebevorrichtung soll der Spannvorgang für eine bestimmte Zeit aufrechterhalten werden.

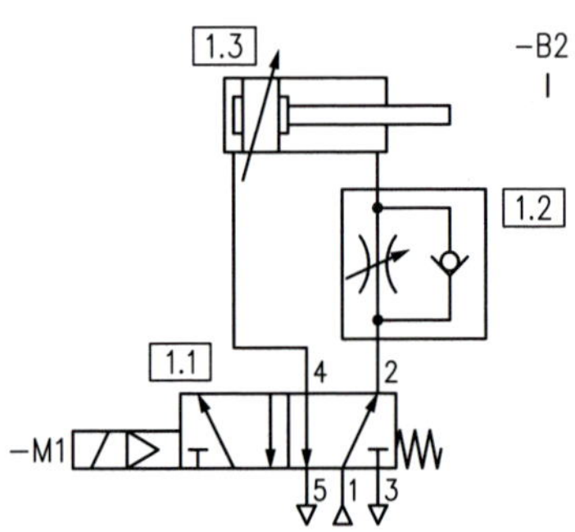

Pneumatikschaltplan

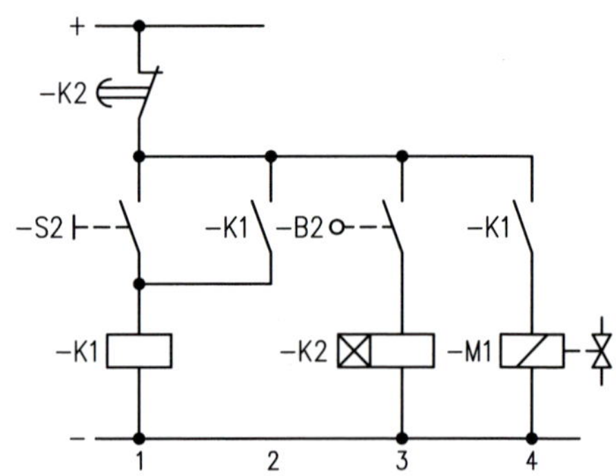

Stromlaufplan

Funktionsbeschreibung

Nach Betätigung von Taster S2 schaltet das Schütz die Kontakte K1 in den Strompfaden 2 und 4 und schließt den Stromkreis. Das Schütz K1 hält sich selbst. Das Ventil wird betätigt, und die Kolbenstange des Zylinders fährt aus. In der Endlage der Kolbenstange betätigt diese den Grenztaster B2, wodurch für das Schütz K2 der Stromkreis geschlossen wird. Dieses Schütz schaltet jedoch einschaltverzögert. Der Spannvorgang bleibt aufrechterhalten. Nach der eingestellten Zeitspanne öffnet Schütz K2 den Kontakt K2 im Strompfad 1. Alle Schütze in der Anlage werden stromlos, und die Magnetspule M1 ist spannungsfrei. Die Feder schaltet das Ventil zurück, die Kolbenstange fährt ein.

! Zeitabhängige Steuerungen verwirklicht man in der Elektropneumatik vor allem über Zeitrelais, die Signale einschalt- oder ausschaltverzögert weitergeben.

4 Inbetriebnahme, Wartung und Fehlersuche bei Steuerungen

4.1 Inbetriebnahme von Steuerungen

Bei der Inbetriebnahme einer neuen, reparierten oder geänderten Anlage ist nicht auszuschließen, dass ein Arbeitsglied eine unvorhergesehene Bewegung ausführt. Dies kann zu Verletzungen führen oder die Zerstörung von Bauteilen und Werkzeugen zur Folge haben. Es ist daher wichtig, bei der Inbetriebnahme von Steuerungen besondere Sicherheitsmaßnahmen einzuhalten und in einer bestimmten Reihenfolge vorzugehen.

1. Sicherheitsmaßnahmen (Personenschutz) bei Inbetriebnahme

- Im Hubbereich von Zylinderbewegungen die Betätigungen von Sensoren nur mit Hilfsmitteln vornehmen.
- Druckleitungen nur lösen, wenn die Anlage drucklos ist.
- Leitungsenden beim Lösen festhalten – Restdruck.
- Änderungen im elektrischen Teil der Anlage nur im Niederspannungsbereich und nur im spannungslosen Zustand durchführen.
- Für sonstige Aufgaben im elektrischen Anlagenteil autorisiertes Fachpersonal anfordern.

2. Reihenfolge der Schritte zur Inbetriebnahme

1. Schritt: Anlage in Grundeinstellung bringen

- Anlage drucklos und spannungslos schalten.
- Aktoren in Grundstellung bringen.
- Ventile in Ausgangsstellung setzen.
- Drosselventile schließen.
- Sicherheitsventile auf niedrigst zulässigen Betriebsdruck einstellen.

2. Schritt: Anlage anfahren

- Spannung anlegen und Arbeitsdruck langsam erhöhen.
- Leckstellen und Undichtigkeiten in der Anlage beheben.
- Ventile mit Speicherverhalten – eventuell über Handhilfsbetätigungen – einstellen.
- Funktion der Anlage in Schritten prüfen und dabei Drosselventile nacheinander langsam öffnen.
- Probelauf ohne Werkzeug und Werkstück durchführen.

3. Schritt: Anlage hochfahren

- Probelauf mit Werkzeug und Werkstück vornehmen.
- Druckeinstellungen und Geschwindigkeiten optimieren.
- Testlauf mit allen geforderten Daten durchführen.

! Bei der Inbetriebnahme von Steuerungen treten erhöhte Gefährdungen auf. Die einschlägigen Vorschriften für den Personenschutz und die Schrittfolge der Inbetriebnahme sind einzuhalten.

Übungsaufgaben 4/1; 4/2

4.2 Wartung von pneumatischen Steuerungen

Steuerungsanlagen müssen in vorgeschriebenen Zeitintervallen systematisch gewartet werden, damit lange Betriebszeiten gewährleistet sind und die Anlage wirtschaftlich arbeitet. Die systematische Wartung und Kontrolle einer Steuerung wird erleichtert, indem man die Anlage so unterteilt, dass einzelne Teilbereiche unter besonderen Wartungsgesichtspunkten betrachtet werden können. Bei der Wartung kann man die Teilbereiche Druckversorgung, Leitungssystem und Bauelemente unterscheiden.

– **Wartung im Bereich der Druckversorgung**

Für Druckluft gilt, dass sie möglichst wasser-, staub- und schmutzfrei ist. Die Wartungseinheiten sind regelmäßig zu kontrollieren. Angesammeltes Kondensat muss abgelassen werden.

Die Filter in der Wartungseinheit halten Staubteilchen und Kondensat zurück. Deshalb müssen sie in bestimmten Zeitabständen gesäubert oder ausgewechselt werden.

Bei stark beanspruchten Anlagen soll die Druckluft nach Bedienungsvorschrift mit Öl angereichert werden. Branchenspezifische Vorschriften sind dabei zu beachten (z. B. die Hygienevorschriften in der Lebensmittelindustrie).

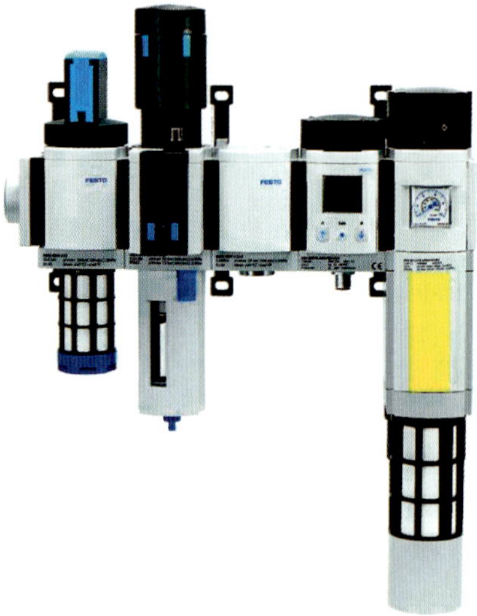

Wartungseinheit (Quelle: Festo)

– **Wartung im Bereich der Leitungssysteme**

Vorbeugende Maßnahmen verhindern Störungen in der Versorgung der Anlagen mit Druckluft. Hierzu gehört vor allem die richtige Verlegung des Rohrleitungsnetzes. Insbesondere ist darauf zu achten, dass Abzweigungen von der Hauptleitung zur Luftentnahme *nach oben* erfolgen und dass die Abzweigungen für die Kondensatenleerung nach unten angebracht werden.

Bei der Montage von Leitungen oder Anschlüssen ist unbedingt darauf zu achten, dass in den Rohren oder Schläuchen keine Schmutzteilchen oder Späne zurückbleiben.

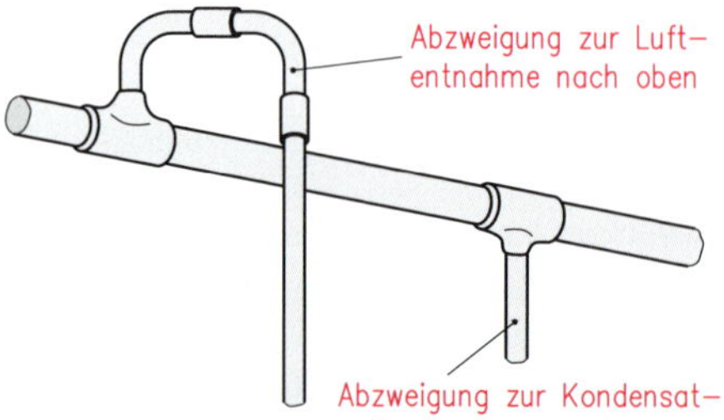

Montage von Druckluftleitungen

Während des Betriebs müssen die Druckluftleitungen und die Anschlüsse regelmäßig auf Dichtigkeit überprüft werden. Schadhafte Leitungen und undichte Anschlüsse in einer Anlage können Verluste von mehreren tausend Euro verursachen.

Beispiel für Betriebskosten durch Leckverluste

Leckgröße in mm	Luftverbrauch bei 6 bar in l/s	Verlustleistung in kW	Kosten bei 8 000 Betriebsstunden in EUR
$d = 1$ •	1,3	0,32	512,00
$d = 5$ ●	30,9	8,3	13 280,00

Übungsaufgaben 4/3; 4/4

– **Wartung von pneumatischen Bauelementen**

Die Wartung von fluidischen Bauelementen erfolgt zunächst dadurch, dass Verschleißteile beobachtet und im Bedarfsfall ausgewechselt werden.

Verschleißerscheinungen von Dichtungen an Zylindern lassen sich durch den Abrieb an den Kolbenstangen beobachten. Bei Zylindern sind zusätzliche Abdeckungen einzubauen, wenn sehr hoher Schmutz- bzw. Staubanfall vorliegt.

Insbesondere in der Einlaufphase einer Anlage können Schmutzpartikel und Späne die Funktionen beeinträchtigen.

Verschleiß in Ventilen ist nicht vorbeugend zu erkennen. Verschleißerscheinungen in Ventilen werden erst deutlich, wenn Störungen im Steuerungsablauf auftreten.

Die Befestigungen der Bauteile müssen regelmäßig überprüft werden, weil sich durch Erschütterungen die Bauteile lockern und lösen können.

Ein wirkungsvolles Mittel zur vorbeugenden Schadensbekämpfung ist die systematische Erfassung von aufgetretenen Fehlern und Störungen in einer Anlage. Dazu benutzt man ein Protokollbuch mit entsprechenden Schadenslisten.

Beispiel für Verschleißteile an einem Pneumatikzylinder

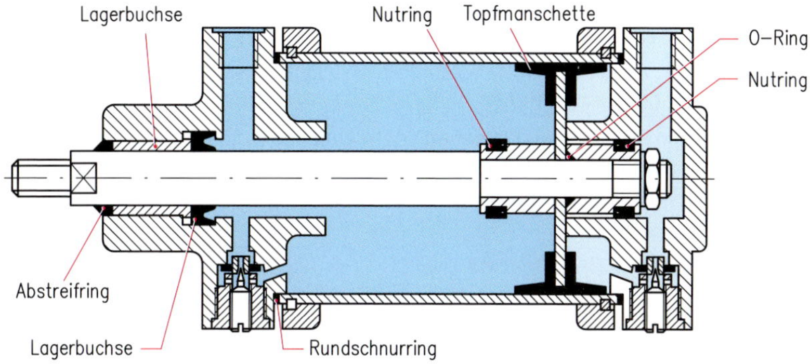

- Die dauerhaft sichere Funktion von Steuerungsanlagen erreicht man durch vorbeugende Wartungen des Druckmediums, indem es sorgfältig gefiltert wird.
- In Pneumatikanlagen muss das Kondensat regelmäßig entfernt werden.
- Bauteile in Steuerungen sind regelmäßig auf Verschleiß und festen Sitz zu überprüfen.

Für die verschiedenen Wartungsarbeiten sind bei Steuerungen unterschiedlich große Wartungsintervalle vorgeschrieben. Diese Zeitabstände richten sich nach der Betriebszeit der Anlage und den Einsatzbedingungen.

Beispiel für wichtige regelmäßige Wartungsarbeiten an pneumatischen Anlagen

Wartungsintervall	Maßnahmen
Täglich	Kondensat ablassen (bei nicht automatischen Geräten). Öler in der Wartungseinheit kontrollieren.
Wöchentlich	Funktion der Signalglieder überprüfen. Druckmesser nachprüfen. Ölmenge im Öler prüfen.
Vierteljährlich	Leitungen und Anschlüsse auf Dichtigkeit prüfen. Filterpatronen reinigen. Funktionsprüfungen am automatischen Kondensatablass durchführen. Befestigungen der Bauteile überprüfen.
Halbjährlich	Kolbenstangenführungen auf Verschleiß untersuchen. Abstreifringe und Dichtungen gegebenenfalls erneuern.

4.3 Fehlersuche in pneumatischen Steuerungen

In einer pneumatischen Steuerung können verschiedene Fehler auftreten. Diese Fehler haben sehr unterschiedliche Ursachen. Es ist daher nicht möglich, für jeden einzelnen Fall konkrete Hinweise zu geben. Die Fehlersuche wird durch sorgfältige Planung der Anlage, Auswahl der Bauelemente und Montage erleichtert.

– Maßnahmen zur Vereinfachung der Fehlersuche

Übersichtliche Planungsunterlagen

- Schaltpläne und Funktionsdiagramme müssen nach einheitlichen Gesichtspunkten aufgebaut sein.
- Bauteile, Rohrleitungen und Anschlüsse sollen sowohl in den Konstruktionsunterlagen als auch in der Anlage eindeutig und gleich gekennzeichnet sein.

Zweckmäßige Auswahl der Bauteile

- Bei elektrischen Bauteilen solche bevorzugen, die ihre Signalzustände durch Leuchtdioden anzeigen (LED-Anzeige).
- Pneumatische bzw. hydraulische Ventile mit Druckanzeigegeräten ausstatten, sodass die jeweilige Schaltstellung von außen ersichtlich ist.
- Bei größeren Anlagen Anzeigegeräte zur zentralen Überwachung von Prozessdaten und Prozesszuständen auf Schalttafeln vorsehen.

Übersichtliche Anordnung der Bauelemente

- Geräte mit gleicher Funktion sind möglichst nach dem gleichen Aufbauschema anzuordnen.
- Leitungen mit gleicher Funktion kennzeichnet man durch gleiche Farbgebung.
- Bauteile und ihre Anschlüsse so montieren, dass eine Demontage mit normalen Werkzeugen ohne großen Aufwand erfolgen kann.

Beispiele für Fehler in der Anlage und in den Bauteilen

Art der Störung	Fehlerursache	Fehlerfolge	Hinweise zur Behebung
Luftversorgung ist nicht ausreichend	Anlage ist zu klein ausgelegt, Querschnittsverringerung durch Schmutz, Luftverlust durch Undichtigkeiten in der Anlage	In der Taktfolge der Zylinder treten Störungen auf, Kräfte an den Arbeitselementen reichen zeitweise nicht aus	Ist die Anlage erweitert worden? Leckstellen aufsuchen, Filter überprüfen, korrodierte Leitungen austauschen
Hoher Kondensatanfall oder feuchte Druckluft	Trockner arbeitet nicht, Kondensat ist nicht entfernt worden, automatischer Kondensatablass ist defekt, Anschlussleitungen sind falsch verlegt	Schaltfunktionen sind beeinträchtigt, Ventilteile sitzen fest, Korrosionsschäden treten auf, Schmierstoffe in der Anlage emulgieren und verharzen	Tägliche Kontrolle der Wartungseinheiten, Filter austauschen
Zylinder führt vorgesehene Bewegungen nicht aus	Rückschlagventil ist undicht, Ringdüse am Stromregelventil ist verklebt, Stellglieder steuern nicht um, Rückstellfeder im Zylinder gebrochen	Kolbengeschwindigkeit lässt sich nicht mehr regeln, Kolben fährt nicht mehr ein oder aus, Kolben fährt ruckartig	Verschleißteile oder Federn in den Bauteilen auswechseln, elektrischen Anlagenteil auf Spannung überprüfen
Ventile führen vorgesehene Funktionen nicht aus	Ventil ist verschmutzt, Feder im Ventil ist gebrochen, Dichtsitze in den Ventilen sind beschädigt, Dichtringe sind gequollen, Entlüftungsbohrungen sind verstopft, Magnetspule ist durchgebrannt	Taktfolge in der Anlage ist gestört, Kolben fahren nicht mehr ein oder aus, elektrischer Anlagenteil ist ohne Spannung, an Ventilen treten Leckverluste auf	Verschleißteile oder Federn in den Bauteilen auswechseln, elektrischen Anlagenteil auf Spannung überprüfen, Ventile komplett austauschen

Übungsaufgaben 4/8 bis 4/13

Instandhaltung – Wartungstechnik

HANDLUNGSFELD: Wartungsmaßnahmen durchführen

Problemstellung

Wartungsauftrag:

Für eine neue LZ-Drehmaschine ist ein Wartungsplan zu erstellen. Die Maschine ist zu warten.

zu wartendes Objekt:

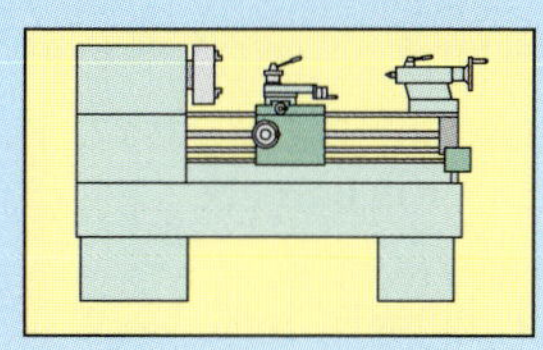

Vorgaben:
- Auftrag
- zu wartendendes Objekt
- Bedienungsanleitung

Analysieren

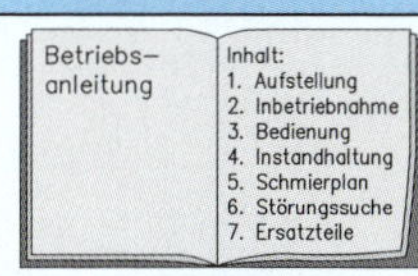

Ausgewählte Informationen:
- Instandhaltungsanleitung
- Beschreibung des Sollzustands
- Ersatzteilliste

Vorgaben:
- Instandhaltungsanleitung
- Ersatzteilliste
- Sicherheits- und Umweltbestimmungen

Planen

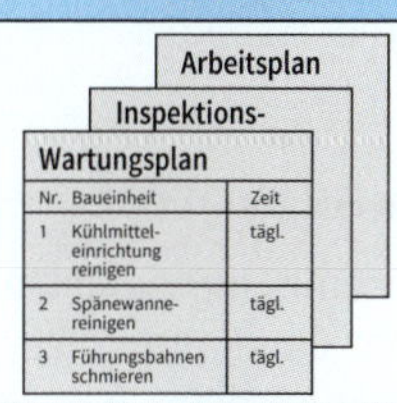

Ergebnisse:
- Wartungsplan mit Angaben zum Inspizieren, Konservieren, Schmieren u. a. (Was?)
- Zeitplan (Wann?)
- Personalplan (Wer?)
- Materialliste
- Entsorgungsmaßnahmen

Vorgaben:
- Wartungsplan u. a.
- Ersatzteile, Hilfsstoffe u. a.
- Werkzeuge
- Messgeräte

Warten

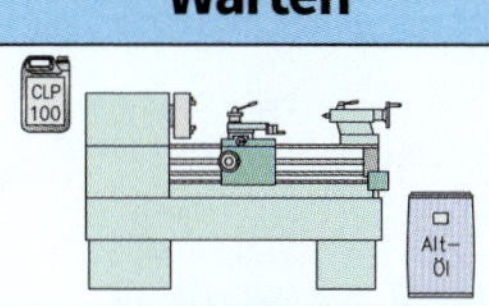

Ergebnisse:
- gewartetes Objekt
- verbrauchte Hilfsstoffe
- verschlissene Bauteile

Kontrollieren/Dokumentieren

Vorgaben:
- gewartetes Objekt
- Prüfdaten (Soll – Ist)

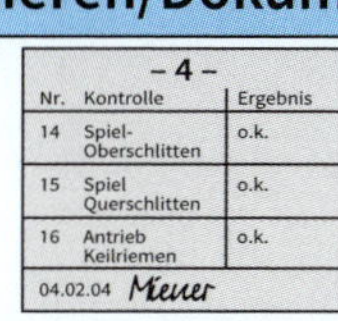

Ergebnisse:
- Dokumentation der Wartung
- Beschreibung des Objektzustands

1 Grundlagen der Instandhaltung

1.1 Aufgaben der Instandhaltung

Instandhaltung hat die Aufgabe, eine störungsfreie und sichere Benutzung von Maschinen, Anlagen und Gebrauchsgegenständen zu gewährleisten. Denn der Ausfall oder die Beeinträchtigung der Funktion von solchen Systemen kann wirtschaftlichen Schaden, Qualitätsminderung von Produkten, Gefährdung von Personen und Umweltschäden verursachen.
Maschinen und Anlagen von hoher Qualität können viele Jahrzehnte lang ihre Aufgaben erfüllen, wenn sie gut instand gehalten werden und man sie dabei stets entsprechend dem Stand der Technik aufrüstet.

Beispiel für den Werterhalt einer Maschine durch gute Instandhaltung

Drehmaschine, Baujahr 1977, zurzeit noch in Betrieb

Drehdurchmesser max. 1,5 m
Drehlänge max. 6 m

Maschine wurde 1996 überholt und mit einer neuen Elektroanlage ausgestattet.

! Instandhaltung dient dazu, technische Systeme in funktionsfähigem Zustand zu halten oder bei Störungen die Funktionsfähigkeit wiederherzustellen.

1.2 Abnutzung und Abnutzungsvorrat

Anlagen, Maschinen, Geräte und Teile, die bestimmungsgemäß gebraucht werden, nutzen sich mit der Zeit ab. Die Abnutzung ist unvermeidbar und wird durch chemische und/oder physikalische Vorgänge verursacht. Weil die Abnutzung jedoch vorhersehbar ist, plant man sie ein, indem man bei der Konstruktion einen **Abnutzungsvorrat** schafft. Dieser Abnutzungsvorrat kann im Betrieb bis zu einer vereinbarten oder festgelegten **Abnutzungsgrenze** aufgebraucht werden.

Beispiel für Abnutzungsvorrat und Abnutzungsgrenze an einer Bremsanlage

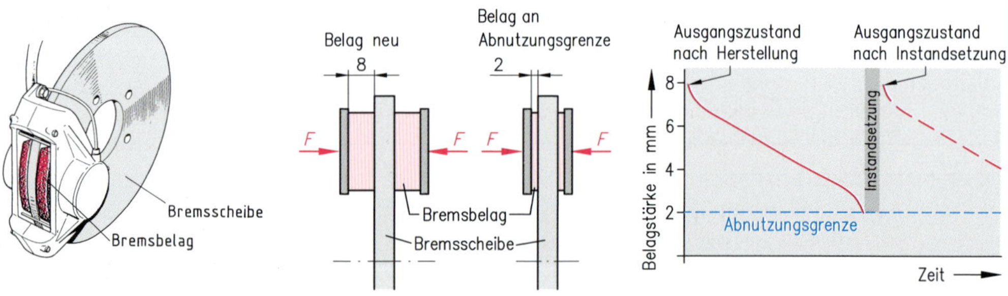

! Durch Maßnahmen der Instandhaltung wird der Abnutzungsvorrat einer Einheit so wiederhergestellt, dass die Einheit ihre Funktion erneut erfüllen kann.

1.3 Ursachen der begrenzten Nutzungsdauer

Unbegrenzte Lebens- und Nutzungsdauer von Maschinen und Anlagen ist infolge von Schwachstellen im Ausgangsprodukt, fehlerhafter Nutzung und schädigender Einflüsse beim Betrieb nicht zu erreichen. Unter dem Gesichtspunkt der stetig steigenden Kosten für Instandhaltung und Anpassung an den technischen Fortschritt ist unbegrenzte Nutzung auch nicht wünschenswert.

1. Qualitätsmängel im Ausgangsprodukt

Anlagen, Maschinen und Geräte können schon vor *ihrer Nutzung* mit Fehlern behaftet sein, die nicht unmittelbar am Produkt erkennbar sind und erst im Laufe der Nutzung zutage treten.

- **Konstruktionsfehler** z. B. können auf falschen Annahmen der im Betrieb auftretenden Höchstlasten beruhen und zu Verformungen oder Maschinenbruch führen. Fehlerhafte Betriebsanweisungen und Programme, die ebenfalls mit der Konstruktion aufgestellt werden, können später bei der Nutzung schwere Schäden verursachen.
- **Werkstofffehler** wie Lunker in Gussteilen oder Spannungen in wärmebehandelten Bauteilen sind verborgene Fehler, die erst bei der Nutzung des Produkts zutage treten.
- **Fertigungs- und Montagefehler**, z. B. Bearbeitungsriefen, die später im Betrieb zu Dauerbrüchen führen können, oder zu großes Spiel, durch das Bauteile „ausgeschlagen" werden, sind ebenfalls verborgene Fehler aus der Herstellung.
- **Fehler in zugekauften Bauteilen und Baugruppen**

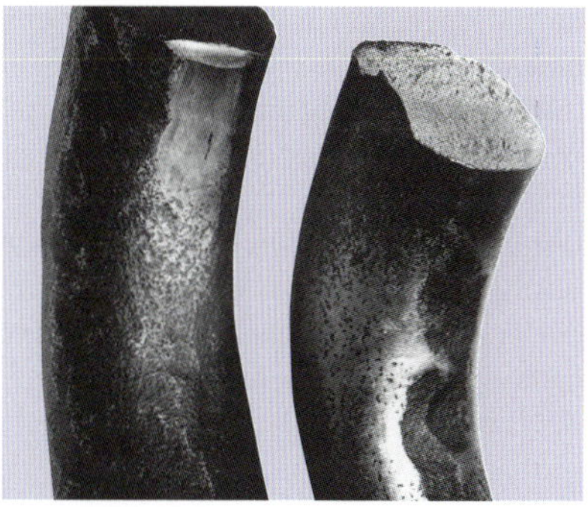

Bruch eines Kettenglieds infolge falscher Wärmebehandlung

> ! Konstruktionsfehler, Werkstofffehler und Fehler durch unsachgemäße Fertigung sind Qualitätsmängel des Ausgangsprodukts. Schäden durch sie sind nicht vorhersehbar und führen meist schon zu Beginn der Nutzung zu Ausfällen.

2. Schäden durch falsche Bedienung und Instandhaltung

Wenn Vorschriften in Bezug auf Bedienung und Instandhaltung nicht genau eingehalten werden, kann dies ebenfalls zu Betriebsstörungen und Schäden führen.

- **Bedienungsfehler** treten meist durch Unachtsamkeit oder Nachlässigkeit auf. In einigen Fällen sind sie auch auf unpräzise Betriebsanweisungen zurückzuführen. Häufige Bedienungsfehler, die zu Schäden an Maschinen und Anlagen führen, sind Überlastungen und Fehlschaltungen.
- **Instandhaltungsfehler** entstehen, wenn z. B. notwendige Instandhaltungsmaßnahmen nicht oder mit falschen Hilfsstoffen oder entgegen sonstigen Vorschriften durchgeführt werden.

> ! Durch Bedienungs- und Instandhaltungspersonal können durch Nichtbeachten der Bedienungs- und Instandhaltungsvorschriften im laufenden Betrieb Störungen verursacht werden. Diese Störungen sind nicht vorhersehbar.

3. Schäden durch Nutzung

Am häufigsten wird der Industriemechaniker mit Schäden durch die Nutzung von Maschinen und Anlagen konfrontiert. Dies sind vorwiegend:

- **Verschleißschäden** an Berührungsflächen sich bewegender Bauteile,
- **Korrosionsschäden** an Kontaktstellen unterschiedlicher Metalle und an Oberflächen von Bauteilen, die korrosiven Medien ausgesetzt sind,
- **Gewaltbrüche**, die durch Überlastung auftreten.
- **Ermüdungsbrüche**, die auf Vibrationen und Fehler in der Herstellung der Bauteile zurückzuführen sind.

> ! Schäden durch Verschleiß, Korrosion und Materialermüdung können durch sorgfältige Inspektion und rechtzeitige Instandsetzungsmaßnahmen weitgehend vermieden werden.

Übungsaufgabe 1/2

1.4 Grundmaßnahmen der Instandhaltung

Die Instandhaltung umfasst die Grundmaßnahmen Inspektion, Wartung, Instandsetzung und Verbesserung. Durch gut geplante Arbeiten in diesen Bereichen der Instandhaltung wird sichergestellt, dass geforderte Qualitätsmerkmale in der Produktion über die gesamte Fertigung erhalten bleiben und dass bei Gebrauchsgütern Nutzung und Sicherheit gewährleistet sind.

Bei der **Inspektion** werden alle Maßnahmen ergriffen, die zur Feststellung und Beurteilung des Istzustands an einem System notwendig sind.
Unter **Wartung** versteht man alle Maßnahmen, die dazu dienen, den Sollzustand an einem System zu bewahren.
Die **Instandsetzung** umfasst alle Maßnahmen, welche dazu dienen, den Sollzustand in einem System wiederherzustellen.
Unter **Verbesserung** versteht man alle technischen und organisatorischen Maßnahmen zur Steigerung der Funktionstüchtigkeit eines Systems, ohne die bisherige Funktion zu ändern.

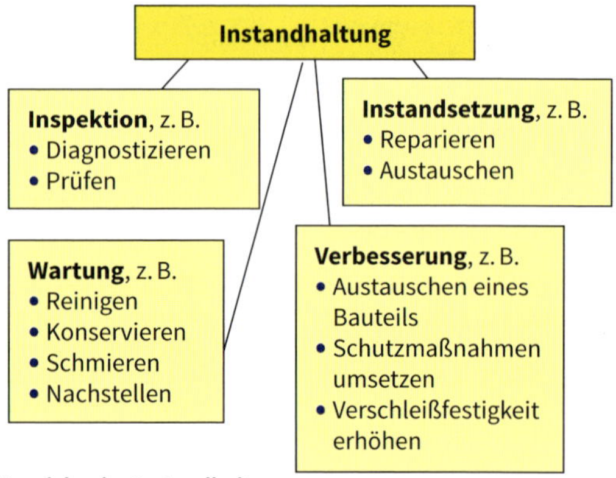

Bereiche der Instandhaltung

Beispiele für Grundmaßnahmen der Instandhaltung an einem Gabelstapler

Inspektion	Wartung	Instandsetzung	Verbesserung
		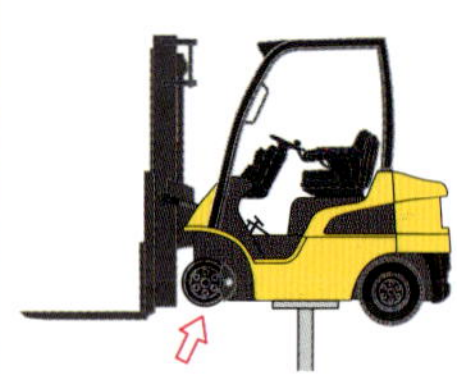	
Ladezustand der Batterie prüfen	Karosserie säubern und wachsen	Bremsbeläge ausbauen und erneuern	Umrüsten

> **!** Instandhaltung umfasst die Grundmaßnahmen
> • Inspektion, • Wartung, • Instandsetzung, • Verbesserung.

1.5 Vorgehen bei Instandhaltungsmaßnahmen

Instandhaltung diente lange Zeit nur dazu, plötzliche Ausfälle durch Verschleiß oder Bruch zu beheben. Man bezeichnet diese Art des Vorgehens, bei der man erst bei Auftreten von Fehlern korrigiert, als **korrektive Instandhaltung**, häufig auch vereinfacht **Crash-Methode**. Heute vermeidet man störungsbedingte Ausfälle durch Instandhaltung, die einem Schaden zuvorkommt – der Fachmann spricht in diesem Fall von **präventiver Instandhaltung**.

Bei der Fertigung auf Großanlagen und bei der Nutzung von gekoppelten Maschinensystemen wird nahezu ausschließlich die präventive Instandhaltung durchgeführt, denn Störungen führen zu erheblichen Produktionsausfällen. Ein „Bandabriss" in der Automobilproduktion kann z. B. je nach Dauer mehrstellige Millionenbeträge kosten.

 Übungsaufgabe 1/3

1.5.1 Korrektive Instandhaltung

Kann eine Anlage, eine Maschine oder eine sonstige Einheit ihre Aufgabe nicht mehr erfüllen, so spricht man von einem **Ausfall**. Hat man den oder die Fehler, die zum Ausfall führten, erkannt, so wird man entsprechende Instandhaltungsmaßnahmen einleiten, damit die Einheit wieder funktionsfähig wird. Eine solche Art der Instandhaltung wird **korrektive Instandhaltung** genannt.
Weil die Art der Ausfälle und die Zeitpunkte solcher Ausfälle nicht bekannt sind, verursachen sie organisatorische Probleme mit längeren Produktionsausfällen durch Fehlersuche und Ersatzteilbeschaffung.

Maschinenausfall durch Bruch

> **!** Korrektive Instandhaltung erfolgt nach dem Ausfall einer Einheit. Ausfälle erzwingen wegen der Fehlersuche und der Ersatzteilbeschaffung oft längere Unterbrechungen der Produktion.

1.5.2 Präventive Instandhaltung

Präventive Instandhaltung kann sich an laufenden Informationen über den Zustand des instand zu haltenden Systems (**zustandsorientierte Instandhaltung**) orientieren oder in vorausbestimmten regelmäßigen Abständen (**vorausbestimmte Instandhaltung**) durchgeführt werden.

1. Zustandsorientierte Instandhaltung

Ausfallbedingte Unterbrechungen von Maschinen und Anlagen lassen sich weitgehend vermeiden, wenn man den Zustand verschleißanfälliger Bauelemente kontinuierlich überwacht. Man leitet die Instandhaltungsmaßnahmen ein, bevor die Abnutzungsgrenze eines Bauteils erreicht ist. Über Änderungen im Verhalten des Bauteils, z. B. am Temperaturanstieg eines Wälzlagers oder an Veränderungen der Lagergeräusche, lassen sich drohende Schäden vorherbestimmen. Meist bleibt genügend Zeit zur Ersatzteilbeschaffung und zur Vorbereitung der Instandsetzungsmaßnahmen.

Maschinenausfall vermeidbar

> **!** Zustandsorientierte Instandhaltung ist bis auf den Zeitpunkt nach Art und Umfang planbar.

2. Vorausbestimmte Instandhaltung

An Maschinen und Anlagen mit hoher Produktivität, langen Laufzeiten und geringem zeitlichen Spielraum, z. B. an Druckerpressen in Zeitungsverlagen oder an Produktionsanlagen der Automobilindustrie, wechselt man in bestimmten Zeitintervallen störungsgefährdete Bauelemente aus, ohne dass sich ein Schaden ereignet hat. Diese Art des Vorgehens bezeichnet man als vorausbestimmte Instandhaltung. Dabei erzielt man ein hohes Maß an Zuverlässigkeit, jedoch zum Preis vorschnellen Bauteilaustauschs.

Maschinenausfall absehbar

> **!** Bei vorausbestimmter Instandhaltung sind Art, Umfang und Zeitpunkt im Voraus geplant.

2 Systembeurteilung durch Inspektion

Unter Inspektion versteht man alle Maßnahmen zur Feststellung und Beurteilung des Istzustands einer Einheit einschließlich der Bestimmung der Ursachen der Abnutzung und der notwendigen Folgerungen für eine künftige Nutzung.

2.1 Inspektionsintervalle

Inspektionen sind in gewissen Zeitabständen durchzuführen, man spricht von Inspektionsintervallen. Der Abstand regelmäßiger Inspektionsintervalle richtet sich nach:

- den Umwelteinflüssen am Einsatzort, z. B. Schmutz, Hitze,
- den zu erwartenden Schäden, z. B. Verschleiß, Korrosion, Lockerung von Bauteilen,
- der Maschinen- und Anlagenbelastung, z. B. häufiger Teillastbetrieb, zeitweise Überlastung,
- der Gefahr für Menschen, Umwelt und Anlagen, z. B. Explosion, Absturz.

Beispiele für Inspektionsintervalle

- Für kontinuierlich arbeitende Maschinen, Pumpen und Produktionsanlagen wird die Betriebszeit als Basis gewählt, z. B. alle 500 Betriebsstunden.
- Produzieren Maschinen ständig den gleichen Artikel, so wird häufig nach einer bestimmten Produktionszahl eine Inspektion vorgenommen, z. B. nach 10 000 Stück.
- Bei Fahrzeugen wird meist die gefahrene Strecke zugrunde gelegt, z. B. für Pkw alle 20 000 km.

2.2 Inspektion durch Sinneswahrnehmung

Von einem im Normalzustand arbeitenden Gerät oder einer im störungsfreien Betrieb arbeitenden Anlage haben wir bestimmte Sinneseindrücke. Wir hören ein uns vertrautes Geräusch in gewohnter Lautstärke; wir sehen Bauteile und deren Bewegungen im gewohnten Lauf; wir fühlen Vibrationen und Temperaturen, wie sie schon immer waren.
Abweichungen von diesen uns vertrauten Zuständen nehmen wir unmittelbar wahr. Unsere Sinne machen uns auf Störungen im Betrieb von Geräten und Anlagen aufmerksam.

Sinn	Wahrnehmung	Fehlerkennung
Sehen	Beschädigungen	Risse, Poren
	Verformungen	Verbiegungen, lose Teile, lockerer Riemen
	Bewegungen	ruckartiger Lauf, Verrutschen von Teilen
	Aussehen	farbliche Änderungen, Glanzänderungen, Dampf
Hören	hohe Töne	Quietschen wegen Reibung
	unregelmäßige Schwingungen	Unrundlauf
	Frequenzänderungen	Spannungen in Drahtseilen
	Pfeifgeräusche	Leck in Leitungen
Fühlen	Temperaturunterschiede	Heißlaufen von Lagern
	Kraftunterschiede	Lockerung eines Bauteils
	Oberflächenänderung	Rauheitsänderungen, Klebrigkeit
Riechen	Verbrennungsgeruch	Überhitzung, Verdampfen von Flüssigkeiten
	Geruch nach Chemikalien	Auslaufen von Chemikalien

Übungsaufgabe 2/1

Aufgrund unserer Wahrnehmungen können wir ohne besonderen Aufwand den Zustand einer Anlage, Maschine oder Baugruppe feststellen. Darum wird in Inspektions- und Wartungsvorschriften sehr häufig die Inspektion durch Sinneswahrnehmung gefordert.

Beispiel für eine Inspektionsanweisung mit Hinweis auf Geräusch- und Sichtprüfung

Pneumatikverschraubungen auf Dichtheit prüfen	wöchentlich	Geräuschprüfung
Kugelgewindespindel fetten	monatlich	Auftragen eines dünnen Fettfilms auf die Spindel
Zahnriemen auf Risse, Ausfransungen und Zahnausbrüche prüfen	monatlich	Sichtprüfung für den gesamten Riemen durchführen

! Inspektion durch Sinneswahrnehmung liefert dem erfahrenen und mit der Maschine oder Anlage vetrauten Fachmann Hinweise auf evtl. Störungen.

Als Ergebnis einer Inspektion durch Sinneswahnehmungen muss der Fachmann den einwandfreien Betrieb der untersuchten Anlage, Maschine oder Baugruppe bestätigen oder bei Auftreten von Abweichungen Maßnahmen zur Instandsetzung einleiten.

2.3 Inspektion auf der Grundlage von Messdaten

– **Intervallmäßige Inspektion**

Inspektionen mit Messgeräten sind meist aussagekräftiger als Inspektionen durch Sinneswahrnehmung, denn die zu beurteilenden Eigenschaften werden objektiv erfasst und können entsprechend dokumentiert und bewertet werden.

Beispiel für die Inspektion einer Frässpindel auf Rundlauf

Inspektionsanweisung

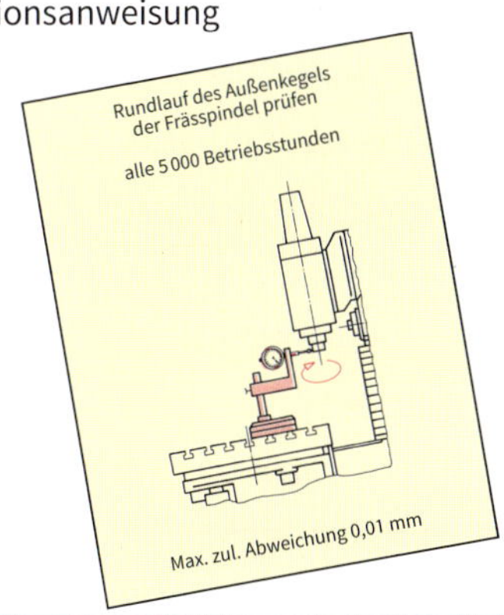

Durchführung

! Die Inspektion mit Messgeräten liefert objektive und gut auswertbare Ergebnisse und ist der Inspektion durch Sinneswahrnehmung vorzuziehen.

- **Kontinuierliche Inspektion**

Zwischen den Inspektionen unterliegen Maschinen, Anlagen und Geräte weiterhin dem Verschleiß und es besteht die Gefahr von Betriebsstörungen. Intervallmäßige Inspektionen erfordern auch störende Unterbrechungen der Nutzung. Deshalb wird versucht, die Inspektionen während des Betriebs kontinuierlich durchzuführen und Meldung geben zu lassen, wenn Teile der Maschine oder Anlage in einen kritischen Zustand kommen, z. B. wenn Lager zu heiß werden, wenn Werkzeuge abstumpfen oder Motoren überhitzen. Kontinuierliche Inspektion verlängert die Zeit zwischen zwei Instandsetzungen, weil erst bei drohendem Betriebsausfall eingeschritten werden muss.

Messeinrichtungen, die vorwiegend zur Zustandskontrolle eingesetzt werden, nehmen wie andere Messeinrichtungen die Messgröße auf, z. B. die Temperatur oder den Druck, und wandeln sie in ein Signal um, das weiterverarbeitet werden kann.

Im **Verarbeitungsglied** der Messeinrichtung werden die gemessenen Größen mit den vorgegebenen Normalwerten und ihren Schwankungsbreiten verglichen und zu einem Ausgangssignal kombiniert, das über den Zustand des Systems Auskunft gibt. Wichtig ist, dass dieses Verarbeitungsglied auch bei einer internen Störung, also bei einem eigenen Fehler, eine eigene Fehlermeldung liefert.

Das **Ausgabeglied** der Messeinrichtung zeigt meist nur einen Bereich an, in dem sich der Zustand des Systems bewegt. Vielfach wird ein Farbcode verwendet (grün = in Ordnung, gelb = Instandhaltungsmaßnahme vorbereiten, rot = Instandhaltungsmaßnahme unbedingt durchführen). Häufig sind die Ausgabeglieder so gestaltet, dass sie auch bei Stillstand des Systems ihre Anzeige über den Zustand beibehalten, sodass sie jederzeit Auskunft über den Systemzustand geben.

Beispiel für eine Einrichtung zur kontinuierlichen Inspektion

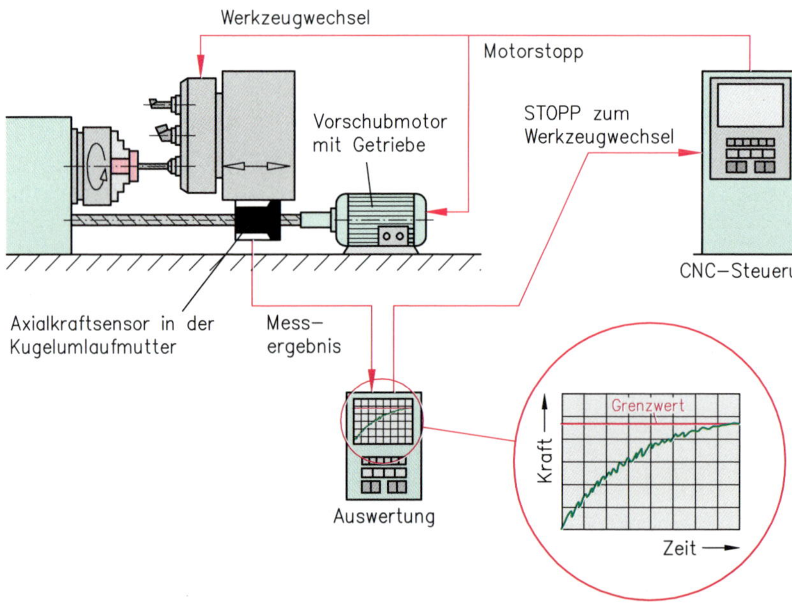

Eingabe
• Grenzwert der Schnittkraft • Messergebnisse der Schnittkraft

→

Verarbeitung
– Vergleich der Schnittkraft mit dem eingestellten Grenzwert – Anzeige des Schittkraftverlaufs

→

Ausgabe
– Stoppen der Bearbeitung bei Überschreiten des Grenzwerts – Werkzeugwechsel

3 Instandhaltung durch Wartung

3.1 Übersicht über Wartungsarbeiten

Durch Wartung sollen Maschinen, Anlagen und Geräte möglichst in ihrem Sollzustand erhalten bleiben. Zumindest aber möchte man den unvermeidlichen Abnutzungsprozess verlangsamen und weiterhin einen sicheren Umgang gewährleisten. Arbeiten im Rahmen von Wartung sind ihrer Art nach Erhaltungsmaßnahmen und lassen sich in mehrere Aufgabenbereiche unterteilen.

Wartungsarbeiten	vorzunehmende Tätigkeiten
Reinigen	Fremdstoffe oder belastete Hilfsstoffe entfernen
Konservieren	Systeme gegen Fremdeinflüsse durch Schutzmaßnahmen haltbar machen
Schmieren	Reibstellen im System Schmierstoffe zuführen, um die Gleitfähigkeit zu erhöhen
Nachstellen	Mithilfe von Korrektureinrichtungen Abweichungen von einem Sollzustand beseitigen
Ergänzen	System mit erforderlichen Hilfsstoffen auffüllen

Beispiele für Wartungsarbeiten an einer Fräsmaschine

Reinigen

- Säubern der T-Nute mit Pinsel
- Putzen des Maschinentischs mit Putzwolle
- Säubern offenliegender Gleitflächen mit Pinsel und Putzwolle
- Säubern der Ablaufsiebe für Kühlschmiermittel

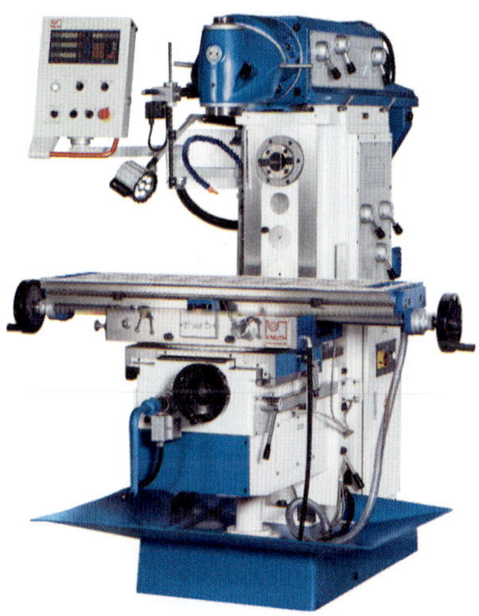

Nachstellen

- Nachstellen der Leisten in den Gratführungen zur Einstellung des Spiels
- Nachstellen des Gewindespindelspiels
- Nachstellen des Lagerspiels der Frässpindel

Konservieren

- Einfetten blanker Führungen mit Gleitbahnöl
- Leichtes Einfetten des Maschinentischs

Schmieren

- Schmieren der Führungen
- Schmieren der Gewindespindeln

Ergänzen

- Ergänzen der Füllmenge an Getriebeöl

! Wartungsarbeiten dienen der Erhaltung des Sollzustands und somit der Bewahrung der Funktionsfähigkeit und der Werterhaltung von technischen Systemen. Wartung erfolgt durch Reinigen, Konservieren, Schmieren, Ergänzen und Nachstellen.

Übungsaufgaben 3/1; 3/2

3.2 Säubern und Konservieren

1. Säubern

Verschmutzungen an Maschinen und Geräten lassen diese nicht nur unschön aussehen, sondern führen auch zu höherem Verschleiß bewegter Teile, zu erhöhter Reibung und damit zu einer Leistungsminderung. Deshalb müssen je nach Verschmutzungsgrad und Benutzungshäufigkeit Schmutzteilchen, Späne und Abriebteilchen sowie verschmutzte Fette, Öle und Hilfsstoffe in bestimmten Zeitintervallen entfernt werden.

Werkzeugmaschinen sollen täglich vom Maschinenbediener gesäubert werden:

- Der Arbeitsraum der Maschine ist mit dem Pinsel oder einem Industriesauger von Spänen zu reinigen.
- Die Spänewanne ist auszuleeren und die Späne sind vorschriftsmäßig zu entsorgen.
- Führungsbahnen sind mit Putzwolle oder nicht fasernden Lappen von Staub und Kühlschmiermitteln zu reinigen.
- Bewegungsgewinde sind einzuölen.
- Schutzscheiben sind mit einem neutralen Reinigungsmittel ohne festen Druck zu säubern, damit anhaftende Stäube keine Kratzer verursachen.

Säubern einer Antriebseinheit

Druckluft darf zum Säubern von Maschinen nicht eingesetzt werden, weil dadurch Späne und schmirgelnd wirkende Stäube in Führungen und Bewegungsgewinde gelangen können und dort Verschleiß verursachen.

> **!** Säubern von Maschinen und Anlage schützt diese vor Verschleiß und Wertminderung und wertet den Arbeitsplatz auf.

Reinigungsstoffe siehe „Instandhalten“, Kapitel Reinigungsmittel

2. Konservieren

Durch Konservieren mit Beschichtungsstoffen schützt man die Oberflächen von Bauteilen vor schädlichen Umwelteinflüssen, die zur Korrosion führen. Als Beschichtungsstoffe verwendet man Öle, Fette, Wachse und Anstriche.

- Blanke Maschinenteile, wie z. B. die Säule oder der Arbeitstisch einer Bohrmaschine sowie Gleitbahnen und Bettführungen von Werkzeugmaschinen, werden zum kurzzeitigen Korrosionsschutz gefettet.
- Mess- und Prüfzeuge sowie Anreißplatten werden zum kurzzeitigen Schutz gereinigt und anschließend geölt oder gefettet.
- Blanke Maschinenteile aus Stahl werden für längere Versandwege mit Wachs oder einem Schutzlack beschichtet. Auch ein Verpacken solcher Teile mit ölhaltigem Papier ist üblich.
- Verzinkte Bauteile, an denen eine Beschädigung der Schutzbeschichtung eingetreten ist, werden mit Zinkspray nachverzinkt, um wieder einen ausreichenden Schutz herzustellen.

Hilfsstoffe mit konservierender Wirkung

> **!** Konservierende Maßnahmen werden durchgeführt, um die Oberflächen von Bauteilen vor schädlichen Umwelteinflüssen (Korrosion) zu schützen.

3.3 Schmieren

1. Aufgaben des Schmierens

Durch Schmieren von Maschinen, Geräten und Anlagen erreicht man Folgendes:

- Energieverluste infolge von Reibungsvorgängen werden vermindert.
- Verschleißvorgänge an Bauteilen, die sich gegeneinaner bewegen, werden verringert.
- Oberflächen können vor schädlichen Umwelteinflüssen geschützt werden.

Besonders wichtig ist die Schmierung von Lagern und Führungen. Die Schmierstoffe verhindern, dass sich die aufeinandergleitenden oder abrollenden Bauteilflächen direkt berühren.
Schmierung verringert die Beanspruchung der Oberflächen und verlängert die Einsatzzeit von Bauteilen, wie z. B. Kugellagern.

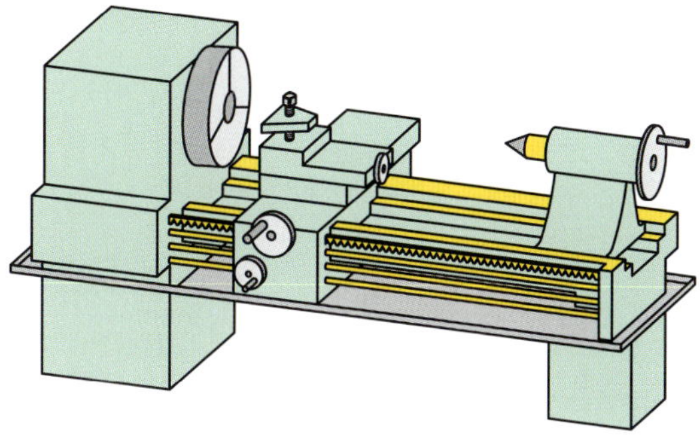

Gleitflächen (gelb markiert) an einem Drehmaschinenbett

> **!** Durch Schmieren vermindert man in technischen Systemen Energieverluste, verringert Verschleißvorgänge und schützt Oberflächen vor Korrosion.

2. Schmieranweisungen

Schmieren erfolgt nach festen Vorgaben des Herstellers einer Maschine, eines Geräts oder einer Anlage. Die Vorgaben berücksichtigen vor allem die Einsatzbedingungen der Maschinen bzw. Anlagen im Produktionsprozess.

Die Schmieranweisung muss gemäß Normvorgaben Folgendes enthalten:

- eine **Schmierstoffübersicht** mit den empfohlenen Schmierstoffen und ihren genormten Bezeichnungen,
- einen **Schmierstellenplan**, in dem die einzelnen Schmierstellen und die vorgesehenen Schmierintervalle eingetragen sind,
- die Angaben über die jeweiligen Schmierstoffmengen,
- die Art des jeweiligen **Schmierverfahrens**, mit dem der Schmierstoff einzubringen ist.

> **!** In der Betriebsanleitung des Herstellers einer Maschine oder Anlage werden Schmieranweisungen gegeben. Sie geben Auskunft über:
> • Schmierstellen, • Schmierstoffe, • Schmierungen, • Schmierintervalle, • Schmierverfahren.

3. Schmierplan

Im Betrieb werden die Anweisungen des Herstellers in den Instandhaltungsplan eingebracht. Es wird ein entsprechender Schmierplan aufgestellt, nach welchem der Fachmann die Schmierung vorzunehmen und zu bestätigen hat. Der Schmierplan enthält:

- die Bezeichnung der Schmierstellen in sinnvoller Reihenfolge (**Wo?**),
- die eindeutige Bezeichnung der zuzuführenden Schmierstoffe (**Was?**),
- die Menge des beim jeweiligen Schmiervorgang einzubringenden Schmierstoffs (**Wie viel?**),
- die Beschreibung der notwendigen Arbeitsmittel (**Womit?**),
- das Intervall, nach dem jeder der beschriebenen Arbeitsgänge regelmäßig auszuführen ist. Das Intervall (**Wann?**) kann in Zeitabständen, Stückzahlen o.a. gemessen sein,
- die Arbeitszeitvorgabe (**Wie lange?**),
- die Hinweise zur Koordinierung der Arbeiten mit dem Betriebsablauf, z. B. *„in Betrieb“* oder *„bei Stillstand auszuführen“* (**Wobei?**).

Symbole für Schmieranleitungen in Schmierplänen

Symbol	Erklärung
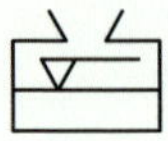	Ölstand prüfen
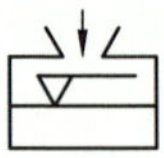	Ölstand überwachen, falls erforderlich auffüllen
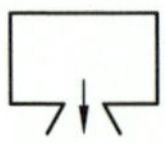	Behälter entleeren
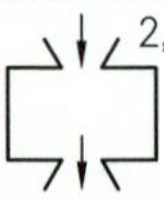	Behälterinhalt austauschen, Angabe der Füllmenge in l

Symbol	Erklärung
	Schmierung allgemein mit Ölkanne oder Spraydose
	Automatische Zentralschmiereinrichtung für Öl
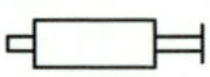	Fettschmierung mit Fettpresse
	Filter auswechseln, Filtergehäuse reinigen

Symbol	Erklärung
	Angabe der Schmierintervalle in Betriebsstunden
	Ergänzende Erläuterungen in der Betriebsanleitung nachlesen

Beispiel für einen Schmierplan

Schmierplan (Uhr) Betriebsstunden

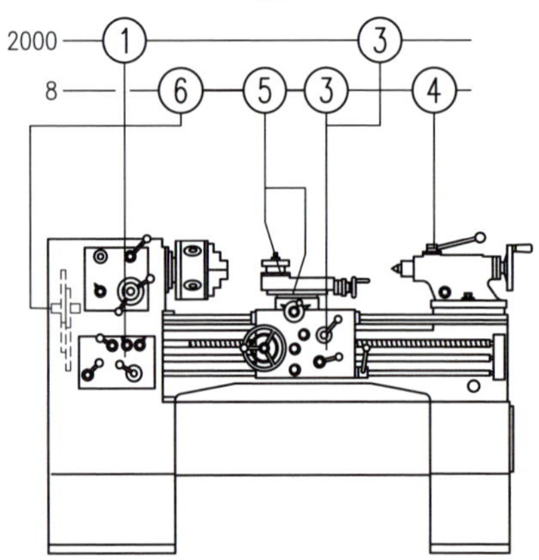

Präzisions-Drehmaschine
Hersteller: XYZ-Werkzeugmaschinen
Bauart: Super 1
Super 2

Achtung!
Vor der Schmierung alle Eingriffsstellen reinigen.

Maschinenteile	Vorschubgetriebe	Schlosskasten		Reitstock	Obersupport	Wechselradgetriebe
Nr. der Eingriffsstelle	1	3		4	5	6
Bildzeichen des Eingriffs / Art des Eingriffs	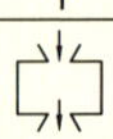			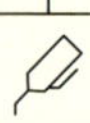		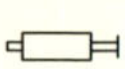
Nachfüllen (h)						
Prüfen– Auffüllen (h)		8				
Abschmieren (h)				8		
Austauschen (h)	2000		2000			
Füllmenge (l)	1,2	0,5	1,0	3 Hübe		
Schmierstoff DIN/ISO	DIN 51517 – CLP46					DIN 51825 –KI 2 K

Der Schmierplan ist vom Fachmann aus folgenden Gründen genau einzuhalten:

- Viele Schmierstoffe vertragen sich nicht untereinander, deswegen darf man keine eigenmächtigen Änderungen hinsichtlich der *Art des Schmierstoffs* vornehmen.
- Übervolle Fettfüllungen in Lagern führen zu erhöhter Lagerreibung und damit zur Verflüssigung des Fetts und zu Schmierstoffverlust, deswegen muss die *Schmierstoffmenge* eingehalten werden.
- Oft muss das Schmiermittel beim Einbringen durch Kanäle gepresst werden, die verfestigten Schmierstoff und Abriebteilchen enthalten. Das *Arbeitsmittel* zum Einbringen des Schmiermittels ist daher festgelegt, damit der notwendige Einpressdruck aufgebracht werden kann.

! Genaue Angaben über die Schmierung einer Maschine oder Anlage sind dem Schmierplan zu entnehmen.

Schmierstoffe siehe „Instandhaltung – Wartungstechnik“, Kapitel 8.

3.4 Wartung durch Ergänzen und Nachstellen

1. Wartung durch Ergänzen

Warten durch Ergänzen bezieht sich vorwiegend auf das Nachfüllen von Hilfsstoffen wie Ölen, Fetten, Kühlschmiermittel und Kühlwasser.
Dabei ist jedoch zu beachten, dass die so ergänzten Stoffe nicht mehr die Qualität erreichen, die sie zu Beginn ihres Einsatzes hatten. Es tritt also eine stete Verschlechterung ein. Deshalb müssen nach einer festgelegten Zahl von Ergänzungen die Stoffe komplett ausgetauscht werden.
Auch das Aufladen von Akkumulatoren und das Aufpumpen von Luftreifen sind Beispele für Warten durch Ergänzen.

Warten durch Ergänzen von Motoröl

! Warten durch Ergänzen ist vorwiegend das Auffüllen von Hilfsstoffen.

2. Wartung durch Nachstellen

Im Betrieb können sich die Maße und die Lage von Bauteilen verändern. Verursacht werden diese Veränderungen durch die Höhe der Belastung, durch Verschleiß und durch bleibende Dehnungen der Bauteile. So dehnen sich z. B. Riemen und Ketten im Laufe des Betriebs und Führungen bekommen durch Verschleiß Spiel.
Durch Nachstelleinrichtungen, die heute meist schon in den Maschinen eingebaut sind, lassen sich die Veränderungen ausgleichen oder wieder rückgängig machen. So wird der ursprüngliche Sollzustand des Systems wieder erreicht.

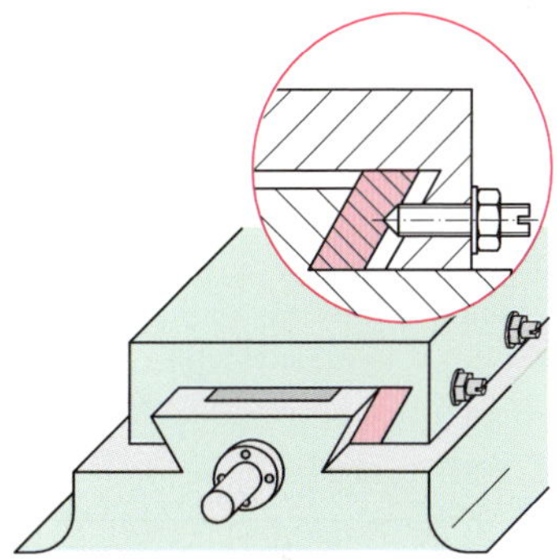

Nachstellbare Führung an einer Maschine

Bei Messgeräten bezeichnet man das Nachstellen wegen festgestellter Maßabweichung des Messgeräts als **Justieren**.
Bei Bügelmessschrauben mit einem bei Null beginnenden Messbereich ist der Wert Null das Normal. Wenn eine Bügelmessschraube nach dem Anziehen mit der Gefühlsratsche z. B. nicht genau den Wert Null anzeigt, so tritt bei jeder Messung ein systematischer Fehler um den abweichenden Betrag auf. An der Bügelmessschraube kann durch Drehen der Skalenhülse der Wert Null wieder eingestellt werden. Damit ist die Messschraube wieder justiert.
Ebenso kann das Gewindespiel bei Messschrauben nachgestellt werden, wenn es durch häufige Beanspruchung zu groß geworden ist.

Beispiel für das Justieren einer Bügelmesschraube

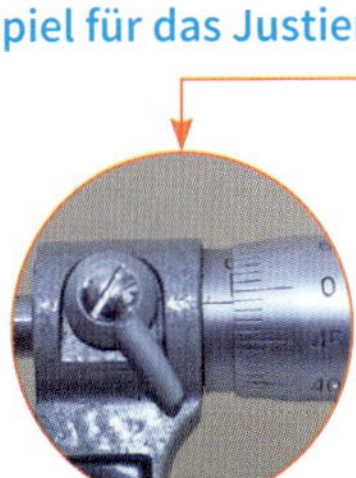

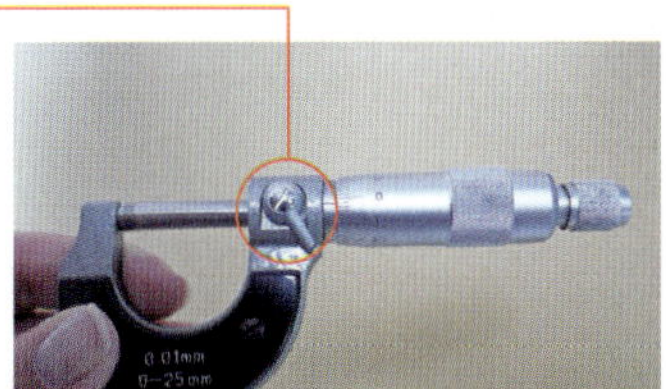

Messschraube mit Anzeigefehler

Messschraube justieren

! Durch Nachstellen korrigiert man Abweichungen vom Sollzustand, verbessert die Funktion des Produktionsablaufs, erhöht die Qualität der Produkte und beugt Störungen vor.

3.5 Wartungs- und Inspektionspläne

Die Auflistung der Inspektions- und Wartungsarbeiten in den Plänen kann nach verschiedenen Gesichtspunkten gegliedert werden. Man ordnet die Wartungsschritte nach:

- den **Wartungsintervallen** – diese werden meist steigend in Betriebsstunden angegeben, zum Beispiel: nach acht, nach 50, nach 200 Betriebsstunden usw.,
- den **Baugruppen der Anlage**, zum Beispiel: Gehäuse, Führungsbahnen, Bedienpult, Kühlmitteleinrichtung usw. oder
- der **Zweckmäßigkeit des Arbeitsablaufs** der Gesamtmaßnahme, zum Beispiel: Stellen Sie den Hauptschalter auf AUS und schalten die Zuleitung zur Maschine spannungsfrei, öffnen Sie die Verschlussklappe zum ... usw.

Beispiel für den Wartungs- bzw. Inspektionsplan einer Fräsmaschine (nur Auszüge!)

Die Nummern geben die laufende Nummer im Wartungsplan an.

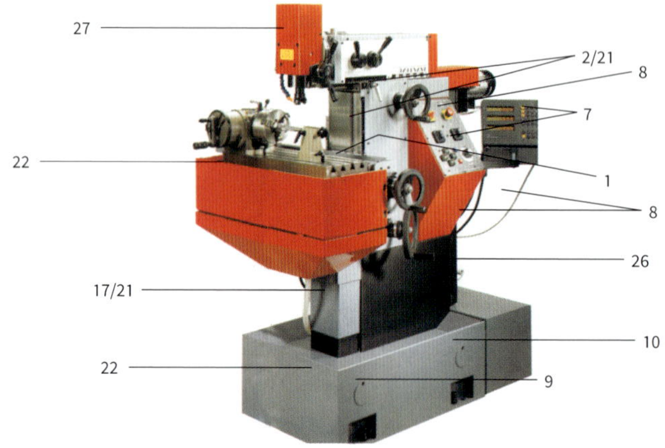

Lfd. Nr.	Wartungs-/Inspektionsmaßnahme	Intervall in Betriebs-Std.	Bemerkungen
1	**Frästisch** reinigen, auf Beschädigungen kontrollieren und leicht fetten	8	Nur Pinsel und Putzlappen verwenden
2	Alle **Schlittenführungen** reinigen	8	Keine Pressluft einsetzen!
7	**Maschinengehäuse, Steuerung** und **Bedienpult** reinigen	40	
8	**Elektrozuleitungen** und **Schalter** auf Beschädigugen sorgfältig kontrollieren	40	Alle Schäden sofort melden!
9	**Füllmenge** der Kühlschmiereinrichtung prüfen und bei Bedarf auffüllen	40	Kühlschmierstoff E 8 %
10	**Füllmenge** der Zentralschmiereinrichtung prüfen und bei Bedarf auffüllen	40	Ölsorte: CL 68
17	**Abstreifer** an **Führungsbahnen** reinigen und bei Bedarf auswechseln	80	
21	**Stellleisten** der **Schlittenführungen** prüfen und eventuell nachstellen	160	
22	**Siebe** und **Filter** der Kühlschmiereinrichtung reinigen	160	
26	Spannung u. Verschleiß des **Keilriemens** vom Hauptantrieb sowie des **Zahnriemens** vom Vorschubantrieb prüfen, evtl. nachstellen	1 000	
27	Lagerspiel der **Frässpindel** prüfen und bei Toleranzüberschreitung nachstellen	5 000	Zul. Rundlaufabweichung Max. $t = 0{,}03$ mm

3.6 Wartungshinweise für handgeführte Werkzeuge

- Werkzeuge und Messzeuge getrennt am Arbeitsplatz, im Schrank bzw. im Werkzeugkasten aufbewahren. Übereinander liegende Werkzeuge und Messzeuge werden beschädigt und ein zügiges Arbeiten wird sonst behindert.
- Nach Abschluss der Arbeiten Werkzeuge und Arbeitsplatz von Schmutz und Spänen reinigen.

Beispiel für die Ordnung am Arbeitsplatz

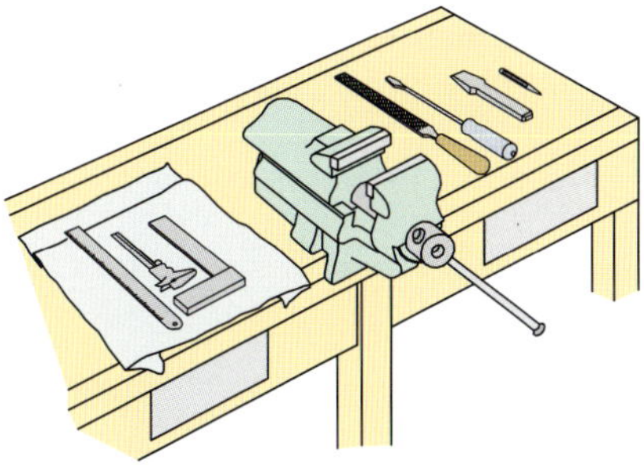

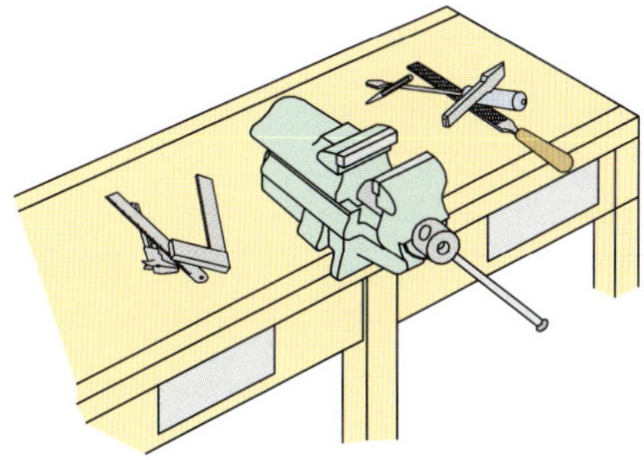

So nicht!

- In Schlichtfeilen setzen sich Späne fest, die auf der Werkstückoberfläche störende Riefen erzeugen. Die Feile ist mit einer Feilenbürste zu reinigen, wobei die Feilenbürste in Richtung des Oberhiebs bewegt wird.
- Stumpfe Werkzeuge, wie Sägeblätter, Feilen u. a. austauschen; andere, wie Bohrer, Meißel, Körner, Reißnadeln, zum Schärfen geben oder selbst schärfen.
- Werkzeuge, wie Hämmer, Meißel, Körner und Feilen, überprüfen, ob eine Unfallgefährdung vorliegt, z. B. Hammer sitzt nicht fest auf dem Stiel, Meißel hat einen Bart, Feile sitzt locker im Feilenheft. Unfallgefährdung durch sachgerechtes Befestigen von Hammer und Feile und Abarbeiten des Meißelbarts beiseitigen.

Beispiele für das Warten der Handwerkzeuge

Schleifvorrichtung für Spiralbohrer

Unfallgefahr!
Meißel mit Bart (Grat)

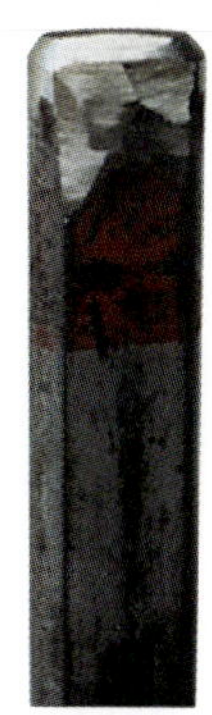

Meißelkopf
richtig geschliffen

- Am Ende einer Arbeitswoche:
  - den Schraubstock gründlich reinigen, die Spindel und die Führungen leicht einfetten, um den Schraubstock leichtgängig zu halten,
  - die Bohrmaschine und evtl. die Säge gründlich reinigen und blanke Stahlflächen mit Öl leicht einfetten, um Korrosion zu verhindern.

4 Instandsetzen

4.1 Vorausbestimmtes und zustandsorientiertes Instandsetzen

Bei der **vorausbestimmten** Instandsetzung werden Baugruppen und Bauteile nach einer festgelegten Betriebsstundenzahl oder nach einer festgelegten Zahl von Fertigungsabläufen ausgebaut und instand gesetzt. Im Fall einer **zustandsorientierten** Instandsetzung erfolgt diese, sobald durch Inspektion festgestellt wurde, dass die vorher festgelegte Abnutzungsgrenze erreicht ist.

In beiden Fällen werden Baugruppen und Bauteile ausgebaut, bevor ein Schaden eingetreten ist. Damit entfällt eine Störungssuche. Ersatzteile können vorbestellt und bereitgehalten werden.

Für Bauteile, die einem höheren Verschleiß unterliegen, werden vom Hersteller sogenannte Verschleißteilsätze geliefert.

Beispiel für den Verschleißteilsatz eines Pneumatikzylinders

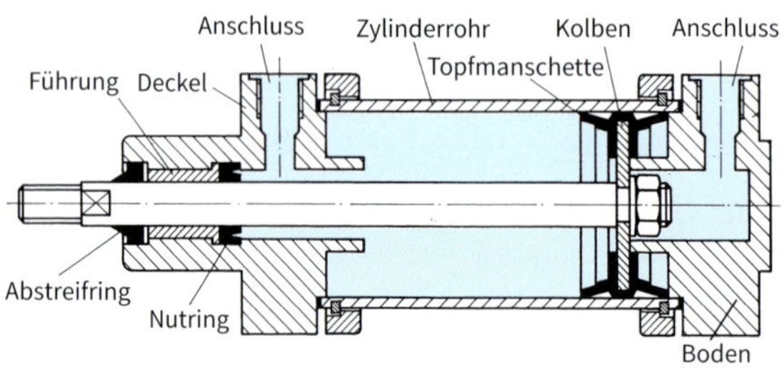

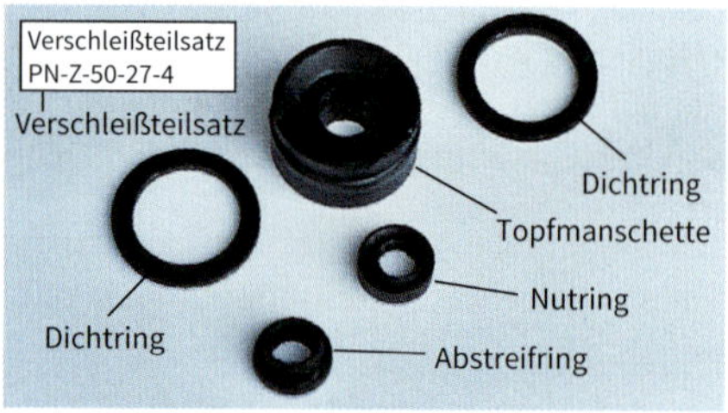

Die geplante Instandsetzung wird entsprechend den in der Instandhaltungsanleitung des Herstellers festgelegten Richtlinien durchgeführt. Diese Hinweise geben Auskunft über

- Sicherheitsmaßnahmen und persönliche Schutzausrüstung des Instandhalters,
- systematische Abfolge des Ausbaus der Baugruppe oder des Bauteils,
- Anleitungen zum Austausch der Bauteile, welche die Abnutzungsgrenze erreicht haben,
- Anleitungen zur Reparatur abgenutzter Bauteile,
- systematische Abfolge des Zusammenbaus/Einbaus von Bauteilen und Baugruppen,
- Richtlinien zum Einstellen und zum Probelauf,
- Unterlagen zur Dokumentation der Instandsetzungsmaßnahme und das Abnahmeprotokoll.

! Vorausbestimmtes und zustandsorientiertes Instandsetzen verkürzt die Ausfallzeit für Instandhaltungsarbeiten und kann systematisch nach den Richtlinien des Herstellers des instand zu haltenden Systems durchgeführt werden.

4.2 Instandsetzen mechanischer Baugruppen nach einer Störung

4.2.1 Maßnahmen unmittelbar nach einer Störung

Bei Störungen im Betrieb einer Anlage wird das Betriebspersonal erste Maßnahmen einleiten. Soweit dies notwendig ist, werden die betroffenen Teile der Anlage entsprechend dem Notfallplan umgehend stillgesetzt, ein möglicher Gefahrenbereich wird abgesichert und das verantwortliche Führungspersonal benachrichtigt.

Die für die Reparatur zuständigen Industriemechaniker haben vor Beginn ihrer Tätigkeit die Stillsetzungsmaßnahmen und die Absicherung zu überprüfen und ggf. mit dem Führungspersonal organisatorische Maßnahmen abzusprechen.

Übungsaufgaben 4/1 bis 4/4

4.2.2 Störungsdiagnose

Nach dem Auftreten einer Störung an einer Maschine oder Anlage ist der erste Schritt zur Wiederherstellung der Funktionsfähigkeit die gezielte Fehlersuche. Alle Tätigkeiten, die der Fachmann im Rahmen der Suche nach der Fehlerursache durchführt, nennt man **Diagnose**.

Grundvoraussetzung für eine solche Störungsdiagnose und die spätere Instandsetzung sind die genaue Kenntnis des Aufbaus und der Funktion des Systems. Nur so kann der Fachmann mögliche Fehlerquellen ermitteln und entsprechend überprüfen. Die Überprüfung besteht immer aus einem Vergleich zwischen dem Soll- und dem Istzustand des Systems. Die Reihenfolge der Überprüfungen wird durch die Erfahrung des Fachmanns mit zuvor aufgetretenen Störungen bestimmt.

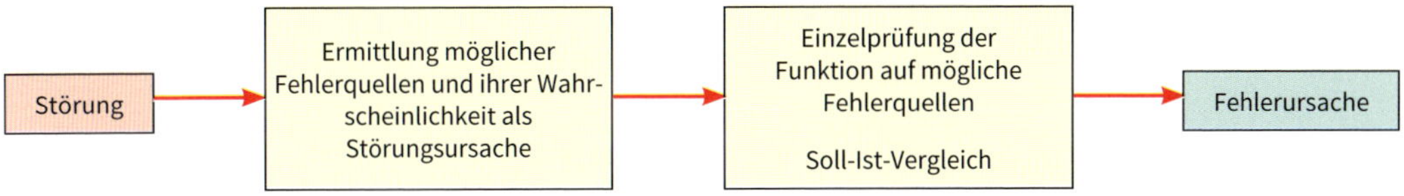

Die Hersteller von Maschinen und Anlagen geben in ihren Betriebsanweisungen in den meisten Fällen Hinweise auf den Umgang mit Störungen. Sie listen dabei den Zustand nach Auftreten der Störung auf und geben Ratschläge zur Behebung der Störungen, soweit diese nicht durch spezielle Servicekräfte durchgeführt werden müssen.

> **!** Störungsdiagnose beginnt mit Ermittlung möglicher Fehlerquellen unter Berücksichtigung des Vorwissens von ähnlichen Störungen. Aus diesem Grunde wird die Fehlersuche durch die Dokumentation von Fehlern und Fehlerursachen vereinfacht.

– Störungsdiagnose mithilfe von Fehlerursachen-Tabellen

Beispiel für eine Fehlerursachen-Tabelle bei einer elektropneumatischen Anlage

Art der Störung	Fehlerursache	Fehlerfolge	Hinweise zur Behebung
Luftversorgung ist nicht ausreichend	Anlage ist zu klein ausgelegt, Querschnittsverringerung durch Schmutz, Luftverlust durch Undichtigkeiten in der Anlage	In der Taktfolge der Zylinder treten Störungen auf, Kräfte an den Arbeitselementen reichen zeitweise nicht aus	Ist die Anlage erweitert worden? Leckstellen aufsuchen, Filter überprüfen, korrodierte Leitungen austauschen
Hoher Kondensatanfall oder feuchte Druckluft	Trockner arbeitet nicht, Kondensat ist nicht entfernt worden, automatischer Kondensatablass ist defekt, Anschlussleitungen sind falsch verlegt	Schaltfunktionen sind beeinträchtigt, Ventilteile sitzen fest, Korrosionsschäden treten auf, Schmierstoffe in der Anlage emulgieren und verharzen	Tägliche Kontrolle der Wartungseinheiten, Filter austauschen
Zylinder führt vorgesehene Bewegungen nicht aus	Rückschlagventil ist undicht, Ringdüse am Stromregelventil ist verklebt, Stellglieder steuern nicht um, Rückstellfeder im Zylinder gebrochen	Kolbengeschwindigkeit lässt sich nicht mehr regeln, Kolben fährt nicht mehr ein oder aus, Kolben fährt ruckartig	Verschleißteile oder Federn in den Bauteilen auswechseln, elektrischen Anlagenteil auf Spannung überprüfen
Ventile führen vorgesehene Funktionen nicht aus	Ventil ist verschmutzt, Feder im Ventil ist gebrochen, Dichtsitze in den Ventilen sind beschädigt, Dichtringe sind gequollen, Entlüftungsbohrungen sind verstopft, Magnetspule ist durchgebrannt	Taktfolge in der Anlage ist gestört, Kolben fahren nicht mehr ein oder aus, elektrischer Anlagenteil ist ohne Spannung, an Ventilen treten Leckverluste auf	Verschleißteile oder Federn in den Bauteilen auswechseln, elektrischen Anlagenteil auf Spannung überprüfen, Ventile komplett austauschen

4.2.3 Störungsbehebung

1. Ausbau und Reinigung

Nach Ermittlung der Störungsursache müssen bei mechanischen Schäden Bauteile und Baugruppen ausgebaut, gereinigt und geprüft werden. Beim Ausbau ist darauf zu achten, dass

- keine unerwünschten oder gefährlichen Bewegungen, z. B. durch Einschalten von Antrieben oder Lösen von Blockierungen, ausgelöst werden können;
- keine weiteren Schäden, z. B. abgerissene Schrauben, Beschädigungen an Verkleidungen und Lagern, entstehen;
- keine Hilfsstoffe und Öle unkontrolliert auslaufen;
- dort, wo notwendig, Spezialwerkzeuge, z. B. Abziehvorrichtungen, eingesetzt werden;
- die Ausrichtung ausgewuchteter Bauteile, z. B. von Lüfterrädern, markiert wird, um später den Einbau in gleicher Position zu garantieren.

Um Fehler bei der Demontage zu vermeiden, geben viele Hersteller von Maschinen und Geräten genaue Demontageanweisungen.

> ! Der Ausbau fehlerhafter Baugruppen erfordert besondere Sorgfalt, damit keine zusätzlichen Schäden entstehen oder der spätere Wiedereinbau erschwert wird.

2. Entscheidung über Reparatur, Auswechseln oder Verbesserung

Wenn der Fehler, der zu einer Störung geführt hat, gefunden wurde und die Störung in einem fehlerhaften Bauteil liegt, muss der Industriemechaniker entscheiden, ob eine Reparatur des Bauteils wirtschaftlich vertretbar ist oder ein Ersatzteil beschafft werden muss.

Eine Reparatur ist nur vertretbar, wenn

- für die Ausführung der Reparatur qualifiziertes Personal und geeignete Einrichtungen zur Verfügung stehen.
- die Kosten des Produktionsausfalls, die mit der Zeit für die Reparatur entstehen, unter den Kosten der Reparatur liegen.

> ! Bei der Überlegung Reparatur oder Ersatzteilbeschaffung bestimmen in Produktionsanlagen nicht die Kosten des Bauteils und die Kosten der Arbeitszeit für die Reparatur, sondern die Kosten des Produktionsausfalls die Entscheidung.

3. Zusammenbau und Probelauf

Nach Reparatur oder Austausch beschädigter Bauteile erfolgt deren Einbau in die Maschine oder Anlage. Bei diesen Arbeiten ist nach den Vorschriften des Herstellers vorzugehen, denn nur so können erneute Fehler eingeschränkt werden:

- Bauteile sind ohne Beschädigung einzubauen. Zur Wälzlagermontage müssen z. B. Montagehülsen verwendet werden, damit die Einpresskraft nicht über die Wälzkörper übertragen wird.
- Schmierstoffe und andere Hilfsstoffe sind entsprechend den Herstellervorschriften in richtiger Art und Menge einzubringen.
- Spiel ist an geforderten Stellen einzustellen.
- Schrauben und Muttern sind mit den vorgeschriebenen Anzugsmomenten anzuziehen und nach dem Anziehen zu sichern.
- Riemen und Federn sind entsprechend Vorschriften zu spannen.
- Ausgewuchtete Bauteile müssen in der Position, in der sie ausgebaut wurden, wieder eingesetzt werden. Andernfalls ist ein erneutes Auswuchten notwendig.

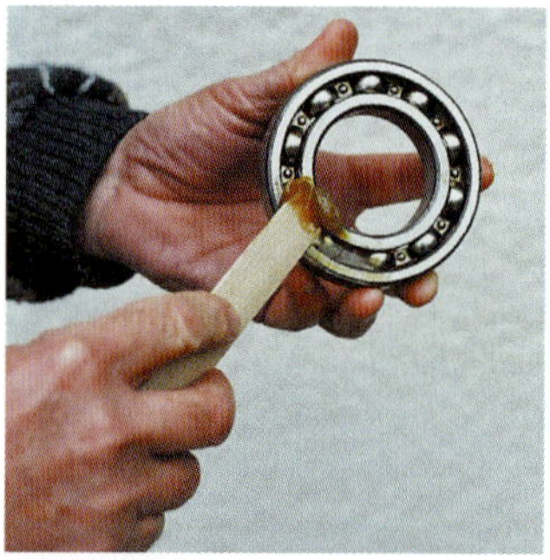
Einfetten der Wälzlager von Hand

Nach dem Einbau neuer oder reparierter Baugruppen sind diese – soweit es möglich ist – zunächst im Stillstand zu prüfen. Bei Getrieben werden bevorzugt das Flankenspiel sowie der Rundlauf geprüft. Der anschließende Probelauf wird unter Betriebsbedingungen durchgeführt und zeitlich so ausgedehnt, dass z. B. bei einer Fertigung ein kompletter Durchlauf stattfindet.

5 Instandhaltung durch Verbesserung

Alle Maßnahmen, welche die Zuverlässigkeit von Maschinen und Anlagen erhöhen, die Funktion eines Systems optimieren oder die Arbeitssicherheit steigern, nennt man in der Instandhaltung Verbesserungen. Wenn man die Funktion der Maschine oder Anlage wesentlich verändert, dann spricht man jedoch nicht mehr von einer Verbesserung, sondern von einer Neukonstruktion.

5.1 Erhöhung der Zuverlässigkeit

Die Zuverlässigkeit von Maschinen und Anlagen kann man dadurch steigern, dass man höherwertige Bauteile und Baugruppen gegen nicht so zuverlässige austauscht oder bessere Hilfsstoffe einsetzt. Zu solchen Maßnahmen gehören z. B.:

- der Austausch von Bauteilen gegen solche aus verschleißfesterem Werkstoff,
- das Aufbringen von Verschleißschichten durch Auftragschweißen,
- der Austausch einfacher Schmierstoffe gegen z. B. Schmierstoffe mit Molybdändisulfid,
- die Überwachung der Standzeiten,
- die Einhaltung von Temperatur- oder Drehzahlengrenzwerten.

Erhöhung der Verschleißfestigkeit durch Auftragschweißung

> **!** Durch die Verbesserung von Bauteilen und Baugruppen oder durch den Austausch von höherwertigen Hilfsstoffen wird die Zuverlässigkeit technischer Systeme erhöht.

5.2 Verbesserung von Dokumentation und Ersatzteilplanung

Voraussetzungen für eine Optimierung der Instandhaltung ist eine systematische Kontrolle und Dokumentation des Betriebszustands einer Anlage oder Maschine. Dazu gehören:

- eine systematische Schwachstellenermittlung,
- die Beschreibung von Ausfällen,
- die Feststellung der Fehlerursachen,
- die Dokumentation der Maßnahmen zur Fehlerbeseitigung.

Hat man die Ausfallwahrscheinlichkeit von Bauteilen dokumentiert, so kann man im richtigen Zeitrahmen eingreifen. Zu den Vorbereitungsmaßnahmen einer optimalen Durchführung von Instandhaltungsmaßnahmen gehören auch personelle Vorbereitungen. Fachkundiges Personal muss mit den Termin- und Arbeitsplänen vertraut sein. Die Vorschriften für die Wartungs-, Inspektions- und Instandsetzungsmaßnahmen sollen neben den fachlichen Anweisungen auch die Maßnahmen zu Arbeitssicherheit umfassen.

Die optimale Ersatzteilplanung richtet sich nach der Ausfallwahrscheinlichkeit von Bauteilen. Eine angepasste Lagerhaltung von Ersatzteilen und Hilfsstoffen trägt wesentlich zur Verringerung der Kosten der Instandhaltung bei.

Bei Ersatzteilen sollte man besonderes Augenmerk darauf richten, dass man Originalteile vorhält. Der Einbau von gefälschten Wälzlagern oder Bremsbelägen kann z. B. zu einem vorschnellen und bedrohlichen Ausfall von Systemen führen.

Vernichtung von Produktfälschungen

> **!** Die Instandhaltung lässt sich verbessern, wenn Ausfälle und Fehler sowie die Maßnahmen zu ihrer Beseitigung sorgfältig dokumentiert werden. Auch Ersatzteilplanung und Lagerhaltung von Ersatzteilen und Hilfsstoffen haben Einfluss auf den Instandhaltungsaufwand.

5.3 Verbesserung des Arbeitsplatzes und der Arbeitssicherheit

Eine Verbesserung der Gestaltung des Arbeitsplatzes erhöht nicht nur das Wohlbefinden und die Arbeitssicherheit der dort tätigen Menschen, sondern sie fördert auch Produktivität und Produktqualität.
Wichtige Maßnahmen zur Verbesserung des Arbeitsplatzes und seiner Umgebung sind:

- die ergonomische Gestaltung des Arbeitsplatzes, z. B. Arbeitstischhöhe und Sitzgelegenheit;
- die Verringerung des Kraftaufwands durch Einrichtungen, wie z. B. Hebehilfen;
- die Verbesserung des Arbeitsplatzumfelds, z. B. durch angemessene Beleuchtung, Belüftung oder Lärmschutz.

Die Arbeitssicherheit kann erhöht werden durch:

- das Anbringen von Abdeckungen oder Verkleidungen;
- den Austausch von Einhandschaltungen gegen sichere Zweihandschaltungen;
- das Markieren von Verkehrswegen;
- den Gebrauch von Sicherheitsausrüstungen.

Gut beleuchteter Arbeitsplatz

! Verbesserungen bei der Arbeitssicherheit und bei der Gestaltung des Arbeitsplatzes führen zu besseren Arbeitsbedingungen und zur Steigerung von Produktivität und Produktqualität.

5.4 Verbesserung durch Verringerung der Umweltbelastung

Die Umwelt kann durch umweltschädliche Werk- und Hilfsstoffe, die man in der Produktion benötigt, belastet werden. Weiterhin kann es vorkommen, dass sich durch den Produktionsprozess Hilfsstoffe so verändern, dass sie giftig werden oder noch stärker belastend sind als vorher. Reinigungsmittel können nach der Nutzung in Metallbetrieben giftige Schwermetalle enthalten.

Im Bereich der Zerspanungstechnik kann man z. B. durch den Einsatz anderer Werkstoffe oder anderer Produktionsmethoden die Umweltbelastung durch Schadstoffe verringern.
Möglichkeiten zur Verringerung der Umweltbelastung im Zerspanungsprozess bieten:

- die Umstellung von Schwallkühlschmierung auf Minimalmengenschmierung oder Trockenschnitt;
- die Verwendung besserer Wendeschneidplatten;
- die Verbesserung der Aufbereitung von Kühlschmiermitteln.

Die Reduzierung des Energieverbrauchs in Anlagen und Maschinen senkt nicht nur die Umweltbelastung, sondern erhöht auch das positive Betriebsergebnis.

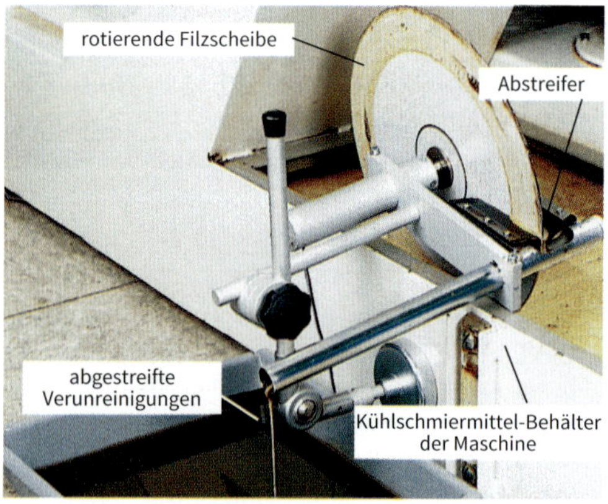

Reinigung von Kühlschmiermittel mit einem Scheibenskimmer

Möglichkeiten für die Verbesserung der Energie-Effizienz sind z. B.:

- der Einsatz energiesparender Maschinen, z. B. drehzahlgeregelter Pumpen,
- die Abschaltung von Anlagen in Pausen,
- der Betrieb von Zusatzaggregaten, z. B. Späneförderern, in Intervallen,
- der Austausch pneumatisch betriebener Maschinen gegen elektrisch angetriebene,
- die Reduzierung des Betriebsdrucks pneumatischer Anlagen auf nur wenig mehr als den Mindestdruck,
- die Nutzung von Abwärme.

! Verbesserungen im Bereich des Energieeinsatzes vermindern die Umweltbelastung erheblich.

Übungsaufgaben 5/3; 5/4

6 Maschinenschaden durch mechanische Beanspruchung

Im Zuge der Nutzung von Maschinen treten an ihnen zwangsläufig Schäden auf. Die häufigsten Schäden sind auf Verschleiß zurückzuführen. Lager und Führungen sind von Verschleiß besonders betroffen. Verschleiß entsteht allmählich, darum sind seine Auswirkungen durch günstigere Werkstoffwahl, gute Schmierung und vorbeugendes Auswechseln betroffener Bauteile vorhersehbar zu begrenzen.
Anders ist es beim Bruch von Maschinenteilen. Gewaltbruch entsteht meist durch Überlastung und gefährdet Menschen, Maschinen und Anlagen. Brüche durch Überlastungen lassen sich durch Überlastsicherungen (z. B. Rutschkupplungen), Sollbruchstellen u. a. vermeiden. Besonders tückisch sind Risse in Bauteilen, die durch Schwingungen beansprucht werden. In diesen Bauteilen schreiten die Risse langsam fort und führen plötzlich und ohne Vorwarnung zum Bruch (Dauerbruch).

6.1 Verschleiß

Gleiten Oberflächen aufeinander, so werden vor allem wegen der Unebenheiten der Oberflächen laufend Teilchen aus ihnen herausgetrennt – man spricht von **Verschleiß**. Er tritt z. B. in Lagern, an Führungen, in Fördereinrichtungen, Getrieben, Düsen u. a. auf. Verschleiß ist eine der Hauptursachen für Bauteilschädigung und den damit verbundenen Ausfall von Maschinen und Geräten. Die Verringerung von Verschleiß ist darum eine wesentliche Möglichkeit, die Lebensdauer von Maschinen und Geräten zu erhöhen und damit Kosten und Rohstoffe einzusparen.
Man nennt die Wissenschaft und Technik, die sich mit Reibung und Verschleiß befasst, **Tribologie**.

6.1.1 Einflussgrößen auf Verschleiß

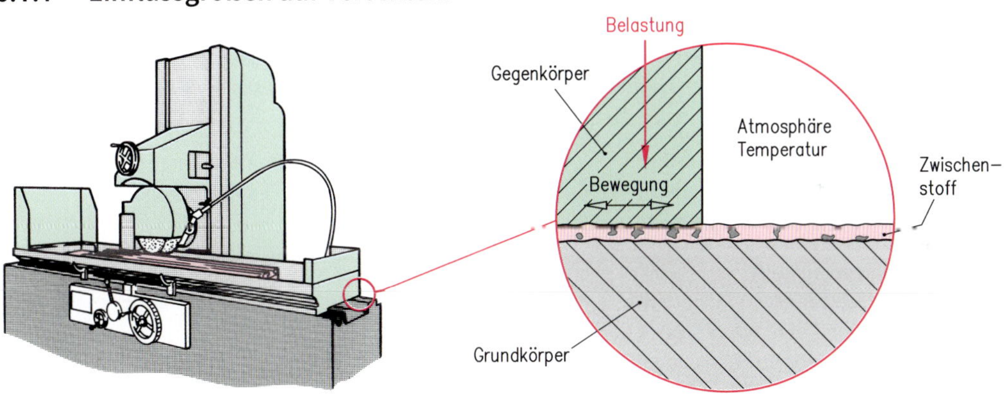

Einflüsse bei Gleitreibung

Die Höhe des Verschleißes wird von vielen Faktoren bestimmt:

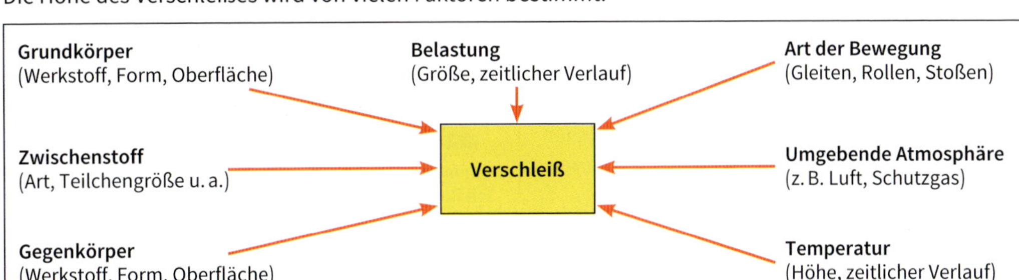

Einflussgrößen auf den Verschleiß

> **!** Verschleiß ist der fortschreitende Materialverlust an der Oberfläche von Maschinenelementen. Verursacht wird er durch den mechanischen Kontakt und die Relativbewegung eines Gegenkörpers.

6.1.2 Verschleiß beim Gleiten, Rollen und Wälzen

1. Gleitverschleiß

Wenn feste Körper aufeinander gleiten, so entsteht Verschleiß. Bei Trockenlauf trennt kein schützender Schmierfilm Grund- und Gegenkörper, wie zum Beispiel Gleitlager und Welle. Infolge hoher Belastung können an geringen Unebenheiten, die aufeinanderliegen, so hohe Drücke entstehen, dass beide Körper im Ruhezustand fest aneinanderhaften und örtlich sogar *„kaltschweißen"*. Bei Gegeneinanderbewegen der Teile werden dann diese Bindungen getrennt, oder es werden Teilchen aus der Oberfläche des weniger festen Werkstoffs gerissen, die zunächst an der Oberfläche des widerstandsfähigeren Werkstoffs hängen bleiben. Später lösen sie sich meist und bleiben als feinste Teilchen zwischen den Gleitflächen. Dort können sie zu erheblichem Abrieb führen.

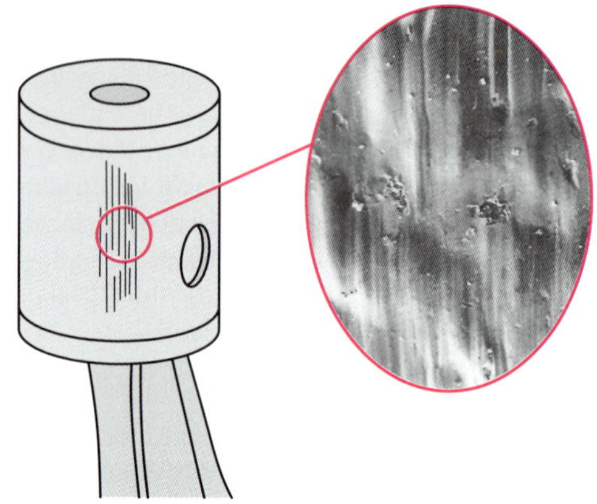

Gleitverschleiß durch Adhäsion und Abrasion an einem vernickelten Pumpenkolben

Ohne Oxidhaut neigen alle aufeinandergleitenden Metalle zu starkem Verschleiß. Wenn hingegen die Metalle eine Oxidschicht aufweisen, ist der Abrieb erheblich geringer. Je nach Art der Oxidschicht unterscheiden sich die Metalle sehr in ihrer Neigung zu Gleitverschleiß.

Maßnahmen zum Verringern des Gleitverschleißes liegen in erster Linie in der richtigen Wahl der Werkstoffkombination und dabei in der Wahl des Lagerwerkstoffs.

Wesentliche Verringerung des Verschleißes wird durch die Wahl des Schmiermittels erreicht. Entsprechend der Gleitgeschwindigkeit wählt man bei geringen Geschwindigkeiten Fette und bei höheren Gleitgeschwindigkeiten Öle.

> **!** Gleitverschleiß entsteht, wenn Oberflächen von Werkstücken aneinander haften und bei Bewegung Teilchen aus der Oberfläche gerissen werden. Gleitverschleiß wird durch Festkörperteilchen zwischen den Gleitflächen erheblich verstärkt.

2. Roll- und Wälzverschleiß

Rollen belastete Körper über Flächen, wie zum Beispiel Räder über Schienen, Wälzkörper über Lagerringe, so treten an den Berührungsstellen hohe Flächenpressungen auf. Diese führen zu Spannungen an der belasteten Stelle und schließlich zur Rissbildung dicht unter der Oberfläche. Die Risse breiten sich im Inneren der Randschicht aus und führen schließlich zum Abschälen einzelner Teilchen. So entstandener Verschleiß wird als **Rollverschleiß** bezeichnet. Die Ursache ist die Oberflächenzerrüttung oder Materialermüdung. Die abgeschälten Teilchen bleiben häufig in der Zwischenschicht und verursachen dann abrasiven Verschleiß.

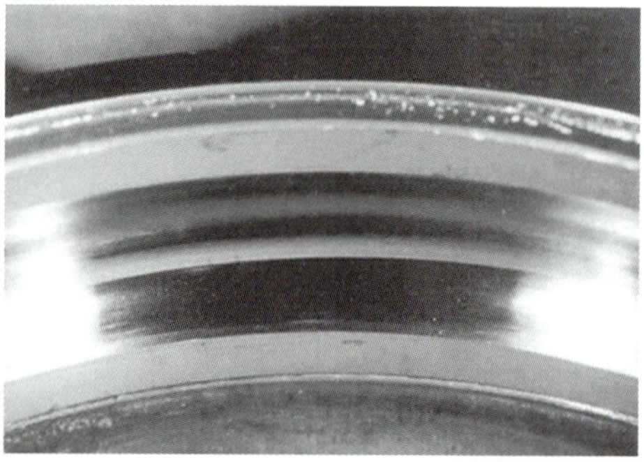

Innenring eines Rillenkugellagers mit fortgeschrittener Schälung

In ähnlicher Weise entsteht auch der **Wälzverschleiß,** zum Beispiel an Zahnflanken. Wegen des Gleitanteils, der hier auftritt, geht der Anriss vorzugsweise von der Oberfläche aus.

> **!** Roll- und Wälzverschleiß beruht im Wesentlichen auf Oberflächenzerrüttung verbunden mit Abrasion.

Gegen Roll- und Wälzverschleiß hilft Schmierung nur sehr begrenzt.
Als Werkstoffe gegen Roll- und Wälzverschleiß haben sich hochlegierte und vergütete Stähle bewährt, allerdings sollten diese im Gebrauchszustand nicht kaltverformt sein, da dies zu vorzeitiger Ermüdung führt.

Übungsaufgaben 6/2; 6/3

6.2 Maschinenbruch

Bruch an Bauteilen kann zwei Ursachen haben: *Überlastung oder schwingende Beanspruchung.* Überlastung kann zu **Gewaltbrüchen** führen, schwingende Beanspruchung führt zu **Schwingungsbrüchen**, auch Dauerbrüche genannt.

6.2.1 Gewaltbruch

Ein Bauteil darf sich beim Betrieb nicht plastisch verformen. Es darf nur im elastischen Bereich beansprucht werden – bei Zugbeanspruchung ist dies unterhalb der Streckgrenze. Steigt die Belastung weiter an, so tritt bei Überschreiten der Festigkeit der Bruch ein. Man nennt einen solchen, durch Überbelastung verursachten Bruch einen Gewaltbruch.

Ein Gewaltbruch an einem zähen Werkstoff hat eine zerklüftete Bruchfläche, die an den Rändern verformt ist. An spröden Werkstoffen ist die Gewaltbruchfläche samtartig glatt und zeigt keine Verformungen.

Beispiele für Gewaltbrüche

zerklüftete Bruchfläche

zäher Werkstoff

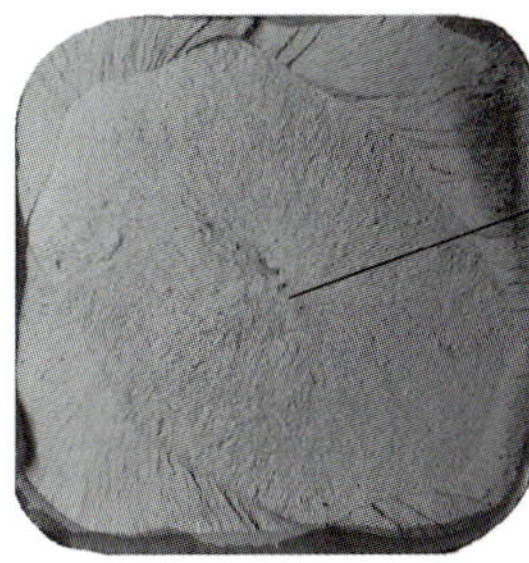

samtartig glatte Bruchfläche

spröder Werkstoff

> **!** Gewaltbrüche entstehen durch Überlastung.
> Sie sind an der Bruchfläche und den Bruchkanten zu erkennen.

Häufig treten Gewaltbrüche auf, obwohl rechnerisch die Spannung im Werkstück die Fließgrenze nicht erreicht und der Werkstoff demnach nicht überlastet scheint. Hier ist die ungleichmäßige Spannungsverteilung infolge ungünstiger Konstruktion die Ursache. An jeder Querschnittsveränderung eines belasteten Werkstücks, z. B. an Übergängen von Wellenzapfen, treten höhere Spannungen auf als im übrigen Querschnitt – im Durchschnitt entsprechen die Spannungen jedoch den rechnerischen Werten. Je scharfkantiger und spitzer nun ein solcher Übergang ist, desto höher sind die Spannungsspitzen. Man nennt diese Auswirkung von Querschnittsübergängen **Kerbwirkung**. Wenn die Spannung an der Kerbe die Festigkeit des Werkstoffs übersteigt, setzt an dieser Stelle ein Gewaltbruch ein.

Beispiel für eine Spannungsverteilung an Querschnitten verschieden gekerbter Zugproben

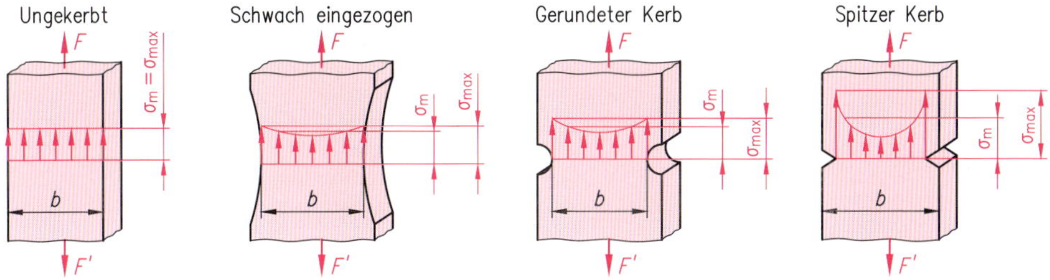

> **!** An Kerben treten erhöhte Spannungen auf. Diese Kerbwirkung erhöht die Bruchgefahr.

Gewaltbrüche können durch Einsatz von Bauteilen mit größeren tragenden Querschnitten oder durch Verwendung von Werkstoffen mit höherer Festigkeit vermieden werden.

Falls Spannungsspitzen durch Kerbwirkung die Ursache einer örtlichen Überlastung sind, kann die Gefahr von Gewaltbrüchen durch veränderte Gestaltung der Bauteile begrenzt werden.

Übungsaufgaben 6/10; 6/11

6.2.2 Dauerbruch

Im Maschinen- und Fahrzeugbau werden Bauteile häufig schwellenden und wechselnden Belastungen ausgesetzt. Dabei kann schon bei Belastungen *weit unterhalb* der Streckgrenze ein Bruch auftreten.

1. Entstehung des Schwingungsbruchs

Dieser Bruch beginnt meist an Fehlerstellen der Oberfläche, reißt etwas weiter, verlangsamt sich oder hält gar einige Zeit mit Weiterreißen inne und setzt dann wieder ein. Durch die schwingende Beanspruchung reiben die Bruchflächen gering aneinander und es entsteht, auch durch Oxidation, eine glatte Bruchfläche mit typischen Rastlinien. Man nennt diesen Teil der Bruchfläche die Schwingungsbruchfläche. Sobald durch diesen Schwingungsbruch der Querschnitt so geschwächt ist, dass er die Last nicht mehr tragen kann, bricht er. Der gebrochene Restquerschnitt zeigt die typischen Merkmale eines Gewaltbruchs.

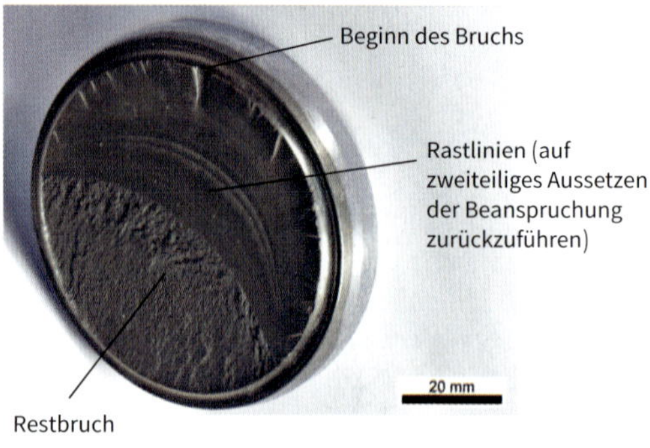

Schwingungsbruch im Gewinde einer Schraube mit ausgeprägten Rastlinien

> **!** Ein Schwingungsbruch ist an der Bruchfläche deutlich erkennbar. Die Bruchfläche zeigt
> - die Schwingungsbruchfläche mit Rastlinien und
> - die Restbruchfläche als Gewaltbruch.

Die Schwingungsbruchfläche macht wichtige Aussagen über die Entstehung des Schwingungsbruchs und die aufgetretenen Belastungen:

- Die *Art der Belastung* ist an der Lage von Schwingungs- und Gewaltbruchfläche zueinander erkennbar. So liegt z. B. bei schwellender Biegebeanspruchung die Schwingungsbruchfläche einseitig, bei wechselnder Biegebeanspruchung oberhalb und unterhalb des Restbruchs und bei umlaufender Biegebeanspruchung als Kranz um die Restbruchfläche.
- Der *Beginn des Anrisses*, also die eigentliche Ursache des Schwingungsbruchs, kann durch den Beginn der Rastlinien bestimmt werden.
- Die *Höhe der Gesamtbelastung* ist an der Größe der durch Gewaltbruch entstandenen Restbruchfläche abzuschätzen – je höher die Belastung war, desto größer ist die Gewaltbruchfläche.

Beispiele für Dauerbruchflächen aufgrund unterschiedlicher Biegebeanspruchung

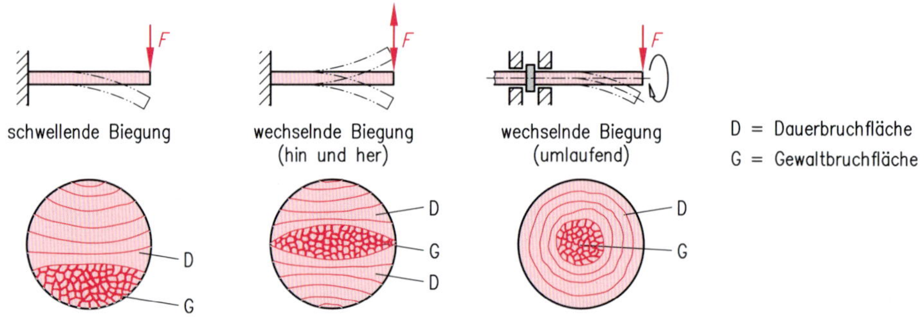

> **!** Die Bruchfläche eines Schwingungsbruchs gibt
> - mit der Lage der Restbruchfläche Auskunft über die Art der Beanspruchung,
> - mit der Größe der Restbruchfläche Auskunft über die Höhe der Belastung,
> - mit der Lage der Rastlinien Auskunft über den Beginn des Anrisses.

Übungsaufgabe 6/12

Ausgangsstellen von Schwingungsbrüchen sind meist Kerben an der Oberfläche des Werkstücks. Diese Kerben können entsprechend ihrer Ursache in drei Gruppen eingeordnet werden:

- *konstruktiv bedingte Kerben*, z. B. Gewindegänge, scharfkantige Übergänge an Wellen;
- *Kerben durch Fehler bei der Bearbeitung*, z. B. Riefen durch Anreißen mit scharfen Reißnadeln, Bearbeitungsriefen, Schleifrisse, Härterisse;
- *Kerben durch Werkstofffehler*, z. B. Schlackeneinschlüsse, Korrosionsstellen, Kristallbaufehler.

! Ausgangsstellen für Schwingungsbrüche sind meist Kerben.

2. Maßnahmen zur Verhinderung von Schwingungsbrüchen

Zur Einschränkung von Schwingungsbrüchen kommen alle Maßnahmen infrage, durch die entweder entsprechende Fehlerstellen am Werkstück verhindert werden oder der Werkstoff weniger schwingungsbruchempfindlich gemacht wird.

– Konstruktive Maßnahmen

- Vermeiden von scharfkantigen Übergängen;
- Vermeiden von Bearbeitungsriefen durch Schleifen und Polieren;
- Einbringen von Druckspannungen in die Randschicht, welche die Entstehung von Werkstofftrennungen behindern, z. B. durch Einbringen von Fremdatomen beim Nitrieren;
- Erzeugen von Druckspannungen in der Randschicht durch Kaltumformen, z. B. durch Kugelstrahlen

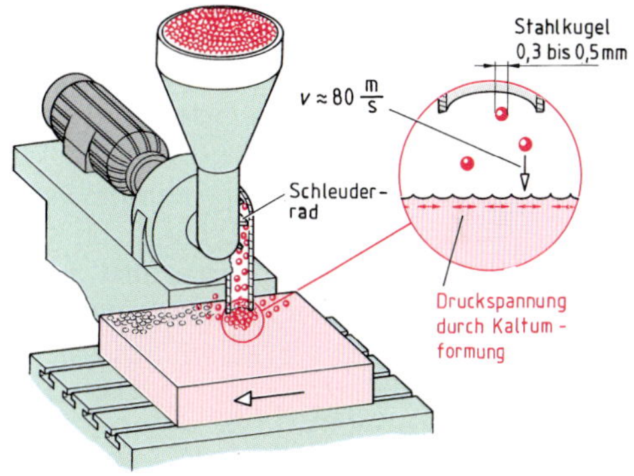

Kugelstrahlen einer Werkstückoberfläche

– Maßnahmen bei sachgerechter Inbetriebnahme

- Durch vorsichtige schwingende Beanspruchung eines Bauteils unterhalb der normalen Belastung laufen Kristallbaufehler zu Stellen, an denen sie sich gegenseitig blockieren und damit unschädlich machen. Man nennt eine solche vorsichtige Beanspruchung des Bauteils zur Erzeugung höherer Dauerschwingfestigkeit das **Trainieren** des Werkstoffs. Das Einfahren von Maschinen dient neben dem Einlaufen auch zum Trainieren des Werkstoffs.
- Die schwingende Beanspruchung eines Bauteils soll beim Betrieb in Grenzen gehalten werden. Darum sollen z. B. umlaufende Maschinenteile gut ausgewuchtet werden, um zusätzliche Vibrationen zu vermeiden.

Jedes schwingungsfähige Bauteil schwingt beim Anstoß in seiner Eigenfrequenz. Am deutlichsten wird diese Erscheinung bei Glocken und Musikinstrumenten. Wird ein Bauteil, z. B. von einem Motor, ständig in dieser Frequenz angeregt, so schaukeln sich die Schwingungen auf und können zur Zerstörung des Bauteils führen. Man nennt die Drehzahl einer Maschine, durch welche diese in ihrer Eigenfrequenz angeregt wird, die **kritische Drehzahl**. Diese kritische Drehzahl muss bei Maschinen schnell durchfahren werden, da sonst die Gefahr von Schwingungsbrüchen extrem anwächst.

! Schwingungsbruchgefahr wird verringert durch
- Werkstückgestaltung ohne scharfkantige Übergänge,
- Bearbeitung unter Vermeidung von Riefen und Rissen,
- Erzeugen von Druckspannungen in der Randschicht,
- vorsichtiges Einfahren von Maschinen und Vermeiden von Schwingungen (kritische Drehzahl).

Übungsaufgabe 6/13

7 Maschinenschaden durch Korrosion

7.1 Korrosion

Werkstoffe von Maschinen und Anlagen sind ständig äußeren Einflüssen durch chemisch wirksame Stoffe, z. B. Feuchtigkeit, Luftsauerstoff, Verbrennungsgase, ausgesetzt. Die Zerstörung metallischer Werkstoffe infolge chemischer Reaktionen mit den umgebenden Medien nennt man **Korrosion**.

! Korrosion ist die von der Oberfläche ausgehende Zerstörung metallischer Werkstoffe durch chemische oder elektrochemische Reaktionen.

7.1.1 Chemische Korrosion

Trockene Gase, welche sich chemisch sehr leicht mit Metallen verbinden, wie z. B. Sauerstoff und Chlor, greifen die Oberfläche der Metalle an. Dabei bilden sich auf der Oberfläche chemische Verbindungen des Metalls mit dem Gas. Diese Art der Korrosion bezeichnet man als **chemische Korrosion**.
Chemische Korrosion tritt meist als Oxidation auf. Da diese Reaktion bei höherer Temperatur besonders intensiv verläuft, oxidieren Auspuffrohre von Kraftfahrzeugen, Ofenroste, Einsatzkästen und andere Bauelemente aus Eisen oder Stahl, die bei höheren Temperaturen verwendet werden, sehr schnell.

Fortgeschrittene Korrosion an einem Rauchabzug

! Chemische Korrosion wird vorwiegend durch trockene Gase verursacht.
Die Geschwindigkeit der Korrosion steigt mit zunehmender Temperatur.

7.1.2 Elektrochemische Korrosion

1. Grundlagen

Taucht man zwei verschiedene Metalle in eine elektrisch leitende Flüssigkeit, einen Elektrolyten, und verbindet sie durch einen Leiter, so fließt ein elektrischer Strom. Man bezeichnet eine solche Spannungsquelle, bei der in einem Elektrolyten die beiden Pole aus zwei verschiedenen Metallen bestehen, als **galvanisches Element**.

Beispiel für ein galvanisches Element

Eine Kupfer- und eine Zinkplatte tauchen in eine schwache Schwefelsäurelösung ein. Schaltet man einen Spannungsmesser zwischen die Platten, so kann eine Spannung von etwa 1,1 Volt gemessen werden. Man erkennt ferner, dass das Zink den Minuspol und das Kupfer den Pluspol bildet. Verbindet man die Platten so, dass ein Strom fließen kann, stellt man fest, dass das Zink aufgelöst wird.

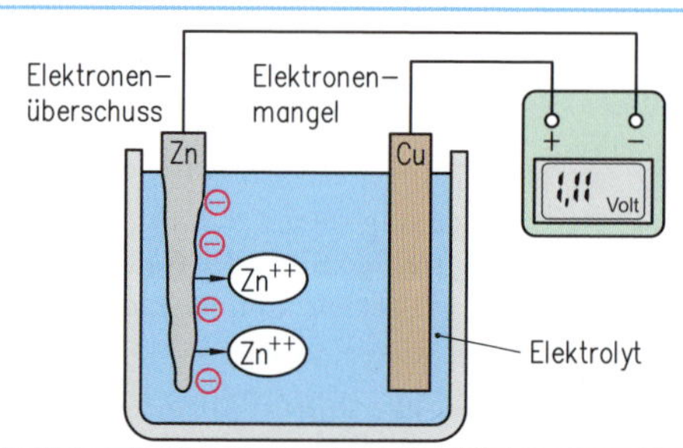

! Ein galvanisches Element wird aus zwei unterschiedlichen Metallen in einem Elektrolyten gebildet.
Das Metall am Minuspol wird stets aufgelöst und verbindet sich mit dem Elektrolyten.

Aus den verschiedenen Metallen lassen sich galvanische Elemente zusammenstellen, die unterschiedliche Spannungen liefern. Um einen Bezug zu erhalten, hat man eine Elektrode aus einem Platinblech, die von Wasserstoff umspült wird, geschaffen. Diese wurde mit den verschiedenen Metallen verbunden und die dabei gemessenen Spannungen aufgelistet. Die sich ergebende Reihe der Metalle nennt man die **elektrochemische Spannungsreihe der Metalle**.

Übungsaufgaben 7/1; 7/2

Je weiter ein Metall in dieser Reihe rechts steht, desto geringer ist sein Bestreben Verbindungen zu bilden – es ist edler.

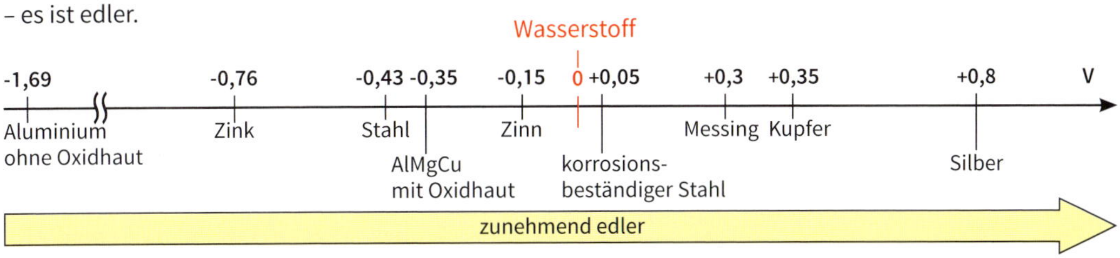

Elektrochemische Spannungsreihe

> **!** In der elektrochemischen Spannungsreihe sind die Metalle nach ihrer Spannung gegenüber einer Wasserstoffelektrode geordnet. Je größer der Spannungswert ist, desto edler ist ein Metall.

Berühren sich in einer Konstruktion Metalle, die in der Spannungsreihe weit auseinanderstehen, so ist die Gefahr groß, dass Bauelemente durch Korrosion beschädigt werden. Unter Zutritt einer elektrisch leitenden Flüssigkeit (Säure, Lauge oder Salzlösung) löst sich das unedlere Metall auf und verbindet sich mit dem Elektrolyten. Eine solche Zerstörung von Metallen, bei der sich über einen Elektrolyten ein Stromkreis bildet, nennt sich **elektrochemische Korrosion**.

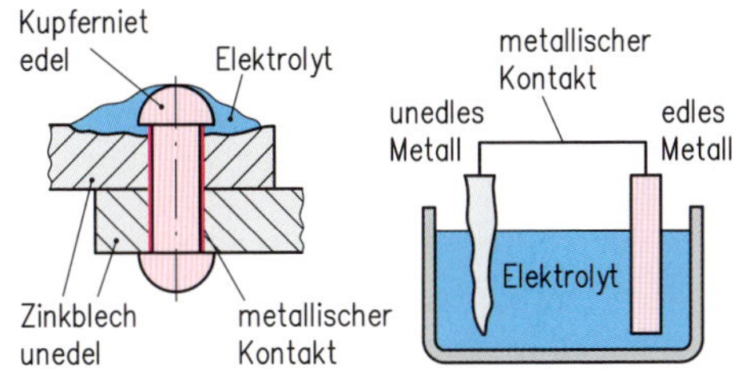

Elektrochemische Korrosion

2. Erscheinungsformen

Tritt die elektrochemische Korrosion dadurch ein, dass in einem Bauelement oder in einer Konstruktion durch Fügen verschiedene Metalle zusammengebracht wurden, so spricht man von **Kontaktkorrosion**.

Beispiel für Kontaktkorrosion an einem Aluminiumniet

Werden Kupferplatten mit Aluminiumnieten gefügt, so werden die Aluminiumniete bei Anwesenheit eines Elektrolyten langsam aufgelöst, weil sie das unedlere Metall darstellen. Die Verbindung ist untauglich.

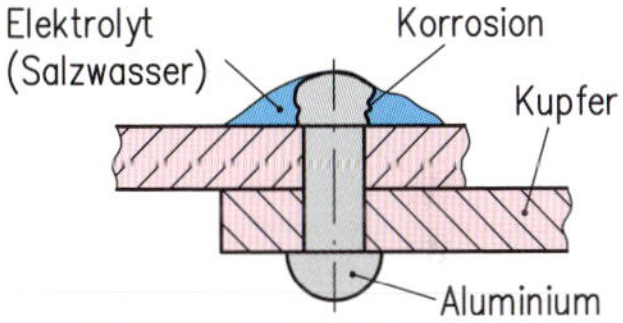

> **!** Kontaktkorrosion ist elektrochemische Korrosion, die beim Zusammenbau verschiedener Metalle bei Anwesenheit eines Elektrolyten auftritt.

In Legierungen können die Bestandteile im festen Zustand Gemenge bilden. Zwischen den verschiedenartigen Körnern wirkt an den Korngrenzen bei Vorhandensein eines Elektrolyten eine elektrochemische Korrosion. Diese Zersetzung setzt sich entlang der Korngrenze fort, der Zusammenhalt der Körner wird weitgehend aufgehoben. Man spricht von **interkristalliner Korrosion**.

Beispiel für interkristalline Korrosion an Cr-Ni-Stahl

Beim Schweißen an korrosionsbeständigen Cr-Ni-Stählen verarmt der Bereich an der Korngrenze an Chrom, weil sich chromreiche Chromkarbide bilden. Dadurch besteht ein Konzentrationsunterschied zwischen Korngrenze und Kornmitte, und es kommt bei Zutritt eines Elektrolyten zur Korrosion.

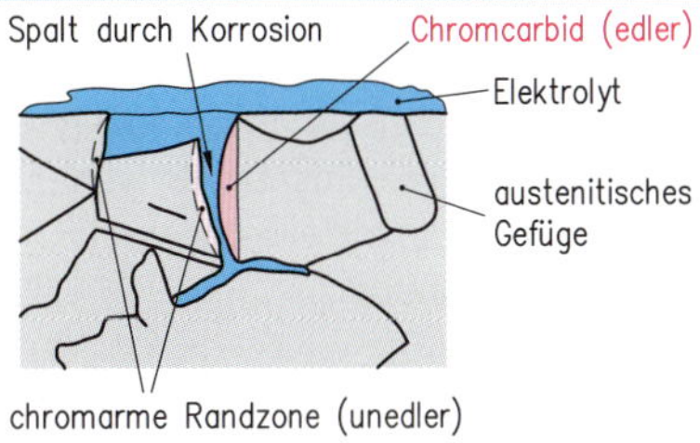

> **!** Interkristalline Korrosion ist elektrochemische Korrosion, die bei Legierungen mit Konzentrationsunterschieden an Korngrenzen in Anwesenheit eines Elektrolyten auftritt.

Übungsaufgabe 7/3

7.2 Korrosionsschutz

Die jährlichen Verluste durch Korrosion sind in einer Volkswirtschaft sehr hoch – sie betragen z. B. in der Bundesrepublik Deutschland einige Milliarden EUR pro Jahr. Darum kommt dem Korrosionsschutz große Bedeutung zu. Es werden beträchtliche Mittel aufgewendet, um die Verluste durch Korrosion in erträglichen Grenzen zu halten.

7.2.1 Korrosionsschutz bei chemischer Korrosion

Die chemische Korrosion, die durch trockene und reaktionsfreudige Gase hervorgerufen wird, kann nur durch

- Einsatz korrosionsbeständigerer Werkstoffe oder
- Beschichten weitgehend unterbunden werden.

Als korrosionsbeständige Stähle werden meist Cr-Ni-Stähle, z. B. X10CrNiMoTi18-7 eingesetzt.

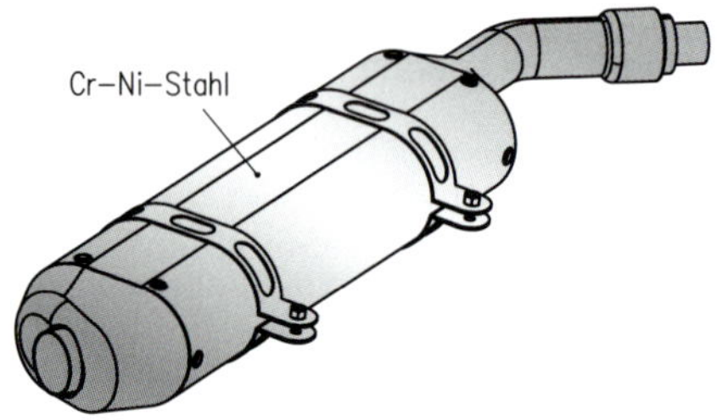

Gegen chemische Korrosion geschützter Auspuff

> **!** Chemische Korrosion kann durch Einsatz korrosionsbeständiger Werkstoffe oder Beschichten verhindert werden.

7.2.2 Korrosionsschutz bei elektrochemischer Korrosion

Elektrochemische Korrosion kann durch unterschiedliche Maßnahmen in erträglichen Grenzen gehalten werden:

- Man soll nach Möglichkeit nur Bauelemente aus gleichen Metallen miteinander verbinden.
- Bei der Werkstoffauswahl sollen Legierungen mit Mischkristallgefüge vorgezogen werden.
- Beim Fügen von Bauelementen aus unterschiedlichen Metallen kann der Stromfluss durch Isolierzwischenlagen verhindert werden.
- Durch Beschichten kann der Zutritt eines Elektrolyten verhindert werden.
- Durch das Anbringen von Zusatzteilen aus sehr unedlen Metallen können Konstruktionen ebenfalls vor elektrochemischer Korrosion geschützt werden. Bei diesem Verfahren wird die Korrosion von unedlen Konstruktionsteilen auf die noch unedleren Zusatzteile verlegt. Man bezeichnet die Zusatzteile darum als **Opferanoden** oder Schutzanoden.

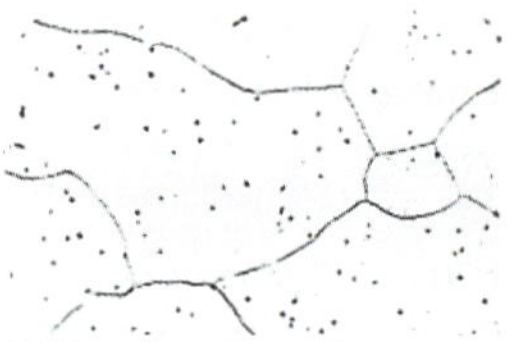
Gefüge eines korrosionsbeständigen Stahls

Gefüge eines nicht korrosionsbeständigen unlegierten Stahls

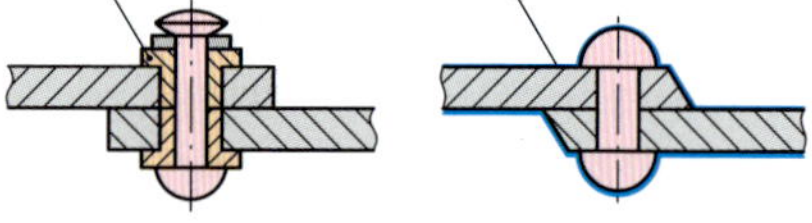

Korrosionsschutz durch Kunststoffzwischenlagen und Anstrich

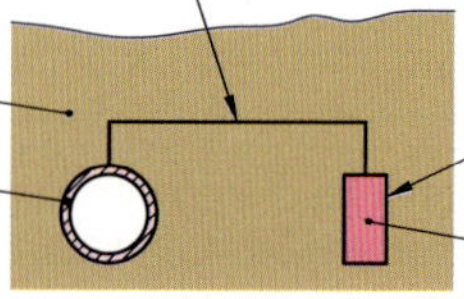

Korrosionsschutz durch Opferanode

> **!** Elektrochemische Korrosion kann verhindert werden durch:
> • richtige Werkstoffauswahl, • Zwischenlagen aus Isolierstoffen, • Beschichtung, • Opferanoden.

Übungsaufgaben 7/4 bis 7/8

8 Hilfsstoffe für die Instandhaltung

8.1 Schmierstoffe

Schmierstoffe sollen durch Reibung auftretende Energieverluste und Verschleiß an Maschinen und Geräten mindern. Jährlich müssen zurzeit in Deutschland einige Mrd. EUR für zusätzliche Energie- und Materialkosten, die durch Reibung und Verschleiß verursacht werden, aufgewendet werden.

Befindet sich Schmiermittel in genügender Menge zwischen Gleitflächen, so werden diese durch die Schmiermittelschicht voneinander getrennt. Diese Schmiermittelschicht bezeichnet man als Schmierfilm. Der Schmierfilm haftet fest an den Gleitflächen. Werden die Bauelemente gegeneinanderbewegt, verschieben sich kleinste Schmiermittelteilchen innerhalb des Schmierfilms. Der Schmierfilm bleibt dabei erhalten, sodass sich die Bauelemente selbst nicht berühren. Reibung und Verschleiß sind sehr gering.

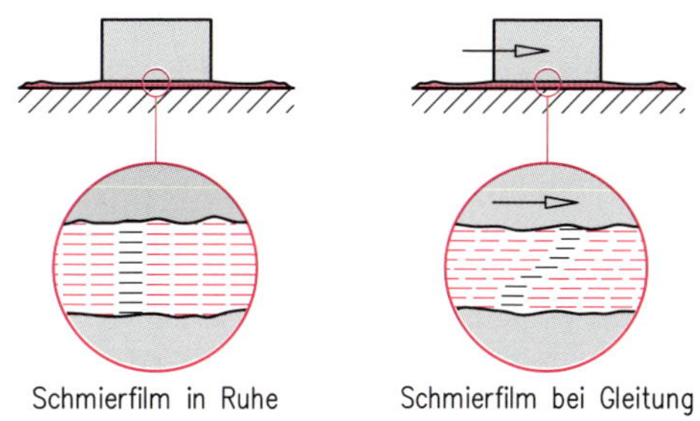

Wirkungsweise der Schmierung

8.1.1 Schmieröle

8.1.1.1 Schmieröleigenschaften

1. Viskosität

Der wichtigste Kennwert eines Schmieröls ist seine Viskosität. Ein Öl mit niedriger Viskosität ist dünnflüssig, ein Öl mit hoher Viskosität ist zähflüssig. Die Viskosität beeinflusst zum Beispiel die Schmierfilmdicke in Lagern, die Leckverluste in Hydraulikanlagen, die Reibungsverluste in Schmierölleitungen.

Beim Messen im Kapillarviskosimeter lässt man eine bestimmte Ölmenge bei Prüftemperatur durch ein langes, dünnes Rohr, die Kapillare, laufen. Aus der Auslaufzeit ermittelt man die kinematische Viskosität. Wasser hat bei 20 °C eine kinematische Viskosität von etwa 1 mm²/s.

Industrieöle werden nach ISO in 18 Klassen unterteilt. Die ISO-Klassifikation wird in Viskositätsgraden (VG) angegeben. Sie ist zahlenmäßig an der Viskosität bei 40 °C orientiert.

Beispiel für die Klassifikation eines Öls

ISO – VG 220

- VG 220: Viskositätsgrad zwischen 198 und 242 mm²/s
- ISO: Schmieröl nach DIN ISO 3448

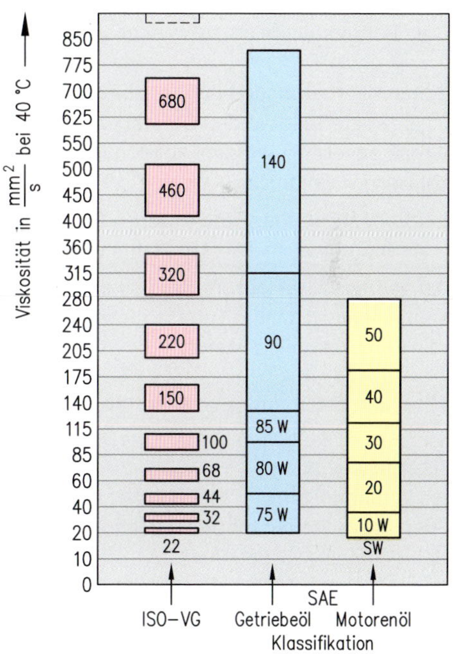

Vergleich wichtiger Ölklassen

Kfz-Öle werden gemäß der amerikanischen Society of Automative Engineers (SAE) gekennzeichnet. Die Kennzeichnung stimmt nicht mit der Einteilung nach DIN ISO überein. Auch die Bezugstemperatur ist unterschiedlich, die SAE-Klassen haben je nach Klasse unterschiedliche Bezugstemperaturen.
Die für eine bestimmte Aufgabe notwendige Viskosität wird zum Teil nach *Erfahrungswerten* gewählt.

> **!** Kfz-Öle werden nach ISO in 18 Klassen gegliedert.
> Die Klassifikationsnummer bezieht sich auf die kinematische Viskosität in mm²/s bei 40 °C.

Die Viskosität ist stark von der Temperatur abhängig. Mit steigender Temperatur sinkt die Viskosität. Da Maschinen häufig bei unterschiedlichen Temperaturen beansprucht werden, ist das Viskositäts-Temperatur-Verhalten von Schmierstoffen von großer Bedeutung. Am günstigsten sind Öle, die bei niedrigen Temperaturen noch so dünnflüssig sind, dass Maschinen leicht anfahren, und bei der Betriebstemperatur noch eine ausreichend hohe Viskosität besitzen, damit der Schmierfilm bei Belastung nicht abreißt. Die Temperaturabhängigkeit der Viskosität lässt sich durch Zusätze verbessern. Die zugesetzten Stoffe enthalten fadenförmige Großmoleküle, die sich mit steigender Temperatur entknäulen und so den Viskositätsabfall verringern.

! Die Viskosität eines Öls sinkt mit steigender Temperatur.

2. Flammpunkt, Pourpoint

Der Flammpunkt eines Öls gibt die Temperatur an, bei der über der Ölfläche brennbare Gase entstehen. Die Kenntnis dieses Punkts ist wichtig für die Einordnung eines Öls entsprechend der **Gefahrenklasse**. Bei Flammpunkten über 100 °C sind keine besonderen Vorschriften – außer im Bergbau – zu beachten. Für die Schmiertechnik ist dieser Punkt ohne Bedeutung.

Der Pourpoint (früher Stockpunkt genannt) gibt an, bei welcher Temperatur das Öl eben noch fließt.

Der Pourpoint wird beeinflusst durch
- Zunahme der Viskosität mit sinkender Temperatur,
- Paraffinausscheidung mit sinkender Temperatur.

Pourpointerniedriger wirken nur der Paraffinausscheidung entgegen.

! Der Flammpunkt bestimmt die Einordnung eines Öls in eine Gefahrenklasse.
Der Pourpoint gibt an, bei welcher Temperatur ein Öl eben noch fließt.

3. Schaumverhalten und Luftabgabevermögen

Durch bewegte Teile werden Öle stark mit Luft durchmischt und können schäumen. Schäume, die von der Ölpumpe angesaugt werden, können zu schweren Störungen in der Schmierstoffversorgung führen, z. B. Luftblasen in Ölleitungen.

Das Luftabgabevermögen (LAV) eines Öls gibt nach DIN ISO 9120 die Zeit an, in der eine von Luft durchströmte Ölprobe nach dem Abschalten der Luft nur noch 0,2 % Luft enthält.

Durch geringe Zusätze, zum Beispiel an Silikonölen, kann das Schaumverhalten verbessert werden. Bei Hydraulikanlagen hat das Luftabgabeverhalten eines Öls besondere Bedeutung, da mit steigendem Luftanteil die Kompressibilität steigt.

! Zur Aufrechterhaltung eines festen Schmierfilms muss Öl ein hohes Luftabgabevermögen besitzen.

4. Alterungsneigung

Durch Verunreinigungen, zum Beispiel Abrieb, verschlechtern sich die Öleigenschaften. Ein weiteres Absinken der Eigenschaften tritt ein durch Bildung von
- Säuren infolge Oxidation,
- harz- und asphaltartigen Produkten infolge Bildung größerer Moleküle.

Dieses sind Vorgänge, wie sie in kurzer Zeit auch im Speiseöl in Fritteusen ablaufen.
Den größten Einfluss auf die Alterung von Ölen hat die Temperatur. Nur 10 Kelvin Temperaturerhöhung verkürzen die Zeit zum Altern auf die Hälfte.
Metalle können die Alterungsreaktionen beschleunigen. Hier fördert Kupfer den Alterungsprozess besonders stark. Aus diesem Grund sollen Schmierölleitungen möglichst nicht aus Kupfer hergestellt werden.
Durch Zusätze von Alterungsschutzadditiven (Antioxidantien, Oxidationsinhibitoren) wird ein gewisser Alterungsschutz erreicht.

! Öle altern besonders bei höheren Temperaturen und bei Anwesenheit von kupferhaltigen Werkstoffen im Ölkreislauf.

Übungsaufgaben 8/7; 8/9; 8/10

8.1.1.2 Erzeugung und Aufbau von Schmierölen

1. Mineralöle

In Erdölraffinerien werden aus dem Erdöl verschiedene Produkte wie Benzin, Heizöl, Schmieröl, Bitumen gewonnen. Dies geschieht, indem das Erdöl zunächst vergast wird. Die verschiedenen Kohlenstoff-Wasserstoff-Verbindungen des Gases verflüssigen sich wieder bei unterschiedlichen Temperaturen. Zu den Produkten, die man dabei gewinnt, gehören neben den verschiedenen Kraftstoffen die Mineralöle. Den Gesamtvorgang bezeichnet man als **Destillation**. In einem anschließenden Reinigungsverfahren entfernt man alle schädlichen Bestandteile aus dem Mineralöl. Diese Verunreinigungen können bei Gebrauch der Mineralöle Harze oder Säuren bilden und vermindern die Einsatzdauer der Schmiermittel.

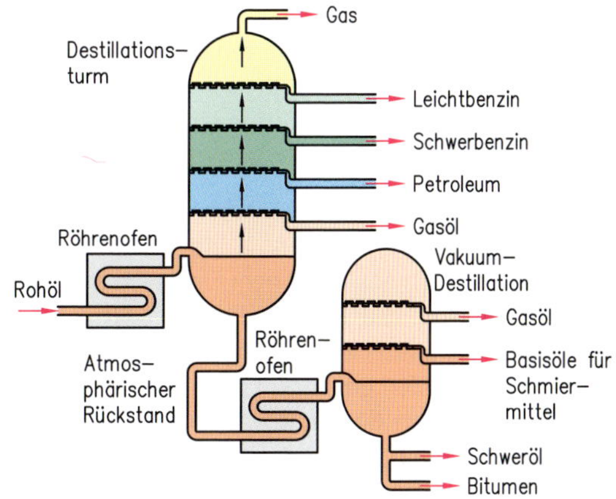

Vom Rohöl zu Kraft- und Schmierstoffen

Hochwertigen Mineralölen setzt man besondere Wirkstoffe zu. So verbessert man z. B. durch Zusätze die Tragfähigkeit des Schmierfilms oder erweitert die Wirksamkeit eines Schmieröls auf einen größeren Temperaturbereich.

! Mineralöle gewinnt man aus Erdöl durch Destillation und anschließende Reinigung.

2. Synthetische Flüssigschmierstoffe

Synthetische Flüssigschmierstoffe werden aus einfachen einheitlichen Kohlenstoff-Wasserstoff-Verbindungen oder Siliziumverbindungen durch chemische Synthese aufgebaut. Deshalb sind diese Flüssigschmierstoffe in ihrem chemischen Aufbau besonders einheitlich und völlig frei von schädlichen Beimengungen. Synthetische Flüssigschmierstoffe zeichnen sich durch eine nahezu gleichbleibende Viskosität in einem großen Temperaturbereich aus. Darüber hinaus sind sie schwer entflammbar und beständig gegen Säuren und Laugen. Man verwendet sie außer zur Schmierung auch als hochwertige Hydrauliköle.

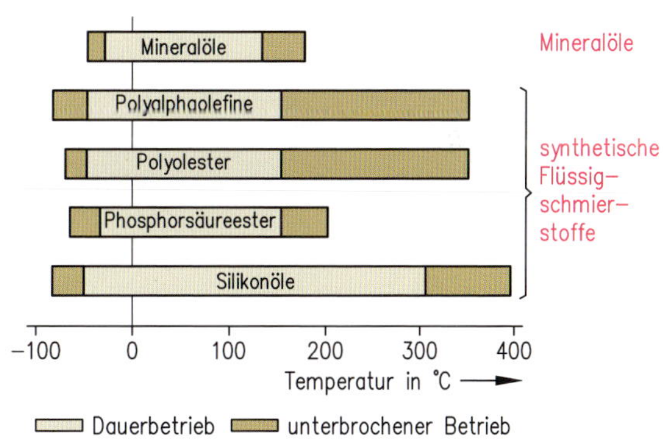

Temperatur-Einsatzgrenzen von Schmierstoffen

Neben den Flüssigschmierstoffen aus reinen Kohlenwasserstoffen werden auch phosphorhaltige Kohlenwasserstoffe und Silikone als synthetische Schmierstoffe verwendet.
Synthetische Flüssigschmierstoffe und Mineralöle dürfen nicht miteinander vermischt werden.

! Synthetische Flüssigschmierstoffe werden aus einfachen Verbindungen synthetisch aufgebaut. Sie sind einheitlich im Aufbau und frei von schädlichen Beimengungen, aber teurer als Mineralöle.

3. Zweitraffinate

Aus gebrauchten Schmierölen werden durch mehrstufige Aufbereitungsprozesse sogenannte Zweitraffinate gewonnen. Diese unterscheiden sich qualitativ kaum von den Mineralölen aus der Erstdestillation.

8.1.2 Schmierfette

Für viele Anwendungsfälle sind flüssige Schmiermittel wenig geeignet, weil sie von der Schmierstelle wegfließen, z. B. bei freistehenden Lagern. Hier werden Schmierfette verwendet. Sie haften an der Schmierstelle und gewähren den geschmierten Lagerstellen guten Schutz gegen das Eindringen von Wasser und Verunreinigungen.

Der Verbrauch von Schmierfetten ist in der Bundesrepublik wegen verbesserter Ölschmiereinrichtungen erheblich zurückgegangen. Er beträgt nur etwa 2 % des Mineralölverbrauchs.

1. Aufbau von Schmierfetten

Schmierfette bestehen aus einem Eindickmittel, in das Mineralöle und Zusätze (Additive) eingemischt sind. Als Eindickmittel werden Metallsalze von Fettsäuren, Metallseifen genannt, verwendet. Die Metallseifen bilden ein Gerüst, in dem das Öl sehr fein verteilt wird. Man bezeichnet das Fett nach der Art des Eindickmittels.

Mehr als die Hälfte der verwendeten Schmierfette sind mit Lithiumsalzen von Fettsäuren eingedickt – man nennt diese Schmierfette lithiumverseifte Fette. Für Sonderfälle gibt es ein metallfreies Eindickmittel, ein Gel.

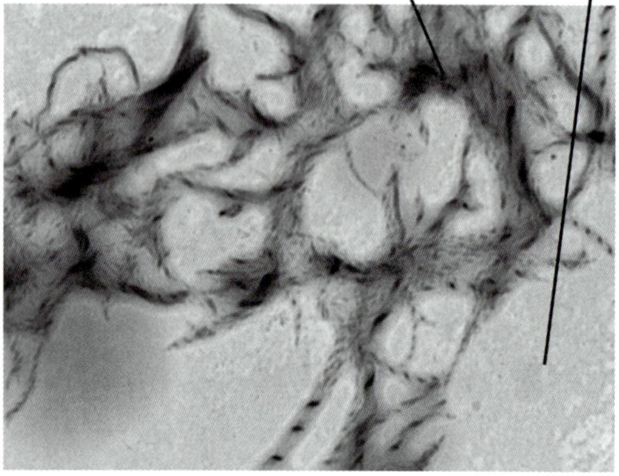

Elektronenmikroskopische Aufnahme eines Schmierfetts

2. Klassifizierung

– **Klassifizierung von Schmierfetten nach dem Eindickmittel**

Eindickmittel	Gebrauchstemperaturbereich in °C	Verhalten gegenüber Wasser
Lithiumseife	– 30 bis + 140	beständig
Kalziumseife	– 30 bis + 60	abweisend
Natriumseife	– 30 bis + 100	nicht beständig
Lithiumkomplexseife	– 30 bis + 160	beständig
Gel	– 20 bis + 160	beständig

! Schmierfette bestehen aus Mineralöl und einem Eindickmittel sowie Additiven.
Das Eindickmittel bestimmt stark das Verhalten des Fetts gegenüber Wasser.

– **Klassifizierung der Schmierfette nach der Konsistenz**

Fette zeigen je nach Gehalt an Eindickmitteln und Temperatur unterschiedlich starken Zusammenhalt beim Verschmieren (Konsistenz), er reicht von einem Verhalten wie dickes Öl über salbenartig bis zu fast wachsartig.

Am häufigsten werden Schmierfette der Konsistenzklasse 2 verwendet.

Konsistenzklassen	Konsistenz	Verwendung
000 00 0	ähnlich sehr dickem Öl halb fließend sehr weich	Getriebefette
2 3 4	salbenartig beinahe fest fest	Wälzlagerfette Gleitlagerfette Gleitlagerfette
5 6	sehr fest sehr fest	Blockfette

! Schmierfette werden nach ihrer Konsistenz in Klassen von 000 bis 6 eingeteilt. Mit steigender Nummer wächst die Konsistenz.

Übungsaufgaben 8/15 bis 8/18

8.1.3 Festschmierstoffe

Trockene Schmiermittel sind pulverförmige Stoffe, die aus besonders feinen Plättchen bestehen. Zu diesen Schmiermitteln gehört z. B. Grafit. Die Schmierwirkung trockener Schmiermittel entsteht dadurch, dass die sehr feinen Plättchen des Schmierstoffs im Schmierspalt wie Karten eines Kartenspiels aufeinandergleiten. Wichtige Trockenschmiermittel im Maschinenbau sind Grafit und Molybdänsulfid.

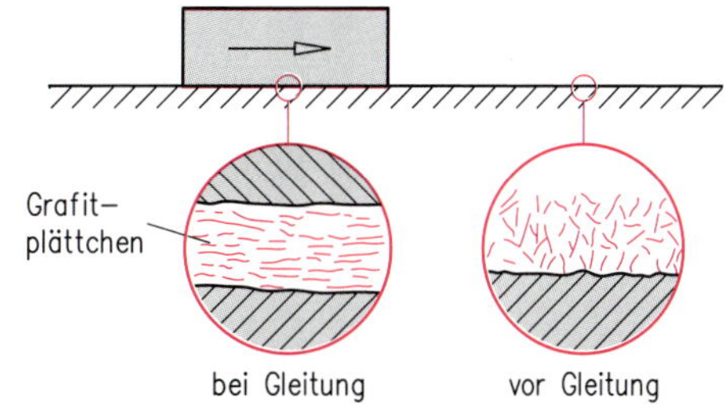

Trockenschmierung mit Grafit

Eigenschaften von Grafit und Molybdänsulfid

Eigenschaften	Grafit	MoS_2
Dichte in g/cm³	2,4	4,8
Härte nach Mohs	0,5 bis 1,0	1,0 bis 1,5
Reibwert bei trockenem Stahl auf Stahl	0,1 bis 0,2	0,04 bis 0,08
Temperaturgrenzen an Luft in °C	– 180 bis + 450	– 180 bis + 450
Zersetzungsprodukt	CO_2-Gas	MoO_3-Teilchen
Schmierfähigkeit im Vakuum	versagt	gut

Wenn MoS_2 als einziger Schmierstoff dienen soll, wird Paste mit 60 bis 70 % MoS_2 verwendet. Diese Pasten sind zur Schmierung von Wälzlagern nicht geeignet, da nach dem Verdunsten des Öls *Klümpchenbildung* einsetzen kann.

MoS_2-Ölzusätze sind meist Konzentrate, mit denen Öle auf 2 bis 5 % MoS_2-Gehalt eingestellt werden. Probleme entstehen hier eventuell infolge Unverträglichkeit der „Aufschlämmöle“ mit den zu versetzenden Ölen.

> **!** Festschmierstoffe werden dann eingesetzt, wenn aufgrund der Bedingungen an der Schmierstelle keine Flüssigkeitsreibung erreicht werden kann.

8.1.4 Kennzeichnung von Schmierstoffen

1. Öle

Das Schmieröl für einen bestimmten Einsatzfall wählt man anhand der Kennzeichnung aus. Die Bestandteile der Schmieröl-Kennzeichnung haben folgende Bedeutung:

- *geometrisches Symbol* für die Art der Erzeugung, z. B. Mineralöl,
- *Kennbuchstaben* für das Einsatzgebiet des Öls, z. B. Hydrauliköl,
- *weitere Kennbuchstaben* für die Zusätze – Additive –, z. B. Alterungsschutz,
- *Kennzahlen* für die Ölklasse durch den Viskositätsgrad, z. B. Viskositätsgrad 100 m²/s.

Beispiel für die Auswahl eines Schmieröls für eine Anlage mit hydraulischem Antrieb

Bei einem Hydraulikantrieb kommt es häufig vor, dass Bauteile aus dem Stand unter Last angefahren werden, dabei tritt Mischreibung mit der Gefahr eines hohen Verschleißes auf.

Das einzusetzende Schmieröl ist deshalb so auszuwählen, dass es mit verschleißmindernden Additiven versehen ist. Das gewählte Schmieröl hat die Kennzeichnung **HLP 68**.

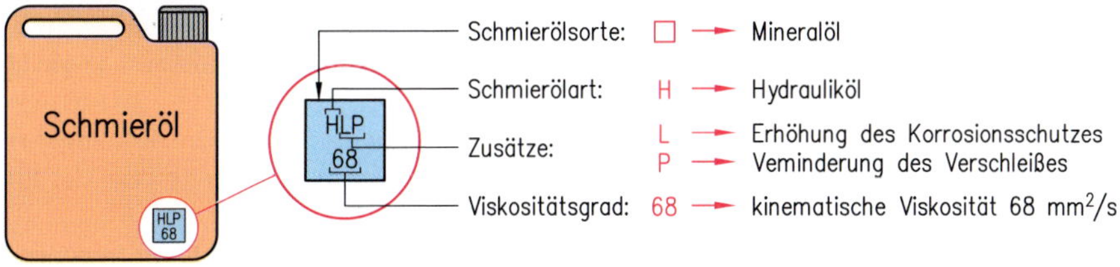

> **!** Die Kennzeichnung der Schmieröle gibt Auskunft über:
> • Schmierölart, • Additive im Schmieröl und • Viskositätsgrad.

2. Fette

Fettschmierung wird bei mittleren und *niedrigen Drehfrequenzen* und *niedrigen Gleitgeschwindigkeiten* eingesetzt. Fettschmierungen erlauben aufgrund des Haftvermögens der Fette einfache, kostengünstige Konstruktionen. Fettschmierung bietet einen Schutz gegen Feuchtigkeit und Verunreinigungen.
Das Schmierfett für einen bestimmten Einsatzfall wählt man anhand der Kennzeichnung aus.
Die Bestandteile der Schmierfett-Kennzeichnung haben folgende Bedeutung:
- *geometrisches Symbol* für die Schmierfettbasis, z. B. Mineralölbasis;
- *Kennbuchstaben* für das Einsatzgebiet des Fetts, z. B. Gleit- und Wälzlagerfett;
- *weitere Kennbuchstaben* für die Einsatztemperatur, z. B. –20 bis + 80 °C;
- *Kennzahlen* für die Konsistenzklasse, z. B. Klasse 3 für beinahe festes Wälzlagerfett.

Beispiel für die Auswahl eines Schmierfetts für Wälzlager
Im Rahmen einer Wartung sind u. a. auch die Wälzlager eines Elektromotors zu fetten. Die Betriebstemperatur überschreitet + 70 °C nicht. Der Motor ist in einem feuchten, staubigen Raum installiert. Somit ist ein Schmierfett auf Mineralölbasis mit Lithiumseife als Dichtungsmittel anzuwenden. Das gewählte Schmierfett hat die Kennzeichnung **K 3 E**.

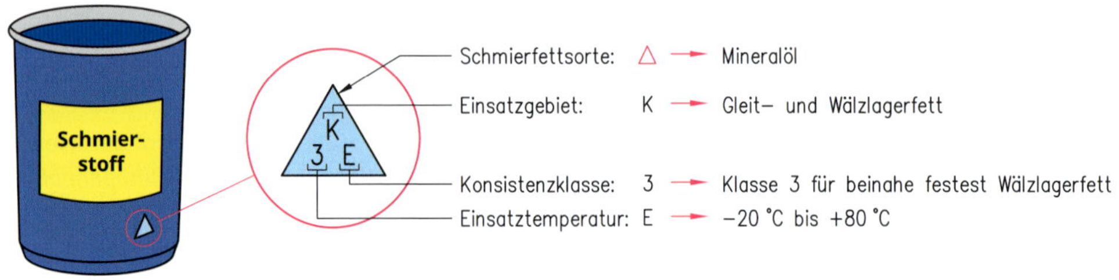

! Die Kennzeichnung der Schmierfette gibt Auskunft über:
- Schmierfettart,
- Einsatzgebiet mit Temperaturbereich,
- Konsistenzklasse.

8.1.5 Entsorgung von Schmier- und Kühlschmierstoffen

Schmier- und Kühlschmierstoffe werden nach einer bestimmten Einsatzdauer unbrauchbar. Entweder kommt es zu Verunreinigungen oder zur Oxidation, wobei das Schmiermittel seine Schmierfähigkeit verliert. Der Schmierstoff muss also entsorgt werden. Da Öle und Emulsionen zu den wassergefährdenden Stoffen zählen, dürfen sie nicht in den Boden, in ein Gewässer oder eine übliche Kläranlage eingeleitet werden.

Die Entsorgung regeln Verordnungen, die aufgrund des Bundesabfallgesetzes erlassen wurden. So dürfen z. B. nur Unternehmen mit entsprechenden Genehmigungen die Entsorgung von Sonderabfällen wie Öl und Kühlschmierstoffen vornehmen.

Sammeln und Entsorgen von Schmier- und Kühlschmierstoffen

Für Sonderabfälle ist in jedem Fall der Erzeuger der Abfälle entsorgungspflichtig. Die ordnungsgemäße Beseitigung von Sonderabfällen wird von Behörden überwacht. Einige Besonderheiten bei der Entsorgung von Ölen oder Emulsionen sind zu beachten.
- Öle sind durch Reinigungsprozesse teilweise wieder regenerierbar und können für untergeordnete Zwecke weiterverwendet werden.
- Emulsionen sind nicht unmittelbar weiterzuverwenden, sie müssen in kostspieligen Trennverfahren aufbereitet werden.

Übungsaufgabe 8/24

8.2 Reinigungsmittel

Bei Instandsetzungsarbeiten an Maschinen und Anlagen sind häufig Baugruppen und Bauelemente auszubauen und auf Schäden zu untersuchen. Zur näheren Prüfung sind sie von Ölen, Fetten und evtl. auch Rost zu säubern. Dies geschieht mithilfe von Reinigungsmitteln.

8.2.1 Arten von Reinigungsmitteln

Als Reinigungsmittel werden von Industriemechanikern im Bereich der Instandhaltung Kohlenwasserstoffverbindungen, organische Lösungsmittel und Gemische aus Lösungsmitteln und waschaktiven Stoffen verwendet.

1. Kohlenwasserstoffe

Kohlenwasserstoffe, wie sie z. B. in Benzin vorhanden sind, lösen Öle und Fette sehr gut. Je kleiner die Moleküle der Stoffe jedoch sind, desto stärker neigen sie zum Verdampfen, sind dadurch leicht entflammbar und können eingeatmet werden, was gesundheitsschädlich ist.
Kohlenwasserstoffverbindungen mit größeren Molekülen, wie z. B. in Petroleum, verdampfen weniger stark und sind weniger feuergefährlich und gesundheitsschädlich. Sie können aber sehr geringe Rückstände auf dem gereinigten Material hinterlassen, die bei späteren Anstrichen oder Verklebungen eine intensive Haftung verhindern.

Kohlenwasserstoffe

2. Alkohole, Ketone, Ester und Lösungsmittelgemische (Verdünner)

Zur Reinigung von Kleinteilen mit dem Pinsel werden häufig Alkohole (z. B. Spiritus), Ketone (z. B. Aceton) und Ester (Reaktionsprodukte aus einer organischen Säure und einem Alkohol) verwendet. Ebenso werden Gemische, die diese Stoffe neben anderen beinhalten, als Reinigungsmittel eingesetzt.
Die meisten dieser Stoffe sind leicht entflammbar und ihre Dämpfe sind außer den Spiritusdämpfen gesundheitsschädlich.

Kohlenwasserstoffverbindungen

> **!** Kohlenwasserstoffe und zur Reinigung einzusetzende Kohlenwasserstoffverbindungen sind zum größten Teil leicht entflammbar und ihre Dämpfe sind gesundheitsschädlich.

3. Kalt- und Heißreiniger

Kalt- und Heißreiniger sind Gemische unterschiedlicher chemischer Verbindungen, die als waschaktiven Bestandteil zusätzlich **Tenside** enthalten. Tenside sind Stoffe, deren Moleküle eine „ölliebende“ Seite und eine „wasserliebende“ Seite besitzen, sich deshalb an die Schmutz- und Fettteilchen anlagern und sie von den verschmutzten Oberflächen abdrängen. Die Tenside verhindern gleichzeitig das Zusammenklumpen kleiner Öl- und Fettteilchen sowie das Absinken auf den Gefäßboden. Sie bewirken so, dass Wasser und Öle gemischt bleiben.

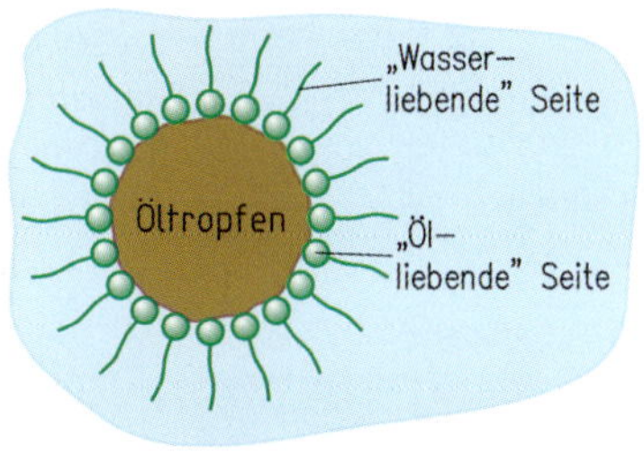

Tenside an einem Öltröpfchen

> **!** Tenside bewirken im Reinigungsmittel, dass sich Öle und Fette von Oberflächen lösen und im Wasser gemischt verbleiben.

Übungsaufgabe 8/25

Nach der Einsatztemperatur unterscheidet man Kaltreiniger und Heißreiniger:

- **Kaltreiniger** können bei Raumtemperatur verwendet werden.
- **Heißreiniger** werden bei 60 bis 90 °C eingesetzt. Sie reinigen im Vergleich mit Kaltreinigern meist in erheblich kürzerer Zeit.

Die Reiniger können je nach Inhaltsstoffen basisch, neutral oder sauer reagieren. Als Maß dient der **pH-Wert**.

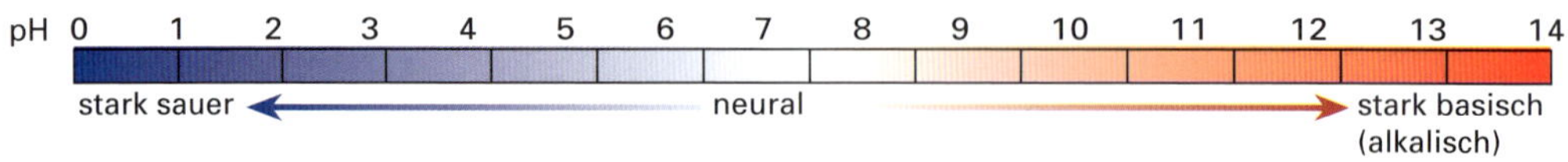

Basische Reiniger enthalten meist auch Natriumverbindungen. Sie sind darum zum Reinigen von Bauteilen aus Aluminium ungeeignet, da die meisten Natriumverbindungen mit Aluminium reagieren.

Saure Reiniger enthalten neben den Tensiden Salze organischer Säuren. Je nach Zusammensetzung können diese Reiniger auch Rost entfernen.

> ! Bei Kalt- und Heißreinigern unterscheidet man basische, neutrale und saure Reiniger.
> Ein Maß für diese Eigenschaften ist der pH-Wert.

Fachfirmen liefern entsprechend den Verunreinigungen und dem zu säubernden Werkstoff unterschiedliche Produkte zur optimalen Anwendung.

Beispiel aus dem Produktangebot eines Herstellers von Heiß- und Kaltreinigern (Auszug)

Alkaline Cleaner

Alcaline Cleaner ist ein sehr leistungsfähiges Reinigungs- und Entfettungsmittel zum Säubern metallischer Werkstücke. Oberhalb einer Temperatur von 50 °C schäumt *Alcaline Cleaner* nicht auf. Darum eignet er sich sehr gut zur Heißentfettung in Waschanlagen mit Sprühdüsen. Spezielle Dispergierungsmittel in *Akaline Cleaner* bewirken einen schnellen und sicheren Abtrag der Fette und Verunreinigungen von den Oberflächen der Werkstücke.
Zur Säuberung von Bauteilen aus Aluminium und Aluminiumlegierungen ist *Akaline Cleaner* wegen seiner alkalischen Wirkung <u>nicht</u> geeignet.

Acidic Cleaner

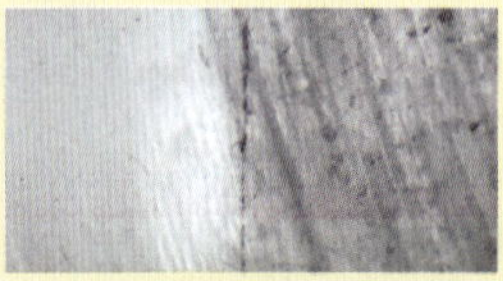

Acidic Cleaner ist ein saures Reinigungsmittel. Es ist besonders geeignet, Oxide und Hydroxide, die bei elektrochemischen Behandlungsverfahren von Werkstücken an der Oberfläche entstehen, aufzulösen.
Zur Entfernung von Oxiden auf den Oberflächen von Werkstücken aus Titan ist *Acidic Cleaner* <u>nicht</u> geeignet.

Copper Cleaner

Copper Cleaner ist speziell zur Reinigung von Werkstücken aus Kupfer und Kupferlegierungen entwickelt worden. Da *Copper Cleaner* oberhalb von 50 °C nicht aufschäumt, eignet er sich besonders zur Heißreinigung in Sprühwaschanlagen.

Si-Ti Cleaner

Si-Ti Cleaner ist ein saurer Reiniger, der speziell zur Behandlung von Werkstücken mit hohen Silizium- und Titan-Gehalten zusammengestellt wurde. Er entfernt gründlich Korrosionsablagerungen sowie Oxide und Hydroxide, die bei elektrochemischen Behandlungsverfahren der Werkstücke aufgetreten sind.

Übungsaufgabe 8/26

8.2.2 Verstärken der Reinigungswirkung durch Ultraschall

Mithilfe von Ultraschallreinigungsanlagen können Baugruppen aus Metallen und Kunststoffen gründlichst gereinigt werden.

Die zu reinigenden Bauteile werden zusammen mit dem flüssigen Reinigungsmittel in das US-Becken gegeben. Durch den Schwingungsgenerator wird Ultraschall erzeugt, der sich als Longitudinalwelle (Längswelle) in der Reinigungsflüssigkeit ausbreitet.

Durch den wechselnden Schalldruck kommt es in der Flüssigkeit zu Verdichtungen und Verdünnungen. Die Zugkräfte bei der Verdünnung – also in der Sogphase der Schwingung – können Flüssigkeitsteile auseinanderreißen. Dadurch bilden sich in dieser Phase kleinste Bläschen, in denen Unterdruck herrscht. Die Bläschen sprengen die Verunreinigungen von der Oberfläche ab. In der folgenden Phase, der Druckphase, fallen die Bläschen wieder in sich zusammen, sie implodieren.

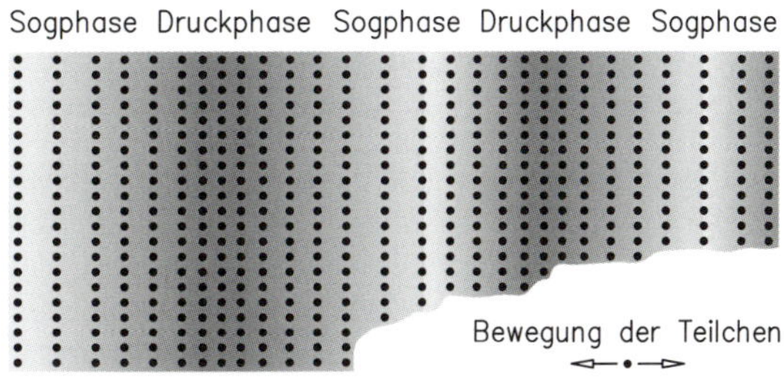

Logitudinalwelle

Beispiel für die Reinigungswirkung mit Ultraschall

Ultraschall-Reinigungsbecken

Ungereinigtes und gereinigtes Werkstück

8.2.3 Sicherheitshinweise zum Umgang mit Reinigungsmitteln

Beim Reinigen mit chemischen Reinigungsmitteln müssen die Sicherheits- und Gesundheitsschutzhinweise beachtet werden. Diese Hinweise müssen sich auf den Verpackungen oder Behältern befinden. Hier ist die Gefahrenklasse deklariert. Gut sichtbare Kennzeichen, die sogenannten Piktogramme, werden durch Sicherheits- bzw. Gefahrenhinweise und ggf. Produktinformationen ergänzt.

Sicherheitskennzeichen

Sicherheitskennzeichen machen auf Gefahren am Arbeitsplatz aufmerksam und geben Hinweise für einen sicheren Umgang mit den Materialien und Stoffen. Durch eine Kombination aus geometrischer Form, Farbe und Bildzeichen unterscheiden man u. a. Verbotszeichen, Warnzeichen, Gebotszeichen und Rettungszeichen.

Beispiele für Sicherheitskennzeichen

Verbotszeichen

Warnzeichen

Gebotszeichen

Rettungszeichen

Bei Reinigungs- und Konservierungsmitteln beziehen sich die Sicherheits- und Gesundheitsschutzhinweise u. a. auf folgende Punkte:

- Ätzende Reinigungsmittel sind haut- und augenschädlich.
- Dämpfe von Reinigungsmitteln sollen nicht eingeatmet werden. Reinigungsarbeiten sind daher in gut durchlüfteten Räumen oder im Freien durchzuführen.
- Hautkontakte mit solchen Mitteln sind zu vermeiden, weil die Haut durch Reinigungsmittel entfettet wird.
- Reinigungsmittel dürfen nicht in die Augen gelangen. Bei Unfällen müssen die Augen sofort mit viel Wasser ausgewaschen werden. Meist muss auch der Augenarzt aufgesucht werden.
- Sprühstäube von Sprays dürfen nicht eingeatmet werden.

Die Kennzeichnung gefährlicher Stoffe erfolgt auf der Grundlage eines international harmonisierten Einstufungs- und Kennzeichnungssystems, dem **GHS** (**G**lobally **H**armonised **S**ystem of Classification and Labelling of Chemicals). Für Europa gilt die darauf aufbauende **CLP**-Verordnung (**C**lassification, **L**abelling and **P**acking). Alle Chemikalien in Form von Reinstoffen und Gemischen unterliegen der Einstufungs- und Kennzeichnungspflicht.
Durch die neue Verordnung haben sich die Gefahrenpiktogramme gegenüber den bisher gebräuchlichen zum Teil geändert (vgl. auch www.umweltbundesamt.de).

Neues Kennzeichen	Bedeutung	Altes Kennzeichen
	Flamme; brandfördernd, organische Peroxide/verschiedene Typen	
	Akute Toxizität (Giftigkeit) oder hautreizend, augenreizend, Reizung der Atemwege	
	Sensibilisierung der Atemwege oder Sensibilisierung der Haut	

Der Fachmann hat die Pflicht, alle Maßnahmen zur Verhütung von Arbeitsunfällen, Berufskrankheiten und arbeitsbedingten Gesundheitsgefahren zu ergreifen. Bei Reinigungs- und Konservierungsarbeiten sind somit die Sicherheits- und Gesundheitsschutzhinweise auf den Verpackungen zu beachten.

Beispiele für die Kennzeichnung eines Stoffs

10 Konservierungsstoffe

Zum kurzzeitigen Schutz blanker Maschinenteile werden meist diejenigen Öle und Fette verwendet, mit denen die Maschine auch regelmäßig geschmiert wird. Für Bauteile und Maschinen, die für längere Zeit oder einen Transport vor Korrosion geschützt werden müssen, werden spezielle Konservierungsmittel eingesetzt.

10.1 Konservierungsöle

Konservierungsöle unterscheiden sich von Schmierölen durch eine Vielzahl von Zusätzen, mit denen die Schutzwirkung verstärkt wird.

Während normale Öle und Fette Wasser nur zum Teil verdrängen und Wasserreste in Spalten einschließen können, kriechen Korrosionsschutzöle in Spalten, unterwandern das Wasser und verdrängen es von der Oberfläche. Dabei bilden sie auf der Oberfläche des zu schützenden Teils eine elektrisch isolierende Schicht, sodass keine elektrochemische Korrosion auftreten kann. Ferner sind die Öle so eingestellt, dass sie sich nicht klebrig anfühlen.

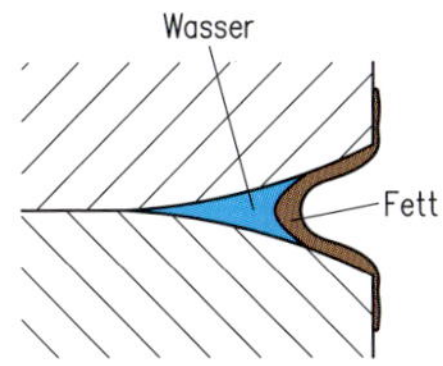

Feuchtigkeit durch Fett eingeschlossen

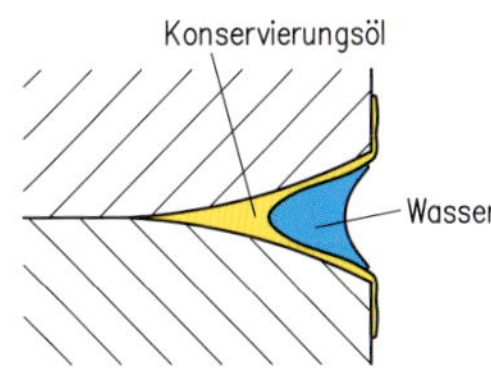

Feuchtigkeit durch Konservierungsöl verdrängt

Damit der Aufwand zur Reinigung konservierter Teile vor dem späteren Einsatz gering bzw. überflüssig ist, dürfen Konservierungsöle keine wachsartigen Bestandteile und keine Silikone enthalten.

10.2 VCI-Verpackungen

Mit der Abkürzung VCI (engl. Volatile Corrosion Inhibitor) bezeichnet man feste, korrosionshemmende Stoffe, die allmählich in die Gasphase übergehen und sich dann an allen festen Oberflächen in der Umgebung ablagern.

Beispiele für VCI- Verpackungen

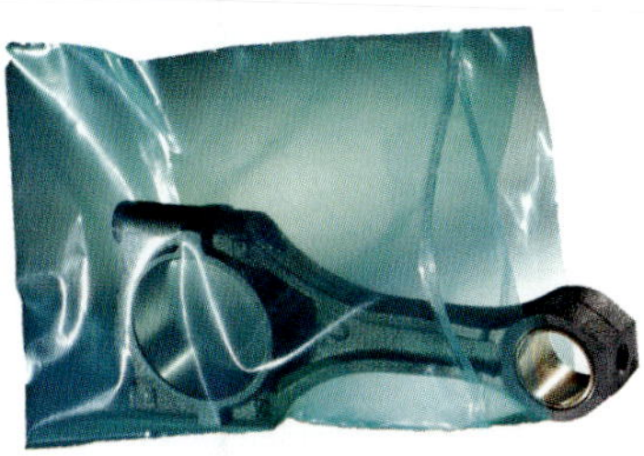

VCI-Verpackungen

Diese Stoffe bringt man auf Kunststofffolien, Pappen und andere Träger auf, mit denen man die zu schützenden Bauteile dicht einpackt. Schon nach kurzer Zeit bildet sich in der abgeschlossenen Umhüllung eine mit VCI angereicherte Gasphase, die Oberflächen der Bauteile werden mit einer VCI-Schicht überzogen und sind damit vor Korrosion geschützt. Die Wirkungsdauer einer solchen Korrosionsschutzmaßnahme kann bis zu zwei Jahre betragen. Entpackt man die Bauteile, so verflüchtigt sich die VCI-Konservierung und die Bauteile sind unmittelbar einsetzbar.

! VCI-haltige Verpackungen enthalten Stoffe, die verdampfen und sich als korrosionshemmender Film auf dem verpackten Bauteil ablagern. Beim Entpacken verflüchtigt sich das VCI, damit entfällt die Oberflächenreinigung.

HANDLUNGSFELD: Messungen in elektrisch gesteuerten Anlagen durchführen

Problemstellung

Eine SPS-gesteuerte Anlage funktioniert nicht bestimmungsgemäß. Der Teilestopp an der Übergabestelle für ein Fertigungszentrum findet nicht statt. Fehlerart und -quelle sind festzustellen.

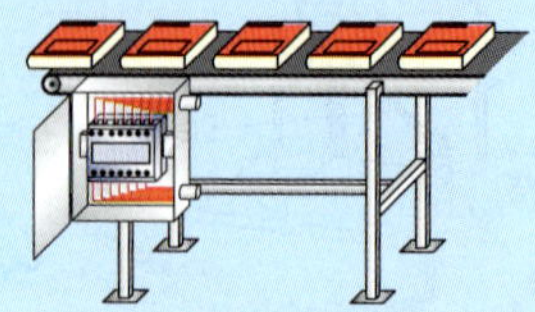

Vorgaben:
- allgemeine Fehlerbeschreibung
- definierte Aufgabenstellung
- keine weiteren Informationen oder Dokumente

Analysieren

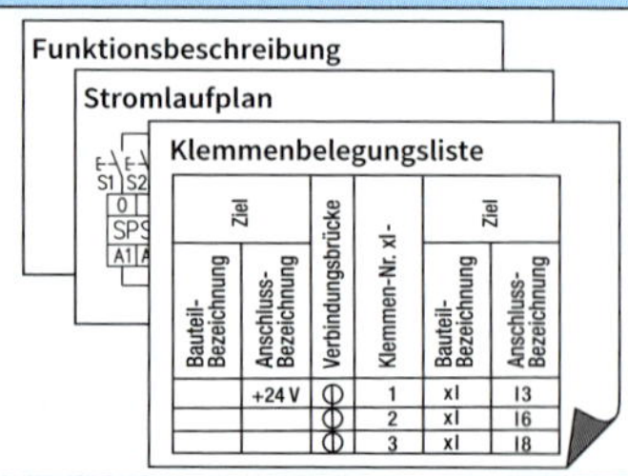

Ergebnisse:
- Unterlagen zur Anlage:
  - Funktionsbeschreibung
  - Stromlaufplan
  - Klemmenbelegungsliste
- Messgerät (Art und Messbereich)
- Steuerungsart
- Fehlerlisten, Anlagenzustand, Ausfallzeiten

Eingang:
- ausgewertete Informationen
- Art und Messbereich des Messgeräts

Planen

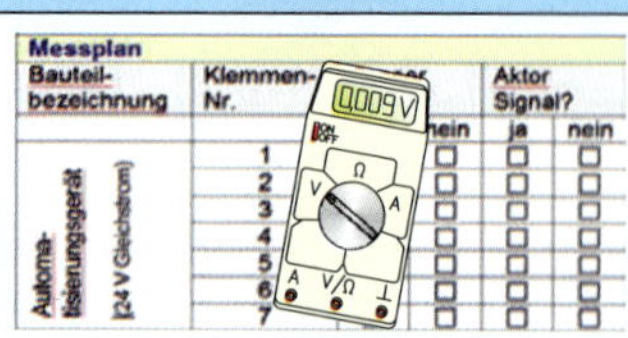

Ergebnisse:
- Messgerät Messplan mit
  - Messstelle und
  - Abfolge
  - Messstrategie
- Sicherheit (Mensch, Anlage)

Eingang:
- Sicherheit für Personen und System herstellen
- Messgerät einstellen (Stromart, Messbereich)
- Messstellen kontaktieren
- Schwellenwerte messen

Ausführen

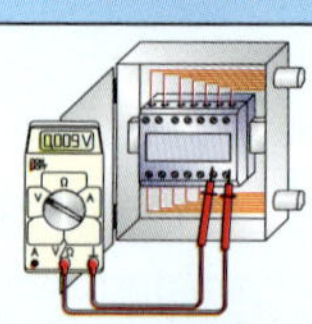

Ergebnisse:
- Messwerte
- Messprotokoll
- Auffälligkeiten (erkennbar) in der Messumgebung

Eingang:
- Messprotokoll Auffälligkeiten

Auswerten

Fehlerliste

Störung	mögliche Ursache	Maßnahme zur Beseitigung
kein Teilestop an Übergabestelle (keine Spannung an Klemme 2)	Signalleitung unterbrochen	Signalleitung austauschen

Ergebnisse:
- Fehlerstatistik
- aktualisierte Fehlerliste (Fehlererkennung)

1 Wirkungen und Einsätze elektrischer Energie

1. Wärmewirkung

Elektrische Energie kann in Wärmeenergie umgewandelt werden. Dies geschieht z. B. im Elektroofen, beim Lichtbogenschweißen und beim Schmelzen einer Schmelzsicherung.

Beispiel für die Umwandlung von elektrischer Energie in Wärmeenergie

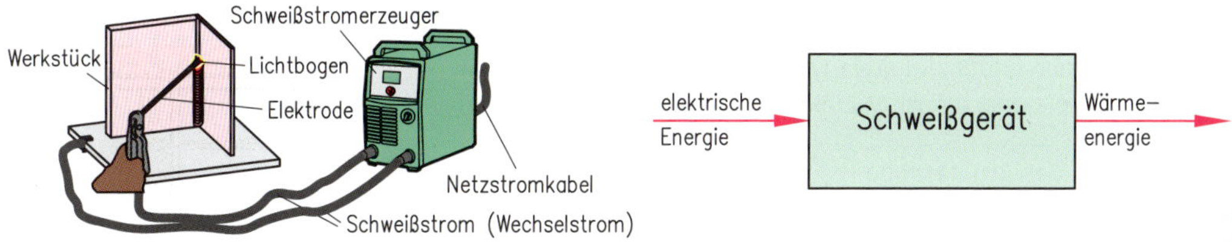

2. Magnetische Wirkung

Elektrische Energie wird in Elektromagneten in Energie eines magnetischen Felds umgewandelt. Dies geschieht z. B. in Hubmagneten und Elektromotoren.

Beispiel für die Umsetzung elektrischer Energie in Energie eines Magnetfelds

Die magnetische Wirkung des elektrischen Stroms wird in Elektromotoren ausgenutzt.

Beispiel für die Nutzung elektrischer Energie zur Erzeugung von Bewegungsenergie

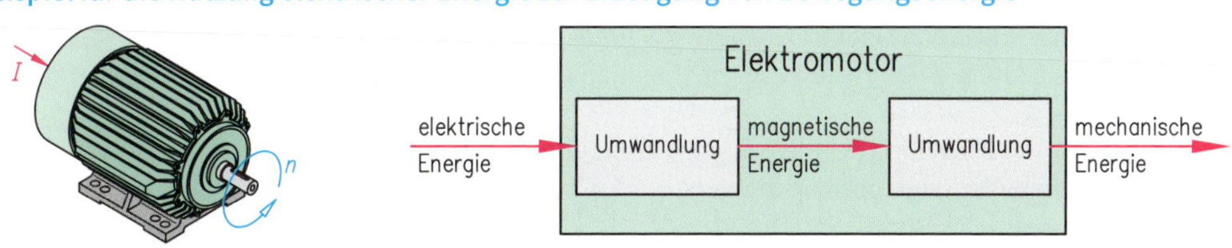

3. Chemische Wirkung

Zur Auslösung und Fortführung vieler chemischer Reaktionen benötigt man Energie. Sie wird oft in Form elektrischer Energie zugeführt, z. B. in galvanischen Anlagen und zum Laden von Akkus.

Beispiel für die Nutzung elektrischer Energie bei chemischen Prozessen

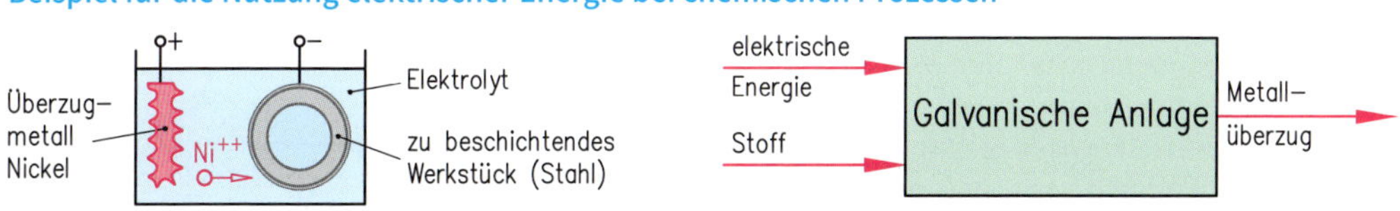

! In der Metalltechnik werden folgende Wirkungen des elektrischen Stroms genutzt:
- Wärmewirkung,
- magnetische Wirkung,
- chemische Wirkung.

2 Physikalische Grundlagen

2.1 Elektrische Ladung

1. Atomaufbau

Die Atome aller Elemente haben einen Kern und eine Hülle. Der Atomkern enthält als wichtigste Bausteine die **Protonen** und die **Neutronen**. Protonen und Neutronen haben etwa die gleiche Masse.
Die Hülle wird von elektrisch negativ geladenen Teilchen, den **Elektronen**, gebildet. Diese Elektronen bewegen sich mit sehr hoher Geschwindigkeit um den Kern, sodass sich die Vorstellung einer Elektronenhülle ergibt. Elektronen haben nur etwa 1/2 000 der Masse eines Protons.
Protonen sind elektrisch positiv, Elektronen negativ geladen. Neutronen sind neutral.

Beispiele für den Atomaufbau

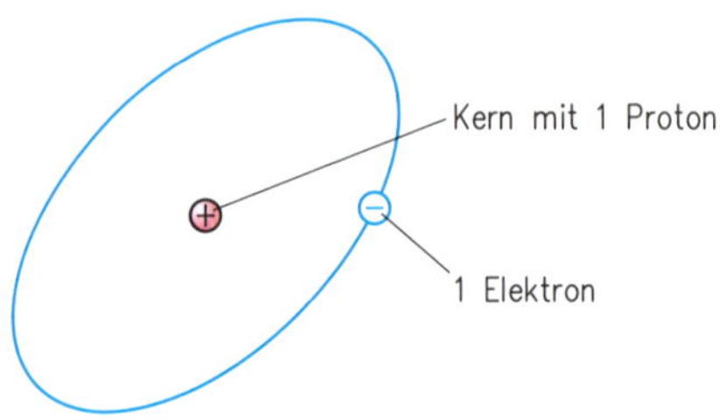

Wasserstoffatom

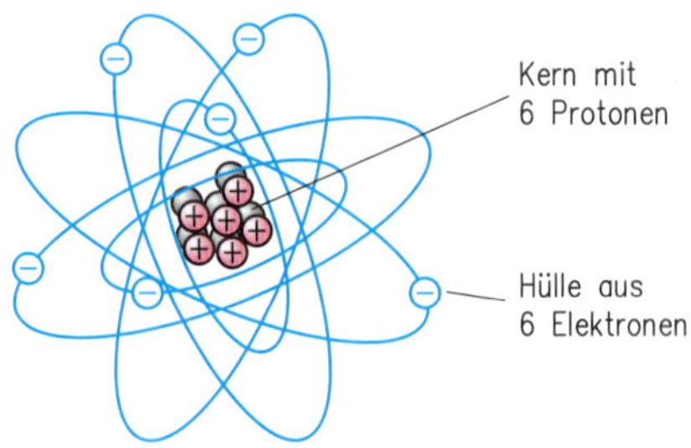

Kohlenstoffatom

Teilchenart	Symbol	Ladung	Masse	Massenverhältnis
Proton	p^+	positiv	$1{,}7 \cdot 10^{-24}$ g	1
Neutron	n	neutral	$1{,}7 \cdot 10^{-24}$ g	1
Elektron	e^-	negativ	$9{,}1 \cdot 10^{-28}$ g	$\approx \frac{1}{2000}$

2. Elementarladung

Die Ladung eines Elektrons ist die kleinste Ladungseinheit. Deshalb bezeichnet man diese Ladung als Elementarladung, und da das Elektron negativ geladen ist, als *negative Elementarladung*.
Die gleich große Ladung eines Protons bezeichnet man als *positive Elementarladung*.

! Jedes Elektron besitzt eine negative Elementarladung.
Jedes Proton besitzt eine positive Elementarladung.

3. Kräfte zwischen Ladungen

Unterschiedliche elektrische Ladungen können durch Einsatz von Energie getrennt werden.

Beispiel für Ladungstrennung

Beim Reiben eines Kunststoffstabs mit einem Wolltuch gehen Elektronen des Wolltuchs auf den Kunststoffstab über, und es entsteht dort ein Elektronenüberschuss. Der Kunststoffstab erhält dadurch eine negative Ladung. Das Wolltuch weist hingegen Elektronenmangel auf und ist dadurch positiv geladen.

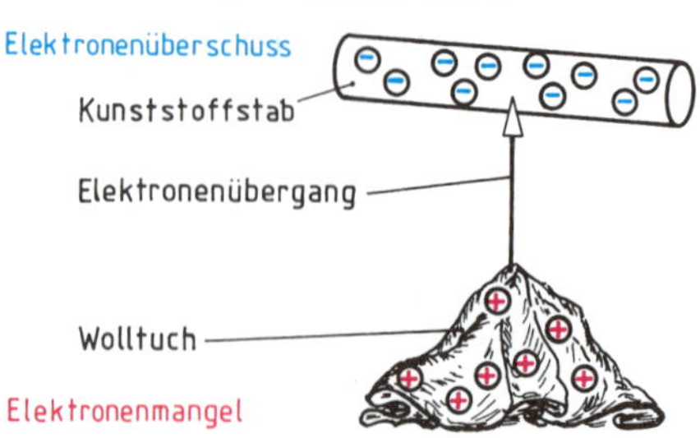

! Zur Trennung elektrischer Ladungen ist Energie erforderlich.

Übungsaufgaben 2/1 bis 2/5

Hat man unterschiedliche Ladungen voneinander getrennt, so bestehen zwischen Teilen mit unterschiedlicher elektrischer Ladung *anziehende* Kräfte und zwischen Teilen mit gleicher elektrischer Ladung *abstoßende* Kräfte.

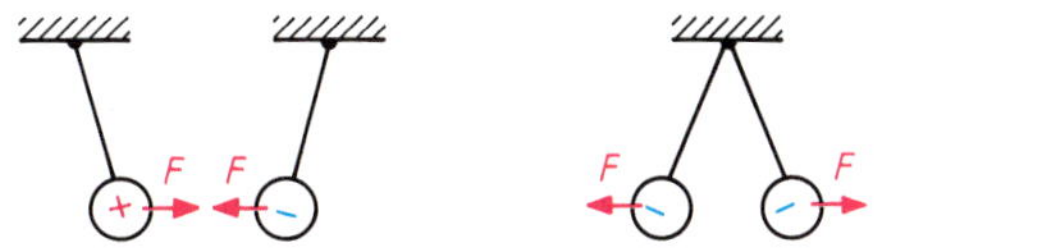

Anziehung ungleicher Ladungen **Abstoßung gleicher Ladungen**

> **!** Teile mit unterschiedlicher elektrischer Ladung ziehen sich gegenseitig an.
> Teile mit gleicher elektrischer Ladung stoßen sich gegenseitig ab.

2.2 Strom

In elektrischen Leitungen können Elektronen weiter bewegt werden. Diesen Fluss von Elektronen bezeichnet man als den elektrischen Strom. Wenn durch den Leiterquerschnitt in 1 Sekunde $6{,}25 \cdot 10^{18}$ Elektronen strömen, so fließt ein Strom von **1 Ampere**.

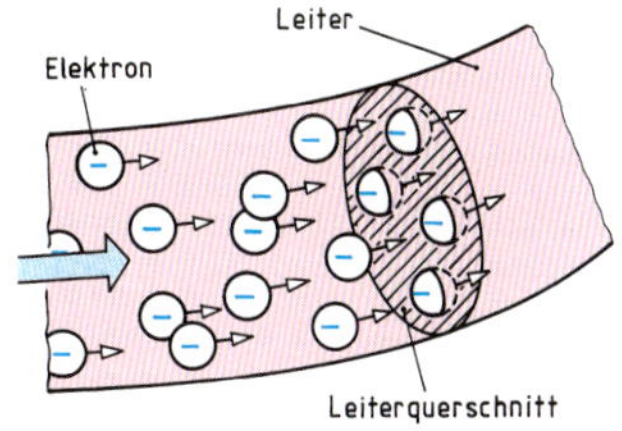

Elektronenstrom

> **!** Der elektrische Strom ist der Fluss von Elektronen.
> 1 Ampere entspricht einem Fluss von $6{,}25 \cdot 10^{18}$ Elektronen je Sekunde.

Bewegt sich der Elektronenstrom stets in die gleiche Richtung, so spricht man von **Gleichstrom**. Stellt man in einem Diagramm den Strom in Abhängigkeit von der Zeit dar, so zeigt das Diagramm eine parallele Linie zur Zeitachse. Batterien und Akkumulatoren liefern Gleichstrom.

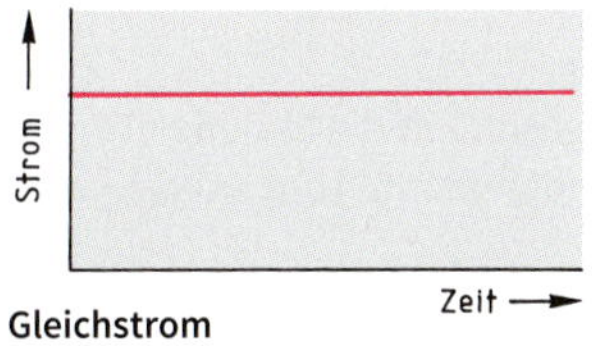

Gleichstrom

Symbol für Gleichstrom: ⎓ oder DC

(DC von direct current)

> **!** Ein Strom, der stets in gleiche Richtung fließt, ist ein Gleichstrom.

Ändert der Elektronenstrom in regelmäßigen Zeitabständen (periodisch) seine Größe und seine Richtung, so nennt man diesen Strom **Wechselstrom**. Stellt man in einem Diagramm den Strom in Abhängigkeit von der Zeit dar, so zeigt das Diagramm eine Wellenlinie (Sinuskurve) um die Nulllinie. Die Elektroversorgungsunternehmen liefern einen Wechselstrom, der 100-mal in der Sekunde seine Richtung ändert.

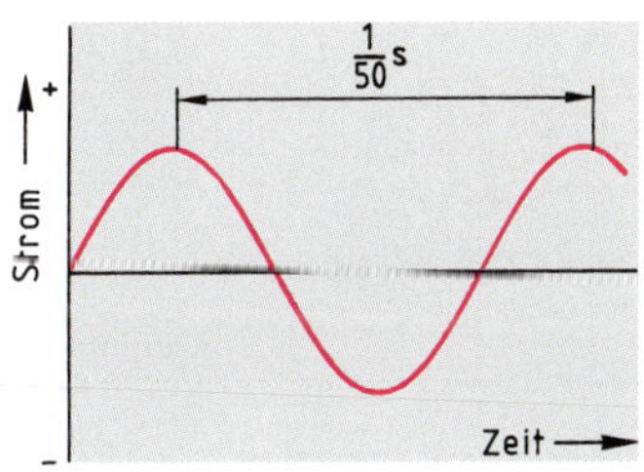

Wechselstrom

Symbol für Wechselstrom: ~ oder AC

(AC von altering current)

> **!** Ein Strom, der periodisch seine Richtung und Größe ändert, ist ein Wechselstrom.

2.3 Spannung

1. Prinzip der Spannungserzeugung

Durch die Trennung elektrischer Ladungen erhält man Bereiche mit Elektronenüberschuss und solche mit Elektronenmangel.

Der Bereich mit *Elektronenüberschuss* ist der **Minuspol**, der Bereich mit dem *Elektronenmangel* der **Pluspol**.

Wegen der Anziehungskräfte zwischen den unterschiedlichen Ladungen besteht das Bestreben, einen Ausgleich zwischen den beiden Polen herzustellen. Dieses Ausgleichsbestreben nennt man die elektrische **Spannung**.

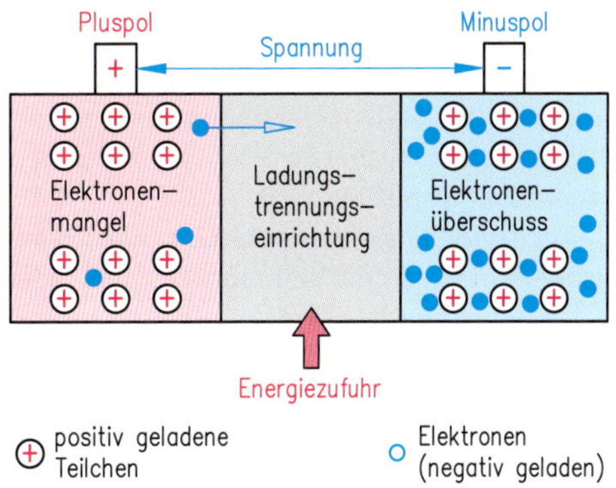

Prinzip einer Spannungsquelle

> **!** Spannung besteht zwischen getrennten elektrischen Ladungen.

Übungsaufgaben 2/6; 2/7

Zur Spannungserzeugung muss Arbeit aufgewendet werden. Verrichtet man bei der Ladungstrennung an $6{,}25 \cdot 10^{18}$ Elektronen (1 Coulomb) eine Arbeit von 1 Nm, so hat man eine Spannung von **1 Volt** erzeugt.

! 1 Nm Arbeit an 1 Coulomb verrichtet, ergibt die Spannung 1 Volt (1 V = 1 Nm/c).

2. **Spannungsquellen**

– **Generator**

In Generatoren wird Spannung durch Aufwenden mechanischer Energie erzeugt.
Diese Art der Spannungserzeugung wird von den Elektroversorgungsunternehmen betrieben. Generatoren im kleineren Maßstab sind der Dynamo am Fahrrad und die „Lichtmaschine" im Kraftfahrzeug.

– **Batterie und Akkumulator**

In Batterien und Akkumulatoren wird Spannung durch chemische Prozesse erzeugt.
Man verwendet diese Spannungsquellen zur Versorgung nicht ortsgebundener Maschinen und Geräte.

– **Solarzellen**

In Solarzellen erfolgt die Ladungstrennung durch Lichteinwirkung.
Die Anwendung von Solarzellen in der Bundesrepublik Deutschland ist ein wesentlicher Bestandteil der Erzeugung alternativer Energien und dient auch zur Spannungserzeugung nicht ortsgebundener Elektrogeräte mit geringem Energieumsatz, z. B. Taschenrechnern und Parkscheinautomaten.

– **Thermoelemente**

In Thermoelementen geschieht die Ladungstrennung unmittelbar durch Wärmeenergie.
Man verwendet Thermoelemente zum Speisen von Zündsicherungen in Erwärmungsanlagen und zur Temperaturmessung.

Beispiele für Spannungsquellen

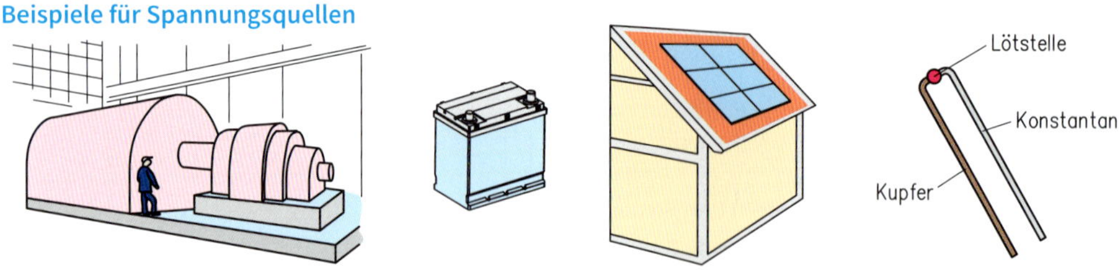

Generator **Akkumulator** **Solarzelle** **Thermoelement**

! Spannungserzeugung geschieht in:
- Generatoren,
- Batterien und Akkumulatoren,
- Solarzellen,
- Thermoelementen.

2.4 Stromkreis

Verbindet man die Pole einer Spannungsquelle über eine elektrisch leitende Verbindung mit einem Verbraucher, so fließen Elektronen vom Minuspol (–) der Spannungsquelle über Leiter und Verbraucher zum Pluspol (+).
Die in sich geschlossene Anordnung von Spannungsquelle, Leiter und Verbraucher bezeichnet man als *elektrischen Stromkreis*.
Aus historischen Gründen hat man als Stromrichtung eine Bewegung vom Pluspol zum Minuspol festgelegt. Diese Festlegung wird als **technische Stromrichtung** bezeichnet.

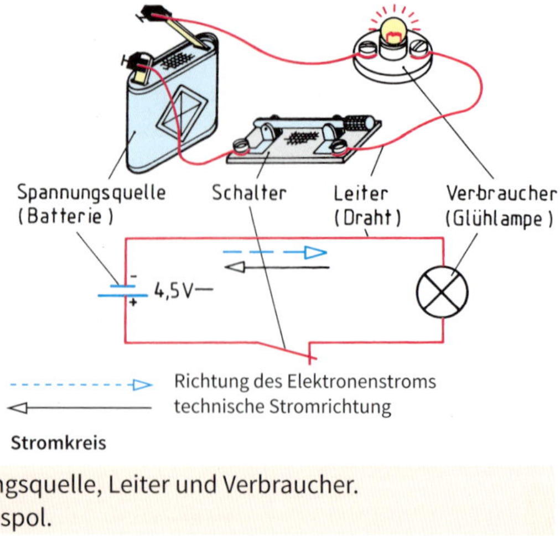

Stromkreis

! Der geschlossene Stromkreis besteht aus Spannungsquelle, Leiter und Verbraucher.
Technische Stromrichtung: vom Pluspol zum Minuspol.

Übungsaufgaben 2/8 bis 2/13

2.5 Messung von Stromstärke und Spannung

1. Strommessung

Strommessung ist Durchflussmessung, deshalb müssen **Strommessgeräte** direkt in den Stromkreis eingesetzt werden. Sie stehen in einer Reihe mit dem Verbraucher – sie sind *in Reihe geschaltet*. Strommessgeräte zeigen die Stromstärke in Ampere an, man nennt sie auch Amperemeter.
Strommessgeräte dürfen nur zusammen mit einem Verbraucher zum Einsatz kommen, da sonst ein extrem hoher Strom fließt, den man in der Technik als **Kurzschlussstrom** bezeichnet.

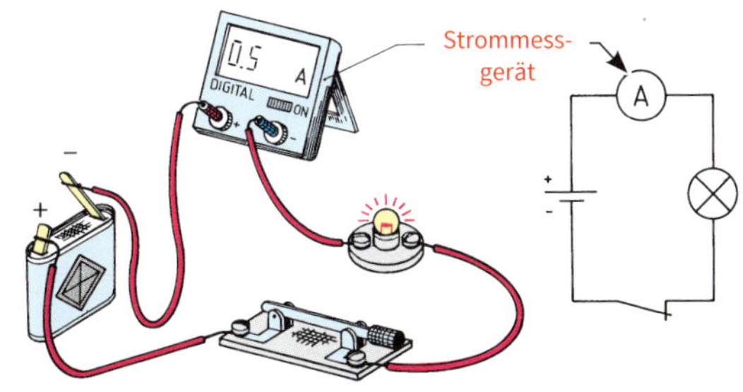

Strommessung

! Der Strommesser wird immer mit dem Verbraucher in Reihe geschaltet.

2. Spannungsmessung

Spannungsmessung ist die Messung eines Unterschieds. Spannungen müssen immer zwischen zwei Punkten eines Stromkreises gemessen werden, z. B. zwischen den beiden Polen einer Spannungsquelle oder zwischen dem Eingangs- und Ausgangspunkt eines Verbrauchers.
Das **Spannungsmessgerät** wird *parallel zum Verbraucher* angeschlossen. Spannungsmesser zeigen die Spannung in Volt an, man bezeichnet sie auch als Voltmeter.

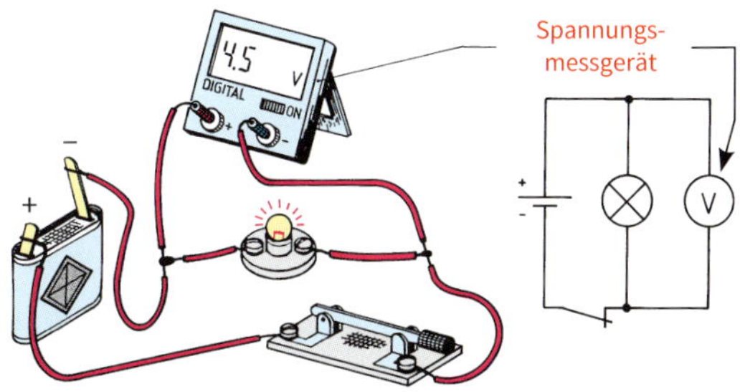

Spannungsmessung

! Der Spannungsmesser wird immer mit dem Verbraucher parallel geschaltet.

2.6 Leiter und Nichtleiter

1. Metallische Leiter

Metalle sind gute elektrische Leiter. Die Ursache dafür sind frei bewegliche Elektronen im Metall. Sobald mit einem metallischen Leiter ein Stromkreis geschlossen wird, setzen sich diese in Richtung Pluspol in Bewegung.
Elektronen treten am Minuspol der Spannungsquelle in den Leiter ein, am Pluspol treten dafür andere heraus. Obwohl sich die Elektronen nur mit sehr geringer Geschwindigkeit (ca. 0,3 m/h) im Leiter in Stromrichtung bewegen, pflanzt sich der „Stoß", der durch das Eintreten von Elektronen in den Leiter entsteht, mit hoher Geschwindigkeit fort.

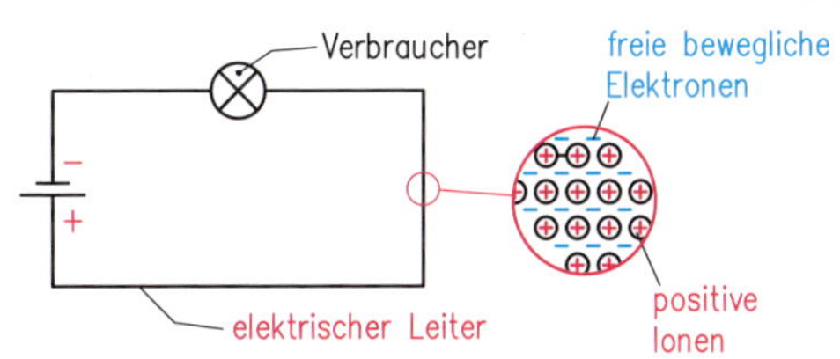

Metall als elektrischer Leiter

! Quasifreie Elektronen sind die Ursache für die gute elektrische Leitfähigkeit eines Metalls.

2. Nichtleiter

Stoffe ohne bewegliche Ladungsträger leiten den elektrischen Strom nicht. Solche Stoffe sind z. B. Gummi, Kunststoffe, Glas, trockene Luft und chemisch reines Wasser. Man verwendet diese Stoffe zur Isolierung von elektrischen Leitern und Geräten. Deshalb bezeichnet man sie als **Isolierstoffe** oder **Nichtleiter**.

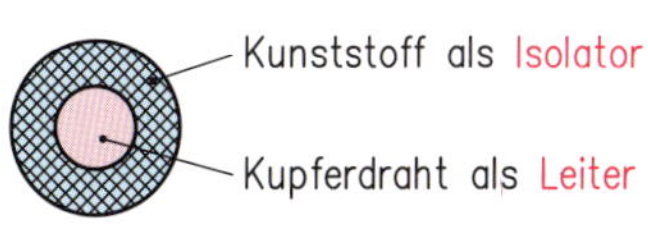

Querschnitt einer isolierten Kupferleitung

! Stoffe, in denen Ladungen nicht bewegt werden können, werden als Nichtleiter oder Isolierstoffe bezeichnet.

Übungsaufgaben 2/14 bis 2/21

2.7 Elektrischer Widerstand

Im Stromkreis wird der Fluss der Elektronen gehemmt. Diese Erscheinung bezeichnet man als **elektrischen Widerstand**. Er wird in **Ohm** (Ω) angegeben.
Der elektrische Widerstand eines Leiters ist abhängig von:
- Leiterlänge, • Leiterquerschnitt, • Leiterwerkstoff, • Temperatur des Leiters.

Die verschiedenen Einflussgrößen auf den elektrischen Widerstand haben folgende Auswirkungen:
- Mit *steigender Leiterlänge* wächst der Widerstand, weil die Elektronenbewegung auf dem längeren Weg stärker behindert wird.
- Mit *kleinerem Leiterquerschnitt* wird der Widerstand größer, weil die Durchtrittsfläche kleiner wird.
- Mit *sinkender Zahl* freier Elektronen und *stärkerer Behinderung durch Fremdatome* im Kristallgitter steigt der elektrische Widerstand. Diese Werkstoffabhängigkeit des Widerstands drückt man durch den **spezifischen Widerstand** (Formelzeichen: ϱ) aus.

Der Zusammenhang zwischen den Einflussgrößen und dem elektrischen Widerstand R bei 20 °C wird in folgender Gleichung angegeben:

$$R = \frac{\varrho \cdot l}{S}$$

R Widerstand in Ω
l Leiterlänge in m
S Leiterquerschnitt in mm^2
ϱ spezifischer Widerstand in $\frac{\Omega\,mm^2}{m}$ bei 20 °C

Werkstoff	Spezifischer Widerstand in $\frac{\Omega\,mm^2}{m}$ bei 20 °C
Silber	0,0149
Kupfer	0,0178
Aluminium	0,0241
Eisen	0,1400

Beispiel für die Berechnung des elektrischen Widerstands eines Leiters

Aufgabe

Ein aufgewickelter Kupferdraht mit 0,016 mm^2 Querschnitt ist 73,1 m lang.
Der elektrische Widerstand ist zu berechnen.

Lösung

$R = \frac{\varrho \cdot l}{S}$ $R = \frac{0{,}0178\ \Omega\,mm^2 \cdot 73{,}1\ m}{m \cdot 0{,}016\ mm^2}$ $\mathbf{R = 81{,}3\ \Omega}$

! Der Widerstand eines Leiters hängt bei konstanter Temperatur ab von:
- Länge, • Querschnitt, • Werkstoff. $R = \frac{\varrho \cdot l}{S}$

Weicht die Temperatur eines Widerstands von 20 °C ab, so muss der Widerstandswert neu errechnet werden. Diese Neuberechnung erfolgt über den *Temperaturbeiwert* α.

$$R = R_K \cdot (1 + \alpha \cdot \Delta\vartheta)$$

R_K Widerstand bei 20 °C
α Temperaturbeiwert
$\Delta\vartheta$ Temperaturänderung gegenüber 20 °C

Werkstoff	Temperaturbeiwert α in $\frac{1}{K}$
Kupfer	0,0039
Aluminium	0,0038
Eisen	0,0045

Beispiel für die Berechnung eines Widerstands bei einer von 20° C abweichenden Temperatur

Aufgabe

Ein Stahldraht (α = 0,0045 1/K) hat bei 20 °C einen Widerstand von 60 Ω.
Auf welchen Wert steigt der Widerstand bei einer Temperaturerhöhung auf 70 °C?

Lösung

$R = R_K \cdot (1 + \alpha \cdot \Delta\vartheta)$ $R = 60\ \Omega \cdot \left(1 + 0{,}0045\ \frac{1}{K} \cdot 50\ K\right)$ $\mathbf{R = 73{,}5\ \Omega}$

! Der Widerstand von elektrischen Leitern ist temperaturabhängig. Bei metallischen Leitern steigt der Widerstand mit steigender Temperatur.

Übungsaufgaben 2/22 bis 2/27

2.8 Ohmsches Gesetz

Den gesetzmäßigen Zusammenhang der elektrischen Größen **Spannung**, **Stromstärke** und **Widerstand** in einem elektrischen Stromkreis erforschte Georg Simon Ohm (1789–1854).

Er stellte folgende Abhängigkeiten fest:
1. Steigert man die Spannung bei gleich bleibendem Widerstand, so steigt die Stromstärke im gleichen Verhältnis wie die Spannung.
2. Erhöht man den Widerstand bei gleich bleibender Spannung, so nimmt die Stromstärke im gleichen Verhältnis ab, wie der Widerstand zunimmt.

Aus diesen beiden Abhängigkeiten ergibt sich das **Ohmsche Gesetz**:

> **!** Spannung = Stromstärke · Widerstand
> $$U = I \cdot R$$

Beispiel für einen Versuch zum Nachweis des Ohmschen Gesetzes

Man führt eine Versuchsreihe mit 0,98 m Konstantandraht mit einem Querschnitt von 1 mm² durch, indem man verschiedene Spannungen anlegt und dabei die verschiedenen Stromstärken misst.

Versuchsaufbau:

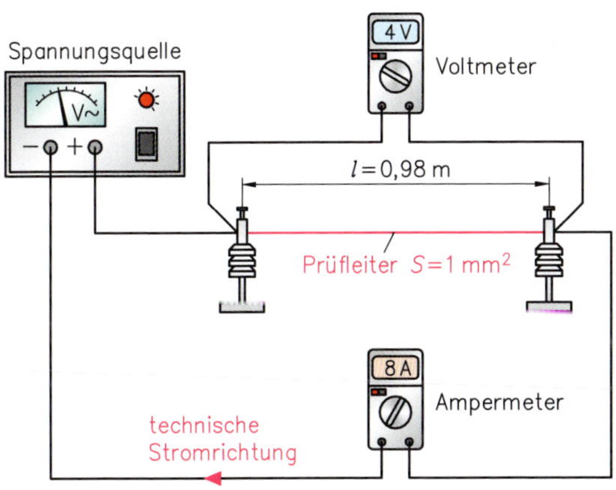

Messergebnis:

Spannung U in Volt	Stromstärke I in Ampere
1	2
2	4
3	6
4	8

Versuchsauswertung:
Aus den Messwerten und dem Verlauf des Graphen im Spannungs-Stromstärken-Schaubild ergibt sich, dass Spannung und Stromstärke stets in gleichem Verhältnis stehen. Das Verhältnis aus Spannung und Strom ist der Widerstand.
Der Versuch zeigt, dass z. B. eine Spannung von 1 V in einem Konstantandraht von 0,98 m Länge und 1 mm² Querschnitt einen Strom von 2 A fließen lässt. Der Widerstand des Drahts ist demnach:

$$R = \frac{U}{I} = \frac{1\ \text{V}}{2\ \text{A}} = 0{,}5\ \Omega$$

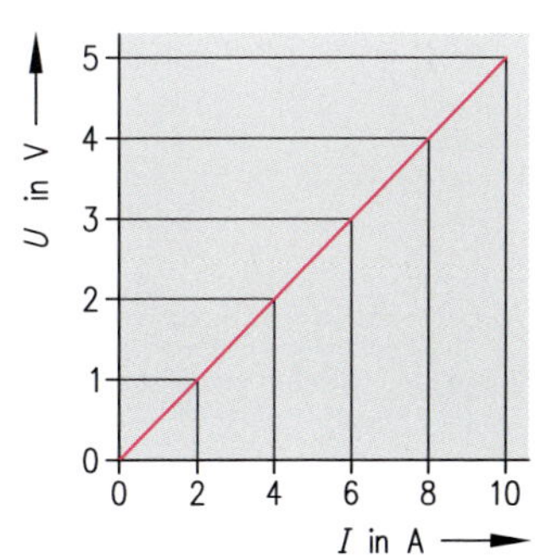

> **!** Das Spannungs-Stromstärken-Schaubild verdeutlicht die Abhängigkeit zwischen Spannung und Stromstärke in einem Stromkreis.

3 Grundschaltungen

3.1 Reihenschaltung

In einer Reihenschaltung liegen alle Verbraucher hintereinander im Stromkreis und werden vom gleichen Strom durchflossen. Die Reihenschaltung findet z. B. bei Lichterketten für Weihnachtsbäume Verwendung. Zudem stellt jede Zuleitung zu einem Verbraucher einen Widerstand dar, der mit dem Verbraucher in Reihe geschaltet ist.

Für die Reihenschaltung gilt:

1. Der Strom ist an allen Stellen gleich.
   $I_{ges} = I_1 = I_2 = I_3 = \ldots$
2. Der Gesamtwiderstand ist gleich der Summe der Einzelwiderstände.
   $R_{ges} = R_1 + R_2 + R_3 + \ldots$
3. Der Spannungsbetrag, der notwendig ist, um den Strom durch den einzelnen Widerstand zu treiben – Spannungsabfall am Widerstand – ist nach dem Ohmschen Gesetz:
   $U_1 = I \cdot R_1 \quad U_2 = I \cdot R_2 \quad U_3 = I \cdot R_3 \ldots$
   Die Gesamtspannung ist gleich der Summe der Teilspannungen.
   $U_{ges} = U_1 + U_2 + U_3 + \ldots$

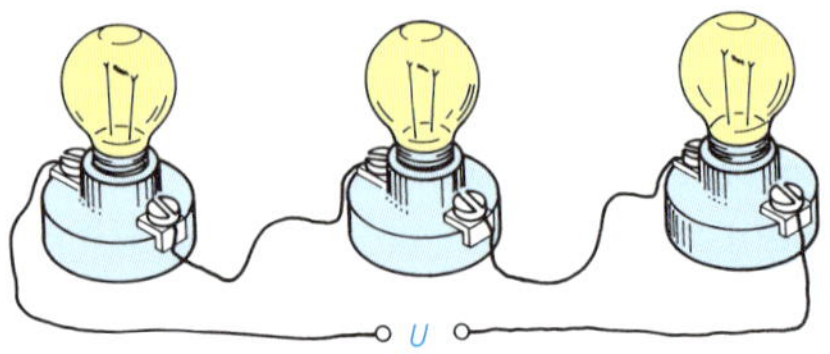

Reihenschaltung von Glühlampen

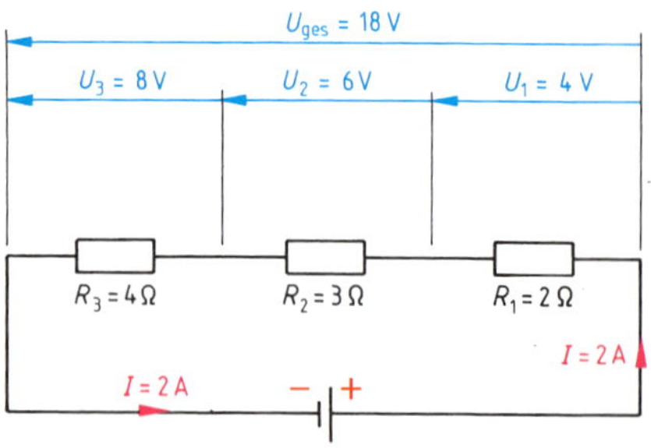

Reihenschaltung mit Widerständen

Beispiel für die Berechnung von Spannungen und Strom in einer Reihenschaltung

Aufgabe

In der skizzierten Reihenschaltung fließt ein Strom von 2,5 A.
Es sind die Spannungsabfälle an den Widerständen und die Gesamtspannung zu berechnen.

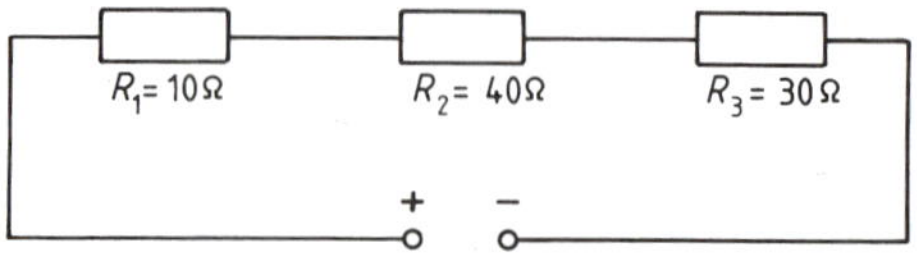

Lösung

$R_{ges} = R_1 + R_2 + R_3$	$U_{ges} = I \cdot R_{ges}$	$U_1 = I \cdot R_1$	$U_2 = I \cdot R_2$	$U_3 = I \cdot R_3$
$R_{ges} = 10\ \Omega + 40\ \Omega + 30\ \Omega$	$U_{ges} = 2{,}5\ A \cdot 80\ \Omega$	$U_1 = 2{,}5\ A \cdot 10\ \Omega$	$U_2 = 2{,}5\ A \cdot 40\ \Omega$	$U_3 = 2{,}5\ A \cdot 30\ \Omega$
$R_{ges} = \mathbf{80\ \Omega}$	$U_{ges} = \mathbf{200\ V}$	$U_1 = \mathbf{25\ V}$	$U_2 = \mathbf{100\ V}$	$U_3 = \mathbf{75\ V}$

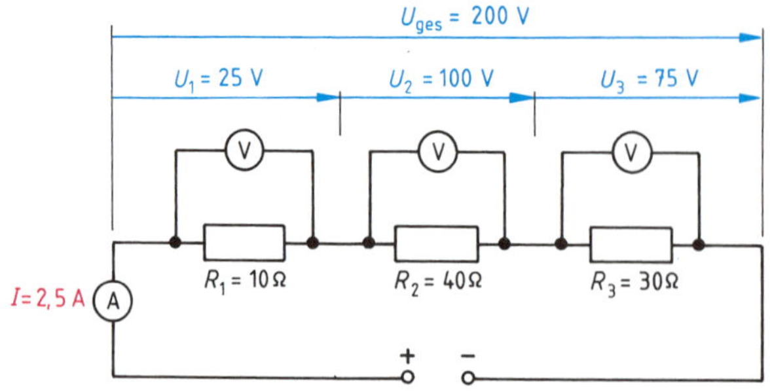

! Reihenschaltung: $I_{ges} = I_1 = I_2 = I_3 = \ldots \quad R_{ges} = R_1 + R_2 + R_3 + \ldots \quad U_{ges} = U_1 + U_2 + U_3 + \ldots$

Übungsaufgaben 3/1; 3/2; 3/3

3.2 Parallelschaltung

In einer Parallelschaltung liegen die Verbraucher parallel zueinander. An allen Verbrauchern liegt die gleiche Spannung an.
Die Geräte am Stromnetz sind parallel geschaltet.

Für die Parallelschaltung gilt:

1. Die Spannung ist an allen Verbrauchern gleich.
   $U_{ges} = U_1 = U_2 = U_3 = \dots$
2. Der Strom, der durch den einzelnen Widerstand fließt, ist
   $I_1 = \frac{U}{R_1}$ $\quad I_2 = \frac{U}{R_2}$ $\quad I_3 = \frac{U}{R_3}$
   Der Gesamtstrom ist gleich der Summe der Teilströme.
   $I_{ges} = I_1 + I_2 + I_3 + \dots$
3. Den Gesamtwiderstand errechnet man aus
   $\frac{U}{R_{ges}} = \frac{U}{R_1} + \frac{U}{R_2} + \frac{U}{R_3} + \dots \quad | : U$
   $\frac{1}{R_{ges}} = \frac{1}{R_1} + \frac{1}{R_2} + \frac{1}{R_3} + \dots$

Parallelschaltung von Glühlampen

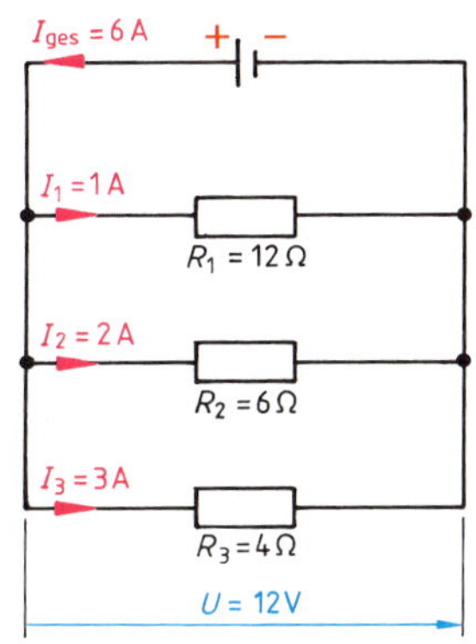

Parallelschaltung von Widerständen

Beispiel für die Berechnung von Strom und Widerstand in einer Parallelschaltung

Aufgabe

In der skizzierten Parallelschaltung liegen die Widerstände an einer Spannung von 60 V. Es sind die Teilströme und der Gesamtwiderstand zu berechnen.

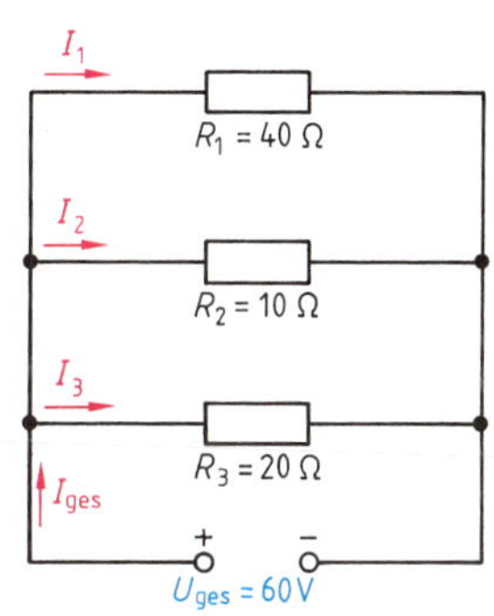

Lösung

$I_1 = \frac{U}{R_1}$ $\quad I_2 = \frac{U}{R_2}$ $\quad I_3 = \frac{U}{R_3}$

$I_1 = \frac{60\,V}{40\,\Omega} = \mathbf{1{,}5\,A}$ $\quad I_2 = \frac{60\,V}{10\,\Omega} = \mathbf{6\,A}$ $\quad I_3 = \frac{60\,V}{20\,\Omega} = \mathbf{3\,A}$

$I_{ges} = I_1 + I_2 + I_3$

$I_{ges} = 1{,}5\,A + 6\,S + 3\,A = 10{,}5\,A$

$\frac{1}{R_{ges}} = \frac{1}{R_1} + \frac{1}{R_2} + \frac{1}{R_3} + \dots$

$\frac{1}{R_{ges}} = \frac{1}{40\,\Omega} + \frac{1}{10\,\Omega} + \frac{1}{20\,\Omega} = 0{,}175\,\frac{1}{\Omega}$

$R_{ges} = \mathbf{5{,}7\,\Omega}$

$I_{ges} = \frac{U}{R_{ges}} = \frac{60\,V}{5{,}7\,\Omega} = \mathbf{10{,}5\,A}$

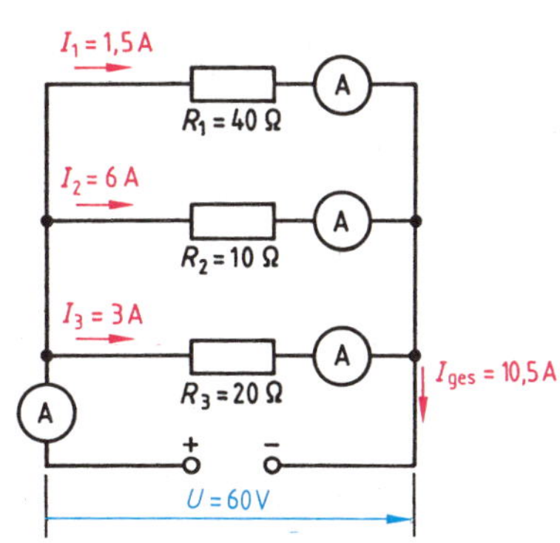

! Parallelschaltung: $U_{ges} = U_1 = U_2 = U_3 = \dots$ $\quad I_{ges} = I_1 + I_2 + I_3 + \dots$ $\quad \frac{1}{R_{ges}} = \frac{1}{R_1} + \frac{1}{R_2} + \frac{1}{R_3} + \dots$

Übungsaufgaben 3/4; 3/5; 3/6

4 Schaltzeichen für elektrische Bauelemente und Schaltpläne

4.1 Bauteile in der Elektrotechnik

Sehr viele elektrische Schaltungen bestehen im Prinzip aus folgenden Bauelementen:

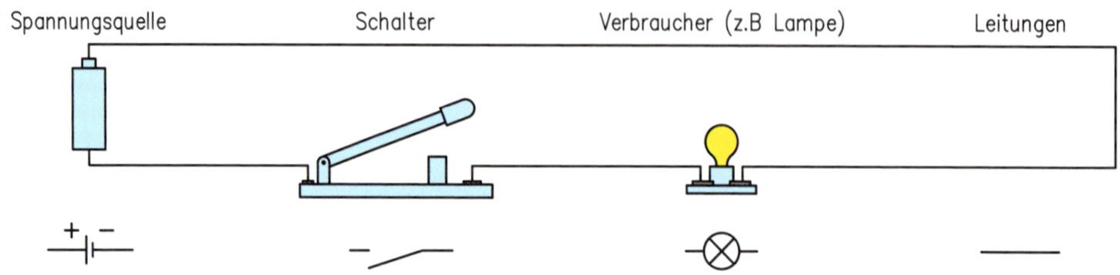

Diese Bauteile werden **Betriebsmittel** genannt. Betriebsmittel werden durch Symbole dargestellt. Die Symbole heißen **Schaltzeichen**. Schaltzeichen enthalten die allgemeinste Information über Art und Funktion des Betriebsmittels. Alle Schaltzeichen sind genormt.

Beispiele für Betriebsmittel und Schaltzeichen

Betriebsmittel	Beispiele für Bauformen	Schaltzeichen
Chemische Spannungsquellen	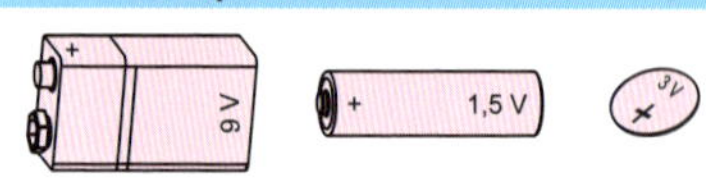	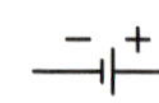
Schalter		
Lampen		
Leitungen	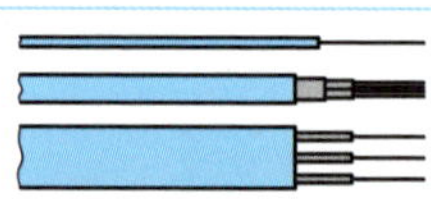	—

Kennzeichnung von Betriebsmitteln in der Elektrotechnik nach DIN EN 81346-2 siehe in diesem Buch auch ab Seite 589.

> **!** Schaltzeichen enthalten die allgemeinste Information über Art und Funktion des elektrischen Bauelements.

4.2 Elektrische Schaltpläne

Schaltzeichen werden zu Schaltplänen zusammengefasst. Verschiedene Schaltpläne (z. B. Stromlaufplan oder Installationsplan) sollen verschiedene Sachverhalte einer Schaltung deutlich machen. Damit keine Missverständnisse entstehen, ist auch die Ausführung (die Darstellungsweise) der Schaltpläne genormt. Schaltpläne enthalten Informationen über

- die Anordnung der Betriebsmittel in einer Schaltung,
- die elektrischen Verbindungen in einer Schaltung,
- die Wirkungsweise einer Schaltung.

In Stromlaufplänen kommt es ausschließlich auf die Wirkungsweise einer Schaltung an. Deshalb müssen in Stromlaufplänen die einzelnen Stromwege übersichtlich dargestellt werden.

Beispiele für Stromlaufpläne

1. Zusammenhängende Darstellung

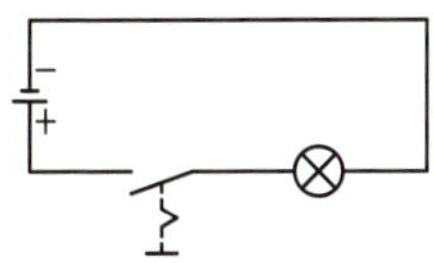

Bei der zusammenhängenden Darstellung werden alle Schaltzeichen der elektrischen Betriebsmittel **zusammenhängend** – als Einheit – gezeichnet.

2. Aufgelöste Darstellung

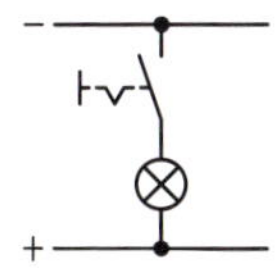

Bei der aufgelösten Darstellung werden die Schaltzeichen so angeordnet, dass geradlinige Stromwege entstehen.

In allen Stromlaufplänen werden die Verbindungslinien waagerecht oder senkrecht gezeichnet, ganz gleich, wie die Leitungen in der ausgeführten Schaltung tatsächlich liegen.

! In Schaltplänen werden Schaltzeichen mit elektrischen Leitern verbunden dargestellt, sie zeigen die Arbeitsweise der elektrischen Schaltung.

4.3 Auswahl genormter Schaltzeichen

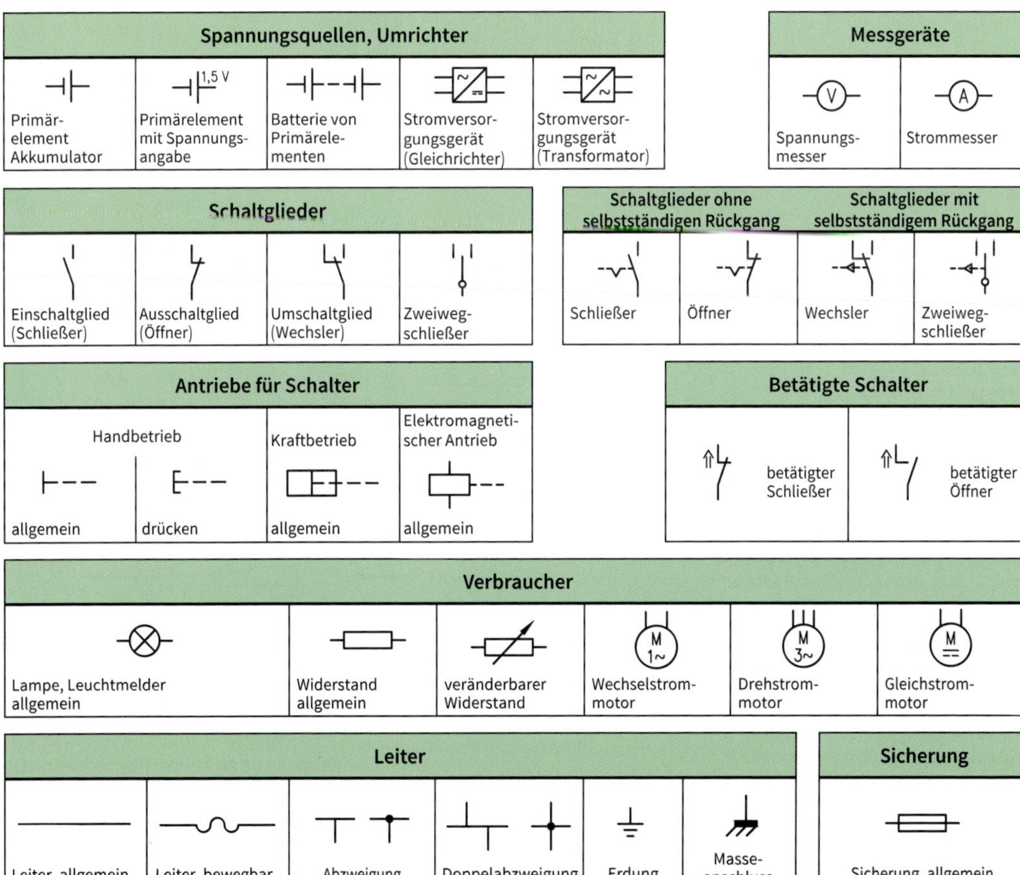

Spannungsquellen, Umrichter				
Primärelement Akkumulator	Primärelement mit Spannungsangabe (1,5 V)	Batterie von Primärelementen	Stromversorgungsgerät (Gleichrichter)	Stromversorgungsgerät (Transformator)

Messgeräte	
Spannungsmesser	Strommesser

Schaltglieder			
Einschaltglied (Schließer)	Ausschaltglied (Öffner)	Umschaltglied (Wechsler)	Zweiwegschließer

Schaltglieder ohne selbstständigen Rückgang		Schaltglieder mit selbstständigem Rückgang	
Schließer	Öffner	Wechsler	Zweiwegschließer

Antriebe für Schalter			
Handbetrieb		Kraftbetrieb	Elektromagnetischer Antrieb
allgemein	drücken	allgemein	allgemein

Betätigte Schalter	
betätigter Schließer	betätigter Öffner

Verbraucher					
Lampe, Leuchtmelder allgemein	Widerstand allgemein	veränderbarer Widerstand	Wechselstrommotor	Drehstrommotor	Gleichstrommotor

Leiter					
Leiter, allgemein	Leiter, bewegbar	Abzweigung	Doppelabzweigung	Erdung	Masseanschluss

Sicherung
Sicherung, allgemein

5 Technische Nutzung des elektrischen Stroms

5.1 Elektrische Leistung und elektrische Arbeit

1. Elektrische Leistung

Elektrische Maschinen und Geräte erbringen Leistungen, z. B. verrichtet ein Elektromotor eine bestimmte Arbeit je Sekunde oder ein Heizgerät liefert eine bestimmte Wärmemenge je Sekunde. Die elektrische Leistung hängt von der Stromstärke und der Spannung ab. Die Leistung steigt im gleichen Verhältnis wie Stromstärke und Spannung zunehmen.

Elektrische Leistung P ergibt sich als Produkt aus Spannung U und Stromstärke I:

$$P = U \cdot I$$

Die Einheit der elektrischen Leistung ist das Watt.

1 Watt = 1 Volt · 1 Ampere

1 W = 1 V · 1 A

! Elektrische Leistung $P = U \cdot I$, Einheit: Watt

2. Elektrische Arbeit

Arbeit W ist das Produkt aus der Leistung P und der Zeit t, während der die Leistung erbracht wurde. Elektrische Arbeit ist damit:

$$W = P \cdot t = U \cdot I \cdot t$$

Die Einheit der elektrischen Arbeit ist die Wattsekunde bzw. die Kilowattstunde.

1 Wattsekunde = 1 Volt · 1 Ampere · 1 Sekunde

1 Ws = 1 V · 1 A · 1 s

1 kWh = 3 600 000 Ws

! Elektrische Arbeit: $W = U \cdot I \cdot t$ Einheit: Wattsekunde
Kilowattstunde

5.2 Wärmewirkung des elektrischen Stroms

5.2.1 Grundlagen

Fließt ein Strom eine gewisse Zeit lang durch einen Widerstand, so wird dabei die Arbeit $W = U \cdot I \cdot t$ verrichtet. Im Widerstand wird diese elektrische Arbeit in die **Wärmemenge** Q umgewandelt. Setzt man in diese Gleichung für die Spannung $U = R \cdot I$ ein, so erhält man:

$$Q = W = R \cdot I \cdot I \cdot t = R \cdot I^2 \cdot t$$

$$Q = R \cdot I^2 \cdot t$$

Diese Gleichung sagt aus, dass die Wärmemenge mit steigendem Widerstand verhältnisgleich steigt. Mit steigender Stromstärke wächst sie sogar quadratisch, d.h. bei einer Verdoppelung der Stromstärke steigt die Wärmemenge auf das 4-Fache.

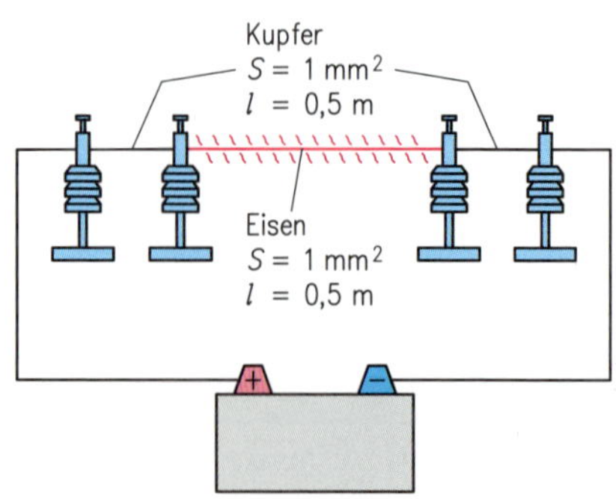

Nachweis der Abhängigkeit der Erwärmung vom Widerstand des Leitermaterials

Wegen dieses hohen Einflusses der Stromstärke erfordern die meisten Geräte zur Nutzung der Wärmewirkung des elektrischen Stroms hohe Stromstärken.

! An elektrischen Widerständen wird elektrische Energie in Wärmeenergie umgewandelt.
Die entstehende Wärmemenge wächst mit dem Quadrat der Stromstärke.

5.2.2 Anwendung der Wärmewirkung des elektrischen Stroms in der Metalltechnik

In Wärmebehandlungseinrichtungen, Elektroschweißgeräten, Heizgeräten u. a. wird elektrischer Strom zur Erwärmung genutzt.

- In Widerstandsöfen, Kunststoffschweißgeräten u.a. werden Heizdrähte (z. B. aus Fe-Cr-Ni-Legierungen) oder Heizstäbe aus Siliziumkarbid vom hindurchfließenden Strom zum Glühen gebracht.
- In Lichtbogenöfen und beim Elektroschweißen wird die Wärmewirkung des elektrischen Lichtbogens genutzt.
- In induktiven Erwärmungsanlagen, die mit Wechselstrom sehr hoher Frequenz gespeist werden (z. B. zum Induktionshärten), wird im Werkstück eine Spannung erzeugt, die dort einen Strom fließen lässt, der zur Erwärmung führt.

> **!** Die Wärmewirkung des elektrischen Stroms entsteht:
> - in metallischen Leitern mit hohem Widerstand,
> - im elektrischen Lichtbogen,
> - im Werkstück als Leiter durch eine induzierte Spannung und dem so entstehenden Stromfluss.

5.3 Chemische Wirkung des elektrischen Stroms

5.3.1 Grundlagen der Galvanotechnik

In der Galvanotechnik werden in Metallsalzlösungen Werkstücke mithilfe des elektrischen Stroms beschichtet, z. B. verkupfert, verchromt, vernickelt.

Metallsalze bestehen aus positiven Metallionen und negativ geladenen Ionen eines Säurerests. Beim Lösen eines Salzes in Wasser drängen die Wassermoleküle die Ionen des Salzes auseinander – die Ionen verteilen sich im Wasser – und können sich frei bewegen.
Leitet man über eingehängte Platten – die Elektroden – einen Strom durch die Salzlösung, so wandern die positiv geladenen Metallionen zur negativ geladenen Elektrode (Katode). Dort können die Metallionen Elektronen aufnehmen und sich als Metallbelag abscheiden. Bei vielen Metallen werden neben den Metallionen auch Wasserstoffionen des Wassers an der negativen Elektrode entladen. Der Wasserstoff perlt an der Elektrode auf. Er kann in galvanischen Anlagen unter sehr ungünstigen Umständen zu einer Explosionsgefährdung führen.

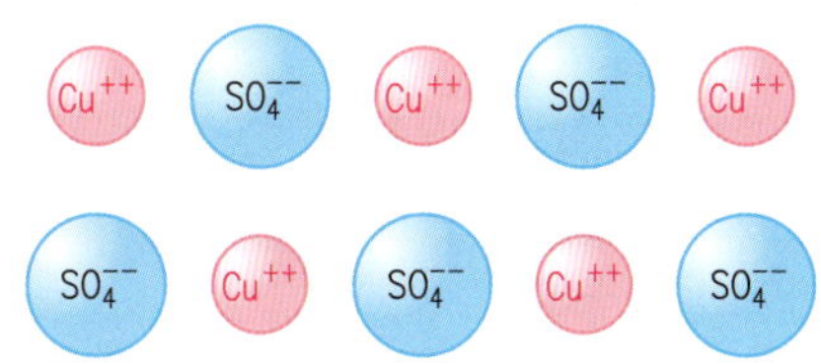

Ionen im Kupfersulfat ($CuSO_4$)

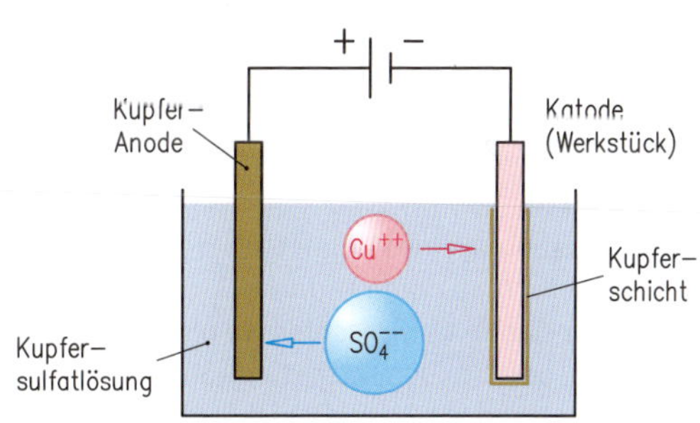

Elektrolyse von Kupfersulfat

edlere Metalle →

Na Mg Al	Zn Cr Ni	Cu Ag Au
aus wässrigen Lösungen **nicht** abzuscheiden	aus wässrigen Lösungen werden *Metallionen* und *Wasserstoffionen* entladen	aus wässrigen Lösungen werden nur *Metallionen* entladen

Verhalten der Metallionen bei der Elektrolyse

> **!** In Metallsalzlösungen liegen positiv geladene Metallionen vor. Soweit das Metall nicht zu unedel ist, können die Metallionen durch elektrischen Strom an einer negativ geladenen Elektrode – der Katode entladen und als Metallbelag abgeschieden werden. Dieses Beschichten geschieht in der Galvanotechnik.

5.3.2 Grundlagen chemischer Abtragverfahren

Wird ein Metall als positiv geladene Elektrode (Anode) geschaltet, so können dem Metall Elektronen entzogen werden. Das Metall löst sich unter Bildung von Metallionen von der Oberfläche her auf. Diese Fähigkeit des elektrischen Stroms, eine Auflösung eines Metalls an der Anode zu bewirken, wird in elektrochemischen Abtragverfahren genutzt.

Elektrochemische Abtragverfahren dienen zur Erzeugung von Werkstückkonturen entsprechend einer profilgebenden Katode.

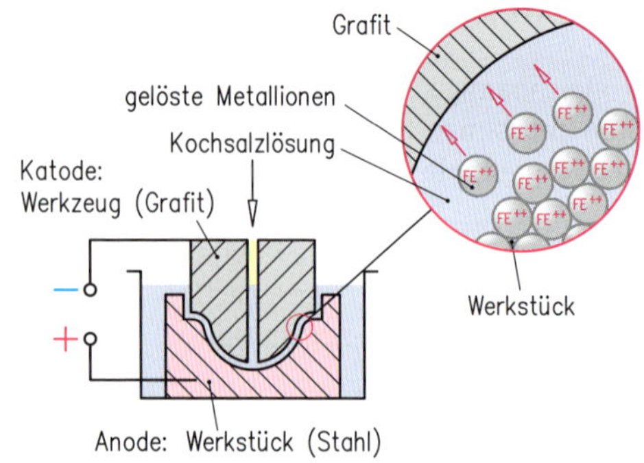

Auflösung eines Metalls beim elektrochemischen Abtragen

> **!** An einer Anode kann durch elektrischen Strom gezielt Metall zur Auflösung gebracht werden. Diese Wirkung des elektrischen Stroms ist die Grundlage elektrochemischer Abtragverfahren.

5.4 Magnetische Wirkung des elektrischen Stroms

5.4.1 Grundlagen

1. Dauermagnetismus

Dauermagnete ziehen magnetisierbare Stoffe, wie z. B. Stahl, an. Die beiden Stellen eines Dauermagneten mit der stärksten Anziehungskraft nennt man die **Magnetpole.**

Hängt man einen Dauermagneten frei auf, so richtet er sich in Nord-Süd-Richtung der Erde aus. Den nach Norden weisenden Pol nennt man den *Nordpol* des Magneten, den anderen Pol den *Südpol.*

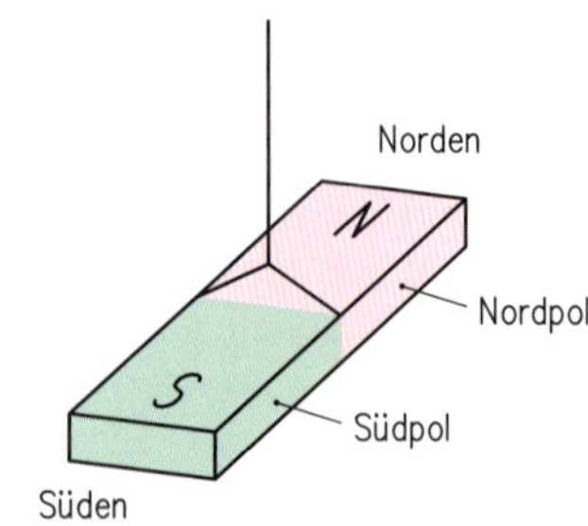

Ausrichtung eines drehbar aufgehängten Stabmagneten

> **!** Der Nordpol eines drehbar aufgehängten Dauermagneten zeigt nach Norden, der Südpol nach Süden.

In der Umgebung eines Magneten – dem *Magnetfeld* – wirken magnetische Kräfte. Die Richtung dieser Kräfte beschreibt man durch gedachte Linien – die **Feldlinien.**

Feldlinien sind in sich geschlossen und verlaufen außerhalb des Magneten vom Nordpol zum Südpol. Die Feldlinien beschreiben auch die Größe der magnetischen Kräfte im Magnetfeld. Je dichter die Feldlinien angeordnet sind, desto größer ist die Kraft im Feld.

Beispiele für die Bauformen und Felder von Dauermagneten

Stabmagnet **Hufeisenmagnet**

> **!** Feldlinien verlaufen außerhalb des Magneten vom Nordpol zum Südpol.
> Die Richtung der Feldlinien veranschaulicht die Kraftrichtungen im Magnetfeld.
> Die Dichte der Feldlinien veranschaulicht die Stärke des Magnetfelds.

Übungsaufgaben 5/12; 5/13

Zwischen den Polen verschiedener Magnete ergeben sich Wechselwirkungen.

Um gleichnamige Magnetpole gegeneinander zu führen, muss man Kraft aufwenden. Die gleichnamigen Magnetpole stoßen sich gegenseitig ab.

Nähert man ungleichnamige Magnetpole einander, so beobachtet man das Gegenteil. Ungleichnamige Magnetpole ziehen sich gegenseitig an.

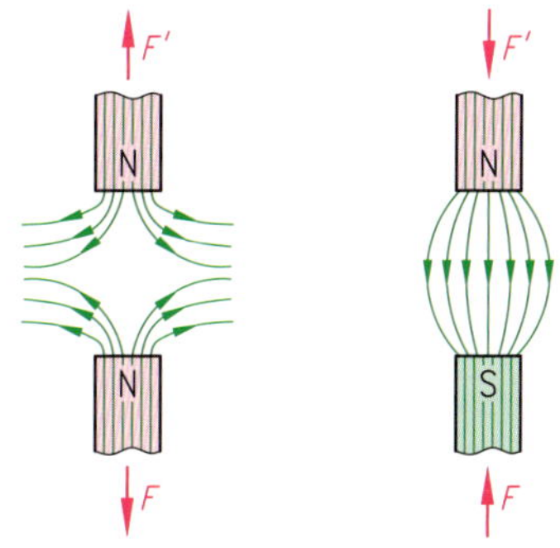

> **!** Gleichnamige Magnetpole stoßen sich ab.
> Ungleichnamige Magnetpole ziehen sich an.

2. Elektromagnetismus

Um einen stromdurchflossenen Leiter entsteht ein ringförmiges Magnetfeld, das mit Eisenfeilspänen sichtbar gemacht werden kann.
Die Richtung der Feldlinien dieses Felds hängt von der Stromrichtung ab.

Man kann die Richtung der Feldlinien nach zwei verschiedenen Regeln feststellen:

Regel 1
Schaut man in der technischen Stromrichtung hinter dem Strom her, dann verlaufen die Feldlinien im Uhrzeigersinn.

oder

Regel 2
Hält man den abgespreizten Daumen der rechten Hand in die technische Stromrichtung, dann zeigen die den Leiter umfassenden Finger in Richtung der Feldlinien.

In gedachten Schnitten senkrecht zum Leiterquerschnitt stellt man den vom Betrachter fortfließenden technischen Strom durch das folgende Symbol dar: ⊗.

Den auf den Betrachter zufließenden Strom kennzeichnet man so: ⊙.

Man kann diese Symbole als Blick auf die Federn eines wegfliegenden Pfeils beziehungsweise als Spitze eines auf den Betrachter zufliegenden Pfeils deuten.

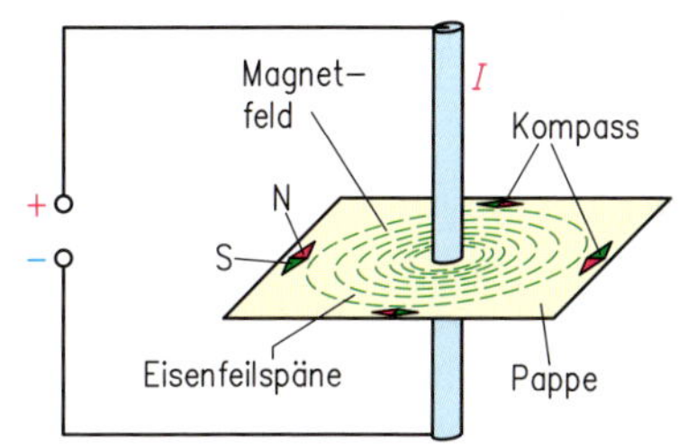

Magnetfeld um einen geraden Leiter

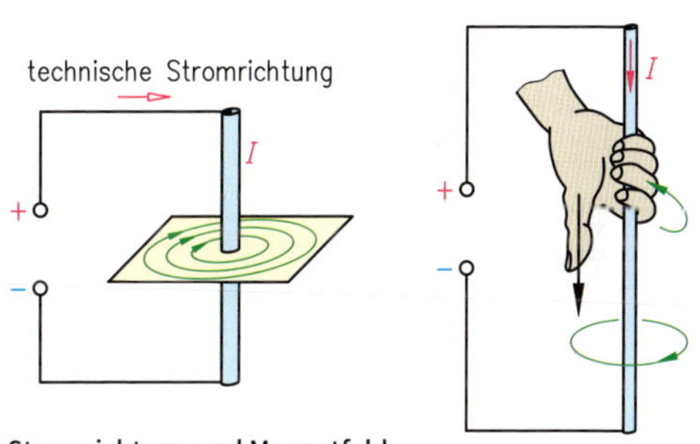

Stromrichtung und Magnetfeld

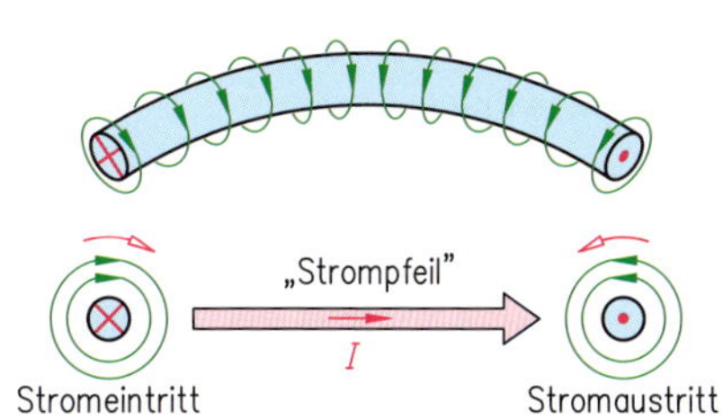

Symbole für Stromrichtung

> **!** Um einen stromdurchflossenen Leiter entsteht ein Magnetfeld.
> In technische Stromrichtung gesehen verlaufen die Feldlinien rechts herum.

Formt man einen Leiter zu einer Windung, so entsteht auf beiden Seiten dieser Windung ein Magnetfeld mit Nord- und Südpol. Am Nordpol treten die Feldlinien aus der Schleife aus, am Südpol treten sie wieder

Übungsaufgaben 5/14; 5/15; 5/16

in die Schleife ein. Eine Verstärkung der magnetischen Wirkung lässt sich durch Vergrößerung der Windungszahl und Erhöhung des Stroms erreichen. Eine weitere, sehr hohe Verstärkung des Magnetfelds erreicht man durch einen Eisenkern in der Magnetspule.

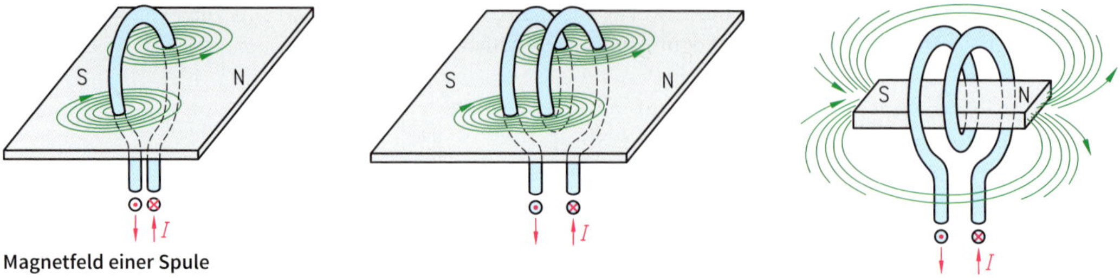

Magnetfeld einer Spule

Die Polarität einer Magnetspule kann man nach folgender Regel bestimmen:

Umfasst man die Spule mit der rechten Hand in Wickelrichtung und technischer Stromrichtung, dann zeigt der abgespreizte Daumen den Nordpol an.

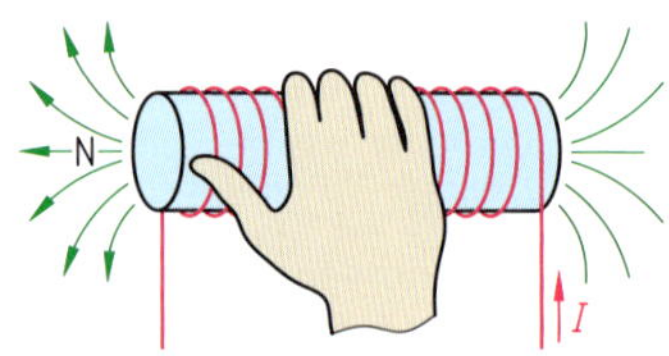

Polarität einer Magnetspule

> **!** Eine Magnetspule hat Nord- und Südpol.
> Die Stärke des Felds einer Magnetspule wächst mit steigender Windungszahl, steigender Stromstärke und kürzerer Baulänge.
> Die Kraft einer Magnetspule wird durch einen Eisenkern erheblich verstärkt.

5.4.2 Anwendung des Elektromagnetismus

5.4.2.1 Elektromagnet

1. Hubmagnet

Die Erzeugung eines Magnetfelds mithilfe stromdurchflossener Spulen mit Eisenkern wird in Elektromagneten ausgenutzt. Solche Magnete werden als Hubmagnete in Stahlwerken und auf Schrottplätzen sowie als Elektromagnetspanner in der Schleiftechnik und im Vorrichtungsbau eingesetzt.

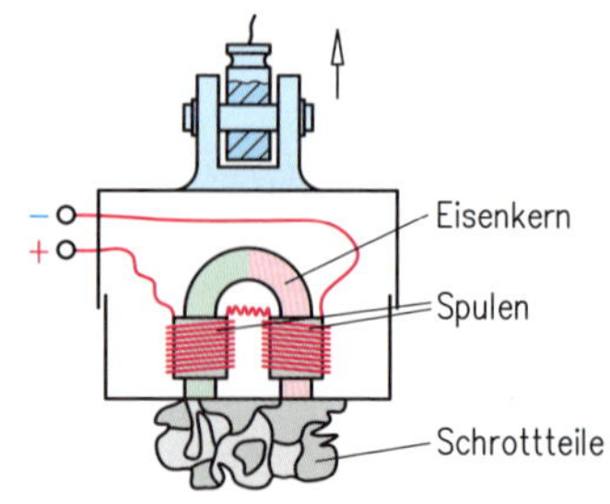

Hubmagnet (Schema)

> **!** Elektromagnete setzen die durch Elektrizität erzeugten magnetischen Kräfte zum Halten von Eisen- und Stahlteilen ein.

2. Relais

Ein Elektrobauteil, in dem über eine Spule mit geringer Stromstärke ein schwaches Magnetfeld erzeugt wird, um mit der Magnetkraft einen Kontakt im Hauptstromkreis zu betätigen, heißt Relais. Ein Relais kann zum Öffnen oder Schließen des Laststromkreises eingesetzt werden. Der zum Betätigen benötigte Steuerstrom kann im Vergleich zum Laststrom sehr klein sein.

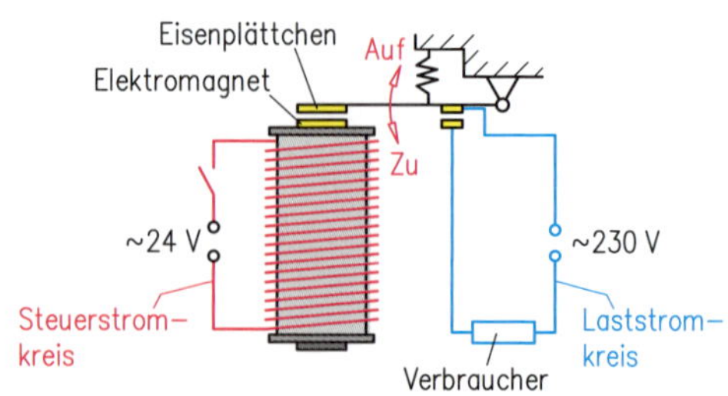

Aufbau eines Relais

> **!** Ein Relais ist ein Schaltglied, in dem durch Magnetkraft eines Steuerstroms ein Kontakt im Laststromkreis betätigt wird.

Übungsaufgaben 5/17 bis 5/22

5.4.2.2 Elektromotor

1. Prinzip des Elektromotors

Auf einen stromdurchflossenen Leiter wirken in einem Magnetfeld Kräfte ein. Bei freier Lagerung des Leiters können diese Kräfte eine Bewegung des Leiters verursachen. In Elektromotoren wird diese Bewegung ausgenutzt, um elektrische Energie in Bewegungsenergie umzuwandeln.

Hängt man in das Magnetfeld eines hufeisenförmigen Dauermagneten eine Leiterschaukel, so erfährt diese eine Ablenkung, sobald sie von einem Gleichstrom durchflossen wird. Ursache dieser Bewegung ist die Wechselwirkung zwischen dem Magnetfeld des Dauermagneten – dem äußeren Feld – und dem Magnetfeld um den stromdurchflossenen Leiter – dem inneren Magnetfeld.

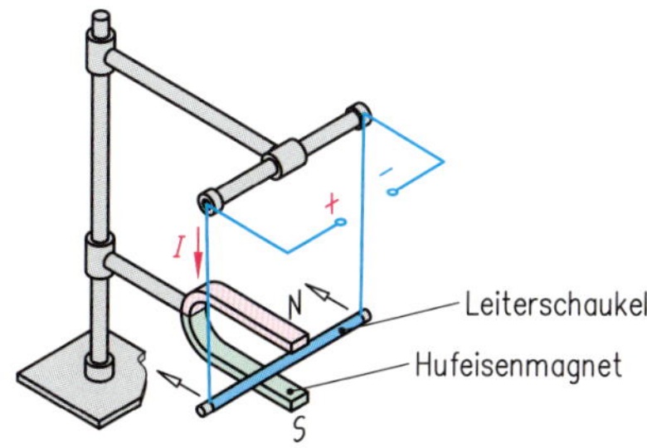

Bewegung durch Magnetkräfte

Betrachtet man den Feldlinienverlauf der beiden überlagerten Magnetfelder, dann stellt man fest, dass bei der angenommenen Stromrichtung im Bereich rechts vom Leiter die Feldlinien gleichgerichtet sind; hier verstärken sich die Magnetfelder. Links vom Leiter sind die Feldlinien entgegengesetzt gerichtet; äußeres und inneres Magnetfeld schwächen sich in ihrer Wirkung gegenseitig. Dies erklärt, warum die Leiterschaukel zur Seite der Magnetabschwächung ausweicht.

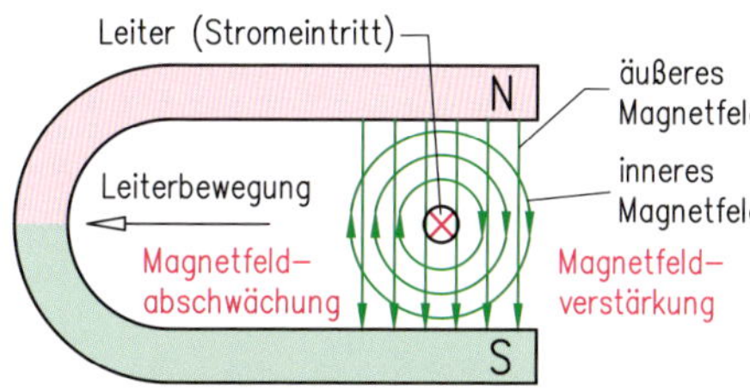

Leiterbewegung durch Magnetfeldüberlagerung

> **!** Ein stromdurchflossener Leiter erfährt in einem äußeren Magnetfeld eine Kraftwirkung, die senkrecht zu den Kraftlinien des äußeren Felds gerichtet ist.

Setzt man in das Feld eines Dauermagneten statt einer Leiterschaukel eine leicht drehbare, stromdurchflossene Spule ein, so bilden sich an dieser Spule Nord- und Südpol aus. Die Spule stellt sich daraufhin mit einer Drehbewegung so ein, dass ihre Pole den Polen des äußeren Felds entgegengerichtet sind.

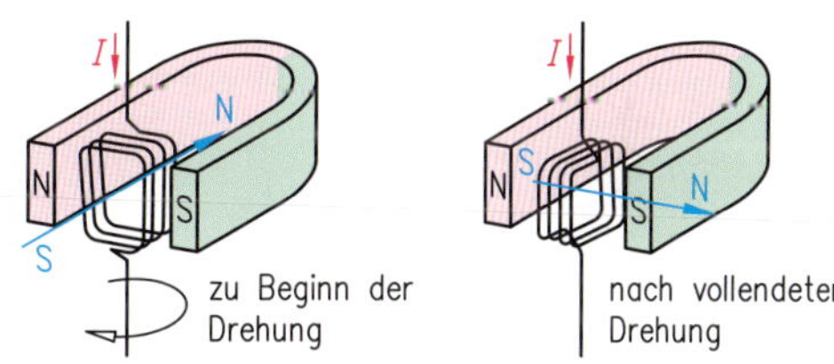

Halbdrehung einer Spule im Magnetfeld

Um eine dauernde Drehbewegung zu erhalten, kehrt man durch einen selbsttätigen Polwender, den **Kommutator,** die Stromrichtung – und damit die Polung der Magnetspule – um.

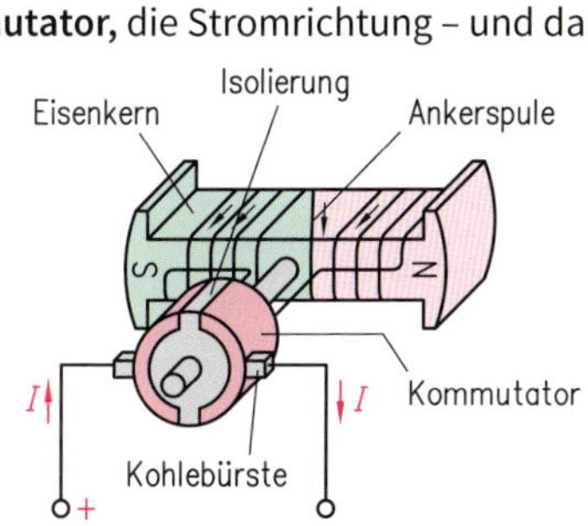

Stromzufuhr über Kommutator

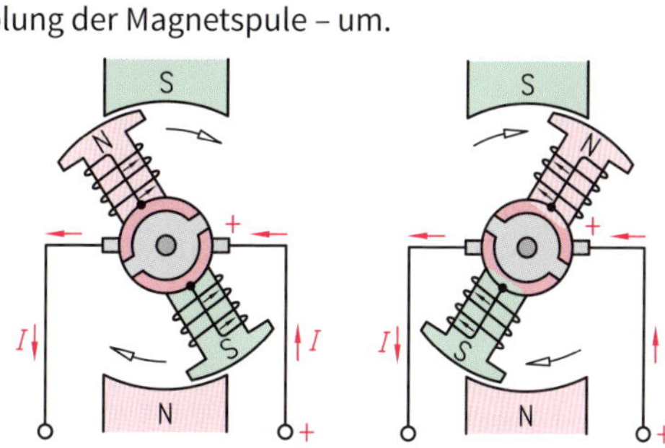

Umpolung durch Kommutator

> **!** Die Drehbewegung des Ankers ergibt sich durch die Anziehung bzw. Abstoßung der Pole. Durch die Umpolung des inneren Magnetfelds wird die Drehbewegung aufrecht erhalten.

Übungsaufgaben 5/23 bis 5/27

2. Allstrommotor und seine Schaltung

Soll der Motor mit Gleich- oder Wechselstrom angetrieben werden, so muss man Elektromagnete zur Erzeugung des äußeren Felds einsetzen. Schaltet man die Feldwicklung parallel zum Anker, so erhält man einen **Nebenschlussmotor.** Dieser läuft im Leerlauf mit einer vorgegebenen Höchstdrehzahl. Er kann beim Anlauf nur kleine Kräfte entwickeln. Man baut diese Motoren in Kleinmaschinen mit geringem Anlaufwiderstand, z. B. Kaffeemühlen und Staubsauger, ein.

Schaltet man dagegen Feldwicklung und Ankerwicklung in Reihe, so erhält man einen **Reihenschlussmotor** (Hauptschlussmotor). Er entwickelt schon beim Anlauf hohe Drehkräfte. Unbelastet steigert er jedoch seine Drehzahl sehr stark. Diese Motoren werden in größeren Maschinen und als Anlasser in Kraftfahrzeugen verwendet.

Beide Motorentypen, Reihen- und Nebenschlussmotor, können mit Gleich- und Wechselstrom betrieben werden. Man nennt sie deshalb **Allstrommotoren.**

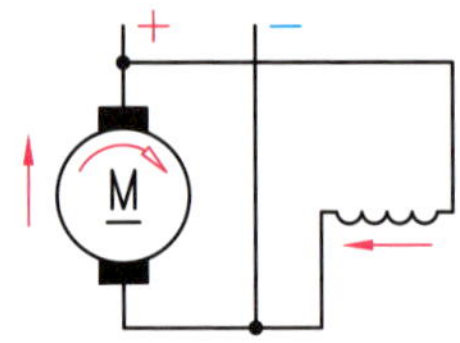

Grundschaltung: Nebenschlussmotor

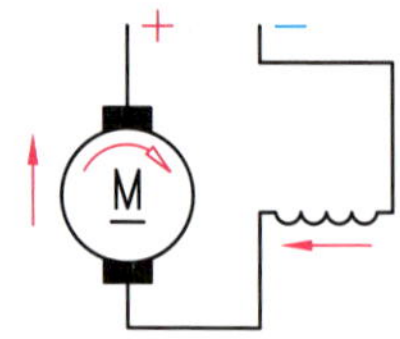

Grundschaltung: Reihenschlussmotor

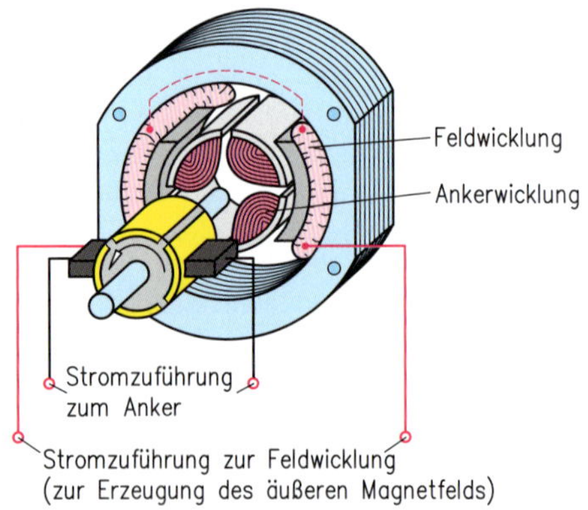

Allstrommotor

> **!** In Allstrommotoren werden das äußere und das innere Magnetfeld durch Elektromagnete erzeugt. Allstrommotoren können im Reihen- und Nebenschluss geschaltet sein.

5.4.2.3 Generator

1. Elektromagnetische Induktion

Bewegt man einen Leiter durch ein Magnetfeld, sodass er dabei Feldlinien „schneidet", dann wird in ihm eine Spannung erzeugt – induziert (inducere = lat. hereinführen).

Die Höhe der erzeugten Spannung hängt ab von
- der *Dichte der Feldlinien* (Stärke des Felds),
- der *Länge des Leiters* im Magnetfeld,
- der *Geschwindigkeit der Bewegung.*

Vereinfacht kann man auch sagen:
- Die Spannung hängt von der Zahl der Feldlinien ab, die pro Zeiteinheit geschnitten werden.

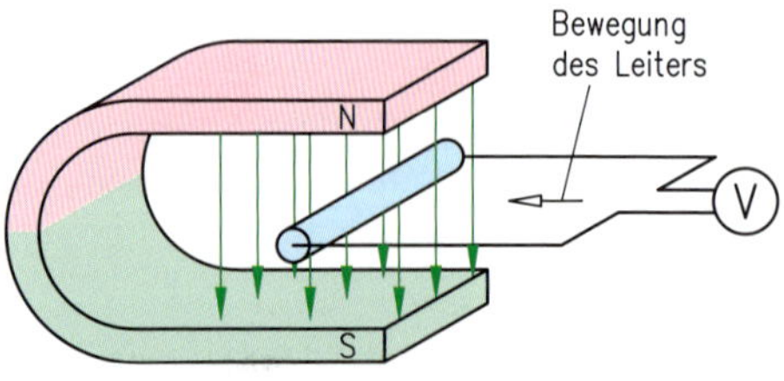

Entstehung einer Spannung in einem bewegten Leiter (Induktion)

> **!** In einem bewegten Leiter, der Feldlinien schneidet, wird eine Spannung induziert.

Die Richtung eines durch Induktion erzeugten Stroms kann einfach durch die „Rechte-Hand-Regel" bestimmt werden:

Hält man die rechte Hand so, dass die Feldlinien in die offene Handfläche eintreten, dann zeigen die gestreckten Finger in die Stromrichtung, wenn der abgespreizte Daumen in die Bewegungsrichtung weist.

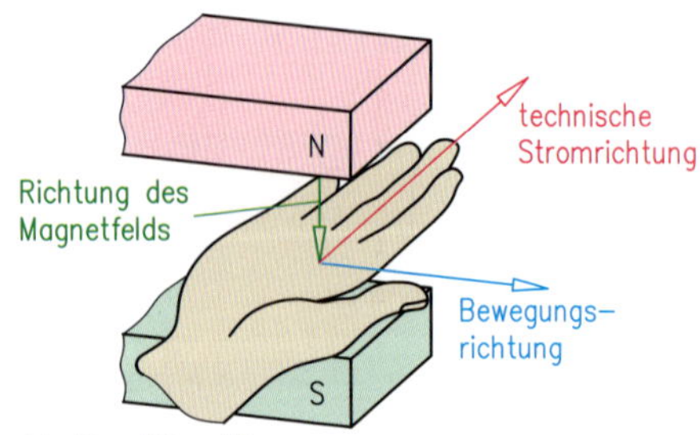

„Rechte-Hand-Regel"

Übungsaufgabe 5/28

2. Wechselstromgenerator

Die einfachste Bauform eines Wechselstromgenerators ist eine Leiterschleife, die in einem Magnetfeld gedreht wird. Die dabei induzierte Spannung wird über zwei ringförmige Schleifkontakte abgegriffen.

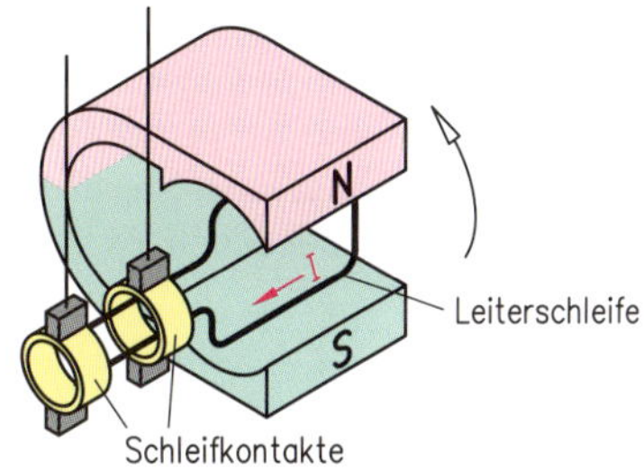

Prinzip des Wechselstromgenerators

Bei einer gleichförmigen Drehbewegung der Leiterschleife überstreicht diese in gleicher Zeit den gleichen Drehwinkel. Die Anzahl der magnetischen Feldlinien, die dabei von den parallel zur Drehachse liegenden Bereichen der Leiterschleife geschnitten werden, ist jedoch unterschiedlich. Da sich die induzierte Spannung aufgrund der Zahl der Feldlinien, welche pro Zeiteinheit geschnitten werden, ergibt, wird in den verschiedenen Stellungen der Leiterschleife eine unterschiedliche Spannung erzeugt. Bei waagerechter Lage der Schleife ist die Spannung Null. Im Verlauf einer Umdrehung entsteht eine Wechselspannung, die sich entsprechend einer Sinuskurve ändert. Die Wechselspannung bewirkt in einem Stromkreis einen Wechselstromfluss.

Beispiel für den Verlauf der Spannung an einem Wechselstromgenerator

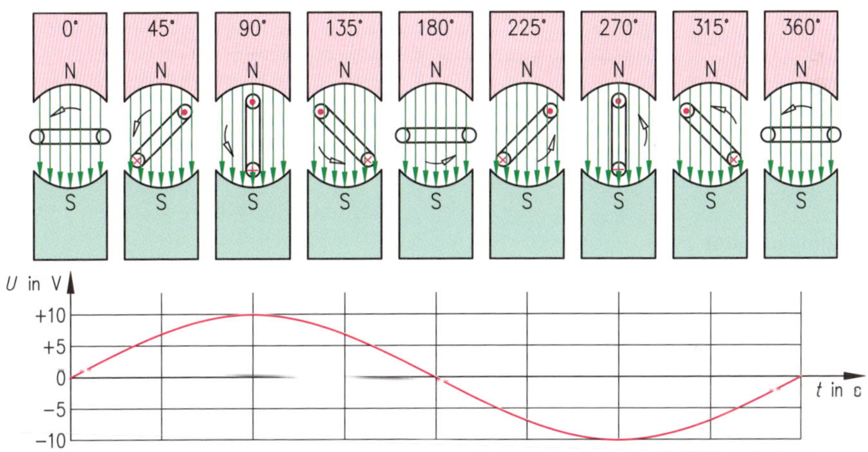

> **!** In einer Leiterschleife, die in einem Magnetfeld gedreht wird, werden je nach Lage der Schleife zu den Feldlinien unterschiedliche Spannungen induziert.
> Ein Wechselstromgenerator erzeugt Spannung und Strom mit sinusförmigem Verlauf.

3. Kenndaten des Wechselstroms

Periode
Sich wiederholender Verlauf der Spannung während einer bestimmten Zeit

Periodendauer T
Zeit für eine Periode

Frequenz f
Anzahl der Perioden pro Sekunde
1 Hertz = 1 Hz = 1 Periode pro Sekunde

Scheitelwert U_S (Amplitude)
Größte Spannung während einer Periode. Dieser Maximalwert tritt während einer Periode im positiven und negativen Spannungsbereich auf.

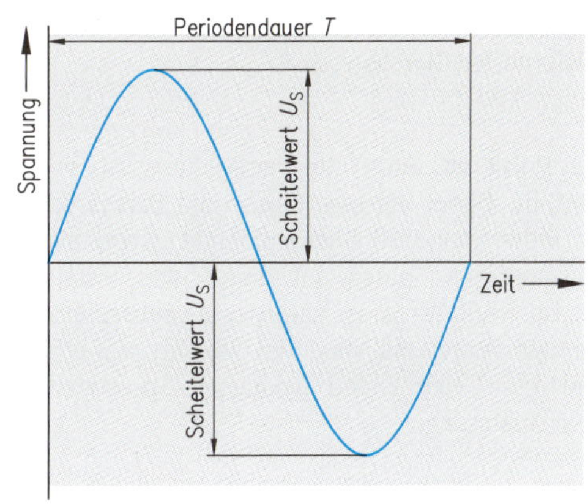

Spannung-Zeit-Schaubild des Wechselstroms

Effektivwerte
Mit Spannungs- und Strommessern werden nicht die Scheitelwerte des Wechselstroms gemessen, sondern die Effektivwerte. Dieses sind Werte, die ein Gleichstrom haben müsste, um die gleiche Wärmewirkung zu erzielen wie der gemessene Wechselstrom. Die Effektivwerte einer Wechselspannung oder eines Wechselstroms betragen etwa 71% der Scheitelwerte.

$U_{eff} = 0{,}707 \cdot U_s$

$I_{eff} = 0{,}707 \cdot I_s$

Auf Leistungsschildern von elektrischen Geräten werden stets die Effektivwerte angegeben.

Kennzeichnung:
Geräte, die mit Wechselstrom betrieben werden, sind durch das Zeichen ~ oder die Abkürzung **AC** (**al**ternating **c**urrent) gekennzeichnet.

4. Technisch verwendete Frequenzen von Wechselstrom

Je nach Anforderungen werden in der Technik unterschiedliche Wechselstromfrequenzen verwendet.

Beispiele für gebräuchliche Wechselstromfrequenzen

16⅔ Hz	Versorgungsnetz der Bundesbahn
50 Hz	Versorgungsnetz der Elektro-Versorgungs-Unternehmen
0,5 bis 10 kHz	Mittelfrequenzanlagen zum Induktionshärten
0,05 bis 10 MHz	Hochfrequenzanlagen zum Induktionshärten

5. Gleichstromgenerator

Soll mit einem Generator eine Gleichspannung erzeugt werden, dann muss die wechselnde Polung unterbunden werden. Nach jeder Halbdrehung der Leiterschleife müsste eine Umpolung erfolgen. Dies wird erreicht, wenn man die Schleifringe des Wechselstromgenerators durch den vom Elektromotor her bekannten Kommutator (Wandler) ersetzt.

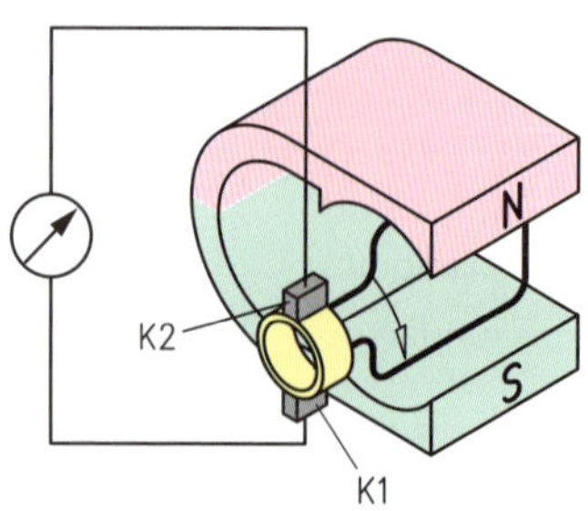

Prinzip eines Gleichstromgenerators

Die so erzeugte Gleichspannung verändert sich sinusförmig zwischen Null und dem Scheitelwert, man spricht von einer *pulsierenden Gleichspannung*. Den ebenfalls fließenden Strom nennt man **pulsierenden Gleichstrom.**

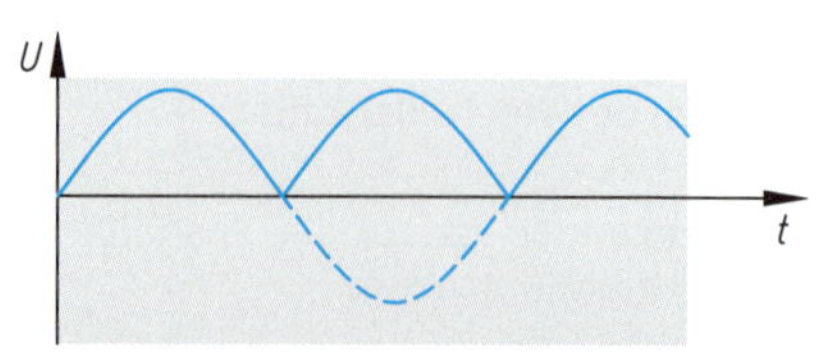

Pulsierende Gleichspannung bei zweiteiligem Kommutator

Das Pulsieren einer Gleichspannung ist unerwünscht. Daher verringert man die Schwankungen, indem man statt einer einfachen Leiterschleife mit mehreren Spulen auf dem Anker arbeitet. Der Kommutator muss dann mit einer entsprechenden Aufteilung versehen werden. So erhält man eine weitgehend geglättete pulsierende Gleichspannung.

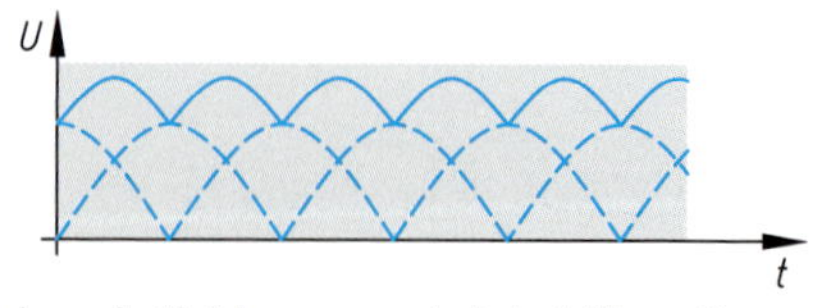

Pulsierende Gleichspannung bei vierteiligem Kommutator

! Gleichstromgeneratoren liefern aufgrund geschickter Umpolung einen pulsierenden Gleichstrom.

Übungsaufgaben 5/35; 5/36

5.4.2.4 Transformator

Der Transformator dient zur Umformung von Wechselspannungen. Er wird z. B. in Schweißgeräten verwendet, um die Netzspannung von 230 V bzw. 400 V in die Schweißspannung von etwa 60 V umzuformen.

Ein Transformator besteht aus zwei Spulen, die einen gemeinsamen Eisenkern aus Transformatorblechen besitzen. Die Spule, welche an der umzuformenden Eingangsspannung liegt, ist die **Primärspule.** Die Spule, an der die gewünschte Ausgangsspannung abgegriffen werden kann, ist die **Sekundärspule.**

Die Funktion des Transformators ist so zu erklären: Die an die Primärspule angeschlossene Wechselspannung erzeugt ein sich ständig änderndes Magnetfeld. Dieses Magnetfeld induziert in der Sekundärspule eine Wechselspannung. Die Spannung am Ausgang der Sekundärspule hängt von der Spannung an der Primärspule und dem Verhältnis der Windungszahlen von Primärspule zur Windungszahl der Sekundärspule ab.

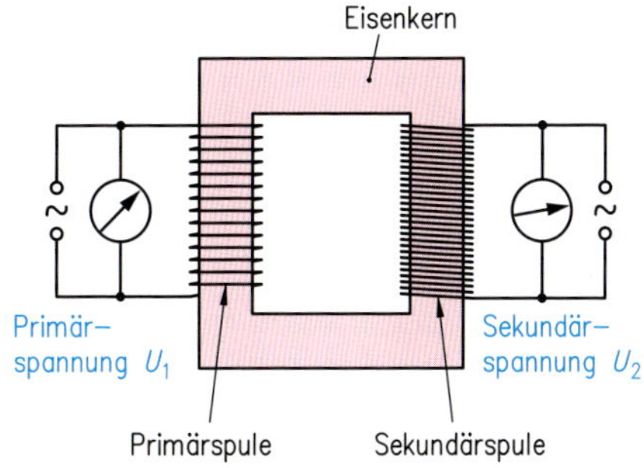

Schematischer Aufbau eines Transformators

$$\frac{\text{Primärspannung}}{\text{Sekundärspannung}} = \frac{\text{Windungszahl der Primärspule}}{\text{Windungszahl der Sekundärspule}}$$

$$\frac{U_1}{U_2} = \frac{N_1}{N_2} \qquad \frac{I_1}{I_2} = \frac{N_2}{N_1}$$

Verhältnisse am Transformator

Beispiele für Berechnungen am Transformator

Beispiel 1

Gegeben: Primärspannung $U_1 = 230$ Volt
Primärspule $N_1 = 100$ Windungen
Sekundärspule $N_2 = 500$ Windungen

Gesucht: Sekundärspannung U_2

Lösung:

$$\frac{U_1}{U_2} = \frac{N_1}{N_2}$$

$$U_2 = \frac{U_1 \cdot N_2}{N_1} = \frac{230\ \text{V} \cdot 500}{100}$$

$U_2 = \mathbf{1\,150\ V}$

Beispiel 2

Gegeben: Primärspannung $U_1 = 230$ V
Sekundärspannung $U_2 = 55$ V
Primärspule $N_1 = 100$ Windungen

Gesucht: Sekundärspule N_2

Lösung:

$$\frac{U_1}{U_2} = \frac{N_1}{N_2}$$

$$N_2 = \frac{U_2 \cdot N_1}{U_1} = \frac{55\ \text{V} \cdot 100}{230\ \text{V}}$$

$N_2 =$ **24 Windungen**

! Bei einem Transformator verhält sich die Primär- zur Sekundärspannung wie die Windungszahl der Primär- zur Windungszahl der Sekundärspule.

Übungsaufgaben 5/37 bis 5/41

6 Maßnahmen zur Unfallverhütung

Die Gefahren des elektrischen Stroms können mit den menschlichen Sinnen nicht wahrgenommen werden, sodass viele Unfälle aus Unkenntnis, Unachtsamkeit oder auch aus Leichtsinn geschehen.

1. Kontrolle und Instandsetzung elektrischer Bauelemente

Alle elektrischen Leitungen und Bauelemente an Anlagen und Maschinen sind ständig auf Beschädigung zu überprüfen. Beschädigungen an Schaltern, Steckern, Steckdosen, Zuleitungen, Verlängerungen und Kabeltrommeln bilden eine Gefahr. Anlagen mit beschädigten elektrischen Bauteilen sind durch Betätigung des Hauptschalters spannungsfrei zu schalten. Die beschädigten Bauteile müssen durch einen Fachmann ausgetauscht werden.

2. Gefährliche Wirkungen des elektrischen Stroms

Der menschliche Körper leitet den elektrischen Strom. Daher kann bei Berührung eines stromdurchflossenen Leiters durch den Menschen Strom fließen. Die Größe der Stromstärke ist abhängig von der anliegenden Spannung und dem Gesamtwiderstand des Menschen. Der Gesamtwiderstand setzt sich dabei zusammen aus

- dem Übergangswiderstand zwischen Leiter und Mensch,
- dem Körperinnenwiderstand,
- dem Übergangswiderstand zwischen Mensch und zweitem Leiter bzw. zwischen Mensch und Erde.

Der Körperinnenwiderstand ist gegenüber dem Hautwiderstand vernachlässigbar klein. Feuchte Hände oder Feuchtigkeit zwischen Füßen und Boden verringern den Übergangswiderstand erheblich. Nach dem Ohmschen Gesetz steigt die Stromstärke mit abnehmendem Gesamtwiderstand. Daher besteht eine besondere Gefährdung in Feuchträumen und auf feuchtem Untergrund im Freien, wo der Übergangswiderstand sehr gering sein kann.

Nach internationalen Sicherheitsvorschriften dürfen Menschen kurzzeitig einer Stromstärke von 30 mA und einer geringeren Spannung als 50 V ausgesetzt sein.
Beim Überschreiten dieser Grenzwerte können folgende **gefährliche Wirkungen** auftreten:

– **Fehlsteuerungen von Körperfunktionen**

Viele Körperfunktionen werden elektrisch über Nervenbahnen gesteuert. So kann unter dem Einfluss eines durch den Körper fließenden Stroms eine Fehlsteuerung eintreten. Diese kann zur Muskelverkrampfung, zu Herzkammerflimmern oder zum Herzstillstand führen.

– **Schäden durch übermäßige Erwärmung**

Bei großen Stromstärken führt die Wärmewirkung des elektrischen Stroms an den Ein- und Austrittsstellen zu Verbrennungen. Es kann zur Verkohlung von Körperteilen kommen, wenn an den Übergangsstellen ein Lichtbogen entsteht.

– **Zersetzen der Körperflüssigkeit**

Bei längerer Einwirkung des elektrischen Stroms zersetzt sich die Körperflüssigkeit (Blut u. a.) elektrolytisch. Dies kann zu Vergiftungserscheinungen führen. Da diese Folgeerscheinungen erst nach einigen Tagen auftreten, sollte nach Unfällen mit Elektrizität ein Arzt aufgesucht werden, damit dieser vorbeugend das Unfallopfer behandeln kann.

ERSTE HILFE bei Unfällen mit Elektrizität

Eine gute und schnelle Hilfe bei Unfällen mit Elektrizität kann lebensrettend sein.
Anleitungen zur ersten Hilfe bei Unfällen müssen in allen elektrischen Betriebsräumen aushängen.

Erste Maßnahmen sind:

- Stromkreis unterbrechen oder Verunglückten von Kontaktstelle entfernen, ohne ihn direkt zu berühren.
- Bewusstlosen in Seitenlage bringen und Atemwege frei machen.
- Wiederbelebung mit Atemspende und Herzmassage.
- Sofortige Benachrichtigung eines Arzts zur weiteren Versorgung veranlassen.

3. Allgemeine Schutzmaßnahmen

- Alle spannungsführenden Teile müssen mit Isolierungen oder Abdeckungen versehen sein.
- Alle Anlagen und Geräte mit einer Spannung über 50 V Wechselspannung bzw. 120 V Gleichspannung müssen mit Maßnahmen zum Schutz für den Bediener versehen sein, wenn ein Defekt an den Isolierungen auftreten sollte – **VDE-Bestimmungen.** Das *VDE-Zeichen* garantiert die Einhaltung der geltenden Schutzvorschriften für die Bauart dieses Geräts.
- Arbeiten an unter Spannung stehenden Anlagen sind strengstens verboten.
- Arbeiten an elektrischen Anlagen sind nur von Fachkräften auszuführen.

VDE-Zeichen

> **!** Nur autorisierte Fachkräfte dürfen an elektrischen Anlagen arbeiten. Es besteht ein strenges Verbot, an Anlagen, die Spannung führen, zu arbeiten.

6.1 Leitungs- und Geräteschutzeinrichtungen

1. Leitungsquerschnitte nach DIN VDE 0100

Elektrogeräte und elektrische Leitungen können bei Überlastung durch eine zu hohe Stromstärke beschädigt oder zerstört werden, da sich die stromführenden Teile erwärmen.

In den DIN VDE-Bestimmungen ist z. B. festgelegt, dass sich Leitungen mit PVC-Isolierungen bei gängiger Verlegeart wie in Installationsrohren oder Kanälen bis maximal 70 °C erwärmen dürfen. Die Erwärmung eines Leiters wächst mit steigender Stromstärke und sinkendem Leiterquerschnitt. Aus diesem Grund ist für jeden Leiterquerschnitt die maximal zulässige Stromstärke in den DIN VDE-Bestimmungen festgelegt.

Mindestquerschnitt für Cu-Leitungen mit 2 belasteten Adern in mm^2	Nennstrom der Sicherungen in A
1,5	13
2,5	16
4	25

Auszug aus DIN VDE 0100 für Mehraderleitungen verlegt in Installationsrohren

> **!** Leistungsquerschnitte werden entsprechend der maximalen Stromstärke ausgewählt.

2. Schmelzsicherungen

Schmelzsicherungen werden als schwächstes Glied am Anfang eines Stromkreises eingebaut. Die auswechselbare Sicherungspatrone ist mit einem dünnen Schmelzdraht im Sandbett versehen. Der Gesamtstrom fließt durch diesen Schmelzdraht, sodass dieser bei einer Überschreitung der zulässigen Stromstärke schmilzt. Damit wird der Stromfluss unterbrochen.

Schmelzsicherungen werden entsprechend dem vorhandenen Leiterquerschnitt eingebaut. Um eine Verwendung zu starker Sicherungen zu erschweren, hat der Fußkontakt der Sicherungspatrone einen festgelegten Durchmesser, der in einen Passring des Sicherungssockels passen muss.

Ein farbiges Signalplättchen, das von einer Feder herausgedrückt wird, zeigt an, ob der Schmelzdraht durchgebrannt ist. *Schmelzsicherungen dürfen nicht geflickt werden.*

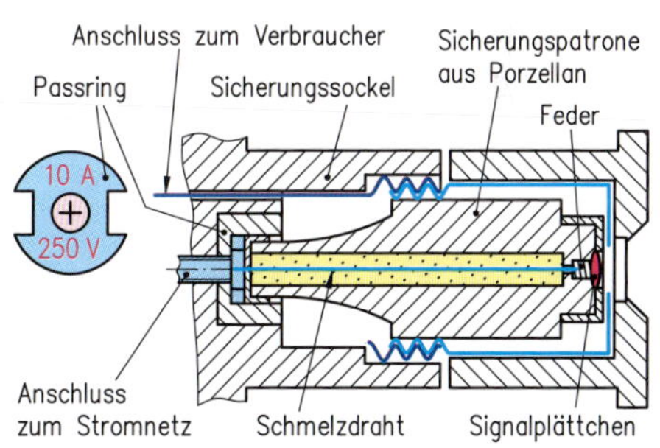

Sicherungspatrone im Sicherungssockel

Nennstrom ≙ Höchststrom	Kennfarbe für Sicherung u. Passring
8 Ampere	grün
10 A	rot
16 A	grau
20 A	blau
25 A	gelb

Schmelzsicherungen und ihre Kennfarben

> **!** Schmelzsicherungen müssen auf den verwendeten Leiterquerschnitt abgestimmt sein. Sie dürfen nicht überbrückt oder geflickt werden.

6.2 Schutzmaßnahmen gegen gefährliche Körperströme

Die Schutzmaßnahmen, die den menschlichen Körper gegen gefährliche Ströme schützen sollen, lassen sich in zwei Gruppen unterteilen:

Arten von Schutzmaßnahmen

Netzunabhängige Schutzmaßnahmen

Der Schutz ergibt sich durch die Bauweise der Geräte (Verbraucher), z. B.
- Schutzisolierung,
- Schutzkleinspannung.

Netzabhängige Schutzmaßnahmen

Der Schutz ergibt sich durch einen Schutzleiter im Stromversorgungsnetz, z. B.
- Schutzerdung,
- Fehlerstromschutzschalter.

1. Schutzisolierung

Ortsveränderliche Betriebsmittel – z. B. eine Handbohrmaschine – sind mit einer Schutzisolierung versehen.
Eine Auskleidung des Maschinengehäuses mit einer Isolierschicht bzw. ein Gehäuse aus Kunststoff verhindert, dass im Fall eines Fehlers Gehäuseteile unter Spannung geraten.
Das Gerät muss bei dieser Isolierung mit einem Profilstecker ohne Schutzkontakt ausgestattet werden. Die Anschlussleitung ist mit dem Stecker fest verbunden. Schutzisolierung wird angewendet bei Elektrowerkzeugen (z. B. Handbohrmaschine), Haushaltsgeräten, Leuchten und Kleingeräten (z. B. Elektrorasierern).

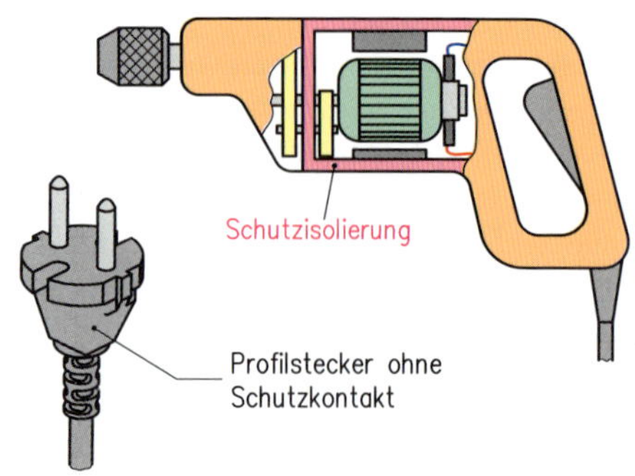

Handbohrmaschine mit Schutzisolierung

> **!** Schutzisolierung verhindert Fehlerspannung an Betriebsmitteln.
> Betriebsmittel mit Schutzisolierung haben Profilstecker ohne Schutzkontakt.

2. Schutzkleinspannung

Als Schutzkleinspannung bezeichnet man Wechselspannungen bis 50 V. Einem Verbraucher wird ein Transformator vorgeschaltet oder dieser ist ein fest installierter Bestandteil des Geräts.
Der Trafo formt die Netzspannung in die Kleinspannung um. Die Sekundärseite, an die der Verbraucher angeschlossen ist, hat keine leitende Verbindung zum Netz. Dies und die niedrige Spannung sind eine wirksame Schutzmaßnahme. Geräte mit Schutzkleinspannung dürfen auf der Sekundärseite keine Anschlussklemme für einen Schutzleiter besitzen.

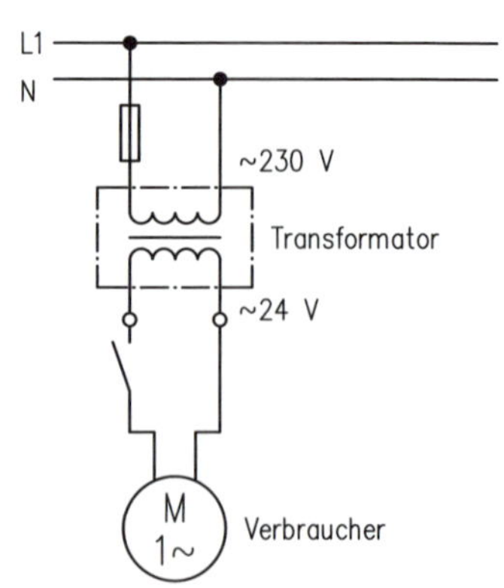

Schutzkleinspannung

> **!** Eine Schutzkleinspannung bis 50-V-Wechselspannung erzeugt man durch einen dem Verbraucher vorgeschalteten Transformator.
> Die Kleinspannungsseite hat keine leitende Verbindung zum Stromnetz.

Übungsaufgaben 6/9 bis 6/12

3. Schutzerdung

Von einer Schutzerdung spricht man, wenn die nicht stromführenden Teile von Betriebsmitteln (Verbraucher) über einen Schutzleiter mit einem **Erder** verbunden sind.
Erder sind großflächige leitende Metallteile, die in Oberflächennähe, in Fundamenten oder als Tiefenerder elektrische Ströme in das Erdreich ableiten. Erder dürfen nur einen begrenzten Übergangswiderstand zum Erdreich haben. Dadurch entstehen zwischen einer Person, die das wegen des Fehlers spannungsführende Bauteil berührt, und der Erde nur geringe Spannungsdifferenzen. Diese sind ungefährlich.

Benennung des Schutzleiters: **PE** (**p**rotective **e**arth [engl.] = Schutzerde)
Kennfarbe: grün/gelb — Symbol: ⏚ Erdung

> **!** Schutzerdung verhindert hohe Berührungsspannung.

4. Fehlerstromschutzschalter

Fehlerstromschutzschalter schützen den Menschen vor Schäden durch den elektrischen Strom. Sie schalten das angeschlossene Betriebsmittel innerhalb von 0,2 Sekunden ab, wenn ein Fehlerstrom wegen eines Isolationsfehlers fließt.
Solange die Ursache für die Abschaltung des Betriebsmittels *nicht* beseitigt ist, kann der Fehlerstromschutzschalter *nicht* wieder eingeschaltet werden.
Fehlerstromschutzschalter werden meist kurz als FI-Schutzschalter bezeichnet.

Fehlerstromschutzschalter

> **!** Fehlerstromschutzschalter dienen dem Personenschutz. Nach Abschalten durch einen Fehlerstromschutzschalter ist das Wiedereinschalten des Betriebsmittels erst nach Beseitigung der Störungsursache möglich.

6.3 Kennzeichnung elektrischer Geräte

Die technischen Daten eines elektrischen Geräts kann man dem Leistungsschild auf dem Gerät entnehmen. Die richtige Deutung der Kennzeichnung kann lebenswichtig sein, besonders, wenn das Gerät bei der Benutzung feucht werden kann. Manche Geräte sind auch nur für Kurzzeitbetrieb geeignet.

Schutzsymbole

Symbole	Bedeutung
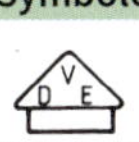	VDE-geprüft auf Sicherheit
	schutzisoliert
	funkentstört
	explosionsgeschützte Ausführung
	regengeschützt

Symbole	Bedeutung
	strahlwassergeschützt
	spritzwassergeschützt
	wasserdicht
 ...bar	druckwasserdicht
	staubgeschützt
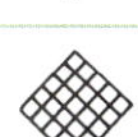	staubdicht

Übungsaufgaben 6/13 bis 6/18

LERNSITUATION 1

Fertigen einer Schraubzwinge

Situation:

Zum Spannen von kleinen Teilen soll eine Schraubzwinge aus E 295 gefertigt werden.

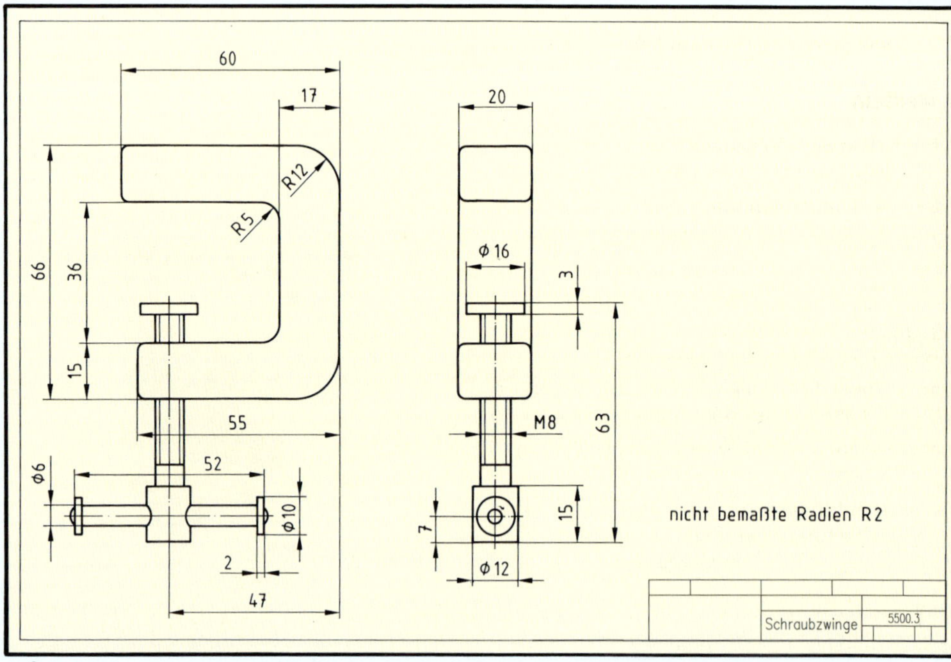

Zeichnung der Schraubzwinge

Die Rohlinge sind bereits vorbereitet, und ihre Maße sind überprüft worden.
Auf dem Rohling für den Bügel sind die Maße angerissen.
Beantworten Sie die folgenden Fragen im Rahmen eines Berichts über die jeweilige Fertigung.

1. Bohren

a) Bestimmen Sie den Bohrerdurchmesser unter Berücksichtigung des späteren Meißelns.
b) Sollte in den Ecken ein anderer Bohrerdurchmesser gewählt werden?
c) In welchem Abstand von der fertigen Kante sind die Anrisse der Bohrungsmitten anzubringen?
d) In welchen Abständen ist zu körnen?
e) Nennen Sie den Bohrerwerkstoff, den Bohrertyp und den Spitzenwinkel des Bohrers.
f) Wählen Sie die Schnittgeschwindigkeit zum Bohren aus.
g) Berechnen Sie die Umdrehungsfrequenz des Bohrers.
h) Geben Sie die einzustellenden Vorschübe an.
i) Sollte mit Kühlschmiermittel gearbeitet werden?
j) Wie ist das Werkstück zu spannen?

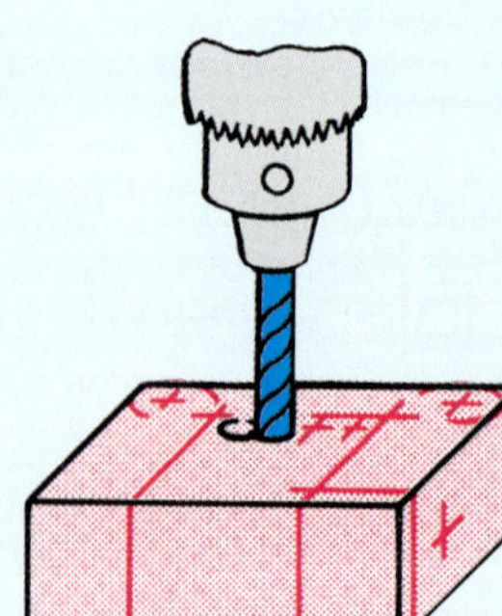

2. Sägen

Die Seiten der Zwinge werden bis zu den Bohrungen im Zwingengrund eingesägt.

a) Geben Sie die Teilung des Handsägeblatts an.
b) Auf welche Art wird bei dem gewählten Sägeblatt der Freischnitt erzeugt?
c) Die gesägte Fläche soll sauber auf Maß gefeilt werden. In welchem Abstand vom Anriss sollte gesägt werden?

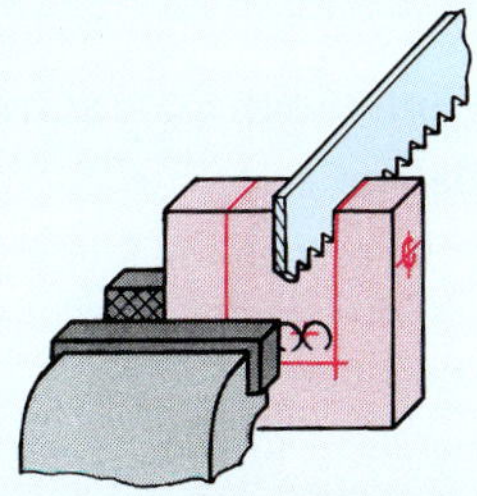

3. Meißeln

Nach dem Bohren wird der Zwingengrund ausgemeißelt.

a) Welchen Meißel werden Sie zum Aushauen verwenden?
b) Was kann man tun, um ein Ausreißen des Materials auf der Rückseite zu vermeiden?

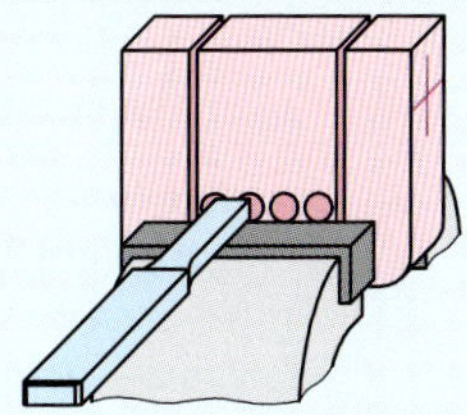

4. Feilen

a) Welcher Art sollen die Feilen zum Bearbeiten des Zwingenbügels sein – gehauen oder gefräst?
b) Geben Sie Feilenform und Feilenhieb für die Schruppbearbeitung an.
c) Bestimmen Sie Feilenform und Feilenhieb für die Schlichtbearbeitung.
d) Welche Prüfmittel benötigen Sie, um den Zwingenbügel zu prüfen?

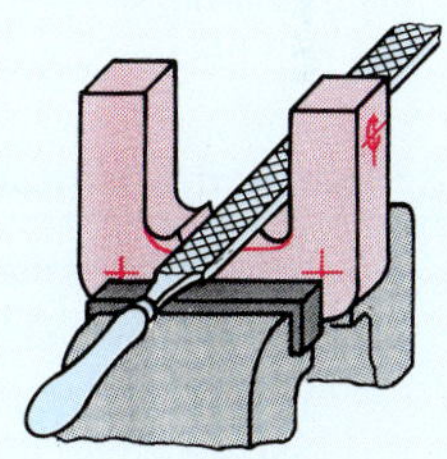

5. Innengewinde schneiden

a) Bestimmen Sie den Bohrerdurchmesser zum Bohren des Kernlochs.
b) Wie soll das Kernloch angesenkt werden?
c) Berichten Sie über den Ablauf des Gewindeschneidens.
d) Wie können Sie dafür sorgen, dass die Längsachse des Vorschneiders mit der Längsachse des Bohrlochs übereinstimmt?
e) Sollte man schmieren?

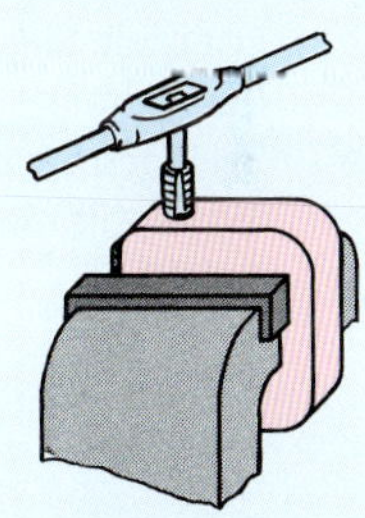

6. Außengewinde schneiden

Das Rohteil für die Gewindespindel soll von einem Zerspanungsmechaniker gefertigt werden.

a) Erstellen und bemaßen Sie eine Skizze des Rohteils für den Zerspanungsmechaniker.
   Berücksichtigen Sie darin
   - das Außenmaß des Gewindebolzens,
   - die Anfasung des Bolzens,
   - die Möglichkeit zur Befestigung der Druckplatte auf der Spindel.
b) Welche Möglichkeiten haben Sie zum Spannen beim Gewindeschneiden?
c) Berichten Sie über das Gewindeschneiden.

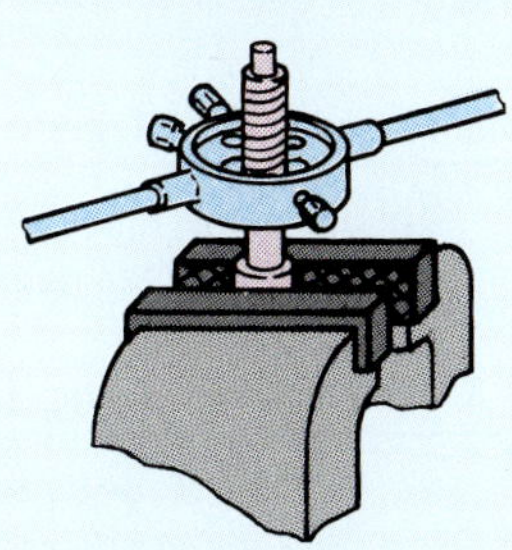

Lernsituation 2

Biegen einer Rohrschelle

Situation:

Zum Befestigen von Stahlrohren an einer gestuften Kante werden speziell geformte Rohrschellen benötigt.

Zur Fertigung liegt lediglich eine Handskizze mit den wichtigsten Maßen vor.

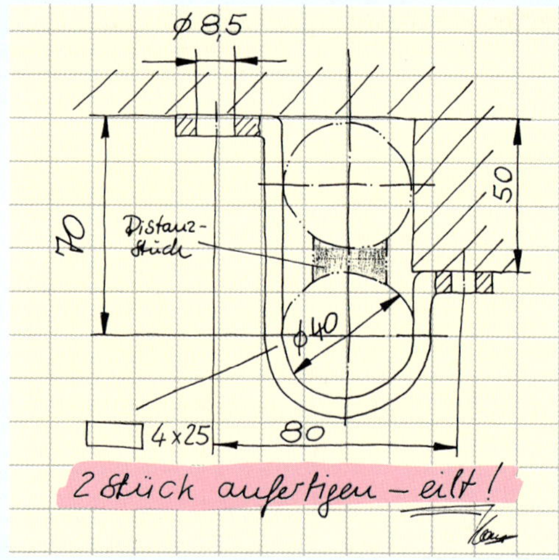

1. Auftrag analysieren

a) Welcher Werkstoff kommt für die Fertigung infrage?
b) Prüfen Sie, ob es genormten Bandstahl in den geforderten Maßen gibt.
c) Wählen Sie ein geeignetes Biegeverfahren.
d) Überlegen Sie, ob das Bohren der Löcher vor oder nach dem Biegen erfolgen soll.

2. Planung des Anrisses

a) Ermitteln Sie die Mindestbiegeradien.
b) Wählen Sie das Maß für die Schellenenden neben den Bohrungen.
c) Skizzieren Sie die nebenstehende Zeichnung ab. Tragen Sie die fehlenden Maße ein.
d) Ermitteln Sie die Maße l_1 bis l_7 und die Gesamtlänge l_{ges} des Zuschnitts.
e) Zeichnen Sie das Rohteil und bemaßen Sie jeweils die Längen der einzelnen Teilstücke.

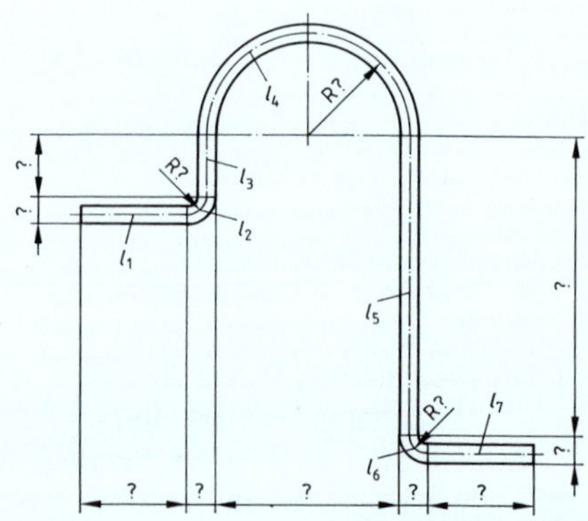

Rohteil

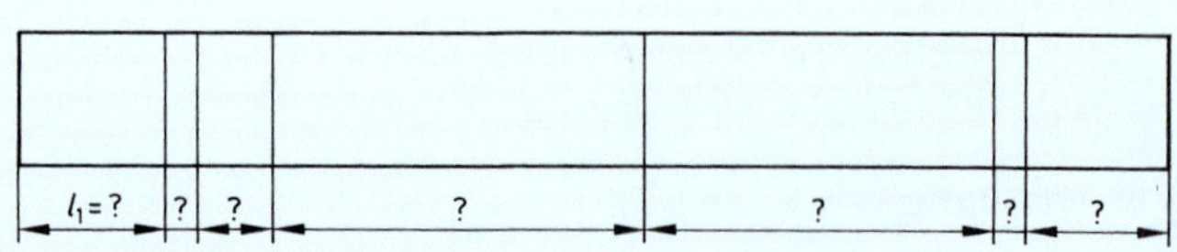

3. Planung des Biegens

Überlegen Sie, in welcher Reihenfolge die einzelnen Biegevorgänge vorzunehmen sind, damit keine Behinderungen beim Spannen und Biegen auftreten.

4. Kontrolle der fertigen Rohrschelle

a) Welche Maße sind für die Nutzung der Rohrschelle besonders wichtig?
b) Wie können diese Maße geprüft werden? Es genügt die Einhaltung der Allgemeintoleranzklasse C (grob).

LERNSITUATION 3

Fertigungsplanung und Preiskalkulation einer Halterung

Situation:

Es sollen 10 Halterungen aus 1,2 mm dicken Blechen entsprechend der Zeichnung hergestellt werden.

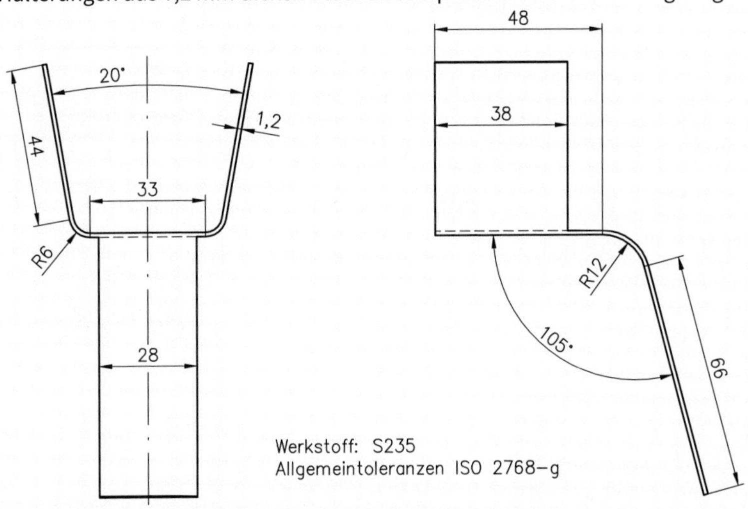

1. Planung

a) Zeichnen Sie die Abwicklung für die Halterung im Maßstab 1:1 mit Bemaßung. Es ist dazu erforderlich, die Biegerohlänge zu berechnen.

b) Berechnen Sie die Masse des gesamten Blechbedarfs für alle Werkstücke.

c) Berechnen Sie für das Fertigteil den Blechbedarf und die Masse unter Berücksichtigung des Verschnitts. Die Blechtafel, von der ein entsprechendes Stück abzuschneiden ist, hat die Maße 2000 x 1000 mm.

d) Beschreiben Sie das Zuschneiden der Rohteile.

e) Diskutieren Sie in der Gruppe verschiedene Möglichkeiten zum Biegen der Halterung.

f) Ermitteln Sie die Rückfederung beim Biegen von Winkeln durch Versuche mit einem Blechstreifen aus demselben Material. Geben Sie an, um wie viel Grad die Winkel tatsächlich gebogen werden müssen.

g) Beschreiben Sie den Ablauf des Biegeverfahrens, für das Sie sich entschieden haben.

h) Erläutern Sie das Prüfen der Fertigmaße.

2. Fertigung

a) Fertigen Sie eine Halterung an, und ermitteln Sie die Zeiten für Anreißen, Ausschneiden, Biegen und Prüfen.
Ermitteln Sie daraus die Fertigungszeit für 10 Halterungen, die einzeln angerissen werden.

b) Bestimmen Sie durch Versuche die Fertigungszeit für 10 Halterungen, wenn ein ungebogenes Werkstück als Anreißschablone eingesetzt wird.

3. Kalkulation

Die blau unterlegten Zahlenwerte des Kalkulationsschemas für vorwiegend manuelle Fertigung basieren auf den Angaben eines Metallverarbeitungsbetriebs mit 90 Mitarbeitern zu einem bestimmten Zeitpunkt – sie sind von Betrieb zu Betrieb unterschiedlich.
Übernehmen Sie (kopieren) das folgende Schema zweimal, und führen Sie die Kalkulation zu 2.a) und 2.b) durch. Vergleichen Sie die Kosten.

Fertigungsmaterial **2,60 €/kg** Stahlblech 1,2 mm **Materialgemeinkosten** (Kosten für Materialbeschaffung, -Lagerung, Verwaltung u. a.) **16 % der Fertigungsmaterialkosten**	? + ?
Materialkosten	?
Stundenlohn **17,60 €/Stunde** **Lohnnebenkosten** (Sozialabgaben, Lohnfortzahlung im Krankheitsfall, Urlaubsgeld, Weihnachtsgeld u. a.) **83 % des Stundenlohns** **Fertigungslohn** **(Lohn + Lohnnebenkosten)** **Fertigungsgemeinkosten** (Kosten für Maschinen, Gebäude, Energie, Reinigung u. a.) **200 % des Fertigungslohns**	? + ? ? + ? +
Fertigungskosten	?
Herstellungskosten **(Material + Fertigungskosten)**	?
Entwicklungskosten **Verwaltungskosten** (Gehälter für kaufmännische und technische Angestellte, Kosten für Datenverarbeitung, Büromaschinen u. a.) **20 % der Herstellungskosten** **Vertriebsgemeinkosten** (Kosten für Werbung, Vertreter, Messen u. a.) **30 % der Herstellungskosten**	? + ? +
Verwaltungs- und Vertriebskosten	?
Selbstkosten	?
	+
+ 5 % Gewinn	?
Verkaufspreis ohne MwSt.	?
	+
19 % MwSt.	?
Verkaufspreis (für 10 Halterungen)	?

LERNSITUATION 4

Fertigen einer Kreuzscheibenkupplung

Situation:

Durch Kreuzscheibenkupplungen kann man Wellen, die in der Höhe gering versetzt sind, miteinander verbinden.

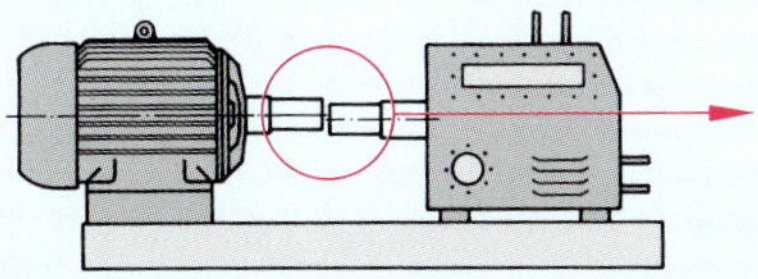

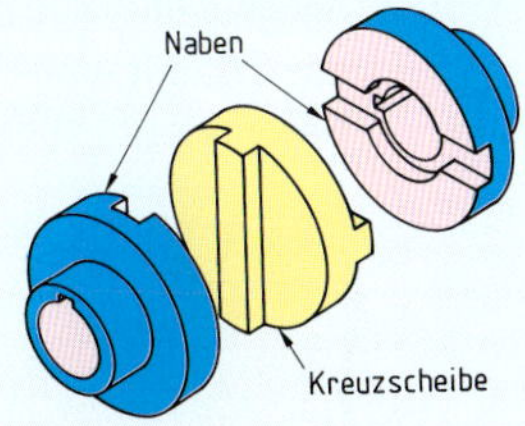

Es sollen die Naben für eine Kreuzscheibenkupplung aus E 295 (St50) hergestellt werden.

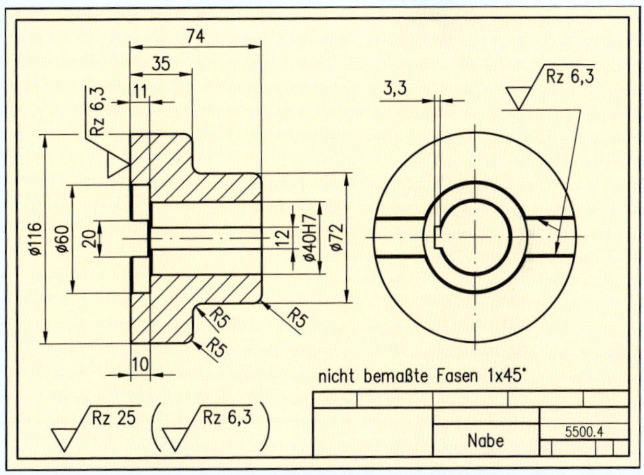

Zeichnung der Nabe

1. Auftrag analysieren

a) Welcher Werkstoff ist vorgeschrieben? Erläutern Sie die Normbezeichnung
b) Welche Oberflächenbeschaffenheiten müssen erreicht werden?
c) Legen Sie die Abfolge der Fertigungsverfahren zur Herstellung einer Nabe fest.

2. Planung der Rohteilfertigung

a) Wählen Sie aus Maßtabellen den Durchmesser für ein geeignetes Rundmaterial aus.
b) Wählen Sie ein geeignetes Verfahren zum Abtrennen des Rohlings aus.
c) Geben Sie die Länge des abzutrennenden Rohlings unter Berücksichtigung der Genauigkeit des Trennverfahrens an.
d) Es besteht die Gefahr, dass die Stirnflächen nicht rechtwinklig sind. Dadurch kann der Rohling trotz genügender Länge das Werkstück nicht mehr enthalten. Wählen Sie entsprechende Prüfverfahren und Prüfmittel zur Prüfung des Rohteils aus.

3. Planung vorbereitender Arbeiten

Überprüfen Sie, ob Anreißarbeiten vor der maschinellen Bearbeitung vorzunehmen sind.

4. Planung der Fertigungsschritte für jede erforderliche Werkzeugmaschine

4.1 Arbeiten auf der Drehmaschine
Es steht eine Leit- und Zugspindeldrehmaschine mit dem Werkzeug vor der Drehmitte zur Verfügung.

a) Planen Sie
• die Abfolge der Dreharbeiten, • die erforderlichen Maßkontrollen,
• das Umspannen.
Legen Sie die Abfolge der einzelnen Arbeiten auf der Drehmaschine fest. Beschreiben Sie den jeweiligen Arbeitsschritt möglichst genau, z. B. in der Form „Plandrehen der Stirnfläche“. Damit einheitliche Begriffe verwendet werden, benutzen Sie die nachfolgenden Beschreibungsbeispiele.

Beispiele für die Beschreibung der Arbeitsschritte

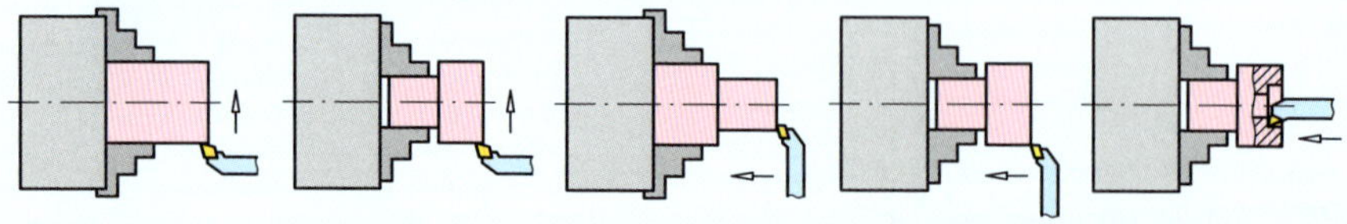

Legen Sie für die Dreharbeit eine Tabelle nach folgendem Muster an:

Fertigungsschritt	Werkzeug	Schnittgeschwindigkeit v_c m/min	Umdrehungsfrequenz n 1/min	Vorschub f mm	Schnitttiefe a_p mm
Plandrehen der Stirnfläche Schruppen Schlichten	abgesetzter rechter Stirndrehmeißel, HSS	? ?	? ?	? ?	? ?

b) Welche Sicherheitsvorschriften sind beim Drehen besonders zu beachten?

4.2 **Arbeiten auf der Fräsmaschine**
Zum Fräsen der Nut für die Kreuzscheibe steht eine Senkrechtfräsmaschine zur Verfügung.
a) Geben Sie ein geeignetes Spannmittel an.
b) Beschreiben Sie die Fertigung der Nut.
c) Geben Sie für das Fräsen der Nut die wichtigen Größen tabellarisch an:

Fertigungsschritt	Werkzeug	Schnittgeschwindigkeit v_c m/min	Umdrehungsfrequenz n 1/min	Vorschub f mm	Schnitttiefe a_p mm
Schruppen	Schaftfräser, HSS $d = ?$	?	?	?	?
Schruppen	Schaftfräser, HSS $d = ?$	?	?	?	?

d) Welche Sicherheitsvorschriften sind beim Fräsen besonders zu beachten?
e) Geben Sie an, wie die mittige Lage der Nut geprüft werden kann.

5. Herstellen der Nut für die Verbindung von Welle und Nabe

Nennen Sie geeignete Verfahren zur Herstellung der Nut.

6. Fertiges Werkstück kontrollieren

a) Welche Maße sind für den späteren Einbau besonders wichtig und müssen überprüft werden?
b) Geben Sie jeweils geeignete Prüfmittel an.

Lernsituation 5

Drehen eines Bolzens

Situation:

Für eine Bohrvorrichtung soll der Bolzen, auf den das ringförmige Werkstück zum Bohren aufgeschoben wird, gefertigt werden.
Planen Sie die Fertigung des Bolzens auf der Drehmaschine.

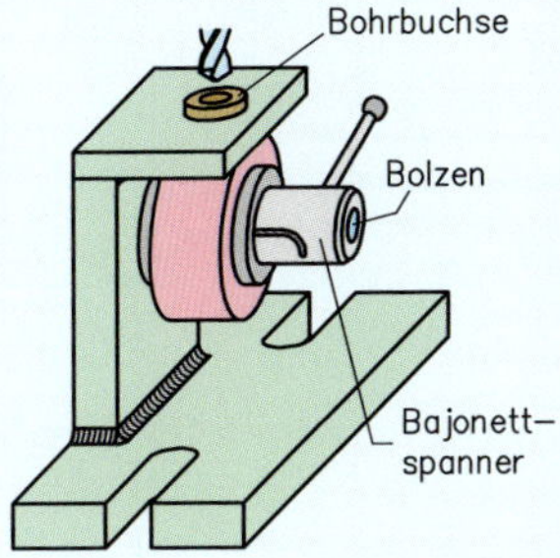

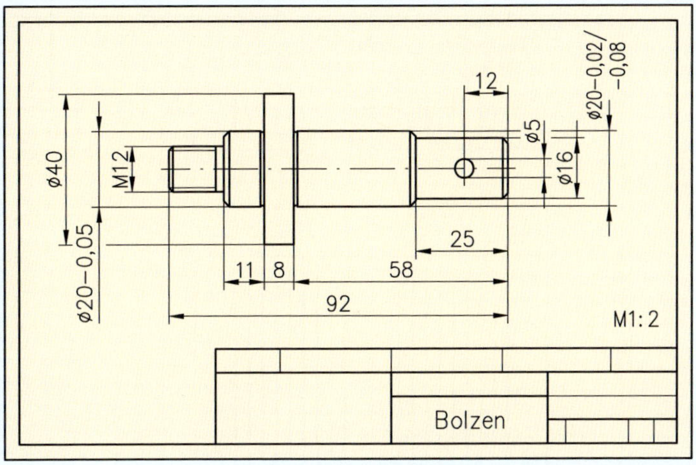

1. Auftrag analysieren

1.1 Welche Funktion hat der Bolzen in der Vorrichtung?
1.2 Wie funktioniert der Bajonettspanner?
1.3 Fehlen Angaben, die zur Fertigung notwendig sind? Falls dies so ist, nehmen Sie Änderungen und Ergänzungen vor.

2. Fertigung planen

2.1 Ermitteln Sie die Rohteilmaße.
2.2 Bestimmen Sie die Einspannung.
2.3 Geben Sie die Reihenfolge der Fertigungsschritte an. Skizzieren Sie für jeden Fertigungsschritt nach der Durchführung die Form des Werkstücks.
2.4 Stellen Sie einen Arbeitsplan auf.

Nr.	1) Skizze	2) Schritt	Werkzeug/Messzeuge	Einstelldatum	Bemerkungen

3. Fertigen

Welche Sicherheitsregeln sind zu beachten?

4. Kontrollieren und bewerten

Welche Maße sind besonders zu kontrollieren? Geben Sie eine Begründung an.

L

LERNSITUATION 6

Fräsen eines Deckels

Situation:

Die elektronische Steuerung eines Hebezeugs ist in einem kleinen Gehäuse untergebracht. Es trat eine Störung auf, die von Experten auf zu hohe Erwärmung zurückgeführt wird. Darum soll zunächst einmal der glatte Deckel gegen einen Deckel mit Kühlrippen ausgetauscht werden.
Sie haben die Aufgabe, die Fertigung eines solchen Deckels zu planen.

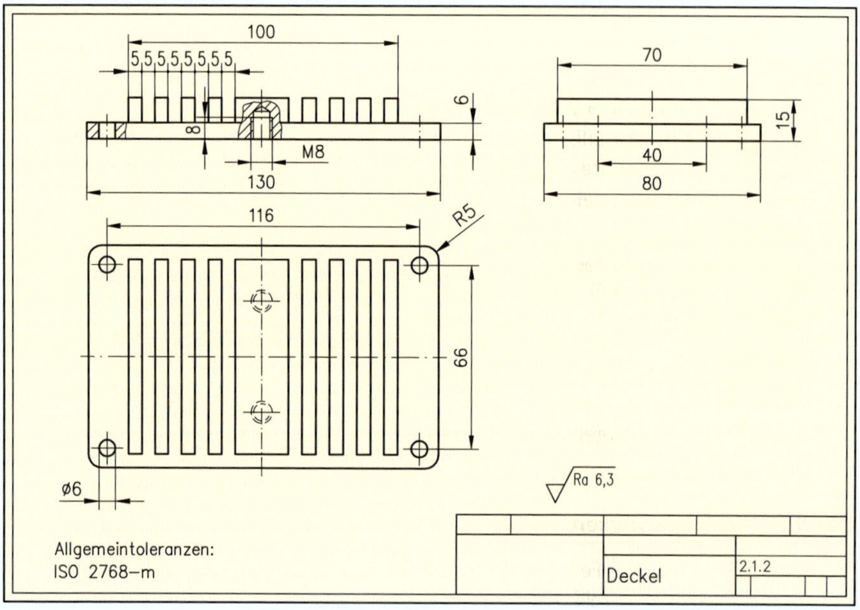

1. Auftrag analysieren

1.1 Nennen Sie die Fertigungsverfahren zur Herstellung des Deckels.
1.2 Geben Sie die Reihenfolge des Einsatzes der Verfahren an.
1.3 Wählen Sie einen geeigneten Werkstoff aus, begründen Sie Ihre Auswahl.

2. Fertigung der Fräsarbeiten planen

2.1 In welcher Reihenfolge werden Sie die einzelnen Teile der Kontur fräsen?
2.2 Wie soll das Werkstück in den einzelnen Abschnitten der Fräsarbeit gespannt werden?
2.3 Welche Abmessungen soll der Rohling aufweisen?
2.4 Wählen Sie die Werkzeuge, Messgeräte und Schnittdaten aus.
2.5 Stellen Sie einen Arbeitsplan auf.

3. Werkstück fertigen

Welche Sicherheitsbestimmungen sind beim Fräsen zu beachten?

4. Werkstücke kontrollieren

4.1 Welche Abweichung ist für die Außenmaße zulässig?
4.2 Beschreiben Sie die Kontrolle für Mittenabstände der Bohrungen.

Lernsituation 7

Prüfen von Werkstoffeigenschaften

Situation:

Untersuchen Sie die drei folgenden verschiedenen Werkstoffe hinsichtlich ihrer Eigenschaften. Verwenden Sie dazu Draht beziehungsweise Schnur aus folgendem Werkstoff:

- unlegierter Stahl (Bindedraht) ca. 0,6 mm Durchmesser,
- Kupferdraht (Spulendraht) ca. 0,6 mm Durchmesser,
- Polyamid (Angelschnur) ca. 0,6 mm Durchmesser.

1. Ermittlung der Dichte

a) Bestimmen Sie mit einer Waage die Masse von jeweils 5 m Draht bzw. Schnur.
b) Berechnen Sie das jeweilige Volumen dieser 5 m.
c) Berechnen Sie die Dichte der verschiedenen Werkstoffe aus der Masse und dem Volumen.
d) Geben Sie alle Daten in einer Tabelle nach folgendem Muster an.

Werkstoff	Probe				Dichte
	Durchmesser mm	Länge m	Gewicht g	Volumen mm^3	g/cm^3
Stahl	?	?	?	?	?
Kupfer	?	?	?	?	?
Polyamid	?	?	?	?	?

e) Vergleichen Sie ihre Ergebnisse mit Werten aus einem Tabellenbuch. Äußern Sie sich zu Abweichungen.

2. Ermittlung der Zugfestigkeit

a) Belasten Sie über eine Federwaage jeweils eine ca. 300 mm lange Probe. Lesen Sie die Kraft im Augenblick des Zerreißens ab.

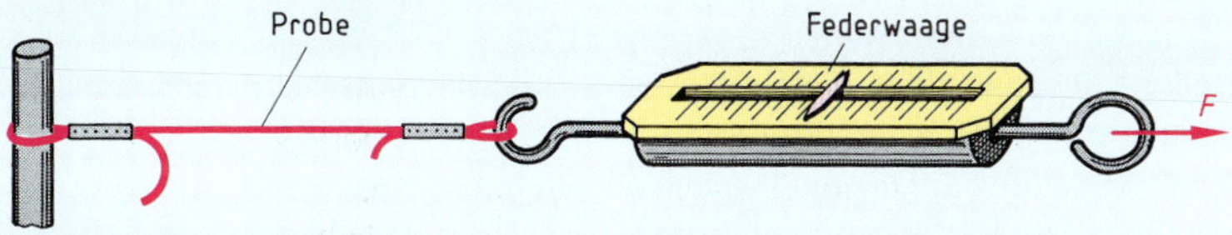

b) Bestimmen Sie die Zugfestigkeit. Geben Sie alle Daten tabellarisch an.

Werkstoff	Probe			Zugfestigkeit
	Durchmesser mm	Querschnitt mm^2	höchste Zugkraft N	N/mm^2
Stahl	?	?	?	?
Kupfer	?	?	?	?
Polyamid	?	?	?	?

3. Untersuchung des elastischen Verhaltens

Die verschiedenen Werkstoffe sind elastisch. Die Beträge, um welche die Werkstoffe durch Zugkraft elastisch verlängert werden können, sind jedoch klein und mit einfachen Mitteln schwer messbar. Darum können Sie das elastische Verhalten nur etwa beobachten.

a) Ziehen Sie jeweils eine 4 m lange Probe ein wenig länger und beobachten Sie die Längenänderung beim Entlasten.
b) Berichten Sie über Ihre Beobachtung.

L

Lernsituation 8

Ermitteln des Energieumsatzes einer Bohrmaschine

Situation:

Ermitteln Sie den Wirkungsgrad einer elektronisch geregelten Handbohrmaschine bei unterschiedlichen Umdrehungsfrequenzen und Belastungen.
Ersetzen Sie im Versuch die Schnittkraft am Bohrer durch Gewichtskräfte von Wägemassen, die an einer dünnen Schnur gehoben werden.

Versuchsanordnung:

Typ: _ _ _ _ _ _ _ _ _ _ _ _
max. Leistungsaufnahme: _ _ _ _W

1. Planung der Versuchsdurchführung unter Berücksichtigung folgender Punkte:

a) Bericht über Grundlagen der Leistungs- und Wirkungsgradberechnung
b) Aufstellung der zu messenden und zu protokollierenden Größen
c) Entwurf eines Tabellenrasters zur Erfassung und Auswertung der Messwerte
d) Angabe der technischen Daten der zu untersuchenden Maschine lt. Leistungsschild und Angaben der Herstellerfirma
e) Aufstellung der zu verwendenden Messgeräte und Hilfsmittel (z.B. Einspannvorrichtung)
f) Erörterung von Möglichkeiten zur Ermittlung der Umdrehungsfrequenz
g) Funktionsverteilung auf die am Versuch beteiligten Personen
h) Beschreibung der Versuchsdurchführung

2. Versuchsdurchführung

a) Ermitteln Sie die Leistungsaufnahme der Maschine im Leerlauf.
b) Ermitteln Sie die Leistungsaufnahme bei unterschiedlichen Lasten und unterschiedlichen Umdrehungsfrequenzen.

! Achtung: Mit kleinster Umdrehungsfrequenz beginnen. Gefahr des Schleuderns!

3. Versuchsauswertung

a) Berechnen Sie für jeden Einzelversuch den Wirkungsgrad.
b) Stellen Sie für eine konstante Umdrehungsfrequenz den Wirkungsgrad in Abhängigkeit von der effektiven Leistung in einem Schaubild dar.
c) Stellen Sie für eine konstante Last den Wirkungsgrad in Abhängigkeit von der Umdrehungsfrequenz in einem Schaubild dar.
d) Erläutern Sie die Aussagen der Schaubilder.

LERNSITUATION 9

Entwurf und Test einer pneumatischen Steuerung

Situation:

In einem Betrieb sollen Werkstücke in Serie gebohrt werden. Der Fertigungsablauf soll schrittweise von der reinen Handarbeit zum voll mechanisierten Ablauf durch pneumatisch betriebene Hilfsmittel verbessert werden.
Die Verbesserungen einer jeden Ausbaustufe bleiben in der Folge erhalten.

Ausbaustufe 1

Der Bediener legt ein Werkstück in die dargestellte Vorrichtung. Auf Knopfdruck wird das Werkstück pneumatisch durch einen doppelt wirkenden Zylinder gespannt.
Der Vorschub der Bohrmaschine wird von Hand betätigt.
Nach Drücken des Tasters Lösen fährt der Kolben des Spannzylinders in seine Ausgangslage zurück.

1. Zeichnen Sie den Schaltplan.
2. Stellen Sie eine Geräteliste auf.
3. Testen Sie die Steuerung.

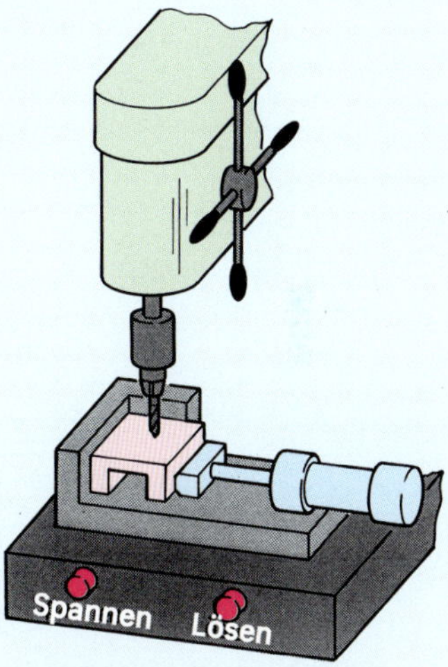

Ausbaustufe 2

Ein Fallmagazin wird eingesetzt. Die Werkstücke werden auf Knopfdruck des Bedieners vorgeschoben und gespannt. Der Vorschub beim Bohren erfolgt von Hand.
Im Fallmagazin muss immer noch ein Werkstück vorhanden sein, da sonst der Hub des Kolbens zum Spannen zu klein ist. Der Zylinder darf erst dann lösen, wenn die Bohrspindel wieder oben ist.

1. Zeichnen Sie das Funktionsdiagramm.
2. Entwerfen Sie eine Schaltung, in der die vorgegebenen Bedingungen berücksichtigt werden.
3. Stellen Sie eine Geräteliste auf.
4. Testen Sie die erweiterte Steuerung.

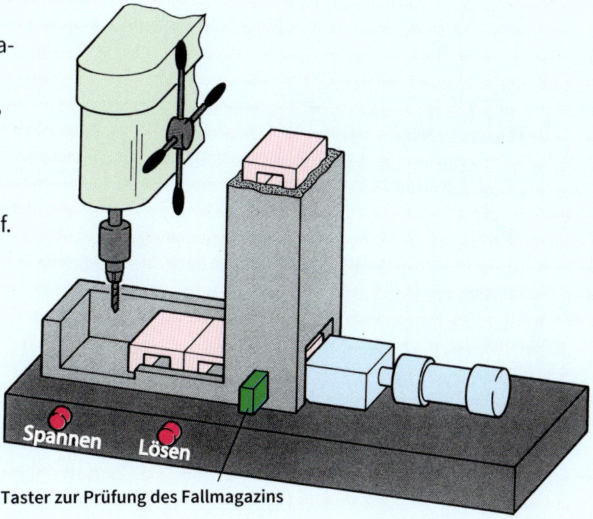

L

Ausbaustufe 3

Zusätzlich zum Spannzylinder wird ein Auswerfzylinder eingesetzt. Dieser darf jedoch erst ausfahren, wenn der Bohrer oben ist und der Spannzylinder gelöst hat.

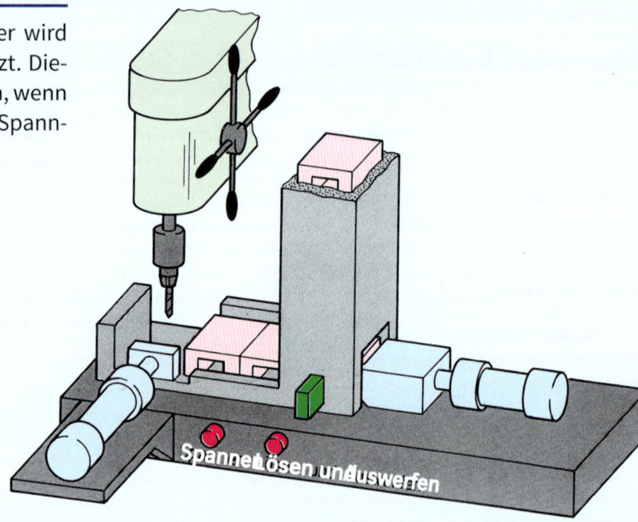

Zur Verwirklichung wird die folgende Schaltung vorgeschlagen:

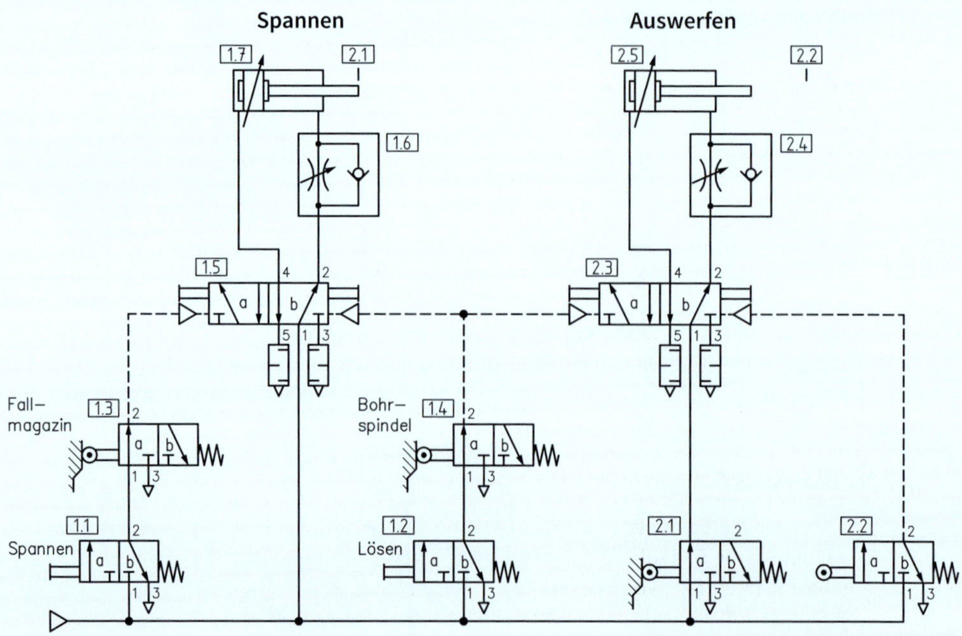

Aufgaben

1. Bauen Sie die Schaltung auf, und prüfen Sie die Funktion. Nehmen Sie ggf. Korrekturen vor.
2. Testen Sie, was bei folgenden Bedienungsfehlern geschieht:
   a) Ein Bediener drückt absichtlich „Spannen“ und „Lösen“ gleichzeitig.
   b) Der Bediener drückt den Taster „Spannen“ und hält ihn gedrückt.
   c) Versehentlich wird während des Bohrens Sensor 2.2 so berührt, dass er als gedrückt reagiert.
   d) Der Taster „Lösen“ (1.2) wird während der Bearbeitung gedrückt.
3. Machen Sie Vorschläge, wie auftretende Fehlschaltungen verhindert werden können. Überprüfen Sie Ihre Vorschläge.

LERNSITUATION 10

Warten einer Fräsmaschine

Situation:

Eine Fräsmaschine ist im Zweischichtbetrieb täglich etwa acht bis zehn Stunden im Einsatz. Von Seiten des Maschinenherstellers ist in den Betriebsanweisungen der folgende Wartungsplan vorgegeben. Stellen Sie für eine herkömmliche Fräsmaschine einen Zeitplan für die Wartung im kommenden Jahr auf.

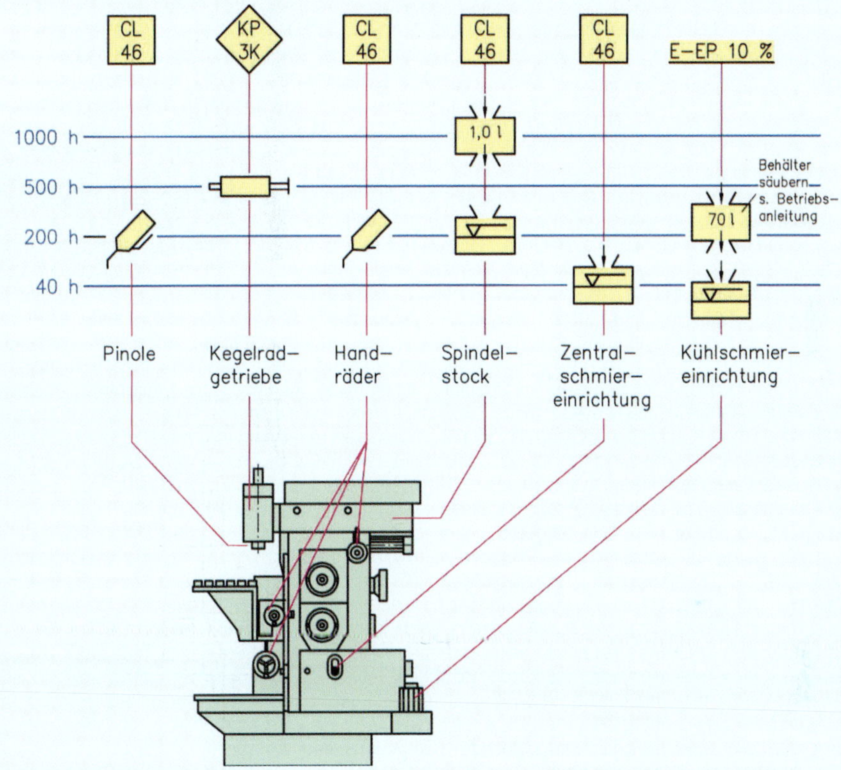

1. Auftrag analysieren

1.1 Erläutern Sie die Symbole des Wartungsplans. Zeichnen Sie dazu die Symbole ab und schreiben Sie die Bedeutung des jeweiligen Symbols unter Berücksichtigung der Stundenangabe auf. (Mehrfach vorkommende Symbole erläutern Sie nur an der Stelle ihres erstmaligen Auftretens.)

1.2 Aus dem Plan ist ersichtlich, dass der Kühlschmiermittelbehälter in regelmäßigen Abständen zu reinigen ist. Dabei ist auch das Kühlschmiermittel zu erneuern. Wie ist mit dem alten Kühlschmiermittel umzugehen?

2. Wartung planen

2.1 Schreiben Sie auf, in welchen Kalenderwochen bestimmte Maßnahmen durchzuführen sind. Für Arbeiten, die in sehr kurzen Zeitabständen anfallen, legen Sie auch den Wochentag fest.

2.2 Überlegen Sie sich Maßnahmen, mit denen die Einhaltung der Wartungsplans überprüft werden kann. Machen Sie Vorschläge.

L

Bildquellenverzeichnis

Den nachfolgend aufgeführten Firmen danken wir für die Überlassung von Informationsmaterial, Fotos, Vorlagen und fachlicher Beratung:

|Alamy Stock Photo (RMB), Abingdon/Oxfordshire: Hero Images Inc. 175.3; industryview 339.1. |Bauer Gear Motor GmbH, Esslingen: 264.1. |BESSEY TOOL GMBH & CO. KG, Bietigheim-Bissingen: 75.3, 75.4, 75.6, 75.7. |Bindulin-Werk H.L. Schönleber GmbH, Fürth: 539.1, 539.2, 539.3, 539.4, 539.5, 539.6. |Böllhoff Gruppe, Bielefeld: 200.5, 200.6, 200.7, 200.8, 200.9, 200.10. |BRÜDER MANNESMANN WERKZEUGE GmbH, Remscheid: 248.1. |Bundesinnungsverband des Gebäudereiniger-Handwerks, Berlin: 514.1. |CeramTec GmbH, Plochingen: 301.1, 302.1. |CERATIZIT S.A, Kempten: 154.2, 154.4, 154.7. |CIREX Investment Casting Foundries, PB Almelo: 290.4. |Corpac Deutschland GmbH & Co. KG, Oberstenfeld: 543.3, 543.4. |DAPPRICH, Wuppertal: 102.2. |Di Gaspare, Michele (Bild und Technik Agentur für technische Grafik und Visualisierung), Bergheim: 12.1, 12.2, 12.3, 12.4, 12.5, 13.1, 13.2, 13.3, 15.1, 15.2, 15.3, 15.4, 16.1, 16.2, 16.3, 17.1, 17.2, 17.3, 19.2, 19.3, 19.4, 20.3, 20.4, 20.5, 20.6, 20.7, 20.8, 20.9, 20.10, 20.11, 20.12, 20.13, 20.14, 21.2, 21.3, 21.4, 22.1, 22.2, 22.3, 23.1, 23.2, 24.1, 24.2, 25.1, 25.2, 25.3, 25.4, 25.5, 26.1, 26.2, 26.3, 26.4, 26.5, 26.6, 26.7, 28.1, 28.2, 28.3, 28.4, 29.1, 29.2, 29.3, 29.4, 29.5, 30.1, 30.2, 30.3, 31.1, 31.3, 31.4, 32.1, 32.2, 32.3, 33.3, 34.1, 34.2, 34.3, 34.4, 34.5, 34.6, 34.7, 35.1, 35.2, 36.1, 36.2, 36.3, 36.4, 37.1, 37.2, 37.3, 37.4, 37.5, 38.1, 38.2, 38.3, 38.4, 39.1, 39.2, 39.3, 40.1, 41.1, 41.2, 41.3, 42.1, 42.2, 43.1, 44.1, 44.2, 44.3, 44.4, 44.5, 44.6, 45.1, 45.2, 46.1, 46.2, 46.3, 46.4, 46.5, 46.6, 46.7, 46.8, 46.9, 46.10, 46.11, 46.12, 46.13, 46.14, 46.15, 46.16, 46.17, 47.1, 47.2, 47.3, 47.4, 47.5, 47.6, 47.7, 47.8, 47.9, 47.10, 47.11, 47.12, 47.13, 47.14, 47.15, 47.16, 47.17, 47.18, 47.19, 47.20, 47.21, 47.22, 47.23, 47.24, 47.25, 47.26, 48.1, 48.2, 48.3, 48.4, 48.5, 48.6, 48.7, 48.8, 48.9, 48.10, 48.11, 48.12, 48.13, 48.14, 48.15, 48.16, 48.17, 48.18, 48.19, 48.20, 49.1, 49.2, 49.3, 49.4, 49.5, 49.6, 49.7, 49.8, 49.9, 49.10, 49.11, 49.12, 49.13, 50.1, 50.2, 50.3, 50.4, 50.6, 51.1, 53.1, 53.2, 53.3, 58.1, 60.1, 60.2, 62.1, 62.2, 62.3, 62.4, 62.5, 63.1, 63.2, 63.3, 64.1, 64.2, 64.3, 64.4, 64.5, 64.6, 64.7, 64.8, 64.9, 64.10, 65.1, 65.2, 65.3, 65.4, 65.5, 65.6, 65.7, 66.1, 66.2, 66.3, 66.4, 66.5, 66.6, 66.7, 67.1, 67.3, 67.4, 67.5, 67.6, 68.5, 68.6, 71.1, 71.2, 72.1, 72.2, 72.3, 72.4, 72.5, 72.6, 73.1, 73.2, 73.3, 73.4, 73.5, 73.6, 73.7, 73.8, 73.9, 73.10, 73.11, 73.12, 74.1, 74.2, 74.3, 74.4, 74.5, 74.6, 75.1, 75.2, 76.1, 76.2, 76.3, 77.1, 77.2, 77.3, 78.1, 78.2, 78.3, 78.4, 78.5, 78.6, 79.1, 79.2, 79.3, 79.4, 79.5, 79.6, 80.1, 80.2, 80.3, 80.4, 80.5, 80.6, 80.7, 81.1, 81.2, 81.3, 81.4, 82.1, 82.2, 82.3, 82.4, 82.5, 82.6, 82.7, 82.8, 83.1, 83.2, 83.3, 83.4, 84.1, 84.2, 84.3, 84.4, 84.5, 84.6, 84.7, 84.8, 84.9, 85.1, 85.2, 85.3, 85.4, 85.5, 85.6, 85.7, 86.1, 86.2, 86.3, 86.4, 87.1, 87.2, 87.3, 87.4, 87.5, 88.1, 88.2, 88.3, 88.4, 88.5, 89.1, 89.2, 89.3, 89.4, 89.5, 90.1, 90.2, 90.3, 91.1, 92.1, 92.2, 92.3, 92.4, 92.5, 92.6, 92.7, 92.8, 92.9, 93.1, 93.2, 93.4, 94.1, 94.2, 94.3, 94.4, 95.1, 95.2, 95.3, 95.4, 95.5, 95.6, 95.7, 95.8, 96.2, 96.3, 96.4, 97.1, 97.2, 97.3, 97.4, 97.5, 98.1, 98.2, 98.3, 98.4, 98.5, 98.6, 99.2, 99.3, 99.4, 100.1, 100.3, 100.4, 100.5, 101.2, 101.4, 101.6, 104.1, 104.2, 104.3, 104.4, 104.5, 105.1, 105.2, 105.3, 105.4, 105.5, 105.6, 105.7, 105.8, 105.9, 105.10, 105.11, 105.12, 105.13, 105.14, 105.15, 105.16, 105.17, 105.18, 105.19, 105.20, 106.2, 108.1, 108.2, 108.3, 109.1, 109.2, 109.3, 109.4, 109.5, 109.6, 109.7, 109.8, 109.9, 109.10, 109.11, 109.12, 109.13, 110.1, 110.2, 110.3, 110.4, 110.5, 110.6, 111.2, 111.3, 111.4, 111.5, 111.6, 111.7, 111.8, 111.9, 112.1, 112.2, 112.4, 112.5, 113.5, 113.6, 113.7, 113.8, 114.1, 114.3, 115.3, 116.1, 116.2, 116.3, 116.4, 116.5, 117.1, 117.2, 117.3, 119.1, 119.2, 120.1, 120.2, 120.3, 120.4, 121.1, 121.2, 122.1, 122.2, 122.3, 123.1, 123.2, 124.1, 125.2, 125.3, 125.4, 126.1, 126.3, 126.4, 127.1, 127.2, 127.3, 127.7, 127.8, 127.9, 128.2, 128.3, 128.4, 128.5, 129.3, 129.4, 129.6, 129.7, 129.8, 129.9, 129.10, 129.11, 130.1, 130.2, 130.3, 130.4, 131.1, 131.2, 131.4, 132.3, 132.4, 133.1, 133.2, 133.3, 133.4, 134.1, 135.1, 135.2, 135.3, 135.5, 136.3, 137.1, 137.2, 137.3, 137.4, 138.1, 138.2, 138.3, 139.2, 142.2, 142.3, 142.5, 143.1, 143.2, 143.3, 145.4, 145.5, 150.1, 150.2, 150.3, 150.4, 150.5, 150.6, 152.1, 152.2, 153.1, 154.1, 154.3, 154.5, 154.6, 155.1, 155.2, 158.1, 158.2, 160.1, 160.2, 160.3, 161.1, 161.2, 161.3, 161.4, 161.5, 161.6, 161.7, 162.1, 162.2, 162.3, 162.4, 163.3, 163.4, 164.1, 164.2, 164.3, 164.4, 165.1, 165.2, 165.3, 165.4, 165.5, 165.6, 166.1, 166.2, 166.3, 166.4, 166.5, 166.6, 166.7, 166.8, 167.1, 168.1, 168.2, 168.3, 169.1, 169.2, 169.3, 169.4, 172.1, 172.2, 173.1, 174.1, 177.1, 177.2, 177.3, 177.4, 177.5, 177.6, 177.7, 177.8, 177.9, 177.10, 177.11, 177.12, 177.13, 177.14, 178.1, 178.2, 178.3, 178.4, 178.5, 178.6, 178.7, 178.8, 178.9, 178.10, 178.11, 178.12, 178.13, 178.14, 179.1, 179.2, 179.3, 180.1, 180.2, 180.3, 180.4, 180.5, 181.4, 181.5, 181.6, 181.7, 181.8, 181.9, 182.1, 182.3, 183.1, 183.2, 184.1, 184.2, 184.3, 184.4, 185.1, 185.2, 185.3, 186.1, 186.2, 186.3, 186.4, 186.5, 186.6, 187.2, 187.3, 188.1, 188.2, 188.3, 188.4, 188.5, 189.1, 189.2, 190.1, 190.2, 190.3, 190.4, 190.5, 190.6, 190.7, 190.8, 191.1, 191.2, 191.3, 191.4, 191.5, 191.6, 191.7, 192.1, 192.2, 192.3, 192.4, 192.5, 192.6, 192.7, 192.8, 192.9, 192.10, 192.11, 192.12, 192.13, 192.14, 192.15, 192.16, 192.17, 192.18, 193.1, 193.2, 193.3, 194.4, 194.5, 194.6, 194.7, 195.1, 195.2, 195.3, 195.4, 196.1, 196.2, 196.3, 196.4, 197.1, 197.2, 197.3, 197.4, 198.1, 198.2, 198.3, 198.4, 198.5, 199.1, 199.2, 199.3, 200.1, 200.2, 200.3, 200.4, 201.1, 201.2, 201.3, 201.4, 201.5, 201.6, 201.7, 202.1, 202.2, 203.1, 203.2, 203.3, 203.4, 203.5, 203.6, 203.7, 203.8, 203.9, 204.1, 204.2, 204.3, 204.4, 205.4, 205.5, 205.6, 205.7, 206.1, 206.2, 206.3, 206.4, 206.5, 206.6, 206.7, 206.8, 206.9, 207.1, 207.2, 207.3, 207.4, 207.5, 207.6, 207.7, 207.8, 207.9, 207.10, 207.11, 207.12, 207.13, 208.1, 208.2, 208.3, 209.1, 209.2, 209.3, 209.4, 209.5, 209.6, 210.3, 210.4, 211.1, 211.2, 211.3, 211.4, 211.5, 211.6, 211.7, 211.8, 211.9, 211.10, 211.11, 211.12, 211.13, 211.14, 211.15, 211.16, 211.17, 211.18, 211.19, 211.20, 211.21, 211.22, 211.23, 213.1, 213.2, 214.1, 214.2, 214.3, 215.4, 215.5, 215.6, 216.1, 217.1, 217.2, 217.3, 218.1, 218.2, 218.3, 218.4, 218.5, 218.6, 218.7, 218.8, 218.9, 218.10, 218.11, 218.12, 218.13, 218.14, 218.15, 219.1, 219.2, 220.1, 220.2, 221.1, 221.2, 222.1, 223.1, 223.2, 223.3, 223.4, 224.1, 226.1, 226.3, 228.1, 228.2, 228.3, 228.4, 228.5, 228.6, 228.7, 228.8, 229.1, 229.2, 229.3, 229.4, 229.5, 229.6, 229.7, 229.8, 229.9, 229.10, 229.11, 230.1, 230.2, 230.3, 231.1, 231.2, 232.1, 232.2, 232.3, 233.1, 233.3, 234.1, 234.3, 234.4, 234.5, 235.1, 235.2, 236.1, 236.2, 236.3, 236.4, 236.5, 238.1, 238.2, 238.3, 238.4, 239.1, 239.2, 240.1, 240.2, 240.3, 240.4, 240.5, 240.6, 242.1, 242.2, 243.1, 244.1, 244.2, 245.1, 245.3, 251.1, 252.1, 253.1, 253.2, 254.1, 254.2, 254.3, 254.4, 254.5, 255.1, 255.2, 255.3, 255.4, 255.5, 255.6, 256.1, 256.2, 256.3, 257.3, 258.1, 259.1, 259.2, 259.3, 260.1, 260.3, 260.4, 261.1, 261.2, 262.1, 262.2, 265.1, 265.2, 265.3, 265.4, 266.1, 266.2, 267.1, 267.2, 267.3, 268.1, 270.1, 270.2, 271.1, 275.1, 276.1, 276.2, 276.7, 277.4, 278.8, 278.9, 279.1, 279.2, 281.2, 281.3, 282.1, 282.2, 282.3, 290.1, 290.2, 290.3, 291.1, 291.2, 292.1, 292.2, 292.3, 292.5, 294.1, 295.1, 295.2, 296.1, 296.2, 297.1, 300.1, 300.2, 303.1, 304.1, 304.2, 305.1, 306.1, 306.2, 307.2, 307.3, 307.4, 307.5, 307.6, 307.7, 308.1, 308.2, 308.3, 311.2, 312.1, 313.1, 313.2, 313.3, 314.1, 314.2, 315.1, 315.2, 315.3, 315.4, 316.1, 316.2, 316.3, 317.4, 318.1, 318.2, 318.4, 319.1, 319.4, 319.5, 323.1, 323.2, 323.3, 323.4, 323.5, 323.6, 323.7, 323.8, 323.9, 323.10, 323.11, 323.12, 323.13, 323.14, 323.15, 323.16, 323.17, 323.18, 324.1, 324.2, 324.3, 324.4, 324.5, 324.6, 324.7, 324.8, 324.9, 324.10, 324.11, 324.12, 324.13, 324.14, 325.1, 325.2, 326.1, 326.2, 326.3, 327.1, 327.2, 327.3, 328.1, 330.1, 330.2, 330.3, 330.4, 331.1, 331.2, 331.3, 332.1, 332.2, 332.3, 332.4, 333.1, 333.2, 334.1, 334.2, 335.1, 336.1, 336.2, 336.3, 336.4, 337.1, 337.2, 338.1, 338.2, 338.4, 339.2, 339.3, 340.2, 341.1, 341.2, 342.1, 342.2, 342.3, 342.4, 343.2, 344.1, 347.2, 349.1, 349.2, 349.3, 349.4, 349.5, 350.1, 350.2, 350.3, 350.4, 351.1, 351.2, 352.1, 352.2, 352.3, 352.4, 353.1, 353.2, 353.4, 354.1, 354.2, 354.3, 354.4, 354.5, 354.6, 354.7, 354.8, 354.9, 354.10, 354.11, 354.12, 354.13, 354.14, 354.15, 354.16, 354.17, 354.18, 354.19, 355.5, 355.6, 356.1, 356.2, 356.3, 357.1, 357.2, 357.3, 357.4, 357.5, 358.1, 359.1, 359.2, 359.3, 359.4, 359.5, 359.6, 360.1, 360.2, 360.3, 360.4, 361.2, 361.3, 361.4, 361.5, 362.1, 362.2, 362.3, 363.2, 363.3, 363.4, 364.1, 364.2, 364.3, 364.4, 364.5, 364.6, 364.7, 364.8, 364.9, 365.1, 365.2, 365.3, 365.4, 365.5, 366.1, 366.2, 366.3, 366.4, 366.5, 366.6, 367.1, 367.2, 367.3, 368.1, 368.2, 368.3, 368.4, 368.5, 368.6, 368.7, 369.1, 369.2, 369.3, 370.1, 371.1, 372.4, 373.2, 373.3, 373.6, 374.2, 375.1, 375.2, 375.3, 377.5, 377.6, 377.7, 377.8, 379.1, 379.2, 379.3, 379.4, 379.5, 379.6, 379.7, 379.8, 379.9, 379.10, 379.11, 380.1, 380.2, 381.1, 381.2, 381.3, 381.4, 381.5, 381.6, 381.7, 381.8,

381.9, 382.1, 383.1, 383.2, 385.1, 385.2, 386.1, 387.1, 388.1, 389.1, 390.2, 390.3, 390.4, 391.1, 393.1, 393.2, 393.3, 393.4, 393.5, 393.6, 393.7, 394.1, 394.2, 394.3, 395.1, 395.2, 395.3, 395.4, 396.1, 397.1, 397.2, 398.1, 398.2, 398.3, 398.4, 399.1, 399.2, 399.3, 400.1, 401.1, 401.2, 401.3, 401.4, 401.5, 401.6, 401.7, 401.8, 402.1, 402.2, 403.1, 403.2, 403.3, 403.4, 404.1, 404.2, 404.3, 404.4, 404.5, 405.1, 405.2, 405.3, 405.4, 406.1, 406.2, 406.3, 406.4, 406.5, 407.1, 407.2, 407.3, 407.4, 408.1, 408.2, 408.3, 409.1, 411.2, 414.1, 414.2, 414.3, 415.1, 417.1, 418.2, 418.3, 418.4, 418.5, 418.6, 418.7, 420.1, 420.2, 421.4, 423.1, 423.2, 423.3, 423.4, 423.5, 423.6, 423.7, 425.2, 425.3, 426.2, 426.3, 427.3, 428.1, 428.2, 430.1, 432.1, 432.2, 432.3, 432.4, 433.1, 433.2, 433.3, 434.1, 434.2, 435.1, 436.2, 436.3, 438.2, 438.3, 438.6, 438.7, 438.8, 441.1, 441.2, 441.3, 442.1, 442.2, 443.1, 443.2, 444.1, 444.2, 444.3, 445.1, 445.2, 446.1, 447.2, 448.1, 448.2, 448.3, 448.4, 448.5, 448.6, 448.7, 448.8, 448.9, 448.10, 448.11, 448.12, 450.1, 450.2, 450.3, 450.4, 450.5, 450.6, 450.7, 450.8, 450.9, 450.10, 450.11, 450.12, 450.13, 450.14, 450.15, 450.16, 450.17, 450.18, 450.19, 450.20, 450.21, 450.22, 450.23, 450.24, 450.25, 450.26, 450.27, 450.28, 450.29, 450.30, 452.1, 452.2, 452.3, 453.2, 453.3, 453.4, 454.1, 454.2, 454.3, 455.1, 455.2, 455.3, 455.4, 456.4, 456.5, 456.6, 456.7, 456.8, 456.9, 456.10, 457.1, 457.2, 458.1, 458.2, 459.1, 459.2, 459.3, 459.4, 459.5, 459.6, 459.7, 459.8, 459.9, 459.10, 459.11, 459.12, 459.13, 459.14, 459.15, 459.16, 459.17, 459.18, 459.19, 459.20, 459.21, 459.22, 459.23, 459.24, 459.25, 459.26, 459.27, 460.1, 460.2, 460.3, 460.4, 460.5, 460.6, 460.7, 460.8, 460.9, 460.10, 460.11, 460.12, 460.13, 460.14, 460.15, 460.16, 460.17, 460.18, 460.19, 460.20, 460.21, 461.1, 461.2, 461.3, 461.4, 461.5, 461.6, 461.7, 461.8, 461.9, 462.1, 462.2, 463.1, 463.2, 463.3, 463.4, 463.5, 464.1, 464.2, 464.3, 464.4, 464.5, 465.3, 465.4, 465.5, 465.6, 466.1, 466.2, 466.3, 466.4, 466.5, 466.6, 466.7, 466.8, 466.9, 468.1, 469.1, 469.2, 470.1, 470.2, 470.5, 470.6, 471.4, 471.5, 471.6, 471.9, 471.10, 472.1, 473.1, 473.2, 473.3, 473.4, 473.5, 473.6, 473.7, 473.8, 473.9, 473.10, 473.11, 473.12, 473.13, 473.14, 474.1, 474.2, 474.3, 475.1, 475.2, 475.3, 476.1, 476.2, 476.3, 476.4, 478.1, 479.1, 479.3, 480.1, 480.2, 480.3, 480.4, 480.5, 480.6, 481.2, 482.1, 482.2, 482.3, 483.2, 483.3, 484.1, 484.2, 484.3, 485.2, 485.3, 486.2, 486.3, 486.4, 487.1, 488.1, 488.2, 489.1, 489.2, 489.3, 489.4, 490.2, 490.4, 490.5, 491.1, 491.2, 491.3, 492.1, 492.2, 492.3, 493.1, 493.2, 493.3, 493.5, 494.1, 495.1, 495.2, 495.3, 495.4, 496.1, 496.2, 496.3, 496.4, 497.1, 497.2, 497.3, 498.1, 498.2, 498.3, 498.4, 498.5, 498.6, 499.1, 499.2, 500.1, 500.2, 500.3, 500.4, 502.2, 503.1, 505.1, 505.2, 505.3, 506.2, 506.4, 508.1, 508.2, 508.3, 508.4, 512.1, 515.1, 516.1, 516.2, 516.3, 516.4, 516.5, 516.6, 516.7, 516.8, 516.9, 516.10, 516.11, 517.2, 519.1, 525.1, 526.2, 527.3, 528.2, 530.2, 531.1, 531.2, 531.3, 532.1, 532.4, 532.5, 533.1, 533.2, 535.1, 535.2, 537.1, 537.2, 538.1, 541.1, 543.1, 543.2, 544.1, 544.6, 545.1, 545.2, 545.3, 545.4, 545.5, 545.6, 545.7, 545.8, 546.1, 546.2, 547.6, 548.1, 548.2, 548.3, 548.4, 549.3, 549.4, 551.1, 551.2, 554.1, 554.2, 554.3, 554.4, 554.5, 554.6, 554.7, 554.8, 554.9, 555.1, 555.2, 555.3, 555.4, 555.5, 555.6, 555.7, 555.8, 555.9, 555.10, 555.11, 555.12, 555.13, 555.14, 555.15, 555.16, 555.17, 555.18, 555.19, 555.20, 555.21, 555.22, 555.23, 555.24, 555.25, 555.26, 555.27, 555.28, 555.29, 555.30, 555.31, 555.32, 555.33, 555.34, 555.35, 555.36, 556.1, 557.1, 557.2, 558.1, 558.2, 558.3, 558.4, 559.1, 559.2, 559.3, 559.4, 559.5, 559.6, 560.1, 560.2, 560.3, 560.4, 560.5, 560.6, 561.1, 561.2, 561.3, 561.4, 561.5, 561.6, 562.1, 562.2, 562.3, 562.4, 562.5, 563.1, 563.2, 563.3, 564.1, 564.2, 564.3, 565.1, 567.2, 568.1, 568.2, 573.1, 575.3, 576.1, 576.2, 576.3, 576.4, 576.5, 577.1, 578.1, 580.1, 582.2. |Dieter Lükewille e.K., Bielefeld: 524.2. |DMG MORI AKTIENGESELLSCHAFT, Bielefeld: 176.1, 176.2, 176.3, 176.4, 176.5, 176.6, 176.7, 429.1. |Dr. Erich Tretter, Maschinenelemente GmbH + Co., Rechberghausen: 358.4. |DR. JOHANNES HEIDENHAIN GmbH, Traunreut: 449.1. |DURIT Hartmetall GmbH, Wuppertal: 245.2. |E. Zoller GmbH & Co. KG, Pleidelsheim: 133.5. |EMCO GmbH, Hallein: 124.2, 124.3, 517.1, 518.1. |Festo SE & Co. KG, Esslingen: 453.1, 456.1, 456.2, 456.3, 465.1, 465.2, 471.1, 471.2, 471.3, 471.7, 471.8, 502.1. |FLECKENSTEIN Werkzeugmaschinen GmbH, Wiesen: 506.1. |Forbo Siegling GmbH, Hannover: 372.1. |Getriebebau NORD GmbH & Co. KG, Bargteheide: NORD DRIVESYSTEMS (www.nord.com) 378.4, 378.5. |Gießerei Heunisch GmbH, Bad Windsheim: 291.3. |GKN Powder Metallurgy Holding GmbH, Bonn: 298.1, 298.2. |HACHENBACH Präzisionswerkzeuge GmbH & Co. KG, Ehringhausen: 127.4, 127.5, 127.6. |Handelsagentur Baxmeier, Neustadt: HBM / Werkzeugmaschinen Baxmeier 142.4. |haspa GmbH, Ittlingen: 362.5, 362.6. |HEINRICH KIPP WERK GmbH & Co. KG, Sulz am Neckar, Sulz: 451.1. |Heinrich Klar Schilder- u. Etikettenfabrik GmbH & Co. KG, Wuppertal: 246.1, 246.2, 246.3, 246.4, 246.5, 246.6, 246.7, 246.8, 246.9, 246.10, 246.11, 246.12, 246.13, 249.1, 249.2, 249.3, 541.4, 541.5, 541.6, 541.7, 542.1, 542.3, 542.5. |Hengesbach, Klaus, Meschede: 102.1, 148.1, 248.2, 248.3, 294.2, 490.3, 514.2, 517.3, 517.4, 517.5, 519.3, 519.4, 520.2, 530.1. |Hofmann Mess- und Auswuchttechnik GmbH & Co. KG, Pfugstadt: 149.2. |IMS Gear SE & CO. KGaA, Donaueschingen, Donaueschingen: 305.2. |Ingersoll Werkzeuge GmbH, Haiger: 103.1, 128.1. |Institut Feuerverzinken GmbH, Düsseldorf: 243.2. |ITH GmbH & Co. KG, Meschede: 343.1. |Kaindl Schleiftechnik Reiling GmbH, Königsbach-Stein: 519.2. |KARL DEUTSCH Prüf- und Messgerätebau GmbH + Co KG, Wuppertal: 318.3. |Kiefer, Thorsten, Fulda: 541.3. |KLDiscovery Ontrack GmbH, Böblingen: 345.1. |Knuth Werkzeugmaschinen GmbH - www.knuth.de, Wasbek: 50.5, 89.6, 145.1, 145.2, 145.3, 151.1, 151.2, 151.3, 513.1. |Koike Europe B.V., CG Zaandam: 159.1. |Kordt GmbH & Co. KG, Eschweiler: 33.7. |KUNZMANN Maschinenbau GmbH, Remchingen-Nöttingen: 419.1, 419.2. |Laser Zentrum Hannover e.V., Hannover: 523.1. |LORCH Schweisstechnik GmbH, Auenwald: 210.1, 210.2, 216.2, 216.3. |Lux, Stefan, Bochum: 410.1, 410.2, 410.3, 410.4, 410.5, 411.1, 412.1, 412.2, 412.3, 412.4, 412.5, 412.6, 412.7, 412.8, 412.9, 412.10, 413.1. |Mahr GmbH, Göttingen: 19.1, 21.1, 23.3, 31.2. |Messer Cutting Systems GmbH, Bad Soden: 212.2, 213.3, 213.4, 233.2. |Microsoft Deutschland GmbH, München: 490.1. |Mikroskop Technik Rathenow GmbH, Rathenow: 316.4. |Mitutoyo Deutschland GmbH, Neuss: 20.1. |Nidec Graessner GmbH & Co. KG, Dettenhausen: 360.5. |Olsberg GmbH, Olsberg: 292.6. |pekrun Getriebebau GmbH, Iserlohn: 374.1, 377.1, 377.2, 377.3. |Pyzalla, Georg, Schwerte: 163.1, 163.2, 170.1, 170.2, 170.3, 170.4, 170.5, 171.1, 171.3, 171.4, 171.5, 171.6, 260.2, 273.3, 276.4, 276.5, 276.6, 277.2, 277.3, 278.1, 283.1, 292.4, 316.5, 317.2, 317.3, 390.1, 413.2, 413.3, 413.4, 413.5, 447.1, 448.13, 507.1, 509.1, 509.2, 509.3, 511.1, 511.2, 522.1, 526.1, 527.1, 527.2, 532.2, 532.3, 540.2, 540.3, 540.4, 540.5. |Riwalas GmbH, Vaihingen/Enz: 281.1. |Robert Bosch Power Tools GmbH, Leinfelden-Echterdingen: 75.5. |Röhm GmbH, Sontheim: 115.1, 115.2. |ROTHENBERGER Werkzeuge GmbH, Kelkheim: 183.3, 183.4. |RS Components GmbH, Mörfelden-Walldorf: 27.1. |Ruhr-Universität Bochum, Bochum: 528.1. |Sauter Feinmechanik GmbH, Metzingen: 436.1. |Schaeffler Technologies AG & Co. KG, Herzogenrath: 356.4, 526.3. |Schaeffler Technologies GmbH & Co KG, Herzogenaurach: 353.3, 353.5, 353.6, 523.2. |SCHNEEBERGER GmbH, Höfen/Enz: 358.2, 358.3, 358.5. |SEW-EURODRIVE GmbH & Co. KG, Bruchsal: 377.4. |Shutterstock.com, New York: Chromatic Studio 349.6; Freedom Life 22.4; George_C 349.7; Shutterstock 244.3; Surasak_Photo 373.4; WindVector 373.5. |SICK AG, Waldkirch: 340.1. |Siemens AG, München: 569.2. |Stähli Läpp Technik AG, Pieterlen/Bienne: 153.2. |Stefan Diller Photographie, Würzburg: 536.1. |stock.adobe.com, Dublin: dreamnikon 187.1; Kadmy 157.2, 250.1, 524.1; Kuzmick 244.4; Kzenon Titel, Titel, 3.2, 3.4; metamorworks 343.3; Michel, T. 542.2, 542.4; Nik 82.9; oka 538.2; patboon 347.1; Roman 175.2; Visionsi 363.1; xiaoliangge 175.1. |Tascon Gesellschaft für Oberflächen und Materialcharakterisierung, Münster, Münster: www.tascon.eu 31.5. |TRUMPF Gruppe, Ditzingen: 173.2. |Walter AG, Tübingen: 126.5. |Walterscheid Powertrain Group | Off-Highway Powertrain Services Germany GmbH, Lohmar: 362.4. |WIWOX GmbH Surface Systems, Erkrath: 541.2. |© Hoffmann SE, München: 20.2, 27.2, 27.3, 27.4, 27.5, 27.6, 33.2, 33.4, 33.5, 33.6, 96.1, 129.1, 129.2, 129.5, 131.3, 131.5. |© Optimum Maschinen Germany GmbH, Hallstadt: 106.1, 132.1, 132.2.

Wir arbeiten sehr sorgfältig daran, für alle verwendeten Abbildungen die Rechteinhaberinnen und Rechteinhaber zu ermitteln. Sollte uns dies im Einzelfall nicht vollständig gelungen sein, werden berechtigte Ansprüche selbstverständlich im Rahmen der üblichen Vereinbarungen abgegolten.

Sachwortverzeichnis

G

H

I

J

K

W

Z